核电机组系统设备

异常缺陷“病历库”

第三册

福建福清核电有限公司　编

中国原子能出版社
China Atomic Energy Press

图书在版编目(CIP)数据

核电机组系统设备异常缺陷“病历库” / 福建福清核电有限公司编. — 北京 : 中国原子能出版社, 2020.7
ISBN 978-7-5221-0618-2

Ⅰ. ①核… Ⅱ. ①福… Ⅲ. ①核电站-发电机组-电气设备-检修 Ⅳ. ①TM623.7

中国版本图书馆 CIP 数据核字(2020)第 101274 号

核电机组系统设备异常缺陷“病历库”(第三册)

出版发行 中国原子能出版社(北京市海淀区阜成路 43 号 100048)
策划编辑 王 丹 高树超
责任编辑 高树超
责任校对 冯莲凤
责任印制 潘玉玲
装帧设计 赵 杰
印　　刷 河北文盛印刷有限公司
开　　本 787 mm×1092 mm 1/16
印　　张 25.25
字　　数 566 千字
版　　次 2020 年 7 月第 1 版 2020 年 7 月第 1 次印刷
书　　号 ISBN 978-7-5221-0618-2
定　　价 698.00 元(全三册)

发行电话: 010-68452845

序　言

核能作为我国能源的重要组成部分，其发展事关国家能源战略安全。中国核能行业协会发布的《我国三代核电发展战略价值研究报告》指出，无论从三代核能发展的政治战略价值分析、社会生态价值分析，还是经济战略价值分析，核能都是构建清洁低碳、多轮驱动的能源供应体系的一种必然选择。为了占领核能发展的制高点，不断改进核电的安全性，提升核电的经济性，世界各国核能创新的步伐没有停歇，正在加快推进先进核能技术的开发，竞相占领创新发展制高点。

核能发展需要有远谋，更需要有作为。自主创新，抢占核能发展的制高点，是引领世界核能发展的关键，是中国从核能大国转向核能强国的核心所在。

讲核电发展，首先就是要讲核电的安全。没有安全为基础，核电发展就是“无源之水，无本之木”。筑牢核安全基石、确保核电安全是国家对核能行业的使命要求，也是核能行业共同的政治责任和社会责任。

如何提高核电的安全性，呵护核电安全运行？设备可靠性管理在核电提升核安全水平，提高机组能力因子，降低生产成本，持续改进整体业绩中起着非常重要的作用。并在实践中得到验证和高度认可。设备可靠性管理的创新无疑可以为保障设备的安全可靠运行、推动核电的安全提供持续的动力。

创新从何而来？创新应该来源于积累！

福清核电 1~4 号机组已投运数年，在设备可靠性管理方面，积累了丰富的设备异常缺陷处理案例、经验和技术资料。《旧唐书・魏徵传》李世民曰：“夫以铜为镜，可以正衣冠；以史为镜，可以知兴替；以人为镜，可以明得失。”这些设备异常缺陷处理数据都能成为我们机组系统设备异常缺陷处理的“镜子”，也能成为我们设备可靠性管理创新的基石，打开我们领引核电设备可靠性管理的大门。

作为守卫核电机组安全的核电运行人，我们始终践行着“做一名具有高度责任心的核电运行人”，思考着设备可靠性管理的提升，思考着如何去利用好这一面面的“镜子”。机组系统设备与人身体器官的类比性，让医疗体系的“病历”给了我们启发。让我们从医疗系统“病历”的角度出发，思考核电机组系统设备异常缺陷(故障)处理，于是我们考虑构建机组系统设备异常缺陷“病历库”，来对机组上系统设备异常缺陷的处理数据信息进行科学的管理。

“病历”在医疗系统诞生由来已久，远超核电的发展历史，在医疗行业其科学性和实际应用价值毋庸置疑。将医疗系统的“病历”概念和先进的管理方法引入核电，当前全世界范围内尚无先例，对于我们是挑战也是创新。核电机组与人有类比性，医疗行业和核电行业也有类比性，但核电有核电的特殊性，医疗也有其特殊性，因此我们需要谨慎借鉴和仔细研究，而不是一味照搬。

构建机组系统设备异常缺陷“病历库”，并不是为了标新立异而去又弄一个新名字

的旧管理方法，来增大我们核电工作人员的负担，而是要构建机组系统设备异常缺陷处理科学的管理体系，要为我们机组系统设备异常缺陷处理带来方便，提高我们工作的效率和生产效益，提高我们设备可靠性管理水平，提高我们的安全保障。“病历库”的构建以处理机组系统设备异常缺陷为导向，不同于我们以往的技术报告、经验反馈、良好实践、偏差快报等，“病历库”关注设备异常缺陷处理的全过程，关联整个系统、整个机组的全范围，涉及各消缺相关的专业的全员，贯穿设备异常缺陷处理的始终。

基于此，我们在此书中阐述当前阶段在实现构建核电机组系统设备异常缺陷“病历库”体系过程中的实践工作成果。同时国务院印发的《新一代人工智能发展规划》中明确提出要建立混合增强智能支撑平台，建立“支撑核电安全运营的智能保障平台”。我们借鉴和吸收医疗电子病历体系先进的科学管理方法和使用经验，也进行了前瞻性的规划研究工作，拟构建核电机组系统设备“病历库”软件平台，规划利用数据库技术和数据挖掘(包括神网络法、关联规则法、决策树法等)等人工智能技术开发核电的“病历库”软件系统，以抢抓人工智能发展的重大战略机遇，构筑我国核电领域人工智能发展的先发优势。

核电机组系统设备“病历库”软件平台主要实现以下两大目标：1)构建核电机组系统设备“病历库”大数据。构建系统设备的“病症库”大数据、“运维处方库”大数据、“运维专家库”大数据、“源项关联分析(源项库)”全域大数据；2)实现设备异常缺陷处理的人工智能技术应用。实现自动识别和确诊系统设备的异常缺陷，自动运行干预行动操作票和维修消缺行动操作票自动生成功能。利用“病历库”的大数据和人工智能，应用到核电运维领域的日常和大修期间设备异常缺陷处理的数据录入、查询、分类、归纳、统计分析、风险源项关联分析、干预行动和消缺行动制定等工作中，应用到核电运维领域的定期试验、设备切换、预防维修、技术改造创新等工作的风险源项关联分析、预防措施制定、事故预想、决策支持等方面，继而提高核电各专业协同作战的水平，提高核电运维工作效率，提高设备故障处理的及时性和有效性，进而提升设备可靠性管理水平，实现建立起我国”支撑核电安全运营的智能保障平台”的远大愿景。

核工业是高科技战略产业，在面临新一轮人工智能发展的重大战略机遇期，建设创新型国家和世界科技强国过程中，要继续发扬“两弹一星”精神，勇于登攀，奋发进取，加快实现我国由核大国向核强国跨越。核电系统设备异常缺陷“病历库”体系的构建，可以使福清核电在中国乃至在全世界范围内，首次在核电领域采用“病历库”的概念和科学的“病历”管理体系，进而切实的做到从“实战”中总结应用到“实战”中去，提升运维人员在设备故障处理时“协同作战”的水平，提高我国核电设备可靠性管理水平，抢占核能发展制高点，引领世界核能发展，走出一条中国特色的核能发展之路。

前　言

构建机组系统设备异常缺陷“病历库”，我们运行部门主要分三步走：第一步由运行二处组织策划“病历库”的编制方案，组织运行值人员按系统分类收集整理1~4号机组系统设备异常缺陷处理相关的运行异常反馈邮件和专业oncall反馈邮件、值长日报和维修日报、运行一处和运行二处内部经验反馈等数据资料，并安排操纵员和高级操纵员编写机组各工艺系统的“病历库”，组织值长和副值长对“病历库”内容进行审校。将“病历库”作为机组系统设备故障时诊断与采取干预措施的重要参考资料信息，同时构建起处理异常缺陷的知识体系，来提升操纵员的基本功。

第二步由运行一处组织在“病历库”基础上，依托福清核电启明星计划项目，组织操纵员和高级操纵员对典型病历进行研究分析，提炼和优化运行控制干预方案，并将成果优化到运行规程程序中，根据病历研究分析结果，对机组巡检数据进行全面优化，对系统健康评价和精细化巡检进行全面优化。

第三步由运行二处组织“病历库”平台软件的开发策划和研究工作，通过构建“病历库”软件平台来科学的管理机组系统设备异常缺陷的处理数据，构建起机组系统设备异常缺陷处理的大数据，继而打开核电设备故障人工智能化处理的大门，将“病历库”平台软件中的“运维处方库”“运维专家库”“机组系统设备源项关联分析数据库”应用到我们核电机组日常定期试验、定期切换、设备预维工作、设备隔离检修工作、设备故障处理等等运维工作中去。

本书作为构建核电系统设备异常缺陷“病历库”的第一步，着力于收集整理机组系统设备异常缺陷处理数据资料，编制《核电系统设备异常缺陷“病历库”》，阐述核电系统设备异常缺陷“病历库”的目的意义、构建方法，规划“病历库”软件平台的功能模块设计和逻辑流程。

本书在公司领导和处室领导贾玉强等同志的安排规划下，由运行二处一值负责编写。在运行二处一值值长的带领和组织下，从2018年开始，历经约半年时间，我们按系统分类收集整理了福清核电1~4号机组系统设备异常缺陷处理相关的运行异常反馈邮件和专业oncall反馈邮件、值长日报和维修日报、运行一处和运行二处内部经验反馈等数据资料。

2019年年初根据安排，处室领导杨东升、董恩兴副处长、陈路标高级值长指导我们编写了《核电机组系统设备异常缺陷“病历库”编制策划书》，我们规划了编制计划、人员分工，设计了“病历卡”模板，制定了“病历卡”编写规范。

策划完成后，运行二处一值在值长和副值长带领下，组织操纵员和高级操纵员立即着手开始了机组系统设备“病历库”的编写工作。编制过程中，我们翻阅了收集资料中的运行异常反馈邮件和专业oncall反馈邮件、值长日报和维修日报、运行一处和运行二处内部经验反馈、运行周报、核安全周报等大量数据资料，同时查看了EAM和ECM

系统中大量维修完工报告、工作分析报告，查找了大量运行日志数据信息，研究了模拟图、逻辑图、技术报告、系统设备运维手册等资料，力求编制的每个设备异常缺陷对应的“病历卡”信息，具有更实用更全面更有效应用价值。历经大半年时间，大家投入了极大的热情和大量休息时间，全身心地投入到这一意义重大富有创新的“病历库”编制工作中，终于成稿。

全书共分三册，包括综述和其他六个章节，其中综述由谷铁同志编写，其余第二章到第七章为各系统“病历库”章节，该部分由运行一值的操纵员和高级操纵员及副值长负责编写，具体分工如表 1 所示。

表 1　人员系统分工表

编写人员	负责系统
谷　铁	ABP、ACO、ADG、AGM、APA、CFI、DEG、DEL、KCS、KIC、KCP、KRT、RGL、VVP、RPE、AVC、LSS、GPA、RIC、LLS、SIT、LAA、GSE、CTE、GGR、LHP、LHQ、LHA、RAZ、RAM、SAP、PTR、CEX、GSY、GRE、SEC、SEN、RPN、SEL
姚嘉俊	AHP、APG、RCV、REN、STR
石亿虎	APD、ARE、DVN、GSS、RCP、RIS、RPN、RPR、SRI
高鹏威	CVI、DVC、DVL、DVK、GCT、GSY、LHP、LHQ
石兴强	ATE、GRE、GRH、GRV、SIR、SEL
胡松辉	ASG、CET、CGR、GFR、GHE、GST、SAR
朱克勤	EAS、8TEG、8TEP、8TEU、TER、ASG
林赐彦	8SRE、8TEG、8TEP、8TEU、ETY、RRI、RRA、RCV、LBA、SAR
张美强	DVE、DVF、DVG、DVH、DVI、DVS、RRM、DVL
杨少东	JDT、JPT、JPU、JPD、JPI、JPL、JPP、JPV、KKO、RRI
陈金龙	SAP、SEN、SER、RRM、RAZ
唐　杰	LGA、LGB、LGD、LHA、LHB、LKR
王　敏	LKC、LKD、LKE、LKF、LKG、LKH、LKJ、LKP、LKQ、LKR、CFI
游志泽	CRF、LBJ
高文超	REA、REN
向　阳	LCB

2019 年 06 月中旬，我们完成各工艺系统的“病历库”编制后，开始进行统稿校核，7 月初《核电机组系统设备异常缺陷“病历库”》的初稿终于完成。而后在运行二处一值高文超值长的组织和支持下，我们开始了《核电机组系统设备异常缺陷“病历库”》的升版和审稿工作。组织了运行二处和运行一处的值长、副值长历经一个季度，对一百多个系统，近千页稿件进行了审查，同时组织了值内操纵员进行修改升版(见表 2)。

表 2　审核人员分工

章　　节	审核人员
第二章　一回路主要系统及其辅助系统“病历库”	高文超、谷铁、王伟、高云飞、吴锦财
第三章　二回路主要系统及其辅助系统“病历库”	常亚飞、王立、姚嘉俊、徐海龙
第四章　三回路主要系统及其辅助系统“病历库”	谷铁、向阳
第五章　BOP 系统及消防相关系统“病历库”	向阳
第六章　仪控相关系统“病历库”	宁宇
第七章　电气相关系统“病历库”	宁宇、谷铁、韩鋆龙
章　　节	升版人员
第二章　一回路主要系统及其辅助系统“病历库”	谷铁、林赐彦、石亿虎、王敏、游志泽
第三章　二回路主要系统及其辅助系统“病历库”	高文超、谷铁、朱克勤、张美强、石兴强、唐杰
第四章　三回路主要系统及其辅助系统“病历库”	向阳、杨少东
第五章　BOP 系统及消防相关系统“病历库”	向阳、高鹏威、杨少东
第六章　仪控相关系统“病历库”	姚嘉俊、高鹏威、胡松辉
第七章　电气相关系统“病历库”	姚嘉俊、胡松辉

最终《核电机组系统设备异常缺陷“病历库”》的成稿总共囊括机组上 110 多个系统的“病历库”，达 1200 多页，总计 175 万多字。在此感谢各位编写人员和审稿人员的辛勤付出，也感谢在编写过程中各位处室领导的大力支持和热心指导。

《核电机组系统设备异常缺陷“病历库”》编写时间短、量大、难度高，限于作者知识水平有限，编写的过程中难免存在疏漏和不妥之处，欢迎读者批评指正，以使之不断完善。

声　明

本书中“病历”二字为对“异常缺陷处理过程数据信息”的类比而来。将机组和人类比，将系统设备与人体系统器官类比，把机组系统设备的异常缺陷与人身体器官的病变类比，进而将运维人员处理机组系统设备异常缺陷的历程数据和医生医治病人的病历类比。因此请勿对《核电机组系统设备异常缺陷“病历库”》全书中的“病历”二字进行过度解读，以免造成不必要的误会和中伤。

本书中所有系统“病历库”中所涉及的“病历卡”，由运行人员搜集福清核电机组系统设备异常缺陷案例编制而成，部分举例案例来自其他核电，编写过程中存在加工的成分，难免与实际事实存在不一致的情况，因此所有内容仅供工作学习参考，所有“病历卡”案例内容均不得当作事实成为任何纠纷的依据。

目 录

第四章 三回路主要系统及其辅助系统“病历库” …… 1
4.1 循环水过滤系统(CFI) …… 1
4.2 循环水泵润滑系统(CGR) …… 32
4.3 循环水系统(CRF) …… 35
4.4 循环水处理系统(CTE) …… 41
4.5 重要厂用水系统(SEC) …… 63
4.6 辅助冷却水系统(SEN) …… 70

第五章 BOP 系统及消防相关系统“病历库” …… 74
5.1 火灾探测系统(JDT) …… 74
5.2 消防水分配系统(JPD) …… 77
5.3 核岛消防系统(JPI) …… 78
5.4 主变、厂变消防系统(JPT) …… 81
5.5 厂区消防水分配系统(JPU) …… 82
5.6 电表和故障录波系统运行规程(KKO) …… 84
5.7 核岛氮气分配系统(RAZ) …… 85
5.8 压缩空气生产系统(SAP) …… 87
5.9 仪表用压缩空气分配系统(SAR) …… 99
5.10 常规岛除盐水分配系统(SER) …… 103
5.11 常规岛废液排放系统(SEL) …… 108
5.12 核岛废液排放系统(TER) …… 118

第六章 仪控相关系统“病历库” …… 123
6.1 非安全级控制和监视系统(KCP) …… 123
6.2 安全级控制和监视系统(KCS) …… 148
6.3 电站计算机信息和控制系统(KIC) …… 173

第七章　电气相关系统“病历库” …… 227
7.1　自动电压控制系统(AVC) …… 227
7.2　发电机和输电保护系统(GPA) …… 246
7.3　220 V 直流电源供 LNE 逆变器系统(LAA) …… 262
7.4　110 V 直流电源 LBA 系统(LBA) …… 273
7.5　110 V 直流电源 LBJ 系统(LBJ) …… 275
7.6　48 V 直流电源 LCB 系统(LCB) …… 278
7.7　6.6 kV 厂用电源 LGA 系统(LGA) …… 280
7.8　6.6 kV 厂用电源 LGB 系统(LGB) …… 282
7.9　6.6 kV 厂用电源 LGD 系统(LGD) …… 284
7.10　6.6 kV 应急厂用设备电源系统 A 列(LHA) …… 287
7.11　6.6 kV 应急厂用设备电源系统 B 列(LHB) …… 296
7.12　6.6 kV 应急柴油发电机组(LHP/Q) …… 300
7.13　380 V 低压交流电源系统(核岛辅助设备)(LKC) …… 315
7.14　380 V 低压交流电源 LKD 系统(电气厂房)(LKD) …… 318
7.15　380 V 低压交流电源系统(核岛辅助设备)(LKE) …… 322
7.16　380 V 低压交流电源 LKF 系统(常规岛辅助设备)(LKF) …… 324
7.17　380 V 低压交流电源 LKG 系统(常规岛辅助设备)(LKG) …… 327
7.18　380 V 低压交流电源 LKH 系统(泵房)(LKH) …… 331
7.19　380 V 低压交流电源 LKJ 系统(NX 房)(LKJ) …… 336
7.20　380 V 低压交流电源 LKP 系统(汽机厂房通风)(LKP) …… 340
7.21　380 V 低压交流电源 8/9LKP 系统(热洗衣房)(8/9LKP) …… 343
7.22　380 V 低压交流电源 LKQ 系统(常规岛辅助设备)(LKQ) …… 344
7.23　380 V 低压交流电源 LKR 系统(常规岛辅助设备)(LKR) …… 347
7.24　水压试验泵用柴油发电机组系统(LLS) …… 349

参考文献 …… 388

第四章　三回路主要系统及其辅助系统“病历库”

4.1 循环水过滤系统(CFI)

4.1.1 主控出现 1CFI913KA，1CFI013DG 出现设备过载报警和综合故障报警

异常缺陷名称	主控出现 1CFI913KA，1CFI013DG 出现设备过载报警和综合故障报警，复位后仍多次出现
发生时间	2017 年 11 月 12 日早班
机组状态	RP 模式，满功率
异常缺陷现象	主控出现 1CFI913KA，1CFI013DG 出现设备过载报警和综合故障报警，复位后仍多次出现
风险或潜在后果	导致格栅除污机无法正常运行
干预行动	已采取的行动措施： 1)安排现场尝试复位故障报警； 2)联系机械检查处理
原因分析	滑轮损坏
消缺行动	机械处理反馈： 1)检查情况：现场检查发现滑轮磨损严重，需进行更换。 2)检修步骤： ①用手拉葫芦将耙斗吊起一定高度后，向外拉伸耙斗固定，拆除滑轮； ②回装滑轮，将耙斗恢复初始状态； ③运行配合再鉴定，试验合格； 3)故障原因分析：滑轮损坏

续 表

相关知识	格栅除污机（CFI011DG、CFI013DG）两侧液位差（CFI011MN、CFI013MN）与其运行的关系： 1）2 个压差探头都测到液位差<0.12 m 水柱时，两台格栅除污机按定时器自动交替启动运行； 2）1/2 探头测到液位差≥0.12 m 水柱时，同一系列 2 个格栅除污机同时运行一个或多个循环，直到压差<0.09 m 水柱； 3）1/2 探头测到液位差≥0.25 m 水柱时，主控发报警	
参考资料信息	维修二处：完工报告《FQ1-MA01-RCWO-00748871/01 1CFI013DG 出现设备过载报警和综合故障报警，复位后多次出现，且目前不在正常位置上，请及时处理》	
编　　者	运行二处一值：谷铁	时间：2019 年 02 月 11 日

4.1.2　4CFI903KA（031TF 鼓网前后液位压差高 1）报警

异常缺陷名称	4CFI903KA（031TF 鼓网前后液位压差高 1）报警
发生时间	2018 年 02 月 23 日中班
机组状态	RP 模式，电功率 836 MWe
异常缺陷现象	主控频繁闪发 4CFI903KA（031TF 鼓网前后液位压差高 1）报警，4CFI031TF 鼓网电机自动切至中速电机运行，就地检查液位计，4CFI315MN 液位差频繁在 0.09~0.1 m 波动
风险或潜在后果	4CFI311MN、313MN、315MN 液位高 4（三取二≥0.8 m）时，将导致 4CRF001PO 跳闸
干预行动	已采取的行动措施： 1）查看和执行报警卡，检查确认鼓网切到中速电机运行； 2）安排现场检查液位计 4CFI311MN、313MN、315MN 的读数，发现 4CFI315MN 液位差频繁在 0.09~0.1 m 波动； 3）oncall 仪控检查仪表
原因分析	4CFI315MN 脏污导致液位计偏差大触发报警
消缺行动	仪控处理反馈： 仪控人员先拆除压差高 1 接线，保留高 2、高 3、高 4 接线，恢复鼓网低速运行，执行 4CFI315MN 清洗，仪控人员处理完毕后，恢复拆线，鼓网恢复低速运行

续 表

相关知识	A 列鼓网前后液位压差 4CFI311MN、313MN、315MN 的控制逻辑： 1)3 个压差探头测到液位差都<0.1 m 水柱时，滤网为低速运行(线速度 2.5 m/min)； 2)1/3 探头测到液位差≥0.1 m 水柱时，KIC 中触发 4CFI903KA(4CFI031TF 鼓网前后液位压差高 1)报警，转中速运行(线速度 10 m/min)； 3)2/3 探头测到液位差≥0.2 m 水柱时，KIC 中触发 4CFI905KA(4CFI031TF 鼓网前后液位差压高 2)报警，转高速(线速度 20 m/min)； 4)1/3 探头测到液位差≥0.3 m 水柱时，KIC 中触发 4CFI901KA1(4CFI031TF 鼓网前后液位差高 3)报警； 5)2/3 探头测到液位差≥0.8 m 水柱时，KIC 中触发 4CFI901KA2(4CFI031TF 鼓网前后液位差压高 4)相应的循泵 4CRF001PO 跳闸	
参考资料信息	运行二处 4 号机组 eSOMS 日志(2018 年 02 月 23 日)	
编　　者	运行二处一值：谷铁	时间：2019 年 02 月 11 日

4.1.3 4CFI914KA 012DG 或 014DG 格栅除污机故障报警

异常缺陷名称	4CFI914KA(012DG 或 014DG 格栅除污机故障报警)
发生时间	2018 年 01 月 23 日中班
机组状态	RP 模式，电功率 836 MWe
异常缺陷现象	KIC 中出现 4CFI914KA(012DG 或 014DG 格栅除污机故障报警)，现场检查 4CFI102AR 存在蜂鸣声。维修检查反馈为现场蜂鸣器故障报警产生
风险或潜在后果	蜂鸣器长期工作，造成线圈过热烧毁
干预行动	已采取的行动措施： 1)查看和执行报警卡，安排现场检查 4CFI102AR 机柜； 2)按维修人员建议现场及时对蜂鸣器手动消音
原因分析	1)蜂鸣器因报警触发后没有及时手动消音，造成蜂鸣器长时间工作而烧毁线圈； 2)蜂鸣器消音方式设计不合理，报警消失后应自动消音比较合理

续　表

消缺行动	电气处理反馈： 当现场蜂鸣器故障时，将产生该报警，报警需要就地手动复位才可以消除该报警。3 号机组可以自动复位，4 号机组不可以自动复位。 蜂鸣器在柜门打开时有蜂鸣声报警，主控同时出现格栅除污机综合故障报警。 4 号机组格栅除污机故障原因分析的过程中，发现 4 号机组格栅除污机有 7 次故障处理与控制柜中蜂鸣器的损坏相关。 蜂鸣器损坏部件为蜂鸣器线圈，因蜂鸣器长期工作，造成线圈过热烧毁。造成蜂鸣器长期工作的原因如下： ①蜂鸣器因报警触发后没有及时手动消音，造成蜂鸣器长时间工作而烧毁线圈； ②蜂鸣器消音方式设计不合理，报警消失后应自动消音比较合理
相关知识	格栅除污机用于去除细格栅上拦截的杂物，细格栅可以拦截海水中较小的杂物，栅条间距 50 mm
参考资料信息	状态报告：CR201706077
编　　者	运行二处一值：谷铁　　时间：2019 年 02 月 11 日

4.1.4　2CFI012DG 提升阶段翻转电机不动作

异常缺陷名称	2CFI012DG 提升阶段翻转电机不动作
发生时间	2019 年 04 月 30 日早班
机组状态	RP 模式，满功率
异常缺陷现象	（NQ）FQ2-CFI-T-001：拦污栅耙斗的限位开关和应急停止试验规程，2CFI012DG 耙斗上升过程中无法啮合
风险或潜在后果	自动下降过程中以及手动啮合时能动作，自动提升时不动作。该缺陷使得 2CFI012DG 除污功能失效
干预行动	已采取的行动措施： 1）暂停试验，现场检查确认故障具体情况； 2）现场检查 2CFI102AR 上故障情况； 3）oncall 仪控检查处理
原因分析	啮合延时继电器故障

续 表

消缺行动	仪控处理反馈： 1)工作过程： ①取得工作许可证，验证隔离边界，核对设备位置，召开工前会； ②对 2CFI012DG 进行手动检查，其啮合与脱离动作均正常； ③对 2CFI102AR 内 2CFI012DG 进行检查，发现啮合延时继电器 012UT2 到设定时间后未动作，经多次验证确认其损坏； ④对啮合继电器 012UT2 进行修复后验证动作正常； ⑤对耙斗进行自动循环时发现下降位置过深有轻微松绳现象需调整下限位，与机械专业共同确认将下限位调整至滚筒钢丝绳下降 22 圈的位置； ⑥联系运行验证格栅除污机动作正常； ⑦工作结束，清理现场，归还工作许可证。 2)故障原因分析：啮合延时继电器故障	
相关知识	CFI101/102AR 格栅除污机成套控制柜，该柜中有格栅除污机的电机电源以及电加热器空开，在控制柜门上可以将所选择的格栅除污机打在现场/强制/自动这三个位置，来对格栅除污机的运行模式进行选择	
参考资料信息	维修一处仪控：EAM 中工单 01213967-01 的完工报告； WR/WOT：00545178/01213967-01(紧急工单)	
编　　者	运行二处一值：谷铁	时间：2019 年 06 月 13 日

4.1.5 主控频繁触发 4CFI611KA(031TF 鼓网反冲洗压力低)报警，导致备用泵 4CFI104PO 自动启动

异常缺陷名称	主控频繁触发 4CFI611KA(031TF 鼓网反冲洗压力低)报警，导致备用泵 4CFI104PO 自动启动
发生时间	2018 年 01 月 30 日夜班
机组状态	RP 模式，满功率
异常缺陷现象	23:39，主控闪发 4CFI611KA(4CFI031TF 鼓网反冲洗压力低)报警，备用泵 4CFI104PO 自动启动，现场检查 4CFI101PO/104PO 运行正常，反冲洗压力 4CFI651LP 达到 0.35 MPa，未到 4CFI611SP 触发报警的定值 0.19 MPa，主控参考反冲洗水泵切换典操停运 4CFI104PO。之后分别于 01:24、01:27、03:23、06:12 和 07:02 再次闪发 4CFI611KA(反冲洗水压力低)报警，导致备用泵 4CFI104PO 启动，缺陷消除前暂保持 4CFI101PO 和 4CFI104PO 同时运行

续　表

风险或潜在后果	导致备用的反冲洗水泵非预期自动启动
干预行动	已采取的行动措施： 1）查看和执行报警卡，检查原处于运行的泵4CFI101PO出口压力未见异常，泵未见异音和跑冒滴漏情况，泵出口阀门开度正常； 2）安排现场检查备用启动的泵4CFI104PO运行正常，检查反冲洗水就地压力表4CFI651LP正常达到0.35 MPa； 3）安排现场检查反冲洗水沟反冲洗水流情况，未见异常； 4）oncall仪控检查处理
原因分析	仪表受潮有积水导致微动开关损坏触发报警
消缺行动	仪控处理反馈： 1）工作过程： ①确认设备位号与工作许可证一致，与运行交流信息； ②关闭4CFI611VC； ③拆下仪表信号快速插头，连接压力校验仪对仪表进行校验，仪表无恢复值无动作值； ④打开仪表表盖发现仪表内有积水，微动开关损坏； ⑤更换校验合格的新备件，恢复仪表信号快速插头，打开4CFI611VC投用仪表，4CFI611KA报警消失； ⑥工作结束，归还工作许可证。 2）故障原因分析：仪表受潮有积水导致微动开关损坏触发报警
相关知识	1）反冲洗水泵自动启动信号：鼓网运行状态+无停运反冲洗水泵信号+本列另一台反冲洗水泵在运行且无停运命令延时30 s+出现冲洗水压力低[CFI611SP（或612SP）≤0.19 MPa.g]。 2）反冲洗水母管压力低的原因： ①运行的泵出口阀门开度不够； ②停运的泵出口阀门开度过大且逆止阀存在内漏； ③反洗水泵去鼓网的出口阀（CFI611SP、612SP下游）开度太大； ④CFI611SP/612SP仪表故障； ⑤反冲洗泵出口压力低：可能是泵充水排气不够，需要多排会气。 3）进行反冲洗水泵切换时，避免和处理出现反冲洗水母管压力低报警的方法： ①在将需要停运的反冲洗水泵停运前，确认CFI001HXT中无反冲洗水压力低的SP触发的CFI611KS或612KS报警； ②检查需要运行的泵启动后出口压力满足0.45～0.50 MPa.g，必要时适当调大出口阀开度；

续 表

相关知识	③检查反冲洗水泵去鼓网的冲洗水阀开度是否过大，若过大可参考另一列或另一个机组对应阀门适当关小； ④检查格栅除污机反冲洗水阀门是否被误开启，若开启则按要求关闭； ⑤检查运行泵的运行声音和泵出口压力，若泵存在异音出口压力存在波动等汽蚀现象，适当开启泵出口排污阀检查排水是否存在气泡，判断是否泵充水排气不够，必要时短时关泵出口阀进行憋压排气； ⑥若上述处理措施后，问题仍存在联系仪控检查 4CFI611SP 或 612SP 定值是否存在故障高漂等情况
参考资料信息	维修二处仪控：EAM 中工单 00842114-01 的完工报告； 运行二处：《CFI 系统运行经验总结》； WR/WOT：00342582/00842114-01（紧急工单）
编　　者	运行二处一值：谷铁　　　　时间：2019 年 02 月 19 日

4.1.6　主控触发 4CFI612KA（032TF 鼓网反冲洗压力低）报警，备用泵 4CFI102PO 自动启动，压力低报警未消失

异常缺陷名称	主控触发 4CFI612KA（032TF 鼓网反冲洗压力低）报警，备用泵 4CFI102PO 自动启动，压力低报警未消失
发生时间	2017 年 12 月 18 日早班
机组状态	RP 模式，满功率
异常缺陷现象	10:54，主控触发 4CFI612KA（032TF 鼓网反冲洗压力低报警）（4CFI612SP≤0. 19 MPa），备用泵 4CFI102PO 自动启动，压力低报警未消失，就地检查 4CFI652LP 压力 0. 34 MPa，鼓网反冲洗水喷头喷射正常，初步判断 4CFI612SP 故障
风险或潜在后果	导致备用的反冲洗水泵非预期自动启动
干预行动	已采取的行动措施： 1）查看和执行报警卡，检查原处于运行的泵 4CFI103PO 出口压力未见异常，泵未见异音和跑冒滴漏情况，泵出口阀门开度正常； 2）安排现场检查备用启动的泵 4CFI102PO 运行正常，检查反冲洗水就地压力表 4CFI652LP 正常达到 0. 34 MPa； 3）安排现场检查反冲洗水沟反冲洗水流情况，未见异常，反冲洗水喷头喷射正常； 4）oncall 仪控检查处理

续 表

原因分析	4CFI612SP 仪表定值高漂
消缺行动	仪控处理反馈： 1)工作过程： ①拔下航空插头用胶带做好包裹； ②拆除仪表管并做好封口工作，连接压力校验仪对仪表进行校验，在校验过程中发现仪表定值高漂； ③对仪表进行调整，经多次调整后仪表校验合格； ④联系运行人员对 4CFI612SP 进行冲水排气，恢复仪表管及航空插头，主控报警消失； ⑤工作结束，清理现场，归还工作许可证。 2)故障原因分析：4CFI612SP 仪表定值高漂
相关知识	1)反冲洗水泵自动启动信号：鼓网运行状态+无停运反冲洗水泵信号+本列另一台反冲洗水泵在运行且无停运命令延时 30 s+出现冲洗水压力低。 2)反冲洗水母管压力低的原因： ①运行的泵出口阀门开度不够； ②停运的泵出口阀门开度过大且逆止阀存在内漏； ③反洗水泵去鼓网的出口阀(CFI611SP、612SP 下游)开度太大； ④CFI611SP/612SP 仪表故障； ⑤反冲洗泵出口压力低：可能是泵充水排气不够，需要多排会气。 3)进行反冲洗水泵切换时，避免和处理出现反冲洗水母管压力低报警的方法： ①在将需要停运的反冲洗水泵停运前，确认 CFI001HXT 中无反冲洗水压力低的 SP 触发的 CFI611KS 或 612KS 报警； ②检查需要运行的泵启动后出口压力满足 0.45～0.50 MPa.g，必要时适当调大出口阀开度； ③检查反冲洗水泵去鼓网的冲洗水阀开度是否过大，若过大可参考另一列或另一个机组对应阀门适当关小； ④检查格栅除污机反冲洗水阀门是否被误开启，若开启则按要求关闭； ⑤检查运行泵的运行声音和泵出口压力，若泵存在异音出口压力存在波动等汽蚀现象，适当开启泵出口排污阀检查排水是否存在气泡，判断是否泵充水排气不够，必要时短时关泵出口阀进行憋压排气； ⑥若上述处理措施后，问题仍存在联系仪控检查 4CFI611SP 或 612SP 定值是否存在故障高漂等情况

续　表

参考资料信息	维修二处仪控：EAM 中工单 00783971-01 的完工报告； 运行二处：《CFI 系统运行经验总结》； WR/WOT：00322860/00783971-01（紧急工单）	
编　　者	运行二处一值：谷铁	时间：2019 年 02 月 19 日

4.1.7　鼓网驱动端减速机漏油

异常缺陷名称	鼓网驱动端减速机漏油
发生时间	2017 年 04 月 18 日早班
机组状态	4 号机组调试启动阶段
异常缺陷现象	早班执行 FQ4-CFI-T-004 旋转滤网的自动操作控制试验规程。执行过程中发现 4CFI004MO 运行时漏油较少，4CFI006MO 运行时漏油较多，现场反馈是电机轴承顶盖漏油，现低速电机运行，漏油停止，4CFI006MO 运行时漏油较多
风险或潜在后果	存在导致鼓网电机轴承缺油磨损的风险
干预行动	已采取的行动措施： 1）现场检查和关注电机轴承顶盖漏油情况； 2）oncall 机械现场检查处理，机械反馈现场是电机的呼吸阀漏油，呼吸阀在每次启动时都会漏油，让其再去对比 4 号机组 A 列高速电机油位及 3 号机组的油位； 3）机械反馈 3 号机中高速电机运行时也有此现象，不影响运行，当前电机油位正常
原因分析	鼓形滤网驱动端，高速电机带动减速机蜗杆高速旋转，蜗轮蜗杆减速箱刚加油，在减速箱内，蜗杆高速转动使得箱体内压力增加，多余的机油就会从呼吸器处被压溢出，从而产生"漏油"，当机油溢出到一定量后，减速机内外压力达到平衡，则"漏油"现象会自然消除
消缺行动	机械处理反馈： 1）故障现象：4 号机组鼓网驱动端减速机漏油，经现场实地考察发现，这是在加油后，在工作状态下，鼓网驱动端高速电机减速箱呼吸器处发生机油溢出。 2）处理措施：这种"漏油"对鼓网运行无影响，鼓网可保持运行。完成在鼓网驱动端高速电机减速机油位计上作平衡点油位标记，作为今后加油的上限刻度。

续 表

消缺行动	3)原因分析： 鼓形滤网驱动端，高速电机带动减速机蜗杆高速旋转，蜗轮蜗杆减速箱刚加油、在减速箱内，蜗杆高速转动使得箱体内压力增加，多余的机油就会从呼吸器处被压溢出去，从而产生“漏油”，当机油溢出到一定量后，减速机内外压力达到平衡，则“漏油”现象会自然消除 验证：04 月 20 日(第二天)上午，经到 3、4 号机组现场实地考查，4 台鼓网运转良好，驱动端减速机已经停止“漏油”。4 号机组鼓网驱动端减速机明显是曾经“漏油”，现在不漏油。 4)评估意见：这种“漏油”对鼓网运行无影响，鼓网可保持运行
相关知识	关于鼓网无油运行的说明，鼓网运行维护手册中内容： 鼓形滤网减速机无外部润滑：当减速机构失去润滑油时，可以在低速下继续保持正常运行 4 h。 鼓形滤网的主轴承润滑油是由位于鼓形滤网两侧的油箱提供，在油箱内安有液位开关用于测量油箱中的油位，如果油位低于25 mm 则发出报警信号，并且在就地报警箱上的报警灯亮，提示工作人员向油箱中加油。 当鼓形滤网的主轴承失去润滑时，可以在低速下无润滑地保持正常运行 48 h
参考资料信息	维修二处机械：oncall 反馈——4 号机组鼓网驱动端减速机漏油评估分析； 《鼓网运行维护手册》
编　　者	运行二处一值：谷铁	时间：2019 年 02 月 11 日

4.1.8　1CFI311BA 下游油管漏油缺陷处理

异常缺陷名称	1CFI311BA 下游油管漏油缺陷处理
发生时间	2017 年 05 月 27 日早班
机组状态	RP 模式，满功率
异常缺陷现象	1 号主控 09:06 出现 1CFI311KA(031TF 前轴承箱 311BA 液位低)报警，就地核实油位仅剩几厘米，12:03 机械补油后报警消失。15:09报警再次出现怀疑管线存在漏油，联系机械人员补油并检查，经检查确认 1CFI311BA 至轴承箱加油管线存在破口

续　表

风险或潜在后果	由于1CFI311BA至轴承箱加油管线存在破口，导致润滑油持续流失，若补油不及时或1CFI311SN损坏而又未及时发现缺油，将可能导致1CFI031TF鼓网损坏，1CRF001PO跳闸，失去A列冷源，凝汽器真空恶化，机组不得不降功率运行，甚至导致停机停堆，给机组带来严重瞬态
干预行动	1）已采取的行动措施： ①在缺陷处理前，机械加强油位巡检并及时补油，同时运行加强巡检，发现油位低及时联系机械补油。经估算漏油速率约1.25 L/h，约4~5 h补一次润滑油； ②经核实润滑油泄漏点在鼓网腔室内侧中上部不可达位置，若检修需要在鼓网停运窗口搭设约10 m脚手架才能实施维修，因此机组功率运行状态无法实施； ③为临时解决油箱下油管线漏油过快的缺陷，计划将原两条供油管线拆除，另加两路软管连接油箱与鼓网左轴承室注油口进行替代，以保证加油功能； ④06月01日晚利用低潮位窗口，维修按计划实施替代油管安装工作，完成后重新加注润滑油，并现场检查各连接点无泄漏现象，持票观察了2天； ⑤为应对维修过程中可能出现的鼓网异常问题，当班值提前熟悉循泵跳闸、鼓网停运等故障规程及文件。 2）建议后续行动： 补油后约5 h报警再次出现，机械安排人员现场待命随时补油
原因分析	1CFI311BA至轴承箱加油管线存在破口导致漏油
消缺行动	机械处理反馈 1）风险控制： ①由于鼓网大轴位于海平面0 m标高，而高潮位时海水淹没鼓网大轴数米，因此该工作需在低潮位期间开展； ②由于现场作业环境恶劣，包括密闭空间、临边作业、地面湿滑等，因此需办理ISP，相应防护措施如安全带、氧表等需配备齐全，工业安全人员全程监督； ③由于查看06月01日低潮位为22:50，保守估计该工作最长将耗时近3 h。因此工作人员提前就位，在海水下降至满足作业要求后即可开工，留有足够的作业时间。实际耗时1 h左右； ④现场照明条件差，由于湿度大无法进行拉设临时电源，因此只能使用手电提供照明； ⑤为避免海平面已在上升而工作人员由于专注手头的工作而未意识到所带来的风险，设专人关注海平面变化情况并及时通报；

续　表

消缺行动	⑥敷设好的钢丝透明软管需检查不得弯折、扭曲，保证加油管线畅通； ⑦软管接好后对油箱进行加油，加油完成后需观察油位情况以判断管线、接头是否存在泄漏并及时处理； ⑧作业过程中需严格进行防异物控制，避免异物进入油回路或进入海水系统影响系统正常运行； ⑨经咨询厂家人员，切断鼓网大轴供油管线，大轴内部仍存有20 L油量，该润滑油正常消耗量较小，可保证鼓网继续运行较长时间。即使在无润滑油的极端情况下鼓网仍可运行48 h。 2）处理措施： ①在缺陷临时处理方案实施前，安排人员现场待命随时补油； ②编制了临时处理方案，领取软管和加工油管接头后，在低潮位时实施TSD安装临时供油软管； ③103大修时拆除了TSD并更换金属输油管段。 3）故障原因分析：1CFI311BA至轴承箱加油管线存在破口导致漏油
相关知识	1~4号机组鼓网主轴承润滑油管，因原设计管路螺纹活接头数量过多，且运行期间受海水冲刷腐蚀严重并存在轻微的振动，易导致活接头密封失效，发生泄漏。润滑油管布置在鼓网腔室内侧，机组运行期间无法检修。 变更情况：将部分螺纹活接头管件修改为承插焊连接的管件或煨弯管道，同时修改活接头的样式，便于管路拆装，将管路布置在楼梯过道边上，便于日常巡检及后续开展检修工作
参考资料信息	运行一处：《OP1-JYFK-2017-05003-CFI　1CFI311BA下游油管漏油缺陷处理总结》； WR/WOT：00252138/00573659-01（紧急工单）
编　　者	运行二处一值：谷铁　　　时间：2019年02月11日

4.1.9　3号机组B列鼓网电机间反冲洗水沟堵塞

异常缺陷名称	3号机组B列鼓网电机间反冲洗水沟堵塞
发生时间	2018年05月20日早班
机组状态	RP模式，满功率

续　表

<table>
<tr><td>异常缺陷现象</td><td>现场巡检人员发现3号机组B列鼓网电机间排污沟渠堵塞严重，房间积水迅速上涨，有淹没鼓网电机风险，现场人员及时干预，避免鼓网电机被淹，事件序列如下：
①11:31　运行现操巡检发现3号机组B列鼓网电机间有大量积水，水位距地面约10 cm；
②11:32　运行现操核实情况后立即反馈现场主管、3号主控；
③11:32　主控了解情况后向现场下达干预指令并检查A列情况，同时oncall维支人员立即赶赴现场；
④11:33　运行现操核实完A列无异常返回B列鼓网电机间时，发现水位上涨很快，约上涨了20 cm；鉴于水位上涨较快，现操立即采取紧急干预措施；
⑤11:35　运行现操使用在PX泵房寻找到的铁锹紧急疏通排水沟渠，但由于铁锹柄较排水滤网孔径大，疏通效果不明显；
⑥11:36　电机间水位距离电机已经不足10 cm；现场人员紧急通知常规岛寻找一个细柄的拖把送至B列鼓网电机间，用细柄疏通效果明显，水位开始下降，鼓网电机水淹风险解除；
⑦11:41　约10 min左右维支服务人员到达，清理滤网及房间内其他堵塞物(海带、海草)，并同时排查各下游集水井，并在捞渣框进行捞渣操作，各区域水位恢复正常，事件结束

图1　鼓网电机间水淹图</td></tr>
<tr><td>风险或潜在后果</td><td>一旦鼓网电机间严重堵塞，水位上涨将会非常迅速，10 min内就可能导致鼓网电机淹没，进而导致鼓网电机损坏，将需机组停运循泵、降功率运行</td></tr>
</table>

续 表

<table>
<tr><td>干预行动</td><td>已采取的行动措施：
1) 现场人员现场寻找工具采取紧急疏通排污槽，在现场无合适工具情况下，紧急求助常规岛岗位携带工具支援；
2) 在干预被淹 B 列鼓网电机间时，同时派人检查 A 列鼓网电机间情况，防止事故扩大；
3) 主控立即 oncall 维支服务人员到场配合清理堵塞物；
4) 主控展开事故预想，熟悉《FQ3-CRF-I-001 循环水系统运行异常故障规程》和《3/4 号机组最终热阱能力损失应对预案》等相关文件；
5) 后续事件成功干预，危机解除后当班值现场人员提高鼓网电机间和格栅除污机的巡检频率</td></tr>
<tr><td>原因分析</td><td>根据后续从临时滤网及捞渣坑打捞出来的杂物来看，主要是海带等杂物堵塞临时滤网，并在水流的推动力下，将临时滤网推到靠近水流出口位置，造成出口封闭堵塞
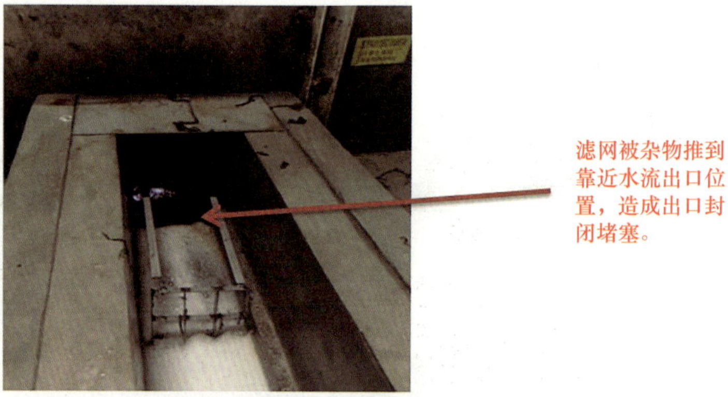

图 2　杂物堵塞位置图</td></tr>
<tr><td>消缺行动</td><td>设备管理处反馈：
1) 维修支持处核实鼓网电机间水泥盖板情况，盖板下方为海水进鼓网流道，经评估分析将现有水泥盖板更换为塑料格栅，将鼓网电机间的积水排回鼓网进水流道；
2) 在鼓网电机间排水渠增加多级过滤装置；
3) 关于鼓网电机间湿度大造成的设备腐蚀问题，由维修支持处对墙面进行防腐处理，技术支持处对设备做好防腐工作</td></tr>
</table>

续　表

相关知识	1)取水明渠拦污网拦污效果较差，在海工条件恶化的情况下，有海生物越过拦污网进入冷源系统，堵塞流道风险； 2)事件发生之前 3CFI012DG 处于维修不可用状态，导致 B 列鼓网只有一台格栅除污机可用，增加了杂物进入鼓网的几率，当前我厂格栅除污机维修频率较高，可靠性较低，建议后续采取措施降低格栅除污机的故障率； 3)鼓网电机间排污槽新增的临时滤网无法固定，此次事件中滤网堵塞后被水流冲到排水槽出口处，导致污水无法及时排掉，进而导致电机间被淹，后续建议对其进行固定在排污槽中部处理； 4)现场配置专用的鼓网电机间被淹疏通工具和绝缘靴。同时评估该房间相关配电箱的防水性，防止房间被淹人员干预时有触电风险； 5)现场张贴《鼓网电机水淹应急处置预案》并组织外围人员进行相关演练； 6)建立维支人员定期格栅除污机和鼓网电机间杂物清理机制，运行人员增加 CFI 系统专项巡检制度； 7)紧急情况时，主控可以立即停运反冲洗水泵，避免鼓网电机间液位继续上涨； 8)通过变更改造，增加鼓网电机间排水路径。 9)正常运行时需加强对鼓网巡检： ①除了正常巡检要求外，每班要额外进行巡检，主要观察鼓网电机是否有异音，润滑油位、油质是否正常。 ②若 A/B 列鼓网电机润滑油位小于 1/4 或者油质呈现乳化时，则发起 oncall 联系电气人员加油。 ③若鼓网冲洗水槽出现堵塞(目视有物体堵住滤网)，立即 oncall 维修服务进行清理
参考资料信息	运行二处：《运行二处内部经验反馈——3 号机组 B 列鼓网堵塞经验反馈》； 运行二处：《运行二处内部经验反馈—鼓网电机间排污槽堵塞处理经验反馈》； 运行二处：《FQ8-OP00-TD-180013、4 号机组鼓网电机间进水应急预案》
编　　者	运行二处一值：谷铁　　时间：2019 年 02 月 11 日

4.1.10 3CFI014MN 液位差达 0.22～0.25 m，但 3CFI014DG 并未自启

异常缺陷名称	3CFI014MN(3CFI014DG 格栅前后液位差压计)液位差达 0.22～0.25 m，但 3CFI014DG 并未自启
发生时间	2018 年 07 月 12 日早班
机组状态	RP 模式，电功率 836 MWe
异常缺陷现象	3CFI014MN(3CFI014DG 格栅前后液位差压计)液位差达 0.22～0.25 m，但 3CFI014DG 并未自启，同时将 3CFI014DG 置于手动并循环打捞 3 次，均未捞出异物，且 3CFI014MN 读数未有下降趋势，怀疑仪表故障
风险或潜在后果	仪表故障导致无法真实反馈格栅前后液位差
干预行动	已采取的行动措施： 1)将 3CFI014DG 置于手动并循环打捞 3 次，均未捞出异物； 2)oncall 仪控检查处理
原因分析	探头被堵塞
消缺行动	仪控处理反馈： 1)检修步骤： ①就地模拟液位变送器高 1 报警触发，观察格栅除污机可正常启动； ②将模拟值恢复初始状态，拆除 3CFI116CR 箱内 BNC 端子排上的 4 号和 13 号端子外侧接线，并做好拆线记录； ③使用撬棍打开水泥盖板，取出 3CFI014MN1 探头； ④检查并清理探头污渍，将探头静置，检查就地箱 3CFI116CR 对应 ID 指示进行清零； ⑤检查指示仪表参数正确； ⑥将探头恢复安装，恢复水泥盖板； ⑦使用撬棍打开水泥盖板，取出 3CFI014MN2 探头； ⑧检查并清理探头污渍，将探头静置，检查就地箱 3CFI116CR 对应 ID 指示进行清零； ⑨检查指示仪表参数正确； ⑩将探头恢复安装，恢复水泥盖板，在 3CFI116CR 中查看 3CFI014MN 液位差，对偏差进行调整，确认 ID 上显示正常； ⑪根据拆线记录恢复 3CFI116CR 箱内 BNC 端子排上的 4 号和 13 号端子外侧接线，并做好接线记录。 2)故障原因分析：探头被堵塞

续　表

相关知识	格栅除污机（CFI012DG、CFI014DG）两侧液位差（CFI012MN、CFI014MN）与其运行的关系： 1）2 个压差探头都测到液位差<0.12 m 水柱时，两台格栅除污机按定时器自动交替启动运行； 2）1/2 探头测到液位差≥0.12 m 水柱时，同一系列 2 个格栅除污机同时运行一个或多个循环，直到压差<0.09 m 水柱； 3）1/2 探头测到液位差≥0.25 m 水柱时，主控发报警	
参考资料信息	维修二处仪控：完工报告《FQ3-MA03-RCWO-00969789/01 3CFI014MN（3CFI014DG 格栅前后液位差压计）液位差达 0.22～0.25，但 3CFI014DG 并未自启》； WR/WOT：00413291/00969789-01（紧急工单）	
编　　者	运行二处一值：谷铁	时间：2019 年 02 月 11 日

4.1.11　主控触发 3CFI313KA（3CFI313BA 液位低报警），现场核实 3CFI313BA 液位正常

异常缺陷名称	主控触发 3CFI313KA（3CFI313BA 液位低报警），现场核实 3CFI313BA 液位正常
发生时间	2018 年 06 月 26 日夜班
机组状态	RP 模式，电功率 836 MWe
异常缺陷现象	主控触发 3CFI313KA（3CFI313BA 液位低报警），现场核实 3CFI313BA 液位正常，怀疑 3CFI313SN 故障
风险或潜在后果	报警误触发，影响正常的液位监视
干预行动	已采取的行动措施： 1）查看和执行报警卡，安排现场检查确认 3CFI313BA 液位正常，现场检查油路未见异常漏油情况； 2）oncall 仪控检查处理
原因分析	仪表绝缘性降低
消缺行动	仪控处理反馈： 1）检修步骤： ①断开 3CFI313SN 上游电源 3CFI1031CR 中 001JS； ②拆除防火布，打开仪表接线盖，用万用表测量电压确认仪表电源已断开，做好拆线记录，拆除仪表接线并用绝缘胶带包裹好； ③用扳手松开仪表锁紧螺栓，将仪表取出，用白布包裹好开口；

续 表

消缺行动	④用万用表测量仪表节点，模拟仪表动作，确认仪表功能不正常(仪表电阻一般为 30 Ω)，使用兆欧表检查发现仪表干簧管仪表绝缘性降低； ⑤根据旧仪表对比定值与新备件一致，更换新备件，模拟仪表动作正常，恢复仪表接线/仪表盖及防火布，恢复仪表电源 001JS，确认仪表显示正常。 2)故障原因分析：仪表绝缘性降低
相关知识	右轴油箱 3CFI313BA 液位计 3CFI313SN≤50%时，触发 3CFI313KA 3CFI031TF 鼓网右轴油箱 3CFI313BA 液位低
参考资料信息	维修二处：ECM 中完工报告《FQ3-MA03-RCWO-00956786/01 3CFI313SN 误触发产生报警，怀疑故障》； WR/WOT：00405987/00956786-01(紧急工单)
编　　者	运行二处一值：谷铁　　　　时间：2019 年 02 月 11 日

4.1.12　格栅除污机 2CFI011/013DG 频繁启动

异常缺陷名称	格栅除污机 2CFI011/013DG 频繁启动
发生时间	2017 年 09 月 18 日早班
机组状态	RP 模式，满功率
异常缺陷现象	巡检发现 2CFI011MN 压差计显示 0.12 m，2CFI013MN 显示为-0.05 m，导致格栅除污机 2CFI011/013DG 频繁启动
风险或潜在后果	格栅除污机压差计异常，导致格栅除污机频繁启动
干预行动	已采取的行动措施： 1)现场检查格栅除污机动作正常，未见松绳等报警情况，打捞未捞出海生物等杂物； 2)oncall 仪控检查处理
原因分析	2CFI011MN1、2CFI011MN2 零点不准
消缺行动	仪控处理反馈： 1)检修步骤： ①打开 2CFI115CR，根据端子排出线图对 BNC 端子排上的 1、10 号端子进行标记； ②经反复确认后拆除 BNC 端子排上的 1、10 号端子； ③在 2CFI011ID 上进行参数修改，确认 2CFI011MN1 与 2CFI011MN2 液位差在允许范围内； ④持票观察，确认 2CFI011MN1 与 2CFI011MN2 示数稳定。

续　表

消缺行动	2)故障原因分析：2CFI011MN1、2CFI011MN2零点不准	
相关知识	格栅除污机(CFI011DG、CFI013DG)两侧液位差(CFI011MN、CFI013MN)与其运行的关系： 1)2个压差探头都测到液位差<0.12 m水柱时，两台格栅除污机按定时器自动交替启动运行； 2)1/2探头测到液位差≥0.12 m水柱时，同一系列2个格栅除污机同时运行一个或多个循环，直到压差<0.09 m水柱； 3)1/2探头测到液位差≥0.25 m水柱时，主控发报警	
参考资料信息	维修二处仪控：完工报告《FQ2-MA03-RCWO-00709912/01巡检发现2CFI011MN与2CFI013MN偏差较大，2CFI011MN压差计显示0.12M》； WR/WOT：00290996/00709912-01(紧急工单)	
编　　者	运行二处一值：谷铁	时间：2019年02月11日

4.1.13　主控触发2CFI913KA(011DG或013DG格栅除污机故障)故障报警，2CFI011DG现场卡在半空无法动作

异常缺陷名称	主控触发2CFI913KA(011DG或013DG格栅除污机故障)故障报警，2CFI011DG现场卡在半空无法动作
发生时间	2017年09月30日中班
机组状态	RP模式，电功率633 MWe
异常缺陷现象	主控触发2CFI913KA(011DG或013DG格栅除污机故障)故障报警，2CFI011DG现场卡在半空无法动作
风险或潜在后果	导致格栅除污机不可用
干预行动	已采取的行动措施： 1)查看和执行报警卡，安排现场检查2CFI011DG或013DG格栅除污机，发现2CFI011DG现场卡在半空无法动作； 2)现场检查2号机组鼓网反冲洗水沟内未见明显海生物和杂物，其他格栅除污机打捞未见明显海生物和杂物； 3)提工作申请(WR)走计划处理
原因分析	限位没有触发

续　表

消缺行动	电气处理反馈： 1)检修步骤： ①对就地操作箱接线盒及接近开关进行检查，接线正常； ②同时对 2CFI011DG 格栅除污机的上限位进行调整； ③运行人员配合启动循环运行，格栅除污机打循环正常运行。 2)故障原因分析：限位没有触发	
相关知识	格栅除污机（CFI011DG、CFI013DG）两侧液位差（CFI011MN、CFI013MN）与其运行的关系： 1)2 个压差探头都测到液位差<0.12 m 水柱时，两台格栅除污机按定时器自动交替启动运行； 2)1/2 探头测到液位差≥0.12 m 水柱时，同一系列 2 个格栅除污机同时运行一个或多个循环，直到压差<0.09 m 水柱； 3)1/2 探头测到液位差≥0.25 m 水柱时，主控发报警	
参考资料信息	维修二处电气：完工报告《FQ2-MA02-RCWO-00717806/01 2CFI011DG 主控显示故障报警，现场卡在半空无法动作》； WR/WOT：00295392/00717806-01(计划工单)	
编　　者	运行二处一值：谷铁	时间：2019 年 02 月 11 日

4.1.14　2CFI031TF 鼓网低速电机 2CFI001MO 存在明显异音且其一级减速机油位计中油呈暗黑色

异常缺陷名称	2CFI031TF 鼓网低速电机 2CFI001MO 存在明显异音且其一级减速机油位计中油呈暗黑色
发生时间	2019 年 05 月 15 日夜班
机组状态	RP 模式，电功率 836 MWe
异常缺陷现象	夜班巡检发现 2CFI031TF 鼓网低速电机 2CFI001MO 转轴存在明显“嘎吱嘎吱”的异音，且其一级减速机油位计中油呈暗黑色
风险或潜在后果	1)2CFI001MO 与 2CFI007/003/005MO 电机同轴，如果 2CFI001MO 卡涩或故障，存在 2CFI031TF 鼓网停运，可能导致杂物无法得到有效清除，存在 A 列冷源丧失风险； 2)若电机转轴故障，导致 2CFI031TF 鼓网停运，2CRF001PO 长时间运行，鼓网可能因前后压差过高而被吸变形损坏的风险，循泵可能因鼓网前后压差高跳闸，导致非计划降功率

续　表

<table>
<tr><td>干预行动</td><td>已采取的行动措施：
1）主控和现场重点关注监视 2CFI001MO 运行情况，确认 2CFI007MO、003MO、005MO 可用无异常；
2）oncall 维修机械和电气人员检查；
3）做好切换 2CFI031TF 鼓网低速电机 2CFI001MO 到 2CFI007MO 运行的准备</td></tr>
<tr><td>原因分析</td><td>1）2CFI001MO 电动机非驱动端风扇罩个别螺栓松动，风扇罩轻微变形，风扇与风扇罩刮擦，产生刮擦声；
2）海水蒸汽通过风扇吸入电机后在电机非驱动端端盖与轴接触部位蒸发变成盐颗粒，电动机轴转动过程中与盐颗粒摩擦，产生间歇细微摩擦声</td></tr>
<tr><td>消缺行动</td><td>电气处理反馈：
1）检查结果及处理措施：
①到达就地在未使用听针的情况下，可以明显听出 2CFI001MO 电动机非驱动端风扇罩内有嗡嗡刮擦声音；
处理进展：对风扇罩与电机本体螺栓进行紧固，轻微按压风扇罩后，风扇与风扇罩刮擦声消失；
原因分析：5 月 14 日解体 2CFI007MO 时频繁启停 2CFI001MO，造成 2CFI001MO 电动机非驱动端风扇罩个别螺栓松动，风扇罩轻微变形，风扇与风扇罩刮擦，产生刮擦声。
②为确定轴承状态使用听针检查 2CFI001MO 电动机驱动端、非驱动端轴承声音，发现非驱动端除电磁噪声（多极电机正常运行声音）外伴有间歇细微摩擦声；
处理措施：测量 1/2CFI001/002MO（1、2 号机组运行中的鼓网低速电机）振动、温度数据正常，检查风扇罩螺栓都已紧固。

表 1　鼓网低速电机运行的振动参数
<table>
<tr><th>设备位码</th><th>电动机测振方向</th><th>水平/（mm/s）</th><th>垂直/（mm/s）</th><th>轴向/（mm/s）</th><th>振动标准/（m/s）</th><th>电动机运行参数</th></tr>
<tr><td rowspan="2">1CFI001MO</td><td>驱动端</td><td>2.3</td><td>1.2</td><td>0.5</td><td rowspan="8">≤10</td><td rowspan="2">正常</td></tr>
<tr><td>非驱动端</td><td>1.3</td><td>1.0</td><td>0.5</td></tr>
<tr><td rowspan="2">1CFI002MO</td><td>驱动端</td><td>2.2</td><td>2.0</td><td>1.3</td><td rowspan="2">正常</td></tr>
<tr><td>非驱动端</td><td>0.7</td><td>1.8</td><td>0.9</td></tr>
<tr><td rowspan="2">2CFI001MO</td><td>驱动端</td><td>2.3</td><td>1.5</td><td>0.3</td><td rowspan="2">正常</td></tr>
<tr><td>非驱动端</td><td>0.7</td><td>0.8</td><td>0.8</td></tr>
<tr><td rowspan="2">2CFI002MO</td><td>驱动端</td><td>1.2</td><td>1.2</td><td>0.4</td><td rowspan="2">正常</td></tr>
<tr><td>非驱动端</td><td>0.9</td><td>0.7</td><td>0.7</td></tr>
</table></td></tr>
</table>

续 表

<table>
<tr><td rowspan="2">消缺行动</td><td>
表 2 鼓网低速电机运行的温度参数
<table>
<tr><th>设备位码</th><th>电动机本体温度/℃</th><th>温度标准/℃</th><th>电动机运行参数</th></tr>
<tr><td>1CFI001MO</td><td>59.4</td><td rowspan="4">电动机本体温度≤110</td><td>正常</td></tr>
<tr><td>1CFI002MO</td><td>72.3</td><td>正常</td></tr>
<tr><td>2CFI001MO</td><td>67.4</td><td>正常</td></tr>
<tr><td>2CFI002MO</td><td>64.3</td><td>正常</td></tr>
</table>
</td></tr>
<tr><td>
原因分析：初步分析该房间湿度较大，海水蒸汽通过风扇吸入电机后在电机非驱动端端盖与轴接触部位蒸发变成盐颗粒，电动机轴转动过程中与盐颗粒摩擦，产生间歇细微摩擦声。
2）2CFI001MO 电动机运行状态评估：
2CFI001MO 电动机风扇罩内风扇与风扇罩的刮擦声已通过紧固风扇罩螺栓与轻微按压风扇罩得到解决，由于轴跟盐颗粒之间的细微摩擦而造成的间歇细微摩擦声非轴承异常产生的声音，且 2CFI001MO 电动机最大振动 2.3 mm/s，温度 67.4 ℃，参数正常。判断 2CFI001MO 电动机轴承目前运行状态良好，2CFI001MO 电动机可以保持正常运行。
3）后续行动
①由于 2 号机组 A、B 列鼓网电机房间穿墙风机 2DVP001/002ZV 风机损坏，需更换风机整机，备件 2019 年 06 月中旬到货，对该房间增加临时排风机；
②升版 2CFI007MO 电动机异音解体工作方案，以便适用于 1、2 号机组所有低速电机解体更换轴承工作；
③加强巡检，每日对鼓网电机振动、温度、运行声音进行监测，发现异常及时反馈
</td></tr>
<tr><td>相关知识</td><td>化学技术规范中关于润滑油的要求说明：应急柴油发电机 LHP/Q/S、CFI 等系统，由于油品颜色较深，黏度大，不作“外观”和“颗粒度”要求</td></tr>
<tr><td>参考资料信息</td><td>运行一处：2 号机组异常反馈——2CFI031TF 鼓网低速电机 2CFI001MO 存在明显异音且其一级减速机油位计中油呈暗黑色；
维修一处：oncall 反馈——2CFI031TF 鼓网低速电机 2CFI001MO 存在明显异音</td></tr>
<tr><td>编 者</td><td>运行二处一值：谷铁　　　　时间：2019 年 12 月 13 日</td></tr>
</table>

4.1.15　3CFI004MO 的电源柜在 I 位置故障灯亮，且主控显示洋红报故障

异常缺陷名称	3CFI004MO 的电源柜在 I 位置故障灯亮，且主控显示洋红报故障
发生时间	2016 年 03 月 19 日早班
机组状态	首次装料前
异常缺陷现象	3CFI004MO 的电源柜在 I 位置故障灯亮，且主控显示洋红报故障
风险或潜在后果	可能导致鼓网中速电机不可用
干预行动	已采取的行动措施： 1）发现 3CFI004MO 主控显示洋红色，查看为 MCC 故障，安排现场检查发现 3CFI004MO 的电源柜在 I 位置故障灯亮； 2）oncall 电气处理
原因分析	微机电动机监控装置异常
消缺行动	电气处理反馈： 1）检修过程： ①验证隔离边界，确认设备位置，建立检修区域； ②拉出 3LKH221JA 抽屉，核对柜内接线与图纸一致； ③推入 3LKH221JA 抽屉，微机电动机保护装置显示异常，且故障灯亮； ④用备件更换微机电动机保护装置； ⑤备件更换完后，重新推入 3LKH221JA 抽屉并合闸，指示正常； ⑥找运行人员验证，主控显示正常； ⑦工作结束，清理现场，将设备恢复至初始状态。 2）故障原因分析：微机电动机监控装置异常
相关知识	A 列鼓网前后液位压差 3CFI311MN、313MN、315MN 的控制逻辑： 1）3 个压差探头测到液位差都<0.1 m 水柱时，滤网为低速运行（线速度 2.5 m/min）； 2）1/3 探头测到液位差≥0.1 m 水柱时，KIC 中触发 3CFI903KA（3CFI031TF 鼓网前后液位压差高 1）报警，转中速运行（线速度 10 m/min）； 3）2/3 探头测到液位差≥0.2 m 水柱时，KIC 中触发 3CFI905KA（3CFI031TF 鼓网前后液位差压高 2）报警，转高速（线速度 20 m/min）； 4）1/3 探头测到液位差≥0.3 m 水柱时，KIC 中触发 3CFI901KA1（3CFI031TF 鼓网前后液位差高 3）报警；

续 表

相关知识	5) 2/3 探头测到液位差≥0.8 m 水柱时，KIC 中触发 3CFI901KA2（3CFI032TF 鼓网前后液位差压高 4）相应的循泵 3CRF001PO 跳闸	
参考资料信息	维修二处电气：EAM 中工单 00246248-01 的完工报告； 运行二处：3 号机组值长日报 2016 年 03 月 20 日，3 号机组 eSOMS 日志 2016 年 03 月 19 日； WR/WOT：00115406/00246248-01（紧急工单）	
编　　者	运行二处一值：王敏	时间：2019 年 04 月 10 日

4.1.16 主控触发报警 1CFI913KA，现场发现 1CFI011DG 提升电机故障

异常缺陷名称	主控触发报警 1CFI913KA（011DG 或 013DG 格栅除污机故障），现场发现 1CFI011DG 提升电机故障
发生时间	2018 年 04 月 07 日早班
机组状态	RP 模式，满功率
异常缺陷现象	主控触发报警 1CFI913KA（011DG 或 013DG 格栅除污机故障），现场发现 1CFI011DG 提升电机故障
风险或潜在后果	导致格栅除污机 1CFI011DG 不可用
干预行动	已采取的行动措施： 1) 查看和执行报警卡，安排检查 1CFI011DG 发现提升电机故障； 2) oncall 电气检查处理
原因分析	1CFI011MO 过载，导致热继动作
消缺行动	电气处理反馈： 1) 故障描述：主控触发报警：1CFI913KA，现场发现 1CFI011DG 提升电机故障。 2) 原因分析：1CFI011MO 过载，导致热继动作。 3) 检修步骤： ①上限位触发，耙斗卡住，电机过载，导致热继动作，对热继进行复位，将切换开关打至停止位，调整上限位，格栅除污机打循环运行两次正常运行； ②联系运行验证，发现 1CFI011MO 存在异音，耙斗上升过程中电机过载，导致 1LKH231JA 跳闸； ③用万用表测量热继，发现热继两对触点全部导通，热继损坏； ④对 1LKH231JA 下游负荷进行绝缘测量，绝缘合格； ⑤检查 1CFI011MO，电机绝缘直阻正常；

续　表

消缺行动	⑥对热继电器进行复位，无法复位； ⑦用万用表测量热继电器常开触点与常闭触点，两对触点都导通，热继电器损坏； ⑧领取备件，对损坏的热继电器进行更换； ⑨联系运行验证，无异常，工作结束	
相关知识	格栅除污机（CFI011DG、CFI013DG）两侧液位差（CFI011MN、CFI013MN）与其运行的关系： 1）2 个压差探头都测到液位差<0. 12 m 水柱时，两台格栅除污机按定时器自动交替启动运行； 2）1/2 探头测到液位差≥0. 12 m 水柱时，同一系列 2 个格栅除污机同时运行一个或多个循环，直到压差<0. 09 m 水柱； 3）1/2 探头测到液位差≥0. 25 m 水柱时，主控发报警	
参考资料信息	维修一处：2018 年 04 月 08 日维修日报和 EAM 中工单 00891902-01 的完工报告	
编　　者	运行二处一值：谷铁	时间：2019 年 04 月 10 日

4.1.17　3 号主控闪发四次 B 列鼓网压差高 1、高 2、高 3 报警

异常缺陷名称	3 号主控闪发四次 B 列鼓网压差高 1、高 2、高 3 报警
发生时间	2018 年 03 月 01 日中班
机组状态	RP 模式，满功率
异常缺陷现象	中班自 21 时 13 分开始至 23 时 02 分，共闪发 4 次 3CFI904KA（3CFI B 列鼓网前后液位差高 1 报警）、3CFI906KA（3CFI B 列鼓网前后液位差高 2 报警）、3CFI902KA1（023TF 鼓网前后差压高 3）报警，就地检查 3CFI322MN、324MN、326MN 未发现异常
风险或潜在后果	3CFI322MN、324MN、326MN 三块表在触发高 4 信号时 3 取 2 延时 3 s 跳 B 列循泵，因鼓网压差高 4 报警逻辑也为 3 取 2，故未出现高 4 报警，考虑到仪表故障可能性较大，若 3CFI322MN、324MN、326MN 三块表中有一块已触发过高 4 信号，若同时再触发一个高 4 信号，则 B 列循泵跳闸，机组需紧急降负荷
干预行动	1）已采取的行动措施： ①就地检查 3CFI322MN、324MN、326MN 未发现异常； ②就地启动 B 列耙斗，未见明显异物； ③oncall 维修仪控人员，就地对 3CFI322MN、324MN、326MN 保持密切观察，仪控业主人员已从生活区出发；

续 表

干预行动	④当班值根据 FQ3-CRF-I-001 循环水系统运行异常故障规程进行事故预想。 2）建议后续行动： ①仪控人员就地密切关注 3CFI322MN、324MN、326MN 有无波动，同时在一层查找相应点位趋势，尽快定位故障仪表； ②处理故障仪表过程需做好充分风险预案，避免误动
原因分析	CFI 系统超声波液位计受水汽影响较大，对仪表测量形成干扰
消缺行动	仪控处理反馈： 1）检修步骤： ①确认设备位号与工作许可证一致，与主控沟通说明工作内容及风险； ②拆除 3CFI132CR 内 3CFI322XU1/3 的 1 号端子、3 号端子、5 号端子、7 号端子； ③断开 3LNE9993JA，观察显示器状态为乱码状态，确认已断电； ④联系起重吊起盖板，检查就地探头状态，仪表探头表面存在少量凝结水汽，对探头进行清理； ⑤推入 3LNE9993JA，恢复 3CFI132CR 内 3CFI322XU1/3 的 1 号端子、3 号端子、5 号端子，对高 4 信号进行闭锁； ⑥持票观察期间存在闪发高 3 报警，与业主沟通实施 TCA 对高 4 信号进行延时 30 s； ⑦恢复 3CFI132CR 内 3CFI322XU1/3 的 7 号端子； ⑧工作结束，清理现场。 2）故障原因分析：CFI 系统超声波液位计受水汽影响较大，对仪表测量形成干扰
相关知识	3CFI322MN 为超声波液位计，3CFI324/326MN 为静压式液位计。 B 列鼓网前后液位压差 3CFI322MN、324MN、326MN 的控制逻辑： 1）3 个压差探头测到液位差都<0.1 m 水柱时，滤网为低速运行（线速度 2.5 m/min）； 2）1/3 探头测到液位差≥0.1 m 水柱时，KIC 中触发 3CFI904KA（3CFI032TF 鼓网前后液位压差高 1）报警，转中速运行（线速度 10 m/min）； 3）2/3 探头测到液位差≥0.2 m 水柱时，KIC 中触发 3CFI906KA（3CFI032TF 鼓网前后液位差压高 2）报警，转高速（线速度 20 m/min）； 4）1/3 探头测到液位差≥0.3 m 水柱时，KIC 中触发 3CFI902KA1（3CFI032TF 鼓网前后液位差高 3）报警；

续 表

相关知识	5)2/3 探头测到液位差≥0.8 m 水柱时，KIC 中触发 3CFI902KA2(3CFI032TF 鼓网前后液位差压高 4)报警，相应的循泵 3CRF001PO 跳闸
参考资料信息	运行二处：3 号机组异常反馈——3 号主控闪发四次 B 列鼓网压差高 1、高 2、高 3 报警； WR/WOT：00355331/00864411-01(紧急工单)
编　　者	运行二处一值：谷铁　　时间：2019 年 04 月 11 日

4.1.18 4CFI011DG 强制位无法操作

异常缺陷名称	4CFI011DG 强制位无法操作
发生时间	2018 年 06 月 03 日早班
机组状态	RP 模式，满功率
异常缺陷现象	执行(NQ)FQ4-CFI-T-001：拦污栅耙斗的限位开关和应急停止试验规程时，4CFI011DG 就地置强制位置后无法动作
风险或潜在后果	影响定期试验的继续开展，影响格栅除污机运行的可靠性
干预行动	已采取的行动措施： 1)暂停试验，安排现场检查格栅除污机 4CFI011DG 供电和急停按钮，未见明显异常； 2)oncall 维修电气检查处理
原因分析	松绳限位接线脱落
消缺行动	电气处理反馈： 1)检修过程： ①联系服务人员吊开 4CFI011DG 保护罩； ②检查 4CFI011DG 限位开关，发现松绳限位开关接线脱落； ③对松绳限位开关接线重新端接并对其位置进行调整紧固； ④联系运行人员启动验证，无异常。 2)故障原因分析：松绳限位接线脱落
相关知识	1)格栅除污机的控制方式： 在泵站电气房间内(4PX621)的 4CFI101AR(或 4CFI102AR)控制盘上，每个格栅除污机的控制方式有三种："自动""强制""现场"，由选择开关"CC"来选择其运行方式：

续 表

相关知识	①自动模式：正常运行方式，此时格栅除污机可以通过时间继电器控制其每隔 8 h 启动运行一次；或者由高压差信号（大于 0.12 m 时），触发启动捞渣，直至压差降低才停止。当压差大于 0.25 m 时触发主控室报警；自动启动循环捞渣结束后，耙斗应停运在上部正常位置； ②强制模式：耙斗将不停地进行“耙斗循环”，此时应监视耙斗运行情况，根据需要及时切换运行状态，以防止设备的频繁运行而损坏； ③现场模式：耙斗由就地控制箱手动控制，通常用于故障状态下或执行试验时使用。 2）格栅除污机的故障报警： 如果耙斗在下降时发生松绳故障，松绳机构致使接近开关动作，就地箱发出报警指示。 无论任何原因，耙斗上升到上限位置或下降到下限位置时，上限位开关或下限位开关动作，停止耙斗上升或下降，就地箱发出报警指示。 耙斗上装有耙齿与栅条啮合到位和耙齿与栅条脱离到位开关。在耙齿与栅条啮合或脱离到位时，啮合到位或脱离到位开关动作，停止耙齿与栅条啮合或脱离动作，在耙斗上还装有耙齿与栅条啮合、脱离的过力矩开关，当耙斗电机的负载超出机械装置的正常负载等级时，就地箱发出报警指示。 每台除污机包括的所有运行报警都是由位于 PX 泵房电气间内的控制柜面板上的故障指示器独立执行的。对于每台鼓形滤网配套的两台除污机，仅向主控室发出“除污机故障”报警信号
参考资料信息	维修二处电气：完工报告《FQ4-MA02-RCWO-00938418/01 4CFI011DG 强制位无法操作》； WR/WOT：00396739/00938418-01（紧急工单），工作许可证：4PT18533（4CFI011DG 无法启动，需检查）； 设备管理处：《FQY-CFI-SDM-001_CFI 循环水水过滤系统手册》
编　者	运行二处一值：谷铁　　　　时间：2019 年 04 月 11 日

4.1.19　3 号机组 CFI 系统 B 列格栅除污机 3CFI012DG 和 3CFI014DG 压差持续升高

异常缺陷名称	3 号机组 CFI 系统 B 列格栅除污机 3CFI012DG 和 3CFI014DG 压差持续升高
发生时间	2020 年 04 月 14 日—05 月 04 日
机组状态	RP 模式，电功率 836～1080 MWe

续　表

异常缺陷现象	04 月 14 日，3CFI012DG 出现松绳报警情况，发现在距离底部接近 3 m 位置存在异物卡涩情况。 04 月 16 日，3CFI014DG 前后压差出现闪发高 1 报警，由于 3CFI014DG 隔离，无法启动格栅除污机打捞。在 3CFI014DG 隔离解除后，之后动作过程中出现松绳报警，发现距离底部接近 3 m 位置有异物卡涩情况； 04 月 19 日，3CFI012DG 和 014DG 前后压差达到 0.13~0.14 m 并开始持续上涨；3CFI B 列鼓网反冲洗水排污沟间捞出的杂物开始大幅增加。同时，现场发现 3 号机组取水口外围拦污网浮筒出现倾斜，一段拦污网沉入水面以下； 04 月 19 日开始，鼓网反冲洗杂物开始增多，大部分为海藻和海带，下图为近期各机组格栅除污机和鼓网反冲洗杂物的打捞量统计趋势，从趋势上可以看出，04 月 19 日至 05 月 01 日期间，3 号机组杂物量明显高于其他机组； 04 月 25 日，3CFI011DG 动作时出现松绳报警； 至 04 月 28 日 B 列两台格栅除污机前后压差达到 0.6~0.7 m，A 列两台格栅除污机前后压差达到 0.1~0.2 m。04 月 28 日通过高压水枪冲洗，维修支持更换取水口海面拦污网，前后压差才有所下降； 05 月 01 日，缺陷处理前，B 列压差已降低至 0.3 m，但格栅除污机仍存在松绳报警。之后，停运循泵清理海带堵塞，格栅除污机恢复正常功能；05 月 03 日早班，在检查格栅除污机打捞情况时，现场发现 3CFI012DG 在距离底部 1.5 m 处出现松绳报警； 期间 3 号机组 A、B 列鼓网反冲洗水排污管沟有较多海带/海藻、贝壳，A、B 列鼓网前后压差未见明显上升
风险或潜在后果	影响 3 号机组 B 列冷源可靠性
干预行动	已采取的行动措施： 1）安排运行现场增大格栅除污机打捞频率，安排专人监视 3 号机组格栅除污机前后压差和鼓网前后压差； 2）做好事故预想，熟悉取水口堵塞相关的应急预案和事故规程； 3）运工生效细格栅压差达到 1.3 m 后运行干预的 TOI，安排现场加大巡检力度，将 3/4 号机组格栅除污机自动循环运行时间修改为 2 h 一次，增加动作频率；适度增加 CTE 加药量； 4）联系和要求维修支持专业加大取水口和鼓网间异物打捞频率，要求维修支持对取水口拦污网进行更换（已确认旧拦污网失效）和扶正倾覆的拦污网浮筒； 5）联系维修机械和设备管理机械进行检查处理和分析格栅除污机松绳报警，采取措施处理格栅除污机无法下降到底打捞杂物的异常；

续 表

干预行动	6)经组织维修专业讨论决策，在五一假期调峰窗口时，为处理3号机组A/B列细格栅压差高和格栅除污机松绳报警问题，申请降功率停运循泵进行缺陷处理； 7)本次决策只停运循泵和鼓网，不下闸板，不排水，SEC切换至另一列取水，潜水员进入粗格栅和细格栅之间进行堵塞物清理； 8)考虑ΔI控制，05月01日机组降功率至650 MW停运2号循泵。循泵停运，机组状态稳定后，立即以0.5 MW/min速率升功率至720 MW(与电网沟通，为更好控制ΔI，申请升功率至735 MW)； 9)取水口B列缺陷处理完成后，05月03日夜班启动2号循泵，然后降功率至690 MW停运1号循泵停运，机组状态稳定后，重新升功率至735 MW； 10)取水口A列缺陷处理完成后，恢复启动1号循泵，然后申请升功率至836 MW； 11)05月03日早班，在检查格栅除污机打捞情况时，现场发现3CFI012DG在距离底部1.5 m处出现松绳报警。经检查后，确定为海带在循泵重新启动后，再次堆积吸附在细格栅底部，导致3CFI012DG出现松绳报警； 12)经缺陷处理小组讨论后，决定取水口A列完成清理，重新启动3CRF001PO后，再次停运3CRF002PO进行海带打捞。研究决定，在后续每次打捞完成后，将格栅除污机放入最底部，防止海带集聚导致格栅除污机无法下放打捞。经清理后，格栅除污机恢复正常运行，耙斗可以下降到底
原因分析	PX取水口拦污网的失效，导致B列细格栅底部吸入大量海带
消缺行动	机械处理反馈： 1)原因分析：PX取水口拦污网的失效，B列细格栅底部存在大量海带。 2)处理措施： ①对3CFI012DG和3CFI014DG增加配重，但仍无法使格栅除污机下降到底部捞渣； ②加工倒钩和刀片对3CFI012DG和3CFI014DG进行加装，同时对3CFI013DG增加配重，动作验证，未见明显效果； ③在格栅除污机下方焊接倒钩、利用高压水枪跟随格栅除污机下到底部进行冲洗等手段，均未能彻底解决问题； ④运行安排降功率后，分别单独停运和启动A列、B列循泵，潜水员下水进行检查处理，发现在细格栅上附着大量海带。潜水员对3CFI012DG和3CFI014DG、3CFI013DG流道的粗格栅、细格栅和流道进行清理海带。

续 表

消缺行动	3)处理进展结果：格栅除污机运行已恢复正常，无松绳报警，耙斗可以下降到底，前后压差恢复正常。 4)后续行动：密切关注细格栅前后压差；增加格栅除污机动作频率；增加取水明渠巡视。 维修支持处理反馈： 1)检查内容结果：潜水员在 A 列和 B 列粗格栅和细格栅处，清理出大量海带。检查过程中，未在格栅除污机轨道上发现导致格栅除污机卡涩的硬物。缺陷处理小组当即决策，潜水员出水，下放格栅除污机进行验证，发现格栅除污机在循泵停运后，耙斗可以正常动作下降到底并打捞出大量海带。 2)原因分析：拦污网已达到更换周期，由于主钢丝绳松弛导致浮筒收到向泵房方向压力，导致浮筒发生翻倒。 3)处理进展结果：已更换取水口拦污网并扶正浮筒，对 3 号机组 CFI 系统 A、B 列进水通道的粗格栅、细格栅和流道进行海带清理后，经验证格栅除污机恢复正常动作
相关知识	1)格栅除污机(细格栅)极限液位差为 1.5 m； 2)格栅除污机(CFI011DG、CFI013DG)两侧液位差(CFI011MN、CFI013MN)与其运行的关系： ①2 个压差探头都测到液位差<0.12 m 水柱时，两台格栅除污机按定时器自动交替启动运行； ②1/2 探头测到液位差≥0.12 m 水柱时，同一系列 2 个格栅除污机同时运行一个或多个循环，直到压差<0.09 m 水柱； ③1/2 探头测到液位差≥0.25 m 水柱时，主控发报警
参考资料信息	运行二处：《运行二处内部经验反馈——3CFI 细格栅压差高处理过程总结》； 核安全处：《FQW-5NS-RCBG3-2004_福清核电 1~4 号机组核安全监督月报(2020 年 04 月)》
编　　者	运行二处一值：谷铁　　　时间：2020 年 05 月 11 日

4.2 循环水泵润滑系统(CGR)

4.2.1 4CGR004PO 频繁启停的经验反馈

异常缺陷名称	4CGR004PO 频繁启停的经验反馈
发生时间	2018 年 06 月 06 日中班
机组状态	RP 模式，满功率
异常缺陷现象	13 点 24 分，主控闪发报警 4CGR020KA[4CGR002PO 系统低压供油压力高(CRF002PO)]，4CGR040KA[CGR 系统供油压力低(CRF002PO)]，4CGR004PO 开始频繁启停(启停时间间隔约 1.5 min，泵长时间处于运行状态)
风险或潜在后果	长时间频繁启泵可能会导致本损坏
干预行动	已采取的行动措施： 1)查看和执行报警卡，查看供油压力 4CGR002MP 趋势，发现 4CGR004PO 未启时 4CGR002MP 示数为 0.192 MPa；4CGR004PO 启动时 4CGR002MP 示数为 0.22~0.23 MPa； 2)oncall 仪控专业检查处理
原因分析	4CRF002PO 反转监测表 4CRF102SZ 故障触发，导致油泵 4CGR004PO 自启，油泵启动后 4CGR042SP 触发油压高停泵，如此反复使得 4CGR004PO 频繁启停
消缺行动	仪控处理反馈： 维修仪控将反转信号 4CRF102SZ 强制为 0，4CGR004PO 自动停运后，油压、油箱液位均正常；强制 4CRF102SZ 为 0 不影响循泵跳闸、润滑油压力低自启 4CGR004PO 的功能；该仪表不参与循泵保护跳泵，仅参与循泵启泵允许及报警逻辑
相关知识	1)CGR004PO 启动逻辑： ①手动启动信号：CGR004PO 手动启动命令 +润滑油温度 046ST 不低； ②自动启动信号： a.(CRF002PO 在运行+CGR036SP 润滑油压力低延时 3 s)+CGR042SP 润滑油压力不高+润滑油温度 CGR046ST 不低； b. CRF002PO 跳闸或反转(CRF102SZ)+(CGR042SP 润滑油压力不高或 CRF002PO 不在运行)+油压低 CGR035SP 触发+润滑油温度 CGR046ST 不低；

续　表

相关知识	c.（CRF002PO 启动命令+ CGR036SP 润滑油压力低延时 3 s）+（CGR042SP 润滑油压力不高或 CRF002PO 不在运行）+润滑油温度 CGR046ST 不低； 2）CGR004PO 停运逻辑： ①无 CGR004PO 自动启动信号+手动停运命令； ②CRF002PO 在运行+CGR042SP 润滑油压力高； ③CRF002PO 停运延时 10 min
参考资料信息	运行二处：《运行二处内部经验反馈——4CGR004PO 频繁启停的经验反馈》； WR/WOT：00398156/00940733-01（紧急工单）
编　　者	运行二处一值：胡松辉　　时间：2019 年 04 月 11 日

4.2.2　2CGR003PO 的上游开关 2LKH321JA 所处的配电柜，在泵未运行的状态下存在电流显示，并且一直在波动

异常缺陷名称	2CGR003PO 的上游开关 2LKH321JA 所处的配电柜，在泵未运行的状态下存在电流显示，并且一直在波动
发生时间	2017 年 01 月 29 日夜班
机组状态	RP 模式，电功率 836 MWe
异常缺陷现象	2CGR003PO 的上游开关 2LKH321JA 所处的配电柜，在泵未运行的状态下存在电流显示，并且一直在波动
风险或潜在后果	影响 2CGR003PO 电流显示
干预行动	已采取的行动措施： 1）主控和现场检查确认 2CGR003PO 处于停运状态； 2）oncall 维修电气检查处理
原因分析	电机综合保护器板卡损坏
消缺行动	电气处理反馈： 1）检修步骤： ①召开工前会，做好风险分析； ②与运行联系，将抽屉抽出，打开电机综合保护器，将旧板卡拆除； ③更换新的板卡，并紧固端子； ④联系运行将抽屉打至试验位，对电机综合保护器参数进行核对，定值正确； ⑤清理现场，归还工作票。 2）故障原因分析：电机综合保护器板卡损坏

续 表

相关知识	2CGR003PO 的控制逻辑：在 CRF001PO 给出启动指令后，只要油压≤0.13 MPa，CGR003PO 即自动启动；在油压>0.2 MPa 时，CGR003PO 自动停运；另外在 CRF001PO 停运指令发出后，003PO 自动启动并在运行 10 min 后自动停运	
参考资料信息	维修一处电气：完工报告《FQ2-MA02-RCWO-00506912/01 2CGR003PO 的上游开关 2LKH321JA 所处的配电柜，在泵未运行的状态下存在电流显示，并且一直在波动—更换综合保护》	
编　　者	运行二处一值：谷铁	时间：2019 年 02 月 11 日

4.3 循环水系统(CRF)

4.3.1 3号主控闪发3CRF503KA(3CRF001MO非驱动端垂直振动高)报警

异常缺陷名称	3号主控闪发3CRF503KA(3CRF001MO非驱动端垂直振动高)报警
发生时间	2019年04月10日中班
机组状态	RP模式，04月10日16:00起以0.5 MWe/min的速率从满功率降功率至836 MWe
异常缺陷现象	19:46主控闪发3CRF503KA(3CRF001MO非驱动端垂直振动高)报警，检查发现3CRF103MV瞬时波动达到78 μm(报警定值65 μm)，同一时刻3CRF101/105/107/109MV也存在振动值增大的现象
风险或潜在后果	导致3CRF001MO非驱动端闪发振动高报警
干预行动	已采取的行动措施： 1)查看和执行报警卡，发现3CRF103MV瞬时波动达到78 μm(报警定值65 μm)，同一时刻3CRF101/105/107/109MV也存在振动值增大的现象； 2)主控查看泵和电机轴承温度变化趋势未见异常； 3)安排现场查看循泵电机和泵未见明显异音和振动； 4)oncall性能测振现场检查测量； 5)oncall仪控人员检查处理； 6)oncall设备管理工程师组织人员检查分析原因； 7)主控加强监视3CRF001PO泵和电机振动参数和轴承温度趋势，现场加强3CRF001PO振动和异音情况的巡视
原因分析	排查报警原因为3CRF101SZ电缆绝缘层磨损断裂，使得3CRF101SZ电压波动引起
消缺行动	仪控处理反馈： 1)检查内容：通过KDO查看同电源供电共9块仪表(3CRF101/103/105/107/109MV/101SZ，3CGR001/003MP/001MD/059MN)历史趋势，确认3CRF101SZ在3CRF103MV/107MV及3CGR001MP波动时触发反转信号；在进行3CRF101SZ在BC箱侧接线检查时，通过动作BC箱至探头本体侧电缆时，反转信号连续闪烁触发，此时3CRF103MV/107MV及3CGR001MP测量值出现波动，与故障现象一致。将3CRF101SZ与其余8块测量仪表供电回路脱开，排除其对其余测量仪表的影响，通过查看KDO中其余仪表实时趋势，确认其余仪表测量值波动为3CRF101SZ本体或测量电缆故障引起(断开9.5 h，此期间仪表测量值未出现波动)；因3CRF101SZ此时输出反转信号与3CRF001PO运行状态不符，将其信号线拆除。

续 表

消缺行动	2）检修步骤（WOT：01192654-01，对 3CRF317BC 箱内接线进行检查）： ①确认设备位号与工作票一致，与运行人员沟通工作风险； ②将 3CGR001MP 打为手动模式； ③对 3CRF317BC 箱内 3CGR101SZ/101MV/103MV/105MV 电压检查； ④确认 3CRF317BC 箱内 3CGR101SZ/101MV/103MV/105MV 电压正常； ⑤手动拉动 3CRF101SZ 电缆，输出电压波动； ⑥拆除 3CRF101SZ 信号电缆； ⑦恢复 3CGR001MP 自动； ⑧另建工单处理（01194051-01）； ⑨在 3CRF001PO 停运状态，3CRF101SZ 更换完成后，恢复 3CRF101SZ 信号电缆； ⑩工作结束，清理现场。 3）故障原因分析：3CRF101SZ 电压波动引起。 4）检修步骤（WOT：01194051-01，3CRF101SZ 检查更换）： ①确认设备位号与工作票一致，验证隔离边界； ②机械配合人员拆除电机保护罩，发现 3CRF101SZ 电缆绝缘层磨损断裂，拆除 3CRF101SZ 接线； ③将损坏 3CRF101SZ 拆除，更换新备件； ④端接备件信号电缆，模拟新备件动作验证仪表功能正常； ⑤恢复并紧固探头安装，联系机械恢复保护罩安装； ⑥确认仪状态正常。 5）故障原因分析：仪表信号线磨损断裂
相关知识	3CRF101SZ 为 3CRF001PO 反转监测开关； CRF001PO 反转（CRF101SZ）信号触发+（CGR041SP 润滑油压力不高或 CRF001PO 不在运行）+油压低 CGR035SP 触发+润滑油温度 CGR045ST 不低
参考资料信息	维修二处仪控：EAM 中工单 01192654-01、01194051-01 的完工报告； WR/WOT：00534486/01192654-01（紧急工单）、00535155/01194051-01（计划工单），工作许可证：3PT09524（对 3CRF317BC 箱内接线进行检查）
编　　者	运行二处一值：游志泽　　　时间：2020 年 01 月 11 日

4.3.2 3CRF001PO 检修气封压力持续下降

异常缺陷名称	3CRF001PO 检修气封压力持续下降	
发生时间	2017 年 12 月 05 日中班	
机组状态	RCD 模式	
异常缺陷现象	自 12 月 04 日 3CRF001PO 检修气封 3CRF101LP 压力一直处于下降状态，从初始 0.58 MPa 下降到当前 0.32 MPa。12 月 05 日中班机械人员将气封背压调节阀 3CRF119VA 调节至最大调节能力开度，但气封压力依然有下降趋势；如果气封压力继续下降，将存在海水泄漏进入循泵房间的风险	
风险或潜在后果	影响循泵气封的可用性，存在海水泄漏进入循泵房间的风险	
干预行动	已采取的行动措施： 1)加强巡检，每小时对循泵气封进行一次巡检，确保压力不低于 0.25 MPa； 2)oncall 维修支持增加顶盖临时排水泵(正式的顶盖排水泵处于隔离状态)； 3)联系设备管理和机械评价给出气封允许的最低压力值； 4)oncall 机械人员检查 3CRF119VA 是否存在堵塞	
原因分析	减压阀 3CRF119VA 故障，缺少密封部件	
消缺行动	机械处理反馈： 1)处理措施：检查背压调节阀 3CRF119VA，发现缺少密封部件，更换新阀； 2)故障原因分析：减压阀 3CRF119VA 故障，缺少密封部件	
相关知识	循泵气封背压调节阀 3CRF119VA/120VA 的整定压力为 0.5 MPa	
参考资料信息	运行二处：3 号机异常反馈——3CRF001PO 检修气封压力持续下降； WR/WOT：00317536/00768767	
编　　者	运行二处一值：游志泽	时间：2020 年 01 月 11 日

4.3.3 主控触发 3CRF665KA：001PO 导向轴承润滑油液位高报警

异常缺陷名称	主控触发 3CRF665KA：001PO 导向轴承润滑油液位高报警
发生时间	2019 年 12 月 05 日中班

续　表

机组状态	RP 模式，满功率
异常缺陷现象	主控触发 3CRF665KA：001PO 导向轴承润滑油液位高报警，现场检查 3CRF101LN 油位在仪表标记的 MIN 与 MAX 之间
风险或潜在后果	导致触发导向轴承润滑油液位高报警
干预行动	已采取的行动措施： 1）主控查看和执行报警卡，产生该报警原因有两条：3CRF101SN3 误报警或者 3CRF001PO 导向轴承进水； 2）主控立即检查 3CRF001PO 运行情况，确认各参数均正常，3CRF001PO 运行正常； 3）安排现场检查 3CRF101LN 油位，确认油位在仪表标记的 MIN 与 MAX 之间，从油位视窗目视检查油质均匀，无异物，怀疑仪表故障，联系化学分析下导轴承油质
原因分析	3CRF101SN3 低漂
消缺行动	1）机械处理反馈： 化学取样分析油质，从下导轴承顶部注油孔取样结果合格，经评价不影响设备运行。但是油位计储油箱取出样品有游离水和颗粒杂质，原因分析为设备长期运行过程中，环境水汽偶发性进入油位计探头储油箱所致。 此外，油位计探头储油箱位置相对于下导轴承室而言温度较低，也有利于热汽凝聚成水滴，当前已经换油处理完成。 2）仪控处理反馈： ①检修步骤： a. 做好拆除航插记录； b. 拆除 3CRF101SN2、101SN3 航插，检查航插插针无松动； c. 松开锁紧螺母将 3CRF101SN2、101SN3 仪表取出； d. 对浮子进行清洗，对浮子的安装位置进行标记； e. 恢复仪表航空插头，上下动作 3CRF101SN3 浮子，仪表功能正常，记录仪表的动作值 3CRF101LN 的标记 MAX：18 mm 报警，记录恢复值 3CRF101LN 的标记 MAX：13 mm 消报； f. 上下动作 3CRF101SN2 浮子，仪表功能正常，记录仪表的动作值 3CRF101LN 的标记 MIN：-20 mm 报警，记录恢复值 3CRF101LN 的标记 MIN：15 mm 消报； g. 调整 3CRF101SN3 后合格，记录 3CRF101LN 的标记 MAX：20 mm 报警，记录恢复值 3CRF101LN 的标记 MAX：15 mm 消报； h. 拆除航插，回装仪表并锁紧； i. 恢复航插，根据现场油箱油位，确认仪表状态正常。 ②故障原因分析：3CRF101SN3 低漂

续　表

相关知识	1) 3CRF101SN3 油位触发定值为高出油位 MAX 线 20 mm，3CRF101SN1 低液位触发定值为实际油位低于油位 MIN 线10 mm，3CRF101SN2 低低液位触发定值为实际油位低于油位线 20 mm； 2) 现场查看循泵导向轴承油位计需要打开盖板才能看到油位计 min 和 max 线，以及正常的油位	
参考资料信息	运行二处：运行二处内部经验反馈——3 号主控触发 3CRF665KA：001PO 导向轴承润滑油液位高报警	
编　　者	运行二处一值：游志泽	时间：2020 年 01 月 11 日

4.3.4　TP3CRF52 试验导致海水热水返流

异常缺陷名称	TP3CRF52 试验导致海水热水返流
发生时间	2016 年 09 月 26 日早班—26 日中班
机组状态	机组调试启动阶段，RP 模式，50%FP 功率平台
异常缺陷现象	早班运行值配合执行调试试验 TP3CRF52 在 50%FP 平台下停运一台 CRF 泵(3CRF002PO)，试验结束后进行恢复操作。由于正值交接班，3CRF002PO 的重新启动工作交由下值继续执行，此时凝汽器水室真空泵 3CRF601PO 正在运行。中班接班后，由于参与 TP3GCT51 试验工前会的需要，当班值未能在启泵条件满足后第一时间启动 3CRF002PO。 16:50，3 号主控 3 台主泵相继出现主泵副推力轴承温度高报警，并仍在快速上涨(此时机组 50%功率平台运行)。操纵员发现后当班值立即核实系统参数，发现运行列(3RRI004PO)设冷水热交换器出口设冷水温度 37.2 ℃，对应列 SEC 贝捕后温度36.58 ℃。进一步查看历史趋势发现从 16:10 左右，海水温度从 27.3 ℃开始快速上涨
风险或潜在后果	导致 3 号机组 3 台主泵相继出现主泵副推力轴承温度高报警，主泵推力轴承存在损坏的风险
干预行动	已采取的行动措施： 1) 值内决策先启动一台 B 列 SEC 泵，发现 B 列海水温度无下降，电话与 1 号机组沟通，海水温度无异常； 2) 主控随后决策启动 A 列 SEC 泵 3SEC001PO，泵启动后海水温度 27.6 ℃，主控决策立即执行设冷切列，切换完成后主泵轴承及电机相关温度渐渐恢复正常

续 表

原因分析	CRF 的 A、B 列冷却海水在 CC 跌落井处汇集，经由 CC 跌落井排往大海，CC 跌落井堤坝标高约-2 m。而凝汽器钛管最大高度接近-7 m(具体标高不详，根据现场情况假设)，两者存在 5 m 左右的高度差。故当一台 CRF 泵停运后，停运列会因为虹吸效应而产生倒流，海水从 CC 跌落井逆流至停运泵的吸入口处。 根据 S 规程，停运一台 CRF 泵后，虹吸破坏阀会自动开启避免上述虹吸效应；而再次启泵前要关闭虹吸破坏阀。因虹吸效应已破坏，再次启泵前，仅关闭虹吸破坏阀不足以建立虹吸(因此时停运列出口至 CC 跌落井这段管道充满空气)，所以再次启泵前，需要凝汽器水室真空泵抽真空以协助虹吸的建立，使准备再次启动的停运列管道内充满海水。 可见，再次启动停运列之前，因为虹吸效应，CC 跌落井处的热水(运行列出口海水)会沿着管道逆向流至停运列的 CRF 泵吸入口处。但及时启泵，建立正常流量后，上述虹吸效应再次消失，热水不会倒流至泵的取水口。 此次执行完 TP3CRF52 试验后，由于启动凝汽器水室真空泵 3CRF601PO 较长时间未启动 3CRF002PO，虹吸效应一直存在，导致热水持续流向 B 列取水口。而 B 列 SEC 泵与 CRF002PO 共享取水口，故热水被运行的 3SEC002PO 吸入导致 SEC 出口温度高，进而导致 RRI 出口温度高，造成下游负荷得不到有效冷却	
消缺行动	运行处理反馈： 1)优化 TP3CRF52 凝汽器半侧解列试验规程，试验前确认运行的 SEC 泵与即将停运的循泵不同列；或者停泵后隔离对应海水侧阀门，待准备启动前再开启； 2)在循泵启动规程中加入重要提示，准备再次启动循泵之前，启动水室真空泵和启动循泵操作要连续执行，避免虹吸形成导致热水返流； 3)安全列设备严格保持分列运行，防止出现共模失效(如果当时 SEC A、B 列联通阀开启，则后果非常严重，3、4 号机组 SEC 联通阀 2016 年 09 月 24 日关闭)	
相关知识	每 2 台机组共用一个取水口，1/2 和 3/4 号机组之间取水口有实体分隔	
参考资料信息	运行二处：《运行二处内部经验反馈——快速通道—配合执行 TP3CRF52 试验导致热水返流经验反馈》	
编　　者	运行二处一值：游志泽	时间：2020 年 01 月 11 日

4.4 循环水处理系统(CTE)

4.4.1 主控触发 4CTE 停机故障报警，现场查看 4CTE002TR 温度高跳闸

异常缺陷名称	主控触发 4CTE 停机故障报警，现场查看 4CTE002TR 温度高跳闸
发生时间	2018 年 12 月 09 日夜班
机组状态	RP 模式，满功率
异常缺陷现象	主控触发 4CTE 停机故障报警，现场查看 4CTE002TR 温度高跳闸，最高温度达到 125 ℃
风险或潜在后果	导致 4CTE 跳闸，影响 4 号机组 CTE 制氯，进而影响海水取水的加药
干预行动	已采取的行动措施： 1) 查看和执行报警卡，就地确认 4CTE 停运，并将 4CTE002TR 置于安全状态； 2) oncall 电气检查处理
原因分析	下游负荷增大，温控箱接线错误导致温度到达报警值跳闸
消缺行动	电气处理反馈： 1) 检修步骤： ①打开变压器柜门进行验电，确认无电后，在低压三相绕组铜排上悬挂接地线； ②确认变压器内部及外部干净整洁无浮灰； ③对变压器进行目视检查，确认内部各元器件完好无破损，无过热痕迹，对电流互感器进行变比及特性试验，确认正常，对二次接线进行紧固，对 CT 保护侧未短接的端子进行短接并紧固，确认高压侧各相绕组跨接线间与进线电缆间未互相接触，相互接近部位无过热或放电痕迹； ④对变压器内部风扇进行检查，确认转动正常无卡涩，接线紧固，绝缘合格，送上控制电，发现顶部有一台风扇存在卡涩，手指拨动旋转缓慢，领取同型号合格备件进行更换，验证合格； ⑤对变压器温控箱进行检查发现内部设定 130 ℃时应接报警回路，却接在跳闸回路上，根据图纸对接线进行更改，确认接线紧固； ⑥测量变压器绕组高压对低压及地的绝缘为 1 115 000 MΩ，低压对高压及地对绝缘大于 13 860 MΩ，铁芯及地的绝缘为 20 100 MΩ，穿心螺杆对铁芯及地对绝缘最小为 2 120 000 MΩ； ⑦拆除变压器中性点，确认绕组无接地，对变压器高压侧绕组进行直流电阻测量，结果合格；

续 表

消缺行动	⑧测量低压侧绕组直流相电阻相电阻结果合格； ⑨对变压器进行变比特性试验，结果合格； ⑩将变压器恢复至初始状态，确认各拆除的位置均已恢复，确认变压器内部无异物； ⑪归还工作许可证。 2）故障原因分析：下游负荷增大，温控箱接线错误导致温度到达报警值跳闸	
相关知识	CTE001TR 温度高或 CTE002TR 温度的控制逻辑： 1）CTE001TR 温度高或 CTE002TR 温度高，并将触发自动停机信号，停运 CTE001RD 和 CTE002RD 以及 CTE001PO 和 CTE002PO； 2）CTE001TR 温度高时，将使 CTE001TR 自动停运；CTE002TR 温度高时，将使 CTE002TR 自动停运	
参考资料信息	维修二处电气：完工报告《FQ4-MA02-RCWO-01073878/01 4CTE002TR 由于温度高跳闸，最高温度到达 125 ℃，请检查并处理》； WR/WOT：00475471/01073878-01（紧急工单），工作许可证：20184PT45501（对 4CTE002TR 跳闸进行检查处理）	
编　　者	运行二处一值：谷铁	时间：2019 年 04 月 11 日

4.4.2　4CTE002RD 变压器上电后，整流器未启动时有 1000 A 电流

异常缺陷名称	4CTE002RD 变压器上电后，整流器未启动时有 1000 A 电流
发生时间	2018 年 12 月 10 日中班
机组状态	RP 模式，满功率
异常缺陷现象	执行 FQ4-CTE-C-014 启动双列电解槽制氯（自动模式）操作票，至 4CTE002RD 在执行第 82 步，投入 4CTE002TR 后 4CTE002RD 出现联锁启动，并有 1000 A 左右的电流，在自动启的过程中 4CTE002RD 出现故障黄
风险或潜在后果	影响整流器 4CTE002RD 的可靠性，影响 4CTE 制氯
干预行动	已采取的行动措施： 1）立即要求现场停止 4CTE 制氯； 2）oncall 维修电气检查处理
原因分析	B 相晶闸管击穿损坏导致整流器启动后直接形成电流回路
消缺行动	电气处理反馈： 1）检修过程： ①检查柜内元件无异常，对接线端子进行紧固；

续 表

消缺行动	②继电器线圈直阻 001UM：618 Ω、002UM：633 Ω、003UM：606 Ω、004UM：616 Ω、005UM：622 Ω、006UM：611 Ω、007UM：626 Ω、008UM：616 Ω、009UM：627 Ω、010UM：614 Ω、011UM：628 Ω； ③阻容吸收板电容值 C1：2.06 μF、C2：2.06 μF、C3：2.05 μF、C4：2.02 μF、C5：2.07 μF、C6：2.04 μF； ④阻容吸收板电阻值 R1：10.0 Ω、R2：10.4 Ω、R3：10.5 Ω、R4：10.5 Ω、R5：10.4 Ω、R6：10.5 Ω； ⑤临时拆借 3CTE002RD 的 002CT 进行更换并联系运行人员进行验证，确认故障不是 002CT 引起的将原 002CT 回装； ⑥使用钳形电流表测量输出电流，最终确认故障原因是 B 相晶闸管击穿损坏导致整流器启动后直接形成电流回路； ⑦停运整流器，拆除 B 相晶闸管，使用同型号备件进行更换； ⑧紧固所有主回路母排上的螺栓； ⑨联系运行人员启动验证，确认整流器各项功能均正常； ⑩恢复设备到初始状态，确认无异物残留； ⑪工作结束，清理现场归还工作许可证。 2)故障原因分析：B 相晶闸管击穿损坏导致整流器启动后直接形成电流回路
相关知识	CTE 系统由位于 2 台海水泵 CTE001/002PO(一用一备)抽取海水，进入到两套电解槽 CTE004BA、CTE005BA 中。其中两套电解槽水侧并联运行，电路侧串联运行。两台变压器/整流器 CTE001TR/CTE001RD、CTE002TR/CTE002RD 将 6.6 kV 交流电转为直流电供给电解槽组。正常运行时通过调节通向电解槽的电流值来调节氯气产生量
参考资料信息	维修二处电气：完工报告《FQ4-MA02-RCWO-01074619/01 4CTE002RD 变压器上电后，整流器未启动时有 1000 A 电流，需检查》； WR/WOT：00476231/01074619-01(紧急工单)，工作许可证 4PT45877(4CTE002RD 变压器上电后，整流器未启动时有 1000 A 电流，需检查处理)
编　　者	运行二处一值：谷铁 ｜ 时间：2019 年 04 月 11 日

4.4.3 2CTE002RD 过流故障导致停运

异常缺陷名称	2CTE002RD 过流故障导致停运
发生时间	2018 年 04 月 17 日中班—04 月 18 日夜班

续　表

机组状态	RP 模式，满功率
异常缺陷现象	04 月 17 日中班现场巡检发现 2CTE002RD 跳闸，电气人员检查反馈可能瞬时电流过大导致。 18 日夜班启动后电流到 4900 A 后再次跳闸，跳闸后故障无法复位且上位机上电流显示值始终为跳闸时的 10 000 A
风险或潜在后果	导致丧失一列 CTE 制氯
干预行动	已采取的行动措施： 1）将故障设备置于安全位置； 2）oncall 电气检查处理
原因分析	2CTE002RD 整流器内整流保护板损坏
消缺行动	电气处理反馈： 1）检修步骤： ①检查整流器内部的晶闸管直流电阻均在 10 Ω 以上数据在合格范围内，晶闸管和速熔断路器完好； ②测量 001BN 的 15、16 号端子输出电流为：4.8 mA，17、18 端子的输出电流为：4.9 mA（标准大于 4 mA） ③根据厂家指导送上整流器控制电源开关测量整流保护板 001CT 上线号 600 端子与电阻之间的电压为：600-R35：4.05 V、600-R94：6.83 V，针对电压数据，判断 600 与电阻 R94 的电压偏高，确认保护板损坏需要更换； ④拆借 1 号机同型号整流器保护板对其进行了更换，同时从库房领用新的电流传感器对旧的电流传感器进行更换，更换完成后送电再次测量整流保护板 001CT 上线号 600 端子与电阻之间的电压为：600-R35：3.81 V、600-R94：2.94 V； ⑤联系运行启动整流器进行验证，缺陷消除，验证合格； ⑥确认工作现场已清理，召开工后会，工作许可证已归还，填写完工报告。 2）故障原因分析：2CTE002RD 整流器内整流保护板损坏
相关知识	CTE 系统由位于 2 台海水泵 CTE001/002PO（一用一备）抽取海水，进入到两套电解槽 CTE004BA、CTE005BA 中。其中两套电解槽水侧并联运行，电路侧串联运行。两台变压器/整流器 CTE001TR/CTE001RD、CTE002TR/CTE002RD 将 6.6 kV 交流电转为直流电供给电解槽组。正常运行时通过调节通向电解槽的电流值来调节氯气产生量

续　表

参考资料信息	维修一处电气：完工报告《FQ2-MA02-RCWO-00903235/01 2CTE002RD 过流故障导致停运，需检查处理》； WR/WOT：00376216/00903235-01（紧急工单），工作许可证：2PT14570(2CTE002RD 过流故障导致停运，需检查处理)	
编　　者	运行二处一值：谷铁	时间：2019 年 04 月 11 日

4.4.4　1CTE291LD/MD 流量显示异常

异常缺陷名称	1CTE291LD/MD 流量显示异常
发生时间	2018 年 10 月 31 日夜班
机组状态	RP 模式，满功率
异常缺陷现象	1CTE291LD/MD(1 号机 CFI 加氯框前流量计)就地远传到上位机的流量，有时有对应的流量显示，有时直接变成 0，反复变化
风险或潜在后果	无法准确监视跟踪 CTE 加药流量
干预行动	已采取的行动措施： 1)安排现场检查 1CTE291LD/MD 流量计前后的阀门 1CTE516VK、524VK 在线情况，未见异常； 2)检查流量计下游 1CTE506GT 中加药水流正常； 3)提工作申请(WR)跟踪处理
原因分析	转换器电子元件损坏导致上位机显示异常
消缺行动	电气处理反馈： 1)工作过程： ①确认 1CTE001CR 箱内 1CTE9902JA 已隔离断电； ②打开 1CTE291LD 仪表表盖，检查转换器接线，确认无松动，对转换器进行检查，检查发现转换器电子元件损坏，对转换器进行更换； ③测量仪表电极及励磁线圈，确认正常，恢复 1CTE291LD 仪表表盖； ④联系运行解除隔离，对仪表参数进行设置，确认与上位机一致； ⑤工作结束。 2)故障原因分析：转换器电子元件损坏导致上位机显示异常
相关知识	1CTE291LD/MD 巡检要求范围为：0~50 m^3/h

续 表

参考资料信息	维修一处仪控：完工报告《FQ1-MA03-RCWO-01046151/01 1CTE291LD/MD 有时有流量显示有时直接变成0，反复变化，需检查及更换转换器》； WR/WOT：00458510/01046151-01(计划工单)	
编　　者	运行二处一值：谷铁	时间：2019年04月11日

4.4.5 2CTE002RD 启动后电流无法上调

异常缺陷名称	2CTE002RD 启动后电流无法上调
发生时间	2018年04月04日中班
机组状态	RP模式，满功率
异常缺陷现象	2CTE酸洗完成后，启动2CTE时，2CTE001RD电流4800 A，2CTE002RD电流无法增加，最高只有55A，且整流器面板卡死，无反应，oncall电气人员，其反馈2CTE002RD整流器控制板损坏，需更换
风险或潜在后果	导致丧失一列CTE制氯
干预行动	已采取的行动措施： 1)暂停启动2CTE，将2CTE002RD停运； 2)oncall电气人员检查处理
原因分析	整流器控制板损坏
消缺行动	电气处理反馈： 1)检修步骤： ①对拆除2CTE002RD内的002CT整流器控制板并做好拆线记录； ②对回装2CTE002RD内的002CT控制板并按照拆线记录恢复接线； ③联系运行人员对2CTE002RD进行验证，验证电流能够正常上调； ④归还工作许可证。 2)故障原因分析：整流器控制板损坏
相关知识	CTE系统由位于2台海水泵CTE001/002PO(一用一备)抽取海水，进入到两套电解槽CTE004BA、CTE005BA中。其中两套电解槽水侧并联运行，电路侧串联运行。两台变压器/整流器CTE001TR/CTE001RD、CTE002TR/CTE002RD将6.6 kV交流电转为直流电供给电解槽组。正常运行时通过调节通向电解槽的电流值来调节氯气产生量

续　表

参考资料信息	维修一处电气：完工报告《FQ2-MA02-RCWO-00891092/01 2CTE002RD 启动后电流无法上调，需更换整流器控制板》；WR/WOT：00370546/00891092-01(计划工单)	
编　　者	运行二处一值：谷铁	时间：2019 年 04 月 11 日

4.4.6　2CTE001/002TR 绝缘低

异常缺陷名称	2CTE001/002TR 绝缘低
发生时间	2018 年 01 月 20 日早班
机组状态	RP 模式，满功率
异常缺陷现象	2CTE001/002TR 绝缘低
风险或潜在后果	可能导致 2CTE001/002TR 故障损坏
干预行动	oncall 电气检查处理
原因分析	变压器所在厂房环境潮湿
消缺行动	电气处理反馈： 1)检修步骤： ①办理紧急维修指令单、领取工作许可证、现场召开工前会，核对设备名称、编码，开工前验电； ②检查 2CTE001TR 高压侧绝缘电阻为 5.2 MΩ、2CTE002TR 高压侧绝缘电阻为 4.9 MΩ，绝缘偏低； ③使用电热风机对 2CTE001TR 变压器和 2CTE002TR 变压器分别进行烘烤； ④烘烤约 15 min 后 2CTE001TR 高压侧绝缘电阻为 67.3 MΩ，2CTE002TR 高压侧绝缘电阻，35.6 MΩ； ⑤以上 2 个变压器本体完好、开始绝缘偏低是因为该厂房常年环境潮湿而引起、不影响变压器投运； ⑥归还工作许可证、填写完工报告。 2)故障原因分析：变压器所在厂房环境潮湿
相关知识	CTE 系统由位于 2 台海水泵 CTE001/002PO(一用一备)抽取海水，进入到两套电解槽 CTE004BA、CTE005BA 中。其中两套电解槽水侧并联运行，电路侧串联运行。两台变压器/整流器 CTE001TR/CTE001RD、CTE002TR/CTE002RD 将 6.6 kV 交流电转为直流电供给电解槽组。正常运行时通过调节通向电解槽的电流值来调节氯气产生量

续 表

参考资料信息	维修一处电气：完工报告《FQ9-MA02-RCWO-00835336/01 2CTE001/002TR 绝缘低，需要烘烤处理》； WR/WOT：00337819/00835336-01（紧急工单），工作许可证：2PR02810（2CTE001TR 和 2CTE002TR 绝缘低，需要烘烤检查）
编　　者	运行二处一值：谷铁	时间：2019 年 05 月 03 日

4.4.7　9CTE915PO 电机反转

异常缺陷名称	9CTE915PO 电机反转
发生时间	2018 年 02 月 05 日早班
机组状态	RP 模式，满功率
异常缺陷现象	9CTE915PO 整体更换后，启泵时电机反转
风险或潜在后果	电机反转可能损坏泵的轴、轴承
干预行动	oncall 电气人员检查处理
原因分析	电机线接反
消缺行动	电气处理反馈： 1）检修步骤： ①现场建立工作区，工作前验电； ②现场拆开 9CTE915PO 接线盒，调换接线盒内的 A，B 相接线，并紧固； ③联系运行人员启机验证转向正常； ④归还工作许可证，填写完工报告。 2）故障原因分析：电机线接反
相关知识	9CTE915PO 泵送海水来冷却整流器的冷却水
参考资料信息	维修一处电气：完工报告《FQ9-MA02-RCWO-00845921/01 9CTE915PO 整体更换后，电机反转，请核实处理》； WR/WOT：00345722/00845921-01（紧急工单），工作许可证：9PT05747（9CTE915PO 电机反转，需调整电机接线）
编　　者	运行二处一值：谷铁	时间：2019 年 05 月 03 日

4.4.8　3CTE001TR 温控器无显示，现场风扇停运

异常缺陷名称	3CTE001TR 温控器无显示，现场风扇停运	
发生时间	2018 年 11 月 06 日中班	
机组状态	RP 模式，满功率	
异常缺陷现象	3CTE001TR 温控器无显示，现场风扇停运	
风险或潜在后果	3CTE001TR 温控器无显示，现场风扇停运	
干预行动	oncall 电气检查处理	
原因分析	变压器上的温控器内部电源接线松动导致温控器失电	
消缺行动	电气处理反馈： 1）处理过程： ①验明无电后检查柜内元件无异常，对接线端子进行紧固； ②检查发现变压器上的温控器内部电源接线松动导致温控器失电，对内部接线进行紧固后上电验证功能正常； ③恢复设备到初始状态，确认无异物残留。 2）故障原因分析：变压器上的温控器内部电源接线松动导致温控器失电	
相关知识	CTE 系统由位于 2 台海水泵 CTE001/002PO（一用一备）抽取海水，进入到两套电解槽 CTE004BA、CTE005BA 中。其中两套电解槽水侧并联运行，电路侧串联运行。两台变压器/整流器 CTE001TR/CTE001RD、CTE002TR/CTE002RD 将 6.6 kV 交流电转为直流电供给电解槽组。正常运行时通过调节通向电解槽的电流值来调节氯气产生量	
参考资料信息	维修二处：完工报告《FQ3-MA02-RCWO-01050449/01　3CTE001TR 温控器无显示，现场风扇停运，需要电气检查处理》； WR/WOT：00461383/01050449-01（紧急工单），工作许可证：3PT41145（3CTE001TR 温控器无显示，风扇停运，需处理）	
编　　者	运行二处一值：谷铁	时间：2019 年 05 月 03 日

4.4.9　3CTE411LD/MD 波动较大导致 3CTE001RD 停运

异常缺陷名称	3CTE411LD/MD 波动较大导致 3CTE001RD 停运
发生时间	2017 年 07 月 11 日早班

续　表

机组状态	RP 模式，满功率
异常缺陷现象	3CTE411LD/MD 在电解槽 004BA 电流大于 1100 A 左右时，流量会迅速下降且波动较大导致 3CTE001RD 停运
风险或潜在后果	导致 3CTE001RD 故障停运
干预行动	oncall 仪控检查处理
原因分析	3CTE411MD 仪表接地方式错误
消缺行动	仪控处理反馈： 1)检修步骤： ①验证隔离边界，确认仪表初始状态，核实 3CTE001RD 处于停运状态； ②更改前接地方式为仪表本体接通接地网，更改后的接线方式为拆除连通接地网导线； ③运行配合启动电解槽并给定电流在 4400 A，仪表流量稳定，持票观察 24 h，期间再无发现 3CTE411MD 流量低触发 3CTE411MD 跳机现象。 2)故障原因分析：3CTE411MD 仪表接地方式错误
相关知识	1)3CTE411LD/MD(3CTE004BA1 流量)小于 23.8 m^3/h 时，延迟 10 s，将在就地 LCR 上触发流量低报警，联锁 3CTE001RD 自动停运，并闭锁启动； 2)3CTE421LD/MD(3CTE004BA2 流量)小于 23.8 m^3/h 时，延迟 10 s，将在就地 LCR 上触发流量低报警，联锁 3CTE001RD 自动停运，并闭锁启动； 3)3CTE511LD/MD(3CTE005BA1 流量)小于 23.8 m^3/h 时，延迟 10 s，将在就地 LCR 上触发流量低报警，联锁 3CTE002RD 自动停运，并闭锁启动； 4)3CTE521LD/MD(3CTE005BA2 流量)小于 23.8 m^3/h 时，延迟 10 s，将在就地 LCR 上触发流量低报警，联锁 3CTE002RD 自动停运，并闭锁启动
参考资料信息	维修二处：完工报告《FQ3-MA03-RCWO-00652661/01 3CTE411LD 在电解槽 004BA 电流大于 1100 A 左右时流量会迅速下降且波动较大导致 3CTE001RD 停运，建议检查仪表》； WR/WOT：00267379/00652661-01(紧急工单)
编　　者	运行二处一值：谷铁　　时间：2019 年 05 月 03 日

4.4.10 3CTE004BA 电解槽槽压低

异常缺陷名称	3CTE004BA 电解槽槽压低
发生时间	2017 年 04 月 29 日中班
机组状态	RP 模式，电功率 836 MWe
异常缺陷现象	现场巡检发现 3CTE004BA 跳闸，故障为槽压低，现场通过关小出口阀 3CTE428VC 仍无法使压力上升，无法重新启动双列制氯
风险或潜在后果	导致 3CTE 丧失一列制氯
干预行动	已采取的行动措施： 1）现场通过关小出口阀 3CTE428VC 仍无法使压力上升； 2）oncall 电气检查处理； 3）启动 3CTE005BA 单列制氯，根据处理进展情况将 3CTE004BA 电解槽排空
原因分析	槽压信号预处理器插头松动
消缺行动	仪控处理反馈： 1）检修步骤：（WOT：00562370-01）： ①确认 3CTE004BA 电解槽和 3CTE001RD 已停运； ②打开 3CTE401BC、3CTE402BC 箱，对接线进行检查，做好拆线前记录，逐根拆除并用绝缘胶布包裹； ③使用万用表测量电解槽槽压，确认无异常，根据拆线记录恢复 3CTE401BC、3CTE402BC 接线并关闭 3CTE401BC、3CTE402BC 箱； ④打开 8CTE001AR 柜，根据图纸确认 3CTE401CT、3CTE402CT 卡件位置； ⑤使用螺丝刀对 3CTE401CT、3CTE402CT 接线进行紧固并测量，确认无异常，关闭 8CTE001AR 柜； ⑥因在就地无法模拟电压值，已建 03 工单，更换槽压信号预处理器； ⑦工作结束。 2）检修步骤：（WOT：00562370-03）： ①确认隔离边界，确认设备位号，与主控说明工作风险； ②打开 8CTE001AR 柜，确认 3CTE401CT 和 3CTE402CT 位置； ③拆下 3CTE401CT 和 3CTE402CT 接线插板并做好记号，将 3CTE401CT 和 3CTE402CT 位置互换回装； ④运行配合解除隔离，投用 3CTE001RD 和 3CTE004BA 电解槽，确认上位机 3CTE004BA 电解槽槽压合格，3CTE004BA 电解槽正常运行； ⑤工作结束。 3）故障原因分析：槽压信号预处理器插头松动

续 表

相关知识	CTE004BA 电解槽电压控制逻辑：CTE004BA 电压低，自动停 CTE001RD； CTE005BA 电解槽电压控制逻辑：CTE005BA 电压低，自动停 CTE002RD
参考资料信息	维修二处仪控：完工报告《FQ3-MA03-RCWO-00562370/01 3CTE004BA 电解槽槽压低》《FQ3-MA03-RCWO-00562370/03 3CTE004BA 电解槽槽压低，需排查》； WR/WOT：00241741/00562370-01(计划工单)、00562370-03(计划工单)
编　　者	运行二处一值：谷铁　　　　时间：2019 年 05 月 03 日

4.4.11 2CTE001RD 启动后因出现 2CTE004BA1 槽压低(电解槽电压低)跳闸

异常缺陷名称	2CTE001RD 启动后因出现 2CTE004BA1 槽压低(电解槽电压低)跳闸
发生时间	2018 年 02 月 05 日早班
机组状态	RP 模式，满功率
异常缺陷现象	2CTE001RD 启动后因出现 2CTE004BA1 槽压低(电解槽电压低)跳闸
风险或潜在后果	导致 2CTE 一列制氯不可用
干预行动	已采取的行动措施： 1)恢复启动一列 2CTE005BA 进行单列制氯； 2)oncall 电气检查处理
原因分析	仪控槽压控制板损坏，槽压信号反馈错误出现 2CTE004BA 槽压低(电解槽电压低)报警，导致整流器跳闸
消缺行动	电气处理反馈： 1)检修过程： ①联系运行人员配合启动整流器，测量 2CTE004BA 的实际槽电压，确认槽压正常； ②联系仪控人员配合检查槽压信号反馈是否正常，通过分析为槽压控制板故障，转仪控开票更换槽压板； ③仪控人员更换槽压控制板后联系运行启动验证，2CTE001RD 正常运行； ④归还工作许可证，填写完工报告。 2)故障原因分析：仪控槽压控制板损坏，槽压信号反馈错误出现 2CTE004BA 槽压低(电解槽电压低)报警，导致整流器跳闸

续　表

相关知识	CTE004BA 电解槽电压控制逻辑：CTE004BA 电压低，自动停 CTE001RD； CTE005BA 电解槽电压控制逻辑：CTE005BA 电压低，自动停 CTE002RD	
参考资料信息	维修一处电气：完工报告《FQ2-MA02-RCWO-00845926/01 2CTE001RD 启动后出现槽压低跳闸，请检查处理》； WR/WOT：00345726/00845926-01(紧急工单)	
编　　者	运行二处一值：谷铁	时间：2019 年 05 月 03 日

4.4.12　2CTE422LP/MP 频繁触发 2CTE004BA2 槽压高报警

异常缺陷名称	2CTE422LP/MP 频繁触发 2CTE004BA2 槽压高报警
发生时间	2016 年 12 月 09 日中班
机组状态	RP 模式，电功率 790 MWe
异常缺陷现象	中班启动 2CTE 双列制氯时，2CTE422LP/MP 频繁触发 2CTE004BA2 槽压高报警，导致 2CTE 无法正常启动
风险或潜在后果	导致无法 2CTE 无法正常启动
干预行动	已采取的行动措施： 1)现场检查阀门在线和电解槽前的流量计流量正常； 2)oncall 仪控检查处理
原因分析	2CTE422LP/MP 故障
消缺行动	仪控处理反馈： 1)检修步骤： ①现场确认，检查 2CTE422LP/MP 接线； ②开启排污阀对 2CTE422MP/LP 进行泄压，但 2CTE422MP/LP 显示电流没有变化仍然显示 22 mA； ③对 2CTE422LP/MP 拆回实验室进行校验，发现其电流值不随压力变化而变化，其电流值一直保持在 22 mA。向系统工程师反馈后，领取新备件，校验仪表，仪表校验合格； ④回装仪表，2CTE422LP/MP 显示正常，报警消失； ⑤工作结束。 2)故障原因分析：2CTE422LP/MP 故障

续 表

相关知识	1) 3～4 号机电解槽槽压高的控制逻辑：①CTE413SP（电解槽 CTE004BA1 差压表）差压高或 CTE423SP（电解槽 CTE004BA2 差压表）差压高或 CTE513SP（电解槽 CTE005BA1 差压表）差压高或 CTE523SP（电解槽 CTE005BA2 差压表）差压高时，分别在就地 LCR 上触发差压高报警，并将导致 CTE001RD 和 CTE002RD 自动停机，CTE001PO 和 CTE002PO 自动停运；②8CTE002UV 中的 001TO 可以用于复位故障报警(包括槽压高报警)。 2) 1/2 机组电解槽槽压高的控制逻辑：①CTE412LP/MP（电解槽 CTE004BA1 入口压力表）压力高或 CTE422LP/MP（电解槽 CTE004BA2 入口压力表）压力高或 CTE512LP/MP（电解槽 CTE005BA 入口压力）压力高或 CTE522LP/MP（电解槽 CTE005BA2 入口压力表）压力高时，分别在就地 LCR 上触发槽压高报警，并将导致 CTE001RD 和 CTE002RD 自动停机，CTE001PO 和 CTE002PO 自动停运；②9CTE002UV/003UV 中的 001TO 可以用于复位故障报警(包括槽压高报警)。 3) 处理 3/4CTE 电解槽槽压高报警：①检查电解槽前的流量计流量是否较高，若流量过高，需要将电解槽入口流量计前的手动阀门调小；②检查海水泵出口阀开度，调节 CTE 海水泵出口阀开度；③联系仪控检查差压表。 4) 3CTE 制氯时，若电解槽流量高，可能会导致电解槽压力高故障导致跳闸，3CTE 单列流量合适值为 26～36 m^3/h，若流量低于 24 m^3/h或高于 38 m^3/h 则可能导致 3CTE 跳闸，有如下几种方法调节。 ①调节在运行海水泵（3CTE001/002PO）出口流量。（出口压力在 0.6 MPa 左右为合适） 正常运行时，海水泵出口压力在 0.58～0.63 MPa 之间，出口阀开度在 20%～30%之间，出口阀过大会导致海水泵超流量跳泵； ②调节在运行的电解槽入口流量隔离阀（3CTE411/421/511/521VC）； ③当单列制氯时调节 1/2 排水管隔离阀 3CTE307VC（旁路流量调节至 68 m^3/h 左右）
参考资料信息	维修一处：完工报告《FQ2-MA03-RCWO-00433193/01 2CTE422LP/MP 频繁触发 2CTE004BA2 槽压高报警，导致 2CTE 无法正常启动》； WR/WOT：00194599/00433193-01（紧急工单）
编　　者	运行二处一值：谷铁　　　　时间：2019 年 05 月 03 日

4.4.13　2CTE002RD 整流器意外跳闸且控制柜上快熔故障指示灯亮

异常缺陷名称	2CTE002RD 整流器意外跳闸且控制柜上快熔故障指示灯亮
发生时间	2016 年 12 月 09 日中班
机组状态	RP 模式，满功率
异常缺陷现象	现场巡检发现 2CTE002RD 跳闸且控制柜上快熔故障指示灯亮，联系电气进行检查，反馈为内部 2CTE002RD 内部晶闸管损坏
风险或潜在后果	导致 2CTE002RD 跳闸，导致一列 CTE 制氯不可用
干预行动	已采取的行动措施： 1) oncall 电气检查处理； 2) 启动 2CTE 单列运行
原因分析	检查发现 2CTE002RD 整流柜内两组快速熔断器损坏，一组晶闸管损坏
消缺行动	电气处理反馈： 1) 检修步骤：（WOT：00869968-01） ①取得工作许可证，确认先决条件； ②现场现场检查发现 2CTE002RD 整流柜内两组快速熔断器损坏，一组晶闸管损坏，但是由于此工作票隔离不满足需求，已从新开紧急票（00870279-01）工单进行后续处理； ③清理工作现场，归还工作许可证。 2) 检修步骤：（WOT：00870279-01） ①开工前所有工作组成员根据工作包再次核对设备编码并进行开工前验电； ②领取同型号新的备件，确认新备件可用测得新备件晶闸管的直阻为 19.1 Ω，熔断器通断正常； ③拆除旧的晶闸管及两组快熔断器； ④安装新的备件，并测量直阻为 12.7 Ω，熔断器通断正常； ⑤联系运行人员进行启机验证，验证合格； ⑥确认工作现场已清理，召开工后会，工作许可证已归还，填写完工报告。 3) 故障原因分析：检查发现 2CTE002RD 整流柜内两组快速熔断器损坏，一组晶闸管损坏
相关知识	CTE001RD 快熔故障触发时，将在 LCR 上触发快熔故障报警灯亮，将触发 CTE001RD 自动停运、触发 CTE001TR 自动停运； CTE002RD 快熔故障触发时，将在 LCR 上触发快熔故障报警灯亮，将触发 CTE002RD 自动停运、触发 CTE002TR 自动停运

续 表

参考资料信息	维修一处：完工报告《FQ2-MA02-RCWO-00869968/01　2CTE002RD 整流器意外跳闸且控制柜上快熔故障指示灯亮，需尽快处理》；WR/WOT：00359942/00869968-01（紧急工单）	
编　　者	运行二处一值：谷铁	时间：2019 年 05 月 03 日

4.4.14　主控出现"4LKH904KA 配电盘故障"报警，现场 4CTE 双列制氯停运

异常缺陷名称	主控出现"4LKH904KA 配电盘故障"报警，现场 4CTE 双列制氯停运
发生时间	2018 年 06 月 02 日夜班
机组状态	RP 模式，满功率
异常缺陷现象	01:35，主控出现"4LKH904KA 配电盘故障"报警，就地核实 4LKH1031JA（8CTE004TB/005TB 上游开关）不明原因跳闸，4CTE 双列制氯停运
风险或潜在后果	4CTE 双列制氯停运
干预行动	已采取的行动措施： 1）将开关拉出置于安全位置； 2）oncall 电气检查处理； 3）电气消除缺陷后，运行恢复 4CTE 双列制氯。 注：工作负责人检查反馈 4LKH1031JA 开关漏点保护定值偏低为 0.3 A，延迟时间为 0 s，1 号/2 号机组漏点保护定值为 1 A，延迟为 0.5 s，3 号机组漏点保护定值为 1 A。延迟为 0.8 s，工作负责人经电气业主讨论同意，将 4LKH1031JA 开关漏点保护定值和延迟时间修改为合理值
原因分析	漏保定值设定不合理
消缺行动	电气处理反馈： 1）检修步骤： ①检查 4LKH1031JA 抽屉开关，未发现异常； ②对抽屉内漏保进行校验，校验结果合格； ③依次对 4LKH1031JA 抽屉开关下游负荷绝缘进行检查，均合格； ④查看定值手册与一次图，发现一次图定值与定值手册不一致，定值手册为：0.3 A　0 s，一次图为：1 A　0.8 s； ⑤由于运行着急复役该设备，与班组、值长及运工沟通，走临时 TCA 流程先对抽屉内漏保定值进行修改，修改定值为：1 A　0.15 s，待后续走正式定值变更流程；

续 表

消缺行动	⑥工作结束，清理现场，归还工作许可证。 2)故障原因分析：漏保定值设定不合理	
相关知识	8CTE004TB、8CTE005TB 的进线电源开关为 4LKH1031JA，4LKH1031JA 也为 8CTE003TB 的其中一路进线电源。8CTE004TB 上有 8CTE915PO(2 号海水升压泵)开关、8CTE902PO(2 号冷却水泵)开关、4CTE001RD(3 号整流器)控制开关、4CTE002RD(4 号整流器)控制开关、4CTE003FI(2 号自动反冲洗过滤器)开关、4CTE001TR(3 号变压器)控制开关、4CTE002TR(4 号变压器)控制开关	
参考资料信息	维修二处：完工报告《FQ4-MA02-RCWO-00937952/01 01:35 主控出现“4LKH904KA 配电盘故障”报警，就地核实 4LKH1031JA 不明原因跳闸，导致 4CTE 双列制氯停运》； WR/WOT：00396433/00937952-01（紧急工单），工作许可证：4PT18506(4LKH1031JA 跳闸，需检查)	
编　　者	运行二处一值：谷铁	时间：2019 年 05 月 03 日

4.4.15 8CTE915PO 启动时两次引起上游开关跳闸，怀疑电机故障

异常缺陷名称	8CTE915PO 启动时两次引起上游开关跳闸，怀疑电机故障
发生时间	2018 年 06 月 03 日中班
机组状态	RP 模式，满功率
异常缺陷现象	执行 8PW18554(8CTE914PO 电机与泵连接处有结晶处理)，需将 8CTE914PO 切换至 8CTE915PO 运行。需先将 3/4CTE 停运，切泵后再重新启动 3/4CTE，过程中启动 8CTE915PO 时，第一次 8CTE915PO 启动时引起上游母线的总电源 4LKH1031JA 跳闸，第二次 8CTE915PO 启动时引起泵本体动力电源 8CTE421JA 跳闸
风险或潜在后果	导致 8CTE915PO 无法启动
干预行动	已采取的行动措施： 1)oncall 电气处理； 2)将 8CTE915PO 供电开关 8CTE421JA 置于安全位置(断开)； 3)电气现场检查发现电机和泵都不能转动，oncall 机械人员检查发现电机和泵轴发生了移位，需要解体检修； 4)重新启动 3/4CTE 双列制氯(启动 8CTE914PO)，将 8CTE915PO 隔离

续 表

原因分析	8CTE915PO 电机轴承卡死
消缺行动	电气处理反馈： 1）检修步骤（WOT：00938452-01）： ①对 8CTE421JA 抽屉进行检查，发现无异常； ②打开电机接线盒，验电； ③用双臂电桥测量电机直阻，AB：2.815 Ω；BC：2.810 Ω；AC：2.800 Ω，不平衡度 0.5%，结果合格； ④用 500 V 兆欧表测量电机绝缘为 A. B. C-PE>550 MΩ，结果合格； ⑤就地打开电机风扇罩，盘动电机风扇叶，发现电机卡死，怀疑电机轴承故障，由于该工作为 PT 票，占用 8CTE421JA，而检修需要隔离此泵电源及进出口阀门，与票冲突无法开展电机解体工作，与主控沟通，还票另提紧急维修任务进行解体检修（00396847/00938699-01）。 2）检修步骤：（WOT：00938699-01）： ①打开 8CTE915PO 电机接线盒验电，拆除电机三相电源线并短路接地，做好拆线记录； ②联系机械人员拆除电机与泵的连接及涡轮； ③用 500 V 兆欧表，测量电机三相绕组的对地绝缘电阻 U-V. W. PE>550 MΩ，V-U. W. PE>550 MΩ，W-V. U. PE>550 MΩ 测量结果合格；用直阻测试仪测量电机定子绕组的直阻：U-V= 0.4175 Ω，W-V 相=0.4199 Ω，W-U 相=0.4199 Ω，不平衡度=0.57%，测量结果合格； ④拆除电机地脚螺栓，将电机放至检修场所； ⑤检查电机外观、接线盒密封圈、电源进线、电机引线均正常； ⑥拆除风扇罩，取下风叶； ⑦拆下电机驱动端端盖和非驱动端端盖，做好标记； ⑧抽出电机转子并放在检修场地上； ⑨拆出驱动端轴承，非驱动端的轴承无法拆除，现已要求更换同型号新的电机； ⑩将新的电机运往电机检修大厅，固定在钢平台上进行空载试验； ⑪用电流表测量电机电流，A 相：3.2 A，B 相：3.4 A，C 相：3.4 A，空载电流三相一致性为：3.9%（≤20%）合格； ⑫用 500 V 兆欧表，测量电机三相绕组的对地绝缘电阻 U-V-W. E>550 MΩ，V-U. W. PE>550 MΩ，W-V. U. PE>550 MΩ测量结果合格； ⑬用直阻测试仪测量电机定子绕组的直阻：U-V 相=3.059 Ω，V-W相=03.056 Ω，W-U 相=3.052 Ω，不平衡度=0.2%，测量结果合格；

续 表

消缺行动	⑭将电机运往就地，联系机械人员对电机进行与泵的连接； ⑮按拆线记录恢复接线，转 PT 占用 8CTE421JA，对热继进行效验，结果热继效验合格。并与运行人员沟通进行带载试验，电机运行2 h，驱动端温度 48.9 ℃，非驱动端有风扇罩无法测量，电机外壳温度 47.1 ℃，结果合格，驱动端振动：H：2.6 mm/s，V：1.8 mm/s，A：0.7 mm/s，非驱动端振动：H：2.6 mm/s，V：1.2 mm/s，A：0.8 mm/s，结果合格，用电流表测量电机电流，A 相：6.8 A，B 相：7.4 A，C 相：7.2 A，空载电流三相一致性为：4.6%(≤20%)合格； ⑯工作结束。 3)故障原因分析：8CTE915PO 电机轴承卡死	
相关知识	8CTE915PO 为管道升压泵，用于抽取海水冷却整流器的冷却水	
参考资料信息	维修二处：完工报告《FQ8-MA02-RCWO-00938452/01 8CTE915PO 启动时两次引起上游开关跳闸，怀疑电机故障，需处理》； WR/WOT：00396822/00938452-01（紧急工单）、00396847/00938699-01（紧急工单），工作许可证：20188PT18618（启动 8CTE915PO 时 8CTE421JA 跳闸）	
编　　者	运行二处一值：谷铁	时间：2019 年 05 月 03 日

4.4.16 8CTE914PO 故障无法启动

异常缺陷名称	8CTE914PO 故障无法启动
发生时间	2018 年 08 月 02 日中班
机组状态	RP 模式，满功率
异常缺陷现象	3CTE 重新启动过程中出现 8CTE914PO 故障报警，自动跳至 8CTE915PO 运行
风险或潜在后果	导致 8CTE914PO 无法启动
干预行动	oncall 电气检查处理
原因分析	电机卡涩
消缺行动	电气处理反馈： 1)检修步骤： ①拉开 8CTE221JA 控制柜进行接线检查与紧固、元器件检查，发现热继电器动作，手动恢复；

续　表

消缺行动	②对下游电机 8CTE914PO 绝缘和直阻检查，测得电机直阻为，A. B：3.6 Ω，A. C：3.6 Ω，B. C：3.6 Ω，直阻平衡，绝缘 A. B. C-PE 为：>550 MΩ 绝缘合格； ③对下游电机 8CTE914PO 转动情况检查，打开电机风扇手盘动泵时发现有 50°的轻微卡涩，盘过 50°后转动正常，判断电机属于轻微卡涩过电流致使热继动作，盘过 50°后转动正常后不会影响运行，运行 24 h 后经主控同意可以还票； ④工作结束，归还工作许可证。 2）故障原因分析：电机卡涩
相关知识	8CTE914PO 为管道升压泵，用于抽取海水冷却整流器冷却水
参考资料信息	维修二处：完工报告《FQ8-MA02-RCWO-00983834/01 8CTE914PO 故障无法启动，需检查处理》； WR/WOT：00423674/00983834-01（紧急工单），工作许可证：8PT26790（8CTE914PO 启动报故障处理）
编　　者	运行二处一值：谷铁　　　　时间：2019 年 05 月 03 日

4.4.17　3CTE001TR 变压器运行温度偏高，约 100 ℃，风扇未正常运行

异常缺陷名称	3CTE001TR 变压器运行温度偏高，约 100 ℃，风扇未正常运行
发生时间	2018 年 07 月 10 日早班
机组状态	RP 模式，满功率
异常缺陷现象	专业巡检反馈 3CTE001TR 变压器温度偏高，约 100 ℃，但风扇未运行
风险或潜在后果	威胁 3CTE001TR 安全稳定运行，可能导致变压器损坏
干预行动	已采取的行动措施： 1）立即停运 3CTE 双列制氯； 2）oncall 电气检查处理
原因分析	风机长时间高温运行致使绕组烧毁熔断器熔断
消缺行动	电气处理反馈： 1）检修步骤： ①打开变压器柜门，与 QC 检查无异物，验电，无电；

续　表

消缺行动	②检查风机控制回路发现有一熔断器熔断，用合格备件进行更换； ③检查 7 台风机绝缘电阻、直流电阻均合格，只有一台绕组 30 MΩ，拆开发现绕组两相烧毁短路致使熔断器熔断，用合格备件对风机进行更换已验证合格； ④检查柜内无异物关闭变压器柜门； ⑤与运行沟通还票，工作结束，清理现场。 2）故障原因分析：风机长时间高温运行致使绕组烧毁熔断器熔断	
相关知识	CTE 系统由位于 2 台海水泵 CTE001/002PO（一用一备）抽取海水，进入到两套电解槽 CTE004BA、CTE005BA 中。其中两套电解槽水侧并联运行，电路侧串联运行。两台变压器/整流器 CTE001TR/CTE001RD、CTE002TR/CTE002RD 将 6.6 kV 交流电转为直流电供给电解槽组。正常运行时通过调节通向电解槽的电流值来调节氯气产生量	
参考资料信息	维修二处：完工报告《FQ3-MA02-RCWO-00968163/01　3CTE001TR 变压器运行温度偏高，超过 100 度，风扇未正常运行，需检查》；WR/WOT：00412415/00968163-01（紧急工单），工作许可证：20183PT21740（对 3CTE001TR 风扇控制进行检查）	
编　　者	运行二处一值：谷铁	时间：2019 年 05 月 03 日

4.4.18　3CTE001RD 柜体右侧的进风风扇不转

异常缺陷名称	3CTE001RD 柜体右侧的进风风扇不转
发生时间	2018 年 07 月 15 日早班
机组状态	RP 模式，满功率
异常缺陷现象	3CTE001RD（3CTE 1 号整流器）柜体右侧的进风风扇不转，柜体打开后温度比别的整流器略高
风险或潜在后果	威胁 3CTE001RD 安全稳定运行，可能导致整流器损坏
干预行动	已采取的行动措施： 1）停运 3CTE 双列制氯； 2）联系电气检查处理
原因分析	电容烧毁导致风扇不可用

续 表

消缺行动	电气处理反馈： 1）检修步骤： ①打开 3CTE001RD 柜门，对风扇进行目视检查，确认无异常； ②拔下风扇接下插头，对风扇进行直阻测量：124 Ω，绝缘测量：2.46 MΩ（标准：大于 0.5 MΩ），结果合格； ③拨动风扇扇叶，确认无卡涩； ④拆下风扇进行检查，发现风扇电容烧毁； ⑤使用同容量的电容进行更换，回装风扇； ⑥确认风扇恢复正常可用； ⑦工作结束，归还工作票。 2）故障原因分析：电容烧毁导致风扇不可用	
相关知识	CTE 系统由位于 2 台海水泵 CTE001/002PO（一用一备）抽取海水，进入到两套电解槽 CTE004BA、CTE005BA 中。其中两套电解槽水侧并联运行，电路侧串联运行。两台变压器/整流器 CTE001TR/CTE001RD、CTE002TR/CTE002RD 将 6.6 kV 交流电转为直流电供给电解槽组。正常运行时通过调节通向电解槽的电流值来调节氯气产生量	
参考资料信息	维修二处：完工报告《FQ3-MA02-RCWO-00971178/01 对 3CTE001RD 柜体进风风扇检查处理》； WR/WOT：00414618/00971178-01	
编　者	运行二处一值：谷铁	时间：2019 年 05 月 03 日

4.5 重要厂用水系统(SEC)

4.5.1 2SEC003PO 在主控室 KIC 中无法启动

异常缺陷名称	2SEC003PO 在主控室 KIC 中无法启动，对其电源 2LHA111JA 进行检查
发生时间	2019 年 04 月 22 日夜班
机组状态	RP 模式，电功率 840 MWe
异常缺陷现象	夜班执行《FQ2-RRI-C-009 2RRI003RF SEC 侧充水排气运行操作票》进行 2RRI003RF 维修后充水排气工作时，KIC 启动 2SEC003PO，显示大红色，启动失败，就地检查开关无异常
风险或潜在后果	2SEC003PO 主控室无法启动，导致 2SEC003PO 不可用，产生随机 I02：SEC1
干预行动	已采取的行动措施： 1)安排现场检查 2SEC003PO 供电开关 2LHA111JA 未见明显异常； 2)oncall 维修机械、电气、仪控检查； 3)运行检查 2SEC001/003PO 在线无异常； 4)仪控检查 2SEC003PO 在 KIC 的启动命令可正常下发； 5)在电气专业监护下，运行重新对 2SEC003PO 断电、送电，仍无法启动； 6)维修电气办理紧急工作许可证，对 2SEC003PO 开关 2LHA111JA 检查； 7)继保专业检查当前 2LHA111JA 有启动命令存在，已安排人员配合断开控制电进行复位，进行一次开关重新送电前务必检查是否有合闸命令存在，避免设备误动
原因分析	1)直接原因：2LHA111JA 配电柜接触器本体 S6 位置开关固定板位移，固定螺丝松动，S6 开关触点无法有效动作，导致合闸回路无法导通； 2)根本原因：中压开关接触器 S6 开关支撑方式不当，采用单方向椭圆孔双螺栓固定，操作机构压板长期按压累积导致 S6 开关固定位置偏移，开关动作不到位是缺陷发生的根本原因； 3)促成原因：S6 开关状态分合动作状态缺少监测是促成原因

续 表

消缺行动	电气处理反馈： 1)处理措施：现场部分解体检查接触器底盘车发现，当接触器手车位于工作位置时，接触器手车位置开关 S6 顶部弹簧压片垂直方向无法动作到位，以满足 S6 触点闭合的行程，开关触点无法有效动作，合闸回路无法导通，现场电机不能启动。现场调整 S6 固定板固定螺丝并紧固，S6 辅助触点闭合，合闸回路导通。 2)工作过程： ①断开 2LHA111JA，闭合 2LHA111JE； ②将 2LHA111JA 拉出柜外检查合闸线圈直流电阻为 6.0 Ω，对地绝缘为 550 mΩ； ③将 2LHA111JA 接触器置工作位置，测量 2LHA111JA 工作位置行程位置接点不通，合闸回路不通； ④检查发现接触器底盘限位微动开关在接触器摇到工作位置时未动作造成合闸回路不通； ⑤调整接触器底盘限位微动开关支撑架重新将接触器摇到工作位置时合闸回路正常； ⑥运行配合 2LHA111JA 工作位置合闸正常； ⑦工作结束，清理工作现场，归还工作许可证； ⑧向主管人员报告工作完成情况。 3)直接原因：2LHA111JA 配电柜接触器本体 S6 位置开关固定板位移，固定螺丝松动，S6 开关触点无法有效动作，导致合闸回路无法导通。 4)根本原因：中压开关接触器 S6 开关支撑方式不当，采用单方向椭圆孔双螺栓固定，操作机构压板长期按压累积导致 S6 开关固定位置偏移，开关动作不到位是缺陷发生的根本原因。 5)促成原因：S6 开关状态分合动作状态缺少监测是促成原因。 6)技改实施方案： ①优化改进原 S6 开关支撑方式：从原来的单侧两个螺栓的固定方式修改为双侧三个螺栓的固定方式； ②接触器 S6 开关动作状态信号引入报警监测回路，实现开关状态直观可视
相关知识	1)限位微动开关 S6 及其技改相关知识： 核级中压开关接触器分检修位置、试验位置和工作位置，其状态切换通过手车操作手柄顺逆时针动作底盘小车前进后退实现。手车底盘内有一整套位置状态机械联锁结构，配合电气控制回路来实现小车的分合闸等操作，包括摇动螺旋丝杆、定位锁销、压板、S6 位置开关、相关联锁部件、航空插头等。

续　表

相关知识	接触器手车通过操作手柄顺时针旋转从检修位置转运行位置，手车丝杆转动压板平衡向前推进，到达工作位置压板下落，下压 S6 位置开关顶部弹簧压片使 S6 辅助触点闭合，见图 1：接触器手车底盘动作示意图，接触器启动回路导通，S6 开关可靠动作触发合闸信号是接触器合闸的必要条件。 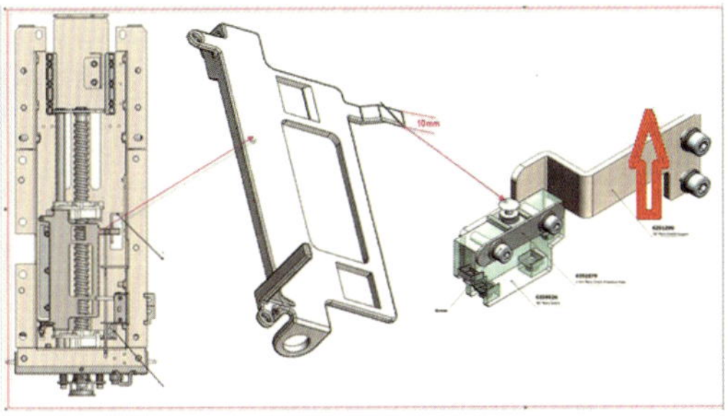 **图 1　接触器手车底盘动作示意图** 控制回路：接触器控制回路图(包含启动回路)，远方下达启动命令或就地启动命令 004XR 继电器自保持得电后，启动回路得电，接触器合闸。 变更 1：接触器 S6 开关支撑方式优化 接触器手车 S6 固定板进行了设计优化，升级后的固定板采用双边三孔固定(参见截图)，采用双边三孔的 S6 固定板，受力由“线”升级为“三角形”，如图，由此提供更为牢固的受力，紧固度进一步提高。新增固定位置需在接触器手车底盘侧面新增一个椭圆形固定孔(描述规格尺寸)，见图 2(接触器 S6 开关支撑方式优化)。 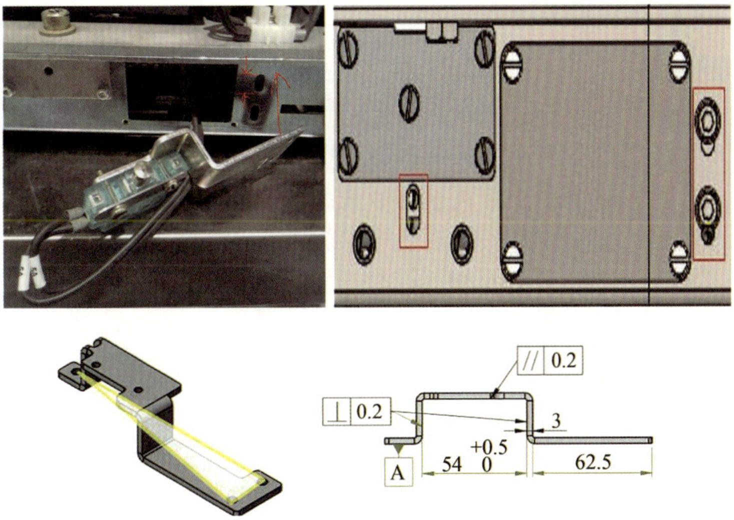 **图 2　接触器 S6 开关支撑方式优化**

续　表

相关知识	变更2：接触器S6开关动作状态信号引入报警监测回路 通过调整接触器板块DU模块和S6开关位置，单独引出S6开关接点信号，通过航空插针备用回路将开关动作状态引入报警回路。 2）泵启动失败后，需要及时复位泵启动命令，避免故障处理好后直接送电引起泵非预期误启动	
参考资料信息	维修一处电气：EAM中工单01205563-01的完工报告； 设备管理处：《FQ2-LHA-TGCMDD-013590001　2号机组核安全相关中压接触器S6开关可靠性提升物项替代升级方案—详细设计方案》《FQW-EQ-JY-190099 1~4号机组中压配电接触器柜S6开关缺陷问题讨论会议纪要》； 运行一处：值长日报(2019年04月23日)； WR/WOT：00540051/01205563-01(紧急工单)	
编　　者	运行二处一值：谷铁	时间：2019年05月03日

4.5.2　4SEC103MV主控示数显示××××

异常缺陷名称	4SEC103MV主控示数显示××××
发生时间	2018年10月08日中班
机组状态	RP模式，电功率1082 MWe
异常缺陷现象	主控发现4SEC001PO（停运状态）电机下部轴承振动探头4SEC103MV异常显示××××
风险或潜在后果	当泵运行时，无法正常监视4SEC001MO下部轴承X向振动
干预行动	已采取的行动措施： 1）主控检查确认泵处于停运状态，检查电机下部轴承Y向振动和电机下部轴承温度4SEC102MT未见异常； 2）安排现场检查泵和管道振动情况，未见明显异常； 3）oncall仪控检查处理
原因分析	4SEC103MV测量探头损坏
消缺行动	仪控处理反馈： 1）工作过程： ①验证隔离边界，确认设备位号与工作许可证一致； ②联系服务搭设脚手架； ③打开4SEC117CR接线箱盖，检查4SEC103MV信号接线及屏蔽线，确认接线紧固正确；

续 表

消缺行动	④拆除 4SEC103MV 快速插头及振动探头，测量探头静止时输出电流，4SEC103MV 探头静止时输出电流为 32.7366 mA，依据测量数据，确认 4SEC103MV 损坏； ⑤将备件探头静止测量输出电流为 4.012 mA 确认合格，更换备件并紧固，回装航空插头； ⑥与主控沟通，确认仪表当前显示正常，关闭 4SEC117CR 接线箱盖； ⑦联系服务拆除脚手架，工作完毕，清理现场。 2）故障原因分析：4SEC103MV 测量探头损坏	
相关知识	4SEC103MV≥2.8 mm/s 时，将触发报警 4SEC753KA［001MO 下部轴承振动高（X）］ 4SEC103MV≥3.8 mm/s 时，将触发报警 4SEC853KA［001MO 下部轴承振动高高（X）］	
参考资料信息	维修二处仪控：EAM 中工单 01033358-01 的完工报告； WR/WOT：00449419/01033358-01（紧急工单）	
编　　者	运行二处一值：谷铁	时间：2019 年 03 月 11 日

4.5.3 3SEC021VE 在 KIC 上显示大红色

异常缺陷名称	3SEC021VE（贝类捕集器排污阀）在 KIC 上显示大红色
发生时间	2016 年 04 月 23 日早班
机组状态	机组调试启动阶段，准备装料
异常缺陷现象	主控巡盘发现 3SEC021VE 呈大红色关闭状态，就地查看电气开关在合闸位
风险或潜在后果	导致 3SEC 系统 A 列贝类捕集器排污可靠性降低
干预行动	已采取的行动措施： 1）安排现场检查电动阀门 3SEC021VE 供电开关，开关处于合闸位置，未见明显异常和报警情况； 2）现场检查确认阀门 3SEC021VE 处于关闭状态； 3）oncall 电气检查处理
原因分析	3SEC021VE 阀门 FDC04 限位开关灵敏度不够
消缺行动	电气处理反馈： 1）工作过程： ①取得工作票与运行进行信息沟通，确认现在可开工条件； ②召开工前会；

续 表

消缺行动	③打开 3SCE021VE 端盖，将阀门调至全开确认 FDC04 未触发； ④用一字螺丝刀轻轻调整 FDC04 灵敏度使其触发； ⑤将阀门打至全关位后再次打至全开验证 FDC04 限位触发； ⑥与主控沟通确认大红色消失，继续观察确认阀门能正常开关； ⑦和值长沟通后，值长同意结票； ⑧归还隔离票。 2）故障原因分析：3SEC021VE 阀门 FDC04 限位开关灵敏度不够
相关知识	1）SEC031SP 压差高报警定值为 14.7 kPa. g，消报定值为 13.0 kPa. g； 2）SEC001FI 启动冲洗信号： ① KIC-SEC001KG； ②SEC001FI 压差高（SEC031SP）； ③定时冲洗（2~5 h）。 3）SEC001FI 冲洗动作逻辑：SEC021VE 开启 &SEC401MO 启动
参考资料信息	维修二处电气：EAM 中工单 00248452-01 的完工报告； WR/WOT：00116377/00248452-01（紧急工单）
编　　者	运行二处一值：谷铁　　　　时间：2019 年 03 月 11 日

4.5.4 3SEC004PO 出口逆止阀 3SEC008VE 回座不严，导致泵反转

异常缺陷名称	3SEC004PO 出口逆止阀 3SEC008VE 回座不严，导致泵反转
发生时间	2019 年 12 月 02 日中班
机组状态	RP 模式，满功率
异常缺陷现象	3SEC004PO 停运后反转，启动 3SEC002PO 后反转未停止。关小 3SEC004PO 出口阀并重新启动 3SEC004PO 然后停运，3SEC004PO 仍存在反转情况。泵和管道存在振动和异音情况。经机械敲击逆止阀后，还是存在反转现象
风险或潜在后果	1）导致流体倒流引起泵反转，倒流产生的流体激振与管道的固有频率耦合引起管道共振，进而引起连接在管道上的泵和电机出现振动，引起泵和管道异常振动； 2）泵反转，在泵启动时，可能烧毁或损坏电机电气元件
干预行动	1）已采取的行动措施： ①主控检查 3SEC004PO 泵和电机轴承振动和温度参数，无明显恶化情况，并加强关注变化趋势； ②主控尝试启动 3SEC002PO 提高出口母管压力让逆止阀 3SEC008VE 回座以停止 3SEC004PO 反转，无效果；

续 表

干预行动	③主控关小3SEC004PO出口阀并重新启停3SEC004PO，反转现象仍存在； ④oncall机械检查处理，采用敲击逆止阀让其回座，仍无效。 2)建议后续行动： ①请机械准备好检修工作方案，对3SEC008VE解体检修，并做好核领备件； ②请维修支持做好检修脚手架搭建工作	
原因分析	阀板弹簧断裂，卡在阀板处，致使其无法回座	
消缺行动	机械处理反馈： 1)检查内容： ①拆开阀轴螺栓，取下密封垫，抽出阀轴及弹簧，检查发现弹簧断裂卡在阀板处，检查阀轴无磨损变形； ②取出阀板，发现管道法兰衬胶损坏，由防腐专业修复。 2)处理措施及结果：对阀门进行整体更换，运行启停泵进行验证，未见内漏反转及异音振动情况。 3)故障原因分析：阀板弹簧断裂，卡在阀板处，致使其无法回座	
相关知识	水泵的反转也分主动反转和被动反转，各自引起的危害也不尽相同。 1)主动反转，指的是电机拖动泵反转，主要是电机接线接反导致。主要危害有： ①有旋向要求的机械密封可能会损坏； ②有旋向要求的轴套锁母、叶轮锁紧螺母(也叫叶轮并帽)可能会松脱。如果使用销子连接，影响就不会很大。 2)被动反转，指的是泵拖动电机反转。泵出口管路的液体倒流入进口，引起泵反转，从而带动电机反转(此时还需要考虑电机是否失电)。主要危害有： ①有旋向要求的机械密封可能会损坏； ②有旋向要求的轴套锁母、叶轮锁紧螺母(也叫叶轮并帽)可能会松脱。如果使用销子连接，影响就不会很大； ③有平衡盘或平衡鼓的泵，可能会损害平衡盘或平衡鼓； ④引起水锤，损害泵结构； ⑤多级离心泵(导叶式)易达到共振转速，破坏泵设备。(轴流泵需要考虑泵的飞逸转速)。 水泵的反转对电机的危害，主要是可能烧毁或者损坏电器元件，也有可能造成电机轴和轴承的破坏	
参考资料信息	WR/WOT：00658084/01477199-01(紧急工单：解体阀门)、01522452/01522452-01(计划工单：更换阀门)	
编　　者	运行二处一值：谷铁	时间：2020年05月13日

4.6 辅助冷却水系统(SEN)

4.6.1 1SEN001FI 进口蝶阀 1SEN003VC 显示编码器硬件故障，主控与现场均无法关闭

异常缺陷名称	1SEN001FI 进口蝶阀 1SEN003VC 显示编码器硬件故障，主控与现场均无法关闭	
发生时间	2018 年 04 月 07 日中班	
机组状态	RP 模式，满功率	
异常缺陷现象	执行定期切换“FQ1-SEN-C-005 将 1SEN001FI 切至 1SEN002FI 运行”时，发现 1SEN001FI 进口蝶阀 1SEN003VC 显示编码器硬件故障，主控与现场均无法关闭	
风险或潜在后果	导致阀门无法关闭，无法对 1SEN001FI 进行退出操作	
干预行动	已采取的行动措施： 1)暂切换回 1SEN001FI 运行，1SEN002FI 保持备用； 2)oncall 电气维修人员检查处理	
原因分析	1SEN003VC 编码器损坏，导致阀门位置信号丢失	
消缺行动	电气处理反馈： 1)故障现象：1SEN003VC 显示“编码器硬件故障报警”，阀门无法远控和就地操作。 2)处理过程： ①经现场检查，电动头显示“编码器硬件故障”； ②断电后将损坏的编码器拆下，更换新的编码器，进行安装紧固； ③电动头进行送电，重新对电动阀门开、关限位进行设定； ④联系主控远方对阀门进行开关操作，确认故障消除； ⑤工作结束后，清理现场，请运行人员验收后归还工作票。 3)故障原因分析：1SEN003VC 编码器损坏，导致阀门位置信号丢失	
相关知识	SEN003VC 控制逻辑： 1)手动开启：KIC 中手动开启； 2)自动开启：SEN001FI 已在役； 3)手动关闭：KIC 中手动关闭； 4)自动关闭：SEN002FI 已在役，且电动滤水器 B(SEN002FI)进出口阀门全开(SEN004VC/006VC 开启)	
参考资料信息	维修一处：EAM 中 00882587-01 的完工报告； WR/WOT：00368496/00882587-01(计划工单)	
编　　者	运行二处一值：谷铁	时间：2019 年 02 月 11 日

4.6.2　2SEN001FI 主控显示大红色，且无法停运

异常缺陷名称	2SEN001FI 主控显示大红色，且无法停运
发生时间	2017 年 07 月 14 日早班
机组状态	NS/SG 模式
异常缺陷现象	2SEN001FI 主控显示大红色，且无法停运
风险或潜在后果	执行典操停运 2SEN，停运过程中 2SEN001FI 显示大红色，无法停运
干预行动	已采取的行动措施： 1)安排现场检查电动滤水器 2SEN001FI 供电开关，未见异常； 2)oncall 维修电气人员检查处理
原因分析	2SEN001AR 控制柜内 PLC 程序故障
消缺行动	电气处理反馈： 1)设备缺陷描述：2SEN001FI 主控显示大红色，且无法停运。 2)工作过程： ①对 2SEN001AR 控制柜内的报警信号进行测量及接线端子紧固； ②经检查发现 2SEN001AR 控制柜内 PLC 程序故障； ③对 2SEN001AR 控制柜内 PLC 程序复位，主控报警消除； ④清理工作现场，归还工作许可证； ⑤向主管人员报告工作完成情况。 3)故障原因分析：2SEN001AR 控制柜内 PLC 程序故障
相关知识	1)2SEN001AR 控制柜上有如下就地控制按钮及信号灯： ①“开阀按钮”：开启电动排污阀，（正在开阀时，绿色开阀灯闪亮，阀门全开后常亮）； ②“关阀按钮”：关闭电动排污阀，（正在关阀时，红色关阀灯闪亮，阀门全关后常亮）； ③“滤网按钮”：滤网转动一格（正在转动时绿色滤网灯常亮，停转时红色清洗灯常亮）。 2)远方 DCS 程序控制操作：在控制柜上将旋钮打到远程、自动位置，设备即进入 DCS 远程控制。 3)时间设定： 就地控制柜断电后，电动滤水器的冲洗时间将会恢复至初始状态，即滤网转动一格停留时间为 1 min，排污阀开时间为10 min，排污阀关时间为 30 min。

续 表

相关知识	触屏上将“远程/就地”旋钮切换至“就地”位置，然后即可通过触屏或控制柜内按钮就行参数的设定。将“定时/工作”旋钮切换至“定时”位置，即进入参数值的设定状态，按需求将参数设定结束后将旋钮打到“工作”位置，按运行需要选好“远程/就地”位置后，电动滤水器即按照设定参数和选定的控制方式进行运行和控制	
参考资料信息	维修一处：EAM 中 00655998-01 的完工报告； WR/WOT：00268714/ 00655998-01（紧急工单）	
编　　者	运行二处一值：谷铁	时间：2019 年 02 月 11 日

4.6.3　3SEN001FI 就地、主控均无法启动，就地控制柜 3SEN001AR 存在故障报警

异常缺陷名称	3SEN001FI 就地、主控均无法启动，就地控制柜 3SEN001AR 存在故障报警
发生时间	2019 年 01 月 02 日早班
机组状态	大修，RCS 模式
异常缺陷现象	3SEN001FI 就地、主控均无法启动，就地控制柜 3SEN001AR 存在故障报警
风险或潜在后果	导致 3SEN001FI 就地、主控均无法启动
干预行动	已采取的行动措施： 1）安排现场检查就地控制柜 3SEN001AR 存在故障报警； 2）联系电气检查处理
原因分析	接近开关接线断开
消缺行动	电气处理反馈： 1）工作过程： ①领取工作许可证，与运行人员交流信息； ②确认 3SEN001AR 控制柜无电压； ③检查控制柜元器件及接线无异常； ④检查 PLC 发现接近开关无输入信号； ⑤就地检查接近开关发现其接线断开； ⑥重新端接接近开关接线； ⑦联系运行人员，就地和远控启动 3SEN001AR，运行正常无报警； ⑧工作结束，清理现场。 2）故障原因分析：接近开关接线断开

续　表

相关知识	1)3SEN001AR 控制柜上有如下就地控制按钮及信号灯： ①“开阀按钮”：开启电动排污阀，（正在开阀时，绿色开阀灯闪亮，阀门全开后常亮）； ②“关阀按钮”：关闭电动排污阀，（正在关阀时，红色关阀灯闪亮，阀门全关后常亮）； ③“滤网按钮”：滤网转动一格(正在转动时绿色滤网灯常亮，停转时红色清洗灯常亮)。 2)远方 DCS 程序控制操作：在控制柜上将旋钮打到远程、自动位置，设备即进入 DCS 远程控制。 3)时间设定： 就地控制柜断电后，电动滤水器的冲洗时间将会恢复至初始状态，即滤网转动一格停留时间为 1 min，排污阀开时间为10 min，排污阀关时间为 30 min。 触屏上将“远程/就地”旋钮切换至“就地”位置，然后即可通过触屏或控制柜内按钮就行参数的设定。将“定时/工作”旋钮切换至“定时”位置，即进入参数值的设定状态，按需求将参数设定结束后将旋钮打到“工作”位置，按运行需要选好“远程/就地”位置后，电动滤水器即按照设定参数和选定的控制方式进行运行和控制	
参考资料信息	维修二处：EAM 中 01088833-01 的完工报告； WR/WOT：00485837/01088833-01(紧急工单)	
编　　者	运行二处一值：谷铁	时间：2019 年 02 月 11 日

第五章　BOP 系统及消防相关系统“病历库”

5.1　火灾探测系统（JDT）

5.1.1　4JDT 系统常规岛 7 号控制器 3 回路多个探头频繁触发丢失报警

异常缺陷名称	4JDT 系统常规岛 7 号控制器 3 回路多个探头频繁触发丢失报警
发生时间	2018 年 07 月 03 日早班
机组状态	RP 模式，满功率
异常缺陷现象	4JDT 系统常规岛 7 号控制器 3 回路多个探头频繁触发丢失报警
风险或潜在后果	若探头真实丢失故障将无法实现火灾报警和监测功能，机组火灾情况失去监视
干预行动	已采取的行动措施： 1）主控安排现场岗位加强巡检，主控通过 4DTL001HV 监视现场有无异常情况，通过 KIC 画面对相关区域重要运行设备进行温度监视； 2）立即 oncall 通讯到场检查处理
原因分析	4JDT327CR 模块箱中一个多余未使用的输入模块本身故障，拉低整个 3 回路的巡检电压，导致 3 回路多个探头闪发故障
消缺行动	通讯处理反馈： 1）在 4JDT3111MJ 至 4JDT327CR 直接接上临时电缆，故障未消除，排除电缆的问题； 2）排查 7 个红外火焰探测器，未发现问题，排除红外火焰探测器的问题； 3）甩开回路上所接的感温电缆和雨淋阀，故障未消除，排除感温电缆和雨淋阀导致故障；

续 表

消缺行动	4)对模块箱中多余未使用的输入模块(3 回路共有 19 个未使用的输入模块)进行排查，定位到 4JDT327CR 模块箱中一个多余未使用的输入模块本身故障，拉低整改 3 回路的巡检电压，导致 3 回路多个探头闪发故障，拆除该未使用的输入模块后，故障消除，并观察未再触发故障； 5)处理后 4MX 火灾报警系统无任何故障报警，系统恢复正常； 6)提技改 ECR010176(对 1～4 号机组常规岛火灾报警系统没有使用的模块或备用模块取消)，通过技改取消 1-4MX 火警系统中未使用的模块，减轻系统负担，同时减少故障点	
相关知识	根据技术规范要求：“一个或多个安全防火区，安全防火小区或要求可用设备所处的防火区(反应堆厂房除外)的一个或多个的火灾探测回路部分或全部不可用。”时需要记录 JDT3 的 I02	
参考资料信息	运行二处：4 号机组 eSOMS 日志 2018 年 07 月 03 日	
编　　者	运行二处一值：杨少东	时间：2019 年 03 月 22 日

5.1.2 射线探伤导致火灾报警/上充泵振动探头报警

异常缺陷名称	射线探伤导致火灾报警/上充泵振动探头报警
发生时间	2018 年 06 月 28 日夜班
机组状态	RP 模式，满功率
异常缺陷现象	06 月 28 日凌晨射线探伤期间 JDT 火灾自动报警系统触发自动报警，06 月 30 夜班闪发两次 4RCV803KA[4RCV003PO 推力轴承箱(水平方向)振动高高]、4RCV804KA[4RCV003PO 推力轴承箱(水平方向)振动高]、4RCV808KA[4RCV003PO 径向轴承箱(水平方向)振动高]报警
风险或潜在后果	1)若真实火灾，需要立即响应，影响操纵员判断； 2)若上充泵真实振动高将导致其不可用，产生 I0
干预行动	已采取的行动措施： 1)主控安排现场岗位查看是否真实火灾，主控通过 4DTL001HV 监视现场有无异常情况，通过 KIC 画面对相关区域重要运行设备进行温度监视； 2)主控查看 4RCV003PO 电流及温度稳定，上充下泄和轴封正常； 3)联系现场查看泵运行情况； 4)通过对比，发现 4RCV001PO 和 4RCV002PO 也出现振动值升高的情况，其中 4RCV133MV 最高达到 25.27 mm/s；

续　表

干预行动	5）和工作负责人核实主控触发 4RCV003PO 振动高报警时正在进行 NB229 房间的探伤，且 4RCV001PO 和 4RCV002PO 出现振动升高时在相应房间进行探伤。且此次使用的放射源和 06 月 28 日使用的放射源源强较大（85 Ci，此前使用的放射源源强为 23 Ci），怀疑和探伤有关，并工作负责人停止探伤	
原因分析	射线探伤可能导致火灾报警/上充泵振动探头报警	
消缺行动	此次事件后，役检、维修通讯、维修仪控、辐射防护等专业人员进行了一次专门会议，并达成以下共识： 1）射线探伤期间高剂量率辐照导致 JDT 系统红外火焰探测器误报，误报存在一定概率性，无导致确定性报警的剂量阈值； 2）射线探伤期间高剂量率辐照导致 4RCV003PO 振动高报警及 4RCV001PO/4RCV002PO 多次出现振动高趋势，误报存在一定概率性，无导致确定性报警的剂量阈值； 3）导致探头误报的原因为高辐照剂量率影响探测器电子元件，结合历史射线探伤经验，使用低辐照剂量率的小源发生探头误报的概率极低，可以忽略； 4）后续当使用辐照剂量率较高的大源探伤时，对现场的红外火焰探测器进行屏蔽；当使用辐照剂量率较低的小源探伤时，无需屏蔽红外火焰探测器； 5）后续当日常期间使用辐照剂量率较高的大源探伤时，对现场 SPV 系统等重要探头进行屏蔽；当使用辐照剂量率较低的小源探伤时或大修期间，无需屏蔽探头	
相关知识	射线探伤是利用某种射线来检查焊缝内部缺陷的一种方法。常用的射线有 X 射线和 γ 射线两种。X 射线和 γ 射线能不同程度地透过金属材料，对照相胶片产生感光作用。利用这种性能，当射线通过被检查的焊缝时，因焊缝缺陷对射线的吸收能力不同，使射线落在胶片上的强度不一样，胶片感光程度也不一样，这样就能准确、可靠、非破坏性地显示缺陷的形状、位置和大小	
参考资料信息	运行二处：4 号机组 eSOMS 日志 2018 年 06 月 28 日	
编　　者	运行二处一值：杨少东	时间：2019 年 05 月 22 日

5.2 消防水分配系统(JPD)

4JPD233VT(3MX/4MX 消防水管网联通阀)出现漏水

异常缺陷名称	4JPD233VT(3MX/4MX 消防水管网联通阀)出现漏水	
发生时间	2017 年 07 月 26 日早班	
机组状态	机组调试启动阶段	
异常缺陷现象	4JPD233VT(3MX/4MX 消防水管网联通阀)出现漏水	
风险或潜在后果	消防系统管网漏水影响消防系统的稳定性	
干预行动	若将此阀隔离 3MX 和 4MX 消防水管网的联通功能失去，鉴于漏量不大，运行保持观察，在处理漏点时再隔离处理	
原因分析	瞬间的压力变化会导致管道连接处发生一定错位，这种情况多次出现后就会导致连接处发生形变，密封圈损坏，产生漏水	
消缺行动	解决方案讨论： 方案一：参考运行一处做法，将 3、4JPD233VT 长期关闭。该阀门为 3MX 和 4MX 消防水管网的联通阀，3、4 号机组各有一个，关闭 233VT 后，3MX 和 4MX 消防水管网的联通功能失去，但可以有效防止管网压力变化(日常压力波动以及重大操作导致压力瞬变)对漏点处的冲击，但出于对系统功能完整性的考虑，该方案仅作参考。 方案二：在进行涉及消防管网压力变化的操作(例如 JPP 定期试验)前，先将 233VT 关闭，待试验结束后再对该阀门进行恢复。该方案需要将 233VT 的开启和关闭操作加入到相关的定期试验规程中，作为规程执行前在线检查的一部分，能够保证在不影响系统功能完整性的情况下防止漏点处受到冲击。 综合优缺点后采用了方案二，FQ3/4-JPP-T-001 规程已于 2017/08/31 升版，关闭泵出口阀启动。但关闭出口阀会造成 JPP 消防水泵不可用，需记录 I0，且在 2019 年 01 月份维修机械答复目前缺陷情况可以允许开阀启动，又重新改回开出口阀启动的试验方法	
相关知识	JPD 系统全部管网充以 1.2 MPa.g 的水，压力由位于常规岛内的稳压水罐维持，稳压水罐能在 JPP 消防泵自动启动前向管网提供初期火灾灭火用水量	
参考资料信息	运行二处 4 号机组 eSOMS 日志 2017 年 07 月 26 日	
编　　者	运行二处一值：杨少东	时间：2019 年 03 月 22 日

5.3 核岛消防系统(JPI)

4JPI007BA 液位缓慢升高

<table>
<tr><td>异常缺陷名称</td><td>4JPI007BA 液位缓慢升高</td></tr>
<tr><td>发生时间</td><td>2019 年 02 月 23 日中班</td></tr>
<tr><td>机组状态</td><td>RP 模式，满功率</td></tr>
<tr><td>异常缺陷现象</td><td>21: 21，触发 4JPI025KA（RCP 泵房间的水进入废液箱），4JPI007BA 液位自 02 月 17 日 05: 20，开始从 232 mm 缓慢上涨，02 月 19 日 19: 00 上涨速率变快，当前 4JPI007BA 液位300. 10 mm，经计算当前进水速率约 1. 24 L/h
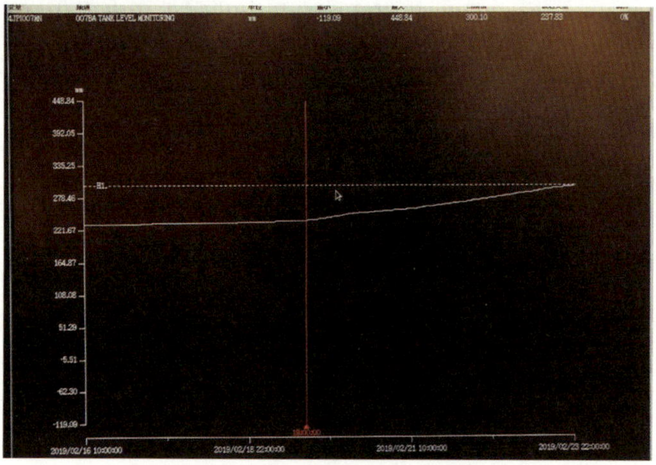

图 1　4JPI007BA 液位上涨趋势</td></tr>
<tr><td>风险或潜在后果</td><td>1)若漏点为主泵的 RRI 管线，则将影响主泵安全运行；
2)若主泵消防在后续窗口真实启动，油水混合物将无法顺畅排到 4JPI007BA，或通过溢流管线导致 8TEU005/006BA 进油；
3)如按照当前的速率，约 96. 7 天后，4JPI007BA 液位将达到主控满量程(1900 mm)</td></tr>
<tr><td>干预行动</td><td>1)已采取的行动措施：
①检查主泵消防未动作，且 RX 内 JPI 为干管，漏水可能性较小；oncall 拆除了 4JPI055VE 下游的堵头，查看了 4JPI101VE 下游的水量和压力，基本排出了壳外 JPI 通过 JPI101VE——4JPI070VE——4JPI028/029/030VE——进入 4JPI007BA 的可能。另外主泵一级消防的 4JPI001/002/003BA 也未出现液位和 CO2 流量报警，因此，JPI 消防泄漏的可能性可排除。</td></tr>
</table>

续 表

干预行动	②考虑到2号机组及同行电厂出现过RCP测温旁路阀门泄漏蒸汽冷凝后导致JPI007BA液位上升的经验反馈，对近几日的一回路泄漏率的趋势进行了检查，一回路泄漏率总体较小，而且4JPI007BA的增加量也较小，基本无法判断。另外，一回路测温旁路阀门均打过倒密封，泄漏可能性较小，但不排除。 ③4RRI002BA(运行列)液位持续下降以及RRI001BA(切列前)下降存在加速点与4JPI007BA快速增加时间点存在一定的吻合，因此怀疑4RRI壳内(主泵房间)可能存在泄漏。 ④通过4号主控的DTL在打开主泵房间的摄像头的灯后进行仔细查看，未发现明显漏点。 ⑤期间泄压箱液位稳定无变化，运行保持关注4JPI007BA上涨情况。 注：①经进岛取样发现4JPI007BA内含有磷酸三钠，且浓度高于设冷水，确定为设冷水泄漏； ②通过R厂房20 m摄像机查看，发现4RCP003PO电机空气冷却器出口RRI金属软管4RRI024FL处存在持续滴漏水。 2)建议后续行动 ①运行继续关注4JPI007BA液位变化趋势，每值计算一回路泄漏率，关注RRI头箱泄漏率； ②专业做好进岛查漏准备
原因分析	金属软管泄漏原因：软管与支架接触，管道振动过大，导致金属编织网损坏，内部波纹管破裂
消缺行动	机械处理反馈： 金属软管泄漏原因： 软管与支架接触，管道振动过大，导致金属编织网损坏，内部波纹管破裂。 1)调停期间工作安排： ①分三组进行排查，排查后还要对漏点位置其他设备进行影响评估； ②ETY吹扫结束后对有备件的破损金属软管进行更换； ③对于无备件损坏的金属软管，经专题会讨论进行技术评估后引流至集水箱。 2)最终处理： ①排查岛内其他金属软管有无破损； ②对4RRI024FL进行更换； ③对三个环路主泵金属软管加装防护措施

续 表

相关知识	4JPI007BA 为 RCP 三台泵所共用，回收火灾后的油和水排放物。4JPI007BA 位于 R 厂房-3.4 m。其来水管线有三根，分别接至3 台主泵正下方地漏(每台主泵有两个地漏)，无其他水源。分析 JPI007BA 可能来水有如下三种：消防水、工艺水、设备冷却水、房间冷凝水	
参考资料信息	WR/WOT：00511053/01157007-01(计划工单)； 2019 年 03 月 03 日—2019 年 03 月 09 日值长日报，异常反馈。 其他核电类似异常缺陷： 某核电出现过主泵设备水泄漏引起 2JPI007BA 液位上涨：2015 年 11 月 12 日下午 13:00，2 号机组正在满功率运行，2 号主控室发现设冷水系统波动箱液位缓慢下降，几乎与此同时，安全壳消防水废水收集箱液位缓慢上涨。安全壳消防水废水收集箱来源的三台主泵所在房间。主控室是在检查了主系统泄漏率正常，检查其他系统运行正常，初步认为是主泵设冷水泄漏。 2 号主控室操纵员在 2 号主泵的监视画面上发现一丝异常，在昏暗画面的角落里，2 号主泵空冷器的侧面设冷水管道隐约有流水，经过大家仔细确认之后，确认是 2 号主泵电机空冷器回水管上一个放气阀后漏水。泄漏点处于离地面 5 m 左右的厂房半空中。晚上 20:10，运行人员和辐射防护人员、检修人员、经过前期充分准备后运维人员和辐射防护人员进入了 2 号机组反应堆厂房，进去之后直接进入 2 号主泵房间，在辐射防护人员确认过剂量可以接受之后，进入了 2 号主泵房间远离反应堆侧，经过目测确认阀门由于长期振动，导致螺纹连接处松动。检修人员立即沿着支吊架爬上主泵电机上方，在离地面 5 m 左右的平台上拧紧阀门，装上堵头。随后主控人员检查确认设冷水的波动箱液位停止下降	
编　　者	运行二处一值：杨少东	时间：2019 年 03 月 21 日

5.4 主变、厂变消防系统(JPT)

3GGR010BA 房间消防雨淋阀 3JPT086VT(主油箱、净油箱、污油箱区域雨淋阀)启动,造成大量设备淋水

异常缺陷名称	3GGR010BA 房间消防雨淋阀 3JPT086VT(主油箱、净油箱、污油箱区域雨淋阀)启动,造成大量设备淋水	
发生时间	2016 年 05 月 29 日早班	
机组状态	机组调试启动阶段,NS/SG 模式	
异常缺陷现象	3GGR010BA 房间消防雨淋阀 3JPT086VT(主油箱、净油箱、污油箱区域雨淋阀)启动,造成大量设备淋水	
风险或潜在后果	导致电气设备绝缘能力降低	
干预行动	1)已采取的行动措施: ①现场核实无火情后将雨淋阀出口隔离阀关闭; ②将运行设备停运,并对所有设备进行摇绝缘; ③oncall 维修服务人员清理水、维修电气评价电气设备可用性、仪控/机械/通讯检查原因、化学人员对润滑油/调节油箱取样。 2)建议后续行动: 对常规岛其他雨淋阀进行排查	
原因分析	应急启动阀 3JPT867VT 阀门限位指示有误,在全关时仍有微小开度导致雨淋阀上腔室失压	
消缺行动	通讯处理反馈: 1)检查非 JDT 火警信号触发消防系统启动; 2)机械确认雨淋阀 3JDT086VT 误动是由于 3JDT867VT 阀门把手指示有误,导致把手水平(正常情况下此时阀门应当全关)时有微小开度; 3)电气人员对被淋的电气设备进行检查处理,确保绝缘合格	
相关知识	3JPT867VT 为应急启动阀,若其开度大到一定值雨淋阀上腔室的压力将不能维持导致雨淋阀误喷	
参考资料信息	运行二处:3 号机组 eSOMS 日志 2016 年 05 月 29 日	
编　　者	运行二处一值:杨少东	时间:2019 年 03 月 22 日

5.5 厂区消防水分配系统(JPU)

5.5.1 8JPU9920VE 附近管道大量漏水

异常缺陷名称	8JPU9920VE 附近管道大量漏水	
发生时间	2017 年 01 月 20 日早班	
机组状态	3 号机组 NS/SG，4 号机组调试启动阶段	
异常缺陷现象	4TA 和 PX 泵房之间 8JPU9920VE 附近管道大量漏水	
风险或潜在后果	1)漏水导致消防管网压力下降 JPP 泵启动； 2)隔离漏点导致 8FS 厂房失去消防水	
干预行动	1)已采取的行动措施： ①建立临时运行隔离 8PO00071，将 8JPU414VE、8JPU432VE 隔离上锁； ②oncall 维修机械和保卫处人员处理。 2)建议后续行动： 加强对 8FS 厂房巡检，并多配置移动式消防器材	
原因分析	由于地基不均匀沉降导致消防 8JPU 管道开裂	
消缺行动	机械处理反馈： 1)处理措施： ①提出紧急采购流程； ②由维修支持负责扩挖开裂管道附近地面并做好防护，以便后续堵漏工作； ③将新采购的哈夫节进行安装，并建立隔离区域，每周巡检管道是否继续有漏； ④建议土建关注地基继续沉降问题，给出专业意见，防止类似问题发生； ⑤维修支持处反馈经评估无需安装地基沉降监测点，土建专业已对现场管道进行封埋保护。 2)故障原因分析：由于地基不均匀沉降导致消防 8JPU 管道开裂	
相关知识	JPU 为厂区消防水分配系统，通过环网向各厂房提供消防水	
参考资料信息	运行二处：3 号机组 eSOMS 日志 2017 年 01 月 20 日	
编　　者	运行二处一值：杨少东	时间：2019 年 03 月 22 日

5.5.2 8JPU410VE与8JPU435VE之间地埋消防管道漏水

异常缺陷名称	8JPU410VE与8JPU435VE之间地埋消防管道漏水	
发生时间	2019年01月09日中班	
机组状态	3号机组大修，4号机组满功率	
异常缺陷现象	2019年01月08日中班，接一处通知9JPH有隔离工作，开启8JPD与0JPD之间的联通阀8JPD489VE，通过8JPH给一二单元消防管网稳压，但8JPH稳压罐液位无法稳定，持续下降，3JPP泵由于压力低已经启动，经过现场检查为4MX厂房与5号机组之间的地面存在消防水泄漏	
风险或潜在后果	1)漏水导致消防管网压力下降JPP泵启动； 2)查漏时隔离漏点而隔离8PX厂房消防水，产生随机I02	
干预行动	已采取的行动措施： 1)关闭8JPU408/409/435VE已关闭隔离将漏点隔离； 2)oncall维修机械和保卫处人员处理	
原因分析	管道沉降，导致管道破裂	
消缺行动	机械处理反馈： 1)工作过程： ①土建配合挖开沙土； ②召开工前会； ③排空管道内部残水； ④清洗管道上面泥土； ⑤用哈复节固定住管道裂纹； ⑥工作结束，清理现场。 2)故障原因分析：管道沉降，导致管道破裂	
相关知识	JPU为厂区消防水分配系统，通过环网向各厂房提供消防水	
参考资料信息	运行二处：3号机组eSOMS日志2019年01月09日； WR/WOT：00490252/01092872-01(紧急工单)	
编　　者	运行二处一值：杨少东	时间：2019年03月22日

5.6 电表和故障录波系统运行规程(KKO)

3 号机组多次闪发 3KKO002KA 机组故障录波器启动

异常缺陷名称	3 号机组多次闪发 3KKO002KA 机组故障录波器启动(其余 3 台机组未启动)	
发生时间	2018 年 07 月 12 日夜班	
机组状态	RP 模式，满功率	
异常缺陷现象	2018 年 07 月 12 日，夜班闪发 7 次 3KKO002KA 机组故障录波器启动报警	
风险或潜在后果	故障录波器启动表示电气系统存在异常情况，若属实而未及时干预将存在极大的安全隐患	
干预行动	已采取的行动措施： 1)主控、现场查看各中高压电气系统运行情况(电压和电流波动情况)； 2)oncall 维修电气人员进厂	
原因分析	8LGIB 母线二次电压 N 线未接入故障录波器，导致机组故障录波器三相电压采样不平衡，B 相电压低于录波装置低越限定值 52 V，启动录波器录波	
消缺行动	电气处理反馈： 1)现场检查 3 号机组故障录波器从 2018 年 07 月 12 日 03:56:43 至 2018 年 07 月 12 日 07:35:05 之间频繁启动录波，录波启动原因均为 8LGIB 母线电压 *Ub* 低越限启动； 2)现场现场检查 8LGIB 母线通过母联供电，中压配电盘上一次电压指示正确； 3)该录波启动信号在 8LGIB 进行停电倒母线之前就已存在，已按照工单 00952664-01 进行检查，明确录波启动原因为：8LGIB 母线二次电压 N 线未接入故障录波器，导致机组故障录波器三相电压采样不平衡，B 相电压低于录波装置低越限定值 52 V，启动录波器录波	
相关知识	电气处理缺陷时可通过示波器看查找故障原因	
参考资料信息	运行二处：3 号机组 eSOMS 日志 2018 年 07 月 12 日	
编　　者	运行二处一值：杨少东	时间：2019 年 04 月 11 日

5.7 核岛氮气分配系统(RAZ)

4ASG125VZ 处大量氮气泄漏

异常缺陷名称	4ASG125VZ 处大量氮气泄漏
发生时间	2019 年 08 月 29 日早班
机组状态	4 号机组 RCS 模式；3 号机组 RP 模式，满功率
异常缺陷现象	早班现场巡检发现 8SGZ801EV 氮气供气管线有大量的气流声，氮气汽化器上出现大量结冰情况，且氮气储罐液位下降速率较快(计算用气量约 300 m^3/h)已达至低值。前一天早班巡检 8SGZ801EV 储罐液位为 5680 mm，此时液位已降到了大约 3100 mm。  **图 1　氮气气化器上结冰情况** 3 号、4 号主控室核实流体传输单，并无大量使用低压氮气工作。3 号主控调低压氮气管网压力 3RAZ001MP 趋势发现从 2019 年 08 月 28 日 07: 03 分开始 3RAZ001MP 迅速从 0.71 MPa 下降到 0.64 MPa。3RAZ001MP 下游氮气使用累积量 3RAZ002QD 未见明显累积，初步怀疑为上游存在氮气泄漏。4 号机组低压氮气管网情况和 3 号机组类似
风险或潜在后果	1)大量氮气泄漏，导致泄漏点区域存在氮气窒息风险； 2)危及低压氮气管网下游的负荷的氮气供应，如 3/4ASG001BA 氮气覆盖、REA 硼酸箱氮覆盖、4 号机组大修相关氮吹扫开展等等

续　表

干预行动	已采取的行动措施： 1）安排3、4号主控室操纵员立即核实当前流体传输单，确认无大量使用低压氮气的流体传输； 2）组织现场沿氮气管网开展查漏工作； 3）交代现场开展工作时注意氮气窒息风险，佩带好氧表； 4）组织隔离经理清查涉及RAZ系统相关的工作票，对可能存在氮气泄漏的工作票进行分析和现场安排人员进行检查确认； 5）经确认4ASG125VZ泄漏后，关闭上游隔离阀4ASG124VZ，隔离泄漏点，并在4ASG001BA房间拉警示栏，防人员误入窒息； 6）紧急联系专工安排对液氮罐8SGZ801EV进行补氮
原因分析	原因分析和查漏过程： 经隔离经理清查工作票发现08月28日夜班发出有一张紧急工作许可证20194PW25459 4ASG125VZ全面解体检查。该检修工作“等待中止”时间08月28日06:01，“中止确认”时间也约在07:00。说明在08月28日07:00这个时段现场存在将4ASG124VZ打开的情况。这个时间与低压氮气管网压力下降时间基本吻合。 经检查确认4ASG125VZ泄漏后，关闭上游隔离阀4ASG124VZ
消缺行动	1）运行处理反馈： ①组织隔离经理带人携带氧表、穿戴空呼，前往4ASG001BA房间检查，发现氮气供应减压阀4RAZ015VZ所在管道有非常明显补气的气流声； ②在4ASG001BA水箱底部氧含量稳定显示20.8%，在爬到4ASG001BA顶部过程中，氧表读数下降明显，并出现报警声； ③上到顶部确认4ASG125VZ泄漏后，关闭上游隔离阀4ASG124VZ，3/4号机组低压氮气管网压力3/4RAZ001MP逐渐恢复到0.71 MPa； 2）机械处理反馈——处理措施： ①开启4ASG124VZ，调整4ASG125VZ定值； ②调整4ASG125VZ压力为0.0117 MPa，观察半小时，无漏气现象，压力为0.0117 MPa
相关知识	4ASG125VZ为4ASG001BA的氮气调节阀，维持水箱压力在不超过0.012 MPa.g
参考资料信息	运行二处4号机组eSOMS日志2019年08月29日； 维修二处机械： WR/WOT：00608581/01346451-01，工作许可证：20194PW25651调整及处理4ASG125VZ
编　　者	运行二处一值：陈金龙　　　　时间：2019年09月07日

5.8 压缩空气生产系统(SAP)

5.8.1 4SAP002CO 启动后出口压力波动

异常缺陷名称	4SAP002CO 启动后出口压力波动	
发生时间	2016 年 11 月 06 日中班	
机组状态	调试启动阶段	
异常缺陷现象	11 月 06 日，为配合进行 0SAP 全停工作，需要启动 4SAP002CO 保证 4 号机组仪用压空供给。就地启动 4SAP002CO 后，其出口压力表 4SAP001MP 压力在 0.68～0.75 MPa 之间反复波动	
风险或潜在后果	压空管路压力大幅波动	
干预行动	已采取的行动措施： 1)安排就地检查发现就地压缩机存在反复加载卸载情况； 2)检查核实 4SAP002DS 有检修工作，安排现场核实 4SAP002DS 入口阀门状态，后关闭 4SAP002DS 入口阀门 4SAP040VA 和 4SAP206VA，之后 4SAP001MP 压力稳定在 0.71 MPa，不再波动	
原因分析	4SAP002DS 断电后，其内部电磁阀可能存在漏气，导致压缩机启动后反复加载卸载	
消缺行动	关闭 4SAP002DS 入口阀门，使 4SAP002DS 停止漏气	
相关知识	SAP 压控机也存在类似情况，在压缩机失电后将导致空压机疏水阀开启，有管网漏气卸压风险，在对压缩机断电隔离前，为避免漏气需要关闭压缩机出口阀	
参考资料信息	运行二处：《运行二处内部经验反馈——4SAP002CO 启动后出口压力波动》	
编　　者	运行二处一值：陈金龙	时间：2019 年 03 月 11 日

5.8.2 4SAP001DS 露点高报警

异常缺陷名称	4SAP001DS 露点高报警
发生时间	2018 年 05 月 25 日中班
机组状态	RP 模式，满功率

续 表

异常缺陷现象	执行 FQ4-SAP-T-001 检查应急空压机 001CO&002CO 的应急备用功能试验规程后进行干燥器切换，4SAP002DS 切换至 4SAP001DS 运行，切换之后 4SAP001DS 出现露点高报警，报警灯亮；现场显示屏显示露点值为－12 ℃（如图 1 所示），正常运行时露点限值为－25 ℃ 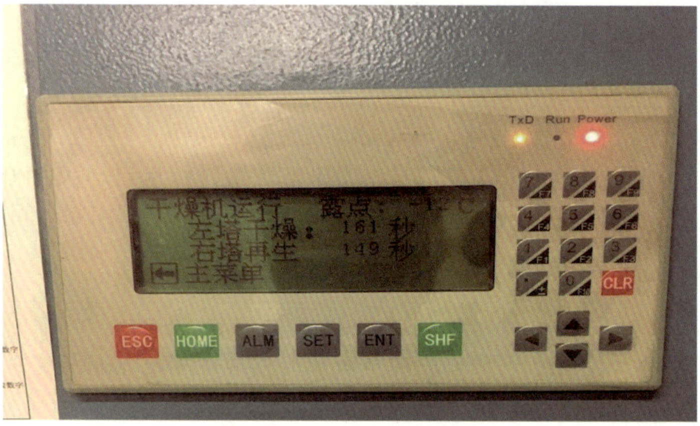 **图 1 现场显示屏显示露点值**
风险或潜在后果	无法保证干燥器塔正常运行
干预行动	已采取的行动措施： 1）主控与现场沟通分析，对比 4SAP002DS 和 3SAP001/002DS，发现其他干燥器的排污阀均有一定开度； 2）现场打开 4SAP001DS 的排污阀 4SAP143VA、4SAP141VA、4SAP142VA 至 80%开度，4SAP101MZ 下游手动阀打开一个小开度，然后将 4SAP002DS 切换至 4SAP001DS 运行，几分钟后，露点值开始降低，由－12 ℃降低到－47 ℃
原因分析	正常情况下，现场运行的干燥器的精过滤器、预过滤器、除尘过滤器的排污阀 4SAP143VA、4SAP141VA、4SAP142VA 都应该处于打开状态或者有一定开度，然后通过下游排气口才能保证在干燥器塔正常运行时的排气；（而现场查看此三个阀门都是关闭状态，怀疑被人误动）。 露点值通过现场 4SAP101MZ 测得，4SAP101MZ 下游有一手动阀，正常运行时此阀门也应该保持有一定的小开度，保证有气体流出即可（可用手感受）现场查看此阀门也是关闭状态
消缺行动	在专业的配合下恢复 4SAP143VA、4SAP141VA、4SAP142VA 以及 4SAP101MZ 下游手动阀打开一定的开度

续　表

相关知识	1) 正常运行时运行或者备用的干燥器过滤器的排污阀都应该打开或者有一定开度；实际开度可对比另一例干燥器或者三号机； 2) 相应的露点测量阀门也应该有一定开度，对露点进行测量，否则失去露点测量而产生露点高报警	
参考资料信息	运行二处：4 号机组 eSOMS 日志 2018 年 05 月 25 日	
编　　者	运行二处一值：陈金龙	时间：2019 年 03 月 11 日

5.8.3　4SAP005SP 故障导致 4SAP001CO 无法正常停运

异常缺陷名称	4SAP005SP 故障导致 4SAP001CO 无法正常停运
发生时间	2016 年 12 月 18 日早班
机组状态	机组调试阶段
异常缺陷现象	执行 FQ4-SAP-T-001(检查应急空压机 001CO&002CO 的应急备用功能试验规程时，当 4SAP001CO 处于“基本负荷”模式，验证完 4SAP005SP 压力低 1 报（KIC 中 4SAP005SP _ 2 灯亮）触发 4SAP001CO 自动启动后，现场按规程要求关闭卸压调阀后使用 4SAP003CC 无法将 4SAP001CO 停运，KIC 中一直存在保护启动信号(4SAP005SP 压力低 1 &4SAP001CO 处于基本负荷模式时，保护启动 4SAP001CO)。 4SAP001CO 无法停运，处于自动加载—自动卸载—自动加载模式不断循环。经主控和现场检查发现在压缩机自动卸载前将卸压调节阀 4SAP215VA 全关闭后，现场压力表 4SAP012LP 上升到 0.77 ~ 0.78 MPa. g 时，KIC 中 4SAP005SP_2 灯仍亮
风险或潜在后果	4SAP001CO 无法停运，处于自动加载—自动卸载—自动加载模式不断循环，造成设备损坏
干预行动	已采取的行动措施： 1) 主控 oncall 仪控人员检查处理 4SAP005SP； 2) 查看定值手册和逻辑图：4SAP005SP 压力低到定值 0.68 MPa. g 时触发低 1 报警，KIC 中 SAP005SP_2 灯亮，4SAP005SP 压力高到定值 0.75 MPa. g 触发高 2 报(DCS 一层可看，二层无法查看)，达到高 2 报警触发后，低 1 报警才能消失。此次 4SAP012LP 压力上升到 0.77 ~ 0.78 MPa. g 时，超过高 2 阈值，低 1 报警未消失，4SAP005SP_2 灯一直亮，仪控在一层也未看到高 2 报警触发，一层 4SAP007SP 的高 1 报警能正常触发，可进一步确认实际压力不低，4SAP005SP 低 1 报仍存在实为误报；

续 表

干预行动	3）主控查看逻辑图分析得知，将无法停运的 4SAP001CO 由"基本负荷"模式改到"备用负荷"模式，可以使 4SAP001CO 自动保护启动逻辑消除。为防止故障导致压空机长期自动加载—自动卸载循环反复运行损坏压空机，主控安排现场将 4SAP001CO 置于"备用负荷"模式后，KIC 中可看到 4SAP001CO 保护启动信号消失，然后现场使用 4SAP003CC 将 4SAP001CO 停运
原因分析	经仪控现场检查发现 4SAP005SP 定值漂移，漂移后高 2 定值为 0.79 MPa.g，使得 4SAP005SP 低 1 报触发 4SAP001CO 自动启动后，压力回升到 0.77~0.78 MPa.g 时，未达到漂移后的高 2 报定值，高 2 报未触发，而低 1 报也一直未消失，使得 4SAP001CO 在"基本负荷"模式自动启动信号一直在，无法停运
消缺行动	仪控处理反馈： 1）处理措施：重新调整仪表定值，经运行再次执行试验验证合格。 2）故障原因分析：4SAP005SP 压力开关定值超差，定值存在漂移，漂移后高 2 定值为 0.79 MPa.g，使得 4SAP005SP 低 1 报触发 4SAP001CO 自动启动后，压力回升到 0.77~0.78 MPa.g 时，未达到漂移后的高 2 报定值，高 2 报未触发，而低 1 报也一直未消失，使得 4SAP001CO 在"基本负荷"模式自动启动信号一直在，无法停运
相关知识	1）执行 FQ4-SAP-T-001 时，当 4SAP001CO 处于"基本负荷"模式时，4SAP005SP 低 1 报误触发，导致 4SAP001CO 无法正常停运时，可以通过改变 4SAP001CO 模式，改到试验模式或是备用模式，如将 4SAP001CO 置于"备用负荷"模式后，利用 4SAP003CC 将压缩机停运； 2）当 4SAP001CO 处于"备用负荷"模式时，4SAP007SP 低 2 报误触发，导致 4SAP001CO 无法正常停运时，可以通过改变 4SAP001CO 模式，改到"试验"模式或是"基本负荷"模式的方式，再利用 4SAP003CC 将压缩机停运； 3）SAP005SP、006SP、007SP、008SP 仪表的低报定值和低报消除的定值设置不合理，即死区相对太大，建议减小死区。另外若仪表低报定值出现漂移时将导致压空机在压力实际低时不能及时启动实现其安全功能，当现场 SAP012LP 实际压力低于 SAP005SP、006SP、007SP、008SP 的低定值时，而 KIC 中相应灯未亮时，需考虑定值低漂的可能，务必及时处理消除故障。目前这四个仪表检查频度每 1C 一列，建议仪控增加 SAP005SP、006SP、007SP、008SP 的检查频度，以便及时发现仪表定值漂移问题，以避免出现仪表故障引起压空机不可用或是无法停运

续 表

参考资料信息	运行二处：运行二处内部经验反馈——4SAP005SP 故障导致 4SAP001CO 无法正常停运处理	
编　　者	运行二处一值：陈金龙	时间：2019 年 03 月 11 日

5.8.4 2SAP001CO 启动后因“浓缩液排放故障”跳闸

异常缺陷名称	2SAP001CO 启动后因“浓缩液排放故障”跳闸
发生时间	2016 年 02 月 26 日早班
机组状态	RP 模式，满功率
异常缺陷现象	早班执行临时操作票《验证 2 号机组应急空压机可用性临时操作票》，以验证 2 号机组应急空压机可以长期保持运行。13: 28 2SAP001CO 启动，14: 54 因“浓缩液排放故障”跳闸，重新启动后再次跳闸
风险或潜在后果	导致 2SAP001CO 不可用，产生 IO2：SAP1
干预行动	已采取的行动措施： 1) 现场检查 2SAP001CO 跳闸报警情况，发现存在“浓缩液排放故障”报警； 2) 暂停执行临时操作票，确保无 2SAP002CO 相关的工作开展，避免两台压空机不可用； 3) oncall 电气检查处理
原因分析	电磁阀与排污管道连接处堵塞
消缺行动	电气处理反馈： 1) 检修步骤： ①到主控与运行沟通开紧急工作许可证； ②准备好工器具，验证隔离边界、检修设备位置； ③召开工前会，做好安全防护措施； ④就地停机报警显示“浓缩液排污 AC 不正常”，在 2015 年 07 月 09 日出现一样的报警； ⑤联系厂家，厂家对排污阀和管道进行解体，打开排污阀与管道发现排污阀和管道的连接处有堵塞现象，后厂家对排污阀和管道进行去污及清洗，完成后进行回装。回装后故障报警消除； ⑥联系运行启动验证，运行 1 h 后验证正常，无报警出现； ⑦运行验证合格，清洁现场，整理好工器具； ⑧归还工作许可证，填写完工报告。 2) 故障原因分析：电磁阀与排污管道连接处堵塞

续　表

相关知识	技术规范要求，RP 模式下，如果一台应急空气压缩机不可用，将产生第二组 I0：SAP1，所采取的措施：检修必须在 14 天内完成。如果两台应急空气压缩机不可用，将产生第一组 I0：SAP2，所采取的措施：①检修必须在 3 天内完成；②8 h 内确认机组间共用的空气连接管线的可用性
参考资料信息	维修一处电气：EAM 中工单 00224432-01 的完工报告； WR/WOT：00108642/00224432-01（紧急工单）
编　　者	运行二处一值：谷铁　　　　时间：2019 年 02 月 11 日

5.8.5　3SAP002CO 空压机浓缩排污故障

异常缺陷名称	3SAP002CO 空压机浓缩排污故障
发生时间	2019 年 09 月 09 日中班
机组状态	RP 模式，满功率
异常缺陷现象	中班执行 FQ3-SAP-T-001：检查应急空压机 001CO&002CO 的应急备用功能试验规程时，在启动 3SAP002CO 时，控制面板出现“浓缩排污”故障报警，该报警导致 3SAP002CO 跳闸，导致 3SAP002CO 不可用
风险或潜在后果	1）由于此时执行规程时 3SAP001CO 处于试验位置，故障出现时 3SAP001CO 已经不可用，所以与此时 3SAP002CO 故障不可用叠加，机组产生了随机的第一组 I0（两台应急压空机不可用）。恢复 3SAP001CO 可用后，因 3SAP002CO 不可用，存在 I02：SAP1； 2）一台应急压空不可用，导致机组仪用压缩空气供应的冗余度降低
干预行动	1）已采取的行动措施： ①按照规程恢复将 3SAP001CO 由试验位置恢复至正常位置，消除第一组 I0； ②主控确认 3 号机组 SAP 系统压力正常，并加强关注； ③联系 2 号机组确认 0SAP 主压空系统运行正常； ④oncall 维修电气现场检查处理。 2）建议后续行动： ①请维修分析故障原因，准备好处理方案并消除缺陷； ②运行加强 3SAP 系统压力监视

续 表

原因分析	3SAP002CO 空压机电磁阀 3SAP220VK 疏水管堵塞	
消缺行动	电气处理反馈： 1)故障问题：3SAP002CO 空压机浓缩排污故障； 2)原因分析：3SAP002CO 空压机电磁阀 3SAP220VK 疏水管堵塞； 3)处理措施： ①与主控沟通后领取工作许可证； ②检查 3SAP002CO 空压机电磁阀：3SAP221VK/3SAP220VK，发现 3SAP220VK 疏水管堵塞，对 3SAP220VK 输水管进行清洁及疏通，确认疏水管无堵塞，同时检查 3SAP221VK 电磁阀疏水管无异常； ③测量 3SAP002CO 空压机电磁阀 3SAP221VK 直阻为 497.5 Ω，直阻正常； ④测量 3SAP002CO 空压机电磁阀 3SAP220VK 直阻为 500.5 Ω，直阻正常； ⑤回装电磁阀各部位零件，确认紧固，无异物残留； ⑥联系运行人员上电验证，确认 3SAP002CO 空压机浓缩排污故障消失，无异常； ⑦工作结束，归还工作票。 4)后续行动项：对发现堵塞疏水管的白色异物进行化验，分析疏水管堵塞的根本原因	
相关知识	技术规范要求，RP 模式下，如果一台应急空气压缩机不可用，将产生第二组 I0：SAP1，所采取的措施：检修必须在 14 天内完成。如果两台应急空气压缩机不可用，将产生第一组 I0：SAP2，所采取的措施：①检修必须在 3 天内完成；②8 h 内确认机组间共用的空气连接管线的可用性	
参考资料信息	运行二处：3 号机组异常反馈——3SAP002CO 出现浓缩排污故障导致一台应急压空不可用； 维修二处电气：3SAP002CO 出现浓缩排污故障导致一台应急压空不可用工作进展； WR/WOT：00390718/00928424-01(紧急工单)	
编　　者	运行二处一值：谷铁	时间：2019 年 02 月 11 日

5.8.6 3SAP001CO 应急压空机启动后在控制屏出现浓缩排污高报警，导致 3SAP001CO 停运

异常缺陷名称	3SAP001CO 应急压空机启动后在控制屏出现浓缩排污高报警，导致 3SAP001CO 停运
发生时间	2019 年 11 月 14 日中班
机组状态	RP 模式，满功率
异常缺陷现象	中班执行 FQ3-SAP-T-001：检查应急空压机 001CO&002CO 的应急备用功能试验规程时，在启动 3SAP001CO 时，就地控制面板出现“浓缩排污”故障报警，该报警导致 3SAP001CO 跳闸停运，导致 3SAP001CO 不可用
风险或潜在后果	1）由于此时执行规程时 3SAP002CO 处于试验位置，故障出现时 3SAP002CO 已经不可用，所以此时与 3SAP001CO 故障不可用叠加，机组产生了随机的第一组 I0（两台应急压空机不可用）。恢复 3SAP002CO 可用后，因 3SAP001CO 不可用，存在 IO2：SAP1； 2）一台应急压空不可用，导致机组仪用压缩空气供应的冗余度降低
干预行动	1）已采取的行动措施： ①按照规程恢复将 3SAP002CO 由试验位置恢复至正常位置，消除第一组 I0； ②主控确认 3 号机组 SAP 系统压力正常，并加强关注； ③为保证 3SAP002CO 优先启动已将 3SAP002CO 切换至基本负荷压力带 2，3SAP001CO 置备用，压力带 1； ④联系 2 号机组确认 0SAP 主压空系统运行正常； ⑤oncall 维修电气现场检查处理。 2）建议后续行动： ①请维修分析故障原因，准备好处理方案并消除缺陷； ②运行加强 3SAP 系统压力监视
原因分析	3SAP001CO 空压机电磁阀堵塞
消缺行动	1）电气处理反馈： ①缺陷描述：3SAP 应急空压机多次出现浓缩排污阀故障，导致空压机无法启动（2019 年 11 月 14 日，3SAP001CO 由于浓缩排污阀故障无法启动；2019 年 09 月 09 日，3SAP002CO 由于浓缩排污阀故障无法启动）。 ②原因分析：3SAP001CO 空压机电磁阀堵塞。

续 表

消缺行动	a. 拆除电磁阀后，发现电磁阀通道处存在白色粉末状固体，将电磁阀堵塞导致液位高报。由于排污阀中冷疏水器前方存在空气过滤器，异物进入疏水器、电磁阀的可能性较小，初步原因分析为疏水器内壁(材质为金属铝)氧化，产生氧化铝(白色粉末状)，长期堆积后堵塞电磁阀。 b. 经咨询 1/2 号机组 SAP 缺陷情况，分析认为 SAP035/036VA(闸阀)出口对空且开口向上，在正常运行期间，此阀门为关闭状态，异物可能在闸板上堆积，阀门打开时刮入系统管道。1/2 号机组在 2016 年出现此故障后，将出口用布封堵，至今未再出现此故障。 ③处理措施：拆除电磁阀后，发现电磁阀通道处存在白色粉末状固体，将电磁阀堵塞导致液位高报。由于排污阀中冷疏水器前方存在空气过滤器，异物进入疏水器、电磁阀的可能性较小，初步原因分析为疏水器内壁(材质为金属铝)氧化，产生氧化铝(白色粉末状)，长期堆积后堵塞电磁阀。已完成排污阀及疏水器清理，故障已消除。 ④后续行动： a. 根据前期经验，排污阀疏水器清理后发生堵塞概率降低。故新增 3/4SAP001/002CO 疏水器及电磁排污阀清理检查的 PM 项目，周期 W12； b. 将 3/4SAP035/036VA 出口用布封堵(目前为铁丝网)。 2)安工建议反馈： 3 号机组 2 台应急压空机组近期重复出现类似缺陷导致 QSR 定期试验失败，需关注设备故障的根本原因分析及纠正行动是否有效，是否存在共模故障
相关知识	技术规范要求，RP 模式下，如果一台应急空气压缩机不可用，将产生第二组 I0：SAP1，所采取的措施：检修必须在 14 天内完成。如果两台应急空气压缩机不可用，将产生第一组 I0：SAP2，所采取的措施：①检修必须在 3 天内完成；②8 h 内确认机组间共用的空气连接管线的可用性
参考资料信息	核安全处：《1～4 号机组核安全周报(2019 年 11 月 11 日—11 月 17 日)》； 维修二处电气：EAM 中工单 01411415-01 的完工报告； WR/WOT：00649134/01411415-01(紧急工单)
编　　者	运行二处一值：谷铁　　时间：2019 年 02 月 11 日

5.8.7 主控出现 3SAP022KA（002DS 干燥器故障）报警，现场查看 3SAP002DS 换塔失败

异常缺陷名称	主控出现 3SAP022KA（002DS 干燥器故障）报警，现场查看 3SAP002DS 换塔失败
发生时间	2019 年 08 月 18 日早班
机组状态	RP 模式，满功率
异常缺陷现象	主控出现 3SAP022KA（002DS 干燥器故障）报警，现场查看 3SAP002DS 换塔失败，且无法复位
风险或潜在后果	导致干燥器故障，影响压缩空气的品质
干预行动	已采取的行动措施： 1）查看和执行报警卡，并安排现场检查确认报警情况，确认为"3SAP002DS 换塔失败"； 2）尝试进行复位无效，按报警卡停运 3SAP002DS，启动 3SAP001DS； 3）oncall 仪控检查处理
原因分析	3SAP002DS 左塔进气压力开关漏气
消缺行动	仪控处理反馈： 1）检修步骤： ①确认设备位号，与主控沟通说明工作内容及风险； ②确认干燥塔已断电停运，进气已隔离； ③做好拆接线记录，拆除压力开关接线，使用绝缘胶带包裹； ④拆除 3SAP002DS 左塔进气压力开关，检查开关隔膜存在破损现象，更换备件并按拆线记录恢复接线； ⑤解除隔离后确认左塔进气压力开关状态正常且无漏气现象； ⑥工作结束，清理现场。 2）故障原因分析：3SAP002DS 左塔进气压力开关漏气
相关知识	3SAP002DS 出现故障，主要故障为： 1）换塔失败： ①进口阀门不切换； ②计时器转动器或微动开关出现故障； ③导向压力不正常； ④气缸泄漏或堵塞。 2）高露点： ①净化流量太低； ②进口空气压力低； ③进口空气水分含量过大；

续 表

相关知识	④进口空气温度过高； ⑤进口空气气量太大； ⑥干燥剂被油污染； ⑦露点设定值不正确。 3)过滤器压差异常	
参考资料信息	维修二处仪控：EAM 中工单 01323301-01 的完工报告； WR/WOT：00603136/01323301-01(紧急工单)	
编　　者	运行二处一值：谷铁	时间：2019 年 02 月 11 日

5.8.8　执行(Q)FQ3-SAP-T-001：检查应急空压机 001CO&002CO 的应急备用功能试验规程时，3SAP001CO 无法启动

异常缺陷名称	执行(Q)FQ3-SAP-T-001：检查应急空压机 001CO&002CO 的应急备用功能试验规程时，3SAP001CO 无法启动
发生时间	2016 年 09 月 24 日早班
机组状态	机组调试启动阶段
异常缺陷现象	执行(Q)FQ3-SAP-T-001：检查应急空压机 001CO&002CO 的应急备用功能试验规程时，3SAP001CO 无法启动
风险或潜在后果	3SAP001CO 不可用，影响应急压空的可靠性
干预行动	oncall 电气检查处理
原因分析	启动信号丢失，保持继电器触点不可靠
消缺行动	电气处理反馈： 1)检修步骤： ①检查 3SAP001CO 控制柜内的接线，无异常； ②检查 3SAP001CO 启动控制回路继电器 Y1、Y117； ③经检查发现 Y117 的启动闭合点不可靠，导致启动信号不能可靠送入 CPU 的 56 号端子； ④拆下继电器清理，试验触点可靠闭合； ⑤联系运行人员启动 3SAP001CO，运行正常； ⑥恢复现场初始状态。 2)故障原因分析：启动信号丢失，保持继电器触点不可靠

续 表

相关知识	SAP001CO 的启动逻辑： 1）手动强制启动：SAP001CO 停运时，在 KIC 或 BUP 上点击“ON”启动，该命令被保持，且闭锁自动停运信号，直到手动复位； 2）自动启动：①就地将 SAP001CC 置于“BASIS（基本负荷）”位置，当 SAP005SP 触发低 1（LOW1）报警（低于 0.68 MPa）或 SAP007SP 触发低 2（LOW2）报警（低于 0.66 MPa）时自动启动；或②就地将 SAP001CC 置于“STD BY（备用）”位置，当 SAP007SP 触发低 2（LOW2）报警（低于 0.66 MPa）时自动启动	
参考资料信息	维修二处电气：EAM 中工单 00371374-01 的完工报告； WR/WOT：00174376/00371374-01（紧急工单）	
编　　者	运行二处一值：谷铁	时间：2019 年 02 月 11 日

5.9 仪表用压缩空气分配系统(SAR)

5.9.1 4EVF002VAI 在给出开启命令后无法开启，同时 4SAR001MD 流量由 14 Nm^3/h 左右增加到 26 Nm^3/h 左右

异常缺陷名称	4EVF002VAI 在给出开启命令后无法开启，主控显示大红色故障，同时 4SAR001MD 流量由 14 Nm^3/h 左右增加到 26 Nm^3/h 左右
发生时间	2018 年 07 月 13 日早班
机组状态	RP 模式(热功率 2869 MWt，电功率 1070 MWe，2018 年度 4ETY 累积排放时间：34 h36 min，年度排放时间限值：80 h/a)
异常缺陷现象	4EVF002VAI 在给出开启命令后无法开启，主控显示大红色故障，同时压空的 4SAR001MD 流量由 14 Nm^3/h 左右增加到 26 Nm^3/h 左右(怀疑 4EVF002VAI 电磁阀故障。注：之前 4 号机组有出现过 4EVF002VAI 电磁阀漏气导致 4SAR001MD 流量高的缺陷)
风险或潜在后果	影响 4R 厂房内的压力，影响 ETY 排放限时并可能影响岛内气动阀动作从而导致进入事故工况
干预行动	1)已采取的行动措施： ①按照决策要求当流量大于 35 m^3/h 时立即进岛处理缺陷，当大于 40 m^3/h 时立即根据 D 规程机组后撤，以免机组进入事故工况； ②当前仪控已准备大修下行和上行期间核岛气动阀检漏的工单；同时也联系了 4EVF002VAI 电磁阀厂家在下周二到厂，进一步排查和确认设备或设计上的可能原因。 2)建议后续行动： ①完成 4EVF002VAI 压空漏气处理方案编制； ②对于 4 号机组岛内气动阀门多次出现压空漏气的情况，维修仪控设备管理分析根本原因并给出切实可行的处理方案，在 401 大修期间彻底进行排查处理
原因分析	4EVF002VAI 过滤减压器漏气及电磁阀阀芯动作不到位
消缺行动	仪控处理反馈： 1)检修步骤：(WOT：00970577-01)： ①确认设备位号与工作许可证一致，与主控沟通说明工作内容及风险； ②运行人员在主控点击开启 4EVF002VAI，现场进行查漏； ③过滤减压器密封圈位置漏气，关闭供气小阀进行紧固后恢复供气小阀；

续 表

消缺行动	④电磁阀排气异常，怀疑阀芯动作不到位，堵住电磁阀排气口后功能正常； ⑤建 02 工单更换过滤减压器及电磁阀； ⑥工作结束，清理现场。 2)故障原因分析：4EVF002VAI 过滤减压器漏气及电磁阀阀芯动作不到位。 3)检修步骤：(WOT：00970577-02)： ①确认设备位号与工作许可证一致，与主控沟通说明工作内容及风险； ②检查 4EVF001/002VAI 供气小阀已关闭； ③确认 4EVF001VAI 电磁阀已失电； ④拆除 4EVF001VAI 供气管线及气动部件； ⑤使用 10 mm 铜管重新预制敷设气源管线并沿途固定紧固各接头； ⑥确认 4EVF002VAI 电磁阀已失电； ⑦拆除电磁阀接线，做好拆接线记录使用绝缘胶带包裹； ⑧拆除 4EVF002VAI 供气管线及气动部件； ⑨使用 10 mm 铜管重新预制安装气源管线并沿途固定，更换新的电磁阀及过滤减压阀并紧固各连接头，并恢复接线； ⑩联系运行打开供气小阀，调整供气压力； ⑪检查供气管线各接口无漏气，联系主控动作阀门，确认阀门开关及反馈正常； ⑫工作结束，清理现场。 4)故障原因分析：电磁阀气道无法正常工作，怀疑进气管线尺寸不满足要求，更换金属过滤减压器
相关知识	1)RX 厂房内的 SAR 耗气量 SAR001MD 达到 12 Nm^3/h 或者应当班值值长要求，执行《SAR 进岛查漏典型操作票》启动进入 RX 厂房查漏； 2)当 3/4SAR001MD(核岛厂房仪用压缩空气流量)超过 45 Nm^3/h 且安全壳压力达到 0.11 MPa.a 时，机组需进入事故状态。因 3/4SAR001MD 现场没有可以对照的仪表，当其流量突然上升时，无法快速确认是仪表故障还是流量真实升高。通过技改增加一块就地流量计 3/4SAR001LD，以便在 3/4SAR001MD 示数突变时进行对比判断实际流量值。 在 3/4SAR001MD 下游新增 3SAR001LD，同时在 3/4SAR001LD 的上下游分别增加隔离阀，便于对 3/4SAR001LD 进行隔离检修，同时增加 3/4SAR001LD 旁路管线及隔离阀，平时该旁路管线隔离，当 3/4SAR001LD 需要检修时，投用旁路管线，不影响往 RX 厂房的供气

续 表

参考资料信息	维修二处仪控：EAM 中工单 00970577-01、00970577-02 的完工报告；WR/WOT：00413833/00970577-01、00970577-02(计划工单)	
编　　者	运行二处一值：胡松辉	时间：2019 年 02 月 13 日

5.9.2 4ETY043VA 气动执行机构下隔膜法兰螺栓力矩偏小漏气，导致 4SAR001MD 流量异常上涨

异常缺陷名称	4ETY043VA 气动执行机构下隔膜法兰螺栓力矩偏小漏气，导致 4SAR001MD(反应堆厂房压缩空气流量计)流量异常上涨
发生时间	2018 年 03 月 10 日中班
机组状态	RP 模式，满功率
异常缺陷现象	巡盘发现 4SAR001MD 流量从 03 月 10 日 23 点 22 分开始突然上涨至 28.50 Nm^3/h，期间最高至 31.70 Nm^3/h，在 28.5～31.70 Nm^3/h 区间波动
风险或潜在后果	1)当 4SAR001MD 大于 45 Nm^3/h 时，将进入事故规程《FQ4-OP02-AC-ISAR2 安全壳内的压缩空气系统故障》； 2)4SAR001MD 真实增加将导致 4RX 壳内压力上涨速率增加，可能将威胁 4 号机组安全壳的严密性
干预行动	1)已采取的行动措施： ①查看安全壳压力表 4ETY503MP 及 4ETY101MP～104MP 压力上涨趋势，暂未发现明显拐点，可能因时间较短未明显引起安全壳压力上涨，需要保持持续关注； ②排查近期相关操作，暂未发现可能引起 4SAR001MD 流量上涨的操作； ③安排运行人员对 4SAR001MD 下游至 4RX 厂房壳外部分进行排查，暂未发现明显压空泄漏异常； ④当班值根据《FQ4-SAR-C-001 4SAR 进岛查漏典型操作票》，通过 KIC 画面检查各壳内气动阀暂未发现异常，将保持持续监视； ⑤oncall 维修仪控同事，对 4SAR001MD 仪表校表； ⑥oncall 维修机械同事、维修仪控同事，准备检漏液，人员就位后再次进行壳外部分外漏检查； ⑦oncall 保健物理同事，做好进岛查漏准备； ⑧熟悉事故规程《FQ4-OP02-AC-ISAR2 安全壳内的压缩空气系统故障》。

续　表

干预行动	2）建议后续行动： ①主控室密切监视 4SAR001MD 及 4ETY503MP 及 4ETY101MP～104MP； ②维修仪控对 4SAR001MD 校表，维修机械、仪控协同对壳外 4SAR 管线查外漏； ③根据校表及壳外查漏结果讨论进岛排查方案； ④化学人员做好安全壳布样准备，以便后续可能开展的对安全壳降压	
原因分析	1）经进入核岛进行 SAR 查漏，漏点定位到 4ETY043VA 阀门气缸存在大量漏气； 2）4ETY043VA 气动执行机构下隔膜法兰螺栓力矩偏小	
消缺行动	机械处理反馈： 1）处理进展：4ETY043VA 下膜片法兰螺栓全部紧固至 30 N·M，开关动作验证 4ETY043VA（动作时间满足监督要求）。阀门开启后，用检漏液检查，阀门没有泄漏，4SAR001MD 流量恢复到正常值范围内（约 7～10 Nm^3/h）； 2）故障原因分析：4ETY043VA 气动执行机构下隔膜法兰螺栓力矩偏小	
相关知识	1）进入 4 号机组核岛厂房开展 4ETY043VA 处理工作时，进出反应堆厂房人员气闸门，需要使用特殊规定； 2）开关动作验证 4ETY043VA 时，将影响 4KRT008/009MA 的可用性，需提前联系辐射防护配合停运，4KRT009MA 不可用时需记录相应的 I0，工作结束后恢复 4KRT008/009MA 运行	
参考资料信息	运行二处：4 号机组异常反馈——4SAR001MD 异常上涨； 运行二处 4 号机组 ESOMS 日志； 运行二处值长日报（2018 年 03 月 12 日—03 月 13 日）； WR/WOT：00359399/00869279-01（计划工单）	
编　　者	运行二处一值：林赐彦	时间：2019 年 05 月 02 日

5.10 常规岛除盐水分配系统(SER)

5.10.1 8SER 供往 3CRF 泵及 3SEC 泵轴封水管线及逆止阀振动高

异常缺陷名称	8SER 供往 3CRF 泵及 3SEC 泵轴封水管线及逆止阀振动高
发生时间	2018 年 01 月 10 日中班
机组状态	3 号机组大修
异常缺陷现象	8SER 供往 3CRF 泵及 3SEC 泵轴封水管线及逆止阀振动高
风险或潜在后果	1)3CRF 泵及 3SEC 泵轴封水正常由 SEP 供水，SEA 作为备用，301 大修技改新增 SER 备用轴封供水管线，目前 3CRF 泵及 3SEC 泵轴封水由 8SER 供水，初步分析可能为减压阀 8SER801VD 调节性能不佳，导致阀后压力超过 SEP 正常轴封供水压力。若长时间处于此种非正常方式运行，可能导致管道及逆止阀振动加剧，甚至有疲劳断裂风险； 2)根据 8SER801VD 阀后管线及逆止阀振动较大，分析阀后压力较大，可能导致 8SEP 轴封供水管线逆止阀被反向顶死无法打开
干预行动	已采取的行动措施： 1)检查 8SER801LD 流量表已超量程，确认 3CRF 泵及 3SEC 泵轴封水由 8SER 供水； 2)与专工共同检查 3CRF 泵及 3SEC 泵的 8SEP 轴封水管线在线无异常； 3)oncall 维修机械及性能测振人员现场检查； 4)做好隔离 3CRF 泵及 3SEC 泵 8SER 轴封水的准备(若在线调节 8SER801VD 性能，需保证 8SER 轴封水有流量)
原因分析	1)现场核实 8SER801LD 流量计示数为满量程 500 L/H，确认当前 CRF 泵及 SEC 泵轴封水为 8SER 供应(正常为 8SEP 或 8SEA 供应)； 2)现场核实异音来源为逆止阀 8SER804VD 且震动较为剧烈(判断为逆止阀频繁开关，正常逆止阀 8SER804VD 为关闭状态)； 3)该部分管线为 301 大修技改后新增 CRF 泵及 SEC 泵应急轴封水系统管线。经机械与运行核实确认 8SER 供往 3CRF 泵及 3SEC 泵轴封水管线及逆止阀振动高根本原因为：8SER 供往 3CRF 泵及 3SEC 泵应急轴封水系统压力大于 8SEP 供往 3CRF 泵及 3SEC 泵正常轴封水系统压力，使得正常轴封水 8SEP/8SEA 未失去的情况下强行投运应急轴封水 8SER，造成逆止阀 8SER804VD 频繁开关所致；

续　表

原因分析	4）该变更设计方案中应急轴封水压力为≥0.40 MPa，实际为0.36 MPa应急轴封水才能正常投运； 5）观察减压阀8SER801VD阀杆处有轻微渗水，当前振动消除后已无渗水迹象，原因为该段管线长时间振动造成
消缺行动	机械处理反馈： 维修、运行就地调整减压阀8SER801VD，应急轴封水管线及逆止阀8SER804VD振动高故障消除，具体操作如下： 1）当阀后压力由0.43 MPa调整至0.38 MPa时，逆止阀8SER804VD与管线振动及异音明显降低且8SER801LD流量计示数下降为350 L/H； 2）继续调整至0.36 MPa时，逆止阀8SER804VD与管线振动及异音消除且8SER801LD流量计示数瞬间变为0 L/H； 3）调整减压阀8SER801VD同时观察CRF泵及SEC泵正常轴封水供给无波动，投运正常
相关知识	SEC/CRF的轴封水源有3路，分别为SEP/SEA和SER
参考资料信息	运行二处：3号机组异常反馈——8SER供往3CRF泵及3SEC泵轴封水管线及逆止阀振动高
编　　者	运行二处一值：陈金龙	时间：2019年03月12日

5.10.2　膨胀节0SER901JD因管道振动损坏，1号机组失去1SER供水

异常缺陷名称	膨胀节0SER901JD因管道振动损坏，1号机组失去1SER供水
发生时间	2019年06月09日夜班
机组状态	RP模式，汽机冲转前
异常缺陷现象	夜班汽机冲转前1MX现场人员发现有管道撞击声，主控立即安排现场和保驾的专业人员检查，同时主控梳理当时正在进行的操作，此时外围岗位电话通知主控GB沟有较大的管道撞击声。GB沟主要布置有SVA及SER管道，主控立即查看SVA画面，未发现异常。查看0SER画面，发现0SER管道温度计0SER201KT从27.2 ℃快速上升，主控高度怀疑该异常因1GSS102BA补水工作导致（当时正在根据《FQ1-GTA-C-009 1号机组汽轮机冲转前GSS疏水箱和高加液位调整运行操作票》的要求对1GSS102BA补水）。

续 表

异常缺陷现象	主控立即要求现场关闭 1GSS102BA 的补水阀，随后外围岗位反馈 GB 沟撞击声逐渐消失。但现场发现 0SER 流量增加至 300 m^3/h 左右，由于怀疑 0SER 管道可能已经存在泄漏且暂时无法定位漏点，主控分析影响后停运 0SER 泵，关闭泵出口隔离阀
风险或潜在后果	0/1/2/9SER 用户风险分析： 1)停机风险用户 ①CEX 凝汽器补水； ②CVI 真空泵汽水分离罐补水； ③SRI 头箱补水。 2)系统运行时才需要补水的用户(可以将系统停运或者保持热备用) ①XCA 电锅炉除氧器及加药(锅炉运行时)； ②STR 除氧器补水(STR 系统运行时)； ③9SES 补水箱(9SES 系统运行时)。 3)日常运行期间不需要补水的用户 ①GSS/ACO/ADG 补水； ②CRF601PO 轴封水； ③APG 排污倒 U 型管充水； ④CEX 出口母管充水； ⑤CET 轴封冷却器排水倒 U 型管充水； ⑥CEX 泵机封水； ⑦CVI 真空破坏阀 U 型管充水； ⑧APA 泵疏水冷却； ⑨经 9ASG 向 ASG 水箱制水(GEN8)； ⑩1/2 号低加平衡罐补水。 4)应急用户 ①ASG 水箱重力补水(SER1)； ②CRF/SEC 轴封应急供水。 5)核岛用户(日常运行期间不需要) ①JPI004/005/006BA 充水； ②II4 管线充水； ③9SVA001BA 充水； ④LX/KX 待堵头的临时接口； ⑤WX 厂房 ASG 汽动泵超速试验机封临时冷却水。 结论： 1)1 号机组失去 SER 补水，风险分析见上。若 1CEX、1CVI、1SRI 异常，1 号机组需要过渡到 1%Pn 热备用平台； 2)2 号机组暂时失去 SER 补水，需要关注，尽快恢复补水功能避免影响机组运行

续 表

干预行动	1）已采取的行动措施： ①停运 0SER401PO，关闭 0SER013/023/033VD，避免 0SER 水箱液位快速下降； ②安排现场人员查找 0SER 管线漏点，最终发现膨胀节 0SER901JD 因管道位移而损坏，产生漏点； ③隔离漏点并开展 2MX 的 SER 供水准备工作，以便消除对 2 号机组的影响； ④安排现场人员查看其他 SER 管道、阀门及支吊架等，尚未发现其他明显异常； ⑤暂停 1 号机组冲转并网，已汇报电网，延长调停时间。 一号机组已采取干预措施： ①停运 0SER401/402/403PO 断电并关闭其进出口阀门； ②关闭 0SER901JD 上游隔离阀 0SER151VD； ③停运 1STR 系统。 二号机组已采取的干预： ①因 0SER901JD 漏水，将其上游的 0SER151VD 隔离后仍然泄漏，为了避免 2MX 用户管道排空，关闭进入 2MX 厂房的 2SER807VD 和 2SER809VD； ②同时因 2STR001DZ 液位持续降低，停运 2STR 系统。 2）建议后续行动： ①恢复 2 号机组 SER 供水； ②机械组织相关专业，尽快制定消缺方案，准备消缺； ③白天组织机械、技术支持、设备管理、运行人员再次独立核实 SER 相关系统设备无异常； ④运行密切关注 1、2 号机组涉及 SER 供水相关系统设备运行情况，运工独立核实 1SER 失去的风险
原因分析	1GSS001/002VV 内漏严重，GSS 暖管后蒸汽进入 1GSS102BA，同时由于 1GSS102BA 疏水阀内漏导致罐体液位偏低，在对 1GSS102BA 补水时，蒸汽进入 0SER 管道造成水锤，管线介质冲击导致管道偏移，引起膨胀节破损
消缺行动	机械处理反馈： 1）工作过程： ①验证工作点，执行《FQ0-SER-TD-M19032 0SER901JD 膨胀节漏水处理工作方案》； ②现场确认管道已排空，脚手架已搭设，与运行确认可以开工； ③从膨胀节两端焊缝处约 20 mm 处位置切除破损膨胀节； ④调整偏移管道，确认管道水平后，测量两管间距离为：490 mm；

续　表

消缺行动	⑤联系机加预制管道(ϕ273×8.0×490)并打磨两端坡口； ⑥打磨现场管道左右两侧坡口，焊接 QC 检查清洁度合格； ⑦将预制好短节，焊接至管道两侧，役检 PT 合格； ⑧转 PT 票联系运行配合冲洗管道，确认管道内水溶纸冲洗干净； ⑨清理现场还票。 2)故障原因分析：管线介质冲击导致管道偏移，引起膨胀节破损
相关知识	1)相对上游补水管线，禁止向高温高压水箱补水，避免汽水返流进入补水管道，从而引发水锤振动。特别是二回路高温高压设备的补水管道，原则上只在机组启动、设备处于冷态的情况下才能补水； 2)流体传输前务必注意核实上下游压力，若下游罐体压力大于供水或供气母管压力将会引起水气倒流
参考资料信息	运行一处：1 号机组异常反馈——膨胀节 0SER901JD 因管道振动损坏，1 号机组失去 1SER 供水； 维修二处机械：EAM 中工单 01258808-01 的完工报告； WR/WOT：00566158/01258808-01
编　　者	运行二处一值：陈金龙　　　　时间：2019 年 02 月 11 日

5.11 常规岛废液排放系统(SEL)

5.11.1 8SEL001PS 到高液位时，8SEL004PO 无法自动运行

异常缺陷名称	8SEL001PS 到高液位时，8SEL004PO 无法自动运行	
发生时间	2018 年 07 月 26 日早班	
机组状态	RP 模式，电功率 1061 MWe	
异常缺陷现象	执行 8SEL002PO 疏水工作时，发现 8SEL001PS 内 8SEL004PO 在高液位时未启动，检查发现 8LKL9931JA 处于断开，合闸后手动启动时泵依旧未启动	
风险或潜在后果	地坑水无法排出，有放射性水满溢的风险	
干预行动	已采取的行动措施： 1) oncall 维修电气检查处理； 2) 联系化学取样分析，核清洁用桶临时排水	
原因分析	接触器下端口 C 相接线松动，热继动作，导致 8SEL004PO 无法自动运行	
消缺行动	电气处理反馈： 维修人员现场查看 8SEL004PO 缺陷，并开紧急票；8SEL001PS 内的水需在辐射防护测量放射性后核清洁搭建临时泵排往 8TER001PS，以方便对 8SEL004PO 进行维修。处理期间核清洁表示可以采用十几个 50 L 的桶进行分装，放在旁边不影响作业，而且正式泵修好后可以倒入进行启泵验证	
相关知识	8SEL043SN(高高液位)触发和 8SE042SN(高液位)触发均会启动 8SEL004PO	
参考资料信息	运行二处 3 号机组 eSOMS 日志 2018 年 07 月 26 日	
编　　者	运行二处一值：石兴强	时间：2019 年 04 月 12 日

5.11.2 8KRT902MA 取样流量低导致 8SEL001BA 排放保护停止

异常缺陷名称	8KRT902MA 取样流量低导致 8SEL001BA 排放保护停止
发生时间	2018 年 07 月 09 日中班

续　表

机组状态	RP 模式，满功率
异常缺陷现象	8SEL001BA 排放期间出现一次 8KRT902MA 跳闸，再次联系辐射防护人员将 8KRT902MA 投入，目前排放流量为 53 m^3/h 左右
风险或潜在后果	排放的废水无法检测，有放射性废水排放到环境的风险
干预行动	立即停止排放，恢复打循环状态
原因分析	取样管路存在异物
消缺行动	机械处理反馈反馈： 1）检修步骤： ①将 8KRT902KC、8KRT904KC 置于“TEST”位，将 LPDU 置于“禁止”状态； ②关闭 8SEL117VE、118VE，打开 8SEL119VE，打开 8SEP9940VT 反冲洗； ③打开 8SEL121VE，关闭 8SEL119VE 冲洗 5 min 后关闭 8SEP9940VT、8SEL121VE； ④断开电源，拆下流量计清洁，使用压空对管路进行吹扫； ⑤回装流量计，进行冲水排气，恢复设备至正常测量状态； ⑥流量正常后，将 8KRT902KC、8KRT904KC 置于“NOEMAL”位； ⑦工作结束后，清理现场。 2）故障原因分析：取样管路存在异物
相关知识	8KRT902MA 故障时将连锁关闭 8SEL 排放阀 8SEL049VE
参考资料信息	运行二处：3 号机组 eSOMS 日志 2018 年 07 月 09 日
编　　者	运行二处一值：石兴强　　　　时间：2019 年 04 月 12 日

5.11.3　8SEL001PO 就地正常运行，KIC 显示为停运

异常缺陷名称	8SEL001PO 就地正常运行，KIC 显示为停运
发生时间	2016 年 07 月 02 日中班
机组状态	机组调试启动阶段
异常缺陷现象	8SEL001PO 就地正常运行，KIC 显示为停运
风险或潜在后果	导致 KIC 中无法监视 8SEL001PO 的运行状态

续 表

干预行动	1)已采取的行动措施： ①检查泵供电开关情况，未见异常； ②oncall 仪控检查处理，检查反馈 PLC 失电。 2)建议后续行动： 失电期间 PLC 控制失效，采取安措如下： ①将 8SEL001/002/003PO 停运后置于手动控制； ②将 8SEL004/005PO 停运后置于手动控制； ③将 8SEL010/011/012VE 破坏中性点全开； ④将 8SEL020/021/022VE 破坏中性点全关； ⑤将 8SEL030/031/032VE 破坏中性点全关； ⑥将 8SEL049VE 破坏中性点全关； ⑦将 8SEL013/023/033VE 破坏中性点全关
原因分析	8SEL 系统 PLC 电源模块故障，导致 PLC 失电
消缺行动	仪控处理反馈： 1)检修步骤： ①就地核实 PLC 电源模块工作状态； ②在 8SEL201AR 中，断开 24 V 电源模块的上游开关 016JA； ③断开 8SEL101AL 的 24 V 电源接头，然后重新接入 24 V 电源，再闭合 016JA，观察 8SEL101AL 工作状态，确认 8SEL101AL 故障； ④在 8SEL201AR 中，断开 24 V 电源模块的上游开关 016JA； ⑤断开 8SEL102AL 的 24 V 电源接头，然后重新接入 24 V 电源，再闭合 016JA，观察 8SEL102AL 工作状态，确认 8SEL102AL 故障； ⑥确认 8SEL 系统 PLC 的电源模块故障，经核实确认为 SEL 系统 PLC 的 2 个 24 V 电源损坏，导致 CPU 和 IO 卡件失电，造成无法控制泵和阀门； ⑦备件到货后，对 PLC 电源模块重新安装，恢复 PLC 控制正常。 2)故障原因分析：8SEL 系统 PLC 电源模块故障，导致 PLC 失电
相关知识	SEL001PO 控制逻辑 1)手动启动信号：SEL001PO 就地控制柜上 SEL001CC 置“ON”位+SEL013VE 全开信号+电气盘上无 001PO 泵故障信号(052LA)+001BA 液位不低信号(SEL011SN≤0.3 m)。 2)手动停运信号：SEL001PO 就地控制柜上 SEL001CC 置“OFF”位。 3)保护停运信号： ①SEL013VE 全关信号消失； ②电气盘上有 001PO 故障信号(052LA)。 4)自动停泵信号： SEL001BA 液位低信号 SEL011SN(≤0.3 m)

续 表

参考资料信息	维修二处仪控：完工报告《FQ8-MA03-RCWO-00302037/01 8SEL001PO 就地正常运行，KIC 显示为停运》； WR/WOT：00148676/00302037-01（紧急工单）	
编　　者	运行二处一值：谷铁	时间：2019 年 02 月 11 日

5.11.4 8SEL005PO 无法启动

异常缺陷名称	8SEL005PO 无法启动
发生时间	2018 年 12 月 05 日夜班
机组状态	3 号机组大修；8SEL 由 4 号机组管辖，4 号机组 RP 模式，满功率
异常缺陷现象	8SEL005PO 无法启动
风险或潜在后果	导致 8SEL002PS 内的水无法排放
干预行动	oncall 电气检查处理
原因分析	控制回路线松动断开
消缺行动	电气处理反馈： 1）检修步骤： ①取得工作票，验证隔离边界，召开工前会，建立检修场地； ②对 8SEL005PO 电机进行直阻和绝缘测量，直阻为 U－V：3.31 Ω，U－W：3.32 Ω，V－W：3.31 Ω，绝缘：U.V.W－PE：>550 MΩ，直阻绝缘均合格； ③对控制回路进行检查发现热继有一根线松动断开，对其紧固后联系运行启泵试验，8SEL005PO 运行正常直至坑内水排完； ④工作结束，清理现场。 2）故障原因分析：控制回路线松动断开
相关知识	SEL005PO 的控制逻辑： 1）手动启动信号：就地控制柜上 SEL005CC 置“ON”位＋LOC-SEL006CC 置手动“MANU”位。 2）保护启动信号：LOC-SEL006CC 置手动“AUTO”位+002PS 高液位信号（072SN-900 mm）。 3）手动停运信号：LOC-SEL005CC 置“OFF”位＋就地控制柜上 SEL006CC 置手动“MANU”位。 4）允许停运信号； ①SEL002PS 低液位信号（071SN-300 mm）； ②SEL005PO 故障信号（067LA）

续　表

参考资料信息	维修二处电气：EAM 中工单 01071268 的完工报告； WR/WOT：00473628/01071268-01(紧急工单)	
编　　者	运行二处一值：谷铁	时间：2019 年 02 月 11 日

5.11.5　8SEL003BA 排放过程中 8KRT902MA 回路取样流量低

异常缺陷名称	8KRT902MA 回路取样流量 8KRT902SD 流量低
发生时间	2017 年 07 月 21 日夜班
机组状态	3 号机组：RP 模式，满功率(管理废液排放的机组为 3 号机组)
异常缺陷现象	8SEL003BA 排放过程中 8KRT902MA 触发流量低故障，8KRT902MA 由于取样流量波动而跳闸
风险或潜在后果	8KRT902MA 故障不可用，产生第二组 IO2，8SEL001BA/002BA/003BA 无法排放
干预行动	1)已采取的行动措施： ①维修反馈仪控检查了 8KRT902SD 未见异常； ②机械对 KRT902PO 取样泵的叶轮检查未见异常，对泵进出口管线冲洗排气，暂未发现由明显堵塞情况； ③由于 8SEL 接收和排放压力大，经和维修仪控、辐射防护讨论，仪控建议(经辐射防护同意)：将 8KRT902MA 的取样回水由原来的回到 8SEL049VE 前(即开启 8SEL118VE)，改到排放到 8SEL001PS 中(开 8SEL121VE 关闭 8SEL118VE)，这样有利于提升 8KRT902SD 的流量； ④辐射防护投运 8KRT902MA 后，辐射防护和维修人员现场观察 8SEL003BA 排放投运 8KRT902MA 后 8KRT902SD 流量从 0.25 m^3/h缓慢降到下限 0.16 m^3/h，流量较回水到 8SEL049VE 前时波动小。反馈 8KRT902PO 启动前后对 8KRT902SD 流量影响不大，怀疑 8KRT902PO 出力可能存在问题。 2)建议后续行动： 维修分析故障根本原因和消除缺陷
原因分析	8KRT902MA 取样管路入口至取样腔室存在异物堵塞，导致流量计流量偏低
消缺行动	机械处理反馈： 1)缺陷描述：8KRT902MA 取样流量低，怀疑取样泵出力不足或管线堵塞；

续　表

<table>
<tr>
<td>消缺行动</td>
<td>
2)处理措施：
①取样泵的排查：
a. 泵进出口管线冲洗排气。
i. 开 8SEL117VE、关 8SEL118VE、开 8SEL121VE，启泵及停泵状态下，8SEL121VE 流量正常。证明 8SEL117VE 至 8SEL121VE 管线之间没有堵塞；
ii. 关 8SEL117VE、开 8SEL118VE、开 8SEL121VE，8SEL121VE 流量正常。证明 8SEL118VE 没有堵塞。
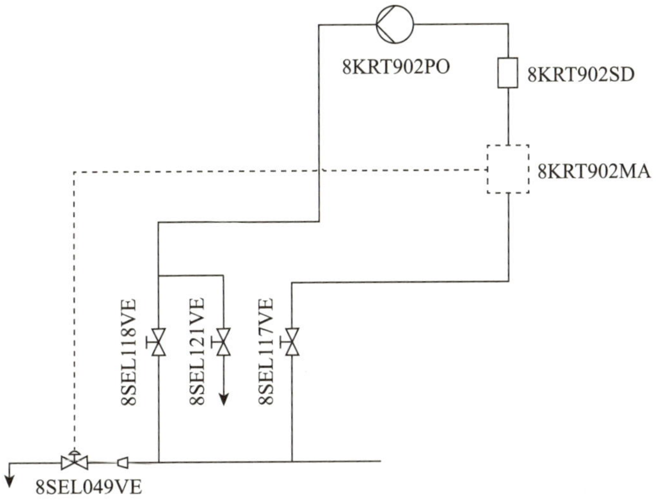

图 1　8KRT902MA 取样回路
b. 3KRT902PO 取样泵的叶轮检查。
i. 检查叶轮的表面情况，表面光洁、未发现划痕；
ii. 检查叶轮的转动情况，未发现卡涩、异音；
iii. 检查叶轮的入口及出口，未发现异物堵塞情况。
c. 经过仪控及辐射防护人员见证，已完成 3KRT902PO 取样泵的回装。
d. 经启泵验证，取样泵未见异常。
②管线堵塞情况排查：
a. 经排查发现取样管路入口管线内发现有较多黄色塑料片异物，并进行清理；
b. 在冲洗 8SEL001BA/002BA/003BA 时，发现存在异物，并进行清理。
3)改进措施：经比对同行电厂安装差异，已实施技改在 8KRT902MA 的取样口管线上增加滤网，避免小异物堵塞取样口导致流量低跳泵事件再次发生
</td>
</tr>
</table>

续 表

相关知识	8KRT902MA 的取样流量小于 1 L/min 或大于 15 L/min 时，将触发 8KRT902MA 监测通道故障报警。8KRT902MA 监测通道故障[包括流量异常、带有取样回路的监测通道(8KRT902MA)泵停运、电子线路故障、失电等原因引起]或二级报警时，联锁关闭 8SEL049VE	
参考资料信息	运行二处：运行异常反馈——8KRT902MA 回路取样流量 8KRT902SD 流量低问题	
编　　者	运行二处一值：谷铁	时间：2019 年 02 月 16 日

5.11.6　执行 8SEL 排放操作投运 8KRT902MA 流量计时，发现取样流量低

异常缺陷名称	执行 8SEL 排放操作投运 8KRT902MA 流量计时，发现取样流量低
发生时间	2018 年 08 月 15 日早班
机组状态	3 号机组：RP 模式，满功率(管理废液排放的机组为 3 号机组)
异常缺陷现象	辐射防护在投运 8KRT902MA 时，反馈取样流量偏低，将 8KRT902MA 退出运行后，发现 8KRT902MD 指针发生卡涩
风险或潜在后果	导致 8KRT902MA 不可用，产生 I02：KRT5，不能进行 8SEL 排放
干预行动	已采取的行动措施： 1)暂停 8SEL 排放，记录 8KRT902MA 不可产生第二组 I0：KRT5； 2)安排运行人员现场检查排放在线未见异常，泵运行出口压力正常； 3)联系仪控检查处理
原因分析	流量计浮子内部吸附大量铁屑，造成流量计卡涩
消缺行动	仪控处理反馈： 1)检修措施及步骤： ①由主控操作人员将 8KRT902KC、8KRT904KC 置于“TEST”状态； ②检查 8KRT902MA 流量计并清理； ③对 8KRT902MA 取样管路进行冲洗； ④使用 SEP 水进行验证，确认启动取样泵区域流量达到 0.60 m^3/h以上； ⑤恢复通道至初始状态； ⑥由运行人员在 KIC 上将 8KRT902KC、8KRT904KC 置于“NORMAL”位。 2)故障原因分析：流量计浮子内部吸附大量铁屑，造成流量计卡涩

续　表

相关知识	8KRT902MA 的取样流量小于 1 L/min 或大于 15 L/min 时，将触发 8KRT902MA 监测通道故障报警。8KRT902MA 监测通道故障[包括流量异常、带有取样回路的监测通道(8KRT902MA)泵停运、电子线路故障、失电等原因引起]或二级报警时，联锁关闭 8SEL049VE
参考资料信息	维修二处仪控：完工报告《FQ8-MA03-RCWO-00992583/01 8KRT902MA 流量计卡涩处理》; WR/WOT：00428226/00992583-01；工作许可证：8PT28881(8KRT902MA 流量计卡涩处理); 其他类似异常缺陷： 2018 年 08 月 26 日，开工工作：8KRT902MA 流量计卡涩，需处理(WOT：00994636-01)。 故障原因分析：流量计浮子内部吸附大量铁屑造成流量计卡涩。 详情见完工报告《FQ8-MA03-RCWO-00994636/01 维修一级：8KRT902MA 流量计卡涩，需处理》
编　　者	运行二处一值：谷铁　　　　时间：2019 年 02 月 16 日

5.11.7　8SEL 排放时 8KRT902MA 因取样流量偏低跳闸

异常缺陷名称	8SEL 排放时 8KRT902MA 因取样流量偏低跳闸
发生时间	2018 年 07 月 04 日早班
机组状态	3 号机组：RP 模式，满功率(管理废液排放的机组为 3 号机组)
异常缺陷现象	8SEL001BA 排放时，两次触发取样流量偏低导致 8KRT902MA 跳闸
风险或潜在后果	导致 8KRT902MA 不可用，产生 I02：KRT5，不能进行 8SEL 排放
干预行动	已采取的行动措施： 1)暂停 8SEL001BA 排放，联系辐射防护检查 8KRT902MA 在线情况和故障情况; 2)安排运行现场检查 8SEL001BA 排放在线情况未见异常，泵运行出口压力正常; 3)联系仪控检查处理
原因分析	取样管路中有杂质堵塞

续 表

消缺行动	仪控处理反馈： 1）检修措施及步骤： ①将 8KRT902KC、8KRT904KC 置于“TEST”位； ②关闭 8SEL117VE、118VE，打开 8SEL119VE，打开 8SEP9940VT 冲洗管路； ③打开 8SEL121VE，关闭 8SEL119VE 冲洗 5 min 后关闭 8SEP9940VT、8SEL121VE； ④将 8KRT902PO 启动，检查流量； ⑤流量正常后，将 8KRT902KC、8KRT904KC 置于“NORMAL”位。 2）故障原因分析：取样管路中有杂质堵塞
相关知识	8KRT902MA 的取样流量小于 1 L/min 或大于 15 L/min 时，将触发 8KRT902MA 监测通道故障报警。8KRT902MA 监测通道故障[包括流量异常、带有取样回路的监测通道（8KRT902MA）泵停运、电子线路故障、失电等原因引起]或二级报警时，联锁关闭 8SEL049VE
参考资料信息	维修二处仪控：完工报告《FQ8-MA03-RCWO-00961528/01 8KRT902MA 在 8SEL001BA 排放时多次取样流量偏低，需要检查处理》； WR/WOT：00409488/ 00961528-01。工作许可证：8PT21240（8KRT902MA 取样流量低，需检查处理）； 其他类似异常缺陷： 1）2018 年 07 月 09 日，开工工单：8KRT902MA 取样流量低导致 8SEL001BA 排放保护停止（WOT：00968025/01）。 故障原因分析：取样管路中存在异物。 详情见完工报告《FQ8-MA03-RCWO-00968025/01 2018.07.09 22：07 8KRT902MA 取样流量低导致 8SEL001BA 排放保护停止》。 2）2018 年 07 月 13 日，开工工单：8KRT902MA 取样流量偏低处理（WOT：00970236-01）。 故障原因分析：取样管路中有杂质堵塞； 详情见完工报告《FQ8-MA03-RCWO-00970236/01 8KRT902MA 取样流量偏低，需要检查处理》。 3）2018 年 07 月 17 日，开工工单：8KRT902MA 取样流量偏低，需要进行处理（WOT：00972426-01）。 故障原因分析；职样管路里存在异物堵塞管路，导致流量过低。 详见完工报告《FQ8-MA03-RCWO-00972426/01 8KRT902MA 取样流量偏低，需要进行处理》。

续　表

参考资料信息	4)2018 年 12 月 10 日夜班，缺陷描述：8SEL002BA 排放时，出现 3 次 8KRT902MA 取样流量低(排放过程中，流量缓慢波动降低)(WR/WOT：00475751/01074290-01) 故障原因分析：8KRT902MA 取样腔室集聚较多罐体内壁脱落涂层，导致流量下降。 详见 EAM 中工单 01074290-01 的完工报告	
编　　者	运行二处一值：谷铁	时间：2019 年 02 月 16 日

5.12 核岛废液排放系统(TER)

5.12.1 8TER006PO 现场无法启动

异常缺陷名称	8TER006PO 现场无法启动
发生时间	2017 年 06 月 03 日早班
机组状态	RP 模式，满功率
异常缺陷现象	8TER006PO 现场无法启动
风险或潜在后果	导致 8TER002PS 内的水无法排放
干预行动	oncall 电气检查处理
原因分析	8TER201CR 箱内保险丝熔断
消缺行动	电气处理反馈： 1)检修步骤： ①验证隔离边界，确认检修设备位置，召开工前会； ②就地检查发现 8TER201CR 箱内保险丝熔断； ③领取同型号保险后进行更换； ④对水泵参数进行检查结果合格； ⑤联系运行人员启动验证满足运行要求； ⑥将现场恢复到初始状态； ⑦工作结束，清理现场。 2)故障原因分析：8TER201CR 箱内保险丝熔断
相关知识	TER002PS 地坑泵 TER006PO 1)手动启动信号：就地按下 006TO 按钮+就地控制柜 TER006CC 置手动“MANU”位； 2)保护启动信号：就地控制柜上 TER006CC 置手动“AUTO”位+002PS 高液位信号(052SN-700 mm)； 3)手动停运信号：就地按下 005TO+就地控制柜上 TER006CC 置手动“MANU”位； 4)允许停运信号：TER002PS 低液位信号(051SN-300 mm)； 5)保护停运信号：TER006PO 故障信号或 006PO 热继电器过载信号(014LA)
参考资料信息	维修二处电气：EAM 中工单 00578957-01 的完工报告； WR/WOT：00254354/00578957-01(紧急工单)
编　　者	运行二处一值：朱克勤　　时间：2019 年 12 月 01 日

5.12.2 8TER006PO 泵出力不足

异常缺陷名称	8TER006PO 泵出力不足
发生时间	2019 年 08 月 19 日中班
机组状态	RP 模式，满功率
异常缺陷现象	巡检发现 8TER006PO 自动启动后地坑液位未下降，怀疑泵无出力
风险或潜在后果	导致 8TER002PS 地坑无法排水
干预行动	已采取的行动措施： 1）安排现场将 8TER006PO 打手动停运，并关注地坑 8TER002PS 液位； 2）oncall 电气检查处理
原因分析	泵叶轮螺栓腐蚀断裂
消缺行动	电气处理反馈： 1）检修步骤： ①核对机组号，确认设备位置； ②召开工前会，建立检修场所； ③断开 8LKI621JA，确认无电压； ④联系机械拆除泵连接软管，服务对泵坑进行排水； ⑤拉出泵进行检查，发现泵叶轮螺栓腐蚀断裂； ⑥对泵进行更换； ⑦工作结束，清理现场。 2）故障原因分析：泵叶轮螺栓腐蚀断裂
相关知识	TER002PS 地坑泵 TER006PO 1）手动启动信号：就地按下 006TO 按钮+就地控制柜 TER006CC 置手动“MANU”位； 2）保护启动信号：就地控制柜上 TER006CC 置手动“AUTO”位+002PS 高液位信号（052SN-700 mm）； 3）手动停运信号：就地按下 005TO+就地控制柜上 TER006CC 置手动“MANU”位； 4）允许停运信号：TER002PS 低液位信号（051SN-300 mm）； 5）保护停运信号：TER006PO 故障信号或 006PO 热继电器过载信号（014LA）
参考资料信息	维修二处电气：EAM 中工单 01329883-01 的完工报告； WR/WOT：00603835/01329883-01（紧急工单）
编　　者	运行二处一值：朱克勤　　时间：2019 年 12 月 01 日

5.12.3 8TER002PS 地坑液位高高，8TER006PO 未正常自动启动

异常缺陷名称	8TER002PS 地坑液位高高，8TER006PO 未正常自动启动
发生时间	2019 年 04 月 05 日中班
机组状态	RP 模式，电功率 836 MWe
异常缺陷现象	22:34，主控出现 8TER910KA（8TER002PS 液位高高）报警，查看 KIC 页面发现 8TER053SN HH 触发，现场检查发现为 4SEC079VE 上游管道漏水（出现直径约 2 cm 的漏水孔洞），导致 8TER002PS 已满溢至地面，地坑泵 8TER006PO 未自动启动，002PS 所在房间（N190）地面积水约 10~20 cm 深
风险或潜在后果	泵在 8TER002PS 液位高高时无法自动启动，导致 8TER002PS 满溢
干预行动	已采取的行动措施： 1）经当班值通过胶带临时封堵暂时将该漏点堵住，液位暂未再持续上涨； 2）现场尝试手动启动 8TER006PO，仍无法启动，将其打手动停运，并关注地坑 8TER002PS 液位； 3）oncall 维修支持安装临时泵，将临时泵接至 8TER006PO 排水管道上，将地坑水排至 8TER001BA； 4）oncall 电气 8TER006PO 检查处理未自动启动，oncall 机械检查处理 4SEC079VE 上游管道漏水问题
原因分析	4SEC079VE 上游出现漏水孔洞的原因：设备长期运行腐蚀所致； 8TER006PO 未自动启动的原因：主回路熔丝熔断，导致泵无法启动
消缺行动	1）电气处理反馈： ①取得工作许可证； ②验证隔离边界。检查设备九位码； ③召开工前会； ④断开 8TER201CR 上游电源 8LKI621JA，检查 8TER201CR 柜内接线，对一次回路，二次回路接线进行紧固，确认牢固可靠，检查电气元件，发现主回路的 A 相和 C 相的熔丝已经熔断，领取新备件进行更换；测量新熔丝三相均为 0.3 Ω，安装牢固可靠； ⑤检查泵的直阻 AB：3.1 Ω BC：3.1 Ω AC：3.1 Ω，绝缘大于 550 MΩ，绝缘直阻合格； ⑥将泵的叶轮后盖拆开，手动进行盘动，动作良好，无卡涩；

续 表

消缺行动	⑦将正式的软管放在地坑泵内，联系运行配合启动打循环，启动电流 7.06 A，A 相 4.5 A，B 相 4.5 A，C 相 4.5 A，第二次将正式软管接至管道，泵启动电流 10.7 A，A 相 5.2 A，B 相 5.1 A，C 相 5.0 A，泵启动正常； ⑧将泵打到自动状态运行，液位高触发启动命令，泵自动启动，液位低时泵自动停止，逻辑正常，泵启动正常，在泵停止以后，发现管道水回流至地坑内，检查发现管道上的止水阀回座不严，泵启停三个来回以后，判断为止水阀回座不严导致泵一直在自动启停，导致长时间的工作，熔丝发热熔断，起保护下游泵作用，由机械配合对出口止回阀 8TER108VE 进行敲击处理，8TER108VE 恢复正常回座，验证泵运行正常，恢复泵自动； ⑨工作结束，归还工作票。 故障原因分析：主回路熔丝熔断，导致泵无法启动。 2) 机械处理反馈： 工作过程： ①联系电气人员对现场地面积水进行验电，确认无电后进入； ②拆除原有胶带封堵(运行人员临时用胶带封堵)、根据管道尺寸，机加专用夹具； ③将机加好的专用夹具安装至 4SEC079VE 上游漏水孔洞，并进行紧固，确认无泄漏； ④联系运行启泵验证，确认无泄漏、与主控沟通持票观察两天，确认无泄漏； ⑤工作结束，清理现场，归还工作许可证。 故障原因分析：设备长期运行腐蚀导致
相关知识	TER002PS 地坑泵 TER006PO： 1) 手动启动信号：就地按下 006TO 按钮+就地控制柜 TER006CC 置手动“MANU”位； 2) 保护启动信号：就地控制柜上 TER006CC 置手动“AUTO”位+002PS 高液位信号(052SN-700 mm)； 3) 手动停运信号：就地按下 005TO+就地控制柜上 TER006CC 置手动“MANU”位； 4) 允许停运信号：TER002PS 低液位信号(051SN-300 mm)； 5) 保护停运信号：TER006PO 故障信号或 006PO 热继电器过载信号(014LA)

续 表

参考资料信息	维修二处电气：EAM 中工单 01186098-01、01186099-01 的完工报告； WR/WOT：00531706/01186098-01（紧急工单：处理 8TER006PO 未自动启动）、00531723/01186099-01（紧急工单：处理 4SEC079VE 上游出现漏水孔洞）	
编　　者	运行二处一值：朱克勤	时间：2019 年 12 月 01 日

第六章 仪控相关系统"病历库"

6.1 非安全级控制和监视系统(KCP)

6.1.1 3号主控触发3KCP500KA(NC机柜供电故障报警)

异常缺陷名称	3号主控触发3KCP500KA(NC机柜供电故障报警)
发生时间	2018年03月06日夜班
机组状态	RP模式,满功率
异常缺陷现象	01:50,主控触发3KCP500KA NC机柜供电故障,现场检查发现8KCP587AR机柜上存在报警
风险或潜在后果	产生3KCP500KA(NC机柜供电故障报警),8KCP587AR机柜存在失电风险
干预行动	已采取的行动措施: 1)查看和执行报警卡,现场检查发现8KCP587AR机柜上存在报警; 2)oncall维修仪控检查处理
原因分析	8KCP587AR第一路24 V电源(PS1)故障,输入电压正常,无输出电压,触发8KCP587AR机柜失电报警信号,进而触发3KCP500KA
消缺行动	仪控处理反馈: 1)处理进展结果:3号主控3KCP500KA报警已消除,NC级KCP机柜供电正常。 2)缺陷描述:3号主控出现3KCP500KA(NC级KCP机柜失电报警)。 3)原因分析: 8KCP587AR第一路24 V电源(PS1)故障,输入电压正常,无输出电压,触发8KCP587AR机柜失电报警信号,进而触发3KCP500KA;

续 表

消缺行动	4）处理措施： ①经现场检查发现 8KCP587AR 机柜报警灯点亮，开柜门进一步确认第一路 24 V 电源故障； ②紧急票检查 PS1 电源输入电压正常，无输出电压，确认 PS1 电源损坏；更换备件（已在实验室验证功能正常），更换备件后主控 3KCP500KA 消失，8KCP587AR 机柜报警灯熄灭
相关知识	3KCP500KA（NC 级 KCP 机柜失电报警）的原因有： 1）NC 机柜失去 220 V 电源； 2）NC 机柜失去外部 48 V 电源
参考资料信息	维修二处仪控：oncall 反馈——3 号主控触发 3KCP500KA（NC 级 KCP 机柜失电报警）问题处理进展； WR/WOT：356890/00866478-01（紧急工单）
编　　者	运行二处一值：谷铁　　　　时间：2019 年 02 月 11 日

6.1.2　2 号主控触发 2KCP500KA（KCP/KSN 机柜失电综合报警）报警

异常缺陷名称	2 号主控触发 2KCP500KA（KCP/KSN 机柜失电综合报警）报警
发生时间	2018 年 08 月 05 日中班
机组状态	RP 模式，满功率
异常缺陷现象	19:44，2 号主控触发 2KCP500KA　KCP/KSN 机柜失电综合报警，现场查看发现 2KCP565AR 上报警指示灯亮，其他机柜无异常，查看下游负荷为 GSY 相关设备，检查 GSY 画面正常，现场检查 GSY 相关机柜无异常报警
风险或潜在后果	1）可能导致 2KCP565AR 失去 48 V 电源； 2）2KCP565AR 为 GSY 系统供电，若失去 48 V 电源，可能导致 2GSY 系统设备误动作
干预行动	已采取的行动措施： 1）查看和执行报警卡，现场查看 2KCP/KSN 机柜状态，发现 2KCP565AR 报警灯亮； 2）oncall 维修仪控检查
原因分析	2KCP565AR 中 PS3 48 V DC 电源模块老化故障

续 表

消缺行动	仪控处理反馈： 1）检修步骤： ①检查机柜侧确认 2KCP565AR 的 PS3 的“DC OK”绿灯闪烁，“boost”黄灯长亮； ②主控与值长确认下游负荷只有 2GSY102EY，在 DCS 层确认点位值为“0”，失电无风险； ③在 2KCP565AR 的 206BN 检查只有 1 通道有接线，信号为 2GSY102EY； ④断开 PS3 上游 220 VAC 端子排刀闸，确认 PS3 指示灯熄灭，万用表测量 PS3 的 L/N 间电压为 0 V； ⑤拆下 PS3 输入、输出接线； ⑥更换 PS3 电源模块； ⑦回接 PS3 输入、输出接线； ⑧闭合 PS3 上游 220 VAC 端子排刀闸，确认 PS3“DC OK”绿灯常亮，“boost”灯未亮； ⑨主控确认 2KCP500KA 报警消失，故障消除。 2）故障原因分析：2KCP565AR 中 PS3 48 V DC 电源模块老化故障
相关知识	下游设备 2GSY102EY 在 2KCP565AR 失电后将无法执行并网，机组运行期间无影响
参考资料信息	维修二处仪控：EAM 中工单 00987313-01 的完工报告； WR/WOT：00424698/00987313-01（紧急工单），工作许可证：2PT27227（2KCP565AR 中 PS3 电源故障，需更换）
编　　者	运行二处一值：谷铁　　　时间：2019 年 02 月 11 日

6.1.3 4KCP500KA　NC 机柜供电故障报警

异常缺陷名称	4KCP500KA　NC 机柜供电故障报警
发生时间	2017 年 09 月 16 日夜班
机组状态	RP 模式，满功率
异常缺陷现象	KIC 中出现 4KCP500KA NC 机柜供电故障，主控立即安排现场检查发现 4KCP564AR 上存在故障报警
风险或潜在后果	4KCP564AR 机柜存在失电风险

续 表

干预行动	已采取的行动措施： 1)查看和执行报警卡，现场检查发现 4KCP564AR 上存在故障报警； 2)oncall 仪控检查处理
原因分析	检查核实为 4KCP564AR 机柜 48 V 供电段模块 PS3 故障，导致 4KCP564AR 失去一路 48 V 供电，进而出现 4KCP500KA 报警
消缺行动	仪控检查处理反馈： 1)处理进展：4KCP500KA 报警消除； 2)缺陷描述：主控出现 4KCP500KA 报警，4KCP564AR 48 V 电源供电模板 PS3 故障； 3)故障原因分析：检查核实为 4KCP564AR 机柜 48 V 供电段模块 PS3 故障，导致 4KCP564AR 失去一路 48 V 供电，进而出现 4KCP500KA 报警； 4)处理措施：更换 4KCP564AR 机柜 48 V 供电段模块 PS3，恢复 4KCP564AR 48 V 双路供电能力
相关知识	1)4KCP500KA(NC 级 KCP 机柜失电报警)的原因有： ①NC 机柜失去 220 V 电源； ②NC 机柜失去外部 48 V 电源。 2)4KCP564AR 机柜 48 V 供电段模块：有 PS3/PS4 双路供电，当两路均丧失时，受影响的 4EPP001SY/002SY 指示失效
参考资料信息	维修二处：oncall 反馈——4KCP500KA 报警处理进展反馈； WR/WOT：00290418/ 00707969-01(紧急工单)
编　　者	运行二处一值：谷铁　　　时间：2019 年 02 月 11 日

6.1.4　1KCP500KA 1 号机组 KCP/KSN 机柜失电综合报警

异常缺陷名称	1KCP500KA 1 号机组 KCP/KSN 机柜失电综合报警
发生时间	2018 年 05 月 06 日早班
机组状态	RP 模式，满功率
异常缺陷现象	主控触发 1KCP500KA 1 号机组 KCP/KSN 机柜失电综合报警。主控检查各系统画面，未发现异常。安排现场检查 1KCP/KSN 机柜状态，发现 1KCP558AR 机柜报警灯亮

续 表

风险或潜在后果	若 1KCP558AR 失去所有 48 V 电源，将导致 ACO、ABP 相关阀门电磁阀失电： 1) 1ABP006VL 会失电开启，处于安全位置； 2) 1ABP403VV、1ABP405VV、1ABP501VV 会失电关闭； 3) 1ABP415VV、1ABP420VV、1ABP425VV、1ABP510VV、1ABP301VV 失电开启； 4) 1ACO101VL、1ACO102VL 失电开启； 若上述阀门动作，最大风险为一回路超功率，且由于 3/4 低加失去抽汽加热，进入除氧器的给水温度下降，抽汽增加，可能导致管线振动加剧
干预行动	已采取的行动措施： 1) 根据报警规程安排现场检查相关机柜状态，发现 1KCP558AR 报警灯亮； 2) 查看 1KCP558AR 接线图，确认该机柜影响 1ABP/1ACO 系统状态控制，确认两个系统运行正常； 3) oncall 仪控专业检查发现 1KCP558AR 的 PS3 内部 48 V 电源模块故障； 4) 进行风险分析和准备应急预案后仪控将故障的 48 V 供电模块进行更换，更换后机柜恢复正常，报警消失
原因分析	1KCP558AR 的 PS3 内部 48 V 电源模块故障
消缺行动	仪控处理反馈： 1) 检修步骤： ①断开供电，拆下故障的 PS3 电源模块； ②更换新的电源模块备件； ③合上电源刀闸，观察发现 PS3 电源模块正常运行指示灯“DC OK”常亮。 2) 故障原因分析：电源模块老化故障
相关知识	1) 1KCP558AR 内部有两路 48 V 电源模块，分别由两路 220 V 供电内部变压后供电，正常运行期间两路同时供电，失去一路电源时，另一路电源自动带所有负荷； 2) 若 1KCP558AR 失去所有 48 V 电源，将导致 ACO、ABP 相关阀门电磁阀失电： ①1ABP006VL 会失电开启，处于安全位置； ②1ABP403VV、1ABP405VV、1ABP501VV 会失电关闭； ③1ABP415VV、1ABP420VV、1ABP425VV、1ABP510VV、1ABP301VV 失电开启； ④1ACO101VL、1ACO102VL 失电开启；

续 表

相关知识	若上述阀门动作，最大风险为一回路超功率，且由于3/4低加失去抽汽加热，进入除氧器的给水温度下降，抽汽增加，可能导致管线振动加剧
参考资料信息	运行一处：《运行一处内部经验反馈——1KCP500KA 1号机组KCP/KSN机柜失电综合报警处理》； 维修一处仪控：EAM中工单00913588-01的完工报告； WR/WOT：00384089/00913588-01(紧急工单)
编　　者	运行二处一值：谷铁　　　时间：2019年02月11日

6.1.5　主控出现2KCP500KA KCP/KSN机柜失电综合报警

异常缺陷名称	主控出现2KCP500KA KCP/KSN机柜失电综合报警
发生时间	2017年09月29日中班
机组状态	RP模式，电功率1069 MWe
异常缺陷现象	主控出现2KCP500KA“KCP/KSN机柜失电综合报警”，就地检查为2KCP542AR报警
风险或潜在后果	2KCP542AR存在失电风险，失电可能导致A列凝汽器不可用信号
干预行动	已采取的行动措施： oncall仪控检查仪表。检查2KCP542AR相关的系统设备有无异常
原因分析	柴油机低功率试验电源切换过程中，出现2KCP500KA(KCP或KSN失电综合报警)，检查发现2KCP542AR内部48 V DC电源模块PS4运行指示灯熄灭，分析原因电源切换导致PS4损坏
消缺行动	仪控处理反馈——检查处理过程： 1)检查确认24 V供电模块PS2工作正常，确认2KCP542AR上游供电正常； 2)检查梳理PS4下游供电负荷，分析另一路冗余供电PS3失电风险，确认失误可能导致A列凝汽器不可用信号； 3)核对检查PS4下游供电负荷与图纸一致； 4)测量PS4供电电压为228 VAC，正常； 5)断开PS4供电刀闸，对PS4进行更换； 6)合上刀闸PS4运行指示灯亮，2KCP500KA报警消失
相关知识	2KCP542AR机柜48 V供电段模块：有PS3/PS4双路供电，两路均失电时，将影响A列送RPR凝汽器不可用信号，失电导致A列凝汽器不可用信号两路中的一路失效

续　表

参考资料信息	维修一处仪控：完工报告《FQ2-MA03-RCWO-00717399/01 主控出现 2KCP500KA KCP/KSN 机柜失电综合报警，就地检查为 2KCP542AR 报警》； WR/WOT：00295110/00717399-01(紧急工单)	
编　　者	运行二处一值：谷铁	时间：2019 年 02 月 11 日

6.1.6　4RPE027VP/002VY/017VP/055VE 阀门关闭，同时 4KCP500KA 闪发 1 s 后消失

异常缺陷名称	4RPE027VP/002VY/017VP/055VE 阀门关闭，同时 4KCP500KA 闪发 1 s 后消失
发生时间	2018 年 02 月 01 日中班
机组状态	RP 模式，满功率
异常缺陷现象	20:56，主控闪发 4KCP500KA(NC 机柜供电故障)1 s 后消失。随后主控操纵员巡检画面发现 4RPE027VP/002VY/017VP/055VE 阀门关闭(暂未发现其他设备异常)，主控 KIC 显示故障大红色。 与仪控沟通后，暂重点怀疑 4KCP523AR 向上述设备供电故障可能性大。运行就地检查该机柜未发现异常和故障灯亮
风险或潜在后果	4RPE027VP/002VY/017VP/055VE 关闭造成 4RPE 安全壳内水箱无法向外部排水、排气
干预行动	已采取的行动措施： 1)查看和执行报警卡，现场检查发现 4KCP523AR 机柜存在故障报警； 2)估算 4RPE RX 相关水罐上涨趋势，确保状态可控； 3)oncall 维修仪控检查处理； 4)要求仪控提供 4KCP523AR 相关设备清单，以评估对机组状态的影响； 5)主控密切关注 RPE 系统报警和水位上涨趋势情况
原因分析	1) 4RPE027VP/002VY/017VP/055VE 阀门电磁阀失去上游 4KCP523AR 机柜内部 48 V 供电； 2)4KCP523AR 机柜内 TP-FP-2 48 V DC 第三个刀闸保险损坏，导致机柜内 TBT18BN 下游负载(仅包含 4RPE027VP/002VY/017VP/055VE 的 4 个阀门命令及 RPE 就地指示灯)失去控制电源，导致阀门意外关闭

续 表

消缺行动	仪控处理反馈： 1)故障现象：4 号主控出现 4RPE027VP/002VY/017VP/055VE 阀门关闭、同时 4KCP500KA 闪发 1 s 后消失。 2)处理进展：4RPE027VP/002VY/017VP/055VE 故障已消除，阀门状态及功能已恢复正常。 3)检修步骤： ①更换 4KCP523AR 内 TP-FP-2 48 V DC 第三个刀闸保险后 4RPE027VP/017VP/055VE 阀门恢复正常； ②通过在 DCS 一层强制复位 4RPE002VY 阀门故障，主控验证 4RPE002VY 阀门功能正常。 4)故障原因分析： ① 4RPE027VP/002VY/017VP/055VE 阀门电磁阀失去上游 4KCP523AR 机柜内部 48 V 供电； ②4KCP523AR 机柜内 TP-FP-2 48 V DC 第三个刀闸保险损坏，导致机柜内 TBT18BN 下游负载(仅包含 4RPE027VP/002VY/017VP/055VE 的 4 个阀门命令及 RPE 就地指示灯)失去控制电源，导致阀门意外关闭	
相关知识	1)4KCP500KA 为 NC 机柜供电故障报警，可能的原因有： ①NC 机柜失去 220 V 电源； ②NC 机柜失去外部 48 V 电源。 2) 4KCP523AR 机柜内 Q18BN 下游负荷为 4RPE027VP/002VY/017VP/055VE，失电时阀门将关闭	
参考资料信息	维修二处仪控：oncall 反馈——4RPE027VP/002VY/017VP/055VE 阀门关闭、同时 4KCP500KA 闪发 1 秒后消失； 运行二处：4 号机组异常反馈——4RPE027VP/002VY/017VP/055VE 阀门关闭、同时 4KCP500KA 闪发 1 秒后消失； WR/WOT：00344171/00844065-01(紧急工单)	
编　　者	运行二处一值：谷铁	时间：2019 年 02 月 11 日

6.1.7 4KCP523AR 机柜内保险损坏，导致 4RPE017/027VP、002VY、055VE 阀门关闭且显示大红色

异常缺陷名称	4KCP523AR 机柜内保险损坏，导致 4RPE017、027VP、002VY、055VE 阀门关闭且显示大红色

续 表

发生时间	2018 年 03 月 04 日
机组状态	RP 模式，满功率
异常缺陷现象	主控巡检发现 4RPE017、027VP、002VY、055VE 阀门关闭且显示大红色，初步怀疑这些阀的控制电失去导致
风险或潜在后果	4RPE017、027VP、002VY、055VE 阀门关闭造成 4RPE 安全壳内水箱无法向外部排水、排气
干预行动	已采取的行动措施： 1)估算 4RPE RX 相关水罐上涨趋势，确保状态可控； 2)oncall 维修仪控检查处理； 3)主控密切关注 RPE 系统报警和水位上涨趋势情况
原因分析	1)4RPE027VP/002VY/017VP/055VE 阀门电磁阀失去上游 4KCP523AR 机柜内部 48 V 供电； 2)4KCP523AR 机柜内 TP-FP-2 48 V DC 第四个刀闸保险损坏，导致阀门无法正常开启
消缺行动	仪控处理反馈： 1)故障现象：4 号主控出现 4RPE027VP/002VY/017VP/055VE 阀门开故障。 2)处理进展：4RPE027VP/002VY/017VP/055VE 故障已消除，阀门状态及功能已恢复正常。 3)检修步骤： ①更换 4KCP523AR 内 TP-FP-2 48 V DC 第四个刀闸保险后 4RPE027VP/002VY/017VP/055VE 阀门状态恢复正常； ②主控验证 4RPE027VP/002VY/017VP/055VE 动作正常。 4)故障原因分析： ① 4RPE027VP/002VY/017VP/055VE 阀门电磁阀失去上游 4KCP523AR 机柜内部 48 V 供电； ②4KCP523AR 机柜内 TP-FP-2 48 V DC 第四个刀闸保险损坏，导致阀门无法正常开启
相关知识	4KCP523AR 机柜内 Q18BN 下游负荷为 4RPE027VP/002VY/017VP/055VE，失电时阀门将关闭
参考资料信息	维修二处仪控：oncall 反馈——4RPE027VP/002VY/017VP/055VE 阀门开故障问题处理 WR/WOT：00356183/00865520-01(紧急工单)
编　　者	运行二处一值：谷铁　　时间：2019 年 02 月 11 日

6.1.8 1号主控触发报警1KCP500KA(1号机组KCP/KSN机柜失电综合报警)

异常缺陷名称	1号主控触发报警1KCP500KA(1号机组KCP/KSN机柜失电综合报警)，现场检查发现1KCP409AR故障灯亮
发生时间	2019年05月06日夜班
机组状态	RP模式，电功率836 MWe
异常缺陷现象	04:05，1号主控触发报警1KCP500KA(1号机组KCP/KSN机柜失电综合报警)，现场检查发现1KCP409AR故障灯亮
风险或潜在后果	可能导致1KCP409AR失去48 V电源，其下游的1DVW/1LHP/1JPI/1JPV/1EVF/1JPL/1JPP/1RAZ/1LHA系统相关设备将受到影响
干预行动	已采取的行动措施： 1)查看并执行报警卡，安排现场人员查看1KCP/9KCP机柜，发现1KCP409AR故障灯亮； 2)根据《FQ9-KCO-I-001 1~2号机组DCS机柜48 V失电故障规程》分析若1KCP409AR失电可能产生的影响，并制定应对措施； 3)查看1DVW/1LHP/1JPI/1JPV/1EVF/1JPL/1JPP/1RAZ/1LHA系统画面，未发现异常； 4)oncall仪控人员进厂处理
原因分析	1KCP409AR继电器R8故障
消缺行动	仪控处理反馈： 1)故障现象：1号主控触发1KCP500KA(1号机组KCP/KSN机柜失电综合报警)，现场检查机柜1KCP409AR柜门报警灯亮。 2)处理进展：就地报警及1KCP500KA消失。 3)检修步骤： ①现场确认1KCP409AR故障灯亮，打开柜门查看确认各电源供电正常； ②发现机柜内外部48 V报警继电器R8、R9温度较高； ③测量继电器R8输出回路，存在48 V电压(正常时继电器闭合端子无电压)，继电器R8工作异常； ④更换R8继电器； ⑤因R9继电器温度较高，为避免运行过程中也出现故障，本次一并更换R9继电器； ⑥确认报警消失。 4)故障原因分析：1KCP409AR继电器R8故障

续 表

相关知识	1KCP500KA 为 NC 机柜供电故障报警：包括 1) NC 机柜失去 220 V 电源； 2) NC 机柜失去外部 48 V 电源	
参考资料信息	运行一处：1 号机组异常反馈——1 号主控触发 1KCP500KA(1 号机组 KCP/KSN 机柜失电综合报警)； 维修一处仪控：紧急维修工作反馈邮件——1 号机组异常反馈——1 号主控触发 1KCP500KA(1 号机组 KCP/KSN 机柜失电综合报警)； WR/WOT：00547050/01216646-01(紧急工单)	
编　　者	运行二处一值：谷铁	时间：2019 年 07 月 10 日

6.1.9 主控触发 1GGR996KA(N 选 M 选择器错误)报警和 1GGR911KA(N 选 M 选择器扰动)报警

异常缺陷名称	1 号机组 P320 与 DCS 通讯中断，主控触发 1GGR996KA(N 选 M 选择器错误)报警和 1GGR911KA(N 选 M 选择器扰动)报警
发生时间	2017 年 09 月 02 日夜班
机组状态	RP 模式，满功率
异常缺陷现象	04:00，主控触发 1GGR996KA(N 选 M 选择器错误)报警和 1GGR911KA(N 选 M 选择器扰动)报警，检查 KIC 画面发现 1GEX、1GSE、1GRE、1GGR、1GME、1GSS、1GPV 等画面参数部分参数显示×××，部分阀门状态显示洋红色、开度显示×××，部分指示灯显示洋红色。 维修仪控查询 DCS 通讯日志，确认在 3:59:49 P320 与 DCS 通讯模块扫描故障信息，造成通讯模块的 FBM 离线，失去通讯，相关画面参数/状态显示洋红色和×××
风险或潜在后果	1) 导致 1GEX、1GSE、1GRE、1GGR、1GME、1GSS、1GPV 等系统 KIC 画面参数部分参数显示×××，部分阀门状态显示洋红色、开度显示×××，部分指示灯显示洋红色。汽机大量参数无法在主控监视，特别是 GEX 相关的参数，只能通过就地巡检和利用 NCS 进行辅助监视； 2) 导致机组在 KIC 上无法进行汽机升降功率控制，紧急情况下需要进入 1 号主控旁 L709 房间，在汽机工程师站 1GRE001HC 上进行升降功率

续 表

干预行动	已采取的行动措施： 1)查看和执行报警卡，检查发现 1GEX、1GSE、1GRE、1GGR、1GME、1GSS、1GPV 等系统 KIC 画面参数部分参数显示×××，部分阀门状态显示洋红色、开度显示×××，部分指示灯显示洋红色； 2)oncall 仪控检查处理； 3)安排现场对出现异常的系统加强巡检
原因分析	P320 与 DCS 右侧通讯卡件 FBM233 故障，当左侧主用 MASTER 失效发生 FAILED，切换到右侧已经故障的 FBM233，造成了整个通讯中断。 1 号机组右侧 FBM233 模块在 2017 年 03 月时出现缺陷而不可用，因无窗口处理，导致 1 号机组 P320 与 DCS 的通讯仅通过左侧的模块实现，一旦左侧主用模块故障，无法自动切换到右侧备用模块，从而出现通讯中断的情况
消缺行动	仪控处理反馈： 1)检修步骤： ①在运行隔离办领取工作许可证，与运行人员交流信息； ②再次确认 DCS 工程师站历史记录确认两个 FBM233 同时故障，失效产生 failed； ③就地核实左侧 FBM 为 tracker，右侧为 master； ④根据紧急工作方案在 DCS 对两个 FBM233 进行离线、上线操作，通讯未恢复，同时使机柜内左侧 FBM233 切换为 master，右侧 FBM233 切换为 tracker； ⑤根据工作方案，对右侧 FBM233 进行热插拔，通讯未恢复； ⑥对左侧 FBM233 进行热插拔后，此时左侧 FBM233 为 tracker 模式，右侧 FBM233 为 master 模式，但是通讯仍为恢复； ⑦根据工作方案，准备更换右侧 FBM233 卡件，当工作人员拔出 FBM233 时，通讯恢复正常，左侧 FBM233 切换为 master，右侧 FBM233 切换为 tracker，同时主控出现 1GSE001KA(因为右侧 FBM 网线拔掉原因)，更换新的 FBM 后，经过两次重启，通讯卡件正常工作，重新启动的过程中，闪发一次 1GSE001KA 报警； ⑧工作结束，清理现场。 2)处理结果：恢复 1KCP566AR 内 FBM233 左卡件为主用，右卡件为备用，恢复 P320 与 DCS 的通讯。 3)故障原因分析： P320 与 DCS 右侧通讯卡件 FBM233 故障，当左侧主用 MASTER 失效发生 FAILED，切换到右侧已经故障的 FBM233，造成了整个通讯中断

续　表

<table>
<tr><td>消缺行动</td><td colspan="2">

图1　1KCP566AR 内 FBM233 卡件</td></tr>
<tr><td>相关知识</td><td colspan="2">1）P320 与 DCS 的通讯：
正常运行状态下，P320 与 DCS 的通讯通过 KCP566AR 内左、右两个 FBM233 模块实现的，两个通讯模块一用一备，可以自动进行切换。
2）经验知识：
①在 KCP566AR 上进行 FBM233 卡件热拔插，仅影响 P320 与 DCS 间的通讯，未发现其他影响；
②P320 与 DCS 间的通讯中断后，不会导致 AVC 自动退出，不影响 AVC 自动调节功能；
③P320 与 DCS 间的通讯中断后，不影响汽机调节系统自动动作，主控室无法正常进行升降功率；
④通讯恢复后，进行备用通道 FBM233 卡件更换时，网线拔出期间主控会出现 1GSE001KA（TGC 系统故障）报警，网线恢复后，报警会自动消除；
⑤通讯恢复后，进行备用通道 FBM233 卡件更换时，卡件重新启动瞬间，主控会闪发 1GSE001KA（TGC 系统故障）报警</td></tr>
<tr><td>参考资料信息</td><td colspan="2">运行一处：《运行一处内部经验反馈——1 号机组 P320 与 DCS 通讯中断故障处理》；
运行一处：《FQ1-GRE-TPOPAB-0002　1 号机组 P320 与 DCS 中断期间升降功率故障规程》；WR/WOT：00286311/00693094-01（紧急工单）</td></tr>
<tr><td>编　　者</td><td>运行二处一值：谷铁</td><td>时间：2019 年 02 月 11 日</td></tr>
</table>

6.1.10 主控持续触发 1GGR996KA(N 选 M 选择器错误)，1GGR911KA(N 选 M 选择器扰动报警)

异常缺陷名称	主控持续触发 1GGR996KA(N 选 M 选择器错误)，1GGR911KA(N 选 M 选择器扰动报警)
发生时间	2017 年 09 月 22 日中班
机组状态	RP 模式，电功率 1076 MWe
异常缺陷现象	22:29，1 号主控再次持续触发 1GGR996KA(N 选 M 选择器错误)，1GGR911KA(N 选 M 选择器扰动报警)，1GEX、1GSE、1GRE、1GGR、1GME、1GSS 系统画面部分参数显示××××，部分阀门显示洋红色，部分显示灯显示洋红色
风险或潜在后果	1)导致 1GEX、1GSE、1GRE、1GGR、1GME、1GSS、1GPV 等系统 KIC 画面参数部分参数显示×××，部分阀门状态显示洋红色、开度显示×××，部分指示灯显示洋红色。汽机大量参数无法在主控监视，特别是 GEX 相关的参数，只能通过就地巡检和利用 NCS 进行辅助监视； 2)导致机组在 KIC 上无法进行汽机升降功率控制，紧急情况下需要进入 1 号主控旁 L709 房间，在汽机工程师站 1GRE001HC 上进行升降功率
干预行动	已采取的行动措施： 1)查看和执行报警卡，检查发现 1GEX、1GSE、1GRE、1GGR、1GME、1GSS 等系统 KIC 画面部分参数显示××××，部分阀门显示洋红色，部分显示灯显示洋红色； 2)oncall 仪控检查处理； 3)安排现场对出现异常的系统加强巡检
原因分析	通讯卡件故障、DCS 与 P320 通讯超时设置过短
消缺行动	仪控处理反馈： 1)检修步骤： ①在 1KCP566AR 中，分别将两个 FBM233 进行热插拔，通讯故障消失； ②执行工作方案《修改 DCS 与 P320 通讯的超时时间工作方案》； ③工作结束，清理现场，请运行人员验收，归还工作许可证。 2)故障原因分析：故障原因分析：通讯卡件故障、DCS 与 P320 通讯超时设置过短

续 表

相关知识	通讯控制器是 P320 TGC 系统中非常重要的控制器，其主要功能是完成 P320 内各控制器之间以及控制器与 LOCAL HMI、DCS 之间的通讯。由于该控制器在通讯中重要作用，该控制器采用冗余的方式。CCL 是两列对称安装在同一底板上完全冗余的控制器，主要包括 CPU 模块、电源模块、冗余控制模块和网络通讯模块	
参考资料信息	维修一处仪控：EAM 中工单 00713141-01 的完工报告； 运行一处：《FQ1-GRE-TPOPAB-0002 1 号机组 P320 与 DCS 中断期间升降功率故障规程》；WR/WOT：00292667/00713141-01（紧急工单）	
编　　者	运行二处一值：谷铁	时间：2019 年 08 月 21 日

6.1.11 主控触发 1GEX112KA：定子电压定子电压达到最小，1GEX120KA：欠励磁限制动作，发电机电压下降至 22.8 kV

异常缺陷名称	1 号机组 P320 与 DCS 通讯中断，主控触发 1GEX112KA：定子电压定子电压达到最小，1GEX120KA：欠励磁限制动作，发电机电压下降至 22.8 kV
发生时间	2015 年 04 月 29 日夜班
机组状态	RP 模式，满功率
异常缺陷现象	3:59，1GGR、1GME、1GRE、1GSE、1GEX 等画面中的设备与参数开始间断性出现洋红色失效状态。4:01，触发 1GEX112KA：定子电压定子电压达到最小，1GEX120KA：欠励磁限制动作。查看发现励磁电流从 83 A 突降至 75 A，发电机电压下降至 22.8 kV，发电机定子电流增大至 35 kA，发电机进相-137 MVar，有功功率无变化。维修人员到场后配合运行人员多次执行手动增磁命令，发电机电压恢复正常
风险或潜在后果	1）导致 1GEX、1GSE、1GRE、1GGR、1GME 等系统 KIC 画面参数部分参数显示×××，部分阀门状态显示洋红色、开度显示×××，部分指示灯显示洋红色。汽机大量参数无法在主控监视，特别是 GEX 相关的参数（可以通过就地巡检和利用 NCS 进行辅助监视）； 2）导致发电机电压异常下降，发电机进相运行，危及汽轮发电机组安全

续　表

干预行动	已采取的行动措施： 1）查看和执行报警卡，检查发现 1GEX、1GSE、1GRE、1GGR、1GME 等系统 KIC 画面部分参数显示××××，部分阀门显示洋红色，部分显示灯显示洋红色； 2）oncall 仪控和电气检查处理； 3）安排现场对出现异常的系统加强巡检； 4）关注发电机机端电压，加强监视汽轮发电机组参数监视
原因分析	1）DCS-P320 通讯故障原因为 DCS 侧通讯参数配置错误； 2）通讯中断导致发电机低励限制动作的原因是由于发电机外部电压给定值 1GEX310SY 及 1GEX300SY 跟踪异常引起。发电机机端电压下降到低励限制动作，限制发电机电压在 95% UST（22.8 kV）运行
消缺行动	仪控处理反馈： 1）检修步骤： ①确认大修停机后、停盘车后执行； ②执行工作方案《1 号机组 DCS-P320 通讯故障处理方案》； ③工作完成后，清理现场，归还工作许可证。 2）故障原因分析： DCS-P320 通讯采用 TCP-IP 协议，并配置冗余通讯路径，P320 方为从站，DCS 侧为主站，冗余控制器的切换由 DCS 侧控制。 根据 P320 侧通讯接口设计文件《MODBUS Signal Exchange List》规定了己方通讯卡件的 IP 地址及 modbus 站地址。 根据接口文件说明，DCS 在任意时刻只能与 P320 侧的主通讯卡件通讯，即要求 DCS 侧在任意时刻只能使用主卡件与 P320 进行通讯，所以 DCS 侧只能访问 P320 侧的冗余 IP 地址 195.5.0.168，这要求 DCS 侧两个冗余卡件的冗余管理参数配置为“Ext_Il ink + UR = 1000”，冗余卡件的 IP 地址配置为“195.5.0.168、195.5.0.168”。现场 DCS 侧实际配置的内容并不满足上述要求，DCS 侧配置的冗余管理参数为“default”，通讯卡件 IP 地址为“195.5.0.40、195.5.0.104”。 仪控人员将通讯故障时 DCS 侧日志记录和上述分析信息发函给 DCS 厂家-（IOM）确认，厂家回函确认 DCS 侧配置错误应当按以上分析内容进行修改，并判定 DCS-P320 通讯故障原因为 DCS 侧通讯参数配置不符合设计文件要求所致。

续 表

消缺行动	设计已通过 DEN 单取消 DCS 侧直接输入励磁电压设定值的功能，福清和方家山均已删除二层设定值的功能，并删除了画面元素。福清未删除 DCS 一层的 1GEX310SY、311SY 和 312SY(该通讯模块向 GEX 发送设定值)通讯模块，不再向 P320 侧发送设定值信息。执行《1 号机组 DCS-P320 通讯故障处理方案》同时删除 1GEX310SY、311SY 和 312SY 的此无用模块，以防止其对系统产生不确定影响。 通讯中断导致发电机低励限制动作的原因是由于发电机外部电压给定值 1GEX310SY 及 1GEX300SY 跟踪异常引起。发电机机端电压下降到低励限制动作，限制发电机电压在 95% UST (22.8 kV)运行。 《DCS-P320 通讯故障处理方案》实施后，未再出现 DCS-P320 通讯故障引起发电机机端电压异常下降情况	
相关知识	1)已通过技改对 1～4 号机组 GEX310SY、GEX311SY、GEX312SY 点位功能变更，因此理论上，这三个点位偶发 P320 与 DCS 通讯故障，不会导致发电机励磁电压下降的问题； 2)机组 DCS 手动增磁、减磁与 AVC 自动增磁、减磁互相闭锁，必须在 KIC 中退出机组 AVC 后，才能手动增磁、减磁。若全站 AVC 闭锁，各个机组 AVC 功能失去，故在 KIC 画面无法投退单台机组 AVC，此时需网控退出全站 AVC，才能手动调节机端电压； 3)当发电机进相运行时，运行人员应严密监视，使其各项参数在允许范围内运行。监视发电机定子铁芯的温度(GRH051MT-GRH062MT)，防止发电机过热的发生。要保证发电机定子铁芯允许最高温度不超过 130 ℃、绕组(GRH301MT-GRH348MT)允许最高温度不超过 120 ℃，发电机定子电压(GEX404MU-GEX406MU)不低于额定值 24 kV 的 95%，应保持发电机定子电流(GEX408MI-GEX410MI)不超过额定值 30 739 A。发电机进相运行时，应注意机组厂用电电压必须保持在 6.27 kV 以上，机组电压未恢复至额定值之前，禁止操作 6.6 kV 中压设备，应注意厂用母线电压偏低引起厂用电动机过电流问题，应密切监视厂用电动机各部温度不超过允许值	
参考资料信息	维修一处仪控：完工报告《FQ1-MI-RCWO-00132700/01 修改 DCS 与 P320 通讯配置，消除通讯闪发故障的问题》《FQ1-MA-TD-I150461 号机组 DCS-P320 通讯故障处理工作方案》； WR/WOT：00065712/00132700-01(计划工单)	
编　　者	运行二处一值：谷铁	时间：2019 年 08 月 21 日

6.1.12 P320 内 A102/102HS 至 4KCP566AR 机柜内 FBM233 之间通讯节点故障

异常缺陷名称	P320 内 A102/102HS 至 4KCP566AR 机柜内 FBM233 之间通讯节点故障，导致 4 号机组闪发 4GSE001KA：TGC 系统故障报警
发生时间	2019 年 10 月 17 日中班—10 月 22 日中班
机组状态	RP 模式，满功率
异常缺陷现象	2019 年 10 月 17 日—2019 年 10 月 22 日，福清核电 4 号机组多次发生 P320 与 DCS 通讯故障，多次闪发 4GSE001KA 报警。 10 月 17 日 16: 05、16: 16，4 号机组闪发 2 次 4GRE、4GSE、4GEX、4GGR、4GME 大量仪控报警，闪发 4GGR996KA（N 选 M 选择器故障），4GGR911KA（N 选 M 选择器扰动），系统画面短时显示洋红色。 10 月 19 日 20: 53: 52 主控闪发 4GSE001KA TGC 系统故障报警，主控检查 4GSE、GRE 画面无异常，现场检查 4KCP、4KCS、4GRE、4GSE 柜子无异常。 10 月 20 日 13: 09: 57 主控再次出现 4GSE001KA TGC 系统故障报警，持续 4S 后消失。 10 月 21 日 21: 41: 38、21: 43: 20、21: 43: 23、22: 51: 26 主控共闪发四次 4GSE001KA TGC 系统故障报警。主控检查 4GSE、GRE 画面无异常，现场检查 4KCP、4KCS、4GRE、4GSE 柜子无异常。 10 月 22 日夜班再次闪发一次 4GSE001KA 报警。 10 月 22 日中班闪发三次 4GSE001KA 报警
风险或潜在后果	报警为 P320 侧检测到短时备用通讯失去产生的综合报警，不影响 P320 运行
干预行动	已采取的行动措施： 1）立即查看主控 4GSE 系统画面，监视汽机参数，未发现异常报警； 2）立即安排就地查看 4GRE/GSE 系统控制柜，当前未发现异常； 3）发起 oncall，要求仪控立即安排进行报警原因分析； 4）运行做好事故预想，熟悉预案和规程《FQY-OP00-TD-19004 P320 系统 CCL 主备用控制器同时故障分析及机组运行控制方案》《FQ4-OP00-TD-18003 4STG 主备用控制器同时故障分析及机组运行控制方案》《FQ4-OP00-TD-17007 福清核电 4 号机组 P320 与 DCS 中断期间升降功率应急预案》
原因分析	P320 内 A102/102HS 至 4KCP566AR 机柜内 FBM233 之间通讯节点故障

续 表

消缺行动	仪控处理反馈： 1）处理进展： 维修人员通过 FBM 软件重启、硬件热插拔、光纤排查、光电转换模块与光纤熔接盒的检查，均未能彻底消除 4GSE001KA 报警。经维修人员讨论，办理 TSD 将两路通讯中的一路从 HUB 通过 5E 网线直连至 DCS 侧 FBM233 通讯卡，报警未再次出现。 经仪控专业变更审查会同意：对 4 号机组 P320 机柜与 DCS 通讯链路进行变更，采用 5E 网线从 HUB 直连至 DCS 侧 FBM233 卡件。 2）检修步骤： ①根据《4 号机组 GSE-DCS 通讯故障处理方案》执行 DCS IA 通讯卡件更换； ②根据《4 号机组 GSE-DCS 通讯故障处理方案》通讯卡件冗余切换； ③根据《4 号机组 GSE-DCS 通讯故障处理方案》DCS IA 通讯卡件驱动软件安装及配置文件下载； ④根据《4 号机组 GSE-DCS 通讯故障处理方案》执行通讯电缆检查； ⑤根据《4 号机组 GSE-DCS 通讯故障处理方案》执行光电转换模块更换； ⑥根据《4 号机组 GSE-DCS 通讯故障处理方案》执行更换 PORT 口； ⑦根据《4 号机组 GSE-DCS 通讯故障处理方案》执行更换为网线； ⑧故障消除。 3）故障原因分析：P320 内 A102/102HS 至 4KCP566AR 机柜内 FBM233 之间通讯节点故障
相关知识	P320 机柜与 DCS 通讯采用 TCP/IP 的 MODBUS 通讯协议，DCS 侧为主站，P320 侧 TGC-S 为从站，从 P320 侧，依次经过 HUB—光电转换模块—光纤熔接盒-DCS 侧光纤熔接盒-MC-FBM233 卡件进行通讯
参考资料信息	运行二处：4 号机组异常反馈——4 号机组闪发 4GSE001KA：TGC 系统故障报警； 维修二处仪控：《FQ4-GSE-TGCMDD-014817001 P320 与 DCS 通讯方式改为 5E 网线直连—变更详细设计方案》。 其他类似的异常缺陷案例： 1）2019 年 04 月 22 日 12：08，福清核电 4 号机组出现报警 4GSE001KA，经仪控专业检查发现为 4GRE001AR 内的备用 CCL 通讯控制器故障导致。故障发生后，4 号机组汽轮机 CCL 控制器单一通道运行，失去冗余备用。

续 表

参考资料信息	2) 2018 年 04 月 10 日 20: 23，福清核电 4 号机组出现报警 4GSE001KA，经仪控专业检查发现为 4GRE002AR 机柜内 STG 备用控制器 CPU 故障，即 STG1 故障。故障发生后，4 号机组汽轮机调节控制器单一通道运行，失去冗余备用。 3) 2017 年 07 月 29 日，夜班 1 号机组主控触发 1GSE001KA，TGC 系统故障报警，oncall 仪控检查确认为备用电池量低	
编　　者	运行二处一值：谷铁	时间：2020 年 01 月 03 日

6.1.13　2 号机触发 2KCP500KA：2KCP/KSN 机柜失电综合报警

异常缺陷名称	2 号机组触发 2KCP500KA：2KCP/KSN 机柜失电综合报警
发生时间	2019 年 07 月 15 日中班
机组状态	RP 模式，电功率 836 MWe
异常缺陷现象	23: 16，触发 2KCP500KA：2KCP/KSN 机柜失电综合报警，现场检查发现 2KCP521AR 故障灯亮
风险或潜在后果	2KCP521AR 主要影响 2RCV 阀门及 2RCP 电加热器、喷淋阀，如果两路 48 V 电均失去，可能造成如下影响： 1) 2RCP001VP、002VP 关闭，稳态下暂无明显影响，瞬态下影响一回路压力控制； 2) 2RCV373VP 关闭，2RCV002PO、003PO 排气管线隔离； 3) 2RCV286VY 关闭，容控箱无法排气； 4) 其余设备保持当前状态或导向 RCV，与现要求状态一致，稳态下暂无明显影响，但因电磁阀等指令无法下发，可能导致 RCV 相关阀门无法自动动作，产生第一组 I0
干预行动	已采取的行动措施： 1) 执行报警规程、故障规程； 2) 安排现场核实故障机柜，发现 2KCP521AR 故障灯亮； 3) oncall 维修仪控检查，发现 2KCP521AR 中的 PS3 电源模块故障，其中一路 48 V 电失去； 4) 根据上述影响，提前考虑相关预案
原因分析	2KCP521AR 机柜的 PS3 电源故障

续 表

消缺行动	仪控处理反馈： 1)检修步骤： ①打开 2KCP521AR 机柜门，确认 PS4 电源模块正常运行； ②断开 PS3 供电刀闸； ③用万用表确认 PS3 电源输入为 0 V； ④拆除故障的 PS3 电源模块； ⑤更换新的 PS3 电源模块； ⑥合上 PS3 供电刀闸； ⑦用万用表测量 PS3 电源输出 48 V； ⑧关闭 2KCP521AR 机柜门，确认 PS3、PS4 电源模块正常运行； ⑨确认 2KCP500KA 报警消除，机柜报警灯消除。 2)故障原因分析： 2KCP521AR 机柜的 PS3 电源故障
相关知识	2KCP521AR 机柜 48 V 供电段模块：有 PS3/PS4 双路供电，两路均失电时，其下游设备 2RCP001VP、2RCP002VP、2RCV154VP 关闭，2RCV286VY、2RCV373VP 关闭，2RCV030VP、2RCV017VP、RCV026VP、2RCV259VP 导向 RCV 方向，其他设备保持当前状态
参考资料信息	运行一处：2 号机组异常反馈——2 号机组触发 2KCP500KA：2KCP/KSN 机柜失电综合报警； 维修一处仪控：EAM 中工单 01285976-01 的完工报告； WR/WOT：00584756/01285976-01(紧急工单)
编　　者	运行二处一值：谷铁　　　　时间：2019 年 12 月 01 日

6.1.14　2 号主控触发 2KCP500KA(2KCP/KSN 机柜失电综合报警)

异常缺陷名称	2 号主控触发 2KCP500KA(2KCP/KSN 机柜失电综合报警)
发生时间	2019 年 09 月 12 日中班
机组状态	RP 模式，满功率
异常缺陷现象	21:28，主控触发 2KCP500KA(2KCP/KSN 机柜失电综合报警)，现场检查 2KCP413AR 故障灯亮
风险或潜在后果	根据《FQX-MA03-BG5-I18006_福清 1~2 号机组 DCS 机柜 48 V 失电影响分析报告》，目前 2KCP413AR 可能失去了其中一路 48 V 电，暂无明显影响，如果 2KCP413AR 的两路 48 V 电全部失去，主要影响如下：

续 表

风险或潜在后果	1)2RIS 低压安注 A 列不可用，产生第一组 I0：RIS1，要求 3 天内向 MCS 模式后撤； 2)2RIS 再循环回路隔离，产生第一组 I0：RIS8，要求 24 h 内向 NS/SG 模式后撤； 3)REN 硼表不可用，产生第二组 I0：REN1，要求停止稀释、检修 7 天内完成、每天手动测量一次一回路硼浓度(此时手动取样也因阀门隔离而无法执行)
干预行动	已采取的行动措施： 1)查看和执行报警卡，安排现场检查发现 2KCP413AR 故障灯亮； 2)参考《FQX-MA03-BG5-I18006_福清 1～2 号机组 DCS 机柜 48 V 失电影响分析报告》进行风险分析； 3)oncall 维修仪控检查处理
原因分析	2KCP413AR 中 48 V 电源模块 PS3 故障
消缺行动	仪控处理反馈： 1)检修步骤： ①打开 2KCP413AR，发现 48 V 电源模块 PS3 的 BOOST 灯亮，DC OK 灯闪亮。 ②检查 48 V 电源模块 PS3，发现正常供电条件下输出电压为 0 V DC，输出不正常。 ③使用备件更换电源模块 PS3 后，2KCP500KA 报警消失； ④关闭 2KCP413AR，恢复现场，本次工作未召开工后会。 2)故障原因分析：2KCP413AR 中 48 V 电源模块 PS3 故障
相关知识	2KCP413AR 中 48 V 电源模块，有 PS3/PS4 双路供电，两路均失电时，其下游设备 2SIR039VR、2SIR040VR、2SIR041VR 阀门关闭，2REN101VP、2REN102VP、2REN121VP、2REN122VP、2REN123VP、2REN124VP、2REN161VB、2REN162VB、2REN163VB、2REN231VY、2REN235VY 阀门关闭，2RIS206VP、2RIS208VP 阀门关闭，其他设备保持在当前状态(RIS 等系统阀门，将导致 RIS 不可用)
参考资料信息	运行一处：2 号机组异常反馈——2 号主控触发 2KCP500KA(2KCP/KSN 机柜失电综合报警)； 维修一处仪控：EAM 中工单 01354181-01 的完工报告； WR/WOT：00615725/01354181-01(紧急工单)
编　　者	运行二处一值：谷铁　　　　时间：2019 年 12 月 01 日

6.1.15 主控出现 4KCO200KA 常规岛重要调节器切手动报警，4AGM001VN 切为手动控制

异常缺陷名称	主控出现 4KCO200KA 常规岛重要调节器切手动报警，4AGM001VN 切为手动控制
发生时间	2018 年 05 月 08 日夜班
机组状态	RP 模式，满功率
异常缺陷现象	夜班 5:00 左右，4AGM001VN 开度显示波动 3 次后切为手动控制，主控出现报警 4KCO200KA(常规岛重要调节器切手动报警(质量位触发))，现场开度显示 100%与主控保持一致，当前已切回自动控制
风险或潜在后果	导致 4AGM001VN 切到手动控制，产生报警 4KCO200KA，影响 4APA102PO 工作油温的自动控制
干预行动	已采取的行动措施： 1)安排现场确认 4AGM001VN 的开度； 2)确认现场开度显示 100%与主控保持一致后，恢复 4AGM001VN 自动； 3)提工作申请 WR 跟踪处理
原因分析	4AGM001VN 阀门中间转接盒至阀门定位器处反馈接线松动，导致 4AGM001VN 阀门反馈与指令偏差过大，阀门切至手动
消缺行动	仪控处理反馈： 1)检修步骤： ①拆开 4AGM001VN 阀门定位器接线盒盖； ②检查 4AGM001VN 阀门定位器，接线无松动； ③回装 4AGM001VN 阀门定位器接线盒盖； ④拆开 4AGM001VN 阀门转接线盒盒盖； ⑤检查 4AGM001VN 阀门接线，发现 4AGM001VN 阀门中间转接盒至阀门定位器处反馈接线松动对其进行紧固； ⑥回装 4AGM001VN 阀门转接线盒盒盖； ⑦打开 DCS 机柜 4KCP552AR 柜门； ⑧检查 4KCP552AR 内 406BN 端子排上 B03 C03 接线，接线无松动； ⑨检查 4KCP552AR 内 407BN 端子排上 A07 B07 接线，接线无松动； ⑩关闭 DCS 机柜 4KCP552AR 柜门； ⑪确认 DCS 上 4AGM001VN 显示正常。 2)故障原因分析：4AGM001VN 阀门中间转接盒至阀门定位器处反馈接线松动，导致 4AGM001VN 阀门反馈与指令偏差过大，阀门切至手动

续 表

相关知识	4KCO200KA 常规岛重要调节器切手动报警(质量位触发)，模拟量输入信号均设置了高、低限值的质量位判断，阈值为量程的 5%
参考资料信息	维修二处仪控：完工报告《FQ4-MA03-RCWO-00914920/01 维修一级：4AGM001VN 阀门接线检查》； WR/WOT：00384865/00914920-01(计划工单)
编　　者	运行二处一值：谷铁　　时间：2019 年 02 月 11 日

6.1.16　主控出现 3KCO200KA 常规岛重要调节器切手动报警，3AGM001VN 切至手动并显示-3%开度

异常缺陷名称	主控出现 3KCO200KA 常规岛重要调节器切手动报警，3AGM001VN 切手动显示开度-3%
发生时间	2019 年 06 月 21 日早班
机组状态	RP 模式，满功率
异常缺陷现象	13:14，主控出现 3KCO200KA 常规岛重要调节器切手动报警，3AGM001VN 切手动并显示-3%开度(对应的主给水泵 3APA102PO 当前处于运行状态)，现场实际开度为全开。13: 50 分 3AGM001VN 自动恢复到需求开度 58%
风险或潜在后果	导致运行的主给水泵工作油温丧失自动和 KIC 手动控制调节功能，存在工作油温失去调节引起主给水泵损坏的风险
干预行动	1)已采取的行动措施： ①主控执行报警卡进行检查，KIC 画面检查发现 3AGM001VN 切至手动并显示-3%开度，立即通过手动尝试开大 3AGM001VN，发现无法手动开大。主控 KIC 中实际需求开度为 58%，主控在 3AGM001VN 手动控制中输入开度 58%。 ②立即安排现场检查 3AGM001VN 实际情况及故障情况，现场核实实际开度为全开(与阀门故障全开逻辑一致)，就地阀门开度显示器上失电，无显示。 ③主控监视 1 号主给水泵工作油温度 3AGM118MT 显示 73.9 ℃，主控监视温度变化趋势，安排人就地做好手动干预的准备。 ④主控和现场巡视 1 号主给水泵各项运行参数未见异常。 ⑤立即 oncall 仪控检查处理。 ⑥在 13:50 3AGM001VN 自动恢复到需求开度 58%，确认实际开度和需求开度一致，并经仪控评估可用后，恢复阀门自动控制。

续 表

干预行动	2)建议后续行动： ①请仪控分析故障根本原因，并采取措施消除缺陷； ②运行保持关注 3AGM001VN 自动控制运行情况	
原因分析	3AGM001VN 阀门转接盒内指令线线鼻子损坏	
消缺行动	仪控处理反馈： 1)检修步骤： ①经检查 3AGM001VN 阀门反馈装置无松动； ②经检查 3AGM001VN 阀门气源管路及接头部分无漏气； ③检查过滤减压阀压力值为 2.6 bar； ④经检查阀门气动部件、电缆套管及定位器的外观无损坏； ⑤打开 3AGM001VN 阀门定位器盒盖，接线检查无松动，接线盒内指令线线鼻损坏； ⑥更换 3AGM001VN 阀门定位器及转接盒内接线线鼻； ⑦将定位器切换至手动模式，就地操作 3AGM001VN 阀门全开、全关，确认阀门无卡涩； ⑧拆下定位器内指令信号电缆做好绝缘保护，并做好拆线记录； ⑨连接信号发生器，对 3AGM001VN 阀门进行特性检查，并将数据记录在《检验记录单(气动调节阀)》中，特性检查合格； ⑩经检查，3AGM001VN 阀门失气保位，失电全开； ⑪拆除信号发生器，回装 3AGM001VN 阀门定位器指令信号线，并做好接线记录； ⑫3KCP552AR 机柜 307BN FBM208 卡件 7 通道 A07/B07 接线无松动； ⑬运行操作 3AGM001VN 验证阀门动作正常； ⑭工作结束，清理现场。 2)故障原因分析：3AGM001VN 阀门转接盒内指令线线鼻子损坏	
相关知识	3KCO200KA 常规岛重要调节器切手动报警(质量位触发)，模拟量输入信号均设置了高、低限值的质量位判断，阈值为量程的 5%	
参考资料信息	运行二处：3 号机组异常反馈——主控出现 3KCO200KA 常规岛重要调节器切手动报警，3AGM001VN 切手动并显示关闭； 维修二处仪控：EAM 中工单 01264514-01 的完工报告； WR/WOT：00572657/01264514-01(紧急工单)	
编　　者	运行二处一值：谷铁	时间：2019 年 02 月 11 日

6.2 安全级控制和监视系统(KCS)

6.2.1 4号主控触发4KCO024、064KA报警(保护ⅡP通道和B列机柜故障报警)

异常缺陷名称	4号主控触发4KCO024、064KA报警(保护ⅡP通道和B列机柜故障报警)
发生时间	2018年03月28日中班
机组状态	RP模式，满功率
异常缺陷现象	21:09，主控出现4KCO024KA/064KA报警(保护ⅡP通道和B列机柜故障报警)
风险或潜在后果	报警触发后，可能导致其他的KCS机柜故障触发时被掩盖，无法及时被发现
干预行动	已采取的行动措施： 1)查看和执行报警卡，检查发现4KCS116AR上存在报警； 2)oncall仪控检查处理
原因分析	1)触发报警的原因为4KCS116AR机柜内来自保护ⅡP通道的远程机架上一块DO卡件自诊断故障； 2)使用诊断软件采集到的该DO卡件自诊断信息显示“TXEN loopback Test failed”，初步判断为卡件信号回路自测试偶发失败
消缺行动	仪控处理反馈： 1)处理进展：4KCO024、064KA报警已自动消失。 2)检修步骤： ①触发报警的原因为4KCS116AR机柜内来自保护ⅡP通道的远程机架上一块DO卡件自诊断故障； ②使用诊断软件采集到的该DO卡件自诊断信息显示“TXEN loopback Test failed”，初步判断为卡件信号回路自测试偶发失败。 3)处理措施：报警自动消失，未进行处理。 4)后续行动： ①对该DO卡件持续观察； ②此次采集到的DO卡件自诊断故障信息为首次出现，故障信息具体含义需咨询厂家确认，后续将诊断信息发函厂家。 5)影响评估：DO卡件自诊断报警不影响卡件的正常工作，卡件上信号无异常

续 表

相关知识	KCS 机柜的自诊断报警：处理器卡件、通讯卡件、AI 卡件件、AO 卡件、DI 卡件、DO 卡件等的自诊断报警： 1)其中最常见的自诊断报警有 AO 信号控制电流变化(ASG 调节阀动作期间产生 KCO054KA、GCT 系统的调节阀动作时产生 KCO034KA，KCO044KA)，持续 2 h 后消失； 2)通讯卡、DO 卡自诊断报警，根据卡件所在的位置不同可以产生各个报警，持续 2 h 后消失； 3)处理器 MP 卡件故障报警，其他类型的故障报警，报警持续 2 h 后不消失
参考资料信息	维修二处仪控：oncall 反馈——4 号主控触发 4KCO024、064KA 报警(保护ⅡP 通道和 B 列机柜故障报警)检查与处理； WR/WOT：00367594/00881521-01(紧急工单)
编　　者	运行二处一值：谷铁　　时间：2019 年 02 月 11 日

6.2.2 KIC 中触发 4KCO054KA(安全 A 列机柜故障报警)

异常缺陷名称	KIC 中触发 4KCO054KA(安全 A 列机柜故障报警)
发生时间	2018 年 05 月 16 日夜班
机组状态	RP 模式，满功率
异常缺陷现象	主控 06:01，出现 4KCO054KA 报警，安全列 A 列机柜故障，现场查看 4KCS115AR 故障灯亮，2 h 后报警未消除
风险或潜在后果	4KCS115AR 机柜存在故障，可靠性降低。故障恶化将可能失去保护通道的部分监测和控制功能
干预行动	已采取的行动措施： 1)查看和执行报警卡，现场查看 4KCS115AR 故障灯亮； 2)oncall 仪控检查处理
原因分析	诊断软件分析结果显示，该报警是由于卡件自检过程中偶发性地检测到故障信号所致，该报警具有记忆功能，无法自动复位。主处理器卡件为三重冗余设计，其包括 MPA/MPB/MPC 三块处理器卡件，其中一块报警，不影响系统正常功能运行
消缺行动	仪控处理反馈： 1)故障现象：主控触发 4KCO054KA 报警(安全 A 列机柜故障报警)，就地检查发现 4KCS115AR 机柜报警灯亮，柜内主处理器卡件 MPC 的 MAINT1 指示灯常亮；

续 表

消缺行动	2)影响评估：主处理器卡件为三重冗余设计，其包括 MPA/MPB/MPC 三块处理器卡件，其中一块报警，不影响系统正常功能运行； 3)处理进展：开紧急票对 4KCS115AR 机柜内主处理器卡件 MPC 进行热插拔复位，报警已消除； 4)检修步骤：对主处理器卡件 MPC 进行热插拔复位，报警已消除； 5)故障原因分析：诊断软件分析结果显示，该报警是由于卡件自检过程中偶发性地检测到故障信号所致，该报警具有记忆功能，无法自动复位
相关知识	KCS 机柜内的主处理器卡件为三重冗余设计，其包括 MPA/MPB/MPC 三块处理器卡件，其中一块报警，不影响系统正常功能运行
参考资料信息	维修二处仪控：oncall 反馈——4 号主控室触发 4KCO054KA(安全A 列机柜故障报警)报警处理进展反馈； 维修二处仪控：完工报告《FQ4-MA03-RCWO-00924549/01 4KCS115AR 故障灯亮，主控存在 4KCO054KA 报警，需处理》； WR/WOT：00388364/00924549-01(紧急工单)
编　　者	运行二处一值：谷铁　｜　时间：2019 年 02 月 11 日

6.2.3 3 号主控出现 3KCO054KA(安全列 A 列机柜故障)报警

异常缺陷名称	3 号主控出现 3KCO054KA(安全列 A 列机柜故障)报警
发生时间	2018 年 07 月 01 日中班
机组状态	RP 模式，满功率
异常缺陷现象	17:06，KIC 出现 3KCO054KA(安全列 A 列机柜故障)。当班值立即安排现场就地查看 KCS 机柜，现场发现 3KCS115AR 上报警灯亮，见图 1。主控执行报警卡规程，查看 RPR 画面和质量位画面，未发现异常。经咨询仪控人员，仪控人员给出建议，观察 2 h，看是否是因为自检而产生的报警，若为自检产生的，2 h 会消失。2018 年 07 月 01 日 19:06 分，3KCO054KA 未消失，再次联系仪控人员进厂处理。

续 表

异常缺陷现象	 图 1 3KCS115AR 上报警灯亮 仪控人员到场后，经查看 3KCS115AR 内部 MP 模块 ABC 三冗余卡件中 A 卡件显示 MANT1 故障灯亮，见图 2  图 2 3KCS115AR 内部 MP 模块 A 卡件显示 MANT1 故障灯亮
风险或潜在后果	主处理器卡件为三重冗余设计，其包括 MPA/MPB/MPC 三块处理器卡件，其中一块报警，不影响系统正常功能运行。故障恶化将可能失去保护通道的部分监测和控制功能
干预行动	已采取的行动措施： 1)查看和执行报警卡，现场发现 3KCS115AR 上报警灯亮； 2)oncall 仪控检查处理
原因分析	诊断软件分析结果显示为 ETSX 158：Invalid MP thermostat Running configuration，该报警具有记忆功能，无法自动复位
消缺行动	仪控处理反馈： 1)故障现象：主控触发 3KC0054KA 报警(安全 A 列机柜故障报警)，就地检查发现 3KCS115AR 机柜报警灯亮，柜内主处理器卡件 MPA 的 MAINT1 指示灯常亮；

续　表

消缺行动	2)影响评估：主处理器卡件为三重冗余设计，其包括 MPA/MPB/MPC 三块处理器卡件，其中一块报警，不影响系统正常功能运行； 3)处理进展：3KCO054KA 报警已消除； 4)检修步骤：对主处理器卡件 MPA 进行热插拔复位，报警已消除； 5)故障原因分析：诊断软件分析结果显示为 ETSX 158：Invalid MP thermostat Running configuration，该报警具有记忆功能，无法自动复位
相关知识	KCS 机柜内的主处理器卡件为三重冗余设计，其包括 MPA/MPB/MPC 三块处理器卡件，其中一块报警，不影响系统正常功能运行
参考资料信息	维修二处仪控：oncall 反馈——3 号主控出现 3KCO054KA 报警处理反馈； 维修二处仪控：完工报告《FQ3-MA03-RCWO-00959838/01 17:06 主控触发 3KCO054KA 报警，现场查看为 3KCS115AR 报警灯亮，主控联系仪控人员进行处理》； WR/WOT：00408436/00959838-01(紧急工单)
编　　者	运行二处一值：谷铁　　　时间：2019 年 02 月 11 日

6.2.4　3KCO044KA(保护通道Ⅳ机柜故障)报警

异常缺陷名称	3KCO044KA(保护通道Ⅳ机柜故障)报警
发生时间	2016 年 12 月 12 日
机组状态	RP 模式，满功率
异常缺陷现象	主控触发 3KCO044KA　保护通道Ⅳ机柜故障，现场核实为 3KCS044/045AR 上报警灯亮起，2 h 后，报警自动复位消失
风险或潜在后果	故障恶化将可能失去保护通道的部分监测和控制功能
干预行动	已采取的行动措施： 1)查看和执行报警卡，现场核实为 3KCS044/045AR 上报警灯亮起； 2)oncall 仪控检查处理
原因分析	经检查，为机柜内 RXM 卡件自诊断报警(RXM 60：Inter-CPU communication error)触发

续　表

消缺行动	仪控处理反馈： 1）故障现象：7:30 报警出现，9:30 报警自动复位消除； 2）影响评估：RXM 通讯卡件为三重冗余配置，一块卡件出现故障不影响整个系统的运行。若卡件报警对系统运行产生了影响，会在 KCO 报警出现的同时，出现 RPR 等系统的报警； 3）检修步骤：未进行处理。该报警 2 h 后自动消失； 4）故障原因分析：经检查，为机柜内 RXM 卡件自诊断报警（RXM 60：Inter-CPU communication error）触发
相关知识	KCS 机柜的自诊断报警：处理器卡件、通讯卡件、AI 卡件件、AO 卡件、DI 卡件、DO 卡件等的自诊断报警： 1）其中最常见的自诊断报警有 AO 信号控制电流变化（ASG 调节阀动作期间产生 KCO054KA、GCT 系统的调节阀动作时产生 KCO034KA，KCO044KA），持续 2 h 后消失； 2）通讯卡、DO 卡自诊断报警，根据卡件所在的位置不同可以产生各个报警，持续 2 h 后消失； 3）处理器 MP 卡件故障报警，其他类型的故障报警，报警持续 2 h 后不消失
参考资料信息	维修二处仪控：oncall 反馈——3KCO044KA 报警的反馈
编　　者	运行二处一值：谷铁　　　时间：2019 年 02 月 11 日

6.2.5　4 号主控触发 4KCO044KA（保护通道Ⅳ机柜故障）保护Ⅳ通道机柜故障报警

异常缺陷名称	4 号主控触发 4KCO044KA（保护通道Ⅳ机柜故障）保护Ⅳ通道机柜故障报警
发生时间	2018 年 05 月 08 日夜班
机组状态	RP 模式，满功率
异常缺陷现象	07:44，4 号主控出现 4KCO044KA 保护通道Ⅳ机柜故障报警，就地查看 4KCS044AR 和 4KCS045AR 故障报警灯亮
风险或潜在后果	故障恶化将可能失去保护通道的部分监测和控制功能
干预行动	已采取的行动措施： 1）执行报警卡规程； 2）查看 RPR 画面和质量位画面，未发现异常； 3）就地检查 KCS 和 KCP 机柜，发现 4KCS044AR 和 4KCS045AR 故障报警灯亮； 4）梳理当前 4RPR 系统无相关工作

续 表

原因分析	经检查确认4KCO044KA报警原因为4KCS044AR内通讯卡件(RXM卡：4KCS044AR-001UC-RXMC)触发自诊断报警，经分析该报警为卡件内偶发瞬时性通讯异常(通讯超时、数据包丢失等)导致，报警持续2 h自动消失
消缺行动	仪控处理反馈： 1)影响评估：Tricon RXM卡件为三块卡件同时工作的冗余配置，该偶发故障不影响系统运行； 2)处理进展：4KCO044KA已自动消失，4号机组KCS系统运行状态正常； 3)检修步骤：检查、确认通讯卡件工作正常，2 h后报警已消除。保持持续观察； 4)故障原因分析：经检查确认4KCO044KA报警原因为4KCS044AR内通讯卡件(RXM卡：4KCS044AR-001UC-RXMC)触发自诊断报警，经分析该报警为卡件内偶发瞬时性通讯异常(通讯超时、数据包丢失等)导致，报警持续2 h自动消失
相关知识	1)Tricon RXM卡件为三块卡件同时工作的冗余配置，该偶发故障不影响系统运行； 2)KCS机柜的自诊断报警：处理器卡件、通讯卡件、AI卡件件、AO卡件、DI卡件、DO卡件等的自诊断报警： ①其中最常见的自诊断报警有AO信号控制电流变化(ASG调节阀动作期间产生KCO054KA、GCT系统的调节阀动作时产生KCO034KA，KCO044KA)，持续2 h后消失。 ②通讯卡、DO卡自诊断报警，根据卡件所在的位置不同可以产生各个报警，持续2 h后消失。 ③处理器MP卡件故障报警，其他类型的故障报警，报警持续2 h后不消失
参考资料信息	维修二处仪控：oncall反馈——4号主控触发4KCO044KA保护Ⅳ通道机柜故障报警
编　　者	运行二处一值：谷铁　　　时间：2019年02月11日

6.2.6　4号主控触发4KCO024KA、4KCO044KA和4KCO014KA报警

异常缺陷名称	4号主控触发4KCO024KA(保护通道Ⅱ机柜故障)、4KCO044KA(保护通道Ⅳ机柜故障)和4KCO014KA(保护通道Ⅰ机柜故障)
发生时间	2018年04月27日夜班
机组状态	RP模式，满功率

续 表

异常缺陷现象	7:32，4 号主控同时出现 4KCO024KA 保护通道Ⅱ机柜故障和 4KCO044KA 保护通道Ⅳ机柜故障报警，就地查看 4KCS022AR 和 4KCS041AR 故障报警灯亮。 随后 8:29 KIC 出现 4KCO014KA 保护通道Ⅰ机柜故障，当班值执行报警卡，现场检查 4KCS014AR 和 4KCS015AR 故障报警灯亮，就地房间温度正常，无柜门开启情况
风险或潜在后果	可能失去保护通道的部分监测和控制功能
干预行动	已采取的行动措施： 1)查看和执行报警卡，就地查看 4KCS022AR 和 4KCS041AR 故障报警灯亮，KCS014AR 和 4KCS015AR 故障报警灯亮； 2)oncall 仪控检查处理
原因分析	1)KCO014KA 报警由 4KCS014AR 机柜内 001UC-7L DI 卡自诊断故障引起，2 h 后已自动消失；自诊断信息为 dual-port memory error，初步判断为内存读写偶发错误； 2)KCO024/044KA 报警由 4KCS022AR 机柜内 002UC-3L DI 卡自诊断报警引起，2 h 自动消失，该 DI 卡自诊断信息也为 dual-port memory error
消缺行动	仪控处理反馈： 1)处理进展：4KCO024KA、4KCO044KA 和 4KCO014KA 2 h 自动消除。 2)检修步骤：已对两块 DI 卡件进行更换。 ①发函厂家对故障具体原因进行分析确认； ②将问题卡件返厂处理； ③针对本次卡件更换过程的经验反馈，升版相应规程。 3)故障原因分析： ①KCO014KA 报警由 4KCS014AR 机柜内 001UC-7L DI 卡自诊断故障引起，2 h 后已自动消失；自诊断信息为 dual-port memory error，初步判断为内存读写偶发错误； ②KCO024/044KA 报警由 4KCS022AR 机柜内 002UC-3L DI 卡自诊断报警引起，2 h 自动消失，该 DI 卡自诊断信息也为 dual-port memory error
相关知识	1)KCS 机柜内卡件的功能指示 PASS：模件正常指示 FAULT：模件故障指示 ACTIVE：模件诊断指示

续 表

<table>
<tr><td>相关知识</td><td colspan="2">就地查看 KCS 机柜内报警卡件 FAULT 灯亮，代表相应卡件故障，所在的柜门上报警灯也会亮，并在主控触发报警。
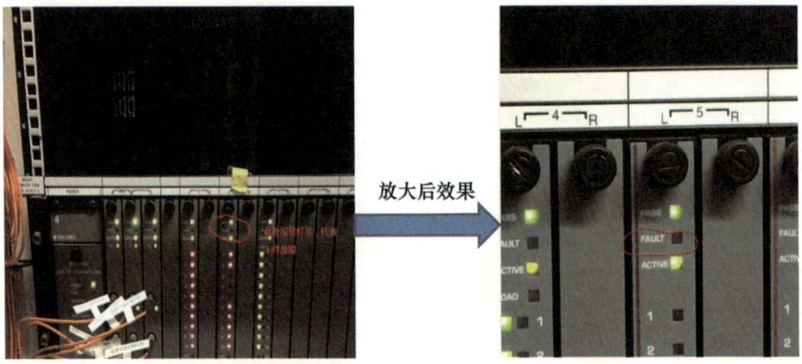

图 1 功能指示灯
2) KCS 机柜的自诊断报警：处理器卡件、通讯卡件、AI 卡件件、AO 卡件、DI 卡件、DO 卡件等的自诊断报警：
①其中最常见的自诊断报警有 AO 信号控制电流变化(ASG 调节阀动作期间产生 KCO054KA、GCT 系统的调节阀动作时产生 KCO034KA，KCO044KA)，持续 2 h 后消失。
②通讯卡、DO 卡自诊断报警，根据卡件所在的位置不同可以产生各个报警，持续 2 h 后消失。
③处理器 MP 卡件故障报警，其他类型的故障报警，报警持续 2 h后不消失</td></tr>
<tr><td>参考资料信息</td><td colspan="2">维修二处仪控：oncall 反馈——4 号机组异常反馈——主控触发 KCS 保护通道Ⅱ机柜、Ⅳ机柜故障报警；
维修二处仪控：完工报告《FQ4-MA03-RCWO-00908492/01 主控同时触发 4KCO024/044KA 报警，就地检查发现 4KCS022/041AR 报警灯亮，需检查处理》《FQ4-MA03-RCWO-00908494/01 8: 29 时，主控触发 4KCO014KA 报警，就地检查发现 4KCS014/015AR 报警灯亮，需检查处理》。
WR/WOT：00908492-01、00908494-01(紧急工单)</td></tr>
<tr><td>编　　者</td><td>运行二处一值：谷铁</td><td>时间：2019 年 02 月 11 日</td></tr>
</table>

6.2.7 3 号主控室触发 3KCO054KA(安全 A 列机柜故障报警)报警

异常缺陷名称	3 号主控室触发 3KCO054KA(安全 A 列机柜故障报警)报警
发生时间	2017 年 10 月 03 日夜班
机组状态	RP 模式，电功率 836 MWe

续 表

异常缺陷现象	2:17，主控出现 3KCO054KA 报警，现场检查 3KCS115AR 故障灯亮，2 h 后报警未自动消除
风险或潜在后果	故障恶化将可能失去保护通道的部分监测和控制功能
干预行动	已采取的行动措施： 1) 查看和执行报警卡，现场检查 3KCS115AR 故障灯亮； 2) oncall 仪控检查处理
原因分析	诊断软件分析结果显示，该报警是由于卡件自检过程中偶发性地检测到故障信号所致，该报警具有记忆功能，无法自动复位
消缺行动	仪控处理反馈： 1) 故障现象：主控触发 3KCO054KA 报警(安全 A 列机柜故障报警)，就地检查发现 3KCS115AR 机柜报警灯亮，柜内主处理器卡件 MPA 的 MAINT1 指示灯常亮； 2) 影响评估：主处理器卡件为三重冗余设计，其包括 MPA/MPB/MPC 三块处理器卡件，其中一块报警，不影响系统正常功能运行； 3) 处理进展：通过紧急票对 3KCS115AR 机柜内主处理器卡件 MPA 进行热插拔复位，报警已消除； 4) 检修步骤：对主处理器卡件 MPA 进行热插拔复位，报警已消除； 5) 故障原因分析：诊断软件分析结果显示，该报警是由于卡件自检过程中偶发性地检测到故障信号所致，该报警具有记忆功能，无法自动复位
相关知识	KCS 机柜的自诊断报警：处理器卡件、通讯卡件、AI 卡件件、AO 卡件、DI 卡件、DO 卡件等的自诊断报警： 1) 其中最常见的自诊断报警有 AO 信号控制电流变化(ASG 调节阀动作期间产生 KCO054KA、GCT 系统的调节阀动作时产生 KCO034KA，KCO044KA)，持续 2 h 后消失； 2) 通讯卡、DO 卡自诊断报警，根据卡件所在的位置不同可以产生各个报警，持续 2 h 后消失； 3) 处理器 MP 卡件故障报警，其他类型的故障报警，报警持续 2 h 后不消失
参考资料信息	维修二处仪控：oncall 反馈——3 号主控室触发 3KCO054KA(安全 A 列机柜故障报警)报警处理进展反馈、完工报告《FQ3-MA03-RC-WO-00722400/01 3KCS115AR 上报警灯亮，主控出现 3KCO054KA》； WR/WOT：00295960/00722400-01(紧急工单)
编　　者	运行二处一值：谷铁　　　时间：2019 年 02 月 11 日

6.2.8 3号主控出现3KCO014KA保护Ⅰ通道机柜故障

异常缺陷名称	3号主控出现3KCO014KA保护Ⅰ通道机柜故障
发生时间	2018年05月12日夜班
机组状态	RP模式，满功率
异常缺陷现象	07:05，3号主控出现3KCO014KA保护通道Ⅰ机柜故障报警，就地查看3KCS011AR和3KCS012AR故障报警灯亮； 09:05，3KCO014KA报警自动消除； 09:06，3号主控再次出现3KCO014KA保护通道Ⅰ机柜故障报警，就地查看3KCS011AR和3KCS012AR故障报警灯亮
风险或潜在后果	机柜故障可能导致RPR保护动作，存在停机停堆风险
干预行动	已采取的行动措施： 1)查看和执行报警卡； 2)查看RPR画面和质量位画面，未发现异常； 3)就地检查KCS和KCP机柜，发现3KCS011AR和3KCS012AR故障报警灯亮； 4)梳理当前3RPR系统无相关工作； 5)oncall仪控人员检查处理
原因分析	1)触发报警的原因为3KCS012AR机柜内一块AO卡件自诊断故障； 2)使用诊断软件采集到的该AO卡件自诊断信息显示“External error mismatch”，初步分析为卡件外部回路异常
消缺行动	仪控处理反馈： 1)处理进展：3KCO014KA报警2 h自动消失，3号机组KCS系统运行状态正常。 2)检修步骤：该卡件同型号报警之前曾出现过三次，根据厂家建议对AO卡件进行更换。 对该AO卡件保持持续观察，若后续该AO卡件还出现同型号报警，则对相关信号回路的接线进行检查。 3)故障原因分析： ①触发报警的原因为3KCS012AR机柜内一块AO卡件自诊断故障； ②使用诊断软件采集到的该AO卡件自诊断信息显示“External error mismatch”，初步分析为卡件外部回路异常
相关知识	KCS机柜的自诊断报警：处理器卡件、通讯卡件、AI卡件件、AO卡件、DI卡件、DO卡件等的自诊断报警:

续　表

相关知识	1)其中最常见的自诊断报警有AO信号控制电流变化(ASG调节阀动作期间产生KCO054KA、GCT系统的调节阀动作时产生KCO034KA，KCO044KA)，持续2 h后消失； 2)通讯卡、DO卡自诊断报警，根据卡件所在的位置不同可以产生各个报警，持续2 h后消失； 3)处理器MP卡件故障报警，其他类型的故障报警，报警持续2 h后不消失
参考资料信息	维修二处仪控：oncall反馈——3号主控出现3KCO014KA保护Ⅰ通道机柜故障报警、完工报告《FQ3-MA03-RCWO-00921676/01主控触发3KCO014KA报警，3KCS012AR故障灯亮》； WR/WOT：00386832/00921676-01(紧急工单)
编　　者	运行二处一值：谷铁　｜　时间：2019年02月11日

6.2.9　主控触发3KCO024KA保护Ⅱ通道故障报警

异常缺陷名称	主控触发3KCO024KA保护Ⅱ通道故障报警
发生时间	2016年11月30中班
机组状态	RP模式，满功率
异常缺陷现象	主控出现3KCO024KA保护通道Ⅱ机柜故障报警
风险或潜在后果	故障恶化将可能失去保护通道的部分监测和控制功能
干预行动	已采取的行动措施： 1)查看和执行报警卡，就地检查3KCS022AR机柜上存在故障报警； 2)oncall仪控检查处理
原因分析	经现场检查确认为保护ⅡP　3KCS022AR机柜内CH21子组主远程扩展机架中一块RXM远程通讯卡件自诊断故障引起的机柜报警
消缺行动	仪控处理反馈： 1)影响评估：RXM通讯卡件为三重冗余配置，一块卡件出现故障不影响整个系统的运行； 2)处理进展：报警已自动消除； 3)检修步骤：未进行处理。该报警2 h后自动消失； 4)故障原因分析：经现场检查确认为保护ⅡP 3KCS022AR机柜内CH21子组主远程扩展机架中一块RXM远程通讯卡件自诊断故障引起的机柜报警

续 表

相关知识	KCS 机柜的自诊断报警：处理器卡件、通讯卡件、AI 卡件件、AO 卡件、DI 卡件、DO 卡件等的自诊断报警： 1)其中最常见的自诊断报警有 AO 信号控制电流变化(ASG 调节阀动作期间产生 KCO054KA、GCT 系统的调节阀动作时产生 KCO034KA，KCO044KA)，持续 2 h 后消失； 2)通讯卡、DO 卡自诊断报警，根据卡件所在的位置不同可以产生各个报警，持续 2 h 后消失； 3)处理器 MP 卡件故障报警，其他类型的故障报警，报警持续 2 h 后不消失
参考资料信息	维修二处仪控：oncall 反馈——主控触发 3KCO024KA 保护二通道综合故障报警的处理情况
编　　者	运行二处一值：谷铁　　　时间：2019 年 02 月 11 日

6.2.10 1 号主控同时触发 1KCO024/034/044/064KA 报警

异常缺陷名称	1 号主控同时触发 1KCO024/034/044/064KA 报警
发生时间	2019 年 04 月 25 日中班
机组状态	RP 模式，满功率
异常缺陷现象	16: 21，主控触发 1KCO024/034/044/064KA 报警，就地检查 1KCS024/025/034/044/116AR 机柜报警灯亮
风险或潜在后果	1KCO024/034/044/064KA 报警触发，机柜可靠性降低
干预行动	已采取的行动措施： 1)查看和执行报警卡，安排现场人员检查 1KCS 及 1KCP 机柜，发现 1KCS024/025/034/044/116AR 故障灯亮； 2)立即停止在 KIC 上进行任何操作，同时优先检查 1RGL、1RPN、1RPR 画面是否存在异常，随后检查所有系统画面及参数趋势，未发现异常； 3)参照《FQ9-KCO-I-001 1~2 号机组 DCS 机柜 48 V 失电故障规程》分析可能受到影响的系统及设备； 4)oncall 维修仪控人员检查、处理，经查原因为卡件 1KCS025AR-001UC-MPA 故障导致(该设备为三重冗余)，更换卡件后报警消除
原因分析	1KCS025AR. 001UC. MPA 报 MANT1 故障并退出运行(报警代码为 ETSX64：Online diagnostic failure；ETSX39：MP has reset)，下游 A 脚通讯模块 RXM 失去信道后均报 FAULT，因机架布置于不同机柜、不同通道中，导致多个 KCO 报警触发

续 表

消缺行动	仪控处理反馈： 1)检修步骤： ①验证隔离边界，确认设备位置，检查初始条件，并根据需要建立检修场所； ②EDM 检查确认 1KCS025AR.001UC.MPA 卡件报 MANT1 故障并退出运行(报警代码为 ETSX64：Online diagnostic failure；ETSX39：MP has reset)，需更换备件； ③执行规程《FQX-KCO-M-I529：TRICON 系统主处理器模件检修故障诊断与更换》更换 MPA 卡件，故障卡件序列号：A11A2TU1； ④检查确认 MP 卡件故障消除； ⑤工作结束，清理现场，检查确认标牌完整，向运行人员报告工作完成情况。 2)故障原因分析： 1KCS025AR.001UC.MPA 报 MANT1 故障并退出运行(报警代码为 ETSX64：Online diagnostic failure；ETSX39：MP has reset)，下游 A 脚通讯模块 RXM 失去信道后均报 FAULT，因机架布置于不同机柜、不同通道中，导致多个 KCO 报警触发
相关知识	主处理器卡件为三重冗余设计，其包括 MPA/MPB/MPC 三块处理器卡件，其中一块报警，不影响系统正常功能运行。若三块冗余的主处理器卡件，全部丧失功能，将导致该子系统的控制和显示功能丧失
参考资料信息	运行一处：1 号机组异常反馈——1 号主控同时触发 1KCO024/034/044/064KA 报警； 维修一处仪控：EAM 中工单 01208600-01 的完工报告； WR/WOT：00542621/01208600-01(紧急工单)
编　　者	运行二处一值：谷铁　　　　时间：2019 年 08 月 18 日

6.2.11 2 号主控触发 2KCO034KA 保护通道Ⅲ机柜故障

异常缺陷名称	主控触发 2KCO034KA 保护通道Ⅲ机柜故障
发生时间	2019 年 04 月 27 日中班
机组状态	RP 模式，满功率
异常缺陷现象	20:07，2 号机组触发 2KCO034KA CHANNEL 3 CABINET FAILURE 报警，现场查看 2KCS033AR 机柜故障报警灯亮
风险或潜在后果	可能失去保护通道 Ⅲ 的部分监测和控制功能，失去 I/O 模件输出

续　表

干预行动	已采取的行动措施： 1)检查 2KIC 系统画面及参数趋势，未发现异常； 2)安排现场人员检查 2KCS 及 2KCP 机柜，发现 2KCS033AR 故障灯亮； 3)参照《FQ9-KCO-I-001 1~2 号机组 DCS 机柜 48 V 失电故障规程》分析可能受到影响的系统及设备； 4)oncall 维修仪控人员检查、处理
原因分析	2KCS033AR 中 PS5 模块故障损坏，导致 2KCO034KA 报警触发
消缺行动	仪控处理反馈： 1)检修步骤： ①先决条件检查：确认另外一个冗余的 PS06 工作正常； ②验证隔离边界，确认设备位置，检查初始条件，并根据需要建立检修场所； ③执行规程《FQX-KCO-M-I052：安全级 DCS 机柜 48 V DC 电源模块更换》更换 PS05，故障模块序列号：Sno：0000078151； ④检查确认 2KCO034KA 报警消除； ⑤工作结束，清理现场，检查确认标牌完整，向运行人员报告工作完成情况。 2)故障原因分析：2KCS033AR 中 PS5 模块故障损坏，导致 2KCO034KA 报警触发
相关知识	2KCS033AR 机柜中 PS5 电源模块与 PS6 互为冗余工作模式，若冗余的两块 48 V DC 电源模块因失电或故障而同时失效，将导致其下游冗余供电的信号丧失
参考资料信息	运行一处：2 号机组异常反馈——主控触发 2KCO034KA； 维修一处仪控：EAM 中工单 01210988-01 的完工报告； WR/WOT：00543542/01210988-01(紧急工单)
编　　者	运行二处一值：谷铁　　　时间：2019 年 09 月 13 日

6.2.12　主控触发 2KCO064KA 报警(安全 B 列机柜故障)

异常缺陷名称	主控触发 2KCO064KA 报警(安全 B 列机柜故障)
发生时间	2018 年 08 月 14 日早班
机组状态	RP 模式，电功率 1072 MWe

续　表

异常缺陷现象	14:26，主控触发 2KCO064KA 报警(安全 B 列机柜故障)，现场检查为 2KCS128AR 机柜故障。经仪控现场检查分析为 2KCS128AR 内部两路电源中一路故障，需更换电源卡件	
风险或潜在后果	若故障恶化失电，将失去安全 B 列内的部分监测和控制功能，失去 I/O 模件输出。失去对部分安全级执行器的控制	
干预行动	已采取的行动措施： 1) 查看和执行报警卡，安排现场检查发现 2KCS128AR 机柜故障灯亮； 2) oncall 仪控检查处理	
原因分析	2KCS128AR PS2 电源故障	
消缺行动	仪控处理反馈： 1) 检修步骤： ①定位 2KCS128AR 缺陷故障点； ②更换 2KCS128AR PS2 电源。 2) 故障原因分析：2KCS128AR PS2 电源故障	
相关知识	2KCS128AR 机柜中 PS2 电源模块与 PS1 互为冗余工作模式，若冗余的两块电源模块因失电或故障而同时失效，将导致其下游冗余供电的信号丧失	
参考资料信息	运行一处：2 号机组异常反馈——主控触发 2KCO064KA 报警，现场 2KCS128AR 机柜故障； 维修二处仪控：EAM 中工单 00992181-01 的完工报告； WR/WOT：00428112/00992181-01(紧急工单)	
编　　者	运行二处一值：谷铁	时间：2019 年 03 月 16 日

6.2.13　主控出现 4KCO064KA　安全列 B 列机柜故障报警

异常缺陷名称	主控出现 4KCO064KA　安全列 B 列机柜故障报警
发生时间	2019 年 01 月 06 日早班
机组状态	RP 模式，满功率
异常缺陷现象	13:17:15，主控出现 4KCO064KA　安全列 B 列机柜故障报警，现场检查 4KCS116AR 机柜报警灯亮。2 h 后报警自动消除
风险或潜在后果	若卡件完全损坏，将影响安注手动闭锁以及 MCR/RSS 切换操作(B 列)

续 表

干预行动	已采取的行动措施： 1)查看和执行报警卡； 2)主控检查 4KCO001HXT 未见 KS 灯亮情况； 3)安排现场检查安全列 B 列机柜 4KCS102/104/106/108/110/112/114/116/118/120/122/124/126/128/130AR，发现 4KCS116AR 上故障灯亮，未见柜门未关严情况，未见柜门风扇运行异常问题； 4)立即 oncall 维修仪控沟通报警现象和就地检查情况，仪控通过柜内卡件状态 fault 指示灯检查反馈 DI 卡件故障	
原因分析	4KCS116AR 柜内 DI 卡件故障	
消缺行动	仪控处理反馈： 处理进展：自诊断报警，2 h 后，报警自动消除	
相关知识	KCS 机柜的自诊断报警：处理器卡件、通讯卡件、AI 卡件件、AO 卡件、DI 卡件、DO 卡件等的自诊断报警： 1)其中最常见的自诊断报警有 AO 信号控制电流变化(ASG 调节阀动作期间产生 KCO054KA、GCT 系统的调节阀动作时产生 KCO034KA，KCO044KA)，持续 2 h 后消失； 2)通讯卡、DO 卡自诊断报警，根据卡件所在的位置不同可以产生各个报警，持续 2 h 后消失； 3)处理器 MP 卡件故障报警，其他类型的故障报警，报警持续 2 h 后不消失	
参考资料信息	运行二处：4 号机组异常反馈——4KCO064KA 安全列 B 列机柜故障	
编　　者	运行二处一值：谷铁	时间：2019 年 03 月 16 日

6.2.14 主控出现 4KCO054KA 安全列 A 列机柜故障报警，巡盘时发现 4ETY001ZV KIC 中显示为黄色，无启动允许

异常缺陷名称	主控出现 4KCO054KA 安全列 A 列机柜故障报警，巡盘时发现 4ETY001ZV KIC 中显示为黄色，无启动允许
发生时间	2017 年 10 月 27 日中班
机组状态	RP 模式，满功率
异常缺陷现象	15:59，主控出现 4KCO054KA　安全列 A 列机柜故障报警，联系仪控检查反馈机柜失电继电器发出的报警，实际没有失电，怀疑接线存在松动而产生的报警。主控巡盘时发现 4ETY001ZV 无启动允许，KIC 中显示为黄色，与正常停运状态的 002ZV 显示不一致，点击 4ETY001ZV 对话框，无启动允许信号

续 表

风险或潜在后果	4ETY001ZV 无启动信号，将导致风机无法在主控启动，将降低安全设备的可用性。经咨询维修专业以及向安工确认，风机无法在主控启动，但可以在配电盘上通过试验盒启动，其安全功能可以保证，故不需记录 ETY1 的第一组 I0	
干预行动	已采取的行动措施： 1)查看 4ETY001ZV 逻辑图，分析异常原因； 2)联系仪控人员分析异常原因	
原因分析	1)oncall 仪控人员检查，发现 4ETY001ZV 被闭锁启动的原因为当前存在的 4KCO054KA 报警导致； 2)当主控室动作 ASG 调节阀时，主控会产生 4KCO054KA 报警，但报警会在产生 2 h 后消失。此次 4KCO054KA 报警出现，主控并无任何操作，针对该报警，已于发现 4ETY001ZV 异常之前 oncall 仪控人员检查； 3)经仪控检查，4KCO054KA 报警产生的原因：现场检查 4KCS119AR 机柜 TB3 端子排上的 1P(-)点位触片与线鼻子接触不良，检查紧固性正常，但摇动线缆会偶发机柜报警。4KCS119AR 检测 48 V 直流供电的报警回路存在异常，导致机柜 48 V 电压失去的报警触发，实际上机柜双路 48 V 供电正常； 4)由于 4KCS119AR 发出失电报警，进而闭锁 4ETY001ZV 的启动。KCS119AR 失电报警闭锁 ETY001ZV 启动，另外，KCP415AR 丧失 48 V 电源报警，也会闭锁风机的启动	
消缺行动	仪控处理反馈： 1)检修步骤：对 4KCS119AR 机柜 TB3 端子排上的 1P(-)点位接线重新调整、紧固，摇动线缆试验未再次出现报警； 2)故障原因分析：4KCS119AR 中监测 48 V 直流供电的报警回路存在异常，导致机柜 48 V 电压失去的报警触发，而实际机柜双路 48 V 供电均正常；现场检查 4KCS119AR 机柜 TB3 端子排上的 1P(-)点位触片与线鼻子接触不良，检查紧固性正常，但摇动线缆会偶发机柜报警	
相关知识	KCS119AR 和 KCP415AR 失电报警闭锁 ETY001ZV 启动	
参考资料信息	运行二处：4 号机异常反馈——4KCO064KA 安全列 B 列机柜故障； 维修二处仪控：完工报告《FQ4-MA03-RCWO-00737552/01 主控出现 4KCO054KA“安全列 A 列机柜故障”，需处理》； WR/WOT：00304559/00737552-01(紧急工单)	
编 者	运行二处一值：谷铁	时间：2019 年 03 月 16 日

6.2.15 主控出现 3KCO054KA 和 3KCO034KA 报警

异常缺陷名称	主控出现 3KCO054KA 和 3KCO034KA 报警
发生时间	2017 年 01 月 12 日夜班
机组状态	RP 模式，满功率
异常缺陷现象	04:46:33，主控出现 3KCO034KA 和 3KCO054KA 报警，现场查看发现 3KCS103AR 故障灯亮，2 h 后，报警未自动消除
风险或潜在后果	1)可能失去保护通道Ⅲ的部分监测和控制功能，失去 I/O 模件输出； 2)可能失去安全 A 列内的部分监测和控制功能，失去 I/O 模件输出。失去对部分安全级执行器的控制
干预行动	已采取的行动措施： 1)安排现场检查发现 3KCS103AR 故障灯亮； 2)oncall 仪控检查处理
原因分析	DCS 厂家为机柜内部布线整齐美观，将光纤跳线绑扎的较紧，导致 RXM 通讯卡件的光纤接头被光纤跳线拉歪松动，需更换 RXM 通讯卡件彻底解决
消缺行动	仪控处理反馈： 1)故障现象：卡件出现自诊断报警，主控出现 3KCO054KA 和 3KCO034KA 的综合报警。 2)处理进展：根本原因已经找到(通讯卡件光纤接头松动)，临时整理光纤消报，小修期间更换了 RXM 通讯卡件彻底处理。 3)检修步骤：整理光纤跳线，让光纤接头处不受外力拉拽，故障临时消除。 4)运行影响：卡件通讯 3 重冗余，现在只有一路(B 路)报故障，不影响信号正常传送，系统正常运行。若影响了系统正常运行，最直观的观察方式是停堆断路器 3RPA200JA、201JA 会自动打开。 5)处理措施： ①2017 年 01 月 12 日，3KCO054KA 和 3KCO034KA 报警出现，原因为 3KCS103AR-002UC-4L、5L(两个 DI 卡件)通讯故障，通过更换卡件，故障消除； ②2017 年 01 月 13 日，3KCO054KA 和 3KCO034KA 报警再次出现，仪控人员进行了检查，发现 3KCS103AR-002UC-RXM-B(三个冗余通讯卡件之一)及其下游 IO 卡件通讯故障，并一直处于报警出现并复位的状态转换中。

续 表

消缺行动	③2017 年 01 月 14 日，仪控维修人员完成方案编写并进行排查处理。在排查光纤通路时，发现 3KCS103AR-002UC-RXM-B 的 TX1(光信号发送)接头被光纤跳线拉歪松动，触碰后会出现故障报警，其他相邻通讯卡件未出现此现象。 6)故障原因分析：机柜内部光纤跳线绑扎的较紧，导致 RXM 通讯卡件的光纤接头被光纤跳线拉歪松动
相关知识	1)KCS 机柜的自诊断报警：处理器卡件、通讯卡件、AI 卡件件、AO 卡件、DI 卡件、DO 卡件等的自诊断报警： ①其中最常见的自诊断报警有 AO 信号控制电流变化(ASG 调节阀动作期间产生 KCO054KA、GCT 系统的调节阀动作时产生 KCO034KA，KCO044KA)，持续 2 h 后消失； ②通讯卡、DO 卡自诊断报警，根据卡件所在的位置不同可以产生各个报警，持续 2 h 后消失； ③处理器 MP 卡件故障报警，其他类型的故障报警，报警持续 2 h后不消失。 2)RXM 通讯卡件为三重冗余配置，一块卡件出现故障不影响整个系统的运行
参考资料信息	维修二处仪控反馈邮件：维修二处 3 号机组紧急工作反馈：3KCO054KA 和 3KCO034KA 报警处理； 维修二处仪控：完工报告《FQ3-MA03-RCWO-00486375/01 3 号主控 KIC 出现报警 3KCO054KA 和 3KCO034KA》； WR/WOT：00205930/00486375-01(紧急工单)
编　　者	运行二处一值：谷铁　　　时间：2019 年 03 月 16 日

6.2.16 主控多次闪发 4KCO064KA 报警

异常缺陷名称	主控多次闪发 4KCO064KA 报警
发生时间	2017 年 07 月 31 日
机组状态	4 号机组调试阶段
异常缺陷现象	主控多次闪发 4KCO064KA 报警
风险或潜在后果	可能失去安全 B 列内的部分监测和控制功能，失去 I/O 模件输出。失去对部分安全级执行器的控制
干预行动	已采取的行动措施： 1)查看和执行报警卡； 2)反馈仪控检查处理

续 表

原因分析	4KCS106AR-002UC-2L DO 卡件第七信号点位，闪发 LOAD 报警	
消缺行动	仪控处理反馈： 1)故障现象：主控多次闪发 4KCO064KA 报警。 2)检修步骤： ①打开 4KCS106AR 机柜柜门； ②对 221BN ETA 端子排进行更换； ③002UC 上电后，LOAD 报警仍闪发，开启 QDR 对 002UC 机架进行更换； ④断开 002UC 机架电源； ⑤对 002UC 机架进行更换； ⑥002UC 机架上电后 LOAD 报警仍出现，但闪发频率降低； ⑦断开第七点信号点位输出刀闸，模拟信号触发，观察 2 消失未出现 LOAD 报警，确认信号回路正常； ⑧关闭机柜柜门，清理现场。 3)故障原因分析：4KCS106AR-002UC-2L DO 卡件第七信号点位，闪发 LOAD 报警	
相关知识	KCS 机柜输出卡件有自诊断输出线路阻值是否正常的功能，主要防止输出线路短路或断线情况出现	
参考资料信息	维修二处仪控：EAM 中 00664997-04 的完工报告； WR/WOT：00274848/00664997-04(计划工单)	
编　　者	运行二处一值：谷铁	时间：2019 年 02 月 11 日

6.2.17　主控触发 3KCO064KA(安全列 B 列机柜故障)

异常缺陷名称	主控触发 3KCO064KA(安全列 B 列机柜故障)
发生时间	2019 年 05 月 08 日夜班
机组状态	RP 模式，热功率 115 MWt，核功率 4.37%Pn，未并网
异常缺陷现象	3 号主控触发 3KCO064KA(安全列 B 列机柜故障)，2 h 后报警未消除，现场查看 3KCS128AR 机柜故障灯亮
风险或潜在后果	3KCS128AR 机柜供电失去冗余，若另一路电源模块故障，将导致 3KCS128AR 机柜失电，进而影响 3SAP002CO、3APG004VL/005VL/006VL、3LHB001JA/002JA/003JA、3RCV010VP 等设备的监视和控制(具体参考 FQ3-KCO-I-001 3-8 号机组 DCS 机柜 48 V 失电分析规程进行分析)

续　表

干预行动	1) 已采取的行动措施： ①检查 3KIC 系统画面无其他异常； ②联系仪控对 3KCS128AR 机柜内故障 48 V 电源模块进行电压测量，发现其电压为 0 V，即无输出，已失效。 2) 建议后续行动： ①经了解，当前 KCS 机柜 1E 级模块已无备件，请维修仪控专业尽快协调并推动兄弟电厂拆借备件到货； ②在拆借备件到货空档期间，建议利用 NC+备件进行临时 TSD 替代，需执行生产决策流程； ③请仪控专业对 3KCS128AR 另一路 48 V 电源模块进行失电分析，以便运行知晓失电影响并采取相应措施	
原因分析	PS1 48 V 电源模块故障	
消缺行动	仪控处理反馈： 1) 检修步骤： ①备件到货后，核实确认备件无异常； ②确认故障机柜为 3KCS128AR，打开机柜柜门； ③断开 PS1 48 V 电源模块输入电源； ④拆除模块输入和输出接线； ⑤使用备件对故障模块进行更换； ⑥恢复模块输入端接线； ⑦合上电源模块输入电源，测量模块输出为 48 V； ⑧断开 PS1 48 V 电源模块输入电源，恢复输出端接线； ⑨合上电源模块输入电源； ⑩关闭机柜柜门，确认机柜报警灯灭； ⑪工作结束，清理现场。 2) 故障原因分析：PS1 48 V 电源模块故障	
相关知识	3KCS128AR 机柜中 PS2 电源模块与 PS1 电源模块互为冗余工作模式，若冗余的两块电源模块因失电或故障而同时失效，将导致其下游冗余供电的信号丧失	
参考资料信息	运行二处：3 号机组异常反馈—主控触发 3KCO064KA(安全列 B 列机柜故障)； 维修二处仪控：EAM 中工单 01219155-01 的完工报告； WR/WOT：00548628/01219155-01 (紧急工单)，工作许可证：3PT11939(处理 3KCO064KA 报警，对 3KCS128AR PS1 48 V 电源模块进行更换)	
编　　者	运行二处一值：谷铁	时间：2019 年 09 月 17 日

6.2.18 KCO(KCP/KCS)系统设备异常缺陷报警处理总结

(1)KCO(KCP/KCS)系统设备异常缺陷报警

KCO 系统从安全分级上可划分为两个子系统：安全级的保护和安全监视系统 KCS 和非安全级的控制和监视系统 KCP。

KCS 系统主要完成紧急停堆、专设安全设施及支持系统驱动、事故后监视数据采集和处理等安全级(1E)功能。

KCP 系统主要完成在正常工况下的电厂运行监控等非安全级(NC)功能。此外，还完成一些非安全级但有特殊要求(NC＊)的监控功能。

针对 1E 级机柜(KCS)和 NC/NC+级机柜(KCP)失电类故障报警，目前主要有以下两类报警：

1)NC/NC+级机柜(KCP/KSN)一般为 KCP500KA KCP/KSN 机柜失电综合报警，先现场定位出现故障报警的 KCP/KSN 机柜，然后根据附录 1 的机柜负荷清单分析风险。

2)1E 级机柜(KCS)

如下 6 个报警，一般 2 h 消失，报警出现时可以根据下表先定位故障机柜，便于仪控处理。然后根据 KCO 的故障规程(FQY-KCO-I-001、FQ9-KCO-I-001)附录 2 负荷清单分析初步风险。

KCO014~064KA 报警为机柜综合报警，所在机柜中出现异常信息后将按照机柜分区对应产生报警，报警与机柜分布如下。

报警位号	报警描述	涉及机柜位号	机柜所在房间
KCO014KA	保护通道Ⅰ机柜故障	KCS011~015AR、KCS015~016CR	W602/W642
KCO024KA	保护通道Ⅱ机柜故障	KCS021~025AR、KCS025~026CR	W603/W643
KCO034KA	保护通道Ⅲ机柜故障	KCS031~035AR、KCS035~036CR	W607/W647
KCO044KA	保护通道Ⅳ机柜故障	KCS041~045AR、KCS045~046CR	W609/W649
KCO054KA	安全列 A 列机柜故障	KCS101/103/105/107/109/111/113/115/117/119/121/123/125/127/129AR、KCS123CR	L505/L545
KCO064KA	安全列 B 列机柜故障	KCS102/104/106/108/110/112/114/116/118/120/122/124/126/128/130AR	L509/L549

产生报警的原因包括两大类：

1)包括常规信号报警：柜门打开、温度高、220 V/48 V/24 V 电源失电；

2)自诊断报警：处理器卡件、通讯卡件、AI 卡件件、AO 卡件、DI 卡件、DO 卡件等；

①其中最常见的自诊断报警有 AO 信号控制电流变化（ASG 调节阀动作期间产生 KCO054KA、GCT 系统的调节阀动作时产生 KCO034KA，KCO044KA），持续 2 h 后消失。

②通讯卡、DO 卡自诊断报警，根据卡件所在的位置不同可以产生各个报警，持续 2 h 后消失。

③处理器 MP 卡件故障报警，其他类型的故障报警，报警持续 2 h 后不消失。

以上报警产生后可以现场巡检对应机柜，通过柜门指示灯确认异常的机柜号，通过柜内卡件状态 fault 指示灯，可以确认异常的卡件号。

KCP 系统的报警设计相对简单，仅仅设计了 48 V/220 V 失电报警，报警分布如下。

报警产生后可以现场巡检对应机柜，通过柜门指示灯确认异常机柜位号。

报警显示	报警位号	报警信息
KIC	3KCP400KA （NC+机柜失电报警）	3KCP401 \ 402 \ 403 \ 404 \ 405 \ 406 \ 407 \ 408AR 3KCP409 \ 410 \ 411 \ 413 \ 415 \ 417 \ 419AR 3KCP431 \ 433 \ 432 \ 434AR
KIC	3KCP500KA （NC 机柜失电报警）	3KCP501 \ 502 \ 503 \ 504 \ 505 \ 507 \ 508 \ 509AR 3KCP510 \ 511 \ 512 \ 513 \ 515 \ 517 \ 519AR 3KCP521 \ 523 \ 524 \ 525 \ 527 \ 529 \ 531 \ 533AR 3KCP541 \ 542 \ 543 \ 545 \ 551 \ 552 \ 553 \ 554AR 3KCP555 \ 556 \ 557 \ 558 \ 559 \ 560 \ 561 \ 562AR 3KCP563 \ 564 \ 565 \ 566 \ 544AR 3KDO941AR 8KCP581 \ 582 \ 586 \ 587 \ 588AR
KSN	3KCP600KA （KSN 机柜供电故障）	3KSN901 \ 902 \ 903AR 4KSN901 \ 902 \ 903AR 8KSN901 \ 902 \ 903 \ 904AR
KIC	4KCP400KA （NC+机柜失电报警）	3KCP401 \ 402 \ 403 \ 404 \ 405 \ 406 \ 407 \ 408AR 3KCP409 \ 410 \ 411 \ 413 \ 415 \ 417 \ 419AR 3KCP431 \ 433 \ 432 \ 434AR
KIC	4KCP500KA （NC 机柜失电报警）	4KCP501 \ 502 \ 503 \ 504 \ 505 \ 507 \ 508 \ 509AR 4KCP510 \ 511 \ 512 \ 513 \ 515 \ 517 \ 519AR 4KCP521 \ 523 \ 524 \ 525 \ 527 \ 529 \ 531 \ 533AR 4KCP541 \ 542 \ 543 \ 545 \ 551 \ 552 \ 553 \ 554AR 4KCP555 \ 556 \ 557 \ 558 \ 559 \ 560 \ 561 \ 562AR 4KCP563 \ 564 \ 565 \ 566 \ 544AR 4KDO941AR

(2)仪控相关工作方案和故障处理规程资料

《FQX-KCP-TD-I19006　福清核电 1、2 号机 DCS 一层网络风暴解除操作预案》《FQX-KCP-TD-I19013　DCS 设备故障处理预案(FCP 故障处理)》。

(3)运行相关故障处理规程资料

《FQ9-KCO-I-001　1~2 号机组 DCS 机柜 48 V 失电故障规程》《FQY-KCO-I-001 3~8 号机组 DCS 机柜 48 V 失电分析规程》。

6.3 电站计算机信息和控制系统(KIC)

6.3.1 3号主控闪发3KIC021KA KIC切换至BUP报警

异常缺陷名称	3号主控闪发3KIC021KA KIC切换至BUP报警
发生时间	2018年04月20日早班
机组状态	RP模式，满功率
异常缺陷现象	11:41，3号主控闪发两次3KIC021KA KIC切换至BUP报警，同时后备盘上触发3KIC001AA KIC设备失效A列报警，第一次报警持续2 s，第二次报警持续6 s(在报警闪发时主控KIC无任何操作)
风险或潜在后果	1)如果KIC切换至BUP控制，机组将只能维持4 h功率运行，超过4 h机组需要执行后撤； 2)KIC切换至BUP后如果机组同时存在第一组I0，需要立即降功率至10%FP并手动停堆(04月20日上午刚执行完3RPN功率量程第二通道试验，该工作为第一组I0)
干预行动	1)已采取的行动措施： ①立即检查KIC状态，未见异常； ②查看和执行报警卡，执行IKIC(KIC操纵员工作站不可用事故处理规程)后，继续维持当前KIC控制机组状态； ③暂停一切不必要的KIC操作； ④oncall仪控检查处理。 2)建议后续行动： 仪控人员分析故障根本原因，制订工作方案，消除缺陷
原因分析	11:39，3号机组DCS一层开始执行定期病毒库更新工作，该工作导致一层送往二层的心跳信号A列异常波动，部分波动峰值超过一二层限值(10 s)，闪发3KIC021KA报警(闪发两次，持续时间分别为2 s、6 s)
消缺行动	仪控处理反馈： 1)影响评估：此次报警闪发未对KIC平台及一二层通讯造成影响，不影响机组稳定运行。 2)处理进展：3KIC021KA报警消失，KIC平台正常运行，机组状态正常。 3)检修步骤： ①保持观察，确认KIC平台状态运行正常； ②优化DCS一层病毒更新PM项，大修期间执行；

续 表

消缺行动	③做好相关经验反馈，涉及 DCS 软件相关的工作，开工前与主控做好沟通，包括概率性报警。 4)故障原因分析：11:39，3 号机组 DCS 一层开始执行定期病毒库更新工作，该工作导致一层送往二层的心跳信号 A 列异常波动，部分波动峰值超过一二层限值(10 s)，闪发 3KIC021KA 报警(闪发两次，持续时间分别为 2 s、6 s)
相关知识	3KIC021KA“KIC 切换至 BUP 报警”可能原因为： 1)A 列和 B 列的 KIC 设备同时失效； 2)来自一层的 A 列和 B 列的生命信号同时消失
参考资料信息	运行二处：3 号机组异常反馈——3 号主控闪发 3KIC021KA KIC 切换至 BUP 报警； 维修二处仪控：oncall 反馈——3 号主控闪发 3KIC021KA KIC 切换至 BUP 报警
编　　者	运行二处一值：谷铁　　　　时间：2019 年 01 月 01 日

6.3.2　3 号机组主控室机操工作站黑屏

异常缺陷名称	3 号机组主控室机操工作站黑屏
发生时间	2017 年 11 月 11 日早班
机组状态	RCD 模式
异常缺陷现象	3 号机组主控室机操站卡顿后第 4、5 屏幕黑屏
风险或潜在后果	导致一台 OWP 不可用，产生 IO2：KIC1
干预行动	已采取的行动措施： 1)重新分配工作站； 2)oncall 仪控检查处理
原因分析	由于机操站显卡故障，导致机操站屏幕显示卡顿后黑屏
消缺行动	仪控处理反馈： 1)缺陷描述：3 号机组主控室机操站第 4、5 屏幕黑屏； 2)处理进展：完成 3 号主控室机操站重启，工作站恢复可用； 3)检修步骤：重启机操站； 4)故障原因分析：由于机操站显卡故障，导致机操站屏幕显示卡顿后黑屏

续 表

相关知识	运行技术规范：RCD 模式下一台或两台 OWP 不可用，记录第二组 I0：KIC1，重新分配工作站，检修必须在 7 天内完成	
参考资料信息	维修二处仪控：oncall 反馈——3 号机组主控室机操工作站黑屏问题处理进展反馈； 维修二处仪控：完工报告《FQ3-MA03-RCWO-00748635/01 3 号机主控机操站 KIC 操作屏卡死，请处理》； WR/WOT：00309871/00748635-01(紧急工单)	
编　　者	运行二处一值：谷铁	时间：2019 年 03 月 01 日

6.3.3 3 号主控 1 号工作站鼠标不可用

异常缺陷名称	3 号主控 1 号工作站鼠标不可用
发生时间	2017 年 07 月 24 日夜班
机组状态	RP 模式，满功率
异常缺陷现象	3 号主控堆操站(3KIC601WS)鼠标故障不可用
风险或潜在后果	导致一台 OWP 不可用，产生 I02：KIC1
干预行动	已采取的行动措施： 1)重新分配工作站； 2)oncall 仪控检查处理
原因分析	USB 鼠标接口松动
消缺行动	仪控处理反馈： 1)故障现象：3 号主控 1 号工作站鼠标不可用； 2)处理进展：完成故障处理，1 号工作站鼠标恢复可用，IO2 消除； 3)检修步骤：对鼠标进行热插拔，鼠标恢复可用； 4)故障原因分析：USB 鼠标接口松动
相关知识	运行技术规范：RP 模式下一台 OWP 不可用，记录第二组 I0：KIC1，重新分配工作站，检修必须在 7 天内完成
参考资料信息	维修二处仪控：完工报告《FQ3-MA03-RCWO-00660797/01 3 号主控堆操站鼠标不可用，需处理》； 维修二处仪控：oncall 反馈邮件——3 号主控 1 号工作站鼠标不可用处理进展反馈；

续　表

参考资料信息	WR/WOT：00271868/00660797-01(紧急工单)
编　　者	运行二处一值：谷铁　　时间：2019 年 03 月 01 日

6.3.4　3 号主控堆操站故障(黑屏和趋势显示异常)

异常缺陷名称	3 号主控堆操站故障(黑屏和趋势显示异常)
发生时间	2018 年 06 月 01 日早班
机组状态	RP 模式，电功率 1075 MWe
异常缺陷现象	3 号机组堆操站 3KIC601WS 于 12:06 全部黑屏，其中两块屏幕花屏。重启堆操站后发现堆操站时钟显示异常，趋势显示滞后
风险或潜在后果	1)堆操站黑屏，主控堆操站失效，产生 IO2：KIC1； 2)趋势显示异常，影响操作员对状态判断
干预行动	已采取的行动措施： 1)重新分配工作站； 2)oncall 仪控检查处理
原因分析	1)堆操站显卡老化导致出现偶发显卡硬件故障，工作站黑屏； 2)由于硬件性能无法满足要求，系统硬件时间未与平台时间完成同步，出现工作站趋势显示异常问题
消缺行动	仪控处理反馈： 1)故障处理情况(WOT：00937440-01，处理 3KIC601WS 黑屏)： ①处理进展：3 号主控堆操站工作正常； ②原因分析：堆操站显卡老化导致出现偶发显卡硬件故障，工作站黑屏； ③处理措施：硬重启 3KIC601WS 工作站； ④影响评估：堆操站黑屏，主控堆操站失效。 2)故障处理情况(WOT：00937678-01，3KIC601WS 趋势显示异常处理)： ①处理进展：3 号主控堆操站工作正常； ②原因分析：由于硬件性能无法满足要求，系统硬件时间未与平台时间完成同步，出现工作站趋势显示异常问题； ③处理措施：使用时间强制同步命令，同步硬件时间； ④影响评估：趋势显示异常，影响操作员对状态判断

续　表

相关知识	运行技术规范：RP 模式下一台 OWP 不可用，记录第二组 I0：KIC1，重新分配工作站，检修必须在 7 天内完成	
参考资料信息	维修二处仪控：oncall 反馈邮件——3 号主控堆操站故障(黑屏/趋势显示异常)处理反馈； WR/WOT：00396125/00937440-01(3KIC601WS 黑屏)、00396305/00937678-01(3 号机组堆操站趋势显示异常)	
编　　者	运行二处一值：谷铁	时间：2019 年 03 月 01 日

6.3.5　3 号主控堆操站故障(黑屏)

异常缺陷名称	3 号主控堆操站故障(黑屏)
发生时间	2018 年 06 月 03 日早班
机组状态	RP 模式，电功率 836 MWe
异常缺陷现象	10:55，3 号机组堆操站 3KIC601WS 全部黑屏，左侧 3 块屏幕黑屏，右侧 2 块屏幕显示灰底。现象与 06 月 01 日故障类似，3KIC601WS 不可用
风险或潜在后果	1)1 个 OWP 不可用，记录第二组 I0；KIC1，重新分配工作站，检修必须在 7 天内完成； 2)如果因为共因导致整个 KIC 不可用，需要切换至 BUP 控制，4 h 内不能恢复 KIC，需要机组后撤至 NS/RRA 运行
干预行动	已采取的行动措施： 1)堆操立即后撤至值长站进行机组状态监视和操作； 2)查看其他三个站监视和操作功能响应正常，查看 SRV 画面显示正常，心跳信号正常； 3)当班值停止一切不必要的 KIC 操作； 4)通过 BUP 盘台、ECP 盘台和可用 KIC 工作站密切监视机组参数； 5)熟悉 IKIC 规程，做好 KIC 全部失效的准备； 6)oncall 仪控人员检查。 建议后续行动： 06 月 01 日故障后 06 月 03 号故障重复出现，请维修仪控尽快消除缺陷，找出根本原因，并进行全面排查
原因分析	堆操站显卡老化导致出现显卡硬件故障，工作站黑屏

续 表

消缺行动	仪控处理反馈： 1)影响评估：06月01日，该堆操站出现屏幕黑屏现象，为显卡故障，考虑到3、4号机组只有一个备件(备件停产多年，已无法采购，当前仅剩一个拆机备件)，跟当班值商量硬重启工作站，如果恢复正常，则先不进行备件更换，下次出现问题继续更换，当天工作站正常运行；06月03日，工作站再次黑屏，仪控进行工作站主机更换，现场运行正常； 2)处理进展：3号主控堆操站工作正常； 3)原因分析：堆操站显卡老化导致出现显卡硬件故障，工作站黑屏； 4)处理措施：更换3KIC601WS工作站主机；302大修实施KIC系统硬件升级工作
相关知识	运行技术规范：RP模式下一台OWP不可用，记录第二组I0：KIC1，重新分配工作站，检修必须在7天内完成
参考资料信息	运行二处：3号机组异常反馈——3号主控堆操站故障(黑屏)； 维修二处仪控：oncall反馈——3号主控堆操站故障(黑屏)； WR/WOT：00396732/00938413-01(紧急工单)
编　　者	运行二处一值：谷铁　　　　时间：2019年03月01日

6.3.6 3号主控室3KIC-OWP2黑屏问题

异常缺陷名称	3号主控室3KIC-OWP2黑屏问题
发生时间	2017年11月14日中班
机组状态	RCD模式
异常缺陷现象	3号主控机操站3KIC602WS站故障不可用，其中001HV/002HV/003HV屏幕黑屏，004HV/005HV屏幕灰屏
风险或潜在后果	导致一台OWP不可用，记录I02：KIC1
干预行动	已采取的行动措施： 1)重新分配工作站； 2)oncall仪控检查处理
原因分析	由于工作站硬件老化，导致显卡及主板出现故障，工作站黑屏死机
消缺行动	仪控处理反馈： 1)处理进展：3KIC-OWP2工作站正常可用； 2)缺陷描述：3号主控机操站3KIC602WS站故障不可用，其中001HV/002HV/003HV屏幕黑屏，004HV/005HV屏幕灰屏；

续 表

消缺行动	3）原因分析：由于工作站硬件老化，导致显卡及主板出现故障，工作站黑屏死机； 4）处理措施：维修人员更换 3KIC-OWP2 工作站主机，并进行软件部署，工作站恢复可用	
相关知识	运行技术规范：RCD 模式下一台或两台 OWP 不可用，记录第二组 I0：KIC1，重新分配工作站，检修必须在 7 天内完成	
参考资料信息	维修二处仪控：oncall 反馈邮件——3 号主控室 3KIC-OWP2 黑屏问题处理反馈； 维修二处仪控：《FQ3-MA03-RCWO-00755813/01 3KIC602WS 机操工作站 2 块屏幕白屏，3 块黑屏。导致机操站不可用》； WR/WOT：00310730/00755813-01（紧急工单）	
编　　者	运行二处一值：谷铁	时间：2019 年 03 月 01 日

6.3.7　4 号机堆操站 4KIC601WS-003HV、4KIC601WS-004HV 出现黑屏（A 列 SAR1/STR1 服务器故障）

异常缺陷名称	4 号机组堆操站 4KIC601WS-003HV 和 4KIC601WS-004HV 出现黑屏（A 列 SAR1/STR1 服务器故障）
发生时间	2018 年 12 月 22 日早班
机组状态	RP 模式，满功率
异常缺陷现象	14:00，4 号主控堆操站 4KIC601WS-003HV 和 4KIC601WS-004HV 出现黑屏，同时主控触发 4KIC003KA1 报警（A 列 SAR1/STR1 服务器故障），KIC 中 SRV 画面 A 列 STR1/SAR1 出现故障红色，B 列冗余显示正常
风险或潜在后果	1）经与仪控确认，目前堆操站 OWP 由冗余的 SAR2/STR2 服务器带载运行，仍然可用，不需记录 KIC 第二组 I0； 2）堆操站和机操站 OWP 由同一个 B 列的 SAR2/STR2 服务器带载运行，失去冗余，若数据量过大则有该列服务器失去的可能。如 SAR1/STR1 和 SAR2/STR2 同时失去，会导致两台 OWP 不可用，需记录 KIC2 第一组 I0，24 h 内向 NS/RRA 模式后撤； 3）仪控反馈对故障服务器处理需要重启，重启过程中存在整个 KIC 故障导致 KIC 全部失效的可能。需记录 KIC3 第一组 I0。需切至 BUP 控制，4 h 内向 NS/RRA 模式后撤；

续 表

风险或潜在后果	4) 由于此时4号机因302大修进行辅变停役检修而产生限制条件，等同于存在第一组I0。如果此时发生KIC全部失效进入IKIC规程将叠加第一组I0，需立即执行后撤，即降功率10%然后手动停堆
干预行动	1) 已采取的行动措施： ①立即检查堆操KIC工作站，确认黑屏后已重新恢复可用，其他三个KIC工作站均状态正常； ②主控暂停一切不必要的KIC操作； ③通过BUP盘台、ECP盘台和可用KIC工作站密切监视机组参数； ④熟悉IKIC规程，做好KIC全部失效的准备； ⑤oncall仪控人员检查； ⑥鉴于机组出现该故障，暂停涉及KIC操作的定期试验，反馈定期试验工程师重新安排； ⑦沟通仪控准备好工作方案与备件，在机组限制条件消除后立即开工； ⑧主控减少不必要的KIC画面切换以及操作。 2) 建议后续行动： ①主控暂停一切不必要的KIC操作，停止一切不必要的机组上操作； ②为减少SAR2/STR2的负荷，将值长和副值长站切换到操作权限供操纵员进行监盘和操作；堆操和机操画面仅用于监视，包括KIC二层工程师站均不得进行任何操作，以减少服务器的数据处理量； ③仪控专业立即准备工作方案，并安排精干力量在现场待命，随时响应可能出现的KIC故障； ④如果KIC服务器故障没有进一步恶化，待12月23日白天辅变复役后4号机组限制条件消除后，仪控再进行该消缺工作； ⑤涉及8号机组相关的操作，可以在3号机组KIC上进行
原因分析	SAR1/STR1硬件故障
消缺行动	仪控处理反馈： 1) 故障现象：4号机组堆操站4KIC601WS-003HV和4KIC601WS-004HV出现黑屏（A列SAR1/STR1服务器故障）。 2) 处理进展：12月23日早班已经按照方案完成SAR1-STR1服务器的更换，更换后的服务器启动和运行均无异常。当前KIC平台恢复正常。已确认故障原因为SAR1STR1硬件故障。

续　表

<table>
<tr><td>消缺行动</td><td>3）处理措施：按照《4 号机组 KIC 系统 SAR1STR1 故障处理工作方案》进行服务器更换和启动，恢复 KIC 平台运行正常。
4）故障原因分析：
堆操站 3/4 号屏幕出现黑屏是由于堆操站对应的主服务器 SAR1STR1 故障停运，导致堆操站自动切换至冗余服务器 SAR2STR2 进行数据读取，通讯切换中短暂出现屏幕黑屏切换画面，因此闪发黑屏（冗余服务器切换正常现象）；SAR1STR1 服务器故障，根据日志排查确认 SAR1STR1 服务器硬件故障，导致服务器直接停运</td></tr>
<tr><td>相关知识</td><td>仪控针对 OWP 操纵员站失效、CCT 服务器失效、CFR 服务器失效、SARxSTRx（x 为 1~8）服务器失效、大屏幕故障、服务器网卡故障问题等有专门的程序《FQ4-MA03-TD-17048 4KIC 系统软件平台故障处理方法》。
1）若互为冗余备份的 SAR-STR 服务器同时失效，会导致表 1 中的工作站失效，分别针对每个服务器执行标准工作指令 FQ4-KIC-M-SYS04：KIC SAR-STR 服务失效情况处理。待服务器恢复正常运行后，执行标准工作指令 FQ4-KIC-M-SYS01：KIC-OWP 操作员站失效情况处理，恢复工作站的运行。
注意：不允许同时对两个或多个服务进行操作。若互为冗余备份的 SAR-STR 服务器同时失效，会导致表 1 中的工作站失效。
说明：SAR1 STR1 与 SAR2 STR2 互为冗余，SAR3 STR3 与 SAR4 STR4 互为冗余，SAR5 STR5 与 SAR6 STR6 互为冗余，其服务的操作员站的对应关系如表 1 所示。
表 1　SARxSTRx（x 为 1~8）服务器与 OWP 操纵员站对应表
<table>
<tr><th>OWP 名称</th><th>房间</th><th>首选</th><th>备用</th></tr>
<tr><td>KIC-OWP1</td><td>MCR L750</td><td>SAR1STR1</td><td>SAR2STR2</td></tr>
<tr><td>KIC-OWP2</td><td>MCR L750</td><td>SAR2STR2</td><td>SAR1STR1</td></tr>
<tr><td>KIC-OWP3</td><td>MCR L750</td><td>SAR3STR3</td><td>SAR4STR4</td></tr>
<tr><td>KIC-OWP4</td><td>MCR L750</td><td>SAR4STR4</td><td>SAR3STR3</td></tr>
<tr><td>KIC-OWP5</td><td>RSS L550</td><td>SAR5STR5</td><td>SAR6STR6</td></tr>
<tr><td>KIC-OWP6</td><td>RSS L550</td><td>SAR6STR6</td><td>SAR5STR5</td></tr>
<tr><td>KIC-OWP7</td><td>TAG L715</td><td>SAR5STR5</td><td>SAR6STR6</td></tr>
<tr><td>KIC-OWP9</td><td>（EM）</td><td>SAR3STR3</td><td>SAR4STR4</td></tr>
<tr><td>KIC-OWP11</td><td>CR L749</td><td>SAR1STR1</td><td>SAR2STR2</td></tr>
<tr><td>KIC-OWP-POP1</td><td>CR L749</td><td>SAR5STR5</td><td>SAR6STR6</td></tr>
<tr><td>KIC- OWP-POP2</td><td>CR L749</td><td>SAR6STR6</td><td>SAR5STR5</td></tr>
</table></td></tr>
</table>

续　表

相关知识	2)不互为冗余备份的服务器同时失效，则此时其对应的操作员站会向备用服务器获取数据，对应工作站的功能可能受到影响，需执行失效的服务器执行标准工作指令 FQ4-KIC-M-SYS04：KIC SAR-STR 服务失效情况处理。 注意：在服务恢复时，其原先服务的操作员站将恢复其首选服务，因此，在恢复投用瞬间，操作员站可能会出现短暂黑屏现象，此属正常现象
参考资料信息	运行二处：4 号机组异常反馈——4 号机堆操站 4KIC601WS-003HV 和 4KIC601WS-004HV 出现黑屏（A 列 SAR1/STR1 服务器故障）； 维修二处仪控：答复“4 号机堆操站 4KIC601WS-003HV 和 4KIC601WS-004HV 出现黑屏（A 列 SAR1/STR1 服务器故障）”邮件、维修二处规程《FQ4-MA03-TD-17048　4KIC 系统软件平台故障处理方法》、维修二处维修日报 20181223； WR/WOT：00481424/01081933-01（紧急工单）
编　　者	运行二处一值：谷铁　　　　时间：2019 年 03 月 01 日

6.3.8　3 号机组安工站 3KIC603WS 黑屏和卡死不可用

异常缺陷名称	3 号机组安工站 3KIC603WS 黑屏和卡死不可用
发生时间	2018 年 10 月 19 日中班
机组状态	RP 模式，满功率
异常缺陷现象	16:40，3 号机组安工站 3KIC603WS-001/002/003HV 黑屏，004/005HV 卡死，3KIC603WS 不可用，记录 I02：KIC1，主控未出现相关报警
风险或潜在后果	1)1 个 OWP 不可用，需要记录第二组 I0；KIC1，检修必须在 7 天内完成； 2)如果因为共因导致整个 KIC 不可用，需要切换至 BUP 控制，4 h 内不能恢复 KIC，需要机组后撤至 NS/RRA 运行； 3)此时因 DVN 全停、3SEC002PO 隔离检修及 3KIC603WS 不可用已存在三个 I02，制约机组其他 I02 相关工作的开展
干预行动	已采取的行动措施： 1)经查看其他三个站监视和操作功能正常； 2)当班值停止一切不必要的 KIC 操作； 3)通过 BUP 盘台、ECP 盘台和可用 KIC 工作站密切监视机组参数； 4)熟悉 IKIC 规程，做好 KIC 全部失效的准备； 5)oncall 维修仪控人员检查处理

续 表

原因分析	工作站显卡老化故障
消缺行动	仪控处理反馈： 1)检修步骤： ①收集平台日志； ②停运 KIC-OWP3，对 3KIC-OWP3 主机进行更换； ③确认更换完成，重启 3KIC-OWP3； ④确认工作站恢复正常，平台无异常。 2)故障原因分析：工作站显卡老化故障
相关知识	运行技术规范：RP 模式下一台 OWP 不可用，记录第二组 I0：KIC1，重新分配工作站，检修必须在 7 天内完成
参考资料信息	运行二处：3 号机组异常反馈——3 号机组安工站 3KIC603WS 黑屏不可用； 维修二处仪控：完工报告《FQ3-MA03-RCWO-01039798/01 3KIC603WS 黑屏卡死，需检查原因并处理》； WR/WOT：00454044/01039798-01(紧急工单)
编　　者	运行二处一值：谷铁　　　　时间：2019 年 03 月 01 日

6.3.9　4 号主控出现 4KIC002/005KA 报警

异常缺陷名称	4 号主控出现 4KIC002KA(A 列 CFR 服务器故障)和 4KIC005KA(A 列 HEARTBEAT 信号故障)报警
发生时间	2018 年 02 月 06 日早班
机组状态	RP 模式，满功率
异常缺陷现象	13:59，主控出现 4KIC002KA(A 列 CFR 服务器故障)和 4KIC005KA(A 列 HEARTBEAT 信号故障)报警，查看 SRV 画面 CFR1 显示“INCOMP”并显示黄色，AW1-1 显示红色，其余 AW 显示正常绿色
风险或潜在后果	1)此时 AW1-1 与 CFR1 单通道通讯故障，如果 AW2-1 不可用，则会导致在 KIC 二层不能控制下游部分设备(需仪控提供相关清单)，并需遵守 IO2：KIC4 的相关运行技术规范要求(互为冗余的两个 AW 不可用)； 2)此时 AW1-1 与 CFR1 单通道通讯故障，如果 AW1-2 不可用，相当于一列 CFR 不可用，需遵守 IO2：KIC4 的相关运行技术规范要求(一列 CFR 不可用)；

续 表

风险或潜在后果	3) 仪控反馈为就地电脑一个内存条损坏，另外一个内存条可用，其容量为 2 GB，而当前系统运行所占内存为 500 MB 左右，不影响运行
干预行动	1) 已采取的行动措施： ①检查 KIC 画面，未发现其他异常； ②主控确认 KIC 操作正常； ③已 oncall 维修仪控现场检查。 2) 建议后续行动： ①请仪控尽快查找 AW1-1 与二层通讯故障的原因，并消除缺陷； ②请仪控检查确认其他 AW 运行正常； ③运行加强对 KIC 画面的监视
原因分析	根据 4AP1 工作站启动日志，发现该工作站内存故障，导致工作站死机，失去与二层 CFR 链接，出现 4KIC002/005KA 报警
消缺行动	仪控处理反馈： 1) 缺陷描述：02 月 06 日 13:59，主控出现 4KIC002KA（A 列 CFR 服务器故障）和 4KIC005KA（A 列 HEARTBEAT 信号故障）报警，查看 SRV 画面 CFR1 显示“INCOMP”并显示黄色，AW1-1 显示红色，其余 AW 显示正常绿色。 2) 处理进展：4 号机组 AP1 工作站恢复，单条内存运行，当前该工作站内存使用状态 466 MB/2 GB（正常运行 460～500 MB/3.5 GB），4KIC002/005KA 报警消失，KIC 平台运行正常。 3) 处理措施： ①检查 KIC 平台运行状态，确认其他服务器、工作站状态正常； ②重启 4AP1 工作站； ③重启过程中发现，该工作站内存错误警告，只有一条内存运行，工作站启动； ④启动 4AP1 工作站 FoxApi 服务，该工作站与二层通讯恢复正常； ⑤观察 20 min，4AP1 工作站正常，KIC 平台运行正常。 4) 故障原因分析：根据 4AP1 工作站启动日志，发现该工作站内存故障，导致工作站死机，失去与二层 CFR 链接，出现 4KIC002/005KA 报警。 5) 后续行动：跟踪现场运行状态，领取备件，在合适的窗口更换 4AP1 工作站内存

续　表

<table>
<tr><td>相关知识</td><td>1) 当 CFR1 与 CFR2 同时失效时，则 DCS 一二层通讯完全断开，直接表现为 KIC 画面上设备状态及参数全部显示洋红色故障。按照运行技术规范两列 CFR 同时失效，运行需切至 BUP 控制模式。
2) DCS 二层与一层的数据交互
①一层数据上传：
· 每台 CFR(前端服务器)通过一个交换机和 DCS 一层的两台 API 服务器相连。
· A 列的 AW1-1 服务器和 B 列的 AW2-1 服务器上传到二层的数据是一致的。A 列的 AW1-2 服务器和 B 列的 AW2-2 服务器上传到二层的数据是一致的。A 列的两台 AW 的数据结合到一起就是电厂 KCP 系统上传的完整数据。B 列亦然。
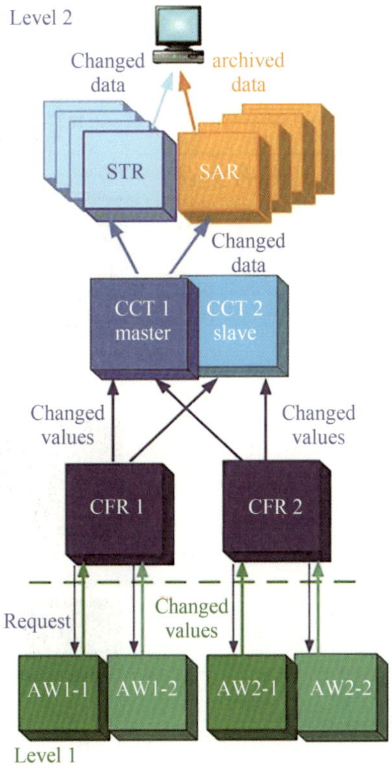

图 1　一层数据上传</td></tr>
</table>

续 表

<table>
<tr><td>相关知识</td><td>

·一层 AW 只向 CFR 发送发生了变化的数据。
·两台 CFR 都将数据发送给 CCT 进行处理。
·两台 CCT(中央数据处理服务器)互为备用，一主一从。
·只有主 CCT 的数据会发送到 SAR-STR(数据存储服务器)。
·OWP(操作员站)从 SAR-STR 中读取数据提供给操作员。
②二层数据下发：
·OWP(操作员站)下发的命令由 SAR-STR(数据存储服务器)发送给 CCT。
·只有主 CCT(中央数据处理服务器)向由它选中的 CFR(前端服务器)发送命令。
·被主 CCT 选中的 CFR 向 AW 发送命令

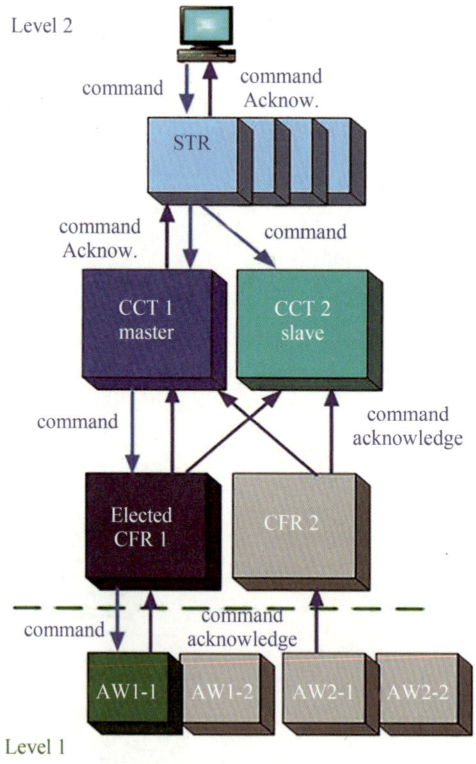

图 2　二层数据命令下发

</td></tr>
</table>

续　表

参考资料信息	运行二处：4 号机异常反馈——4 号主控出现 4KIC002/005KA 报警； 维修二处仪控：4 号主控出现 4KIC002/005KA 报警处理反馈、完工报告《FQ4-MA03-RCWO-00846522/01 4 号主控出现 4KIC002KA 和 4KIC005KA 报警。请及时处理》； WR/WOT：00346251/00846522-01（紧急工单）。 其他类似异常缺陷案例： 2017 年 12 月 12 日，4 号机组出现相同报警和现象，当时故障原因为 AW1-1 与二层通讯电脑卡死，电脑重新启动后通讯恢复正常	
编　　者	运行二处一值：谷铁	时间：2019 年 03 月 01 日

6.3.10　4 号主控出现 4KIC009KA B 列 CFR 服务器故障

异常缺陷名称	4 号主控出现 4KIC009KA B 列 CFR 服务器故障
发生时间	2018 年 04 月 09 日夜班
机组状态	RP 模式，满功率
异常缺陷现象	06:43，4 号主控出现 4KIC009KA B 列 CFR 服务器故障报警，画面显示 CFR2 处于“INCOMP”状态并显示黄色，上部一条通讯线路显示红色标识
风险或潜在后果	1）如果一台 CFR 不可用，导致 I02（KIC4），检修必须在 7 天内完成，CFR 服务器冗余丧失； 2）仪控人员根据故障现象初步判断目前 B 列 CFR 服务器仍处于工作状态，怀疑两根连接网线中的一根松动导致； 3）KIC 系统各服务器及工作站为双网络冗余运行，且服务器为 A/B 两列冗余运行，一个网络或者是一个服务器故障不会导致平台失效
干预行动	1）已采取的行动措施： ①执行报警卡规程； ②检查 KIC 平台运行及 KIC 心跳信号未见异常； ③oncall 维修仪控进厂检查。 2）建议后续行动： ①维修仪控分析根本原因，消除缺陷； ②运行继续关注 KIC 平台以及 CFR 服务器的运行状态

续 表

原因分析	网卡运行故障导致环 2 通讯异常 1）CFR2 服务器环 2 网卡死机，导致与 CFR2 与环 2 通讯丢失，出现 4KIC009KA 报警；CFR2 冗余网络环 1 通讯正常，即 CFR2 未失效； 2）初步根因分析，CFR2 服务器网卡存在老化现象，偶发进程运行卡顿
消缺行动	仪控处理反馈： 1）影响评估：KIC 系统各服务器及工作站为双网络冗余运行，且服务器为 A/B 两列冗余运行，一个网络或者是一个服务器故障不会导致平台失效。 2）处理进展：CFR2 恢复双环网运行，KIC 平台运行稳定。 3）处理措施：重启 CFR2 网卡，网络恢复正常。401 大修进行 KIC 硬件升级项目。 4）故障原因分析： ①CFR2 服务器环 2 网卡死机，导致与 CFR2 与环 2 通讯丢失，出现 4KIC009KA 报警；CFR2 冗余网络环 1 通讯正常，即 CFR2 未失效； ②初步根因分析，CFR2 服务器网卡存在老化现象，偶发进程运行卡顿
相关知识	当 CFR1 与 CFR2 同时失效时，则 DCS 一二层通讯完全断开，直接表现为 KIC 画面上设备状态及参数全部显示洋红色故障。按照运行技术规范两列 CFR 同时失效，运行需切至 BUP 控制模式
参考资料信息	运行二处：4 号机组异常反馈——4 号主控出现 4KIC009KA B 列 CFR 服务器故障。 维修二处仪控：oncall 反馈：4 号主控出现 4KIC009KA B 列 CFR 服务器故障处理反馈、完工报告《FQ4-MA03-RCWO-00893052/01 主控出现 4KIC009KA（B 列 CRF 服务器故障）报警，需仪控检查》； WR/WOT：00372083/00893052-01（紧急工单）
编　　者	运行二处一值：谷铁　　　　时间：2019 年 03 月 01 日

6.3.11　4 号主控出现 4KIC014KA SAR6 STR6 服务器故障

异常缺陷名称	4 号主控出现 4KIC014KA SAR6 STR6 服务器故障
发生时间	2018 年 02 月 01 日夜班

续 表

机组状态	RP 模式，满功率
异常缺陷现象	巡盘发现仪控故障列表上存在 4KIC014KA B 列 SAR6/STR6 服务器故障报警
风险或潜在后果	1）SAR6STR6 服务器故障，导致工作站 KIC-OWP7（TAG L715 房间）丧失备用服务器； 2）SAR6STR6 服务器故障，导致工作站 KIC-OWP6（RSS L550 房间）丧失主用服务器
干预行动	已采取的行动措施： 1）查看和执行报警卡，发现 SRV 画面中 SAR6/STR6 服务器存在故障； 2）oncall 仪控检查处理
原因分析	1）SAR6STR6 服务器与 KIC 系统 1 环网失去通讯信号； 2）SAR6STR6 服务器与 1 环网通讯网线接头松动； 3）SAR6STR6 服务器与 1 环网通讯网卡死机
消缺行动	仪控处理反馈： 1）处理进展：4 号主控 4KIC014KA 报警已消除，KIC 系统各服务器运行状态正常。 2）缺陷描述：4 号主控出现 4KIC014KA SAR6STR6 服务器故障报警。 3）原因分析： ①SAR6STR6 服务器与 KIC 系统 1 环网失去通讯信号； ②SAR6STR6 服务器与 1 环网通讯网线接头松动； ③SAR6STR6 服务器与 1 环网通讯网卡死机。 4）处理措施： ①重新制作 SAR6STR6 服务器与 1 环网通讯网线接头； ②重启 SAR6STR6 服务器与 1 环网通讯网卡。 5）后续行动：日常设备巡检中，加强对网络通讯状态检查
相关知识	仪控针对 OWP 操纵员站失效、CCT 服务器失效、CFR 服务器失效、SARxSTRx（x 为 1～8）服务器失效、大屏幕故障、服务器网卡故障问题等有专门的程序《FQ4-MA03-TD-17048 4KIC 系统软件平台故障处理方法》。 1）若互为冗余备份的 SAR-STR 服务器同时失效，会导致表 1 中的工作站失效，分别针对每个服务器执行标准工作指令 FQ4-KIC-M-SYS04：KIC SAR-STR 服务失效情况处理。待服务器恢复正常运行后，执行标准工作指令 FQ4-KIC-M-SYS01：KIC-OWP 操作员站失效情况处理，恢复工作站的运行。

续 表

<table>
<tr><td>相关知识</td><td colspan="2">注意：不允许同时对两个或多个服务进行操作。若互为冗余备份的 SAR-STR 服务器同时失效，会导致下表中的工作站失效。
说明：SAR1 STR1 与 SAR2 STR2 互为冗余，SAR3 STR3 与 SAR4 STR4 互为冗余，SAR5 STR5 与 SAR6 STR6 互为冗余，其服务的操作员站的对应关系如表 1 所示。
表 1　SARxSTRx(x 为 1~8)服务器与 OWP 操纵员站对应表
<table>
<tr><th>OWP 名称</th><th>房间</th><th>首选</th><th>备用</th></tr>
<tr><td>KIC-OWP1</td><td>MCR L750</td><td>SAR1STR1</td><td>SAR2STR2</td></tr>
<tr><td>KIC-OWP2</td><td>MCR L750</td><td>SAR2STR2</td><td>SAR1STR1</td></tr>
<tr><td>KIC-OWP3</td><td>MCR L750</td><td>SAR3STR3</td><td>SAR4STR4</td></tr>
<tr><td>KIC-OWP4</td><td>MCR L750</td><td>SAR4STR4</td><td>SAR3STR3</td></tr>
<tr><td>KIC-OWP5</td><td>RSS L550</td><td>SAR5STR5</td><td>SAR6STR6</td></tr>
<tr><td>KIC-OWP6</td><td>RSS L550</td><td>SAR6STR6</td><td>SAR5STR5</td></tr>
<tr><td>KIC-OWP7</td><td>TAG L715</td><td>SAR5STR5</td><td>SAR6STR6</td></tr>
<tr><td>KIC-OWP9</td><td>(EM)</td><td>SAR3STR3</td><td>SAR4STR4</td></tr>
<tr><td>KIC-OWP11</td><td>CR L749</td><td>SAR1STR1</td><td>SAR2STR2</td></tr>
<tr><td>KIC-OWP-POP1</td><td>CR L749</td><td>SAR5STR5</td><td>SAR6STR6</td></tr>
<tr><td>KIC- OWP-POP2</td><td>CR L749</td><td>SAR6STR6</td><td>SAR5STR5</td></tr>
</table>
2)不互为冗余备份的服务器同时失效，则此时其对应的操作员站会向备用服务器获取数据，对应工作站的功能可能受到影响，需执行失效的服务器执行标准工作指令 FQ4-KIC-M-SYS04：KIC SAR-STR 服务失效情况处理。
注意：在服务恢复时，其原先服务的操作员站将恢复其首选服务，因此，在恢复投用瞬间，操作员站可能会出现短暂黑屏现象，此属正常现象</td></tr>
<tr><td>参考资料信息</td><td colspan="2">维修二处仪控：4 号主控出现 4KIC014KA SAR6STR6 服务器故障处理反馈、完工报告《FQ4-MA03-RCWO-00843487/01 主控触发 4KIC014KA B 列 SAR6/STR6 服务器故障报警需处理》；
WR/WOT：00343648/00843487-01(紧急工单)</td></tr>
<tr><td>编　　者</td><td>运行二处一值：谷铁</td><td>时间：2019 年 03 月 01 日</td></tr>
</table>

6.3.12　主控出现 4KIC011KA2　SAR4-STR4 服务器故障

异常缺陷名称	主控出现 4KIC011KA2　SAR4-STR4 服务器故障
发生时间	2018 年 06 月 09 日中班

续　表

机组状态	RP 模式，满功率
异常缺陷现象	18:47:15，主控出现 4KIC011KA2(B 列 SAR4/STR4 服务器故障)，查看 SRV 画面 SAR4/STR4 单个接口通道显示红色，另一个通道显示绿色，本体显示“INCOMP”橙色，其他 SAR/STR 通道显示 OK 绿色
风险或潜在后果	1)单个通道中断，若另一个通道中断，则会导致 SAR4/STR4(存档实时数据服务器)不可用； 2)SAR4/STR4 与 SAR3/STR3 互为备用，如果 SAR3/STR3 不可用，则会导致副值长站和安工站 OWP 不可用
干预行动	已采取的行动措施： 1)检查 KIC 画面，未发现其他异常； 2)主控确认 KIC 操作正常； 3)查找技术规范，并与仪控、安工充分讨论后，当前不用记录 IO； 4)已 oncall 仪控同事现场检查，仪控电话反馈初步怀疑 SAR4/STR4 单个通道通讯中断，SAR4/STR4 服务器可用。 建议后续行动： 1)请仪控尽快查找报警原因，并消除缺陷； 2)请仪控检查确认其他 SAR/STR 运行正常； 3)运行加强对 KIC 画面的监视
原因分析	SAR4STR4 单列 Ring1 偶发故障
消缺行动	仪控处理反馈： 1)处理进展：当前报警已消除，SAR4STR4 服务器运行状态正常； 2)缺陷描述：主控触发 4KIC011KA2 报警(SAR4STR4 服务器故障)，经现场检查 SAR4STR4 单列 Ring 1 偶发故障； 3)原因分析：SAR4STR4 单列 Ring1 偶发故障，经确认 Ring 2 运行正常，不影响 SAR4STR4 服务器可用，对 KIC 平台运行无影响，无 IO； 4)处理措施：通过重启 SAR4STR4 Ring 1，缺陷消除，报警消失
相关知识	仪控针对 OWP 操纵员站失效、CCT 服务器失效、CFR 服务器失效、SAR*x*STR*x*(*x* 为 1~8)服务器失效、大屏幕故障、服务器网卡故障问题等有专门的程序《FQ4-MA03-TD-17048 4KIC 系统软件平台故障处理方法》。

续　表

<table>
<tr><td>相关知识</td><td>
1）若互为冗余备份的 SAR-STR 服务器同时失效，会导致表 1 中的工作站失效，分别针对每个服务器执行标准工作指令 FQ4-KIC-M-SYS04：KIC SAR-STR 服务失效情况处理。待服务器恢复正常运行后，执行标准工作指令 FQ4-KIC-M-SYS01：KIC-OWP 操作员站失效情况处理，恢复工作站的运行。
注意：不允许同时对两个或多个服务进行操作。若互为冗余备份的 SAR-STR 服务器同时失效，会导致下表中的工作站失效。
说明：SAR1 STR1 与 SAR2 STR2 互为冗余，SAR3 STR3 与 SAR4 STR4 互为冗余，SAR5 STR5 与 SAR6 STR6 互为冗余，其服务的操作员站的对应关系如表 1 所示。
表 1　SARxSTRx（x 为 1~8）服务器与 OWP 操纵员站对应表
<table>
<tr><th>OWP 名称</th><th>房间</th><th>首选</th><th>备用</th></tr>
<tr><td>KIC-OWP1</td><td>MCR L750</td><td>SAR1STR1</td><td>SAR2STR2</td></tr>
<tr><td>KIC-OWP2</td><td>MCR L750</td><td>SAR2STR2</td><td>SAR1STR1</td></tr>
<tr><td>KIC-OWP3</td><td>MCR L750</td><td>SAR3STR3</td><td>SAR4STR4</td></tr>
<tr><td>KIC-OWP4</td><td>MCR L750</td><td>SAR4STR4</td><td>SAR3STR3</td></tr>
<tr><td>KIC-OWP5</td><td>RSS L550</td><td>SAR5STR5</td><td>SAR6STR6</td></tr>
<tr><td>KIC-OWP6</td><td>RSS L550</td><td>SAR6STR6</td><td>SAR5STR5</td></tr>
<tr><td>KIC-OWP7</td><td>TAG L715</td><td>SAR5STR5</td><td>SAR6STR6</td></tr>
<tr><td>KIC-OWP9</td><td>（EM）</td><td>SAR3STR3</td><td>SAR4STR4</td></tr>
<tr><td>KIC-OWP11</td><td>CR L749</td><td>SAR1STR1</td><td>SAR2STR2</td></tr>
<tr><td>KIC-OWP-POP1</td><td>CR L749</td><td>SAR5STR5</td><td>SAR6STR6</td></tr>
<tr><td>KIC- OWP-POP2</td><td>CR L749</td><td>SAR6STR6</td><td>SAR5STR5</td></tr>
</table>
2）不互为冗余备份的服务器同时失效，则此时其对应的操作员站会向备用服务器获取数据，对应工作站的功能可能受到影响，需执行失效的服务器执行标准工作指令 FQ4-KIC-M-SYS04：KIC SAR-STR 服务失效情况处理。
注意：在服务恢复时，其原先服务的操作员站将恢复其首选服务，因此，在恢复投用瞬间，操作员站可能会出现短暂黑屏现象，此属正常现象
</td></tr>
<tr><td>参考资料信息</td><td>运行二处：4 号机组异常反馈——4 号主控室出现 4KIC011KA2 B 列 SAR4/STR4 服务器故障报警；
维修二处仪控：oncall 反馈——4KIC011KA2 报警处理反馈、完工报告《FQ4-MA03-RCWO-00942408/01　4 号主控出现 4KIC011KA2：B 列 SAR4/STR4 服务器故障报警，需检查处理》；
WR/WOT：00399365/00942408-01（紧急工单）</td></tr>
<tr><td>编　　者</td><td>运行二处一值：谷铁　｜　时间：2019 年 03 月 01 日</td></tr>
</table>

6.3.13　3号主控出现3KIC009KA、3KIC013KA，查看发现B列一层AW2-2显示红色故障

异常缺陷名称	3号主控出现3KIC009KA(B列CFR2服务器故障)、3KIC013KA(B列HEARTBEAT信号故障)，查看发现B列一层AW2-2显示红色故障
发生时间	2018年02月04日早班
机组状态	RP模式，满功率
异常缺陷现象	13:22:27，3号主控出现3KIC009KA(B列CFR2服务器故障)、3KIC013KA(B列HEARTBEAT信号故障)，同时查看SRV画面发现AW2-2显示红色故障
风险或潜在后果	影响DCS一二层通讯的可靠性
干预行动	已采取的行动措施： 1)查看和执行报警卡； 2)在KIC中查看SRV画面发现AW2-2显示红色故障； 3)oncall仪控检查处理
原因分析	根据已有的服务器日志信息，AW2-2服务器无硬件故障或功能故障，但日志显示在出现报警时刻，AW2-2服务器中的一二层通讯进程(FOXAPI)发生了重启和初始化，初步判断该进程的重启导致了短暂的3KIC009KA、013KA报警和故障指示
消缺行动	仪控处理反馈： 1)处理进展：3KIC009KA、3KIC013KA报警出现后约1.5 min已自行消失，KIC画面中AW2-2状态已显示正常，一二层通讯功能正常。 2)缺陷描述：02月04日13:22:27，3号主控出现3KIC009KA、3KIC013KA，同时查看SRV画面发现AW2-2显示红色故障。 3)处理措施：维修人员现场确认了故障指示准确，拟开票进行进一步检查和服务器重启操作，在工作前检查和开票准备过程中，发现3KIC009KA、3KIC013KA已自行消失，稍后数分钟AW2-2红色故障也自行消失，现场检查确认AW2-2运行正常、一二层数据通讯正常，KIC心跳正常，仪控与运行讨论确认，不继续执行服务器重启操作。 4)故障原因分析： 根据已有的服务器日志信息，AW2-2服务器无硬件故障或功能故障，但日志显示在出现报警时刻，AW2-2服务器中的一二层通讯进程(FOXAPI)发生了重启和初始化，初步判断该进程的重启导致了短暂的3KIC009KA、013KA报警和故障指示

续 表

<table>
<tr><td>相关知识</td><td>DCS 二层与一层的数据交互：
1）一层数据上传：
· 每台 CFR（前端服务器）通过一个交换机和 DCS 一层的两台 API 服务器相连。
· A 列的 AW1-1 服务器和 B 列的 AW2-1 服务器上传到二层的数据是一致的。A 列的 AW1-2 服务器和 B 列的 AW2-2 服务器上传到二层的数据是一致的。A 列的两台 AW 的数据结合到一起就是电厂 KCP 系统上传的完整数据。B 列亦然。
· 一层 AW 只向 CFR 发送发生了变化的数据。
· 两台 CFR 都将数据发送给 CCT 进行处理。
· 两台 CCT（中央数据处理服务器）互为备用，一主一从。
· 只有主 CCT 的数据会发送到 SAR-STR（数据存储服务器）。
· OWP（操作员站）从 SAR-STR 中读取数据提供给操作员。
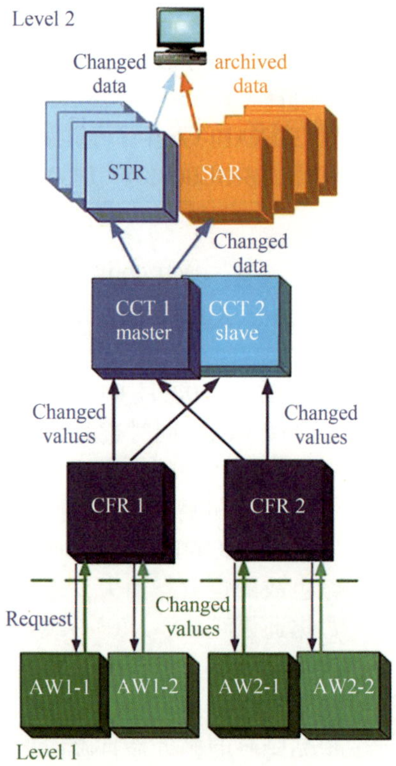

图 1　一层数据上传</td></tr>
</table>

续　表

<table>
<tr><td>相关知识</td><td colspan="2">2）二层数据下发：
·OWP（操作员站）下发的命令由 SAR-STR（数据存储服务器）发送给 CCT。
·只有主 CCT（中央数据处理服务器）向由它选中的 CFR（前端服务器）发送命令。
·被主 CCT 选中的 CFR 向 AW 发送命令
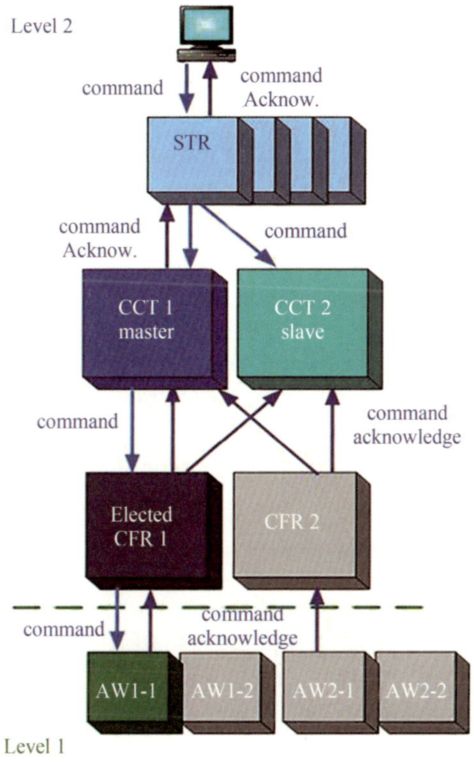

图 2　二层数据命令下发</td></tr>
<tr><td>参考资料信息</td><td colspan="2">维修二处仪控：3 号主控出现 3KIC009KA、3KIC013KA B 列一层 AW2-2 故障报警；
WR/WOT：00345188/00845283-01（紧急工单）</td></tr>
<tr><td>编　　者</td><td>运行二处一值：谷铁</td><td>时间：2019 年 03 月 01 日</td></tr>
</table>

6.3.14　4 号主控机操站第 3 号屏幕右侧操作框卡死

异常缺陷名称	4 号主控机操站第 3 号屏幕右侧操作框卡死
发生时间	2018 年 04 月 01 日中班

续 表

机组状态	RP 模式，满功率
异常缺陷现象	巡检画面的过程中，点击 4DVN377VAF/129VAF 后，4KIC602WS(机操站)第三个屏幕的右侧弹出框弹出后无法关闭，无法退出，弹出框卡死(该工作站可用，该屏幕可查看信息，但是不能操作，其他屏幕正常)
风险或潜在后果	弹出框弹出后无法关闭，无法退出。因 4KIC602WS、4KIC604WS 中有个屏幕右侧弹出栏卡死，维修仪控依次重启 4KIC602WS、4KIC604WS，造成 4KIC602WS、4KIC604WS 依次分别不可用，IO2：KIC1。4 号机组 4DVN377VAF/129VAF 为就地手动阀门，画面 operation 不会影响该设备运行状态
干预行动	已采取的行动措施： 1)检查确认其他工作站无卡死情况，确认可用； 2)进行工作站的重新分配使用； 3)oncall 仪控检查处理
原因分析	1)4 号机组 4DVN377VAF/129VAF 画面 operation 操作框模板配置错误，导致在操作员选择该设备时，操作框识别紊乱，画面卡死； 2)4 号机 KIC 系统自调试移交以来，没有数据更新的窗口，仪控在线下已经对 4KIC 进行数据自检及修改，待大修窗口进行数据更新工作
消缺行动	仪控处理反馈： 1)影响评估：4 号机组 4DVN377VAF/129VAF 为就地手动阀门，画面 operation 不会影响该设备运行状态。 2)处理进展：4 号主控机操站画面恢复正常。 3)原因分析： ①号机组 4DVN377VAF/129VAF 画面 operation 操作框模板配置错误，导致在操作员选择该设备时，操作框识别紊乱，画面卡死； ②4 号机 KIC 系统自调试移交以来，没有数据更新的窗口，仪控在线下已经对 4KIC 进行数据自检及修改，待大修窗口进行数据更新工作。 4)处理措施： 重启 4 号主控机操站，画面卡死恢复。 5)后续行动： ①梳理 4KIC 系统数据，对错误数据进行修改； ②401 大修进行数据更新； ③告知主控禁止点击 4DVN377VAF/129VAF 这两个阀门

续 表

相关知识	如果出现下列任何一种情况，则该操纵员工作站宣布不可用： 1)鼠标或跟踪球不可用； 2)键盘不可用； 3)超过2个屏幕不可用； 4)DCS一层、二层之间通讯故障以及DCS二层服务器故障造成的操纵员工作站数据不可用
参考资料信息	维修二处仪控：oncall反馈——4号主控机操站第3号屏幕右侧操作框卡死处理进展反馈、完工报告《FQ4-MA03-RCWO-00883030/01 4KIC602WS第三块屏幕卡死，请处理》； WR/WOT：369103/00883030-01(紧急工单)
编　　者	运行二处一值：谷铁　　时间：2019年03月01日

6.3.15 2号主控闪发2KIC021KA(A列KIC切换到BUP)报警

异常缺陷名称	2号主控闪发2KIC021KA(A列KIC切换到BUP)报警
发生时间	2018年08月25日夜班
机组状态	RP模式，电功率1075 MWe
异常缺陷现象	23:08:49，2号主控触发2KIC021KA(A列KIC切换到BUP)报警，BUP盘上触发2KIC001AA(KIC设备失效A列)和2KIC002AA(KIC设备失效B列)，23:08:54，报警消除。23:08:53、23:08:55，分别触发2KIC001KA(A列CCT服务器故障)、2KIC010KA(B列CCT服务器故障)报警，当前这两个报警持续触发。查看KIC监视画面，CCT1显示故障，CCT2状态为“INCOMP”。 经仪控专业人员初步反馈，当前CCT1服务器故障不可用，已自动切换至CCT2服务器运行。闪发2KIC021KA的原因为CCT1服务器故障后自动切换至CCT2服务器的过程中触发
风险或潜在后果	1)根据IKIC事故规程，2KIC001AA或2KIC002AA报警触发需执行IKIC规程； 2)当前CCT1服务器故障，若CCT2服务器运行异常，则KIC丧失； 3)一台CCT不可用，需记录KIC3第二组IO
干预行动	已采取的行动措施： 1)oncall仪控专业人员进厂检查处理； 2)根据IKIC规程及KIC3缓解措施，检查KIC房间温度及LNE/LMA/LNP/LMB电压未见异常；

续　表

干预行动	3）主控减少非必要的 KIC 操作； 4）执行 KIC3 缓解措施。 建议后续行动： 请仪控专业尽快检查确认当前 KIC 运行状态，并制订方案处理 CCT1 服务器故障
原因分析	CCT1 服务器死机导致 CCT1 服务器显示故障停运
消缺行动	仪控处理反馈： 1）检修步骤： ①在值长允许后开始工作； ②将 CCT1 服务器在就地手动重启； ③在 AMC 软件上对 CCT1 服务进行启动； ④检查确认 2KIC001KA、2KIC010KA 消失，CCT1 可正常访问； ⑤确认 2KIC 系统所有服务正常。 2）故障原因分析：CCT1 服务器死机导致 CCT1 服务器显示故障停运
相关知识	1）CT1 与 CCT2 两台中央处理服务器同时失效，则 KIC 平台完全失效，将机组控制模式从 KIC 切换至 BUP； 2）DCS 二层与一层的数据交互： ①一层数据上传： · 每台 CFR（前端服务器）通过一个交换机和 DCS 一层的两台 API 服务器相连。 · A 列的 AW1-1 服务器和 B 列的 AW2-1 服务器上传到二层的数据是一致的。A 列的 AW1-2 服务器和 B 列的 AW2-2 服务器上传到二层的数据是一致的。A 列的两台 AW 的数据结合到一起就是电厂 KCP 系统上传的完整数据。B 列亦然。 · 一层 AW 只向 CFR 发送发生了变化的数据。 · 两台 CFR 都将数据发送给 CCT 进行处理。 · 两台 CCT（中央数据处理服务器）互为备用，一主一从。 · 只有主 CCT 的数据会发送到 SAR-STR（数据存储服务器）。 · OWP（操作员站）从 SAR-STR 中读取数据提供给操作员。 ②二层数据下发： · OWP（操作员站）下发的命令由 SAR-STR（数据存储服务器）发送给 CCT。 · 只有主 CCT（中央数据处理服务器）向由它选中的 CFR（前端服务器）发送命令。 · 被主 CCT 选中的 CFR 向 AW 发送命令

续 表

<table>
<tr><td>相关知识</td><td>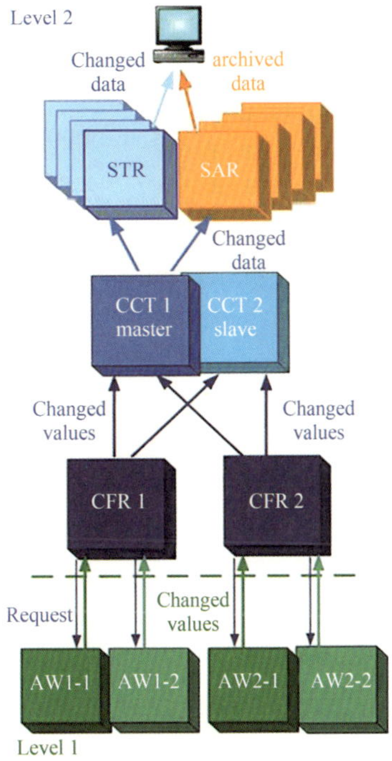

图 1　一层数据上传
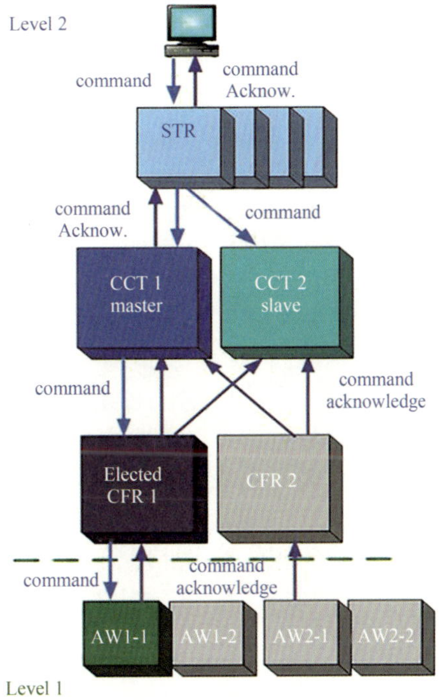

图 2　二层数据命令下发</td></tr>
</table>

续 表

参考资料信息	运行一处：2 号机组异常反馈——2 号主控闪发 2KIC021KA（A 列 KIC 切换到 BUP）报警； 维修一处仪控：EAM 中工单 00997817-01 完工报告； WR/WOT：00432724/00997817-01（紧急工单）	
编　　者	运行二处一值：谷铁	时间：2019 年 03 月 01 日

6.3.16 4KIC605WS（4 号机组堆操站 A 列 SVDU）屏幕不可用

异常缺陷名称	4KIC605WS（4 号机组堆操站 A 列 SVDU）屏幕不可用
发生时间	2017 年 08 月 14 日夜班
机组状态	RP 模式，电功率 933 MWe
异常缺陷现象	堆操站 A 列 SVDU 屏幕 4KIC605WS-001HV 操作无反应
风险或潜在后果	导致 4KIC605WS 不可用，产生 I02：KIC5
干预行动	已采取的行动措施： 1）重新分配工作站； 2）oncall 仪控检查处理
原因分析	触屏命令无法下发，但屏幕上显示的信号正常。触屏命令信号经 USB 线缆送至主机的线路有故障，长期上电运行会导致信号偶发性的无法发送。根据 3 号机组类似处理经验，屏幕侧 USB 接口故障的可能性较大，先对 USB 线缆进行热插拔消除 IO，后续再领取备件对屏幕进行更换以排查到故障部件并完成问题的根本处理
消缺行动	仪控处理反馈： 1）处理进展：4KIC605WS 屏幕已经恢复可用； 2）检修步骤：对 4KIC605WS 的 USB 线缆进行热插拔，触屏恢复可用； 3）故障原因分析：触屏命令无法下发，但屏幕上显示的信号正常。触屏命令信号经 USB 线缆送至主机的线路有故障，长期上电运行会导致信号偶发性的无法发送。根据 3 号机组类似处理经验，屏幕侧 USB 接口故障的可能性较大，先对 USB 线缆进行热插拔消除 IO，后续再领取备件对屏幕进行更换以排查到故障部件并完成问题的根本处理
相关知识	在主控制室 3 个操纵员工作站各有 2 台 SVDU（A、B 系列各 1 台）。如果 SVDU 上出现下列情况，则宣布该台 SVDU 不可用： 1）SVDU 的屏幕不可用； 2）SVDU 的服务器不可用

续 表

参考资料信息	维修二处仪控：oncall 反馈——4KIC605WS(4 号机组堆操站 A 列 SVDU)屏幕不可用(I02)处理的反馈； WR/WOT：00279694/00672804-01(紧急工单)	
编　　者	运行二处一值：谷铁	时间：2019 年 03 月 01 日

6.3.17 4LHQ 低功率试验时，SVDU B 列(4KIC608WS)出现两次重启

异常缺陷名称	4LHQ 低功率试验时，SVDU B 列(4KIC608WS)出现两次重启
发生时间	2018 年 12 月 21 日早班
机组状态	RP 模式，满功率
异常缺陷现象	11:22 和 13:15，机操站 SVDU B 列(4KIC608WS)出现两次重启，约 5 min 后重启完成，重启后操纵员重新登录后，该台 SVDU 上参数可正常监视，并可进行正常的画面切换操作，经仪控确认可用。初步怀疑是 4LHQ 低功率试验时电源恢复过程中导致
风险或潜在后果	一个工作站上一台 SVDU 不可用，需记录 KIC 第二组 I0：KIC5
干预行动	1)已采取的行动措施： ①发现机操站一台 SVDU 重启后，及时确认该工作站重启后参数可正常监视并可正常进行画面切换； ②确认其他操纵员站 SVDU 工作正常； ③及时 ocall 仪控专业确认该工作站目前可用，并开紧急票对其进行检查； ④查询技术规范并与安工核实，在重启时间段内该台 SVDU 不可用，记录 KIC5 第二组 I0，并执行 KIC5 要求采取的措施(重新分配工作站)。 2)建议后续行动： ①初步怀疑为早班执行 4LHQ 低功率试验恢复时电源切换过程中导致 SVDU 短时失电后重启，需仪控专业对该 SVDU 上游双电源进行检查和日志收集，并分析此次出现重启的根本原因； ②根据仪控后续的检查结果，建议后续进行柴油机低功率试验时主控操纵员加强 SVDU 状态监视，并对试验规程进行升版增加该经验反馈
原因分析	经检查确认 4KIC608WS SVDU 主机 F2 保险烧断；SVDU 主机为双路电源供电，保险烧断导致一路电源 4LNP 供电丧失；同时进行 4LHQ 柴油机低功率试验时，由于电源短时切换导致另一路供电电源 4LMB 短时丢失，造成 4 号机组机操站 B 列 SVDU(4KIC608WS)短时断电后重启

续 表

消缺行动	仪控处理反馈： 1）处理进展：已完成烧断保险更换，SVDU 工作正常。 2）缺陷描述：4 号机组机操站 B 列 SVDU（4KIC608WS）不明原因重启。 3）原因分析：经检查确认 4KIC608WS SVDU 主机 F2 保险烧断；SVDU 主机为双路电源供电，保险烧断导致一路电源 4LNP 供电丧失；同时进行 4LHQ 柴油机低功率试验时导致另一路供电电源 4LMB 短时丢失，造成 4 号机组机操站 B 列 SVDU（4KIC608WS）重启。 4）处理措施：对 4KIC608WS SVDU 主机 F2 烧断保险进行更换，SVDU 主机恢复双路供电。 5）检修过程： ①确认工作对象为 4KIC608WS； ②进行电源故障诊断，输入指令“pidin -p db_manager”； ③输出指令“show_event OWS2_PS_1_OK”，确认 F1 供电正常； ④输出指令“show_event OWS2_PS_2_OK”，确认 F2 供电丧失； ⑤检查确认为 F2 供电保险烧断，对保险进行更换； ⑥输出指令“show_event OWS2_PS_2_OK”，确认 F2 供电恢复正常； ⑦对 4KIC608WS SVDU 工作站进行日志收集； ⑧确认工作完成，归还工作许可证。 6）后续行动：增加 PM 项对 SVDU 主机的保险进行定期检查及维护
相关知识	1）在主控制室 3 个操纵员工作站各有 2 台 SVDU（A、B 系列各 1 台）。如果 SVDU 上出现下列情况，则宣布该台 SVDU 不可用： ①SVDU 的屏幕不可用； ②SVDU 的服务器不可用。 2）4 号机 SVDU 主机为双路电源供电，B 列 SVDU 一路电源为 4LNP 供电，另一路供电电源 4LMB
参考资料信息	运行二处：4 号机组异常反馈——4 号机组机操站 B 列 SVDU（4KIC608WS）不明原因重启； 维修二处仪控：oncall 反馈——4 号机组机操站 B 列 SVDU（4KIC608WS）重启问题处理反馈、EAM 中工单 01081459-01 的完工报告； WR/WOT：00481123/01081459-01（紧急工单）
编　　者	运行二处一值：谷铁　　　时间：2019 年 03 月 01 日

6.3.18 4号机组值长站B列SVDU不可用

异常缺陷名称	4号机组值长站B列SVDU不可用
发生时间	2019年04月09日早班
机组状态	RP模式，满功率
异常缺陷现象	仪控执行4PT09151：4号机组SVDU双路供电检查(B列)工作过程中发现值长站B列SVDU(4KIC610WS)供电检查程序无法正确执行。维修仪控开紧急票对4KIC610WS进行重启后发现主控室堆操和机操站的B列SVUD心跳信号出现一定程度的卡涩现象。重新将4KIC610WS停运后，其他工作站心跳信号恢复正常
风险或潜在后果	1)值长站B列SVDU失去监视和操作功能； 2)产生I02：KIC5要求检修必须在7天内完成； 3)如果此时其他工作站出现一台SVUD不可用会产生I01：KIC6要求24 h内开始向NS/RRA模式后撤
干预行动	已采取的行动措施： 1)停止SVDU工作站上的相关工作，监视其他工作站的SVUD处于正常工作状态； 2)要求维修仪控分析4KIC610WS启动后导致其他工作站卡涩的原因； 3)记录产生的I02：KIC5，并执行其要求采取的措施
原因分析	4KIC610WS重新启动后与其他3台B列SVDU的时间存在4 min左右的偏差，导致B列SVUD心跳信号出现一定程度的卡涩现象(SVDU不接受外部授时，只有自己的内部时间)
消缺行动	仪控处理反馈： 1)处理进展：B列SVUD心跳信号出现一定程度的卡涩现象已消除； 2)处理措施：将4KIC610WS网络断开，对其时间进行调整与B列其他3台SVDU保持一致，重新启动4KIC610WS并恢复网络连接，B列SVUD心跳信号正常，确认B列SVDU画面显示及画面切换正常。目前B列4KIC610WS为从服务器，4KIC634WS为主服务器；A列4KIC609WS为主服务器，4KIC633WS为从服务器； 3)原因分析：4KIC610WS重新启动后与其他3台B列SVDU的时间存在4 min左右的偏差，导致B列SVUD心跳信号出现一定程度的卡涩现象(SVDU不接受外部授时，只有自己的内部时间)； 4)后续行动措施：定期对各SVDU时间进行检查，出现偏差后及时进行调整

续 表

相关知识	在主控制室 3 个操纵员工作站各有 2 台 SVDU（A、B 系列各 1 台）。 如果 SVDU 上出现下列情况，则宣布该台 SVDU 不可用： ①SVDU 的屏幕不可用； ②SVDU 的服务器不可用	
参考资料信息	运行二处：4 号机组异常反馈——4 号机组值长站 B 列 SVDU 不可用； 维修二处仪控：答复“4 号机组异常反馈——4 号机组值长站 B 列 SVDU 不可用”	
编　　者	运行二处一值：谷铁	时间：2019 年 05 月 16 日

6.3.19　主控触发 3KIC028KA 报警（3KIC622AR 机柜温度高）

异常缺陷名称	主控触发 3KIC028KA 报警（3KIC622AR 机柜温度高）
发生时间	2017 年 10 月 04 日中班
机组状态	RP 模式，电功率 836 MWe
异常缺陷现象	主控触发 3KIC028KA 报警（3KIC622AR 机柜温度高），就地检查发现 3KIC622AR 机柜报警灯亮
风险或潜在后果	影响 3KIC622AR 机柜安全稳定运行
干预行动	已采取的行动措施： 1）查看和执行报警卡，安排就地检查发现 3KIC622AR 机柜报警灯亮； 2）oncall 仪控检查处理
原因分析	经核实，机柜内风扇运行正常，且限位动作正常，经查看风扇挡片，发现风扇挡片弧度偏小，后查看机柜滤网，发现机柜滤网脏污，初步判断为机柜滤网脏污导致风扇吸力不足，又因挡片弧度偏小，从而导致风扇挡片掉落
消缺行动	仪控处理反馈： 1）处理进展：已对风扇挡片的弧度进行调整，挡片正常吸合，主控报警消失； 2）缺陷描述：主控触发 3KIC028KA 报警（3KIC622AR 机柜温度高），就地检查发现 3KIC622AR 机柜报警灯亮，柜内风扇挡片掉落（未吸合）； 3）原因分析：经核实，机柜内风扇运行正常，且限位动作正常，经查看风扇挡片，发现风扇挡片弧度偏小，后查看机柜滤网，发现机柜滤网脏污，初步判断为机柜滤网脏污导致风扇吸力不足，又因挡片弧度偏小，从而导致风扇挡片掉落；

续　表

消缺行动	4）处理措施：已对风扇挡片弧度进行调整，挡片吸合正常。后续计划 301 大修期间对 KIC 服务器机柜进行清灰，对机柜滤网进行更换	
相关知识	3KIC028KA 报警（3KIC622AR 机柜温度高）的可能原因： 1）KIC622AR 机柜内风扇故障； 2）KIC622AR 所在房间的空调系统故障	
参考资料信息	运行二处：eSOMS 日志（2017 年 10 月 04 日中班）； 维修二处：维修日报（2017 年 10 月 05 日）； WR/WOT：00296263（快速维修）	
编　　者	运行二处一值：谷铁	时间：2019 年 05 月 16 日

6.3.20　4KIC625AR 机柜故障红灯亮

异常缺陷名称	4KIC625AR 机柜故障红灯亮
发生时间	2017 年 10 月 27 日早班
机组状态	RP 模式，满功率
异常缺陷现象	现场巡检发现 4KIC625AR 机柜故障红灯亮
风险或潜在后果	导致主控室大屏幕 A 列服务器 4KIC625AR 机柜失去一路供电
干预行动	已采取的行动措施： 1）oncall 仪控人员检查处理； 2）要求仪控确认 4KIC625AR 机柜另一路供电正常、冗余列 4KIC626AR 运行正常
原因分析	4KIC625AR 其中一路供电上游空开 106UP 跳开导致机柜失去一路供电
消缺行动	仪控处理反馈： 1）缺陷描述：4KIC625AR 触发机柜报警； 2）处理措施：对 4KIC625AR 下游负载及供电线路进行绝缘检查，未发现明显异常，合上 106UP 后机柜双路供电正常； 3）处理进展：已完成机柜内供电线路检查，负载及供电无问题，当前机柜已恢复双路供电。4KIC625AR 为主控室大屏幕 A 列服务器机柜，单路供电对大屏幕运行无影响； 4）原因分析：4KIC625AR 其中一路供电上游空开 106UP 跳开导致机柜失去一路供电

续 表

相关知识	主控室大屏幕服务器机柜均为双路供电，单路供电对大屏幕运行无影响
参考资料信息	维修二处仪控：oncall 反馈——4KIC625AR 失去一路供电问题处理进展反馈； WR/WOT：0030444/00736908-01(紧急工单)
编　　者	运行二处一值：谷铁 | 时间：2019 年 05 月 16 日

6.3.21　4 号机组 RGL 至 DCS 通讯故障导致 RGL 系统在 KIC 画面失去手动控制和监视

异常缺陷名称	4 号机组 RGL 至 DCS 通讯故障导致 RGL 系统在 KIC 画面失去手动控制和监视
发生时间	2017 年 07 月 20 日早班
机组状态	RP 模式，核功率 1%FP，电功率 0 MW
异常缺陷现象	7:40，4 号机组操纵员发现 4KIC 中 RGL 画面模块显示洋红色，4RGL 系统在 KIC 上失去手动控制和监视功能。维修仪控人员接到主控室 oncall 后迅速响应，经分析判断，确认为 4RGL 到 4DCS 通讯模块 FBM233 卡件故障，导致 4 号机组 4RGL 到 4DCS 通讯中断，超出《福建福清核电 3、4 号机组运行技术规范》“反应堆功率运行模式(RP)”下“RGL 系统用于和 DCS 通信的 GW 单元必须可用”的规定。 9:00，通过对 FBM233 卡件执行软件重新下装及上线操作，4RGL 到 4DCS 通讯功能恢复正常，4KIC 画面中 RGL 相关显示及控制功能恢复正常
风险或潜在后果	4RGL 系统在 KIC 上失去控制和监视功能，主控室失去对控制棒的手动控制和棒位监视
干预行动	已采取的行动措施： 1)维持机组状态，避免控制棒的手动操作； 2)若控制棒动作，检查控制棒自动动作正常； 3)oncall 仪控人员检查处理
原因分析	1)直接原因：DCS 中的 V5090B 下游通讯协议驱动模块 FBM233 卡件偶发失效故障； 2)根本原因：RGL-DCS 通讯设备功能的技术管理不到位，对于首次进行互联的设备测试深度不足

续　表

消缺行动	仪控处理反馈： 1）缺陷描述：4RGL 系统 KIC 画面全部显示洋红色。 2）处理进展：缺陷已完成处理，4RGL 系统 KIC 画面显示恢复正常。 3）处理措施：对 4KCP509AR 中的 FBM233 卡件重新执行软件下装操作并上线后，通讯功能恢复正常。 4）工作过程： ①取得工作许可证； ②召开工前会； ③打开一层工作站进入 ICC 组态画面； ④对 FBM233 进行重新上线操作； ⑤查看 KIC 画面仍洋红； ⑥对通讯协议进行重新下装； ⑦查看 KIC 画面恢复正常； ⑧归还工作许可证。 5）原因分析：4RGL 至 4DCS 通讯中断，中断点发生在 4KCP509AR 的 FBM233 卡件，故障原因为软件驱动功能异常
相关知识	4RGL-DCS 通讯故障的核安全影响与运行技术规范条款分析： 4RGL-DCS 通讯故障发生后，电厂立即对故障进行响应处理以及查找根本原因，同时召集运行处，维修仪控，核安全处，设备管理处等部门讨论分析此次事件对核安全的影响，通过分析可得知，故障对核安全的影响是安全可控的。另外通过分析得知，运行技术规范对 RGl-DCS 系统通讯的相关规定不清晰，存在一定的不合理，同时电厂仍然严格要求报为运行事件，并按照最严格的要求执行一系列的纠正措施。具体分析如下： 1）控制棒处于手动控制时，RGL-DCS 通讯中断，控制棒失去手动控制功能。如果机组需要快速后撤，不能通过快速插棒来实现，但此时机组可以硼化后撤； 2）控制棒处于自动控制时，RGL-DCS 通讯中断，控制棒棒位变化可以自动跟随汽机负荷变化。如果出现汽机甩负荷的情况，此时控制棒可以跟随快速插棒； 3）事故情况下，RGL-DCS 通讯中断，自动或手动的紧急停堆，控制棒可以落入堆芯，不影响机组状态的控制以及事故规程的执行； 在 RGL 与 DCS 通讯中断时，RGL 系统仍能保持通讯中断前的状态，仅失去控制棒的手动控制和棒位监视。控制棒失去手动控制功能时，可以通过硼化或稀释的手段控制反应性；KIC 画面失去各状态灯和棒位监视功能时，可以通过 BUP 盘和仪控工程师站查看棒位显示情况。

续 表

相关知识	综上所述，RGL 与 DCS 通讯故障对核安全的功能影响是安全可控的。 另一方面，当机组发生 KIC 系统不可用事件时，记为 I01 事件，KIC 不可用的过程中，整个 KIC 系统中包括 RGL 画面在内的所有设备显示与手动操作功能均不可用；RGL-DCS 通讯失效发生时，KIC 系统中仅限于 RGL 相关的显示与手动操作不可用。RGL-DCS 通讯故障的影响范围远低于 KIC 失效对机组的影响，但因技术规范缺少详细规定不能按照 I0 方式管理。 目前《福清 3、4 号机组运行技术规范》中对 RGL 与 DCS 通讯可用性的规范描述不清晰，仅规定了 RGL 系统一个网关(GW)不可用的 I0 事件及所采取措施，未说明 RGL 与 DCS 通讯丧失的情况下的 I0 事件及所需采取的措施。 综合以上分析：运行技术规范对 RGL-DCS 系统通讯的相关规定不清晰，存在一定的不合理，也不利于及时有效执行技术规范，拟核实同行电厂的 RGL 到 DCS 通讯在运行技术规范要求情况，同时针对福清核电 3、4 号机组 RGL 到 DCS 通讯功能对运行技术规范影响情况将向设计发函澄清，进一步明确这类情形的技术规范适用要求或增加明确的规定	
参考资料信息	维修二处仪控：《4 号机组 RGL 至 DCS 通讯故障导致 RGL 系统在 KIC 画面失去手动控制和监视运行事件》、4RGL 系统 KIC 画面全部显示洋红色问题反馈； WR/WOT：00270726/00659372-01(紧急工单)	
编　者	运行二处一值：谷铁	时间：2019 年 05 月 16 日

6.3.22 KIC 操纵员站短时不可用

异常缺陷名称	KIC 操纵员站短时不可用
发生时间	2014 年 12 月 26 日
机组状态	RP 模式，满功率

续 表

异常缺陷现象	维修人员在执行工作票"1-PT-03153-1KDO941PP1KDO 系统 AIM 软件安装，并进行 SOE/TRA 通讯验证"工作时，对 SAR8 服务器(KIC 系统 B 列历史存档服务器)状态进行核查，发现 SAR8 服务器处于待插入状态，为恢复 SAR8 服务器至正常工作状态，维修人员按照工作指令单步骤，在 16:06 对 SAR8 服务器执行了插入操作。由于执行插入操作的时间较长，存在大量的数据需要同步，16:24 左右出现 CCT 服务器(KIC 系统数据处理服务器)停运，16:25分左右，主控闪发 1KIC021KA/1KIC001AA(KIC 切到 BUP)，同时触发 1KIC002AA(KIC 切到 BUP)后未消失。操纵员发现 1 号机组 KIC 操纵员工作站响应迟缓，KIC 无法正常操作。至 16:27 左右 1 号机组所有 KIC 操纵员工作站和大屏幕黑屏，出现 KIC 操纵员站不可用； 运行人员执行"FQ1-OP03-AC-IKIC KIC 操纵员工作站不可用事故处理规程"，将机组转到 BUP 控制。维修人员紧急响应，完成对 KIC 平台重启，主控退出 IKIC 规程，16:47 分机组恢复到 KIC 控制，事件结束。 整个事件过程中，机组状态稳定，机组保持满功率运行
风险或潜在后果	导致 1KIC 操纵员站不可用，按事故规程将机组切换到 BUP 控制
干预行动	已采取的行动措施： 1)运行人员立即通知维修人员紧急响应，同时查阅事故规程 IKIC，做好 KIC 切换到 BUP 操作的事故预想； 2)在 KIC 丧失后，运行人员立即执行"FQ1-OP03-AC-IKIC KIC 操纵员工作站不可用事故处理规程"，按照规程要求手动将 KIC 切换至 BUP 控制，稳定机组状态； 3)维修人员完成 KIC 操纵员站恢复后，运行人员执行"FQ1-OP03-AC-SKIC 从 BUP 回到 KIC 处理规程"，将 1 号机组由 BUP 切回 KIC 控制，整个事件结束
原因分析	事件发生后，厂家技术人员对现场 KIC 平台日志进行了分析，从平台备份日志中获得了以下信息： ①AMC(KIC 系统平台管理软件)日志：12/25 15:08:19 点击 SAR8 程序 Stop 按钮； ②SAR8 日志：12/25 15:09:45 SAR8 进程已停运； ③AMC 日志：12/25 15:27:14 启动了 SAR8 程序； ④SAR8 日志：12/25 15:27:15 SAR8 开始启动进程； ⑤AMC 日志：12/26 16:06:34 在 AMC 上点击了 Reinsert 按钮； ⑥CCT1 日志：12/26 16:23:19 CCT1 出现了负载过高卡死的状态； ⑦CCT2 日志：12/26 16:26:22 CCT2 也出现了 CCT1 同样的状况；

续 表

<table>
<tr><td>原因分析</td><td>⑧KIC-OWP 日志：12/26 16:27 KIC 全部操作员站不可用。
通过日志信息分析可以看到事件的起因是对 SAR8 执行的 Reinsert 插入操作。根据 KIC 平台同步原理，当某一台 SAR 服务器处于停止状态，在 AMC 上执行 START 操作，START 完成之后，SAR 会与平台中的其他 SAR 进行数据同步，需同步的数据为上一次 SAR 停止直到 reinsert 操作期间的全部数据。根据事件的时间序列，在 SAR8 启动完成到执行 reinsert 插入操作时时间较长，存在大量的数据需要同步。由于 CCT 分出了较多的资源处理 SAR8 的数据同步，直接导致了操纵员站开始响应变慢直至不可用。
直接原因：执行 SAR8 插入操作时因同步数据量大而使 CCT 超负荷停运。
根本原因：
目前平台所使用的 CCT 服务器是 HP 公司 2007 年上市的 RX2660 服务器，配置如下：
<table><tr><td>部件名称</td><td>CPU</td><td>内存</td><td>硬盘</td></tr><tr><td>设备参数</td><td>1.66GHz</td><td>2core</td><td>8GB</td></tr></table>
该服务器性能基本满足现场需求，但性能裕量不大，导致执行 1SAR8 服务器 Reinsert 插入操作时出现了超负荷现象。该服务器硬件升级的空间较大，按照核电行业内当前工艺水平的主流产品进行升级，能大幅度提升硬件性能。
CCT 服务器硬件配置较低导致处理高数据量运算时出现超负荷运行现象使服务器性能变差并最终停运是本次事件的根本原因</td></tr>
<tr><td>消缺行动</td><td>仪控处理反馈：
1）处理措施：对 KIC 平台重启；
2）故障原因分析：执行 SAR8 插入操作时因同步数据量大而使 CCT 超负荷停运</td></tr>
<tr><td>相关知识</td><td>CCT1 与 CCT2 两台中央处理服务器同时失效，则 KIC 平台完全失效。需将机组控制模式从 KIC 切换至 BUP</td></tr>
<tr><td>参考资料信息</td><td>维修一处和核安全处：《1 号机组 KIC 操纵员站短时不可用事件报告的报告》</td></tr>
<tr><td>编　者</td><td>运行二处一值：谷铁　　时间：2019 年 05 月 16 日</td></tr>
</table>

6.3.23 验证 1ARE003KU 功能时出现 KIC 操纵员站全部不可用

异常缺陷名称	验证 1ARE003KU 功能时出现 KIC 操纵员站全部不可用
发生时间	2014 年 08 月 04 日早班
机组状态	RP 模式，核功率 0.95%FP，所有控制棒在手动模式，PZR 压力、水位自动控制模式
异常缺陷现象	13:58，运行人员验证 1ARE003KU 功能，KIC 操纵员站全部不可用，操纵员执行 FQ1-OP03-AC-IKIC《KIC 操纵员工作站不可用事故处理规程》规程，同时通知仪控人员进行检查处理。 14:04，操纵员将 KIC 切换到 BUP 控制机组状态。 14:06，KIC 恢复。 14:08，切回 KIC 控制，稳定并恢复机组状态。 事件发生前，所有控制棒处于手动状态；KIC 切 BUP 后，G/R 棒自动转到自动模式(符合设计逻辑，目前已技改，见“相关知识”栏)，G 棒由 357 步自动提升到 470 步，R 棒由 198 步自动下插到 71 步。其中 G 棒整定棒位设定 470 步是根据调试规程 TP1RRC65《G 棒组功率控制试验与校准》设置
风险或潜在后果	KIC 操纵员站失去，切至 BUP 控制，控制棒自动投自动，导致机组瞬态，功率扰动较大
干预行动	已采取的行动措施： 1)KIC 操纵员站全部不可用，操纵员执行 FQ1-OP03-AC-IKIC《KIC 操纵员工作站不可用事故处理规程》规程，将操纵员将 KIC 切换到 BUP 控制机组状态； 2)通知仪控检查处理故障； 3)在 KIC 恢复后，从 BUP 切回 KIC 控制，稳定并恢复机组状态
原因分析	KIC 系统数据组态时将参数 1ARE003KU 配置成 1APA003KU(正确配置应为 1ARE003KU)，当操作员点击 1ARE003KU 对象且发出 SP CONTROL(设定值控制)命令时，系统实际发出的是 1APA003KU 对应的命令，KIC 系统诊断当前操作发出的是错误命令，可能造成设备误动，所以自动停止 CFR 服务器
消缺行动	仪控处理反馈： 1)初因事件：2014 年 08 月 04 日，操纵员点击 1ARE003KU，KIC 系统服务器(前端处理服务器，CFR1/CFR2)停止。 2)子事件：1 号主控室四台操纵员失去监视和控制功能。

续　表

消缺行动	3)主要的失效： 人因失效：增加 1ARE003KU 对象时，设定值控制命令的 ID 配置成 1APA003KU(正确配置应为 1ARE003KU)； 设备失效：KIC 系统服务器(前端处理服务器)失效。 4)处理措施： ①恢复 KIC 可用； ②在 2 号机组进行模拟验证，最终确认问题原因； ③临时实施 TCA 闭锁 1ARE003KU，在小修期间对 1ARE003KU 重新配置。 5)直接原因：KIC 系统数据组态时将参数 1ARE003KU 配置成 1APA003KU(正确配置应为 1ARE003KU)，当操作员点击 1ARE003KU 对象且发出 SP CONTROL(设定值控制)命令时，系统实际发出的是 1APA003KU 对应的命令，KIC 系统诊断当前操作发出的是错误命令，可能造成设备误动，所以自动停止 CFR 服务器。 6)根本原因： ①“对象参数配置错误导致 CFR 停止工作”的工作机理设置不合理，当系统诊断当前操作命令可能导致设备误动时，自动停止 CFR 服务器的工作来阻止操作命令的下发。 ②厂家未在 CFR 的相关出厂文件中说明该工作机理。 7)促成原因：1ARE003KU 用于设置给水泵转速定值，1APA003KU 用于设置给水泵的手自动控制，由于 DCS 厂家未配置 1ARE003KU 的功能，所以需在画面中新增 1ARE003KU 对象。由于核动力院与华东院的设计文件中对 1APA003KU 和 1ARE003KU 的表述不明确，在对 1ARE003KU 数据组态时，将参数 1ARE003KU 配置成 1APA003KU(正确配置应为 1ARE003KU)，当操作员点击 1ARE003KU 对象且发出 SP CONTROL(设定值控制)命令时，系统实际发出的是 1APA003KU 对应的命令，KIC 系统诊断当前操作发出的是错误命令，可能造成设备误动，所以自动停止 CFR 服务器。 KIC 系统基于法国 ATOS 公司的 ADACS_N 平台，有一项对数据准确性的要求如下：“当检测到二层发给一层的命令配置有误时，CFR 服务器的第一响应是停止工作”，所以 KIC 诊断到错误命令后停止 CFR 服务器工作
相关知识	针对该事件，KIC 向 BUP 切换进行了相关技改： 1)KIC/BUP 切换开关： ①取消当前控制棒直接置自动的逻辑。 ②KIC 向 BUP 切换时，切换开关逻辑生效后，向 DEH 发出脉冲信号，将汽机功率保持在当前状态。

续　表

<table>
<tr><td>相关知识</td><td colspan="2">2)控制棒的运行模式与 KIC 失效前相同。
3)在一层工程师站上设置一张 3KIC 专用画面，其上分别对于 G 棒和 R 棒设置“手/自动”切换按钮，并设置相关闭锁/解锁操作。平时此画面上操作处于闭锁状态。
①若当前控制棒处于手动：控制棒保持当前棒位，操纵员如果希望置于“自动模式”(如：自动降功率停堆)，则在一层工程师站画面上将相关操作解锁、控制棒置自动。
②若当前控制棒处于自动：控制棒通过汽机功率保持在当前状态。并根据操纵员要求是否执行降功率停堆操作。
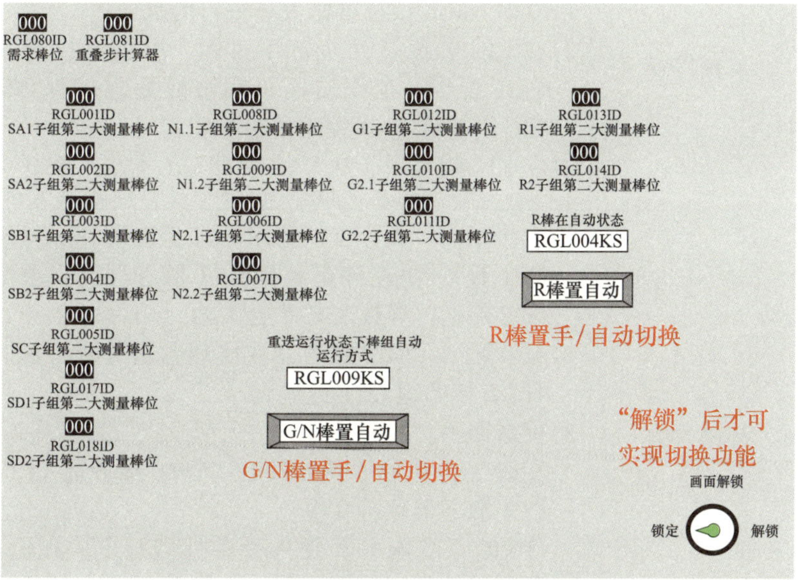

图 1　一层工程师站上设置的 3KIC 专用画面</td></tr>
<tr><td>参考资料信息</td><td colspan="2">核安全处：《2014 年 08 月 04 日，福建福清核电厂 1 号机组 KIC 操纵员站短时不可用事件报告》</td></tr>
<tr><td>编　　者</td><td>运行二处一值：谷铁</td><td>时间：2019 年 05 月 16 日</td></tr>
</table>

6.3.24　KIC 备用中央数据处理服务器重启过程中发生四台操纵员站不可用

异常缺陷名称	KIC 备用中央数据处理服务器重启过程中发生四台操纵员站不可用
发生时间	2015 年 09 月 21 日早班
机组状态	RP 模式，核功率 96.9%FP，电功率 1066 MW

续 表

异常缺陷现象	10:30 左右，1KIC 上出现 1KIC021KAKIC 切到 BUP 报警，操纵员发现 1KIC 系统操纵员站出现画面操作响应严重迟缓现象。 12:05，仪控人员到场后对 1KIC021KA 的触发原因进行诊断，发现 DCS L1-L2 之间的心跳信号异常，间隔 5 min 闪发一次异常现象。 14:25，仪控维修人员对备用的 CCT1 服务器进行重启操作。 14:36，主控室四台操纵员站黑屏不可用
风险或潜在后果	导致 KIC 操纵员站全部失去，切至 BUP 控制
干预行动	已采取的行动措施： 1)立即 oncall 仪控维修人员进行检查处理； 2)在 KIC 操纵员站全部不可用，操纵员执行 FQ1-OP03-AC-IKIC《KIC 操纵员工作站不可用事故处理规程》规程，将操纵员将 KIC 切换到 BUP 控制机组状态； 3)在 KIC 恢复后，从 BUP 切回 KIC 控制，稳定并恢复机组状态
原因分析	1)直接原因：在 CCT1(备用 CCT 服务器)重启过程中，CCT2(主用 CCT 服务器)在停运备用 CCT 服务器时，数据处理能力达到饱和并停运，导致 KIC 平台失效。 2)根本原因：CCT 服务器在出现数据处理堆栈时的响应机制不合理(直接停运 CCT 进程)。 3)促成原因： ①CN3 进程使 SAR7-STR7-GTW1 服务器 CPU 消耗过高，导致 CCT 服务器运行变慢； ②KIC 系统服务器硬件设备性能较低，在出现异常数据量时，不能迅速处理数据处理堆栈中的数据，容易出现堆栈空间饱和的情况
消缺行动	仪控处理反馈： 1)工作过程： ①对 1KIC021KA 的触发原因进行诊断，发现 DCS L1～L2 之间的心跳信号异常，间隔 5 min 闪发一次异常现象； ②对 1KIC 系统所有服务器和工作站的 CPU 使用率、内存使用率和硬盘使用率进行核实，发现 SAR7-STR7-GTW1 服务器(网关服务器)CN3 进程占用率 CPU 资源较高(单核 95%左右)，其他服务站和工作站均正常。考虑到 CCT 服务器已经运行了近 9 个月，讨论决定对 CCT1 重启后进行 CCT 服务器的主从切换； ③工前会后，仪控检查服务器和工作站运行状态正常后，按照工作步骤对备用的 CCT1 服务器进行重启操作时，主控 4 台操纵员站黑屏不可用；

续 表

消缺行动	④仪控人员根据《1KIC 系统软件平台故障处理方法 B 版》对平台进行两次 First Start 操作均失败； ⑤仪控判断可能存在 CCT 服务器硬件故障或者 KIC 软件问题，重启 CCT1 和 CCT2 硬件后执行 KIC 平台软件重新部署和组态数据下装工作； ⑥在 KIC 系统服务器和工作站的软件部署完毕，重新执行 First Start 操作，KIC 重启成功。 2)直接原因：在 CCT1(备用 CCT 服务器)重启过程中，CCT2(主用 CCT 服务器)在停运备用 CCT 服务器时，数据处理能力达到饱和并停运，导致 KIC 平台失效。 3)根本原因：CCT 服务器在出现数据处理堆栈时的响应机制不合理(直接停运 CCT 进程)。 4)促成原因： ①CN3 进程使 SAR7-STR7-GTW1 服务器 CPU 消耗过高，导致 CCT 服务器运行变慢； ②KIC 系统服务器硬件设备性能较低，在出现异常数据量时，不能迅速处理数据处理堆栈中的数据，容易出现堆栈空间饱和的情况
相关知识	CCT1 与 CCT2 两台中央处理服务器同时失效，则 KIC 平台完全失效。需将机组控制模式从 KIC 切换至 BUP
参考资料信息	《1 号机组 KIC 系统备用中央数据处理服务器重启过程中发生四台操纵员站不可用事件报告》
编　　者	运行二处一值：谷铁　　｜　　时间：2019 年 05 月 16 日

6.3.25　3 号机组 DCS 上游授时系统 DTV 故障导致 KIC 系统失效主控室操纵员站不可用

异常缺陷名称	3 号机组 DCS 上游授时系统 DTV 故障导致 KIC 系统失效主控室操纵员站不可用
发生时间	2017 年 01 月 01 日夜班
机组状态	RP 模式，满功率
异常缺陷现象	事件时间序列： · 01:20　3 号机组主控操纵员站 KIC 心跳信号变为直线，画面数据停止刷新，运行当班值 oncall 维修人员进厂处理。 · 01:20　当班值将机组控制模式切至 BUP 模式。 · 01:20　运行当班值开始记录 3 号机组出现第一组 IO。 · 01:45　oncall 仪控、通讯相关人员从生活区及凯景赶往现场。

续　表

异常缺陷现象	· 02:04　途中当班值反馈 KIC 出现 3KIC020/023KA 后主控室操纵员站全部黑屏。 · 02:43　仪控、通讯人员抵达 3 号机组主控室，确认 3 号机组 DCS 系统上游时钟故障，时间由 2017-01-01 向前跳变为 2016-12-01。 · 02:47　运行、仪控、通讯三方沟通明确优先处理方式为：先消除时钟故障问题后再进行 KIC 平台恢复工作。 · 02:48　通讯人员到 8W601 查看设备状态——主备母钟显示时间 2016-12-01 02:48:10，给 DCS 授时的交流 B 码分配器显示时间：2016-11-30 18:48:10(UTC 时间与北京时间相差 8 h)。 · 03:10　完成 KCP/KIC 系统日志的备份及状态核查。 · 03:11　开始执行 KIC 系统服务器及工作站重启工作(注：执行脚本重启)。 · 03:12　通讯人员对 DCS 上游的主备母钟进行了重启操作，观察 15 min(内部设置 15 min 左右信号同步)后，交流 B 码未恢复正确时间。遂判断 TC 上游信号异常。 · 03:25　完成 KIC 平台服务器工作站重启，检查 CFR 时间同步情况，等待通讯处理好时钟故障进行平台重启。 · 03:28　通讯人员断开 TC 网控楼送过来的 GPS 时间源信号，手动设置主备母钟时间，等待 15 min 后仍未同步，第一次手动修改失败。 · 03:56 经与通讯专业沟通，通讯不能确定交流 B 码分配器能否同上游主备母时钟同步成功，仪控决定采取将 DCS 切到内部时钟，并按照 cold start 启动方式恢复平台。 · 03:58　通讯人员再次手动修改主备母钟时分秒，观察 15 min，此次修改时间成功。 · 04:00 开始 CFR1/2 服务器 ntp.conf 配置文件的修改及 KCP 内部时间切换工作。 · 04:08 完成 CFR1/2 服务器 ntp.conf 配置文件修改及 CFR 服务器重启，开始执行 start kic platform 操作，完成 KCP 内部时间切换工作。 · 04:13 交流 B 码分配器 1 与主备母钟时间同步，04:15 交流 B 码分配器 2 与主备母钟时间同步，8W601 时钟系统恢复正常。 · 04:16　完成 KIC 平台 start kic platform 操作。 · 04:17　执行 KIC 平台 cold start 操作。 · 04:18 通讯反馈时钟信号已经同步成功。 · 04:30　通讯接到仪控通知，恢复下游 DCS 系统授时。 · 04:31　KIC 平台在 cold start 过程中报错，启动失败。

续　表

异常缺陷现象	· 04: 38　DTV 给 DCS 提供校时信号的时钟信号同步成功。考虑到内部时钟运行会导致趋势及 KDO 功能不完善，仪控决定将 DCS 系统切回外部时钟，并执行操作系统软件启动，为第二次执行 cold start 做准备。 · 04: 45　完成 KCP/KIC 切外部时钟操作、KIC 服务器、工作站重启、平台 start kic platform 操作。 · 04: 46　执行第二次 cold start 操作。 · 05: 00　cold start 第三步执行时间较经验值长，决策停止启动操作并赶往机柜侧对所有服务器进行硬重启。考虑到 cold start 启动可能再次出现问题，决定执行 first start 启动平台。 · 05: 16　完成 KIC 服务器工作站的重启、KIC 平台 start kic platform 操作。 · 05: 17　执行 KIC 平台 first start 操作。 · 05: 18　运行开始用 BUP 间断降功率。 · 06: 04　KIC 平台 first start 成功，主控室操纵员站恢复可用；机组降功率至功率 780 MW。 · 06: 14　运行人员执行 SKIC 规程后，将 BUP 控制模式切回 KIC 控制模式，故障处理结束
风险或潜在后果	3 号机组主控室操纵员站不可用达到 4 h44 min，产生非计划第一组 I0，3 号机组非计划降功率至 780 MW
干预行动	已采取的行动措施： 1) 机组控制模式切至 BUP 模式控制机组状态； 2) oncall 仪控和通讯人员检查处理； 3) 执行技术规范要求用 BUP 控制降功率； 4) 主控室操纵员站恢复可用，执行 SKIC 规程，将 BUP 控制模式切回 KIC 控制模式，控制稳定机组状态
原因分析	1) 3DTV 时钟信号跳变原因分析： 通讯专业通过调取 B 码检测仪中对上游 GPS 母钟 B 码的检测记录，发现在 2017 年 01 月 01 日 00: 00: 00 时，B 码中出现非法天数字符 367 天，该异常持续 24 h，并于第二天零点恢复。部分截图记录如下图所示，红线框内为 IRIG-B 码协议中解析的天数，00C6 0003 为 366 天，00C7 0003 为 367 天，即跨年时经历了从 366 天到 367 天的变化过程。 根据以上分析，此次时间跳变的主要原因是上游一级母钟 ST2000 发出的 B 码时间信号解析出错误时间信息，同时，二级主备母钟设计存在缺陷导致错误时间未能被有效过滤，最终导致 DCS 授时异常。

续 表

原因分析	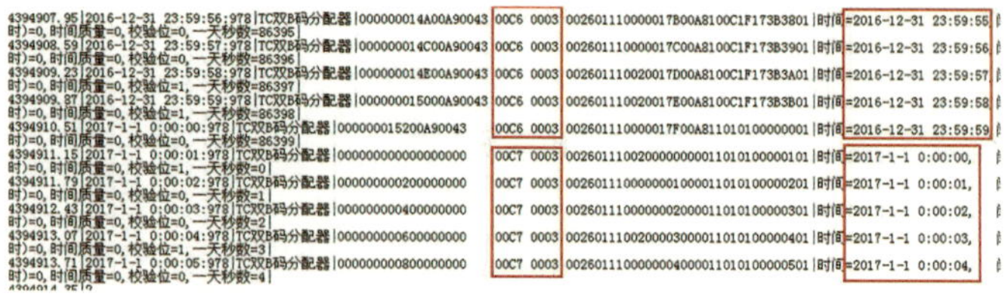 图 1　DTV 日志信息 2)3DTV 故障导致 3KIC 失效原因分析： 根据 KIC 系统的平台日志，2017-01-01 00:09:00 DCS 外部授时发生向前跳变，CFR 服务器时钟自动切至内部时钟运行，在 01:04:06，CFR 服务器的 NTP 服务重启，01:20:09 CFR 服务器的时间强制同步为外部时间(向前跳变近一个月)，KIC 心跳信号变为直线，依据一二层通讯的协议，此时二层无法正常接收来自一层的数据。由于 CFR 服务器时钟与 CCT 服务器(中央处理服务器)时钟偏差大，CCT 服务器时钟切至内部时钟。02:04:15CCT 服务器的 NTP 服务重启，导致 CCT 时间强制同步为 CFR 时钟，引起了 KIC 系统内部的服务器、工作站时间紊乱，最终导致 KIC 平台停运、主控室操纵员站不可用。 本次事件中，外部时钟向前跳变 1 个月，CFR 通过 NTP 协议在整点将时间强制同步为外部时间(不考虑外部时间与内部时间是否存在偏差)，造成 KIC 系统无法正常接收来至一层的数据，最终导致了 KIC 平台失效。KIC 系统对于外部时钟突跳的容错性需要通过升版软件进行改进。 3 号机组 DCS 上游授时系统 DTV 故障导致 KIC 系统失效主控室操纵员站不可用结论： ①直接原因： TC 楼一级母钟 ST2000 至 8W601 二级母钟的 B 码传输产生错误信息，导致 8W601 机房二级母钟和给 DCS 授时的交流 B 码分配器时间信号发生跳变，导致 3 号机组 KIC 系统接受上游授时的 2 台 CFR 服务器的时钟信号发生跳变，KIC 平台因系统内时钟信号紊乱而失效。 ②事件根本原因： a. 一级主备母钟的设计存在缺陷，二级主备母钟对解码 367 天的异常时间信息未能有效过滤。 b. 在 KIC 系统 V5.5.2.4 版本软件中，系统校时机制存在问题。CFR 作为所有其他服务器和工作站的授时源，当 CFR 接受到的时钟源信号发生跳变时，系统没有切换到正确时钟源，而是整点将 CFR 服务器的时间强制同步为外部时钟，同时将时间不同步的服务器停运。

续 表

原因分析	③事件促成原因： a. 通讯人员技能不足，对2016年元旦时钟跳变问题原因分析不彻底，未做好跟踪、处理。 b. 维修人员对修复软件中整点同步机制的跟踪力度不够，未能推进厂家商运前完成问题的修改。 c. 跨专业的风险识别沟通不足，维修及通讯专业未能组织对该问题进行专题讨论沟通，导致通讯及维修专业都未能提前准备针对上游时钟跳变故障的有效预防整改方案
消缺行动	仪控处理反馈： 1）处理过程： 在本次事件的处理过程中，在外部GPS时钟源无法投用的情况下，维修人员紧急将校时时钟源切换为内部时钟，根据3KIC系统软件平台故障处理方法的工作预案，优先执行了cold start启动操作，但在执行过程中平台启动失败。 在通讯专业完成外部时钟源投用后，仪控将DCS校时时钟源切回外部GPS校时，考虑到在最短时间内投用KIC系统，避免非计划的降功率，决定再次依据工作预案，执行第二次cold start操作，在执行14 min后，第三步骤耗时较历史经验值长，仪控决策终止cold操作，并决策进行硬重启后实施first start操作，KIC平台启动成功，但sar1str1服务器（堆操作员站对应的实时服务器）未能正常启动。 2）原因分析： ①3DTV时钟信号跳变原因分析： 时间跳变的主要原因是上游一级母钟ST2000发出的B码时间信号解析出错误时间信息，同时，二级主备母钟设计存在缺陷导致错误时间未能被有效过滤，最终导致DCS授时异常。 已在3号机组小修期间对主备母钟进行软件升级，对367天的非法数据进行有效过滤；后续将加快北斗时间源技改项目的实施，消除ST2000下发错误B码的可能。 ②3DTV故障导致3KIC失效原因分析： 外部时钟向前跳变1个月，CFR通过NTP协议在整点将时间强制同步为外部时间（不考虑外部时间与内部时间是否存在偏差），造成KIC系统无法正常接收来至一层的数据，最终导致了KIC平台失效。 KIC系统对于外部时钟突跳的容错性需要通过升版软件进行改进

续 表

相关知识	时钟跨年跳变故障机理： 3、4 机组二级母钟内部分为主备两台时钟，其对于外部时间的校时机制相同，在主备母钟正常运行状态下，每隔 2 min 校时一次，校时顺序为年、月、日、时、分、秒依次顺序校时，修改内部时间，B 码时间码的月、日是通过天数计算出的。同时，其备钟与主钟之间也有一个实时比对的过程，若备钟连续五秒的相互比对后发现自身时间与主钟时间均不一致，则认为主钟时钟异常，此时二级母钟会进行主备切换。 2015 年，正常天数是 365，上游一级母钟 ST2000 在 2016 年 01 月 01 日零点下发了一个 366 天的时钟信号，此时 8W601 的二级母钟主钟先按照年月日时分秒的方式开始计算 366 天，同步年 2015 和月 12 后，当计算天数时，发现 366 天理应为 12 月 32 日，此时主钟发现时钟信号有误，并抛弃 GPS 时间信号采用自走时，此时会继续按照自身时间编码，自身的日期正好为 1 日，故主备母钟显示为 2015 年 12 月 01 日；同时，该时间被下发至各子项子钟和给 DCS 系统授时的交流 B 码分配器，各子项子钟立刻跟进并跳变。 而此时交流 B 码分配器未校时按自身正确时间信号下发 DCS 系统，因为主备母钟向上游校时的时间点相差 5 s 以上，在二级主母钟同步后跳变后，二级备母钟还未进行向上游校时工作。在二级备母钟收到了上游一级母钟发来的错误时间信号后，经过连续 5 s 的比对，发现二级主母钟时钟异常，故二级主备母钟进行了主备母钟内部切换；同时，备母钟完成切换后在向上游 GPS 一级母钟校时的过程中，发现上游信号异常（此时备钟时间正常）因此认为上游时间信号有误。停止了二级主母钟时间信号输出。此时，B 码分配器失去了上游时钟信号，开始自走时，DCS 未受到影响。 而 2017 年跨年问题，由于在 2016 年出现跳变进行过紧急处理，试图将二级母钟的主备钟恢复，在此过程中进行了主备钟的断、上电过程，断、上电的同时重置了主备钟同步上游时间的时间点，使之间隔小于 5 s。因此，在本次出现主钟时间跳变后，备钟在进行连续 5 s 对比过程中未判断出异常，本身也接收到了错误时间，导致主备钟时间同时错误，二级主备母钟持续下发错误的时间信号，并影响到 DCS 系统
参考资料信息	维修二处：《3 号机组 DCS 上游授时系统 DTV 故障导致 KIC 系统失效主控室操纵员站不可用》

编　　者	运行二处一值：谷铁	时间：2019 年 05 月 16 日

6.3.26　1 号主控安工站机柜内冷凝水积聚

异常缺陷名称	1 号主控安工站机柜内冷凝水积聚
发生时间	2018 年 07 月 06 日早班
机组状态	RP 模式，电功率 1071 MWe
异常缺陷现象	1 号主控安工站机柜箱内有冷凝水积聚，部分积水已流出柜门外。打开机箱门检查发现内温度较高，发现该机柜内有一孔洞，有湿热风吹出  图 1　柜内存在凝结水情况 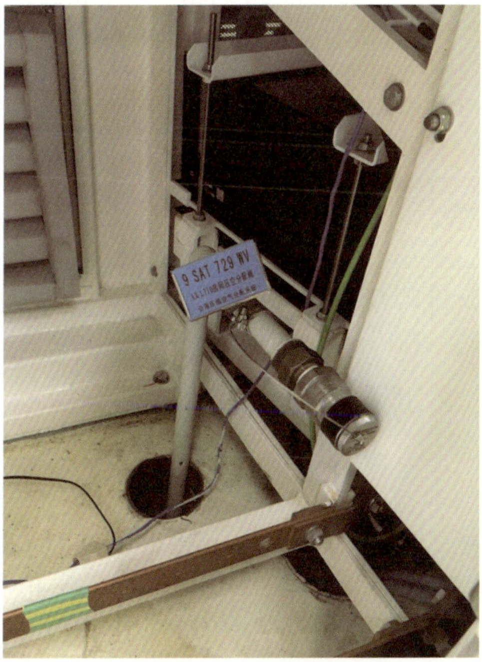 图 2　机柜未封堵严密的孔洞

续 表

风险或潜在后果	影响 KIC 安工站的安全稳定运行，若故障停运将产生第二组 IO：KIC1	
干预行动	1）已采取的行动措施： ①联系仪控处理积水； ②检查发现为安工站站台内部 9SAT 管道穿墙孔洞未封堵，联系维支准备封堵孔洞； ③运行清查 1、2 主控其他工作站及 KPR 工作站是否存在冷凝水积水及孔洞封堵情况，进一步检查发现 1KIC602/604WS 以及 2 号机也存在孔洞未封堵（2 号机已联系维修人员响应进行处理）。 2）建议后续行动： 请仪控清理积水和维支封堵孔洞时做好风险控制，确保不影响安工站可用性	
原因分析	1KIC-OWP3 工作站盘台内有一未封堵孔洞，内部有湿热风吹出，导致 1KIC-OWP3 工作站盘台内冷凝水积聚	
消缺行动	仪控处理反馈： 1）工作过程（WOT：00963088-01）： ①检查 1KIC-OWP3 工作站盘台，确定故障原因； ②和值长交代工作内容和风险，值长允许后开始工作； ③打开 1KIC-OWP3 工作站盘台的前、后盖板； ④对 1KIC-OWP3 工作站盘台内部进行冷凝水清理； ⑤回装 1KIC-OWP3 工作站盘台的前、后盖板； ⑥由土建专业完成空洞的封堵作业（WOT：00963104-01）。 2）故障原因分析：1KIC-OWP3 工作站盘台内有一未封堵孔洞，内部有湿热风吹出，导致 1KIC-OWP3 工作站盘台内冷凝水积聚	
相关知识	运行技术规范：RP 模式下，一台 OWP 不可用产生第二组 IO（KIC1），要求采取措施： 1）重新分配工作站； 2）检修必须在 7 天内完成	
参考资料信息	运行一处：1 号机组异常反馈：1 号主控安工站机柜内冷凝水积聚； 维修一处：EAM 中工单 00963088-01 的完工报告； WR/WOT：00410939/00963088-01（仪控清理柜内冷凝水）、00410979/00963104-01（土建对孔洞进行封堵）	
编　　者	运行二处一值：谷铁	时间：2019 年 05 月 16 日

6.3.27　3LMA 停役期间触发 3KIC021KA 报警

异常缺陷名称	3LMA 停役期间触发 3KIC021KA(KIC 切到 BUP)报警
发生时间	2017 年 11 月 16 日中班
机组状态	3 号机组处于 RCD 模式，低低水位第 6 天
异常缺陷现象	18:53，主控触发 3KIC021KA(KIC 切到 BUP 报警)，此时主控未执行任何操作，查看 BUP 盘台出现 KIC002AA(KIC 设备失效 B 列)
风险或潜在后果	触发 3KIC021KA(KIC 切到 BUP 报警)报警，存在 KIC 失效的风险
干预行动	已采取的行动措施： 1)按报警卡检查 KIC 心跳信号； 2)联系仪控检查 3KIC021KA 报警原因； 3)保守起见，通知化学停止正在进行的燃料啜吸工作，避免违反技术规范； 4)仪控人员检查确认 KIC 未失效，只是 KIC 心跳信号的时钟偏离导致产生 3KIC021KA。仪控人员通过就地拔插网线后，报警消除
原因分析	DCS 机柜是双路 220 V 冗余供电的，每个控制机柜内部都有 2 块独立的时钟模块，同时给控制处理器(FCP)授时，A 模块对应的 220 V的第一路供电(如 3LNE)，B 模块对应第二路供电(如 3LMA)。 此次触发 3KIC021KA 报警处于 3LMA 停役期间，即机柜处于单路供电情况，剩下其中一个模块在给 FCP 授时。从原理上，单个时钟模块授时也是没问题的。但从调试的经验来看，机柜单路供电时，偶尔会出现 FCP 时间偏慢的情况。本次就是 KIC 心跳信号所在的 FCP 的时间慢慢地开始偏离 GPS，导致产生 3KIC021KA。 3LMA 停役之后的前几天，也有个别 FCP 出现时间偏慢的现象，仪控人员持续保持观察，直到这些 FCP 自动跟上 GPS 的时间
消缺行动	仪控处理反馈： 1)处理措施：就地拔插网线，报警消除。 2)故障原因分析： DCS 机柜是双路 220 V 冗余供电的，每个控制机柜内部都有 2 块独立的时钟模块，同时给控制处理器(FCP)授时，A 模块对应的 220 V 的第一路供电(如 3LNE)，B 模块对应第二路供电(如 3LMA)。

续 表

消缺行动	此次触发 3KIC021KA 报警处于 3LMA 停役期间，即机柜处于单路供电情况，剩下其中一个模块在给 FCP 授时。从原理上，单个时钟模块授时也是没问题的。但从调试的经验来看，机柜单路供电时，偶尔会出现 FCP 时间偏慢的情况。本次就是 KIC 心跳信号所在的 FCP 的时间慢慢地开始偏离 GPS，导致产生 3KIC021KA
相关知识	经验知识： 1）DCS 机柜内部都有 2 块独立的时钟模块，分别由两路供电。当一路供电电源丧失时，从调试的经验来看，会出现 FCP 时间偏慢的情况，为偶发现象； 2）当 KIC 心跳信号所在的 FCP 的时间偏离 GPS 后，会触发 3KIC021KA。但此时 KIC 并未失效，只需联系仪控复位报警即可
参考资料信息	运行二处：《301 大修经验反馈——3LMA 停役期间 3KIC021KA 报警原因及消除方法经验反馈》
编　　者	运行二处一值：谷铁　　　　时间：2019 年 05 月 16 日

6.3.28　2 号主控触发 2KIC011KA1（SAR2/STR2 服务器故障）报警

异常缺陷名称	2 号主控触发 2KIC011KA1（SAR2/STR2 服务器故障）报警
发生时间	2019 年 11 月 07 日中班
机组状态	RP 模式，满功率
异常缺陷现象	11 月 07 日 19:27:55 时，2 号主控触发 2KIC011KA1（SAR2/STR2 服务器故障）报警，查看 2 号机组 SRV 画面，SAR2-STR2 显示故障，SAR1-STR1 正常工作，主控机操站短时切换后恢复正常。 仪控将 SAR2-STR2 服务器 2KIC622WS-002HA 重新启动后，报警于 22:48 消除。而后巡检发现机操站在故障时间段部分参数的趋势显示洋红色。 11 月 08 日仪控持票对 SAR2-STR2 服务器重启，以修订服务器时间和确认趋势洋红色原因。在重启恢复时，主控室出现 2KIC001KA 和 2KIC010KA（A/B 列 CCT 服务器故障）报警报警，经仪控专业确认 2 号机组 CCT2 服务器不可用，仪控对 CCT2 重启抢修后，CCT2 和 SAR2-STR2 服务器恢复正常

续 表

风险或潜在后果	1)SAR2-STR2 服务器故障，导致 KIC 实时和历史存储服务器冗余丧失； 2)如果 A 列服务器也故障，将导致堆机操站同时故障，产生第一组 I0，KIC2； 3)仪控修订服务器时间和确认趋势洋红色原因时，对 SAR2-STR2 服务器重启恢复时，主控室出现 2KIC001KA 和 2KIC010KA(A/B 列 CCT 服务器故障)报警，检查确认 2 号机组 CCT2 服务器不可用，产生 IO2：KIC4
干预行动	已采取的行动措施： 1)查看和执行报警卡，检查发现 SRV 画面显示 SAR2-STR2 故障，SAR1-STR1 工作正常，其他画面及服务器无异常； 2)立即联系仪控人员检查，通过 ILO 对服务器状态进行远程查看，未发现任何异常。在现场检查中，初步判断为 SAR2-STR2 服务器 3KIC622WS-002HA 死机
原因分析	智能存储电池问题导致 SAR2-STR2 停运；SAR2STR2 的 ntp 时间同步异常(超前 7 min)是趋势刷新异常的直接原因
消缺行动	仪控处理反馈： 1)缺陷描述：2019 年 11 月 07 日晚，2KIC 系统 CCT2、SAR2-STR2 服务器异常停运，主控触发 2KIC011KA1(SAR2/STR2 服务器故障)报警，2KIC001KA 和 2KIC010KA(A/B 列 CCT 服务器故障)报警。 2)处理进展：2KIC 平台稳定运行，2KIC OWP2 工作站趋势显示正常，功能正常。 3)原因分析：智能存储电池问题导致 SAR2-STR2 停运；SAR2STR2 的 ntp 时间同步异常(超前 7 min)是趋势刷新异常的直接原因。 4)处理措施： ①对智能存储电池进行更换，并重启 SAR2-STR2 服务器、重启 CCT2 服务器后恢复； ②对 2KIC OWP2 工作站进行系统安装，软件 deploy，补丁包安装，时钟检查； ③对 2SAR2STR2 进行硬件更换，参数配置，系统安装，软件 deploy，补丁包安装
相关知识	1)互为冗余备份的 SAR-STR 服务器同时失效，会导致表 1 中的工作站失效； 说明：SAR1 STR1 与 SAR2 STR2 互为冗余，SAR3 STR3 与 SAR4 STR4 互为冗余，SAR5 STR5 与 SAR6 STR6 互为冗余，其服务的操作员站的对应关系如表 1 所示。

续　表

<table>
<tr><td rowspan="1">相关知识</td><td colspan="2">
表 1　SAR*x*STR*x*(*x* 为 1~8)服务器与 OWP 操纵员站对应表
<table>
<tr><th>OWP 名称</th><th>房间</th><th>首选</th><th>备用</th></tr>
<tr><td>KIC-OWP1</td><td>MCR L750</td><td>SAR1STR1</td><td>SAR2STR2</td></tr>
<tr><td>KIC-OWP2</td><td>MCR L750</td><td>SAR2STR2</td><td>SAR1STR1</td></tr>
<tr><td>KIC-OWP3</td><td>MCR L750</td><td>SAR3STR3</td><td>SAR4STR4</td></tr>
<tr><td>KIC-OWP4</td><td>MCR L750</td><td>SAR4STR4</td><td>SAR3STR3</td></tr>
<tr><td>KIC-OWP5</td><td>RSS L550</td><td>SAR5STR5</td><td>SAR6STR6</td></tr>
<tr><td>KIC-OWP6</td><td>RSS L550</td><td>SAR6STR6</td><td>SAR5STR5</td></tr>
<tr><td>KIC-OWP7</td><td>TAG L715</td><td>SAR5STR5</td><td>SAR6STR6</td></tr>
<tr><td>KIC-OWP9</td><td>(EM)</td><td>SAR3STR3</td><td>SAR4STR4</td></tr>
<tr><td>KIC-OWP11</td><td>CR L749</td><td>SAR1STR1</td><td>SAR2STR2</td></tr>
<tr><td>KIC-OWP-POP1</td><td>CR L749</td><td>SAR5STR5</td><td>SAR6STR6</td></tr>
<tr><td>KIC- OWP-POP2</td><td>CR L749</td><td>SAR6STR6</td><td>SAR5STR5</td></tr>
</table>
2)CCT1 与 CCT2 两台中央处理服务器同时失效，则 KIC 平台完全失效。需将机组控制模式从 KIC 切换至 BUP
</td></tr>
<tr><td>参考资料信息</td><td colspan="2">运行一处：2 号机组异常反馈——2 号主控触发 2KIC011KA1(SAR2/STR2 服务器故障)报警；
WR/WOT：00645903/01397038-01(紧急工单)</td></tr>
<tr><td>编　　者</td><td>运行二处一值：谷铁</td><td>时间：2019 年 05 月 16 日</td></tr>
</table>

6.3.29　KIC 系统设备异常缺陷报警处理总结

(1)仪控相关工作方案和故障处理规程资料

《FQY-MA03-TD-19003 福清核电 3、4 号机 DCS 一层网络环网解除紧急操作预案》《FQX-KCP-TD-I19006　福清核电 1、2 号机 DCS 一层网络风暴解除操作预案》《FQX-KCP-TD-I19013　DCS 设备故障处理预案(FCP 故障处理)》《FQY-MA03-TD-17078　DCS 一层时钟异常紧急处理方案》《FQ3/4-MA03-TD-17048 4KIC 系统软件平台故障处理方法》。

(2)运行相关故障处理规程资料

《FQ1/2-KIC-I-002　DCS 一层网络故障规程》。

第七章　电气相关系统“病历库”

7.1 自动电压控制系统(AVC)

7.1.1　1~4号机主控出现AVC004KA(AVC增减磁故障报警)报警，NCS显示AVC故障，全站AVC闭锁

异常缺陷名称	1~4号机组主控出现AVC004KA(AVC增减磁故障报警)报警，NCS显示AVC故障，全站AVC闭锁
发生时间	2018年01月27日中班
机组状态	1号机组：RP模式，电功率1010 MWe；2号机组：RP模式，满功率； 3号机组：RP模式，满功率；4号机组：RP模式，满功率
异常缺陷现象	21:52:45，2号主控出现2AVC004KA(AVC增减磁故障报警)(持续9 s消失)，全站AVC闭锁，1号机组出现1AVC004/007KA报警； 21:52:45，3、4号主控出现3/4AVC004KA(AVC增减磁故障报警)，报警持续9 s后消失
风险或潜在后果	AVC004KA(AVC增减磁故障报警)，导致增磁命令无法执行，减磁命令无法执行，AVR无法执行AVC的调压操作
干预行动	1)已采取的行动措施： ①查看和执行报警卡，检查NCS显示AVC故障，全站AVC闭锁； ②当班值查看报警期间机组无功无波动，6 kV母线电压无异常变化； ③确认1、2号机组同一时间均出现过该报警，同时3、4号机组NCS远方监视终端AVC运行状态显示故障，全站AVC显示闭锁； ④各机组参考《机组AVC运行方式控制方案》进行监控； ⑤oncall维修电气继保人员检查处理。

续 表

干预行动	2）建议后续行动： 建议维修电气人员密切跟踪一处排查进展，同步分析故障原因并反馈至二单元机组
原因分析	NCS 后台服务器 main2 主程序异常退出导致。原两台服务器（main1、main2）应该互为备用，main2 程序异常转为值班运行模式导致两台服务器同时运行，main1 和 main2 同时下发 AVC 增减磁命令，main2 连续调节 5 次检测到电压变化小于 0.05 kV 导致 main2 触发全站闭锁
消缺行动	电气处理反馈： 1）缺陷描述：主控出现 2AVC004KA（AVC 增减磁故障报警），导致 2AVC 退出运行，经检查发现为网控全站首先出现 AVC 故障，导致 4 台机组 AVC 均退出运行。 2）处理进展：检查后确认 main2 服务器进程运行异常所致，已执行重启操作，并复位报警，AVC 系统恢复正常。 3）处理措施：重启 main2 重新启动全部进程，并手动复归该报警，观察 1 h 后 main2 未再出现异常，当班值同意还票。 4）故障原因分析：NCS 后台服务器 main2 主程序异常退出导致。原两台服务器（main1、main2）应该互为备用，main2 程序异常转为值班运行模式导致两台服务器同时运行，main1 和 main2 同时下发 AVC 增减磁命令，main2 连续调节 5 次检测到电压变化小于 0.05 kV 导致 main2 触发全站闭锁
相关知识	机组 DCS 手动增磁、减磁与 AVC 自动增磁、减磁互相闭锁，必须在 KIC 中退出机组 AVC 后，才能手动增磁、减磁，若全站 AVC 闭锁，各个机组 AVC 功能失去，故在 KIC 画面无法投退单台机组 AVC，此时需网控退出全站 AVC，才能手动调节机端电压
参考资料信息	维修一处电气：EAM 中工单 00840755-01 的完工报告； WR/WOT：00341654/00840755-01（紧急工单）
编　　者	运行二处一值：谷铁　　　时间：2019 年 02 月 11 日

7.1.2　1、2 号主控频繁闪发“增磁闭锁动作/复归”报警（AVC006KA）

异常缺陷名称	1、2 号主控频繁闪发“增磁闭锁动作/复归”报警（AVC006KA）
发生时间	2017 年 08 月 09 日
机组状态	1 号机组：RP 模式，满功率；2 号机组：RP 模式，满功率；3 号机组：RP 模式，电功率 1064 MWe

续　表

<table>
<tr><td>异常缺陷现象</td><td colspan="2">1/2/3 号机组 AVC 投运，在电网无功需求较高时间段内，1/2 号机组因无功越上限，频繁闪发“增磁闭锁动作/复归”报警(AVC006KA)</td></tr>
<tr><td>风险或潜在后果</td><td colspan="2">报警频繁闪发，影响操纵员监盘</td></tr>
<tr><td>干预行动</td><td colspan="2">已采取的行动措施：
1)查看和执行报警卡，发现 1/2 号机组无功越上限情况；
2)《FQ0-OP00-TD-16002 1、2 号机组 AVC 运行方式控制方案》；
3)oncall 电气专业检查处理</td></tr>
<tr><td>原因分析</td><td colspan="2">因 1、2、3 号机组 AVC 投入有一定间隔时间，导致 1~3 号机组初始无功功率不平衡。AVC 采用相似的调整裕度，每次下发目标电压后需经过多次调节才能实现无功平衡分配，而机组增减磁步长较大，每次增减磁一次即达到目标电压，导致无功无法平衡分配。当电网无功需求较高时，初始无功最大的机组最先达到无功上限(350 Mvar)，导致该台机组频发 AVC 增磁闭锁动作/复归</td></tr>
<tr><td>消缺行动</td><td colspan="2">电气处理反馈——建议措施：
1)退出 3 号机组 AVC，手动增减磁将 3 号机组无功调节至与 1/2 号机组一致后投入 AVC；
2)通过封锁 1/2 号机组遥测，使 1/2 号机组增减磁闭锁，待 3 号机组无功调节至与 1/2 号机组一致后解除 1/2 号机组遥测封锁，使无功平衡分配；
3)待 4 号机组 AVC 投入，我厂无功调节能力增加，单台机组增磁闭锁情况将自动改善；
4)调整 1/2/3 号机组 DCS 增减磁步长，AVC 相似调整裕度算法将 1/2/3 号机组无功自动平衡(需停机窗口，且步长太小调节速率有可能不满足要求)</td></tr>
<tr><td>相关知识</td><td colspan="2">AVC 增磁减磁闭锁限值：
<table>
<tr><td>闭锁条件</td><td>增磁闭锁</td><td>减磁闭锁</td></tr>
<tr><td>机端电压</td><td>25.2 kV</td><td>22.8 kV</td></tr>
<tr><td>机端电流</td><td>33 000 A</td><td>0 A</td></tr>
<tr><td>励磁电流</td><td>110 A</td><td>0 A</td></tr>
<tr><td>厂用电压</td><td>6.93 kV</td><td>6.27 kV</td></tr>
<tr><td>机组无功</td><td>350 Mvar</td><td>-100 Mvar</td></tr>
</table></td></tr>
<tr><td>参考资料信息</td><td colspan="2">《AVC 频发增磁闭锁(AVC006KA)情况汇报》</td></tr>
<tr><td>编　　者</td><td>运行二处一值：谷铁</td><td>时间：2019 年 02 月 11 日</td></tr>
</table>

7.1.3 4AVC007KA AVR SETPOINTS LOWER INTERLOCK 减磁闭锁报警

异常缺陷名称	4AVC007KA AVR SETPOINTS LOWER INTERLOCK 减磁闭锁报警
发生时间	2018 年 10 月 16 日夜班
机组状态	RP 模式，满功率
异常缺陷现象	夜班 04: 18 开始到 04: 24 期间多次闪发 4AVC007KA AVR SETPOINTS LOWER INTERLOCK 减磁闭锁报警，期间发电机无功降为负数(最大到-6 Mvar)，进相运行，网控未见异常报警
风险或潜在后果	发电机进相运行，对汽轮发电机组可能产生不利影响
干预行动	已采取的行动措施： 1)当班值按《3、4 号机组 AVC 运行方式控制方案》检查 KIC 中各母线电压，其中 4LGE 母线电压最低到 6.286 kV(KIC 中采集显示的是 LGE 的 BC 相间电压，报警 4AVC007KA 实际由 LGE AB 相间电压低越限 6.27 kV 时产生)，期间未见持续下降情况，LGE 母线下游负荷未见明显异常； 2)监视汽轮发电机组运行参数，期间发电机无功降为负数(最大到-6 Mvar)，进相运行，未见其他异常情况
原因分析	夜间电网侧无功过剩造成发电机进相运行，调度通过 AVC 调节进行减磁，当减磁至下限定值时 AVC 闭锁减磁以防止母线电压过低，同时触发报警
消缺行动	电气处理反馈： 故障原因分析：夜间电网侧无功过剩造成发电机进相运行，调度通过 AVC 调节进行减磁，当减磁至下限定值时 AVC 闭锁减磁以防止母线电压过低，同时触发报警，属于正常现象
相关知识	1)机组 AVC 出现增磁闭锁或减磁闭锁信号，表示机组实际参数已越 AVC 系统参数限值，在光字信息中可查看具体越限参数，属于正常情况。如同时出现增磁闭锁、减磁闭锁，表示系统异常，机组 AVC 系统应退出； 2)AVC 运行期间，在减磁闭锁的情况下，6 kV 的母线 1LG * 的电压持续下降至 6.2 kV 或者机端电压持续下降至 22.5 kV 时汇报调度申请退出机组 AVC，并在限值恢复之后及时投入。如果确因设备故障申请退出 AVC 进行检修，需要及时填写 AVC 检修申请； 3)AVC 运行期间，在增磁闭锁的情况下，6 kV 的母线 1LG * 的电压持续上升至 7 kV 或者机端电压持续上升至 25.5 kV 时汇报调度申请退出机组 AVC，并在限值恢复之后及时投入。如果确因设备故障申请退出 AVC 进行检修，需要及时填写 AVC 检修申请

续　表

参考资料信息	2018 年 10 月 16 日夜班 eSOMS 日志； 维修二处维修日报 20181016	
编　者	运行二处一值：谷铁	时间：2019 年 02 月 11 日

7.1.4　KIC 出现 2AVC007KA AVR SETPOINTS LOWER 报警，2 号机组 AVC 减磁闭锁，后续闪发多次 2AVC004KA AVR SETPOINTS LOWER

异常缺陷名称	KIC 出现 2AVC007KA AVR SETPOINTS LOWER 报警，2 号机组 AVC 减磁闭锁，后续闪发多次 2AVC004KA AVR SETPOINTS LOWER
发生时间	2017 年 04 月 04 日夜班
机组状态	RP 模式，满功率
异常缺陷现象	01:13，出现 2AVC007KA AVR setpoints lower 报警，2 号机组 AVC 减励闭锁，后续闪发多次 2AVC004KA AVR setpoints lower，发电机端电压及 6.6 kV 母线电压同时降低，2LGE 母线最低到 6131 V； 03:05，经电网许可后退出 2AVC； 03:07，通过 2GEX024SY 增励，之后触发 2KIC B 列服务器故障的一系列报警(2KIC010KA/011KA1/011KA2/012KA/014KA)后短时消除； 03:26，触发 2KIC030KA 2KIC624AR 机柜温度高报警，随后再次触发 2KIC B 列服务器故障的一系列报警(2KIC010KA/011KA1/011KA2/012KA/014KA)后短时消除； 03:38，触发 2KIC B 列服务器故障的一系列报警(2KIC010KA/011KA1/011KA2/012KA/014KA)后短时消除，并于 03:40 触发 2LMB006KA 接地故障报警(闪发)、2LNP006KA 接地故障报警(持续触发)；随后，多次触发 2KIC B 列服务器故障的一系列报警(2KIC010KA/011KA1/011KA2/012KA/014KA)后短时消除
风险或潜在后果	影响 AVC 的调压功能，导致 2LGE 母线电压低
干预行动	已采取的行动措施： 1)保持 2AVC 退出，中止 2 号发电机增励操作； 2)现场检查 2KIC624AR，故障灯亮、冷却风机运行、排风为冷风；检查 KIC 其他机柜无发现异常； 3)现场检查 2GEX 相关机柜，无故障报警； 4)现场检查 2LMB、2LNP 母线，未发现异常，2LMB 绝缘监测仪存在 K10 8 mA 10 MΩ 信息，2LNP 绝缘监测仪存在绝缘故障：一级警报的报警；已提 WR：232049，电气专业现场检查并对绝缘仪进行复位后目前报警已消失，正在持票观察当中；

续 表

干预行动	5) 已 oncall 维修电气、维修仪控进厂检查处理； 6) 检查 2LGE 下游转动设备运行情况，未见明显异常； 7) 手动点击 2GEX024SY 增励，将发电机端电压提高到 23.3 kV，LGE 母线电压提高到 6321 V，截止交接班已将发电机端电压提高到 24.0 kV
原因分析	2 号发变组测控屏内 K130 减磁继电器故障
消缺行动	电气处理反馈： 1) 检修步骤： ①检查 2 号发变组测控屏内 K130 减磁继电器回路正常； ②更换 K130 减磁继电器； ③验证 K130 减磁继电器能正常动作、复归。 2) 故障原因分析：减磁继电器故障
相关知识	1) 机组 AVC 出现增磁闭锁或减磁闭锁信号，表示机组实际参数已越 AVC 系统参数限值，在光字信息中可查看具体越限参数，属于正常情况。如同时出现增磁闭锁、减磁闭锁，表示系统异常，机组 AVC 系统应退出； 2) AVC 运行期间，在减磁闭锁的情况下，6 kV 的母线 LG＊的电压持续下降至 6.2 kV 或者机端电压持续下降至 22.5 kV 时汇报调度申请退出机组 AVC，并在限值恢复之后及时投入。如果确因设备故障申请退出 AVC 进行检修，需要及时填写 AVC 检修申请； 3) AVC 运行期间，在增磁闭锁的情况下，6 kV 的母线 LG＊的电压持续上升至 7 kV 或者机端电压持续上升至 25.5 kV 时汇报调度申请退出机组 AVC，并在限值恢复之后及时投入。如果确因设备故障申请退出 AVC 进行检修，需要及时填写 AVC 检修申请
参考资料信息	维修一处电气：完工报告《FQ2-MA02-RCWO-00543246/01 KIC 出现 2AVC007KA AVR SETPOINTS LOWER 报警，2 号机组 AVC 减励闭锁，后续闪发多次 2AVC004KA AVR SETPOINTS LOWER》；WR/WOT：00232047/00543246-01（紧急工单），工作许可证：2PT12281（对 2 号发变组测控屏内减磁继电器进行检查并更换）
编　　者	运行二处一值：谷铁　　　　时间：2019 年 02 月 11 日

7.1.5 主控触发 2GPA631KA、2GPA592KA、2GEX130KA、2GEX106KA 报警，AVC 自动退出运行

异常缺陷名称	主控触发 2GPA631KA（发电机转子接地报警）、2GPA592KA（非电量保护装置故障）、2GEX130KA（发电机转子接地报警）、2GEX106KA（励磁系统综合报警），AVC 自动退出运行
发生时间	2017 年 11 月 15 日夜班
机组状态	RP 模式，满功率
异常缺陷现象	06：26，主控触发 2GPA631KA（发电机转子接地报警）、2GPA592KA（非电量保护装置故障）、2GEX130KA（发电机转子接地报警）、2GEX106KA（励磁系统综合报警）。AVC 自动退出运行，就地检查发现 2GEX003AR 举刷报警
风险或潜在后果	1）可能引起保护装置误动作，导致发电机跳闸的风险； 2）导致 AVC 退出运行
干预行动	已采取的行动措施： 1）向电网汇报 2AVC 退出情况； 2）安排就地检查 2GEX003AR 发现举刷报警； 3）oncall 电气检查处理； 4）电气工作人员进行复位并进行举刷，报警消除后。获得省调同意后重新投入 AVC
原因分析	电刷处于励磁机内部，容易堆积灰尘从而卡涩，使得转子接地电刷负极卡涩未举起
消缺行动	电气处理反馈： 1）检修步骤： ①在举刷回路介入录波仪； ②执行举刷操作，同时录制举刷回路电流波形以及观察举刷动作情况，结果观察到负极电刷没有抬起； ③将测量电刷由负极电刷更换到正极电刷； ④执行举刷操作，同时录制举刷回路电流波形以及观察举刷动作情况，结果电流波形为正弦波但存在畸变，有效值为正常值，正极电刷正常动作；正、负极电刷互为备用，目前负极卡涩无法使用，电刷已更换到负极，电刷修复或更换工作需要停机窗口执行，已提交工作申请 WR：00310981，保持跟踪。 2）故障原因分析：电刷处于励磁机内部，容易堆积灰尘从而卡涩，使得转子接地电刷负极卡涩未举起。

续 表

消缺行动	3)大修停机窗口电刷维修工作： 工作过程(WR/WOT：00310981/00756956-01)： ①装置拆除和环境清洁； ②电刷改造及试验； ③安装 DMR 电刷，连接 DMR 电刷航空插接线；测量电刷和滑环轴间隙：(正极：2.25 mm，负极：2.00 mm，接地极：2.25 mm，小于参考值 2.5 mm，数据合格)；测量回路：(正极和接地极电阻值：为 3100 Ω，负极和接地极电阻值：为 3100 Ω，数据合格)； ④手动举刷，录取正极和接地测量回路波形正常；电刷动作正常，电阻值测量合格； ⑤工作结束，确认无异物，清理现场； ⑥请运行人员验收，签字确认，归还工作票	
相关知识	GEX001AR 转子接地保护设定值(Ⅰ段 $R<4000\ \Omega$，$t_1=5\ s$)，每天进行一次转子接地电源检测，报警中 GEX106KA(励磁系统综合报警)是 AVC 投入的闭锁条件之一，出现该报警，AVC 会自动退出	
参考资料信息	维修一处电气：完工报告《FQ2-MA02-RCWO-00756104/01 06:26 主控出现 2GEX106KA 励磁系统故障报警，同时触发 2GPA631KA》；WR/WOT：00310757/00756104-01(紧急工单)、00310981/00756956-01(计划工单)，紧急工作许可证：2PI39690(2 号机转子接地故障报警处理)	
编　　者	运行二处一值：谷铁	时间：2019 年 04 月 23 日

7.1.6 主控触发 2GPA631KA、2GPA592KA、2GEX130KA、2GEX106KA 报警，AVC 自动退出运行

异常缺陷名称	主控触发 2GPA631KA(发电机转子接地报警)、2GPA592KA(非电量保护装置故障)、2GEX130KA(发电机转子接地报警)、2GEX106KA(励磁系统综合报警)，AVC 自动退出运行
发生时间	2017 年 11 月 15 日夜班
机组状态	RP 模式，满功率
异常缺陷现象	06:26，主控触发 2GPA631KA(发电机转子接地报警)、2GPA592KA(非电量保护装置故障)、2GEX130KA(发电机转子接地报警)、2GEX106KA(励磁系统综合报警)。AVC 自动退出运行，就地检查发现 2GEX003AR 举刷报警

续　表

风险或潜在后果	1）可能引起保护装置误动作，导致发电机跳闸的风险； 2）导致 AVC 退出运行
干预行动	已采取的行动措施： 1）向电网汇报 2AVC 退出情况； 2）安排就地检查 2GEX003AR 发现举刷报警； 3）oncall 电气检查处理； 4）电气工作人员进行复位并进行举刷，报警消除后。获得省调同意后重新投入 AVC
原因分析	电刷处于励磁机内部，容易堆积灰尘从而卡涩，使得转子接地电刷负极卡涩未举起
消缺行动	电气处理反馈： 1）检修步骤： ①在举刷回路介入录波仪； ②执行举刷操作，同时录制举刷回路电流波形以及观察举刷动作情况，结果观察到负极电刷没有抬起； ③将测量电刷由负极电刷更换到正极电刷； ④执行举刷操作，同时录制举刷回路电流波形以及观察举刷动作情况，结果电流波形为正弦波但存在畸变，有效值为正常值，正极电刷正常动作；正、负极电刷互为备用，目前负极卡涩无法使用，电刷已更换到负极，电刷修复或更换工作需要停机窗口执行，已提交工作申请 WR：00310981，保持跟踪。 ⑤因 2 号发电机转子接地电刷卡涩，在举刷过程中没有抬起，暂时无法修复，需要临时 TCA 处理：将转子接地定值修改为 2500（实施 TCA：FQ2-GEX-TCA-3324，2GEX001AR 转子接地保护定值和接线临时变更，将一段报警定值由 4000 Ω 修改为 2500 Ω）。 2）故障原因分析：电刷处于励磁机内部，容易堆积灰尘从而卡涩，使得转子接地电刷负极卡涩未举起。 3）大修停机窗口电刷维修工作： 工作过程（WR/WOT：00310981/00756956-01）： ①装置拆除和环境清洁； ②电刷改造及试验； ③安装 DMR 电刷，连接 DMR 电刷航空插接线；测量电刷和滑环轴间隙：（正极：2.25 mm，负极：2.00 mm，接地极：2.25 mm，小于参考值 2.5 mm，数据合格）；测量回路：（正极和接地极电阻值：为 3100 Ω，负极和接地极电阻值：为 3100 Ω，数据合格）；

续 表

消缺行动	④手动举刷，录取正极和接地测量回路波形正常；电刷动作正常，电阻值测量合格； ⑤工作结束，确认无异物，清理现场； ⑥请运行人员验收，签字确认，归还工作票
相关知识	GEX001AR 转子接地保护设定值（Ⅰ段 $R<4000\ \Omega$，$t_1=5$ s），每天进行一次转子接地电源检测，报警中 GEX106KA（励磁系统综合报警）是 AVC 投入的闭锁条件之一，出现该报警，AVC 会自动退出
参考资料信息	维修一处电气：完工报告《FQ2-MA02-RCWO-00756104/01 06: 26 主控出现 2GEX106KA 励磁系统故障报警，同时触发 2GPA631KA》《FQ2-MA02-RCWO-00757629/01 06: 26，主控触发 2GPA631KA、2GPA592KA、2GEX130KA、2GEX106KA。AVC 自动退出运行》； WR/WOT：00310757/00756104-01（紧急工单）、00311555/00757629-01（紧急工单）、00310981/00756956-01（计划工单）； 工作许可证：2PI39690（2 号机转子接地故障报警处理）、2PI40030（安装 TCA：2GEX001AR 转子接地保护定值临时变更）
编　　者	运行二处一值：谷铁　　　　时间：2019 年 04 月 23 日

7.1.7 2NCS001AR 有故障报警，2 号测控屏通讯板故障，导致 2AVC007KA 消失

异常缺陷名称	2NCS001AR 有故障报警，2 号测控屏通讯板故障，导致 2AVC007KA 消失
发生时间	2017 年 04 月 11 日早班
机组状态	RP 模式，满功率
异常缺陷现象	14: 00 左右 2AVC007KA，AVR SETPOINT LOWER INTERLOCK（AVR 减磁）消除。电气检查反馈 2NCS001AR 有故障报警，2 号机组测控屏通讯板故障，导致 2AVC007KA 消失
风险或潜在后果	导致减磁闭锁报警消除
干预行动	已采取的行动措施： 1）查看和执行报警卡； 2）oncall 电气检查处理
原因分析	2 号发变组测控屏通讯板卡故障

续　表

消缺行动	电气处理反馈： 1)检修步骤： ①召开工前会； ②断开 2NCS001AR 500 kV 2 号发变组测控屏内装置电源空开 F201、F202、F001； ③更换通讯板卡 CP-2017； ④闭合 2NCS001AR 500 kV 2 发变组测控屏内装置电源空开 F201、F202、F001； ⑤检查测控装置重启正常。 2)故障原因分析：2 号发变组测控屏通讯板卡故障
相关知识	1)机组 AVC 出现增磁闭锁或减磁闭锁信号，表示机组实际参数已越 AVC 系统参数限值，在光字信息中可查看具体越限参数，属于正常情况。如同时出现增磁闭锁、减磁闭锁，表示系统异常，机组 AVC 系统应退出； 2)AVC 运行期间，在减磁闭锁的情况下，6 kV 的母线 1LG＊的电压持续下降至 6.2 kV 或者机端电压持续下降至 22.5 kV 时汇报调度申请退出机组 AVC，并在限值恢复之后及时投入。如果确因设备故障申请退出 AVC 进行检修，需要及时填写 AVC 检修申请； 3)AVC 运行期间，在增磁闭锁的情况下，6 kV 的母线 1LG＊的电压持续上升至 7 kV 或者机端电压持续上升至 25.5 kV 时汇报调度申请退出机组 AVC，并在限值恢复之后及时投入。如果确因设备故障申请退出 AVC 进行检修，需要及时填写 AVC 检修申请
参考资料信息	维修一处电气：完工报告《FQ2-MA02-RCWO-00553612/01 2NCS001AR 有故障报警，2 号测控屏通讯板故障，导致 2AVC007KA 消失，需更换》； WR/WOT：00234671/00553612-01（紧急工单），工作许可证：2PT12942(500 kV 2 号发变组测控屏通讯板卡故障，需进行更换)
编　　者	运行二处一值：谷铁　　　　时间：2019 年 04 月 23 日

7.1.8　1AVC 已投入，但 1AVC001KS 灯不亮，1AVC002KS 仍亮

异常缺陷名称	1 号机组 AVC 投入过程中，AVC 画面 002KS(AVC 退出)灯未熄灭
发生时间	2016 年 04 月 28 日中班
机组状态	RP 模式，电功率 845 MWe

续 表

异常缺陷现象	1 号机组执行《FQ1-GEX-C-001 1 号机组投入 AVC 操作票》时，1AVC 投入后，但 1AVC001KS 灯不亮，退出指示灯 1AVC002KS 仍亮。 2 号机组执行《FQ2-GEX-C-001 2 号机组投入 AVC 操作票》时，2AVC 投入后，退出指示灯 2AVC002KS 灯仍亮
风险或潜在后果	影响 1/2AVC 投入状态的显示
干预行动	已采取的行动措施： 1）查看和执行报警卡； 2）oncall 仪控、电气检查
原因分析	机组 AVC 投入时，存在减磁闭锁信号。减磁闭锁信号与 AVC 投入信号为同一块 DO 板卡开出的信号，同一时刻不能同时发出。因此在 AVC 投入时，发出了减磁闭锁信号，AVC 投入的信号就未出现
消缺行动	电气处理反馈： 1）1AVC 故障检修过程： ①在 500 kV NCS 1 号发变组测控屏 1NCS001AR 内，用万用表直流电压档测量“AVC 投入”信号输出接点 BN311：43~44 两端电压，测试结果未 0 V，确认信号继电器未动作； ②确认 2 号机组现象同 1 号机组相同； ③确认原因为系统软件逻辑问题。 2）2AVC 故障检修过程： 在无闭锁信号情况下投入 AVC 时，通过两次投退操作，复归减磁闭锁信号后，2AVC002KS 消失。 3）故障原因分析：1 号机组 AVC 投入时，存在减磁闭锁信号。减磁闭锁信号与 AVC 投入信号为同一块 DO 板卡开出的信号，同一时刻不能同时发出。因此在 AVC 投入时，发出了减磁闭锁信号，AVC 投入的信号就未出现。2 号机组原因一样
相关知识	增减磁闭锁信号与 AVC 投入信号为同一块 DO 板卡开出的信号，同一时刻不能同时发出
参考资料信息	维修一处电气继保：完工报告《FQ1-MA02-RCWO-00272933/01 1 号机组 AVC 投入过程中，AVC 画面 002KS（AVC 退出）灯未熄灭》； 维修一处电气继保：完工报告《FQ2-MA02-RCWO-00273281/01 2AVC 投入后，退出指示灯 2AVC002KS 灯亮，需进行检查分析》。 WR/WOT：00127425/00272933-01（紧急工单）、00127465/00273281-01（对应 2AVC 缺陷）； 工作许可证：1PI02349［1 号机组 AVC 投入过程中，AVC 画面 002KS（AVC 退出）灯未熄灭，需对 1NCS001AR 进行检查］
编　　者	运行二处一值：谷铁　　　　时间：2019 年 04 月 23 日

7.1.9 3AVC 处于退出状态，但是主控 KIC 画面 3AVC001HXT 中 AVC002KS(AVC 退出灯)未触发

异常缺陷名称	3AVC 处于退出状态，但是主控 KIC 画面 3AVC001HXT 中 AVC002KS(AVC 退出灯)未触发
发生时间	2017 年 04 月 22 日夜班
机组状态	RP 模式，电功率 836 MWe
异常缺陷现象	3AVC 处于退出状态，但是主控 KIC 画面 3AVC001HXT 中 3AVC002KS(AVC 退出灯)未触发
风险或潜在后果	影响 3AVC 状态的显示
干预行动	已采取的行动措施： 1)通过 NCS 监控台上检查确认 3AVC 处于退出状态； 2)提工作申请 WR 按计划处理
原因分析	检查结果显示原因为 4AVC 调试工作重启了 0NCS100AR 加之 3NCS001AR 测控板卡不能同时输出两个信号，导致 3AVC002KS 未能重新出现
消缺行动	电气处理反馈： 1)检修步骤： ①将专用笔记本与 3NCS001AR 柜内测控装置进行连接； ②检查初步判断故障原因为 4AVC 调试工作重启了 0NCS100AR 加之 3NCS001AR 测控板卡不能同时输出两个信号，导致 3AVC002KS 未能重新出现。 2)故障原因分析：检查结果显示原因为 4AVC 调试工作重启了 0NCS100AR 加之 3NCS001AR 测控板卡不能同时输出两个信号，导致 3AVC002KS 未能重新出现
相关知识	3NCS001AR 测控板卡不能同时输出两个信号
参考资料信息	维修二处电气：完工报告《FQ3-MA02-RCWO-00559590/01 维修一级：在 3NCS001AR 柜检查 3AVC002KS 未正常出现问题》； WR/WOT：00238756/00559590-01(计划工单)
编　　者	运行二处一值：谷铁　　　时间：2019 年 04 月 26 日

7.1.10 2号主控出现2GPA592KA、2GPA631KA、2GEX130KA、2GEX106KA报警，且2AVC自动退出

异常缺陷名称	2号主控出现2GPA592KA、2GPA631KA、2GEX130KA、2GEX106KA报警，且2AVC自动退出
发生时间	2018年05月29日中班
机组状态	RP模式，电功率1086 MWe
异常缺陷现象	22：52，主控触发2GPA631KA（发电机转子接地报警）、2GPA592KA（非电量保护装置故障）、2GEX130KA（发电机转子接地报警）、2GEX106KA（励磁系统综合报警），AVC自动退出运行。就地检查发现2GPA005AR存在转子接地报警。目前2号机组AVC已退出
风险或潜在后果	导致2AVC自动退出
干预行动	已采取的行动措施： 1）向电网汇报2AVC退出情况； 2）查看和执行报警卡，就地检查发现2GPA005AR存在转子接地报警； 3）主控和现场密切监视汽轮发电机组的运行情况； 4）oncall电气进厂检查处理
原因分析	经检查原因为转子接地保护碳刷故障引起
消缺行动	电气处理反馈： 1）检修步骤： ①召开工前会； ②在2GEX415CR柜内接入录波器，转子接地保护注入电流线上钳上录波器钳表并准备好录波； ③在2GEX001AR柜按下手动举刷按钮并录制注入电流波形； ④对转子接地报警进行复位； ⑤请运行人员验收，归还工作许可证。 2）故障原因分析：经检查原因为转子接地保护碳刷故障引起
相关知识	GEX106KA（励磁系统综合报警）是AVC投入的闭锁条件之一，出现该报警，AVC会自动退出
参考资料信息	维修二处电气：EAM中工单00935410-01的完工报告； WR/WOT：00394715/00935410-01（紧急工单）
编　　者	运行二处一值：谷铁　　时间：2019年04月29日

7.1.11　1 号机组 APA 泵切换启动时导致 AVC 故障报警触发

异常缺陷名称	1 号机组 APA 泵切换启泵时导致 AVC 故障报警触发
发生时间	2018 年 05 月 12 日中班
机组状态	RP 模式，满功率
异常缺陷现象	执行 1APA202PO 切换至 1APA302PO 操作，在启动 1APA302PO 时，由于 1LGE 和 1LGF 母线电压波动导致触发 1AVC006KA：AVC 增磁闭锁和 1AVC007KA：AVC 减磁闭锁，电压波动瞬态结束，电压恢复正常后，1AVC006KA 报警自动消失，但 1AVC007KA 并未自动消失，通过维修电气人员强制复归后报警消失
风险或潜在后果	影响 1AVC 自动增磁、减磁调整电压
干预行动	已采取的行动措施： 1) 保持关注 1LGE、1LGF 母线电压情况，尽快完成切泵操作，恢复 LGF 母线带一台主给水泵运行，若未恢复正常准备退出 AVC 手动增磁调整电压； 2) 关注母线下游运行的转动设备尤其主给水泵的各项运行参数； 3) oncall 电气继保人员检查处理； 4) 母线电压恢复正常后要求电气人员强制复归减磁闭锁信号继电器消除报警
原因分析	在主控启动 1APA302PO 时，1LGF 母线电压降低，最低降至 5660.8 V，导致主控触发 1AVC007KA(AVC 减磁闭锁报警)。 启泵还导致 1LGE 母线电压升高，最高达到 6962.2 V，导致主控触发 1AVC006KA(AVC 增磁闭锁报警)。 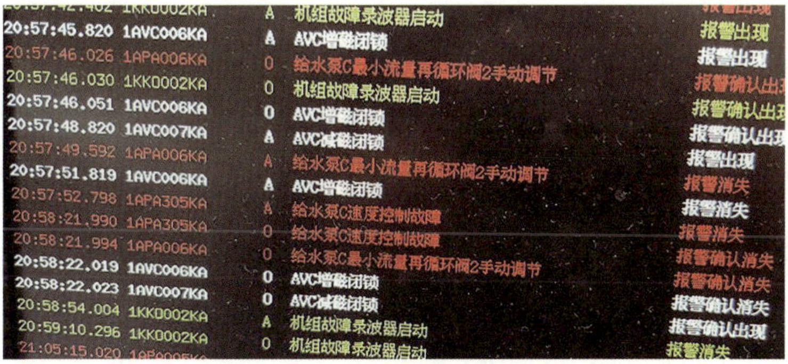 **图 1　AVC 报警情况** 电压波动瞬态结束后，增磁闭锁和减磁闭锁同一时间复归，增减磁闭锁动作和复归均通过机组测控 DO 板输出，DO 板固有特性同时只能开出一个信号，导致增磁闭锁信号复归，减磁闭锁未能复归

续 表

消缺行动	电气处理反馈： 1）处理过程： ①用短接线端接 BN321: 5 和 39，强制减磁闭锁复归，在短接 BN321: 5 和 38 强制动作，最后强制复归； ②强制后信号正常复归，未更换继电器； ③确认设备无异常报警，清理现场，归还工作票。 2）故障原因分析：增磁闭锁与减磁闭锁复归信号同时出现，测控板卡固有特性为同一时刻只能输出一个信号，导致只有一个增磁闭锁信号复归，减磁闭锁未能复归
相关知识	1）三台 APA 泵的供电电源分别为：1LGE102JA（1APA102PO）、1LGF103JA（1APA202PO）、1LGF102JA（1APA302PO）； 2）APA 泵切换相关的 AVC 经验知识： ①在执行 APA 泵切换过程中，特别是 APA202/302PO 之间相互切换时，由于两台泵均由 LGF 母线供电，在启动备用泵瞬间会导致母线 LGF 母线电压大幅下降； ②启动 APA203PO 和 APA302PO 时会导致 1LGE 母线电压升高； ③母线电压波动可能达到 AVC 增减磁闭锁的限值； ④AVC 增磁闭锁和减磁闭锁同时复归时，由于增减磁闭锁动作和复归均通过机组测控 DO 板输出，DO 板固有特性同时只能开出一个信号，因此导致 AVC006KA 和 AVC007KA 只能复归一个报警，另一个报警需维修电气人员强制复归
参考资料信息	运行一处：运行一处内部经验反馈——APA 泵启动导致 AVC 故障报警处理经验反馈； 维修一处电气：EAM 中工单 00921975-01 的完工报告
编　　者	运行二处一值：谷铁　　　　时间：2019 年 02 月 16 日

7.1.12　1 号主控触发发电机转子接地报警，1AVC 系统自动退出运行

异常缺陷名称	1 号主控触发发电机转子接地报警，1AVC 系统自动退出运行
发生时间	2018 年 11 月 13 日夜班
机组状态	RP 模式，满功率
异常缺陷现象	06: 14，1 号主控出现 1GPA631KA（发电机转子接地报警）、1GPA592KA（非电量保护装置故障）、1GEX130KA（发电机转子接地报警）、1GEX106KA（励磁系统综合报警）。1AVC 自动退出运行。就地检查发现 1GEX001AR、1GPA005AR 上存在转子接地报警

续 表

风险或潜在后果	导致1AVC自动退出运行	
干预行动	已采取的行动措施： 1）查看和执行报警卡； 2）就地检查发现1GEX001AR、1GPA005AR上存在转子接地报警； 3）oncall电气检查处理	
原因分析	经检查为发电机转子接地保护碳刷卡涩接触不良，引起测量电流突变，测量电阻降低，触发报警	
消缺行动	电气处理反馈： 1）处理措施：对2号发电机转子接地测量装置进行举刷试验，10次试验中出现1次报警。通过录波波形判断，接地检测碳刷存在卡涩情况。 2）处理进展：报警已复归，恢复1AVC投入。 3）故障原因：接地检测碳刷存在卡涩接触不良。 4）后续行动：办理TCA，修改发电机转子接地报警定值。 5）工作过程（TCA工单：01056672-01）： ①将1GEX001AR上215XZ装置内转子接地一段定值由4000 Ω修改为2500 Ω； ②检查确认转子接地一段定值已修改为2500 Ω； ③工作结束前状态检查； ④请运行人员验收，归还工作许可证。 注：TCA实施原因，考虑到目前一段报警（R<4000 Ω），因碳刷卡涩已经不具备实际参考价值，为防止该报警对造成AVC装置频繁退出，需临时修改转子接地保护一段定值	
相关知识	1GEX001AR转子接地保护设定值（Ⅰ段R<4000 Ω，t_1=5 s），每天进行一次转子接地电源检测，报警中1GEX106KA（励磁系统综合报警）是AVC投入的闭锁条件之一，出现该报警，AVC会自动退出	
参考资料信息	维修一处：EAM中工单01055665-01、01056672-01的完工报告； 运行一处TCA：《FQ1-GEX-TCA-5704》； WR/WOT：00463838/01055665-01（1号主控触发1CEX106/130KA、1GPA592/631KA，需检查处理）、00463986/01056672-01（TCA：执行TCA，1GEX001AR转子接地保护定值临时变更）	
编　　者	运行二处一值：谷铁	时间：2019年04月17日

7.1.13 主控出现 1GEX106KA、1GEX130KA、1GPA592KA、1GPA631KA，1 号机组 AVC 自动退出

异常缺陷名称	主控出现 1GEX106KA(励磁系统综合报警)、1GEX130KA(发电机转子接地报警)、1GPA592KA(非电量保护装置故障)、1GPA631KA(发电机转子接地报警)，1 号机组 AVC 自动退出
发生时间	2019 年 04 月 17 日夜班
机组状态	RP 模式，满功率
异常缺陷现象	05:38，主控出现 1GEX106KA(励磁系统综合报警)、1GEX130KA(发电机转子接地报警)、1GPA592KA(非电量保护装置故障)、1GPA631KA(发电机转子接地报警)，现场检查 1GPA005AR 上存在报警：发电机转子接地报警(Ⅰ段)，1GEX001AR 上也存在报警，1 号机组 AVC 自动退出
风险或潜在后果	导致 1AVC 自动退出运行
干预行动	已采取的行动措施： 1)向电网汇报 1AVC 退出情况； 2)安排现场检查发现 1GPA005AR 上存在报警：发电机转子接地报警(Ⅰ段)； 3)oncall 电气检查处理； 4)在报警消除后，获得电网同意后，重新投运 1AVC
原因分析	电刷正常抬起，但接触不良，测量电流畸变严重，导致无法正确测量接地电阻值
消缺行动	电气处理反馈： 1)工作过程： ①召开工前会； ②根据《FQX-MA-TD-E16013　发电机转子接地保护动作应急预案》执行； ③对发电机转子接地保护注入电流进行录波，分析原因为发电机转子接地碳刷接触不良问题； ④工作结束前状态检查； ⑤工完料尽场地清：场地清理、设备清洁、油漆防腐、标牌恢复、保温恢复、脚手架拆除等，并确认工作结束。

续 表

消缺行动	2)检查内容：04 月 17 日上午，对 1 号发电机转子接地测量回路进行波形录制工作，试验过程中，电刷可以正常抬起，未见明显卡涩现象，但是录制所得波形畸变严重，且测量阻值在 3000 Ω 到 4000 Ω 之间波动，经多次举刷测试，随着举刷次数的增多，所测的最低电阻值每次都有升高，最后一次测量电阻最低值在 3900 Ω 左右，原报警值设置为 4000 Ω 以下报警，后因电刷经常卡涩或接触不良，执行 TCA 将定值降低为 2500 Ω。根据波形畸变程度判断，此次报警原因为电刷接触不良导致测量回路电流畸变严重，从而影响装置对真实电阻的测量计算，报警时装置测量并计算所得的电阻值低于 2500 Ω 所致。目前新型号电刷正在加工中，准备在 104 大修中进行更换。 3)影响评估：通过观察报警前后时间段，1 号机组各项参数未见异常及波动，判断此次报警为接地电阻测量偏差所致，一次设备运行良好无缺陷异常。 4)故障原因：电刷正常抬起，但接触不良，测量电流畸变严重，导致无法正确测量接地电阻值。 5)后续行动：保持观察，待 104 大修更换新型号电刷
相关知识	1GEX001AR 转子接地保护设定值(Ⅰ段 $R<4000\ \Omega$，$t_1=5\ s$)，每天进行一次转子接地电源检测。1GEX106KA(励磁系统综合报警)是 AVC 投入的闭锁条件之一，出现该报警，AVC 会自动退出
参考资料信息	维修二处电气：EAM 中工单 01202374-01 完工报告； WR/WOT：00537459/01202374-01(紧急工单)
编　　者	运行二处一值：谷铁　　　时间：2019 年 05 月 13 日

7.1.14 AVC 系统设备异常缺陷处理总结

相关资料：《FQ0-OP00-TD-16002 1、2 号机组 AVC 运行方式控制方案》《FQ8-OP00-TD-17001 3、4 号机组 AVC 运行方式控制方案》。

7.2 发电机和输电保护系统(GPA)

7.2.1 主控触发 3GPA617KA：主变 C 相油位异常报警和 3GPA592KA：非电量保护装置故障

异常缺陷名称	主控触发 3GPA617KA：主变 C 相油位异常报警和 3GPA592KA：非电量保护装置故障
发生时间	2018 年 07 月 09 日早班
机组状态	RP 模式，电功率 1063 MWe
异常缺陷现象	15: 02: 34，主控触发 3GPA617KA：主变 C 相油位异常报警；3GPA592KA：非电量保护装置故障。3GEV034MN(主变 C 相油位)偏高，为 92%，就地检查油位计 301SN 指示 9。 电气反馈 3GPA617KA：主变 C 相油位异常报警和 3GPA592KA：非电量保护装置故障，不会触发逻辑动作
风险或潜在后果	1)初步怀疑为液位计故障，影响 C 相主变实际油位监视； 2)若油位真实高，C 相主变可能存在进液等风险，需要停机处理
干预行动	1)已采取的行动措施： ①现场目视 C 相主变运行情况，未见异常； ②现场启动 C 相 4 台冷却风扇； ③通知维修电气人员检查处理。 2)建议后续行动： 维修电气分析故障原因并制定处理方案，消除缺陷
原因分析	根据现场排查及油位计处理经验，判断报警原因为油位计液压机构损坏导致油位计显示异常
消缺行动	电气处理反馈： 1)处理过程： ①检查在线油色谱，比较 07 月 03 日至 07 月 09 日与历史变化，趋势平稳，未见异常； ②现场检查呼吸器，呼吸正常，证实变压器内压力正常； ③现场检查变压器绕组温度(73 ℃)，且查询变压器油温历史趋势正常，排除热胀冷缩引起油位变化； ④安排人员进行红外测量 3 号主变 C 相温度，对比主变 A/B 相显示正常，变压器无过热问题。 2)后续行动： ①维修编制 3 号主变 C 相油位计更换方案； ②安排合适窗口消除缺陷(WOT：00968008-01)。

续 表

消缺行动	3）油位计更换工作过程（WOT：00968008-01）： ①执行操作票，确认室外无大风（6 级及以上）、下雨天气，确认 3LMD351JA 已断开； ②用塑料管连接 3 号主变 C 相中部取样阀 3GEV365VH； ③塑料管另一端用绝缘杆伸到储油柜顶部； ④缓慢打开 3 号主变 C 相中部取样阀 3GEV365VH，观察塑料管油面高度在储油柜中间位置； ⑤关闭 3 号主变 C 相中部取样阀 3GEV365VH，取下塑料管； ⑥打开故障油位计外罩，验明无电压； ⑦记录油位计接线，拆除接线、拆除故障油位计表盘； ⑧安装备件油位计表盘； ⑨拆卸故障油位计传感器； ⑩安装备件油位计传感器，并根据油温与历史记录调试备件油位计示数为 7.1； ⑪拆走故障油位计的传感器和表盘； ⑫按拆接线记录端接备件油位计端子接线； ⑬安装备件油位计表盘外罩，用钢扎带绑扎传感器与表盘间的毛细管； ⑭联系主控，合上主变 C 相本体端子箱电源 3LMD351JA； ⑮确认 KIC 上 3 号主变 C 相油位显示正常； ⑯工作结束，清理现场。 4）故障原因分析：根据现场排查及油位计处理经验，判断报警原因为油位计液压机构损坏导致油位计显示异常
相关知识	1）3GPA617KA 主变 C 相油位异常报警的可能原因有： ①变压器少油； ②变压器漏油； ③变压器多油（高油位报警）。 2）主变油位异常的危害有： ①变压器少油，油位随着变压器油温的降低而下降至露出绝缘件时，使绝缘件暴露在空气中受潮，引发变压器内部故障； ②变压器漏油使油位下降至一定程度时，使绝缘件暴露在空气中受潮，引发变压器内部故障； ③变压器多油，变压器油温升高时，油位升高至储油柜最高油位后，使变压器油与环境大气连通，变压器油受潮氧化，引发变压器内部故障
参考资料信息	运行二处：3 号机组异常反馈——主控触发 3GPA617KA：主变 C 相油位异常报警；3GPA592KA：非电量保护装置故障；

续 表

参考资料信息	维修二处：oncall 反馈——主控触发 3GPA617KA：主变 C 相油位异常报警；3GPA592KA：非电量保护装置故障； 值长日报和维修日报(2018 年 07 月 10 日到 07 月 14 日)； WR/WOT：00411931/00968008-01(计划工单)	
编　　者	运行二处一值：谷铁	时间：2019 年 02 月 11 日

7.2.2　2 号主控触发 2GPA231KA 发电机第二套保护装置故障

异常缺陷名称	2 号主控触发 2GPA231KA 发电机第二套保护装置故障
发生时间	2018 年 07 月 07 日中班
机组状态	RP 模式，电功率 1075 MWe
异常缺陷现象	21:55，2 号主控触发 2GPA231KA 发电机第二套保护装置故障，现场检查发现 2GPA002AR(2 号发电机保护 B 柜)黑屏，柜内直流电源空开 211JA 跳闸，柜子上游开关 2LBM202JA 无异常。发电机第一套保护装置未见异常
风险或潜在后果	发电机第二套保护退出，第一套保护正常，保护的冗余性丧失、可靠性下降
干预行动	1)已采取的行动措施： ①现场检查，发现 2GPA002AR(2 号发电机保护 B 柜)其中一块屏幕黑屏； ②检查发现 2GPA002AR 内的直流电源空开 211JA 跳闸，核实其上游开关 2LBM202JA，开关未跳闸，未见异常； ③重点关注发电机第一套保护装置，未见异常； ④oncall 维修电气进厂检查。 2)建议后续行动： 请维修电气分析原因，消除缺陷，尽快恢复发电机第二套保护
原因分析	2GPA002AR 保护装置电源板卡故障
消缺行动	电气处理反馈： 1)工作过程： ①确认隔离； ②测试电源回路； ③更换电源板卡； ④重新上电； ⑤检查装置正常运行。 2)故障原因分析：2GPA002AR 保护装置电源板卡故障

续 表

相关知识	GPA 系统包括 6 个就地保护柜，发电机保护 A 柜 2GPA001AR、发电机保护 B 柜 2GPA002AR、主变/高厂变保护 C 柜 2GPA003AR、主变/高厂变保护 D 柜 2GPA004AR、发电机非电量保护 E 柜 2GPA005AR、发变组保护管理机 F 柜 2GPA100AR。 GPA 按照双重原则设置保护，保护功能配置两套，且由不同的直流电源供电。 其中 2GPA001AR 和 2GPA003AR 由 2LBM 供电，2GPA002AR 和 2GPA004AR 由 2LBJ 供电，2GPA005AR 和 2GPA100AR 均有 2LBJ、2LBM 两路电源，并可以通过选择开关进行切换。另外，2LNE 向 2GPA100AR 提供照明、主机、显示屏和打印机的电源	
参考资料信息	运行一处：2 号机组异常反馈——2 号主控触发 2GPA231KA 发电机第二套保护装置故障； WR/WOT：00411277/00966611-01(紧急工单)	
编　　者	运行二处一值：谷铁	时间：2019 年 02 月 11 日

7.2.3 3 号机组触发 3GPA631KA 发电机转子接地报警

异常缺陷名称	3 号机组触发 3GPA631KA 发电机转子接地报警
发生时间	2018 年 01 月 15 日中班
机组状态	RP 模式，电功率 270 MWe
异常缺陷现象	18: 50: 56，主控触发 3GPA631KA 发电机转子接地报警，闪发 3GPA592KA 非电量保护装置故障、3GEX106KA 励磁系统综合报警，主控检查 GEX 画面无异常，汽机振动无异常，就地检查 3GPA 保护柜存在发电机转子接地一段报警
风险或潜在后果	发电机转子接地影响发电机的运行以及安全，故障扩大可能导致发电机跳闸
干预行动	已采取的行动措施： 1)查看和执行相应报警卡，密切监视发电机、励磁系统状态； 2)现场检查 GPA 机柜，存在“转子接地一段报警”； 3)当班值熟悉 I6 停机不停堆规程，做好事故预想； 4)oncall 维修电气检查处理
原因分析	碳刷接触不良
消缺行动	电气处理反馈： 1)检查内容：

续　表

消缺行动	①经检查转子接地保护装置历史记录，触发报警时测得绝缘阻值为 2989 Ω（报警值为 4000 Ω）； ②经手动举刷，观察电刷正常动作，测得阻值在 3200～3600 Ω间波动，最后波动数值为大于 6500 Ω，由于测量期间测得阻值小于 4000 Ω，触发了转子接地报警，与此前 2 号机组情况类似（2 号机组原因为电刷接触不良）； ③同时 01 月 14 日在并网前进行了多次手动及自动举刷测量，发电机转子绝缘对地情况良好，结合第 2 点，初步判断发电机转子不存在真实接地； ④根据《FQY-MA02-TD-17014　发电机转子接地报警检查处理应急预案》，测量值在 2000 Ω 与 4000 Ω 之间。 2）工作过程： ①在 KIC 上确认记录报警； ②在励磁调节柜 LCP 显示屏确认报警； ③3GPA 系统确认报警； ④在转子接地保护装置上检查并记录动作电阻值； ⑤由运行人员在就地进行手动举刷操作，按下励磁调节柜手动测试按钮 202TO，维修人员进行监护工作，同时一人在汽机平台励磁机处观察举刷装置； ⑥记录测量值。 3）故障原因分析：碳刷接触不良
相关知识	GEX106KA（励磁系统综合报警）是 AVC 投入的闭锁条件之一，出现该报警，AVC 会自动退出
参考资料信息	维修二处电气：《FQY-MA02-TD-17014　转子接地保护动作应急预案》、完工报告《FQ3-MA02-RCWO-00827527/01　3 号机组 18: 50 触发 3GPA631KA 发电机转子接地报警》； WR/WOT：00335583/00827527-01（紧急工单）
编　　者	运行二处一值：谷铁	时间：2019 年 04 月 15 日

7.2.4　主控出现 1GEX106KA、130KA、1GPA592KA、631KA，就地检查为发电机转子接地 1 段故障报警

异常缺陷名称	主控出现 1GEX106KA、130KA、1GPA592KA、631KA，就地检查为发电机转子接地 1 段故障报警
发生时间	2017 年 06 月 08 日早班
机组状态	RP 模式，电功率 845 MWe，17 年 05 月 24 日因 AVC 调节功能异常，全站 AVC 已退出，尚未恢复

续 表

异常缺陷现象	07:55，主控出现 1GEX106KA(励磁系统综合报警)、1GEX130KA(发电机转子接地报警)、1GPA592KA(非电量保护装置故障)、1GPA631KA(发电机转子接地报警)，就地检查为发电机转子接地1段故障报警	
风险或潜在后果	可能引起保护装置误动作，导致发电机跳闸的风险	
干预行动	已采取的行动措施： 1)查看和执行报警卡； 2)就地检查为发电机转子接地1段故障报警； 3)oncall 电气检查处理	
原因分析	电刷内部积累灰尘和杂质较大增加摩擦力，造成电刷不举，测量回路断开	
消缺行动	电气处理反馈： 1)工作过程： ①验证励磁机停运，现场核对设备； ②组织召开工前会，交代工作内容，对工作组人员进行分工； ③按照《FQX-GEX-TD-E17049 发电机转子绝缘监测装置电刷卡涩处理工作方案》进行检修工作； a. 执行规程 6.1 装置拆除和环境清洁； b. 刷架下敷设白布，防止异物落入电枢； c. 执行规程 6.2 电刷改造及试验； d. 执行规程 6.3 安装 DMR 电刷； e. 测量电刷和滑环间隙：正极 2.15mm，负极 2.0 mm，接地极 2.0 mm； f. 电刷动作正常。 ④工作结束，清理现场，归还工作许可。 2)故障原因分析：电刷内部积累灰尘和杂质较大增加摩擦力，造成电刷不举，测量回路断开	
相关知识	GEX106KA(励磁系统综合报警)是 AVC 投入的闭锁条件之一，出现该报警，AVC 会自动退出	
参考资料信息	维修一处电气：《FQX-GEX-TD-E17049 发电机转子绝缘监测装置电刷卡涩处理工作方案》、完工报告《FQ1-MA02-RCWO-00581176/01　主控出现 1GEX106KA、130KA、1GPA592KA、631KA，就地检查为发电机转子接地1段故障报警，需检查处理》； WR/WOT：00256097/00581176-01(计划工单)	
编　　者	运行二处一值：谷铁	时间：2019年04月15日

7.2.5 主控触发 2GPA631KA、2GPA592KA、2GEX130KA、2GEX106KA 报警，AVC 自动退出运行

异常缺陷名称	主控触发 2GPA631KA（发电机转子接地报警）、2GPA592KA（非电量保护装置故障）、2GEX130KA（发电机转子接地报警）、2GEX106KA（励磁系统综合报警）。AVC 自动退出运行
发生时间	2017 年 11 月 15 日夜班
机组状态	RP 模式，满功率
异常缺陷现象	06：26，主控触发 2GPA631KA（发电机转子接地报警）、2GPA592KA（非电量保护装置故障）、2GEX130KA（发电机转子接地报警）、2GEX106KA（励磁系统综合报警）。AVC 自动退出运行，就地检查发现 2GEX003AR 举刷报警
风险或潜在后果	1）可能引起保护装置误动作，导致发电机跳闸的风险； 2）导致 AVC 退出运行
干预行动	已采取的行动措施： 1）向电网汇报 2AVC 退出情况； 2）安排就地检查 2GEX003AR 发现举刷报警； 3）oncall 电气检查处理； 4）电气工作人员进行复位并进行举刷，报警消除后。获得省调同意后重新投入 AVC
原因分析	电刷处于励磁机内部，容易堆积灰尘从而卡涩，使得转子接地电刷负极卡涩未举起
消缺行动	电气处理反馈： 1）处理措施： ①在举刷回路介入录波仪； ②执行举刷操作，同时录制举刷回路电流波形以及观察举刷动作情况，结果观察到负极电刷没有抬起； ③将测量电刷由负极电刷更换到正极电刷； ④执行举刷操作，同时录制举刷回路电流波形以及观察举刷动作情况，结果电流波形为正弦波但存在畸变，有效值为正常值，正极电刷正常动作；正、负极电刷互为备用，目前负极卡涩无法使用，电刷已更换到负极，电刷修复或更换工作需要停机窗口执行，已提交工作申请 WR：00310981，保持跟踪； ⑤因 2 号发电机转子接地电刷卡涩，在举刷过程中没有抬起，暂时无法修复，需要临时 TCA 处理：将转子接地定值修改为 2500（实施 TCA：FQ2-GEX-TCA-3324，2GEX001AR 转子接地保护定值和接线临时变更，将一段报警定值由 4000 Ω 修改为2500 Ω）。

续 表

消缺行动	2)故障原因分析：电刷处于励磁机内部，容易堆积灰尘从而卡涩，使得转子接地电刷负极卡涩未举起。 3)大修停机窗口电刷维修工作： 工作过程(WR/WOT：00310981/00756956-01)： ①装置拆除和环境清洁； ②电刷改造及试验； ③安装 DMR 电刷，连接 DMR 电刷航空插接线；测量电刷和滑环轴间隙：(正极：2.25 mm，负极：2.00 mm，接地极：2.25 mm，小于参考值2.5 mm，数据合格)；测量回路：(正极和接地极电阻值：为 3100 Ω，负极和接地极电阻值：为3100 Ω，数据合格)； ④手动举刷，录取正极和接地测量回路波形正常；电刷动作正常，电阻值测量合格； ⑤工作结束，确认无异物，清理现场； ⑥请运行人员验收，签字确认，归还工作票
相关知识	GEX001AR 转子接地保护设定值(Ⅰ段 $R<4000\ \Omega$，$t_1=5\ s$)，每天进行一次转子接地电源检测，报警中 GEX106KA(励磁系统综合报警)是 AVC 投入的闭锁条件之一，出现该报警，AVC 会自动退出
参考资料信息	维修一处电气：完工报告《FQ2-MA02-RCWO-00756104/01 06: 26 主控出现 2GEX106KA 励磁系统故障报警，同时触发 2GPA631KA》《FQ2-MA02-RCWO-00757629/01 06: 26，主控触发 2GPA631KA、2GPA592KA、2GEX130KA、2GEX106KA。AVC 自动退出运行》； WR/WOT：00310757/00756104-01(紧急工单)、00311555/00757629-01(紧急工单)、00310981/00756956-01(计划工单)； 工作许可证：2PI39690(2 号机转子接地故障报警处理)、2PI40030(安装 TCA：2GEX001AR 转子接地保护定值临时变更)
编　　者	运行二处一值：谷铁 | 时间：2019 年 04 月 23 日

7.2.6 2 号主控出现 2GPA592KA、2GPA631KA、2GEX130KA、2GEX106KA 报警，且 2AVC 自动退出

异常缺陷名称	主控触发 2GPA631KA(发电机转子接地报警)、2GPA592KA(非电量保护装置故障)、2GEX130KA(发电机转子接地报警)、2GEX106KA(励磁系统综合报警)，AVC 自动退出运行
发生时间	2018 年 05 月 29 日中班
机组状态	RP 模式，电功率 1086 MWe

续 表

异常缺陷现象	22: 52，主控触发 2GPA631KA（发电机转子接地报警）、2GPA592KA（非电量保护装置故障）、2GEX130KA（发电机转子接地报警）、2GEX106KA（励磁系统综合报警），AVC 自动退出运行，就地检查发现 2GPA005AR 存在转子接地报警	
风险或潜在后果	导致 2AVC 自动退出	
干预行动	已采取的行动措施： 1）向电网汇报 2AVC 退出情况； 2）oncall 电气进厂检查处理	
原因分析	经检查原因为转子接地保护碳刷故障引起	
消缺行动	电气处理反馈： 1）工作过程： ①召开工前会； ②在 2GEX415CR 柜内接入录波器，转子接地保护注入电流线上钳上录波器钳表并准备好录波； ③在 2GEX001AR 柜按下手动举刷按钮并录制注入电流波形； ④对转子接地报警进行复位； ⑤请运行人员验收，归还工作许可证。 2）故障原因分析：经检查原因为转子接地保护碳刷故障引起	
相关知识	报警中 GEX106KA（励磁系统综合报警）是 AVC 投入的闭锁条件之一，出现该报警，AVC 会自动退出	
参考资料信息	维修二处电气：EAM 中工单 00935410-01 的完工报告； WR/WOT：00394715/00935410-01（紧急工单）	
编　　者	运行二处一值：谷铁	时间：2019 年 02 月 11 日

7.2.7　1 号主控触发发电机转子接地报警，1AVC 系统自动退出运行

异常缺陷名称	1 号主控触发发电机转子接地报警，1AVC 系统自动退出运行
发生时间	2018 年 11 月 13 日夜班
机组状态	RP 模式，满功率
异常缺陷现象	06: 14，1 号主控出现 1GPA631KA（发电机转子接地报警）、1GPA592KA（非电量保护装置故障）、1GEX130KA（发电机转子接地报警）、1GEX106KA（励磁系统综合报警）。1AVC 自动退出运行。就地检查发现 1GEX001AR、1GPA005AR 上存在转子接地报警
风险或潜在后果	导致 1AVC 自动退出运行

续　表

干预行动	已采取的行动措施： 1）向电网汇报 1AVC 退出情况； 2）就地检查发现 1GEX001AR、1GPA005AR 上存在转子接地报警； 3）oncall 电气检查处理
原因分析	经检查为发电机转子接地保护碳刷卡涩接触不良，引起测量电流突变，测量电阻降低，触发报警
消缺行动	电气处理反馈： 1）检查内容：对 2 号发电机转子接地测量装置进行举刷试验，10 次试验中出现 1 次报警。通过录波波形判断，接地检测碳刷存在卡涩情况。 2）处理进展：报警复归，恢复投入 1AVC。 3）故障原因：接地检测碳刷存在卡涩接触不良。 4）后续行动：办理 TCA，修改发电机转子接地报警定值。 5）工作过程（TCA 工单：01056672-01）： ①将 1GEX001AR 上 215XZ 装置内转子接地一段定值由 4000 Ω 修改为 2500 Ω； ②检查确认转子接地一段定值已修改为 2500 Ω； ③工作结束前状态检查； ④请运行人员验收，归还工作许可证。 注：TCA 实施原因，考虑到一段报警（$R<4000$ Ω），因碳刷卡涩已经不具备实际参考价值，为防止该报警对造成 AVC 装置频繁退出，需临时修改转子接地保护一段定值
相关知识	1GEX001AR 转子接地保护设定值（Ⅰ段 $R<4000$ Ω，$t_1=5$ s），每天进行一次转子接地电源检测，报警中 1GEX106KA（励磁系统综合报警）是 AVC 投入的闭锁条件之一，出现该报警，AVC 会自动退出
参考资料信息	维修一处完工报告（EAM 中 01055665-01、01056672-01 的完工报告）； 运行一处 TCA：《FQ1-GEX-TCA-5704》； WR/WOT：00463838/01055665-01（1 号主控触发 1CEX106/130KA、1GPA592/631KA，需检查处理）、01056672-01（TCA：执行 TCA，1GEX001AR 转子接地保护定值临时变更）
编　　者	运行二处一值：谷铁　　　时间：2019 年 02 月 11 日

7.2.8　3 号机组出现 3GPA631KA 发电机转子接地故障报警

异常缺陷名称	3 号机组出现 3GPA631KA 发电机转子接地故障报警
发生时间	2017 年 02 月 24 日夜班

续 表

机组状态	RP 模式，满功率
异常缺陷现象	06: 16: 34 主控闪发 3GPA592KA（非电量保护装置故障），3GEX106KA（励磁系统综合报警）后消失；06: 16: 34 出现 3GPA631KA（发电机转子接地报警）
风险或潜在后果	导致产生转子接地报警
干预行动	已采取的行动措施： 1）查看和执行报警卡； 2）oncall 电气检查处理
原因分析	DMR 电刷与发电机大轴滑环接触不良，导致保护装置测量的转子对地绝缘电阻值小于 4 kΩ 的时间未能躲过报警时间定值
消缺行动	电气处理反馈： 1）工作过程： ①手动进行第一次举刷，观察 DMR 电刷正常举起，215XZ 测量阻值稳定后显示约 4.4 kΩ，未出现报警； ②手动进行第二次举刷，观察 DMR 电刷正常举起，215XZ 测量阻值稳定后显示约 4.5 kΩ，未出现报警； ③手动进行第三次举刷，观察 DMR 电刷正常举起，215XZ 测量阻值稳定后显示约 5.3 kΩ，未出现报警，同时进行录波； ④检查第二次举刷时测量回路波形存在畸变； ⑤工作结束，清理现场，恢复隔离边界，检查确认标牌完整。 2）检查确认内容： ①本次报警原因为 DMR 电刷与发电机大轴滑环接触不良，导致保护装置测量的转子对地绝缘电阻值小于 4 kΩ 的时间未能躲过报警时间定值。 ②本次转子接地故障处理过程中 3 次手动举刷测量结果皆高于报警值，证明转子对地绝缘情况良好。 ③通过举刷录波波形并对比 1、2 号机组历史波形数据分析，判断 DMR 电刷与发电机大轴滑环存在接触不良的情况。 3）故障原因分析：DMR 电刷与发电机大轴滑环接触不良，导致保护装置测量的转子对地绝缘电阻值小于 4 kΩ 的时间未能躲过报警时间定值
相关知识	3GEX001AR 转子接地保护设定值（Ⅰ段 $R<4000\ \Omega$，$t_1=5\ s$），每天进行一次转子接地电源检测，报警中 3GEX106KA（励磁系统综合报警）是 AVC 投入的闭锁条件之一，出现该报警，AVC 会自动退出

续　表

参考资料信息	WR/WOT：00217601/00517286-01（紧急工单）； 维修二处电气：完工报告《FQ3-MA02-RCWO-00517286/01 3 号主控出现 3GPA631KA 发电机转子接地报警，需电气核实处理》	
编　　者	运行二处一值：谷铁	时间：2019 年 05 月 03 日

7.2.9　主控出现 2GPA631KA 发电机转子接地报警，就地控制柜也出现同样报警

异常缺陷名称	主控出现 2GPA631KA 发电机转子接地报警，就地控制柜也出现同样报警
发生时间	2015 年 10 月 21 日早班
机组状态	RP 模式，电功率 1085 MWe
异常缺陷现象	12:02:56 时，主控出现 2GPA631KA 发电机转子接地报警，就地控制柜也出现同样报警
风险或潜在后果	主控 oncall 电气专业人员检查核实，确认 2 号机组发电机转子绝缘的最近一次举刷测量值为 3874 Ω（报警定值 4000 Ω，跳机定值 2000 Ω）。此定值非连续监测，每天中午 12 点举刷测量一次，若测得转子对地绝缘大于 4000 Ω，系统不保存数据，故暂不能判断此数据的变化情况。若是电气人员手动举刷测量发电机实时对地绝缘值，则存在跳机风险（若手动举刷测得的绝缘值小于 2000 Ω，发电机将保护跳闸）
干预行动	已采取的行动措施： 1）主控 oncall 电气专业人员检查核实缺陷； 2）2 号主控保持严密监视发电机运行参数，当前暂未发现明显异常； 3）要求电气专业人员准备消缺方案
原因分析	1）2 号机组励磁系统转子接地检测装置检测到转子对地电阻（3874 Ω）低于报警值（4000 Ω），因而 2GEX 系统报转子接地一阶报警，同时送信号至 2GPA005AR，GPA 系统报 2GPA631KA 发电机转子接地报警； 2）机组停机后，确认接地电刷与负极电刷卡涩，电刷与滑环接触不良导致转子接地保护装置不正确动作而误停发电机
消缺行动	电气处理反馈： 1）检修步骤： ①确认隔离边界正确； ②确认励磁系统状态正确；

续 表

消缺行动	③与主控确认可以恢复报警后，复位继电器上报警； ④通知主控，由主控恢复励磁调节柜 LCP 屏上报警； ⑤由运行人员恢复 GPA005AR 柜上报警； ⑥由运行人员按照工作方案 FQ2-MA-TD-E15072 退出 2GPA524BO “发电机转子接地保护跳闸”； ⑦就地人员按照工作方案 FQ2-MA-TD-E15072 解开 2GEX001AR 柜内 215XZ：20/22/28 号线缆，做好记录； ⑧准备解开 215XZ：28 号线缆时，发电机解列跳机，灭磁开关跳开； ⑨停止工作； ⑩发电机停机后，得到主控允许，恢复接线，并进行举刷操作，发现励磁机内电刷卡涩，无法正常动作； ⑪暂停工作，维修电气人员分析原因，开票更换故障电刷； ⑫更换完成后，在静态工况下进行举刷测试，转子对地电阻大于 6500 Ω，合格； ⑬汽机冲转至 1500 转后，进行举刷测试，转子对地电阻大于 6500 Ω，合格； ⑭发电机建压后，进行举刷测试，转子对地电阻大于 6500 Ω，合格。 ⑮工作结束后，清理现场。 2）故障原因分析：①2 号机组励磁系统转子接地检测装置检测到转子对地电阻（3874 Ω）低于报警值（4000 Ω），因而 2GEX 系统报转子接地一阶报警，同时送信号至 2GPA005AR，GPA 系统报 2GPA631KA 发电机转子接地报警。②机组停机后，确认接地电刷与负极电刷卡涩，电刷与滑环接触不良导致转子接地保护装置不正确动作而误停发电机	
相关知识	1）GEX001AR 转子接地保护设定值（$R<4000\ \Omega$）触发转子接地报警，定值小于 2000 Ω 时跳汽轮发电机； 2）GEX106KA（励磁系统综合报警）是 AVC 投入的闭锁条件之一，出现该报警，AVC 会自动退出	
参考资料信息	维修二处电气：EAM 中工单 00152371-01 的完工报告； WR/WOT：00078580/00152371-01（紧急工单，停机窗口开工工单）	
编　　者	运行二处一值：谷铁	时间：2019 年 02 月 11 日

7.2.10　主控出现 1GEX106KA、1GEX130KA、1GPA592KA、1GPA631KA，1 号机组 AVC 自动退出

异常缺陷名称	主控出现 1GEX106KA(励磁系统综合报警)、1GEX130KA(发电机转子接地报警)、1GPA592KA(非电量保护装置故障)、1GPA631KA(发电机转子接地报警)，1 号机组 AVC 自动退出
发生时间	2019 年 04 月 17 日夜班
机组状态	RP 模式，满功率
异常缺陷现象	05:38 主控出现 1GEX106KA(励磁系统综合报警)、1GEX130KA(发电机转子接地报警)、1GPA592KA(非电量保护装置故障)、1GPA631KA(发电机转子接地报警)，现场检查 1GPA005AR 上存在报警：发电机转子接地报警(I 段)，1GEX001AR 上也存在报警，1 号机组 AVC 自动退出
风险或潜在后果	导致 1AVC 自动退出运行
干预行动	已采取的行动措施： 1)向电网汇报 1AVC 退出情况； 2)安排现场检查发现 1GPA005AR 上存在报警：发电机转子接地报警(I 段)； 3)oncall 电气检查处理； 4)在报警消除后，获得电网同意后，重新投运 1AVC
原因分析	检查原因为发电机转子接地碳刷问题
消缺行动	电气处理反馈： 1)检修步骤： ①召开工前会； ②根据《FQX-MA-TD-E16013　发电机转子接地保护动作应急预案》执行； ③对发电机转子接地保护注入电流进行录波，分析原因为发电机转子接地碳刷接触不良问题； ④工作结束前状态检查； ⑤工完料尽场地清：场地清理、设备清洁、油漆防腐、标牌恢复、保温恢复、脚手架拆除等，并确认工作结束。 2)故障原因分析：发电机转子接地碳刷接触不良
相关知识	1)GEX001AR 转子接地保护设定值($R<4000\ \Omega$)触发转子接地报警，定值小于 2000 Ω 时跳汽轮发电机；

续 表

相关知识	2)GEX106KA(励磁系统综合报警)是 AVC 投入的闭锁条件之一，出现该报警，AVC 会自动退出	
参考资料信息	WR/WOT：00537459/01202374-01(紧急工单)； 维修二处电气：EAM 中工单 01202374-01 完工报告	
编　　者	运行二处一值：谷铁	时间：2019 年 05 月 13 日

7.2.11　1 号主控出现发电机转子接地报警、非电量保护装置故障

异常缺陷名称	1 号主控出现发电机转子接地报警、非电量保护装置故障
发生时间	2017 年 06 月 15 日早班
机组状态	RP 模式，电功率 845 MWe，2017/05/24 因 AVC 异常，退出全站 AVC，尚未恢复
异常缺陷现象	07:56:02 时，主控触发 1GPA631KA(发电机转子接地故障)，1GPA592KA(非电量保护装置故障)，1GEX130KA(发电机转子接地故障)，1GEX106KA(励磁系统综合故障)
风险或潜在后果	开展手动举刷工作时存在跳机风险
干预行动	已采取的行动措施： 1)查看和执行报警卡； 2)oncall 电气检查处理； 3)维修电气对发电机进行举刷，报警已复位
原因分析	碳刷与滑环接触不良，碳刷存在轻微卡涩
消缺行动	电气处理反馈： 1)检修步骤： ①按照 FQX-MA-TD-E16013，发电机转子接地保护动作应急预案第六节情况(1)步骤执行； ②确认 1GEX 系统无异常告警； ③在 1GEX835CR 处设置录波装置，电流卡钳卡住端子 14(2.08)、13(2.07)上； ④按下 1GEX001AR 柜门手动举刷按钮 202TO，查看录波波形，与预案附录 9.2 碳刷与转子大轴接触良好时电流波形对比可知，波形发生畸变，缺失约 1.5 个周波(测量碳刷与发电机转子滑环接触不良，不能形成电流回路，导致波形缺失)，故碳刷与滑环接触不良，碳刷存在轻微卡涩； ⑤工作结束，清理现场，归还工作许可证。

续 表

消缺行动	2)故障原因分析：碳刷与滑环接触不良，碳刷存在轻微卡涩	
相关知识	1)GEX001AR 转子接地保护设定值($R<4000\ \Omega$)触发转子接地报警，定值小于 2000 Ω 时跳汽轮发电机； 2)GEX106KA(励磁系统综合报警)是 AVC 投入的闭锁条件之一，出现该报警，AVC 会自动退出	
参考资料信息	维修二处电气：完工报告《FQ1-MA02-RCWO-00599083/01 2017.06.15 07:56，1 号主控出现发电机转子接地报警、非电量保护装置故障，需查找原因》； WR/WOT：00258569/00599083-01(紧急工单)	
编　　者	运行二处一值：谷铁	时间：2019 年 05 月 03 日

7.3 220 V 直流电源供 LNE 逆变器系统(LAA)

7.3.1 主控触发 1LAA006KA 接地故障报警

异常缺陷名称	1 号主控触发 1LAA006KA：接地故障报警
发生时间	2020 年 02 月 11 日早班、02 月 14 日夜班
机组状态	RP 模式，满功率
异常缺陷现象	02 月 11 日，1 号主控触发 1LAA006KA：接地故障报警，现场初步检查怀疑蓄电池爬酸导致，对蓄电池进一步检查发现 1LAA001BT 第 35 节蓄电池出现漏酸； 02 月 14 日 05:28，再次闪发 1LAA006KA 接地故障报警，现场查看绝缘监测仪报警记录，显示绝缘报警值 R+约 44.1 k，R-约 38.7 k(报警值 50 k)，触发时间约 1 min
风险或潜在后果	1)断开 1LAA 母线蓄电池开关 1LAA005JA，产生 IO2：LN1(检修必须在 14 天内完成)； 2)1LAA 仅给 1LNE 供电，导致 1LNE 系统供电可靠性降低； 3)1LAA 系统共 105 节蓄电池，每节蓄电池电压约 2.2 V，剔除第 35 节蓄电池后，蓄电池总电压减少约 2.2 V，蓄电池容量减少约 0.95%，专业评估对蓄电池组整体性能无影响
干预行动	1)已采取的行动措施： ①将 1LAA 母线蓄电池开关 1LAA005JA 断开，产生 IO2：LN1(检修必须在 14 天内完成)； ②参考危化品处置方案，房间设置隔离带，对房间氢气浓度进行测量，氢气浓度无异常增加； ③确认电气专业有针对蓄电池漏酸的处理预案，并联系化学和工业安全提供支持； ④当班值加强对 1LAA、1LNE 系统主控画面巡检及现场巡检。 2)建议后续行动： ①请维修电气尽快核实备件，并尽快更换恢复蓄电池的可用性； ②若无备件，评估在少一节蓄电池(1LAA 共 105 节蓄电池)的情况下对蓄电池总容量和供电的影响
原因分析	1LAA001BT 第 35 节蓄电池漏酸，主控出现 1LAA006KA 接地故障报警

续 表

消缺行动	1)电气处理反馈： ①影响评估：针对1LAA蓄电池第35节漏液问题，现场已将第35节蓄电池解除，蓄电池组具备投运条件。后续单节蓄电池备件充放电试验合格后再更换。 1LAA系统共105节蓄电池，每节蓄电池电压约2.2 V，执行上述操作后，蓄电池总电压减少约2.2 V，蓄电池容量减少约0.95%，专业评估对蓄电池组整体性能无影响。 ②故障现象：1LAA001BT第35节蓄电池漏酸，主控出现1LAA006KA接地故障报警。 ③检查内容： a. 检查确认1LAA001BT第35节蓄电池漏酸； b. 拆除第35节和第36节之间的连接线； c. 将第35节负极接线接到第36节蓄电池上； d. 测量1LAA蓄电池组总电压约222 V，在合格范围内； e. 配置蓄电池酸液，对蓄电池备件可用性进行检查。 ④处理措施： a. 检查确认1LAA001BT第35节蓄电池漏酸； b. 拆除第35节和第36节之间的连接线； c. 将第35节负极接线接到第36节蓄电池上； d. 测量1LAA蓄电池组总电压约222 V，在合格范围内； e. 用压缩空气吹扫蓄电池支架中的酸液，彻底清理完酸液； f. 化学处进行酸液配置，待配置完成后灌入备件中，静置12 h后对单节蓄电池进行充放电试验7天； g. 在02月14日再次闪发报警后，将第35节蓄电池从电池组中取出，检查剩余蓄电池未发现异常，对1LAA001BT表面及支架进一步清洁处理。 ⑤影响分析：1LAA系统共105节蓄电池，每节蓄电池电压约2.2 V，剔除第35节蓄电池后，蓄电池总电压减少约2.2 V，蓄电池容量减少约0.95%，专业评估对蓄电池组整体性能无影响。 ⑥故障原因：第35节蓄电池盖板处存在爬酸，酸液顺蓄电池外壳流下，与框架隔板金属部分发生化学反应，导致外壳与框架处膨胀，蓄电池外壳受力，外壳出现裂纹导致漏液。 ⑦当前状态：完成酸液清理，投运蓄电池，蓄电池熔断器开关1LAA005JA合闸状态。 ⑧后续行动： a. 待蓄电池备件充放电试验合格后，更换漏酸的第35节蓄电池，完成故障消缺； b. 将1、2号机组核岛蓄电池整组更换已列入计划，继续开展后续准备工作；

续 表

消缺行动	c. 105 大修对该段蓄电池组进行整体更换。 2) 安工反馈意见： ①查阅预防性维修大纲，蓄电池有月检、季检以及每六个换料周期的定期更换，其中月检需要检查“a. 记录蓄电池室室温，检查蓄电池的外观、清洁度及结构的完整性。b. 检查蓄电池有无意外接地。c. 检查蓄电池有无裂缝或电解液的渗漏情况。”蓄电池外壳老化是一个缓慢过程，面对数量众多的蓄电池，专业人员在执行定期检查过程中应更加仔细，及时发现老化现象并采取措施； ②在 02 月 14 日再次闪发报警，故障原因仍然是第 35 节蓄电池遗留的漏酸导致蓄电池组绝缘下降，反映出在第一次出现绝缘低报警时专业人员采取的维修措施不完善(未将泄漏的第 35 节蓄电池取出、未对地面的硫酸液渍进行彻底清洁)，对于蓄电池间地面、电池组表面以及支架上已有的硫酸雾气没有采取有效措施； ③蓄电池间通风是直接从环境中引入空气，由于吸风口布置不一致，1、2 号机蓄电池间湿度差异较大。1 号机蓄电池间湿度较大一方面会加速蓄电池老化，另一方面 02 月 14 日空气中湿度较大，加之泄漏的硫酸未完全清理，导致再次出现绝缘低的报警。对于蓄电池间的通风变更需设备管理处尽快推动
相关知识	绝缘监测仪 1LAA001XK≤50 kΩ 时触发 1LAA006KA 接地故障报警
参考资料信息	运行一处：1 号机组异常反馈——主控触发 1LAA006KA 接地故障报警； 维修一处电气陈重权：“答复：1 号机组异常反馈——主控触发 1LAA006KA 接地故障报警”； WR/WOT：00687462/01524225-01(紧急工单)
编　　者	运行二处一值：谷铁　　时间：2020 年 03 月 25 日

7.3.2 主控出现 1LAA009KA(蓄电池回路故障)报警

异常缺陷名称	主控出现 1LAA009KA(蓄电池回路故障)报警
发生时间	2017 年 12 月 18 日夜班
机组状态	RP 模式，满功率
异常缺陷现象	06:52，主控出现 1LAA009KA 蓄电池回路故障报警，就地查看配电盘上 004LA 亮(蓄电池故障)，1LAA 母线电压正常

续 表

风险或潜在后果	影响蓄电池供电的可靠性
干预行动	已采取的行动措施： 1)查看和执行报警卡； 2)主控和现场检查确认故障报警情况和母线电压，就地查看配电盘上 004LA 亮(蓄电池故障)，1LAA 母线电压正常； 3)oncall 电气人员检查处理
原因分析	1LAA001BT 部分蓄电池比重偏高，导致蓄电池中性点前后电压差超过整定值，报警继电器 100XK 动作，导致主控出现 1LAA009KA 蓄电池回路故障报警
消缺行动	电气处理反馈： 1)故障现象：主控出现 1LAA009KA(蓄电池回路故障)报警； 2)处理过程：现场检查发现 1LAA 部分蓄电池组比重超标，对蓄电池组比重进行调节后，将充电器切均充。目前 1LAA 母线运行正常； 3)故障原因分析：蓄电池组部分比重超标
相关知识	1LAA009KA 蓄电池回路故障报警触发的可能原因有： 1)蓄电池熔断器动作； 2)蓄电池组连接电缆断裂； 3)各蓄电池间连接电缆断裂； 4)某块蓄电池故障； 5)1LAA007JA 或 008FU 故障，导致蓄电池回路监视模块因失电而产生误信号
参考资料信息	维修一处电气：EAM 中工单 00783765-01 的完工报告； WR/WOT：00322636/ 00783765-01(紧急工单)
编　　者	运行二处一值：谷铁　　时间：2020 年 02 月 16 日

7.3.3 主控触发 1LAA006KA 接地故障报警

异常缺陷名称	主控触发 1LAA006KA 接地故障报警
发生时间	2019 年 07 月 02 日中班
机组状态	RP 模式，满功率
异常缺陷现象	22:28，主控触发 1LAA006KA(接地故障报警)，主控和现场检查 1LAA 母线电压正常，现场绝缘监测仪上所有支路全部显示×××k。电气检查现场蓄电池有结露现象

续 表

风险或潜在后果	影响 LAA 系统供电的可靠性，LAA 存在失电风险	
干预行动	已采取的行动措施： 1)查看和执行报警卡，主控和现场检查确认故障报警情况和母线电压； 2)主控和现场检查 1LAA 母线电压正常，现场绝缘监测仪上所有支路全部显示×××k。电气检查现场蓄电池有结露现象； 3)oncall 电气人员检查处理； 4)将 1DVE001CI 除湿机的湿度目标设定值改为了 40%（初始为 55%），联系通风专工配合跳整房间通风	
原因分析	房间湿度较大，蓄电池外表面有爬酸现象，导致绝缘下降	
消缺行动	电气处理反馈： 1)检修步骤： ①现场核实 1LAA001TB 母线绝缘负极最低约 34 kΩ，低于设定值(50 kΩ)，触发绝缘报警； ②现场核实蓄电池房间湿度较大，对 1LAA001BT 蓄电池组外观目视检查，发现蓄电池外表面有爬酸现象； ③与主控人员沟通办理紧急维修工作许可证，现场核对设备位号，召开工前会； ④对蓄电池外表面液体爬酸进行清理，对蓄电池相邻边缘及靠近墙面等位置处清理和检查； ⑤运行人员投运除湿机，并对除湿机湿度范围及投运时间进行调整以降低湿度； ⑥持票观察，隔天绝缘逐渐上升突破 50 kΩ 设定值，报警消除，湿度逐渐降低； ⑦持票定期对蓄电池组进行检查擦拭； ⑧观察三天，湿度由原 78%~80%百分之降低至 64%左右；绝缘上升稳定至 84 kΩ 左右； ⑨反馈班组及主控，同意结票，召开工后会，工作许可证已归还，填写完工报告。 2)故障原因分析：房间湿度较大，蓄电池外表面有爬酸现象，导致绝缘下降	
相关知识	绝缘监测仪 1LAA001XK≤50 kΩ 时触发 1LAA006KA 接地故障报警	
参考资料信息	维修一处电气：EAM 中工单 01274159-01 的完工报告； WR/WOT：00578557/ 01274159-01（紧急工单）	
编　　者	运行二处一值：谷铁	时间：2020 年 03 月 16 日

7.3.4 主控出现 4LAA009KA 蓄电池回路故障报警

异常缺陷名称	主控出现 4LAA009KA 蓄电池回路故障报警
发生时间	2017 年 07 月 07 日早班
机组状态	机组调试启动阶段
异常缺陷现象	15:28，主控触发 4LAA009KA（蓄电池回路故障）报警，现场检查电池故障报警灯 004LA 亮
风险或潜在后果	影响蓄电池供电的可靠性
干预行动	已采取的行动措施： 1）查看和执行报警卡，安排现场检查确认故障报警情况； 2）oncall 电气检查处理
原因分析	蓄电池回路故障继电器 4LAA100XK 定值设定错误
消缺行动	电气处理反馈： 1）检修步骤： ①按《核岛铅酸蓄电池组季度维护》规程对蓄电池进行检查； ②检查电池组浮充电压为 233.8 V，浮充电流 1.6 A，检查充电器输出电压 233.8 V/233.8 V，充电器输出电流 49.5 A/90.1 A； ③单体最大值为 2.240 V，最小值为 2.215 V，合格标准为 2.18~2.33 V，结果合格、测量并记录单节蓄电池电解液的比重、温度，换算至 20 ℃时密度最大值 1.256 g/cm^3，最小值 1.244 g/cm^3，参考密度：1.23~1.25 g/cm^3（20 ℃），结果不合格； ④测量蓄电池第 1 节到第 53 节电压为 118.2 V、测量蓄电池第 53 节到第 105 节电压为 117.8 V（蓄电池第 53 节为中性点连接点）、中性点前、后蓄电池电压相差 0.4 V，检查 100XK 定值为 0.4 V，确认定值设定电压与蓄电池中性点前、后相差电压一致是造成 4LAA009KA 蓄电池回路故障报警的原因，调整 100XK 上粗调和细调旋钮将电压调到 0.37 V 后，主控报警消失，与主控沟通，蓄电池需要添加除盐水调整电解液的比重、还需要与班组沟通确认 100XK 定值，等蓄电池电解液的比重合格后再进行 100XK 定值重新设定，主控同意； ⑤对蓄电池加适量的除盐水，联系运行将蓄电池切换至均充状态，蓄电池均充 24 h 后测量单节蓄电池电解液的比重、温度，换算至 20 ℃时密度最大值 1.249 g/cm^3，最小值 1.233 g/cm^3，参考密度：1.23~1.25 g/cm^3（20 ℃），结果合格；

续　表

消缺行动	⑥按照 LAA 定值手册将 100XK 定值调整为 0.5 V，主控无报警，与主控沟通，征得主控同意，对 100XK 调整后的定值(0.5 V)进行模拟报警验证，100XK 功能正常(通过 100XK 上粗调和细调旋钮迅速将电压调整到 0.7 V，延时 12 s 100XK 动作，主控出现 4LAA009KA 蓄电池回路故障报警)，又通过 100XK 上粗调和细调旋钮将电压恢复到 0 V，主控报警消失； ⑦工作结束，清理现场。 2)故障原因分析：蓄电池回路故障继电器 4LAA100XK 定值设定错误
相关知识	1)4LAA009KA 蓄电池回路故障报警触发的可能原因有： ①蓄电池熔断器动作； ②蓄电池组连接电缆断裂； ③各蓄电池间连接电缆断裂； ④某块蓄电池故障； ⑤4LAA007JA 或 008FU 故障，导致蓄电池回路监视模块因失电而产生误信号。 2)4LAA100XK(蓄电池回路故障监测装置)定值为 0.5 V，当高到 0.5 V 时，触发 4LAA009KA 蓄电池回路故障报警)
参考资料信息	维修二处电气：EAM 中工单 00650685-01 的完工报告； WR/WOT：00266562/00650685-01(紧急工单)
编　　者	运行二处一值：谷铁　　　　时间：2020 年 02 月 16 日

7.3.5　主控出现 3LAA009KA 蓄电池回路故障报警

异常缺陷名称	主控出现 3LAA009KA 蓄电池回路故障报警
发生时间	2018 年 05 月 21 日早班
机组状态	RP 模式，满功率
异常缺陷现象	12:35，主控出现报警 3LAA009KA：蓄电池回路故障
风险或潜在后果	产生 3LAA009KA 蓄电池回路故障报警，影响蓄电池供电可靠性
干预行动	已采取的行动措施： 1)查看和执行报警卡，安排现场检查确认故障报警情况； 2)oncall 电气检查处理
原因分析	蓄电池回路故障继电器 3LAA100XK 设定值偏小

续 表

消缺行动	电气处理反馈： 1）检修步骤： ①检查 3LAA001BT 蓄电池组，确认蓄电池组无异常； ②检查 3LAA001BT 柜内 100XK，发现蓄电池回路故障继电器 M、e 之间电压超出报警设定值，对设定值再次校准为 0.5 V，同时调整的 M、e 之间电压为 0 V； ③确认 3LAA 蓄电池回路故障报警消失，设备运行正常； ④与运行沟通，持续观察一天，设备运行正常； ⑤工作结束，归还工作票。 2）故障原因分析：蓄电池回路故障继电器 3LAA100XK 设定值偏小
相关知识	1）3LAA009KA 蓄电池回路故障报警触发的可能原因有： ①蓄电池熔断器动作； ②蓄电池组连接电缆断裂； ③各蓄电池间连接电缆断裂； ④某块蓄电池故障； ⑤4LAA007JA 或 008FU 故障，导致蓄电池回路监视模块因失电而产生误信号。 2）3LAA100XK（蓄电池回路故障监测装置）定值为 0.5 V，到高到 0.5 V 时，触发 3LAA009KA 蓄电池回路故障报警）
参考资料信息	维修二处电气：EAM 中工单 00928424-01 的完工报告； WR/WOT：00390718/00928424-01（紧急工单）
编　　者	运行二处一值：谷铁　　　　时间：2020 年 02 月 16 日

7.3.6 启动 3LAA001RD 时无法启动

异常缺陷名称	启动 3LAA001RD 时无法启动
发生时间	2018 年 12 月 24 日夜班
机组状态	RP 模式，满功率
异常缺陷现象	3LAA001RD 复役过程中，在合上 3LKE2161JA 后，3LAA001RD 有焦煳味。重新启动时 3LAA001RD 无法启动
风险或潜在后果	3LAA001RD 无法启动，影响 3LAA 复役，3LAA001TB 丧失一路进线电源，降低了 3LAA 供电的可靠性
干预行动	已采取的行动措施： 1）安排现场检查确认故障报警情况； 2）oncall 电气检查处理

续 表

原因分析	3LAA001RD 柜内风扇故障导致相连的充电器电源接口板 A071 故障
消缺行动	电气处理反馈： 1）工作过程： ①领取工作许可证，确认设备位置，召开工前会； ②按照《核岛充电器、逆变器及 UPS 设备 A071 接口板更换工作方案》执行； ③对 3LAA001RD 故障进行排查处理； ④更换 A071 板卡，柜内风扇，风扇控制板，变压器； ⑤启动 3LAA001RD 对内部参数进行验证，确认正确无异常； ⑥工作结束，清理现场。 2）故障原因分析：3LAA001RD 柜内风扇故障导致相连的充电器电源接口板 A071 故障
相关知识	正常情况，LAA 系统两台充电器并列运行（带载时两台充电器分配负荷大约各 50%）。一台充电器能提供用户所需的最大持续负荷电流，同时保持蓄电池的额定电压。一旦 380 V 交流电源或两台充电器均发生故障，蓄电池可持续供电时间约 1 h
参考资料信息	维修二处电气：EAM 中工单 01082744-01 的完工报告； WR/WOT：00481780/01082744-01（紧急工单）
编　　者	运行二处一值：谷铁　　时间：2020 年 02 月 16 日

7.3.7 主控出现 1LAA004KA 002RD 故障报警，现场 1LAA002RD 出口开关 1LAA004JA 跳闸

异常缺陷名称	主控出现 1LAA004KA 002RD 故障报警，现场 1LAA002RD 出口开关 1LAA004JA 跳闸
发生时间	2015 年 01 月 11 日中班
机组状态	RP 模式，满功率
异常缺陷现象	21:08，触发 1LAA004KA 002RD 故障，现场查看无其他报警，经查看确认 1LAA002RD 出口开关 1LAA004JA 跳闸
风险或潜在后果	导致 1LAA002RD 出口开关 1LAA004JA 跳闸，1LAA001TB 丧失一路进线电源
干预行动	已采取的行动措施： 1）查看和执行报警卡，安排现场检查确认故障报警情况，确认 1LAA002RD 出口开关 1LAA004JA 跳闸；

续 表

干预行动	2)oncall 电气检查处理
原因分析	1LAA004JA 断路器移动部分和固定部分的滑动触头受损变形
消缺行动	电气处理反馈: 1)工作过程: ①检查 1LAA004JA 开关回路及元器件,发现断路器移动部分和固定部分的滑动触头受损变形; ②检查 1LAA004JA 开关无接地、无过热现象,无过流保护动作; ③重新领一台同型号开关并测开关相间绝缘大于 550 MΩ,对地大于 550 MΩ; ④将开关摇到试验位置进行分合闸试验正常; ⑤用过程校准仪将毫安电流升到 82.3 mV 时,电压继电器“001XI”动作触发 1LAA004JA 跳闸;过流保护动作正确,同时,主控报警显示“002RD 故障”和“002RD 断路器跳闸”报警,报警验证合格; ⑥与值长沟通,联系运行人员将 1LAA004JA 开关摇至工作位,送电试运行; ⑦与主控沟通后,观察设备运行无异常,清理现场,归还工作票。 2)故障原因分析:1LAA004JA 断路器移动部分和固定部分的滑动触头受损变形
相关知识	正常情况,LAA 系统两台充电器并列运行(带载时两台充电器分配负荷大约各 50%)。一台充电器能提供用户所需的最大持续负荷电流,同时保持蓄电池的额定电压。一旦 380 V 交流电源或两台充电器均发生故障,蓄电池可持续供电时间约 1 h
参考资料信息	维修二处电气:EAM 中工单 00084320-01 的完工报告; WR/WOT:00033002/00084320-01(紧急工单)
编　　者	运行二处一值:谷铁	时间:2020 年 02 月 16 日

7.3.8 主控间断出现 3LAA001RD 故障报警

异常缺陷名称	主控间断出现 3LAA001RD 故障报警,就地核实为风扇失效报警
发生时间	2017 年 10 月 09 日夜班
机组状态	RP 模式,电功率 836 MWe
异常缺陷现象	主控间断触发 3LAA001RD 故障报警,就地核实为风扇失效报警
风险或潜在后果	间断触发 3LAA001RD 故障报警,风扇失效影响 3LAA001RD 运行安全

续　表

干预行动	已采取的行动措施： 1）安排现场检查确认故障报警情况； 2）oncall 电气检查处理； 3）将 3LAA001RD 停役并隔离出票
原因分析	风扇故障损坏
消缺行动	电气处理反馈： 1）检修工作过程： ①召开工前会，建立检修场地，验证隔离边界； ②对 3LAA001RD 柜顶部盖板进行清灰； ③拆除 3LAA001RD 有故障的风扇 E021、E022、E023、E024，用同型号合格备件进行更换； ④与主控沟通解除 3LAA001RD 上游开关 3LKE2161JA、投运 3LAA001RD 运行正常； ⑤与主控沟通，主控报警消失，归还工作许可证； 2）故障原因分析：风扇故障损坏
相关知识	通过充电器柜 3LAA001RD 上的控制屏鉴别故障的类型。 1）来自 3LKE 系统的充电器电源故障： 检查 3LKE 系统电压和充电器交流侧断路器 3LKE2161JA 状态。 2）充电器内部故障： ①通过充电器柜 3LAA001RD 上的控制屏鉴别内部故障的类型； ②通知电气维修人员进一步检查处理，必要时停运充电器
参考资料信息	维修二处电气：EAM 中工单 00724442-01 的完工报告； WR/WOT：0097096/00724442-01（紧急工单）
编　　者	运行二处一值：谷铁　　　　时间：2020 年 02 月 16 日

7.4 110 V 直流电源 LBA 系统(LBA)

4 号主控出现 4LBA006KA 接地故障报警

异常缺陷名称	4 号主控出现 4LBA006KA 接地故障报警
发生时间	2020 年 05 月 11 日早班
机组状态	RP 模式，满功率
异常缺陷现象	在执行 4CTE 检修解隔离将 4LGE106JA 推入并合上控制电空开后(01: 56: 06 完成操作)，01: 57: 40，主控出现 4LBA006KA 接地故障报警，02: 02: 14 将 4LGA108JA 送电并合上控制电源开关，现场检查存在 13、14、18、44 支路绝缘低(其中 18、44 支路分别对应 4LGA 母线和 4LGE 母线)
风险或潜在后果	1)4LGA108JA(负荷为 4CTE002TR)和 4LGE106JA 无法送电，4CTE 无法启动制氯，影响对下游管线加药； 2)若缺陷扩大可能导致 4LBA 母线失电，反应堆停堆进入 I10A 事故规程
干预行动	已采取的行动措施： 1)执行报警卡，主控检查 4LBA 母线电压正常； 2)立即安排现场人员检查 4LBA 母线发现现场存在 13、14、18、44 支路绝缘低报警，后续又增加 15、16 支路绝缘低报警； 3)立即重新断开 4LGE106JA 和 4LGA108JA，18、44 支路报警消失，仍存在 13、14、15、16 支路报警； 4)oncall 维修电气人员响应； 5)主控熟悉《FQ4-I10A-TPOPAC-0002　失去 A 系列 110 V 直流电源(LBA)》
原因分析	1)4LGA108JA 与 4LGE106JA 开关柜 003BN 的 30 和 35 号端子错误接入了 4CTE002TR 和 4CTE001TR 上送的控制电缆备用芯，导致备用芯接入了开关柜侧控制回路与 4LBA 相连；从全部端子与电缆号码管的一致性，初步判断是安装接线错误遗留； 2)在 05 月 09 日 4CTE001/002TR 预维期间，参照 3CTE001/002TR 已实施措施，将变压器侧控制电缆备用芯接地，目的用于降低电缆直流线芯的感应交流电压，导致了开关柜侧控制回路在 8HX 接地，在投运控制电时导致 4LBA 正极端接地
消缺行动	电气处理反馈： 1)处理进展：已完工完成异常处理。

续　表

消缺行动	2)设备可用性分析：异常定位在4LGA108JA与4LGE106JA开关柜间隔内接线，经处理后送开关柜控制电，4LBA未再次出现接地报警。 3)原因分析： ①4LGA108JA与4LGE106JA开关柜003BN的30和35号端子错误接入了4CTE002TR和4CTE001TR上送的控制电缆备用芯，导致备用芯接入了开关柜侧控制回路与4LBA相连；从全部端子与电缆号码管的一致性，初步判断是安装接线错误遗留； ②在05月09日4CTE001/002TR预维期间，参照3CTE001/002TR已实施措施，将变压器侧控制电缆备用芯接地，目的用于降低电缆直流线芯的感应交流电压，导致了开关柜侧控制回路在8HX接地，在投运控制电时导致4LBA正极端接地。 4)处理措施：将错误端接的备用芯从开关柜控制回路端子拆开。 5)补充说明： ①8HX厂房4台干式变(3CTE001/002TR，4CTE001/002TR)与电气厂房3/4LGA108、3/4LGE106开关柜间各通过一根10芯控制电缆连接，4芯用于从8HX控制6.6 kV开关分合，接入开关柜110 V直流控制回路，上游接LBA；4芯用于取6.6 kV开关分合闸辅助触点反馈在8CTE001AR，通220 V交流电；2芯备用。 ②前期检修发现控制直流电缆芯受感应电作用产生交流电压，最高纪录约140 V，导致交流电压窜入LBA。此问题已申请变更，维修计划2020年实施(变更号13761)，在变更前通过将电缆屏蔽线/备用芯单端接地，3号机组实施验证可将感应电压降至约40 V
相关知识	4LBA001XK接地故障探测器正极报警整定值为50 kΩ，到绝缘纸小于50 kΩ时，将触发4LBA006KA接地故障报警
参考资料信息	运行二处：4号机组异常反馈——4号主控出现4LBA006KA接地故障报警； 维修二处电气：4号主控出现4LBA006KA接地故障报警检查处理情况反馈
编　　者	运行二处一值：林赐彦　　　　时间：2020年05月17日

7.5 110 V 直流电源 LBJ 系统(LBJ)

7.5.1 主控频繁闪发 4LBJ004KA(002RD 故障)报警

异常缺陷名称	主控频繁闪发 4LBJ004KA(002RD 故障)报警
发生时间	2017 年 10 月 22 日早班
机组状态	RP 模式，电功率 836 MWe
异常缺陷现象	15:32 开始主控多次闪发 4LBJ004KA(002RD 故障)报警，就地存在整流器电源故障报警
风险或潜在后果	影响 4LBJ002RD 供电的可靠性
干预行动	已采取的行动措施： 1)查看和执行报警卡，安排现场检查确认故障情况，主控监视 4LBJ 母线运行情况； 2)oncall 电气检查处理； 3)将 4LBJ002RD 停运以配合电气检修处理
原因分析	4LBJ002RD 内部 A071 接口板损坏
消缺行动	电气处理反馈： 1)原因分析： 4LBJ002RD 内部 A071 接口板损坏。 2)处理措施： ①响应主控，就地确认故障现象； ②与主控沟通需开票更换内部 A071 接口板； ③编制操作票、领取 A071 接口板(升级版)； ④领取工作票，现场进行 A071 接口板的更换工作； ⑤更换后进行上电验证，将 4LBJ002RD 接入 4LBJ 系统，母线电压突增至 131 ~ 134 V，主控出现 4LBJ010KA 001TB 电压高，4LBJ009KA 蓄电池回路故障，约 3 min 后出现，4LBJ003KA 001RD 故障； ⑥就地立即断开 4LBJ004JA，停运 4LBJ002RD，以上报警消失； ⑦经维修人员分析发现母线电压突增的原因为 4LBJ002RD 启动后其实际输出电压与显示屏上的电压不一致，显示屏上的电压值不能有效反映实际电压值，导致该现象的主要原因是升级版的接口板与原来型号的接口板的基准电压设置不一致所致； ⑧同时维修人员调研同行电厂，发现同类故障处理时也出现过该问题；

续 表

消缺行动	⑨维修人员编制充电器输出电压调节方案，对 4LBJ002RD 输出电压进行调节，使充电器的输出达到设定值； ⑩确认无异常后联系运行将 4LBJ002RD 接入 4LBJ 母线，观察半小时无异常，归还工作票
相关知识	经验知识： 1) A071 接口板升级导致原先的基准电压不适用与新的板卡，在更换 A071 板卡后需修改基准电压，并进行电压校准； 2) A071 接口板升级后板卡无法直接用于现场使用，有三个变压器需维修人员自行焊接后方可使用
参考资料信息	维修二处电气：oncall 反馈——主控多次闪发 4LBJ004KA(002RD 故障)报警； WR/WOT：00302013/00732726-01(紧急工单)
编　　者	运行二处一值：游志泽　　　时间：2020 年 02 月 16 日

7.5.2　主控触发 4LBJ009KA 蓄电池回路故障报警

异常缺陷名称	主控触发 4LBJ009KA 蓄电池回路故障报警
发生时间	2017 年 12 月 19 日早班
机组状态	RP 模式，满功率
异常缺陷现象	15:08，主控触发 4LBJ009KA 蓄电池回路故障报警，主控 4LBJ 电压正常，就地检查 4LBJ001TB 上 004LA 灯亮，4LBJ001/002RD 充电器运行正常
风险或潜在后果	影响蓄电池供电的可靠性
干预行动	已采取的行动措施： 1)查看和执行报警卡，安排现场检查确认故障情况，主控监视 4LBJ 母线运行情况； 2) oncall 电气检查处理
原因分析	蓄电池长期运行导致电压与安装初期有微小变化，最终蓄电池中性点点位飘移导致蓄电池回路监测继电器动作触发主控报警
消缺行动	电气处理反馈： 1)缺陷描述：4LBJ 出现蓄电池回路故障报警，蓄电池电压及运行正常。

续　表

消缺行动	2)原因分析： 蓄电池长时间运行其中心点电压变化而蓄电池回路故障监测继电器动作。具体如下：4LBJ 蓄电池故障报警继电器通过监测蓄电池正端到中心点及负端到中心点的电压差来判断蓄电池回路是否完好，由于核岛蓄电池总节数为奇数，所以该继电器在设定阈值的时候还需一个补偿调节，但是由于蓄电池长期运行，每节蓄电池的端电压都会有微小变化，所以在正常运行期间可能会出现蓄电池回路故障继电器动作的情况，出现蓄电池回路故障报警。 3)处理措施： ①与主控沟通后领取工作许可证对 4LBJ 蓄电池进行检查，电压合格、液位合格、有个别蓄电池比重不合格； ②现场分析蓄电池比重对回路无影响，与当班值沟通对蓄电池添加除盐水； ③对蓄电池监测单元 100XK 继电器补偿进行调节并进行定值校验(0.5 V、10 s)，补偿调节及校验合格后缺陷消除； ④联系当班值对 4LBJ 充电器由浮充转为均充 24 h； ⑤与值长沟通待蓄电池比重合格后归还工作许可证
相关知识	3LBJ009KA(蓄电池回路故障)报警的可能原因有： 1)蓄电池熔断器动作； 2)蓄电池组连接电缆断裂； 3)各蓄电池间连接电缆断裂； 4)某块蓄电池故障； 5)3LBJ007JA 或 008FU 故障，导致各电压监视模块和蓄电池回路监视模块因失电而产生误信号
参考资料信息	维修二处电气：oncall 反馈——4LBJ 蓄电池回路故障； WR/WOT：00323613/00786812-01(紧急工单)
编　　者	运行二处一值：游志泽　　时间：2020 年 02 月 16 日

7.6 48 V 直流电源 LCB 系统(LCB)

主控多次闪发 3LCB009KA 蓄电池回路故障报警

异常缺陷名称	主控多次闪发 3LCB009KA 蓄电池回路故障报警
发生时间	2018 年 10 月 27 日中班
机组状态	RP 模式，满功率
异常缺陷现象	10 月 27 日 17:38—17:39，3 号主控 4 次闪发 3LCB009KA 蓄电池回路故障
风险或潜在后果	1)如果 3LCB 蓄电池故障，将产生 LC＊1 的第一组 IO，24 h 开始向 NS/RRA 模式后撤； 2)如果 3LCB 母线失电，机组将进入 I9B 事故规程
干预行动	1)已采取的行动措施： ①主控立即查看 3LCB 母线电压正常，现场检查 3LCB 配电盘正常，目前正在 3LCB 蓄电池间仔细进行检查； ②oncall 电气人员进行检查； ③主控持续关注 3LCB 母线电压。 2)建议后续行动： 维修电气人员尽快进行检查，确认报警原因，制定方案消除缺陷
原因分析	蓄电池回路监测继电器的校准值存在零点漂移的现象。当校准值与蓄电池实际波动值之和大于继电器动作值，则发出报警
消缺行动	电气处理反馈： 1)缺陷描述：2018 年 10 月 27 日 17:38—17:39，3 号主控 4 次闪发 3LCB009KA 蓄电池回路故障报警。 2)原因分析：蓄电池回路监测继电器的校准值存在零点漂移的现象。当校准值与蓄电池实际波动值之和大于继电器动作值，则发出报警。 3)处理措施： ①维修人员接到主控通知立即赶往现场； ②对就地蓄电池电压进行测量，无明显波动；对 3LCB100XK 继电器的校准值进行测量，发现漂高至 0.43 V，接近 0.5 V 的整定值； ③对 100XK 进行校验，在继电器达到返回值 0.5 V 时，校准值突然漂高至 0.83 V，此时继电器显示正常，未动作。对校准值进行调零，与主控沟通持票观察 2 天；

续 表

消缺行动	④观察 2 天后测量 100XK 的校准值，发现又漂移至-0.49 V，而对就地蓄电池电压进行录波，波动平均值在 0.1 V 左右，且峰值时间为毫秒级，对继电器动作无影响，判断继电器故障； ⑤与值长进行沟通，同意还票，新建 WR 转日常对继电器进行更换	
相关知识	3LCB100XK 继电器(蓄电池回路故障监测装置)定值为 0.5 V，当高到 0.5 V 时，将触发 3LCB009KA 蓄电池回路故障报警)	
参考资料信息	维修二处电气：oncall 反馈——主控多次闪发 3LCB009KA 蓄电池回路故障报警； WR/WOT：00457328/01044200-01(紧急工单)	
编　　者	运行二处一值：向阳	时间：2020 年 02 月 16 日

7.7 6.6 kV 厂用电源 LGA 系统(LGA)

7.7.1 1LGA110JA 跳闸导致 1LKR 母线失电处理

异常缺陷名称	1LGA110JA 跳闸导致 1LKR 母线失电处理
发生时间	2016 年 12 月 14 日夜班
机组状态	RP 模式，满功率
异常缺陷现象	00:45 主控出现大量报警，经查看发现 1LGA110JA 已跳闸，1LKR 母线已失电。 自动动作情况如下： 1)1CET101ZV 故障停运，1CET201ZV 自动启动； 2)1GSS190PO 故障停运，已由应急疏水阀控制水位； 3)1CVI201PO 故障停运，凝汽器真空未受影响； 4) 1ACO301PO 故障停运，已由应急疏水阀控制水位，现场 1ACO102VL 所在管道有振动，需关注； 5)主控凝结水电导失去监测； 6)封闭母线强迫风冷装置以及微正压装置自动切至另一列电源供电，现场确认无问题。
风险或潜在后果	1LGA110JA 已跳闸，1LKR 母线已失电
干预行动	已采取的行动措施： 1)由于 ACO 及 GSS 泵停运，导致机组热功率上升，1GRE358KA (限制控制器开启)报警触发，降功率从 1089 MW 至 1084 MW 消除报警； 2)oncall 维修电气人员紧急检查和处理； 3)执行《FQ1-LKR-C-001 1LKR001TB 母线停役检修操作票》，将 1LKR 母线停役
原因分析	1LKR 变压器低压侧零序电流互感器二次线端子接触不良，导致互感器二次侧出现过电压及过电流，引发接地保护动作
消缺行动	电气处理反馈： 1)故障描述：1LGA110JA 不明原因跳闸，导致 1LKR 母线失电，需查明原因。 2)原因分析：1LKR 变压器低压侧零序电流互感器二次线端子接触不良，导致互感器二次侧出现过电压及过电流，引发接地保护动作。

续　表

消缺行动	3）处理过程： ①测量1LKR配电柜母线及馈线抽屉绝缘，绝缘合格； ②检查发现零序互感器二次侧接触不良，进行了紧固，校验1LKR接地保护结果合格； ③恢复1LKR及下游馈线负荷供电，母线运行正常
相关知识	经验知识： 1）配电盘失电后，稳定机组状态；对照负荷清单，检查自动动作情况，分析对机组的影响，必要时手动切换； 2）机组状态稳定后，立即联系维修人员检查； 3）根据停役操作票停役，以便检查和重新复役； 4）查明原因后，对于转动设备重新送电之前一定要仪控人员核实转动设备无自动启动信号； 5）复役过程需要电气、仪控、专工全程配合，及时将跳闸引起的异常报警或动作恢复正常； 6）负荷复役尽量从易到难，避免再次失电引起较大瞬态
参考资料信息	运行一处二值：《运行一处内部经验反馈1LGA110JA跳闸导致1LKR母线失电处理反馈》；WR/WOT：00196087/00437410-01
编　　者	运行二处一值：唐杰　｜　时间：2019年02月11日

7.8 6.6 kV 厂用电源 LGB 系统(LGB)

7.8.1 主控 KIC 出现 4LGB008KA(4LGB 母线电压互感器故障)

异常缺陷名称	主控 KIC 出现 4LGB008KA(4LGB 母线电压互感器故障)
发生时间	2017 年 10 月 01 日夜班
机组状态	RP 模式，满功率
异常缺陷现象	主控 KIC 出现 4LGB008KA 母线电压互感器故障
风险或潜在后果	1)影响主控室对配电盘运行状态判断； 2)影响电压互感器本体的使用
干预行动	1)已采取的行动措施： oncall 电气检查处理。 2)建议后续行动： ①已准备工单计划实施 TCA，对消谐装置报警信号进行闭锁(工单已完成准备，已排入日常计划)； ②4LGB 停电窗口对 4LGB001TU 间隔消谐装置进行更换； ③对故障件返厂检测
原因分析	消谐装置异常，触发报警继电器动作
消缺行动	电气处理反馈： 1)已准备工单计划实施 TCA，对消谐装置报警信号进行闭锁(工单已完成准备，已排入日常计划)； 2)4LGB 停电窗口对 4LGB001TU 间隔消谐装置进行更换； 3)对故障件返厂检测
相关知识	1)4LGB008KA 母线电压互感器故障的可能原因有： ①母线电压互感器非工作位置； ②一次熔丝故障； ③二次熔丝故障； ④加热器故障； ⑤母线低电压； ⑥消谐装置动作。

续 表

相关知识	2)2017 年至 2018 年期间，4 号机日常运行期间 6.6 kV 电压互感器柜上的 WXZ196-4 型微机消谐装置多次闪发异常报警，导致主控多次触发 4LG＊008KA 报警信号，消谐装置异常报警原因为消谐装置自检异常，导致信号监视继电器 030XR.1 动作。401 大修窗口，使用校验合格的消谐装置更换 4LGA/B/C/D/E/F 母线的 6 台消谐装置更换，更换新备件后，4 号机组 6 台消谐装置运行一个燃料循环均未出现异常报警	
参考资料信息	福清核电 3、4 号机组值长日报； WR/WOT：00295470/00718116-01(计划工单)	
编　　者	运行二处一值：唐杰	时间：2019 年 03 月 27 日

7.9 6.6 kV 厂用电源 LGD 系统(LGD)

7.9.1 2LGD104JA 开关无法摇至工作位置

异常缺陷名称	2LGD104JA 开关无法摇至工作位置	
发生时间	2017 年 10 月 28 日早班	
机组状态	RP 模式，满功率	
异常缺陷现象	2LGD104JA 开关无法摇至工作位置	
风险或潜在后果	2LGD104JA 开关无法摇至工作位置，影响主泵的正常启动	
干预行动	已采取的行动措施： oncall 电气检查处理	
原因分析	地刀分合闸操作部位变形，弹片无法恢复到位，导致开关摇进闭锁装置偏离，开关无法摇进	
消缺行动	电气处理反馈： 1)检修内容及步骤： ①查找 2LGD104JA 开关无法摇进原因； ②确认 2LGD104JE 地刀分合闸弹片无法恢复到位； ③确认 2LGD104JE 地刀分合闸操作部位变形，对变形部位进行修复； ④2LGD104JA 开关摇进摇出正常，联系运行验证合格； ⑤工作结束，清理工作现场，归还工作许可证。 2)故障原因分析：地刀分合闸操作部位变形，弹片无法恢复到位，导致开关摇进闭锁装置偏离，开关无法摇进	
相关知识	N/A	
参考资料信息	维修一处电气：完工报告《FQ2-MA02-RCWO-00737980-01 2LGD104JA 开关无法摇至工作位置》； WR/WOT：00304752/00737980-01	
编　者	运行二处一值：唐杰	时间：2019 年 03 月 27 日

7.9.2 2LGD103JA(2CRF001PO 循环水泵 A 开关)在合闸位置断路器柜门可以开启

异常缺陷名称	2LGD103JA(2CRF001PO 循环水泵 A 开关)在合闸位置断路器柜门可以开启
发生时间	2015 年 05 月 18 日中班

续 表

机组状态	RP 模式，满功率
异常缺陷现象	2LGD103JA 2CRF001PO 循环水泵 A 开关在合闸位置断路器柜门可以开启
风险或潜在后果	存在人员误入间隔引起触电
干预行动	已采取的行动措施： 1）安排现场悬挂隔离带，警示标志，防止误入间隔引起触电； 2）联系电气检查处理
原因分析	柜门闭锁装置锁扣松动
消缺行动	电气处理反馈： 1）检修过程： ①取得工作许可证，确认设备位置及先决条件； ②与运行人员交流信息； ③检查 2LGD103JA 柜门闭锁装置，锁扣松动； ④紧固锁扣固定螺栓，运行人员确认闭锁正常； ⑤清理工作现场，归还工作许可证。 2）故障原因分析：柜门闭锁装置锁扣松动
相关知识	N/A
参考资料信息	WR/WOT：00051520/00111568-01； 维修二处电气：EAM 中工单 00111568-01 的完工报告
编　　者	运行二处一值：谷铁　　　时间：2019 年 09 月 27 日

7.9.3 主控 KIC 中存在 4LGD003KA 4LGD 母线开关柜故障报警

异常缺陷名称	主控 KIC 中存在 4LGD003KA 4LGD 母线开关柜故障报警
发生时间	2017 年 04 月 19 日夜班
机组状态	机组处于调试阶段
异常缺陷现象	主控 KIC 中有 4LGD003KA 报警，现场核实进线断路器柜，母线电压互感器，4LGD001TB 上负荷开关没有异常
风险或潜在后果	导致主控存在 4LGD003KA 报警

续 表

<table>
<tr><td>干预行动</td><td colspan="2">已采取的行动措施：
1)执行报警卡检查进线断路器柜，母线电压互感器未见异常；
2)填写 WR 按计划处理</td></tr>
<tr><td>原因分析</td><td colspan="2">4LGD001JA 柜内的 002XK 失磁(002XK 报警回路接线异常)，导致主控出现 4LGD003KA 报警</td></tr>
<tr><td>消缺行动</td><td colspan="2">电气处理反馈：
1)检修过程：
①确认工作间隔为 4LGD001JA；
②现场发现 002XK 已恢复励磁，随后对回路接线进行紧固、检查，发现 017CJA. 1 95 节点接线松动；
③对 017CJA. 1 95 节点接线进行紧固；
④确认 002XK 已恢复励磁，主控 4LGD003KA 报警消失。
2)故障原因分析：4LGD001JA 柜内的 002XK 失磁(002XK 报警回路接线异常)，导致主控出现 4LGD003KA 报警</td></tr>
<tr><td>相关知识</td><td colspan="2">N/A</td></tr>
<tr><td>参考资料信息</td><td colspan="2">WR/WOT：00237588/00557771-01；
维修二处电气：完工报告《FQ4-MA02-RCWO-00557771/01 维修一级：检查并处理 4LGD001JA 低压室内 002XK 报警回路异常问题》</td></tr>
<tr><td>编　　者</td><td>运行二处一值：谷铁</td><td>时间：2019 年 12 月 11 日</td></tr>
</table>

7.10 6.6 kV 应急厂用设备电源系统 A 列(LHA)

7.10.1 在 1LHP 低功率试验将 1LHA 电源切至 1LGB 供电后，1LHA001JA 显示洋红色

异常缺陷名称	在 1LHP 低功率试验将 1LHA 电源切至 1LGB 供电后，1LHA001JA 显示洋红色
发生时间	2017 年 03 月 22 日中班
机组状态	RP 模式，满功率
异常缺陷现象	在 1LHP 低功率试验将 1LHA 电源切至 1LGB 供电后，1LHA001JA 显示洋红色
风险或潜在后果	影响 LHA 系统的供电的可靠性，无法远程监视 1LHA001JA 的真实状态
干预行动	已采取的行动措施： 1) oncall 电气维修检查处理； 2) 加强监视 1LHA 配电盘运行情况，加强 1LHP 柴油机的巡检，确保 1LHP 可用
原因分析	1LHA001JA 航空插未插上信号节点闭合(经检查发现二次小室内 S10 辅助触点松动接触不良)，导致分闸信号一直存在
消缺行动	电气处理反馈： 1) 检修过程(工单 00537625-01)： ①现场验证隔离边界，确认现场具备工作条件； ②检查 1LHA001JA 分闸反馈节点正常； ③检查 1LHA001JA 航空插未插上信号节点闭合，导致分闸信号一直存在； ④提出 WR：00227374，待窗口处理 1LHA001JA 航空插未插上信号节点异常缺陷； ⑤工作结束后恢复现场，归还工作票，填写完工报告。 2) 故障原因分析：1LHA001JA 航空插未插上信号节点闭合，导致分闸信号一直存在。 3) 检修过程(工单 00537964-01)： ①检查 1LHA 停电； ②检查 1LHA001JA 处于隔离位置； ③对二次小室内 S10 辅助触点进行调整； ④检查 S10 出触点接触良好。 4) 故障原因分析：二次小室内 S10 辅助触点松动接触不良

续　表

相关知识	N/A
参考资料信息	维修一处电气：完工报告《FQ1-MA02-RCWO-00537964/01 1LHA001JA 开关运行时主控显示洋红色，需对二次小室内 S10 辅助触点进行调整》； 维修一处电气：完工报告《FQ1-MA02-RCWO-00537625/01 1LHA001JA：在 1LHP 低功率试验将 1LHA 电源切至 1LGB 供电后，1LHA001JA 显示洋红色，需要处理》； WR/WOT：00227311/00537625-01、00227374/00537964-01
编　　者	运行二处一值：唐杰　　　时间：2019 年 04 月 11 日

7.10.2　2LHA003JE 地刀联锁钥匙在地刀分闸的情况下仍然能拔下

异常缺陷名称	2LHA003JE 地刀联锁钥匙在地刀分闸的情况下仍然能拔下
发生时间	2017 年 03 月 07 日中班
机组状态	RP 模式，满功率
异常缺陷现象	2LHA003JE 地刀联锁钥匙在地刀分闸的情况下仍然能拔下
风险或潜在后果	连锁失效，存在误动的风险。隔离占用 2LHA003JE 时，影响附加柴油发电机接入给 2LHA 的供电，导致产生 GEN8
干预行动	已采取的行动措施： oncall 电气维修检查处理
原因分析	2LHA003JE 地刀联锁钥匙的连锁机构中弹簧压片卡涩
消缺行动	电气处理反馈： 1）检修内容及步骤： ①检查 2LHA003JE 地刀联锁钥匙的连锁机构； ②检查发现 2LHA003JE 地刀联锁钥匙的连锁机构中弹簧压片卡涩； ③调整 2LHA003JE 地刀联锁钥匙的连锁机构中弹簧压片； ④联系运行人员操作 2LHA003JE 地刀联锁钥匙的连锁机构分合二次，钥匙联锁正常。 2）故障原因分析：2LHA003JE 地刀联锁钥匙的连锁机构中弹簧压片卡涩
相关知识	N/A

续 表

参考资料信息	维修一处电气：完工报告《FQ2-MA02-RCWO-00521792/01 2LHA003JE 地刀联锁钥匙在地刀分闸的情况下仍然能拔下，怀疑联锁机构有问题，需检查处理，PT 票》； WR/WOT：00220984/00521792-01，工作许可证：执行 2PT09740（2LHA003JE 地刀联锁钥匙在地刀分闸的情况下依然能拔出，怀疑联锁机构有问题，需要检查）	
编　　者	运行二处一值：唐杰	时间：2019 年 04 月 11 日

7.10.3 启动 2SEC003PO 时启动失败，对其电源 2LHA111JA 进行检查

异常缺陷名称	2SEC003PO 在主控室 KIC 中无法启动，对其电源 2LHA111JA 进行检查
发生时间	2019 年 04 月 22 日夜班
机组状态	RP 模式，电功率 840 MWe
异常缺陷现象	夜班执行《FQ2-RRI-C-009 2RRI003RF SEC 侧充水排气运行操作票》进行 2RRI003RF 维修后充水排气工作时，KIC 启动 2SEC003PO，显示大红色，启动失败，就地检查开关无异常
风险或潜在后果	2SEC003PO 主控室无法启动，导致 2SEC003PO 不可用，产生随机 I02：SEC1
干预行动	已采取的行动措施： 1）安排现场检查 2SEC003PO 供电开关 2LHA111JA 未见明显异常； 2）oncall 维修机械、电气、仪控检查； 3）运行检查 2SEC001/003PO 在线无异常； 4）仪控检查 2SEC003PO 在 KIC 的启动命令可正常下发； 5）在电气专业监护下，运行重新对 2SEC003PO 断电、送电，仍无法启动； 6）维修电气办理紧急工作许可证，对 2SEC003PO 开关 2LHA111JA 检查； 7）继保专业检查当前 2LHA111JA 有启动命令存在，已安排人员配合断开控制电进行复位，进行一次开关重新送电前务必检查是否有合闸命令存在，避免设备误动
原因分析	1）直接原因：2LHA111JA 配电柜接触器本体 S6 位置开关固定板位移，固定螺丝松动，S6 开关触点无法有效动作，导致合闸回路无法导通；

续 表

原因分析	2）根本原因：中压开关接触器 S6 开关支撑方式不当，采用单方向椭圆孔双螺栓固定，操作机构压板长期按压累积导致 S6 开关固定位置偏移，开关动作不到位是缺陷发生的根本原因； 3）促成原因：S6 开关状态分合动作状态缺少监测是促成原因
消缺行动	电气处理反馈： 1）处理措施：现场部分解体检查接触器底盘车发现，当接触器手车位于工作位置时，接触器手车位置开关 S6 顶部弹簧压片垂直方向无法动作到位，以满足 S6 触点闭合的行程，开关触点无法有效动作，合闸回路无法导通，现场电机不能启动。现场调整 S6 固定板固定螺丝并紧固，S6 辅助触点闭合，合闸回路导通。 2）工作过程： ①断开 2LHA111JA，闭合 2LHA111JE； ②将 2LHA111JA 拉出柜外检查合闸线圈直流电阻为 6.0 Ω，对地绝缘为 550 mΩ； ③将 2LHA111JA 接触器置工作位置，测量 2LHA111JA 工作位置行程位置接点不通，合闸回路不通； ④检查发现接触器底盘限位微动开关在接触器摇到工作位置时未动作造成合闸回路不通； ⑤调整接触器底盘限位微动开关支撑架重新将接触器摇到工作位置时合闸回路正常； ⑥运行配合 2LHA111JA 工作位置合闸正常； ⑦工作结束，清理工作现场，归还工作许可证； ⑧向主管人员报告工作完成情况。 3）直接原因：2LHA111JA 配电柜接触器本体 S6 位置开关固定板位移，固定螺丝松动，S6 开关触点无法有效动作，导致合闸回路无法导通。 4）根本原因：中压开关接触器 S6 开关支撑方式不当，采用单方向椭圆孔双螺栓固定，操作机构压板长期按压累积导致 S6 开关固定位置偏移，开关动作不到位是缺陷发生的根本原因。 5）促成原因：S6 开关状态分合动作状态缺少监测是促成原因。 6）技改实施方案： ①优化改进原 S6 开关支撑方式：从原来的单侧两个螺栓的固定方式修改为双侧三个螺栓的固定方式； ②接触器 S6 开关动作状态信号引入报警监测回路，实现开关状态直观可视

续　表

相关知识	1）限位微动开关 S6 及其技改相关知识 核级中压开关接触器分检修位置、试验位置和工作位置，其状态切换通过手车操作手柄顺逆时针动作底盘小车前进后退实现。手车底盘内有一整套位置状态机械联锁结构，配合电气控制回路来实现小车的分合闸等操作，包括摇动螺旋丝杆、定位锁销、压板、S6 位置开关、相关联锁部件、航空插头等。 接触器手车通过操作手柄顺时针旋转从检修位置转运行位置，手车丝杆转动压板平衡向前推进，到达工作位置压板下落，下压 S6 位置开关顶部弹簧压片使 S6 辅助触点闭合，见图 1：接触器手车底盘动作示意图，接触器启动回路导通，S6 开关可靠动作触发合闸信号是接触器合闸的必要条件。 控制回路：接触器控制回路图（包含启动回路），远方下达启动命令或就地启动命令 004XR 继电器自保持得电后，启动回路得电，接触器合闸。 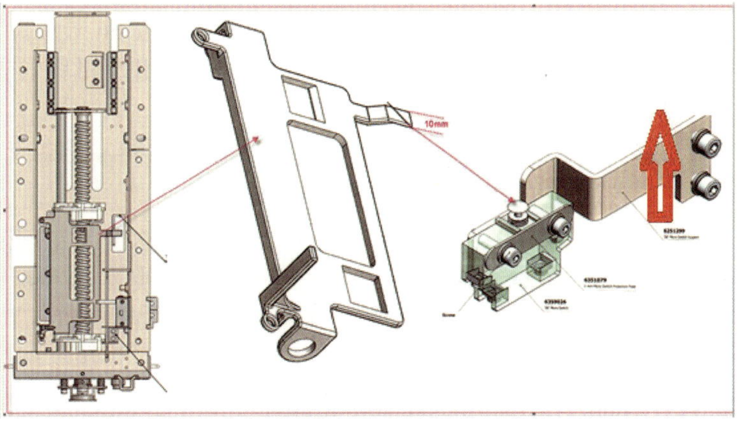 **图 1　接触器手车底盘动作示意图** 变更 1：接触器 S6 开关支撑方式优化 接触器手车 S6 固定板进行了设计优化，升级后的固定板采用双边三孔固定（参见截图），采用双边三孔的 S6 固定板，受力由“线”升级为“三角形”，如图，由此提供更为牢固的受力，紧固度进一步提高。新增固定位置需在接触器手车底盘侧面新增一个椭圆形固定孔（描述规格尺寸），如图 2：接触器 S6 开关支撑方式优化所示。

续 表

<table>
<tr><td>相关知识</td><td colspan="2">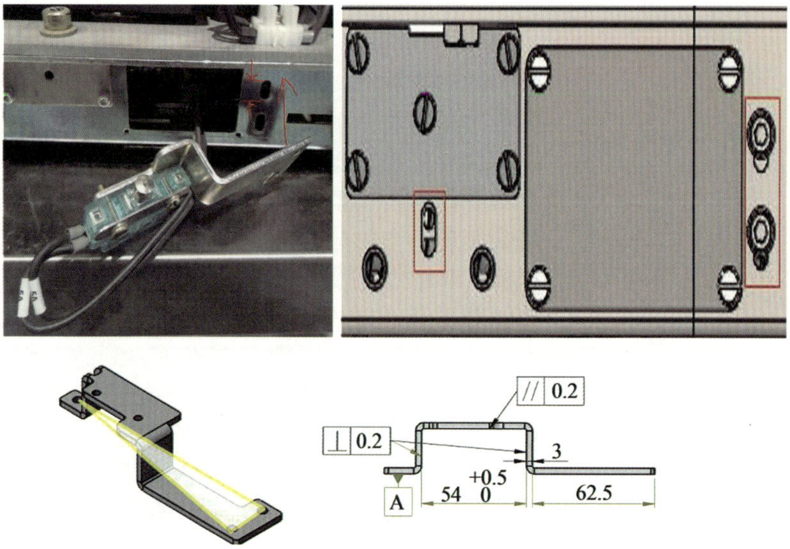
图 2　接触器 S6 开关支撑方式优化
变更 2：接触器 S6 开关动作状态信号引入报警监测回路
通过调整接触器板块 DU 模块和 S6 开关位置，单独引出 S6 开关接点信号，通过航空插针备用回路将开关动作状态引入报警回路。
2）泵启动失败后，需要及时复位泵启动命令，避免故障处理好后直接送电引起泵非预期误启动</td></tr>
<tr><td>参考资料信息</td><td colspan="2">维修一处电气：EAM 中工单 01205563-01 的完工报告；
设备管理处：《FQ2-LHA-TGCMDD-013590001　2 号机组核安全相关中压接触器 S6 开关可靠性提升物项替代升级方案——详细设计方案》《FQW-EQ-JY-190099 1～4 号机组中压配电接触器柜 S6 开关缺陷问题讨论会议纪要》；
WR/WOT：00540051/01205563-01（紧急工单）；
运行一处：值长日报（2019 年 04 月 23 日）</td></tr>
<tr><td>编　　者</td><td>运行二处一值：谷铁</td><td>时间：2019 年 05 月 03 日</td></tr>
</table>

7.10.4　1LHA110JA（1ASG001PO 电动辅助给水泵 A 开关）在试验位置合不上

异常缺陷名称	1LHA110JA（1ASG001PO 电动辅助给水泵 A 开关）在试验位置合不上
发生时间	2017 年 02 月 13 日中班
机组状态	MCS 模式

续 表

异常缺陷现象	1LHA110J(1ASG001PO 电动辅助给水泵 A 开关)A 在试验位置合不上
风险或潜在后果	导致 1LHA110JA 在试验位置合不上
干预行动	已采取的行动措施： oncall 电气检查处理
原因分析	接触器限位开关 S6 无法正常闭合
消缺行动	电气处理反馈： 1)检修内容及步骤： ①确认 1LHA110JA 开关断开，1LHA110JE 闭合/上锁； ②将 1LHA110JA 开关拉出柜外； ③检查 1LHA110JA 开关，发现接触器限位开关 S6 无法正常闭合，调整限位开关 S6 位置； ④联系运行人员分合闸操作开关三次，分合闸动作正确。 2)故障原因分析：接触器限位开关 S6 无法正常闭合
相关知识	核级中压开关接触器分检修位置、试验位置和工作位置，其状态切换通过手车操作手柄顺逆时针动作底盘小车前进后退实现。手车底盘内有一整套位置状态机械联锁结构，配合电气控制回路来实现小车的分合闸等操作，包括摇动螺旋丝杆、定位锁销、压板、S6 位置开关、相关联锁部件、航空插头等。 接触器手车通过操作手柄顺时针旋转从检修位置转运行位置，手车丝杆转动压板平衡向前推进，到达工作位置压板下落，下压 S6 位置开关顶部弹簧压片使 S6 辅助触点闭合，接触器启动回路导通，S6 开关可靠动作触发合闸信号是接触器合闸的必要条件。 控制回路：接触器控制回路图(包含启动回路)，远方下达启动命令或就地启动命令 004XR 继电器自保持得电后，启动回路得电，接触器合闸
参考资料信息	维修一处电气：EAM 中工单 00512422-01 的完工报告； WR/WOT：00214319/00512422-01(紧急工单)
编　　者	运行二处一值：谷铁 　　　　时间：2019 年 09 月 23 日

7.10.5 2LHA117JA、2LHA120JA 无法摇进工作位置，摇半圈就卡住摇不动

异常缺陷名称	2LHA117JA、2LHA120JA 无法摇进工作位置，摇半圈就卡住摇不动
发生时间	2015 年 03 月 07 日早班

续 表

机组状态	2 号机组首次装料前
异常缺陷现象	2LHA 复役时 2LHA117JA（2LLA001TR、NI 厂用变压器开关）、2LHA120JA（2LLN001TR、NI 厂用变压器开关）无法摇进工作位置，摇半圈就卡住摇不动
风险或潜在后果	影响 2LHA 复役工作的进展
干预行动	已采取的行动措施： oncall 电气检查处理
原因分析	手车与地刀连锁机构卡涩
消缺行动	电气处理反馈： 1）检修内容及步骤： ①核实隔离边界； ②拉出接触器手车； ③调整接触器手车与地刀轴的连锁机构，适当用锉刀打磨，涂抹润滑脂； ④将接触器手车推入柜内，关闭柜门，并试验摇进摇出手车，均能正常摇进摇出； ⑤恢复设备，清理现场，归还工作票。 2）故障原因分析：手车与地刀连锁机构卡涩
相关知识	N/A
参考资料信息	维修一处电气：EAM 中工单 00094386-01 的完工报告； WR/WOT：00040430/00094386-01（紧急工单）
编　　者	运行二处一值：谷铁 | 时间：2019 年 09 月 23 日

7.10.6 执行 0LHS 替代 1LHP 期间，主控室 1LHA024KS 灯未亮

异常缺陷名称	执行 0LHS 替代 1LHP 期间，主控室 1LHA024KS（附加柴油机替代 1LHP 成功）灯未亮
发生时间	2015 年 12 月 29 日早班
机组状态	大修结束后，已并网，RP 模式，提升电功率到 270 MW
异常缺陷现象	执行 FQ1-LHS-C-001 1LHA 的备用电源由 1LHP 切换到 0LHS 操作票时，1LHA024KS（附加柴油机替代 1LHP 成功）灯未亮
风险或潜在后果	导致 0LHS 柴油机替代 1LHP 失败，若 1LHP 不可用，将产生第一组 I0：LHP/Q1

续 表

干预行动	已采取的行动措施： oncall 电气检查处理	
原因分析	断路器航空插头限位开关松动，导致主控 1LHA024KS 灯未亮	
消缺行动	电气处理反馈： 1)检修内容及步骤： ①现场验证隔离边界，确认现场具备工作条件； ②对 1LHA003JA 开关断路器航空插头和二次回路进行检查； ③确认断路器断路器航空插头限位开关松动，导致主控 1LHA024KS 灯未亮； ④对限位开关进行紧固和处理； ⑤与主控确认恢复正常后，并进行了现场验证，确认故障消除。 2)故障原因分析：断路器航空插头限位开关松动，导致主控 1LHA024KS 灯未亮	
相关知识	RP 模式下，一个厂内电源不可用时，产生第一组 I0：LHP/Q1，要求 3 天内机组开始向 NS/RRA 模式后撤。 注：如果附加柴油发电机替代该不可用应急柴油发电机，则事件视为第二组事件。其维修期限应遵守替代期限。如果在替代期限内不可能修复，则开始向 NS/RRA 模式后撤。 在机组的应急柴油发电机已完成检修工作的情况下，如果出现其他第一组事件，允许机组应急柴油发电机暂时不回接，也不后撤。但必须尽快处理相关的第一组随机不可用	
参考资料信息	维修一处电气：EAM 中工单 00205822-01 的完工报告； WR/WOT：00092057/00205822-01(紧急工单)	
编　　者	运行二处一值：谷铁	时间：2019 年 09 月 23 日

7.11 6.6 kV 应急厂用设备电源系统 B 列(LHB)

7.11.1 3LHB105JA 接触器卡涩，无法摇入

异常缺陷名称	3LHB105JA 接触器卡涩，无法摇入	
发生时间	2017 年 12 月 11 日中班	
机组状态	RCD 模式	
异常缺陷现象	3LHB105JA 接触器卡涩，无法摇入	
风险或潜在后果	上充泵 3RCV002PO 开关无法摇入，影响 LHB 系统的可用性	
干预行动	已采取的行动措施： oncall 电气检查处理	
原因分析	小车连锁机构卡涩	
消缺行动	电气检查处理反馈： 1)工作过程： ①验证隔离边界，确认检修对象； ②确认 3LHB105JA 处于断开位置，3LHB105JE 地刀处于断开状态； ③将 3LHB105JE 地刀闭合； ④用联锁钥匙解除 3LHB105JA 联锁，打开柜门； ⑤用服务小车将接触器拉出柜外，用摇把将接触器摇至工作位和试验位置，验证小车底盘工作正常，无卡涩； ⑥用润滑脂对接触器锁定孔进行润滑； ⑦检查柜内无异物后，将接触器推入柜内，锁定柜门，将地刀闭合； ⑧用摇把验证接触器工作正常，联系运行人员验证； ⑨工作结束清理现场，将设备恢复至初始状态。 2)故障原因分析：小车连锁机构卡涩	
相关知识	N/A	
参考资料信息	维修二处电气：EAM 中工单 00774008-01 的完工报告； WR/WOT：00320214/00774008-01	
编　　者	运行二处一值：唐杰	时间：2019 年 04 月 11 日

7.11.2 1LHB114JA 在试验盒位置无法合闸

异常缺陷名称	1LHB114JA 在试验盒位置无法合闸	
发生时间	2017 年 02 月 06 日夜班	
机组状态	RCD	
异常缺陷现象	1LHB114JA 在试验盒位置无法合闸	
风险或潜在后果	影响 LHB 系统的可用性	
干预行动	已采取的行动措施： oncall 电气检查处理	
原因分析	二次插件回路和直流电源接触不良	
消缺行动	电气处理反馈： 1)检修内容及步骤： ①确认 1LHB114JA 开关断开，1LHB114JE 闭合； ②将 1LHB114JA 开关拉出柜外； ③检查二次插件回路和直流电源接触不好，紧固后，分合闸二次正常。 2)故障原因分析：二次插件回路和直流电源接触不良	
相关知识	N/A	
参考资料信息	维修一处电气：EAM 中工单 00509321-01 的完工报告； WR/WOT：00212046/00509321-01(紧急工单)	
编　　者	运行二处一值：唐杰	时间：2019 年 04 月 11 日

7.11.3 3LHB115JA 偶发故障，导致 3DEG201GF 无法启动，需对该开关进行检查

异常缺陷名称	3LHB115JA 偶发故障，导致 3DEG201GF 无法启动，需对该开关进行检查
发生时间	2016 年 05 月 31 日中班
机组状态	RP 模式，满功率
异常缺陷现象	3LHB115JA 偶发故障，导致 3DEG201GF 无法启动，需对该开关进行检查
风险或潜在后果	导致 3DEG201GF 无法启动，影响系统可用性
干预行动	已采取的行动措施： oncall 电气专业处理

续　表

原因分析	保护装置定值错误
消缺行动	电气检查处理反馈： 1）检修过程： ①取得许可证，现场确认设备位置，验证隔离； ②确认 3LHB115JA 开关处于隔离位，确认柜内控制电源空开 003JA 处于闭合位置； ③检查保护装置。01XI 无动作信号； ④检查保护装置定值是否正确； ⑤检查远方分合闸回路； ⑥检查柜内保护跳闸回路； ⑦检查接触器合闸回路； ⑧检查保护 CT 接线及连片连接完好； ⑨检查柜内合闸回路端子松动现象。 2）故障原因分析：保护装置定值错误
相关知识	N/A
参考资料信息	维修二处电气：EAM 中工单 00283901-01 的完工报告； WR/WOT：00136607/00283901-01
编　　者	运行二处一值：唐杰　　时间：2019 年 04 月 11 日

7.11.4　4LHB105JA 摇到隔离后，4RCV002PO 的联锁钥匙无法拔出

异常缺陷名称	4LHB105JA 摇到隔离后，4RCV002PO 的联锁钥匙无法拔出
发生时间	2018 年 01 月 27 日早班
机组状态	RP 模式，满功率
异常缺陷现象	4LHB105JA 摇到隔离后，4RCV002PO 的联锁钥匙无法拔出
风险或潜在后果	可能影响 LHB 电压显示，影响 LHB 系统的可用性
干预行动	已采取的行动措施： oncall 电气专业处理
原因分析	连锁机构卡涩
消缺行动	电气处理反馈： 1）检修过程： ①验证隔离正确性。召开工前会； ②确认 4LHB105JA 处于断开状态，4LHB105JE 处于闭合状态；

续 表

消缺行动	③打开柜门对连锁机构进行润滑，确认无卡涩； ④关闭柜门进行验证钥匙无卡涩； ⑤工作结束。 2)故障原因分析：连锁机构卡涩	
相关知识	N/A	
参考资料信息	维修二处电气：完工报告《FQ4-MA02-RCWO-00840682/01 4LHB105JA 摇到隔离后，4RCV002PO 的联锁钥匙无法拔出，需处理》； WR/WOT：00341515/00840682-01	
编　　者	运行二处一值：唐杰	时间：2019 年 04 月 11 日

7.12 6.6 kV 应急柴油发电机组(LHP/Q)

7.12.1 3LHQ200MN 标定过程中，3LHQ501AR 机柜内空开 JS37 跳开

异常缺陷名称	3LHQ200MN 标定过程中，3LHQ501AR 机柜内空开 JS37 跳开
发生时间	2018 年 07 月 17 日早班
机组状态	RP 模式，电功率 1070 MWe
异常缺陷现象	仪控执行 3LHQ200MN 标定工作，在回装仪表接线时，3LHQ501AR 机柜内空开 JS37(模拟量输入电源空开)跳开
风险或潜在后果	影响 3LHQ501AR 机柜内空开 JS37(模拟量输入电源空开)下游仪表的可用性
干预行动	已采取的行动措施： 联系仪控检查处理，并恢复 3LHQ501AR 机柜内空开 JS37 及其下游仪表可用
原因分析	仪表信号线绝缘皮存在破损，在恢复接线时将导线穿入仪表接线盒套管过程中破损处露出的铜线接触到仪表套管金属，造成信号线接地，引起仪表供电的 24 V DC 空开因过流跳闸
消缺行动	1)仪控处理反馈： 原因分析： 仪表信号线绝缘皮存在破损，在恢复接线时将导线穿入仪表接线盒套管过程中破损处露出的铜线接触到仪表套管金属，造成信号线接地，引起仪表供电的 24 V DC 空开因过流跳闸； 仪表信号分析： ①3LHQ101MN(左侧漏油罐液位)：当液位大于 80%时，产生 3LHQ704KA 机械故障报警，对柴油机可用性无影响； ②3LHQ102MN(右侧漏油罐液位)：当液位大于 80%时，产生 3LHQ704KA 机械故障报警，对柴油机可用性无影响； ③3LHQ156MN(润滑油罐液位)：当液位低于 10%时，产生 3LHQ704KA 机械故障报警，产生复位就地手动启动 3LHQ154PO 的信号，对柴油机可用性无影响； ④3LHQ105MN(主油罐液位)： a. 当液位高报时，产生 3LHQ704KA 机械故障报警，对柴油机可用性无影响； b. 当液位低报时，产生 3LHQ704KA 机械故障报警，对柴油机可用性无影响；

续 表

消缺行动	c. 当液位低低报时，产生3LHQ704KA机械故障报警，产生停运燃油输送泵3LHQ102PO和103PO，对柴油机可用性无影响； ⑤3LHQ200MN(冷却水膨胀水箱)： a. 当液位高报时，产生3LHQ704KA机械故障报警，对柴油机可用性无影响； b. 当液位低报时，产生3LHQ704KA机械故障报警，产生3LHQ202RS和3LHQ203PO停运命令，已通过模拟正常液位信号确保3LHQ202RS和3LHQ203PO正常工作，对柴油机可用性无影响； c. 当液位低低报时，产生3LHQ704KA和708KA报警，产生柴油机跳机信号和保护停信号，但是柴油机应急启动信号会屏蔽这两个信号，对柴油机可用性无影响； ⑥3LHQ201MN(进气冷却水膨胀水箱)： a. 当液位高报时，产生3LHQ704KA机械故障报警，对柴油机可用性无影响； b. 当液位低报时，产生3LHQ704KA机械故障报警，对柴油机可用性无影响； c. 当液位低低报时，产生3LHQ704KA和708KA报警，产生柴油机跳机信号和保护停信号，但是柴油机应急启动信号会屏蔽这两个信号，对柴油机可用性无影响； ⑦3LHQ152MP(运转齿轮润滑油压)、3LHQ153MP(运转齿轮润滑油压)、3LHQ154MP(运转齿轮润滑油压)：当压力低时，产生3LHQ704KA机械故障报警；当压力低低和满足三取二逻辑时，且柴油机处于非应急运行模式启动下，会产生柴油机跳机信号和保护停信号，但是柴油机处于停运或应急启动情况下会屏蔽这两个信号，对柴油机可用性无影响； 2)电气处理措施： ①使用信号发生器模拟3LHQ200MN正常液位信号，确保3LHQ202RS和3LHQ203PO正常工作，柴油机处于热备用状态； ②对3LHQ501AR机柜内空开JS37(模拟量输入电源空开)下游的仪表进行逻辑分析，确认对柴油机可用性无影响； ③在确认无其他影响的情况下，重新闭合空开，仪表信号恢复正常，继续完成3LHQ200MN校验工作。 后续措施： ①内部经验反馈学习，并在后续工作中落实到风险分析中； ②后续类似工作对仪表信号线进行绝缘完好性检查； ③研究改进仪表校验工作仪表信号线拆接过程中的绝缘防护措施

续 表

相关知识	1)3LHQ101MN（左侧漏油罐液位）：当液位大于80%时，产生3LHQ704KA机械故障报警，对柴油机可用性无影响； 2)3LHQ102MN（右侧漏油罐液位）：当液位大于80%时，产生3LHQ704KA机械故障报警，对柴油机可用性无影响； 3)3LHQ156MN（润滑油罐液位）：当液位低于10%时，产生3LHQ704KA机械故障报警，产生复位就地手动启动3LHQ154PO的信号，对柴油机可用性无影响； 4)3LHQ105MN（主油罐液位）： ①当液位高报时，产生3LHQ704KA机械故障报警，对柴油机可用性无影响； ②当液位低报时，产生3LHQ704KA机械故障报警，对柴油机可用性无影响； ③当液位低低报时，产生3LHQ704KA机械故障报警，产生停运燃油输送泵3LHQ102PO和103PO，对柴油机可用性无影响； 5)3LHQ200MN（冷却水膨胀水箱）： ①当液位高报时，产生3LHQ704KA机械故障报警，对柴油机可用性无影响； ②当液位低报时，产生3LHQ704KA机械故障报警，产生3LHQ202RS和3LHQ203PO停运命令，已通过模拟正常液位信号确保3LHQ202RS和3LHQ203PO正常工作，对柴油机可用性无影响； ③当液位低低报时，产生3LHQ704KA和708KA报警，产生柴油机跳机信号和保护停信号，但是柴油机应急启动信号会屏蔽这两个信号，对柴油机可用性无影响； 6)3LHQ201MN（进气冷却水膨胀水箱）： ①当液位高报时，产生3LHQ704KA机械故障报警，对柴油机可用性无影响； ②当液位低报时，产生3LHQ704KA机械故障报警，对柴油机可用性无影响； ③当液位低低报时，产生3LHQ704KA和708KA报警，产生柴油机跳机信号和保护停信号，但是柴油机应急启动信号会屏蔽这两个信号，对柴油机可用性无影响； 7)3LHQ152MP（运转齿轮润滑油压）、3LHQ153MP（运转齿轮润滑油压）、3LHQ154MP（运转齿轮润滑油压）：当压力低时，产生3LHQ704KA机械故障报警；当压力低低和满足三取二逻辑时，且柴油机处于非应急运行模式启动下，会产生柴油机跳机信号和保护停信号，但是柴油机处于停运或应急启动情况下会屏蔽这两个信号，对柴油机可用性无影响

续　表

参考资料信息	维修二处仪控：异常反馈——3LHQ200MN 标定过程中导致 3LHQ501AR 机柜内空开 JS37(模拟量输入电源空开)跳开原因说明	
编　　者	运行二处一值：谷铁	时间：2020 年 01 月 11 日

7.12.2　3LHP 柴油发电机低功率试验启动过程中 B1 组涡轮增压器无法正常启动

异常缺陷名称	3LHP 柴油发电机低功率试验启动过程中 B1 组涡轮增压器无法正常启动
发生时间	2019 年 01 月 24 日早班—25 日中班
机组状态	RP 模式，满功率(1089 MWe)
异常缺陷现象	24 日早班，执行 FQ3-LHP-T-001 A 列柴油发电机低功率试验时，就地存在“LHP500UCS ECS COMMON ALARM”，主控出现 3LHP704KA(应急柴油发电机组机械故障)报警。 维修电气、机械、仪控及设备管理检查为柴油机启动过程中 B1 涡轮增压器转速信号检测为 0，为了进一步验证缺陷原因，中班重新执行了 3LHP 低功率试验，在 3LHP 启动过程中各专业确认 B1 涡轮增压器没有启动。 25 日中班，3LHP 柴油机满功率运行期间，主控两次出现 3LHP704KA(紧急柴油发电机组机械故障)报警，就地核实为柴油机燃油尺杆位移输出超差。3LHP 在满功率平台运行期间，调速器闪发燃油齿条故障、执行器故障、燃油尺杆位移传感器超差报警，同时出现 3LHP500UC5 调速器综合报警并保持。(影响主调速器功能，备用调速器功能完好，不影响柴油机可用性)，分析为主通道燃油尺杆位移传感器故障，输出信号异常波动导致与正常的备用传感器测量值超差
风险或潜在后果	1)3LHP 柴油发电机不可用，造成 3 号机一列厂内电源不可用，产生第一组 IO(LHP/Q1)，三天内开始向 NS/RRA 模式后撤(五柴替代 3LHP 成功后可以改记录第二组 I0)； 2)影响运行定期试验的执行，FQ3-LHP-T-001 试验有超期风险； 3)一个厂内电源不可用，影响 3 号机组电源裕度； 4)3LHP 柴油发电机无法达到满功率
干预行动	1)已采取的行动措施： ①联系安工确认，保守起见按照 3LHP 当前不可用对待； ②由于已经定位缺陷原因，停运柴油机并恢复初始状态；

续 表

干预行动	③组织机械、电气、仪控和设备管理人员讨论缺陷的原因以及接下来处理方案； ④执行第五台柴油发电机替代 3LHP 操作(五柴可以替代的情况下只需要记录第二组 I0)。 2)建议后续行动： 请设备管理牵头组织维修各专业分析报警原因，并制定处理方案
原因分析	轮增压器控制机构电磁阀组 3LHP350UC 中对应 B1、B3 涡轮增压传感器的电磁阀故障
消缺行动	设备管理机械处理反馈： 处理进展：更换涡轮增压器控制机构电磁阀组 3LHP350UC 中对应 B1、B3 涡轮增压传感器的异常电磁阀后，经满功率试验验证，涡轮增压器 A1、A2、B1、B2、B3 正常投入，转速信号正常，涡轮增压器无法正常投入缺陷已消除，满功率试验结果合格，3LHP 恢复可用。同时满功率试验期间出现的主通道燃油尺杆位移传感器故障，领取备件对故障的主通道燃油尺杆位移传感器进行更换，静态验证合格后执行低功率试验，验证主备通道燃油尺杆位移传感器输出是否存在较大偏差。通过 01 月 25 日晚重新进行低功率试验验证，低功率运行(2300 kW 左右)验证 15 min 左右，未再次出现调速器相关报警，经查看波形主备燃油齿杆位移传感器偏差稳定在 0.6 左右，无较大波动，主通道燃油尺杆位移传感器故障已消除，3LHP 恢复正常状态。 1)01 月 24 日低功率试验期间出现的报警处理 ①故障现象：B1 涡轮增压器未能正常投入，调速器出现 B1 涡轮增压器无转速报警并保持，闪发 B3 涡轮增压器无转速报警及调速器切入故障报警。 ②故障原因：涡轮增压器控制机构电磁阀组 350UC 中对应 B1、B3 涡轮增压传感器的电磁阀故障(卡涩)。 ③处理方法：领取备件对故障电磁阀进行更换，静态验证合格后执行满功率试验，验证 A1/A2/B1/B2/B3 涡轮增压器投入功能。 ④工作过程(工单 01125641-01)： a. 确认设备位号与工作票一致； b. 对 3LHP350UC 的电磁阀进行动作验证，电磁阀卡涩； c. 更换备件后验证合格； d. 工作结束，清理现场。 ⑤处理结果：通过 01 月 25 日满功率试验验证，涡轮增压器 A1、A2、B1、B2、B3 正常投入，转速信号正常，涡轮增压器无法正常投入缺陷已消除，柴油机恢复可用。

续 表

消缺行动	2)01 月 25 日满功率试验期间出现的报警处理 ①故障现象：3LHP 在满功率平台运行期间，调速器闪发燃油齿条故障、执行器故障、燃油尺杆位移传感器超差报警，同时出现 3LHP500UC5 调速器综合报警并保持。(影响主调速器功能，备用调速器功能完好，不影响柴油机可用性) ②故障原因：主通道燃油尺杆位移传感器故障(3LHP106MN 仪表损坏)，输出信号异常波动导致与正常的备用传感器测量值超差。 ③处理方法：领取备件对故障的主通道燃油尺杆位移传感器进行更换，静态验证合格后执行低功率试验，验证主备通道燃油尺杆位移传感器输出是否存在较大偏差。 ④工作过程(工单 01126017-01)： a. 确认设备位号与工作内容一致； b. 确认脚手架已搭设完成并验收； c. 检查 3LHP106MN 航空插头紧固； d. 联系电气人员断开 3LDG153JA； e. 拆除 3LHP106MN，更换备件并恢复航空插头； f. 联系联系电气人员恢复 3LDG153JA，确认 3LHP704KA 报警消失； g. 工作结束，清理现场。 ⑤处理结果：通过 01 月 25 日晚低功率试验验证，已低功率运行(2300 kW 左右)验证 15 min 左右，未再次出现调速器相关报警，经查看波形主备燃油齿杆位移传感器偏差稳定在 0.6 左右，无较大波动，主通道燃油尺杆位移传感器故障已消除，3LHP 恢复正常状态。 3)后续行动 本次缺陷相关专业后续做好经验反馈，提升设备可靠性
相关知识	应急柴油机进排气系统有五组涡轮增压器 A1/A2/B1/B2/B3，由 350UC 上的电磁阀控制自动投退，A1/A2 在柴油机启动时投入，B1/B2/B3 随柴油机功率增加自动投入。350UC 为 5 组单独的电磁阀组成的阀组，包含 5 个电磁阀。A1/A2 共用 1 个电磁阀，B1、B2、B3 各对应 1 个电磁阀，另有 1 个备用电磁阀。电磁阀具备手动功能，正常运行时手动旋钮置“0”位置，紧急情况下可将旋钮旋至“1”位置，手动开启电磁阀。电磁阀控制序列： 1)柴油发电机组启动 A1/A2 电磁阀投用； 2)A1/A2 增压器转速升至 39 000 r/min 时，B1 增压器开启[对应约 600 kW 功率]； 3)B1 涡轮转速达到 39 000 r/min 时，B2 增压器开启[对应约 1700 kW功率]；

续 表

相关知识	4)B2 涡轮增压机平均转速达到 40 000 r/min 时，B3 增压器开启［对应约 2730 kW 功率］。柴油机低功率试验功率约 2400 kW，A1/A2/B1/B2 投运，B3 正常不会投运； 5)调速器在发出 B1 启动命令后的 5 s 内，如没有接收到 B1 涡轮增压机的转速信号，则判断 B1 涡轮增压机启动失败，同时启动 B2 涡轮增压机，以此类推
参考资料信息	运行二处：3 号机组异常反馈——3LHP 柴油发电机低功率试验启动后 B1 组涡轮增压器无法正常启动； 维修二处仪控：EAM 中工单 01125641-01、01126017-01 的完工报告； 运行二处：值长日报(2019 年 01 月 26 日)中设备管理反馈值长关注项； WR/WOT：00497456/01125641-01(紧急工单：对 3LHP350UC 的电磁阀进行检查，专业：仪控)、00497810/01126017-01(紧急工单：运转齿轮油位 3LHP106MN 仪表损坏更换，专业：仪控)
编　　者	运行二处一值：谷铁　　　时间：2020 年 01 月 11 日

7.12.3　2 号机组执行 2LHQ 柴油机低功率试验时 B2 涡轮增加器未正常投入导致 2LHQ001GE 不可用

异常缺陷名称	2 号机组执行 2LHQ 柴油机低功率试验时 B2 涡轮增加器未正常投入导致 2LHQ001GE 不可用
发生时间	2019 年 06 月 20 日早班
机组状态	RP 模式，电功率 1071 MWe
异常缺陷现象	早班执行《FQ2-LHQ-T-001 柴油发电机组(B 列)低功率试验规程》时，就地出现“LHP500UC5 ECS COMMON ALARM”综合故障报警，机械现场检查柴油机进气排气部分的涡轮增压器 B2 未投运，备用的 B3 自动投入。 根据现象 B2 涡轮增压器未能正常投入，初步分析为涡轮增压器控制机构电磁阀组 2LHQ350UC 中对应 B2 涡轮增压传感器的电磁阀故障
风险或潜在后果	该故障不影响低功率试验，但会造成 B 列柴油机 2LHQ001GE 无法达到满功率运行，导致 2LHQ001GE 不可用，产生第一组 IO：LHP/Q1，3 天内机组开始向 NS/RRA 模式后撤。如果附加柴油机替代该不可用应急柴油机，则事件视为第二组事件。运行已确认附加柴油机是可用的，并做好替代准备

续 表

干预行动	已采取的行动措施： 2LHQ 柴油机低功率试验结束后，运行召集设备管理处、维修一处、核安全处召开工后会，确认以下行动项： 1)维修机械现场已确认 B2 涡轮增压器未投入； 2)设备管理处已确认四组涡轮增压器不能满足柴油机满功率要求，因此柴油机不可用，记录第一组 I0：LHP/Q1，3 天内机组开始向 NS/RRA 模式后撤； 3)维修支持处现场搭设脚手架，维修电气进行在线诊断，进一步确认故障原因； 4)确认电磁阀故障后，维修仪控准备好备件对故障电磁阀进行更换； 5)维修仪控更换完成后进行静态验证，验证合格后执行低功率或满功率试验，验证 A1/A2/B1/B2/B3 涡轮增压器投入功能； 6)请设备管理处、维修一处分析根本原因及改进措施
原因分析	直接原因为阀杆活塞 O 形密封圈破损漏气，导致 B2 涡轮增压器无法投运； 根本原因为电磁阀老化
消缺行动	仪控处理反馈： 1)工作过程： ①请运行人员隔离"压空系统"。 ②发现增压器入口供气管线与其接头脱落，经现场机械专业判断其非导致 B2 涡轮增压器不可用的原因，经领导现场同意进行了重连与紧固。 ③将 B2 涡轮增压器对应的电磁阀置于"手动开"状态，观察到 B2 涡轮增压器气动阀阀杆未动作，且听到电磁阀明显的漏气声，初步判定为电磁阀故障。 ④请运行人员进行泄压，对 B2 涡轮增压器对应的电磁阀进行更换，更换后进行验证，B2 涡轮增压器气动阀阀杆正常动作。 ⑤同时对其他的电磁阀进行验证： a. A1/A2：电磁阀漏气，涡轮增压器气动阀未正常动作。 b. B1：电磁阀漏气，涡轮增压器气动阀正常动作。 c. B3：电磁阀未漏气，涡轮增压器气动阀正常动作。 ⑥请运行人员隔离"压空系统"并进行泄压，对 A1/A2 和 B1 涡轮增压器对应的电磁阀进行更换。 ⑦请运行人员进行充压，对所有 4 个电磁阀进行验证，所有电磁阀均未漏气同时对应的涡轮增压器气动阀阀杆正常动作。 ⑧对更换下来电磁阀拆解检查，发现阀杆活塞 O 形密封圈破损压空漏气，导致 B2 涡轮增压器无法投运。

续 表

消缺行动	⑨进行柴油机低功率试验，再次验证，无异常。 ⑩归还工作许可证，请运行人员验收。 ⑪向主管人员报告工作完成情况。 2）故障原因分析：对更换下来电磁阀拆解检查，发现阀杆活塞O形密封圈破损漏气，导致B2涡轮增压器无法投运；在故障处理的过程中，检查A1/A2涡轮增压器和B1涡轮增压器对应的电磁阀存在同样缺陷，同时进行了更换。根本原因为电磁阀老化
相关知识	1）经验知识： ①处理涡轮增压器电磁阀故障问题时，运行将柴油机置检修，隔离启动压空2LHQ601/602VA，更换完成后通过重新执行低功率试验验证合格。事件导致2LHQ柴油机不可用14 h 12 min。 ②单个涡轮增压器未投运不影响低功率试验，但会造成B列柴油机2LHQ001GE无法达到满功率运行，导致2LHQ001GE不可用，产生第一组I0：LHP/Q1。 ③处理涡轮增压器电磁阀故障问题需要搭脚手架，需尽早安排保温脚手架人员。 2）应急柴油机进排气系统有五组涡轮增压器A1/A2/B1/B2/B3，由350UC上的电磁阀控制自动投退，A1/A2在柴油机启动时投入，B1/B2/B3随柴油机功率增加自动投入。350UC为5组单独的电磁阀组成的阀组，包含5个电磁阀。A1/A2共用1个电磁阀，B1、B2、B3各对应1个电磁阀，另有1个备用电磁阀。电磁阀具备手动功能，正常运行时手动旋钮置“0”位置，紧急情况下可将旋钮旋至“1”位置，手动开启电磁阀。电磁阀控制序列： ①柴油发电机组启动A1/A2电磁阀投用； ②A1/A2增压器转速升至39 000 r/min时，B1增压器开启［对应约600 kW功率］； ③B1涡轮转速达到39 000 r/min时，B2增压器开启［对应约1700 kW功率］； ④B2涡轮增压机平均转速达到40 000 r/min时，B3增压器开启［对应约2730 kW功率］。柴油机低功率试验功率约2400 kW，A1/A2/B1/B2投运，B3正常不会投运； ⑤调速器在发出B1启动命令后的5 s内，如没有接收到B1涡轮增压机的转速信号，则判断B1涡轮增压机启动失败，同时启动B2涡轮增压机，以此类推
参考资料信息	WR/WOT：00571982/01263825-01（紧急工单：检查2LHQ001GE在低功率试验时出现B2涡轮增压器故障，专业：仪控）；

续 表

参考资料信息	运行一处：2 号机组异常反馈——2 号机组执行 2LHQ 柴油机低功率试验时 B2 涡轮增加器未正常投入导致 2LHQ001GE 不可用； 维修一处仪控：EAM 中工单 01263825-01 的完工报告	
编　　者	运行二处一值：谷铁	时间：2020 年 01 月 11 日

7.12.4　1 号机组执行 1LHQ 柴油机低功率试验前检查发现 B1 涡轮增加器先导电磁阀故障导致 1LHQ001GE 不可用

异常缺陷名称	1 号机组执行 1LHQ 柴油机低功率试验前检查发现 B1 涡轮增加器先导电磁阀故障导致 1LHQ001GE 不可用
发生时间	2019 年 08 月 09 日早班
机组状态	RP 模式，电功率 1067 MWe
异常缺陷现象	早班执行《FQ1-LHQ-T-001 柴油发电机组（B 列）低功率试验规程》前，仪控持票检查（配合 1LHQ 柴油机低功率试验，仪控检查 1LHQ350UC 电磁阀主活塞密封圈是否漏气）时发现 B1 涡轮增加器先导电磁阀故障
风险或潜在后果	B1 涡轮增加器先导电磁阀故障，将导致柴油机启动后进气排气部分的涡轮增压器 B1 无法投运，该故障不影响低功率试验，但会造成 B 列柴油机 1LHQ001GE 无法达到满功率运行，导致 1LHQ001GE 不可用，产生第一组 I0：LHP/Q1，要求 3 天内机组开始向 NS/RRA 模式后撤。如果附加柴油机替代该不可用应急柴油机，则事件视为第二组事件
干预行动	1）已采取的行动措施： ①试验前仪控已准备备件，目前运行正在执行隔离，仪控更换电磁阀静态验证合格后，再执行柴油发电机组（B 列）低功率试验规程； ②运行已确认附加柴油机是可用的，并做好替代准备。 2）建议后续行动： 请设备管理处、维修一处分析根本原因及改进措施
原因分析	B1 涡轮增压器电磁阀故障
消缺行动	仪控处理反馈： 1）工作过程： ①运行人员隔离上游压空，并对管道泄压；

续 表

消缺行动	②确认 1LHQ350UC 设备位置，通知主控开工； ③拆除 1LHQ350UC 上的 B1 电磁阀，并确认垫片完好； ④更换新备件，并确认紧固； ⑤运行人员解除隔离，恢复上游压空； ⑥对 1LHQ350UC 进行验证，确认电磁阀动作正常，无漏气现象。 2)故障原因分析：B1 涡轮增压器电磁阀故障
相关知识	应急柴油机进排气系统有五组涡轮增压器 A1/A2/B1/B2/B3，由 350UC 上的电磁阀控制自动投退，A1/A2 在柴油机启动时投入，B1/B2/B3 随柴油机功率增加自动投入。350UC 为 5 组单独的电磁阀组成的阀组，包含 5 个电磁阀。A1/A2 共用 1 个电磁阀，B1、B2、B3 各对应 1 个电磁阀，另有 1 个备用电磁阀。电磁阀具备手动功能，正常运行时手动旋钮置“0”位置，紧急情况下可将旋钮旋至“1”位置，手动开启电磁阀。电磁阀控制序列： 1)柴油发电机组启动 A1/A2 电磁阀投用； 2)A1/A2 增压器转速升至 39 000 r/min 时，B1 增压器开启[对应约 600 kW 功率]； 3)B1 涡轮转速达到 39 000 r/min 时，B2 增压器开启[对应约 1700 kW功率]； 4)B2 涡轮增压机平均转速达到 40 000 r/min 时，B3 增压器开启[对应约 2730 kW 功率]。柴油机低功率试验功率约 2400 kW，A1/A2/B1/B2 投运，B3 正常不会投运； 5)调速器在发出 B1 启动命令后的 5 s 内，如没有接收到 B1 涡轮增压机的转速信号，则判断 B1 涡轮增压机启动失败，同时启动 B2 涡轮增压机，以此类推
参考资料信息	运行一处：1 号机组异常反馈—1 号机组执行 1LHQ 柴油机低功率试验前检查发现 B1 涡轮增加器先导电磁阀故障导致 1LHQ001GE 不可用； 维修一处仪控：EAM 中工单 01306022-01 的完工报告、《FQX-MA03-TD-I19022_应急柴油机发电机组 350UC 检查与处理预案》； WR/WOT：00598434/01306022-01(紧急工单：1LHQ 柴油机的 B1 涡轮增压器电磁阀故障，需更换，专业：仪控)
编　　者	运行二处一值：谷铁 ｜ 时间：2020 年 01 月 11 日

7.12.5 4LHQ 低功率试验时，SVDU B 列(4KIC608WS)出现两次重启

异常缺陷名称	4LHQ 低功率试验时，SVDU B 列(4KIC608WS)出现两次重启
发生时间	2018 年 12 月 21 日早班

续　表

机组状态	RP 模式，满功率
异常缺陷现象	11:22 和 13:15，机操站 SVDU B 列(4KIC608WS)出现两次重启，约 5 min 后重启完成，重启后操纵员重新登录后，该台 SVDU 上参数可正常监视，并可进行正常的画面切换操作，经仪控确认可用。初步怀疑是 4LHQ 低功率试验时电源恢复过程中导致
风险或潜在后果	一个工作站上一台 SVDU 不可用，需记录 KIC 第二组 I0：KIC5
干预行动	1)已采取的行动措施： ①发现机操站一台 SVDU 重启后，及时确认该工作站重启后参数可正常监视并可正常进行画面切换； ②确认其他操纵员站 SVDU 工作正常； ③及时 ocall 仪控专业确认该工作站目前可用，并开紧急票对其进行检查； ④查询技术规范并与安工核实，在重启时间段内该台 SVDU 不可用，记录 KIC5 第二组 I0，并执行 KIC5 要求采取的措施(重新分配工作站)。 2)建议后续行动： ①初步怀疑为早班执行 4LHQ 低功率试验恢复时电源切换过程中导致 SVDU 短时失电后重启，需仪控专业对该 SVDU 上游双电源进行检查和日志收集，并分析此次出现重启的根本原因； ②根据仪控后续的检查结果，建议后续进行柴油机低功率试验时主控操纵员加强 SVDU 状态监视，并对试验规程进行升版增加该经验反馈
原因分析	经检查确认 4KIC608WS SVDU 主机 F2 电源保险烧断导致重启；SVDU 主机为双路电源供电，保险烧断导致一路电源 4LNP 供电丧失；同时进行 4LHQ 柴油机低功率试验时，由于电源短时切换导致另一路供电电源 4LMB 短时丢失，造成 4 号机组机操站 B 列 SVDU(4KIC608WS)短时断电后重启
消缺行动	仪控处理反馈： 1)处理进展：已完成烧断保险更换，SVDU 工作正常； 2)缺陷描述：4 号机组机操站 B 列 SVDU(4KIC608WS)不明原因重启。 3)原因分析：经检查确认 4KIC608WS SVDU 主机 F2 保险烧断；SVDU 主机为双路电源供电，保险烧断导致一路电源 4LNP 供电丧失；同时进行 4LHQ 柴油机低功率试验时导致另一路供电电源 4LMB 短时丢失，造成 4 号机组机操站 B 列 SVDU(4KIC608WS)重启。

续 表

消缺行动	4）处理措施：对 4KIC608WS SVDU 主机 F2 烧断保险进行更换，SVDU 主机恢复双路供电。 5）检修过程： ①确认工作对象为 4KIC608WS； ②进行电源故障诊断，输入指令“pidin -p db_manager”； ③输出指令“show_event OWS2_PS_1_OK”，确认 F1 供电正常； ④输出指令“show_event OWS2_PS_2_OK”，确认 F2 供电丧失； ⑤检查确认为 F2 供电保险烧断，对保险进行更换； ⑥输出指令“show_event OWS2_PS_2_OK”，确认 F2 供电恢复正常； ⑦对 4KIC608WS SVDU 工作站进行日志收集； ⑧确认工作完成，归还工作许可证。 6）后续行动：考虑增加 PM 项对 SVDU 主机的保险进行定期检查及维护
相关知识	1）在主控制室 3 个操纵员工作站各有 2 台 SVDU（A、B 系列各 1 台）。如果 SVDU 上出现下列情况，则宣布该台 SVDU 不可用： ①SVDU 的屏幕不可用； ②SVDU 的服务器不可用。 2）4 号机 SVDU 主机为双路电源供电，B 列 SVDU 一路电源为 4LNP 供电，另一路供电电源 4LMB
参考资料信息	运行二处：4 号机组异常反馈——4 号机组机操站 B 列 SVDU（4KIC608WS）不明原因重启； 维修二处仪控：oncall 反馈——4 号机组机操站 B 列 SVDU（4KIC608WS）重启问题处理反馈、EAM 中工单 01081459-01 的完工报告； WR/WOT：00481123/01081459-01（紧急工单）
编　　者	运行二处一值：谷铁　　　　时间：2019 年 03 月 01 日

7.12.6 执行 2LHQ 低功率试验时 B1 涡轮增压器未正常投入导致 2LHQ001GE 不可用

异常缺陷名称	执行 2LHQ 低功率试验时 B1 涡轮增压器未正常投入导致 2LHQ001GE 不可用
发生时间	2019 年 12 月 04 日早班
机组状态	RP 模式，满功率

续 表

异常缺陷现象	早班执行《FQ2-LHQ-T-001 柴油发电机组(B 列)低功率试验规程》时，柴油机试验期间触发 2LHQ500UC 故障报警，就地查看为 B1 涡轮增压器故障
风险或潜在后果	2LHQ 应急柴油机 B1 涡轮增压器故障，故障导致 B 列柴油机 2LHQ001GE 无法达到满功率运行导致，导致 2LHQ001GE 不可用，产生随机第一组 I0：LHP/Q1，3 天内机组开始向 NS/RRA 模式后撤
干预行动	已采取的行动措施： 1)现场检查 2LHQ 柴油机运行无其他异常，完成低功率试验，并将设备恢复至安全状态； 2)联系维修专业准备处理方案； 3)联系维修支持处现场搭设脚手架； 4)维修仪控准备好备件对故障电磁阀进行更换
原因分析	涡轮增压器 B1 电磁阀密封圈漏气
消缺行动	电气处理反馈： 1)缺陷描述：执行《FQ2-LHQ-T-001 柴油发电机组(B 列)低功率试验规程》时，柴油机进气排气部分的涡轮增压器 B1 未自动投运，该故障导致 B 列柴油机 2LHQ001GE 无法达到满功率运行，导致 2LHQ001GE 不可用。 2)原因分析：涡轮增压器 B1 电磁阀密封圈漏气。 3)处理措施：现场对 2LHQ 涡轮增压器 A1/A2、B1、B2、B3 的电磁阀进行检查，发现 B1 和 B3 的电磁阀均有漏气，考虑到 A1/A2、B1、B2、B3 的电磁阀使用时间均较长，存在老化故障的风险高，因此设备管理技术决策对 A1/A2、B1、B2、B3 的电磁阀全部进行更换，更换完成后对 A1/A2、B1、B2、B3 的电磁阀均进行了单体手动动作验证，涡轮增压器进排气阀汽缸均能正常动作，且无漏气。 4)工作过程： ①开工前准备工器具与材料，现场验证工作边界，确认设备位置与设备标牌； ②根据规程《FQX-MA03-TD-I19022》中的 6.2/6.3/6.4 步骤执行以下工作； ③对通气软管进行标记，拆下通气软管，拆除电磁阀(B3 B2 B1 A1/A2)； ④更换电磁阀(B3 B2 B1 A1/A2)，将电磁阀备件黄色指针置于“0”位，对电磁阀备件进行回装，根据标记回装通气软管； ⑤办理中止，请运行人员关闭 2LHQ258/259/260/261VK，打开 2LHQ601/602VA； ⑥使用检漏液对电磁阀接头进行检查，没有漏气；

续 表

消缺行动	⑦将电磁阀黄色指针置于“1”位，涡轮增压器阀杆正常动作； ⑧将电磁阀黄色指针置于“0”位，柴油机启动后无异常； ⑨工作结束，归还工作许可证。 5）后续行动：1~4号机组目前均已设置2C周期电磁阀定期更换的PM项，2号机组剩余2LHP的4个电磁阀根据备件到货情况尽快提出工单进行更换
相关知识	应急柴油机进排气系统有五组涡轮增压器A1/A2/B1/B2/B3，由350UC上的电磁阀控制自动投退，A1/A2在柴油机启动时投入，B1/B2/B3随柴油机功率增加自动投入。350UC为5组单独的电磁阀组成的阀组，包含5个电磁阀。A1/A2共用1个电磁阀，B1、B2、B3各对应1个电磁阀，另有1个备用电磁阀。电磁阀具备手动功能，正常运行时手动旋钮置“0”位置，紧急情况下可将旋钮旋至“1”位置，手动开启电磁阀。电磁阀控制序列： 1）柴油发电机组启动A1/A2电磁阀投用； 2）A1/A2增压器转速升至39 000 r/min时，B1增压器开启［对应约600 kW功率］； 3）B1涡轮转速达到39 000 r/min时，B2增压器开启［对应约1700 kW功率］； 4）B2涡轮增压机平均转速达到40 000 r/min时，B3增压器开启［对应约2730 kW功率］。柴油机低功率试验功率约2400 kW，A1/A2/B1/B2投运，B3正常不会投运； 5）调速器在发出B1启动命令后的5 s内，如没有接收到B1涡轮增压机的转速信号，则判断B1涡轮增压机启动失败，同时启动B2涡轮增压机，以此类推
参考资料信息	维修一处仪控EAM中工单01081459-01的完工报告； WR/WOT：00658971/01478527-01（紧急工单）
编　　者	运行二处一值：谷铁　　　　时间：2020年02月02日

7.13 380 V 低压交流电源系统(核岛辅助设备)(LKC)

7.13.1 3LKC1181JA 故障灯亮，需处理

异常缺陷名称	3LKC1181JA 故障灯亮，需处理	
发生时间	2017 年 09 月 18 日中班	
机组状态	RP 模式，满功率	
异常缺陷现象	主控出现 3LKC 总故障，现场查看时 3LKC1181JA 故障灯亮，3 号机组龙门架吊车电源箱	
风险或潜在后果	出线开关断开，下游负荷失电	
干预行动	已采取的行动措施： 断开 3LKC1181JA，oncall 电气检查处理	
原因分析	下游电缆对地短路	
消缺行动	电气处理反馈： 1)工作过程： ①取得工作票，与运行人员沟通； ②验证隔离边界，确认设备位置并建立检修场所； ③召开工前会，简述工作内容、人员分工、风险分析； ④根据 SG 改造反馈，土建单位在开孔洞过程中不慎将钢筋插入电缆导致抽屉跳闸； ⑤对损伤的电缆进行校核确认为 3LKC1181JA 下游电缆，对电缆进行包扎； ⑥执行 WOT：710990-01 修复电缆； ⑦恢复设备到初始状态，确认无异物残留； ⑧工作结束，清理现场归还工作许可证。 2)故障原因分析：下游电缆对地短路	
相关知识	N/A	
参考资料信息	维修二处电气：完工报告《FQ3-MA02-RCWO-00709690/01 3LKC1181JA 故障灯亮》； WR/WOT：00290789/00709690-01	
编　　者	运行二处一值：王敏	时间：2019 年 04 月 09 日

7.13.2 1LKC243JA(1DVC003HU)白色灯亮，主控出现配电盘故障报警，就地出现故障报警且无法复位

异常缺陷名称	1LKC243JA(1DVC003HU)白色灯亮，就地无法复位
发生时间	2018年02月21日中班
机组状态	MCS模式
异常缺陷现象	1LKC243JA(1DVC003HU)白色灯亮，主控出现配电盘故障报警，就地出现故障报警且无法复位
风险或潜在后果	1LKC243JA无法合闸
干预行动	已采取的行动措施： oncall维修电气检查
原因分析	对应风机1DVC007ZV停运，触发联锁信号，导致1DVC003HU加湿器上游开关1LKC243JA跳闸，导致主控存在配电盘故障报警
消缺行动	电气处理反馈——工作过程： 1)检查1LKC243JA抽屉柜内部所有接线紧固良好、所有元器件完好无异常； 2)测量下游1DVC003HU加湿器内的加热器直流电阻；U-V(43.4 Ω)、V-W(43.4 Ω)、U-W(43.4 Ω)、对地绝缘电阻为4.32 MΩ、数据合格(绝缘≥0.5 MΩ)； 3)由于对应风机1DVC007ZV未运行，测量1LKC243JA抽屉001BN端子排1号和3号端子，确认存在跳闸信号； 4)拆除跳闸信号接线，将抽屉1LKC243JA推入合闸，确认输出电压正常，主控无配电盘报警； 5)将抽屉1LKC243JA分闸、抽出，恢复跳闸信号接线
相关知识	1)DVC风机停运逻辑联锁会导致加湿器上游开关跳闸； 2)复位加湿器的报警时，一定要确保加热器已经复位，否则根据逻辑关系，加湿器即使已经复位，但加湿器配电盘的故障灯仍会亮，对应的主控报警仍不能消除
参考资料信息	维修一处电气：完工报告《FQ1-MA02-RCWO-00853426/01》； WR/WOT：00853426-01
编　　者	运行二处一值：王敏　　　时间：2019年04月09日

7.13.3 1LKC2111JA 合闸后跳闸

异常缺陷名称	1LKC2111JA 合闸后跳闸
发生时间	2018 年 02 月 24 日早班
机组状态	RCS 模式
异常缺陷现象	1DVC009ZV 启动后上游开关 1LKC2111JA 跳闸
风险或潜在后果	1DVC009ZV 无法启动
干预行动	已采取的行动措施： oncall 维修电气检查
原因分析	仪控 DCS 信号通道故障，导致自启信号未下发
消缺行动	电气处理反馈： 1）工作过程： ①与主控沟通，抽出 1LKC2111JA 抽屉置检修垫上； ②检查确认抽屉控制回路及主回路接线及元件无异常； ③检查抽屉二次插件及二次端子接线无异常； ④与主控沟通核实有自启动信号，测量 1LKC2111JA 二次端子 1、2 无 48 V DC 电压，确认自启信号未下发； ⑤主控协调仪控对仪控 DCS 信号通道进行排查； ⑥仪控确认 DCS 故障已排除，运行推入 1LKC2111JA，开关正常合闸，1DVC009ZV 自启动成功。 2）故障原因分析：仪控 DCS 信号通道故障，导致自启信号未下发
相关知识	N/A
参考资料信息	WR/WOT：00860679-01； 维修一处电气：完工报告《FQ1-MA02-RCWO-00860679/01》
编　　者	运行二处一值：王敏　　时间：2019 年 04 月 09 日

7.14 380 V 低压交流电源 LKD 系统(电气厂房)(LKD)

7.14.1 3LKD1181JA 主控显示洋红色故障排查

异常缺陷名称	3LKD1181JA 主控显示洋红色故障排查	
发生时间	2018 年 01 月 29 日早班	
机组状态	RP 模式，满功率	
异常缺陷现象	3DVK004ZV 送电后 KIC 画面显示洋红色。经将其电源开关 3LKD1181JA 打至试验位启停验证后判断为 3LKD1181JA 工作位置故障	
风险或潜在后果	3DVK004ZV 无法启动	
干预行动	已采取的行动措施： 将其电源开关 3LKD1181JA 打至试验位启停验证后判断为 3LKD1181JA 工作位置故障； oncall 维修电气检查	
原因分析	3LKD1181JA 抽屉内部，001JA 常闭触点轻微卡涩	
消缺行动	电气处理反馈——工作过程： 1)将 3LKD1181JA 抽屉抽出，放置检修垫上，检查发现 001JA 辅助常闭触点无法正常通断； 2)对抽屉表内部 001JA 辅助开关取下进行修复，用万用表测量通断正常； 3)用万用表测量 3DVK004ZV 直阻，直阻为 U-V(0.3 Ω)，U-W(0.2 Ω)，V-W：(0.2 Ω)，测量结果正常； 4)用 500 V 兆欧表测电机对地绝缘，绝缘阻值大于 550 MΩ，测量结果正常； 5)联系运行将开关推入合闸位，确认主控显示正常	
相关知识	设备送电后，KIC 显示洋红色，可将开关打至试验位启停验证，初步判断是仪控故障还是电气故障，可以节省故障处理时间	
参考资料信息	WR/WOT：342462/841827-01； 维修二处电气：完工报告《FQ3-MA02-RCWO-00841827/01》	
编　　者	运行二处一值：王敏	时间：2019 年 04 月 09 日

7.14.2 2LKD3201JA 就地合闸，主控显示分闸状态；就地分闸主控显示合闸位置

异常缺陷名称	2LKD3201JA 就地合闸，主控显示分闸状态；就地分闸主控显示合闸位置	
发生时间	2017 年 10 月 17 日早班	
机组状态	RP 模式，满功率	
异常缺陷现象	2LKD3201JA 就地合闸，主控显示分闸状态；就地分闸主控显示合闸位置	
风险或潜在后果	影响开关状态判断，存在人因失误陷进	
干预行动	已采取的行动措施： 提出工作申请(WR)按计划处理	
原因分析	设备停运导致 2LKD3201JA 实际状态与主控显示不一致，设备投运后已恢复正常	
消缺行动	电气处理反馈——工作过程： 1)打开电缆小室柜门； 2)就地模拟 2LKD3201JA 合闸信号，主控显示合闸状态； 3)就地模模 2LKD3201JA 分闸信号，主控显示分闸状态，均正常； 4)确将认 2LKD3201JA 合闸后，主控显示合闸状态，状态一致； 5)将设备恢复至初始状态	
相关知识	N/A	
参考资料信息	WR/WOT：00729222-01； 维修一处电气：完工报告《FQ2-MA02-RCWO-00729222/01》	
编　　者	运行二处一值：王敏	时间：2019 年 04 月 09 日

7.14.3 检查处理 3LKD4101JA/3LKE281JA，对应设备显示洋红色

异常缺陷名称	检查处理 3LKD4101JA/3LKE281JA，对应设备显示洋红色
发生时间	2017 年 11 月 01 日早班
机组状态	RP 模式，满功率
异常缺陷现象	检查处理 3LKD4101JA/3LKE281JA，对应设备显示洋红色
风险或潜在后果	3RPE003/004PO 无法启动

续 表

干预行动	已采取的行动措施： oncall 维修电气检查
原因分析	二次回路接触不良
消缺行动	电气处理反馈： 1）将抽屉摆置试验位，运行模拟停运信号，3LKD4101JA/3LKE281JA 未收到停运命令； 2）转仪控专业处理，检查发现 3LKD4101JA/3LKE281JA 内 106 号线未端接； 3）根据原理图将 3LKD4101JA/3LKE281JA 内 106 号线进行端接确认接线紧固牢靠； 4）3LKD4101JA 在试验位时故障灯亮，对限位进行调整，确认在试验位置故障灯灭； 5）恢复设备到初始状态
相关知识	RPE011PS 通过重力收集反应堆厂房地面疏水管网的疏水，含有化学成分并可能具有放射性。003/004PO 将废水通过贯穿安全壳的总管输送至 TEU 化学排水接收槽（TEU005/006BA）
参考资料信息	维修二处电气：EAM 中工单 00743380-01 的完工报告； WR/WOT：00743380-01
编　　者	运行二处一值：王敏　　　时间：2019 年 04 月 09 日

7.14.4 2LKD221JA 合闸时，主控显示洋红色

异常缺陷名称	2LKD221JA 合闸时，主控显示洋红色
发生时间	2015 年 03 月 18 日早班
机组状态	RP 模式，满功率
异常缺陷现象	2LKD221JA 合闸时，主控显示洋红色
风险或潜在后果	可能导致 LNB 母线失去单路供电
干预行动	已采取的行动措施： oncall 维修电气检查
原因分析	2LNB002JA_RP、2LNB002JA_TP 信号在一层均为 0，导致二层洋红色。在 KCP 机柜发现两个信号外部接线错误，应接在 2KCP501AR 内 212BN 的 12、13 通道，现场却接到了该机柜内的 213BN 的 12、13 通道上

续 表

消缺行动	电气处理反馈： 1)隔离办开紧急票； 2)在一层工作站中确认 2LNB002JA_RP、2LNB002JA_TP 信号在一层均为 0； 3)电气人员在盘柜侧确认接线位置正确，且无松动现象； 4)在 2KCP501AR 中检查两个信号的接线，发现 212BN 的 12、13 通道没有接线，经检查为错误的接到了 213BN 的 12、13 通道上； 5)经查相关资料确认，213BN 的 12、13 通道上并无相关信号，然后将接到 213BN 的 12、13 通道上的接线调整到 212BN 的 12、13 通道； 6)主控与运行人员确认二层 2LKD221JA 显示正常	
相关知识	N/A	
参考资料信息	WR/WOT：00729222-01； 维修一处电气：完工报告《FQ2-MA03-RCWO-00097385/01》	
编　　者	运行二处一值：王敏	时间：2019 年 04 月 09 日

7.15 380 V 低压交流电源系统(核岛辅助设备)(LKE)

7.15.1 对 4LKE381JA 抽屉开关进行检查处理

异常缺陷名称	对 4LKE381JA 抽屉开关进行检查处理	
发生时间	2018 年 06 月 02 日早班	
机组状态	RP 模式，满功率	
异常缺陷现象	4DVG003ZV 电气开关柜运行时有嗡嗡电流声，对 4LKE381JA 抽屉开关进行检查处理	
风险或潜在后果	可能导致 4DVG003ZV 不可用	
干预行动	已采取的行动措施： oncall 电气专业处理	
原因分析	计时器工作时发出的声音	
消缺行动	电气处理反馈——工作过程： 1)确认开关处于断开状态，将 4LKE381JA 置于检修垫，对抽屉进行清扫，确认接线无松动，元器件无损坏； 2)测量 4LKE381JA 出线电缆对地绝缘大于 273 MΩ，结果合格； 3)断开计时器回路，联系运行投运 4LKE381JA，抽屉无异音，不存在放电情况，投入计时器回路，确认声音来源为计时器工作时产生，属于正常情况，不影响运行； 4)将该情况告知主控，进行宣贯学习	
相关知识	N/A	
参考资料信息	WR/WOT：00924015-01； 维修二处电气：完工报告《FQ4-MA02-RCWO-00924015/01》	
编　　者	运行二处一值：王敏	时间：2019 年 04 月 09 日

7.15.2 3LKE1131JA 故障灯亮，无法复位

异常缺陷名称	3LKE1131JA 故障灯亮，无法复位
发生时间	2017 年 08 月 05 日
机组状态	RP 模式，电功率 840 MWe
异常缺陷现象	3LKE1131JA 故障灯亮，无法复位

续 表

风险或潜在后果	导致故障无法复位，影响下游设备的安全运行	
干预行动	已采取的行动措施： oncall 维修电气检查	
原因分析	下游临时泵有接地现象，导致上游开关跳闸故障灯亮	
消缺行动	电气处理反馈——工作过程： 1）与主控沟通，开紧急票对 3LKE1131JA 抽屉进行检查； 2）召开工前会，确认检修对象，验证隔离边界，对 3LKE1131JA 抽屉进行检查； 3）检查发现下游检修箱临时泵绝缘为 0 MΩ； 4）与主控沟通，服务单独出票对该泵进行更换，更换后配合服务送电验证，下游泵运行正常； 5）与主控沟通，oncall 结束，归还工作许可证	
相关知识	N/A	
参考资料信息	维修二处电气：EAM 中工单 00668940-01 的完工报告； WR/WOT：00668940-01	
编　　者	运行二处一值：王敏	时间：2019 年 04 月 09 日

7.16 380 V 低压交流电源 LKF 系统(常规岛辅助设备)(LKF)

7.16.1 3LKF151JA 开关故障灯亮无法合闸

异常缺陷名称	3LKF151JA 开关故障灯亮无法合闸
发生时间	2016 年 10 月 2 日
机组状态	RP 模式，电功率 500 MW
异常缺陷现象	3SE0301PO 处于运行状态时上游开关 3LKF151JA 跳闸，就地检查开关故障灯亮，泵体外观检查无异常，断开 3LKF151JA 并试送一次后，该开关故障灯仍然亮。oncall 电气检查，3LKF151JA 检查结果为过流跳闸，开关本体无问题，怀疑泵体卡涩或电机故障
风险或潜在后果	影响常规岛循环水坑排水功能
干预行动	已采取的行动措施： 1）进行初步检查，尝试复位报警； 2）oncall 维修电气、机械专业检查
原因分析	3SE0302PO 出口止回阀堵塞(无法实现止回功能)，导致 3SE0301PO 出口压力增大，导致 3SE0301MO 电机过流引起热继动作
消缺行动	电气处理反馈： 1）工作过程： ①响应主控 oncall，与主控人员联系，取得工作许可证； ②就地检查热继电器，发现热继电器动作。核对 3LKF151JA 定值单定值为 18.4 A，与热继设置值一致，电机额定电流 16 A，与现场电机额定电流一致。复位热继电器后，断开一次回路，就地启动二次回路，开关分合闸正常； ③验电后，测量电动机绝缘电阻大于 550 MΩ，三相相间直流电阻均为 2.8 Ω，电机直阻绝缘合格； ④与隔离经理沟通，升版隔离占用 220VK(3SE0301P0 出口止回阀)，221VK(3SE0301PO 出口隔离阀)。拆除 220VK 后，启动 3SE0301PO 一分钟，管道出水正常，电机电流正常，排污泵及管道没有堵塞； ⑤恢复设备至初始状态，重新启动 3SE0301PO，运行反馈液位没有下降，就地检查发现 3SE0302PO 出口止回阀损坏，水流又通过 3SE0302PO 流回泵坑内； ⑥与机械人员一起现场核实，启动 3SE0301PO 后液位正常下降，机械人员检查后，反馈因排污坑污物过多导致止回阀卡塞，后因启动 3SE0302PO 冲洗，止回阀功能又恢复正常；

续　表

消缺行动	⑦与当班值长沟通，将 3LKF151JA 置于远控状态，运行人员正常启动 3SE0301PO 进行验证，10 月 04 日与运行人员联系，3SE0301PO 自 10 月 03 日晚 19 时至 10 月 04 日 10 时，3SE0301PO 运行正常，3LKF151JA 开关无故障出现，与当班值长沟通，值长同意终结工作票。 2）故障原因分析：3SE0302PO 出口止回阀堵塞（无法实现止回功能），导致 3SE0301PO 出口压力增大，导致 3SE0301MO 电机过流引起热继动作	
相关知识	N/A	
参考资料信息	维修二处电气：完工报告《FQ3-MA02-RCWO-00383114/01》； WR/WOT：00176778/00383114-01	
编　　者	运行二处一值：王敏	时间：2019 年 04 月 09 日

7.16.2　4GHE401PO 工作结束解隔离重新启动时，出现启动故障，主控显示洋红色，就地抽屉 4LKF411JA 存在故障报警

异常缺陷名称	4GHE401PO 工作结束解隔离重新启动时，出现启动故障，主控显示洋红色，就地抽屉 4LKF411JA 存在故障报警
发生时间	2017 年 09 月 23 日早班
机组状态	RP 模式，电功率 1060 MW
异常缺陷现象	4LKF411JA 开关柜故障处理：
风险或潜在后果	4GHE401MO 无法启动
干预行动	已采取的行动措施： oncall 维修电气检查
原因分析	4LKF411JA 热继电器动作，4GHE401MO 泵卡死
消缺行动	电气处理反馈： 1）工作过程： ①验证隔离边界，确认设备位置，检查建立检修场所； ②断开 4LKF411JA 电源，验电； ③对 4LKF411JA 开关进行检查，复位热继电器； ④对 4GHE401MO 电机测量直阻（AB：5.142 Ω、AC：5.140 Ω、BC：5.136 Ω）、绝缘（A：550 MΩ、B：550 MΩ、C：550 MΩ），电机合格；

续　表

消缺行动	⑤检查 4GHE401MO 电机发现无法盘动，脱开电机联轴器后，电机盘动泵卡死。 2)故障原因分析：4LKF411JA 热继电器动作，4GHE401MO 泵卡死	
相关知识	N/A	
参考资料信息	维修二处电气：完工报告《FQ4-MA02-RCWO-00713396/01》； WR/WOT：00292748/00713396-01	
编　　者	运行二处一值：王敏	时间：2019 年 04 月 09 日

7.17 380 V 低压交流电源 LKG 系统(常规岛辅助设备)(LKG)

7.17.1 4GGR580PO 切机旁位后无法启动泵，对上游开关 4LKG151JA 及就地按钮盒进行检查

异常缺陷名称	4GGR580PO 切机旁位后无法启动泵，对上游开关 4LKG151JA 及就地按钮盒进行检查	
发生时间	2018 年 08 月 23 日	
机组状态	机组大修期间	
异常缺陷现象	4GGR580PO 切机旁位后无法启动泵，对上游开关 4LKG151JA 及就地按钮盒进行检查	
风险或潜在后果	影响顶轴油泵机旁启动功能	
干预行动	已采取的行动措施： oncall 维修电气检查	
原因分析	就地按钮盒分闸按钮接线错误	
消缺行动	电气处理反馈——工作过程： 1)召开工前会，核对设备标牌； 2)检查 4LKG151JA 开关就地分合闸接线，接线正确并进行紧固； 3)检查 4GGR580MO 就地按钮盒接线，发现分闸按钮接线错误且仅一组接点； 4)领取新的分闸按钮备件(两组接点)，依据设计图纸修改为正确接线； 5)对开关及按钮两侧接线校验，校验结果正常； 6)将 4LKG151JA 断路器摇至试验位并打至机旁位； 7)按下 4GGR580MO 就地按钮盒合闸按钮，4LKG151JA 断路器合闸正常； 8)按下 4GGR580MO 接地按钮盒分闸按钮，4LKG151JA 断路器分闸正常； 9)恢复设备初始状态	
相关知识	N/A	
参考资料信息	维修二处电气：完工报告《FQ4-MA02-RCWO-00978881/01》； WR/WOT：00978881-01	
编　　者	运行二处一值：王敏	时间：2019 年 04 月 09 日

7.17.2 2LKG621JA 故障灯亮

异常缺陷名称	2LKG621JA 故障灯亮
发生时间	2017 年 07 月 14 日早班
机组状态	RP 模式满功率
异常缺陷现象	2LKG621JA 故障灯亮，需检查处理
风险或潜在后果	2CRF601PO 无法正常运行
干预行动	已采取的行动措施： oncall 维修电气检查
原因分析	下游设备卡涩造成热继电器动作；2CRF601PO 非驱动端轴承锈蚀严重，泵长时间不运行，泵体内部工作水过多造成各部件锈蚀严重，无法启动
消缺行动	1）电气处理反馈： ①现场检查抽屉开关内的热继电器动作； ②对下游 2CRF601MO（水室真空泵电机）检查时发现泵本体卡涩严重； ③联系机械人员确认，另建 656101-01 工单进行处理。 2）机械处理反馈： ①召开工前会； ②拆除对轮护罩及对轮 S 型连接垫； ③使用链子钳对泵轴进行正反盘车，仍卡涩； ④四装对轮 S 型连接垫及对轮护罩； ⑤建全解工单 656871-01 跟踪处理； ⑥拆除泵体出入口管线及泵体地脚螺栓后，将泵体移至检修场地； ⑦解体驱动端及非驱动端轴承组件，对轴承检查发现非驱动端轴承锈蚀； ⑧拆除驱动端及非驱动端填料组件； ⑨测量泵筒体拉紧螺栓间距离为 485 mm； ⑩解体驱动端及非驱动端泵体端盖组件； ⑪拉出泵转子部件，检查内部部件发现转子叶片锈蚀比较严重，测量叶片总长 244.70 mm；根据检查结果初步判断卡涩原因为：转子和各部件间隙很小，非驱动端轴承锈蚀严重，泵长时间不运行，泵体内部工作水过多造成各部件锈蚀严重； ⑫清洗检查各部件后，回装转子部件； ⑬回装后测量泵筒体拉紧螺栓间距离为 485 mm，泵壳中间段尺寸左右均为：234.60 inm，回装驱动端及非驱动端泵体端盖组件； ⑭更换两端盘根型号：10×10（2 套）；

续 表

消缺行动	⑮更换非驱动端轴承型号：-SKF212EC(1 套)，填充 EP2 润滑脂，驱动端轴承未更换，清洗检查后填充 EP2 润滑脂，更换挡油环型号：VS-75； ⑯泵各组件回装完毕，于动盘车灵活无卡涩现象； ⑰将泵体回装至基础座上，连接泵体附属管线； ⑱进行对中调整同轴偏差：0.035 mm，圆周偏差：0.045 mm； ⑲连接联轴器，联轴器间隙：3.65 mm； ⑳再鉴定合格：泵驱动端振值：1.32 mm/s；温度：39.3 ℃；非驱动端振值：1.43 mm/s；温度 39.8 ℃；泵入口压力：0.088 MPa；盘根室漏水量在标准范围：管线接头无渗漏
相关知识	N/A
参考资料信息	WR/WOT：00656094-01、00656871-01、00656101-01； 维修一处电气：完工报告《FQ2-MA02-RCWO-00656094/01》《FQ2-MA02-RCWO-00656871/01》《FQ2-MA02-RCWO-00656101/01》
编　　者	运行二处一值：王敏　　时间：2019 年 04 月 09 日

7.17.3 3LKG 母线进线检测单元电压表相间无指示故障处理

异常缺陷名称	3LKG 母线进线检测单元电压表相间无指示故障处理
发生时间	2017 年 11 月 29 日
机组状态	RP 模式满功率
异常缺陷现象	3LKG 母线进线检测单元电压表相间无指示故障处理
风险或潜在后果	导致 3LKG 母线电压无法监测
干预行动	已采取的行动措施： oncall 维修电气检查
原因分析	电压变送器故障
消缺行动	电气处理反馈——检修内容及步骤： 1)工作前验电，检查 3LKG001TB 母线进线监测单元电压表回路接线紧固，无异常； 2)将柜内电压变压器、电压继电器接线做好标记，并拆除接线，送到实验室校验，发现电压变送器损坏； 3)按拆接线记录回装电压继电器、更换校验合格的电压变送器并紧固接线；

续 表

消缺行动	4）联系运行人员送电验证，3LKG母线进线监测单元电压表指示正常，经主控同意归还工作许可证	
相关知识	N/A	
参考资料信息	维修二处电气：完工报告《FQ3-MA02-RCWO-00764751/01》	
编　　者	运行二处一值：王敏	时间：2019年04月09日

7.18 380 V 低压交流电源 LKH 系统(泵房)(LKH)

7.18.1 主控出现 3LKH903KA/904KA，现场确认 3LKH001TB 母线失电，其上游电源 3LGC106JA 也已经跳开

异常缺陷名称	主控出现 3LKH903KA/904KA，现场确认 3LKH001TB 母线失电，其上游电源 3LGC106JA 也已经跳开	
发生时间	2016 年 03 月 13 日早班	
机组状态	机组调试启动阶段	
异常缺陷现象	主控出现 3LKH903KA/904KA，现场确认 3LKH001TB 母线失电，其上游电源 3LGC106JA 也已经跳开	
风险或潜在后果	3LKH001TB 母线失电	
干预行动	已采取的行动措施： 1) oncall 电气人员检查； 2) 当班值为配合故障排查暂时未执行 3LKH 母线停役操作	
原因分析	1) 调试占用开关 3LKH981JA(备用开关，已办理 TSD)向 3PX 清淤设备供电，初步判断由于船只碰撞导致用电设备短路漏电； 2) 3LKH981JA 零序互感器二次插件松动导致 3LKH981JA 保护未动作从而导致 3LKH 上游 6.6 kV 开关 3LGC106JA 跳闸	
消缺行动	电气处理反馈： 1) 核实 3LKH981JA 处于断开状态； 2) 紧固抽屉内部接线并检查； 3) 更换零序互感器二次松动插接件； 4) 对继电器进行校验，定值为 300 mA/0.0329 s； 5) 对负载端测量对地绝缘 $U=29$ MΩ、$V=30$ MΩ、$W=31$ MΩ	
相关知识	N/A	
参考资料信息	维修二处电气：完工报告《FQ3-MA02-RCWO-00240777/01》、2016/3/14 值长日报、eSOMS 日志； WR/WOT：00113826/00240777-01	
编　　者	运行二处一值：王敏	时间：2019 年 04 月 10 日

7.18.2 3CFI004MO 的电源柜在 I 位置故障灯亮，且主控显示洋红报故障

异常缺陷名称	3CFI004MO 的电源柜在 I 位置故障灯亮，且主控显示洋红报故障
发生时间	2016 年 03 月 19 日中班
机组状态	首次装料前
异常缺陷现象	3CFI004MO 的电源柜在 I 位置故障灯亮，且主控显示洋红报故障
风险或潜在后果	导致 3CFI004MO 无法正常启动，使得 B 列鼓网存在失去中速电机的风险
干预行动	已采取的行动措施： 3CFI004MO 主控显示洋红色，检查为 MCC 故障，oncall 电气处理
原因分析	微机电动机监控装置异常
消缺行动	电气处理反馈： 1)验证隔离边界，确认设备位置，建立检修区域； 2)拉出 3LKH221JA 抽屉，核对柜内接线与图纸一致； 3)推入 3LKH221JA 抽屉，微机电动机保护装置显示异常，且故障灯亮； 4)用备件更换微机电动机保护装置； 5)备件更换完后，重新推入 3LKH221JA 抽屉并合闸，指示正常； 6)找运行人员验证，主控显示正常； 7)工作结束，清理现场，将设备恢复至初始状态
相关知识	N/A
参考资料信息	WR/WOT：00115406/00246248-01； 维修二处电气：完工报告《FQ3-MA02-RCWO-00246248/01》、值长日报、eSOMS 日志
编　　者	运行二处一值：王敏　　时间：2019 年 04 月 10 日

7.18.3 主控出现 3LKH904KA 配电盘故障

异常缺陷名称	主控出现 3LKH904KA 配电盘故障
发生时间	2016 年 04 月 12 日早班
机组状态	机组首次装料前
异常缺陷现象	主控出现 3LKH904KA 配电盘故障，检查发现 3LKH1081JA (8LKH701ARHX 配电柜电源 1 开关)开关故障

续 表

风险或潜在后果	8LKH701AR 失去一路电源，另一路电源由 4LKH1081JA 供电提供；若 8LKH701AR 失电，8CTE 失去 PLC 电源，影响制氯，8HX 厂房失去屋顶风机，部分吊车失去电源，空调 8DWY001CI 至 8DWY008CI 失电；8GB 沟部分 SEO 泵失去电源
干预行动	已采取的行动措施： 1)查看和执行报警卡，检查发现 3LKH1081JA(8LKH701AR HX 配电柜电源 1 开关)开关故障； 2)oncall 维修电气检查
原因分析	3LKH1081JA 故障触发配电盘故障小母线故障
消缺行动	电气处理反馈： 1)与运行人员沟通后现场核实并确认开紧急维修单(PI)开工； 2)拆除故障小母线故障反馈线(7 号)主控故障消失，确认为电气问题； 3)排查发现 3LKH1081JA 处于推入合闸位，但合闸灯不亮且无故障报警，同时电流表面板上无任何显示； 4)拆除 3LKH108lJA 故障小母线(00lBN 的 11 号端子)线，主控报警消失； 5)与运行沟通占用抽屉但无窗口，主控等待有窗口时工作，并新建 WR； 6)推入 3LKH1081JA 验证，发现指示灯和电流表均不亮； 7)抽出抽屉，检查抽屉内部，发现熔断器损坏； 8)更换同型号的熔断器； 9)推入抽屉验证。指示灯和电流表均亮； 10)联系运行人员验证，主控报警消失。 2016 年 4 月 22 日再次出现：3LKH1081JA 推入状态下，指示灯和电流表均不亮 1)与运行人员沟通，开紧急工作票； 2)检查继电器 001XD 是否可用，经检查可用； 3)检查 001FU、002FU，经检查已损坏； 4)更换完好的熔断器； 5)模拟 3LKH1081JA 跳闸，结果 001JA 未跳闸，001FU、002FU 烧毁； 6)更换新的熔断器，联系运行合闸送电
相关知识	N/A

续　表

参考资料信息	WR/WOT：00121884/00260932-01、00261060-01、00270251-01； 维修二处电气：完工报告《FQ3-MA02-RCWO-00260932/01》《FQ3-MA02-RCWO-00261060/01》、值长日报《FQ3-MA02-RCWO-00270251/01》	
编　　者	运行二处一值：王敏	时间：2019 年 04 月 10 日

7.18.4　3LKH221JA 故障灯亮

异常缺陷名称	3LKH221JA 故障灯亮
发生时间	2016 年 05 月 22 日中班
机组状态	NS/SG 模式，一回路温度：291.4 ℃；压力：15.4 MPa
异常缺陷现象	3LKH221JA 故障灯亮
风险或潜在后果	3CFI004MO 无法正常启动
干预行动	已采取的行动措施： 1）主控出现 3LKH 配电盘故障报警，现场检查 3LKH221JA 故障灯亮（下游负荷 3CFI004MO），尝试将开关抽出后重新推入，故障仍无法消除，为保证安全，已将 3LKH221JA 置于隔离位置； 2）oncall 维修电气检查
原因分析	熔丝触点接线松动
消缺行动	电气处理反馈： 1）验证隔离边界，并挂好维修试验牌； 2）确认设备位置，建立检修区域，召开工前会； 3）与运行人员沟通，将抽屉 3LKH221JA 推入，并合闸，故障灯亮，分闸后故障灯不亮； 4）将抽屉 3LKH221JA 拉出，根据电气原理图检查导致故障灯亮的各触点，发现 001JA 内熔丝触点接线松动，致使 001XK 继电器不得电，参与故障灯亮回路的 001XK 的常闭触点不动作，接通故障灯亮回路； 5）对 001JA 内熔丝触点接线进行紧固，并把 3LKH221JA 推入合闸，故障灯不亮，重复推入合闸 3 次故障灯不亮； 6）工作结束，清理现场，将设备恢复至初始状态
相关知识	N/A

续　表

参考资料信息	WR/WOT：00133057/00281114-01； 维修二处电气：完工报告《FQ3-MA02-RCWO-00281114/01》	
编　　者	运行二处一值：王敏	时间：2019 年 04 月 10 日

7.18.5　3LKH1051/1052JA 故障灯亮

异常缺陷名称	3LKH1051/1052JA 故障灯亮	
发生时间	2016 年 05 月 31 日早班	
机组状态	NS/SG 模式，一回路温度：291.4 ℃；压力：15.4 MPa	
异常缺陷现象	3LKH1051/1052JA 故障灯亮需处理	
风险或潜在后果	下游 3SEO0900/0901CR 失电，3GA 沟 A/B 列潜水泵失去电源	
干预行动	已采取的行动措施： oncall 维修电气检查	
原因分析	3LKH1051JA/3LKH1052JA 下游 3SE00901CR/3SEO0900CR 零钱接地，导致抽屉内的漏电保护器动作	
消缺行动	电气处理反馈——工作过程： 1）填写紧急维修工作指令单； 2）对抽屉进行检查，对三相四线制电源进行绝缘检查，检查发现下游 3SEO0901CR/3SE00900CR 零线接地，导致抽屉内的漏电保护器动作； 3）对下游 3SE00901CR/3SE00900CR 零线拆除，并用绝缘胶布包扎，合上游 3LKH1051JA/3LKH1052JA 开关确认故障报警消失； 4）与值长沟通，同意归还工作票	
相关知识	N/A	
参考资料信息	维修二处电气：完工报告《FQ3-MA02-RCWO-00283453/01》； WR/WOT：00136128/00283453-01	
编　　者	运行二处一值：王敏	时间：2019 年 04 月 10 日

7.19 380 V 低压交流电源 LKJ 系统(NX 房)(LKJ)

7.19.1 2LKJ221JA 合闸后，就地配电盘合闸、分闸、FAULT 灯均不亮，主控出现 2LKJ 总故障

异常缺陷名称	2LKJ221JA 合闸后，就地配电盘合闸、分闸、FAULT 灯均不亮，主控出现 2LKJ 总故障	
发生时间	2017 年 10 月 13 日早班	
机组状态	RP 模式，满功率	
异常缺陷现象	2LKJ221JA(2DVW003RS 电加热器开关)合闸后，就地配电盘合闸、分闸、FAULT 灯均不亮，主控出现 2LKJ 总故障，需处理	
风险或潜在后果	影响 2DVW003RS 电加热器的可靠性	
干预行动	已采取的行动措施： oncall 维修电气检查	
原因分析	抽屉二次端子 11 号插主针控弯曲变形，110 V 控报制警回路无法接通，导致指示灯均不亮，同时故障继电器 001XK 未得电，其常闭触点送出报警信号，导致主控显示 2LKJ 总故障报警	
消缺行动	电气处理反馈——工作过程： 1)验证隔人离员边界，召开工前会，开工验电； 2)运行人员配合拉出屉； 3)检查抽屉内部件无异常； 4)检查发现抽屉二次端子 11 号插针弯曲变形，110 V 控制回路无法接通，导致指示灯均不亮，同时故障继电器 001XK 未得电，其常闭触点送出报警信号，导致主控显示 2LKJ 总故障报警； 5)将二次端子插针掰正； 6)联系运行人员将 2LKJ221JA 推入合闸，抽屉指示灯恢复正常，同时确认主控 2LKJ 总故障报警消失； 7)工作结束、清理现场、还票	
相关知识	N/A	
参考资料信息	维修二处电气：完工报告《FQ2-MA02-RCWO-00727608/01》； WR/WOT：00727608-01	
编　　者	运行二处一值：王敏	时间：2019 年 04 月 11 日

7.19.2　1LKJ481JA(1RPE033PO)送电后，故障灯亮

异常缺陷名称	1LKJ481JA(1RPE033PO)送电后，故障灯亮
发生时间	2018 年 02 月 24 日夜班
机组状态	机组大修
异常缺陷现象	1LKJ481JA(1RPE033PO)送电后，故障灯亮
风险或潜在后果	导致泵故障不可用
干预行动	已采取的行动措施： 1)拉出开关，尝试重新送电，故障灯仍存在； 2)oncall 电气检查处理
原因分析	1RPE033PO 由于长时间未运行，泵轴结晶，启动时造成泵卡死，运行电流瞬间升高，导致 C 相熔丝烧毁，热继电器动作
消缺行动	电气处理反馈： 1)检修步骤： ①与主控沟通占用 1LKJ481JA 并抽出放置检修场地； ②检查发现热继电器过载保护动作，C 相熔丝烧毁； ③复位热继电器，检查抽屉一次回路与二次回路接线完好，无烧灼痕迹； ④检查各元器件完好，接线紧固，抽屉一次触头完好，无烧灼痕迹； ⑤领取同型号熔丝备件，对 C 相熔丝进行更换； ⑥测量 1RPE033PO 电机对地绝缘为 340 MΩ，直阻 A－B：12.0 Ω，A-C：11.9 Ω，B-C：11.9 Ω 测量结果合格； ⑦运行配合将 1LKJ481JA 推至 I 位，抽屉绿灯亮，白灯灭，抽屉无故障，主控显示抽屉状态与就地一致； ⑧运行验收合格，归还工作许可证。 2)故障原因分析：1RPE033PO 由于长时间未运行，泵轴结晶，启动时造成泵卡死，运行电流瞬间升高，导致 C 相熔丝烧毁，热继电器动作
相关知识	KX 厂房地坑 RPE022PS 疏水泵 RPE033PO 的控制逻辑： RPE033PO 启动信号： 1)RPE022PS 坑高液位开关 RPE181SN 液位高触发或就地控制箱上手动启动命令； 2)泵没有运行 2.5 min； 3)RPE022PS 坑低液位开关 RPE191SN 液位低没有触发；

续　表

相关知识	4)没有手动停运命令； 5)没有 KRT051MA/052MA/053MA/054MA 之一触发的放射性高 2 报警。 同时存在上述信号时，泵将启动，否则泵将停运	
参考资料信息	维修二处电气：完工报告《FQ1-MA02-RCWO-00860710/01 1LKJ481JA(1RPE033PO)送电后，故障灯亮》； WR/WOT：00352383/00860710-01(计划工单)	
编　　者	运行二处一值：王敏	时间：2019 年 02 月 11 日

7.19.3　2LKJ2181JA 故障导致 2DVN008ZV 主控 KIC 中显示为洋红色

异常缺陷名称	2LKJ2181JA 故障导致 2DVN008ZV 主控 KIC 中显示为洋红色
发生时间	2014 年 12 月 28 日早班
机组状态	1 号机组：RP 模式，满功率(DVN 系统设备由 1 号机组管辖)
异常缺陷现象	2LKJ2181JA 故障导致 2DVN008ZV 主控 KIC 中显示为洋红色
风险或潜在后果	2DVN008ZV 不可用，产生双机组第二组 IO
干预行动	已采取的行动措施： oncall 维修电气检查
原因分析	2LKJ2181JA 抽屉内 003SM 微动开关卡涩导致触点无法断开
消缺行动	电气处理反馈： 1)工作过程： ①办理紧急维修工作指令单； ②现场召开工前会，讨论风险分析； ③与主控沟通后将 2LKJ2181JA 抽屉抽出； ④检查发现抽屉内 003SM 微动开关卡涩导致触点无法断开； ⑤现场对 003SM 紧固螺栓进行调整，调整后 003SM 触点动作正常； ⑥由运行人员将 2LKJ2181JA 送电，主控启动下游风机后 KIC 上洋红色报警消除； ⑦清理现场，填写完工报告。 2)故障原因分析：2LKJ2181JA 抽屉内 003SM 微动开关卡涩导致触点无法断开

续　表

相关知识	2DVN008ZV 为核辅助厂房通风系统碘排风机	
参考资料信息	WR/WOT：00031261/00081470-01（紧急工单）； 维修一处电气：EAM 中工单 00081470-01 的完工报告	
编　　者	运行二处一值：王敏	时间：2019 年 04 月 11 日

7.20 380 V 低压交流电源 LKP 系统(汽机厂房通风)(LKP)

7.20.1 3LKP 系统 850MU，3 号主控室 KIC 画面显示为××××

异常缺陷名称	3LKP 系统母线电压 3LKP850MU，3 号主控室 KIC 画面显示为××××
发生时间	2015 年 12 月 25 日早班
机组状态	首次启动阶段
异常缺陷现象	3LKP 系统母线电压 3LKP850MU，3 号主控室 KIC 画面显示为××××
风险或潜在后果	无法监测 3LKP 母线电压
干预行动	已采取的行动措施： 填写 WR，发起工作申请
原因分析	柜内 3LKP850MU 电压变送器输出侧电缆正负极接反
消缺行动	电气处理反馈： 1)检修过程： ①打开 3LKP001TB 后柜门及进线监测单元柜门； ②验电； ③核实 850MU 输出侧 101BN 23、24 号接线与另一侧接线正负极接反； ④做好标记后拆除 101BN 23、24 号端子接线； ⑤取下 850MU 输出侧 101BN 23、24 号接线套管； ⑥将 850MU-6 套管由黄色电缆更换到红色电缆； ⑦将 850MU-7 套管由红色电缆更换到黄色电缆； ⑧核对无误后将套管号为 850MU-6 的红色电缆端接至 23 号端子； ⑨核对无误后将套管号为 850MU-7 的黄色电缆端接至 24 号端子； ⑩与主控核实，确认 KIC 画面显示正常。 2)故障原因分析：柜内 3LKP850MU 电压变送器输出侧电缆正负极接反
相关知识	N/A
参考资料信息	维修二处电气：完工报告《FQ3-MA02-RCWO-00195531/01》； WR/WOT：00195531-01
编　　者	运行二处一值：王敏　　时间：2019 年 04 月 12 日

7.20.2 2LKP 自大修复役后一直存在 2LKP001KA3 开关柜故障报警，检查报警回路

异常缺陷名称	2LKP 自大修复役后一直存在 2LKP001KA3 开关柜故障报警，检查报警回路	
发生时间	2016 年 11 月 16 日早班	
机组状态	RP 模式，836 MWe	
异常缺陷现象	2LKP 自大修复役后一直存在 2LKP001KA3 开关柜故障报警，检查报警回路	
风险或潜在后果	导致一直存在 2LKP001KA3 开关柜故障报警，影响报警回路对 110VDC 控制电源或其他馈线动力回路故障或故障监测	
干预行动	已采取的行动措施： 填写 WR 发起工作申请	
原因分析	2LKP373JA 开关回路故障，造成主控室出现 001KA3 报警，850JA 开关辅助触点接触不良	
消缺行动	电气处理反馈： 1）检修措施及步骤（工单 00406882-01）： ①现场检查 2LKP001TB 总报警回路，并对下游每个抽屉开关检查，发现 2LKP373JA 开关故障； ②将 2LKP373JA 开关报警线拆开后主控报警消失； ③因 01 工单是介入票，只能检查原因； ④已新建 02 工单，对故障开关进行检查处理； ⑤联系运行人员验收； ⑥工作结束后，恢复开关原始状态，清理现场。 2）检修内容及步骤（工单 00406882-02）： ①与主控交流信息； ②确认设备位置，到就地确认位置 2LKP373JA 开关柜后，然后 2LKP373JA 开关柜电气控制回路进行检查，发现 850JA 开关辅助触点接触不良，然后对其重新拆装，通知运行人员一同通电验证； ③报警消除，恢复正常	
相关知识	N/A	
参考资料信息	WR/WOT：00406882-01、00406882-02； 维修一处电气：完工报告《FQ2-MA02-RCWO-00406882/01》《FQ2-MA02-RCWO-00406882/02》	
编　　者	运行二处一值：王敏	时间：2019 年 04 月 12 日

7.20.3 1LKP453JA 综合故障，黄灯亮，现场检查其下游负荷 1DVM204CR 失电

异常缺陷名称	1LKP453JA 综合故障，黄灯亮，现场检查其下游负荷 1DVM204CR 失电	
发生时间	2017 年 07 月 10 日早班	
机组状态	RP 模式，836 MWe	
异常缺陷现象	1LKP453JA 综合故障，黄灯亮，现场检查其下游负荷 1DVM204CR 失电	
风险或潜在后果	1DVM414ZV 不可用	
干预行动	已采取的行动措施： oncall 维修电气检查	
原因分析	初步分析为 1DVM414ZV 接线端子排端子受潮锈蚀绝缘不合格引起的 1LKP453JA 综合故障	
消缺行动	电气处理反馈： 1）检修措施及步骤： ①开工前验电，确认 1DVM204CR 控制箱内进线端无电后，对其 1DVM204CR 下游负荷 1DVM210ZV、1DVM212ZV、1DVM214ZV、1DVM216ZV 绝缘排查时，1DVM214ZV 诱导风机接线端子排端子绝缘为 0.1 MΩ，结论：不合格。其余为绝缘值大于 2 MΩ，结论：合格；初步分析为 1DVM214ZV 诱导风机接线端子排端子受潮锈蚀绝缘不合格引起的 1LKP453JA 综合故障，其后对 1DVM214ZV 诱导风机更换同型号的端子排端子后，绝缘恢复至 2.2 MΩ； ②联系运行人员送电验证，其 1LKP453JA 下游负荷 1DVM204CR 运行正常，运行电流 1.98 A 左右，持票观察 24 h 后，未见异常，经主控人员同意，可以还票； ③定子二相绕组电阻不平衡度：合格； ④工作结束后，清理现场。 2）故障原因分析：初步分析为 1DVM414ZV 接线端子排端子受潮锈蚀绝缘不合格引起的 1LKP453JA 综合故障	
相关知识	N/A	
参考资料信息	维修一处电气：完工报告《FQ1-MA02-RCWO-00651000/01》	
编　　者	运行二处一值：王敏	时间：2019 年 04 月 12 日

7.21 380 V低压交流电源8/9LKP系统(热洗衣房)(8/9LKP)

9LKP2161JA(9DWL002ZV供电开关)在试验位时，开关上故障灯亮，需检查处理

异常缺陷名称	9LKP2161JA(9DWL002ZV供电开关)在试验位时，开关上故障灯亮，需检查处理
发生时间	2017年03月04日早班
机组状态	设备由2号机组管辖，2号机组：RP模式，满功率
异常缺陷现象	9LKP2161JA(9DWL002ZV供电开关)开关在试验位时，开关上故障灯亮
风险或潜在后果	9DWL002ZV不可用
干预行动	已采取的行动措施： 填写工作申请WR按计划处理
原因分析	001SM微动开关机械动作卡涩导致接触不良
消缺行动	电气处理反馈： 1)取得工作许可证，确认设备位置及先决条件； 2)召开工作前会，交代工作内容，明确工作风险； 3)现场检查发现9LKP2161JA抽屉内001SM微动开关机械动作卡涩导致接触不良，对其进行更换同型号辅助触点，紧固抽屉内各接线并检查各元器件均无异常； 4)联系运行人员进行验证，设备缺陷消除，运行无异常； 5)清理工作现场，还票，填写完工报告
相关知识	N/A
参考资料信息	维修一处电气：EAM中工单00521449-01的完工报告； WR/WOT：00220694/00521449-01(计划工单)
编　　者	运行二处一值：王敏　　　时间：2019年04月12日

7.22 380 V 低压交流电源 LKQ 系统(常规岛辅助设备)(LKQ)

7.22.1 1LKQ323JA(1GEV101AR 高厂变 A 冷却器控制箱电源一)开关断开后，KIC 上出现 1GEV103KA 高压厂变 A 冷却器电源Ⅱ故障报警

异常缺陷名称	1LKQ323JA(lGEV101AR 高厂变 A 冷却器控制箱电源一)开关断开后，KIC 上出现 1GEV103KA 高压厂变 A 冷却器电源Ⅱ故障报警	
发生时间	2018 年 02 月 23 日早班	
机组状态	RP 模式，满功率	
异常缺陷现象	1LKQ323JA(lGEV101AR 高厂变 A 冷却器控制箱电源一)开关断开后，KIC 上出现 1GEV103KA 高压厂变 A 冷却器电源Ⅱ故障报警	
风险或潜在后果	高厂变 A 冷却器失去 1 路电源，安全裕度降低	
干预行动	已采取的行动措施： oncall 电气人员检查	
原因分析	1GEV101AR 箱内冷却电源二与冷却电源一电源进线位置接反引发的 1GEV101AR 冷却电源二触发故障报警	
消缺行动	电气处理反馈： 1)检修步骤： ①开工前确认现场设备具备开工条件； ②用万用表测量 1GEV101AR 箱内两路电源进线没电； ③对 1GEV101AR 箱内两路电源进线进行更换，并确保 A/B/C 三相接线正确； ④确认现场设备正常，接线良好； ⑤清理现场，归还工作票。 2)故障原因分析：1GEV101AR 箱内冷却电源二与冷却电源一电源进线位置接反引发的 1GEV101AR 冷却电源二触发故障报警	
相关知识	N/A	
参考资料信息	维修一处电气：EAM 中工单 00860564-01 的完工报告； WR/WOT：00352050/00860564-01	
编　　者	运行二处一值：王敏	时间：2019 年 04 月 13 日

7.22.2 4CVI101PO 自动启动后显示故障洋红，就地检查供电开关 4LKQ461JA 故障灯亮

异常缺陷名称	4CVI101PO 自动启动后显示故障洋红，就地检查供电开关 4LKQ461JA 故障灯亮，存在接地故障报警
发生时间	2017 年 09 月 20 日中班
机组状态	RP 模式，电功率 1072 MWe
异常缺陷现象	主控相继触发 4CVI111KA［自动启动真空泵组 A（备用）］、4CVI503KA（真空泵 A 总故障）、4CVI504KA（真空泵 A 开关柜故障）、4CVI501KA（真空泵 A 启动故障）、4LKQ001KA3（开关柜故障）报警，查看画面 4CVI011SP-1 触发。4CVI101PO 自动启动后显示故障洋红，就地检查供电开关 4LKQ461JA 故障灯亮，存在接地故障报警
风险或潜在后果	一台抽真空泵不可用，凝汽器抽真空泵失去一路冗余备用
干预行动	已采取的行动措施： oncall 维修电气检查
原因分析	4LKQ461JA 接地保护动作，开关接地保护整定值延时时间与定值手册相比偏小（现场实际为 0.1 s，定值手册为 0.2 s），4CVI101PO 启动后三相电流不平衡超过开关跳闸定值
消缺行动	电气处理反馈： 1）现场核实缺陷，4LKQ461JA 故障灯亮，显示 G Protection（接地保护动作）； 2）与主控沟通，开紧急票处理，复位故障报警，测量下游电机 4CVI101MO 绝缘 550 MΩ，三相直阻（AB－30.72 MΩ、BC－30.72 MΩ、AC－30.73 MΩ）不平衡度为 0.03%； 3）对 4LKQ461JA 二次回路接线进行检查无异常后紧固各端子接线； 4）查看 4LKQ461JA 接地保护定值为 126 A，0.1 s； 5）与设备管理处人员确认，4LKQ461JA 生效中的接地保护定值为 126 A，0.2 s； 6）开启 QDR，依据 4LKQ461JA 生效中的接地保护定值清单将 4LKQ461JA 接地保护定值更改为 126 A，0.2 s； 7）与主控沟通，主控远方启动 4CVI101MO 并录波，运行正常
相关知识	转机设备启动时会存在三相电流不平衡情况，若继电器延时过短则会导致转机设备跳闸；若延时继电器设置过长，也曾出现过故障开关无法跳闸导致越级跳上游母线的情况

续 表

参考资料信息	维修二处：完工报告《FQ4-MA02-RCWO-00711827/01》； 维修日报 2017 年 09 月 21 日； WR/WOT：00291989/711827-01（紧急工单）	
编　　者	运行二处一值：王敏	时间：2019 年 04 月 13 日

7.22.3　3LKQ 系统 850MU，3 号主控 KIC 画面显示为×××

异常缺陷名称	3LKQ 系统 850MU，3 号主控 KIC 画面显示为×××	
发生时间	2015 年 12 月 25 日早班	
机组状态	首次装料前	
异常缺陷现象	3LKQ 系统 850MU，3 号主控 KIC 画面显示为×××	
风险或潜在后果	3LKQ 母线电压无法监测	
干预行动	已采取的行动措施： oncall 维修电气检查	
原因分析	柜内 850MU 电压变送器输出侧电缆正负极接反	
消缺行动	电气处理反馈： 1）检修步骤： ①打开 3LKQ001TB 后柜门及进线监测单元柜门； ②验电； ③核实 850MU 输出侧 101BN 23、24 号接线与另一侧接线正负极接反； ④调换 101BN 23、24 号端子接线位置； ⑤确认端子接线与图纸一致（根据图纸 D0714-03　850MU——6 对应 101BN——23；850MU——7 对应 101BN——24）； ⑥工作结束，清理现场。 2）故障原因分析：柜内 850MU 电压变送器输出侧电缆正负极接反	
相关知识	N/A	
参考资料信息	维修二处电气：EAM 中工单 00195527-01 完工报告； WR/WOT：00089701/00195527-01	
编　　者	运行二处一值：王敏	时间：2019 年 04 月 13 日

7.23 380 V 低压交流电源 LKR 系统(常规岛辅助设备)(LKR)

7.23.1 主控 KIC 触发 1LKR001KA3 开关柜故障报警

异常缺陷名称	主控 KIC 触发 1LKR001KA3 开关柜故障报警	
发生时间	2016 年 05 月 16 日中班	
机组状态	RP 模式，满功率	
异常缺陷现象	主控出现 1LKR001KA3(开关柜故障)，现场检查 1LKR 配电盘和其上游电源 1LGA110JA 处没有异常报警	
风险或潜在后果	自动断开故障回路 380 V 电源开关，此馈线回路退出运行。 若故障回路 380 V 电源开关仍然闭合，故障将继续扩大，380 V 配电盘 6.6 kV 侧开关 1LGA110JA 自动断开	
干预行动	已采取的行动措施： oncall 电气检查处理	
原因分析	1LKR511JA 开关 001XK 继电器接线松动	
消缺行动	电气处理反馈： 1)检修措施及步骤(检查 1LKR511JA 开关)： ①将开关拉至检修位置； ②打开抽屉开关面板，检查发现 001XK 继电器接线松动； ③重新紧固接线后故障消除； ④恢复开关原始状态。 2)故障分析：继电器接线松动	
相关知识	N/A	
参考资料信息	维修一处电气：EAM 中工单 00279648-01 的完工报告； WR/WOT：00131814/00279648-01(紧急工单)，工作许可证：1PI03032(1LKR 总故障报警处理)	
编　　者	运行二处一值：唐杰	时间：2019 年 03 月 14 日

7.23.2 1LGA110JA 跳闸导致 1LKR 母线失电处理

异常缺陷名称	1LGA110JA 跳闸导致 1LKR 母线失电处理
发生时间	2016 年 12 月 14 日夜班
机组状态	RP 模式，满功率

续 表

异常缺陷现象	00:45 主控出现大量报警，经查看发现 1LGA110JA 已跳闸，1LKR 母线已失电。 自动动作情况如下： 1) 1CET101ZV 故障停运，1CET201ZV 自动启动； 2) 1GSS190PO 故障停运，目前由应急疏水阀控制水位； 3) 1CVI201PO 故障停运，凝汽器真空未受影响； 4) 1ACO301PO 故障停运，目前由应急疏水阀控制水位，现场 1ACO102VL 所在管道有振动，需关注； 5) 主控凝结水电导失去监测； 6) 封闭母线强迫风冷装置以及微正压装置自动切至另一列电源供电，现场确认无问题	
风险或潜在后果	1LGA110JA 已跳闸，1LKR 母线已失电	
干预行动	已采取的行动措施： 1) 由于 ACO 及 GSS 泵停运，导致机组热功率上升，GRE358KA 触发，降功率从 1089 MW 至 1084 MW 消除报警； 2) oncall 电气张贵志开票检查； 3) 执行 FQ1-LKR-C-001，将 1LKR 母线停役	
原因分析	1LKR 变压器低压侧零序电流互感器二次线端子接触不良，导致互感器二次侧出现过电压及过电流，引发接地保护动作	
消缺行动	电气处理反馈： 1) 故障描述：1LGA110JA 不明原因跳闸，导致 1LKR 母线失电，需查明原因。 2) 原因分析：1LKR 变压器低压侧零序电流互感器二次线端子接触不良，导致互感器二次侧出现过电压及过电流，引发接地保护动作。 3) 处理过程： ①测量 1LKR 配电柜母线及馈线抽屉绝缘，绝缘合格； ②检查发现零序互感器二次侧接触不良，进行了紧固，校验 1LKR 接地保护结果合格； ③恢复 1LKR 及下游馈线负荷供电，母线运行正常	
相关知识	1LKR001TB 零序过流保护整定值为 0.38 A、0.4 s，出口方式为跳 6.6 kV 侧接触器(1LGA110JA)	
参考资料信息	运行一处二值：运行一处内部经验反馈—1LGA110JA 跳闸导致 1LKR 母线失电处理反馈； 维修一处电气：EAM 中工单 00437410-01 完工报告； WR/WOT：00196087/00437410-01(紧急工单)	
编　　者	运行二处一值：唐杰	时间：2019 年 02 月 11 日

7.24 水压试验泵用柴油发电机组系统(LLS)

7.24.1 2LLS401UT 在执行 FQ2-LLS-T-002 时无示数显示

异常缺陷名称	2LLS401UT(启动计时器)在执行 FQ2-LLS-T-002(柴油发电机和水压试验泵无密封注水带负荷启动和运行试验规程(QSR))时无示数显示
发生时间	2018 年 03 月 28 日早班
机组状态	1 号机组：RP 模式，满功率；2 号机组：RP 模式，满功率
异常缺陷现象	早班执行(Q)FQ2-LLS-T-002：柴油发电机和水压试验泵无密封注水带负荷启动和运行试验规程时，发现 2LLS401UT(启动计时器)无示数显示
风险或潜在后果	1)导致试验过程中无法读取柴油机启动至额定电压以及额定转速的时间，导致无法判断试验是否满足要求； 2)执行隔离 2PW12828(2LLS401UT 无显示，需检查处理)，对 2LLS001AP 进行隔离，导致其不可用，产生双机组 IO2：LLS1
干预行动	已采取的行动措施： oncall 维修电气检查处理
原因分析	2LLS401UT 启动计时器内置电池电压过低，导致屏幕无显示
消缺行动	电气处理反馈： 1)工作过程： ①办理紧急维修指令单、领取工作许可证、准备工器具，验证隔离、现场核对设备名称及编码； ②组织召开工前会、交代工作内容、对工作组人员进行分工、开工前进行验电； ③检查 2LLS401UT 启动计时器，接线正常但屏幕无显示，测得计时器内置电池电压只有 2.6 V(额定电压为 3 V)； ④领取新计时器备件，测得内置电池电压为 3.17 V； ⑤短接 3、4 端子，计时器工作正常，确认新备件合格可用； ⑥对启动计时器进行更换，更换后将计时器归零，确认显示正常； ⑦清理现场，归还工作票。 2)故障原因分析：2LLS401UT 启动计时器内置电池电压过低，导致屏幕无显示

续　表

相关知识	LLS401UT 启动计时器上可以读取柴油发电机启动到额定转速、电压的时间。启动计时器出现异常缺陷需要隔离时，可能需要隔离柴油机就地控制柜上游开关等设备，将可能影响水压试验泵应急柴油机的可用性，导致不可用而产生 I0	
参考资料信息	维修一处电气：完工报告《FQ2-MA02-RCWO-00880257/01 2LLS401UT 在执行 FQ2-LLS-T-002 时无示数显示，需检查处理》、EAM 中工单 00880257-01 的完工报告、维修一处维修日报；WR/WOT：00367332/00880257-01（紧急工单），工作许可证：2PW12828（2LLS401UT 无显示，需检查处理）	
编　　者	运行二处一值：谷铁	时间：2019 年 05 月 15 日

7.24.2　执行 FQ2-LLS-T-001 LLS 柴油发电机无负荷试验规程时，2LLS001AP 未正常启动

异常缺陷名称	执行 FQ2-LLS-T-001 LLS 柴油发电机无负荷试验规程时，2LLS001AP 未正常启动
发生时间	2015 年 09 月 17 日早班
机组状态	1 号机组：RP 模式，满功率；2 号机组：NS/SG 模式
异常缺陷现象	早班执行 FQ2-LLS-T-001（LLS 柴油发电机无负荷试验）定期试验，KIC 发出 2LLS001AP 启动命令后，2LLS001AP 未正常启动，1LLS001AP 备用启动，在 KIC 中无法停运 1LLS001AP，就地使用紧急停运按钮停运后 1LLS001AP 显示洋红色
风险或潜在后果	1）2LLS001AP 未正常启动，导致 2LLS001AP 不可用，产生双机组 I02：LLS1； 2）2LLS001AP 启动失败，导致 1LLS001AP 启动，就地紧急停运 1LLS001AP，导致 1/2LLS001AP 均不可用，产生双机组 I01：LLS2； 3）试验开始时断开 9LLS002JS 导致 9RIS011PO 不可用，导致 1、2 号机组均存在两个第一组 I01：LLS2、RIS5。 产生 I0 具体如下： I01：RIS5 原因：9LLS002JS 断开产生时间【10:20】消除时间【11:08】 I02：LLS1 原因：2LLS001AP 不可用产生时间【10:28】消除时间【10:55】 I01：LLS2 原因：2LLS001AP \ 1LLS001AP 不可用产生时间【10:55】消除时间【13:20】 I02：LLS1 原因：2LLS001AP 不可用产生时间【13:20】在检修工作完成，重新执行定期试验后可消除

续　表

干预行动	已采取的行动措施： 1)暂停试验，oncall 电气检查处理； 2)查阅技术规范，记录相关的 IO； 3)安排现场恢复 9LLS002JS 到初始状态，消除第一组 IO：RIS5； 4)恢复 1LLS001AP 可用
原因分析	根据现象判断，柴油机控制柜 2LLS002AP 中 PLC 与柴油机本体控制器 ECU 通讯协议故障导致。通讯协议故障导致 PLC 未能正确向 ECU 发送启动命令，柴油机启动失败
消缺行动	电气检查反馈： 1)故障描述：2LLS001AP 未正常启动，1LLS001AP 备用启动，在 KIC 中无法停运 1LLS001AP，就地手动停运。 2)原因分析：根据现象判断，柴油机控制柜 2LLS002AP 中 PLC 与柴油机本体控制器 ECU 通讯协议故障导致。通讯协议故障导致 PLC 未能正确向 ECU 发送启动命令，柴油机启动失败。 3)处理过程： ①响应主控 OnCall，就地停运连锁启动的 1LLS001AP； ②2LLS002AR 计时器计时至 6109 秒时，2LLS001AP 自动起机； ③检查控制回路接线正常； ④检查启动、控制蓄电池正常； ⑤检查 2LLS001AP 启动马达电磁开关，经测试，动作正常； ⑥对控制柜内控制继电器逐一校验，功能正常； ⑦检查主控器，线路板无异物、积灰、电容漏浆、IC 烧毁现象、管脚锈蚀现象； ⑧更换通讯接口连接器，联系主控启机验证，2LLS001AP 启动正常，定期试验合格
相关知识	1)1/2 号机 KIC 上启动水压试验泵应急柴油机失败时，会联锁启动相邻机组水压试验泵应急柴油机； 2)3/4 号机 KIC 上启动水压试验泵应急柴油机时会闭锁冷却水温度高、润滑油压力过低、机组过流停机信号，同时小柴连续启动 3 次均失败后(21.5 s)会启动相邻机组水压试验泵应急柴油机
参考资料信息	维修一处：EAM 中工单 00142197-01 的完工报告、维修日报(2015 年 09 月 18 日)； WR/WOT：00073059/00142197-01(紧急工单)，工作许可证：2-PT-02863-2LLS002AR 执行 FQ2-LLS-T-001 试验时，2LLS001AP 未启动
编　　者	运行二处一值：谷铁　　　　时间：2019 年 04 月 27 日

7.24.3 执行 FQ4-LLS-T-002 时，主控出现 4LLS452KA 报警，就地为编码器 2 高报警

异常缺陷名称	4LLS001AP 启动后主控显示 4LLS452KA(水压试验泵柴油发电机组机械故障)，就地为编码器 2 高报警
发生时间	2019 年 05 月 22 日早班
机组状态	3 号机组：RP 模式，满功率；4 号机组：RP 模式，电功率 836 MWe
异常缺陷现象	早班执行定期试验 FQ4-LLS-T-002 柴油发电机和水压试验泵无密封注水带负荷启动和运行试验规程(QSR)，在水压试验泵柴油发电机组 4LLS001AP 启动 5 min52 s 后，主控出现 4LLS452KA 水压试验泵柴油发电机组机械故障报警，同时 KIC 画面显示 4LLS001AP 洋红色，主控无法停运。 报警出现后，主控查看报警卡并根据纸质报警卡进行响应，同时要求现场人员在就地控制盘上查看报警，确认就地 PLC 显示编码器 2 高报警。由于该报警第一次出现，电气人员第一时间无法给出报警原因，经电气人员经联系厂家初始确认为润滑油温度高报警(113 ℃)，现场柴油机已经停运 20 min 左右，此时对润滑油点温只有 61.5 ℃。柴油机停运后，经各专业详细检查，以及同厂家和图纸再次核实，发现该报警原因为冷却水温度高报警。 主控安排电气现场核实故障，同时要求核岛检查水压试验泵运行情况。其后先停运水压试验泵，后要求电气现场紧急停运水压试验泵柴油机。在柴油机紧急停运后，主控洋红色恢复正常，启动信号可以点击，停运命令无法点击，3/4RIS136VB 处于保护关状态，4RCV094VP 处于开启状态。oncall 仪控在工程师站给出水压试验泵柴油机停运信号，阀门恢复正常状态。同时维修专业现场检查并处理故障
风险或潜在后果	1)4LLS001AP 不可用，双机组产生 IO2 LLS1； 2)影响 FQ4-LLS-T-002 规程的恢复，其中 4RIS136VB、3RIS136VB 保护关闭，4RCV094VP 开启无法关闭，行政隔离恢复可能导致一回路误硼化
干预行动	1)已采取的行动措施： ①主控查看报警卡并根据纸质报警卡进行响应，同时要求现场人员在就地控制盘上查看报警，确认就地 PLC 显示编码器 2 高报警； ②要求核岛检查水压试验泵运行情况。其后先停运水压试验泵，后要求电气现场紧急停运水压试验泵柴油机； ③经运行、机械、电气、仪控、性能各部门共同检查确认，水压试验泵和柴油机运行过程中，各项参数正常，柴油机和水压试验泵可用；

续 表

干预行动	④为防止 3LLS001AP 意外启动，主控决策先停运水压试验泵，后由电气现场通过紧急停运按钮停运柴油机 4LLS001AP，并在确认无启动信号后复位； ⑤4LLS001AP 紧急停运后洋红色故障消失，但主控停运按钮仍无法点击。3/4RIS136VB 仍为保护关闭、4RCV094VP 开启。此时由于管线无法向中压安注箱泄压，如果提前恢复现场手动阀状态，将导致硼水通过轴封进入一回路，所以双机组 I01：RIS5 在阀门复位前无法消除； ⑥oncall 仪控在工程师站给出 4LLS001AP 正常停运信号。3/4RIS136VB 保护关信号消失、4RCV094VP 关闭； ⑦操纵员继续执行 FQ4-LLS-T-002 的恢复步骤； ⑧组织各专业讨论缺陷处理，制定处理方案，并最终通过 FQ4-LLS-T-001 进行维修后试验。(因为水压试验泵相关验收准则在 FQ4-LLS-T-002 中已经验证无问题)； ⑨经仪控和电气确认缺陷为温度探头接线松动导致的冷却水温度高报警，经检查为接线松动，维修紧急处理，缺陷消除。 2)建议后续行动： ①请电气、仪控专业尽快分析原因，消除缺陷； ②机械故障报警后会导致主控洋红，闭锁主控启停操作。需仪控后续对 KIC 操作功能进行改造； ③就地显示为编码器 2 高报警，通过厂家询问为润滑油温高报警，电气需对 LLS 综合报警卡在就地 PLC 显示进行升版； ④经验反馈：机械故障后，主控无法停运，也不能切就地停运，只能通过就地紧急按钮停运，需做好经验反馈； ⑤运行升版柴油机出现异常后处理的报警卡，电气、机械专业配合； ⑥专业加紧处理减少不可用时间
原因分析	4LLS452KA(水压试验泵柴油发电机组机械故障报警)为冷却水温度高报警，经检查为 4LLS002AR 柜 PLC 侧接线松动导致
消缺行动	仪控处理反馈： 1)工作过程： ①确认设备位与工作内容一致； ②断开 4LLS408JA 及 409JA 开关，电气配合拆除 4LLS002AR 接线(X3：11/X3：32 号端子)； ③合上 4LLS408JA 及 409JA 开关，4LLS401MT 显示 65 ℃，模拟 4LLS401/402/406MT 温度，在 4LLS002AR 上无出现相应报警，电话与厂家沟通，4LLS001AP 启动才出现相应报警； ④测量 4LLS401/402/406MT 电阻，电阻为 4LLS401MT(116.51 Ω)/4LLS402MT(113.09 Ω)/4LLS406MT(117.10 Ω)，确认仪正常；

续　表

消缺行动	⑤断开 4LLS408JA 及 409JA 开关，电气配合在 PLC 侧拆除 4LLS401/402/406MT 并回装及紧固后； ⑥合上 4LLS408JA 及 409JA 开关，4LLS401MT 显示 43 ℃； ⑦断开 4LLS408JA 及 409JA 开关，恢复接线(X3：11/X3：32 号端子)，合上 4LLS408JA 及 409JA 开关； ⑧运行启动 4LLS001AP 未出现相应报警； ⑨工作结束，清理现场。 2)故障原因分析：4LLS452KA(水压试验泵柴油发电机组机械故障报警)为冷却水温度高报警，经检查为 4LLS002AR 柜 PLC 侧接线松动导致	
相关知识	1)经仪控逻辑检查，柴油机机械故障报警后会直接导致主控洋红，闭锁主控启停操作。当前已技改，柴油机机械故障报警后不会再导致 LLS001AP 的 KIC 控制按钮出现洋红色，可以在主控进行启停操作： 针对“3/4LLS001AP 在就地故障时，主控 3/4LLS001AP 出现洋红无法操作”的问题，已通过对 3/4LLS001AP 一层数据进行修改处理。在故障出现时，3/4LLS001AP 在 KIC 中的操作按钮不会出现洋红色，仍可以操作(详情请见 WR/WOT：00592298/01294124-01、00592302/01294164-01)。 2)柴油机紧急停运前，先停运水压试验泵。 3)4LLS001AP 现场紧急运信号直接作用柴油机，而主控停运涉及 3/4RIS136VB 和 4RCV094VP 相关逻辑，所以现场停运后必须联系仪控通过工程师站再次给出停运信号。 4)柴油机在应急启动下，只有超速、失压以及紧急停机按钮才会停机，冷却水温度高，润滑油压力低以及过流均不会停机	
参考资料信息	运行二处：《运行二处内部经验反馈——执行 FQ4-LLS-T-002 时异常处理经验反馈》、4 号机组异常反馈——执行 FQ4-LLS-T-002 时，主控出现 4LLS452KA 报警； 维修二处仪控：EAM 中紧急工单 01237855-01 的完工报告； WR/WOT：00556436/01237855-01(紧急工单)	
编　　者	运行二处一值：谷铁	时间：2019 年 06 月 13 日

7.24.4　执行 FQ3-LLS-T-002，8RIS011PO 启动后无出力

异常缺陷名称	执行 FQ3-LLS-T-002 柴油发电机和水压试验泵无密封注水带负荷启动和运行试验规程，8RIS011PO 启动后无出力

续 表

<table>
<tr><td>发生时间</td><td>2019 年 05 月 07 日早班</td></tr>
<tr><td>机组状态</td><td>RP 模式，热功率 116 MWt，汽轮发电机组未并网</td></tr>
<tr><td>异常缺陷现象</td><td>当班值执行 FQ3-LLS-T-002，就地启动 8RIS011PO 后发现现场压力表压力仅有 0.4 MPa，远未达到要求值 12 MPa，怀疑 8RIS011PO 启动后无出力</td></tr>
<tr><td>风险或潜在后果</td><td>8RIS011PO 在 RP 模式下为核安全设备，设备不可用需要记录双机组随机 IO1：RIS5，3、4 号机组需要在 3 天内后撤至 NS/RRA 模式</td></tr>
<tr><td>干预行动</td><td>1)已采取的行动措施：
①组织现场保驾人员进行检查后，停运 8RIS011PO，将设备置于安全可控状态；
②安排现场重新检查在线，确认在线正确；
③主控通过分析，初步怀疑为 8RIS011PO 入口管线积气或入口逆止阀 3RIS267VB 卡涩导致；
④根据分析的原因，主控联系维修机械配合对 8RIS011PO 入口管道进行冲水排气，并对 3RIS267VB 进行敲击；
⑤维修机械对 8RIS011PO 入口管道初次进行冲水排气，发现无水流出；对 3RIS267VB 进行敲击后，有顺畅水流流出；
⑥重新组织启动水压试验泵 8RIS011PO，8RIS011PO 出口压力正常，继续执行定期试验，试验结果满意；
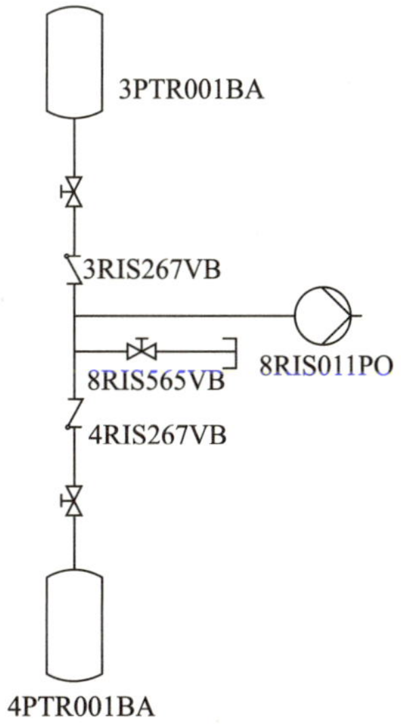
图 1　8RIS011PO 流程示意图</td></tr>
</table>

续 表

干预行动	2)建议后续行动： ①通过异常现象及处理过程，确认为 3RIS267VB 存在硼结晶卡涩导致水压试验泵入口无流量； ②水压试验泵入口既可以从 3PTR001BA 取水，也可以从 4PTR001BA 取水，水压试验泵入口无流量，可以推断 4RIS267VB 也同样存在硼结晶卡涩问题； ③后续 3、4 号机组试验时，建议先安排对 3/4RIS267VB 进行敲击，敲击完成后再进行试验； ④考虑对 3/4RIS267VB 增加硼伴热装置，避免可能出现的硼结晶，当班值提出技改； ⑤请设备管理处考虑对 3/4RIS267VB 进行换型，避免共模故障
原因分析	8RIS011PO 入口管线积气或入口逆止阀 3RIS267VB 卡涩导致
消缺行动	机械处理反馈： 经机械、运行、设备管理、核安工会议讨论分析关于水压试验泵 8RIS011PO 启动无出力情况讨论汇报如下： 1)现象描述： ①2019 年 05 月 07 日早班，当班值执行 FQ3-LLS-T-002，就地启动 8RIS011PO 后发现现场压力表压力仅有 0.4 MPa，远未达到要求值 12 MPa，怀疑 8RIS011PO 启动后无出力； ②经主控、设备管理、维修分析怀疑上游止回阀未打开，讨论决定拆除 8RIS565VB 下游盲板检查是否有水流出，如无水则敲击止回阀； ③现场拆除 8RIS565VB 下游盲板，打开阀门后，有带压气体混合少量水喷出不到 1 min，后无水流出； ④经敲击止回阀，8RIS565VB 下游盲板出现顺畅来水； ⑤重新启动水压试验泵 8RIS011PO，8RIS011PO 出口压力正常，试验结果满意； ⑥停泵后，泵入口安全阀有约 10 s 的开启关闭声音。 2)原因分析： 吸入口逆止阀(3/4RIS267VB)未开启。 注：RIS267VB 此阀门为大连大高生产的 DN50 口径升降式止回阀，启闭压差为 0.03 MPa(即进出口存在 0.03 MPa 压差下会开启)，入口为 PTR 水箱静压(15 m 水位)，此阀安装位置约 5 m，即入口压力约为 0.1 MPa。

续　表

消缺行动	3)阀门未开启的原因分析： ①进出口高压差造成粘黏性低压无法打开：打开 8RIS565VB 盲板后有带压气体喷出，且停泵时可听见逆止阀出口安全阀明显起跳(起跳压力 1 MPa)声音，逆止阀出口有近 1 MPa 压力(泵运行时可能更高)。泵出口的小流量管线直接与入口管道相连，入口仅有约 0.1 MPa，怀疑在反向压力下逆止阀密封面出现粘黏性，导致无法在出口泄压后入口 0.1 MPa 压力下打开，可能性较大； ②泵入口管线存在气体：打开盲板不到 1 min 气体排出，管道确实存在气体，可能为盘根泄漏引入管道气体或管线长期泄压过程中逐渐引入。由于止回阀后非水介质，起泵后无法吸水形成负压从而打开止回阀，可能性较大； ③结构性卡涉：阀瓣歪斜与阀体卡涩，打开 8RIS565VB 盲板，出口无流水，即说明阀门未开启且密封性良好，阀门密封性好即阀瓣落座垂直，于阀体卡涩可能性较小； ④硼结晶卡涩：经咨询化学介质为 PTR 水箱来水，硼浓度为 2000+ppm，在常温下不会形成结晶，故此原因可能性极小。 综上所述：起泵后止回阀未打开导致泵出口无压力的可能原因为：泵小流量管线与泵入口管线直接相连，导致泵入口管道中存在大量气体导致起泵后无法吸水减小逆止阀出口压力导致逆止阀未打开，且止回阀进出口逆向高压差造成阀瓣粘黏性导致出口泄压后入口低压下未自动打开。 4)同行经验反馈： 海南核电也发生过同类问题，与本次情况比较类似，分析原因为管道气体校多，起泵前对管道进行排气。 5)后续处理措施计划： ①在 8RIS565VB 出口安装压力表测量逆止阀出口压力——维修机械； ②完成工单准备，在大修对 3/4RIS267VB 进行解体，检查确认硼结晶和卡涩情况——维修机械； ③根据下次定期试验入口管线测量结果确定是否增加试验前泵的充水排气和试验后泄压方式——运行二处； ④考虑试验增加机械保驾人员，检查逆止阀开启情况——运行二处
相关知识	止回阀 RIS267VB 为 DN50 口径升降式止回阀，启闭压差为 0.03 MPa(即进出口存在 0.03 MPa 压差下会开启)

续 表

参考资料信息	运行二处：3 号机组异常反馈——水压试验泵 8RIS011PO 首次启动无出力，对其入口管道逆止阀进行敲击后再次启动正常。 维修二处机械：水压试验泵 8RIS011PO 启动无出力情况会议讨论汇报	
编　　者	运行二处一值：谷铁	时间：2019 年 06 月 17 日

7.24.5　执行 FQ4-LLS-T-001，因主蓄电池故障 4LLS001AP 启动失败导致 3LLS001AP 启动

异常缺陷名称	执行 FQ4-LLS-T-001，因主蓄电池故障 4LLS001AP 启动失败导致 3LLS001AP 启动
发生时间	2018 年 10 月 10 日早班
机组状态	3 号机组：RP 模式，电功率 1076 MWe；4 号机组：RP 模式，电功率 1083 MWe
异常缺陷现象	401 大修结束后首次执行 FQ4-LLS-T-001，主控启动 4LLS001AP 时，4LLS001AP 未正常启动，3LLS001AP 应急启动。期间主控产生异常报警：4LLS452KA 水压试验泵柴油发电机组机械故障。就地紧急停机 3LLS001AP，及时复位急停电磁阀，并复位 3/4LLS002AR 控制柜上就地报警，恢复 3LLS001AP 可用，根据试验规程，恢复 8RIS011PO 可用。 4LLP001AP 启动失败后现场异常现象： ①现场蓄电池发烫：怀疑切至主蓄电池故障； ②启动过程中启动马达有哒哒哒的声响：怀疑启动蓄电池电压不足或启动马达工作异常
风险或潜在后果	导致 4LLS001AP 和 3LLS001AP 两个柴油机不可用，双机组产生一个 I01，结合试验 FQ4-LLS-T-001 产生的双机组 I01：RIS5，导致出现两个 I01，要求机组 24 h 后撤至 NS/RRA 模式
干预行动	1）已采取的行动措施： ①主控存在 4LLS001AP 机械故障报警，就地核实 3LLS001AP 运行状态正常，由于 3LLS001AP 处于应急启动状态，仪控反馈主控和现场均无法正常停运； ②就地紧急停运 3LLS001AP（记录两个 I01：LLS2 和 RIS5，24 h 后撤至 NS/RRA 模式）；

续 表

干预行动	③ oncall 仪控人员取消 3、4LLS001AP 应急启动命令。因 4LLS001AP 启动失败信号导致 3LLS001AP 启动信号，需优先复位 4LLS002AR 故障报警，随后复位 3LLS001AP 紧急停运按钮，最后复位 3LLS002AR 故障报警； ④考虑到 3LLS100EL 电磁阀长时间带电可能会使电磁阀烧坏，需尽早复位应急停运按钮，3LLS001AP 恢复可用，消除 I01：LLS2，记录 I02：LLS1； ⑤oncall 维修电气、仪控、机械检查 4LLS001AP 启动失败原因； ⑥根据试验规程恢复初始状态，消除 I01：RIS5。 2)建议后续行动： ①请维修专业检查 4LLS001AP 无法正常启动原因，消除缺陷； ②请设备管理处、维修机械明确 LLS 柴油机空载最大允许时间
原因分析	启动主用蓄电池 4LLS401BT 损坏
消缺行动	电气处理反馈： 1)处理进展：主蓄电池故障，切至备用蓄电池。4LLS 柴油发电机已通过备用启动回路启动，启动后各项参数正常，试验合格，I0 已消除； 2)工作过程(WOT：01034370-01，对 4LLS001AP 蓄电池及马达启动机进行检查)： ①取得工作许可证，验明隔离边界； ②确认设备位置，建立检修区； ③召开工前会； ④测量第一节蓄电池电压：13.031 V 内阻：5.071 mΩ，第二节蓄电池电压：12.812 V 内阻：5.037 mΩ；检查发现蓄电池表面有多处鼓包，且蓄电池持续发热，温度维持在 40~50 ℃； ⑤拆除马达启动机电源及控制回路接线，联系机械专业拆除 4LLS001AP 的马达启动机，检查外观无异常，随后对马达启动机单独上电，可以正常动作；联系机械专业回装马达启动机，回装拆除的接线； ⑥检查 4LLS401RD 装置正常； ⑦联系主控将 4LLS001AP 切换到备用蓄电池回路进行试验，柴油机发电机启动正常，各项参数无异常； ⑧与主控沟通后，归还工作许可证，清理现场，结束工作
相关知识	1)执行 FQ4-LLS-T-001，KIC 上启动小柴后会闭锁冷却水温度高、润滑油压力过低、机组过流停机信号，同时小柴连续启动 3 次均失败后(21.5 s)会启动 3LLS001AP。3LLS001AP 启动后无法通过主控和现场正常停运，只能通过紧急停运按钮停运；

续　表

相关知识	2)停运后检查无 3LLS001AP 启动信号后，需尽快复位紧急停运按钮，避免 3LLS100EL 电磁阀长时间带电导致电磁阀损坏； 3)根据试验现场检查情况，分析 4LLS001AP 无法启动原因。若启动信号未下发，需联系仪控人员检查，若启动信号传递到现场，需要联系电气人员检查故障原因。 4)LLS001AP 启动方式： ①就地位置 &LCP 启动； ②远方位置 &KIC 启动； ③远方位置 &LHA 电压≤0.8 U&LHB 电压≤0.8 U； ④另一机组 LLS001AP 启动失败(启动信号 & 转速<300 r/min) 3 次
参考资料信息	运行二处：《运行二处内部经验反馈—执行 FQ4-LLS-T-001 时，因主蓄电池故障 4LLS001AP 启动失败导致 3LLS001AP 启动》； 维修二处电气：完工报告《FQ4-MA02-RCWO-01034370/01　对 4LLS001AP 的蓄电池及马达启动机进行检查》； WR/WOT：00450129/01034370-01（紧急工单），工作许可证：4PT37041(对 4LLS001AP 蓄电池及马达启动机进行检查)
编　　者	运行二处一值：谷铁　　　　时间：2019 年 02 月 11 日

7.24.6　执行 FQ2-LLS-T-002 试验过程中，9LLS011PO 水压试验泵无法启动

异常缺陷名称	执行 FQ2-LLS-T-002 试验过程中，9LLS011PO 水压试验泵无法启动
发生时间	2018 年 09 月 12 日早班
机组状态	1 号机组：RP 模式，电功率 836 MWe；2 号机组：RP 模式，电功率 1080 MWe
异常缺陷现象	运行执行 FQ2-LLS-T-002 试验过程中，9LLS011PO 水压试验泵无法启动。现场显示 9LLS023JA 已合闸，且 9LLS001AR　380 V/110 V/48 V 带电指示灯均亮，但是水压试验泵未启动，相关运行指示灯均不亮
风险或潜在后果	9RIS011PO 不可用在 RP 模式下产生双机组第一组 I0：RIS5，要求在 3 天内开始向 NS/RRA 模式后撤
干预行动	已采取的行动措施： 1)暂停试验，oncall 电气和仪控检查处理； 2)安排现场检查确认异常情况

续 表

原因分析	1)9LLS001AR 中刀开关 002JS 未合闸到位辅助触点回路未接通，9RIS011PO 主回路接触器 002JA 无法得电吸合，导致水压试验泵无法启动； 2)时间继电器 023XT 底座金属片存在移位，常开延时闭合触点(21、22)控制回路接触不良，9RIS011PO 启动控制回路无法完成自耦降压变换，导致水压试验泵无法启动
消缺行动	电气处理反馈： 1)故障现象：主控远方启动 9RIS011PO，主接触器 023JA 得电吸合，9RIS111MO(增压泵)正常启动，增压泵压力满足要求(P>5 bar)，水压试验泵 9RIS011PO 无法启动。 2)故障排查处理过程及原因分析： ①对刀开关 002JS 回路检查，发现 002JS 主回路导通良好，但辅助触点(1、4)控制回路不导通，刀开关 002JS 正常合闸时其辅助触点控制回路应导通，若 1、4 点不导通则 9RIS011PO 主接触器 002JA 线圈无法得电吸合，水压试验泵无法启动。 检查确认 002JS 主回路熔丝通断良好，回路接线紧固，对 002JS 多次分合闸操作试验，辅助触点回路通断良好无异常，排除辅助触点本身损坏可能，判断故障原因为刀开关 002JS 未合闸到位导致辅助触点回路未接通。 ②对 9RIS011PO 自耦降压启动控制回路进行排查，发现时间继电器 023XT 控制回路中一对常开延时闭合触点(21、22)导通不良。拆除时间继电器 023XT 后，检查发现继电器底座内部金属片存在部分移位，继电器引脚与底座金属片接触不良，导致控制回路接触不良。进一步对该继电器进行检查校验，发现其中一对常开触点 5、51 导通电阻约 5 Ω 较其他触点阻值偏大，保守起见对该继电器进行更换处理。更换后并对底座金属片位置进行微调确保继电器与底座接触良好，重新检查校验合格。 对同类继电器 001XT、011XT、024XT 进行共模故障排查，各继电器触点通断良好，继电器与底座连接牢固，接线良好。 ③检查 9LLS001AR 内其他继电器、熔断器等元器件，无异常，接线紧固。 ④运行重新执行 FQ2-LLS-T-002 试验，水压试验泵 9RIS011PO 启动运行正常。 3)结论： 根据现故障排查情况及故障原因分析，得出结论如下： ①9LLS001AR 中刀开关 002JS 未合闸到位辅助触点回路未接通，9RIS011PO 主回路接触器 002JA 无法得电吸合，导致水压试验泵无法启动。

续 表

消缺行动	②时间继电器 023XT 底座金属片存在移位，常开延时闭合触点(21、22)控制回路接触不良，9RIS011PO 启动控制回路无法完成自耦降压变换，导致水压试验泵无法启动。 4)后续措施： ①已反馈运行部门做好相关经验反馈，执行定期 LLS 柴油机无负荷试验后 002JS 恢复合闸时注意将刀开关把手推到底，悬挂行政隔离牌时，注意避免掰动刀开关把手。 ②升版维修规程，完善规程中时间继电器检查校验步骤，优化表格数据记录，增加继电器引脚与底座检查内容，明确继电器拆除、安装注意事项，避免继电器拆除、安装过程中引起继电器与底座接触不良。 ③进一步分析调研 9LLS001AR 内相关时间继电器换型(继电器与底座连接可靠性更佳类型)可行性与必要性	
相关知识	RP 模式下，水压试验泵(9RIS011PO)不可用，将产生第一组 I0：RIS5，要求：3 天内机组开始向 NS/RRA 模式后撤；如果与 RCV2 不可用累积，8 h 内机组开始向 NS/SG 模式后撤	
参考资料信息	维修一处电气：《FQX-MA02-BG5-E18018_9RIS011PO 水压试验泵无法启动故障分析报告》； 运行二处：2 号机组异常反馈——9RIS011PO 无法启动； WR/WOT：00440016/01007319-01(紧急工单)	
编　　者	运行二处一值：谷铁	时间：2019 年 06 月 19 日

7.24.7　执行 4LLS 小柴备用蓄电池更换工作，导致小柴在 KIC 显示洋红色故障

异常缺陷名称	执行 4LLS 小柴备用蓄电池更换工作，导致小柴在 KIC 显示洋红色故障
发生时间	2018 年 11 月 23 日中班
机组状态	RP 模式，电功率 836 MWe
异常缺陷现象	中班维修电气专业执行 4PW42691(更换 4LLS 柴油发电机启动备用蓄电池 4LLS402BT)工作。根据维修电气的风险分析和之前讨论，该工作仅会导致 4LLS007SY 和 4LLS451KA(水压试验泵柴油发电机组电气故障)的报警，不会影响小柴正常启动功能和可用性。 工作负责人开工后，主控出现预期报警，但同时主控操纵员发现 4LLS001AP 变成洋红色且该设备 KIC 上的启动和停止按钮为灰色无法操作，主控无法实现其手动启动功能。发现异常后主控立即要求工作负责人停止工作并恢复初始状态，设备恢复正常

续　表

风险或潜在后果	1）该工作导致 KIC 中 4LLS001AP 显示洋红色且 KIC 中该设备启动和停止按钮显示灰色无法操作。导致 4 号机小柴失去一种启动方式，对设备可用性产生一定影响； 2）有潜在第二组 I0 的风险，可能导致产生非预期第二组 I0。如机组 I0 较多可能导致机组 I0 数量超限
干预行动	已采取的行动措施： 1）立即要求维修电气停止该工作并恢复到初始状态，恢复后设备在 KIC 中显示正常，启停操作按钮也显示可正常操作。设备恢复前小柴在 KIC 中显示洋红色故障持续约 6 min； 2）要求维修电气及仪控专业分析 KIC 画面中导致该设备显示洋红色原因； 3）查询技术规范并与安工讨论是否需要记录 LLS1（一台柴油发电机不可用）的第二组 I0，目前暂未定论； 4）oncall 维修仪控核实该工作导致小柴 KIC 显示洋红色后是否影响小柴的应急启动和就地启动等其他启动方式的正常功能。 建议后续行动： 1）请维修电气和维修仪控专业核实并反馈该蓄电池更换工作导致 KIC 中 4LLS001AP 产生洋红色并在 KIC 无法启停操作的原因； 2）请设备管理核实并澄清该工作导致的现象是否会影响 4 号机组小柴的可用性； 3）经查 KIC 日志，由于 10 月份更换小柴主用蓄电池工作时出现同样现象。请运工和安工组织讨论并确定该工作是否产生小柴不可用的第二组 I0，如确定产生 I0，当班值补记 I0（工作期间 4 号机组存在两个第二组 I0）。在无最终定论前，暂不安排该蓄电池更换工作或考虑按照第二组 I0 控制开工； 4）请维修电气和维修仪控考虑制定相应措施以避免在后续类似工作中导致同样现象发生
原因分析	在更换蓄电池期间，由于会拆除蓄电池的接线，会产生 4LLS007SY 电气故障。电气故障报警会导致主控 KIC 启动出现 FAULT，即 KIC 启动为洋红色，在 KIC 上无法操作
消缺行动	电气检查反馈： 1）原因和风险分析： 执行 4LLS 柴油发电机备用蓄电池更换工作导致在 KIC 显示洋红色故障，经过电仪专业分析，更换备用蓄电池触发的“电气故障报警”只会导致 KIC 显示洋红色，并不会影响柴油发电机在 BUP 盘启动，也不会影响柴油发电机 LHA/LHB 母线失电、一台柴油发电机组启动失败另一台柴油发电机启动的应急功能。

续 表

消缺行动	①4LLS 柴油发电机设置有两套启动马达与两套蓄电池，互为主、备，当一套马达与蓄电池不可用时，可以通过切换开关切到另一套启动系统，保证柴油发电机正常启动。此次更换的是备用蓄电池，切换开关在主用回路。在更换蓄电池期间，由于会拆除蓄电池的接线，所以根据逻辑图所示，会送往 KIC “4LLS007SY 电气故障”。同时根据 FD 图，电气故障报警会导致主控 KIC 启动出现 FAULT，即 KIC 启动为洋红色，在 KIC 上无法操作。 ②通过继续分析逻辑图与 FD 图，“4LLS007SY 电气故障”并不会影响 LHA/LHB 母线失电后柴油机应急启动、一台柴油发电机组启动失败另一台柴油发电机启动，也不会影响柴油发电机组在 BUP 盘的操作。 2)后续措施：暂停当前工作，作为经验反馈，后续在更换柴油发电机蓄电池工作中，在风险分析中增加该工作会导致 KIC 无法启动，并在工作前与当班值做好充分交底
相关知识	1)更换水压试验泵应急柴油机蓄电池时，由于会拆除蓄电池的接线，会触发的“电气故障报警”，导致 KIC 显示洋红色，KIC 无法启动，但并不会影响柴油发电机在 BUP 盘启动，也不会影响柴油发电机 LHA/LHB 母线失电、一台柴油发电机组启动失败，另一台柴油发电机启动的应急功能； 2)针对“3/4LLS001AP 在就地故障时，主控 3/4LLS001AP 出现洋红无法操作”的问题，当前已通过对 3/4LLS001AP 一层数据进行修改处理。在故障出现时，3/4LLS001AP 在 KIC 中的操作按钮不会出现洋红色，仍可以操作（详情请见 WR/WOT：00592298/01294124-01、00592302/01294164-01）
参考资料信息	运行二处：4 号机组异常反馈——执行 4LLS 小柴备用蓄电池更换工作导致小柴在 KIC 显示洋红色故障； 维修二处电气：“执行 4LLS 小柴备用蓄电池更换工作导致小柴在 KIC 显示洋红色故障”反馈邮件
编　　者	运行二处一值：谷铁　　　　时间：2019 年 06 月 10 日

7.24.8 启动 2LLS001AP 后，主控显示洋红色

异常缺陷名称	启动 2LLS001AP 后，主控显示洋红色，需要仪控复位才能在主控停运
发生时间	2015 年 02 月 14 日早班

续　表

机组状态	1 号机组：RP 模式，满功率；2 号机组：机组调试阶段，首次装料前
异常缺陷现象	启动 2LLS001AP 后，主控显示洋红色，需要仪控复位才能在主控停运
风险或潜在后果	导致 2LLS001AP 后主控显示洋红色，无法通过 KIC 停运
干预行动	已采取的行动措施： 1) oncall 仪控检查处理； 2) 仪控复位洋红色后，KIC 停运 2LLS001AP
原因分析	2LLS001AP_S 的 27 引脚连接为主控启动柴油机信号，该信号一直保持为 1，使 2LLS001AP 启动后设备在 KIC 中显示洋红色
消缺行动	电气处理反馈： 1) 工作过程： ①通知主控人员将进行该项工作； ②核查 1 号机软件连接，对比二号机方案，再次核实方案软件连接正确； ③在 2 号机 DCS 一层进行软件连接修改； ④修改完成后检查连接是否完整实施； ⑤实施完毕后确认工作站工作正常，退出权限，通知主控工作完毕，归还工作许可证。 2) 故障原因分析：2LLS001AP_S 的 27 引脚连接为主控启动柴油机信号，该信号一直保持为 1，使 2LLS001AP 启动后设备在 KIC 中显示洋红
相关知识	N/A
参考资料信息	维修一处电气：完工报告《FQ2-MA03-RCWO-00091579/01　启动 2LLS001AP 后，主控显示洋红色，需要仪控复位才能在主控停运》；WR/WOT：00038215/00091579-01（紧急工单）
编　　者	运行二处一值：谷铁　　时间：2019 年 02 月 11 日

7.24.9　4LLS001AP 在 KIC 中显示洋红色，4LLS008SY 故障灯亮（机械故障）

异常缺陷名称	4LLS001AP 在 KIC 中显示洋红色，4LLS008SY 故障灯亮（机械故障）
发生时间	2016 年 09 月 25 日早班
机组状态	4 号机组处于调试阶段

续 表

异常缺陷现象	4LLS001AP 在 KIC 中显示洋红色，4LLS008SY 灯亮（机械故障），现场使用复位按钮复位后报警仍存在
风险或潜在后果	导致闭锁 4LLS001AP 主控启停操作，影响柴油机的可靠性
干预行动	已采取的行动措施： oncall 电气人员检查处理
原因分析	柴油机水箱淡水液位低
消缺行动	电气处理反馈： 1）检修过程： ①与值长沟通询问近期该设备有无其他人员操作或相关工作； ②到运行隔离办开紧急维修工作指令单； ③确认设备位置，召开工前会； ④现场观察 4LLS008SY 故障对应的 406XE 继电器动作； ⑤现场 PLC 402UC 上面 I0.6 动作指示灯亮，I0.6 代表的是淡水液位低开关 402SN； ⑥值长同意，联系机械人员对水箱补充淡水到合格液位，I0.6 指示灯灭，406XE 继电器恢复原状态，主控反馈 4LLS008SY 故障消除。 2）故障原因分析：水箱淡水液位低
相关知识	技改知识： 针对“3/4LLS001AP 在就地故障时，主控 3/4LLS001AP 出现洋红无法操作”的问题，当前已通过对 3/4LLS001AP 一层数据进行修改处理。在故障出现时，3/4LLS001AP 在 KIC 中的操作按钮不会出现洋红色，仍可以操作（详情请见 WR/WOT：00592298/01294124-01、00592302/01294164-01）
参考资料信息	WR/WOT：00174876/00371719-01（紧急工单），工作许可证：4PI11304（4LLS001AR 在 KIC 上显示洋红色，4LLS008SY 故障报警处理）； 维修二处电气：完工报告《FQ4-MA02-RCWO-00371719/01 4LLS001AP 在 KIC 中显示洋红色，4LLS008SY 故障灯亮（机械故障）》

编　　者	运行二处一值：谷铁	时间：2019 年 02 月 11 日

7.24.10 执行 FQ3-LLS-T-004 时，发现 4LLS001AP 无法启动

异常缺陷名称	执行 FQ3-LLS-T-004 时，发现 4LLS001AP 无法启动
发生时间	2016 年 07 月 25 日早班

续 表

机组状态	3 号机组调试启动阶段，已装料，NS/SG 模式；4 号机组调试安装阶段，未装料
异常缺陷现象	执行 FQ3-LLS-T-004(4LLS 柴油发电机替代 3LLS 柴油发电机试验规程)时，发现 4LLS001AP 无法启动，4LLS001AP 不可用
风险或潜在后果	4LLS001AP 不可用，导致 3 号机组产生 I02：LLS1
干预行动	已采取的行动措施： oncall 电气检查处理
原因分析	蓄电池电压不足
消缺行动	电气处理反馈： 1)检修过程： ①召开工前会，确认检修对象； ②检查 4LLS002AR，发现 4LLS404JA 即主用蓄电池组充电器 4LLS401RD 的开关处于断开状态； ③测量主用蓄电池组 4LLS401BT 的电压，测得值为 22.4 V，而正常值为 27.6 V； ④经排查后发现 4LLS401RD 损坏，导致 4LLS401BT 处于持续放电状态且无法正常充电； ⑤将同型号的合格的 RD 更换掉已损坏的 4LLS401RD，合上 4LLS404JA，对蓄电池进行充电； ⑥持续充电一天后测得主用蓄电池组 4LLS401BT 的电压为 27.43 V，基本达到正常水平。 2)故障原因分析：蓄电池电压不足
相关知识	启动用蓄电池和控制用蓄电池电压正常值范围为 24~28 V
参考资料信息	维修二处电气：完工报告《FQ4-MA02-RCWO-00312595/01 执行 FQ3-LLS-T-004 时发现 4LLS001AP 无法启动，4LLS001AP 不可用》；WR/WOT：00156171/00312595-01(紧急工单)，工作许可证：4-PT-00049-4LLS001AP 处理 4LLS001AP 无法启动
编　　者	运行二处一值：谷铁　　时间：2019 年 02 月 11 日

7.24.11 执行 FQ4-LLS-T-002 试验时 4LLS001AP 异常停运

异常缺陷名称	执行 FQ4-LLS-T-002 试验时 4LLS001AP 异常停运
发生时间	2019 年 08 月 10 日早班
机组状态	3 号机组：RP 模式，满功率；4 号机组：RP 模式，电功率 1035 MWe

续　表

异常缺陷现象	执行 FQ4-LLS-T-002 柴油发电机和水压试验泵无密封注水带负荷启动和运行试验规程，试验过程中 4LLS001AP 运行了 5 min5 s，主控异常触发 4LLS451KA 水压试验泵柴油发电机组电气故障、4LLS452KA 水压试验泵柴油发电机组机械故障，4LLS001AP 停运，3LLS001AP 根据逻辑自动启动。 就地检查 4LLS002AR 就地控制屏（4LLS001AP 柴油机），显示速度信号丢失警告，发电欠频警告，发电欠压警告，充电失败警告，油压低警告
风险或潜在后果	1）4LLS001AP 启动后异常跳闸，导致 4LLS001AP 不可用，产生 I02：LLS1； 2）4LLS001AP 启动后异常跳闸，导致 3LLS001AP 启动，就地紧急停运 3LLS001AP，导致 3/4LLS001AP 均不可用，产生 I01：LLS2； 3）导致 3、4 号机组存在两个第一组 I01：LLS2、RIS5（试验将 3/4RIS274VB 关闭，导致对 3/4 号机组水压试验泵不可用），按照技术规范机组需 24 h 向 NS/RRA 模式后撤
干预行动	1）已采取的行动措施： ①安排就地检查 4LLS002AR 就地控制屏（4LLS001AP 柴油机），显示速度信号丢失警告，发电欠频警告，发电欠压警告，充电失败警告，油压低警告； ②联系维修电气检查 4LLS001AP 异常跳闸原因，联系仪控复位 3LLS001AP 启动信号； ③检查 3LLS001AP 运行情况，柴油机运行正常，就地停运 8RIS011PO，就地停运 3LLS001AP； ④根据试验规程恢复步骤，恢复 8RIS011PO 可用。 2）建议后续行动： ①请维修电气尽快查明 4LLS 柴油机异常停运原因，采取措施消除缺陷； ②请维修仪控复位 3LLS001AP 启动信号，尽快恢复 3LLS001AP 可用
原因分析	柴油机燃油罐出口过滤器堵塞，导致柴油机燃油供油不足自动停机
消缺行动	1）电气处理反馈： ①处理进展：3LLS 已恢复可用，3LLS 与 4LLS 之间的接线已恢复，机组 I0 已消除。 ②原因分析：导致本次柴油机停机的直接原因为输油管路断油。 ③现场原因核实过程：

续 表

消缺行动	a. 现场查看柴油机控制器报警信息为如下六个报警，均为报警信号，而非停机信号(如为停机信号，其报警信息为“×××停机”)，不会导致柴油机停机：速度信号丢失；发电欠频；充电失败；可编程传感器1(冷却水压力低)；油压低；发电欠压 b. 在本次柴油机试验模式下，逻辑中只有超速和欠压才会导致发电机停机，且均为三取二逻辑，该停机信号通过PLC的Q0.1实现停机功能。 c. 现场核对PLC紧急停机的输出继电器Q0.1未得电，说明PLC未输出停机信号。(Q0.1可自保持，如果触发会一直保持)综上，分析故障原因并非超速和欠压(其他电气或仪控故障不会导致停机)，而在于柴油机本体故障；分析柴油机本体，供油回路或供气回路可能导致该问题。 d. 现场对供油回路进行手动测试，发现输油管路断油，该问题可导致柴油机停机；现场通过手动油泵进行泵油排气。 ④已开展工作： a. 电气专业已完成现场PLC回路、欠压回路、电压调节回路的检查，无异常。 b. 仪控专业已完成现场超速探头的检查。 c. 机械专业已开展供油管路检查，并对输油管路断油问题进行了初步处理。 2)机械处理反馈： ①检查处理过程： a. 检查柴油机燃油罐出口过滤器(4LLS100FP)，发现较脏，怀疑已堵塞，进行更换； b. 联系仪控检查4LLS100EL，无异常； c. 检查柴油滤清器，无异常； d. 检查空气滤清器，无异常； e. 检查燃油罐内油位与油标尺油位一致，油位正常； f. 进行手动盘车对燃油管路排气； g. 清理设备； h. 联系运行，启动柴油机，柴油机可正常启动； ②故障原因分析：柴油机燃油罐出口过滤器堵塞，导致柴油机燃油供油不足自动停机
相关知识	经验知识： 1)执行FQ4-LLS-T-001，4LLS001AP无法启动后会导致3LLS001AP启动，3LLS001AP启动后无法通过主控和现场正常停运(因存在联锁启动信号)，只能通过紧急停运按钮停运；

续 表

相关知识	2）停运后检查无3LLS001AP启动信号后，需尽快复位紧急停运按钮，避免3LLS100EL电磁阀长时间带电导致电磁阀损坏	
参考资料信息	运行二处：4号机组异常反馈——执行FQ4-LLS-T-002试验时4LLS001AP异常停运； 维修二处电气：“答复：4号机组异常反馈——执行FQ4-LLS-T-002试验时4LLS001AP异常停运”邮件、EAM中工单01306514-01的完工报告； 维修二处机械：EAM中工单01306539-01的完工报告； WR/WOT：00599021/01306514-01（电气处理紧急工单）、00599243/01306539-01（机械处理紧急工单），工作许可证：20194PT20837（检查处理4LLS柴油机停运故障）、20194PT20976（对4LLS001GE进行机械检查）	
编　　者	运行二处一值：谷铁	时间：2019年09月20日

7.24.12　执行FQ4-LLS-T-001试验时4LLS001AP启动失败

异常缺陷名称	执行FQ4-LLS-T-001试验时4LLS001AP启动失败
发生时间	2019年10月09日中班
机组状态	3号机组：RP模式，满功率；4号机组：RP模式，满功率
异常缺陷现象	中班执行FQ4-LLS-T-001 LLS柴油发电机无负荷试验规程，试验过程中主控点击4LLS001AP启动按钮后4LLS001AP在显示洋红色故障（后变为大红色启动故障），主控出现4LLS452KA水压试验泵柴油发电机组机械故障，就地4LLS001AP启动马达转动但4LLS001AP未正常启动，3LLS001AP根据逻辑应急启动
风险或潜在后果	1）4LLS001AP未正常启动，导致4LLS001AP不可用，产生双机组I02：LLS1； 2）4LLS001AP启动失败，导致3LLS001AP启动，就地紧急停运3LLS001AP，导致3/4LLS001AP均不可用，产生双机组I01：LLS2； 3）试验开始时断开8LLS002JS导致8RIS011PO不可用，导致3、4号机组均存在两个第一组I01：LLS2、RIS5，按照技术规范机组需24 h向NS/RRA模式后撤

续　表

干预行动	1)已采取的行动措施： ①就地检查 4LLS002AR 就地控制屏(4LLS001AP 柴油机)，显示“启动失败报警”； ②联系维修机械、电气、设备管理检查 4LLS001AP 启动失败原因，联系仪控复位 3LLS001AP 启动信号； ③执行《FQ4-LLS-I-001 4LLS001AP 启动失败导致 3LLS001AP 异常启动处理规程》，检查 3LLS001AP 运行情况，柴油机运行正常，就地紧急停运 3LLS001AP； ④根据试验规程恢复步骤，已恢复 3LLS001AP 和 8RIS011PO 可用，消除第一组 IO1：LLS2 和 RIS5。 2)建议后续行动： ①故障重复发生，故障发生后 3LLS001AP 恢复可用前 3、4 号机组均存在两个第一组 I01：LLS2、RIS5，按照技术规范机组需 24 h向 NS/RRA 模式后撤。请维修机械尽快查明 4LLS001AP 柴油机启动失败根本原因，采取措施彻底消除缺陷。 ②关于今天 4LLS001AP 未预期启动问题，提两点建议： a. 小柴未预期启动或启动后跳闸或启动后无法停运的情况已多次发生(2018 年 10 月至今至少四次)，建议小柴启动的试验安排在早班执行，且必须要求仪控业主现场保驾，以便出现问题时能够及时进行信号强制，避免就地紧急打闸操作产生双机组 IO1：LLS2； b. 4LLS001AP 启动失败，3LLS001AP 应急启动(经查阅逻辑图，并跟仪控共同确认，四号机 MCR 的启动信号被就地 PLC 集成模块记忆，主控无法给 STOP 命令)，现场检查 3LLS001AP 运行正常，因 4LLS001AP 远方启动命令被记忆导致 3LLP001AP 只能就地紧急停运。 存在以下两个选择： a. 保持 3LLS001AP 空载运行能够保证 8LLS002AR 正常供电，从核安全的角度来讲是好的，但空载运行初步评估不可超过 30 min，若长时间空载导致 3 号机组小柴永久损坏，在 4 号机组小柴故障不可预知的情况下，后果更严重； b. 就地紧急停运 3LLS001AP，当需要该小柴运行时，就地控制柜复位后柴油机会自启，但紧急打闸需记录双机组 IO1，叠加 RIS5 的 IO1，24 h 后撤开始计时。 因此建议组织专业评估小柴空载运行的时间限值(规程中同步增加空载运行限值的提示)，并制定小柴应急启动后直至运行人员进行紧急打闸操作响应的允许时间裕度。

续 表

干预行动	LLS 系统 EOMM 手册仅查到如下描述，未写明空载时限(设备管理初步评估空载不应超过 30 min)：机组不宜在低于 20%额定负荷状态下长期运转。 本次决策按照 FQ4-LLS-I-001（4LLS001AP 启动失败导致 3LLS001AP 异常启动处理规程）进行干预，采取 b)的方案响应，在就地检查 3LLS001AP 无异常后打闸并就地守候待命(仪控人员需从市区进厂，等待时间较长)
原因分析	1)直接原因：柴油机高压燃油管有气，燃油在气缸燃烧室内无法压燃，导致柴油机无法正常点火启动； 2)根本原因：2019 年 8 月 12 日处理柴油机跳机缺陷回装高压油管时，在回装时未兼顾管道应力影响及接头把紧力不足，导致接头密封不严，在柴油机完成试验后静置阶段高压油管内燃油缓慢渗漏，导致 5 根高压油管末端进入空气，柴油机无法正常启动； 3)促成原因：厂家技术文件及检修文件中对高压油管接头把紧力度无要求
消缺行动	1)机械处理反馈： ①处理进展：脱开高压供油管线接头，就地启动柴油机后排出管道内空气，供油恢复正常。缺陷消除，执行 FQ4-LLS-T-001 试验合格； ②排查处理措施： a. 维修电气检查主备用蓄电池、电动马达、调速器动作正常； b. 维修机械检查燃油预过滤器无堵塞，低压供油管线供油正常； c. 维修机械脱开高压供油管线出口接头，就地启动柴油机，管线出口有油喷出，回装接头后供油恢复正常，运行重新执行 FQ4-LLS-T-001 试验合格，2019 年 11 月 05 日执行定期试验未发生异常； d. 完成缺陷消除，已生效启动失败缺陷原因分析报告； e. 已排查 3/4 号机组小柴供油管线接头，未发现渗漏及松动现象； f. 完成巡检规程升版生效，细化高压供油管线接头检查项目，有渗油现象及时紧固； g. 已完成《34 号机组 LLS 柴油机可靠性提升计划》生效。

续 表

消缺行动	③故障原因分析： a. 直接原因：柴油机高压燃油管有气，燃油在气缸燃烧室内无法压燃，导致柴油机无法正常点火启动； b. 根本原因：2019 年 08 月 12 日处理柴油机跳机缺陷回装高压油管时，在回装时未兼顾管道应力影响及接头把紧力不足，导致接头密封不严，在柴油机完成试验后静置阶段高压油管内燃油缓慢渗漏，导致 5 根高压油管末端进入空气，柴油机无法正常启动； c. 促成原因：厂家技术文件及检修文件中对高压油管接头把紧力度无要求。 2)安工分析反馈： 2019 年 05 月 22 日，4LLS001AP 启动试验过程中因冷却水回路温度计接线松动出现机械故障报警；2019 年 08 月 10 日，4LLS001AP 启动试验过程中因燃油粗过滤器堵塞导致启动失败。近半年来，4LLS001AP 启动定期试验中已出现 3 次异常故障，需依据《34 号机组 LLS 柴油机可靠性提升计划》提升水压试验泵柴油发电机的安全可靠性
相关知识	1)技术知识： ①3/4 号机 KIC 上启动小柴后会闭锁冷却水温度高、润滑油压力过低、机组过流停机信号，同时小柴连续启动 3 次均失败后(21.5 s)会启动相邻机组的小柴。 ②4LLS001AP 柴油机型号为 TBD234V8，是 8 缸四冲程柴油机，工作原理为，电动马达带动柴油机达到启动转速后，经高压喷油泵加压的燃油，通过喷油嘴，形成雾化燃油进入气缸；同时气缸内空气经活塞压缩形成高温、高压气体，两者相遇后迅速混合形成高温、高压可燃气体并自行燃烧做功，推动柴油机运行，同时电动马达啮合齿轮脱开。 此次定期试验时，由于高压油管在回装时存在应力；油管接头密封面接触不良，且燃油油管接头拧紧力度不足，在柴油机运行时随振动逐渐松动，柴油机停运后高压油管内燃油部分渗漏出，空气进入到油管内；由于气体可压缩性，导致燃油通过高压油管后压力不足，并混入过量空气，经过喷油器后燃油雾化不良，在气缸内与高温高压气体混合后无法自燃，柴油机启动失败。 2)技改知识： 针对“3/4LLS001AP 在就地故障时，主控 3/4LLS001AP 出现洋红无法操作”的问题，当前已通过对 3/4LLS001AP 一层数据进行修改处理。在故障出现时，3/4LLS001AP 在 KIC 中的操作按钮不会出现洋红色，仍可以操作(详情请见 WR/WOT：00592298/01294124-01、00592302/01294164-01)

续　表

参考资料信息	运行二处：4 号机组异常反馈——执行 FQ4-LLS-T-001 试验时 4LLS001AP 启动失败； 维修二处机械：4LLS001AP 启动失败缺陷分析排查进展反馈、2019 年 10 月 10 日至 2019 年 10 月 23 日维修日报、《4LLS001AP 启动失败缺陷处理报告》； 核安全处：福清核电 1~4 号机组核安全监督月报 2019 年 10 月； WR/WOT：00628906/01370776-01（紧急工单），工作许可证：4PT32693（4LLS001GE 启动失败，对 4LLS001GE 进行机械检查）	
编　　者	运行二处一值：谷铁	时间：2019 年 10 月 29 日

7.24.13　执行 FQ1-LLS-T-001 时，1LLS001AP 启动 5 s 后跳闸

异常缺陷名称	执行 FQ1-LLS-T-001［LLS 柴油发电机无负荷试验规程（QSR）］时，1LLS001AP 启动 5 秒后跳闸
发生时间	2015 年 04 月 04 日早班
机组状态	1 号机组：RP 模式，满功率；2 号机组处于调试阶段
异常缺陷现象	早班执行 FQ1-LLS-T-001，启动数秒后 1LLS001AP 跳闸，KIC 中出现 1LLS405KA（水压试验泵柴油发电机组保护跳闸）报警和 1LLS451KA（水压试验泵柴油发电机组电气故障报警），期间现场只出现过启动蓄电池电压低报警
风险或潜在后果	1LLS001AP 不可用，产生第二组 I0：LLS1
干预行动	已采取的行动措施： 1）安排现场检查确认 1LLS001AP 故障跳闸情况，确认现场报警信息和现象，确认出现了启动蓄电池电压低报警； 2）检查确认 2LLS001AP 自动启动情况； 3）oncall 电气检查处理
原因分析	控制蓄电池串联接头处生锈
消缺行动	电气处理反馈： 1）处理过程： ①检查启动蓄电池回路正常； ②检查控制蓄电池回路，两节蓄电池串联接头处老化； ③处理蓄电池接头生锈处； ④通知运行人员现场验证； ⑤清理工作现场，归还工作票。 2）故障原因分析：控制蓄电池串联接头处生锈

续 表

相关知识	1)1LLS405KA(水压试验泵柴油发电机组保护跳闸)报警触发的可能原因有以下(在 DU 就地控制盘上确认何种故障): ①柴油机超速停机(应急状态); ②应急停机(应急状态); ③冷却水温度异常停机; ④润滑油压力低停机; ⑤发电机过电压/低电压 LLS810AA; ⑥断路器过流保护 LLS811AA; ⑦发电机过负荷/逆功率 LLS812AA; ⑧发电机频率低 LLS813AA; ⑨定子温度高 LLS815AA。 2)1LLS451KA(水压试验泵柴油发电机组电气故障报警)触发的可能原因有(在 DU 就地控制盘上确认是何种电气故障): ①发电机过电压/低电压(电压异常)LLS810AA; ②发电机过电流 LLS811AA; ③发电机过负荷(kW)/逆功率 LLS812AA; ④电机低频率 LLS813AA; ⑤启动用蓄电池电压低 LLS814AA; ⑥高定子绕组温度 LLS815AA; ⑦控制用蓄电池电压低 LLS816AA
参考资料信息	维修一处电气:EAM 中 00103939-01 的完工报告; WR/WOT:00045040/00103939-01(紧急工单),工作许可证:1-PT-04049-1LLS001AP(检查 1LLS001AP 的启动蓄电池回路)
编　　者	运行二处一值:谷铁　　　时间:2019 年 10 月 29 日

7.24.14　1LLS001AP 主控启动失败

异常缺陷名称	1LLS001AP 主控启动失败
发生时间	2014 年 06 月 04 日
机组状态	1 号机组热试结束的调试阶段
异常缺陷现象	1LLS001AP 在主控 KIC 中启动失败,就地检查 1LLS002AR 控制器有“停机 ECU 报警”
风险或潜在后果	导致 1LLS001AP 不可用

续 表

干预行动	已采取的行动措施： 1）安排现场检查故障报警情况，确认 1LLS002AR 控制器有“停机 ECU 报警”； 2）联系电气检查处理
原因分析	1LLS001AP 主控不能启动的原因： 1）直接原因：“停机 ECU”故障，由 ECU 电压低造成，ECU 为柴油机本体控制模块； 2）间接原因：启动蓄电池已安装 3 年，虽电压、比重参数正常，但电池已降质； 3）根本原因：在接到启动命令后，蓄电池同时带载启动马达及 ECU，启动马达在启动瞬间将蓄电池电压拉低，当蓄电池降质后，ECU 易造成电压低故障
消缺行动	电气处理反馈： 1）检修过程： ①召开工前会，确认工作范围及工作对象，相关风险分析；现场确认隔离；现场建立工作区； ②处理 1LLS001AP 主控不能启动：在 1LLS002AR 中控制器 401UC，菜单“设置——发动机参数——预启动时间”将 0 s 设置为 2 s，以使蓄电池带载合理避峰。设置后，共启动 6 次，均成功； ③处理 1LLS001AP 主控启动后，画面呈洋红色，无法停机：仪控人员办理 TCA，在一层至二层通讯接口处增加 1 个 RS 触发器，用柴油机的成功启动信号 001SY 复位该接口，形成一个脉冲信号，解决一层二层通讯问题； ④清理现场，归还工作票。 2）故障原因分析： ①1LLS001AP 主控不能启动。 直接原因：“停机 ECU”故障，由 ECU 电压低造成，ECU 为柴油机本体控制模块。 间接原因：启动蓄电池已安装 3 年，虽电压、比重参数正常，但电池已降质。 根本原因：在接到启动命令后，蓄电池同时带载启动马达及 ECU，启动马达在启动瞬间将蓄电池电压拉低，当蓄电池降质后，ECU 易造成电压低故障。

续 表

消缺行动	②1LLS001AP 主控启动后，画面呈洋红色，无法停机。 原因分析：MCR 启机后，控制柜 1LLS002AR 会反馈 1LLS002SY，对应于 KIC 画面的 1LLS001KS(MCR 启动)，该 1LLS002SY 反馈设计本意为告知运行人员，1LLS001AP 是由 MCR 起机，非 1LHA \ 1LHB 失电造成。但该 1LLS002SY 一直存在，影响了 DCS 一层至二层的通讯接口，该接口需要一个脉冲信号(握手协议)，但 1LLS002SY 一直存在，导致 KIC 画面呈洋红色
相关知识	水压试验泵应急柴油发电机的启动方式为蓄电池驱动电马达启动。启动用蓄电池和控制用蓄电池电压正常值范围为 24~28 V
参考资料信息	维修一处电气：ECM 中完工报告《FQ1-MA02-RCWO-00013796/01 1LLS001AP 主控启动异常》； WR/WOT：00011085/00013796-01(紧急工单)
编　　者	运行二处一值：谷铁　　时间：2019 年 10 月 29 日

7.24.15 1LLS001AP 启动后跳闸，就地显示"控制电池故障"报警

异常缺陷名称	执行 FQ1-LLS-T-001 LLS 柴油发电机无负荷试验规程时，1LLS001AP 启动后跳闸，就地显示"控制电池故障"报警
发生时间	2015 年 10 月 07 日中班
机组状态	1 号机组：MCS 模式；2 号机组：RP 模式，热功率 20 MW，电功率 0 MWe
异常缺陷现象	执行 FQ1-LLS-T-001 LLS 柴油发电机无负荷试验规程时，1LLS001AP 启动后跳闸，就地显示"控制电池故障"报警
风险或潜在后果	导致 1LLS001AP 不可用，2 号机组产生 I02：LLS1
干预行动	已采取的行动措施： 1)安排现场检查发现就地显示"控制电池故障报警"； 2)oncall 电气检查处理
原因分析	电压表显示值与实际值存在误差，同时会误发出控制蓄电池故障报警导致机组跳闸
消缺行动	电气处理反馈： 1)处理过程： ①对控制蓄电池电压进行检查，1LLS402BT 两节蓄电池电压分别为 13.3 V、13.4 V，满足要求； ②检查蓄电池浮充装置 1LLS401RD、1LLS402RD，充电器正常；

续　表

消缺行动	③继续检查 1LLS402XU，该电压表具有报警功能．经检查确认，电压表显示值与实际值存在误差，同时会误发出控制蓄电池故障报警导致机组跳闸。对其进行校准，发现表计校准旋钮与内部机械机构脱离，无法正常校准； ④领取备件对 1LLS402XU 进行更换，对电压表的显示值与实际值进行比较、验证，发现电压表能够实时准确的蓄电池电压值，同时对报警功能进行验证，报警功能正常； ⑤归还工作票，联系运行人员启动小柴，运行定期试验成功。 2）故障原因分析：电压表显示值与实际值存在误差，同时会误发出控制蓄电池故障报警导致机组跳闸
相关知识	水压试验泵应急柴油发电机的启动方式为蓄电池驱动电马达启动。启动用蓄电池和控制用蓄电池电压正常值范围为 24~28 V
参考资料信息	维修一处电气：EAM 中工单 00146044-01 的完工报告； WR/WOT：00076216/00146044-01（紧急工单）
编　　者	运行二处一值：谷铁　　　　时间：2019 年 10 月 29 日

7.24.16　执行 FQ1-LLS-T-001 期间，1RIS136VB 和 1RCV094VP 未按预期动作

异常缺陷名称	执行 FQ1-LLS-T-001 期间，1RIS136VB 和 1RCV094VP 未按预期动作
发生时间	2015 年 03 月 03 日中班
机组状态	1 号机组：RP 模式，电功率 1000 MWe；2 号机组：机组调试启动阶段，尚未装料
异常缺陷现象	执行 FQ1-LLS-T-001 启动 1LLS001AP 后，1RIS136VB 未自动关闭，1RCV094VP 未自动开启
风险或潜在后果	1RIS136VB 未自动关闭，1RCV094VP 未自动开启，导致水压试验泵通过 1RCV094VP 给主泵供轴封水的功能不可用，导致水压试验泵不可用，产生第一组 I0：RIS5
干预行动	已采取的行动措施： 1）安排现场检查确认 1RIS136VB 和 1RCV094VP 的仪用压空供气正常； 2）oncall 仪控检查处理
原因分析	1KIC 上的 1LSS001AP 启停命令模块和联锁 1RIS136VB 和 1RCV094VP 动作的逻辑在两个不同的 CP 中，启停命令脉冲时间过短，跨 CP 的逻辑可能接收不到，导致 1RIS136VB 和 1RCV094VP 未按照预定要求动作

续 表

消缺行动	仪控处理反馈： 1)处理过程：实施 DCS 软件变更，将 LSS001AP 启停命令转换成 2 s脉冲。运行再次执行 FQ1-LLS-T-001 进行验证； 2)故障原因分析：1KIC 上的 1LSS001AP 启停命令模块和联锁 1RIS136VB 和 1RCV094VP 动作的逻辑在两个不同的 CP 中，启停命令脉冲时间过短，跨 CP 的逻辑可能接收不到，导致 1RIS136VB 和 1RCV094VP 未按照预定要求动作
相关知识	1/2LSS001AP 启动将联锁自动关闭 1RIS136VB 和 2RIS136VB、自动开启 1RCV094VP 和 2RCV094VP
参考资料信息	维修一处仪控：EAM 中工单 00093898-01 的完工报告； WR/WOT：00039990/00093898-01(紧急工单)
编　　者	运行二处一值：谷铁　　时间：2019 年 10 月 29 日

7.24.17　1LLS001AP 运行期间冷却液发生泄漏

异常缺陷名称	1LLS001AP 运行期间冷却液发生泄漏
发生时间	2019 年 03 月 12 日早班
机组状态	1 号机组：RP 模式，电功率 836 MWe；2 号机组：RP 模式，电功率 836 MWe
异常缺陷现象	早班执行《FQ1-LLS-T-001 LLS 柴油发电机无负荷试验规程》，启动 1LLS001AP 一段时间后，1LLS008UC 温度调节器与 1LLS001RF 散热器之间的连接软管接头处松动，冷却液发生泄漏，随即主控停运 1LLS001AP，停运后泄漏减小，缺陷消除前 1LLS001AP 的冷却液液位已低于允许的最低值，经专业评估暂不影响可用性
风险或潜在后果	导致 1LLS001AP 冷却液液位低于允许的最低值，影响 1LLS001AP 运行的可靠性
干预行动	1)已采取的行动措施： ①立即停运 1LLS001AP； ②oncall 机械人员处理； ③由于 1LLS001AP 的冷却液已低于下限，影响 1LLS001AP 运行的可靠性和安全性。

续 表

干预行动	2)建议后续行动： ①机械专业尽快处理漏点并补充冷却液； ②历史上 1LLS001AP 冷却液多次出现液位低的异常(原因未查明)，冷却液泄漏也多次出现，建议分析根本原因并处理，提高 1LLS001AP 可靠性
原因分析	连接软管在启机时存在冲击力导致渗漏
消缺行动	机械处理反馈： 1)处理过程： ①确认设备位号，对连接软管两端接头进行紧固，使用 7 号扳手无法进行紧固，确认接头无松动； ②添加防冻液(BASF G48-24)至防冻液槽上限位，约 4 L； ③观察 2 h 无渗漏，同主控汇报后归还工作许可证。 2)故障原因分析：连接软管启机时存在冲击力导致渗漏
相关知识	柴油机冷却液位，应该离水箱散热器加水口 3~5 cm 为宜
参考资料信息	运行一处：1 号机组异常反馈——1LLS001AP 运行期间冷却液发生泄漏； 维修一处机械：EAM 中工单 01166245-01 的完工报告； WR/WOT：00518400/01166245-01(紧急工单)
编　　者	运行二处一值：谷铁　　　时间：2019 年 10 月 29 日

7.24.18　8RIS011PO 再鉴定过程中主控出现 8RIS423KA(试验泵及辅助装置主故障)

异常缺陷名称	8RIS011PO 再鉴定过程中主控出现 8RIS423KA(试验泵及辅助装置主故障)
发生时间	2017 年 11 月 26 日中班
机组状态	3 号机组：大修 RCD 模式；4 号机组：RP 模式，满功率
异常缺陷现象	执行 FQ4-LLS-T-002：柴油发电机和水压试验泵无密封注水带负荷启动和运行试验规程对 8RIS011PO 再鉴定时，合上 8LLS023JA 后，就地 8LLS001AR 上 8LLS579LA(综合故障报警)灯亮，且无法复位，主控存在 8RIS423KA(试验泵及辅助装置主故障)
风险或潜在后果	影响 8RIS011PO 的可用性，产生 I01：RIS5
干预行动	已采取的行动措施： 1)查看和执行报警卡，现场检查就地 8LLS001AR 上 8LLS579LA(综合故障报警)灯亮，且无法复位；

续 表

干预行动	2)oncall 电气检查处理
原因分析	控制柜 PLC 输入点错误
消缺行动	电气处理反馈： 1)缺陷描述：8RIS011PO 再鉴定过程中主控出现 8RIS423KA 报警； 2)原因分析：控制柜 PLC 输入点错误； 3)处理措施：经与主控沟通，电气人员对水压试验泵控制柜内部的 PLC 进行核实，通过对 PLC 各输入点进行测量查找，发现控制柜内部的空冷风机断路器 003JS 的辅助触点接触不良，导致其信号未正常送入 PLC，触发综合故障报警并无法复位。经过对 003JS 的辅助触点修复后，报警复位消失，水压试验泵正常启动，电气人员保驾至试验结束无异常
相关知识	1)8RIS423KA(试验泵辅助设备故障)报警触发的可能原因有： 下列设备一个(或多个)热保护继电器动作： ①润滑油泵 8RIS111MO：8RIS001XS； ②试验泵 8RIS112MO：8RIS001UF； ③空冷风机 8RIS113MO：8RIS003XS。 2)8RIS423KA(试验泵辅助设备故障)报警触发的可能后果有： 下列设备自动停运： ①润滑油泵 8RIS111MO； ②试验泵 8RIS112MO； ③空冷风机 8RIS113MO
参考资料信息	维修二处电气：“8RIS011PO 再鉴定过程中主控出现 8RIS423KA”故障反馈
编　　者	运行二处一值：谷铁 | 时间：2020 年 01 月 11 日

7.24.19 4LLS001AP 启动后，主控出现 4LLS452KA：水压试验泵柴油发电机组机械故障

异常缺陷名称	4LLS001AP 启动后，主控出现 4LLS452KA：水压试验泵柴油发电机组机械故障
发生时间	2019 年 12 月 03 日早班
机组状态	3 号机组：RP 模式，满功率；4 号机组：RP 模式，满功率

续　表

异常缺陷现象	早班按计划执行 FQ4-LLS-T-001 时，4LLS001AP 启动后，主控出现 4LLS452KA：水压试验泵柴油发电机组机械故障，现场检查 4LLS001AP 运行状态和参数，发现控制屏上存在报警可编程传感器 2 故障，进一步检查发现冷却水温度高达 119 ℃。主控将 4LLS001AP 停运时，根据逻辑图应延时 300 s 停运，但实际是停运信号发出 4LLS001AP 立即停运
风险或潜在后果	1）4LLS001AP 不可用，双机组产生 IO2：LLS1； 2）根据现场现象及历史缺陷，初步分析，冷却水温度测量通道或探头存在故障，非冷却水温度真实高
干预行动	已采取的行动措施： 1）查看和执行报警卡，现场检查 4LLS001AP 运行状态和参数，发现控制屏上存在报警可编程传感器 2 故障，进一步检查发现冷却水温度高达 119 ℃； 2）在主控停运 4LLS001AP； 3）安排现场对冷却水管线进行点温，点温温度在 64 ℃左右； 4）按照规程恢复机组状态，消除双机组 IO1：RIS5； 5）oncall 维修电气检查处理
原因分析	冷却水温度高报警的原因：控制器接线端子排（插拔式）有轻微松动。 主控停运柴油发电机后没有延时 300 s 的原因：水压试验泵应急柴油发电机应急启动（主控启动属于应急启动）情况下，冷却水温度高报警不会导致柴油机跳机，当主控发出停运命令后，应急启动信号消失，此时冷却水温度高报警存在且机组转速超过 300 r/min，满足跳机逻辑，所以没有 300 s 的延时
消缺行动	电气处理反馈： 1）故障描述：早班按计划执行 FQ4-LLS-T-001 时，4LLS001AP 启动后，主控出现 4LLS452KA：水压试验泵柴油发电机组机械故障，就地出现冷却水温度高报警（可编程传感器 2 高），温度显示值为 119 ℃，报警阈值为 91 ℃。 2）原因分析：冷却水温度高报警的原因：控制器接线端子排（插拔式）有轻微松动。 主控停运柴油发电机后没有延时 300 s 的原因：水压试验泵应急柴油发电机应急启动（主控启动属于应急启动）情况下，冷却水温度高报警不会导致柴油机跳机，当主控发出停运命令后，应急启动信号消失，此时冷却水温度高报警存在且机组转速超过 300 r/min，满足跳机逻辑，所以没有 300 s 的延时。

续　表

消缺行动	3）处理措施： ①立即测量冷却水真实温度为 64 ℃； ②对温度探头进行检查并进行模拟，未发现问题； ③对控制器接线端子排（插拔式）进行检查，发现有轻微松动，重新对端子排进行压紧后，控制屏上冷却水温度显示正常（45 ℃左右），晃动端子排，显示数值未发生变化，确认端子排已固定； ④对 4LLS002AR 内同类端子排进行检查未发现松动问题
相关知识	1）冷却水温度高报警存在且机组转速超过 300 r/min，且无紧急启动信号时，水压试验泵应急柴油机触发保护跳机和紧急停机； 2）当 3/4LLS001AP 无应急启动信号时，在就地位置手动停机或是在远方位置 KIC 中手动停机时，经 300 s 冷却延时后，3/4LLS001AP停机
参考资料信息	维修二处电气：“答复：异常反馈——执行 FQ4-LLS-T-001 时，主控出现 4LLS452KA 报警”
编　　者	运行二处一值：谷铁　　　时间：2020 年 01 月 11 日

7.24.20　4LLS001AP 异常停运，导致 3LLS001AP 自动启动

异常缺陷名称	4LLS001AP 异常停运，导致 3LLS001AP 自动启动
发生时间	2020 年 04 月 21 日早班
机组状态	3 号机组：RP 模式，满功率；4 号机组：RP 模式，满功率
异常缺陷现象	早班执行定期试验 FQ4-LLS-TPTSL-0002，4LLS001AP 启动带载 8RIS011PO 运行约 11 min 后，8RIS011PO 停运，8LLS022JA 跳闸；2 s 后 8LLS022JA 重新合闸，8RIS011PO 再次带载；约 1 min 后，8RIS011PO 再次停运，8LLS022JA 跳闸。之后 4LLS001AP 反复显示“正常运行状态—洋红色”，伴随主控产生报警“4LLS451KA：水压试验泵柴油发电机组电气故障”“8RIS423KA：试验泵及辅助装置主故障”，就地试验配合人员观察到 4LLS001AP 多次转速下降。4LLS001AP 反复 3 次显示“正常运行状态—洋红色”后，触发 4LLS001AP 启动 3 次失败，3LLS001AP 自动启动
风险或潜在后果	1）3LLS001AP 紧急停运期间，导致 2 台 LLS 柴油发电机不可用，产生双机组随机 I01：LLS2；

续 表

风险或潜在后果	2)4LLS001AP 不可用，产生双机组随机 I02：LLS1(注：此时 3 号机组存在 4 个 I02)； 3)QSR 定期试验 FQ4-LLS-TPTSL-0002 不成功； 4)8RIS011PO 暂不可用，产生双机组随机 I01：RIS5
干预行动	1)已采取的行动措施： ①查看和执行报警卡； ②执行《FQ4-LLS-TPOPAB-0001 4LLS001AP 启动失败导致 3LLS001AP 异常启动处理规程》将 8RIS011PO、3LLS001AP 紧急停运。3LLS001AP 紧急停运期间，导致 2 台 LLS 柴油发电机不可用，产生双机组随机 I01：LLS2；8RIS011PO 暂时不可用，产生双机组随机 I01：RIS5； ③现场进行就地复位操作，通过 4LLS405TO 复位 4LLS001AP 报警，通过 3LLS401/405TO 复位 3LLS001AP，恢复 3LLS001AP 可用，消除双机组随机 I01：LLS2； ④oncall 维修机械、电气、仪控和设备管理工程师检查处理； ⑤检查核实 8RIS011PO 停运原因，确定因 8LLS001AR 电压低，最终导致水压试验泵 8RIS011PO 跳闸，安排现场继续根据规程复位 8LLS030TO 并恢复水压试验泵在线状态，水压试验泵恢复可用，消除双机组 IO1：RIS5。 2)建议后续行动： ①检查 4LLS001AP 异常停运原因，恢复 4LLS001AP 可用； ②检查 8RIS011PO 停运原因，确认 8RIS011PO 可用； ③4LLS001AP 恢复可用后，重新执行定期试验 FQ4-LLS-TPTSL-0002
原因分析	1)主控首先出现报警 8RIS423KA(试验及辅助装置主故障)，水压试验泵 8RIS011PO 停运，经查询逻辑图，产生 8RIS423KA 报警的原因如下： ①变频器故障(有可能)； ②润滑油泵启动后压力低(有可能)； ③开始调压后压力高(未进行过调压，不可能)； ④8RIS111PO 过载(未发生)； ⑤8RIS113PO 过载(未发生)； ⑥8RIS302VB 过载(未发生)； ⑦8RIS001-003JS 打开(未发生)。 水压试验泵 8RIS011PO 跳闸可能原因如下： ①变频器故障(有可能，电压波动可能导致变频器运行故障)； ②急停信号触发(未触发)； ③8LLS021JA 或 8LLS022JA 未合闸(未发生)；

续 表

原因分析	④8RIS002JS 打开(未发生)。 原因分析结论：因 8LLS001AR 电压低，导致水压试验泵 8RIS011PO 跳闸。 2)水压试验泵柴油发电机组 4LLS001AP 跳闸，主控出现报警 4LLS451KA(水压试验泵柴油发电机组电气故障)，经查询报警卡，并与电气现场确认，就地控制盘出现如下报警： ①燃油压力低报警； ②发电机低频率报警； ③发电机欠压报警； ④转速丢失； ⑤充电失败。 查询逻辑图，4LLS001AP 跳闸的原因可能有： ①非应急启动且机组转速≥300 r/min 的情况下：冷却水温度过高、润滑油压过低、机组电流≥1.2In(注：主控启动为应急启动，故执行 FQX-LLS-TPTSL-0001/0002 时出现上述报警不会导致柴油机自动停运)； ②LLS401TO 紧急停机(未触发过)； ③低电压保护停机(触发过发电机欠压报警)； ④超速保护停机(未触发超速保护)。 当班值组织维修机电仪、设备管理及核安全处分析讨论后，得出如下结论： ①燃油压力低/发电机低频率/发电机欠压报警，为柴油发电机出力不足，较大可能与柴油发电机供油不足相关。转速丢失、充电失败为瞬态下的次生报警，可排除其导致柴油发电机组停运的原因。 分析确认本次应急启动情况下，因低电压保护动作，导致 4LLS001AP 跳闸； ②水压试验泵柴油发电机组 4LLS001AP 跳闸的具体可能原因有： a. 柴油发电机组线路和继电器故障(维修电气检查端子排接线未发现异常)； b. 柴油发电机组调速器故障(维修电气检查外观和接线未发现明显异常)； c. 柴油发电机组供油不足(可能性很大，此前多次出现)； i. 过滤器堵塞(检查后排除)； ii. 接口漏油(检查后排除)； iii. 供油管线进气(检查后排除)； iv. 柴油机油质不合格(补油时油质合格，可能性非常小)； v. 断油阀故障关闭(未触发)； vi. 电磁阀控制阀故障(本次 4LLS001AP 异常停运故障原因)。

续 表

原因分析	原因分析结论：燃油电磁阀 100EL 控制阀故障，燃油回路旁路控制阀内漏，内漏使得进油主回路燃油被旁通回油箱，导致气缸供油不足，柴油机异常停运以及启动失败
消缺行动	机械处理反馈： 1)处理进展：最终定位故障原因是燃油电磁阀 100EL 控制阀故障，更换控制阀后，就地启动 4LLS001AP 空载运行、带载试验合格，参数正常。 2)故障原因分析：控制阀布置在燃油总管，当燃油压力达 0.33~0.40 MPa，控制阀动作，旁通回路开启，将部分燃油旁通至油箱，起维持燃油回路压力稳定及超压保护功能；初步判断控制阀内漏原因为阀门存在动作后阀芯回位不良情况，保压功能失效，造成柴油机带载过程燃油大量旁通至油箱造成供油量不足，造成柴油机停机。 3)处理措施： ①对柴油机进行手动盘车两周，确认无卡涩； ②松开燃油进油管路末端接头，确认管路内燃油通畅，排除粗过滤器堵塞原因； ③拆卸柴油机入口空气过滤器，目视检查无堵塞，排除进气不足的原因； ④检查燃油停机电磁阀(100EL)的控制阀，发现该阀逆止方向柴油静压滴漏试验无法保压，漏量较大进行更换
相关知识	3/4 号机 KIC 上启动小柴后会闭锁冷却水温度高、润滑油压力过低、机组过流停机信号，同时小柴连续启动 3 次均失败后(21.5 s)会联锁启动相邻机组的小柴
参考资料信息	运行二处：《FQ4-LLS-TPTSL-0002 试验不合格原因分析讨论会会议纪要》、4 号机异常反馈——4LLS001AP 异常停运； 维修二处：《日常维修日报 20200422》； WR/WOT：00720719/01568134-01(紧急工单)
编　　者	运行二处一值：谷铁　　　时间：2020 年 01 月 11 日

7.24.21 LLS 系统异常缺陷处理总结

(1)LLS001AP 启动失败的可能原因

1)启动电源故障；

2)调速器执行器卡涩；

3)燃油回路故障，供油不足；

4)通讯故障等。

(2)处理 LLS001AP 启动失败的注意事项

以 3、4 号机均为 RP 模式，满功率，执行 FQ3-LLS-T-002 时 3LLS001AP 启动失败，导致 4LLS001AP 应急启动为例：

1)3LLS001AP 启动失败导致 4LLS001AP 异常启动后，4LLS001AP 处于应急启动状态，在主控和现场均无法正常停运，在水压试验泵就地停运后为了避免 4LLS001AP 长时间空载运行，需要在现场用紧急停机按钮 4LLS401TO 停运 4LLS001AP，导致两台机组的 LLS 柴油机不可用，两台机组在 RP、NG/SG 模式均需要记录 IO1：LLS2；

2)定期试验执行过程中会记录计划 IO1：RIS5，因此 IO 叠加需要遵循技术规范后撤时限的要求。

3)3 号机 KIC 启动 3LLS001AP 的信号被就地 PLC 集成模块记忆，主控无法给 STOP 命令，导致 4LLS001AP 无法在主控 KIC 中手动停运(存在自动启动信号)，4LLP001AP 只能就地紧急停运。需要仪控强制 3LLS001AP 正常停运信号后，再复位 4LLS001AP 的紧急停机，在 4LLS001AP 紧急停机按钮复位后可以消除 LLS2 的 IO1。

4)4LLS100EL 电磁阀长时间带电可能会使电磁阀烧坏，需尽早复位应急停运按钮。

(3)LLS001AP 启动失败或故障跳闸处理的运行故障规程

《FQ3-LLS-I-001 3LLS001AP 启动失败导致 4LLS001AP 异常启动处理规程》《FQ4-LLS-I-001 4LLS001AP 启动失败导致 3LLS001AP 异常启动处理规程》。

参考文献

[1] 任白．反惯性思维[M]．天津：天津人民出版社，2017.

[2] 李俊涛，张凤鸣，李永宾．耗散结构理论在飞机系统性能分析中的应用初探[J]．微计算机信息，2006，22(25)：186-188.

[3] 王从陆，蔡康旭，伍爱友．基于耗散结构理论的故障分析与控制[J]．湘潭师范学院学报：自然科学版，2005，027(004)：77-80.

[4] 何盛明．财经大辞典[M]．北京：中国财政经济出版社，1990.

[5] (英)亚当斯密．国富论[M]．高格，译．北京：中国华侨出版社，2014.

核电机组系统设备

异常缺陷“病历库”

第二册

福建福清核电有限公司　编

中国原子能出版社
China Atomic Energy Press

图书在版编目(CIP)数据

核电机组系统设备异常缺陷“病历库”/福建福清核电有限公司编. —北京：中国原子能出版社，2020.7
ISBN 978-7-5221-0618-2

Ⅰ.①核… Ⅱ.①福… Ⅲ.①核电站-发电机组-电气设备-检修 Ⅳ.①TM623.7

中国版本图书馆CIP数据核字(2020)第101274号

核电机组系统设备异常缺陷“病历库”(第二册)

出版发行 中国原子能出版社(北京市海淀区阜成路43号 100048)
策划编辑 王 丹 高树超
责任编辑 高树超
责任校对 冯莲凤
责任印制 潘玉玲
装帧设计 赵 杰
印　　刷 河北文盛印刷有限公司
开　　本 787 mm×1092 mm 1/16
印　　张 24
字　　数 538千字
版　　次 2020年7月第1版 2020年7月第1次印刷
书　　号 ISBN 978-7-5221-0618-2
定　　价 698.00元(全三册)

发行电话：010-68452845

编 委 会

序　言

核能作为我国能源的重要组成部分，其发展事关国家能源战略安全。中国核能行业协会发布的《我国三代核电发展战略价值研究报告》指出，无论从三代核能发展的政治战略价值分析、社会生态价值分析，还是经济战略价值分析，核能都是构建清洁低碳、多轮驱动的能源供应体系的一种必然选择。为了占领核能发展的制高点，不断改进核电的安全性，提升核电的经济性，世界各国核能创新的步伐没有停歇，正在加快推进先进核能技术的开发，竞相占领创新发展制高点。

核能发展需要有远谋，更需要有作为。自主创新，抢占核能发展的制高点，是引领世界核能发展的关键，是中国从核能大国转向核能强国的核心所在。

讲核电发展，首先就是要讲核电的安全。没有安全为基础，核电发展就是“无源之水，无本之木”。筑牢核安全基石、确保核电安全是国家对核能行业的使命要求，也是核能行业共同的政治责任和社会责任。

如何提高核电的安全性，呵护核电安全运行？设备可靠性管理在核电提升核安全水平，提高机组能力因子，降低生产成本，持续改进整体业绩中起着非常重要的作用。并在实践中得到验证和高度认可。设备可靠性管理的创新无疑可以为保障设备的安全可靠运行、推动核电的安全提供持续的动力。

创新从何而来？创新应该来源于积累！

福清核电 1~4 号机组已投运数年，在设备可靠性管理方面，积累了丰富的设备异常缺陷处理案例、经验和技术资料。《旧唐书·魏徵传》李世民曰：“夫以铜为镜，可以正衣冠；以史为镜，可以知兴替；以人为镜，可以明得失。”这些设备异常缺陷处理数据都能成为我们机组系统设备异常缺陷处理的“镜子”，也能成为我们设备可靠性管理创新的基石，打开我们领引核电设备可靠性管理的大门。

作为守卫核电机组安全的核电运行人，我们始终践行着“做一名具有高度责任心的核电运行人”，思考着设备可靠性管理的提升，思考着如何去利用好这一面面的“镜子”。机组系统设备与人身体器官的类比性，让医疗体系的“病历”给了我们启发。让我们从医疗系统“病历”的角度出发，思考核电机组系统设备异常缺陷（故障）处理，于是我们考虑构建机组系统设备异常缺陷“病历库”，来对机组上系统设备异常缺陷的处理数据信息进行科学的管理。

“病历”在医疗系统诞生由来已久，远超核电的发展历史，在医疗行业其科学性和实际应用价值毋庸置疑。将医疗系统的“病历”概念和先进的管理方法引入核电，当前全世界范围内尚无先例，对于我们是挑战也是创新。核电机组与人有类比性，医疗行业和核电行业也有类比性，但核电有核电的特殊性，医疗也有其特殊性，因此我们需要谨慎借鉴和仔细研究，而不是一味照搬。

构建机组系统设备异常缺陷“病历库”，并不是为了标新立异而去又弄一个新名字

的旧管理方法，来增大我们核电工作人员的负担，而是要构建机组系统设备异常缺陷处理科学的管理体系，要为我们机组系统设备异常缺陷处理带来方便，提高我们工作的效率和生产效益，提高我们设备可靠性管理水平，提高我们的安全保障。“病历库”的构建以处理机组系统设备异常缺陷为导向，不同于我们以往的技术报告、经验反馈、良好实践、偏差快报等，“病历库”关注设备异常缺陷处理的全过程，关联整个系统、整个机组的全范围，涉及各消缺相关的专业的全员，贯穿设备异常缺陷处理的始终。

基于此，我们在此书中阐述当前阶段在实现构建核电机组系统设备异常缺陷“病历库”体系过程中的实践工作成果。同时国务院印发的《新一代人工智能发展规划》中明确提出要建立混合增强智能支撑平台，建立“支撑核电安全运营的智能保障平台”。我们借鉴和吸收医疗电子病历体系先进的科学管理方法和使用经验，也进行了前瞻性的规划研究工作，拟构建核电机组系统设备“病历库”软件平台，规划利用数据库技术和数据挖掘(包括神网络法、关联规则法、决策树法等)等人工智能技术开发核电的“病历库”软件系统，以抢抓人工智能发展的重大战略机遇，构筑我国核电领域人工智能发展的先发优势。

核电机组系统设备“病历库”软件平台主要实现以下两大目标：1)构建核电机组系统设备“病历库”大数据。构建系统设备的“病症库”大数据、“运维处方库”大数据、“运维专家库”大数据、“源项关联分析(源项库)”全域大数据；2)实现设备异常缺陷处理的人工智能技术应用。实现自动识别和确诊系统设备的异常缺陷，自动运行干预行动操作票和维修消缺行动操作票自动生成功能。利用“病历库”的大数据和人工智能，应用到核电运维领域的日常和大修期间设备异常缺陷处理的数据录入、查询、分类、归纳、统计分析、风险源项关联分析、干预行动和消缺行动制定等工作中，应用到核电运维领域的定期试验、设备切换、预防维修、技术改造创新等工作的风险源项关联分析、预防措施制定、事故预想、决策支持等方面，继而提高核电各专业协同作战的水平，提高核电运维工作效率，提高设备故障处理的及时性和有效性，进而提升设备可靠性管理水平，实现建立起我国”支撑核电安全运营的智能保障平台”的远大愿景。

核工业是高科技战略产业，在面临新一轮人工智能发展的重大战略机遇期，建设创新型国家和世界科技强国过程中，要继续发扬“两弹一星”精神，勇于登攀，奋发进取，加快实现我国由核大国向核强国跨越。核电系统设备异常缺陷“病历库”体系的构建，可以使福清核电在中国乃至在全世界范围内，首次在核电领域采用“病历库”的概念和科学的“病历”管理体系，进而切实的做到从“实战”中总结应用到“实战”中去，提升运维人员在设备故障处理时“协同作战”的水平，提高我国核电设备可靠性管理水平，抢占核能发展制高点，引领世界核能发展，走出一条中国特色的核能发展之路。

前言

构建机组系统设备异常缺陷“病历库”，我们运行部门主要分三步走：第一步由运行二处组织策划“病历库”的编制方案，组织运行值人员按系统分类收集整理1~4号机组系统设备异常缺陷处理相关的运行异常反馈邮件和专业oncall反馈邮件、值长日报和维修日报、运行一处和运行二处内部经验反馈等数据资料，并安排操纵员和高级操纵员编写机组各工艺系统的“病历库”，组织值长和副值长对“病历库”内容进行审校。将“病历库”作为机组系统设备故障时诊断与采取干预措施的重要参考资料信息，同时构建起处理异常缺陷的知识体系，来提升操纵员的基本功。

第二步由运行一处组织在“病历库”基础上，依托福清核电启明星计划项目，组织操纵员和高级操纵员对典型病历进行研究分析，提炼和优化运行控制干预方案，并将成果优化到运行规程程序中，根据病历研究分析结果，对机组巡检数据进行全面优化，对系统健康评价和精细化巡检进行全面优化。

第三步由运行二处组织“病历库”平台软件的开发策划和研究工作，通过构建“病历库”软件平台来科学的管理机组系统设备异常缺陷的处理数据，构建起机组系统设备异常缺陷处理的大数据，继而打开核电设备故障人工智能化处理的大门，将“病历库”平台软件中的“运维处方库”“运维专家库”“机组系统设备源项关联分析数据库”应用到我们核电机组日常定期试验、定期切换、设备预维工作、设备隔离检修工作、设备故障处理等等运维工作中去。

本书作为构建核电系统设备异常缺陷“病历库”的第一步，着力于收集整理机组系统设备异常缺陷处理数据资料，编制《核电系统设备异常缺陷“病历库”》，阐述核电系统设备异常缺陷“病历库”的目的意义、构建方法，规划“病历库”软件平台的功能模块设计和逻辑流程。

本书在公司领导和处室领导贾玉强等同志的安排规划下，由运行二处一值负责编写。在运行二处一值值长的带领和组织下，从2018年开始，历经约半年时间，我们按系统分类收集整理了福清核电1~4号机组系统设备异常缺陷处理相关的运行异常反馈邮件和专业oncall反馈邮件、值长日报和维修日报、运行一处和运行二处内部经验反馈等数据资料。

2019年年初根据安排，处室领导杨东升、董恩兴副处长、陈路标高级值长指导我们编写了《核电机组系统设备异常缺陷“病历库”编制策划书》，我们规划了编制计划、人员分工，设计了“病历卡”模板，制定了“病历卡”编写规范。

策划完成后，运行二处一值在值长和副值长带领下，组织操纵员和高级操纵员立即着手开始了机组系统设备“病历库”的编写工作。编制过程中，我们翻阅了收集资料中的运行异常反馈邮件和专业oncall反馈邮件、值长日报和维修日报、运行一处和运行二处内部经验反馈、运行周报、核安全周报等大量数据资料，同时查看了EAM和ECM

系统中大量维修完工报告、工作分析报告，查找了大量运行日志数据信息，研究了模拟图、逻辑图、技术报告、系统设备运维手册等资料，力求编制的每个设备异常缺陷对应的“病历卡”信息，具有更实用更全面更有效应用价值。历经大半年时间，大家投入了极大的热情和大量休息时间，全身心地投入到这一意义重大富有创新的“病历库”编制工作中，终于成稿。

全书共分三册，包括综述和其他六个章节，其中综述由谷铁同志编写，其余第二章到第七章为各系统“病历库”章节，该部分由运行一值的操纵员和高级操纵员及副值长负责编写，具体分工如表 1 所示。

表 1　人员系统分工表

编写人员	负责系统
谷　铁	ABP、ACO、ADG、AGM、APA、CFI、DEG、DEL、KCS、KIC、KCP、KRT、RGL、VVP、RPE、AVC、LSS、GPA、RIC、LLS、SIT、LAA、GSE、CTE、GGR、LHP、LHQ、LHA、RAZ、RAM、SAP、PTR、CEX、GSY、GRE、SEC、SEN、RPN、SEL
姚嘉俊	AHP、APG、RCV、REN、STR
石亿虎	APD、ARE、DVN、GSS、RCP、RIS、RPN、RPR、SRI
高鹏威	CVI、DVC、DVL、DVK、GCT、GSY、LHP、LHQ
石兴强	ATE、GRE、GRH、GRV、SIR、SEL
胡松辉	ASG、CET、CGR、GFR、GHE、GST、SAR
朱克勤	EAS、8TEG、8TEP、8TEU、TER、ASG
林赐彦	8SRE、8TEG、8TEP、8TEU、ETY、RRI、RRA、RCV、LBA、SAR
张美强	DVE、DVF、DVG、DVH、DVI、DVS、RRM、DVL
杨少东	JDT、JPT、JPU、JPD、JPI、JPL、JPP、JPV、KKO、RRI
陈金龙	SAP、SEN、SER、RRM、RAZ
唐　杰	LGA、LGB、LGD、LHA、LHB、LKR
王　敏	LKC、LKD、LKE、LKF、LKG、LKH、LKJ、LKP、LKQ、LKR、CFI
游志泽	CRF、LBJ
高文超	REA、REN
向　阳	LCB

2019 年 06 月中旬，我们完成各工艺系统的“病历库”编制后，开始进行统稿校核，7 月初《核电机组系统设备异常缺陷“病历库”》的初稿终于完成。而后在运行二处一值高文超值长的组织和支持下，我们开始了《核电机组系统设备异常缺陷“病历库”》的升版和审稿工作。组织了运行二处和运行一处的值长、副值长历经一个季度，对一百多个系统，近千页稿件进行了审查，同时组织了值内操纵员进行修改升版(见表2)。

表 2　审核人员分工

章　　节	审核人员
第二章　一回路主要系统及其辅助系统“病历库”	高文超、谷铁、王伟、高云飞、吴锦财
第三章　二回路主要系统及其辅助系统“病历库”	常亚飞、王立、姚嘉俊、徐海龙
第四章　三回路主要系统及其辅助系统“病历库”	谷铁、向阳
第五章　BOP 系统及消防相关系统“病历库”	向阳
第六章　仪控相关系统“病历库”	宁宇
第七章　电气相关系统“病历库”	宁宇、谷铁、韩鋆龙
章　　节	升版人员
第二章　一回路主要系统及其辅助系统“病历库”	谷铁、林赐彦、石亿虎、王敏、游志泽
第三章　二回路主要系统及其辅助系统“病历库”	高文超、谷铁、朱克勤、张美强、石兴强、唐杰
第四章　三回路主要系统及其辅助系统“病历库”	向阳、杨少东
第五章　BOP 系统及消防相关系统“病历库”	向阳、高鹏威、杨少东
第六章　仪控相关系统“病历库”	姚嘉俊、高鹏威、胡松辉
第七章　电气相关系统“病历库”	姚嘉俊、胡松辉

最终《核电机组系统设备异常缺陷“病历库”》的成稿总共囊括机组上 110 多个系统的“病历库”，达 1200 多页，总计 175 万多字。在此感谢各位编写人员和审稿人员的辛勤付出，也感谢在编写过程中各位处室领导的大力支持和热心指导。

《核电机组系统设备异常缺陷“病历库”》编写时间短、量大、难度高，限于作者知识水平有限，编写的过程中难免存在疏漏和不妥之处，欢迎读者批评指正，以使之不断完善。

声　明

本书中“病历”二字为对“异常缺陷处理过程数据信息”的类比而来。将机组和人类比，将系统设备与人体系统器官类比，把机组系统设备的异常缺陷与人身体器官的病变类比，进而将运维人员处理机组系统设备异常缺陷的历程数据和医生医治病人的病历类比。因此请勿对《核电机组系统设备异常缺陷“病历库”》全书中的“病历”二字进行过度解读，以免造成不必要的误会和中伤。

本书中所有系统“病历库”中所涉及的“病历卡”，由运行人员搜集福清核电机组系统设备异常缺陷案例编制而成，部分举例案例来自其他核电，编写过程中存在加工的成分，难免与实际事实存在不一致的情况，因此所有内容仅供工作学习参考，所有“病历卡”案例内容均不得当作事实成为任何纠纷的依据。

目　录

第三章　二回路主要系统及其辅助系统“病历库” ······ 1
3.1　低压给水加热器系统(ABP) ······ 1
3.2　给水加热器疏水回收系统(ACO) ······ 24
3.3　给水除氧器系统(ADG) ······ 40
3.4　电动主给水泵润滑油及调节油系统(AGM) ······ 68
3.5　电动给水泵系统(APA) ······ 91
3.6　高压给水加热系统(AHP) ······ 156
3.7　启动给水系统(APD) ······ 160
3.8　蒸汽发生器排污系统(APG) ······ 163
3.9　主给水流量控制系统(ARE) ······ 166
3.10　辅助给水系统(ASG) ······ 182
3.11　凝结水精处理系统(ATE) ······ 190
3.12　汽轮机轴封系统(CET) ······ 193
3.13　凝结水抽取系统(CEX) ······ 195
3.14　凝汽器真空系统(CVI) ······ 204
3.15　电气厂房冷冻水系统(DEL) ······ 211
3.16　主控室空调系统(DVC) ······ 240
3.17　电缆层通风系统(DVE) ······ 242
3.18　电气厂房排烟系统(DVF) ······ 245
3.19　辅助给水泵房通风系统(DVG) ······ 246
3.20　电气厂房主通风系统(DVL) ······ 249
3.21　汽轮机旁路系统(GCT) ······ 252
3.22　汽轮机调节油系统(GFR) ······ 256
3.23　汽轮机润滑、顶轴和盘车系统(GGR) ······ 258
3.24　发电机密封油系统(GHE) ······ 280
3.25　汽轮机调节系统(GRE) ······ 283

3.26　氢气冷却器系统(GRH) …………………………………………………… 289
3.27　发电机氢气供应系统(GRV) ………………………………………………… 290
3.28　汽轮机保护系统(GSE) ……………………………………………………… 291
3.29　汽水分离再热系统(GSS) …………………………………………………… 315
3.30　发电机定子冷却水系统(GST) ……………………………………………… 324
3.31　发电机并网系统(GSY) ……………………………………………………… 327
3.32　化学加药系统(SIR) ………………………………………………………… 340
3.33　给水化学取样系统(SIT) …………………………………………………… 341
3.34　常规岛闭路冷却水系统(SRI) ……………………………………………… 349
3.35　蒸汽转换器系统(STR) ……………………………………………………… 354
3.36　主蒸汽系统(VVP) …………………………………………………………… 355

第三章　二回路主要系统及其辅助系统“病历库”

3.1 低压给水加热器系统(ABP)

3.1.1　1ABP420VV 显示大红色故障，现场查看为关闭状态

异常缺陷名称	1ABP420VV 显示大红色故障，现场查看为关闭状态
发生时间	2017 年 12 月 17 日夜班
机组状态	RP 模式，满功率
异常缺陷现象	1ABP420VV 显示大红色故障，现场查看为关闭
风险或潜在后果	影响 1ABP420VV 阀门动作的可靠性，影响汽轮机抽汽管道的疏水
干预行动	已采取的行动措施： 1)安排现场检查确认阀门实际状态； 2)oncall 仪控和机械检查处理； 3)主控加强关注 1ABP113SN/114SN 的触发情况，若液位高触发阀门未自动开启，安排现场手动开启
原因分析	联轴器偏移
消缺行动	机械处理反馈： 1)处理过程： ①对联轴器进行校正； ②仪控配合安装限位连杆； ③联系运行人员进行验收。 2)故障原因分析：联轴器偏移

续表

相关知识	ABP420VV 控制逻辑： 1) ABP420VV（4A 低加抽汽止回阀前疏水阀）自动开关信号：ABP113SN 触发(4A 低加抽汽止回阀前疏水袋前液位高)或 4A 低加抽汽止回阀关或汽轮机负荷小于 30%FP 或汽轮机跳闸，ABP420VV 将自动开启，开启经一定延迟后自动关闭； 2) ABP420VV（4A 低加抽汽止回阀前疏水阀）保护开信号：ABP114SN 触发(4A 低加抽汽止回阀前疏水袋前液位高高)信号	
参考资料信息	维修一处机械：完工报告《FQ1-MA01-RCWO-00782475/01 1ABP420VV 显示大红色故障，现场查看为关闭，怀疑限位问题，需检查处理》； WR/WOT：322384/00782475-01(紧急工单)	
编　　者	运行二处一值：谷铁	时间：2019 年 01 月 10 日

3.1.2　2ABP420VV 阀门在开启过程中显示大红色

异常缺陷名称	2ABP420VV 阀门在开启过程中显示大红色，现场检查已碰到开限位
发生时间	2017 年 11 月 05 日早班
机组状态	RP 模式，上行准备冲转并网
异常缺陷现象	执行 FQ2-GTA-C-005 时发现 2ABP420VV 大红色，现场检查已碰到开限位
风险或潜在后果	影响 2ABP420VV 阀门动作的可靠性，影响汽轮机抽汽管道的疏水
干预行动	已采取的行动措施： 1) 安排现场检查确认阀门实际状态； 2) oncall 仪控检查处理； 3) 主控加强关注 2ABP113SN/114SN 的触发情况，若液位高触发阀门未自动开启，则安排现场手动开启
原因分析	2ABP420VV 阀门开关位置出现偏移
消缺行动	仪控处理反馈： 1) 工作过程： ①拆除 2ABP420VV 开关； ②向 2ABP420VV 阀杆方向移动开关，且固定开关； ③验证开关动作正常； ④将限位开关反馈杆与阀杆重新连接并进行固定； ⑤联系运行人员验收。 2) 故障原因分析：2ABP420VV 阀门开关位置出现偏移

续　表

相关知识	ABP420VV(4A 低加抽汽止回阀前疏水阀)的自动控制逻辑： 1) ABP420VV(4A 低加抽汽止回阀前疏水阀)自动开关信号：ABP113SN 触发(4A 低加抽汽止回阀前疏水袋前液位高)或 4A 低加抽汽止回阀关或汽轮机负荷小于 30%FP 或汽轮机跳闸，ABP420VV 将自动开启，开启经一定延迟后自动关闭； 2) ABP420VV(4A 低加抽汽止回阀前疏水阀)保护开信号：ABP114SN 触发(4A 低加抽汽止回阀前疏水袋前液位高高)信号
参考资料信息	维修一处仪控：完工报告《FQ2-MA03-RCWO-00745371/01 2ABP420VV 阀门在开启过程中显示大红色，现场检查已碰到开限位，需检查处理》； WR/WOT：00307524/00745371-01(紧急工单)
编　　者	运行二处一值：谷铁　　时间：2019 年 01 月 10 日

3.1.3　1ABP001HXT 中 1ABP003KT 显示××××

异常缺陷名称	1ABP001HXT 中 1ABP003KT 显示××××，需检查仪表
发生时间	2018 年 03 月 05 日早班
机组状态	机组 103 大修
异常缺陷现象	1ABP001HXT 中 1ABP003KT 显示××××
风险或潜在后果	导致使用 1ABP003KT 无法监测 1B 低加进口水温
干预行动	已采取的行动措施： 1) 安排现场检查 1ABP003KT 外观和接线情况； 2) oncall 仪控检查处理； 3) 通过 1CEX007KT 和 1ABP0001KT 辅助监视 1B 低加进口水温
原因分析	温度元件接线脱落
消缺行动	仪控处理反馈： 1) 处理过程： ①在 DCS 机柜侧检查 1ABP003KT 的接线，检查并未松动； ②来到就地检查温度元件接线，发现有一根接线脱落，重新压线鼻子进行紧固，联系运行人员，1ABP003KT 显示正常； 2) 故障原因分析：温度元件接线脱落

续 表

相关知识	1ABP003KT 只参与 KIC 显示，不涉及报警和逻辑动作	
参考资料信息	维修一处仪控：完工报告《FQ1-MA03-RCWO-00865924/01 1ABP003KT 显示×××》； WR/WOT：00356593/00865924-01（紧急工单）； 其他类似异常缺陷： 1）2018 年 02 月 05 日，开工计划工单：3ABP013KT 主控显示×××× 检查处理（WOT：00842144-01）。 故障原因分析：3ABP013KT 无件内接线松动导致主控显示××××。 详情请见维修二处：完工报告《FQ3-MA03-RCWO-00842144/01 维修一级：3ABP013KT 主控显示××××检查处理》。 2）2017 年 08 月 13 日，开工计划工单：4ABP017KT 主控显示×××× 检查处理（WOT：00669579-01）。 故障原因分析：4ABP017KT 接线松动，导致温度显示故障。 详情请见维修二处：完工报告《FQ4-MA03-RCWO-00669579/01 4ABP017KT 主控显示×××检查处理》	
编　　者	运行二处一值：谷铁	时间：2019 年 01 月 10 日

3.1.4 2ABP402VV 全关后主控显示有 2%开度，一直黄色闪烁，就地显示关扭矩报警

异常缺陷名称	2ABP402VV 全关后主控显示有 2%开度，一直黄色闪烁，就地显示关扭矩报警
发生时间	2017 年 07 月 14 日夜班
机组状态	NS/SG 模式
异常缺陷现象	2ABP402VV（3A 低加进汽电动隔离阀）全关后主控画面显示有 2%开度，该阀门在主控面面一直黄色闪烁，现场检查电动头显示关扭矩报警
风险或潜在后果	导致阀门电动头显示关扭矩报警，影响阀门开关的可靠性，可能导致阀门损坏
干预行动	已采取的行动措施： 1）安排现场检查阀门开关动作情况和电动头报警情况； 2）oncall 电气检查处理
原因分析	阀门关限位偏差造成关扭矩报警

续　表

消缺行动	电气处理反馈： 1) 检修内容及步骤： ①现场检查电动头显示关扭矩报警，手摇阀门确认已是全关位； ②重新设定关限位，联系主控开、关操作阀门确认报警消除； 2) 故障原因分析：阀门关限位偏差造成关扭矩报警
相关知识	ABP402VV(3A 低加进汽电动隔离阀)的控制逻辑： 1) 开启条件： ①汽轮机未跳闸；②3/4A 低加液位不高<38 mm；③3/4A 低加进出水阀全开。 2) 保护关闭： ①汽轮机跳闸；②3A 低加解列；③4A 低加解列
参考资料信息	维修一处电气：完工报告《FQ2-MA02-RCWO-00655981/01 2ABP402VV 阀门显示 2%，主控触发报警》； WR/WOT：00268687/00655981-01（紧急工单），工作许可证：20172PT21872(2ABP402VV 阀门显示 2%，主控触发报警)
编　　者	运行二处一值：谷铁　　时间：2019 年 03 月 16 日

3.1.5　4ABP102VL 主控显示大红色

异常缺陷名称	4ABP102VL 主控显示大红色
发生时间	2017 年 07 月 25 日早班
机组状态	4 号机组处于调试启动阶段
异常缺陷现象	执行 4ABP 充水排气时，4ABP102VL 在主控 KIC 中显示大红色，存在开故障，检查阀门全关时就地电动头显示过力矩报警
风险或潜在后果	4ABP102VL 主控显示大红色，无法正常动作
干预行动	已采取的行动措施： 1) 安排现场检查阀门实际开关状态和电动头报警情况，确认电动头上显示过力矩报警； 2) oncall 电气检查处理
原因分析	4ABP102VL 关限位位置偏移

续 表

消缺行动	电气处理反馈： 1)工作过程： ①现场检查 4ABP102VL 屏幕有过力矩显示，主控显示大红色； ②开紧急票处理，对 4ABP102VL 关限位重新调整； ③就地电动操作 4ABP102VL 阀门正常； ④联系主控远方操作 4ABP102VL 阀门正常； 2)故障原因分析：4ABP102VL 关限位位置偏移
相关知识	ABP102VL(2A 低加出水电动阀)的控制逻辑： 1)开启条件：1/2A 低加高液位未触发<-800 mm； 2)自动关闭：①1A 低加解列；②2A 低加解列； 3)ABP102VL 未全开时，1 号、2 号低加旁路阀 ABP008VL 将保护全开
参考资料信息	维修二处电气：完工报告《FQ4-MA02-RCWO-00661765/01 4ABP102VL 显示开故障，全关后就地显示过力矩，需调整限位》；WR/WOT：00272817/00661765-01(紧急工单)
编　　者	运行二处一值：谷铁　　　时间：2019 年 03 月 16 日

3.1.6 3ABP510VV 在 KIC 画面中显示洋红色

异常缺陷名称	3ABP510VV 在 KIC 画面中显示洋红色
发生时间	2017 年 02 月 05 日早班
机组状态	RP 模式，热功率 3 MW
异常缺陷现象	3ABP510VV 在 KIC 画面中显示洋红色
风险或潜在后果	导致 3ABP510VV 无法手动操作
干预行动	已采取的行动措施： 1)安排现场检查阀门的实际开关状态； 2)oncall 仪控检查处理
原因分析	3ABP510VV 限位开关没有触发
消缺行动	仪控处理反馈： 1)工作过程： ①使用螺丝刀拆开 3ABP510VV 限位开关盖子； ②使用内六角及开口扳手松开 3ABP510VV 开限位开关固定螺丝；

续　表

消缺行动	③调整 3ABP510VV 开限位开关至触发状态; ④使用内六角及开口扳手紧固 3ABP510VV 开限位开关固定螺丝; ⑤装回 3ABP510VV 限位开关盖子，并使用螺丝刀紧固; ⑥联系运行人员对 3ABP510VV 进行操开关试验，阀门动作正常。 2)故障原因分析：3ABP510VV 限位开关没有触发
相关知识	ABP510VV(3A/B 抽汽母管止回阀前疏水阀)的控制逻辑: 1)自动开启: ①汽轮机跳闸；②发电机有功功率<30%；③3A/B 低加抽汽母管止回阀有保护关闭命令；④疏水袋水位高 ABP111SN 触发。 2)保护开启：疏水袋水位高高 ABP112SN 触发。 3)自动关闭：自动开启命令消失后 2 s
参考资料信息	维修二处仪控：完工报告《FQ3-MA03-RCWO-00509114/01 3ABP510VV 显示不正常需检查》; WR/WOT：00211943/00509114-01（紧急工单），工作许可证：3PT06960 3ABP510VV 画面洋红色处理
编　　者	运行二处一值：谷铁　　　　时间：2019 年 03 月 16 日

3.1.7　机组升功率到满功率后，3ABP403VV 主控仍显示大红色故障

异常缺陷名称	机组升功率到满功率后，3ABP403VV 主控仍显示大红色故障
发生时间	2017 年 02 月 14 日早班
机组状态	RP 模式，满功率
异常缺陷现象	机组升到满负荷后，3ABP403VV 主控仍显示大红色故障
风险或潜在后果	3ABP403VV 主控显示大红色故障，影响阀门开关操作的可靠性
干预行动	已采取的行动措施: 1)安排现场检查检查确认 3ABP403VV 阀门实际处于开启状态; 2)填写缺陷申请单(WR)按计划处理
原因分析	3ABP403VV 开限位开关摆臂松动导致开限位开关无法正常触发
消缺行动	仪控处理反馈: 1)检修过程: ①使用螺丝刀打开 3ABP403VV 开限位开关仪表盖; ②使用万用表对 3ABP403VV 开限位开关端子进行测量;

续 表

消缺行动	③拨动 3ABP403VV 开限位开关摆臂，发现 3ABP403VV 未触发，但开限位开关能正常动作； ④使用万用表对 3ABP403VV 开限位开关端子进行测量，使用内六角松开 3ABP403VV 摆臂处紧固螺母，再使用螺丝刀对 3ABP403VV 开限位开关重新调整至触发位置； ⑤使用内六角紧固 3ABP403VV 开限位开关摆臂处螺母； ⑥使用螺丝刀回装开限位开关仪表盖； ⑦工作结束，清理现场。 2）故障原因分析：3ABP403VV 开限位开关摆臂松动导致开限位开关无法正常触发
相关知识	ABP403VV 的控制逻辑： 1）手动开启信号：KIC 开启+开启允许信号； 2）开启允许信号：汽轮机跳闸信号不存在 &3A 且 4A 低加液位不高； 3）手动关闭信号：KIC 关闭； 4）保护关闭信号：3A 低加解列或 4A 低加解列或汽轮机跳闸
参考资料信息	维修二处仪控：完工报告《FQ3-MA03-RCWO-00512950/01 检查 3ABP403VV 开限位开关》； WR/WOT：00214456/00512950-01（计划工单）； 其他类似异常缺陷： 1）2017 年 03 月 16 日，开工计划工单：1ABP503VV 在满功率后仍显示大红色，主控室产生报警（WOT：00531872-01）。 故障分析：限位开关接触不良。 详情请见完工报告：《FQ1-MA03-RCWO-00531872/01 1ABP503VV 在满功率后仍显示大红色，主控室产生报警，需要仪控复位》。 2）2017 年 05 月 10 日，开工计划工单：1 号机组在满功率情况下 1ABP503VV 在 KIC 上显示大红色，存在阀门故障报警，需检查处理（WOT：00561522-01）。 故障原因分析：1ABP503VV 限位开关长时间高温状态、动作不灵敏。 详情请见完工报告：《FQ1-MA03-RCWO-00561522/01 1 号机组在满功率情况下 1ABP503VV 在 KIC 上显示大红色，存在阀门故障报警，需调整限位开关》
编　　者	运行二处一值：谷铁　　　　时间：2019 年 02 月 11 日

3.1.8 汽轮机抽汽电动隔离阀 3ABP404VV 在汽轮机打闸后未关闭

异常缺陷名称	汽轮机抽汽电动隔离阀 3ABP404VV(4A 低加进汽电动阀)在汽轮机打闸后未关闭，仍显示 100%开度	
发生时间	2016 年 10 月 11 日中班	
机组状态	3 号机组调试阶段，配合执行 TP3RRC58(100%平台)试验	
异常缺陷现象	中班配合执行 TP3RRC58(100%平台)试验，试验内容：100%FP 平台紧急停堆试验直接通过 ECP 上 RPA/B300TO 手动停堆。停机后汽轮机抽汽电动隔离阀 3ABP404VV 在汽轮机打闸后未关闭，仍显示 100%开度	
风险或潜在后果	3ABP404VV 未自动关闭，导致无法实现其防低加 U 型管泄漏或疏水堵塞而引起满水倒流入抽汽管道的功能	
干预行动	已采取的行动措施： 1)安排现场检查确认 3ABP404VV 实际为开启状态，查看电动头上故障情况，未见异常； 2)oncall 电气检查处理	
原因分析	3ABP404VV 电动执行机构程序设定不正确	
消缺行动	电气处理反馈： 1)工作过程： ①检查 3ABP404VV 阀门电动执行机构参数，发现输入设置为三相保持，更改为两相保持； ②参数修改完成后，将此阀门置于远控位，阀门自动由全开动作至全关。打就地位阀门开关均正常。联系主控，确认 KIC 画面显示正常，无故障出现。 2)故障原因分析：3ABP404VV 电动执行机构程序设定不正确	
相关知识	3ABP404VV 控制逻辑： 1)手动开启信号：KIC 开启+允许开信号； 2)手动关闭信号：KIC 关闭； 3)允许开启信号：汽轮机未跳闸+3A/4A 低加水位不高+ABP401/403VL 全开； 4)保护关闭信号：汽轮机跳闸或 3A 低加解列或 4A 低加解列	
参考资料信息	维修二处电气：完工报告《FQ3-MA03-RCWO-00389208/01 3ABP404VV 汽轮机打闸后未关闭》； WR/WOT：00178981/00389208-01(紧急工单)	
编　　者	运行二处一值：谷铁	时间：2019 年 03 月 17 日

3.1.9 2ABP001MP 主控显示××××

异常缺陷名称	2ABP001MP(3A 低加进汽压力变送器)主控显示××××
发生时间	2016 年 06 月 05 日夜班
机组状态	RP 模式，电功率 845 MWe
异常缺陷现象	巡检发现 3A 低加 2ABP001MP 显示××××，现场核实仪表外观无异常
风险或潜在后果	导致无法正常监视 3A 低加进汽压力
干预行动	已采取的行动措施： 1)安排现场检查 2ABP001MP 仪表外观和接线未见异常； 2)安排现场通过巡检 2ABP101LP(3A 低加壳体压力就地指示表)来监视 3A 低加进汽压力，压力在正常范围内； 3)提工作申请(WR)按计划处理
原因分析	压力变送器主板损坏
消缺行动	仪控处理反馈： 1)处理过程： ①测量 2ABP001MP 万用表串入电路显示 0.02 mA，变送器供电为 23.6 V，变送器当前显示为 0.21 MPa。 ②当前压力变送器已经损坏，并且无法进行校验； ③领取新的 Honeywell ST3000 型压力变送器，并进行校验，出具校验记录单； ④拆除已损坏压力变送器，并且将新变送器装上； ⑤恢复接线并打开 2ABP805VV6 二次阀门。 2)故障原因分析：压力变送器主板损坏
相关知识	ABP001MP 只参与显示，不参与报警和控制逻辑
参考资料信息	维修二处仪控：完工报告《FQ2-MA03-RCWO-00285606/01 2ABP001MP 主控显示××××》； WR/WOT：00137841/00285606-01(计划工单)
编　　者	运行二处一值：谷铁　　时间：2019 年 03 月 17 日

3.1.10 1ABP401VL 就地显示“过扭矩”报警

异常缺陷名称	1ABP401VL 就地显示“过扭矩”报警
发生时间	2014 年 06 月 26 日早班

续　表

机组状态	机组调试启动阶段	
异常缺陷现象	执行 D28 子文件包时，发现 1ABP401VL 就地显示"过扭矩"报警	
风险或潜在后果	影响 1ABP401VL 开关操作的可靠性	
干预行动	已采取的行动措施： 1)安排现场检查 1ABP401VL 阀门的实际状态； 2)提工作申请(WR)按计划处理	
原因分析	电动阀内部力矩设置过小	
消缺行动	电气处理反馈： 1)处理措施：调整力矩设置； 2)工作过程： ①就地查看 1ABP401VL 面板上故障显示为"过扭矩"； ②调整内部力矩设置，将开力矩设为"85%"，关力矩设置为"80%"； ③联系运行人员对阀门进行完整的开关阀操作，观察是否再次触发； ④故障消除，结票； 3)故障原因分析：电动阀内部力矩设置过小	
相关知识	ABP401VL 的控制逻辑： 1)手动开启信号：KIC 开启+允许开信号； 2)手动关闭信号：KIC 关闭； 3)允许开启信号：3A 且 4A 低加水位不高+ABP403VL 全开； 4)自动关闭信号：3A 低加解列或 4A 低加解列	
参考资料信息	维修一处电气：完工报告《FQ1-MA02-RCWO-00016356/01 D28 缺陷：1ABP401VL 就地显示"过扭柜"》； WR/WOT：00012995/00016356-01(计划工单)； 其他类似异常缺陷： 2014 年 06 月 27 日开工计划工单"1ABP010VL 主控显示半开半关，无法进行操作；就地显示 0%开度过扭矩(WR/WOT：00012868/00016205-01)"。 故障原因分析：阀门阀杆卡涩。 详情请见维修二处仪控：完工报告《FQ1-MA02-RCWO-00016205/01 1ABP010VL 主控显示半开半关，无法进行操作；就地显示 0%开度过扭矩》	
编　　者	运行二处一值：谷铁	时间：2019 年 03 月 17 日

3.1.11 1ABP403VL 就地显示“过扭柜”“硬件故障”“R5-8 继电器故障”

异常缺陷名称	1ABP403VL 就地显示“过扭柜”“硬件故障”“R5-8 继电器故障”
发生时间	2014 年 06 月 26 日早班
机组状态	机组调试启动阶段
异常缺陷现象	执行 D28 子文件包时，发现 1ABP403VL 就地显示“过扭柜”“硬件故障”“R5-8 继电器故障”
风险或潜在后果	导致 1ABP403VL 故障，影响开关操作
干预行动	已采取的行动措施： 1) 安排就地检查确认 1ABP403VL 电动头上故障报警情况，确认阀门实际开关状态； 2) 填写工作申请(WR)按计划处理
原因分析	电动阀内部力矩设置过小，电动阀内部软件不兼容
消缺行动	电气处理反馈： 1) 检修过程(WOT：00016357-01)： ①领取工作票，召开工前会，确认设备编码，验证上游隔离； ②就地查看 lABP403VL 面板上故障显示为“过扭矩”“硬件故障”“R5-8 继电器故障”； ③调整内部力矩设置，将开力矩设为“85%”，关力矩设置为“80%”； ④联系运行人员对阀门进行完整的开关阀操作，观察“过扭矩”是否再次触发； ⑤“过扭矩”故障消除，“硬件故障”“R5-8 继电器故障”为内部软件不兼容。 2) 故障原因分析：电动阀内部力矩设置过小，电动阀内部软件不兼容。 3) 处理措施：调整力矩设置，并另建 WOT-02(00016357-02)，提出服务申请，处理内部软件不兼容问题。 4) 检修过程(WOT：00016357-02)： ①将 PC 电脑与电动阀显示屏建立通讯，再将最新的内部程序加载至系统中； ②重启系统后，R5-8 硬件故障消失。 5) 原因分析：内部程序不兼容。 6) 处理措施：重新升级软件

续 表

相关知识	ABP403VL 的控制逻辑： 1)手动开启信号：KIC 开启+允许开信号； 2)手动关闭信号：KIC 关闭； 3)允许开启信号：3A 且 4A 低加水位不高； 4)自动关闭信号：3A 低加解列或 4A 低加解列	
参考资料信息	维修一处电气：完工报告《FQ1-MA02-RCWO-00016357/01 D28 缺陷：1ABP403VL 就地显示“过扭柜”“硬件故障”“R5-8 继电器故障”》，《FQ1-MA02-RCWO-00016357/02 D28 缺陷：1ABP403VL 就地显示“过扭柜”“硬件故障”“R5-8 继电器故障”》； WR/WOT：00012996/00016357-01(计划工单)、00016357-02(计划工单)	
编　　者	运行二处一值：谷铁	时间：2019 年 03 月 17 日

3.1.12 4ABP006VL 主控显示大红色

异常缺陷名称	4ABP006VL 主控显示大红色
发生时间	2017 年 07 月 03 日中班
机组状态	机组调试启动阶段
异常缺陷现象	接运工指令停运 4CEX002PO 停止常规岛打循环，关闭 4ABP006VL 时出现故障报警，4ABP006VL 主控显示大红色
风险或潜在后果	导致 4ABP006VL 无法远程操作
干预行动	已采取的行动措施： 1)安排现场检查确认 4ABP006VL 的开关状态，检查气动阀供气情况未见异常； 2)联系仪控检查处理
原因分析	4ABP006VL 在 4KCP558AR 机柜中的供电负端(TB004BN-1(-))保险接触不良(4ABP006VL 供电负端失电)导致 4ABP006VL 主控显示大红色
消缺行动	仪控处理反馈： 1)工作过程： ①打开 4KCP558AR 机柜柜门； ②拆下 4KCP558AR 机柜 TB414BN 端子排上的 05+/05-接线并做

续　表

消缺行动	好拆线记录，测量 TB414BN 端子排上的 05+与接地端电压为 DC24V，测量 TB414BN 端子排上的 05-与接地端无电压，恢复接线并做好接线记录； ③拆下 4KCP558AR 机柜 TB414BN 端子排上的 06+/06-接线并做好拆线记录，测量 TB414BN 端子排上的 06+与接地端无电压，测量 TB414BN 端子排上的 06-与接地端无电压，恢复接线并做好接线记录； ④检查 4KCP558AR 机柜 TB414BN 的 TB004BN-1(+)、TB004BN-1(-)端子保险(检查发现测量 TB004BN-1(-)端与接地端保险进线端为 DC-24V，出线端无电压，检查保险无异常无松动，重新合牢保险，测量电压恢复正常，4ABP006VL 阀门恢复正常； ⑤关闭 4KCP558AR 机柜柜门，工作结束。 2)故障原因分析：4ABP006VL 在 4KCP558AR 机柜中的供电负端[TB004BN-1(-)]保险接触不良(4ABP006VL 供电负端失电)导致 4ABP006VL 主控显示大红色	
相关知识	ABP006VL 的控制逻辑： 1)自动开启：除氧器液位不高<500 mm，且除氧器进水管线满水 ADG010SN 触发，且 CEX 泵出口压力 CEX101/201/301MP 任一>0.2 MPa； 2)自动关闭：①CEX 泵出口压力 CEX101/201/301MP 均<0.2 MPa；②除氧器液位 H2>650 mm； 3)手动开启：除氧器液位不高<500 mm，且除氧器进水管线满水 ADG010SN 触发，且 CEX 泵出口压力 CEX101/201/301MP 任一>0.2 MPa 时，ABP006VL 置于手动时手动开启； 4)手动关闭信号：KIC 关闭； 5)ABP006VL 未全关，ADG003/005/007VV 开启条件之一	
参考资料信息	维修二处仪控：完工报告《FQ4-MA03-RCWO-00648295/01 4ABP006VL 主控显示大红色检查处理》； WR/WOT：00265325/00648295-01(计划工单)	
编　　者	运行二处一值：谷铁	时间：2019 年 03 月 17 日

3.1.13　4ABP006VL 在主控 KIC 中无法操作打开

异常缺陷名称	4ABP006VL 在主控 KIC 中无法操作打开

续　表

发生时间	2018 年 01 月 03 日早班
机组状态	NS/SG 模式
异常缺陷现象	机组重新启动时，在主控无法操作打开 4ABP006VL，在强制 ADG010SN 触发后，4ABP006VL 仍无法开，开启其上游排气阀泄压时发现排出很多蒸汽，没办法继续进行泄压
风险或潜在后果	导致凝结水无法进入除氧器，无法启动 ADG 系统
干预行动	已采取的行动措施： 1) 检查 4ABP006VL 上游仪用压空供气正常； 2) 联系仪控强制 4ADG010SN 触发； 3) 开启 4ABP006VL 所在管线上游排气阀泄压时发现排出很多蒸汽，没办法继续进行泄压； 4) 通过将 4ABP010VL 打开进行泄压后，再在主控操作开启 4ABP006VL，顺利打开
原因分析	4ABP006VL 阀门开启的设计压差为 2.411 MPa，因前后压差太大导致无法开启，需要进行泄压平衡前后压力
消缺行动	仪控处理反馈： 配合运行强制 4ADG010SN 触发信号，在运行开启 4ABP006VL 后，取消强制
相关知识	ABP006VL 的控制逻辑： 1) 自动开启：除氧器液位不高<500 mm，且除氧器进水管线满水 ADG010SN 触发，且 CEX 泵出口压力 CEX101/201/301MP 任一>0.2 MPa； 2) 自动关闭：①CEX 泵出口压力 CEX101/201/301MP 均<0.2 MPa；②除氧器液位 H2>650 mm； 3) 手动开启：除氧器液位不高<500 mm，且除氧器进水管线满水 ADG010SN 触发，且 CEX 泵出口压力 CEX101/201/301MP 任一>0.2 MPa 时，ABP006VL 置于手动时手动开启； 4) 手动关闭信号：KIC 关闭； 5) ABP006VL 未全关，ADG003/005/007VV 开启条件之一。 ABP006VL 相关经验知识： 1) 101 大修经验反馈：1ABP006VL 手动无法开启，仪控强制 1ADG010SN 后阀门可以开启； 2) 2016 年 2 号机组调停经验反馈：2ABP006VL 阀门开启的设计压差为 2.411 MPa，2016 年 2 号机组春节调停期间因前后压差过大，阀门无法开启。后通过开启其上游排气阀泄压后，阀门得以开启

续　表

参考资料信息	ESOMS 日志(2018 年 01 月 03 日)和 D15 规程中经验反馈等	
编　　者	运行二处一值：谷铁	时间：2019 年 03 月 17 日

3.1.14　4 号主控出现 4ABP104KA(ABP 系统抽气疏水阀故障)和 4ABP105KA(ABP 系统抽气阀门故障)

异常缺陷名称	4 号主控出现 4ABP104KA(ABP 系统抽气疏水阀故障)和 4ABP105KA(ABP 系统抽气阀门故障)
发生时间	2019 年 05 月 27 日夜班
机组状态	RP 模式，电功率 836 MWe
异常缺陷现象	06:28，4 号主控出现 4ABP104KA(ABP 系统抽气疏水阀故障)和 4ABP105KA(ABP 系统抽气阀门故障)，主控检查 4ABP403VV/4ABP405VV/4ABP415VV 故障大红色，4ABP401RE 抽气压力由 0.32 MPa 降至 0.26 MPa，4ABP301RE 抽气压力维持 0.12 MPa 不变，4A 低加出口温度由 144 ℃降至 139.9 ℃，4ACO301PO 流量由 130 m^3/h 降至 115 m^3/h。 在 05 月 20 日早班升功率过程中就曾出现 4ABP415VV 在要求关闭的时候未能正确关闭。而这个故障仪控检查为 4KCP558AR TB004BN 48V 1 通道保险丝测量电流不稳定导致。怀疑此次缺陷与上次 05 月 20 日早班冲转并网升功率期间“4KCP558AR TB004BN 48V 1 通道保险丝测量电流不稳定导致”原因一样
风险或潜在后果	1)4ABP403VV/4ABP405VV(电磁阀失电关闭)，影响机组热效率； 2)如果由“4KCP558AR TB004BN 48V 1 通道保险丝测量电流波动”导致的，在 4ABP403VV/4ABP405VV 突开突关可能导致 4A 低加解列； 3)另外，4KCP558AR TB004BN 参与 4ABP006VL 的控制(电磁阀失电保持开启)，当前处于失电状态，暂无风险，但是得电存在停机停堆风险
干预行动	已采取的行动措施： 1)主控检查机组参数基本稳定，核功率上升不明显； 2)现场检查阀门 4ABP403VV 40%开度，4ABP405VV 位置较高暂无法查看，4ABP415VV 为全开状态； 3)oncall 仪控人员进行检查；

续　表

干预行动	4) oncall 维修支持搭设脚手架进行缺陷处理准备； 5) 仪控检查反馈怀疑为 4KCP558AR TB004BN 48V 1 通道保险丝故障导致，与之前 05 月 20 日出现的 4ABP415VV 在要求关闭的时候未能正确关闭的故障的原因一样； 6) 保险丝更换后，4ABP104KA（ABP 系统抽气疏水阀故障）和 4ABP105KA（ABP 系统抽气阀门故障）报警消失。4ABP403VV/4ABP405VV 恢复正常开启，4ABP415VV 恢复正常关闭，4A 低加抽气压力恢复正常，4ACO301PO 流量恢复到故障前正常值，4ABP006VL 阀门仍保持正常开启，机组状态稳定
原因分析	4KCP558AR 机柜内 48V 的 TB004BN 的 1 通道保险故障，具体为保险阻值跳变，偶发跳至 OL 断开状态
消缺行动	仪控处理反馈： 经运行、机械、仪控检查确认，针对当前现象进行讨论后，决定进行开紧急票对 4KCP558AR TB004BN 48V 1 通道保险丝进行更换。 1) 风险分析： ①4KCP558AR TB004BN 48V 1 通道主要影响 4ABP403VV/4ABP405VV/4ABP415VV/4ABP006VL 四个阀门。最大风险是更换保险过程中 4ABP006VL 意外关闭导致除氧器失去给水进而导致机组停堆。 根据处理方案，更换保险丝时会导致 4ABP006VL 电磁阀失电，由于 4ABP006VL 当前开启情况下电磁阀即处于失电状态，分析不会改变 4ABP006VL 的阀门状态。 为保证保险更换前阀门无关闭信号触发，仪控在更换保险前需在一层核实无 4ABP006VL 阀门关闭的信号，主控在故障处理前对 4ABP 系统不要有任何操作。如果在更换保险丝时出现异常状况，如 4ABP006VL 电磁阀突然得电导致阀门关闭，则立即要求仪控将保险取出断电并在主控给 4ABP006VL 阀门开启命令。同时就地阀门处留有两个现操随时准备进行手动干预阀门，防止 4ABP006VL 意外关闭造成二回路给水丧失。 ②由于 4ABP403VV 电磁阀失电后会关闭，但是由于蒸汽压力使得阀门卡在 40% 开度。更换保险丝后，抽汽流量和压力上升，导致 4ACO301BA 的疏水量增加，4ACO102VL（4ACO301BA 应急疏水阀，排向凝汽器）可能开启。 采取措施：操纵员关注 4ACO301BA 的水位，若能自动调节，则继续关注水位的自动调节。若自动调节无法控制，则将 4ACO102VL 手动控制，防止阀门超驰开启。

续 表

消缺行动	③若由于其他情况导致 3A/4A 隔离，主控及现场配备了 4ABP 的 S 规程准备重新投入 3A/4A；若 ACO301BA 正常疏水隔离，主控准备相应文件准备重新投入 ACO301BA 正常疏水，减少系统停运时间，同时要堆操关注一回路热功率上升情况，此时热功率 2268 MW，超过技术规范的风险较小。 2）处理进展结果：通过紧急票对 4KCP558AR 的 TB004BN 的 1 通道保险进行更换，缺陷消除。4ABP403VV/405VV 阀门恢复正常开启状态，4ABP415VV 恢复正常关闭状态，4ABP006VL 阀门保持开启状态。 3）工作过程： ①确认 4KCP558AR 的 TB004BN 的 1 通道没电； ②更换 TB004BN 的 1 和 1-的保险； ③确认 4KCP558AR TB004BN 的供电正常； ④确认 4ABP403VV/415VV/405VV 阀门动作正常。 4）故障原因分析：4KCP558AR TB004BN 48V 1 通道保险丝故障，具体为电阻值跳变偶发跳至 OL 断开	
相关知识	1）在 836 MW 功率平台，3/4 号低加抽汽逆止阀因电磁阀失电导致故障关闭时，由于抽汽管线的压力，逆止阀不会全关，对机组状态不会造成大的扰动，对热功率几乎无影响； 2）在 836 MW 功率平台，故障处理时低加抽气逆止阀电磁阀重新得电后，阀门会重新恢复全开。阀门全开后，低加水位及 ACO 疏水箱水位变化波动不大，疏水阀依靠自动控制即可调节水位到稳定，无需手动干预； 3）4ABP006VL 在整个故障处理过程中，保险重新更换后阀门状态维持不变，只要无阀门关闭信号，其电磁阀可保持失电状态。不会影响除氧器供水	
参考资料信息	运行二处：4 号机组异常反馈——4 号主控出现 4ABP104KA ABP 系统抽气疏水阀故障和 4ABP105KA ABP 系统抽气阀门故障； 维修二处仪控：EAM 中工单 01236967-03 的完工报告； WR/WOT：00555309/01236967-03（紧急工单）	
编　　者	运行二处一值：谷铁	时间：2019 年 03 月 17 日

3.1.15 1ABP201VL 阀门电动头显示"过力矩"报警，无法操作

异常缺陷名称	1ABP201VL 阀门电动头显示"过力矩"报警，无法操作	
发生时间	2015 年 12 月 12 日夜班	
机组状态	NS/RRA 模式	
异常缺陷现象	建立 1CEX-ABP-ADG-CEX 的小循环时，1ABP201VL 主控显示洋红色，1ABP201VL 现场显示过力矩报警	
风险或潜在后果	导致无法操作 1ABP201VL，影响 1B/2B 低加水侧的投运，影响 1CEX-ABP-ADG-CEX 小循环的建立	
干预行动	已采取的行动措施： 1)安排现场检查确认 1ABP201VL 电动阀供电情况，安排现场核实阀门的实际开关状态，检查确认电动头的报警情况； 2)oncall 维修电气检查处理	
原因分析	电动阀门关限位偏差造成过扭矩报警	
消缺行动	电气处理反馈： 1)检修措施及步骤： ①现场检查电动头显示 1%位置时出现过扭矩报警； ②手动摇动阀门将阀门关至全关位，重新设定电动头关限位； ③运行人员电动开、关操作阀门确认缺陷消除； ④工作结束后，恢复开关原始状态，清理现场。 2)故障原因分析：电动阀门关限位偏差造成过扭矩报警	
相关知识	ABP201VL(1B 低加进水电动阀)的控制逻辑： 1)开启条件：1/2B 低加高液位未触发<-800 mm； 2)自动关闭：①1B 低加解列；②2B 低加解列； 3)ABP201VL 未全开时，1 号、2 号低加旁路阀 ABP008VL 将保护全开	
参考资料信息	维修一处电气：EAM 中工单 00192772-01 的完工报告； WR/WOT：00087849/00192772-01(紧急工单)	
编　　者	运行二处一值：谷铁	时间：2019 年 03 月 17 日

3.1.16 2ABP403VL 现场出现过扭矩报警，KIC 上显示大红色

异常缺陷名称	2ABP403VL 现场出现过扭矩报警，KIC 上显示大红色
发生时间	2015 年 09 月 13 日早班
机组状态	机组调试启动阶段，NS/SG 模式
异常缺陷现象	2ABP403VL 现场出现过扭矩报警，KIC 上显示大红色
风险或潜在后果	影响 3A/4A 低加水侧的投运
干预行动	已采取的行动措施： 1）安排现场检查确认阀门实际状态在全关状态，检查电动头存在关力矩报警； 2）oncall 维修电气检查处理
原因分析	关行程偏差造成过扭矩报警
消缺行动	电气处理反馈： 1）检修措施及步骤： ①现场检查 2ABP403VL 阀位在 1%时出现关力矩报警； ②确认阀门已至全关位，重新设定电动头关限位后报警消除； ③对电动阀门进行开关操作，通知运行人员对阀门进行验证； ④工作结束后，清理现场； 2）故障原因分析：关行程偏差造成过扭矩报警
相关知识	ABP403VL（4A 低加出水电动阀）的控制逻辑： 1）开启条件：3/4A 低加液位均不高<38 mm。 2）自动关闭：①3A 低加解列；②4A 低加解列
参考资料信息	维修一处电气：EAM 中工单 00141323-01 的完工报告； WR/WOT：00072327/00141323-01（紧急工单）
编　　者	运行二处一值：谷铁　　　　时间：2019 年 03 月 17 日

3.1.17 主控 KIC 画面中 3ABP017KT 显示为××××

异常缺陷名称	主控 KIC 画面中 3ABP017KT 显示为××××
发生时间	2016 年 09 月 09 日中班
机组状态	机组调试阶段，RP 模式，电功率约 120 MWe
异常缺陷现象	主控 KIC 画面中 3ABP017KT（3A 低加进汽温度）显示为××××

续　表

风险或潜在后果	导致主控 KIC 无法监视 3A 低加进汽温度变化趋势	
干预行动	已采取的行动措施： 1）通过主控 3ABP018KT（3B 低加进汽温度）和就地 3ABP101LT（3A 低加壳体温度就地指示表）辅助监视 3A 低加进汽温度； 2）oncall 仪控检查处理	
原因分析	3ABP017KT 就地接线脱落，导致上位机显示×××	
消缺行动	电气处理反馈： 1）检修措施及步骤： ①打开 3ABP017KT 就地接线盒，对内部接线进行检查； ②经检查发现 3ABP017KT 内部接线脱落，使用万用表测量热电偶元件输出（电压为 4.7 V，电阻为 3.7 Ω）正常； ③使用螺丝刀恢复 3ABP017KT 接线进行紧固，上位机显示 79 ℃符合运行要求，工作完工。 2）故障原因分析：3ABP017KT 就地接线脱落，导致上位机显示×××	
相关知识	ABP017KT 仅参与 KIC 显示，不参与报警和系统设备控制逻辑	
参考资料信息	维修二处电气：EAM 中完工报告； 运行二处 2015 年 09 月 09 日 ESOMS 日志 WR：00170400（快速维修）	
编　　者	运行二处一值：谷铁	时间：2019 年 03 月 17 日

3.1.18　1ABP510VV 在主控 KIC 中显示洋红色，现场检查发现 1ABP510VV 开关限位同时触发

异常缺陷名称	1ABP510VV 在主控 KIC 中显示洋红色，现场检查发现 1ABP510VV 开关限位同时触发
发生时间	2015 年 09 月 30 日早班
机组状态	RP 模式，未冲转并网，热功率 143 MWt
异常缺陷现象	1ABP510VV（3A/B 抽汽母管止回阀前疏水阀）在主控 KIC 中显示洋红色，现场检查发现 1ABP510VV 开关限位同时触发
风险或潜在后果	导致无法在主控准确监视 1ABP510VV 阀门状态，影响 3A/B 抽汽母管止回阀前疏水阀动作的可靠性

续 表

干预行动	已采取的行动措施： 1）安排现场检查气动阀 1ABP510VV 阀门供气情况和现场实际开关状态； 2）oncall 仪控检查处理	
原因分析	1ABP510VV 开关限位同时触发，关限位开关短路	
消缺行动	仪控处理反馈： 1）检修措施及步骤： ①确认 1ABP510VV 阀门开关位置； ②打开 1ABP510VV 关限位开关盖子； ③对 1ABP510VV 开关关限位测量、处理； ④1ABP510VV 开关关限位处理后已不短路，已正常； ⑤恢复 1ABP510VV 关限位开关盖子； ⑥工作结束、清理现场。 2）故障原因分析：1ABP510VV 开关限位同时触发，关限位开关短路	
相关知识	ABP510VV（3A/B 抽汽母管止回阀前疏水阀）的控制逻辑： 1）自动开启：①汽轮机跳闸；②发电机有功功率<30%；③3A/B 低加抽汽母管止回阀有保护关闭命令；④疏水袋水位高 ABP111SN 触发； 2）保护开启：疏水袋水位高高 ABP112SN 触发； 3）自动关闭：自动开启命令消失后 2 s	
参考资料信息	维修一处仪控：EAM 中工单 00144762-01 的完工报告； WR/WOT：00075176/00144762-01（紧急工单）	
编　　者	运行二处一值：谷铁	时间：2019 年 03 月 17 日

3.1.19 ABP 系统设备异常缺陷处理总结

（1）ABP 系统设备重要异常缺陷的源项关联分析

从 ABP 系统与其他系统流程上的关联可知：

1）ABP 低加汽侧与汽轮机抽汽有关联、ABP 疏水与 ACO 系统有关联：

当 ABP 低加汽侧抽汽出现异常时，可能影响低加的热效率，影响低加出口水温，影响汽轮机热效率，继而导致反应性的改变，即引入堆物理类的风险源项。另低加汽侧疏水存在异常时，可能存在疏水不畅，进而引起疏水进入汽轮机，造成汽轮机局部温升异常，上下缸温差大，可能造成大轴弯曲，产生动静碰磨，引起汽轮机损坏等危害，即引入机械热工类风险源项。

2）ABP 低加水侧与 CEX 系统有关联、与 ADG 水侧有关联、与 GSS 汽水分离器壳侧疏水有关联：

当 ABP 低加水侧出现异常，可能导致进入 ADG 除氧器的凝结水流量不足，进而威胁蒸汽发生器给水安全，即引入核安全类风险源项。ABP 水侧异常隔离或是跑水可能导致 CEX 系统运行参数异常，引起 CEX 泵流量不足或是超流量等风险，引起 GSS 壳侧疏水运行异常等情况。

通过对 ABP 系统“病历库”中“病历卡”案例的逻辑分析，可知以下阀门存在逻辑联锁动作：

①1 号、2 号低加水侧进出口阀 ABP101/102/201/202VL 任意一个未全开时，1 号、2 号低加旁路阀 ABP008VL 将保护全开；

②3 号、4 号低加水侧进出口阀 ABP501/502/503/504VL 任意一个未全开时，3 号、4 号低加旁路阀 ABP011VL 将保护全开。

因此在机组正常功率运行时，涉及 ABP 系统上述水侧进出口阀门的运行操作或是维修工作或是阀门故障等情况，可能导致触发阀门出现非全开限位时，均可能引入低加旁路阀门打开，引起低加水侧温度改变，汽轮机热效率改变，进而引入反应性改变，引起机组出现瞬态的情况。

例如 1 号机组曾出现过因限位开关相关的工作导致机组出现瞬态的情况发生——“1ABP503VL 接线和控制回路检查工作，触发 1ABP503VL 非全开限位信号，导致机组产生瞬态”。

即上述阀门的异常缺陷存在引入核安全类风险源项和堆物理类风险源项。

（2）ABP 常见异常缺陷（病历）归纳分析

异常缺陷名称	频繁程度	故障可能原因	关键干预步骤
ABP 阀门在 KIC 中显示大红色	频繁	1）KCP 机柜内 TB004BN 保险接触不良； 2）KCP 机柜内 TB004BN 保险丝故障； 3）限位开关接触不良； 4）限位开关长时间高温状态、动作不灵敏； 5）限位位置偏移； 6）联轴器偏移	1）现场确认阀门实际开度情况，检查限位触发情况； 2）确认自动联锁情况，确认对系统和机组热效率的影响； 3）联系维修专业检查处理

3.2 给水加热器疏水回收系统(ACO)

3.2.1 1ACO301PO 触发电机轴承温度高

异常缺陷名称	1ACO301PO 触发电机轴承温度高
发生时间	2018 年 08 月 01 日中班
机组状态	RP 模式，满功率
异常缺陷现象	15:57 分，1 号机组出现 1ACO035KA 报警：低加疏水泵 A 电机轴承温度高(定值 90 ℃)，现场点温发现 1ACO301MO 电机轴承温度确实比 1ACO302MO 温度高。18 时 04 分报警消失。 通过仪控一层检查发现：1ACO301MO 电机轴承温度：1ACO409KT：89.36 ℃；1ACO410KT：86.47 ℃；1ACO302MO 电机轴承温度：1ACO419KT：50.80 ℃；1ACO420KT：60.48 ℃
风险或潜在后果	1)根据报警卡要求：如果电机轴承温度达到高高报警：95 ℃，需手动停泵； 2)根据之前满功率运行时，1ACO301PO 停运经验反馈，1 台 ACO 泵停运热功率将上涨 10 MWe
干预行动	已采取的行动措施： 1)安排现场人员加强 1ACO301MO 电机轴承温度的点温和监视； 2)主控人员通过仪控间 DCS 一层进行 1ACO301MO 电机轴承温度的监测； 3)oncall 电气人员进行检查。 建议后续行动： 1)电气专业分析 1ACO301MO 电机轴承温度高原因并关注轴承温度情况； 2)运行人员关注现场 1ACO301PO 运行情况； 3)电气专业确定后续处理措施
原因分析	加油过多，油膜不均匀导致
消缺行动	电气处理反馈： 1)检修措施及步骤： ①在线拆除电机驱动端废油盒，清理多余油脂； ②恢复电机驱动端废油盒，测量驱动端温度正常； ③持票观察监视 1ACO301MO 驱动端温度趋于正常； ④工作结束后，清理现场。 2)故障原因分析：加油过多，油膜不均匀导致

续 表

相关知识	1)当前1~3号机组ACO泵的自动跳闸信号(以低加疏水泵A为例): ①疏水箱水位ACO007-009MN中选低于-230 mm; ②疏水泵进口侧滤网压差高ACO003MPd大于0.22 MPa; ③泵入口电动阀全关; ④汽轮机跳闸; ⑤低压疏水泵出口压力低于0.7 MPa.g。 注:原疏水泵驱动端、非驱动端轴承温度高高,电机线圈温度高高、电机轴承温度高高自动跳闸信号逻辑已改为报警和采取手动停泵。 2)当前4号机组ACO泵的自动跳闸信号(以低加疏水泵A为例): ①疏水箱水位ACO007-009MN中选低于-230 mm; ②疏水泵进口侧滤网压差高ACO003MPa大于0.22 MPa; ③泵入口电动阀全关; ④汽轮机跳闸; ⑤低压疏水泵出口压力低于0.7 MPa.g; ⑥疏水泵电机线圈温度高高ACO403KT-408KT大于145 ℃; ⑦疏水泵电机轴承温度高高ACO409、410KT大于95 ℃; ⑧疏水泵驱动端、非驱动端轴承温度高高ACO401、402KT大于65 ℃	
参考资料信息	运行一处:1号机组异常反馈——1ACO301PO触发电机轴承温度高; WR/WOT:00423183/00983609-01(紧急工单)	
编　　者	运行二处一值:谷铁	时间:2019年03月11日

3.2.2 2ACO301PO触发定子线圈温度高高报警

异常缺陷名称	2ACO301PO触发定子线圈温度高高报警
发生时间	2018年08月26日早班
机组状态	RP模式,电功率1076 MWe
异常缺陷现象	09:53,2号机组同时触发2ACO031KA(低加疏水泵A电机定子线圈温度高)、2ACO032KA(低加疏水泵A电机定子线圈温度高高)报警,报警定值分别为140 ℃和145 ℃,现场点温2ACO301MO电机表面温度为63 ℃,与2ACO302MO点温结果对比无明显异常。主控、现场检查2ACO301PO各项运行参数、运行状态未见明显异常; 10:41,2ACO031KA(低加疏水泵A电机定子线圈温度高)、2ACO032KA(低加疏水泵A电机定子线圈温度高高)报警自动消失

续 表

风险或潜在后果	根据报警卡要求，定子绕组温度达到高高报定值(145 ℃)，需手动停泵。2ACO301BA 疏水将由正常疏水切换至紧急疏水，导致机组热效率降低，热功率上涨，机组可能需降功率运行
干预行动	已采取的行动措施： 1)主控、现场密切监视 2ACO301PO 运行状态； 2)oncall 维修电气专业人员进行检查确认电机运行状态； 3)oncall 维修仪控专业人员在 DCS 一层检查 2ACO301MO 电机各项温度，判断温度计读数是否异常； 4)主控熟悉 2ACO301PO 停运操作，做好随时停运 2ACO301PO 的准备。 建议后续行动： 1)请维修电气、仪控专业尽快确认报警触发原因，并制订方案处理； 2)运行持续密切监视 2ACO301PO 运行状态
原因分析	2ACO301PO 电机定子线圈温端子排老化，使用性能不稳定造成线圈温度高高报警
消缺行动	仪控处理反馈： 1)检查内容： ①对 2ACO301MO 就地接线箱进行接线检查，检查过程中发现 2ACO403KT 温度有波动，确认端子排接触不良，现场重新接线并紧固后恢复正常； ②排查发现 2ACO406KT 温度有波动，确认端子排接触不良，现场重新接线并紧固后恢复正常； ③对接线箱内 2ACO404、405、407、408KT 接线进行重新紧固，并进行晃动检查，观察 KDO 显示正常，温度无波动。 2)处理进展结果：2ACO403、404、405、406、407、408KT 温度显示 75 ℃左右且无波动，恢复正常。203 大修时，对年久老化的端子排进行了更换。 3)故障原因：2ACO301MO 端子排老化造成仪表显示波动
相关知识	1)当前 1~3 号机 ACO 泵的自动跳闸信号(以低加疏水泵 A 为例)： ①疏水箱水位 ACO007-009MN 中选低于-230 mm； ②疏水泵进口侧滤网压差高 ACO003MPd 大于 0.22 MPa； ③泵入口电动阀全关； ④汽轮机跳闸； ⑤低压疏水泵出口压力低于 0.7 MPa. g。

续　表

相关知识	注：原疏水泵驱动端、非驱动端轴承温度高高，电机线圈温度高高、电机轴承温度高高自动跳闸信号逻辑已改为报警和采取手动停泵。 2)当前4号机组ACO泵的自动跳闸信号(以低加疏水泵A为例)： ①疏水箱水位ACO007-009MN中选低于-230 mm； ②疏水泵进口侧滤网压差高ACO003MPd大于0.22 MPa； ③泵入口电动阀全关； ④汽轮机跳闸； ⑤低压疏水泵出口压力低于0.7 MPa.g。 ⑥疏水泵电机线圈温度高高ACO403KT-408KT大于145 ℃； ⑦疏水泵电机轴承温度高高ACO409、410KT大于95 ℃； ⑧疏水泵驱动端、非驱动端轴承温度高高ACO401、402KT大于65 ℃	
参考资料信息	运行一处：2号机组异常反馈——2ACO301PO触发定子线圈温度高高报警； 维修一处：维修日报(2018年08月27日)； WR/WOT：00433114/00998184-01(紧急工单)	
编　　者	运行二处一值：谷铁	时间：2019年03月11日

3.2.3　1号机组触发1ACO029KA：低加疏水箱B水位高

异常缺陷名称	1号机组触发1ACO029KA：低加疏水箱B水位高
发生时间	2018年06月23日夜班— 06月25日中班
机组状态	RP模式，满功率
异常缺陷现象	06月23日01:22，1号机组触发1ACO029KA：低加疏水箱B水位高，查看1ACO001HXT画面，发现1ACO302PO出口流量表1ACO002MD由190 m^3/H降至40 m^3/H，后继续波动到0，期间出现显示××××的情况。再循环阀门1ACO208VL全开，正常疏水调节阀门1ACO207VL全开，紧急疏水阀门1ACO202VL逐渐开大至20%控制1ACO302BA液位，1ACO302PO电机电流升高至335A左右(正常270A左右)，一回路热功率上涨约10 MW。 06月25日23:58:50，主控触发1ACO310KA低加疏水泵在循环阀手动调节报警，查看1ACO画面发现1ACO208VL为手动状态，开度为48%，1ACO002MD显示××××，将1ACO208VL手动关闭，1ACO207VL自动调节1ACO302BA液位，且液位稳定

续 表

风险或潜在后果	导致一回路热功率上涨约 10 MW
干预行动	已采取的行动措施： 1）操纵员将 1ACO207/208VL 同时置手动，初始时出于保护泵考虑，保守决策先关小 1ACO207VL，使泵出力减小防止其长期超流量运行； 2）在泵出力有所减小后，手动关小 1ACO208VL，同时兼顾调节 1ACO207VL，使 1ACO302BA 液位平稳下降，使得应急疏水阀 1ACO202VL 自动关闭； 3）在 1ACO208VL 全关后，将手动调节 1ACO207VL 使水箱液位降低至 0 mm 左右后将 1ACO207VL 恢复自动，至此恢复 1ACO302BA 水位由正常疏水自动控制； 4）联系现场检查 1ACO302PO 运行情况； 5）oncall 仪控检查 1ACO002MD 仪表； 6）仪控人员对 1ACO002MD 检查处理恢复正常显示后，观察 1ACO002MD 稳定后恢复 1ACO208VL 自动
原因分析	设备动作原因分析： 1）1ACO208VL 根据 1ACO002MD 流量自动控制，正常运行时其设定值为 75 m^3/h，当 1ACO002MD 低于 75 m^3/h 时 1ACO208VL 开大反之则关小；1ACO002MD 低漂至 0 导致 1ACO208VL 自动全开； 2）1ACO207VL 根据 1ACO302BA 液位自动控制，正常运行时整定值设置为 0 mm，1ACO208VL 全开后导致泵出口正常疏水流量严重分流回水箱，使得 1ACO302BA 液位上升，又使得 1ACO207VL 开大，直至开大至全开仍无法及时疏排来水，1ACO302BA 水位仍继续上升，最终由应急疏水阀 1ACO206VL 自动控制水位在 100 mm 左右； 3）流量增大导致 1ACO302PO 电流增大； 4）因 1ACO202VL 开启，低加疏水直接排放到凝汽器，导致热损失，引起机组热效率下降，一回路热功率上涨。 设备故障原因分析： 1ACO002MD 差压变送器故障
消缺行动	仪控处理反馈： 1）故障描述：1ACO002MD 主控波动大，对取样管路进行排气处理； 2）处理进展结果：1ACO002MD 取样管路内有气泡，排出后

续 表

消缺行动	1ACO002MD 已投运，测量值稳定。25 日再次出现异常，经检查确定异常原因为差压变送器故障，对 1ACO002MD 进行了更换，并观察 48 h，未再见异常； 3) 故障原因分析：1ACO002MD 差压变送器故障
相关知识	1) ACO 泵再循环阀全开后会严重抢水，使得绝大部分疏水返回水箱，即使正常疏水阀全开也无法及时疏走来水，导致液位升高至应急疏水介入； 2) 1ACO302BA 由正常疏水切到紧急疏水后，热功率上涨约 10 MWe 左右； 3) 低加疏水箱 B（ACO302BA）液位高高（>200 mm），自动开 1ACO202VL
参考资料信息	运行一处：《运行一处内部经验反馈——1ACO002MD 漂表干预及处理过程》； 维修一处：维修日报（2018 年 06 月 26 日）； WR/WOT：00404919/00954935-01（紧急工单）
编　　者	运行二处一值：谷铁　　　时间：2019 年 03 月 11 日

3.2.4 主控 KIC 画面中 2ACO208VL 开度显示××××

异常缺陷名称	主控 KIC 画面中 2ACO208VL 开度显示××××
发生时间	2018 年 01 月 06 日夜班
机组状态	RP 模式，热功率 2 MW
异常缺陷现象	KIC 画面中 2ACO208VL 开度显示××××
风险或潜在后果	导致无法在 KIC 中查看 2ACO208VL 开度
干预行动	已采取的行动措施： 1) 安排现场检查确认 2ACO208VL 的实际开度； 2) 填写工作申请由仪控检查处理
原因分析	2ACO208VL 阀杆连块倾斜，导致阀位反馈连杆位移量偏大，上位机显示××××

续　表

消缺行动	仪控处理反馈： 1)工作过程： ①检查阀门定位器各连接螺丝紧固，供气管路无漏气，阀杆连接块偏移未有效连接定位器反馈杆； ②机械人员调整阀杆连接块至水平位固定，定位器反馈正常； ③联系运行人员确认 2ACO208VL 当前显示 100%，开度××××消失； ④运行配合给指令对 2ACO208VL 进行验证，上行程指令开度 0%，阀位反馈开度 0.2%；上行程指令开度 25%，阀位反馈开度 25.1%；上行程指令开度 50%，阀位反馈开度 50.1%；上行程指令开度 75%，阀位反馈开度 75.0%；上行程指令开度 100%，阀位反馈开度 100.4%；下行程程指令开度 100%，阀位反馈开度 100.4%；下行程程指令开度 75%，阀位反馈开度 75.1%；下行程程指令开度 50%，阀位反馈开度 50.0%；下行程程指令开度 25%，阀位反馈开度 25.1%；下行程程指令开度 0%，阀位反馈开度 0.1%；阀门开启时间 4.13 s；阀门关闭时间 10.41 s；验证合格。 2)故障原因分析：2ACO208VL 阀杆连块倾斜，导致阀位反馈连杆位移量偏大，上位机显示××××
相关知识	ACO208VL 根据泵出口流量自动调节，当 ACO206VL 全开时 ACO208VL 超驰全开
参考资料信息	维修一处仪控：完工报告《FQ2-MA03-RCWO-00816505/01 2ACO208VL 开度显示××××，请检查处理》； WR/WOT：00331217/00816505-01(计划工单)
编　　者	运行二处一值：谷铁　　　　时间：2019 年 03 月 11 日

3.2.5　主控无法实现 3ACO202VL 全开全关操作

异常缺陷名称	主控无法实现 3ACO202VL 全开全关操作
发生时间	2018 年 05 月 04 日早班
机组状态	RP 模式，满功率
异常缺陷现象	在主控 KIC 中无法实现 3ACO202VL 全开全关操作
风险或潜在后果	KIC 中无法实现 3ACO202VL 全开全关操作，影响 3ACO302BA 紧急疏水的可用性

续　表

干预行动	已采取的行动措施： 1）安排现场检查 3ACO202VL 的供气情况未见异常； 2）oncall 仪控检查处理
原因分析	3ACO202VL 定位器性能不稳定（定位器输出气压不稳）导致 3ACO202VL 无法正常动作
消缺行动	仪控处理反馈： 1）工作过程： ①用内六角打开 3ACO202VL 定位器盖子； ②拆下 3ACO202VL 定位器接线，做好绝缘保护并做好拆线记录； ③把信号发生器连接到 3ACO202VL 定位器接线端子上，用信号发生器发信号对 3ACO202VL 定位器进行检查，阀门可以正常开关（检查中发现 3ACO202VL 定位器输出气压不稳，信号发生器给定 20 mA 定位器无输出气压（阀门未动作），多次给定信号后定位器输出气压恢复正常 3.8 bar，阀门开关正常）； ④拆下信号发生器，恢复 3ACO202VL 定位器接线，并做好接线记录； ⑤恢复 3ACO202VL 定位器盖子； ⑥联系主控操作 3ACO202VL 阀门，阀门可以正常开关； 2）故障原因分析：3ACO202VL 定位器性能不稳定（定位器输出气压不稳）导致 3ACO202VL 无法正常动作
相关知识	3ACO202VL 的控制逻辑： 低加疏水箱 B 水位高高延时 2 s 失电开启
参考资料信息	维修二处仪控：完工报告《FQ3-MA03-RCWO-00912914/01 主控无法实现 3ACO202VL 全开全关操作，需要仪控对 3ACO202VL 定位器进行检查》； WR/WOT：00383759/00912914-01（紧急工单）
编　　者	运行二处一值：谷铁　　　时间：2019 年 03 月 11 日

3.2.6　4ACO108VL 主控给出 100%需求开度，但现场反馈开度只有 84%

异常缺陷名称	4ACO108VL 主控给出 100%需求开度，但现场反馈开度只有 84%
发生时间	2018 年 01 月 03 日中班

续 表

机组状态	NS/SG 模式	
异常缺陷现象	4ACO108VL 主控给出 100%需求开度，但现场反馈开度只有 84%	
风险或潜在后果	主控无法查看 4ACO108VL 真实开度	
干预行动	已采取的行动措施： 1）安排现场检查确认 4ACO108VL 只有 84%的开度，检查阀门供气气源正常； 2）oncall 仪控检查处理	
原因分析	由于 4ACO108VL 定位器连杆处螺栓松动造成指令反馈偏差	
消缺行动	仪控处理反馈： 1）工作过程： ①检查 4ACO108VL 供气气源正常； ②检查定位器固定螺栓及连杆螺栓并紧固； ③检查定位器设定参数正常； ④操作定位器进行自行整定； ⑤拆除指令接线做好拆线记录连接信号发生器； ⑥就地给 4~20 mA 信号，观察指令与阀位反馈一致； ⑦按拆接线记录单恢复接线，工作完成。 2）故障原因分析：由于 4ACO108VL 定位器连杆处螺栓松动造成指令反馈偏差	
相关知识	疏水泵再循环阀 ACO108VL 根据泵出口流量自动调节	
参考资料信息	维修二处仪控：完工报告《FQ4-MA03-RCWO-00814821/01 4ACO108VL 主控给出 100%需求开度，但现场反馈开度只有 84%，需检查处理》； WR/WOT：0033208/00814821-01（紧急工单）； 其他类似异常缺陷： 2018 年 03 月 29 日开工计划工单"维修一级：4ACO208VL 全关后主控显示开度为 7%检查处理（WOT：00872995-01）"。 故障原因分析：4ACO208VL 定位器连杆和阀杆螺栓松动造成阀位偏差全关后显示 7%开度。 详情请见完工报告：《FQ4-MA03-RCWO-00872995/01 维修一级：4ACO208VL 全关后主控显示开度为 7%检查处理》	
编　　者	运行二处一值：谷铁	时间：2019 年 03 月 11 日

3.2.7　4ACO302MO 运行过程中故障跳闸

异常缺陷名称	4ACO302MO 运行过程中故障跳闸	
发生时间	2017 年 08 月 05 日中班	
机组状态	RP 模式，电功率 203 MWe	
异常缺陷现象	4ACO302MO 运行时故障跳闸，就地开关柜存在过载报警	
风险或潜在后果	导致泵跳闸不可用，影响汽轮机热效率	
干预行动	已采取的行动措施： 1)安排常规岛现场检查泵外观情况，安排电气岗位现场检查泵供电开关，发现开关存在过载报警； 2)oncall 电气和机械检查处理	
原因分析	4ACO302MO 泵轴卡死导致电机跳闸，解体后发现叶轮处泵轴断裂	
消缺行动	电气处理反馈——工作过程： 1)检查发现上游开关 4LKT561JA 过载保护动作； 2)测量电机绝缘：大于 550 MΩ，直阻：三相均为 0.2 MΩ； 3)就地盘动电机转轴卡死； 4)联系机械专业人员脱开联轴器； 5)电机转轴盘动顺畅，泵轴卡死； 6)与机械专业人员交接，由机械人员处理泵轴卡死。 机械处理反馈： 1)工作过程： ①拆下 4ACO302PO 联轴器； ②对泵组进行解体检查； ③更换损坏叶轮口环、泵体口环、及转子； ④对泵组进行组装回装并对联轴器找中心； ⑤再鉴定合格。 2)故障原因分析：4ACO302PO 解体后发现叶轮处泵轴断裂	
相关知识	疏水泵 4ACO302PO 用于将低加疏水箱 4ACO302BA 的正常疏水送往 3 号低加和 4 号低加间的水侧	
参考资料信息	维修二处电气：完工报告《FQ4-MA02-RCWO-00668944/01 4ACO302MO 运行过程中跳闸，需处理》； WR/WOT：00277045/00668944-01（紧急工单，电气检查），00277111/00669056-01(计划工单，机械解体检查泵)	
编　　者	运行二处一值：谷铁	时间：2019 年 03 月 11 日

3.2.8 1ACO106VL 电动头显示面板上显示“R5-8 继电器硬件故障”

异常缺陷名称	1ACO106VL 电动头显示面板上显示“R5-8 继电器硬件故障”	
发生时间	2017 年 05 月 11 日早班	
机组状态	RP 模式，满功率	
异常缺陷现象	1ACO106VL 电动头显示面板上显示“R5-8 继电器硬件故障”	
风险或潜在后果	影响 1ACO106VL 阀门的可靠性，威胁疏水箱 1ACO301BA 的正常疏水排放	
干预行动	已采取的行动措施： 1)现场检查确认阀门 1ACO106VL 处于打开状态； 2)和维修电气专业确认当前缺陷不影响阀门处于正常开启，提工作申请(WR)由电气检查处理	
原因分析	电动头继电器板故障	
消缺行动	电气处理反馈： 1)检修措施及步骤： ①现场确认电动头显示面板上显示“R5-8 继电器硬件故障”； ②断开上游电源后对电动头继电器板进行更换； ③送电后联系运行人员确认报警消除。 2)故障原因分析：电动头继电器板故障	
相关知识	ACO106VL 的控制逻辑： 1)允许开信号：除氧器水位不高 &4A 低加出口阀全开； 2)自动开启信号：ACO101PO 运行； 3)自动关信号：除氧器水位高高或 3A/4A 低加解列或 ACO101PO 停运	
参考资料信息	维修一处电气：完工报告《FQ1-MA02-RCWO-00567079/01 1ACO106VL 电动头显示面板上显示 R5-8 继电器故障，需更换 R5-8 继电器板》； WR/WOT：00245577/00567079-01(计划工单)	
编　　者	运行二处一值：谷铁	时间：2019 年 03 月 11 日

3.2.9 2ACO108VL 故障全开

异常缺陷名称	2ACO108VL 故障全开
发生时间	2017 年 02 月 04 日早班
机组状态	RP 模式，满功率

续　表

异常缺陷现象	2ACO108VL 故障全开，且将其置手动后调整开度无效，2ACO301PO 流量超量程，电机电流最高升高至 336 A 左右(由 270 A 增加至 336 A)，后主控将 2ACO107VL 置于手动 33%开度，利用 2ACO102VL 紧急向 CEX 疏水，当前 2ACO301BA 液位维持在 115 mm左右，2ACO301PO 流量 185 m^3/h 左右，电机电流 262 A	
风险或潜在后果	1)影响疏水箱 2ACO301BA 正常疏水管线的排放，导致 2ACO301BA 液位异常上升； 2)泵出口流量和压力波动，泵电流上升，对泵运行产生不利影响	
干预行动	已采取的行动措施： 1)安排现场检查确认阀门实际开度存在波动； 2)安排现场将 2ACO108VL 破坏中性点全开，主控将 2ACO108VL 切到手动控制，将阀门置手动开到 100%开度； 3)通过 2ACO102VL 控制 2ACO301BA 的液位； 4)主控加强监视 2ACO301PO 电流和流量和出口压力等参数，现场关注泵振动情况； 5)oncall 仪控检查处理	
原因分析	2ACO108VL 控制卡件通道故障	
消缺行动	仪控处理反馈： 1)故障描述：2ACO108VL 故障全开，导致 2ACO301PO 电流大幅增加(由 270 A 增加至 336 A)，正常疏水阀 2ACO107VL 全开，应急疏水阀 2ACO102VL 自动开启至 12%。 2)故障原因分析：2KCP558AR 中 F05BN 的 7 通道故障。 3)处理过程： ①现场拆线接万用表发现 DCS 无信号输出； ②在 2KCP558AR 中将现场接线脱开，测量 F05BN 的 7 通道输出电压为 0 V，两端对地电压为 0 V，说明卡件故障； ③控制信号线从 7 通道更换至备用的 8 通道，并在 DCS 组态中做相应修改，修改后恢复正常	
相关知识	疏水泵再循环阀 ACO108VL 根据泵出口流量自动调节	
参考资料信息	维修一处仪控：完工报告《FQ2-MA03-RCWO-00508796/01 2ACO108VL 开度波动范围变大，且经常自动切换至手动》； 维修一处仪控：维修日报[每日重要维修工作及值长关注项反馈(2017 年 02 月 05 日)]； WR/WOT：00211638/00508796-01(紧急工单)； 运行一处 ESOMS 日志(2017 年 02 月 04 日)	
编　　者	运行二处一值：谷铁	时间：2019 年 03 月 11 日

3.2.10　2ACO108VL 调节性能差，导致 2ACO301PO 泵出口流量大幅波动

异常缺陷名称	2ACO108VL 调节性能差，开度在 96%以上时，开度继续增大会导致 2ACO301PO 出口流量大幅波动	
发生时间	2016 年 12 月 05 日中班	
机组状态	RP 模式，电功率 230 MWe	
异常缺陷现象	2ACO108VL（2ACO301PO 再循环流量调节阀）置于自动后，2ACO301PO 出口流量出现大幅度波动，将 2ACO108VL 置于手动后，在缓慢开大的过程中，开度大于 96%后继续增加开度，泵出口流量突增，怀疑 2ACO108VL 调节性能线性度较差，主控将 2ACO108VL 置于手动状态，控制开度在 92%	
风险或潜在后果	引起泵出口流量大幅波动，不利于泵运行以及 2ACO301BA 液位控制	
干预行动	已采取的行动措施： 1）安排现场检查和关注泵运行情况； 2）安排现场检查 2ACO108VL 供气情况，确认无漏气情况； 3）oncall 仪控检查； 4）为配合处理 2ACO108VL 缺陷，将 2ACO301PO 停运	
原因分析	阀门定位器故障	
消缺行动	仪控处理反馈： 1）工作过程： ①拆除 2ACO108VL 阀门定位器； ②更换 2ACO108VL 阀门定位器； ③整定 2ACO108VL 阀门； ④就地操作 2ACO108VL 阀门正常； ⑤联系主控操作 2ACO108VL 阀门正常； ⑥办理中止，运行启泵 2ACO301PO； ⑦主控手动操作 2ACO108VL 正常； ⑧主控把 2ACO108VL 投自动，调节正常。 2）故障原因分析：阀门定位器故障	
相关知识	疏水泵再循环阀 ACO108VL 根据泵出口流量自动调节	
参考资料信息	维修一处仪控：完工报告《FQ2-MA03-RCWO-00431923/01 2ACO108VL 调节性能差，开度在 96%以上时，开度继续增大会导致 2ACO301PO 出口流量大幅波动》； WR/WOT：00193532/00431923-01（紧急工单）	
编　　者	运行二处一值：谷铁	时间：2019 年 03 月 11 日

3.2.11 1ACO108/208VL 频繁切手动

异常缺陷名称	1ACO108/208VL 频繁切手动
发生时间	2014 年 11 月 14 日早班
机组状态	RP 模式，热功率 26 MW，未并网
异常缺陷现象	1ACO108/208VL 频繁切手动
风险或潜在后果	导致 1ACO108/208VL 无法自动控制，影响 ACO 泵小流量循环功能
干预行动	已采取的行动措施： 1)主控加强关注 ACO301PO/302PO 电流和出口压力流量波动和振动情况； 2)加强关注和控制 1ACO301BA/302BA 液位； 3)oncall 仪控检查处理
原因分析	阀门定位器故障
消缺行动	仪控处理反馈： 1)处理措施：定位器故障，确认故障信息后，初始化定位器，恢复正常； 2)故障原因分析：阀门定位器故障
相关知识	疏水泵再循环阀 ACO108VL 根据泵出口流量自动调节
参考资料信息	维修一处仪控：完工报告《FQ1-MA03-RCWO-00071286/01 1ACO108/208VL 频繁切手动，需检查阀门定位器》； WR/WOT：00026573/00071286-01(紧急工单)
编　　者	运行二处一值：谷铁　　时间：2019 年 03 月 11 日

3.2.12 2ACO301PO 处于停运状态时，主控出现泵电机线圈温度高和高高报警

异常缺陷名称	2ACO301PO 处于停运状态，主控出现泵电机线圈温度高和高高报警
发生时间	2015 年 04 月 08 日早班
机组状态	首次装料前，一回路大开口，水位 19.56 m
异常缺陷现象	执行 2ACO 系统 A 列在线时，执行到准备启动 2ACO301PO 时，发现主控有 2ACO301PO 定子线圈温度高和高高报警
风险或潜在后果	导致无法真实监测定子线圈温度

续　表

干预行动	已采取的行动措施： 1）查看和执行报警卡； 2）安排现场检查 2ACO301PO 外观未见异常，点温电机外壳未见温度异常； 3）oncall 仪控检查处理
原因分析	2ACO403KT 接线松动
消缺行动	仪控处理反馈： 1）处理措施： ①打开 2ACO102BC 接线盒； ②根据端接文件检查 2ACO403KT 接线，发现接线松动紧回后报警消失。 2）故障原因分析：2ACO403KT 接线松动
相关知识	低加疏水泵 A 电机定子线圈温度 ACO403/404/405/406/407/408KT ≥145 ℃时，将产生 3ACO032KA（低加疏水泵 A 电机定子线圈温度高高）报警
参考资料信息	维修一处仪控：完工报告《FQ2-MA03-RCWO-00104890/01 2ACO301PO 处于停运状态，但是主控出现泵电机线圈温度高和高高报警》； 运行二处：ESOMS 日志（2015 年 04 月 08 日）； WR/WOT：00045569/00104890-01（紧急工作）
编　　者	运行二处一值：谷铁　　　时间：2019 年 03 月 11 日

3.2.13　2ACO301PO 泵运行时电机有异音

异常缺陷名称	2ACO301PO 泵运行时电机有异音
发生时间	2016 年 11 月 17 日中班
机组状态	RCS 模式
异常缺陷现象	2ACO301BA 和 2ACO302BA 排空后再次充满进行打循环，启动 2ACO301PO 后现场反馈电机轴承端存在间歇异音
风险或潜在后果	可能导致泵轴承磨损损坏
干预行动	已采取的行动措施： 1）现场对电机轴承点温，未见明显异常； 2）oncall 维修电气检查处理

续　表

原因分析	电机轴承缺油脂	
消缺行动	仪控处理反馈： 1)工作过程： ①对电机轴承添加油脂，观察轴承温度、声音和振动； ②经过多次少量添加油脂，驱动端约为 8 g，非驱动端为 5 g； ③电机轴承声音正常，驱动端温度稳定； ④工作结束后，请运行人员验收，归还工作票。 2)故障原因分析：电机轴承缺油脂	
相关知识	电机轴承异音的可能原因有：轴承磨损引起异音；动静不平衡导致异音；轴承缺油脂引起异音；电流异常波动等	
参考资料信息	维修一处电气：完工报告《FQ2-MA02-RCWO-00408761/01 2ACO301PO 电机轴承有异音，电气检查反馈需加油》； 运行二处 ESOMS 日志(2016 年 11 月 17 日)； WR/WOT：00188206/00408761-01(紧急工单)	
编　　者	运行二处一值：谷铁	时间：2019 年 03 月 11 日

3.2.14　ACO 系统设备异常缺陷处理总结：

(1)ACO 系统设备异常缺陷源项关联分析

ACO 系统工艺流程上的关联：

1)ACO 系统接收 ABP 系统 3、4 号低加壳侧疏水；

2)ACO 系统疏水箱内接收的疏水经 ACO 泵排放到 ABP 系统 3、4 号低加间的水侧管线或经疏水箱紧急疏水阀排向 CEX 系统凝汽器。

因此从工艺流程上的关联性可知，ACO 系统设备的故障，需要确认是否会存在影响 3、4 号低加壳侧疏水的排放，进而影响汽轮机抽汽，影响汽轮机热效率，需要避免出现堆芯热功率超限的情况出现。ACO 系统与 CEX 系统凝汽器相连接相关联，在某些故障破口情况出现时，可能引入影响凝汽器真空的风险源项。

ACO 系统逻辑联动上的关联：例如疏水泵出口阀门 ABP106VL/206VL 自动关闭信号有来自除氧器液位高高、3 或 4 低加解列，因此除氧器液位相关的故障或是检修工作可能存在引入 ABP106VL/206VL 自动关闭的风险。

(2)ACO 系统设备故障处理参考文件

1)《FQX/Y-ACO-I-001 满功率运行时一台低加疏水泵故障规程》；

2)《FQX/Y-ACO-S-001 给水加热器疏水回收系统运行规程》第 7 节故障处理。

3.3 给水除氧器系统(ADG)

3.3.1 4ADG002VV 阀门在 5%开度左右无法继续打开

异常缺陷名称	4ADG002VV 阀门在 5%开度左右无法继续打开
发生时间	2017 年 08 月 22 日早班
机组状态	机组调试启动阶段
异常缺陷现象	4 号机组执行 TP4RRC59(100%FP)停机不停堆试验，试验结束后继续执行冲转并网操作。在执行的过程中，规程要求打开 4ADG002VV，但是主控显示该阀门无法开启，4ADG002VV 阀门在 5%开度左右无法继续打开，电动/手动均无法继续开大开度，就地查看该阀门也没有动作
风险或潜在后果	影响除氧器给水的加热和压力控制，导致除氧器汽源无法切换到汽轮机抽汽供气
干预行动	已采取的行动措施： 1)主控查看确认 4ADG002VV 无保护关信号，存在开允许； 2)安排现场检查阀门供电正常，电动阀电动头未见明显异常； 3)和机械分析讨论后，通过升高阀门下游除氧器 4ADG010DZ 的压力，平衡 4ADG002VV 前后压差后，正常打开阀门
原因分析	某些特殊工况下 4ADG002VV 自动关闭，在 4ADG002VV 与上游逆止阀 4ADG052VV 管道之间憋有约 0.6 MPa 残压的蒸汽，阀门前后压差约 0.5 MPa，造成阀门无法打开
消缺行动	机械处理反馈： 1)缺陷描述：4ADG002VV 阀门在 5%开度左右无法继续打开，电动/手动均无法继续开大开度。 2)处理进展：通过升高除氧器内的压力，大概除氧器的压力达到 0.6 MP.g 时，正常打开 4ADG002VV。 3)原因分析：某些特殊工况下 4ADG002VV 自动关闭，在 4ADG002VV 与上游逆止阀 4ADG052VV 管道之间憋有约 0.6 MPa 蒸汽，阀门前后压差约 0.5 MPa，造成阀门无法打开。 4)处理措施：主控升高下游 4ADG010DZ 压力，4ADG002VV 前后压差降低，阀门可正常打开。 5)后续行动：作为经验反馈，后续特殊工况试验时减小 4ADG002VV 前后压差，以降低阀门开启阻力

续　表

相关知识	除氧器抽汽电动隔离阀 ADG002VV 的控制逻辑： 1)允许开启信号：除氧器水位不高或汽轮机未跳闸； 2)手动开启信号：KIC 开启； 3)保护关闭信号：除氧器水位高高高或汽轮机跳闸； 4)手动关闭信号：KIC 关闭	
参考资料信息	维修二处机械：oncall 反馈——4ADG002VV 阀门在 5%开度左右无法继续打开处理反馈	
编　　者	运行二处一值：谷铁	时间：2019 年 02 月 16 日

3.3.2　1ADG001VV 主控显示大红色，主控出现 1ADG034KA ADG 系统阀门故障

异常缺陷名称	1ADG001VV 主控显示大红色，主控出现 1ADG034KA ADG 系统阀门故障
发生时间	2018 年 03 月 23 日早班
机组状态	RP 模式，电功率 836 MWe
异常缺陷现象	1ADG001VV 冲转并网后显示大红色，主控存在 1ADG034KA ADG 系统阀门故障
风险或潜在后果	产生 1ADG034KA ADG 系统阀门故障，影响阀门开关操作的可靠性
干预行动	已采取的行动措施： 1)安排现场检查 1ADG001VV 阀门供气是否正常，确认未见异常； 2)oncall 仪控检查处理
原因分析	1ADG001VV 开限位开关，长期投入使用，开关触点老化损坏
消缺行动	仪控处理反馈： 1)工作过程： ①检查发现 1ADG001VV 开限位开关损坏，更换限位开关进行调整； ②联系运行人员验证 ADG001VV 显示正常。 2)故障原因分析：1ADG001VV 开限位开关，长期投入使用，开关触点老化损坏

续 表

相关知识	除氧器抽汽逆止阀 ADG001VV 的控制逻辑： 1)允许开启信号：除氧器水位不高或汽轮机未跳闸； 2)手动开启信号：KIC 开启； 3)保护关闭信号：除氧器水位高高高或汽轮机跳闸； 4)手动关闭信号：KIC 关闭
参考资料信息	维修一处仪控：完工报告《FQ1-MA03-RCWO-00880191/01 1ADG001VV 主控显示大红色，主控出现 1ADG034KA，怀疑限位未正确触发，需仪控检查》； WR/WOT：00367126/00880191-01(计划工单)； 其他类似异常缺陷： 1)2017 年 12 月 12 日，开工计划工单：维修一级：4ADG001VV 限位开关故障检查处理(WR/WOT：00771177-01)。 故障原因分析：4ADG001VV 限位开关功能故障。 详情请见维修二处仪控：完工报告《FQ4-MA03-RCWO-00771177/01 维修一级：4ADG001VV 限位开关故障检查处理》。 2)2018 年 03 月 06 日，开工计划工单：3ADG001VV 主控显示大红色检查处理(WR/WOT：00863837-01)。 故障原因分析：因限位开关摆臂角度不合适导致。 详情请见维修二处仪控：完工报告《FQ3-MA03-RCWO-00863837/01 维修一级：3ADG001VV 主控显示大红色检查处理》。 3)2017 年 08 月 22 日，开工计划工单：4ADG001VV 主控显示大红色检查处理(WR/WOT：00675785-01)。 故障原因分析：4ADG001VV 开限位摆臂紧固螺母断裂导致开限位未触发。 详情请见维修二处仪控：完工报告《FQ4-MA03-RCWO-00675785/01 4ADG001VV 主控显示大红色检查处理》。 4)2017 年 07 月 12 日，开工计划工单：3ADG001VV 开限位开关检查处理(WOT：00647309-01)。 故障原因分析：3ADG001VV 开限位开关摆臂处螺母松动导致开限位开关未触发。 详情请见维修二处仪控：完工报告《FQ3-MA03-RCWO-00647309/01 3ADG001VV 开限位开关检查处理》。 5)2017 年 01 月 04 日，开工计划工单：3ADG001VV 阀门开限位调整(WOT：00456856-01)。 故障原因分析：3ADG001VV 开限位摆臂松动，导致 3ADG001VV 阀门开限位无法触发。

续 表

参考资料信息	详情请见维修二处仪控：完工报告《FQ3-MA03-RCWO-00456856/01 3ADG001VV 阀门开限位调整》。 6)2017 年 02 月 13 日，开工紧急工单：1ADG001VV 显示大红色，需处理(WOT：00512346-01)。 故障原因分析：关限位开关坏。 详情请见维修一处仪控：完工报告《FQ1-MA03-RCWO-00512346/01 1ADG001VV 显示大红色，需处理》。 7)2016 年 12 月 09 日，开工计划工单：2ADG001VV 关限位开关无法触发，需调整(WOT：00428890-01)。 故障原因分析：限位开关损坏。 详情请见维修一处仪控：完工报告《FQ2-MA03-RCWO-00428890/01 2ADG001VV 关限位开关无法触发，需调整》	
编　　者	运行二处一值：谷铁	时间：2019 年 02 月 16 日

3.3.3 KIC 上 2ADG163VV 显示大红色，就地已经全开

异常缺陷名称	KIC 上 2ADG163VV 显示大红色，就地已经全开
发生时间	2018 年 03 月 10 日夜班
机组状态	RP 模式，满功率
异常缺陷现象	KIC 上 2ADG163VV 显示大红色，就地已经全开
风险或潜在后果	影响阀门开关的可靠性，进而可能影响除氧器抽汽管道的自动疏水的可靠性
干预行动	已采取的行动措施： 1)安排现场检查阀门实际开关情况，发现阀门已经全开； 2)oncall 仪控检查处理
原因分析	2ADG163VV 阀门开限位开关螺丝松动
消缺行动	仪控处理反馈： 1)工作过程： ①对 2ADG163VV 阀门限位开关进行检查、发现开限位开关螺丝松动； ②对 2ADG163VV 阀门开限位开关进行调整触发状态、并紧固螺丝； ③联系运行人员验证 2ADG163VV 阀门开限位正常。 2)故障原因分析：2ADG163VV 阀门开限位开关螺丝松动

续 表

相关知识	ADG163VV 阀门的控制逻辑： 1）手动开启信号：KIC 开启； 2）手动关闭信号：KIC 关闭； 3）自动开启信号：汽轮机跳闸或汽轮机负荷≤30%或疏水袋液位 ADG109SN 高或关 ADG001VV； 4）自动关闭信号：汽轮机跳闸且汽轮机负荷≤30%且疏水袋液位 ADG109SN 高且关 ADG001VV 信号消失后 2 s； 5）保护开启信号：疏水袋液位 ADG110SN 高高
参考资料信息	维修一处：完工报告《FQ2-MA03-RCWO-00868903/01 KIC 上 2ADG163VV 显示大红色，就地已经全开。怀疑阀门限位有故障》；WR/WOT：00358876/00868903-01（紧急工单）
编　　者	运行二处一值：谷铁　　　　时间：2019 年 02 月 16 日

3.3.4　巡盘发现 2ADG003MN 仪表存在大幅度波动

异常缺陷名称	巡盘发现 2ADG003MN 仪表存在大幅度波动
发生时间	2018 年 01 月 06 日夜班
机组状态	RP 模式，热功率 2 MWt，发电机未并网
异常缺陷现象	巡盘发现 2ADG003MN 仪表存在大幅度波动
风险或潜在后果	影响除氧器液位的控制
干预行动	已采取的行动措施： 1）立即检查除氧器水位控制调节阀 2CEX025VL/026VL 是否存在波动； 2）关注和控制除氧器水位在 300 mm 附近，必要时将除氧器水位控制置于手动控制； 3）oncall 仪控检查处理
原因分析	取样管内有气泡，导致仪表测量失真
消缺行动	仪控处理反馈： 1）工作过程： ①准备工作票并主控签字确认并联系系统工程师强制 2ADG003MN 当前值； ②现场验证工作边界，确认设备位置与设备标牌；

续 表

消缺行动	③电话通知主控人员并征得同意后开始工作并召开工前会； ④对 2ADG003MN 差压变送器进行充水排气； ⑤对 2ADG003MN 差压变送器进行现场校验并做好记录； ⑥恢复 2ADG003MN 为初始状态并清理现场； ⑦联系系统工程师解除强制。 2)故障原因分析：取样管内有气泡	
相关知识	除氧器水位由 ADG001MN、002MN、003MN 三个水位计测量。这三块表按照 2/3 逻辑产生水位高高高和水位低低信号。另外，三个水位计的测量信号经过中选模块取中值后用于除氧器水位控制以及产生水位高高、水位高和水位低信号。 ①除氧器正常水位+300 mm　　中值 ②除氧器高水位+500 mm　　中值 ③除氧器高高水位+650 mm　　中值 ④除氧器高高高水位+800 mm　　2/3 ⑤除氧器低水位+150 mm　　中值 ⑥除氧器低低水位-850 mm　　2/3 其中除氧器高高水位(+650 mm)时，自动关闭 ABP006VL、ADG003VV/005VV/007VV 等。除氧器高高高水位(+800 mm)时，自动关闭除氧器抽汽阀门 ADG001VV/002VV、除氧器辅助蒸汽供汽阀门 ADG009VV/010VV 等。 除氧器低低水位(-850 mm)时，跳闸主给水泵和启动给水泵	
参考资料信息	维修一处仪控：完工报告《FQ2-MA03-RCWO-00816504/01 巡盘发现 2ADG003MN 仪表产生大幅度波动，怀疑仪表故障，请检查处理》； WR/WOT：00331204/00816504-01(计划工单)。 其他类似异常缺陷： 2018 年 01 月 09 日，开工工单：ADG001MN 与 2ADG002MN 和 2ADG003MN 偏差大(WR/WOT：00332272/00820095-01)。 故障原因分析：2ADG001MN 取样管进少量空气。 详情请见完工报告《FQ2-MA03-RCWO-00820095/01 2ADG001MN 与 2ADG002MN 和 2ADG003MN 偏差大，请处理》	
编　　者	运行二处一值：谷铁	时间：2019 年 02 月 16 日

3.3.5 2ADG003VV 主控画面上显示××××

异常缺陷名称	2ADG003VV 主控画面上显示××××，对 2ADG003VV 进行重新整定
发生时间	2017 年 10 与 24 日早班
机组状态	机组大修，RCS 模式
异常缺陷现象	2ADG003VV 主控画面上显示××××
风险或潜在后果	导致无法查看 2ADG003VV 的开度
干预行动	已采取的行动措施： 1)安排现场查看 2ADG003VV 实际开度情况，检查阀门供气情况，未见异常； 2)oncall 仪控检查处理
原因分析	2ADG003VV 反馈超差
消缺行动	仪控处理反馈： 1)工作过程： ①对 2ADG003VV 进行重新整定； ②对 2ADG003VV 进行五点校验； ③确认 2ADG003VV 在主控画面中显示正常。 2)故障原因分析：2ADG003VV 反馈超差
相关知识	ADG003/005/007VV 的控制逻辑： 1)作为 GCT 系统的第四组排往除氧器的阀门，ADG005VV 只接受来自 GCT 系统的快开信号； 2)ADG003/007VV 还作为除氧器压力调节阀，接受来自 ADG 系统的压力调节模拟信号； 3)允许开启信号：除氧器水位不高+ABP006VL 未关闭+无 P4 后延时 50 s+无 P12； 4)快开信号：允许开启信号+温度模式下出现 P4 且达快开整定值 407XU1 或温度模式下未出现 P4 且达 402XU2 且 C7B 与 406XU1 出现； 5)除氧器水位 ADG001MN、002MN、003MN 中选值达到+650 mm 时，将自动关闭 ADG003VV/005VV/007VV
参考资料信息	维修一处仪控：完工报告《FQ2-MA03-RCWO-00733879/01 2ADG003VV 主控画面上显示××××，对 2ADG003VV 进行重新调整》； WR/WOT：00302524/00733879-01(紧急工单)

续　表

参考资料信息	其他类似异常缺陷： 2017 年 11 月 02 日开工计划工单“维修一级：3ADG003VV 阀门开度反馈多次闪发变成××××检查处理(WR/WOT：00735050-01)”。 故障原因分析：3ADG003VV 阀门开限位位置偏移。 详情请见维修二处仪控：完工报告《FQ3-MA03-RCWO-00735050/01 维修一级：3ADG003VV 阀门开度反馈多次闪发变成××××检查处理》	
编　　者	运行二处一值：谷铁	时间：2019 年 02 月 16 日

3.3.6　3ADG012VL 无法自动关闭，主控显示大红色

异常缺陷名称	3ADG012VL 无法自动关闭，主控显示大红色
发生时间	2017 年 06 月 16 日夜班
机组状态	RP 模式，电功率 343 MWe
异常缺陷现象	3ADG012VL 无法自动关闭，主控显示大红色
风险或潜在后果	导致 3ADG012VL 无法自动关闭
干预行动	已采取的行动措施： 1)安排现场检查确认阀门实际状态和电动头报警信息； 2)oncall 维修电气检查处理
原因分析	3ADG012VL 就地显示过力矩报警
消缺行动	电气处理反馈： 1)工作过程： ①现场检查发现 3ADG012VL 就地显示过力矩报警； ②与值长沟通，开紧急票处理并取得隔离许可证； ③到达现场，与主控沟通，就地手轮操作阀门，无卡涩(手轮操作后过力矩报警自动消除)； ④就地电动开关阀门正常，无报警； ⑤将电动头打到远控，主控能正常操作阀门开关。 2)故障原因分析：3ADG012VL 就地显示过力矩报警
相关知识	3ADG012VL 的控制逻辑： 1)手动开启信号：KIC 开启+允许开启信号； 2)允许开启信号：除氧器水位不高； 3)保护关闭信号：除氧器水位高高

续 表

参考资料信息	维修二处电气：完工报告《FQ3-MA02-RCWO-00606494/01 3ADG012VL 无法自动关闭，主控显示大红色》； WR/WOT：00258944/00606494-01(紧急工单)	
编　者	运行二处一值：谷铁	时间：2019 年 02 月 16 日

3.3.7 低加出口母管给水蝶阀 4ABP006VL(ADG 进水阀门)在主控无法操作打开

异常缺陷名称	低加出口母管给水蝶阀 4ABP006VL(ADG 进水阀门)在主控无法操作打开
发生时间	2018 年 01 月 03 日早班
机组状态	NS/SG 模式
异常缺陷现象	机组重新启动时，在主控无法操作打开 4ABP006VL，在强制 ADG010SN 触发后，4ABP006VL 仍无法开，开启其上游排气阀泄压时发现排出很多蒸汽，没办法继续进行泄压
风险或潜在后果	导致凝结水无法进入除氧器，无法启动 ADG 系统
干预行动	已采取的行动措施： 1)检查 4ABP006VL 上游仪用压空供气正常； 2)联系仪控强制 4ADG010SN 触发； 3)开启 4ABP006VL 所在管线上游排气阀泄压时发现排出很多蒸汽，没办法继续进行泄压； 4)通过将 4ABP010VL 打开进行泄压后，再在主控操作开启 4ABP006VL，顺利打开
原因分析	4ABP006VL 阀门开启的设计压差为 2.411 MPa，因前后压差太大导致无法开启，需要进行泄压平衡前后压力
消缺行动	仪控处理反馈： 配合运行强制 4ADG010SN 触发信号，在运行开启 4ABP006VL 后，取消强制
相关知识	ABP006VL 的控制逻辑： 1)自动开启：除氧器液位不高<500 mm，且除氧器进水管线满水 ADG010SN 触发，且 CEX 泵出口压力 CEX101/201/301MP 任一>0.2 MPa；

续　表

相关知识	2)自动关闭：①CEX 泵出口压力 CEX101/201/301MP 均<0.2 MPa；②除氧器液位 H2>650 mm； 3)手动开启：除氧器液位不高<500 mm，且除氧器进水管线满水 ADG010SN 触发，且 CEX 泵出口压力 CEX101/201/301MP 任一>0.2 MPa 时，ABP006VL 置于手动时手动开启； 4)手动关闭信号：KIC 关闭； 5)ABP006VL 未全关，ADG003/005/007VV 开启条件之一。 ABP006VL 相关经验知识： 1)101 大修经验反馈：1ABP006VL 手动无法开启，仪控强制 1ADG010SN 后阀门可以开启； 2)2016 年 2 号机组调停经验反馈：2ABP006VL 阀门开启的设计压差为 2.411 MPa，2016 年 2 号机组春节调停期间因前后压差过大，阀门无法开启。后通过开启其上游排气阀泄压后，阀门得以开启	
参考资料信息	ESOMS 日志(2018 年 01 月 03 日)和 D15 规程中经验反馈等	
编　　者	运行二处一值：谷铁	时间：2019 年 03 月 17 日

3.3.8　1ADG163VV 动作过程中会显示洋红色

异常缺陷名称	1ADG163VV(五级抽汽总管止回阀后疏水罐疏水阀)动作过程中会显示洋红色，阀门开关动作结果正常
发生时间	2017 年 05 月 13 日夜班
机组状态	RP 模式，满功率
异常缺陷现象	1ADG163VV 动作过程中会显示洋红色，阀门开关动作结果正常
风险或潜在后果	1ADG163VV 动作过程中显示洋红色，导致主控无法准确确认阀门的实际开关状态
干预行动	已采取的行动措施： 1)安排现场观察阀门实际动作状态情况，确认阀门开关动作结果正常； 2)提工作申请(WR)按计划处理
原因分析	1ADG163VV 阀门限位开关损坏

续　表

消缺行动	仪控处理反馈： 1)工作过程： ①对就地 1ADG163VV 阀门开、关限位功能及接线进行检查； ②发现 1ADG163VV 阀门开限位开关损坏，造成 1ADG163VV 阀门关闭时开、关反馈同时触发； ③办理备件领料单，领取备件，检验开关动作功能正常； ④做好拆接线记录，更换损坏 1ADG163VV 阀门开限位开关，恢复设备到投运状态。 2)故障原因分析：1ADG163VV 阀门限位开关损坏
相关知识	ADG163VV 阀门的控制逻辑： 1)手动开启信号：KIC 开启； 2)手动关闭信号：KIC 关闭； 3)自动开启信号：汽轮机跳闸或汽轮机负荷≤30%或疏水袋液位 ADG109SN 高或关 ADG001VV； 4)自动关闭信号：汽轮机跳闸且汽轮机负荷≤30%且疏水袋液位 ADG109SN 高且关 ADG001VV 信号消失后 2 s； 5)保护开启信号：疏水袋液位 ADG110SN 高高
参考资料信息	维修一处仪控：完工报告《FQ1-MA03-RCWO-00567584/011ADG163VV 在动作过程中会显示洋红色状态》； WR/WOT：00246245/00567584-01(计划工单)。 其他类似异常缺陷： 2017 年 04 月 15 日，开工计划工单：1ADG163VV 阀门开启过程中在 KIC 上显示洋红色，关闭后阀门显示正常，怀疑开限位故障。需调整阀门状态(WR/WOT：00554046-01)。 故障原因分析：1ADG163VV 阀门关限位开关损坏。 详情请见维修一处仪控：完工报告《FQ1-MA03-RCWO-00554046/01 1ADG163VV 阀门开启过程中在 KIC 上显示洋红色，关闭后阀门显示正常，怀疑开限位故障。需调整阀门状态》
编　　者	运行二处一值：谷铁　　　　时间：2019 年 02 月 16 日

3.3.9　1ADG023VL 阀门显示开度在 0%~25%之间波动

异常缺陷名称	1ADG023VL(STR 疏水冷却器疏水调节阀)阀门显示开度在 0%~25%之间波动

续　表

发生时间	2017 年 04 月 23 日早班	
机组状态	RP 模式，电功率 840 MWe	
异常缺陷现象	巡盘发现 1ADG023VL 阀门显示开度在 0%～25%之间波动(要求开度为 0%)，现场查看 1ADG023VL 阀门为全关状态，阀门未动作，管线无振动	
风险或潜在后果	导致无法准确监视 1ADG023VL 阀门开度	
干预行动	已采取的行动措施： 1)主控关注 1STR001BA 液位在正常范围内； 2)安排现场检查 1ADG023VL 阀门的实际开度，发现阀门处于全关状态； 3)oncall 仪控检查处理	
原因分析	1ADG023VL 反馈信号线松动	
消缺行动	仪控处理反馈： 1)工作过程： ①就地确认 1ADG023VL 设备位置； ②打开 1ADG023VL 定位器检查反馈线无松动； ③打开 1ADG023VL 信号中间转接箱，发现反馈线松动； ④紧固 1ADG023VL 反馈线，就地定位器显示无波动； ⑤1ADG023VL 就地设备接线全面紧固； ⑥联系运行人员确认 1ADG023VL 就地显示与盘前显示一致。 2)故障原因分析：1ADG023VL 反馈信号线松动	
相关知识	ADG023VL 的自动关闭信号：除氧器水位高高或 STR003VL 全开	
参考资料信息	维修一处仪控：完工报告《FQ1-MA03-RCWO-00559108/01 1ADG023VL 阀门显示开度在 0%～25%之间波动，需检查处理》； WR/WOT：00239127/00559108-01(紧急工单)	
编　　者	运行二处一值：谷铁	时间：2019 年 02 月 16 日

3.3.10　1ADG031VV 在 KIC 开启后显示红色，就地为全关

异常缺陷名称	1ADG031VV(除氧器启动排气阀)在 KIC 开启后显示红色，就地为全关
发生时间	2017 年 01 月 17 日中班

续　表

机组状态	NS/SG 模式
异常缺陷现象	1ADG031VV 在 KIC 开启后显示红色，就地为全关
风险或潜在后果	影响阀门开关操作的可靠性，影响除氧器启动加热排气
干预行动	已采取的行动措施： 1）安排现场检查阀门实际开度，确认阀门就地处于全关位置； 2）安排电气现场确认阀门供电正常，检查阀门电动头故障报警情况； 3）oncall 电气检查处理
原因分析	电动头内的继电器板故障
消缺行动	电气处理反馈： 1）检修措施及步骤： ①现场分析后确认电动头内的继电器板故障； ②对电动头内的继电器板进行更换； ③联系运行人员送电后确认无报警。 2）故障原因分析：电动头内的继电器板故障
相关知识	在除氧器冷态启动时，使用 SVA 系统辅助蒸汽进行加热，开启除氧器壳体至大气的启动排气阀 ADG030/031VV，关闭除氧器至凝汽器的运行排气阀 ADG032/033VV。 在除氧器热态启动时，使用 VVP 系统的新蒸汽进行加热，关闭除氧器的启动排气阀 ADG030/031VV，开启除氧器至凝汽器的运行排气阀 ADG032/033VV
参考资料信息	维修一处电气：完工报告《FQ1-MA02-RCWO-00488551/01 1ADG031VV 在 KIC 开启后显示红色，就地为全关，需检查电动头》；WR/WOT：00207034/00488551-01（计划工单），工作许可证：1PT02549（1ADG031VV 电动阀门显示大红色故障报警，需进行处理）
编　　者	运行二处一值：谷铁　　时间：2019 年 02 月 16 日

3.3.11　2ADG163VV 自动关闭时，在主控显示洋红色

异常缺陷名称	2ADG163VV 自动关闭时，在主控显示洋红色
发生时间	2016 年 01 月 09 日中班
机组状态	RP 模式，满功率

续　表

异常缺陷现象	主控巡盘发现 2ADG163VV(2ADG 抽汽管线上的疏水阀)在关闭时显示为洋红色，开启时显示正常，现场查看阀门正常开关，开关时能正常触碰到限位	
风险或潜在后果	在关闭时显示为洋红色，导致主控无法准确监视阀门实际状态	
干预行动	已采取的行动措施： 1)安排现场观察阀门实际动作状态情况，确认阀门开关动作结果正常； 2)oncall 仪控检查处理	
原因分析	开限位损坏	
消缺行动	仪控处理反馈： 1)工作过程： ①发现 2ADG163VV 开限位开关损坏； ②2ADG163VV 开限位开关； ③确认 2ADG163VV 限位开关正常； ④主控确认 2ADG163VV 阀位显示正确。 2)故障原因分析：开限位损坏	
相关知识	ADG163VV 阀门的控制逻辑： 1)手动开启信号：KIC 开启； 2)手动关闭信号：KIC 关闭； 3)自动开启信号：汽轮机跳闸或汽轮机负荷≤30%或疏水袋液位 ADG109SN 高或关 ADG001VV； 4)自动关闭信号：汽轮机跳闸且汽轮机负荷≤30%且疏水袋液位 ADG109SN 高且关 ADG001VV 信号消失后 2 s； 5)保护开启信号：疏水袋液位 ADG110SN 高高	
参考资料信息	维修一处仪控：完工报告《FQ2-MA03-RCWO-00209472/01 2ADG163VV 自动关闭时，在主控显示洋红色，怀疑其关限位没有触发》； WR/WOT：00096430/00209472-01(紧急工单)； 其他类似异常缺陷： 2016 年 10 月 16 日，开工紧急工单：1ADG163VV 在 KIC 上显示洋红色，对限位开关检查处理(WR/WOT：00180074/00390509-01)。 故障原因分析：1ADG163VV 开限位开关坏。 详情请见维修仪控：完工报告《FQ1-MA03-RCWO-00390509/01 1ADG163VV 在 KIC 上显示洋红色，需检查处理》	
编　　者	运行二处一值：谷铁	时间：2019 年 02 月 16 日

3.3.12 2ADG 除氧器液位控制异常切手动

异常缺陷名称	2ADG 除氧器液位控制异常切手动
发生时间	2015 年 11 月 16 日中班—11 月 17 日中班
机组状态	RP 模式，电功率 840 MWe
异常缺陷现象	16 日 19:00，2 号主控操纵员巡盘发现 2ADG002KU/2CEX025VL/2CEX026VL(除氧器液位控制回路)处于手动控制状态。立即查看除氧器液位及其变化趋势，发现除氧器液位从 16:11 左右切手动，随后液位缓慢上升至 360 mm。 17 日 16:01，主控室再次出现 2ADG002KU/2CEX025VL/2CEX026VL 切手动的现象，除氧器液位下降至 280 mm
风险或潜在后果	导致除氧器液位控制异常切手动，丧失自动控制，引起除氧器液位控制偏差
干预行动	已采取的行动措施： 1)主控调整除氧器液位到正常值后，恢复 2CEX002KU、2CEX025/026VL 自动，并保持关注； 2)安排现场检查 2CEX025/026VL 阀门供气情况，未见异常； 3)oncall 仪控检查处理
原因分析	2CEX025VL 阀位控制命令回路信号比较器处接线松动
消缺行动	仪控处理反馈： 1)工作过程： ①确认机组功率稳定； ②执行工作方案《FQ2-MA-TD-I15067 2ADG 液位控制回路异常切手动缺陷处理方案》； ③确认接线紧固，故障消除。 2)故障原因分析：2CEX025VL 阀位控制命令回路信号比较器处接线松动
相关知识	当由于某种原因(如液位偏差大于 100 mm)导致 2ADG002KU 和 2CEX025VL 同时由自动切至手动后，进行切回自动时： 1)通过手动控制 2CEX025VL 调节 2ADG 液位至整定值(300 mm)； 2)根据 2CEX025VL 计算出 2ADG002KU 输出值并在 OOM 中输入该值； 3)将 2CEX025VL 置于自动，然后再将 2ADG002KU 置于自动。 说明：2CEX026VL 无手动，直接通过 2ADG002KU 控制。 2ADG002KU 输出值 = 0.8 × 2CEX025VL 开度 + 8%(计算时以 2CEX025VL 开度输出值为准)

续　表

参考资料信息	维修一处仪控：完工报告《FQ2-MA03-RCWO-00175888/01 2CEX025VL 阀位控制命令回路接线检查——处理 ADG 液位控制异常切手动缺陷》《FQ2-MA-TD-115067 2ADG 液位控制回路异常切手动缺陷处理方案》； WR/WOT：00082839/00175888-01（紧急工单）	
编　　者	运行二处一值：谷铁	时间：2019 年 02 月 16 日

3.3.13　1ADG101SN、102SN 触发的除氧器疏水袋高液位、高高液位报警长期存在

异常缺陷名称	1ADG101SN、102SN 触发的除氧器疏水袋高液位、高高液位报警长期存在
发生时间	2014 年 08 月 31 日早班
机组状态	RP 模式，电功率 289 MWe
异常缺陷现象	1ADG101SN（除氧器抽汽止回阀后疏水袋水位高液位开关）、102SN（除氧器抽汽止回阀后疏水袋水位高高液位开关）触发的疏水袋高液位、高高液位报警长期存在，导致疏水阀 1ADG143VV 一直保护开启
风险或潜在后果	导致除氧器抽汽止回阀后疏水袋水位高液位/高高液位长期触发，导致疏水阀 1ADG143VV 一直保护打开，导致部分除氧器部分抽汽被旁通，影响汽轮机热效率
干预行动	已采取的行动措施： 联系仪控检查处理
原因分析	1ADG101SN、1ADG102SN 根阀没开，积水造成液位长期高报
消缺行动	电气处理反馈： 1）工作过程： ①1ADG101SN、1ADG102SN 高液位、高高液位检查； ②恢复仪表至正常状态，检查确认故障解除。 2）故障原因分析：1ADG101SN、1ADG102SN 根阀没开，积水造成液位长期高报

续 表

相关知识	ADG143VV 的控制逻辑： 1)手动开启信号：KIC 开启； 2)手动关闭信号：KIC 关闭； 3)自动开启信号：汽轮机跳闸或汽轮机负荷≤30%或疏水袋液位 ADG101SN 高或关 ADG001VV； 4)自动关闭信号：汽轮机跳闸且汽轮机负荷≤30%且疏水袋液位 ADG101SN 高且关 ADG001VV 信号消失后 2 s； 5)保护开启信号：疏水袋液位 ADG102SN 高高
参考资料信息	维修一处仪控：完工报告《FQ1-MA03-RCWO-00040938/01 1ADG101SN、102SN 高液位、高高液位报警长期触发，致使 1ADG143VV 长期开启》；WR/WOT：00018773/00040938-01(紧急工单)
编　　者	运行二处一值：谷铁　　　　时间：2019 年 02 月 16 日

3.3.14 4ADG005VV 阀门开故障不能正常消除

异常缺陷名称	4ADG005VV 阀门开故障不能正常消除
发生时间	2017 年 08 月 26 日早班
机组状态	机组调试启动阶段，NS/SG 模式
异常缺陷现象	4 号机组瞬态试验，4ADG005VV 阀门快开后正常开启，但快开指令消失，阀门关闭关限位触发，但 RS 触发器保持一个开命令送 4ADG005VV_S 块，导致触发开故障
风险或潜在后果	导致 4ADG005VV 阀门存在开故障
干预行动	已采取的行动措施： 联系仪控检查处理
原因分析	4ADG005VV 阀门快开后正常开启，当快开指令消失时，阀门关闭关限位触发，但 RS 触发器保持一个开命令送 4ADG005VV_S 块，导致触发开故障
消缺行动	仪控处理反馈： 1)工作过程： ①在 DCS 一层 4HS1HC 工作站登录软件工程师权限； ②在 DCS 一层 4HS1HC 工作站进入 ICC 软件； ③按照“控制系统软件变更申请单”在 ICC 软件中由操作人根据

续　表

消缺行动	软件变更方案修改 4ADG005VV 软件组态脚本； ④修改完成后由监护人核对修改脚本正确； ⑤确认无误后，点击 DONE 下装修改后的组态并进行 CHECK-POINT 操作； ⑥在 FOXVIEW 界面确认 T556UC 中 4ADG_N3：005VV_L1 的配置和修改一致。 2)故障原因分析：4ADG005VV 阀门逻辑块只有开命令输入，没有关命令输入，无法恢复 RS 触发器状态
相关知识	ADG003/005/007VV 的控制逻辑： 1)作为 GCT 系统的第四组排往除氧器的阀门，ADG005VV 只接受来自 GCT 系统的快开信号； 2)ADG003/007VV 还作为除氧器压力调节阀，接受来自 ADG 系统的压力调节模拟信号； 3)允许开启信号：除氧器水位不高+ABP006VL 未关闭+无 P4 后延时 50 s+无 P12； 4)快开信号：允许开启信号+温度模式下出现 P4 且达快开整定值 407XU1 或温度模式下未出现 P4 且达 402XU2 且 C7B 与 406XU1 出现； 5)除氧器水位 ADG001MN、002MN、003MN 中选值达到+650 mm 时，将自动关闭 ADG003VV/005VV/007VV
参考资料信息	维修二处仪控：完工报告《FQ4-MA03-RCWO-00683958/01 4ADG005VV 阀门开故障不能正常消除问题处理》； WR/WOT：00284087/00683958-01(计划工单)
编　　者	运行二处一值：谷铁 | 时间：2019 年 02 月 16 日

3.3.15　2ADG008VV 在阀门全开的情况下显示半开半关，阀门开限位未触发

异常缺陷名称	2ADG008VV 在阀门全开的情况下显示半开半关，阀门开限位未触发
发生时间	2016 年 11 月 16 日中班
机组状态	机组大修，RCD 模式
异常缺陷现象	2ADG008VV 在阀门全开的情况下显示半开半关，阀门开限位未触发

续　表

风险或潜在后果	影响 2ADG008VV 主控状态的监视	
干预行动	已采取的行动措施： 1) 安排现场检查 2ADG008VV 阀门的实际状态，确认阀门为全开状态； 2) 提工作申请按计划处理	
原因分析	2ADG008VV 阀门开限位开关接线端子触点接触不良	
消缺行动	仪控处理反馈： 1) 工作过程： ①现场确认 2ADG008VV 阀门实际在全开位； ②打开 2ADG008VV 限位开关就地接线盒盖子； ③检查 2ADG008VV 开关限位开关性能正常； ④重新处理接线端线头和开限位接线端子排接线，并紧固； ⑤联系运行人员验证 2ADG008VV 阀门开限位触发，故障消除； ⑥恢复接线端子盒盖； ⑦继续观察 6 h 后，故障未出现。 2) 故障原因分析：2ADG008VV 阀门开限位开关接线端子触点接触不良	
相关知识	当 ADG004VV 全开且 ADG003VV 非全关或 ADG008VV 全开且 ADG007VV 非全关时，蒸发器水位控制引入 ADG 的排放负荷	
参考资料信息	维修一处仪控：完工报告《FQ2-MA03-RCWO-00408625/01 2ADG008VV 在阀门全开的情况下显示半开半关，阀门开限位未触发，需处理》； WR/WOT：00187896/00408625-01(计划工单)	
编　者	运行二处一值：谷铁	时间：2019 年 02 月 16 日

3.3.16　3CEX025VL/026VL 在一层切至手动，导致 3ADG 除氧器液位持续降低

异常缺陷名称	3CEX025VL/026VL 在一层切至手动，导致 3ADG 除氧器液位持续降低
发生时间	2016 年 09 月 01 日早班
机组状态	3 号机机组调试启动阶段

续 表

异常缺陷现象	13:26，KIC 触发 3ADG004KA，除氧器液位低报警，操纵员迅速查看 ADG 画面，确认除氧器液位从初始 300 mm 下降至 150 mm；经检查当前阀门状态，确认 3CEX026VL 开度 20%，3CEX025VL 开度为 0，3CEX025VL/026VL，3ADG002KU 均在手动位置(MCTRL)
风险或潜在后果	导致除氧器液位无法自动控制，如果不及时采取措施进行干预，ADG 液位下降至-850 mm 时将触发 APA 泵全停，进而导致 SG 液位触发反应堆停堆
干预行动	已采取的行动措施： 1)当班值立即响应，操纵员立即执行报警卡，查看 3CEX025/026VL 开度情况，根据无扰切换的 TOI(TOI-3-ADG-16-025 除氧器液位手动切自动规定)，准备将 3CEX025VL 手动开大，将水位调整至 300 mm 后，再将控制器切回自动控制，但发现无法开大阀门，除氧器液位还在持续下降。 2)阀门无法开大可能是就地阀门卡死，立即安排现场人员去就地核实 3CEX025VL 状态，确认是否卡死。就地确认气动阀供气状态正常，阀门没有异常； 3)安排人员至旁路电动阀 3CEX011VL 就地待命，在各种方式无法都远控调节 ADG 除氧器水位时，随时准备与主控建立热线联系，就地操作电动阀调节开度进行干预，保证除氧器流量供应； 4)为避免除氧器液位继续下降，下插控制棒，降低反应堆功率，减少 SG 的给水流量，维持 ADG 除氧器液位。反应堆功率由 9% Pn 下降至 7%Pn，ADG 除氧器水位稳定不再下降； 5)立即 oncall 仪控、机械维修人员进行排查，经仪控人员排查，3CEX025VL 阀门输出模块在一层被置为手动，导致无法在二层对 3CEX025VL 进行控制； 6)经确认无其他异常后，要求仪控人员将 3CEX025VL 输出切回自动控制； 7)主控操纵员通过调节 3CEX025VL 开度，将 3ADG 除氧器水位恢复至 300 mm 后，将 3CEX025VL/026VL、3ADG002KU 切回自动； 8)经过观察，除氧器水位自动控制功能恢复，没有异常； 9)恢复反应堆功率至 9%，异常结束
原因分析	3CEX025VL 输出模块被置于手动，进而水位调节器及 3CEX025VL/026VL 自行进入手动保持状态

续　表

消缺行动	仪控处理反馈： 1)处理进展：除氧器液位控制恢复自动。 2)处理措施：将 3CEX025VL 输出模块恢复自动后，反馈主控调整除氧器液位到正常水位后，恢复 3CEX025VL/026VL 和 3ADG002KU 自动控制。 3)故障原因分析：3CEX025VL 输出模块被处于手动，进而水位调节器及 3CEX025VL/026VL 自行进入手动保持状态
相关知识	当由于某种原因(如液位偏差大于 100 mm)导致 3ADG002KU 和 3CEX025VL 同时由自动切至手动后，进行切回自动时： 1)通过手动控制 3CEX025VL 调节 3ADG 液位至整定值(300 mm)； 2)根据 3CEX025VL 计算出 3ADG002KU 输出值并在 OOM 中输入该值； 3)将 3CEX025VL 置于自动，然后再将 3ADG002KU 置于自动。 说明：3CEX026VL 无手动，直接通过 3ADG002KU 控制。 3ADG002KU 输出值 = 0.8 × 3CEX025VL 开度 + 8%(计算时以 3CEX025VL 开度输出值为准)
参考资料信息	运行二处：《运行二处内部经验反馈——3ADG 除氧器液位持续降低响应始末》
编　　者	运行二处一值：谷铁　　　时间：2019 年 02 月 16 日

3.3.17　主控巡盘发现 3CEX025VL 开度在 12%~20%之间跳变

异常缺陷名称	主控巡盘发现 3CEX025VL 开度在 12%~20%之间跳变
发生时间	2017 年 02 月 06 日早班
机组状态	RP 模式，并网后继续执行 D15 以 1 MW/min 速率提升功率至 836 MW
异常缺陷现象	主控巡盘发现 3CEX025VL 开度在 12%~20%之间跳变，现场发现 3CEX025VL 阀门振动大，3CEX025VL 开度真实波动，主控观察 3CEX001/002/003MD 在 1400~2700 m^3/h 之间波动，3CEX002PO 和 3CEX003PO 电流在 106 A 和 145 A 之间波动
风险或潜在后果	引起凝泵电流和出口流量剧烈变化，威胁凝结水泵运行安全

续　表

干预行动	已采取的行动措施： 1）手动干预控制除氧器液位，液位稳定后，重新恢复除氧器液位自动控制； 2）加强关注凝结水泵电流、出口压力和流量波动情况以及泵运行参数； 3）oncall 维修仪控、机械检查处理
原因分析	3CEX025VL 阀杆联轴器与气动执行机构立柱间隙不均匀
消缺行动	机械处理反馈： 1）处理过程： ①仪控检查 3CEX025VL 阀门定位器功能正常无故障； ②确认阀门处于失气状态，拆开阀杆联轴器连接螺栓； ③对联轴器进行清理，两边进行倒角； ④回装联轴器，对 3CEX025VL 阀杆联轴器与气动执行机构立柱间隙调整。 2）故障原因分析：3CEX025VL 阀杆联轴器与气动执行机构立柱间隙不均匀。故障原因分析：联轴器与支架之间，间隙不均匀
相关知识	当由于某种原因（如液位偏差大于 100 mm）导致 3ADG002KU 和 3CEX025VL 同时由自动切至手动后，进行切回自动时： 1）通过手动控制 3CEX025VL 调节 3ADG 液位至整定值（300 mm）； 2）根据 3CEX025VL 计算出 3ADG002KU 输出值并在 OOM 中输入该值； 3）将 3CEX025VL 置于自动，然后再将 3ADG002KU 置于自动。 说明：3CEX026VL 无手动，直接通过 3ADG002KU 控制。 3ADG002KU 输出值 = 0.8 × 3CEX025VL 开度 + 8%（计算时以 3CEX025VL 开度输出值为准）
参考资料信息	维修二处：仪控完工报告《FQ3-MA01-RCWO-00510202/02 维修一级：3CEX025VL 阀杆联轴器调整》、机械完工报告《FQ3-MA03-RCWO-00510202/01 3CEX025VL 阀门控制性能检查》； WR/WOT：00212245/00510202-01、00510202-02（计划工单）
编　　者	运行二处一值：谷铁　　　时间：2019 年 09 月 13 日

3.3.18 3CEX025VL 在机组升功率时调节存在波动

异常缺陷名称	3CEX025VL 在机组升功率时调节存在波动
发生时间	2018 年 02 月 23 日早班
机组状态	RP 模式，以 0.5 MW/min 速率提升功率
异常缺陷现象	3 号机组升功率期间，3CEX025VL 在自动控制时，多次出现大幅波动(8%～17%)，导致 ADG 的 CEX 补水流量大幅变化，同时由于汽轮机抽气量变化，汽轮机振动同时也增加，一回路平均温度大幅波动。当班值在仪控的配合下 3 次放自动控制后，每次稳定约25 min后，均会再次出现波动
风险或潜在后果	3CEX025VL 异常缺陷处理前存在的风险： 1)如果阀门阀位反馈信号长期保持，可能导致 3CEX025VL 异常关闭，凝结水流量供应不足有停机停堆风险； 2)阀门大幅度波动，将引起除氧器液位和压力的波动，进而引起除氧器加热蒸汽的波动，会影响一回路温度和 ΔI 的控制； 3)阀门异常动作可能导致 ATE 由于出口压力高跳闸，影响二回路水质； 4)阀门异常动作导致凝泵电流波动、出口流量和压力波动，影响泵的安全运行
干预行动	已采取的行动措施： 1)加强关注除氧器液位趋势变化，关注凝泵出口流量压力波动、凝泵电流波动以及凝泵运行参数变化趋势； 2)3ADG002KU 放手动控制 ADG 液位； 3)oncall 仪控、机械检查处理； 4)仪控人员继续分析波动原因(低负荷时初步分析：3ARE 液位波动导致 ADG 的单通道和三通道切换所致；但第三次放自动时，给水流量已超过单三通道切换值，怀疑其他原因)
原因分析	经检查判断为 3CEX025VL 阀杆连接件与阀座支撑架导向轨轻摩，经机械人员现场打磨导向轨后验证，阀门运行稳定，未再波动
消缺行动	仪控处理反馈： 1)检查结果：检查阀门 PID 参数、DCS 控制回路、阀门控制气路及气源供气压力均正常，可排除仪控问题。 2)可能原因分析：结合大修前上一次的现象，阀门在小开度下波动，在功率提升后阀门开度变大后正常，初步怀疑阀门在小开度下由于前后压差大及存在轻微卡涩导致阀门动作不灵敏导致。

续　表

消缺行动	机械处理反馈： 1）工作过程： ①领取工作许可证，确认设备位置并建立检修隔离区域； ②用砂纸将阀门导向杆上的锈迹除掉； ③用白布将阀门导向杆清理干净； ④向联轴器与导向杆贴合部分喷涂润滑剂润滑； ⑤工作结束清理现场，归还工作许可证。 2）故障原因分析：经检查判断为 3CEX025VL 阀杆连接件与阀座支撑架导向轨轻摩，经机械人员现场打磨导向轨后验证，阀门运行稳定，观察数天未再波动
相关知识	当由于某种原因（如液位偏差大于 100 mm）导致 3ADG002KU 和 3CEX025VL 同时由自动切至手动后，进行切回自动时： 1）通过手动控制 3CEX025VL 调节 3ADG 液位至整定值（300 mm）； 2）根据 3CEX025VL 计算出 3ADG002KU 输出值并在 OOM 中输入该值； 3）将 3CEX025VL 置于自动，然后再将 3ADG002KU 置于自动。 说明：3CEX026VL 无手动，直接通过 3ADG002KU 控制。 3ADG002KU 输出值 = 0.8 × 3CEX025VL 开度 + 8%（计算时以 3CEX025VL 开度输出值为准）
参考资料信息	维修二处机械：完工报告《FQ3-MA01-RCWO-00860083/01 3CEX025VL 限位指示杆与支架有轻微摩擦，需打磨处理》； 运行二处：3 号机组异常反馈——3 号机组升功率期间 3CEX025VL 大幅波动； 运行二处：3、4 号机组值长日报（2018 年 02 月 26 日）； WR/WOT：00352208/00860083-01（紧急工单）
编　　者	运行二处一值：谷铁　　　　时间：2019 年 09 月 13 日

3.3.19　3 号机组 ADG 除氧器液位大幅波动

异常缺陷名称	3 号机组除氧器液位大幅波动
发生时间	2019 年 02 月 23 日中班
机组状态	RP 模式，电功率 836 MWe

续 表

异常缺陷现象	中班 3 号机巡盘过程中发现 3ADG 除氧器水位大幅波动：液位整定值为 300 mm，最大一次波动范围在 170～353 mm 之间，引起除氧器液位波动，CEX 凝结水泵电流波动、出口流量和压力波动，导致 3ATE 多次跳闸(3ATE003PO 因出口压力高跳闸)
风险或潜在后果	3CEX025VL 异常缺陷处理前存在的风险： 1)如果阀门阀位反馈信号长期保持，可能导致 3CEX025VL 异常关闭，凝结水流量供应不足有停机停堆风险； 2)阀门大幅度波动，将引起除氧器液位和压力的波动，进而引起除氧器加热蒸汽的波动，会影响一回路温度和 ΔI 的控制； 3)阀门异常动作可能导致 ATE 由于出口压力高跳闸，影响二回路水质； 4)阀门异常动作导致凝泵电流波动、出口流量和压力波动，影响泵的安全运行
干预行动	已采取的行动措施： 1)23 日中班采取的行动： ①密切监测除氧器水位、R 棒动作情况；确认自动调节系统响应正确； ②提前做好事故预想，必要时手动干预： ③oncall 维修仪控、机械处理； ④针对故障设备 3CEX025VL 采取的缓解措施： a. 运行人员监视除氧器液位，必要时手动干预； b. 设备管理与维修尽快消除缺陷。 2)24 日夜班采取的行动： ①加强监视凝结水泵的运行情况。 ②在中控室，召集运行、维修、设备管理相关人员初步讨论确定如下行动项： a. 设备管理部门评估 3CEX025VL 阀门波动大缺陷当前情况劣化可能性(经设备管理初步评估，当前无进一步恶化趋势，今天上午给出正式评估意见)。 b. 运行部门做好 3CEX025VL 大幅波动的事故预想； c. 运行部门准备隔离预案； d. 设备管理处准备技术方案和核实备件情况，维修二处配合完成工单包、备件等的工作准备； e. 维修机械安排人员保驾，必要时配合运行人员操作 3CEX025VL；

续 表

干预行动	③做好运行干预手段预想和准备：如果3CEX025VL缺陷继续恶化，可通过就地破坏中性点手动控制3CEX025VL；或者将3CEX025VL切换到3CEX011VL供水。 3）21日早班采取的行动： ①通过3CEX011VL开到14.3%开度，使3CEX025VL关闭、3CEX026VL到10%开度，完成处理3CEX025VL阀门反馈信号波动的现场隔离； ②发出工作许可证于； ③关注和通过3CEX026VL手动控制除氧器液位，3CEX流量及除氧器液位稳定
原因分析	3CEX025VL阀门定位器故障导致反馈信号异常波动
消缺行动	仪控处理反馈： 1）工作过程： ①检查3CEX025VL定位器参数并做好记录； ②关闭3CEX025VL供气阀3CEX9025VA； ③打开3CEX025VL定位器、阀位反馈器盖子，拆除定位器、阀位反馈器接线并做好拆线记录； ④按照技术方案拆除3CEX025VL定位器气源管线接头并拆除定位器、阀位反馈器； ⑤按照技术方案回装3CEX025VL定位器、阀位反馈器新备件并回装气源管线接头； ⑥按拆线记录恢复3CEX025VL定位器、阀位反馈器接线； ⑦打开3CEX025VL供气阀3CEX9025VA； ⑧根据《FQY-CEX-M-I003 CEX025VL阀门特性检查》维修规程对3CEX025VL进行特性检查，并将检验合格的参数记录在校验单上； ⑨检查3CEX025VL新定位器参数并做好记录； ⑩回装3CEX025VL定位器、阀位反馈器盖子； ⑪联系主控操作3CEX025VL验证合格； 2）故障原因分析：3CEX025VL阀门定位器故障导致反馈信号异常波动
相关知识	当由于某种原因（如液位偏差大于100 mm）导致3ADG002KU和3CEX025VL同时由自动切至手动后，进行切回自动时： 1）通过手动控制3CEX025VL调节3ADG液位至整定值（300 mm）；

续 表

相关知识	2)根据3CEX025VL计算出3ADG002KU输出值并在OOM中输入该值； 3)将3CEX025VL置于自动，然后再将3ADG002KU置于自动。 说明：3CEX026VL无手动，直接通过3ADG002KU控制。 3ADG002KU输出值 = 0.8×3CEX025VL开度 + 8%（计算时以3CEX025VL开度输出值为准）
参考资料信息	运行二处：3号机组异常反馈——3号机组除氧器液位大幅波动，怀疑为3CEX025VL调节性能不佳导致； 运行二处：3、4号机组值长日报(2019年02月24日)； WR/WOT：00 509416/01155929-01（计划工单），工作许可证3PI05143(3CEX025VL阀门定位器更换及整定)
编　　者	运行二处一值：谷铁　　　　时间：2019年09月13日

3.3.20 1ADG005VL故障，无法实现就地开关操作

异常缺陷名称	1ADG005VL故障，无法实现就地开关操作
发生时间	2019年06月03日中班
机组状态	NS/SG模式
异常缺陷现象	1ADG005VL打至LOCAL位置后旋转OPEN、CLOSE阀门均无反应，电动头上显示“旋钮硬件故障”
风险或潜在后果	导致阀门无法置就地手动开关操作，影响二回路大循环运行
干预行动	已采取的行动措施： 1)确认阀门供电正常，检查电动头上存在“旋钮硬件故障”； 2)检查阀门供电离合装置在正确位置； 3)oncall电气检查处理
原因分析	电动头上旋钮损坏
消缺行动	电气处理反馈： 1)检修内容及步骤： ①检查1ADG005VL电动头旋钮损坏； ②安装新的电动头旋钮； ③联系运行送电验证，电动头状态正常，关、合正常； ④工作结束后，请运行人员验收后归还工作许可证。 2)故障原因分析：电动头上旋钮损坏

续　表

相关知识	除氧器紧急放水阀 ADG005VL 的控制逻辑(无自动指令): 1)手动开启信号:KIC 开启; 2)手动关闭信号:KIC 关闭	
参考资料信息	维修一处:EAM 中工单 01254983-01 的完工报告; WR/WOT:00563518/01254983-01(紧急工单)	
编　　者	运行二处一值:谷铁	时间:2019 年 09 月 13 日

3.3.21　ADG 系统设备异常缺陷处理总结:

ADG 常见异常缺陷(病历)统计数据及归纳分析

异常缺陷名称	风险	故障可能原因	关键干预步骤
除氧器液位控制器 CEX025VL 阀门频繁波动	1)导致除氧器液位、压力波动: ①液位低到 -850 mm 时,将导致主给水泵跳闸,SG 丧失主给水,进而停机停堆; ②液位高到 650 mm 时,将导致除氧器进水阀门 ABP006VL 保护关闭,若不能及时打开,可能导致除氧器液位持续下降,导致主给水泵跳闸,SG 丧失主给水,进而停机停堆; 2)可能导致 ATE 由于出口压力高停运,影响二回路水质; 3)导致凝泵电流、出口压力波动,影响泵的安全运行	1)定位器参数设置错误; 2)放大器放大倍数不合理; 3)定位器及管线回路存在漏气	1)切手动控制除氧器水位(ADG002KU 手动控制、CEX025VL 手动控制或切换到 CEX011VL 手动控制); 2)关注 CEX 泵出口压力、ATE 泵出口压力、除氧器进水和出水流量、除氧器水位压力变化趋势; 3)手动控制调节期间关注热功率和核功率变换情况,关注反应性和控制棒变化情况; 4)联系设备管理工程师召集维修专业检查处理。 注:具体操作步骤请参考 CEX 的 I 规程

3.4 电动主给水泵润滑油及调节油系统(AGM)

3.4.1 3AGM003VN 气动执行机构与阀杆脱开

异常缺陷名称	3AGM003VN 气动执行机构与阀杆脱开
发生时间	2018 年 08 月 06 日中班
机组状态	RP 模式，电功率 1059 MWe，电动主给水泵系统 APA 两台泵运行(A 泵和 C 泵运行)
异常缺陷现象	KIC 巡盘发现 3AGM318MT(3 号主给水泵工作油温度)为 80 ℃左右，调节阀 3AGM003VN 开度显示 100%，而 3AGM118MT(1 号主给水泵工作油温度)为 75 ℃，调节阀 3AGM001VN 开度显示 86%。3 号主给水泵 AGM 工作油温度相比设定值 75 ℃偏高 5 ℃，3AGM003VN 已全开，导致调阀无调节裕量
风险或潜在后果	导致 3 号主给水泵油温高，影响 3 号主给水泵的安全运行，异常恶化时可能将导致 3 号主给水泵跳闸，进而引起机组产生大的瞬态
干预行动	已采取的行动措施： 1)现场检查发现 3AGM003VN 气动执行机构与阀杆脱开； 2)组织各专业检查故障原因和消除故障； 3)将 3 号主给水泵的工作油冷却器 SRI 侧冷却水切换至 3AGM003VN 的旁路管线运行后，将 3AGM003VN 隔离处理，处理好后恢复到 3AGM003VN 供冷却水运行
原因分析	阀杆与气动执行机构连接块固定螺栓松动，引起 3AGM003VN 气动执行机构与阀杆脱开，导致阀芯部分落入管道中，使得 3 号主给水泵工作油冷却器 SRI 侧冷却水流量偏低，导致油温高，3AGM003VN 阀门全开到无调节裕量
消缺行动	技术支持检查反馈： 对运行的 1 号主给水泵及 3 号主给水泵工作油冷却器 SRI 流量进行超声测量，结果显示： 1)1 号主给水泵工作油冷却器 SRI 流量为 154 m^3/h； 2)3 号主给水泵工作油冷却器 SRI 流量为 37 m^3/h； 机械处理反馈： 1)工作过程： ①联系仪控拆除限位开关；

续　表

消缺行动	②拆除阀杆与气动执行机构连接块，阀门手动关闭； ③重新回装执行机构与阀杆的连接块，并紧固螺栓。 2)故障原因分析：阀杆与气动执行机构连接块固定螺栓松动	
相关知识	AGM 工作油油温主要取决于功率损失(转速滑差)和工作油流量、冷却水流量(冷却水流量由 AGM001VN/002VN/003VN 控制)	
参考资料信息	运行二处：3 号机组运行异常反馈——3 号主给水泵工作油温度异常； 运行二处：系列化教材《FQ-OP2-XLJC-020 电动主给水泵油系统(AGM)培训教材》； 维修二处机械：完工报告《FQ3-MA01-RCWO-00989456/01 3AGM003VN 阀杆与气动头下方的连接杆连接处脱开，导致气动头无法控制阀门》； WR/WOT：00426451/00989456-01(紧急工单)	
编　　者	运行二处一值：谷铁	时间：2019 年 02 月 16 日

3.4.2　2AGM101PO 启动后，主控 KIC 画面中显示电流“××××”

异常缺陷名称	2AGM101PO 启动后，主控 KIC 画面中显示电流“××××”
发生时间	2017 年 10 月 17 日早班
机组状态	2 号机组大修，一回路水位 19.47 m
异常缺陷现象	2AGM101PO 启动后，主控 KIC 画面中显示电流“××××”
风险或潜在后果	导致无法监视 2AGM101PO 电机电流
干预行动	已采取的行动措施： 1)安排现场检查供电开关故障情况，未见明显异常； 2)安排现场检查润滑油压 2AGM101LP 正常，现场检查 2AGM101PO 泵电机运行未见异常； 3)oncall 维修电气检查处理
原因分析	2AGM101PO 测量电流变送器输出端插件轻微变形

续　表

消缺行动	电气处理反馈： 1)处理措施：与主控人员沟通后到就地 2AGM101PO 泵上游开关 2LKF231JA 柜，对其 2LKF231JA 内的电气测量回路进行检查发现为电流变送器输出插件轻微变形所致，然后对其插件进行矫正后，主控人员远方启动泵，KIC 显示电流值恢复正常； 2)故障原因分析：2AGM101PO 测量电流变送器输出端插件轻微变形
相关知识	2AGM101PO 为主给水泵 A 的交流电动机驱动的辅助润滑油泵，为容积式齿轮油泵。该卧式齿轮泵位于液力耦合器壳体内，其电动机安装在壳体外。泵入口处装有“吸油”管，它延伸到液力耦合器油池内低油位处。它作为主润滑油泵的备用泵，用于保证主给水泵在备用状态、启动和停泵过程中供应润滑油。辅助油泵也用于在应急情况下(润滑油压力低等)以及在倒转情况下启动
参考资料信息	维修一处电气：完工报告《FQ2-MA02-RCWO-00729558/01 2AGM101PO 启动后，KIC 显示电流“×××”》； WR/WOT：00300387/00729558-01（紧急工单），工作许可证：2PT33691(2AGM101PO 启动后无电流显示需检查其电源开关)
编　　者	运行二处一值：谷铁　　　　时间：2019 年 02 月 16 日

3.4.3　主控 KIC 画面中电动辅助润滑油泵 1AGM201PO 电机电流 1AGM850MI_3 显示“××××”

异常缺陷名称	主控 KIC 画面中电动辅助润滑油泵 1AGM201PO 电机电流 1AGM850MI_3 显示“××××”
发生时间	2018 年 03 月 06 日早班
机组状态	机组大修，RCS 模式
异常缺陷现象	主控 KIC 画面中电动辅助润滑油泵 1AGM201PO 电机电流 1AGM850MI_3 显示“××××”
风险或潜在后果	导致主控 KIC 中无法准确监视 1AGM201PO 电机电流
干预行动	已采取的行动措施： 1)安排现场检查 1AGM201PO 供电，未见异常； 2)oncall 电气检查处理

续　表

原因分析	1LKG411JA 开关内电流测量回路二次插件松动所致
消缺行动	电气处理反馈： 1)处理措施：经检查分析为 1LKG411JA 开关内电流测量回路二次插件松动所致，对其紧固后电流显示恢复正常； 2)故障原因分析：1LKG411JA 开关内电流测量回路二次插件松动所致
相关知识	1AGM201PO 为主给水泵 B 的交流电动机驱动的辅助润滑油泵，为容积式齿轮油泵。该卧式齿轮泵位于液力耦合器壳体内，其电动机安装在壳体外。泵入口处装有“吸油”管，它延伸到液力耦合器油池内低油位处。它作为主润滑油泵的备用泵，用于保证主给水泵在备用状态、启动和停泵过程中供应润滑油。辅助油泵也用于在应急情况下(润滑油压力低等)以及在倒转情况下启动
参考资料信息	维修一处电气：完工报告《FQ1-MA02-RCWO-00866813/01 1AGM850MI 电流表主控无显示，需要处理》； WR/WOT：00357374/00866813-01(紧急工单)，工作许可证：1PT10715(1AGM201MO 启动后无电流显示，需检查电流测量回路)
编　　者	运行二处一值：谷铁 　　　　时间：2019 年 02 月 16 日

3.4.4　3AGM301PO 主控启动后 30 s 跳闸，在配电盘试验位验证启动后也跳闸

异常缺陷名称	3AGM301PO 主控启动后 30 s 跳闸，在配电盘试验位验证启动后也跳闸
发生时间	2017 年 12 月 20 日中班
机组状态	RCD 模式
异常缺陷现象	执行 3D28B-31 APA302PO 油回路在线启动(保持 3AGM301PO 启动投运状态)时，3AGM301PO 主控启动后 30 s 跳闸，在配电盘试验位验证启动后也跳闸
风险或潜在后果	导致 3AGM301PO 无法启动，泵不可用
干预行动	已采取的行动措施： 1)安排现场检查泵供电开关，未见明显异常； 2)尝试试验位置启动时也出现跳闸现象； 3)oncall 电气检查处理

续 表

原因分析	辅助接点错位	
消缺行动	电气处理反馈： 1)工作过程： ①检查 3AGM301PO 电机电源：300 MΩ，对电机三相直阻测量、三相直阻不平衡率均合格； ②对 3AGM301PO 电源开关 3LKG421JA 检查发现回路保持辅助接点错位，并复位； ③重新送电，启泵运行正常，归还工作许可证。 2)故障原因分析：辅助接点错位	
相关知识	3AGM301PO 为主给水泵 C 的交流电动机驱动的辅助润滑油泵，为容积式齿轮油泵。该卧式齿轮泵位于液力耦合器壳体内，其电动机安装在壳体外。泵入口处装有“吸油”管，它延伸到液力耦合器油池内低油位处。它作为主润滑油泵的备用泵，用于保证主给水泵在备用状态、启动和停泵过程中供应润滑油。辅助油泵也用于在应急情况下(润滑油压力低等)以及在倒转情况下启动	
参考资料信息	维修二处电气：完工报告《FQ3-MA02-RCWO-00788677/01 3AGM301PO 主控启动后 30 s 跳闸，在配电盘试验位验证启动后也跳闸，需检查》； WR/WOT：00324227/00788677-01（紧急工单），工作许可证：3PT443433(3AGM301PO 启动后跳闸，需检查处理)	
编　　者	运行二处一值：谷铁	时间：2019 年 02 月 16 日

3.4.5　4AGM001VN 开度显示波动 3 次后切为手动控制

异常缺陷名称	4AGM001VN 开度显示波动 3 次后切为手动控制
发生时间	2018 年 05 月 08 日夜班
机组状态	RP 模式，满功率
异常缺陷现象	夜班 05:00 左右，4AGM001VN 开度显示波动 3 次后切为手动控制，主控出现报警 4KCO200KA 常规岛重要调节器切手动报警(质量位触发)，现场开度显示 100%与主控保持一致，当前已切回自动控制

续　表

风险或潜在后果	导致 4AGM001VN 切到手动控制，产生报警 4KCO200KA，影响 4APA102PO 工作油温的自动控制	
干预行动	已采取的行动措施： 1）安排现场确认 4AGM001VN 的开度； 2）确认现场开度显示 100%与主控保持一致后，恢复 4AGM001VN 自动，并保持观察； 3）提工作申请（WR）跟踪处理	
原因分析	4AGM001VN 阀门中间转接盒至阀门定位器处反馈接线松动，导致 4AGM001VN 阀门反馈与指令偏差过大，阀门切至手动	
消缺行动	仪控处理反馈： 1）检修过程： ①拆开 4AGM001VN 阀门定位器接线盒盖； ②检查 4AGM001VN 阀门定位器，接线无松动； ③回装 4AGM001VN 阀门定位器接线盒盖； ④拆开 4AGM001VN 阀门转接线盒盒盖； ⑤检查 4AGM001VN 阀门接线，发现 4AGM001VN 阀门中间转接盒至阀门定位器处反馈接线松动对其进行紧固； ⑥回装 4AGM001VN 阀门转接线盒盒盖； ⑦打开 DCS 机柜 4KCP552AR 柜门； ⑧检查 4KCP552AR 内 406BN 端子排上 B03 CO3 接线，接线无松动； ⑨检查 4KCP552AR 内 407BN 端子排上 A07 BO7 接线，接线无松动； ⑩关闭 DCS 机柜 4KCP552AR 柜门； ⑪确认 DCS 上 4AGM001VN 显示正常。 2）故障原因分析：4AGM001VN 阀门中间转接盒至阀门定位器处反馈接线松动，导致 4AGM001VN 阀门反馈与指令偏差过大，阀门切至手动	
相关知识	AGM001VN/002VN/003VN 为电动主给水泵工作油冷却器冷却水调节阀，用于控制工作油温度在设定值	
参考资料信息	维修二处仪控：完工报告《FQ4-MA03-RCWO-00914920/01 维修一级：4AGM001VN 阀门接线检查》； WR/WOT：00384865/00914920-01（计划工作工单）	
编　　者	运行二处一值：谷铁	时间：2019 年 02 月 16 日

3.4.6 主控出现 3KCO200KA 常规岛重要调节器切手动报警，3AGM001VN 切至手动并显示-3%开度

异常缺陷名称	主控出现 3KCO200KA 常规岛重要调节器切手动报警，3AGM001VN 切手动显示开度-3%
发生时间	2019 年 06 月 21 日早班
机组状态	RP 模式，满功率
异常缺陷现象	13:14 主控出现 3KCO200KA 常规岛重要调节器切手动报警，3AGM001VN 切手动并显示-3%开度(对应的主给水泵 3APA102PO 当前处于运行状态)，现场实际开度为全开。13:50 3AGM001VN 自动恢复到需求开度 58%
风险或潜在后果	导致运行的主给水泵工作油温丧失自动和 KIC 手动控制调节功能，存在工作油温失去调节引起主给水泵损坏的风险
干预行动	已采取的行动措施： 1)主控执行报警卡进行检查，KIC 画面检查发现 3AGM001VN 切至手动并显示-3%开度，立即通过手动尝试开大 3AGM001VN，发现无法手动开大。主控 KIC 中实际需求开度为 58%，主控在 3AGM001VN 手动控制中输入开度 58%； 2)立即安排现场检查 3AGM001VN 实际情况及故障情况，现场核实实际开度为全开(与阀门故障全开逻辑一致)，就地阀门开度显示器上失电，无显示； 3)主控监视 1 号主给水泵工作油温度 3AGM118MT 显示 73.9 ℃，主控监视温度变化趋势，安排人就地做好手动干预的准备； 4)主控和现场巡视 1 号主给水泵各项运行参数未见异常； 5)立即 oncall 仪控检查处理； 6)在 13:50 3AGM001VN 自动恢复到需求开度 58%，确认实际开度和需求开度一致，并经仪控评估可用后，恢复阀门自动控制。 建议后续行动： 1)请仪控分析故障根本原因，并采取措施消除缺陷； 2)运行保持关注 3AGM001VN 自动控制运行情况
原因分析	3AGM001VN 阀门转接盒内指令线线鼻子损坏

续　表

消缺行动	仪控处理反馈： 1）检修过程： ①经检查 3AGM001VN 阀门反馈装置无松动； ②经检查 3ACM001VN 阀门气源管路及接头部分无漏气； ③检查过滤减压阀压力值为 2.6 bar； ④经检查阀门气动部件、电缆套管及定位器的外观无损坏； ⑤打开 3AGM001VN 阀门定位器盒盖，接线检查无松动，接线盒内指令线线鼻损坏； ⑥更换 3AGM001VN 阀门定位器及转接盒内接线线鼻； ⑦将定位器切换至手动模式，就地操作 3AGM001VN 阀门全开、全关，确认阀门无卡涩； ⑧拆下定位器内指令信号电缆做好绝缘保护，并做好拆线记录； ⑨连接信号发生器，对 3AGM001VN 阀门进行特性检查，并将数据记录在《检验记录单（气动调节阀）》中，特性检查合格； ⑩经检查，3AGM001VN 阀门失气保位，失电全开； ⑪拆除信号发生器，回装 3AGM001VN 阀门定位器指令信号线，并做好接线记录； ⑫3KCP552AR 机柜 307BN FBM208 卡件 7 通道 A07/B07 接线无松动； ⑬运行操作 3AGM001VN 验证阀门动作正常； ⑭工作结束，清理现场。 2）故障原因分析：3AGM001VN 阀门转接盒内指令线线鼻子损坏
相关知识	1）AGM001VN/002VN/003VN 为电动主给水泵工作油冷却器冷却水调节阀，用于控制工作油温度在设定值； 2）KCO200KA（常规岛重要调节器切手动报警（质量位触发））由常规岛 GST015VD、ARE031VL/032VL/033VL、AGM001VN/002VN/003VN、ARE410RG、GRH001VD、GCT401RG 控制器切手动触发产生
参考资料信息	运行二处：3 号机组异常反馈——主控出现 3KCO200KA 常规岛重要调节器切手动报警，3AGM001VN 切手动并显示关闭； 维修二处仪控：EAM 中工单 01264514-01 的完工报告； WR/WOT：00572657/01264514-01（紧急工单）
编　　者	运行二处一值：谷铁　　　　时间：2019 年 02 月 16 日

3.4.7 4AGM201AR 上显示空调故障(出现 A14 错误代码)

异常缺陷名称	4AGM201AR 上显示空调故障(出现 A14 错误代码)	
发生时间	2018 年 06 月 01 日早班	
机组状态	RP 模式，满功率	
异常缺陷现象	现场巡检发现 4AGM201AR 上显示空调故障(出现 A14 错误代码)	
风险或潜在后果	可能影响 4AGM201AR 空调工作可靠性	
干预行动	已采取的行动措施： 1)现场确认 4AGM201AR 机柜工作温度正常，未见机柜表面温度高情况； 2)现场确认机柜空调供电正常； 3)联系仪控确认当前报警不影响空调运行，提工作申请按计划处理	
原因分析	4AGM201AR 机柜空调温度传感器功能故障导致出现 A14 错误代码	
消缺行动	仪控处理反馈： 1)检修过程： ①使用机柜钥匙打开 4AGM201AR 机柜； ②手动断开 4AGM201AR 柜体空调电源； ③使用螺丝刀拆开 4AGM201AR 柜体空调后部盖板，检查发现空调传感器故障； ④使用新备件更换空调传感器； ⑤手动恢复 4AGM201AR 空调电源； ⑥关闭 4AGM201AR 机框，使用机柜钥匙上锁； ⑦观察 4AGM201AR 机柜空调正常运行，无故障代码出现。 2)故障原因分析：4AGM201AR 机柜空调温度传感器功能故障导致出现 A14 错误代码	
相关知识	AGM101AR/201AR/301AR 柜内的空调由 LNE 来的电源单独供电。当 AGM101AR/201AR/301AR 柜门上的总开关 AGM101JA/201JA/301JA 断开时，柜体空调仍有电	
参考资料信息	维修二处仪控：完工报告《FQ4-MA03-RCWO-00937607/01 维修一级：巡检缺陷：4AGM201AR 上显示空调故障处理》； WR/WOT：00396233/00937607-01(计划工单)	
编　　者	运行二处一值：谷铁	时间：2019 年 02 月 16 日

3.4.8　1APA302PO 液力耦合器油箱呼吸器 1AGM301ZE 堵塞导致油含水量升高

异常缺陷名称	1APA302PO 液力耦合器油箱油含水量升高
发生时间	2015 年 04 月— 08 月
机组状态	RP 模式，功率运行(1089 MWe—840 MWe—1089 MWe)
异常缺陷现象	2015 年 04 月— 08 月期间，1 号机组 3 号主给水泵多次出现水含量升高事件，期间均伴有推力轴承回油视窗充满大量泡沫异常，且出现泡沫期间，油视窗有间歇性气流返涌现象
风险或潜在后果	排气性能不良、油泡沫多将引起主给水泵输出速度存在不同程度的振荡或执行器和勺管周期的移动，影响 APA 泵运行安全
干预行动	已采取的行动措施： 1)主控加强泵和电机轴承温度的监视； 2)主控加强监视泵转速震荡情况； 3)安排现场加强对液力耦合器油箱油位的监视； 4)安排机械利用滤油机进行滤油，和准备好备用新油，以便必要时进行换油； 5)安排化学加强监测液力耦合器油箱内油的含水量，按化学技术规范进行跟踪控制
原因分析	经分析出现泡沫的原因可能为液力耦合器油箱呼吸器堵塞，造成耦合器箱体憋压，导致其内部气体绕道回油管线从轴承室呼吸器排出，此过程中回油与排油反复搅浑，在回油管中产生泡沫。2015 年 09 月—10 月 2APA 系统 1/3 号泵均出现过类似泡沫问题。经现场验证，打开液力耦合器箱体侧面法兰盲板后(与大气相通)，有大量油烟冒出，随后回油视窗泡沫迅速消失(1 min 内)，可确认耦合器箱体憋压导致泡沫产生，并初步判断为耦合器呼吸器堵塞导致。液力耦合器呼吸器主要由于平衡液力耦合器油箱与大气的压力，由于滤芯过密切采用折叠滤纸结构，极有可能导致滤纸吸附油烟和污物后堵塞网孔，导致排气阻力过大，无法实现其正常空气通流能力
消缺行动	机械处理反馈： 1)处理措施：根据外电厂运行经验，通过变更改造将液力耦合器油箱呼吸器滤芯由 3 μm 的折叠滤纸型滤芯，更换为 50 μm 滤布式滤芯，以增加防油烟堵塞能力； 2)原因分析：经分析出现泡沫的原因可能为液力耦合器油箱呼吸器堵塞，造成耦合器箱体憋压，导致其内部气体绕道回油管线从轴

续 表

消缺行动	承室呼吸器排出，此过程中回油与排油反复搅浑，在回油管中产生泡沫。2015 年 09 月—10 月 2APA 系统 1/3 号泵均出现过类似泡沫问题。 经现场验证，打开液力耦合器箱体侧面法兰盲板后(与大气相通)，有大量油烟冒出，随后回油视窗泡沫迅速消失(1 min 内)，可确认耦合器箱体憋压导致泡沫产生，并初步判断为耦合器呼吸器堵塞导致。液力耦合器呼吸器主要由于平衡液力耦合器油箱与大气的压力，由于滤芯过密切采用折叠滤纸结构，极有可能导致滤纸吸附油烟和污物后堵塞网孔，导致排气阻力过大，无法实现其正常空气通流能力	
相关知识	液力耦合器呼吸器堵塞将导致油气分离效果差，引起油中含泡沫，存在引起主给水泵转速震荡的风险	
参考资料信息	维修一处机械：《福清核电 1/2 号机组液力耦合器呼吸器滤芯物项替代简化论证报告》 其他类似异常缺陷： 2019 年 02 月 28 日，缺陷描述：巡检发现 3APA201RR 油箱内油质为乳白色，且有较多气泡(WR/WOT：00513091/01160070-01)。 故障原因分析：滤芯堵塞导致呼吸不畅。 详情请见 EAM 中工单 01160070-01 的完工报告	
编　　者	运行二处一值：谷铁	时间：2019 年 02 月 16 日

3.4.9 主给水泵的工作油冷却器 4AGM302RF 抗虹吸管线接头处喷油

异常缺陷名称	主给水泵的工作油冷却器 4AGM302RF 抗虹吸管线接头处喷油
发生时间	2019 年 02 月 26 日中班
机组状态	RP 模式，满功率
异常缺陷现象	02 月 25 日早班现场巡检发现 4APA302PO 的工作油冷却器 4AGM302RF 入口管道一处接口(如下图中红圈所示位置)存在漏油，约 3 s 一滴。 02 月 26 日中班接班后，现场反馈 4APA302PO 的工作油冷却器 4AGM302RF 入口管道处漏点扩大，当前已成线状流。

续　表

异常缺陷现象	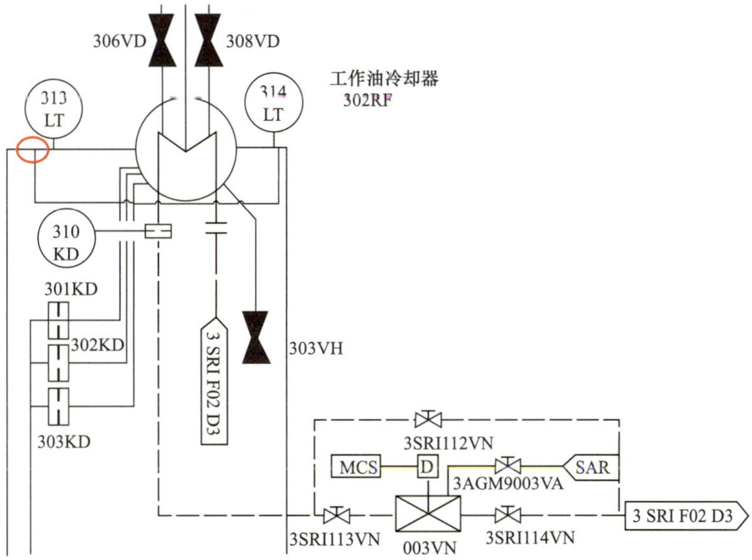 **图 1　泄漏点位置(红圈中所示接点处)**
风险或潜在后果	1) 如泄漏没办法在线处理，4APA 泵无备用，需要紧急降功率至 769 MW 运行； 2) 现场存在漏油情况，存在火灾风险
干预行动	已采取的行动措施： 1) 当班值安排执行紧急切泵操作，将主给水泵泵 C 切换至主给水泵 B 运行； 2) 切泵过程中已安排密切监视 4APA302PO 油位； 3) 安排化学对库存油品进行分析，合格后实施补油准备； 4) oncall 设备管理和维修机械评估泵运行状态并准备维修方案，专业评价 C 泵可保持在备用可用状态； 5) 现场漏油处已拉设警示带，要求维修机械和服务人员清理和收集漏油； 6) 下班前机械已加工好卡套并取得合格的油品，准备使用卡套堵漏。 注：主给水泵停运后，由于 4AGM301PO 运行油压低于 APA 泵运行期间主油泵运行的油压，漏量已减小，3 s 1 滴。 建议后续行动： 1) 请维修机械加紧准备下一步处理方案； 2) 请设备管理处分析当前状态下 C 泵的可用性； 3) 维修进行根本原因分析

续 表

原因分析	管线接头密封件失效，使得4AGM302RF抗虹吸管线接头处泄漏
消缺行动	机械处理反馈： 1）工作过程（02月25日滴漏油时处理过程，WR/WOT：00510884/01156559-01）： ①原因分析：怀疑为管道振动引起松动，上午联系技术支持现场对比检查管道振动情况，检查结果a. 主管存在高频振动，可能造成螺纹松动，但高频振动无法消减；b. 与3号机相比，小管有明显晃动，但暂无测量设备，技术支持联系105所后天进厂测量分析。 ②处理措施：目前现场在线紧固，昨晚紧固后今早复漏再次紧固，至现在暂未泄露。由于该接头无法拆卸（需停机排油），无法采取锁片、锁固剂等防松措施，故计划a. 待技术支持测振分析完成后讨论采取小管减振方式；b. 若无法减振，联系堵漏厂家制作夹具堵漏，大修窗口彻底处理。 ③其他设备同位置排查未见泄漏。 2）工作过程（02月26日油喷射时处理过程，WOT：01156559-01） ①安装夹具并固定，带压堵漏厂家安装注胶阀，打开注胶阀上开关用于泄压引流。 ②将一侧注胶阀上的开关关闭，在另一侧注胶阀上安装注胶枪头。 ③连接手动液压泵，开始注胶。当有大量密封胶流出时停止注胶，关闭注胶阀。 ④注胶完成后，进行保压20 min，观察压力表，若无明显降压侧关闭注胶开关。检查结果：未发现有降压趋势。拆除注胶枪。 ⑤处理完成后观察1天，未异常，清理现场，工作结束。 3）工作过程（03月07日机组调停时彻底处理缺陷过程，WOT：01158995-01）： ①拆除4AGM302RF冷却器平衡管线接头带压堵漏夹具并清理 ②松开接头螺帽清理密封件后对接头密封件涂抹密封胶，回装接头螺帽并紧固 ③经观察接头处仍有少许渗油更换接头密封件已无渗漏现象。 4）故障原因分析：管线接头密封件失效，使得4AGM302RF抗虹吸管线接头处泄漏
相关知识	工作油冷却器抗虹吸管的作用： 工作油冷却器两端跨接装设有一根细管用作抗虹吸管，以防止停运时工作油冷却器中的存油因虹吸而流回油箱。停运时，从轴封吸入的空气进入抗虹吸管，起到破坏虹吸的作用，从而防止冷却器内的油排回油箱。再启动时，可通过这些轴承自动把空气排出

续　表

参考资料信息	运行二处：4 号机组异常反馈——APA 泵的 4AGM302RF 进油管路一处接口处漏油(漏点扩大)； 维修二处机械：EAM 中 01156559-01、01158995-01 工单的完工报告； WR/WOT：00510884/01156559-01、00512731/01158995-01	
编　　者	运行二处一值：谷铁	时间：2019 年 03 月 10 日

3.4.10　工作油冷却器 4AGM202RF 冷却水侧出水温度 4SRI011KT 读数间断显示为××××

异常缺陷名称	工作油冷却器 4AGM202RF 冷却水侧出水温度 4SRI011KT 读数间断显示为××××
发生时间	2017 年 12 月 20 日中班
机组状态	RP 模式，满功率
异常缺陷现象	18:50 左右 4SRI011KT(工作油冷却器 4AGM202RF 冷却水侧出水温度)开始读数间断显示为××××，工作油冷却器入口油温 4AGM218MT 显示正常和工作油温调节阀 4AGM002VN 控制正常
风险或潜在后果	导致 4SRI011KT 间断显示为××××，无法有效监控工作油冷却器 4AGM202RF 冷却水侧出水温度
干预行动	已采取的行动措施： 1)主控检查工作油冷却器入口油温 4AGM218MT 显示正常和工作油温调节阀 4AGM002VN 控制正常； 2)安排现场检查 4SRI011KT 外观和接线未见明显异常； 3)填写工作申请(WR)由仪控检查处理
原因分析	4SRI011KT 热电阻接线松动，导致温度显示异常
消缺行动	仪控处理反馈： 1)工作过程： ①检查确认脚手架搭设合格，安全可靠； ②土建专业配合拆除 4SRI011KT 热电阻上方格栅板； ③打开 4SRI011KT 热电阻接线盖子； ④检查发现 4SRI011KT 热电阻接线有松动现象； ⑤拆除 4SRI011KT 热电阻接线，并做好拆线记录； ⑥使用万用表测量对 4SRI011KT 温度元件进行测量，检查结果正常；

续　表

消缺行动	⑦恢复 4SRI011KT 热电阻接线，并做好接线记录； ⑧关闭 4SRI011KT 热电阻接线盖子； ⑨联系土建专业恢复 4SRI011KT 热电阻上方格栅板； ⑩联系脚手架人员拆除脚手架，工作完成，归还工作许可证。 2)故障原因分析：4SRI011KT 热电阻接线松动，导致温度显示异常
相关知识	4SRI011KT(工作油冷却器 4AGM202RF 冷却水侧出水温度)只参与主控 KIC 中显示，不参与报警和逻辑
参考资料信息	维修二处仪控：完工报告《FQ4-MA03-RCWO-00790339/01 维修一级：4SRI011KT 读数显示异常检查处理》； 运行二处 ESOMS 日志(2017 年 12 月 20 日)； WR/WOT：00324247/00790339-01(计划工单)
编　　者	运行二处一值：谷铁　　　　时间：2019 年 03 月 10 日

3.4.11　2AGM001VN 现场开度与主控显示开度不符

异常缺陷名称	2AGM001VN 现场开度与主控显示开度不符，2AGM001VN 主控显示开度为 43%，但输出开度为 100%，就地查看其开度已全开
发生时间	2016 年 12 月 15 日夜班
机组状态	RP 模式，满功率
异常缺陷现象	电动给水泵组 A 工作冷油器冷却水出口调阀 2AGM001VN 现场开度与主控不符，2AGM001VN 主控显示开度为 43%，但输出开度为 100%，就地查看其开度已全开
风险或潜在后果	导致主控无法准确查看 2AGM001VN 的实际开度，影响 2AGM001VN 的控制可靠性
干预行动	已采取的行动措施： 1)安排现场检查确认 2AGM001VN 阀门实际已全开； 2)主控确认主给水泵 A 工作油温度正常； 3)确认阀门仪用压空供气正常； 4)提工作申请(WR)由仪控检查处理
原因分析	定位器反馈松脱或参数设置错误

续　表

消缺行动	仪控处理反馈： 1)处理过程： ①通知运行人员对 2AGM001VN 阀门进行检查，检查反馈杆没问题，对定位器进行整定，出现错误代码 diiuiIU，对定位器在中间位对应值 P.67，调整滑动夹紧装置调节轮把对应值调至 P.50，对定位器参数 7.SDIR 进行设置为 FALL，重新整定定位器完成； ②联系运行对 2AGM001VN 主控给指令操作均正常。 2)故障原因分析：定位器反馈松脱或参数设置错误	
相关知识	AGM001VN/002VN/003VN 为电动主给水泵工作油冷却器冷却水调节阀，用于控制工作油温度在设定值	
参考资料信息	维修一处仪控：完工报告《FQ2-MA03-RCWO-00437827/01 电动给水泵组 A 工作冷油器冷却水出口调阀 2AGM001VN 现场开度与主控不符，此阀门要求全开，现场显示为完全开度，主控显示 43%开度》；WR/WOT：00196363/00437827-01(计划工单)	
编　　者	运行二处一值：谷铁	时间：2019 年 03 月 10 日

3.4.12　1AGM001VN 主控显示输出开度 100%，KIC 中实际反馈开度为 62%，现场阀门实际开度为 60%左右

异常缺陷名称	1AGM001VN 主控显示输出开度 100%，KIC 中实际反馈开度为 62%，现场阀门实际开度为 60%左右
发生时间	2017 年 03 月 04 日早班
机组状态	RP 模式，电功率 845 MWe
异常缺陷现象	1AGM001VN 主控显示输出开度 100%，KIC 实际反馈开度 62%，现场阀门实际开度为 60%左右，需调整阀门状态
风险或潜在后果	导致 1AGM001VN 无法调节开大，在工作油温高时，将无法增大 SRI 冷却水流量，不能满足其应用的功能
干预行动	已采取的行动措施： 1)安排现场检查确认 1AGM001VN 阀门实际开度为 60%； 2)确认阀门仪用压空供气正常； 3)确认当前主给水泵 A 的工作油温度正常； 4)提工作申请(WR)由仪控检查处理

续 表

原因分析	1AGM001VN 阀门中性点变动，致使阀门卡在 60%左右
消缺行动	仪控处理反馈： 1)处理过程： ①切换就地操作模式，对 1AGM001VN 阀门进行操作验证，阀门开度在 60%后无法开启； ②机械人员检查阀门中性点后发现，中性点变动致使阀门卡在 60%开度不会动作； ③配合机械人员回复阀门中性点位置并固定，就地切换阀门操作模式验证阀门动作无卡涩，线性正常。运行远方操作验证，阀门动作正常； ④记录当前 1AGM001VN 阀门定位器有效参数，恢复远方控制模式。 2)故障原因分析：1AGM001VN 阀门中性点变动，致使阀门卡在 60%左右
相关知识	AGM001VN/002VN/003VN 为电动主给水泵工作油冷却器冷却水调节阀，用于控制工作油温度在设定值
参考资料信息	维修一处仪控：完工报告《FQ1-MA03-RCWO-00521308/01 调整 1AGM001VN 阀门》； WR/WOT：00220629/00521308-01(计划工单)
编　　者	运行二处一值：谷铁　　时间：2019 年 03 月 10 日

3.4.13 1AGM201AR 上出现转速传感器故障报警

异常缺陷名称	1AGM201AR 上出现转速传感器故障报警
发生时间	2015 年 08 月 04 日中班
机组状态	RP 模式，满功率
异常缺陷现象	1APA202PO 就地控制柜 1AGM201AR 上存在“SPEED&DIRECTION SENSOR FAULT”报警
风险或潜在后果	可能导致泵转速控制切换到手动
干预行动	已采取的行动措施： 1)主控加强监视给水泵 B 的转速控制； 2)尝试通过 1AGM201AR 上的复位按钮复位报警，未能成功； 3)检查 1AGM201AR 的供电未见异常； 4)oncall 仪控检查处理

续　表

原因分析	1AGM201AR 转速传感器接线出现松动	
消缺行动	仪控处理反馈： 1)处理过程： ①在机柜检查，用螺丝刀进行紧固 1AGM201AR 的 X3 端子排上的端子； ②处理后端子接线恢复正常； 2)故障原因分析：1AGM201AR 转速传感器接线出现松动	
相关知识	电动主给水泵转速控制相关的失电动作情况： 1)勺管位置传感器 BALLUFF 供电回路掉电时，失电后勺管降至 0%，恢复供电后勺管将恢复到设定值； 2)执行机构 VESH 失去 24 VDC，勺管位置下插至 0%； 3)执行机构 VESH 失去转速设定值(4~20 mA，两线制)信号+端，勺管位置下插至 0%；失去转速设定值(4~20 mA)信号－端(GND，为公共端)，勺管位置保持当前位置； 4)勺管位置传感器 BALLUFF 失去位置反馈(4~20 mA，两线制)信号+端，勺管位置下插至 0%；失去位置反馈(4~20 mA)信号－端(GND，为公共端)，勺管位置保持当前位置	
参考资料信息	维修一处仪控：完工报告《FQ1-MA03-RCWO-00129295/01 1AGM201AR 出现转连传感器故障报警，需检查 1APA201MC 探头接线盒转速传感器接线》； WR/WOT：00064705/00129295-01(紧急工单)	
编　　者	运行二处一值：谷铁	时间：2019 年 03 月 10 日

3.4.14　主控无法启动电动辅助油泵 2AGM101PO

异常缺陷名称	主控无法启动电动辅助油泵 2AGM101PO
发生时间	2017 年 10 月 20 日早班
机组状态	机组大修，RCD 模式
异常缺陷现象	在主控 KIC 画面中无法启动电动辅助油泵 2AGM101PO
风险或潜在后果	导致 2AGM101PO 无法启动
干预行动	已采取的行动措施： 1)安排现场检查 2AGM101PO 上游供电情况，确认开关上泵控制处于远控位置，未见异常； 2)主控检查确认无电动辅助油泵自动停运信号； 3)oncall 电气检查处理

续 表

原因分析	2LKF231JA 柜内 001CC 控制转换开关远方接点螺丝松动所致	
消缺行动	电气处理反馈： 1)处理措施：经检查现场就地 2AGM101PO 上游开关 2LKF231JA 柜，发现为 2LKF231JA 柜内 001CC 控制转换开关远方接点螺丝松动所致，对其紧固后，通过运行人员在主控启动 2AGM101PO 正常，工作结束； 2)故障原因分析：2LKF231JA 柜内 001CC 控制转换开关远方接点螺丝松动所致	
相关知识	电动辅助油泵自动停运逻辑信号： 电动主给水泵运行时，润滑油压力＞0.22 MPa(HH，传感器：AGM101SP2)，保护停运电动辅助油泵	
参考资料信息	维修一处电气：EAM 中工单 00731732-01 的完工报告； WR/WOT：00301406/00731732-01(紧急工单)	
编　　者	运行二处一值：谷铁	时间：2019 年 03 月 10 日

3.4.15　AGM 系统设备异常缺陷处理总结

(1)AGM 故障处理思路总结

1)过滤器上的压差上升

当润滑油滤网压差 AGM103/203/303SPD>0.08 MPa，切换双滤油器运行(按过滤器切换典操执行)；

2)油箱油位异常增加

检查油含水量，若含水量高，则联系机械连上滤油机进行滤油或是更换新油，并排查油含水量高的原因(如检查液力耦合器呼吸器是否堵塞导致油气分离效果差)；

3)工作油温度异常

①工作油温度的控制：工作油温度取决于功率损失(滑差)和工作油流量、工作油冷却水流量，且受温度测量仪的监控。工作油冷却器设计成能使油温保持在下列范围：工作油冷却器进油：60~110 ℃，工作油冷却器出油：35~75 ℃。

②滑差：设泵轮转速为 N_b，涡轮转速为 N_t，则滑差 $S=(N_b-N_t)/N_b$。泵轮的转速是一定的，为 5012 r/min(因电机转速 1494 r/min，大小齿轮变比为 104/31)。涡轮转速(即压力级泵转速)，泵启动时最小转速大约为 710 r/min，泵最大输出转速为 4855 r/min。所以 APA 泵运行时，泵轮和涡轮间一般是存在滑差的。若不对工作油冷却散热，工作油温度将持续上升。由于速比 $v=N_t/N_b$，泵轮输入功率 $P_b=(P_t\times N_b)/N_t$，计算滑差损失功率 $\Delta P=P_t\times(N_b-N_t)/N_t$。根据相似原理电机额定功率与输出转速的三次方成正比，电机额定功率 P 下的转速为泵轮转速，因此 $P_t=P\times(N_t/N_b)^3$，将 $v=N_t/N_b$ 代入求解

得：$\Delta P=P\times(v^2-v^3)$。进行微分计算得出当转速比为 2/3（$N_t=2/3\times N_b=2/3\times5012$ r/min ≈3341 r/min）时，液力耦合器滑差损失功率最大，工作油温最高。由于主给水泵的最小唧送转速约为 3600 r/min，即转速上升到 3600 r/min 时开始可以向蒸汽发生器（SG）注入水，即主给水泵给 SG 供水时转速大于 3600 r/min。因此随着核电机组功率的上升，SG 给水量需求增大，主给水泵转速逐渐增大，滑差降低，滑差引起损失功率降低，反之机组功率下降时，主给水泵滑差降低，滑差引起损失功率增大。

③工作油流量控制：油的流量由油流量控制阀（环油阀，又称油循环阀，见图 3.4.1）来控制。当泵转速变化时（即勺管位置移动时），通过勺管和油流量控制阀连接的操纵杆机构连带动作油流量控制阀（见图 3.4.2），来改变工作油流量。泵转速增加时，滑差减小，动力传递损失减小，产生的热量减小，工作油温度有下降趋势。同时转速增加，为勺管拔出工作腔室的过程，连接杆组件（见图 3.4.2）连动油流量控制阀关小，降低工作油流量，使得工作油冷却器中冷却效果下降。泵转速降低时，滑差增大，动力传递损失增大，产生的热量增加，工作油温度有上升趋势。同时转速降低，为勺管插入工作腔室的过程，连接杆组件连动油流量控制阀开大，增大工作油流量，使得工作油冷却器中冷却效果加强。

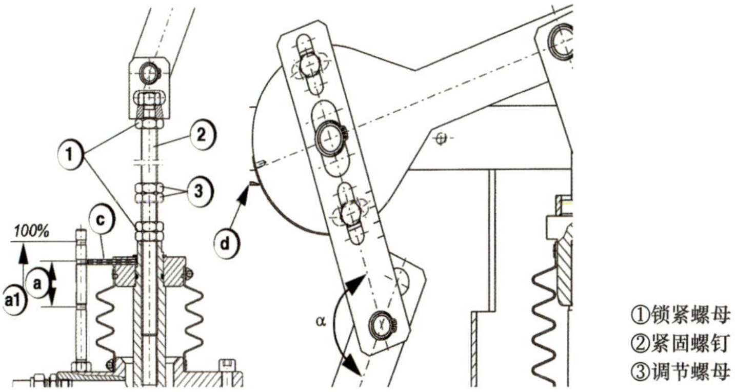

图 3.4.1　油流量控制阀

④当工作油温度高，冷却水流量控制阀全开后无再开启的裕度时，也可以通过调整油流量控制阀的阀杆长度，调大油流量控制阀的开度来增大工作油流量，加强冷却，使冷却水流量控制阀调整到合适的开度。

调整方法和步骤（需要机械专业调节）：

a. 轻微地拧松锁定螺母①（见图 3.4.1）。

b. 用调节螺母③（见图 3.4.1）调整螺纹杆。

当逆时针转动时（增大油的流量）；

当顺时针转动时（降低油的流量）。

c. 拧紧锁紧螺母①（见图 3.4.1）。

d. 检查控制阀开度标尺的指示在勺管位置 100%时阀门指示开度（此时阀门开度最小，标尺指示最小）到限位位置（图中 a1）之间。阀门标尺上的指示位置不能超过上部最大限位。

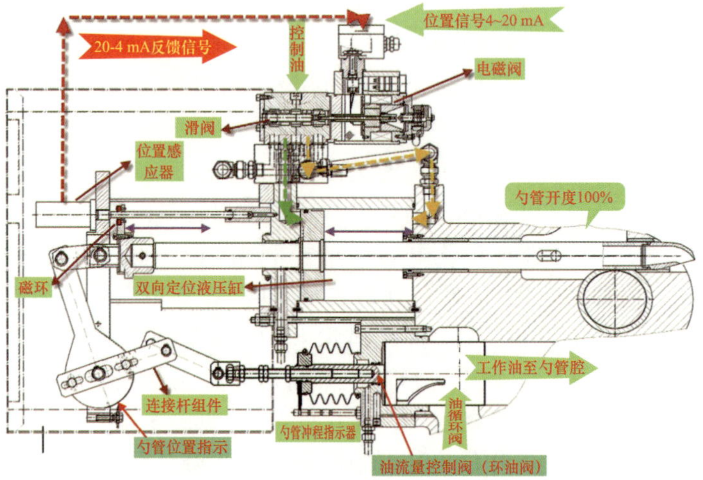

图 3.4.2 电子液压定位控制机构

注意事项：要始终在 $\alpha=180°$（见图 3.4.1）的角度下进行调节。指示活塞位置的指示器ⓒ必须在调节范围ⓐ内。

⑤冷却水流量控制（见图 3.4.3）：工作油冷却器的冷却水[常规岛闭式冷却水系统（SRI 系统）提供]流量由冷却水流量控制阀和其旁路阀来控制。通过对冷却水流量控制阀设定给定温度值（如 75 ℃），通过温度测量值与给定值的偏差来控制流量控制阀的开度来增加或降低冷却水流量来调节油温度。当工作油温度高，冷却水流量控制阀全开后无再开启的裕度时，也可用使用开旁路阀来辅助控制工作油温度。

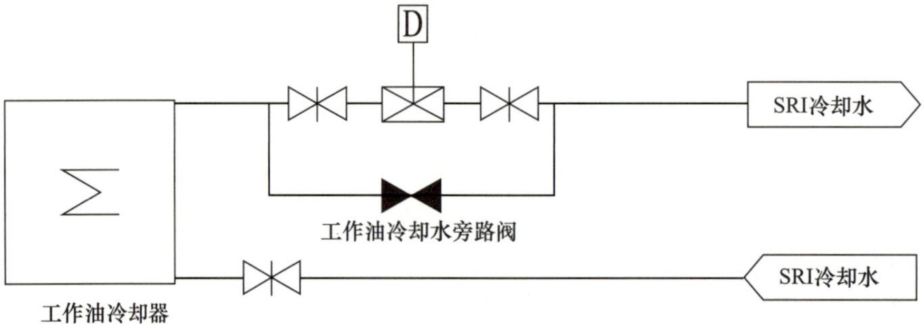

图 3.4.3 工作油冷却器冷却水流量控制阀

⑥工作油温异常的原因：

a. 工作油冷却器故障（油泄漏、冷却水泄漏、传热管破裂或结垢）；

b. 液力耦合器超负荷；

c. 油温控制器故障（SRI 冷却水控制器定值设置错误，SRI 冷却水控制阀故障、油温测量仪表漂表）；

d. 油流量控制阀故障（操纵连杆断裂等）；

e. 冷却器冷却水侧在线错误等。

⑦工作油温度异常的危害：

a. 工作油温度高的危害

工作油温度高，因工作油和润滑油共用油箱，油温的上升，将引起油黏性下降，使得主给水泵电机、泵和液力耦合器轴承润滑效果变差，可能造成轴承磨损。工作油温度的上升，会使液力耦合器内油黏度发生改变，影响液力耦合器的传递特性。工作油温度高将危机液力耦合器运行安全，如果液力耦合器中工作油温升高到 160 ℃，则易熔塞(位置如图 3.4.4 所示)熔化，液力耦合器内的油通过塞子内的孔排出，油进入齿轮式变速液力耦合器的机壳，因此液力耦合器中油被排出，当工作油泵不送油时，给水泵停止运行。导致油温升高的原因有：工作油冷却器故障；液力耦合器超负荷。

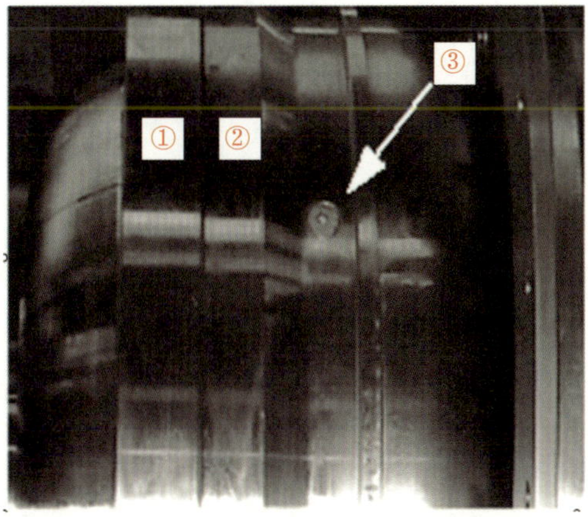

①主动轮外壳
②从动轮外壳
③易熔塞

图 3.4.4　易熔塞位置

b. 工作油温度低的危害

油产生泡沫(油箱中的油温<40 ℃，油气分离器的油气分离效果差)，将引起工作油泵压力波动，引起给水泵自动/手动控制时输出速度振荡或执行器和勺管周期的移动，进入危及蒸汽发生器给水的安全。

另外工作油与润滑油共用液力耦合器油箱中的油，要求油箱油温不得<5 ℃，油箱油温太低将使得油箱中电动润滑油泵启动力矩太大，可能导致油泵不能启动，无法为处于备用的主给水泵的工作油回路进行充注，影响主给水泵的可用。所以当主给水泵和电动润滑油泵长期停运时，润滑油箱油温<8 ℃时，需要将油箱电加热器投入。

(2)AGM 系统设备异常缺陷源项关联分析：

AGM 系统为电动主给水泵油系统，为电动主给水泵组提供轴承润滑油和液力耦合器工作油。

1)工艺流程上的关联：①为电动主给水泵系统 APA 提供轴承润滑油和液力耦合器工作油；②油冷却器冷却水来自常规岛闭式冷却水；③AGM 系统设备供电关联，泵供电来自 LKF、LKG，电加热器来自 LMC、LMD，转速控制柜 AGM101AR/201AR/301AR 上游供电来自 LBM、LNE，等等；

2)逻辑联动上的关联：润滑油压力参与主给水泵跳闸信号和允许启动信号；润滑油压力低或主给水泵反转参与电动辅助润滑油泵自动启动信号。

由上述关联性上的分析可知，AGM 系统设备故障时将可能产生影响电动主给水泵系统 APA 轴承冷却和润滑的风险源项，产生影响主给水泵转速控制液力耦合器的风险源项。涉及油泄漏时还有工业安全类风险源项(火灾、高温烫伤)。AGM 工作油冷却器作为常规岛闭式冷却水系统 SRI 的大用户，当 AGM 工作油冷却回路出现异常时，将向 SRI 系统引入风险源，例如冷却水充水排气或泄漏时，可能引起 SRI 液位下降，影响 SRI 系统其他用户的冷却等等。当转速控制柜 AGM101AR/201AR/301AR 上游供电 LBM、LNE 出现故障失电时，将可能产生威胁 APA 转速控制的风险源项。

(3)重要参考资料

FQ-OP2-XLJC-020 电动主给水泵油系统(AGM)培训教材。

3.5 电动给水泵系统(APA)

3.5.1 4APA202PO 启动失败，因热累积禁止再启动

异常缺陷名称	4APA202PO 启动失败，因热累积禁止再启动
发生时间	2017 年 08 月 06 日早班
机组状态	RP 模式，电功率 461 MWe
异常缺陷现象	1)主控现象：4APA202PO 启动失败，主控显示大红色； 2)现场现象： ①SPAJ150C 存在数字“3”报警，含义为热累积禁止再启动； ②远方跳闸继电器 002XR 继电器未动作，说明不存在远方跳闸信号； ③中压盘柜无其他报警灯亮
风险或潜在后果	导致 4APA202PO 启动失败，且使得 4APA202PO 无法作为备用泵
干预行动	已采取的行动措施： 1)安排现场检查 4APA202PO 上游电源开关盘柜 SPAJ150C 上存在数字“3”报警，确认为“热累积禁止再启动”； 2)oncall 维修电气检查处理
原因分析	由于热累积禁止再启动动作闭锁了 4APA202PO 再启动
消缺行动	电气处理反馈： 1)现场现象： ①SPAJ150C 存在数字“3”报警，含义为热累积禁止再启动； ②远方跳闸继电器 002XR 继电器未动作，说明不存在远方跳闸信号； ③中压盘柜无其他报警灯亮。 2)原因分析：根据现场现象判断，由于热累积禁止再启动动作闭锁了 4APA202PO 再启动。 3)采取行动： ①由于热累积只可自然衰减，不可手动复位，现场保持观察约 10 min 后热累积报警已自动复归； ②根据图纸确认热累积禁止再启动出口仅动作于闭锁启泵，不会出口于跳闸。 4)处理进展：热累积报警已自动复归后，重新启动 4APA202PO 成功。 5)结论： ①热累积禁止再启动报警已复归； ②现场就地盘柜无其他异常报警； ③现场电气盘柜已具备再次启泵条件

续　表

相关知识	热累积禁止再启动出口仅动作于闭锁启泵，不会出口于跳闸主给水泵，热累积只可自然衰减，自动复归，不可手动复位	
参考资料信息	维修二处电气：4APA202PO 因热累积禁止再启动问题反馈； 运行二处 eSOMS 日志(2017 年 08 月 06 日)	
编　　者	运行二处一值：谷铁	时间：2019 年 01 月 10 日

3.5.2　4APA201PO 非驱动端渗油

异常缺陷名称	4APA201PO 非驱动端渗油
发生时间	2018 年 10 月 03 日早班
机组状态	RP 模式，机组升功率到电功率 270 MWe
异常缺陷现象	现场巡检反馈 4APA201PO 前置泵非驱动端有渗油，联系机械检查为前置泵端盖渗油，约 90 s 一滴
风险或潜在后果	1)存在火灾隐患，影响 4APA201PO 运行可靠性； 2)主要原因是密封胶涂抹不均，导致出现轻微渗油，不影响设备正常运行。后续重点关注润滑油油位，油位偏低时及时进行补油，油位正常则无需干预
干预行动	已采取的行动措施： 1)联系机械开票校核力矩(校核力矩时需关注 4APA201MM 数值是否变化)。 2)机械现场核实力矩满足要求，工作负责人反馈如需处理需停泵跟换密封件。 3)设备人员反馈轻微渗油，不影响设备正常运行。后续重点关注润滑油油位，油位偏低时及时进行补油，油位正常则无需干预
原因分析	泄漏点为非驱动端端盖部位，主要原因是密封胶涂抹不均，导致出现轻微渗油
消缺行动	机械处理反馈： 1)处理进展：调停窗口已通过工单 01135470-01 处理消除渗油问题。 2)工作过程： ①仪控专业配合拆除前置泵非驱端端盖上的仪控探头； ②机械在端盖处做好标记，拆除端盖固定螺栓； ③机械取下端盖及旧 O 型圈，检查端盖密封面是否有损伤； ④机械清理端盖密封面后做清洁度检查，检查合格后更换新 O 型圈；

续　表

消缺行动	⑤机械回装端盖前在密封面处涂抹密封胶； ⑥机械回装端盖并对称紧固螺栓，第一次紧固力矩 90 $N\times M$，第二次紧固力矩 195 $N\times M$； ⑦仪控专业配合回装非驱端端盖上仪控探头； ⑧运行人员配合验证不漏油。 3）故障原因分析：泄漏点为非驱动端端盖部位，主要原因是密封胶涂抹不均，导致出现轻微渗油
相关知识	APA 泵轴承漏油渗油需要关注相关轴承温度，关注液力耦合器油箱油位，及时补油
参考资料信息	WR/WOT：00499614/01135470-01（计划工单），工作许可证：4PW03586（APA201PO 前置泵非驱端端盖处渗油，需更换密封件处理）
编　　者	运行二处一值：谷铁　　时间：2019 年 01 月 10 日

3.5.3　主控手动启动 3APA302PO 过程中出现 3APA305KA 报警

异常缺陷名称	3APA302PO 启动过程中出现 3APA305KA 报警
发生时间	2017 年 04 月 11 日夜班
机组状态	RP 模式，满功率
异常缺陷现象	夜班当班值执行将 3APA102PO 切换至 3APA302PO 运行操作时，3APA302PO 启动后主控触发出现 3APA305KA（给水泵 C 速度控制故障报警），同时系统画面上 3AGM308SY 点亮（综合故障报警）
风险或潜在后果	触发报警 3APA305KA（给水泵 C 速度控制故障报警）
干预行动	已采取的行动措施： 1）查看和执行报警卡； 2）暂停正在执行的 A 泵切换到 C 泵的操作，并将主给水泵 C（3APA302PO）置于安全稳定状态（3APA302PO 处于自动位置，转速 3800 r/min，出口阀手动关闭状态，转速控制器处于手动。和设备管理确认主给水泵在循环管线投入的状态下可以运行 2 h）； 3）主控关注主给水泵 C 的转速控制情况，确认转速控制方式设置正常； 4）安排现场检查就地转速控制柜显示屏上故障报警情况； 5）oncall 仪控检查处理

续 表

原因分析	报警的出现最大可能原因为在停泵阶段转速探头上积有较多油污和灰尘沾污，导致探头工作环境不满足铁磁性要求，造成探头未能检测到齿轮转动或电压脉冲
消缺行动	仪控处理反馈： 1）处理进展：已初步确定为3APA302PO转速测量通道在低转速（0转速附近）时存在问题，目前报警已通过就地控制柜复位，报警已消除，3APA302PO转速控制已切为自动控制，转速正常。 2）缺陷描述：在启动3APA302PO后，主控出现3APA305KA报警，同时系统画面上3APA308SY点亮（综合故障报警）。 3）原因分析：根据就地控制柜逻辑，在启动3APA302PO电动马达后10 s内，若转速未能达到30 r/min，则出现转速控制或传感器故障（Speed and direction sensor is fault）；任何单一故障出现，均会导致综合故障3APA305KA触发； ①经查阅3APA302PO转速、启动电流、出口流量曲线，发现以下事实： a. 3APA302PO于2017.4.11 06:27:13启动； b. 3APA305KA在2017.4.11 06:27:22.660时起报警； c. 3APA301MD在2017.4.11 06:27:18，有明显上升趋势； d. 3APA301MC在2017.4.11 06：27：31，有明显上升趋势，之前基本为0 r/min； e. 3APA301MC测量转速区间为0~6000 r/min，常见卡件和仪表通道的误差一般大于30 r/min，3APA301MC在低转速下可能因为整个通道精度问题存在测量偏差问题。 ②综上分析： a. 升压泵在电机启动后约5 s，即开始升速，带动出口流量上升，出口压力也有上升趋势； b. 3APA301MC在起泵后18 s内，实测转速基本为0 r/min，说明探头在低转速区存在偏差，需对探头通道进行检查。 ③转速通道输出偏差调查： EOMM文件中对“转速或方向传感器故障报警”原因的说明： a. 接线错误； b. 转速或方向传感器故障； c. 转速或方向变送器故障； d. 模拟量输入卡件-20A2模块功能故障； e. 模拟量输入卡件-20A4故障。

续　表

消缺行动	经过分析认为：若出现接线错误，则 3APA305KA 出现后不能被复位；若转速或方向传感器等本体故障，则 3APA305KA 出现后不可能被复位掉，且从起泵至目前来看，泵的各项运行参数均正常。 ④原因分析结论：根据事件后调查结果和目前转速显示情况，可以排除转速探头故障、卡件故障、接线错误和松动等情况。 此报警的出现最大可能为，在停泵阶段探头上积有较多油污和灰尘沾污，导致探头工作环境不满足铁磁性要求，造成探头未能检测到齿轮转动或电压脉冲。 基于上述分析，判断此报警仅会出现在起泵阶段，当泵已正常启动后，可对该报警进行复位处理，对泵的正常运行和转速调节无影响。 4)处理措施：在 3AGM 就地控制柜上复位报警，目前已消报，泵已切至自动。 5)后续行动：与运行、设备管理处召开会议，探讨分析故障原因细节部分，确定检查探头通道的窗口。 6)影响评估：在 3APA302PO 泵离开低转速区后，可复位此报警，不影响泵运行	
相关知识	3APA305KA(给水泵 C 速度控制故障)报警触发的原因主要有两方面： 1)该给水泵被选择"在役"后(未运行)，转速控制处在自动模式； 2)转速控制回路故障	
参考资料信息	维修二处仪控：oncall 反馈——主控手动启动 3APA302PO 过程中出现 3APA305KA 报警； 运行二处：3 号机组异常反馈——主控手动启动 3APA302PO 过程中出现 3APA305KA 报警	
编　　者	运行二处一值：谷铁	时间：2019 年 01 月 10 日

3.5.4　4APA302PO 转速控制由自动切手动后转速迅速下降

异常缺陷名称	4APA302PO 转速控制由自动切手动后转速迅速下降
发生时间	2017 年 09 月 09 日中班
机组状态	RP 模式，电功率 887 MW

续 表

异常缺陷现象	4 号机组执行《FQ4-APA-C-004 主给水泵 C 切换至主给水泵 A 运行（不降负荷）操作票》，20:47:44 操纵员将 4APA302PO 转速控制器 4APA003KU 由自动切至手动时，4APA302PO 转速在 10 s 内由 4126 r/min 快速降低至 613 r/min，与切手动后泵转速预期响应不符，且造成蒸发器液位波动
风险或潜在后果	1）给水泵 C 转速和电流、出口压力大幅波动，对泵运行产生不利影响； 2）引起水汽压差、ARE 给水流量、SG 水位的波动
干预行动	已采取的行动措施： 1）主控关注 SG 水位波动情况，必要时干预控制； 2）切换到 4APA102PO 运行正常后，将 4APA302PO 手动停运； 3）安排现场检查 4APA302PO 就地转速控制柜上是否存在异常报警，未见明显异常； 4）oncall 仪控检查处理
原因分析	勺管位置反馈器的隔离卡件故障，送往手动 PLC 控制器的勺管位置指令偏低，导致切手动后出现勺管下插，勺管下插导致转速快速下降
消缺行动	仪控处理反馈： 1）处理进展：经排查 4APA302PO 勺管位置反馈器的隔离卡件故障，已完成隔离卡件更换，运行完成手动/自动三次切换试验，转速无异常波动。 2）原因分析：勺管位置反馈器的隔离卡件故障，送往手动 PLC 控制器的勺管位置指令偏低，导致切手动后出现勺管下插，勺管下插导致转速快速下降。 3）处理措施： ①排查转速控制执行机构 24 V 供电回路正常；排查转速控制执行机构位置传感器回路正常；排查转速设定值回路正常；对勺管进行离线校验，指令与反馈偏差满足要求； ②通过 KIC 下发动作指令的方式对勺管动作情况进行验证，结果正常； ③通过主控改变手/自动模式，排查勺管控制信号选择器，功能正常； ④排查勺管位置反馈器的信号隔离分配卡件，发现送往手动控制器的信号回路明显低于隔离卡件输入值，且通过几次测量，验证隔离卡件信号输出有一定随机性，判断隔离卡件故障； ⑤维修二处与设备管理处紧急推动备件领用，并进行备件更换，更换后主控进行 3 次泵的自动/手动切换，泵转速无异常，符合要求

续　表

相关知识	电动主给水泵转速控制相关的故障触发时，勺管动作情况： 1)勺管位置传感器 BALLUFF 供电回路掉电时，失电后勺管降至0%，恢复供电后勺管将恢复到设定值； 2)执行机构 VESH 失去 24 VDC，勺管位置下插至 0%； 3)执行机构 VESH 失去转速设定值(4~20 mA，两线制)信号+端，勺管位置下插至 0%；失去转速设定值(4~20 mA)信号-端(GND，为公共端)，勺管位置保持当前位置； 4)勺管位置传感器 BALLUFF 失去位置反馈(4~20 mA，两线制)信号+端，勺管位置下插至 0%；失去位置反馈(4~20 mA)信号-端(GND，为公共端)，勺管位置保持当前位置	
参考资料信息	维修二处仪控：《4APA302PO 在自动切手动后转速迅速下降分析报告》、oncall 反馈——4APA302PO 在自动切手动后转速由4126 r/min快速降低至 613 r/min； 运行二处：4 号机组异常反馈——4APA302PO 停运过程中，转速控制器置手动后转速突降； WR/WOT：00288425/00703124-01(紧急工单)	
编　　者	运行二处一值：谷铁	时间：2019 年 01 月 10 日

3.5.5　3APA302PO 转速异常下降

异常缺陷名称	3APA302PO 转速异常下降
发生时间	2016 年 07 月 19 日早班
机组状态	RP 模式，核功率 9%FP，汽轮机盘车运行 8 r/min，两台 APA 泵运行
异常缺陷现象	【09:28】3APA302PO 转速仅 7 s 就从 4085 r/min 突然降至620 r/min，59 s 后转速又突然上升，仅 3 s 就上升至 4359.8 r/min，后自动调整恢复至 4085 r/min。期间 SG 液位基本保持稳定。 【09:28】水/汽压差从 0.43 MPa 最低降至 0.32 MPa，转速突升后又最高升至 1.56 MPa，然后恢复至 0.43 MPa。 主控短时触发如下报警：水汽压差小于 5%(3ARE411KA)，大于5%(3ARE410KA)报警，三台 SG 的 ATWT 给水流量低(3APA232、233、234KA)；三台 SG 给水流量低(3RPR554、555、556KA)报警
风险或潜在后果	1)给水泵 C 转速和电流、出口压力大幅波动，对泵运行产生不利影响； 2)引起水汽压差、ARE 给水流量、SG 水位的波动

续 表

干预行动	已采取的行动措施： 1）主控关注 SG 水位波动情况； 2）关注给水泵 C 转速和电流、出口压力波动情况，加强关注给水泵 C 的轴承温度、振动等各项运行参数，确认无异常； 3）安排现场检查 3APA302PO 就地转速控制柜上是否存在异常报警，未见明显异常； 4）oncall 仪控检查处理
原因分析	直接原因：勺管位置传感器 BALLUFF 的供电+24V DC 短时失去导致勺管下插至 0%； 根本原因：勺管位置传感器 BALLUFF 的供电端子 X16 的 1 号端子虚接
消缺行动	仪控处理反馈： 1）排查及验证情况：3AGM301AR 液力耦合器转速供电回路，设定值回路以及勺管位置反馈回路工作异常，对相关设备进行了排查。 2）原因分析： 直接原因：勺管位置传感器 BALLUFF 的供电+24V DC 短时失去导致勺管下插至 0%。 根本原因：勺管位置传感器 BALLUFF 的供电端子 X16 的 1 号端子虚接。 3）验证方式：通过勺管位置传感器 BALLUFF 供电回路掉电对故障进行复现，与故障现象一致，失电后勺管降至 0%，恢复供电后勺管恢复到设定值
相关知识	电动主给水泵转速控制相关的故障触发时，勺管动作情况： 1）勺管位置传感器 BALLUFF 供电回路掉电时，失电后勺管降至 0%，恢复供电后勺管将恢复到设定值； 2）执行机构 VESH 失去 24 VDC，勺管位置下插至 0%； 3）执行机构 VESH 失去转速设定值（4～20 mA，两线制）信号+端，勺管位置下插至 0%；失去转速设定值（4～20 mA）信号－端（GND，为公共端），勺管位置保持当前位置； 4）勺管位置传感器 BALLUFF 失去位置反馈（4～20 mA，两线制）信号+端，勺管位置下插至 0%；失去位置反馈（4～20 mA）信号－端（GND，为公共端），勺管位置保持当前位置
参考资料信息	运行二处：《福清核电 3 号机组启动工作经验总结》； 维修二处：EAM 中工单 00309056-01 的完工报告； WR/WOT：00153633/00309056-01（紧急工单）
编　　者	运行二处一值：谷铁　　　时间：2019 年 01 月 10 日

3.5.6 3APA102PO 零序保护跳闸

异常缺陷名称	3APA102PO 启动后零序过流保护跳闸
发生时间	2017 年 02 月 08 日中班
机组状态	RP 模式，电功率 836 MW
异常缺陷现象	3 号机组执行 3APA202PO 切换至 3APA102PO 运行操作过程中，3APA102PO 启动后 2 s 由于零序电流保护跳闸，就地配电盘产生报警，主控泵本体显示洋红色
风险或潜在后果	导致主给水泵启动失败
干预行动	已采取的行动措施： 1)安排现场检查主给水泵就地配电盘报警情况，确认存在零序电流保护； 2)暂停主给水泵切换； 3)oncall 维修电气检查处理
原因分析	3APA102PO 电机零序保护原设计给定值偏小，不能躲过现场启动时的不平衡电流，即如果电机启动时有相关干扰，现场的实测零序电流可能不能躲过零序电流整定值，造成跳闸。 3APA102PO 启动失败的原因为 3LGE102JA 盘柜 SPAM150C 继电器接地零序保护动作出口导致。 实际在零序保护临时退出后，电机可以正常启动，并重新投入零序保护后，电机仍可以正常运行
消缺行动	电气处理反馈： 1)检查过程： ①主给水泵 3APA102PO 启动失败，检查确认为零序保护动作，装置记录跳闸零序电流值为 10.1%，设定值为 10%，0.5 s；2017 年 02 月 09 日，再次启动 3APA102PO 仍失败，装置记录跳闸零序电流值为 11%(一次值为 5.5A)。 ②通过现场维修排查处理，未发现回路有接地点，或电动机三相不平衡情况，也排除了保护装置误动作的可能性，且调试期间也出现类似情况，通过调整零序定值进行了解决。因此初步判断为电机启动时存在干扰导致零序保护动作出口。 ③02 月 10 日，通过执行 TCA，临时退出零序保护出口压板，启机成功，电机运行稳定后解除 TCA，重新投入零序保护，监测电机运行正常，无异常情况。 2)处理措施：经设计院同意，保持 APA 电机零序保护定值不变，出口方式由跳闸改投报警，退出零序保护跳闸压板 105JS； 3)故障原因分析：3APA102PO 电机零序保护原设计给定值偏小，不能躲过现场启动时的不平衡电流，即如果电机启动时有相关干扰，现场的实测零序电流可能不能躲过零序电流整定值，造成跳闸

续 表

相关知识	在3APA泵电机及上游开关柜一、二次设备正常的情况，当泵电机启动过程出现零序电流偏大无法躲过整定值，触发零序接地保护报警，现场运行人员可以按照指示复归报警，保证正常的启泵，保证工艺系统的安全运行。当发生单相接地故障时，在一般情况下是允许在继续运行1~2 h，在此期间，其他两相对地电压会升高至原来的1.732倍，但同时保护继电器会发出报警信息，给运行人员留一定时间，及时查找到故障点，采取措施予以消除
参考资料信息	维修二处电气：《FQ3-APA-DDM-003960_3APA泵电机零序电流保护定值修改变更详细设计方案》； WR/WOT：00212970/00510323-01，3PT07434(内容：3APA102MO启动后零序保护动作跳闸检查)
编　　者	运行二处一值：谷铁　｜　时间：2019年01月10日

3.5.7　1APA302PO液力耦合器油箱呼吸器1AGM301ZE堵塞导致油含水量升高

异常缺陷名称	1APA302PO液力耦合器油箱呼吸器1AGM301ZE堵塞导致油含水量升高
发生时间	2015年04月—08月
机组状态	RP模式，功率运行(1089 MWe—840 MWe—1089 MWe)
异常缺陷现象	2015年04月—08月期间，1号机组3号主给水泵多次出现水含量升高事件，期间均伴有推力轴承回油视窗充满大量泡沫异常，且出现泡沫期间，油视窗有间歇性气流返涌现象
风险或潜在后果	排气性能不良、油泡沫多将引起主给水泵输出速度存在不同程度的振荡或执行器和勺管周期的移动，影响APA泵运行安全
干预行动	已采取的行动措施： 1)主控加强泵和电机轴承温度的监视； 2)主控加强监视泵转速震荡情况； 3)安排现场加强对液力耦合器油箱油位的监视； 4)安排机械利用滤油机进行滤油，和准备好备用新油，以便必要时进行换油； 5)安排化学加强监测液力耦合器油箱内油的含水量，按化学技术规范进行跟踪控制

续 表

原因分析	经分析出现泡沫的原因可能为液力耦合器油箱呼吸器堵塞，造成耦合器箱体憋压，导致其内部气体绕道回油管线从轴承室呼吸器排出，此过程中回油与排油反复搅浑，在回油管中产生泡沫。2015 年 09 月—10 月 2APA 系统 1/3 号泵均出现过类似泡沫问题。 经现场验证，打开液力耦合器箱体侧面法兰盲板后（与大气相通），有大量油烟冒出，随后回油视窗泡沫迅速消失（1 min 内），可确认耦合器箱体憋压导致泡沫产生，并初步判断为耦合器呼吸器堵塞导致。液力耦合器呼吸器主要由于平衡液力耦合器油箱与大气的压力，由于滤芯过密切采用折叠滤纸结构，极有可能导致滤纸吸附油烟和污物后堵塞网孔，导致排气阻力过大，无法实现其正常空气通流能力
消缺行动	机械处理反馈： 1）处理措施：根据外电厂运行经验，通过变更改造将液力耦合器油箱呼吸器滤芯由 3 μm 的折叠滤纸型滤芯，更换为 50 μm 滤布式滤芯，以增加防油烟堵塞能力。 2）原因分析：经分析出现泡沫的原因可能为液力耦合器油箱呼吸器堵塞，造成耦合器箱体憋压，导致其内部气体绕道回油管线从轴承室呼吸器排出，此过程中回油与排油反复搅浑，在回油管中产生泡沫。2015 年 09 月—10 月 2APA 系统 1/3 号泵均出现过类似泡沫问题。 经现场验证，打开液力耦合器箱体侧面法兰盲板后（与大气相通），有大量油烟冒出，随后回油视窗泡沫迅速消失（1 min 内），可确认耦合器箱体憋压导致泡沫产生，并初步判断为耦合器呼吸器堵塞导致。液力耦合器呼吸器主要由于平衡液力耦合器油箱与大气的压力，由于滤芯过密切采用折叠滤纸结构，极有可能导致滤纸吸附油烟和污物后堵塞网孔，导致排气阻力过大，无法实现其正常空气通流能力
相关知识	液力耦合器呼吸器堵塞将导致油气分离效果差，引起油中含泡沫，存在引起主给水泵转速震荡的风险
参考资料信息	维修一处机械：《福清核电 1/2 号机组液力耦合器呼吸器滤芯物项替代简化论证报告》 其他类似异常缺陷： 2019 年 02 月 28 日，缺陷描述：巡检发现 3APA201RR 油箱内油质为乳白色，且有较多气泡（WR/WOT：00513091/01160070-01）。 故障原因分析：滤芯堵塞导致呼吸不畅。 详情请见 EAM 中工单 01160070-01 的完工报告
编　　者	运行二处一值：谷铁　｜　时间：2019 年 02 月 16 日

3.5.8 给水泵 1APA102PO 推力轴承外侧温度 1APA137MT_1 在主控显示“××××”

异常缺陷名称	给水泵 1APA102PO 推力轴承外侧温度 1APA137MT_1 在主控显示“××××”
发生时间	2017 年 07 月 18 日早班
机组状态	RP 模式，电功率 1070 MWe
异常缺陷现象	巡盘发现，给水泵 1APA102PO 推力轴承外侧温度 1APA137MT_1 在主控室显示为“××××”
风险或潜在后果	影响主给水泵 A 的保护跳闸逻辑，1APA137MT_1 高高(>105 ℃)&1APA102MM<-670 μm 时将触发 1APA102PO 跳闸
干预行动	已采取的行动措施： 1)主控检查给水泵 1APA102PO 推力轴承轴向位移 1APA102MM 未见异常，并加强关注参数升压泵轴向位移 1APA102MM 变化情况； 2)oncall 仪控人员检查处理
原因分析	1APA137MT_1 信号转接线端子松动所致
消缺行动	仪控处理反馈： 1)故障原因分析： 可能原因分析： ①1APA137MT_1 探头本身损坏； ②就地信号转接 CR 箱中信号线端子松动； ③KCP 柜中 1APA137MT_1 对应的卡件故障； ④温度真实高，仪表超量程。 经检查确认故障原因为 1APA137MT_1 信号转接线端子松动所致。 2)工作过程： 操纵员和仪控人员同时确认 1APA102MM 最近 3 天无异常波动； ①闭锁 1APA137MT_1&1APA102MM 的跳泵信号，避免工作过程中导致 1APA102PO 意外跳泵； ②仪控人员通过图纸确认就地信号转接箱中 1APA137MT_1 信号端子相邻的其他信号端子线无跳泵信号，避免处理 1APA137MT_1 信号线时误碰其他信号线导致跳泵； ③确认无异常后，仪控人员就地检查后发现 1APA137MT_1 信号转接线端子几乎脱落(如下图)，重新紧固后 1APA137MT_1 显示正常

续　表

消缺行动	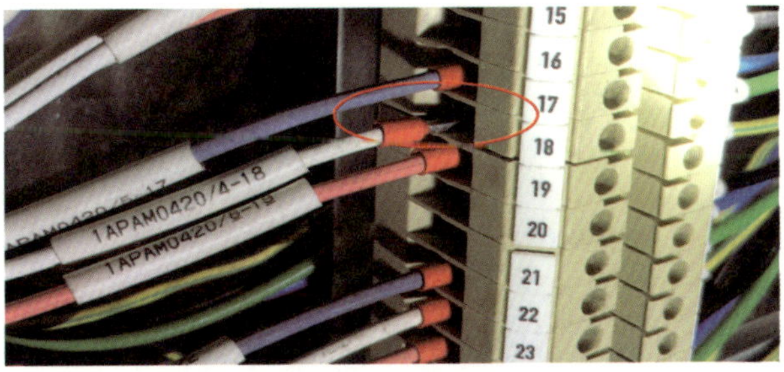 **图 1　APA137MT_1 信号线脱落情况**	
相关知识	给水泵 A 轴向位移超限 APA102MM(<-670 μm)& 给水泵 A 推力轴承外侧温度 APA137MT_1 高高(>105 ℃)将产生 APA102PO 的跳泵信号	
参考资料信息	运行一处：运行一处经验反馈——1APA137MT_1 在主控显示“××××”的处理； WR/WOT：00269921/00657989-01(紧急工单)	
编　　者	运行二处一值：谷铁	时间：2019 年 02 月 16 日

3.5.9　主控触发 1APA191、192KA 报警，1APA137MT1 升高至超量程后显示××××

异常缺陷名称	主控触发 1APA191、192KA 报警，1APA137MT1 升高至超量程后显示××××
发生时间	2019 年 11 月 03 日早班
机组状态	RP 模式，电功率 251 MWe
异常缺陷现象	主控触发 1APA191KA(给水泵 A 推力轴承外侧温度-1 高)、1APA192KA(给水泵 A 推力轴承外侧温度-1 高高)报警，检查发现 1APA137MT_1 升高至超量程后显示××××，现场点温温度未见明显异常
风险或潜在后果	影响主给水泵 A 的保护跳闸逻辑，1APA137MT_1 高高(>105 ℃)&1APA102MM<-670 μm 时将触发 1APA102PO 跳闸
干预行动	已采取的行动措施： 1)主控检查给水泵 1APA102PO 推力轴承轴向位移 1APA102MM 未见异常，并加强关注参数升压泵轴向位移 1APA102MM 变化情况和给水泵轴系温度和振动参数监视； 2)oncall 仪控人员检查处理

续 表

原因分析	主通道测量原件其中一根断线造成温度测量失效
消缺行动	仪控处理反馈： 1)工作过程： ①联系系统工程师对 1APA137MT 测点进行强制为正常值：50 ℃； ②打开就地 1APA137MT 接线盒，对接线外观及电缆进行检查无发现异常； ③拆除 1APA137MT 主通道接线，用劲仪对热电阻三根接线进行测量，1～2 之间 119.02 Ω、1～3 之间无穷大、2～3 之间 0.32 Ω，判断元件内部断线； ④对 1APA137MT 备用通道进行测量，1～2 之间 118.8 Ω、2～3 之间 118.7 Ω、1～3 之间 0.30 Ω、三根线对地绝缘大于 55 MΩ； ⑤将备用通道恢复接线，在一层查看 1APA137MT 显示 48.3 ℃，测量稳定； ⑥关闭 1APA137MT 接线盒； ⑦联系系统工程师对 1APA137MT 测点恢复强制。 2)故障原因分析：主通道测量原件其中一根断线造成温度测量失效
相关知识	给水泵 A 轴向位移超限 APA102MM(<-670 μm)& 给水泵 A 推力轴承外侧温度 APA137MT_1 高高(>105 ℃)将产生 APA102PO 的跳泵信号
参考资料信息	维修二处仪控：EAM 中工单的完工报告； 运行二处 ESOMS 日志(2019 年 11 月 03 日)； WR/WOT：00643548/01394193-01(紧急工单)
编　　者	运行二处一值：谷铁　　　　时间：2020 年 03 月 15 日

3.5.10　1 号机组 APA 泵切换启泵时导致 AVC 故障报警触发

异常缺陷名称	1 号机组 APA 泵切换启泵时导致 AVC 故障报警触发
发生时间	2018 年 05 月 12 日中班
机组状态	RP 模式，满功率

续　表

<table>
<tr><td>异常缺陷现象</td><td>执行 1APA202PO 切换至 1APA302PO 操作，在启动 1APA302PO 时，由于 1LGE 和 1LGF 母线电压波动导致触发 1AVC006KA：AVC 增磁闭锁和 1AVC007KA：AVC 减磁闭锁，电压波动瞬态结束，电压恢复正常后，1AVC006KA 报警自动消失，但 1AVC007KA 并未自动消失，通过维修电气人员强制复归后报警消失</td></tr>
<tr><td>风险或潜在后果</td><td>影响 1AVC 自动增磁、减磁调整电压</td></tr>
<tr><td>干预行动</td><td>已采取的行动措施：
1)保持关注 1LGE、1LGF 母线电压情况，尽快完成切泵操作，恢复 LGF 母线带一台主给水泵运行，若未恢复正常准备退出 AVC 手动增磁调整电压；
2)关注母线下游运行的转动设备尤其主给水泵的各项运行参数；
3)oncall 电气继保人员检查处理；
4)母线电压恢复正常后要求电气人员强制复归减磁闭锁信号继电器消除报警</td></tr>
<tr><td>原因分析</td><td>在主控启动 1APA302PO 时，1LGF 母线电压降低，最低降至 5660.8 V，导致主控触发 1AVC007KA(AVC 减磁闭锁报警)。
启泵还导致 1LGE 母线电压升高，最高达到 6962.2 V，导致主控触发 1AVC006KA(AVC 增磁闭锁报警)。
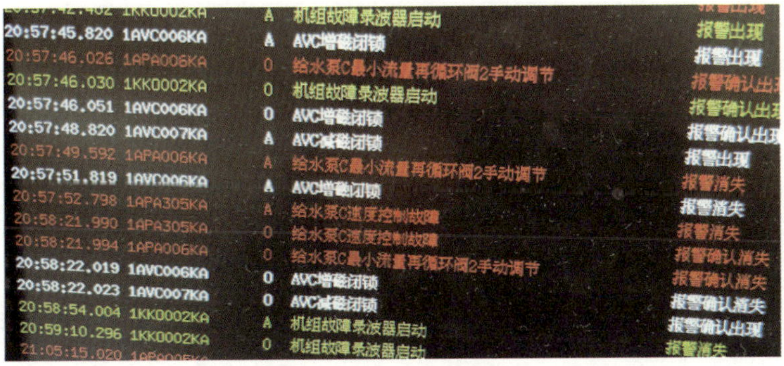

图 1　AVC 报警情况
电压波动瞬态结束后，增磁闭锁和减磁闭锁同一时间复归，增减磁闭锁动作和复归均通过机组测控 DO 板输出，DO 板固有特性同时只能开出一个信号，导致增磁闭锁信号复归，减磁闭锁未能复归</td></tr>
</table>

续　表

消缺行动	电气处理反馈： 1）处理过程： ①用短接线端接 BN321: 5 和 39，强制减磁闭锁复归，再短接 BN321: 5 和 38 强制动作，最后强制复归； ②强制后信号正常复归，未更换继电器； ③确认设备无异常报警，清理现场，归还工作票。 2）故障原因分析：增磁闭锁与减磁闭锁复归信号同时出现，测控板卡固有特性为同一时刻只能输出一个信号，导致只有一个增磁闭锁信号复归，减磁闭锁未能复归
相关知识	三台 APA 泵的供电电源分别为：1LGE102JA（1APA102PO）、1LGF103JA（1APA202PO）、1LGF102JA（1APA302PO）。 APA 泵切换相关的 AVC 经验知识： 1）在执行 APA 泵切换过程中，特别是 APA202/302PO 之间相互切换时，由于两台泵均由 LGF 母线供电，在启动备用泵瞬间会导致母线 LGF 母线电压大幅下降； 2）启动 APA203PO 和 APA302PO 时会导致 1LGE 母线电压升高； 3）母线电压波动可能达到 AVC 增减磁闭锁的限值； 4）AVC 增磁闭锁和减磁闭锁同时复归时，由于增减磁闭锁动作和复归均通过机组测控 DO 板输出，DO 板固有特性同时只能开出一个信号，因此导致 AVC006KA 和 AVC007KA 只能复归一个报警，另一个报警需维修电气人员强制复归
参考资料信息	运行一处：运行一处内部经验反馈——APA 泵启动导致 AVC 故障报警处理经验反馈； 维修一处电气：EAM 中工单 00921975-01 的完工报告
编　　者	运行二处一值：谷铁　　　　时间：2019 年 02 月 16 日

3.5.11　执行主给水泵切换试验（TP2APA50）过程中发生因蒸汽发生器水位过低导致停堆

异常缺陷名称	主给水泵切换试验（TP2APA50）过程中发生因蒸汽发生器水位过低导致停堆
发生时间	2015 年 09 月 12 日中班
机组状态	RP 模式，核功率 71%Pn，电功率 489 MWe

续 表

异常缺陷现象	调试人员按计划执行主给水泵切换试验(TP2APA50)。09 月 12 日 21:48:29，主控停运 1 号主给水泵 2APA102PO，联锁启动 3 号主给水泵 2APA302PO。 21:49:02，2APA302PO 因失速保护动作跳闸，机组随即触发快速甩负荷至 50%的信号。在甩负荷过程中三台蒸汽发生器水位不断下降。21:50:04，电功率降至 489 MW，核功率降至 71%，2 号蒸汽发生器水位降至-1.26 m，停堆保护信号“一台蒸汽发生器水位低低反应堆自动停堆”触发，反应堆自动停堆，所有控制棒落棒，汽轮机停机。 主控执行 FQ2-OP02-AC-DEC《事故诊断通用规程》和 FQ2-OP02-AC-I1《反应堆停堆规程》，稳定机组状态。09 月 13 日 00:27，主控复位停堆信号，事件结束
风险或潜在后果	2APA302PO 保护动作跳闸，导致 SG 供水不足引起停堆
干预行动	已采取的行动措施： 1)执行 DEC 和 I1 规程控制机组； 2)召集维修机电仪和设备管理工程师检查处理 2APA302PO 保护动作跳闸问题
原因分析	1)直接原因：3 号主给水前置泵 2APA301PO 叶轮口环与泵体口环表面发生偏磨，导致泵启动及停泵过程中电机受到的阻力矩变大，过大的电机负载力矩，导致电机未能正常启动，失速保护动作跳泵。 2)根本原因：在启泵时，前置泵壳体与叶轮处局部受热不平衡，导致前置泵叶轮口环与泵体口环之间局部间隙为零，叶轮口环与泵体口环之间发生动静碰磨。 3)促成原因：在启泵时，泵转子振动均值及波动值高于正常运行时转子振动的均值及波动值，在启泵过程中会加剧叶轮口环与泵体口环动静碰磨
消缺行动	机械处理反馈： 1)处理措施： ①对给水泵进行隔离解体检修处理； ②设计改造增加了主给水泵暖泵管线。 2)故障原因分析： ①直接原因：3 号主给水前置泵 2APA301PO 叶轮口环与泵体口环表面发生偏磨，导致泵启动及停泵过程中电机受到的阻力矩变

续 表

消缺行动	大，过大的电机负载力矩，导致电机未能正常启动，失速保护动作跳泵。 ②根本原因：在启泵时，前置泵壳体与叶轮处局部受热不平衡，导致前置泵叶轮口环与泵体口环之间局部间隙为零，叶轮口环与泵体口环之间发生动静碰磨。 ③促成原因：在启泵时，泵转子振动均值及波动值高于正常运行时转子振动的均值及波动值，在启泵过程中会加剧叶轮口环与泵体口环动静碰磨	
相关知识	主给水泵启泵要求：泵壳上下温度差≤25 ℃	
参考资料信息	运行事件报告：执行主给水泵切换试验(TP2APA50)过程中发生因蒸汽发生器水位过低导致的停堆事件	
编　　者	运行二处一值：谷铁	时间：2019 年 02 月 16 日

3.5.12　3APA101PO 运行时存在异音

异常缺陷名称	3APA101PO(3APA102PO 前置泵)运行时存在异音
发生时间	2017 年 01 月 08 日早班
机组状态	RP 模式，满功率
异常缺陷现象	01 月 08 日至 01 月 12 日停泵前，泵体异音强度低于泵本底噪音强度、没有明显的周期性规律，异音主要从泵壳下部传出，泵体两端轴承处无异音。已连续观察 5 天，异音强度、频度没有上升趋势。 01 月 12 日 3APA102PO 停运过程中，前置泵 3APA101PO 在降速过程中有巨大异音(类似异物碰磨刮擦)，异音强度、频率增加明显，金属碰撞声明显，振动也随之增加，且惰转时间偏短，基本确定泵内存在异物造成动静碰磨
风险或潜在后果	影响 APA 系统运行的可靠性，导致 A 泵不可用无法作为备用，若再出现一台 APA 泵跳闸，存在引起 SG 供水不足而停堆的风险
干预行动	已采取的行动措施： 1)主控检查主给水泵 A 的各项温度振动参数未见明显异常； 2)安排现场检查主给水泵 A 泵组的轴承油流正常； 3)联系机械和设备进行检查确认异音来源； 4)经过运行决策后，将 3APA102PO 切换到 3APA202PO 运行，停运 3APA102PO 并隔离。运行决策：保持当前功率运行，运行值加强对 3APA202PO \ 302PO 运行状态的关注

续　表

原因分析	前置滤网破损导致滤网碎片进入泵体产生异音	
消缺行动	机械处理反馈： 1）处理措施： ①解体检查 3APA101PO、3APA101FI（3APA101PO 入口滤网）、3APA102FI（3APA101PO 出口滤网）； 滤网解体检查：拆卸出 3APA102FI 中压滤网，检查该滤网未发现损坏现象（确保了压力级泵的安全），但发现 10 个来自于上游的滤网碎片异物。入口滤网 3APA101FI 已经打开，由于滤网网格部分与管道固定架脱开，网格部分落入垂直主管道中，已取出。 前置泵解体检查： a. 驱动端、非驱动端轴瓦及叶轮口环间隙测量（均合格）； b. 叶轮损伤部位（异物撞击造成），PT 检查有线性缺陷裂纹，更换叶轮； c. 轴承室、转子组件等各零部件清洁，除叶轮叶片吸入口部位有损伤外（8 处），其他零部件未见异常； d. 在前置泵体内分别发现约 6 块疑似为滤网构件的异物（泵入口侧分别存有大约 2 个网片加 1 个筋板，泵出口侧的壳体存在 1 个网片）。 ②管线高压水冲洗工作； ③将破损滤网切割开与收集到的异物碎片进行对比分析。 2）故障原因分析：前置滤网破损导致滤网碎片进入泵体产生异音	
相关知识	APA101FI/201FI/301FI 分别为主给水泵 A/B/C 前置滤网，也为临时滤网，布置在前置泵入口管线上，用于机组调试等水质差的工况下。APA102FI/202FI/302FI 分别为主给水泵 A/B/C 的永久滤网，布置在压力级泵入口管线上	
参考资料信息	维修二处：3APA101PO 前置泵异音问题处理进展汇报，EAM 中工单 00481192-01 的完工报告； 运行二处 eSOMS 日志（2017 年 01 月 08 日）。 其他类似异常缺陷： 2019 年 02 月 28 日早班，现场巡检发现 4APA101PO 和电机之间有杂音，联系机械专业进行现场检查，机械反馈为联轴器护罩支撑地脚松动，工作负责人进行现场紧固，经处理后未再出现异音	
编　　者	运行二处一值：谷铁	时间：2019 年 02 月 16 日

3.5.13 再循环调节阀 3APA120VL 卡在 74%开度

异常缺陷名称	再循环调节阀 3APA120VL 卡在 74%开度
发生时间	2019 年 01 月 14 日早班
机组状态	RP 模式，核功率 15%FP，电功率 270 MWe
异常缺陷现象	主给水泵 A 泵运行时，3APA120VL 实际开度卡在 74%，KIC 中显示实际值为 74%
风险或潜在后果	1)影响主给水泵最小流量循环(再循环运行时达不到设计的循环流量)； 2)在主给水停运时，将导致主给水泵“允许启动状态正常”灯灭，使得主给水泵无启动允许，影响主给水泵的可用性
干预行动	已采取的行动措施： 1)检查确认主给水泵 A 各项运行参数正常，主给水泵 A 出口阀打开给 SG 提供给水，避免主给水泵 A 通过存有故障的最小流量管线长时间运行； 2)检查 3APA102MD 流量与当前 3APA120VL 开度的控制匹配情况，并尝试手动操作控制； 3)联系维修仪控检查处理； 4)配合维修处理阀门定位器，将主给水泵 A 切换到主给水泵 B 运行
原因分析	3APA120VL 阀门定位器故障
消缺行动	仪控处理反馈： 1)工作过程： ①关闭 3APA9120VA； ②打开 3APA120VL 定位器盒盖并做好拆接线记录； ③记录好数据后拆除旧的 3APA120VL 定位器并做好防异物措施； ④回装新的 3APA120VL 定位器并根据记录数据设定新定位器数据； ⑤打开 3APA9120VA； ⑥对新的 3APA120VL 定位器进行整定调试； ⑦就地及远方多次重复开关试验，3APA120VL 开关及反馈正常； ⑧恢复 3APA120VL 至初始状态。 2)故障原因分析：3APA120VL 阀门定位器故障

续　表

相关知识	1)3APA120VL 在给水泵转速<6 r/min 时，闭锁切置手动控制。 2)再循环阀 APA120VL 参与 APA 泵允许启动(STANDBY)逻辑(条件)： ①给水泵启动状态正常(APA103KS 或 203KS 或 303KS 亮)： a. 给水泵最小流量隔离阀和再循环阀全开； b. 给水前置泵进口阀全开； c. 给水泵不反转(或给水泵 A 不在最小转速位置时，泵反转转速小于 200 r/min)。 ②给水泵出口阀全开； ③给水泵转速自动控制； ④给水泵润滑油压>0. 17 MPa。 3)3APA120VL 的开关控制逻辑： ①3APA120VL 的关阀逻辑由流量表 3APA102MD 控制，流量上升到额定流量(3620. 4 m^3/h)的 74%(2679 m^3/h)时开始关，到 79%(2860 m^3/h)时至全关； ②3APA120VL 的开阀逻辑由流量表 3APA102MD 控制，流量下降到额定流量(3620. 4 m^3/h)的 59%(2136 m^3/h)时开始开，到 54%(1955 m^3/h)时至全开
参考资料信息	维修二处仪控：EAM 中工单 01106187-01 的完工报告； 运行二处 ESOMS 日志(2019 年 01 月 14 日—15 日)； WR/WOT：00492699/01106187-01(计划工单)
编　　者	运行二处一值：谷铁　　　　时间：2020 年 03 月 11 日

3. 5. 14　2APA102MD 与 2APA101KD 连接处(一次阀与二次根阀之间)泄漏蒸汽

异常缺陷名称	2APA102MD 与 2APA101KD 连接处(一次阀与二次根阀之间)泄漏蒸汽
发生时间	2019 年 01 月 15 日早班
机组状态	RP 模式，满功率
异常缺陷现象	15 日，巡检发现 2APA102MD 与 2APA101KD 连接处(一次与二次根阀之间)泄漏量有扩大趋势。16 日，泄露继续扩大至 1 s 5 滴，接近线状流

续 表

风险或潜在后果	2APA102MD 参与再循环调节阀 2APA120VL 的控制，泄漏存在导致 2APA102MD 显示失真的风险，将影响 2APA120VL 的控制，继而影响主给水泵 A 的出口压力和流量，威胁蒸汽发生器（SG）给水的安全
干预行动	已采取的行动措施： 1）将主给水泵 2APA102PO 切换至 2APA302PO 运行； 2）安排现场确认现场蒸汽泄漏暂未威胁到附近设备的运行安全，并保持关注； 3）联系仪控配合隔离 2APA102MD：隔离时，在运行隔离仪表一次根阀后，由仪控通过关闭 2APA730VL/731VL，打开平衡阀 2APA733VL 平衡两侧压力，将 2APA102MD 退出； 4）维修处理好泄漏点后，解隔离时，联系仪控配合恢复 2APA102MD 投运，并对仪表充水排气
原因分析	接头密封失效
消缺行动	机械处理反馈： 1）处理措施： ①拆除接头，取下旧的密封垫，清理密封面检查无异常； ②更换新的密封垫片，紧固接头。 2）故障原因分析：接头密封失效
相关知识	1）3APA120VL 在给水泵转速<6 r/min 时，闭锁切置手动控制。3APA115VL 切手动控制不受该转速限制。 2）3APA115VL 的开关控制逻辑： ①3APA115VL 的关阀逻辑由流量表 APA101MD 控制，流量上升到额定流量（3620.4 m^3/h）的 80%（2896 m^3/h）时开始关，到 85%（3077 m^3/h）时至全关； ②3APA115VL 的开阀逻辑由流量表 APA101MD 控制，流量下降到额定流量（3620.4 m^3/h）的 65%（2353 m^3/h）时开始开，到 60%（2172 m^3/h）时至全开； 3）3APA120VL 的开关控制逻辑： ①3APA120VL 的关阀逻辑由流量表 APA102MD 控制，流量上升到额定流量（3620.4 m^3/h）的 74%（2679 m^3/h）时开始关，到 79%（2860 m^3/h）时至全关； ②3APA120VL 的开阀逻辑由流量表 APA102MD 控制，流量下降到额定流量（3620.4 m^3/h）的 59%（2136 m^3/h）时开始开，到 54%（1955 m^3/h）时至全开。 4）3APA115VL/120VL 的开关控制其回滞死区为 20%

续　表

参考资料信息	运行一处：运行一处内部经验反馈——执行2APA102MD仪表根阀隔离经验反馈； 维修一处机械：EAM中工单(01106663-01)的完工报告； WR/WOT：00492930/01106663-01(计划工单)	
编　者	运行二处一值：谷铁	时间：2020年03月11日

3.5.15　4APA202MD仪表根阀4APA808VL接头处漏蒸汽

异常缺陷名称	4APA202MD仪表根阀4APA808VL接头处漏蒸汽
发生时间	2019年02月19日中班
机组状态	RP模式，电功率836 MWe
异常缺陷现象	中班4号机升功率至836 MW后，现场巡检发现4APA202PO跨接管线上4APA201KD处出现蒸汽泄漏，且漏量较大
风险或潜在后果	1)4APA202MD参与控制4APA220VL，泄漏存在导致4APA202MD显示失真的风险，将影响4APA220VL的控制，继而影响主给水泵A的出口压力和流量，威胁蒸汽发生器(SG)给水的安全。 2)若泵停运后，4APA202MD显示失真，导致4APA220VL非全开，将导致主给水泵B启动允许状态灯4APA203KS灯灭，无法实现备用自启的功能。 根据4号机组调试试验TP4APA52经验反馈，机组两台APA泵运行，无备用泵时，需降功率至769 MW，高于此功率如一台APA故障跳泵，存在SG供水不足导致停堆的风险。当前836 MW功率平台不降负荷，如需对4APA202PO隔离疏水检修时，存在该风险
干预行动	已采取的行动措施： 1)考虑设备安全及后续核实和处理缺陷需要，当班值将4APA202PO切至4APA302PO运行，并将4APA202PO置于自动备用状态；APA切泵后，APG排污水质正常无变化； 2)已oncall服务专业准备拆除相应位置保温和机械专业核实缺陷； 3)服务拆除保温后，现场检查确认漏点为4APA808VL至4APA831VL之间，4APA808VL的仪表接头处泄漏； 4)联系仪控配合隔离4APA202MD：隔离时，在运行隔离关闭4APA202MD的仪表一次阀4APA803VL/808VL后，由仪控打开平衡阀4APA833VL以平衡两侧压力，打开排污阀4APA830VL3/

续 表

干预行动	831VL3，使 4APA202MD 显示为 0 m^3/h，4APA220VL 自动开启，确保 4APA202PO 的备用自启动功能； 5)维修更换垫片，解隔离时，联系仪控配合对仪表充水排气，恢复 4APA202MD 投运
原因分析	4APA808VL 阀门出口接头垫片损坏，导致蒸汽泄漏
消缺行动	机械处理反馈： 1)工作过程： ①在线紧固 4APA808VL 阀门接头，观察蒸汽已消除，存在滴水现象，联系运行关闭阀门； ②拆除 4APA808VL 阀门出口接头，取出垫片，检查发现为石墨垫片并已损坏； ③开启 QDR(编码：QDR-MM-4-N-2019-008)处理，更换为同型号铜制垫片并拧紧接头； ④联系运行开启阀门，观察 24 h 后，阀门无泄漏现象，工作结束，清理现场。 2)故障原因分析：4APA808VL 阀门出口接头垫片损坏，导致蒸汽泄漏
相关知识	1)4APA220VL 在给水泵转速 <6 r/min 时，闭锁切置手动控制。4APA215VL 切手动控制不受该转速限制。 2)4APA215VL 的开关控制逻辑： ①4APA215VL 的关阀逻辑由流量表 4APA201MD 控制，流量上升到额定流量(3620.4 m^3/h)的 80%(2896 m^3/h)时开始关，到 85%(3077 m^3/h)时至全关； ②4APA215VL 的开阀逻辑由流量表 4APA201MD 控制，流量下降到额定流量(3620.4 m^3/h)的 65%(2353 m^3/h)时开始开，到 60%(2172 m^3/h)时至全开； 3)4APA220VL 的开关控制逻辑： ①4APA220VL 的关阀逻辑由流量表 4APA202MD 控制，流量上升到额定流量(3620.4 m^3/h)的 74%(2679 m^3/h)时开始关，到 79%(2860 m^3/h)时至全关； ②4APA220VL 的开阀逻辑由流量表 4APA202MD 控制，流量下降到额定流量(3620.4 m^3/h)的 59%(2136 m^3/h)时开始开，到 54%(1955 m^3/h)时至全开。 4)4APA215VL/220VL 的开关控制其回滞死区为 20%

续　表

参考资料信息	运行二处：4 号机组异常反馈——升功率后 4APA202PO 跨接管线处出现蒸汽泄漏； 运行二处 ESOMS 日志(2019 年 02 月 19 日中班和夜班)： WR/WOT：00508118/01153609-01（紧急工单），4PT04868“4APA808VL 阀门接头处漏蒸汽，需处理”	
编　　者	运行二处一值：谷铁	时间：2020 年 03 月 13 日

3.5.16　主给水泵 4APA302PO 出现反转

异常缺陷名称	主给水泵 4APA302PO 出现反转
发生时间	2019 年 01 月 31 日中班
机组状态	RP 模式，计划停机，机组降功率过程中
异常缺陷现象	18:17:29 主控 KIC 中出现 4APA303KA 给水泵 C 反转报警(4APA303KA)。18:17:30 主给水泵反转转速 4APA301MC 开始上升，最高上升到 414.3 r/min，流量最高到 533.2 m^3/h，4APA313VL 自动关后，18:17:57 停止反转，反转持续时间 28 s
风险或潜在后果	1)反转信号出现将导致给水泵 C 无允许启动信号，影响主给水泵备用可靠性。无法实现备用自动启动功能。 2)泵反转可能对泵和电机产生不利影响
干预行动	已采取的行动措施： 1)立即查看和执行报警卡，按报警卡检查确认主给水泵出口阀 4APA313VL 已自动关闭，查看主给水泵 C 转速 4APA301MC 变化趋势，查看是否存在仪表故障情况； 2)主控加强关注主给水泵反转时轴承振动和轴承温度变化趋势； 3)立即检查 4AGM301PO 处于运行，确保反转时，润滑油供应正常； 4)调查趋势发现主给水泵 C 出口压力和中压管道压力未见明显上涨情况，安排现场检查中压管线安全阀 4APA331VV 未见动作，未见安全阀出口蒸汽跑出的情况； 5)检查除氧器压力和液位未见明显上升情况； 6)反转停止后，安排现场复位反转信号； 7)确认故障原因后，恢复开启出口阀 4APA313VL 开启，将 3 号泵置正常备用状态； 8)联系维修机械、设备管理分析主给水泵停运时泵反转的原因

续 表

原因分析	机组降功率(除氧器甩负荷)后，除氧器内的水压力参数迅速降低，但 APA 泵组所在管道位置较低，水装量大，加之暖泵管线正在持续投入高温高压水，因此导致 APA 泵组内水参数较除氧器侧(水)高，压力差作用转子较轻的压力级泵反转(前置泵与电机转子相连，故难以反转)。随着负荷持续降低和水流动，APA 泵组管道内的水参数降低，并最终实现压力级泵处的水压力等于前置泵处的压力，水流完全停止
消缺行动	设备管理处理反馈： 经调查 1~4 号机组多次出现在备用状态的 APA 压力级泵产生反转问题，同行电厂也出现类似问题。 1)主要特征： ①机组降功率运行(机组功率基本在 450 MW 以下)。 ②备用泵发生反转时，其压力级泵出口位置压力(APA102MP/202MP/302MP)高于对应前置泵入口压力(APA103MP/203MP/303MP)。即：泵组停运后，从压力级泵位置到前置泵位置存在明显的压力差，且此时泵组停运。 2)原因分析： 机组降功率(除氧器甩负荷)后，除氧器内的水压力参数迅速降低，但 APA 泵组所在管道位置较低，水装量大，加之暖泵管线正在持续投入高温高压水，因此导致 APA 泵组内水参数较除氧器侧(水)高，压力差作用转子较轻的压力级泵反转(前置泵与电机转子相连，故难以反转)。随着负荷持续降低和水流动，APA 泵组管道内的水参数降低，并最终实现压力级泵处的水压力等于前置泵处的压力，水流完全停止。 结论：在上述机组降功率(除氧器甩负荷)工况，APA 备用泵反转是由于泵组与除氧器内水介质参数差的正常物理现象。 3)主要应对措施和建议： ①在甩负荷至 55%FP(机组只需要 1 列 APA 泵组投运的工况)后，可以采取关闭备用泵组的暖泵水阀门进行验证报警是否仍触发； ②在触发反转报警后，安排就地手动复位报警
相关知识	反转信号参与的控制逻辑： 1)润滑油泵联锁选择开关 501KC 选择在 interlock 位置 & 给水泵反转信号 AGM102SY，自动启动润滑油泵； 2)参与给水泵允许启动状态正常(APA103KS 或 203KS 或 303KS 亮)信号：给水泵最小流量隔离阀和再循环阀全开和给水前置泵

续　表

相关知识	进口阀全开及给水泵不反转(或给水泵 A 不在最小转速位置时，A 反转转速小于 200 r/min)； 3)参与主给水泵出口阀自动关信号：①给水泵 A 停运；②给水泵 A 反转(AGM102SY)；③给水泵 A 转速>200 r/min，即给水泵 A 停运后出现反转，且反转转速>200 r/min，则保护关给水泵 A 出口阀。 反转信号复位的方法： 1)通过按下 AGM101AR/201AR/301AR 上的 RESET 按钮 AGM101TO/201TO/301TO； 2)或是在 PV+600 主菜单画面时按下功能按键区的 F4 键； 3)或在 PV+600 报警清单画面时按下功能按键区的 F4 键复位报警，在报警清单画面下，F1 键可以确认选中的报警，F2 键可以确认所有报警
参考资料信息	设备管理处：《APA 压力级泵反转问题分析报告》； 运行二处：4 号机组异常反馈——主给水泵 4APA302PO 出现反转； 其他类似异常缺陷： 2019 年 01 月 24 日，1 号机降功率过程中 1APA102PO 也出现过反转报警，当时专业分析原因为机组负荷快速降低时，除氧器压力将随机组负荷的降低而快速下降，此时备用泵内部及进出口、暖泵管线内的介质仍然较高的温度，除氧器压力骤降时高温水闪蒸，体积急速膨胀，泵组内部介质冲向除氧器，出现瞬时反转，并非逆止阀内漏
编　　者	运行二处一值：谷铁　　　　时间：2020 年 03 月 13 日

3.5.17　4APA202PO 出现闪发振动高报警

异常缺陷名称	4APA202PO 出现闪发振动高报警
发生时间	2017 年 07 月 27 日中班
机组状态	机组调试启动阶段
异常缺陷现象	中班 23 时，4 号机组 2 号主给水泵出现闪发振动高报警(振动报警值为 100 μm)，报警探头为 4APA206MV(给水泵 B 传动端轴承 Y 向振动)，期间主给水泵其他运行参数保持正常，4APA206MV 振动值逐渐上涨
风险或潜在后果	仪表故障不能真实反映泵的真实振动情况

续 表

干预行动	已采取的行动措施： 1) 主控查看主给水泵 B 传动端轴承温度(4APA234MT)以及 X 向振动(4APA205MV)趋势，未见明显异常； 2) 安排现场查看主给水 B 泵组振动情况，未见明显异常； 3) 联系性能测振和仪控检查处理
原因分析	4APA206MV 航空插头没有完全锁紧导致上位机画面显示数值异常波动
消缺行动	性能测振处理反馈： 1) 就地测量分析： 经现场振动离线测量，4APA206MV 处轴承座振动约为 2.6 mm/s，该处振动限值为 11 mm/s。 故实测振动值未超振动报警值。结合各在线振动探头趋势对比分析，4APA206MV 在线振动探头存在故障的可能性较大。 2) 经验反馈：3 号机组首次启动阶段 APA 泵也曾出现单个在线振动探头报警、其余振动探头数值稳定的现象，经排查后确认根本原因为在线振动探头松动。 3) 分析结论：基于 4APA202PO 在线振动对比、就地离线振动测量比对及 3 号机组经验反馈，初步分析认为 4APA202PO 振动报警为 4APA206MV 探头故障引发。 4) 处理建议：对 4APA206MV 探头进行检查维修。 5) 处理结果：根据技术支持处分析结论及维修建议，仪控人员对 4APA206MV 进行现场检查，确认 4APA206MV 航空插头未锁紧。经维修处理后 4APA202PO 振动报警消失，4APA206MV 探头的示数与其他振动探头的示数基本保持一致，振动趋势变缓趋于稳定。 仪控处理反馈： 1) 检修过程： ①确认 4APA206MV 设备位置，工作前与主控做好沟通； ②使用螺丝刀打开 4APA206MV 接线盒盖，检查端子接线及航空插头，4APA206MV 端子接线牢固可靠，航空插头没有完全锁紧； ③将 4APA206MV 航空插头拔下后重新安装并锁紧； ④使用螺丝刀恢复 4APA206MV 接线盒盖； ⑤在上位机观察确认 4APA206MV 状态正常； ⑥工作结束，归还工作许可证。 2) 故障原因分析：4APA206MV 航空插头没有完全锁紧导致上位机画面显示数值异常波动

续 表

相关知识	APA206MV≥100 μm 时，触发给水泵 B 传动端轴承 Y 向振动高报警（APA505KA）； APA206MV≥120 μm 时，触发给水泵 B 传动端轴承 Y 向振动高高报警（APA506KA）	
参考资料信息	技术支持处：《4APA202PO 振动报警分析报告》； 维修二处仪控：EAM 中工单 00663372-01 的完工报告； WR/WOT：00273930/00663372-01（计划工单）	
编　　者	运行二处一值：谷铁	时间：2019 年 02 月 16 日

3.5.18 主给水泵 4APA202PO 振动超标

异常缺陷名称	主给水泵 4APA202PO 振动超标
发生时间	2017 年 03 月 26 日
机组状态	机组调试启动阶段
异常缺陷现象	03 月 26 日，4APA202PO 启动后，4APA207MV（给水泵 B 自由端轴承 X 向振动）出现振动报警现象，振动最大值超过了 100 μm（报警值）。 03 月 29 日，再次启动 4APA202PO，给水流量在 3150 m^3/h 时，自由端 X 方向（APA207MV）振动值在 61.9 μm 至 103.2 μm 之间波动，自由端 Y 方向（APA208MV）振动值在 92.4 μm 至 55.4 μm 之间波动；在 3500 m^3/h 时，自由端 X 方向振动值最大达到 113.8 μm，自由端 Y 方向振动值最大达到 102.8 μm，均超过了 H1 报警值（H1 报警值 100 μm）
风险或潜在后果	振动持续高，可能导致给水泵轴承磨损
干预行动	已采取的行动措施： 1）主控加强监视主给水泵 B 压力级泵自由端 X、Y 向振动趋势，关注自由端轴承温度表 APA135MT 变化趋势； 2）联系性能测振和维修机械检查处理
原因分析	泵的基础存在较大的虚角情况以及泵轴承的配合间隙稍大
消缺行动	性能测振处理反馈： 1）频谱分析：通过对 APA207MV、208MV 和 202MM 进行频谱分析，振动报警的主要原因的低频振动幅值增加导致了振动报警。

续 表

消缺行动	2）排查处理结果： ①动平衡排查：经对该泵的出厂报告进行检查，该泵的出厂动平衡报告中可以看出，无论是静平衡还是力偶不平衡均在允许值范围之内。 ②不对中排查：在对4APA202PO驱动端和自由端探头检查、重新对中后，启泵试车。泵转速升至3150 r/min，自由端测振探头开始闪动报警，同时就地检测到驱动端振动较大接近报警值。由此可见，不对中导致振动超标的可能性基本可以排除。 ③管道振动及固定排查：经对管道支吊架进行排查，管道支吊架未发现明显缺陷。在泵启动时，泵的再循环管道出现了较大冲击，但在泵稳定运转时，泵管道振动未见其他异常。因此初步可排除泵管道振动及固定对泵振动的影响。 ④管道流道排查：对泵的前置过滤器和中间过滤器进行检查，未发现流道堵塞，也未发现其他异物。因此初步可排除管道流道阻塞或异物导致的泵流场紊乱，而引发的振动闪发报警。 ⑤泵转子中心位置排查：根据4APA102PO之前排查经验，发现泵转子并不在泵壳中心位置。对4APA202PO的转子中心进行调整。转子中心调整后再次启泵验证。当转速达到3900 r/min时，4APA206MV（压力泵驱动端Y方向）振动闪发报警，运行1 h后停泵。当转速从1500～3000 r/min时，泵自由端与驱动端振动在调整前后均值基本相当。调整后，在3000 r/min时自由端振动值有所降低。在3800 r/min时，通过转子中心调整，泵驱动端振动有所下降，但自由端振动有所上升，APA206MV振动幅值更大。需要继续调整处理。 ⑥泵基础接触排查：经过对泵的基础情况进行检查，发现存在较大的虚角情况，对虚角情况进行调整。完成对虚角调整后，再次启泵进行验证，主控基本已无闪发报警，但最大值仍偶尔达到95 μm，接近报警值，为保险起见，停泵继续处理。 ⑦更换轴承：停泵后对泵轴承进行检查，发现泵轴承的配合间隙稍大，于是就地对泵轴承配合间隙进行调整，调整后启泵，通过观察振动，无论是驱动端还是非驱动端，振动最大值约为60 μm，振动合格
相关知识	APA207MV≥100 μm时，触发给水泵B自由端轴承X向振动高报警（APA505KA）； APA207MV≥120 μm时，触发给水泵B自由端轴承X向振动高高报警（APA506KA）

续　表

参考资料信息	技术支持处：《4APA202PO 振动分析报告》	
编　　者	运行二处一值：谷铁	时间：2019 年 02 月 16 日

3.5.19　主给水泵自动控制转速区定值设置不合理

异常缺陷名称	主给水泵自动控制转速区定值设置不合理
发生时间	2015 年 10 月 21 日早班—22 日早班
机组状态	2 号机组处于 RP(功率运行模式)，一回路温度：309.7 ℃；一回路压力：15.4 MPa.g，功率水平：核功率 98.3%Pn，电功率 1085 MW
异常缺陷现象	21 日【12:02】2KIC 系统触发"2GPA631KA 发电机转子接地报警""2GPA592KA 非电量保护装置故障""2GEX106KA 励磁系统综合报警"，运行人员执行报警卡规程，并紧急 oncall 维修人员进行检查。 【15:44】2 号发电机转子绝缘 2 阶故障，发变组非电量保护 E 柜励磁系统故障保护动作，触发全停 Ⅱ，2 号发电机出口断路器 2GSY001JA 开关跳闸，灭磁开关 2GEX201JA 跳闸，主汽门关闭，2 号机组汽轮发电机组跳闸。运行人员执行 FQ2-OP01-GP-I06《汽轮机跳闸、反应堆不停堆规程》，稳定机组状态。瞬态期间，三台蒸汽发生器水位持续上涨。 【16:05】1 号 SG 达到高高(0.9 m)液位，蒸汽发生器水位高高叠加 P7(功率大于 10%)的反应堆停堆保护信号触发，2 号机组反应堆自动停堆，运行人员执行 FQ2-OP02-AC-DEC《事故诊断通用规程》和 FQ2-OP02-AC-I1《反应堆停堆规程》，稳定机组状态。 【17:27】2 号机组退出 FQ2-OP02-AC-I1《反应堆停堆规程》。 【22:50】完成对 2 号发电机转子接地检测卡涩电刷(地极电刷)机构的更换，并对励磁小室内环境卫生进行清扫，进行手动举刷，装置工作正常。 22 日【00:38】2 号机组反应堆重返临界。 【05:47】2 号发电机重新并网。 【11:33】2 号发电机达满功率运行
风险或潜在后果	导致反应堆停机停堆

续 表

干预行动	已采取的行动措施： 1）执行 FQ2-OP02-AC-DEC《事故诊断通用规程》和 FQ2-OP02-AC-I1《反应堆停堆规程》，稳定机组状态； 2）组织专业检查处理； 3）重新达临界、并网，恢复满功率运行
原因分析	直接原因： 1）2 号发电机转子绝缘 2 阶故障，发变组非电量保护 E 柜“励磁系统故障”保护动作，触发全停Ⅱ，2 号发电机出口断路器 2GSY001JA 开关跳闸，灭磁开关 2GEX201JA 跳闸，主汽门关闭，2 号机组停机。 2）汽轮发电机跳闸后 1 号蒸汽发生器水位高高触发停堆。 根本原因： 2 号发电机转子接地检测电刷卡涩，无法正常复位，致使装置测量出接地电阻小于动作阈值，保护动作出口。 ARE 水汽压差波动并逐渐降低到 0.45 MPa.g 后开始快速增大，2APA 泵转速降低到 3966 r/min（低限值）后无法继续下降，从而失去了对 ARE 水汽压差的调节作用。使得停机不停堆瞬态时 2 号机组蒸汽发生器水位控制系统中的汽水母管压差偏离整定值，进而导致 2 号机组蒸汽发生器水位相关控制系统不能自动使蒸汽发生器水位保持在停堆限值内
消缺行动	电气和仪控处理反馈： 1）原因分析： 2 号发电机转子接地检测电刷存在卡涩，无法正常复位，引发 2 号发电机转子接地保护继电器 215XZ 接地二段保护动作，2 号发电机转子绝缘 2 阶故障信号，触发励磁系统故障保护动作跳机。 汽轮发电机组跳闸后，GCT 向 ADG 排放过程中，2ADG 除氧器超压第一组安全阀动作，瞬态结束后 2ADG003VV 开启，维持除氧器压力，后因 APA 转速降到最低值 3966 r/min，2APA 主给水泵再循环阀根据整定曲线维持在一定开度，主给水系统汽水母管压差偏离整定值，蒸汽发生器液位持续上涨，1 号蒸汽发生器高高液位触发停堆。 根本原因： 2 号发电机转子接地检测电刷卡涩，无法正常复位，致使装置测量出接地电阻小于动作阈值，保护动作出口。 ARE 水汽压差波动并逐渐降低到 0.45 MPa.g 后开始快速增大，

续　表

消缺行动	2APA 泵转速降低到 3966 r/min(低限值)后无法继续下降，从而失去了对 ARE 水汽压差的调节作用。使得停机不停堆瞬态时 2 号机组蒸汽发生器水位控制系统中的汽水母管压差偏离整定值，进而导致 2 号机组蒸汽发生器水位相关控制系统不能自动使蒸汽发生器水位保持在停堆限值内。 2)设备失效： ①2 号发电机转子接地检测电刷存在卡涩，无法正常复位； ②2APA 再循环阀的参数设置与 2APA 泵转速控制不完全匹配。 3)处理措施： ①针对“2APA 再循环阀的参数设置与 2APA 泵转速控制不完全匹配”问题，对主给水泵自动控制转速区定值实施变更： 变更原因：福清核电 1、2 号机组 APA 转速区间目前采用的是 3966~4855 r/min。在 1、2 号机组的实际运行中，发现在低负荷时或某些瞬态时，两台 APA 泵运行，主控经常出现 2ARE410KA(水/汽压差大于程序整定值+5%)。当水汽压差增加时，APA 泵转速极易达到最低自动转速(3966 r/min)而失去调节能力，从而导致 SG 液位异常上涨。只能通过过度关闭 ARE 阀门的方式进行调节 SG 液位，增加了控制难度。根据现场的运行实际需求，发函建议厂家调低 APA 转速下限值。 变更方案：将 APA 转速自动控制转速区调整为 3600~4855 r/min，该方案经厂家正式回复同意； ②针对“发电机转子接地检测电刷存在卡涩，无法正常复位”问题，将发电机转子接地检测电刷的检查列入年度检修 PM 项目。机组运行期间，电刷磨损产生的粉尘以及励磁小室内的灰尘，很容易落入电刷基座和进入电刷机构内，长期积累将导致电刷卡涩，后期应重点关注 MX8.5 m 发电机励磁机小室 DMR 检测电刷的运行环境，定期对电刷机构底座进行检查，防止粉尘、油污等导致电刷发生卡涩
相关知识	1)在正常状态下，发电机转子接地保护继电器 215XZ 检测到转子对地绝缘电阻小于 4000 Ω 时，发转子绝缘 1 阶故障报警；当检测到的绝缘电阻小于 2000 Ω 时，通过发变组非电量保护 E 柜发电机转子接地(Ⅱ段)保护、励磁系统故障触发停机。 2)1~4 号机组均已实施永久变更将 APA 转速自动控制转速区调整为 3600~4855 r/min

续 表

参考资料信息	维修一处：《福清1、2号机组主给水最低转速问题澄清》《2号机组励磁系统故障导致的停机停堆事件报告》	
编　者	运行二处一值：谷铁	时间：2019年02月16日

3.5.20 主控3APA003HXT画面中3APA205SY(给水泵B控制柜工作正常灯)灯不亮

异常缺陷名称	主控3APA003HXT画面中3APA205SY(给水泵B控制柜工作正常灯)灯不亮
发生时间	2017年03月16日夜班
机组状态	RP模式，电功率836 MW
异常缺陷现象	巡盘发现主控3APA003HXT画面上3APA205SY灯不亮，仪控检查为柜内4个串联的卡件接线松动导致送到DCS的信号断线从而3APA205SY熄灭
风险或潜在后果	影响主控对主给水泵B控制柜状态正常的监视
干预行动	已采取的行动措施： 1)主控KIC检查3APA202PO的各项温度和振动参数正常； 2)安排现场检查3AGM201AR上故障报警情况，检查3APA201AR振动监测卡件VM600上的三个状态灯触发情况； 3)oncall仪控检查处理
原因分析	3APA205SY至DCS机柜3KCP553AR的信号通道355313的A13、B13接线端子中的B13端子接线存在虚接，导致主控3APA003HXT画面上3APA205SY灯不亮
消缺行动	仪控处理反馈： 1)工作过程： ①打开控制柜3APA201AR，万用表直流电压档测量TB20端子排的43、44端子，未测量到电压； ②拆开3APA201AR机柜内TB20端子排的43外部端子接线，并做好拆线记录，测量已拆下的43外部端子接线与44端子电压为25 V； ③用万用表测量3APA201AR中内部继电器触点接线1501、1505处于导通状态，检查接线牢固可靠； ④检查信号3APA205SY至DCS机柜3KCP553AR的信号通道355313的A13、B13接线端子，检查发现B13端子接线存在虚接，紧固B13端子的接线；

续　表

消缺行动	⑤确认 3APA201AR 中内部继电器触点接线 1501、1505 处于导通状态，恢复 TB20 端子排的 43 端子接线，并做好接线记录； ⑥与主控沟通确认 3APA003HXT 画面上 3APA205SY 灯亮，状态正常。 2）故障原因分析：3APA205SY 至 DCS 机柜 3KCP553AR 的信号通道 355313 的 A13、B13 接线端子中的 B13 端子接线存在虚接，导致主控 3APA003HXT 画面上 3APA205SY 灯不亮
相关知识	1）APA105SY/205SY/305SY 为主给水泵转速就地控制柜工作正常灯，当主给水泵转速就地控制机柜工作正常时灯亮； 2）主给水泵转速就地控制柜工作正常灯 APA105SY/205SY/305SY 灭的常见原因有：振动探头间隙电压异常；信号接线端子松动等
参考资料信息	维修二处仪控：EAM 中工单 00532904-01 的完工报告； WR/WOT：00224919/00532904-01（紧急工单）
编　　者	运行二处一值：谷铁　　　　时间：2019 年 02 月 16 日

3.5.21　4APA205SY（给水泵 B 控制柜工作正常灯）灯灭

异常缺陷名称	4APA205SY（给水泵 B 控制柜工作正常灯）灯灭
发生时间	2018 年 01 月 06 日中班
机组状态	RP 模式，满功率，主给水泵 4APA202PO 处于运行
异常缺陷现象	主控巡盘发现 4APA205SY（给水泵 B 控制柜工作正常灯）灯灭，现场检查 4APA201AR 柜时，从窥视窗发现柜内的振动监测卡件 VM600 上的三个状态灯中的正常灯（OK）在闪烁，报警灯（A）和危险灯（D）处于正常灭状态。其中 VM600 的四个模块卡件上模块 3（RACK SLOT 3）上的通道 4（channel 4）灯也在闪烁，该灯对应仪表 4APA212MV（给水前置泵 B 传动端轴承 Y 振动表），该表不参与自动保护逻辑，当前振动参数正常（约 12 μm，高报值 100 μm），泵其他各项温度和振动参数正常
风险或潜在后果	影响主给水泵振动监测的可靠性

续　表

干预行动	已采取的行动措施： 1)主控 KIC 检查 4APA202PO 的各项温度和振动参数正常； 2)就地检查 4APA201AR 振动监测卡件 VM600 上的三个状态灯中的正常灯(OK)在闪烁，VM600 的四个模块卡件上模块 3(RACK SLOT 3)上的通道 4(channel 4)灯也在闪烁，该灯对应仪表 4APA212MV(给水前置泵 B 传动端轴承 Y 振动表)，该表不参与自动保护逻辑； 3)oncall 反馈仪控检查处理，仪控反馈可能为探头间隙电压异常所致，当前不影响泵运行，待计划安排处理
原因分析	4APA212MV 探头间隙电压异常，未调整到运行要求的 9.6V，进行调整后恢复正常
消缺行动	仪控处理反馈： 1)处理措施：经使用信号发生器测量 4APA212MV 间隙电压值达到 17.5350V，调整 4APA212MV 探头的间隙电压接近 9.6V 后，确认 4APA201AR 机柜上 4APA212MV 信号灯不再闪烁，消除缺陷。 2)故障原因分析：4APA212MV 探头间隙电压异常，未调整到运行要求的 9.6V，进行调整后恢复正常
相关知识	1)APA105SY/205SY/305SY 为主给水泵转速就地控制柜工作正常灯，当主给水泵转速就地控制机柜工作正常时灯亮。 2)主给水泵转速就地控制柜工作正常灯 APA105SY/205SY/305SY 灭的常见原因有：振动探头间隙电压异常；信号接线端子松动等
参考资料信息	运行二处：4 号机异常反馈——4APA205SY(给水泵 B 控制柜工作正常灯)灯灭； 维修二处：EAM 中工单 00816807-02 的完工报告； WR/WOT：00331429/00816807-02(计划工单) 其他类似异常缺陷： 2018 年 01 月 12 日，4APA105SY 异常闪烁(00334318/00826468-01)； 故障原因分析：4APA105MV 间隙电压过大导致 4APA105SY 异常闪烁。 详情见完工报告：《FQ4-MA03-RCWO-00826468/01 维修一级：维修一级：4APA105MV 探头间隙电压调整》
编　　者	运行二处一值：谷铁　　　｜　时间：2019 年 02 月 16 日

3.5.22　2APA102PO 画面上的 2APA105SY 灯不亮

异常缺陷名称	2APA102PO 画面上的主给水泵 A 转速就地控制柜工作正常灯 2APA105SY 灯不亮
发生时间	2017 年 11 月 06 日中班
机组状态	RP 模式，电功率 273 MWe
异常缺陷现象	2APA102PO 画面上的 2APA105SY(就地控制柜状态正常灯)灯不亮，现场检查就地控制箱有报警
风险或潜在后果	影响主给水泵振动监测的可靠性
干预行动	已采取的行动措施： 1)主控 KIC 检查 2APA102PO 的各项温度和振动参数正常； 2)安排现场检查 2AGM101AR 上故障报警情况，检查 2APA101AR 振动监测卡件 VM600 上的三个状态灯触发情况； 3)oncall 仪控检查处理
原因分析	2APA106MV 传动轴振动，前置器与振动探头连接处松动
消缺行动	仪控处理反馈： 1)检修过程： ①拆开 2APA106MV 检查前置器接线，发现前置器与振动探头连接处松动，紧固后 2APA105SY 显示已连接； ②依照控制柜接线图纸紧固 2APA102CR 端子盒里 2APA106MV 的信号线； 2)故障原因分析：2APA106MV 传动轴振动，前置器与振动探头连接处松动
相关知识	1)APA105SY/205SY/305SY 为主给水泵转速就地控制机柜工作正常灯，当主给水泵转速就地控制机柜工作正常时灯亮。 2)主给水泵转速就地控制机柜工作正常灯 APA105SY/205SY/305SY 灭的常见原因有：振动探头间隙电压异常；信号接线端子松动等
参考资料信息	维修一处仪控：FQ2-MA03-RCWO-00746041/01 2APA102PO 画面上的 2APA105SY 灯不亮(正常应点亮)，现场检查就地控制箱有报警，需检查处理； WR/WOT：00307984/00746041-01(紧急工单)
编　　者	运行二处一值：谷铁　　时间：2019 年 02 月 16 日

3.5.23 4APA120VL 阀门全开时，开限位未触发

异常缺陷名称	4APA120VL 阀门全开时，开限位未触发
发生时间	2018 年 09 月 09 日早班
机组状态	机组大修，NS/RRA 模式，一回路压力：2.52 MPa.g
异常缺陷现象	4APA120VL 阀门全开时，开限位未触发
风险或潜在后果	导致 4APA102PO 无允许启动信号
干预行动	已采取的行动措施： 1）安排现场检查 4APA120VL 阀门现场实际开关情况和限位触发情况，及其阀门供气情况； 2）oncall 仪控检查处理
原因分析	对 4APA120VL 阀门限位开关（开限位）拐臂螺栓进行紧固后消除
消缺行动	仪控处理反馈： 1）检修过程与步骤： ①确认 4APA120VL 阀门处于全开位； ②检查 4APA120VL 阀门全开限位，全开限位功能正常； ③根据阀门实际开度调整阀门限位开关位置与阀门实际指示一致，并对 4APA120VL 阀门限位开关（开限位）拐臂螺栓进行紧固； ④联系主控运行人员操作 4APA120VL 阀门，验证开限位功能正常。 2）故障原因分析：对 4APA120VL 阀门限位开关（开限位）拐臂螺栓进行紧固
相关知识	1）再循环阀 4APA120VL 参与主给水泵 A 允许启动状态正常信号，若阀门未全开将可能导致主给水泵无启动允许。 2）给水泵允许启动状态正常［APA103KS（A 泵）或 203KS（B 泵）或 303KS（C 泵）亮］： ①给水泵最小流量隔离阀和再循环阀全开； ②给水前置泵进口阀全开； ③给水泵不反转（或 r 给水泵不在最小转速位置时，泵反转转速小于 200 r/min）。 3）4APA120VL 在给水泵转速＜6 r/min 时，闭锁切置手动控制。4APA115VL 切手动控制不受该转速限制
参考资料信息	维修二处仪控：完工报告《FQ4-MA03-RCWO-01005539/01 4APA120VL 阀门全开时，开限位未触发》； WR/WOT：00438496/01005539-01（紧急工单）； 其他类似异常缺陷：

续 表

参考资料信息	1)2018 年 03 月 17 日，开工工单：1APA320VL 要求开度 100%，实际开度仅 96%，需要检查(WOT：00872740-01)。 故障原因分析：1APA320VL 阀门设备本体阀杆卡涩，造成指令与反惯不一致。 详情见完工报告：《FQ1-MA03-RCWO-00872740/011APA320VL 要求开度 100%，实际开度仅 96%，需要检查》。 2)2017 年 11 月 07 日，开工工单：2APA320VL 主控显示输出 25%，实际反馈值 103%，现场检查为全开状态，需检查处理(WR/WOT：307976/00746622-01)。 故障原因分析：2APA320VL 定位器及反馈装置故障。 详情见完工报告：《FQ2-MA03-RCWO-00746622/01 2APA320VL 主控显示输出 25%，实际反馈值 103%，现场检查为全开状态，需检查处理》	
编　　者	运行二处一值：谷铁	时间：2019 年 02 月 16 日

3.5.24 启动 1APA202PO 后，手动点击 1APA201KC 给主给水泵升速，但主给水泵转速不变

异常缺陷名称	启动 1APA202PO 后，手动点击 1APA201KC 给主给水泵升速，但主给水泵转速不变
发生时间	2018 年 03 月 11 日中班
机组状态	大修期间，NS/RRA 模式
异常缺陷现象	启动 1APA202PO 后，手动点击 1APA201KC 给主给水泵升速，但主给水泵转速不变
风险或潜在后果	无法给主给水泵 1APA202PO 升速，无法进行主给水泵再鉴定工作
干预行动	已采取的行动措施： 1)主控检查主给水泵 B 转速控制器 1APA002KU、1ARE002KU/002KC、1ARE410KC/410KU 状态设置情况，未见异常； 2)安排现场检查转速控制供电柜 1APA201AR 供电正常，检查转速控制柜 1AGM201AR 显示屏上故障信息； 3)关注主给水泵轴承振动和温度各项运行参数，及时停运主给水泵 1APA202PO，避免泵长时间低转速运行； 4)oncall 仪控检查处理

续 表

原因分析	1AGM201AR 机柜 X30 端子排 1 号端子松动	
消缺行动	仪控处理反馈： 1）检修过程与步骤： ①检查 1APA002KU 在 KIC 打至 MANU，1AGM201PO 处于运行状态； ②将 C553UC：1APA_N7：202SY 强制为 0； ③将 C553UC：1APA_N7：201SY 强制为 1 后恢复，模拟 1APA201PO 升速信号，检查就地勺管开度无变化； ④将 C553UC：1APA_N7：202SY 强制为 1 后恢复，模拟 1APA201PO 降速信号，检查就地勺管开度无变化； ⑤检查 1AGM201AR 端子箱内接线，发现 1AGM201AR 机柜 X30 端子排 1 号端子松动，对端子进行重新紧固； ⑥将 C553UC：1APA_N7：202SY 强制为 0，将 C553UC：1APA_N7：201SY 强制为 1 后恢复，模拟 1APA201PO 升速信号，观察勺管动作正常； ⑦确认 C553UC：1APA_N7：202SY 及 C553UC：1APA_N7：201SY 恢复自动； ⑧联系运行继续进行 1APA201PO 再鉴定工作，1APA201PO 启动正常，勺管也动作正常。 2）故障原因分析：1AGM201AR 机柜 X30 端子排 1 号端子松动	
相关知识	1）1AGM201AR 为主给水泵 B 的转速控制柜。 2）主给水泵转速控制相关故障时，勺管动作情况： ①勺管位置传感器 BALLUFF 供电回路掉电时，失电后勺管降至 0%，恢复供电后勺管将恢复到设定值； ②执行机构 VESH 失去 24 VDC，勺管位置下插至 0%； ③执行机构 VESH 失去转速设定值（4～20 mA，两线制）信号+端，勺管位置下插至 0%；失去转速设定值（4～20 mA）信号-端（GND，为公共端），勺管位置保持当前位置； ④勺管位置传感器 BALLUFF 失去位置反馈（4～20 mA，两线制）信号+端，勺管位置下插至 0%；失去位置反馈（4～20 mA）信号-端（GND，为公共端），勺管位置保持当前位置	
参考资料信息	维修一处仪控：完工报告《FQ1-MA03-RCWO-00869273/01 启动 1APA202PO 后，手动点击 1APA201KC 给主泵升速，但主给水泵转速不变，需检查处理》； WR/WOT：00359309/00869273-01（紧急工单）	
编　　者	运行二处一值：谷铁	时间：2019 年 02 月 16 日

3.5.25　1 号主控闪发 1APA607/608KA(给水泵 C 自由端轴承 *X* 向振动高/高高)

异常缺陷名称	1 号主控闪发 1APA607/608KA(给水泵 C 自由端轴承 *X* 向振动高/高高)	
发生时间	2017 年 11 月 19 日夜班	
机组状态	RP 模式，满功率	
异常缺陷现象	05:37:33，1 号主控闪发 1APA607/608KA(给水泵 C 自由端轴承 *X* 向振动高/高高)报警	
风险或潜在后果	1)若仪表无故障，给水泵真实振动高，可能导致泵轴承损坏； 2)若仪表故障，则影响给水泵 C 振动监测的可靠性	
干预行动	已采取的行动措施： 1)查看和执行报警卡，关注主给水泵 C 自由端轴承 *X* 向振动 1APA307MV 变化趋势； 2)主控查看给水泵 C 自由端轴承温度 1APA335MT 和自由端轴承 *Y* 向振动 1APA308MV，确认未见异常变化； 3)安排现场查看 1APA301AR 上的振动监测卡件 VM600 上三个状态灯触发情况，以及 1APA307MV 对应灯的触发情况； 4)oncall 仪控检查处理	
原因分析	前置器航空插头松动	
消缺行动	仪控处理反馈： 1)处理过程：打开 1APA307MV 对应的端子箱，检查接线无问题后恢复，打开探头盒子，发现 1APA307MV 通道故障报警，确认是前置器航空插头松动造成，重新对航空插头接线调整紧固后无报警。 2)故障原因分析：前置器航空插头松动	
相关知识	当 APA307MV≥100 μm 时，将触发给水泵 C 自由端轴承 *X* 向振动高报警； 当 APA307MV≥120 μm 时，将触发给水泵 C 自由端轴承 *X* 向振动高高报警	
参考资料信息	维修二处仪控：完工报告《FQ1-MA03-RCWO-00758570/01 1 号主控闪发 1APA607/608KA(给水泵 C 自由端轴承 *X* 向振动高/高高)》； WR/WOT：00312092/00758570-01(计划工单)	
编　　者	运行二处一值：谷铁	时间：2019 年 02 月 16 日

3.5.26 2APA220VL 主控显示故障大红色全开，就地检查阀门全开

异常缺陷名称	2APA220VL 主控显示故障大红色全开，就地检查阀门全开
发生时间	2017 年 11 月 12 日中班
机组状态	RP 模式，满功率，主给水泵 2APA202PO 运行
异常缺陷现象	20:20，主控触发 2APA004KA(给水泵 B 小流量调节阀 2 手动调节)报警，查看画面 2APA220VL 显示大红色全开状态，查看趋势 2APA220VL 开度反馈由 0%突增至 100%(需求开度为 0%)，现场检查阀门状态为全开，且主控无法手动关小该阀门。 2APA201MD 由 3298 m^3/h 增加至 3759 m^3/h，2APA201MC 由 4360 r/min增加至 4657 r/min，电流由 829 A 增加至 938 A，蒸汽发生器液位未见明显异常波动。目前将 2APA212VL 关闭，2APA220VL 至手动
风险或潜在后果	导致再循环阀 2APA220VL 故障全开，引起主给水泵转速和流量增大，存在泵超流量的风险，影响 SG 给水安全，可能导致 SG 液位波动
干预行动	已采取的行动措施： 1)查看和执行报警卡，确认 2APA220VL 故障情况； 2)将 2APA212VL 关闭，将 2APA220VL 置于手动； 3)oncall 仪控检查处理
原因分析	定位器故障
消缺行动	仪控处理反馈： 1)工作过程： ①检查发现定位器故障，输出不稳定； ②阀门保温包裹过厚，定位器温度过高，影响定位器正常工作； ③检查定位器及反馈器接线； ④更换定位器，且做好特性检查； ⑤对保温进行拆装； ⑥配合厂家进行诊断，且调整好气压； ⑦联系运行人员验收，归还工作许可证。 2)故障原因分析：定位器故障
相关知识	1)再循环阀 APA220VL 参与主给水泵的允许启动正常信号，若再循环阀未全开将导致主给水泵无启动允许。 2)给水泵允许启动状态正常[APA103KS(A 泵)或 203KS(B 泵)或 303KS(C 泵)亮]：

续　表

相关知识	①给水泵最小流量隔离阀和再循环阀全开； ②给水前置泵进口阀全开； ③给水泵不反转(或给水泵不在最小转速位置时，泵反转转速小于 200 r/min)。 3) APA220VL 在给水泵转速 < 6 r/min 时，闭锁切置手动控制。APA215VL 切手动控制不受该转速限制
参考资料信息	维修二处仪控：完工报告《FQ2-MA03-RCWO-00749231/01 2APA220VL 主控显示故障大红色全开，就地检查阀门全开》；WR/WOT：00310084/00749231-01(紧急工单)
编　　者	运行二处一值：谷铁 | 时间：2019 年 02 月 16 日

3.5.27　2APA215VL 全开，但是主控显示半开半关

异常缺陷名称	2APA215VL 全开，但是主控显示半开半关
发生时间	2018 年 01 月 02 日早班
机组状态	机组大修，RCS 模式
异常缺陷现象	2APA215VL 全开，但是主控显示半开半关，将 2APA215VL 置手动
风险或潜在后果	2APA215VL 显示半开半关，使得 2APA203KS 灯灭，导致给水泵无启动允许
干预行动	已采取的行动措施： 1) 安排现场检查阀门实际开度，现场实际全开，确认阀门限位触发情况； 2) 检查阀门仪用压空供气情况，未见异常； 3) oncall 仪控检查处理
原因分析	2APA215VL 阀门开限位未触发
消缺行动	仪控处理反馈： 1) 检修过程： ①对 2APA215VL 阀门开限位开关进行检查，发现开限位开关未触发； ②对 2APA215VL 阀门开限位开关调整为触发状态、主控显示正常。 2) 故障原因分析：2APA215VL 阀门开限位未触发
相关知识	APA220VL 在给水泵转速 < 6 r/min 时，闭锁切置手动控制。APA215VL 切手动控制不受该转速限制

续 表

参考资料信息	维修二处仪控：完工报告《FQ2-MA03-RCWO-00813841/01 2APA215VL 阀门开限位不到，需检查》； WR/WOT：00329583/00813841-01(紧急工单)	
编　　者	运行二处一值：谷铁	时间：2019 年 02 月 16 日

3.5.28　2APA302PO 停运时触发泵反转信号

异常缺陷名称	2APA302PO 停运时触发泵反转信号
发生时间	2019 年 03 月 15 日中班
机组状态	RP 模式，满功率
异常缺陷现象	中班 2 号机按计划执行主给水泵切换操作，由 3 号泵切换至 2 号泵运行。在停运 2APA302PO 时主控触发 2APA303KA 给水泵 C 反转报警(2APA303KA)并联锁自动关闭泵出口阀 2APA313VL。主控查看 2APA302PO 转速先下降(停泵时)后上升(反转)最后下降至 0(出口阀开始关闭后)，整个过程持续时间约 1.5 min。随后现场复位反转信号、主控重新打开出口阀，报警未再次触发
风险或潜在后果	1)反转信号出现将导致给水泵 C 无允许启动信号，影响主给水泵备用可靠性。无法实现备用启动功能。 2)泵反转可能对泵和电机产生不利影响
干预行动	已采取的行动措施： 1)立即查看和执行报警卡，按报警卡检查确认主给水泵出口阀 2APA313VL 已自动关闭，查看主给水泵 C 转速 2APA301MC 变化趋势，查看是否存在仪表故障情况； 2)主控加强关注主给水泵反转时轴承振动和轴承温度变化趋势； 3)立即检查 2AGM301PO 处于运行，确保反转时，润滑油供应正常； 4)调查趋势发现主给水泵 C 出口压力和中压管道压力未见明显上涨情况，安排现场检查中压管线安全阀 2APA331VV 未见动作，未见安全阀出口蒸汽跑出的情况； 5)检查除氧器压力和液位未见明显上升情况； 6)反转停止后，安排现场复位反转信号； 7)确认故障原因后，恢复开启出口阀 2APA313VL 开启，将 3 号泵置正常备用状态； 8)联系维修机械、设备管理分析主给水泵停运过程中泵是否真实反转、泵转速上升原因和出口逆止阀存在缺陷的可能性。

续　表

干预行动	建议后续行动： 维修机械、设备管理分析3号主给水泵停运期间真实反转的可能性、潜在影响，消缺和制定后续APA泵停运时防止泵反转的技术措施
原因分析	1）探头安装问题，反转信号为误触发，泵未发生真实反转，产生反转信号的原因为转速探头方向发生了反向。 2）在进行给水泵切换操作过程中，先将给水泵切换至手动控制模式，再将给水泵转速手动控制到最小转速位置（约600~700 r/min，此时勺管位置已处于最小位置），最后在KIC手动断开泵电机电源。随后主给水泵和电机失去动力电源，进行自由惰转。在电机停运约7 s后主控出现了主给水泵反转信号，并伴随转速上升和泵出口电动截止阀保护关闭现象。在电机断电后，即使泵组失去动力，由于电机质量和转速均大于给水泵，液力耦合器已经保持在最小位置，正常惰转时电机带动主给水泵进行惰转，转速曲线呈现类似抛物线曲线。在转速为170 r/min左右产生了泵反转信号。反转信号触发导致勺管发生动作（当转速控制系统处于手动控制模式时，反转信号C触发会导致勺管动作到最大位置），导致处于更高速度惰转的电机带动给水泵转速上升
消缺行动	仪控处理反馈： 1）故障原因分析： ①探头安装问题，反转信号为误触发，泵未发生真实反转，产生反转信号的原因为转速探头方向发生了反向。 ②在进行给水泵切换操作过程中，先将给水泵切换至手动控制模式，再将给水泵转速手动控制到最小转速位置（600~700 r/min，此时勺管位置已处于最小位置），最后在KIC手动断开泵电机电源。随后主给水泵和电机失去动力电源，进行自由惰转。在电机停运约7 s后主控出现了主给水泵反转信号，并伴随转速上升和泵出口电动截止阀保护关闭现象。在电机断电后，即使泵组失去动力，由于电机质量和转速均大于给水泵，液力耦合器已经保持在最小位置，正常惰转时电机带动主给水泵进行惰转，转速曲线呈现类似抛物线曲线。在转速为170 r/min左右产生了泵反转信号。反转信号触发导致勺管发生动作（当转速控制系统处于手动控制模式时，反转信号C触发会导致勺管动作到最大位置），导致处于更高速度惰转的电机带动给水泵转速上升。而后电机惰转及反转信号消除，转速下降。

续 表

<table>
<tr><td>消缺行动</td><td>2）主要应对措施和建议：
①出现反转时可以采取关闭备用泵组的暖泵水阀门进行验证报警是否仍触发；
②在触发反转报警后，尽早安排就地手动复位报警</td></tr>
<tr><td>相关知识</td><td>反转转速探头的安装要求：
安装时需要保证：
1）探头的轴向方向同齿轮轴垂直；
2）保证探头表面同齿轮表面间隙在合适范围内；
3）保证方向标记点的方向正确；
4）保证探头上平面的方向同齿轮侧面平行。
若不满足上述要求可能导致的现象有：
1）安装间隙正常时，转速正常，反转信号不能触发，探头反转功能不能实现；
2）安装间隙正常时，转速正常，反转信号每次均触发；
3）若探头上平面的方向同齿轮侧面方向在相差 20 度附近时，探头会表现为偶发性出现转速反转信号。
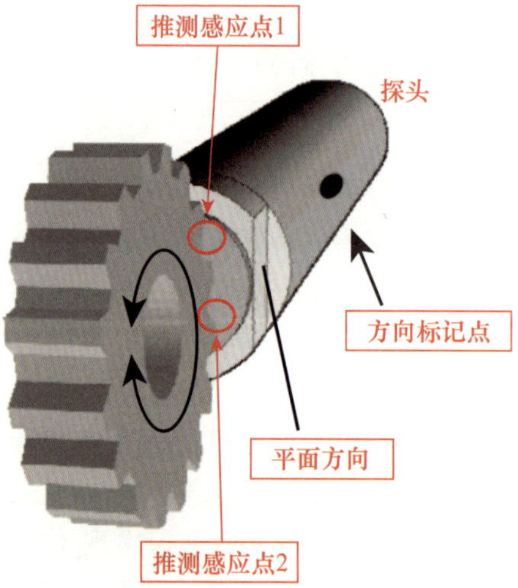

图 1 反转转速探头安装要求示意图
反转信号参与的控制逻辑：
1）润滑油泵联锁选择开关 501KC 选择在 interlock 位置 & 给水泵反转信号 AGM102SY，自动启动润滑油泵；
2）参与给水泵允许启动状态正常（APA103KS 或 203KS 或 303KS 亮）信号：给水泵最小流量隔离阀和再循环阀全开和给水前置泵进口阀全开及给水泵不反转（或给水泵 A 不在最小转速位置时，</td></tr>
</table>

续 表

相关知识	A 反转转速小于 200 r/min)； 3)参与主给水泵出口阀自动关信号：①给水泵 A 停运；②给水泵 A 反转(AGM102SY)；③给水泵 A 转速>200 r/min，即给水泵 A 停运后出现反转，且反转转速>200 r/min，则保护关给水泵 A 出口阀。 反转信号复位的方法： 1)通过按下 AGM101AR/201AR/301AR 上的 RESET 按钮 AGM101TO/201TO/301TO； 2)或是在 PV+600 主菜单画面时按下功能按键区的 F4 键； 3)或在 PV+600 报警清单画面时按下功能按键区的 F4 键复位报警，在报警清单画面下，F1 键可以确认选中的报警，F2 键可以确认所有报警	
参考资料信息	维修一处：《FQX-MA03-BG5-I19012 主给水泵反转及转速上升异常原因分析》； 设备管理处：《APA 压力级泵反转问题分析报告》； 运行一处：2 号机组异常反馈——2APA302PO 停运时触发泵反转信号； 其他类似异常缺陷： 2019 年 01 月 24 日，1 号机组降功率过程中 1APA102PO 也出现过反转报警，当时专业分析原因为机组负荷快速降低时，除氧器压力将随机组负荷的降低而快速下降，此时备用泵内部及进出口、暖泵管线内的介质仍然较高的温度，除氧器压力骤降时高温水闪蒸，体积急速膨胀，泵组内部介质冲向除氧器，出现瞬时反转，并非逆止阀内漏	
编　　者	运行二处一值：谷铁	时间：2019 年 09 月 17 日

3.5.29 1APA301MO 电机空冷器泄漏报警(1APA101KA 给水泵 A 电机冷却水泄漏)

异常缺陷名称	1APA301MO 电机空冷器泄漏报警(1APA101KA 给水泵 A 电机冷却水泄漏)
发生时间	2018 年 03 月 06 日中班
机组状态	机组大修，RCS 模式
异常缺陷现象	主控 KIC 中存在 1APA301KA 报警(给水泵 C 电机冷却水泄漏)，同时 1APA301SN 灯亮

续 表

风险或潜在后果	导致主给水泵电机绝缘下降，可能导致电机故障损坏	
干预行动	已采取的行动措施： 1)立即查看和执行报警卡； 2)安排现场立即关闭阀门 1SRI122/151/152/121VN； 3)oncall 电气、机械专业处理	
原因分析	经检查空冷器模块无泄漏，判断为空冷器冷凝水引发泄漏报警	
消缺行动	机械处理反馈： 1)检修过程与步骤： ①仪控专业拆卸空冷器测温探头及检漏计探头，检查检漏管有少量水迹残留； ②拆除冷却器冷却水连接管； ③拆除冷却器与电机本体法兰连接螺栓； ④吊运冷却器到检修位置； ⑤用干净防火布对电机本体进行覆盖； ⑥对冷却器进行打压试验，压力为 0.8 MPa，保压时间 30 min，压力无变化，检查无漏点； ⑦将冷却器抽出一组进行冷却器内部检查，无异常，无漏点；清理内部灰尘，对检漏管进行烘干及清理； ⑧更换法兰密封垫子； ⑨冷却器回装，连接管回装； ⑩仪控人员回装仪控相关设备。 2)故障原因分析：经检查空冷器模块无泄漏，判断为空冷器冷凝水引发泄漏报警	
相关知识	APA 电机冷却水泄漏检测探头供电关系： 1LNE99142JA(1LNE900AR 中)——1APA101SN； 1LNE99143JA(1LNE900AR 中)——1APA201SN； 1LNE99144JA(1LNE900AR 中)——1APA301SN	
参考资料信息	维修一处电气：EAM 中 00867420-01 完工报告； WR/WOT：00357819/00867420-01（计划工单），1PW10989(1APA301MO 电机空冷器泄漏报警，需解体检修)	
编　　者	运行二处一值：谷铁	时间：2019 年 02 月 16 日

3.5.30　主控 KIC 触发 3APA519KA(给水泵 B 自由端轴向位移超限 1)报警

异常缺陷名称	主控 KIC 触发 3APA519KA(给水泵 B 自由端轴向位移超限 1)报警
发生时间	2017 年 02 月 06 日早班
机组状态	RP 模式，发电机已并网，并网后继续以 1 MW/min 速率提升功率至 836 MW
异常缺陷现象	10:26，主控出现 3APA519KA(给水泵 B 自由端轴向位移超限 1)，查看运行的主给水泵 B 的轴向位移 3APA201MM 达到 141 μm，但相应的前置泵推力轴承内侧温度 3APA211MT_1 正常(为 63.5 ℃)未见明显上升
风险或潜在后果	1)若探头无故障测量真实，则可能导致推力轴承损坏(轴承瓦块磨损等)、泵内部构件磨损或损害； 2)若探头故障，则影响给水泵 B 自由端轴向位移的监测的可靠性，无法准确监视和保护主给水泵
干预行动	已采取的行动措施： 1)立即查看和执行报警卡，查看 2APA201MM 变化趋势； 2)主控查看相应的前置泵推力轴承内侧温度 3APA211MT_1 趋势正常，未见明显上升； 3)安排现场人员检查主给水 B 泵泵组是否存在异音和异常振动，未见明显异常； 4)oncall 仪控检查确认故障情况，联系设备管理对主给水泵 B 进行评价。 建议后续行动： 1)设备管理评价可以保持主给水泵 B 运行，请仪控准备好工作方案，推动计划安排和开展消缺工作； 2)运行加强关注主给水泵 B 前置泵轴向位移和推力轴承温度的监视，做好配合维修消缺进行主给水泵切换停运主给水泵 B 的工作准备
原因分析	3APA201MM 探头零点偏移，需调整
消缺行动	仪控处理反馈： 1)检修过程： ①验证隔离边界，确认主给水泵 B 已停运断电； ②使用螺丝刀打开 3APA201MM 位移探头就地接线盒； ③由机械专业人员推轴到机械零位；

续 表

消缺行动	④使用劲仪测量 3APA201MM 调整前的输出电压为-9.809 8 V DC； ⑤使用劲仪测量 3APA201MM 电压并调整定位螺母位置，调整后电压为-9.5914V DC； ⑥使用螺丝刀回装 3APA201MM 位移探头就地接线盒； ⑦经确认 3APA201MM 主控和就地控制柜显示正常无报警； ⑧工作结束，清理现场。 2)故障原因分析：3APA201MM 探头零点偏移，需调整
相关知识	APA201MM 参与报警信号： 当轴向位移 APA201MM≥+130 μm 或≤-540 μm 时，触发给水前置泵 B 自由端轴向位移超限 1 报警。 APA201MM 参与 APA202PO 跳闸信号： 1)给水前置泵 B 轴向位移超限 APA201MM(>+260 μm)和给水前置泵 B 推力轴承内侧温度 APA211MT_1 高高(≥105 ℃)； 2)给水前置泵 B 轴向位移超限 APA201MM(<-670 μm)和给水前置泵 B 推力轴承外侧温度 APA210MT_1 高高(≥105 ℃)； 注：给水前置泵和压力级泵轴向位移往电机方向为“+”，往自由端方向为“-”，例如 APA201MM>+260 μm，代表给水前置泵 B 往电机方向轴向位移超限
参考资料信息	维修一处仪控：EAM 中工单 00074232-01 的完工报告； WR/WOT：00028655/00074232-01(计划工单)
编　　者	运行二处一值：谷铁　　　　时间：2019 年 02 月 16 日

3.5.31　3 号主控频发触发 3APA435KA 给水泵 A 阀门故障

异常缺陷名称	3 号主控频发触发 3APA435KA 给水泵 A 阀门故障
发生时间	2019 年 04 月 05 日早班
机组状态	RP 模式，电功率 836 MWe
异常缺陷现象	15:00 左右，3 号主控频繁闪发 3APA435KA(给水泵 A 阀门故障)报警，3APA100VL(主给水泵 A 入口电动阀)主控 KIC 中显示大红色，现场检查就地电动头上存在缺相报警(PHASE LOST，如图 1 所示)

续 表

异常缺陷现象	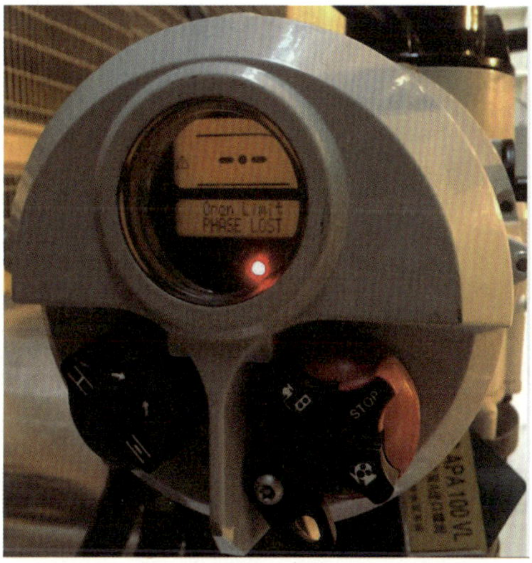 **图 1 3APA100VL 电动头缺相报警**
风险或潜在后果	1)若阀门关限位触发，会联锁泵保护停运； 2)若需要隔离 3APA100VL，会导致 3APA 系统主给水泵 A 不可用，按照规程需要降功率至 784 MW 运行，且可能会影响节后 3 号机组升功率； 3)为确保电动头不会因缺陷恶化后触发关限位导致主给水泵 A 故障跳闸，将 3APA100VL 断电，使得存在 3APA102PO 泵组出现破口跑水时，无法及时通过远程关闭 3APA100VL 隔离破口点的风险
干预行动	已采取的行动措施： 1)主控检查当前运行的主给水泵 A 泵流量无变化，保持在 2550 m^3/h 左右； 2)就地检查 3APA100VL 电动头显示缺相报警； 3)联系设备管理电气专业人员初步确认 3APA100VL 缺相不会导致阀门误动作； 4)主控做好对主给水泵 A 运行状态监视，做好切换到主给水泵 C 运行的准备； 5)oncall 维修电气专业检查 3APA100VL 故障原因
原因分析	1)电动头缺相报警原因为电动头控制接线盒内电源板损坏； 2)电动头异音故障原因为电动头电机转子非驱动端转子转轴和轴承磨损

续 表

消缺行动	电气处理反馈： 1）检查反馈： ①3APA100VL 阀门为开启状态，目前故障不会导致阀门非预期动作； ②配合运行将 3APA100VL 断电，确保电动头不会因缺陷恶化后触发关限位； ③编制缺陷处理方案； ④处理该缺陷时需动作电动头，需 1 号给水泵停运。经与值长及运工沟通，3APA100VL 缺陷当前不具备窗口处理，后续走日常计划等窗口处理。 2）检修过程： ①检查电动头电机盒，发现电机转子非驱动端转轴，轴承磨损； ②对转子转轴磨损部分进行修复，采用切除磨损部分，切除半径 2 mm，新增 2 mm 厚度轴套的方式进行修复，轴套外径与未磨损处外径保持一致，轴向 17.046 mm、径向 17.048 mm；轴套材质使用 45#碳钢； ③使用绝缘涂料对电机定子膛存在碰磨痕迹处进行刷涂，绝缘涂料型号：环氧粘接胶 ARALDITF AY205A 与瞬干胶 LOCTITE480 进行 10∶1 调和； ④更换 3APA100VL 电动头电机非驱动端轴承备件； ⑤测量电机三相直阻分别为 12.55 Ω，12.57 Ω，12.58 Ω，三相直阻误差 0.24%，小于 10%合格；电机对地绝缘 550 MΩ； ⑥对电动头送电，就地开关阀验证并对开阀及关阀启动电流进行录播，波形正常，开关阀电流均为 2.37 A，开关阀期间使用听音棒听音，异音消除，远方开关阀验证电动头运行正常； ⑦对电动头进行清洁，工作结束。 3）故障原因分析： ①电动头缺相报警原因为电动头控制接线盒内电源板损坏； ②电动头异音故障原因为电动头电机转子非驱动端转子转轴和轴承磨损
相关知识	3APA100VL 参与的 APA 控制逻辑：①3APA100VL 关信号触发 3APA102PO 跳闸；②3APA100VL 全开信号是主给水泵 A 允许启动信号之一
参考资料信息	运行二处：3 号机组异常反馈——3 号 APA 泵入口电动阀 3APA100VL 频繁触发故障报警； WR/WOT：00522538/01175206-01（处理 3APA100VL 电动头电机侧有异音，并存在电源缺相故障）
编　　者	运行二处一值：谷铁　　　　时间：2019 年 09 月 17 日

3.5.32　主控在关闭 2APA100VL 后，阀门显示大红色，就地查看电动头显示过扭矩

异常缺陷名称	主控在关闭 2APA100VL 后，阀门显示大红色，就地查看电动头显示过扭矩
发生时间	2016 年 08 月 07 日夜班
机组状态	RP 模式，电功率 888 MWe
异常缺陷现象	主控在关闭 2APA100VL 后，阀门显示大红色，就地查看电动头显示过扭矩
风险或潜在后果	影响电动阀门开关操作，可能导致电动阀门故障损坏
干预行动	已采取的行动措施： 1）安排现场就地检查阀门电动头，发现存在过扭矩报警； 2）安排现场确认阀门限位触发情况，未见明显异常； 3）oncall 维修电气检查处理
原因分析	电动头关限位偏差
消缺行动	电气处理反馈： 1）检修步骤和过程： ①现场检查确认阀门已关到位； ②重新对电动头关限位进行设定后故障消除； ③运行人员确认故障消除。 2）故障原因分析：电动头关限位偏差
相关知识	2APA100VL 参与的 APA 控制逻辑：①2APA100VL 关信号触发 2APA102PO 跳闸；②2APA100VL 全开信号是主给水泵 A 允许启动信号之一
参考资料信息	维修一处电气：完工报告《FQ2-MA02-RCWO-00317560/01 主控再关闭 2APA100VL 后，阀门显示大红色，就地查看电动头显示过扭矩，需处理》； WR/WOT：00160662/00317560-01（紧急工单），工作许可证：2PI07170（2APA100VL 电动阀门出现过扭矩报警，需处理）
编　　者	运行二处一值：谷铁　　　时间：2019 年 02 月 16 日

3.5.33 2APA100VL 主控开启时触发故障(大红色)，现场检查存在过力矩报警

异常缺陷名称	2APA100VL 主控开启时触发故障(大红色)，现场检查存在过力矩报警	
发生时间	2015 年 09 月 13 日夜班	
机组状态	NS/SG 模式，标准热停	
异常缺陷现象	2APA100VL 主控开启时触发故障(大红色)，现场检查存在过力矩报警	
风险或潜在后果	影响 2APA100VL 开关操作的可靠性	
干预行动	已采取的行动措施： 1)安排现场就地检查阀门电动头，发现存在过扭矩报警； 2)安排现场确认阀门限位触发情况； 3)oncall 维修电气检查处理	
原因分析	关行程偏差造成过力矩报警	
消缺行动	电气处理反馈： 1)检修内容及步骤： ①现场检查 2APA100VL 阀位在 1%时出现关力矩报警； ②确认阀门已至全关位，重新设定电动头关限位后报警消除； ③对电动阀门进行开关操作，通知运行人员对阀门进行验证。 2)故障原因分析：关行程偏差造成过力矩报警	
相关知识	2APA100VL 参与的 APA 控制逻辑：①2APA100VL 关信号触发 2APA102PO 跳闸；②2APA100VL 全开信号是主给水泵 A 允许启动信号之一	
参考资料信息	维修一处电气：EAM 中工单 00141319-01 的完工报告； WR/WOT：00072298/00141319-01(紧急工单)	
编　　者	运行二处一值：谷铁	时间：2019 年 02 月 16 日

3.5.34　3APA100VL 主控画面显示大红色半开半关

异常缺陷名称	3APA100VL 主控画面显示大红色半开半关	
发生时间	2019 年 05 月 06 日中班	
机组状态	RP 模式，核功率：4.42%；热功率：118 MWt，机组调停未并网，主给水泵 A 停运	
异常缺陷现象	3APA100VL 阀门关闭后，3APA100VL 主控画面显示大红色半开半关	
风险或潜在后果	导致主控无法确认 3APA100VL 实际开关状态，影响 3APA100VL 开关操作的可靠性	
干预行动	已采取的行动措施： 1)安排现场就地检查阀门电动头； 2)安排现场确认阀门限位触发情况； 3)oncall 维修电气检查处理	
原因分析	3APA100VL 阀门关闭后关闭限位未触发	
消缺行动	电气处理反馈： 1)检修内容及步骤： ①就地合上电源开关后操作阀门发现阀门无法触发关限位； ②机械配合重新调整关限位； ③就地远方操作阀门正常无报警，工作结束。 2)故障原因分析：3APA100VL 阀门关闭后关闭限位未触发	
相关知识	3APA100VL 参与的 APA 控制逻辑：①3APA100VL 关信号触发 3APA102PO 跳闸；②3APA100VL 全开信号是主给水泵 A 允许启动信号之一	
参考资料信息	维修二处电气：EAM 中工单 01216838-01 的完工报告； WR/WOT：00546941/01216838-01(计划工单)	
编　　者	运行二处一值：谷铁	时间：2019 年 07 月 11 日

3.5.35 在 KIC 上关闭 3APA100VL 时，阀门呈洋红色，现场核实未达到全关限位

异常缺陷名称	在 KIC 上关闭 3APA100VL 时，阀门呈洋红色，现场核实未达到全关限位	
发生时间	2016 年 07 月 26 日中班	
机组状态	机组调试启动阶段	
异常缺陷现象	在 KIC 上关闭 3APA100VL 时，该阀呈洋红色，现场核实未达到全关限位，在就地操作关闭后，洋红消失	
风险或潜在后果	导致主控无法确认 3APA100VL 实际开关状态，影响 3APA100VL 开关操作的可靠性	
干预行动	已采取的行动措施： 1)安排现场就地检查阀门电动头； 2)安排现场确认阀门限位触发情况，安排就地操作关闭后，KIC 中洋红色显示消除； 3)提工作申请(WR)按计划处理	
原因分析	3APA100VL 关限位设置不准	
消缺行动	电气处理反馈： 1)检修内容及步骤： ①将 3APA100VL 电动阀置于就地状态，手动操作电动阀并检查； ②联系主控运行人员远控关闭 3APA100VL 电动阀，就地观察发现电动阀关到全关位后，由于关限位设置过紧，又反弹至 00%位，导致主控显示洋红色报警； ③重新设置 3APA100VL 电动阀的关限位； ④再次联系运行人员远控操作 3APA100VL 电动阀后，全开全关均无洋红色报警出现； ⑤就地操作 3APA100VL 电动阀无异常。 2)故障原因分析：3APA100VL 关限位设置不准	
相关知识	3APA100VL 参与的 APA 控制逻辑：①3APA100VL 关信号触发 3APA102PO 跳闸；②3APA100VL 全开信号是主给水泵 A 允许启动信号之一	
参考资料信息	维修二处电气：完工报告《FQ3-MA02-RCWO-00313450/01 在 KIC 上关闭 3APA100VL 时呈现洋红色，现场核实未达到全关限位，需处理》；WR/WOT：00157164/00313450-01(计划工单)	
编　　者	运行二处一值：谷铁	时间：2019 年 02 月 16 日

3.5.36　3APA200VL 远程及就地操作无法触发关限位，主控显洋红色报警

异常缺陷名称	3APA200VL 远程及就地操作无法触发关限位，主控显洋红色报警，就地手轮操作可以触发关限位并消除报警
发生时间	2017 年 01 月 23 日早班
机组状态	RP 模式，发电机未并网
异常缺陷现象	3APA200VL 远程及就地操作无法触发关限位，主控显洋红色报警，就地手轮操作可以触发关限位并消除报警
风险或潜在后果	导致主控无法确认 3APA200VL 实际开关状态，影响 3APA200VL 开关操作的可靠性
干预行动	已采取的行动措施： 1）安排现场就地检查阀门电动头； 2）安排就地手轮操作，可以触发关限位并消除报警； 3）提工作申请（WR）按计划处理
原因分析	3APA200VL 电动阀关限位设置不准确
消缺行动	电气处理反馈： 1）检修过程： ①开工前验明设备无电压； ②送上 3APA200VL 电源开关； ③就地操作关闭 3APA200VL，发现关限位没有触发； ④将手轮逆时针摇半圈，重新设定关限位； ⑤就地、远控分别开关 3APA200VL，确认就地开关限位正常，主控显示正常无报警。 2）故障原因分析：3APA200VL 电动阀关限位设置不准确
相关知识	3APA200VL 参与的 APA 控制逻辑： 1）3APA200VL 关信号触发 3APA202PO 跳闸； 2）3APA200VL 全开信号是主给水泵 B 允许启动信号之一
参考资料信息	维修二处电气：完工报告《FQ3-MA02-RCWO-00496748/01 维修一级：3APA200VL 远程及就地操作无法触发关限位，主控显洋红色报警》； WR/WOT：00208661/00496748-01（计划工单）。 其他类似异常缺陷： 2019 年 03 月 07 日紧急工单"4APA200VL 阀门主控关闭后显示洋红色，机械就地检查反馈关限位未触发，需调整（WOT：01163760-01）"

续 表

参考资料信息	故障原因：4APA200VL 阀门未触发限位，机械配合调整限位； 详情请见 EAM 中工单 01163760-01 的完工报告	
编　　者	运行二处一值：谷铁	时间：2019 年 02 月 16 日

3.5.37 主控 3APA300VL 显示为洋红色，现场电动头显示屏显示有报警

异常缺陷名称	主控 3APA300VL 显示为洋红色，现场电动头显示屏显示有报警	
发生时间	2016 年 07 月 15 日夜班	
机组状态	3 号机组调试启动阶段	
异常缺陷现象	主控 3APA300VL 显示为洋红色，现场电动头显示屏显示有报警，“STOPPED POS. SENSOR FAIL”，开度显示为 96%	
风险或潜在后果	影响 3APA300VL 开关操作的可靠性	
干预行动	已采取的行动措施： 1）安排现场就地检查阀门电动头，确认电动头显示屏有报警“STOPPED POS. SENSOR FAIL”，开度显示为 96%； 2）提工作申请（WR）按计划处理	
原因分析	就地开关反馈丢失	
消缺行动	电气处理反馈： 1）检修过程： ①将 3APA300VL 电动头上游电源送上，电动头上显示屏显示 96% 开度； ②就地操作 3APA300VL 阀门，就地开关操作未到实际位置； ③就地 3APA300VL 阀门反馈丢失，开关反馈重新调试，就地/远控操作正常。 2）故障原因分析：3APA300VL 显示洋红色，就地开关反馈丢失	
相关知识	3APA300VL 参与的 APA 控制逻辑： 1）3APA300VL 关信号触发 3APA302PO 跳闸； 2）3APA300VL 全开信号是主给水泵 C 允许启动信号之一	
参考资料信息	维修二处电气：完工报告《FQ3-MA02-RCWO-00307823/01 主控 3APA300VL 显示洋红色，电动头就地有报警，开度显示为 96%，需处理》； WR/WOT：00152359/00307823-01（计划工单）	
编　　者	运行二处一值：谷铁	时间：2019 年 02 月 16 日

3.5.38　主控闪发主给水泵 C 入口电动阀门 3APA300VL 闪发故障

异常缺陷名称	主控闪发主给水泵 C 入口电动阀门 3APA300VL 闪发故障
发生时间	2019 年 07 月 09 日早班
机组状态	RP 模式，电功率 1070 MWe。3APA102PO、3APA302PO 在运行，3APA202PO 在备用
异常缺陷现象	13:43 主控闪发 3APA635KA(给水泵 C 阀门故障)，持续 6 s，经查看趋势确认是 3APA300VL(3 号主给水泵入口电动隔离阀)闪发故障，现场查看阀门未见异常。 注：4 号机组 4APA200VL 于当天也闪发了阀门故障缺陷
风险或潜在后果	1)若阀门关限位触发，会联锁泵保护停运； 2)若处理 3APA300VL 需要隔离 3APA302PO，则按照规程需要降功率至 784 MW 运行，影响后续 3 号机组升功率
干预行动	已采取的行动措施： 1)立即查看当前运行泵 3APA302PO 流量无变化，保持在 3370 m^3/h 左右，SG 液位正常； 2)派人员就地查看，由于是闪发，就地未见异常； 3)oncall 维修电气专业检查 3APA300VL 故障原因
原因分析	经查看电动头 DCS 后台监测阀位历史趋势，在闪发报警期间电动头阀位反馈由开限位转到 FAULT，报警消失后又转为开限位，分析为由于振动导致电动头开限位反馈回路的插件或接线接触不良，从而导致开限位短时消失，电动头出现短时故障报警
消缺行动	电气处理反馈： 1)故障现象：3APA300VL 闪发故障，持续时间 6 s，接到 oncall 就地查看电动头无异常，目前持续观察 5 h 电动头运行正常； 2)故障原因分析：经查看电动头 DCS 后台监测阀位历史趋势，在闪发报警期间电动头阀位反馈由开限位转到 FAULT，报警消失后又转为开限位，分析为由于振动导致电动头开限位反馈回路的插件或接线接触不良，从而导致开限位短时消失，电动头出现短时故障报警； 3)已采取措施： ①对 3APA300VL 电动头测量振动，垂直方向最大振动加速度值 1.6g，水平方向最大振动加速度值 1.4g，超过电动头运行振动要求(电动头运行振动标准为 1g)；

续 表

消缺行动	②就地持续观察电动头，截至目前持续观察 6 h，电动头运行无异常； 4）设备可用性评价： ①从运行逻辑上分析，远控自动运行工况下，3APA302PO 电动给水泵 C 运行时，3APA300VL 阀门“允许关”闭锁无法触发，即 3APA302PO 运行时，远控无法自动关闭 3APA300VL； ②从电动头本体分析，开关阀控制与反馈回路均互相独立，连锁跳泵信号取自全关反馈回路，全关反馈有独立的继电器触发，继电器得电才会触发关限位，电动头振动、失电、插件接触不良均不会导致关限位触发； 综上所述，当前电动头处于正常运行状态，报警出现期间会影响 3APA300VL 电动头电动操作，但不影响阀门保持开启状态，不影响主给水泵相关运行功能； 5）后续行动： ①编制电动头在线处理工作方案，若电动头出现持续报警，则对其在线进行处理； ②核实领用电动头备件，利用备件进行模拟分析，尝试重现故障，查找故障根本原因； ③研究调取 3APA300VL 电动头故障历史数据记录可行性； ④调研对电动头内板卡插接件紧固的良好实践； ⑤研究电动头控制单元与本体分离的可行性。 维修二处组织维修机电仪、运行、设备管理召开 3APA300VL/4APA200VL 闪发报警故障处理讨论会，制定以下处理措施； ①评估“实施 TCA-对 3/4APA100VL/200VL/300VL 电动头在 DCS 强制闭锁关限位信号为 0”的必要性； ②对于电动头振动高问题，采取缓解措施，在 402/303 大修期间对 3/4APA100VL/200VL/300VL 安装方向由水平调整为竖直安装； ③核实 3/4APA100VL/200VL/300VL 电动头增加抗震支架或增加质量块降低不平衡度可行性，并提出相关变更； ④核实确定对电动头内板卡及插件紧固措施，并在 402/303 大修期间实施； 6）后续处理计划： ①完成 3APA300VL/4APA200VL 故障处理工作方案编制； ②跟踪 1/2 号机组 APA 电动头变更为分体式电动头进展，对电动头变更为分体式做前置性研究

续　表

相关知识	1)3APA300VL 参与的 APA 控制逻辑：3APA300VL 关信号触发 3APA302PO 跳闸；3APA300VL 全开信号是主给水泵 C 允许启动信号之一。 2)针对 3、4 号机组多次出现开限位丢失故障。经研究发现，ROTORK 电动执行机构开限位由电动头内部继电器 S2 实现反馈，S2 继电器为常开触点，当阀门全开时，S2 继电器线圈得电，触点吸合。经检测，APA 系统电动执行机构最高振动可到 5.5g，远高于电动执行机构 1g 的振动标准，高频小幅振动导致 S2 继电器闭合触点跳动，产生开限位丢失信号的故障。针对限位丢失的现象，对 3、4 号机组 APA100VL、APA200VL、APA300VL 电动执行机构的开限位反馈继电器 S2 与备用继电器 S3 进行并联。从而屏蔽单一继电器偶发性开限位丢失故障，提高 3、4 号机组 APA100VL、APA200VL、APA300VL 电动执行机构可靠性	
参考资料信息	运行二处：3 号机组异常反馈——主控闪发给水泵 C 阀门故障； 维修二处：3APA300VL(3 号主给水泵入口电动隔离阀)闪发故障缺陷反馈； 维修二处：《3、4 号机组 APA100VL 200VL 300VL 板卡反馈逻辑优化变更施工方案》； WR/WOT：00581824/01278667-01(计划工单)	
编　　者	运行二处一值：谷铁	时间：2020 年 03 月 19 日

3.5.39　APA 系统设备异常缺陷处理总结

(1)APA 系统异常处理思路

①漏水漏汽的异常缺陷

如果温度高，产生大量蒸汽。

a. 需要注意采取措施对泄漏的蒸汽的冷却，避免触发消防探头动作，常规岛两个消防探头触发报警，将导致 3DVE 和 4DVE 系统的阀门联动，存在导致产生非预期第二组 IO 的风。

b. 需要确保 APA 泵组区域的雨淋阀处于手动状态，避免消防探头触发雨淋阀联动，导致 APA 泵组被雨淋阀误喷淋。

c. 需要关注泄漏高温蒸汽或是水的去向，采取措施避免高温蒸汽或是水直接喷到泵组设备或是仪表上，引起设备仪表损坏或是误动作，喷到电气设备上时，需要关注对电气设备的绝缘进行检查评价。

d. 关注 SEK 坑液位，泄漏持续时间或是量大时，需要关注 8/9SEL 水箱的液位。

e. 分析泄漏点对主给水泵运行的影响，必要时联系设备工程师和维修专业评价主给水的可用性。

若泄漏点影响主给水泵的正常运行，必要时进行设备切换(如主给水泵的切换，如果密封冷却环路的泄漏，必要时切换密封冷却环路过滤器)，或采取其他缓解措施；

若泄漏点影响主给水泵的备用自启功能(影响如下逻辑涉及的设备的可用性)，根据机组状态要求进行修复，恢复泵的备用自启动功能。

APA 泵允许启动(STANDBY)逻辑(条件)：

(i)给水泵启动状态正常[APA103KS(A 泵)或 203KS(B 泵)或 303KS(C 泵)亮]：

给水泵最小流量隔离阀和再循环阀全开；

给水前置泵进口阀全开；

给水泵不反转(或给水泵不在最小转速位置时，泵反转转速小于 200 r/min)；

(ii)给水泵出口阀全开；

(iii)给水泵转速自动控制；

(iv)给水泵润滑油压>0. 17 MPa。

f. 当因泄漏或是采取隔离措施，导致主给水泵不可用时，需要参考《FQX/Y-APA-I-001 机组处于 50%～100%功率运行时一台主给水泵故障规程》进行机组状态控制。

②振动监测报警和异常

a. 主控出现振动监测相关的报警时，查看相应的报警卡，按报警卡进行检查和处理响应；

b. 按报警卡对应查看 KIC 画面中相应的仪表，调曲线观察变化趋势，并对比同一位置处其他温度和振动探头进行对比判断振动的真实性；

c. 现场检查对应轴承位置处的振动和异音情况；

d. 现场检查查看 APA101AR/201AR/301AR 振动监测卡件 VM600 上报警灯的显示情况，方法如下“相关知识”中所述；

e. 联系机械/电气(电机振动)以及性能测振人员进行检查处理。

③主给水泵转速控制异常

a. 如果给水泵转速存在周期性的振荡：

可能原因及措施：

(i)油产生泡沫(油箱中的油温<40 ℃，因此放气阀特性不良)

措施：将油箱中的油加热到>40 ℃。为此，调低润滑油冷却器的冷却水阀的冷却水流量。

(ii)工作油泵压力波动

· 油箱中的油温<40 ℃，因此放气阀特性不良，引起泵运行时压力波动

措施：将油箱中的油加热到>40 ℃。为此，调低润滑油冷却器的冷却水阀的冷却水流量。

· 油位太低

措施：检查油位，充油到在最大最小标记之间，检查易熔塞。

· 油产生泡沫(油温太低；油中含水；排气性能不良；不好的油质)

措施：检查油是否有杂质，滤油，检查油气分离器是否堵塞，如果需要更换油。

· 工作油泵压力<1.5 bar

措施：检查在压力检测点的工作油泵的压力。

· 工作油流量太低

措施：调整增加油流量控制阀的工作流量。

· 积聚在工作油冷却器中的空气周期性地进入到耦合器

措施：检查冷却器的排气(工作油冷却器在外壳的三个点处进行连续排气)。

· 主给水泵再循环调阀频繁开关动作

当主给水泵再循环阀频繁开关动作时，将引起主给水泵出口压力及主给水集管压力 ARE201MP 频繁波动，也将导致水汽压差实测值频繁波动，导致水汽压差实测值和定值间的偏差存在波动将引起给水泵转速存在振荡波动。

措施：

检查控制再循环调阀动作相应的主给水泵流量表 APA101MD/102MD 或 201MD/202MD 或 301MD/302MD 是否存在流量表异常波动的情况，比较同一个泵的两个流量表的差别以及同为运行泵的流量表的差别，判断确认存在异常的流量表，必要时将再循环调阀切手动控制。

检查水汽母管压差 ARE001MP、002MP、003MP 三者是否存在不一致，是否存在波动。必要时手动控制主给水泵转速来控制 SG 水位。

b. 给水泵输出速度不受控制

可能原因及措施：

(i)定位控制设备的主控制回路出现问题

措施：检查定位控制设备和控制回路(电气连接)。

(ii)控制油压太低

措施：重新调整控制油压，在这种情况下如果需要也可调整润滑油压力和重新调节。

(iii)勺管执行器出现问题

措施：检查勺管是否容易移动。

c. 电机正常启动后主给水泵不能正常启动

可能原因及措施：

(i)勺管处在 0 位置

措施：

在 100%方向上移动勺管

· 检查勺管执行器的电源；

· 检查驱动信号；

· 故障检修。

(ii)工作油泵不传送油

a. 在油箱中的油温<+15 ℃或油粘度<250 mm^2/s

措施：将油加热到>+15 ℃，可以依靠润滑油泵运行。关闭润滑油冷却器上的冷却水源。

b. 油位太低

措施：检查油位，充油到在最大最小标记之间，检查易熔塞。

c. 油产生泡沫(油温太低；油中含水；排气性能不良；不好的油质)

措施：检查油是否有杂质，滤油，检查油气分离器是否堵塞，如果需要更换油。

d. 工作油泵压力<1.0 bar

措施：检查在压力检测点的工作油泵的压力。

e. 工作油流量太低

措施：调整增加油流量控制阀的工作流量。

(iii)启动力矩太高(高电机电流消耗)，给水泵被阻塞

措施：检查被驱动机是否平稳运行，检查易熔塞。

④主给水泵故障跳闸原因

针对主给水泵跳闸原因，可以通过 APA 系统设计的“首出跳闸逻辑”模块的记录来查找和进行分析：

a. 跳闸首出逻辑信号的作用

为保护重要设备，APA 泵设置有多个跳闸保护信号，当其中第一个出现的保护信号称为跳闸首出信号，首出信号出现后会被系统记录下来并屏蔽其他再进来的信号。

b. 跳闸首出逻辑信号相关的报警灯、复位按钮、信号显示单元

APA 的 KIC 画面中 APA001HXT、APA003HXT、APA005HXT 中设置有跳闸首出跳闸逻辑相关的：

(i)KS 灯(APA110KS/APA210KS/APA310KS)；

(ii)信号记录显示单元(APA110PN/APA210PN/APA310PN)；

(iii)复位按钮(APA102KC/APA202KC/APA302KC)；

APA007HXT 中也设置有三个泵的跳闸首出逻辑复位按钮以及信号记录显示单元，以及参数信号对照列表。

c. 跳闸首出逻辑信号说明

分析 APA 逻辑图中可以看出，给水泵跳闸首出逻辑信号出现时会在 KIC 中出现 KS 灯亮(变红，A 泵对应 APA110KS，B 泵对应 APA210KS，C 泵对应 APA310KS)，跳闸首出信号对应的参数将在 PN(A 泵对应 APA110PN，B 泵对应 APA210PN，C 泵对应 APA310PN)中显示，通过 APA007HXT 中参数信号对照列表可以方便查询主给水泵跳闸的原因，由于主给水泵有些跳闸信号已取消，故对参数信号对照列表进行精简如下：

APA110/210/310PN 显示的参数值	对应的主给水泵跳闸首出信号
14	给水泵电机 U 相线圈温度高高(2 取 2)
16	给水泵电机 V 相线圈温度高高(2 取 2)
18	给水泵电机 W 相线圈温度高高(2 取 2)

续　表

APA110/210/310PN 显示的参数值	对应的主给水泵跳闸首出信号
39	给水前置泵轴向位移超限(>+260 μm)和给水前置泵推力轴承内侧温度-1 高高 或 给水前置泵 A 轴向位移超限(<-670 μm)和给水前置泵 A 推力轴承外侧温度-1 高高
40	给水泵 A 轴向位移超限(>+260 μm)和给水泵 A 推力轴承内侧温度-1 高高 或 给水泵 A 轴向位移超限(<-670 μm)和给水泵 A 推力轴承外侧温度-1 高高
41	给水泵润滑油压力低低(3 取 2<0.08 MPa)
42	除氧器水位低低(ADG001MN、002MN、003MN，3 取 2<-850 mm)
43	给水泵运行且转速大于 3950 r/min，延迟 20 s，给水泵出口压力低与 4.5 MPa.g
44	给水泵 MCC 故障
45	给水前置泵进口阀全关

d. 复位跳闸首出逻辑信号的必要性

当 APA 泵因为故障或隔离检修产生跳闸首出信号时，相应的跳闸首出信号灯(APA110KS/210KS/310KS)会亮，跳闸首出信号对应的参数将在 PN 显示并纪录保持住。例如：主给水泵停运时，AGM 电动泵隔离检修将导致产生主给水泵跳闸首出逻辑 41：给水泵润滑油压力低低(3 取 2<0.08 MPa)。对应的 APA110KS/210KS/310KS 会亮，对应的 APA110PN/210PN/310PN 中将显示值为 41，代表跳闸首出信号为给水泵润滑油压力低低(3 取 2<0.08 MPa)导致给水泵跳闸。当主给水泵断电隔离时，将产生主给水泵跳闸首出逻辑 44：给水泵 MCC 故障。

但主给水泵故障消除或隔离解除后，重新启动主给水泵前，需要通过首出逻辑复位按钮 APA102KC/APA202KC/APA302KC 来复位跳闸首出逻辑信号，否则后续主给水泵因为故障跳闸时，不便于查明主给水泵跳闸的故障原因。

(2)异常缺陷处理重要参考资料信息

《FQY-5TQ-RCJC-19101_电动主给水泵油系统(AGM)培训教材》《FQ3-APA-I-001 机组处于 50%-100%功率运行时一台主给水泵故障规程》。

3.6 高压给水加热系统(AHP)

3.6.1 2AHP507VV 主控显示大红色，同时主控触发 2AHP109KA(AHP 系统抽汽疏水阀故障)报警

异常缺陷名称	2AHP507VV 主控显示大红色，同时主控触发 2AHP109KA(AHP 系统抽汽疏水阀故障)报警
发生时间	2016 年 05 月 15 日夜班
机组状态	RP 模式，满功率
异常缺陷现象	2AHP507VV 主控显示大红色，同时主控触发 2AHP109KA(AHP 系统抽汽疏水阀故障)报警，现场核实 2AHP507VV 卡涩，阀门就地可以手动全关，开启最多只能到 40%左右
风险或潜在后果	降低了 6A 高加抽汽管线疏水的可靠性
干预行动	已采取的行动措施： 1)查看和执行报警卡，检查发现 2AHP507VV 显示大红色； 2)安排就地核实发现 2AHP507VV 卡涩，阀门就地可以手动全关，开启最多只能到 40%左右； 3)oncall 维修机械检查处理
原因分析	2AHP507VV 阀门气动执行机构膜片破裂
消缺行动	机械处理反馈： 1)故障描述：2AHP507VV 阀门就地可全关，但气动操作阀门只能到 40%开度。 2)原因分析：气动执行机构膜片破裂。 3)检查内容：核实阀门可以全开，但无法全关，初步判断气动执行机构膜片破裂。 4)工作过程： ①主控召开工前会后现场实施隔离； ②气动头各个部位做好记号，转动手轮释放弹簧紧力； ③拆卸气动头气源管线并安放牢固； ④拆卸阀杆联轴器螺栓并取下联轴器上半部分； ⑤松开气动头上下气缸之间锁紧螺栓，留四条长螺栓慢慢松开全部释放弹簧紧力； ⑥取下膜片及膜片托盘，检查为膜片损坏； ⑦使用钢丝刷对膜片托盘进行打磨抛光；

续　表

消缺行动	⑧清洁度检查，回装膜片托盘并在托盘周围涂抹凡士林，安装膜片(PB700BADHACFOR SIZE 2＊2)； ⑨回装上气缸并均匀紧固气缸中间锁紧螺栓，最终力矩：30 N·m； ⑩回装阀杆联轴器并在螺栓处涂抹螺纹锁紧胶； ⑪回装气缸供气管线，调整阀门开关位置； ⑫联系主控办理临时摘牌对阀门进行供气； ⑬由主控将阀门从手动状态切换至自动状态； ⑭现场观察阀门开关正常	
相关知识	AHP507VV(6A 高加进汽阀后疏水阀)的控制逻辑： 1)自动开启：疏水袋液位高 AHP101SN 触发。 2)保护开启：疏水袋液位高高 AHP102SN 触发。 3)自动关闭：自动开启信号消失后 2 s	
参考资料信息	维修一处：EAM 中工单 00279492-01 的完工报告、维修日报(2016 年 05 月 16 日)； WR/WOT：00131690/00279492-01(计划工单)	
编　　者	运行二处一值：姚嘉俊	时间：2019 年 01 月 10 日

3.6.2　2AHP119VL 开度异常增大

异常缺陷名称	2AHP119VL 开度异常增大
发生时间	2016 年 12 月 10 日
机组状态	RP 模式，满功率
异常缺陷现象	2AHP119VL 开度在 KIC 上反馈已达 83%开度，现场也达到 83%开度，而且阀门振动较大，已联系性能测振，振动偏大但不影响正常运行，需要、密切关注。中班接班后 2AHP119VL 阀门仍然在缓慢开大，并最终开到 100%开度
风险或潜在后果	1)管线振动大可能导致阀门损坏或者管线断裂； 2)高加达到高 3 液位降导致高加解列，影响机组热效率，导致反应堆热功率超限
干预行动	已采取的行动措施： 1)主控室操纵员将 2AHP119VL 和 2AHP120VL 打手动，稳定液位； 2)联系仪控、机械专业进行现场检查

续 表

<table>
<tr>
<td>原因分析</td>
<td>
1) 当班值通过对比 1、2、3 号机组各项参数，只是 2AHP119VL 开度达到了 100%，其余机组在 40%左右。另 3 台机组的 7A、7B 进气温度相当，约 226 ℃，但疏水温度：1 号机组和 3 号机组 AHP010KT(7A 疏水温度)、AHP012KT(7B 疏水温度) 在 208 ℃，而 2 号机组都在 225 ℃。
2) 初步判断因 7A、7B 实际液位过低，导致部分蒸汽进入疏冷段，疏水管道水中带汽。因此阀门开大时，只是增加了部分蒸汽流量，因此对实际输水量影响较小。也正因为水中带汽，导致疏水管道振动较大

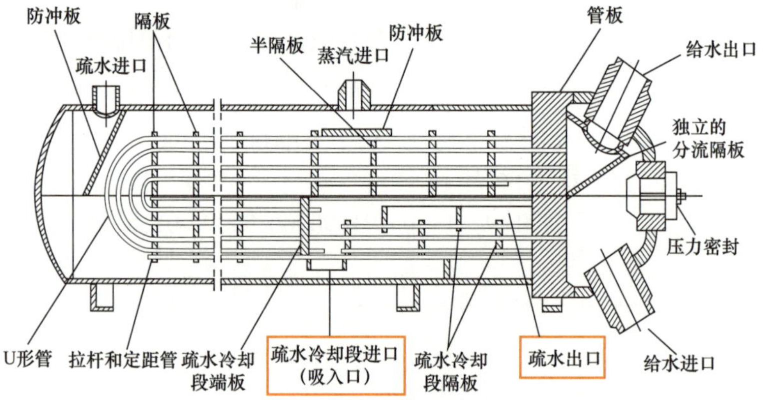

图 1　高压加热器结构示意图
</td>
</tr>
<tr>
<td>消缺行动</td>
<td>
仪控处理反馈：
由于高加疏冷段进汽，会对高加的设备结构产生冲击，而且会降低机组的热效率，主控决定继续进行 7A 高加液位计的参数修正，即继续实施抬高 6、7 号高加液位的 TCA。
1) 主控室操纵员将 2AHP119VL 和 2AHP120VL 打手动，稳定液位后，仪控人员将 7A 高加液位高三解列的信号强制为 0；
2) 现场操作员密切监视 7A 就地液位计，当发生大幅变化时，通知主控调节；
3) 仪控人员分别对 2AHP007、008、009MN 参数进行修改，修改后 2AHP007、008、009MN 液位从原来的 0 mm 变为 - 100 mm 左右；
4) 操纵员手动调节 2AHP119VL 的开度，将高加液位调至 0 mm 左右后，将 2AHP119VL、2AHP120VL 置自动；
5) 仪控人员取消 7A 高加液位高三解列的信号强制
</td>
</tr>
</table>

续　表

相关知识	1) AHP119VL(7A 高加正常疏水阀)由 7A 高加液位中值控制。 2) 6A 高加液位 H3>138 mm，关闭 7A 高加正常疏水阀，控制切手动，7A 高加危急疏水阀取消偏置。 3) 7A 高加 3 个液位计故障，正常疏水阀控制切手动。 AHP120VL(7A 高加危急疏水阀)正常由 7A 高加液位中值减去偏置控制，6A 高加液位 H3>138 mm，取消偏置控制。 4) 7A 高加液位 H2>88 mm，全开危急疏水阀，控制切手动。 5) 7A 高加 3 个液位计故障，正常疏水阀控制切手动	
参考资料信息	运行一处：《运行一处内部经验反馈——2AHP119VL 开度异常增大处理过程》； WR/WOT：00865001-01	
编　　者	运行二处一值：姚嘉俊	时间：2019 年 01 月 10 日

3.7 启动给水系统(APD)

3.7.1 启动给水泵 3APD001PO 后发现泵非驱动端有异音

异常缺陷名称	启动给水泵 3APD001PO 后发现泵非驱动端有异音
发生时间	2016 年 04 月 16 日中班
机组状态	机组调试启动阶段，MCS 模式
异常缺陷现象	3D28B-60 启动 3APD001PO 时，启泵后约 20 min，现场电机非驱动端有异音
风险或潜在后果	可能导致泵轴承损坏
干预行动	已采取的行动措施： 1) 主控加强关注启动给水泵的驱动端轴承温度(3APD001KT)和非驱动端轴承温度(3APD002KT)变化趋势情况，未见明显异常上升，安排人员检查泵振动情况； 2) 根据机械和调试系统负责人评估，停运启动给水泵 3APD001PO； 3) 安排化学取样启动给水泵润滑油油样，确认油质较差，需要换油
原因分析	非驱端轴承箱内部润滑油比较脏
消缺行动	机械处理反馈： 1) 检查结果(解体非驱动端轴承检查发现)： ①非驱动端轴承室内部油质较差(呈深黑色)，并伴有少量金属细粉末； ②非驱动端轴承套筒存在局部的过度挤压凹槽。 2) 处理结果进展：完成非驱动端轴承室清洗，轴承、轴承室更换，经再鉴定合格。 3) 工作过程： ①联系仪控人员拆除 3APD002KT； ②将自由端轴承箱体内的润滑油排入废油盘中； ③拆卸风扇罩、风扇和挡油环； ④拆卸轴承盖、锁紧螺母和挡套； ⑤拆下轴承箱，做好防异物封堵工作； ⑥检查轴承是否符合工作要求，如不符合要求则更换新轴承； ⑦回装前做防异物检查；

续　表

消缺行动	⑧按照拆相反顺序回装轴承箱、挡套、锁紧螺母、轴承盖、挡油环、风扇、风扇罩； ⑨仪控人员回装 3APD002KT； ⑩轴承箱内注入新润滑油(VG46)； ⑪驱动端更换新润滑油(VG46)。 4)故障原因分析：非驱端轴承箱内部润滑油比较脏
相关知识	3/4 机组启动给水泵 APD001PO 运行维护手册(EOMM)中对泵轴承润滑油要求：在运行温度下，油的黏度最低不低于 12 cSt(mm^2/s)，这样有利于形成润滑油膜
参考资料信息	运行二处：值长日报(2016 年 04 月 17 日— 04 月 22 日)； WR/WOT：00123360/00262431-01(计划工单)
编　　者	运行二处一值：石亿虎　　时间：2020 年 02 月 19 日

3.7.2　启动给水泵 1APD001PO 在主控 KIC 上启动后，无法用 KIC 停运

异常缺陷名称	启动给水泵 1APD001PO 在主控 KIC 上启动后，无法用 KIC 停运
发生时间	2017 年 03 月 07 日中班
机组状态	RP 模式，845 MWe
异常缺陷现象	中班执行 FQ1-APD-T-001(启动给水泵定期启动试验规程)时，1APD001PO(供电电源 1LGB104JA)在主控 KIC 上启动后，主控通过 KIC 无法手动停运 1APD001PO(点击停运后，显示大红色运行状态)，最终安排现场试验盒手动停运成功
风险或潜在后果	导致主控 KIC 中无法正常停运启动给水泵，当紧急情况下需要停运启动给水泵时无法及时停运，可能导致设备损坏
干预行动	已采取的行动措施： 1)主控 KIC 手动无法停运时，安排现场检查确认泵处于运行状态； 2)安排现场检查 1APD001PO 供电开关未见明显异常，要求现场使用试验盒停运 1APD001PO，成功停运； 3)oncall 电气检查处理
原因分析	1LGB104JA 柜内 002XR 中间继电器故障，导致主控无法分闸

续 表

消缺行动	电气处理反馈： 1)工作过程： ①现场验证隔离边界，确认现场具备工作条件； ②开关在试验位进行远方分闸，检测到远方电压且002XR线圈得电，但是触点没动作； ③对1LGB04柜内002XR进行更换； ④验证试验位开关能够远方正确分合，缺陷消除； ⑤工作结束后恢复现场。 2)故障原因分析：1LGB104JA柜内002XR中间继电器故障，导致主控无法分闸
相关知识	APD的启停控制逻辑： 1)启动给水泵允许启动信号： 启动给水泵出口阀(APD004VL)全关+启动给水泵润滑油母管压力APD002MP>0.1 MPa； 2)APD001PO保护跳闸信号： ①启动给水泵润滑油泵出口油温度高高(012KT-60 ℃)； ②启动给水泵润滑油母管油温度高高(013KT-55 ℃)； ③启动给水泵润滑油母管压力低低(002MP-0.06 MPa)； ④除氧器液位低低(ADG001/002/003MN，2/3，≤-850 mm)； ⑤安注信号； ⑥P14信号
参考资料信息	维修二处：EAM中00523930-01的完工报告； 运行一处：EOMS日志(2017年03月07日)； WR/WOT：00221861/00523930-01(紧急工单)
编　　者	运行二处一值：石亿虎　　　　时间：2020年02月19日

3.8 蒸汽发生器排污系统(APG)

3.8.1 2APG002RF 法兰漏水处理

异常缺陷名称	2APG002RF 法兰漏水处理
发生时间	2018 年 05 月 16 日早班
机组状态	RP 模式，满功率
异常缺陷现象	执行 FQ2-RPB-T-024 试验过程中，根据规程逐步减小经过再生热交换器 2APG002RF 的排污流量，当排污隔离阀全关后，现场发现 2APG002RF 法兰处(APG 侧)出现柱状漏水，约筷子粗，呈喷射状。导致再生热交换器 2APG002RF 不可用 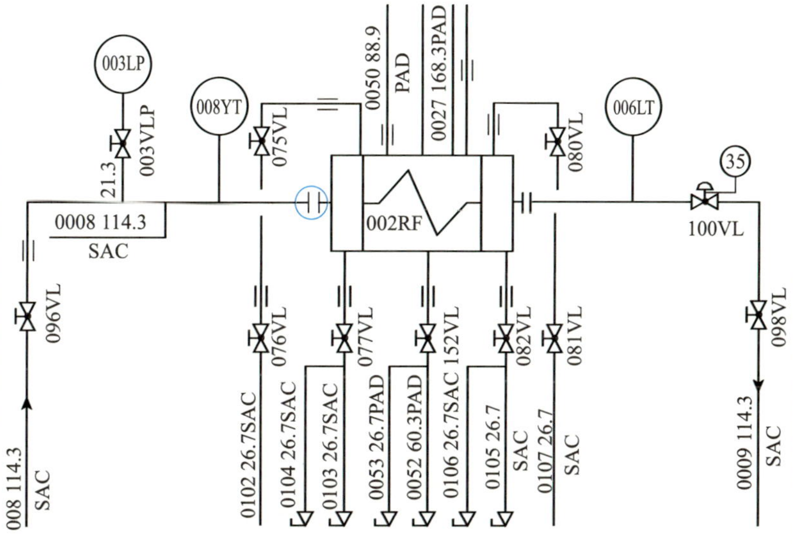
风险或潜在后果	APG 系统再生式换热器不可用
干预行动	已采取的行动措施： 1)现场发现 2APG002RF 法兰处(APG 侧)呈线状漏水，约筷子粗； 2)主控立即 oncall 维修机械人员进行检查处理； 3)主控安排现场将 2APG096VL、2APG100VL 手动关闭，隔离漏点； 4)投运 2APG001RF 建立排污流量至 35 t/h
原因分析	2APG002RF 入口法兰垫片密封失效

续　表

消缺行动	机械处理反馈： 1）故障现象：执行 FQ2-RPB-T-024 试验过程中，根据规程逐步减小经过再生热交换器 2APG002RF 的排污流量，当排污隔离阀全关后，现场发现 2APG002RF 法兰处（APG 侧）出现柱状漏水，约筷子粗，呈喷射状。 2）处理进展： ①机械办理紧急票对 2APG002RF 漏水法兰进行紧固； ②检修结束后当班重新投运 2APG002RF，排污流量调至 30 t/h 运行 20 min，漏点不再渗漏； ③逐步恢复 APG 排污流量至 70 t/h，观察 0.5 h 漏点无泄漏。 3）检修步骤：机械将力矩值加至 1300 N・m 后泄漏控制在约 9 s 1 滴，根据经验，待 2APG002RF 投运后泄漏会逐渐减小； 4）故障原因分析：机械检查后反馈泄漏原因为 2APG002RF 入口法兰垫片密封失效
相关知识	手动调节过程着重需要注意以下逻辑： 1）APG100VL 自动关闭信号：当 APG087VL 非全开或者存在 002RF 冷却水异常信号。 2）APG002RF 冷却水异常信号： ①002RF 入口冷却水压力低（005SP-1 MPa）延时 10 s； ②002RF 冷却水温度高（005ST-190 ℃）延时 8 s； ③002RF 冷却水流量高（403XU-185 t/h）延时 11 s。 3）2APG087VL 自动关闭信号：002RF 入口冷却水压力低（005SP-1 MPa）且 100VL 全开
参考资料信息	维修二处：EAM 中工单 00865001-01 的完工报告

编　　者	运行二处一值：姚嘉俊	时间：2019 年 03 月 11 日

3.8.2　执行 FQ4-RPB-T-046 时 4APG063KA 未正常触发

异常缺陷名称	执行 FQ4-RPB-T-046 时 4APG063KA 未正常触发
发生时间	2017 年 11 月 25 日早班
机组状态	RP 模式满功率

续　表

异常缺陷现象	2017 年 11 月 25 日早班在执行 FQ4-RPB-T-046(用 APG507KC 进行 ASG 泵启动时 APG 隔离信号检查试验规程)试验，试验过程中当 APG 隔离后，按规程要求 20 s 后核对出现 4APG063KA(APG 排污流量低)报警，该报警长时间没有出现，主控检查发现 4APG004MD 流量显示没有降低到要求值，导致报警不出现。3 min 后 4APG004MD 流量才开始缓慢下降，直到报警出现	
风险或潜在后果	QSR 试验不合格	
干预行动	已采取的行动措施： oncall 仪控检查仪表。运行怀疑 4APG004MD 显示异常导致	
原因分析	查看逻辑图 APG063KA 出现有两个原因： 1) APG100VL 和 AGP010VL 同时全开，延时 20 s； 2) APG501KU 的设定值减去 APG004MD 的数值大于 7 t/h，延时 20 s。 查看画面： 1) 4APG010VL 关闭，APG100VL 开启，排除 4APG100VL 和 4AGP010VL 同时全开延时 20 s 触发 4APG063KA； 2) 4APG004MD 长时间显示为 10 t/h 左右，而 APG501KU 的设定值为 15 t/h，两者相差小于 7 t/h，因此无法满足 4APG501KU 的设定值减去 4APG004MD 的数值大于 7 t/h 条件，确认报警无法触发。 故障原因：4APG004MD 为差压式流量计，在 APG 压力突变情况下有可能憋压，导致 4APG004MD 数值不变或变化很缓慢	
消缺行动	仪控处理反馈： 仪控讨论得知，APG004MD 为差压式流量计，在 APG 压力突变情况下有可能憋压，导致 4APG004MD 数值不变或变化很缓慢	
相关知识	APG063KA 触发的原因： 1) APG100VL 和 AGP010VL 同时全开，延时 20 s； 2) APG501KU 的设定值减去 APG004MD 的数值大于 7 t/h，延时 20 s	
参考资料信息	运行二处：《运行二处快速经验反馈——4APG 隔离后 4APG063KA 未出现原因经验反馈》	
编　　者	运行二处一值：姚嘉俊	时间：2019 年 03 月 11 日

3.9 主给水流量控制系统(ARE)

3.9.1 蒸汽发生器给水流量计 1ARE048MD 闪发失效

异常缺陷名称	蒸汽发生器给水流量计 1ARE048MD 闪发失效
发生时间	2014 年 07 月 18 日中班
机组状态	NS/SG 热停堆
异常缺陷现象	2014 年 07 月 18 日 21 时，运行人员发现 1ARE060MN 显示异常，随即通知仪控人员进行处理。 21 时 30 分，仪控人员到达主控，申请快速维修，与运行人员一起进行了风险分析，经值长批准后，去现场对 3 号蒸汽发生器的液位计 1ARE060MN 进行校验，校验过程中脱开 1ARE060MN 电缆，造成 1ARE060MN 超量程失效，质量位信号触发。 23 时 23 分，3 号蒸汽发生器给水流量 1ARE048MD 闪发失效，触发 3 号蒸汽发生器汽水失配信号，导致停堆信号“3 号 SG 水位低且汽水失配”触发，控制棒落棒
风险或潜在后果	叠加 1ARE060MN 超量程失效导致的质量位信号触发，导致“3 号 SG 水位低且汽水失配”停堆信号触发，反应堆停机停堆
干预行动	已采取的行动措施： 诊断执行 I1 规程稳定机组状态 建议后续行动： 对于重要的仪表工作，需要提前做好风险分析
原因分析	由于该表正负压侧取压管分别连接主给水管道文丘里管上下游，在主给水管道里没有充满水时，压力产生变化，导致仪表测量产生波动，最终造成仪表闪发性超量程失效，导致质量位闪发
消缺行动	仪控处理反馈： 在进行 1ARE060MN 变送器校验的过程中，1ARE048MD 闪发性超量程失效，质量位信号闪发
相关知识	ARE048MD/VVP003MD/VVP006MD/ARE045MD/VVP012MP/VVP015MP 中任意一个仪表质量位触发都将产生 3 号蒸发器汽水失配信号，如果此时 ARE057MN/ARE060MN 中一个仪表质量位触发，则将导致“3 号 SG 水位低且汽水失配”停堆信号触发，反应堆停机停堆

续　表

参考资料信息	事件报告：蒸汽发生器给水流量计 1ARE048MD 闪发失效导致非计划停堆事件	
编　　者	运行二处一值：石亿虎	时间：2019 年 03 月 11 日

3.9.2　3ARE055VL(2 号蒸汽发生器给水管线电动隔离阀)闪发阀门硬件故障报警

异常缺陷名称	3ARE055VL(2 号蒸汽发生器给水管线电动隔离阀)闪发阀门硬件故障报警
发生时间	2017 年 06 月 05 日中班
机组状态	RP 模式，满功率
异常缺陷现象	3 号机组频繁闪发 3ARE700KA(ARE 故障)，主控检查阀门 3ARE055VL 闪发故障红色，就地检查阀门 3ARE055VL(2 号蒸汽发生器给水管线电动隔离阀)闪发阀门硬件故障报警
风险或潜在后果	影响阀门动作，有误动停堆风险
干预行动	已采取的行动措施： 实施运行隔离对电动头断电防止误动 建议后续行动： 实施 TCA 将 3ARE055VL 主控报警屏蔽
原因分析	3ARE055VL 电动头编码器故障、主控制板故障
消缺行动	电气处理反馈： 1)故障现象：3 号机组频繁闪发 3ARE700KA(ARE 故障)，主控检查阀门 3ARE055VL 闪发故障红色； 2)处理进展： ①由维修电气准备该故障的处理方案，确定维修窗口； ②在不影响其他设备的情况下对主控 3ARE055VL 故障报警进行屏蔽，实施 TCA； ③停机窗口进行编码器更换。 3)检修过程： ①验证隔离边界，确认设备位置，检查建立检修场所； ②断开 3ARE055VL 上游电源 3LKF99111JA，拆开端盖验电； ③对 3ARE055VL 电动头内部检查接线、板卡，并紧固； ④送上 3LKF99111JA 电源，检查无报警； ⑤断开 3ARE055VL 上游电源 3LKF99111JA，验电；

续 表

消缺行动	⑥对 3ARE055VL 电动头更换主板、编码器板； ⑦送上 3ARE055VL 上游电源 3LKF99111JA，电动头就地远控无报警； ⑧回装 3ARE055VL 端盖，恢复初始状态	
相关知识	3ARE055VL 为主给水调节阀 3ARE032VL 前电动隔离阀，在功率大于 20%FP 时给 2 号蒸汽发生器供水	
参考资料信息	维修二处：维修二处生产日报 20170606、EAM 中工单 00579657-01 的完工报告； WR/WOT：00254637/00579657-01	
编　　者	运行二处一值：石亿虎	时间：2019 年 03 月 11 日

3.9.3 1ARE243VL 阀门定位器背部 RELAY 漏气(压缩空气)

异常缺陷名称	1ARE243VL 阀门定位器背部 RELAY 漏气(压缩空气)
发生时间	2018 年 11 月 30 日中班
机组状态	RP 模式，满功率
异常缺陷现象	2018 年 11 月 30 日，经现场巡检发现 1 号机组 2 号蒸汽发生器主给水旁路管道调节阀 1ARE243VL 定位器放大器(RELAY)部件漏气
风险或潜在后果	1ARE243VL 是 2 号蒸汽发生器供水小阀，阀门失气关闭会影响 2 号蒸汽发生器水位控制
干预行动	已采取的行动措施： 1)安排运行现场人员加强巡检； 2)仪控人员对缺陷加强巡检频次。 建议后续行动： 维修仪控专业人员准备处理方案，尽快消除机组缺陷。因 1ARE243VL 属于 SPV 设备，参与蒸汽发生器液位调节，为消除机组安全隐患，经评估需要对 RELAY 漏气部件故障的定位器进行更换处理
原因分析	1ARE243VL 阀门定位器背部 RELAY 漏气
消缺行动	仪控处理反馈——处理进展： 1)经检查 1ARE243VL 定位器放大器(RELAY)部件漏气。故障的部件型号为 83L 型放大器，初步分析属于设备本身原因故障，放大器共有 4 层，各密封面采取特殊材料和工艺处理，不可现场维修；

续　表

消缺行动	2)为避免在处理过程中导致蒸汽发生器液位异常及误触发停机停堆，因此制订方案《1ARE243VL 定位器 RELAY 部件漏气异常处理方案》用于处理 1ARE243VL 定位器 RELAY 部件漏气问题； 3)检修前确认在主控 KIC 已将 1ARE243VL 手动关闭； 4)更换故障定位器，并对定位器进行校验	
相关知识	1ARE243VL 为 2 环的旁路给水调节阀，在功率小于 20%FP 时给 2 号蒸汽发生器供水	
参考资料信息	维修二处： 工作方案：FQ1-ARE-TD-I18051《1ARE243VL 定位器 RELAY 部件漏气异常处理方案》； 完工报告：FQ1-MA03-RCWO-01069811/01《1ARE243VL 阀门定位器漏气，需更换定位器及校验》	
编　　者	运行二处一值：石亿虎	时间：2019 年 12 月 11 日

3.9.4　3 号 SG 给水旁路上游隔离阀 2ARE061VL 电动头显示编码器硬件故障

异常缺陷名称	3 号 SG 给水旁路上游隔离阀 2ARE061VL 电动头显示编码器硬件故障
发生时间	2019 年 02 月 05 日中班
机组状态	RP 模式，电功率 845 MWe
异常缺陷现象	中班巡检发现 2 号机组 3 号 SG 给水旁路上游隔离阀 2ARE061VL 电动头显示“编码器硬件故障”。正常显示为“状态 OK”。当前 2ARE061VL 全开，旁路阀 2ARE244VL 100%开度向蒸汽发生器供水
风险或潜在后果	1)若阀门异常关闭，可能导致 3 号蒸发器水位较大波动； 2)需要开关 2ARE061VL 时阀门可能无法动作
干预行动	已采取的行动措施： 1)查询逻辑图，确认 2ARE061VL 无自动开关逻辑； 2)检查 1、2 号机组其他给水旁路隔离阀状态正常； 3)联系维修电气人员检查处理； 4)主控对 SG 水位波动干预进行事故预想。 建议后续行动： 维修电气专业尽快准备检查处理方案、消除故障
原因分析	2ARE061VL 电动执行器内编码器故障

续 表

消缺行动	仪控处理反馈： 1）故障现象：2ARE061VL 电动执行器显示“编码器硬件故障”。 2）检查内容： ①现场检查 2ARE061VL 电动执行器上显示“编码器硬件故障”，阀门处于 100%开度，怀疑编码器板故障，需更换编码器板； ②更换编码器板后需要动作阀门来调整限位，准备好工单 01522475-01，更换编码器并完成限位调整。 3）检修内容及步骤（工单 01522475-01）： ①打开控制盒盖，拆除编码器板并做好拆接线记录； ②安装新编码器板并按照拆接线记录恢复编码器接线； ③联系机械人员进行开、关限位调整； ④联系主控进行远方、就地操作（开阀时间：15 s、关阀时间：15 s），均显示正常； ⑤工作结束后，清理现场； ⑥请运行人员验收后归还工作票。 4）处理结果：2ARE061VL 电动头编码器已更换并进行限位调整，现已显示正常。 5）故障原因：2ARE061VL 电动执行器内编码器故障
相关知识	2ARE061VL 为旁路给水调节阀 2ARE244VL 前电动隔离阀，在功率大于 20%FP 时给 3 号蒸汽发生器供水
参考资料信息	维修一处：EAM 中工单 01522475-01 的完工报告； WR/WOT：00685944/01522475-01（计划工单）
编　　者	运行二处一值：石亿虎　　时间：2019 年 02 月 11 日

3.9.5 主控出现 1RPA232KA（ATWT-1 号蒸汽发生器低流量）报警，1ARE049MD 质量位触发

异常缺陷名称	主控出现 1RPA232KA（ATWT-1 号蒸汽发生器低流量）报警，1ARE049MD 质量位触发
发生时间	2018 年 11 月 24 日早班
机组状态	RP 模式，电功率 836 MWe
异常缺陷现象	06:32，1 号主控出现报警：1RPA232KA（ATWT-1 号蒸汽发生器低流量），查看 1RPR 画面中：1ARE049MD 质量位触发（给水流量低于 6%NF），1RPA232KS 灯亮

续　表

风险或潜在后果	1ARE049MD 质量位触发，导致该仪表不可用，产生随机的 IO2：RPR18。ATWT 存在触发风险，若 ATWT 信号触发，将产生以下后果： 1）反应堆紧急停堆； 2）启动 ASG（4 台泵）； 3）汽轮机跳闸； 4）闭锁 GCTc 第三组排放阀； 5）关闭 SG 排污阀
干预行动	已采取的行动措施： 1）查看和执行报警卡，查看 RPR 质量位画面确认质量位触发情况； 2）执行《FQ1-RRC-I-001 核蒸汽供应系统控制装置和安全设施故障处理规程》； 3）监视 RPR024HXT 画面中 ATWT 信号相关信号灯触发情况； 4）oncall 仪控检查处理。 建议后续行动： 1）仪控分析故障根本原因和消除故障； 2）加强对 ARE050MD 和 ARE051MD 的监视，做好 ATWT 触发的事故预想
原因分析	1ARE049MD 至 ATWT 的信号通道 1KCS015CR 中的第 18 号隔离器故障。 根本原因为：隔离器内的电流隔离传递元件（三极管）损坏，无法将电流传递到隔离的下游输出回路，该型号隔离器现场使用数百个，此次为首次故障
消缺行动	仪控处理反馈： 1）处理进展： ①将 1ARE049MD 在 1E 侧质量位、IA 侧质量位信号闭锁。 ②检查 1ARE049MD 信号状态，确认 NC 侧质量位触发，1E 侧质量位没有触发。 ③在 1KCS011AR 中检查回路电源，确认供电正常。 ④检查 1ARE049MD 仪表输出电流值为 28 mA，此状态下仪表输出正常。 ⑤使用信号发生器模拟输入电流 20 mA，1E 侧信号显示正常，NC 侧仍显示超量程。 ⑥检查 1KCS015CR 中的第 18 号隔离器，外观无异常，检查电流输处，结果异常。 ⑦检查 1KCS015CR 中的第 18 号隔离器输入电流，电流正常。

续 表

消缺行动	⑧确认 1KCS015CR 中的第 18 号隔离器故障，对其进行更换为现场备用的 36 号隔离器。 ⑨恢复 1ARE049MD 信号回路状态。 ⑩确认 1ARE049MD 信号状态，在 NC 和 1E 侧均显示正常。 ⑪将 1ARE049MD 在 1E 侧质量位、IA 侧质量位信号闭锁解除。 注：故障的隔离模块因拆除存在误碰风险需要在 104 大修期间进行拆除并进行更换。 2）故障原因分析： 1ARE049MD 至 ATWT 的信号通道 1KCS015CR 中的第 18 号隔离器故障。根本原因为：隔离器内的电流隔离传递元件（三极管）损坏，无法将电流传递到隔离的下游输出回路，该型号隔离器现场使用数百个，此次为首次故障	
相关知识	主给水流量 ARE049MD、050MD、051MD 三取二质量位触发或者 LNC 失电，且中间量程 RPN013MA 和 023MA 大于 30% FP 触发 ATWT 信号	
参考资料信息	维修一处仪控：EAM 中工单 00730071-01 的完工报告； WR/WOT：00468993/01064468-01（紧急工单），1PT42823（1ARE049MD 质量位触发，需检查处理）	
编　　者	运行二处一值：谷铁	时间：2019 年 01 月 19 日

3.9.6 4 号主控出现 4ARE425KA“ARE106VT 任一输入失效”报警

异常缺陷名称	4 号主控出现 4ARE425KA“ARE106VT 任一输入失效”报警
发生时间	2017 年 10 月 18 日夜班
机组状态	RP 模式，满功率
异常缺陷现象	03:53:58，4 号主控触发 4ARE425KA（ARE106VT 任一输入失效）报警，查看 ARE 画面，4ARE406KM 显示数字变为黄色，4ARE406KM 用于 3 号蒸汽发生器水位控制（水位实测值）。期间 4ARE030/054/060MN 水位均在 0 m 左右，且读数未见异常，3 号蒸发器水位控制正常
风险或潜在后果	影响 SG 水位控制的可靠性，如果两个或两个以上的输入通道失效，运行人员将蒸汽发生器水位控制切换到手动控制模式（ARE033VL 和 ARE244VL）

续 表

干预行动	已采取的行动措施： 1）查看 KIC 历史趋势未见明显异常； 2）立即查看和执行报警卡； 3）检查 4RPR036HXT—4RPR039HXT 中 ARE030MN，ARE054MN，ARE060MN 的质量位触发情况； 4）执行《FQ4-RRC-I-001 核蒸汽供应系统控制装置和安全设施故障处理规程》； 5）oncall 维修仪控人员进厂处理。 建议后续行动： 主控人员将密切关注 SG 水位和相关报警，并做好事故预想，必要时根据程序干预 SG 水位
原因分析	4KCS035CR 中 4ARE054MN 模拟量隔离模块故障，导致输入到 KCP 侧参与蒸汽发生器液位调节的 4ARE054MN 通道故障，主控触发 4ARE425KA 报警
消缺行动	仪控处理反馈： 1）处理进展： ①取得工作许可证，与主控充分沟通； ②按照《4ARE054MN_I1 显示质量位工作方案》进行检查处理； ③确认 4ARE054MN 通道的接线均牢靠； ④检查确认 4KCS035CR 中 4ARE054MN 模拟量隔离模块故障，更换合格的卡件备件，通道显示正常； ⑤报主控工作结束，清理现场，归还工作许可证。 2）检修步骤： ①接线紧固性排查，未见异常； ②测量隔离卡件电流后发现故障点为隔离卡件，进行卡件更换； ③更换过程中产生保护ⅢP 通道质量位失效报警 4RPR780KA 报警、及冗余通道偏差报警 4RPR740KA 报警。 ④在更换隔离模块过程中，由于仪表测量电流下降，触发“三号蒸汽发生器低低水位-ⅢP”报警，由于该通道保护已剔除，不参与保护动作。 ⑤模块更换完成后，4ARE425KA 报警消失，KIC 画面显示恢复正常。 3）故障风险分析： 更换位于 4KCS035CR 机柜内的 4ARE054MN 信号隔离模块将导致位于 1E DCS 和 NC DCS 中的 4ARE054MN 信号失效，将造成该仪表参与的反应堆保护逻辑及蒸汽发生器水位控制逻辑降级；

续　表

消缺行动	①4ARE054MN 参与的反应堆保护系统中的“蒸汽发生器水位低低紧急停堆”“蒸汽发生器水位高高 P14 信号”由 2/4 降级为“2/3”。需记录 IO2：RPR1 ②4ARE054MN 参与的蒸汽发生器 3 环路的“水位控制”逻辑由“3 个信号取平均值”降级为“2 个信号取平均值”； ③产生保护ⅢP 通道质量位失效报警 4RPR780KA 报警、及冗余通道偏差报警 4RPR740KA 报警。 4）预防措施： ①确认无其他 ARE、RPR、DAS 系统维修或定期试验工作； ②确认 4ARE030MN、4ARE057MN、4ARE060MN 仪表 KIC 上显示正常； ③隔离模块更换期间，将 4ARE054MN 信号强制为正常值，防止工作过程中信号波动； ④主控运行人员密切关注蒸汽发生器 3 环路水位控制情况并记录 4ARE033VL 初始开度，一旦 4ARE030MN 和 4ARE060MN 仪表其中一块也出现故障，则 3 号环路蒸汽发生器水位控制将由自动切为手动控制。 更换 FBM 卡件风险分析及预防措施： 4ARE054MN 所在的 FBM 上共 8 个信号，4ARE054MN_I1 和 4ARE048MD_I1 参与液位调节，为避免在拆接线过程中信号波动影响工艺系统调节，需将 4ARE054MN_I1 和 4ARE048MD_I1 打手动；其余 6 个信号仅用作显示和报警。 5）故障原因分析： 4KCS035CR 中 4ARE054MN 模拟量隔离模块故障，导致输入到 KCP 侧参与蒸发器液位调节的 4ARE054MN 通道故障，主控触发 4ARE425KA 报警
相关知识	1）每台蒸汽发生器还有 4 只窄量程水位表（对 SG3 其水位变送器的代号分别为 ARE030MN、054MN、060MN 和 057MN），它的 0% 水位定在管板上表面以上的 11.27 m 处，位于给水进口下面，全量程为 3.6 m。这 4 只窄量程水位测量装置都有显示和保护功能，其中 ARE030MN、054MN、060MN 还兼有水位控制功能，通过表决器取它们的平均值作为蒸汽发生器水位调节系统的实测水位信号。在保护方面，用四取二逻辑提供低低水位（15%）停堆保护以对付热阱丧失事故，和提供高高水位（75%）保护，避免汽轮机叶片的损坏，以及限制蒸汽管道事故的后果。对于 SG3 由 ARE060MN 和 057MN 参与低水位（25%）保护，保护逻辑为 1/2。

续　表

相关知识	2) ARE030MN，ARE054MN，ARE060MN 为 ARE 106VT 的三个输入通道，当其中任意一个输入通道失效将触发 4ARE425KA “ARE106VT 任一输入失效”报警。 3) 质量位画面 4RPR036HXT—4RPR039HXT 可以检查 SG 液位计的质量位触发情况	
参考资料信息	运行二处：4 号机组异常反馈——4 号机组触发 4ARE425KA ARE106VT 任一输入失效；运行二处三值：运行二处内部经验反馈——4ARE054MN 液位计故障处理； 维修二处仪控：EAM 中工单 00730071-01 的完工报告； WR/WOT：00300467/00730071-01(紧急工单)	
编　　者	运行二处一值：谷铁	时间：2019 年 01 月 19 日

3.9.7　2ARE055VL 阀门关闭过程中产生“过扭矩”报警，阀门电源空开跳开

异常缺陷名称	2ARE055VL 阀门关闭过程中产生“过扭矩”报警，阀门电源空开跳开
发生时间	2015 年 09 月 06 日早班
机组状态	机组启动阶段
异常缺陷现象	执行 2ARE/AHP 充水排气时，2ARE055VL 阀门关闭过程中产生“过扭矩”报警，查看阀门电源发现空开跳开
风险或潜在后果	导致阀门无法正常关闭
干预行动	已采取的行动措施： oncall 电气检查处理
原因分析	电机接线脱落
消缺行动	电气处理反馈： 1) 检修步骤： ①检查电机及电机接线，发现电机接线脱落； ②重新连接电机接线； ③试验电动头开关正常； ④工作结束后，恢复开关原始状态，清理现场。 2) 故障原因分析：电机接线脱落
相关知识	2ARE055VL 为主给水调节阀 2ARE032VL 前电动隔离阀，在功率大于 20%FP 时给 2 号蒸汽发生器供水

续　表

参考资料信息	维修一处电气：EAM 中工单 00139869-01 的完工报告； WR/WOT：00070939/00139869-01（紧急工单）	
编　　者	运行二处一值：谷铁	时间：2019 年 01 月 19 日

3.9.8　3 号机 2 号 SG 液位为-0.86 m，3ARE020MN 显示×××，且质量位触发

异常缺陷名称	3 号机 2 号 SG 液位为-0.86 m，3ARE020MN 显示×××，且质量位触发
发生时间	2016 年 04 月 03 日早班
机组状态	机组调试启动阶段
异常缺陷现象	2 号 SG 液位为-0.86 m，3ARE020MN 显示×××，且质量位触发
风险或潜在后果	3ARE020MN 无法准确监测 2 号 SG 液位
干预行动	已采取的行动措施： oncall 仪控检查处理 建议后续行动： 通过无故障液位计密切监视 SG 水位
原因分析	仪表投用前，蒸汽发生器内水位过低，无法对正压侧仪表阀上游的管路内进行充水排气，管路内集聚气体过多，不能正确感知压力，导致仪表显示异常
消缺行动	仪控处理反馈： 1）检修过程： ①确认设备位置，核对位号； ②确认仪表三阀组状态； ③打开仪表盖，用万用表测量仪表输出电流； ④缓慢拧松正压侧排气堵头，等待管路内气体排出； ⑤排气完成后，拧紧正压侧排气堵头； ⑥再次用万用表测量仪表输出，确认其输出正常； ⑦向主控报告工作完成，并确认 KIC 画面 3ARE020MN 显示正确； ⑧拧紧仪表盖，清理现场，工作结束。 2）故障原因分析：仪表投用前，蒸汽发生器内水位过低，无法对正压侧仪表阀上游的管路内进行充水排气，管路内集聚气体过多，不能正确感知压力，导致仪表显示异常
相关知识	3ARE020MN 属于非 PAMS 仪表，其参与 4 取 2 液位高高保护停堆

续 表

参考资料信息	维修二处仪控：EAM 中工单 00254258-01 的完工报告； WR/WOT：00119382/00254258-01	
编　　者	运行二处一值：谷铁	时间：2019 年 01 月 19 日

3.9.9 3ARE032VL 在核功率 0.7%Pn 时显示全开，而 3ARE031/033VL 显示全关

异常缺陷名称	3ARE032VL 在核功率 0.7%Pn 时显示全开，而 3ARE031/033VL 显示全关
发生时间	2016 年 07 月 10 日早班
机组状态	机组调试启动阶段，RP 模式，核功率 0.7%Pn
异常缺陷现象	3ARE032VL 在核功率 0.7%Pn 时显示全开，而 3ARE031/033VL 显示全关
风险或潜在后果	影响升功率后(在主给水调节阀下游隔离阀打开)的 SG 水位的控制
干预行动	已采取的行动措施： oncall 联系仪控检查处理 建议后续行动： 通过无故障液位计密切监视 SG 水位
原因分析	低功率水平下，主给水流量表和主蒸汽流量表均存在一定的测量误差，在控制器的积分作用下，会导致主给水调节阀全开
消缺行动	仪控处理反馈： 1)检修过程： ①验证隔离，召开工前会，明确修改内容及风险； ②打开 DCS 一层工作站； ③按照脚本执行 TCA； ④核对确认修改无误； ⑤关闭 DCS 一层工作站，工作结束。 2)故障原因分析：低功率水平下，主给水流量表和主蒸汽流量表均存在一定的测量误差，在控制器的积分作用下，会导致主给水调节阀全开
相关知识	当机组负荷增加到 0.2%Pn 以上时，蒸发器供水切换至 ARE。而负荷在低于 20%Pn 时，主给水调节阀全关，蒸发器水位通过旁路给水调节阀控制。主给水调节阀下游隔离阀保持关闭，直到旁路给水调节阀开度达到 75%时打开，主给水调节阀保持关闭

续 表

参考资料信息	维修二处：仪控：EAM 中工单 00305513-01 的完工报告； WR/WOT：00151009/00305513-01(计划工单)	
编　　者	运行二处一值：谷铁	时间：2019 年 01 月 20 日

3.9.10　1ARE059VL 主控 KIC 中显示洋红色故障状态

异常缺陷名称	1ARE059VL 主控 KIC 中显示洋红色故障状态	
发生时间	2015 年 03 月 17 日早班	
机组状态	RP 模式，满功率	
异常缺陷现象	10:22 分，主控 KIC 中 1ARE059VL 显示洋红色故障状态	
风险或潜在后果	影响 1ARE059VL 阀门的监视和操作	
干预行动	已采取的行动措施： oncall 仪控检查处理	
原因分析	阀门开限位端接松动，导致阀门限位反馈信号未收到	
消缺行动	仪控处理反馈： 1)检修步骤： ①取得工作许可证，验证隔离边界、检修设备位置； ②与主控交流，取得当班值长同意后开工； ③在 DCS 一层工程师站检查，发现阀门无开反馈，在就地检查阀门电动头，状态正常，最后在机柜侧检查开限位端接，发现接线松动，紧固后故障恢复； ④工作完成后，清理现场； ⑤归还工作许可证，请运行人员验收。 2)故障原因分析：阀门开限位端接松动，导致阀门限位反馈信号未收到	
相关知识	1ARE059VL 为 3 号蒸发器主给水调节阀 1ARE033VL 上游的隔离阀	
参考资料信息	维修一处仪控：EAM 中工单 00096594-01 的完工报告； WR/WOT：00041766/00096594-01(计划工单)	
编　　者	运行二处一值：谷铁	时间：2019 年 01 月 21 日

3.9.11　2ARE054VL 就地电动头显示缺相故障

异常缺陷名称	2ARE054VL 就地电动头显示缺相故障	
发生时间	2015 年 07 月 22 日早班	
机组状态	机组调试启动阶段	
异常缺陷现象	在投运 APD 过程中，2ARE054VL 就地电动头显示缺相故障	
风险或潜在后果	影响 2ARE054VL 开关动作的可靠性	
干预行动	已采取的行动措施： oncall 电气检查处理	
原因分析	电动头动力接线插件松动	
消缺行动	仪控处理反馈： 1)检修步骤： ①经现场检查发现电动头动力接线插件松动； ②对电动头动力接线插件进行紧固，送电后开关试验确认缺陷消除； ③工作结束后，清理现场。 2)故障原因分析：电动头动力接线插件松动	
相关知识	2ARE054VL 为 1 号蒸汽发生器主给水调节阀 2ARE242VL 下游的隔离阀	
参考资料信息	维修一处电气：EAM 中工单 00126655-01 的完工报告； WR/WOT：00062399/00126655-01(紧急工单)	
编　　者	运行二处一值：谷铁	时间：2019 年 01 月 21 日

3.9.12　2ARE055VL 电动阀显示“旋钮硬件故障”

异常缺陷名称	2ARE055VL 电动阀显示“旋钮硬件故障”
发生时间	2015 年 05 月 19 日中班
机组状态	机组调试启动阶段
异常缺陷现象	2ARE055VL 电动阀显示“旋钮硬件故障”
风险或潜在后果	影响阀门开关操作
干预行动	已采取的行动措施： 填写工作申请(WR)按计划处理

续 表

原因分析	旋钮卡涩
消缺行动	电气处理反馈： 1）检修步骤： ①验证隔离边界、检修设备位置； ②经检查2ARE55VL电动阀按钮卡涩，用毛刷进行清理； ③清理完毕后故障消除； ④经运行人员确认后，归还工作票； 2）故障原因分析：旋钮卡涩
相关知识	2ARE055VL为2号蒸发器主给水调节阀2ARE032VL上游的隔离阀
参考资料信息	维修一处电气：EAM中工单00112332-01的完工报告； WR/WOT：00051698/00112332-01（计划工单）
编　　者	运行二处一值：谷铁　　时间：2019年01月21日

3.9.13 在主控关闭2ARE054VL，就地阀门未动作，且显示缺相、过扭矩报警

异常缺陷名称	在主控关闭2ARE054VL，就地阀门未动作，且显示缺相、过扭矩报警
发生时间	2015年06月07日早班
机组状态	机组调试启动阶段
异常缺陷现象	在主控关闭2ARE054VL，就地阀门未动作，且显示缺相、过扭矩报警
风险或潜在后果	影响阀门开关操作
干预行动	已采取的行动措施： oncall电气检查处理
原因分析	2ARE054VL力矩偏小，误报缺相
消缺行动	仪控处理反馈： 1）检修步骤： ①取得工作许可证，召开工前会，确认隔离及工作范围、对象及工作中可能出现的风险； ②检查2ARE054VL状态，测量电源板电源正常，线路部件无异常，重新上电后缺相报警消失； ③确认2ARE054VL控制板误报缺相； ④检查关力矩值为60%，根据说明书将关力矩调整为65%；

续 表

消缺行动	⑤与主控沟通后，置就地控制开、关阀正常、置远方控制开、关阀正常； ⑥恢复 2ARE054VL 为初始状态； ⑦清理工作现场，请运行人员验收，归还工作票。 2）故障原因分析：2ARE054VL 力矩偏小，误报缺相	
相关知识	2ARE054VL 为 1 号蒸发器主给水调节阀 2ARE242VL 下游的隔离阀	
参考资料信息	维修一处电气：EAM 中工单 00114079-01 的完工报告； WR/WOT：00054452/00114079-01（紧急工单）	
编　　者	运行二处一值：谷铁	时间：2019 年 01 月 21 日

3.9.14　2ARE053VL 在送电的情况下就地电动头仍没电

异常缺陷名称	2ARE053VL 在送电的情况下就地电动头仍没电	
发生时间	2015 年 07 月 22 日早班	
机组状态	机组调试启动阶段	
异常缺陷现象	2ARE053VL 在送电的情况下就地电动头仍没电，电动阀门显示屏无显示	
风险或潜在后果	影响阀门开关操作	
干预行动	已采取的行动措施： oncall 电气专业处理	
原因分析	电动头动力接线插件松动	
消缺行动	仪控处理反馈： 1）检修步骤： ①经现场检查发现电动头动力接线插件松动； ②对电动头动力接线插件进行紧固，送电后开关试验确认缺陷消除； ③工作结束后，清理现场。 2）故障原因分析：电动头动力接线插件松动	
相关知识	2ARE053VL 为 1 号蒸发器主给水调节阀 2ARE242VL 上游的隔离阀	
参考资料信息	维修一处电气：EAM 中工单 00126654-01 的完工报告； WR/WOT：00062398/00126654-01（紧急工单）	
编　　者	运行二处一值：谷铁	时间：2019 年 01 月 21 日

3.10 辅助给水系统(ASG)

3.10.1 执行 FQ4-RPA-T-044 时出现报警 4ASG173KA1 和 4ASG173KA2 报警，4ASG004PO 跳闸停运

异常缺陷名称	执行 FQ4-RPA-T-044 时出现报警 4ASG173KA1 和 4ASG173KA2 报警，4ASG004PO 跳闸停运
发生时间	2018 年 07 月 04 日早班
机组状态	RP 模式(热功率 2879 MWt，电功率 1066 MWe)
异常缺陷现象	早班执行(Q)FQ4-RPA-T-044：用 ASG006KG 启动 ASG 汽动泵 004PO 试验规程时，11:34 分启动 4ASG004PO 后，运行约 7 min，在 11:41:05 开始，4ASG004PO 转速快速上升到 8824.9 r/min，主控同时出现报警 4ASG173KA1 004PO 汽轮机机械超速跳闸和 4ASG173KA2 004PO 汽轮机电气超速跳闸，现场检查反馈 4ASG004PO 跳闸停运
风险或潜在后果	1)影响汽动泵可用性，进而产生 IO1：ASG1； 2)在机组低状态和事故工况影响 SG 供水的可靠性； 3)导致 QSR 试验《(Q)FQ4-RPA-T-044：用 ASG006KG 启动 ASG 汽动泵 004PO 试验规程》不合格
干预行动	已采取的行动措施： 1)主控检查汽动泵转速平滑下降，无尖峰突变情况； 2)主控按规程恢复汽动泵在停运安全位置； 3)安排机械和当班值现场检查泵是否存在损伤情况； 4)安排仪控检查故障跳闸原因； 5)联系设备管理人员进行分析和评估。 建议后续行动： 1)该异常缺陷已多次出现，请维修分析异常跳闸的根本原因，尽早消除缺陷，恢复设备可用； 2)建议大修解体 4ASG003PO 和 4ASG004PO，彻底排查处理该异常
原因分析	调阀阀杆生锈与盘根摩擦力增大，导致阀门调节卡涩，再叠加泵转速较大，从而引起跳泵

续 表

消缺行动	机械处理反馈： 1)处理进展：经过对调阀阀杆除锈润滑处理，经过机械对主调阀4ASG236VV阀杆进行润滑并进行动做试验。在18点28分再次起启泵验证，泵运行13 min，最高转速8144 r/min，振动、压力、再循环流量满足设计要求，经安工、当班值确认，定期试验结果合格。 2)处理措施： 主调阀4ASG236VV阀杆进行润滑并进行动做试验： ①机械在4ASG004PO处于热备用时，对阀杆进行润滑加油，4ASG236VV处于开启到预定开度状态； ②当班值通过将4ASG004PO按钮置于TRIP位置，使得4ASG235VV和4ASG236VV关闭； ③然后通过将4ASG004PO置于Reset位置； ④现场进行复位操作； ⑤将4ASG607KG置于START位置使得4ASG004PO置于热备用状态，4ASG236VV开启到预定开度。 3)故障原因分析：调阀阀杆生锈与盘根摩擦力增大，导致阀门调节卡涩，再叠加泵转速较大，从而引起跳泵
相关知识	1)ASG汽动泵额定转速8000 r/min，超速信号： ①电子超速保护：110%的额定转速； ②机械超速保护：115%的额定转速； 2)现场复位操作如下： ①在4ASG607CR上依次按下“消音”，“报警确认”，“复位”三个按钮，此时显示屏上显示“ready to start”； ②通知主控在“4ASG607KG”上点击“START”后，现场显示屏第二行显示“Status At Low Idle”； ③若存在汽动泵跳闸后脱扣杆向下，复位时用手慢慢提升脱扣杆，当它与触发器啮合时，脱扣杆就挂在上面，此时4ASG979LA灯灭。备注：若只是主控KIC中TRIP打闸4ASG004PO，则无需使用复位杆复位。 注意：只有当①②步执行后，脱扣杆与触发器啮合才能实现
参考资料信息	运行二处：4号机组异常反馈——执行FQ4-RPA-T-044时出现报警4ASG173KA1和4ASG173KA2报警，4ASG004PO跳闸停运； 维修二处机械：4ASG004PO超速保护跳泵问题处理进展汇报； WR/WOT：00409707/00961694-01(紧急工单)。

续 表

参考资料信息	其他类似异常缺陷： 2017年10月25日执行(Q)FQ4-RPB-T-044：用ASG007KG启动ASG汽动泵004PO试验规程，11:11，出现4ASG173KA1 004PO汽轮机机械超速跳闸和4ASG173KA2 004PO汽轮机电气超速跳闸，oncall仪控检查。 仪控反馈原因为：结合趋势分析，此次超速跳泵的最可能原因为泵本体存在差异导致转速波动更大和更频繁，导致调节系统(主要是定位器)调整不过来，国产的上自仪定位器中的导气阀在阀门开度频繁波动过程中轻微磨损，导致在阀门开度持续波动情况下偶发卡涩，造成转速超速跳泵	
编　　者	运行二处一值：胡松辉	时间：2019年02月13日

3.10.2　3ASG003PO在主控按下跳闸按钮汽动泵未能按照预期停运

异常缺陷名称	3ASG003PO在主控按下跳闸按钮汽动泵未能按照预期停运
发生时间	2020年02月15日中班
机组状态	NS/SG模式，一回路压力：15.4 MPa.g，一回路温度291.4 ℃，主蒸汽隔离阀尚未打开，VVP未暖管
异常缺陷现象	大修值执行FQ3-ASG-TPTSL-0016系列A汽动辅助给水泵超速试验规程，执行规程B.2节手动脱扣试验，汽动泵转速到达8000 r/min时，按照规程主控将3ASG003PO跳闸按钮置于TRIP位置时，主控显示汽动泵转速异常上升9787 r/min，未能正常停运
风险或潜在后果	1)主控按下TRIP按钮后，3ASG003PO未能正常停运，怀疑3ASG135VV及电磁阀3ASG991VV动作可能存在故障； 2)存在汽动泵超速导致汽轮机损坏的风险； 3)产生随机I01：ASG1，要求3天内机组后撤至RRA运行条件的NS/SG模式
干预行动	已采取的行动措施： 1)立即联系现场操作员通过就地打闸按钮停运，3ASG003PO正常停运，同时发现汽动泵停运前3ASG005MD仪表管线有水喷出。 2)联系清洁人员清理地面水渍，联系维修专业检查评估水渍对其他设备的影响。 3)oncall设备管理、机械、仪控、电气人员分析3ASG003PO未能正常停运原因，并消除缺陷。

续　表

干预行动	建议后续行动： 1)请机械人员检查泵出口管道法兰有无泄漏，仪控人员检查处理3ASG005MD仪表。 2)请设备管理一机一人分析汽动泵未能正常停运原因，并采取措施消除缺陷，并评估3ASG003PO及相关管线的可用性。 3)请维修机械检查3ASG135VV阀门动作是否正常，维修电气检查电磁阀3ASG991VV动作是否正常，并消除缺陷
原因分析	3ASG991VV本体至转接箱的正极线芯不导通，导致试验过程中3ASG991VV未按照预期得电动作
消缺行动	电气处理反馈： 1)故障现象：执行FQ3-ASG-TPTSL-0016(系列A汽动辅助给水泵超速试验规程)过程中，在第一次主控测试打闸过程中(19:45:04)，转速上升至9787 r/min，压力达到25 MPa，3ASG005MD管线崩开，持续时间48 s。 2)原因分析：经检查停机电磁阀3ASG991VV的上游电源3ASG606CR经转接箱至电磁阀本体正极的导线不导通，导致主控打闸信号发出后，停机电磁阀3ASG991VV未能正常动作，进汽阀3ASG135VV未能关闭，从而引起ASG003PO转速上升，且由于停机电磁阀失效，导致电气超速不可用，加上机械超速飞锤不在机械超速保护定值区间(9040~9200 r/min)，导致泵应有的保护失效，转速和压力持续异常上升； 3)影响分析：由于停机电磁阀失效，导致电气超速不可用，加上机械超速飞锤不在区间(9040~9200 r/min)，导致泵应有的保护失效，转速和压力达到了极限，泵出口到3ASG011VD之间的管线超压，导致安全相关的设备不可用； 4)处理进展：将3ASG991VV电磁阀本体至转接箱之间的电缆备用线芯更换后，功能恢复正常，运行重新执行两次手动打闸操作，电磁阀均能正常动作。 5)后续行动： ①发起状态报告对该问题进行经验反馈(CR202001706)。 ②在3/4ASG991VV、3/4ASG992VV预防性维修规程中增加回路导通性测试及上游控制箱内加源验证步骤。 ③403大修时对4ASG991VV/992VV进行检查和动作验证。 安工建议行动： 经调查本次303大修，维修电气对停机电磁阀3ASG991VV进行过预防性维修，但维修后只进行过单体离线测试验证，回装后没有进

续 表

消缺行动	行验证，维修后功能验证并不完整，建议后续维修对同类型电磁阀进行纠正性/预防性维修后，阀门回装后需增加对线路测量的验证工作，以确保电磁阀维修后功能完整有效	
相关知识	ASG 汽动泵打闸方式有以下几种：3ASG003PO 为例 1）主控关闭汽动泵供汽阀 3ASG137/138VV； 2）主控 TRIP 电磁阀 3ASG135VV； 3）就地急停按钮； 4）就地泵本体打闸杆	
参考资料信息	运行二处：3 号机组异常反馈——3ASG003PO 主控按下跳闸按钮汽动泵未能按照预期停运； 维修二处：QSR 定期试验不合格通报——FQ3-ASG-TPTSL-0016 反馈邮件；WR/WOT：00688920/01526359-01（紧急工单）； 工作许可证：PW-3-ASG-02147——对 3ASG003PO 停机电磁阀 3ASG991VV 进行功能检查	
编　　者	运行二处一值：朱克勤	时间：2020 年 03 月 01 日

3.10.3　执行 FQ4-RPA-T-043 用 ASG004KG 启动 ASG 汽动泵 003PO 试验规程时，4ASG137VV 无法开启

异常缺陷名称	执行 FQ4-RPA-T-043 用 ASG004KG 启动 ASG 汽动泵 003PO 试验规程时，4ASG137VV 无法开启
发生时间	2017 年 07 月 06 日中班
机组状态	机组调试启动阶段
异常缺陷现象	中班执行 FQ4-RPA-T-043 用 ASG004KG 启动 ASG 汽动泵 003PO 的试验规程，在 4RPR 043 HPT 上 4ASG004KG 已选择“137VV”，又选择“设置”之后，4ASG137VV 没有按照预期开启，后经仪控调整 4ASG017VD 限位后，试验重新进行，4ASG137VV 按预期开启
风险或潜在后果	导致试验时 4ASG137VV 未正常开启，4ASG003PO 未正常启动，导致试验不合格
干预行动	已采取的行动措施： 1）确认 4ASG137VV 阀门未开启，泵未启动，按试验规程执行复位操作； 2）确认 4ASG137VV 阀门仪用压空供气正常； 3）oncall 仪控检查处理

续　表

原因分析	4ASG017VD 关限位未触发，导致 4ASG137VV 无法开启，气动泵无法启动
消缺行动	仪控处理反馈： 1)处理进展：完成 4ASG017VD 关限位调整，4ASG137VV 正常打开，气动泵试验继续进行； 2)缺陷描述：4ASG137VV 无法开启； 3)原因分析：4ASG017VD 关限位未触发，导致 4ASG137VV 无法开启，气动泵无法启动； 4)处理措施：现场对 4ASG017VD 关限位进行调整，确认关限位正常触发。 5)工作过程： ①验证隔离边界，确认设备位号与工作票与一致； ②打电话与主控沟通说明工作内容与工作风险； ③检查 4ASG017VD 阀门状态，阀门全关状态，关限位未触发； ④对 4ASG017VD 阀门关限位进行调整，关限位正常触发并与上位机显示一致； ⑤恢复 4ASG017VD 阀门初始状态； ⑥工作结束，归还工作许可证
相关知识	ASG013VD、ASG015VD、ASG017VD 全关时，且 ASG003PO 试验开关选择 ASG137VV，试验试验开关置于“设置”位置，ASG137VV 自动打开，ASG003PO 启动。即当 4ASG013/015/017VD 中任一个阀门未全关时，将导致无法试验试验开关 ASG004KG 或 ASG006KG 启动汽动泵
参考资料信息	运行二处：《运行二处内部经验反馈——用 ASG004KG 启动 ASG 汽动泵 003PO 时 4ASG137VV 无法开启的经验反馈》； 维修二处仪控：oncall 反馈——4ASG137VV 无法开启； WR/WOT：00266220/00650354-01(紧急工单)
编　　者	运行二处一值：朱克勤　　时间：2020 年 03 月 01 日

3.10.4　执行 FQ4-RPB-T-045 用 ASG556KG 启执行 ASG 电动泵 002PO 试验规程时，用 4ASG556KG 启动泵 4ASG002PO 时泵未按预期启动

异常缺陷名称	执行 FQ4-RPB-T-045 用 ASG556KG 启执行 ASG 电动泵 002PO 试验规程时，用 4ASG556KG 启动 4ASG002PO 时发现 4ASG002PO 未按预期启动

续 表

发生时间	2018 年 10 月 18 日中班
机组状态	RP 模式，满功率
异常缺陷现象	执行 FQ4-RPB-T-045 用 ASG556KG 启执行 ASG 电动泵 002PO 试验规程时，用 4ASG556KG 启动 4ASG002PO 时发现 4ASG002PO 未按预期启动，经确认原因为 4ASG014VD 阀门关闭时关限位未触发，经维修仪控检查发现时 4ASG014VD 的 EP 压空供气压力较低导致，经维修仪控开票调整，恢复 4ASG014VD 的 EP 压空供气压力，经后续多次验证 4ASG014VD 可正常触发关限位，保证了定期试验的顺利进行
风险或潜在后果	1) 导致 4ASG002PO 未能预期启动，导致试验失败； 2) 隔离 4ASG014VD 时影响 ASG 电动泵向 2 号蒸汽发生器的供水，经确认一个供水阀隔离不会导致 ASG1 的第一组 IO，相关的技术规范解释如“相关知识”解释所示
干预行动	已采取的行动措施： 1) 暂停试验，按试验规程进行复位，恢复初始状态； 2) 安排现场检查阀门供气压力和检查泵供电情况，泵供电未见异常，阀门 4ASG014VD 的 EP 压空供气压力较低； 3) oncall 维修仪控检查处理
原因分析	4ASG014VD 的 EP 压空供气压力较，导致 4ASG014VD 阀门关闭时关限位未触发
消缺行动	仪控处理反馈： 1) 处理措施： ①确认 4ASG014VD 阀门关闭限位器无异常； ②就地检查 4ASG014VD 阀门的供气压力偏低，基本确认是该原因导致阀门不能完全关闭； ③调整阀门的供气压力： a. 断开 EP 接线； b. 调整供气压力到 40 psi； c. 通过信号发生器分别模拟 4 mA、8 mA、12 mA、16 mA、20 mA的信号，检查阀门的线性满足要求； d. 主控动作阀门确认阀门动作正常。 2) 故障原因分析：4ASG014VD 的 EP 压空供气压力较，导致 4ASG014VD 阀门关闭时关限位未触发

续 表

相关知识	1)通过 4ASG556KG 选择 002PO 后，再选择“设置”试验启泵时，若 4ASG012/014/016VD 全关，则 4ASG002PO 自动启。4ASG012/014/016VD 任一阀门未全关则闭锁 4ASG002PO 试验启动。 2)ASG012/013/014/015/016/017VD 都是气关阀，但压空失气时阀门将处于开启的安全位置，当供气压力较低时可能导致阀门无法完全关闭，因此就可能触发不到关限位。这类阀门 EP 前供气压力在 40 psi 左右，不能低于 30 psi，通过 EP 调节为 3~15 psi(4~20 mA)。此次 4ASG014VD 阀门 EP 前供气压力只有不到 20 psi，压力不够是导致阀门不能完全关闭的主要原因。 3)ASG1 事件规定了“一台 ASG 电动/汽动给水泵不可用”以及不可用程度类似的“一台蒸汽发生器不能由 ASG 电动泵或汽动泵供水”的情况，对于解释规范中调节阀不可用情况，理解如下： ASG 泵通过母管形式向三台蒸发器供水，两台电动泵(50%流量+50%流量)和两台汽动泵(50%流量+50%流量)出口流量经各自对应母管集合后，再分别向三台蒸发器供水。6 个调节阀(ASG012-017VD)每个对应的流量相当于 33%，因此两个调节阀(对汽动泵)或两个调节阀(对电动泵)的维修所造成的给水流量不可用约为 66%，将这种情况按照相当于一台泵(50%)不可用事件进行规定，而一个调节阀的不可用(33%)相比一台泵(50%)不可用的程度轻，因此不作为运行技术规范的要求	
参考资料信息	运行二处：《运行二处内部经验反馈——执行 FQ4-RPB-T-045 时 4ASG014VD 关限位未触发处理过程》； WR/WOT：00266220/00650354-01(紧急工单)	
编　　者	运行二处一值：朱克勤	时间：2020 年 03 月 01 日

3.11 凝结水精处理系统(ATE)

3.11.1 4ATE 值班室上位机触发 4ATE001VL 限位报警

异常缺陷名称	4ATE 值班室上位机触发 4ATE001VL 限位报警
发生时间	2018 年 09 月 02 日中班
机组状态	RCD 模式(401 大修)
异常缺陷现象	上位机显示阀门一直处于关闭状态
风险或潜在后果	4ATE001VL 在上位机无法操作，影响投运 ATE 系统，可能影响后续机组启动二回路水质
干预行动	已采取的行动措施： 现场核实阀门实际状态
原因分析	4ATE001VL 电动头内故障反馈继电器损坏，节点保持常闭无法打开
消缺行动	电气处理反馈： 原因分析：电动头内故障反馈继电器损坏，节点保持常闭无法打开；电动执行机构断电重新上电后，4ATE 值班室显示屏故障未刷新，导致 4ATE 值班室上位机上故障一直存在。但现场检查过程中对电动执行机构断电后，故障继电器也会有故障送出
相关知识	遇此故障，可在 4ATE001VL 通电情况下刷新上位机界面，消除故障
参考资料信息	维修二处：“oncall 邮件反馈”； eSOMS 日志
编　　者	运行二处一值：石兴强　　　时间：2019 年 02 月 15 日

3.11.2 4LKY431JA 开关故障(负荷 4ATE622RS)导致 4ATE 控制系统故障报警、4LBM 接地故障报警

异常缺陷名称	4LKY431JA 开关故障(负荷 4ATE622RS)导致 4ATE 控制系统故障报警、4LBM 接地故障报警
发生时间	2018 年 11 月 25 日早班
机组状态	RP 模式，电功率 836 MWe

续　表

异常缺陷现象	主控触发 4ATE001KA(ATE 控制系统故障报警)、4LKY001KA3(开关柜故障)、4LBM002KA5(直流系统故障)、4LBM001KA6(直流系统接地故障)报警;现场 4LKY431JA 冒烟,现场有焦煳味;4LBM 盘柜检查存在“复控母—-1.4 V”报警,现场绝缘报警仪上显示复控母对地电阻值 1.5 kΩ
风险或潜在后果	影响 4ATE 再生回路,无法进行树脂再生工作;4ATE606BA 丧失一路电加热器;4ATE003AR 存在失电风险,从而导致净化回路停运,二回路有水质恶化风险,可能导致机组后撤;中和池无法排水
干预行动	已采取的行动措施: 1)oncall 电气专业检查处理; 2)通过紧急 TCA 流程拆除 4ATE622RS 相关控制反馈接线,恢复 4ATE411JA 供电后,4ATE 再生回路功能恢复正常
原因分析	由于 4LKY431JA 开关 B 相螺栓松动,B 相出线端子与电缆接触不良,运行过程中 B 相接线端子部位过热产生灼烧,导致 4LKY431JA 跳闸,产生 4LKY001KA3 报警;灼烧产生的过热波及正上方的二次插接件,导致 4LKY431JA 二次插接件受热变形、导致直流控制电源接线绝缘破损,二次插接件上接线受灼烧绝缘皮破损,来至 4LBM109JA 的直流控制电源接线负极绝缘破损后与二次插接件上非绝缘部件接触,导致 4LBM 系统绝缘能力降低,报 4LBM002KA5(直流系统故障)和 4LBM001KA6(直流系统接地故障);4LKY431JA 下游负荷为 4ATE622RS 电热水箱电加热器,其控制及反馈接线通过 4LKY431JA 的二次插接线引出后与 4ATE411JA 控制电源关联,二次接插件上 4ATE622RS 的反馈接线绝缘破损后接地,产生过电流导致 4ATE411JA 保护跳闸,触发 4ATE001KA
消缺行动	电气处理反馈: 1)4LKY431JA 抽屉一、二次插接件及接线灼伤严重,对一次电缆进行修复、重新敷设 4LKY431JA 二次电缆; 2)断开 4LKY 系统直流电源 4LBM109JA,更换二次插接件

续 表

相关知识	1) 由于某个负荷开关二次侧反馈接线原因导致的上游总开跳闸，可通过执行 TCA 将故障开关反馈接线拆除，便可以正常投运总开关，进而将故障影响范围减小，降低机组风险； 2) 断开直流控制电 4LBM109JA，将导致 4LKY001TB 下游负荷开关失去控制及保护功能	
参考资料信息	维修日报 2018 年 11 月 26 日； WR/WOT：469387/01064942-01	
编　　者	运行二处一值：石兴强	时间：2019 年 02 月 15 日

3.12 汽轮机轴封系统(CET)

4CET 由主蒸汽切换到辅助蒸汽供应的过程中 4CET004VV 阀门卡涩导致切换失败

异常缺陷名称	4CET 由主蒸汽切换到辅助蒸汽供应的过程中 4CET004VV 阀门卡涩导致切换失败
发生时间	2018 年 01 月 03 日夜班
机组状态	NS/SG 模式
异常缺陷现象	4CET 由主蒸汽切换到辅助蒸汽供应过程中 4CET004VV 阀门卡在 10.6%开度不动(其要求开度已达 33%并持续增大)。4CET002VV 从 73%的初始开度按照一定的速率逐渐减小。轴封供汽压力降低，为了保证汽轮机轴封压力正常，运行将 4CET 重新切回到 VVP 供应，主控出现 4CET323KA(蒸汽选择器故障)报警，4CET002VV 重新开回到初始开度约 73%
风险或潜在后果	影响机组下行；4CET 供汽压力降低，可能导致汽轮机轴封失效而漏蒸汽
干预行动	已采取的行动措施： 1)为了保证汽轮机轴封压力正常，运行将 4CET 重新切回到 VVP 供应； 2)联系维修机械和仪控专业处理
原因分析	CET 系统 SVA 供汽调节阀 4CET004VV 卡涩在 10.6%开度无法按逻辑继续开大；重新切换至 VVP 供汽过程中，由于 4VVP001VV 始终为开启状态(无由关闭到开启的脉冲信号)，导致顺控模块无法收到正确重新切至 VVP 的反馈信号，进而触发 4CET323KA(蒸汽选择器故障)报警
消缺行动	机械处理反馈： 机械对 4CET004VV 机械卡涩问题进行处理，缺陷处理后阀门正确响应。 仪控处理反馈： 仪控对 VVP 选择信号的 RS 触发器进行信号强制，消除 4CET323KA(蒸汽选择器故障)，取消强制后，将 CET 由主蒸汽切换到辅助蒸汽供应，阀门正常动作，顺利完成切换

续　表

相关知识	执行 4CET010KC 从 VVP 切换为 SVA，会发送 SVA 开启信号和 VVP 关闭信号。在开始阶段，4CET003VV 正常开启，4CET002VV 正常按照固定斜率开始关闭，4CET004VV 正常调制开启，开度超过 5%，顺序控制逻辑判定 SVA 切换成功。根据逻辑 4CET004VV 会调制开大，过程中由 VVP 和 SVA 共同维持 CET 轴封压力，直至 4CET002VV 关闭后由 4CET004VV 单独维持 CET 轴封压力。 切换过程出现故障后若切换过程中使用 4CET010KC 重新选择 VVP，4CET002VV 重新切换回 PID 控制，开度将根据轴封压力进行调节，以保证蒸汽压力在 5 kPa。整个过程将因 4CET001VV 始终是开启状态，无法触发由关到开的脉冲信号，导致 4CET002VV 开启相关的顺序控制模块无法往下执行，4CET010KC 始终无法收到 VVP 切换成功的反馈，产生 4CET323KA。仪控通过强制恢复 VVP 选择信号的 RS 触发器，消除 4CET323KA。重新执行切换	
参考资料信息	运行二处：《运行二处内部经验反馈——4CET 由 VVP 切换到辅助蒸汽供应的异常处理过程》	
编　　者	运行二处一值：胡松辉	时间：2019 年 02 月 13 日

3.13 凝结水抽取系统(CEX)

3.13.1 3CEX025VL/026VL 在一层切至手动，导致 3ADG 除氧器液位持续降低

异常缺陷名称	3CEX025VL/026VL 在一层切至手动，导致 3ADG 除氧器液位持续降低
发生时间	2016 年 09 月 01 日早班
机组状态	3 号机组调试启动阶段
异常缺陷现象	13:26，KIC 触发 3ADG004KA，除氧器液位低报警，操纵员迅速查看 ADG 画面，确认除氧器液位从初始 300 mm 下降至 150 mm；经检查当前阀门状态，确认 3CEX026VL 开度 20%，3CEX025VL 开度为 0，3CEX025VL/026VL，3ADG002KU 均在手动位置(MCTRL)
风险或潜在后果	导致除氧器液位无法自动控制，如果不及时采取措施进行干预，ADG 液位下降至-850 mm 时将触发 APA 泵全停，进而导致 SG 液位触发反应堆停堆
干预行动	已采取的行动措施： 1)当班值立即响应，操纵员立即执行报警卡，查看 3CEX025/026VL 开度情况，根据无扰切换的 TOI(TOI-3-ADG-16-025 除氧器液位手动切自动规定)，准备将 3CEX025VL 手动开大，将水位调整至 300 mm 后，再将控制器切回自动控制，但发现无法开大阀门，除氧器液位还在持续下降； 2)阀门无法开大可能是就地阀门卡死，立即安排现场人员去就地核实 3CEX025VL 状态，确认是否卡死。就地确认气动阀供气状态正常，阀门没有异常； 3)安排人员至旁路电动阀 3CEX011VL 就地待命，在各种方式无法都远控调节 ADG 除氧器水位时，随时准备与主控建立热线联系，就地操作电动阀调节开度进行干预，保证除氧器流量供应； 4)为避免除氧器液位继续下降，下插控制棒，降低反应堆功率，减少 SG 的给水流量，维持 ADG 除氧器液位。反应堆功率由 9%Pn 下降至 7%Pn，ADG 除氧器水位稳定不再下降； 5)立即 oncall 仪控、机械维修人员进行排查，经仪控人员排查，3CEX025VL 阀门输出模块在一层被置为手动，导致无法在二层对 3CEX025VL 进行控制；

续 表

干预行动	6）经确认无其他异常后，要求仪控人员将3CEX025VL输出切回自动控制； 7）主控操纵员通过调节3CEX025VL开度，将3ADG除氧器水位恢复至300 mm后，将3CEX025VL/026VL、3ADG002KU切回自动； 8）经过观察，除氧器水位自动控制功能恢复，没有异常； 9）恢复反应堆功率至9%，异常结束
原因分析	3CEX025VL输出模块被置于手动，进而水位调节器及3CEX025VL/026VL自行进入手动保持状态
消缺行动	仪控处理反馈： 1）处理进展：除氧器液位控制恢复自动。 2）处理措施：将3CEX025VL输出模块恢复自动后，反馈主控调整除氧器液位到正常水位后，恢复3CEX025VL/026VL和3ADG002KU自动控制。 3）故障原因分析：3CEX025VL输出模块被处于手动，进而水位调节器及3CEX025VL/026VL自行进入手动保持状态
相关知识	当由于某种原因（如液位偏差大于100 mm）导致3ADG002KU和3CEX025VL同时由自动切至手动后，进行切回自动时： 1）通过手动控制3CEX025VL调节3ADG液位至整定值（300 mm）； 2）根据3CEX025VL计算出3ADG002KU输出值并在OOM中输入该值； 3）将3CEX025VL置于自动，然后再将3ADG002KU置于自动。 说明：3CEX026VL无手动，直接通过3ADG002KU控制。 3ADG002KU输出值＝0.8×3CEX025VL开度＋8%（计算时以3CEX025VL开度输出值为准）
参考资料信息	运行二处：《运行二处内部经验反馈——3ADG除氧器液位持续降低响应始末》
编　　者	运行二处一值：谷铁　　　　时间：2019年02月16日

3.13.2 主控巡盘发现 3CEX025VL 开度在 12%~20%之间跳变

异常缺陷名称	主控巡盘发现 3CEX025VL 开度在 12%~20%之间跳变
发生时间	2017 年 02 月 06 日早班
机组状态	RP 模式，并网后继续执行 D15 以 1 MW/min 速率提升功率至 836 MW
异常缺陷现象	主控巡盘发现 3CEX025VL 开度在 12%~20%之间跳变，现场发现 3CEX025VL 阀门振动大，3CEX025VL 开度真实波动，主控观察 3CEX001/002/003MD 在 1400~2700 m^3/h 之间波动，3CEX002PO 和 3CEX003PO 电流在 106 A 和 145 A 之间波动
风险或潜在后果	引起凝泵电流和出口流量剧烈变化，威胁凝结水泵运行安全
干预行动	已采取的行动措施： 1)手动干预控制除氧器液位，液位稳定后，重新恢复除氧器液位自动控制； 2)加强关注凝结水泵电流、出口压力和流量波动情况以及泵运行参数； 3)oncall 维修仪控、机械检查处理
原因分析	3CEX025VL 阀杆联轴器与气动执行机构立柱间隙不均匀
消缺行动	机械处理反馈： 1)处理过程： ①仪控检查 3CEX025VL 阀门定位器功能正常无故障； ②确认阀门处于失气状态，拆开阀杆联轴器连接螺栓； ③对联轴器进行清理，两边进行倒角； ④回装联轴器，对 3CEX025VL 阀杆联轴器与气动执行机构立柱间隙调整。 2)故障原因分析：3CEX025VL 阀杆联轴器与气动执行机构立柱间隙不均匀。故障原因分析：联轴器与支架之间，间隙不均匀
相关知识	当由于某种原因(如液位偏差大于 100 mm)导致 3ADG002KU 和 3CEX025VL 同时由自动切至手动后，进行切回自动时： 1)通过手动控制 3CEX025VL 调节 3ADG 液位至整定值(300 mm)； 2)根据 3CEX025VL 计算出 3ADG002KU 输出值并在 OOM 中输入该值； 3)将 3CEX025VL 置于自动，然后再将 3ADG002KU 置于自动。 说明：3CEX026VL 无手动，直接通过 3ADG002KU 控制。 3ADG002KU 输出值 = 0.8 × 3CEX025VL 开度 + 8%(计算时以 3CEX025VL 开度输出值为准)

续 表

参考资料信息	维修二处：仪控完工报告《FQ3-MA01-RCWO-00510202/02 维修一级：3CEX025VL 阀杆联轴器调整》、机械完工报告《FQ3-MA03-RCWO-00510202/01 3CEX025VL 阀门控制性能检查》； WR/WOT：00212245/00510202-01、00510202-02(计划工单)	
编　　者	运行二处一值：谷铁	时间：2019 年 09 月 13 日

3.13.3　3CEX025VL 在机组升功率时调节存在波动

异常缺陷名称	3CEX025VL 在机组升功率时调节存在波动
发生时间	2018 年 02 月 23 日早班
机组状态	RP 模式，以 0.5 MW/min 速率提升功率
异常缺陷现象	3 号机组升功率期间，3CEX025VL 在自动控制时，多次出现大幅波动(8%～17%)，导致 ADG 的 CEX 补水流量大幅变化，同时由于汽轮机抽气量变化，汽轮机振动同时也增加，一回路平均温度大幅波动。当班值在仪控的配合下 3 次放自动控制后，每次稳定约25 min 后，均会再次出现波动
风险或潜在后果	3CEX025VL 异常缺陷处理前存在的风险： 1)如果阀门阀位反馈信号长期保持，可能导致 3CEX025VL 异常关闭，凝结水流量供应不足有停机停堆风险； 2)阀门大幅度波动，将引起除氧器液位和压力的波动，进而引起除氧器加热蒸汽的波动，会影响一回路温度和 ΔI 的控制； 3)阀门异常动作可能导致 ATE 由于出口压力高跳闸，影响二回路水质； 4)阀门异常动作导致凝泵电流波动、出口流量和压力波动，影响泵的安全运行
干预行动	已采取的行动措施： 1)加强关注除氧器液位趋势变化，关注凝泵出口流量压力波动、凝泵电流波动以及凝泵运行参数变化趋势； 2)3ADG002KU 放手动控制 ADG 液位； 3)oncall 仪控、机械检查处理； 4)仪控人员继续分析波动原因(低负荷时初步分析：3ARE 液位波动导致 ADG 的单通道和三通道切换所致；但第三次放自动时，给水流量已超过单三通道切换值，怀疑其他原因)

续　表

原因分析	经检查判断为 3CEX025VL 阀杆连接件与阀座支撑架导向轨轻摩，经机械人员现场打磨导向轨后验证，阀门运行稳定，未再波动
消缺行动	仪控处理反馈： 1)检查结果：检查阀门 PID 参数、DCS 控制回路、阀门控制气路及气源供气压力均正常，可排除仪控问题。 2)可能原因分析：结合大修前上一次的现象，阀门在小开度下波动，在功率提升后阀门开度变大后正常，初步怀疑阀门在小开度下由于前后压差大及存在轻微卡涩导致阀门动作不灵敏导致。 机械处理反馈： 1)工作过程： ①领取工作许可证，确认设备位置并建立检修隔离区域； ②用砂纸将阀门导向杆上的锈迹除掉； ③用白布将阀门导向杆清理干净； ④向联轴器与导向杆贴合部分喷涂润滑剂润滑； ⑤工作结束清理现场，归还工作许可证。 2)故障原因分析：经检查判断为 3CEX025VL 阀杆连接件与阀座支撑架导向轨轻摩，经机械人员现场打磨导向轨后验证，阀门运行稳定，观察数天未再波动
相关知识	当由于某种原因(如液位偏差大于 100 mm)导致 3ADG002KU 和 3CEX025VL 同时由自动切至手动后，进行切回自动时： 1)通过手动控制 3CEX025VL 调节 3ADG 液位至整定值(300 mm)； 2)根据 3CEX025VL 计算出 3ADG002KU 输出值并在 OOM 中输入该值； 3)将 3CEX025VL 置于自动，然后再将 3ADG002KU 置于自动。 说明：3CEX026VL 无手动，直接通过 3ADG002KU 控制。 3ADG002KU 输出值 = 0.8 × 3CEX025VL 开度 + 8%(计算时以 3CEX025VL 开度输出值为准)
参考资料信息	维修二处机械：完工报告《FQ3-MA01-RCWO-00860083/01 3CEX025VL 限位指示杆与支架有轻微摩擦，需打磨处理》； 运行二处：3 号机组异常反馈——3 号机组升功率期间 3CEX025VL 大幅波动； 运行二处：3、4 号机组值长日报(2018 年 02 月 26 日)； WR/WOT：00352208/00860083-01(紧急工单)
编　　者	运行二处一值：谷铁　　时间：2019 年 09 月 13 日

3.13.4 除氧器液位调节阀 3CEX025VL 故障引起 3 号机组 ADG 除氧器液位大幅波动

异常缺陷名称	除氧器液位调节阀 3CEX025VL 故障引起 3 号机组 ADG 除氧器液位大幅波动
发生时间	2019 年 02 月 23 日中班
机组状态	RP 模式，电功率 836 MWe
异常缺陷现象	中班 3 号机巡盘过程中发现 3ADG 除氧器水位大幅波动：液位整定值为 300 mm，最大一次波动范围在 170～353 mm 之间，引起除氧器液位波动，CEX 凝结水泵电流波动、出口流量和压力波动，导致 3ATE 多次跳闸(3ATE003PO 因出口压力高跳闸)
风险或潜在后果	3CEX025VL 异常缺陷处理前存在的风险： 1)如果阀门阀位反馈信号长期保持，可能导致 3CEX025VL 异常关闭，凝结水流量供应不足有停机停堆风险； 2)阀门大幅度波动，将引起除氧器液位和压力的波动，进而引起除氧器加热蒸汽的波动，会影响一回路温度和 ΔI 的控制； 3)阀门异常动作可能导致 ATE 由于出口压力高跳闸，影响二回路水质； 4)阀门异常动作导致凝泵电流波动、出口流量和压力波动，影响泵的安全运行
干预行动	已采取的行动措施： 1)23 日中班采取的行动： ①密切监测除氧器水位、R 棒动作情况；确认自动调节系统响应正确； ②提前做好事故预想，必要时手动干预； ③oncall 维修仪控、机械处理； ④针对故障设备 3CEX025VL 采取的缓解措施： a. 运行人员监视除氧器液位，必要时手动干预； b. 设备管理与维修尽快消除缺陷。 2)24 日夜班采取的行动： ①加强监视凝结水泵的运行情况； ②在中控室，召集运行、维修、设备管理相关人员初步讨论确定如下行动项： a. 设备管理部门评估 3CEX025VL 阀门波动大缺陷当前情况劣化可能性(经设备管理初步评估，当前无进一步恶化趋势，今天上午给出正式评估意见)； b. 运行部门做好 3CEX025VL 大幅波动的事故预想； c. 运行部门准备隔离预案；

续　表

干预行动	d. 设备管理处准备技术方案和核实备件情况，维修二处配合完成工单包、备件等的工作准备； e. 维修机械安排人员保驾，必要时配合运行人员操作3CEX025VL； ③做好运行干预手段预想和准备：如果3CEX025VL缺陷继续恶化，可通过就地破坏中性点手动控制3CEX025VL；或者将3CEX025VL切换到3CEX011VL供水。 3)24日早班采取的行动： ①通过3CEX011VL开到14.3%开度，使3CEX025VL关闭、3CEX026VL到10%开度，完成处理3CEX025VL阀门反馈信号波动的现场隔离； ②发出工作许可证于； ③关注和通过3CEX026VL手动控制除氧器液位，3CEX流量及除氧器液位稳定
原因分析	3CEX025VL阀门定位器故障导致反馈信号异常波动
消缺行动	仪控处理反馈： 1)工作过程： ①检查3CEX025VL定位器参数并做好记录； ②关闭3CEX025VL供气阀3CEX9025VA； ③打开3CEX025VL定位器、阀位反馈器盖子，拆除定位器、阀位反馈器接线并做好拆线记录； ④按照技术方案拆除3CEX025VL定位器气源管线接头并拆除定位器、阀位反馈器； ⑤按照技术方案回装3CEX025VL定位器、阀位反馈器新备件并回装气源管线接头； ⑥按拆线记录恢复3CEX025VL定位器、阀位反馈器接线； ⑦打开3CEX025VL供气阀3CEX9025VA； ⑧根据《FQY-CEX-M-I003 CEX025VL阀门特性检查》维修规程对3CEX025VL进行特性检查，并将检验合格的参数记录在校验单上； ⑨检查3CEX025VL新定位器参数并做好记录； ⑩回装3CEX025VL定位器、阀位反馈器盖子； ⑪联系主控操作3CEX025VL验证合格； 2)故障原因分析：3CEX025VL阀门定位器故障导致反馈信号异常波动

续 表

相关知识	当由于某种原因(如液位偏差大于 100 mm)导致 3ADG002KU 和 3CEX025VL 同时由自动切至手动后，进行切回自动时： 1)通过手动控制 3CEX025VL 调节 3ADG 液位至整定值(300 mm)； 2)根据 3CEX025VL 计算出 3ADG002KU 输出值并在 OOM 中输入该值； 3)将 3CEX025VL 置于自动，然后再将 3ADG002KU 置于自动。 说明：3CEX026VL 无手动，直接通过 3ADG002KU 控制。 3ADG002KU 输出值 = 0.8 × 3CEX025VL 开度 + 8%(计算时以 3CEX025VL 开度输出值为准)	
参考资料信息	运行二处：3 号机组异常反馈——3 号机组除氧器液位大幅波动，怀疑为 3CEX025VL 调节性能不佳导致； 运行二处：3、4 号机组值长日报(2019 年 02 月 24 日)； WR/WOT：00509416/01155929-01(计划工单)，工作许可证 3PI05143(3CEX025VL 阀门定位器更换及整定)	
编　　者	运行二处一值：谷铁	时间：2019 年 09 月 13 日

3.13.5　2ADG 除氧器液位控制阀门 2CEX025VL/2CEX026VL 异常切手动

异常缺陷名称	2ADG 除氧器液位控制阀门 2CEX025VL/2CEX026VL 异常切手动
发生时间	2015 年 11 月 16 日中班—11 月 17 日中班
机组状态	RP 模式，电功率 840 MWe
异常缺陷现象	16 日 19:00，2 号主控操纵员巡盘发现 2ADG002KU/2CEX025VL/2CEX026VL(除氧器液位控制回路)处于手动控制状态。立即查看除氧器液位及其变化趋势，发现除氧器液位从 16:11 左右切手动，随后液位缓慢上升至 360 mm。 17 日 16:01，主控室再次出现 2ADG002KU/2CEX025VL/2CEX026VL 切手动的现象，除氧器液位下降至 280 mm
风险或潜在后果	导致除氧器液位控制异常切手动，丧失自动控制，引起除氧器液位控制偏差
干预行动	已采取的行动措施： 1)主控调整除氧器液位到正常值后，恢复 2CEX002KU、2CEX025/026VL 自动，并保持关注； 2)安排现场检查 2CEX025/026VL 阀门供气情况，未见异常； 3)oncall 仪控检查处理

续　表

原因分析	2CEX025VL 阀位控制命令回路信号比较器处接线松动	
消缺行动	仪控处理反馈： 1）工作过程： ①确认机组功率稳定； ②执行工作方案《FQ2-MA-TD-I15067 2ADG 液位控制回路异常切手动缺陷处理方案》； ③确认接线紧固，故障消除。 2）故障原因分析：2CEX025VL 阀位控制命令回路信号比较器处接线松动	
相关知识	当由于某种原因（如液位偏差大于 100 mm）导致 2ADG002KU 和 2CEX025VL 同时由自动切至手动后，进行切回自动时： 1）通过手动控制 2CEX025VL 调节 2ADG 液位至整定值（300 mm）； 2）根据 2CEX025VL 计算出 2ADG002KU 输出值并在 OOM 中输入该值； 3）将 2CEX025VL 置于自动，然后再将 2ADG002KU 置于自动。 说明：2CEX026VL 无手动，直接通过 2ADG002KU 控制。 2ADG002KU 输出值 = 0.8 × 2CEX025VL 开度 + 8%（计算时以 2CEX025VL 开度输出值为准）	
参考资料信息	维修一处仪控：完工报告《FQ2-MA03-RCWO-00175888/01 2CEX025VL 阀位控制命令回路接线检查——处理 ADG 液位控制异常切手动缺陷》《FQ2-MA-TD-115067 2ADG 液位控制回路异常切手动缺陷处理方案》； WR/WOT：00082839/00175888-01（紧急工单）	
编　　者	运行二处一值：谷铁	时间：2019 年 02 月 16 日

3.14 凝汽器真空系统(CVI)

3.14.1 4CVI301PO 真空泵启动运行时电流、振动大

异常缺陷名称	4CVI301PO 真空泵启动运行时电流、振动大
发生时间	2018 年 02 月 22 日中班
机组状态	RP 模式，电功率 836 MWe
异常缺陷现象	4CVI301PO 检修启动后，运行电流 280A(正常运行电流约 230A)，偏大。就地检查反馈泵体异音和振动偏大(最大振动值为泵驱动端水平方向 7.1 mm/s，标准为 4.5 mm/s)。4CVI301PO 对应分离罐液位也存在波动情况
风险或潜在后果	导致一台凝汽器抽真空泵不可用，使抽真空系统失去一台冗余备用
干预行动	已采取的行动措施： 停运 4CVI301PO，并 oncall 维修机械专业检查
原因分析	泵本体级间止回阀存在密封不严，级间止回阀的垫片有部分缺失，垫片内圈(未被压实部分)存在裂痕(3/4 圈)
消缺行动	机械处理反馈： 依据经验反馈，4CVI101PO 于 2017 年 07 月 11 日出现过电流偏大(约 280 A)、对应分离罐的液位先急剧下降(自动补水阀 4CVI107VD 开启后液面开始恢复)后逐渐恢复，持续运行了 33 h 停泵。3.5 h 后再次启泵电流未出现电流偏大现象、分离罐液位也未出现急剧下降情况。原因为： 1)编号 1、6 位置泵与分离罐的两路气液相平衡管线节流孔板缺失，导致真空泵正常运行时，泵内部工作液从该管流向分离罐的流量增大。从而导致泵内部工作液减少，抽气量增加，使泵运行负荷增大。导致电机电流增大、泵组运行异常； 2)工作液不足，造成二级泵腔的工作液不足以形成稳定的密封水环。使得二级泵腔抽气能力不稳定，造成泵间歇性异响。 经咨询厂家，防城港电厂真空泵型号与我厂型号一致，均为 AT-3006E 型。防城港此前也出现过真空泵电流持续偏高现象，经调整图 1 编号 1~6 处的节流孔板孔径后，泵运行恢复正常。 结合该经验反馈及厂家经验，经过内部讨论认为 4CVI301PO 电流偏高及振动大的原因可能为： 1)泵与分离罐的两路气相平衡管线节流孔板、两侧喷淋及两侧工作液节流孔板缺失；

续　表

<table>
<tr>
<td>消缺行动</td>
<td>
2)泵与分离罐的两路气相平衡管线节流孔板、两侧喷淋及两侧工作液节流孔板尺寸不合适；
3)动静部分可能存在轻微碰磨。
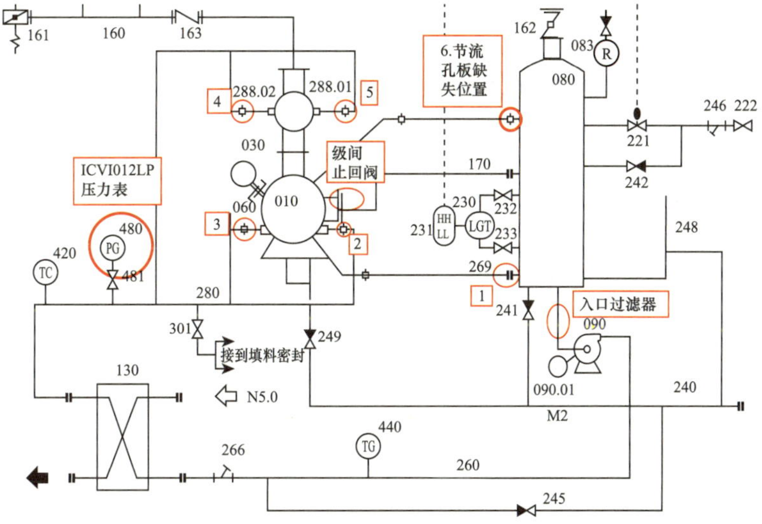

图 1
根据上述分析，机械制定如下行动计划：
1)检查泵组 6 处孔板是否存在堵塞、缺失、尺寸有偏差情况；
2)如孔板存在异常则纠正后再次进行启泵验证；
3)若未发现孔板异常则进行泵解体检查。
根据泵组 6 处孔板的排查情况，机械班组内部讨论，做如下排查：
1)泵组 1~5 处的孔板与厂家设计尺寸一致，原样回装；
2)根据厂家尺寸，加工编号 6 处的节流孔板进行回装(排查孔板过程中发现，该处孔板的厚度与 1、2 号机组相差较大)，启泵验证电流仍旧偏高；
3)增加步骤排查 4CVI302PO 入口滤网 4CVI302FI 是否堵塞；
4)完成节流孔板及 4CVI302FI 排查后再次进行启泵验证问题未解决；
5)对 4CVI301PO 级间止回阀进行解体检查。级间止回阀的垫片有部分缺失，垫片内圈(未被压实部分)存在裂痕(3/4 圈)。初步怀疑级间止回阀密封垫开裂胶条偶发搭在级间止回阀密封面上，导致级间止回阀密封不严，经处理后重新启泵验证，缺陷消除
</td>
</tr>
<tr>
<td>相关知识</td>
<td>凝汽器抽真空泵为两级液环式电动真空泵，若泵本体级间密封不良，真空泵运行负荷增加，运行电流会升高</td>
</tr>
</table>

续 表

参考资料信息	维修日报 2018 年 03 月 01 日； WR/WOT：00908045-01	
编　者	运行二处一值：高鹏威	时间：2019 年 03 月 12 日

3.14.2 3CVI011SN 触发 H2 保护停运 3CVI101PO 并联锁启动 3CVI201PO

异常缺陷名称	3CVI011SN 触发 H2 保护停运 3CVI101PO 并联锁启动 3CVI201PO	
发生时间	2018 年 05 月 24 日中班	
机组状态	RP 模式，电功率 1080 MWe	
异常缺陷现象	3CVI101PO 的分离罐液位开关 3CVI011SN 触发 H2 延时 10 min 导致 3CVI101PO 保护停运，3CVI201PO 联锁启动	
风险或潜在后果	3CVI101PO 一直存在保护停泵信号，抽真空泵失去一台备用泵，冗余度降低	
干预行动	已采取的行动措施： 1）现场检查 3CVI201PO 运行正常，主控复位 3CVI201PO 联锁开关； 2）主控查阅历史趋势分析保护停泵原因，初步判断为分离罐液位设定值较高，接近 H2 开关触发定值（350 mm），系统运行时液位小幅波动，3CVI011SN 频繁触发导致液位开关卡涩，最终保持在触发状态，延时 10 min 保护停泵； 3）现场对 3CVI101PO 分离罐排水至 285 mm，3CVI011SN 未复位，怀疑液位开关存在故障； 4）oncall 维修仪控人员进厂检查。 建议后续行动： 仪控对 3CVI011SN 进行手动复位并对液位开关进行检查	
原因分析	3CVI011SN 触发后卡涩，分离罐液位降低后无法自动复位	
消缺行动	仪控处理反馈： 经验证该液位开关在 250 mm 时仍旧无法自动复位，更换液位开关后故障消除	
相关知识	分离罐液位在 H2 开关触发定值（350 mm）时，延时 10 min 保护停泵	
参考资料信息	运行二处：“运行二处内部经验反馈——3CVI301PO 电流异常处理的经验反馈”； WR/WOT：00865001-01	
编　者	运行二处一值：高鹏威	时间：2019 年 03 月 20 日

3.14.3　4CVI101PO 自动启动后显示故障洋红，就地检查供电开关 4LKQ461JA 故障灯亮

异常缺陷名称	4CVI101PO 自动启动后显示故障洋红，就地检查供电开关 4LKQ461JA 故障灯亮，存在接地故障报警
发生时间	2017 年 09 月 20 日中班
机组状态	RP 模式，电功率 1072 MWe
异常缺陷现象	主控相继触发 4CVI111KA(自动启动真空泵组 A(备用))、4CVI503KA(真空泵 A 总故障)、4CVI504KA(真空泵 A 开关柜故障)、4CVI501KA(真空泵 A 启动故障)、4LKQ001KA3(开关柜故障)报警，查看画面 4CVI011SP-1 触发。4CVI101PO 自动启动后显示故障洋红，就地检查供电开关 4LKQ461JA 故障灯亮，存在接地故障报警
风险或潜在后果	一台抽真空泵不可用，凝汽器抽真空泵失去一路冗余备用
干预行动	已采取的行动措施： oncall 维修电气检查
原因分析	4LKQ461JA 接地保护动作，开关接地保护整定值延时时间与定值手册相比偏小(现场实际为 0.1 s，定值手册为 0.2 s)，4CVI101PO 启动后三相电流不平衡超过开关跳闸定值
消缺行动	电气处理反馈： 1)现场核实缺陷，4LKQ461JA 故障灯亮，显示 G Protection(接地保护动作)； 2)与主控沟通，开紧急票处理，复位故障报警，测量下游电机 4CVI101MO 绝缘 550 MΩ，三相直阻(AB-30.72 MΩ、BC-30.72 MΩ、AC-30.73 MΩ)不平衡度为 0.03%； 3)对 4LKQ461JA 二次回路接线进行检查无异常后紧固各端子接线； 4)查看 4LKQ461JA 接地保护定值为 126 A，0.1 s； 5)与设备管理处人员确认，4LKQ461JA 生效中的接地保护定值为 126 A，0.2 s； 6)开启 QDR，依据 4LKQ461JA 生效中的接地保护定值清单将 4LKQ461JA 接地保护定值更改为 126 A，0.2 s； 7)与主控沟通，主控远方启动 4CVI101MO 并录波，运行正常
相关知识	转机设备启动时会存在三相电流不平衡情况，若继电器延时过短则会导致转机设备跳闸；若延时继电器设置过长，也曾出现过故障开关无法跳闸导致越级跳上游母线的情况

续 表

参考资料信息	维修二处：完工报告《FQ4-MA02-RCWO-00711827/01》； 维修日报 2017 年 09 月 21 日； WR/WOT：00291989/711827-01(紧急工单)	
编　　者	运行二处一值：王敏	时间：2019 年 04 月 13 日

3.14.4　4CVI 泵气液分离罐液位异常波动

异常缺陷名称	4CVI 泵气液分离罐液位异常波动
发生时间	2019 年 10 月 05 日中班
机组状态	RP 模式，电功率 1075 MWe
异常缺陷现象	中班发现停运的凝汽器抽真空泵(1 号和 2 号)气液分离罐液位波动，频繁触发自动补水。补水阀 4CVI107VD、4CVI207VD 频繁开启，4CVI107VD 开启频率约 3.5 min 开启一次。4CVI207VD 开启频率约 30 min 开启一次。4CVI101ZE、4CVI201ZE 液位在 180～250 mm 持续波动
风险或潜在后果	补水阀频繁动作有损坏风险，分离罐液位波动影响真空泵组运行及备用可靠性
干预行动	已采取的行动措施： 1)查阅逻辑图、模拟图及定值手册，判断阀门动作正常，液位真实波动； 2)现场对各疏水阀进行在线检查未发现异常； 3)液位波动初始阶段，三台气液分离罐液位均有所下降，怀疑是 4CVI 排气至 8DVN 的管线内凝结水过多，从而引起排气不畅导致管线压力增加，导致气液分离罐内的水在压力作用下从溢流管线流出，引起液位波动，触发自动补水； 4)查阅经验反馈及良好实践，类似情况在 402 大修期间曾发生一次，通过 4CVI 排气由 8DVN 切换至大气的方式解决，但目前机组处于功率运行，不能切换至排大气； 5)查阅经验反馈及良好实践，类似情况在 2 号机组发生一次，通过 2CVI 排气管线疏水方式解决，可供参考。 最终确定方案：开启 4CVI346VA 对 4CVI 排气管线进行疏水。

续 表

干预行动	疏水风险分析及应对措施： 风险一：开启疏水阀，可能导致 8DVN 管线内气体意外释放，存在放射性气体排放的风险。 分析及应对措施：疏水点选择为 4CVI 排气管线最低点，确保有效疏水，避免排气；在疏水前，核对 3、4 号机组无 KRT002/003/004/007/032/033/034/042/043/044MA 报警；且 CVI 排气管线内应为负压，疏水过程中有可能吸气，气体排放风险可消除。如现场开启阀门无水流出，则立即关闭阀门。 风险二：现场 4CVI346VA 排往 SEO，但疏水为二回路水，不满足直接往环境排放的条件。 分析及应对措施：通过临时装置(盆和桶)接收疏水，收集后排放至常规岛厂房 SEK2 坑。 风险三：4CVI346VA 位于 GB 沟，操作人员存在窒息风险。 分析及应对措施：操作人员携带氧表，定时测量环境氧含量	
原因分析	凝汽器抽汽中含有蒸汽，在 4CVI 排气至 8DVN 的管线内冷凝成水。冷凝水聚集在排气管道最低处，随着水量逐渐增加形成水封，引起排气不畅，导致管线压力增加，进而引起气液分离罐内的水在压力作用下从溢流管线流出。液位下降后触发自动补水，补水停止后在压力左右下再液位再次下降，既而造成液位的周期性频繁波动	
消缺行动	运行处理反馈： 1)编制 4CVI 排气管道排水临时操作票； 2)现场根据临时操作票进行排水； 3)主控关注凝汽器真空、气液分离罐液位等参数和相关 KRT 仪表报警； 4)现场排水两桶后，主控观察到气液分离罐液位恢复稳定，自动补水停止	
相关知识	因 4CVI346VA 排水口离地面太近，需准备盆接水，然后倒进桶里，再排放至 SEK2 坑	
参考资料信息	运行二处：《FQ3-CVI-C-011 3CVI 排气管线定期疏水》	
编　　者	运行二处一值：高鹏威	时间：2019 年 12 月 30 日

3.14.5 执行 3CVI101PO 隔离过程中高加出口溶氧升高

异常缺陷名称	执行 3CVI101PO 隔离过程中高加出口溶氧升高
发生时间	2017 年 04 月 20 日夜班
机组状态	RP 模式，电功率 1089 MWe
异常缺陷现象	夜班执行隔离 3PW13843(清洗 3CVI102FI 密封水泵入口过滤器滤网)。隔离过程为先断开真空泵电源，再将真空泵凝汽器侧手动阀关闭，再打开排水阀疏水。 现场打开疏水阀后主控发现高加出口溶氧量迅速升高，主控立即令现场重新关闭疏水阀，溶氧量下降为正常值。现场使用 F 扳手重新紧固 3CVI101VA，重新打开疏水阀，高加出口溶氧不变
风险或潜在后果	二回路溶氧量升高，影响对二回路水质的控制，存在潜在机组后撤风险
干预行动	已采取的行动措施： 主控立即令现场重新关闭疏水阀，溶氧量下降为正常值
原因分析	启动阀 3CVI102VA 内漏，在 3CVI101VA 未关严状态下空气通过疏水阀 3CVI106VD(隔离操作时被打开)、3CVI108VD(隔离操作时被打开)、3CVI101ZE、3CVI102VA、3CVI101VA 进入凝汽器，导致高加出口溶氧出现偏高
消缺行动	运行处理反馈： 主控立即令现场重新关闭疏水阀，溶氧量下降为正常值
相关知识	1)隔离较大手动阀时需用力确认阀门已关严(必要时经值长同意使用 F 扳手)； 2)少量空气进入凝汽器，单台真空泵运行凝汽器真空不会受影响，高加出口溶解氧会出现大幅变化
参考资料信息	eSOMS 日志
编　　者	运行二处一值：高鹏威 　　　　时间：2019 年 12 月 30 日

3.15 电气厂房冷冻水系统(DEL)

3.15.1 风冷机组 4DEL003GF 在 4LKC2181JA 推入送电时，主控显示洋红色，4DEL003GF 无法启动

异常缺陷名称	风冷机组 4DEL003GF 在 4LKC2181JA 推入送电时，主控显示洋红色，4DEL003GF 无法启动
发生时间	2017 年 01 月 23 日早班
机组状态	RCD 模式，机组尚未装料(调试阶段)
异常缺陷现象	主控存在 4DEL003KA(003GF 故障报警)，经排查发现是 4LKC2181JA(负荷为 4DEL101AR)开关推入后导致的，且 KIC 查看 4DEL003GF 故障类型为 MCC 故障
风险或潜在后果	导致 4DEL003GF 无法启动
干预行动	已采取的行动措施： oncall 维修电气检查处理
原因分析	4LKC2181JA 抽屉的 110 V 控制电源开关未合闸
消缺行动	电气处理反馈： 1)缺陷描述：4DEL003GF 在 4LKC2181JA 推入送电时，主控显示洋红色，4DEL003GF 无法启动。 2)原因分析：4LKC2181JA 抽屉的 110 V 控制电源开关未合闸。 3)处理措施： ①与值长沟通，与运行人员一起到现场查看。 ②现场初步查看发现 4LKC2181JA 抽屉 110 V 控制电源空开 003JA 处于断开状态，与主控沟通由运行人员将未合上的 110 V 控制电源空开 003JA 合上，主控显示配电盘故障报警消失；但同时主控仍存在 4DEL003KA(003GF 故障报警)，4DEL003GF 显示洋红色，无法启动。 ③与主控沟通后直接开启紧急维修处理，检查发现 4DEL003GF 就地显示通信故障和流量开关两个故障无法复位，运行在启动 4DEL003PO 后，流量开关故障消失，当将 4LKC2181JA 推入送电后，通信故障复位；4DEL003GF 就地不存在报警，与主控沟通由运行人员将 4DEL003GF 从远控打到就地，运行就地启动 4DEL003GF，就地可以启动 4DEL003GF，主控洋红色消失。

续 表

消缺行动	④与主控沟通，由主控与仪控确认在就地侧启动 4DEL003GF 之前有没有发出过关命令后再将 4DEL003GF 切回远控；现目前主控洋红色消失，配电盘故障报警消失，4DEL003KA(003GF 故障报警)消除，4DEL003GF 能启动
相关知识	产生 DEL003KA 报警的原因：冷水机组的一个或两个制冷剂回路上的保护装置跳闸。双回路之一的故障将导致 DEL 003GF 机组 50%失效或由于事故而全部停机。若机组故障无法排除，则意味着 DVC 系统失去冷源并将导致所服务的主控室 DCS 设备将无法正常运行，进而会影响到整个电站的运行安全。 在 H1 工况下，储罐 DEL002BA 可维持 12~15 min 的时间；在此之后，应尽快排出故障并将 DEL 003GF 启动
参考资料信息	维修二处：“oncall 反馈——4LKC2181JA 推入送电后报故障，4DEL003GF 无法启动处理进展反馈”； 维修二处：完工报告《FQ4-MA02-RCWO-00496757/01 4DEL101AR 上游开关送电后 4DEL003GF 显示故障，需电气检查处理》； WR/WOT：00208817/00496757-01(紧急工单)
编　　者	运行二处一值：谷铁　　时间：2019 年 03 月 21 日

3.15.2 主控出现 4DEL003KA 003GF 综合故障，4DEL003GF 触摸屏黑屏

异常缺陷名称	主控出现 4DEL003KA 003GF 综合故障，4DEL003GF 触摸屏黑屏
发生时间	2018 年 04 月 08 日夜班
机组状态	RP 模式，电功率 1089 MWe
异常缺陷现象	01:21，4 号主控出现 4DEL003KA 003GF 综合故障，现场查看控制柜 POWER 灯正常亮起，但显示屏黑屏
风险或潜在后果	4DEL003GF 黑屏导致设备无法启动，不可用，产生 GEN8
干预行动	已采取的行动措施： oncall 仪控检查处理
原因分析	4DEL003GF 触摸屏损坏
消缺行动	仪控处理反馈： 处理措施：4DEL003GF 触摸屏损坏，更换触摸屏备件

续　表

相关知识	在 H1 工况发生时，则两台水冷式冷冻机组失效，此时可启动 DEL003GF 为 DVC 主控室通风提供冷冻水，确保主控的在正常温度范围
参考资料信息	维修二处：“oncall 反馈——4DEL003GF 触摸屏黑屏处理情况反馈”； WR/WOT：00371560/00892226-01(紧急工单)
编　　者	运行二处一值：谷铁　　　　时间：2019 年 02 月 11 日

3.15.3　4DEL002GF 显示屏上冷却水阀开度在快速波动(波动范围大约在 11%~16%)

异常缺陷名称	4DEL002GF 显示屏上冷却水阀开度在快速波动(波动范围大约在 11%~16%)，现场检查冷却水阀 4DEL200VN 并未动作
发生时间	2017 年 12 月 07 日夜班
机组状态	RP 模式，电功率 1089 MWe
异常缺陷现象	巡检发现 4DEL002GF 显示屏上冷却水阀开度在快速波动(波动范围大约在 11%~16%)，现场检查冷却水阀 4DEL200VN 并未动作
风险或潜在后果	经和维修仪控确认当前不影响 4DEL002GF 正常运行
干预行动	已采取的行动措施： oncall 仪控检查处理 注：仪控检查后反馈是由于控制阀门 4DEL200VN 的冷凝温度波动导致，而冷凝温度是由排气压力换算过来的，对于排气压力波动问题，反馈需要对排气压力表进行更换，但是在 4DEL002GF 运行时更换排气压力表可能导致 4DEL002GF 跳闸，将 4DEL002GF 切换至 4DEL001GF 运行之后再进行处理
原因分析	经现场检查与分析，初步判断 4DEL002GF 1 号压缩机排气压力变送器故障，测量出的排气压力不稳定(排气压力小幅度波动)，使阀门开度命令快速波动。 经检查处理后确认故障原因为：4DEL002GF 1 号压缩机排气压力变送器 4DEL102MP 仪表漂表
消缺行动	仪控处理反馈： 1)工作过程： ①核实压力变送器备件库存情况，并领取备件； ②运行人员进行 4DEL 切列工作，停运 4DEL002GF；

续 表

消缺行动	③维修人员在 4DEL002GF 停运后进一步的检查和维修工作。 4DEL002GF 停运后处理过程： ①关闭 4DEL102MP 仪表阀，拆除 4DEL102MP 仪表； ②更换新的 4DEL102MP 仪表； ③打开 4DEL102MP 仪表阀，投用仪表； 2)故障原因分析确认：经检查确认故障原因为 4DEL002GF 1 号压缩机排气压力变送器 4DEL102MP 仪表漂表
相关知识	控制阀门 4DEL200VN 的冷凝温度是由排气压力换算而来
参考资料信息	维修二处：“oncall 反馈——4DEL200VN 开度快速波动问题处理”；维修二处：完工报告《FQ4-MA03-RCWO-00769264/01 更换 4DEL002GF 1 号压缩机排气压力变送器 4DEL101MP》； WR/WOT：00318486/00769264-01(计划工单)
编　　者	运行二处一值：谷铁　　时间：2019 年 02 月 11 日

3.15.4 主控出现 1DEL003KA：003GF 综合故障

异常缺陷名称	主控出现 1DEL003KA：003GF 综合故障
发生时间	2017 年 11 月 17 日夜班
机组状态	RP 模式，电功率 1089 MWe
异常缺陷现象	05:43:36 主控出现 1DEL003KA：003GF 综合故障，现场检查配电盘，AR 箱均未发现异常
风险或潜在后果	导致风冷机组 1DEL003GF 不可用，产生 IO：GEN8
干预行动	已采取的行动措施： 1)oncall 机械进行检查； 2)将 1DEL003GF 隔离，以便机械进行补油； 3)加油后，解除 1DEL003GF 的隔离，现场验证无报警。发现 1 号压缩机本体排油阀有渗漏
原因分析	1 号压缩机本体排油阀渗漏，导致缺油
消缺行动	机械处理反馈： 1)联系电气人员拆除 1 号压缩机的油加热器接线； 2)连接手动加油泵与机组加油阀门，接紧前手动加油排空； 3)手动加油，关注油位大于 2/3 时停止加油(加油量 8 L)； 4)联系运行恢复送电，报警消除

续　表

相关知识	产生 DEL003KA 报警的原因：冷水机组的一个或两个制冷剂回路上的保护装置跳闸。双回路之一的故障将导致 DEL 003GF 机组 50%失效或由于事故而全部停机。若机组故障无法排除，则意味着 DVC 系统失去冷源并将导致所服务的主控室 DCS 设备将无法正常运行，进而会影响到整个电站的运行安全。 在 H1 工况下，储罐 DEL002BA 可维持 12~15 min 的时间；在此之后，应尽快排出故障并将 DEL 003GF 启动
参考资料信息	维修一处：完工报告《FQ1-MA01-RCWO-00757468/01 主控出现 1DEL003KA：003GF 综合故障，需检查处理》； WR/WOT：00311552/00757468-01（紧急工单）
编　　者	运行二处一值：谷铁　　　时间：2019 年 02 月 11 日

3.15.5　2DEL001GF 启动过程中出现冷却流量低报警

异常缺陷名称	2DEL001GF 启动过程中出现冷却流量低报警
发生时间	2018 年 01 月 03 日中班
机组状态	MCS 模式
异常缺陷现象	执行 FQ2-DEL-C-002，将 2DEL002GF 切换至 2DEL001GF 过程中发现 2DEL001GF 有冷却流量低报警导致 2DEL001GF 无法启动
风险或潜在后果	导致 2DEL001GF 无法启动，产生第二组 I0：DEL1
干预行动	已采取的行动措施： oncall 维修仪控检查处理
原因分析	2DEL109SP 定值漂移
消缺行动	仪控处理反馈： 1）检修措施及步骤： ①现场对检查 2DEL001AR 面板显示报警故障，确认为冷却水流量低，对应设备为 2DEL109SP，关闭仪表一次阀 2DEL439/441VQ，记录接线图，拆除接线并用绝缘胶布包裹，拆下仪表 2DEL109SP； ②现场对 2DEL109SP 进行校验，仪表定值漂移，反馈班组后调整，再次校验结果合格，回装仪表，按照拆线前记录回装接线，打开仪表一次阀 2DEL439/441VQ 恢复仪表在线； ③联系运行人员，反馈仪控工作完成，后续配合启动 2DEL001GF，确认 2DEL001GF 正常启动后，反馈主控，主控通知还票。 2）故障原因分析：2DEL109SP 定值漂移

续　表

相关知识	N/A	
参考资料信息	维修一处：完工报告《FQ2-MA03-RCWO-00814826/01 2DEL001GF 启动过程中出现冷却流量低报警，需对 2DEL109SP 进行校表》； WR/WOT：00330262/00814826-01(紧急工单)	
编　　者	运行二处一值：谷铁	时间：2019 年 03 月 17 日

3.15.6　主控触发 1DEL003GF 综合故障，现场查看有“油压保护”故障

异常缺陷名称	主控触发 1DEL003GF 综合故障，现场查看有“油压保护”故障	
发生时间	2017 年 12 月 05 日中班	
机组状态	RP 模式，电功率 1089 MWe	
异常缺陷现象	1 号主控出现 1DEL003KA 报警(003GF 综合故障)，现场查看有“油压保护”故障	
风险或潜在后果	导致 1DEL003GF 不可用，产生 GEN8	
干预行动	已采取的行动措施： 仪控反馈该工作需机械配合充排 1DEL003GF 中 1DEL201CO 空压机中的润滑油及制冷剂，工期 5 天。提 WR 转大修处理	
原因分析	1DEL202SP 定值漂移	
消缺行动	仪控处理反馈： 1)检修措施及步骤： ①确认机械人员已将 1DEL003GF 中 1DEL201CO 空压机中的润滑油及制冷剂排空； ②对 1DEL202SP 进行校验，确认仪表定值漂移，反馈系统工程师后进行调整，确认调整后校验合格； ③恢复仪表至初始状态，通知机械人员对 1DEL201CO 空压机充油及制冷剂。 2)故障原因分析：1DEL202SP 定值漂移	
相关知识	DEL003GF 用于在 H1 工况两台水冷式冷冻机组失效，为 DVC 主控室通风提供冷冻水，确保主控的在正常温度范围	
参考资料信息	维修一处：完工报告《FQ1-MA03-RCWO-00768739/01 主控触发 1DEL003GF 综合故障，现场查看有“油压保护”故障，需校验检查 1DEL202SP》； WR/WOT：00317971/00768739-01(计划工单)	
编　　者	运行二处一值：谷铁	时间：2019 年 03 月 17 日

3.15.7　1DEL102MO 电机有异音

异常缺陷名称	1DEL102MO 电机有异音
发生时间	2017 年 12 月 20 日中班
机组状态	RP 模式，电功率 1089 MWe
异常缺陷现象	1DEL102MO 现场巡检有异音
风险或潜在后果	若不及时处理可能导致电机轴承磨损，机组将差生第二组 IO
干预行动	已采取的行动措施： oncall 维修电气人员检查处理
原因分析	电机轴承缺油
消缺行动	电气处理反馈： 1)现场执行工作，对 1DEL102MO 电动机轴承加油，对驱动端轴承分两次共加了 30 g 润滑油脂(LGWA2)，监测驱动端轴承初始温度 49.4 ℃，观察一段时间后最终轴承温度稳定在 50.2 ℃；对非驱动端轴承分两次共加了 30 g 润滑油脂(LGWA2)，监测非驱动端轴承初始幅度 33.7 ℃，观察一段时间后最终轴承温度稳定在 34.2 ℃，电机运行正常； 2)观察几天电机运行正常，无异音
相关知识	N/A
参考资料信息	维修一处：完工报告《FQ1-MA02-RCWO-00788673/01 1DEL102MO 有异音》； WR/WOT：324184/00788673-01（紧急工单），工作许可证：20171PI44294（1DEL102MO 电机有异音，加油）。 其他类似异常缺陷： 1)2018 年 01 月 29 日紧急工单“3DEL102MO 有异音，需电气添加润滑油脂(WOT：00841557-01)”。 故障原因分析：电机轴承缺少油脂。 详情请见完工报告：《FQ3-MA02-RCWO-00841557/01 3DEL102MO 有异音，需电气添加润滑油脂》。 2)2018 年 01 月 29 日紧急工单“4DEL102MO 运行有异音，需加油脂 WOT：00841559-01”，工作许可证 4PI03645(4DEL102MO 异音需要加油脂润滑)。 故障原因分析：电机轴承缺少油脂。 详情请见完工报告：《FQ4-MA02-RCWO-00841559/01 4DEL102MO 运行油异音，需加油脂》。 3)2017 年 12 月 07 日紧急工单“4DEL102MO 运行有异音，需要润滑油脂(WR/WOT：318460/00769078-01)”，工作许可证：4PI42857(4DEL102MO 电机添加润滑脂)。

续 表

参考资料信息	故障原因分析：4DEL102MO 电机运行期间轴承缺乏润滑脂。 详情请见完工报告：完工报告《FQ8-MA02-RCWO-00769078/01 4DEL102MO 运行有异音，需要润滑油脂》。 4）2017 年 01 月 24 日紧急工单“4DEL002MO 和 4DEL104MO 电机有异音（WR/WOT：00209269/00500446-01）”。 故障原因分析：电机缺少润滑油脂。 详情请见完工报告：《FQ4-MA02-RCWO-00500446/01 4DEL002MO 和 4DEL104MO 电机有异音》。 5）2017 年 02 月 07 日紧急工作 3PI07364（对 3DEL101MO 电机非驱动端异音处理）（WR/WOT：212620/00509894-01）。 故障原因分析：电机非驱动端有缺油现象。 详情请见完工报告：《FQ3-MA02-RCWO-00509894/01 3DEL101MO 有异音》。 6）2017 年 01 月 16 日紧急工作 4PI02175（对 4DEL101MO 添如油脂）（WR/WOT：206517/00487096-01）。 故障原因分析：4DEL101MO 电机轴承缺油脂。 详情请见完工报告：《FQ4-MA01-RCWO-00487096/01 4DEL001GF 现场运行有异音，经听音检查为 001CO 异音，需检查》。 7）2017 年 01 月 17 日紧急工作 4PW02352 处理 4DEL101MO 运行异音问题（WR/WOT：206881/00488299-01）。 故障原因分析：油脂变色，轴承故障。 详情请见完工报告：《FQ4-MA02-RCWO-00488299/01 4DEL101MO 运行有异音，需检查》。 8）2017 年 05 月 08 日紧急工单“启动 3DEL002GF 后发现电机存在间断性异音，疑似内部电机风扇摩擦声音（WR/WOT：244348/00565442-01）”，3PI15430（对 3DEL102MO/104MO 电机加油）。 故障原因分析：3DEL102/104MO 有轻微缺油。 详情请见完工报告《FQ3-MA01-RCWO-00565442/01 启动 3DEL002GF 后发现电机存在间断性异音，疑似内部电机风扇摩擦声音，请及时处理》。 9）2016 年 01 月 29 日紧急工单“1DEL001PO 启动运行时有明显轴承摩擦异音（油杯满油位）”。 故障原因分析：轴承卡涩。 详情请见完工报告：《FQ1-MA01-RCWO-00214761/01 1DEL001PO 启动运行时有明显轴承摩擦异音（油杯满油位），请处理》。 10）2016 年 04 月 29 日紧急工作“1PW02531 1DEL101MO 电机有异音，需解体维修更换轴承（WR/WOT：127601/00273315-01）”。 故障原因分析：电机轴承损坏。 详情请见完工报告：《FQ1-MA02-RCWO-00273315/01 1DEL101MO 运行时有异音》

编　　者	运行二处一值：谷铁	时间：2019 年 03 月 17 日

3.15.8 4DEL001GF 就地控制屏失电

异常缺陷名称	4DEL001GF 就地控制屏失电
发生时间	2017 年 08 月 17 日中班
机组状态	RP 模式，电功率 1062 MWe
异常缺陷现象	执行 FQ4-RRI-C-004（4RRI004PO 切换到 4RRI003PO）操作票，执行至第 13 步，将 4DEL 从 B 列切换至 A 列时，发现 4DEL001GF 控制屏失电
风险或潜在后果	导致 4DEL001GF 不可用，产生 IO2：DEL1
干预行动	已采取的行动措施： oncall 维修电气检查处理
原因分析	1）柜内干燥剂袋放置在加热器上，温度升高后导致干燥剂袋融化加热器短路控制回路保险熔断； 2）柜内散热风机线圈短路导致控制回路保险熔断
消缺行动	电气处理反馈： 1）工作过程： ①打开 4DEL001GF 就地控制柜检查发现柜内加热器接线有明显焦灼痕迹，柜内干燥剂袋融化导致加热器短路，将融化的干燥剂袋清理； ②检查控制回路保险发现 001FU 熔断领取同型号保险进行更换； ③检查柜内元器件时发现柜内散热风机 003ZV 线圈短路同样导致控制回路保险 001FU 熔断； ④根据竣工文件柜内散热风机或加热器短路时支路保险 007/005/003FU 会起保护作用熔断，而实际支路保险未动作主路保险动作，检查支路保险型号时发现支路保险为 6A 而主路保险为 2A，支路保险大于主路保险所以当下游故障时只会熔断主路保险； ⑤将现场情况反馈主管，开启 QDR（QDR-ME-4-N-2017-009）由于不具备更换条件现场将 003ZV 柜内散热风机临时退出，并提 WR（281566）对风机进行更换； ⑥联系运行人员启动 4DEL001GF 验证结果满足运行要求。 2）故障原因分析： ①柜内干燥剂袋放置在加热器上，温度升高后导致干燥剂袋融化加热器短路控制回路保险熔断； ②柜内散热风机线圈短路导致控制回路保险熔断

续 表

相关知识	水冷式冷冻水机组 DEL001GF/002GF 包括一台蒸发器，一台 RRI 冷却的冷凝器，两台油分离器，两台油泵，两台螺杆式压缩机及相应的电机，制冷剂回路和润滑油回路等。运行的压缩机数量由负荷决定。每台冷冻水机组对应一台冷冻水循环泵（DEL001/002PO），配备一个气动控制阀，其可以根据冷冻水出水温度与设定值的偏差自动调节 RRI 的流量
参考资料信息	维修二处：完工报告《FQ4-MA02-RCWO-00674782/01 4DEL001GF 就地控制屏失电，需处理》； WR/WOT：281272/674782-01，4PT25209（冷水机组 4DEL001GF 显示屏无电处理）
编　　者	运行二处一值：谷铁　　　　时间：2019 年 02 月 11 日

3.15.9　4DEL002GF 冷冻机 2 号压缩机电机电源保护故障检查

异常缺陷名称	4DEL002GF 冷冻机 2 号压缩机电机电源保护故障检查
发生时间	2017 年 07 月 25 日夜班
机组状态	机组调试启动阶段
异常缺陷现象	主控存在 4DEL002KA（002GF 综合故障报警），现场查看 4DEL002AR（冷水机组 002GF 启动柜）上存在"2 号电源保护"故障报警，现场无法复位。2 号压缩机未启动
风险或潜在后果	导致 2 号压缩机未启动
干预行动	已采取的行动措施： oncall 维修电气检查处理
原因分析	当电源监测器检测到电源保护时（缺相、断相、过压、欠压），PLC 故障输出，因就地显示屏没有故障复位功能，故障只有在 PLC 断电下复位。PLC 需重启，未设置故障复位功能
消缺行动	电气处理反馈： 1）工作过程： ①查看就地显示屏报"电源保护故障"； ②测量电源三相电压正常，电压监测器无故障输出，电压监测器指示灯显示正常，电压监测继电器无故障输入到 PLC； ③仪控和机械人员配合共同处理；

续　表

消缺行动	④判断 PLC 逻辑故障，对 PLC 进行断电复位； ⑤与主控沟通对 PLC 进行断电复位后，报警消失。 2）故障原因分析：当电源监测器检测到电源保护时（缺相、断相、过压、欠压），PLC 故障输出，因就地显示屏没有故障复位功能，故障只有在 PLC 断电下复位。PLC 需重启，未设置故障复位功能
相关知识	当电源监测器检测到电源保护时（缺相、断相、过压、欠压），PLC 故障输出，因就地显示屏没有故障复位功能，故障只有在 PLC 断电下复位。故障原因为：因未设置故障复位功能，PLC 需重启才能复位故障
参考资料信息	维修二处：完工报告《FQ4-MA02-RCWO-00661585/01 4DEL002GF 冷冻机 2 号压缩机电机电源保护故障检查》； WR/WOT：272431/00661585-01（紧急工单），工作许可证：4PT22862（4DEL002GF 报 2 号电机电源保护故障检查）
编　　者	运行二处一值：谷铁　　　　时间：2019 年 03 月 17 日

3.15.10　主控出现 3DEL001KA2：冷冻水压力低报警

异常缺陷名称	3DEL001LP 压力为 0.18 MPa，但主控出现 3DEL001KA2（冷冻水压力低）报警。怀疑 3DEL009SP 不准或需充水排气
发生时间	2017 年 12 月 01 日中班
机组状态	RCD 模式
异常缺陷现象	3DEL001LP 压力 0.18 MPa，但主控仍有 3DEL001KA2：冷冻水压力低报警，且无法复位，怀疑仪表中有气
风险或潜在后果	导致产生报警 3DEL001KA2：冷冻水压力低报警
干预行动	已采取的行动措施： oncall 仪控检查处理
原因分析	仪表 3DEL009SP 定值恢复值高漂
消缺行动	仪控处理反馈： 1）工作过程： ①确认 3DEL009VSP 已关闭隔离； ②拆除 3DEL009SP 接头，连接压力校验仪对 3DEL009SP 进行校验；

续　表

消缺行动	③根据校验数据判断仪表不合格，对仪表进行调整，调整后，仪表定值合格，恢复值超差，经与系统负责人沟通判断仪表满足系统工艺要求； ④拆除压力校验仪，恢复 3DEL009SP 接头，在恢复过程中发现仪表引压管卡套内螺纹滑丝，需更换； ⑤重新加工仪表引压管进行更换； ⑥工作结束。 2)故障原因分析：仪表定值恢复值高漂
相关知识	DEL009SP 压力低报警定值为 0.1 MPa，冷冻水压力正常大于 0.15 MPa
参考资料信息	维修二处：完工报告《FQ3-MA03-RCWO-00766161/01 3DEL001LP 压力为 0.18 MPa，但主控出现 3DEL001KA2 报警。怀疑 3DEL009SP 不准或需充水排气》； WR/WOT：316614/00766161-01(紧急工单)
编　　者	运行二处一值：谷铁 | 时间：2019 年 03 月 11 日

3.15.11　4DEL201VN 在 4DEL001GF 启机后无法自动开启，需要进行性能检查

异常缺陷名称	4DEL201VN 在 4DEL001GF 启机后无法自动开启，需要进行性能检查
发生时间	2017 年 06 月 08 日夜班
机组状态	机组调试启动阶段
异常缺陷现象	夜班启动 4DEL001GF 时，4DEL201VN 没有动作。4DEL201VN 置手动能正常全开全关
风险或潜在后果	导致 4DEL001GF 无法启动
干预行动	已采取的行动措施： oncall 维修仪控检查处理
原因分析	4DEL001GF 操作屏启动故障未复位，导致阀门无法自动开启
消缺行动	仪控处理反馈： 1)工作过程： ①在与业主人员共同调节 4DEL201VN，在运行人员的鉴定下，阀门自动开启； ②在运行配合下验证阀门，开关正常； 2)故障原因分析：4DEL001GF 操作屏启动故障未复位，导致阀门无法自动开启

续　表

相关知识	DEL201VN 为 DEL001GF 冷凝器冷却水气动调节阀	
参考资料信息	维修二处：完工报告《FQ4-MA03-RCWO-00580667/01 4DEL201VN 在 4DEL001GF 启机后无法自动开启，需要进行性能检查》； WR/WOT：255943/00580667-01（紧急工单），工作许可证：4PT18330(4DEL201VN 性能检查)	
编　　者	运行二处一值：谷铁	时间：2019 年 03 月 11 日

3.15.12　1DEL002AR 控制屏显示冷却水流量低报警，导致 1DEL002GF 无法启动

异常缺陷名称	在启动 1DEL002GF 时，1DEL002AR 控制屏显示冷却水流量低报警，导致 1DEL002GF 无法启动	
发生时间	2017 年 02 月 08 日夜班	
机组状态	大修 RCD 模式	
异常缺陷现象	1DEL002GF 在启动过程中出现冷却水流量不足报警，但是 1RRI212LD 流量正常	
风险或潜在后果	导致 1DEL002GF 无法启动	
干预行动	已采取的行动措施： oncall 维修仪控检查处理	
原因分析	1DEL010SP 定值漂移	
消缺行动	仪控处理反馈： 1)检修措施及步骤： ①现场核实确认设备位置； ②检查 1DEL010SP 状态并做好拆接线记录，现场隔离仪表； ③拆除 1DEL010SP 进行校验，校验结果合格； ④根据拆接线记录回装 1DELO10SP 紧固接头，投运仪表； ⑤请运行启动 1DEL002GF，1DEL002GF 正常启动，无异常报警。 2)故障原因分析：1DEL010SP 定值漂移	
相关知识	N/A	
参考资料信息	维修一处：完工报告《FQ1-MA03-RCWO-00510225/01 在启动 1DEL002GF 时，1DEL002AR 控制屏显示冷却水流量低报警，导致 1DEL002GF 无法启动》； WR/WOT：212669/00510225-01(紧急工单)	
编　　者	运行二处一值：谷铁	时间：2019 年 03 月 13 日

3.15.13 4DEL003GF 触发综合故障报警，现场查看控制屏上存在报警

异常缺陷名称	4DEL003GF 触发综合故障报警，现场查看控制屏上存在报警	
发生时间	2018 年 04 月 08 日早班	
机组状态	RP 模式，电功率 1089 MWe	
异常缺陷现象	08:27，4DEL003GF 触发综合故障报警，现场查看控制屏上存在报警	
风险或潜在后果	4DEL003GF 触发综合故障报警，导致其不可用，产生 GEN8	
干预行动	已采取的行动措施： oncall 仪控检查处理	
原因分析	4DEL003GF 控制屏通讯故障	
消缺行动	仪控处理反馈： 1）工作过程： ①对通讯电缆进行校线，检查结果无异常，对设备进行清灰； ②对 4DEL003GF 控制屏进行断电重启，控制屏显示通讯故障消除，持票观察一天无异常，与主控沟通后还票。 2）故障原因分析：4DEL003GF 控制屏通讯故障	
相关知识	DEL003GF 用于在 H1 工况两台水冷式冷冻机组失效，为 DVC 主控室通风提供冷冻水，确保主控的在正常温度范围	
参考资料信息	维修二处：完工报告《FQ4-MA03-RCWO-00892398/01 4DEL003GF 触发综合故障报警，现场查看控制屏上存在报警，需处理》； WR/WOT：00371629/00892398-01（紧急工单）	
编　　者	运行二处一值：谷铁	时间：2019 年 03 月 13 日

3.15.14 2DEL002GF 备用压缩机无法启动，导致 DEL 冷冻水温度升高

异常缺陷名称	2DEL001GF 一台压缩机启动，另一台压缩机未启动，导致 DEL 冷冻水温度升高
发生时间	2017 年 05 月 01 日中班
机组状态	RP 模式，电功率 840 MWe
异常缺陷现象	2DEL001GF 备用压缩机无法启动
风险或潜在后果	2DEL001GF 的备用压缩机无法启动，冷冻水温度升高

续　表

干预行动	已采取的行动措施： oncall 仪控和机械检查处理
原因分析	2DEL471VQ 电子膨胀阀电机坏，电子膨胀阀无法打开造成低压过低保护
消缺行动	电气处理反馈： 1）检查处理过程（工单 00562718-01）： ①对机组进行检漏； ②禁止 1 号系统启动 ③模拟动作 2DEL471VQ 电子膨胀阀开启动作，并监测电流； ④把 1 号电子膨胀阀模块与 2 号电子膨胀阀模块互换，启机验证模块，仍然报警，怀疑电子膨胀阀本体卡死；另出票处理（00563261-01）。 2）工作过程（工单 00563261-01）： ①回收冷媒到空瓶； ②回收完成后，联系仪控人员进行更换电子膨胀阀 2DEL471VQ； ③更换 2DEL471VQ 电子膨胀阀完成后对机组进行抽真空保负压； ④真空试验合格后，进行冷媒充注； ⑤充注完成后通知运行启机鉴定，并记录运行参数：冷冻水回水温度 9.6 ℃，冷冻水出水温度 7.6 ℃，1 号压缩机排气压力 818 kPa，1 号压缩机回气压力 268 kPa，机组运行容量 85%，电机电流 159.7 A，机组再鉴定合格； 3）故障原因分析：2DEL471VQ 电子膨胀阀电机坏，电子膨胀阀无法打开造成低压过低保护
相关知识	N/A
参考资料信息	维修二处：完工报告《FQ2-MA01-RCWO-00562718/01 DEL001GF 一台压缩机启动，另一台压缩机未启动，导致 DEL 冷冻水温度升高》《FQ2-MA01-RCWO-00563261/01 机械检查确认膨胀阀 2DEL471VQ 故障，需进行更换》； WR/WOT：00242071/00562718-01。WR/WOT：242555/00563261-01，工作许可证：2PW14975（2DEL001GF 更换电子膨胀阀 2DEL471VQ）
编　　者	运行二处一值：谷铁　　时间：2019 年 03 月 13 日

3.15.15 4DEL002GF 水冷式冷水机组屏幕显示 2 号电源故障

异常缺陷名称	4DEL002GF 水冷式冷水机组屏幕显示 2 号电源故障
发生时间	2017 年 05 月 26 日中班
机组状态	4 号机调试启动阶段
异常缺陷现象	中班现场检查控制屏上存在 2 号机组电源保护报警，且报警无法复位，导致 2 号压缩机组无法启动，只有 1 号压缩机组在运行
风险或潜在后果	导致 2 号压缩机组无法启动
干预行动	已采取的行动措施： oncall 维修电气检查处理
原因分析	相序保护继电器 011SZ 接线掉落
消缺行动	电气处理反馈： 1) 工作过程： ①对 4DEL004AR1 和 4DEL004AR2 进行接线检查发现相序保护继电器 011SZ 接线掉落； ②将相序保护继电器 011SZ 掉落接线进行重新紧固； ③对进线电缆进行绝缘检查结果合格； ④联系运行人员送电验证报警消除，查看相序保护继电器 011SZ 显示正常； 2) 故障原因分析：相序保护继电器 011SZ 接线掉落
相关知识	N/A
参考资料信息	维修二处：完工报告《FQ4-MA02-RCWO-00573588/01 维修一级：排查 4DEL002GF 水冷式冷水机组屏幕显示 2 号电源故障问题》； WR/WOT：00251839/00573588-01
编　　者	运行二处一值：谷铁　　　　时间：2019 年 03 月 15 日

3.15.16 2DEL009SP 在 2DEL001BA 压力低于 0.1 MPa 时没有在 KIC 上触发压力低报警

异常缺陷名称	2DEL009SP 在 2DEL001BA 压力低于 0.1 MPa 时没有在 KIC 上触发压力低报警
发生时间	2015 年 02 月 01 日早班
机组状态	2 号机组处于调试阶段

续　表

异常缺陷现象	现场巡检时发现 2DEL001BA 就地压力约为 0.02 MPa，但主控没有触发压力低报警	
风险或潜在后果	2DEL001BA 压力低于 0.1 MPa 时没有在 KIC 上触发压力低报警 2DEL001KA2(冷冻水压力低)	
干预行动	已采取的行动措施： 提 WR 走计划处理	
原因分析	2DEL009SP 故障	
消缺行动	电气处理反馈： 1)检修措施及步骤： 关闭根阀 2DEL009VSP，拆下 2DEL009SP 并对其进行校验，校验无问题后安装好表，后发现问题仍未解决，去对应机柜侧用电压表测量发现机柜侧无问题，怀疑就地接线有问题，将就地接线问题处理好后发现 2DEL009SP 在 2DEL001BA 压力低于 0.1 MPa 时会在 KIC 上触发压力低报警。 2)故障原因分析：2DEL009SP 故障	
相关知识	N/A	
参考资料信息	维修一处：《FQ2-MA03-RCWO-00088432/022DEL009SP 在 2DEL001BA 压力低于 0.1 MPa 时没有在 KIC 上触发压力低报警，怀疑仪表故障，请处理，已挂缺陷》； WR/WOT：00036544/00088432-02	
编　　者	运行二处一值：谷铁	时间：2019 年 03 月 15 日

3.15.17　2DEL001-002GF 就地控制柜上所有显示和设定参数都为 0 或者空白，无法启动冷冻机组

异常缺陷名称	2DEL001-002GF 就地控制柜上所有显示和设定参数都为 0 或者空白，无法启动冷冻机组
发生时间	2015 年 03 月 11 日早班
机组状态	机组调试阶段
异常缺陷现象	启动 2DEL001/002GF 时发现两台冷冻机 PLC 控制柜上所有显示和设定的参数都未 0 或者空白，无法启动冷冻机组
风险或潜在后果	导致冷冻机组无法启动，影响电气厂房冷风系统运行

续 表

干预行动	已采取的行动措施： oncall 维修仪控检查处理	
原因分析	2DEL001/002GF 控制器打至 stop 模式	
消缺行动	仪控处理反馈： 故障原因分析：2DEL001/002GF 控制器打至 stop 模式	
相关知识	N/A	
参考资料信息	维修一处：《FQ2-MA03-RCWO-00095003/01 2DEL001-002GF 就地控制柜上所有显示和设定参数都为 0 或者空白，无法启动冷冻机组，怀疑控制柜存在故障》； WR/WOT：0040882/0095003-01	
编　　者	运行二处一值：谷铁	时间：2019 年 03 月 15 日

3.15.18　1DEL001CR 端子箱上冷冻水压力低报警

异常缺陷名称	1DEL001CR 端子箱上冷冻水压力低报警
发生时间	2016 年 03 月 06 日早班
机组状态	RP 模式，电功率 840 MWe
异常缺陷现象	1DEL001CR 端子箱上冷冻水压力低报警
风险或潜在后果	导致 1DEL001CR 上显示冷冻水压力低报警
干预行动	已采取的行动措施： 提 WR 按计划处理
原因分析	因操作员使用过 1DEL 系统中的冷冻水，导致系统压力降低，1DEL009SP 触发低压报警，为系统真实压力低报警，运行人员使用完毕后对系统进行补水，KIC 和 BUP 上报警消失，但 1DEL001CR 上报警需用 005CC 钥匙复位才能消除
消缺行动	仪控处理反馈： 1）检修措施及步骤： ①与运行人员沟通后得知之前操作员有使用过 1DEL 系统冷冻水，系统压力降低导致 1DEL009SP 触发报警，完毕后对其系统进行补水，报警正常消失，且 1DEL009SP 与 2016 年 01 月 29 日有过校验，故判断 1DEL009SP 没有故障，为真实报警触发； ②现场确认 1DEL001CR，报警灯为灭；

续　表

消缺行动	③现场确认仪表位号，对 1DEL001LP 进行检查，仪表正常； ④与操作员沟通得知，操作员规程里只注明使用 1DEL 系统冷冻水后补水至 BUP 与 KIC 上报警消除，但没有注明需要用钥匙对 1DEL001CR 上的报警进行复位，提此缺陷前未对 1DEL001CR 上的报警复位，已建议操作员对此情况进行反馈并升版规程。 2）故障原因分析：因操作员使用过 1DEL 系统中的冷冻水，导致系统压力降低，1DEL009SP 触发低压报警，为系统真实压力低报警，运行人员使用完毕后对系统进行补水，KIC 和 BUP 上报警消失，但 1DEL001CR 上报警需用 005CC 钥匙复位才能消除	
相关知识	1DEL001CR 上报警需用 005CC 钥匙复位才能消除	
参考资料信息	维修一处：《FQ1-MA03-RCWO-00235333/01 1DEL001CR 端子箱上冷冻水压力低报警，需校验 1DEL009SP》； WR/WOT：00111786/00235333-01，工作许可证 1-PT-05840——1DEL009SP（1DEL001CR 端子箱上冷冻水压力低报警，需校验 1DEL009SP）	
编　　者	运行二处一值：谷铁	时间：2019 年 03 月 23 日

3.15.19　2DEL001AR 上 135LA 冷冻水压力低故障报警

异常缺陷名称	2DEL001AR 上 135LA 冷冻水压力低故障报警
发生时间	2016 年 03 月 06 日早班
机组状态	RP 模式，电功率 1082 MWe
异常缺陷现象	2DEL001AR 上 135LA 冷冻水压力低故障报警
风险或潜在后果	导致产生冷冻水压力低报警
干预行动	已采取的行动措施： 提工作申请 WR 按计划处理
原因分析	系统的实际压力低导致报警故障出现，压力恢复后，需要进行复位，复位后，报警信号消除
消缺行动	仪控处理反馈： 1）检修措施及步骤： ①关闭 2DEL001LPD 的根阀并对 2DEL002LP 进行校验，仪表合格，开启根阀；

续 表

消缺行动	②关闭 2DEL009SP 的根阀，将 2DEL009SP 现场进行校验，测得仪表超出误差范围，对 2DEL009SP 调整满足要求合格后回装，但是 2DEL001AR 上 135LA 报警灯仍然亮着，判断压力低报警跟仪表无关，沟通运行对 2DEL001AR 上的报警复位后，报警灯消除； ③因使用了 1DEL 系统的冷冻水，导致系统压力低，导致 2DEL001AR 箱上的报警信号出现。压力恢复后，需要进行复位，复位后，报警信号消除。 2)故障原因分析：系统的实际压力低导致报警故障出现，压力恢复后，需要进行复位，复位后，报警信号消除	
相关知识	N/A	
参考资料信息	维修一处：《FQ2-MA03-RCWO-00235356/01 2DEL001AR 上 135LA 冷冻水压力低故障报警，需校验仪表》； WR/WOT：00111797/00235356-01(计划工单)，工作许可证 2-PT-03675——2DEL009SP	
编　　者	运行二处一值：谷铁	时间：2019 年 03 月 23 日

3.15.20　1DEL002GF 就地控制屏出现告警，告警信息为“2 号电源保护开关断开”

异常缺陷名称	1DEL002GF 就地控制屏出现告警，告警信息为“2 号电源保护开关断开”
发生时间	2015 年 08 月 31 日中班
机组状态	RP 模式，电功率 840 MWe
异常缺陷现象	1DEL002GF 启动之后有一台压缩机无法启动加载，就地显示“2#电源保护开关断开”，DEL 冷冻水只能维持在 10 ℃
风险或潜在后果	导致一台压缩机无法启动加载
干预行动	已采取的行动措施： oncall 仪控检查处理
原因分析	核实为 1DEL011SZ 相序保护器故障
消缺行动	仪控处理反馈： 打开 1DEL002AR 箱，用万用表对 1DEL011SZ 的输出进行检测，发现 1DEL011SZ 的下游无输出而上游供电正常，故确认 1DEL011SZ 故障，对 1DEL011SZ 进行更换

续 表

相关知识	N/A	
参考资料信息	维修一处：完工报告《FQ1-MA03-RCWO-00139164/011DEL002GF 就地控制屏出现告警，告警信息为“2 号电源保护开关断开”，请处理》； WR/WOT：00070158/00139164-01(紧急工单)	
编　　者	运行二处一值：谷铁	时间：2019 年 03 月 28 日

3.15.21 3DEL003GF 在 KIC 上不能启动，且启动命令发出后延时 30 s 变洋红色

异常缺陷名称	3DEL003GF 在 KIC 上不能启动，且启动命令发出后延时 30S 变洋红色，当切到就地后，就地可以启动	
发生时间	2016 年 01 月 29 日夜班	
机组状态	3 号机组调试阶段	
异常缺陷现象	3DEL003GF 在 KIC 点击启动 30 s 后变为洋红色，现场实际未启动，切至 LOC 位置时，可以启动，运行正常	
风险或潜在后果	无法在 KIC 中启动 3DEL003GF	
干预行动	已采取的行动措施： 提 WR 按计划处理	
原因分析	可能机柜侧接线未接紧，导致 KIC 上显示洋红色	
消缺行动	电气处理反馈： 1)工作步骤： ①在就地侧将 3DEL003GF 上开关打到接收 KIC 上的启动，并且在 3DEL003GF 就地操作屏上点击接收 KIC 上的控制信号； ②联系主控运行人员在 KIC 上发出 3DEL003GF 开启信号； ③和主控运行人员确认 3DEL003GF 在 KIC 上已启动。 2)故障原因分析：可能机柜侧接线未接紧，导致 KIC 上显示洋红色	
相关知识	N/A	
参考资料信息	维修二处：完工报告：《FQ3-MA03-RCWO-00214832/01 3DEL003GF 在 KIC 上不能启动，且启动命令发出后延时 30S 变洋红色，当切到就地后，就地可以启动》； WR/WOT：00101974/00214832-01(计划工单)	
编　　者	运行二处一值：谷铁	时间：2019 年 03 月 28 日

3.15.22 2DEL001GF 冷却水流量保护故障跳闸

异常缺陷名称	2DEL001GF 冷却水流量保护故障跳闸	
发生时间	2016 年 08 月 18 日中班	
机组状态	RP 模式，电功率 1074 MWe	
异常缺陷现象	2DEL001GF 跳闸，就地查看 2DEL001GF 就地 PLC 控制面板故障信息上面显示“冷却水流量保护”，由于报警无法复位，冷冻机组无法启动，同时导致 2DVC105MZ 湿度高报警触发	
风险或潜在后果	2DEL001GF 无法启动，导致不可用，产生 IO2：DEL1； 2DEL001GF 跳闸导致 2DVC105MZ 湿度高报警触发，产生第二组 IO：DVC1	
干预行动	已采取的行动措施： 1）将 2RRI004PO 和 2SEC004PO 启动，启动 2DEL002GF； 2）oncall 仪控检查处理	
原因分析	2DEL109SP 定值漂移	
消缺行动	仪控处理反馈： 1）检修措施及步骤： ①确认 2DEL109SP 设备位置； ②将 2DEL109SP 的隔离阀隔离，拆卸 2DEL109SP，经校验，发现定值漂移有漂移，定值是低报报 30 kPa，漂移到了 72.8 kPa，对其进行调整，合格后回装。 2）故障原因分析：定值漂移	
相关知识	N/A	
参考资料信息	维修一处：完工报告《FQ2-MA03-RCWO-00325183/01 2DEL001GF 故障跳闸，需处理》； WR/WOT：00163924/00325183-01（紧急工单）	
编　　者	运行二处一值：谷铁	时间：2019 年 03 月 28 日

3.15.23 启动 1DEL001GF 时出现“冷冻水回路流量低”报警禁止启动

异常缺陷名称	启动 1DEL001GF 时出现“冷冻水回路流量低”报警禁止启动
发生时间	2016 年 09 月 04 日中班
机组状态	RP 模式，电功率 1082 MWe

续 表

异常缺陷现象	对 1DEL001GF 进行再鉴定，启动 1DEL001GF 时出现“冷冻水回路流量低”报警禁止启机
风险或潜在后果	导致 1DEL001GF 无法启动
干预行动	已采取的行动措施： oncall 仪控检查处理
原因分析	1DEL011SP 恢复值过高导致报警
消缺行动	仪控处理反馈： 故障原因分析：1DEL011SP 恢复值过高导致报警，检查处理后缺陷消除
相关知识	N/A
参考资料信息	维修一处：完工报告《FQ1-MA03-RCWO-00332952/01 启动 1DEL001GF 时出现‘冷冻水回路流量低’报警禁止启动，检查 1DEL011SP》； WR/WOT：169064/00332952-01(紧急工单)
编　　者	运行二处一值：谷铁　　　时间：2019 年 03 月 28 日

3.15.24 主控出现 1DEL010KA(冷冻水出口温度高)，就地查看 1DEL001GF 因冷却水流量低跳闸

异常缺陷名称	主控出现 1DEL010KA(冷冻水出口温度高)，就地查看 1DEL001GF 因冷却水流量低跳闸，怀疑 1DEL201VN 阀门控制调节回路故障
发生时间	2016 年 08 月 14 日夜班
机组状态	RP 模式，电功率 1085 MWe
异常缺陷现象	主控出现 1DEL010KA，就地查看 1DEL001GF 因冷却水流量低跳闸，将 1RRI085VN 由 55%开至全开(目前已恢复初始开度)，重新启动仍因冷却水流量低跳闸
风险或潜在后果	导致 1DEL001GF 跳闸，无法启动，冷冻水出口温度高，引起 DVC、DVE、DVL 下游负荷温度上升
干预行动	已采取的行动措施： 1)切至 1DEL002GF 运行(相应的启动 B 列的 1SEC002PO 和 1RRI004PO)； 2)oncall 仪控检查处理

续 表

原因分析	1DEL109SP 定值漂移，导致 1DEL001GF 跳闸
消缺行动	仪控处理反馈： 1)工作过程： ①对 1DEL109SP 进行校验，发现定值漂移很多，重新调整后，定值正常； ②重新启动 1DEL001GF 后验证合格。 2)故障原因分析：1DEL109SP 定值漂移，导致 1DEL001GF 跳闸
相关知识	N/A
参考资料信息	维修一处：完工报告《FQ1-MA03-RCWO-00332952/01 启动 1DEL001GF 时出现‘冷冻水回路流量低’报警禁止启动，检查 1DEL011SP》； WR/WOT：WR/WOT：00321159-01(紧急工单)
编　　者	运行二处一值：谷铁　　时间：2019 年 03 月 28 日

3.15.25 1DEL002GF 启动过程中出现冷冻水流量低

异常缺陷名称	1DEL002GF 启动过程中出现冷冻水流量低
发生时间	2016 年 09 月 18 日早班
机组状态	RP 模式(热功率 39 MW)，电功率 0 MWe
异常缺陷现象	执行 FQ1-DEL-C-003，切换过程中，冷冻机 1DEL002GF 触发冷冻水流量低报警，造成冷冻机停运
风险或潜在后果	导致 1DEL002GF 不可用，产生第二组 I0
干预行动	已采取的行动措施： oncall 仪控检查处理
原因分析	1DEL012SP 定值回差过大
消缺行动	电气处理反馈： 1)检修措施及步骤： ①对 1DEL012SP 进行校验，仪表定值回差过大； ②应系统负责人要求将 1DEL012SP 定值设定为低报 40 kPa 进行校验，仪表校验合格； ③恢复 1DEL012SP 至初始状态； 2)故障原因分析：1DEL012SP 定值回差过大

续　表

相关知识	N/A
参考资料信息	维修一处：完工报告《FQ1-MA03-RCWO-00352582/01 1DEL002GF 启动过程中出现冷冻水流量低，请检查》； WR/WOT：172758/00352582-01（紧急工单）
编　　者	运行二处一值：谷铁　　时间：2019 年 03 月 28 日

3.15.26　启动 1DEL001GF 时，由于存在“机组故障”无法启动

异常缺陷名称	启动 1DEL001GF 时，由于存在“机组故障”无法启动
发生时间	2016 年 09 月 22 日早班
机组状态	RP 模式（热功率 124 MW），电功率 0 MWe
异常缺陷现象	启动 1DEL001GF 时，由于存在“机组故障”无法启动，查看报警信息，09 月 18 日出现冷冻水流量低和冷冻水流量低保护信号，但当前冷冻水流量低信号已消除，冷冻水流量低保护信号仍然存在
风险或潜在后果	造成 1DEL001GF 不可用，产生 IO2
干预行动	已采取的行动措施： oncall 仪控检查处理
原因分析	冷冻水压差开关定值偏高
消缺行动	仪控处理反馈： 1）检修措施及步骤： ①开工前通知主控，确认 1DEL011SP 设备位置及故障现象； ②检查发现 1DEL011SP 定值偏高； ③拆除仪表，做好包扎与记录，连接打压设备对 1DEL011SP 进行校验检查； ④调整仪表定值至许可范围，按记录恢复仪表； ⑤请运行人员启机验证，不合格； ⑥反馈系统工程师，与厂家联系协商后，开启 QDR，将仪表定值调整到 35 kPa； ⑦回装仪表至初始状态，请运行再次启机验证； ⑧1DEL001GF 正常启动，无故障报警。 2）故障原因分析：冷冻水压差开关定值偏高
相关知识	N/A

续 表

参考资料信息	维修一处：完工报告《FQ1-MA03-RCWO-00370818/01 启动 1DEL001GF 时，触发机组故障报警，查看历史报警信息仍存在“冷冻水流量低保护”，需检查处理》； WR/WOT：173966/370818-01(紧急工单)
编　　者	运行二处一值：谷铁　　时间：2019 年 03 月 28 日

3.15.27　1DEL003GF 出水温度探头频繁报故障，触发出水温度低信号

异常缺陷名称	1DEL003GF 出水温度探头频繁报故障，触发出水温度低信号
发生时间	2016 年 03 月 13 日夜班
机组状态	RP 模式，电功率 1089 MWe
异常缺陷现象	主控出现 1DEL003GF 综合故障报警，1DEL003GF 显示洋红不可用。现场检查 1DEL003GF 面板，发现曾多次出现冷冻水出水探头故障和冷冻水出水温度过低的报警
风险或潜在后果	导致报警频繁触发
干预行动	已采取的行动措施： 提 WR 按计划处理
原因分析	温度探头故障
消缺行动	仪控处理反馈： 故障原因分析：温度探头故障，更换备件处理后恢复
相关知识	N/A
参考资料信息	维修一处：完工报告《FQ1-MA03-RCWO-00241008/02 1DEL003GF 出水温度探头频繁报故障，需更换备件》； WR/WOT：00113706/241008-01(计划工单)
编　　者	运行二处一值：谷铁　　时间：2019 年 03 月 28 日

3.15.28　1DEL001GF 的压缩机电机 001MO 油密封机构脱落，密封油流出

异常缺陷名称	1DEL001GF 的压缩机电机 001MO 油密封机构脱落，密封油流出
发生时间	2014 年 11 月 14 日早班
机组状态	NS/SG 模式

续 表

异常缺陷现象	1DEL001GF 的压缩机电机 001MO 油密封机构脱落，密封油流出
风险或潜在后果	压缩机电机密封油流出，1DEL001CO 不可用；密封油流出考虑火灾隐患
干预行动	已采取的行动措施： 主控紧急联系安排人员将压缩机切到 1DEL003MO 运行，并联系维修机械将 1DEL001CO 打至手动，避免误启动
原因分析	驱动端端盖密封圈未装到位，造成轴承润滑油流出
消缺行动	仪控处理反馈： 1)处理过程： ①对 1DEL001MO 电机驱动端油脂进行检查； ②将轴承油盖取掉，把轴承及油盖废油清洗干净； ③密封圈未装到位重新将密封圈安装到位； ④重新注入新油，回装轴承油盖； ⑤填写运行配合单送电，进行试转； ⑥电机运行温度，前端 45 ℃、后端 40 ℃，故障消除； 2)故障原因分析：1DEL001GF 的压缩机电机 001MO 油密封机构脱落，密封油流出
相关知识	N/A
参考资料信息	维修一处：完工报告《FQ1-MA02-RCWO-00071290/01 1DEL001GF 的压缩机电机 001MO 油密封机构脱落，密封油流出，需要尽快处理，否则 001MO 轴承损坏》； WR/WOT：00026664/00071290-01(计划工单)
编　　者	运行二处一值：谷铁　　时间：2019 年 03 月 21 日

3.15.29 启动 2DEL001GF 时，因 2DEL201VN 不明原因全关导致冷却水流量低跳闸

异常缺陷名称	启动 2DEL001GF 时，因 2DEL201VN 不明原因全关导致冷却水流量低跳闸
发生时间	2020 年 01 月 28 日中班
机组状态	RP 模式，电功率 845 MWe

续　表

异常缺陷现象	19:56，当班值按计划进行 2RRI 的切列操作(定期切换(列间)：2RRI002PO 切至 2RRI003PO 运行；2SEC004PO 切至 2SEC001PO 运行)，在执行启动 2DEL001GF 时，因为 2DEL201VN 不明原因全关，导致出现“就地控制流量不足”，冷却水流量低跳闸，经过三次启动，都存在同样的问题，怀疑 2DEL201VN 调节性能不佳或者是 2DEL111MT 故障	
风险或潜在后果	1)无法完全切换到 2RRI A 列运行； 2)2DEL001GF 不可用，产生第二组 I0：DEL1，要求检修在一个月内完成；参照 DVC、DVE、DVL 系统的技术规范； 3)2DEL001GF 不可用，2DEL 系统可靠性降低，存在 DVC、DVE、DVL 所在区域温度超出技术规范要求的风险	
干预行动	已采取的行动措施： 1)立即暂停 2RRI 切列操作，重新启动 2DEL002GF，确保下游负荷冷冻水供给； 2)保持 2DEL002GF 运行，重启 2DEL001GF，两次重启依然失败； 3)记录 2DEL001GF 不可用的第二组 I0，DEL1； 4)oncall 仪控人员前来配合检查和处理。 建议后续行动： 维修仪控尽快查明 2DEL201VN 异常关闭原因，并处理，恢复 2DEL001GF 可用	
原因分析	2DEL005/007SP、2DEL109SP 存在故障情况	
消缺行动	仪控处理反馈： 1)处理措施： ①对 2DEL005/007SP 进行校验，发现手动均无法复位，领取备件，校验合格，对仪表进行更换； ②对 2DEL109SP 进行校验，回差大，无法调整，领取备件重新校验合格，对仪表进行更换； ③请运行配合启动 2DEL001CS 验证，结果合格； 2)故障原因分析：2DEL005/007SP、2DEL109SP 存在故障情况	
相关知识	启动 DEL 冷冻机前检查电子膨胀阀是否在“过热度控制”模式，如果在“液位控制”模式启动 DEL 冷冻机，会出现液位预防禁止加载问题	
参考资料信息	维修一处：EAM 中工单 01518428-01 的完工报告； WR/WOT：00684234/01518428-01(紧急工单)	
编　　者	运行二处一值：谷铁	时间：2020 年 02 月 19 日

3.15.30 DEL 系统设备异常缺陷处理总结

DEL 系统重要知识点：

1）抽真空的目的：是抽走里面的不凝结气体和水分。抽真空时需要屏蔽探头，防止抽出来的油汽引起火警探头动作。

2017 年 05 月 04 日中班，抽真空期间，抽出的空气和残留冷媒导致房间烟雾较大，触发 2SFZ312KA 火警。主控立即要求工作负责人停止工作，现场手动启动 2DVL003ZV 排烟。

2）在进行 DEL 冷冻机抽冷媒和充冷媒时，开工前确认冷冻水和冷却水在线，且已投入运行。绝对不可在没有冷却水和冷冻水的情况下，抽充冷媒。否则有可能使蒸发器和冷凝器的铜管冻裂。

3）DEL 切换过程中，冷冻机停运 1 min 后再停运相应的水泵，以防损坏冷冻机。

3.16 主控室空调系统(DVC)

3.16.1 3/4LX/WX 厂房 DCS 机柜房间湿度连续三周低于正常范围

异常缺陷名称	3、4LX/WX 厂房 DCS 机柜房间湿度连续三周低于正常范围	
发生时间	2018 年 02 月 14 日早班	
机组状态	3 号机组：NS/SG 模式；4 号机组：RP 模式，电功率 836 MWe	
异常缺陷现象	仪控二科自控一班在对专用系统巡检过程中发现，3、4 号机组 DCS 机柜所在房间（L709/L710/L609/L507/L505/L509/W609/W607/W603/W602/W228/L749/L750/L649/L547/L545/L549/W649/W647/W643/W6402/W268）湿度普遍偏低，湿度在 25%～35%之间，低于正常范围 45%～65%	
风险或潜在后果	环境湿度低，易产生静电，对 DCS 设备安全可靠运行造成潜在影响	
干预行动	已采取的行动措施： 1）持续关注厂房湿度变化； 2）启动 DVC 系统加湿器，增加电气厂房湿度； 3）核实目前控制室和相关机柜区设备房间的相对湿度为20%～80%。 建议后续行动： 加强对电气厂房湿度的巡检，通知仪控关注电气厂房的湿度	
原因分析	由于冬天空气干燥，另外 DVC 加湿器未运行，导致电气厂房湿度偏低	
消缺行动	运行处理反馈： 通过启动 DVC 加湿器恢复房间湿度	
相关知识	控制室和相关机柜区设备房间的相对湿度为 20%～80%	
参考资料信息	《关于呈送福建福清核电厂 3、4 号机组主控室通风系统房间温度定值安全重要修改申请的报告》	
编　　者	运行二处一值：高鹏威	时间：2019 年 02 月 11 日

3.16.2 现场查看 4DVC055VD 调节性能不佳，且电机发热

异常缺陷名称	现场查看 4DVC055VD 调节性能不佳，且电机发热	
发生时间	2018 年 02 月 03 日早班	
机组状态	RP 模式，电功率 1089 MWe	
异常缺陷现象	主控触发报警 4DVC030KA“030AR 就地箱故障”，现场查看电加热器 4DVC030RS 未停运，现场点温回风温度在 17 ℃左右，接近 002XU2 的定值 16 ℃，怀疑是周围空气温度低导致 002XU2 触发产生报警。但 4DVC 的温度为自动控制，设定值为 28 ℃，和现场实际温度相差较大。检查 4DVC055VD 阀杆在最下部(冷冻水流量最大位置处)，而主控温度远低于设定温度值，与实际情况不符，触摸阀门电动头，可感觉到烫手	
风险或潜在后果	4DVC055VD 失去调节能力将使 DVC 系统部分不可用，产生 IO2	
干预行动	已采取的行动措施： 1)将 4DVC 切换到另一列运行以保持相关房间的温度； 2)oncall 维修人员检查处理； 3)现场检查 4DVC055VD 状态	
原因分析	4DVC030AR 内湿度控制器板卡 002GH 故障(板卡输出保持不变，不受输入信号控制)	
消缺行动	电气处理反馈： 对 4DVC030AR 板卡进行检查，发现湿度控制板卡损坏(ESRL15)。在领取相同型号板卡进行更换，并检查 4DVC055VD 检查确认正常启动运行 4DVC030AR，系统工作正常	
相关知识	机组上多次出现冷冻水调节阀调节性能不佳的问题，且故障原因和本次类似。所以板卡损坏可以作为此类缺陷的优先检查内容； 做隔离时需要断开 4DVC030AR-001 Q，会产生 IO2	
参考资料信息	维修二处：ECM 中工单 00891303-1 的完工报告	
编　　者	运行二处一值：高鹏威	时间：2019 年 02 月 11 日

3.17 电缆层通风系统(DVE)

3.17.1 3DVE004AR 内 001QF 打到 I 位立即跳闸

异常缺陷名称	3DVE004AR 内 001QF 打到 I 位立即跳闸
发生时间	2016 年 03 月 15 日夜班
机组状态	机组调试启动阶段
异常缺陷现象	主控出现 3DVE006RS 故障报警，现场查看 3DVE004AR 电气故障灯亮，柜内 001QF 跳闸
风险或潜在后果	3DVE006RS 无法投入，A 列蓄电池间温度和湿度受影响
干预行动	已采取的行动措施： 1)对 A 列蓄电池房间温湿度加强巡检； 2)oncall 维修检查处理
原因分析	3DVE004AR 柜内 006CS 元器件损坏
消缺行动	电气处理反馈： 柜内 006CS 原件故障有烧痕，进行元器件更换后故障消除
相关知识	3DVE006RS 为 3DVE015ZV 入口风管电加热器，用于降低风机入口空气的湿度
参考资料信息	维修二处：完工报告《FQ3-MA02-RCWO-00241656-01_001QF 打到 I 位立即跳闸》； WR/WOT：00241656-01
编　　者	运行二处一值：张美强　　　　时间：2019 年 04 月 18 日

3.17.2 主控出现 3DVE219KA(加热器 3DVE006RS 一般故障)报警，就地 3DVE165LA 亮，就地复位后过一段时间仍重复出现

异常缺陷名称	主控出现 3DVE219KA(加热器 3DVE006RS 一般故障)，就地 3DVE165LA 亮，就地复位后过一段时间仍重复出现
发生时间	2017 年 11 月 20 日夜班

续　表

机组状态	RCD 模式	
异常缺陷现象	主控出现 3DVE219KA 报警，就地 3DVE165LA 亮，就地复位后过一段时间仍重复出现	
风险或潜在后果	3DVE006RS 无法投入，A 列蓄电池间温度和湿度受影响	
干预行动	已采取的行动措施： 提出 WR 排计划处理	
原因分析	冬季模式下，由于 3DVE014ST 距离加热器较近，温度达到 38 ℃时就会跳闸	
消缺行动	仪控处理反馈： 仪控对 3DVE014ST、3DVE004MT 校验无问题，发现原因为由于 3DVE014ST 离加热器较近，温度达到 38 ℃时就会跳闸。目前无法处理 3DVE219KA 报警。由仪控发起 ECR 对 3DVE014ST 位置进行改造	
相关知识	通风系统中温度、风量等开关的布局不合理很可能导致设备因参数局部异常而误动作，这时需要改变开关的位置，反映真实参数的同时不至于设备误动作	
参考资料信息	维修二处：报告《FQ3-MA03-RCWO-00759163/01 主控出现 3DVE219KA 报警，就地 3DVE165LA 亮，就地复位后过一段时间仍重复出现该报警》； WR/WOT：00759163-01	
编　　者	运行二处一值：张美强	时间：2019 年 04 月 18 日

3.17.3　2DVE006ZV 风机开关跳闸，主控显示大红色处理

异常缺陷名称	2DVE006ZV 风机开关跳闸，主控显示大红色处理
发生时间	2017 年 06 月 22 日中班
机组状态	RP 模式，电功率 845 MWe
异常缺陷现象	2DVE006ZV 风机开关跳闸，主控显示大红色
风险或潜在后果	1)2DVE006ZV 在主控显示大红色，就地检查已停运，导致蓄电池房间通风部分不可用，产生随机 IO2：DVE2； 2)B 列蓄电池房间排风失去，蓄电池房间无法达到负压，造成可能产生的氢气的外泄

续　表

干预行动	已采取的行动措施： 关注房间负压情况，必要时打开 A、B 蓄电池间联通阀保持 B 列蓄电池间的负压	
原因分析	2LLB2101JA 开关 C 相接线松动，导致过流保护跳闸	
消缺行动	电气处理反馈： 现场检查抽屉内部接线及电气元器件正常，检查抽屉出线侧接线，发现 C 相接线松动，紧固接线后故障消除	
相关知识	2DVE006ZV 是 B 列蓄电池间排风机，负责蓄电池间微负压的建立	
参考资料信息	维修二处：完工报告《2 号主控触发 2LLB 总故障报警，现场核 2DVE006ZV 停运，主控 KIC 上 2DVE006ZV 显示大红色》； WR/WOT：00640624-01	
编　　者	运行二处一值：张美强	时间：2019 年 04 月 18 日

3.18 电气厂房排烟系统(DVF)

3DVF010VAF、003VAF 主控、就地 JDT 按钮无法开启

异常缺陷名称	3DVF010VAF、003VAF 主控、就地 JDT 按钮无法开启	
发生时间	2017 年 08 月 18 日夜班	
机组状态	RP 模式电功率 1063 MWe	
异常缺陷现象	FQ3-DVF-T-002 定期试验期间发现 3DVF010VAF、003VAF 在主控 KIC、就地 JDT 按钮均无法开启	
风险或潜在后果	1)真实发生火灾后，将无法开启 DVF 排烟阀对相应房间烟气进行排放； 2)导致 QSR 定期试验不合格； 3)产生 IO2：DVF1	
干预行动	已采取的行动措施： 联系维修机械、维修仪控对该缺陷处理	
原因分析	3DVF010VAF、003VAF 电磁阀机构卡涩	
消缺行动	仪控处理反馈： 1)运行任意模拟开阀信号，开启就地阀门百叶窗； 2)打开 3DVF010VAF、003VAF 电磁阀外罩，检查发现电磁阀机构卡涩，使用松动润滑剂进行润滑； 3)确认电磁阀机构无卡涩现象，回装电磁阀外罩，运行多次验证，阀门无卡涩，限位正确，手动复位百叶窗	
相关知识	排烟的开启通过电磁阀的释放使得排烟阀阀板依靠重力开启	
参考资料信息	维修二处：完工报告《FQ3-MA03-RCWO-00675149/01 执行 FQ3-DVF-T-002 时，3DVF010VAF、3DVF003VAF 主控、就地 JDT 按钮都无法开启》； WR/WOT：00675149-01	
编　　者	运行二处一值：张美强	时间：2019 年 04 月 18 日

3.19 辅助给水泵房通风系统(DVG)

3.19.1 3DVG001SD 故障触发导致 3DVG001RS 保护停运处理

异常缺陷名称	3DVG001SD 故障触发导致 3DVG001RS 保护停运
发生时间	2017 年 12 月 17 日夜班
机组状态	RCD 模式，电功率 0 MWe
异常缺陷现象	主控出现 3DVG009KA(空气加热器故障)，就地检查报警灯 3DVG018LA 亮(3DVG001RS 流量异常)，3DVG001RS 保护停运
风险或潜在后果	辅助给水泵、RAM 电机和 RGL 柜房间温度受影响
干预行动	已采取的行动措施： 1)运行就地检查过滤器压差正常，防火风阀状态正常； 2)联系仪控处理
原因分析	3DVG001SD 故障飘表
消缺行动	仪控处理反馈： 对仪表进行重新调整校验后故障消除
相关知识	DVG001SD 触发 DVG001RS 电加热器进口空气流量低报警值为 0.6 mber
参考资料信息	维修一处：完工报告《FQ3-MA03-RCWO-00782491/01 3DVG001SD 触发导致 3DVG001RS 保护停运，需对 3DVG001SD 校验》； WR/WOT：00782491-01
编　　者	运行二处一值：张美强　　时间：2019 年 04 月 18 日

3.19.2 3DVG002AR 001RS 高温故障多次出现处理

异常缺陷名称	3DVG002AR 001RS 高温故障多次出现
发生时间	2016 年 03 月 09 日中班
机组状态	机组调试启动阶段
异常缺陷现象	3DVG002AR 出现 001RS 高温故障，现场复位故障消失；一段时间后该故障重新出现，再次复位故障未能消失

续 表

风险或潜在后果	辅助给水泵、RAM 电机和 RGL 柜房间温度受影响	
干预行动	已采取的行动措施： 提出 WR 排计划处理	
原因分析	3DVG002AR 箱中 FX15 温度参数设置有误	
消缺行动	电气处理反馈： 对箱中 FX15 中的温度设置进行检查，在检查中发现 FX15 中的温度设定值与文件中的要求设定值不符合，文件清单中要求高报 26 ℃，低报为 17 ℃，加热器温度设定值为 20 ℃，现场查看温度设定值为，高报 25.2 ℃，低报为 19 ℃，加热器温度设定值 27.7 ℃，由于加热器温度设定值较高，而高报的报警值设定比加热器得温度设定值高，所以现场出现报警。对 FX15 中的定值按照文件定值清单进行从新设定，故障消除	
相关知识	DVG001RG 的温度高报 26 ℃，温度低报为 17 ℃，而 DVG001RS 电加热器安全温度高报警定值为 70 ℃	
参考资料信息	维修一处：完工报告《FQ3-MA02-RCWO-00240340/01 3DVG002AR 出现 001RS 高温故障，现场复位故障消失；一段时间后该故障重新出现，再次复位故障未能消失，请处理》； WR/WOT：00112812/00240340-01	
编　　者	运行二处一值：张美强	时间：2019 年 04 月 18 日

3.19.3 3DVG101VD 旋钮处于自动状态时无法调节

异常缺陷名称	3DVG101VD 旋钮处于自动状态时无法调节
发生时间	2016 年 04 月 07 日早班
机组状态	机组调试启动阶段
异常缺陷现象	3DVG101VD 旋钮处于自动状态时无法调节
风险或潜在后果	辅助给水泵、RAM 电机和 RGL 柜房间温度受影响
干预行动	已采取的行动措施： 提出 WR 排计划处理

续 表

原因分析	3DVG101VD 接线松动	
消缺行动	电气处理反馈： 1)将 3DVG101VD 旋钮放在手动最大位置，确认 3DVG101VD 运行； 2)等高温报警消除后将 3DVG101VD 旋钮处于 AUTO 位置； 3)测量输出信号发现没有下游信号发出； 4)检查接线，发现一根线虚接； 5)将虚接的线接好，测量信号，信号发出，确认 3DVG101VD 运行	
相关知识	DVG101VD 用于控制 DVG001RF 的核岛冷冻水，从而调节 DVG001/002ZV 入口温度	
参考资料信息	维修二处：完工报告《FQ3-MA02-RCWO-00255787/01 3DVG101VD 旋钮处于自动状态时无法调节，请及时处理》； WR/WOT：00255787-01	
编　　者	运行二处一值：张美强	时间：2019 年 04 月 18 日

3.20 电气厂房主通风系统(DVL)

3.20.1 3DVL213CR 中存在报警灯 3DVL315LA 亮，多次复位后仍有出现

异常缺陷名称	3DVL213CR 中存在报警灯 3DVL315LA 亮，多次复位后仍有出现	
发生时间	2016 年 03 月 28 日早班	
机组状态	RCD 模式，首次装料前	
异常缺陷现象	主控出现 3DVL201RG 故障的报警(3DVL003KA1)，3DVL213CR 中存在报警灯 3DVL315LA 亮，多次复位后仍有出现	
风险或潜在后果	影响运行人员状态判断和监视，可能影响 3DVL 通风运行可靠性	
干预行动	已采取的行动措施： oncall 维修电气检查处理	
原因分析	3DVL201VAR SM5 限位故障	
消缺行动	仪控处理反馈： 确认 3DVL201VAR SM5 存在故障并更换备件后故障消除	
相关知识	N/A	
参考资料信息	维修二处：完工报告《FQ3-MA02-RCWO-00249533/01 3DVL213CR 中存在报警灯 3DVL315LA 亮，多次复位后仍时有出现，请及时处理》； WR/WOT：00118206/00249533-01	
编　　者	运行二处一值：张美强	时间：2019 年 03 月 26 日

3.20.2 3DVL201VAR 电动执行机构故障，3DVL201RC 故障

异常缺陷名称	3DVL201VAR 电动执行机构故障，3DVL201RC 故障
发生时间	2016 年 04 月 04 日夜班
机组状态	RCS 模式，电功率 0 MWe
异常缺陷现象	主控触发 3DVL001KA1(201RG 调节器故障)
风险或潜在后果	3DVL 不能实现自动调节，可能影响 3DVL 通风运行可靠性

续 表

干预行动	已采取的行动措施： 1）联系维修电气检查处理； 2）断开 3DVL201VAR 和 3DVL203VAR 电动控制机构电源，手动调节开度，用钥匙复位后，3DVL201VAR 和 3DVL203VAR 开度大于 90%的报警消失
原因分析	1）检查发现 3DVL201RC 调节不灵敏，一个电子元器件损坏； 2）3DVL201VAR 电动执行机构损坏
消缺行动	电气处理反馈： 1）检查发现 3DVL201RC 调节不灵敏，一个电子元器件损坏，处理后恢复运行一天再次触发故障； 2）再次检查发现 3DVL201VAR 电动执行机构在外力未调节情况下阀门不定时旋转，判断为 3DVL201VAR 电动执行机构损坏，更换备件后故障消除； 3）备件到货之前，维修与运行沟通后开 TCA 临时打到“STOP”位置临时处理
相关知识	产生 DVL001KA1 报警的可能原因有： 1）3DVL201RG 调节器在运行而 3DVL201VAR 调节阀几乎关闭（开度<10%）； 2）3DVL201RG 调节器在运行，3DVL205ST 测得空气温度超高且 3DVL202VAR 调节阀全关； 3）3DVL201RG 调节器在运行而 3DVL203VAR 调节阀几乎关闭（开度<10%）
参考资料信息	维修二处：完工报告《FQ3-MA02-RCWO-00254269/01 对 3DVL201VAP 阀门进行校正》； WR/WOT：00119574/00254269-01
编　　者	运行二处一值：张美强　｜　时间：2019 年 03 月 26 日

3.20.3　3 号主控多次闪发 3DVL403KA（3DVL203ZV/MO 温度和振动综合报警）

异常缺陷名称	3 号主控多次闪发 3DVL403KA（3DVL203ZV/MO 温度和振动综合报警）
发生时间	2016 年 07 月 26 日夜班
机组状态	NS/SG 模式，电功率 0 MWe

续 表

异常缺陷现象	3 号主控 KIC 多次闪发 3DVL403KA，3DVL203ZV/MO 温度/振动高报警	
风险或潜在后果	3DVL-B 列风机不可用，影响中压配电盘 B 列房间温度	
干预行动	已采取的行动措施： 1）现场检查并停运风机以及联系维修机械处理； 2）监视房间温度，安装临时空调和打开通往 A 列配电间房间门，利用 A 列配电间的通风进行冷却	
原因分析	3DVL203ZV 非驱动端轴承保持架断裂	
消缺行动	机械处理反馈： 1）打开轴承座上盖，检查发现非驱动端轴承保持架断裂，驱动端轴承外圈有磨痕； 2）检查两端轴承座内完好，非驱动端轴承座内有少量锈蚀； 3）风机轴承更换后，故障消除	
相关知识	产生 DVL403KA 报警的原因有： 1）设备运行异常 ①DVL203ZV 轴承温度高（DVL309/310MT≥80 ℃）； ②DVL203MO 轴承温度高（DVL311/312MT≥90 ℃）； ③DVL203ZV 或 3DVL203MO 振动值超标（DVL309/310/311MV ≥5.5 mm/s）。 2）设备故障 ①DVL203ZV 轴承温度高（DVL309/310MT≥90 ℃）； ②DVL203MO 轴承温度高（DVL311/312MT≥95 ℃）； ③DVL203ZV 或 DVL203MO 振动值超标（DVL309/310/311MV≥6.3 mm/s）	
参考资料信息	维修二处：完工报告《FQ3-MA01-RCWO-00312877/01 主控 KIC 多次闪发 3DVL403KA，3DVL203ZV/MO 温度震动高报警》； WR/WOT：00156431/00312877-01	
编　　者	运行二处一值：张美强	时间：2019 年 03 月 26 日

3.21 汽轮机旁路系统(GCT)

3.21.1 蒸汽旁排阀 3GCT121VV 阀杆断裂

异常缺陷名称	蒸汽旁排阀 3GCT121VV 阀杆断裂，阀芯掉落(实际开度 12%)，导致蒸汽发生器液位产生扰动
发生时间	2018 年 02 月 21 日早班
机组状态	RP 模式，热功率 813 MWt，电功率 253 MWe
异常缺陷现象	10:49，开始执行 3ASG003PO 汽动泵试验，10:51，3GCT121VV 异常关小(由 72%关小至 12%)，导致 VVP 母管压力上升，进而对蒸汽发生器液位产生扰动(－0.2 m 上涨至 0.5 m)。当时 3GCT121VV 要求开度 100%，实际阀门开度 12%，蒸汽发生器液位自动控制，液位已恢复至整定值
风险或潜在后果	1)3GCT121VV 异常动作影响蒸汽发生器水位控制，可能导致相关 RPR 保护动作，存在停堆/主给水隔离风险； 2)制约机组上行
干预行动	已采取的行动措施： 1)监视 3 台蒸汽发生器液位，及时干预，3 台蒸发器液位已恢复正常； 2)安排现操检查 3GCT121VV，现场实际开度 12%； 3)主控立即 oncall 维修仪控、机械对故障阀门进行检查； 4)主控密切关注 3GCT121VV 阀门状态，监视蒸汽发生器液位，准备干预预案，做好干预准备； 5)维修机械现场反馈 3GCT121VV 阀杆执行机构断裂，导致阀芯掉落。 建议后续行动： 1)当班值继续保持密切监视； 2)要求维修准备检修方案
原因分析	执行机构解体发现断裂面有旧伤，初步判断阀杆断裂的原因为材质问题

续 表

消缺行动	机械处理反馈： 1）原因分析：执行机构解体发现断裂面有旧伤，初步判断阀杆断裂的原因为材质问题。 2）处理过程： ①为了保证 ARE 小阀控制的稳定，仪控将 3GCT121VV 的全关限位强制为 0，3GCT109VV 送 KIC 显示的全开限位强制为 1； ②在蒸汽排空后，执行隔离； ③对 3GCT121VV 进行解体更换	
相关知识	3GCT121VV 未全关同时 3GCT109VV 全开或者 3GCT117VV 未全关同时 3GCT105VV 全开条件不满足满足，导致 ARE 小阀关小，从而 SG 液位下降，SG 液位低低导致反应堆停堆	
参考资料信息	维修二处：完工报告《FQ3-MA01-RCWO-00858622/01 3GCT121VV 阀门执行机构断裂，无法正常动作，需处理》； WR/WOT：00858622-01	
编　　者	运行二处一值：高鹏威	时间：2019 年 02 月 11 日

3.21.2　1GCT121VV 显示异常处理

异常缺陷名称	1GCT121VV 显示异常处理
发生时间	2017 年 01 月 17 日
机组状态	RP 模式
异常缺陷现象	1GCT121VV 开度主控 KIC 画面显示×××，检查发现阀门的定位器处于黑屏状态，该阀门的定位器曾多次出现缺陷
风险或潜在后果	由于 1GCT121VV 阀门状态显示×××，导致无法监视 GCT 的开度，若阀门异常开启，可能影响 SG 的水位。另外会导致水汽母管压差变化，引起 APA 转速改变，从而影响 SG 液位，最终可能因为 SG 液位波动较大引发停堆
干预行动	已采取的行动措施： 1）现场对 1GCT121VV 的开度加强关注，如果阀门异常开启，则立即关闭供气小阀； 2）主控关注蒸发器液位和汽水母管压差的变化
原因分析	仪控检查确认是端子排接线松动引起该故障

续 表

<table>
<tr><td>消缺行动</td><td colspan="2">仪控处理反馈：
1)仪控需要检查 1GCT121VV 控制回路接线，为防止误动，首先强制 1GCT121VV 的允许电磁阀失电，避免 1GCT121VV 阀门误开；
2)提前安排常规岛现操到 1GCT121VV 供气小阀处，若工作过程中 1GCT121VV 误开，立即关闭供气小阀；
3)若 1GCT121VV 仍无法关闭，则立即关闭其上游手动隔离阀 1GCT109VV；
4)若还是无法实现，可破坏 1GCT121VV 中性点，手动关闭，避免由于 1GCT121VV 误开而引起 SG 水位波动；
5)对松动的端子排进行紧固，确认 1GCT121VV 开度显示正常</td></tr>
<tr><td>相关知识</td><td colspan="2">有效的冷凝器旁路排放系统的调节信号代表的排往冷凝器的新蒸汽流量，该信号须经 GCT105、109、117 和 121VV 的阀位来确认，其确认电路原理图 1 所示。如果 GCT121VV 和 GCT117VV 均关闭限位触发，则代表蒸汽旁路排放系统的信号将被切除，进而影响 ARE 主给水调节阀的水位整定值，以及影响旁路调节阀开度整定值。给水阀门的开度变化，将导致蒸汽发生器水位产生瞬态变化
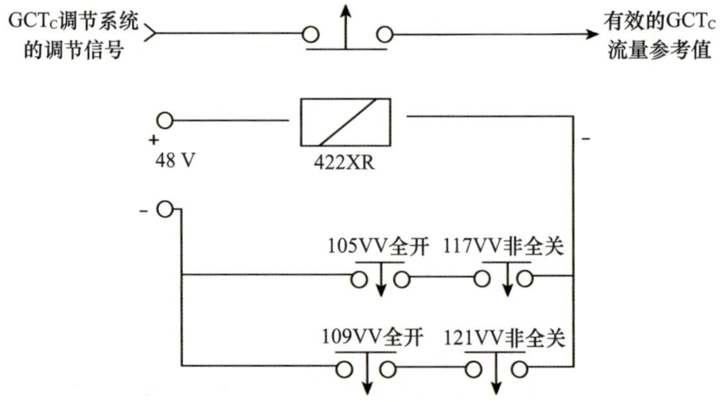

图 1　GCT 蒸汽流量信号确认电路</td></tr>
<tr><td>参考资料信息</td><td colspan="2">维修一处：完工报告《FQ1-MA03-RCWO-00552939/01 1GCT121VV 开度主控 KIC 画面显示×××，经检查现场定位器断电，需检查控制回路》；
运行一处：《运行二处内部经验反馈——1GCT121VV 显示异常处理》；
WR/WOT：00552939-01</td></tr>
<tr><td>编　者</td><td>运行二处一值：高鹏威</td><td>时间：2019 年 02 月 11 日</td></tr>
</table>

3.21.3　1GCT123VV 在汽轮机打闸后非预期开启

异常缺陷名称	1GCT123VV 在汽轮机打闸后非预期开启	
发生时间	2019 年 10 月 01 日	
机组状态	热停堆	
异常缺陷现象	凝汽器 C 汽轮机旁路调节阀 1GCT123VV 汽轮机打闸后非预期开启	
风险或潜在后果	影响一回路平均温度的控制	
干预行动	已采取的行动措施： 1）稳定机组状态，控制一回路平均温度； 2）oncall 仪控专业检查处理	
原因分析	故障原因定位为定位器零点漂移，1GCT123VV 切换至压力控制后，允许电磁阀带电，零点漂移导致阀门气缸下缸有进汽，上缸充气量未达标，在阀门前后压力作用下，阀门误开启	
消缺行动	仪控处理反馈： 1）停机后从 KRG 卡件到就地阀门进行全面检查，KRG 的卡件检查没有问题； 2）对 1GCT123VV 阀门进行诊断测试分析，测试发现，阀门定位器设定值存在偏差，在 4 mA 控制信号作用下，下气缸无法排空，上气缸无法饱和； 3）对零点调整后进行阀门整体控制检查，阀门动作正常	
相关知识	定位器故障漂移会导致阀门异常动作，在 4 号机组也出现过 4GSS271VL 定位器故障导致阀门异常动作的问题。巡检时注意关注阀门定位器是否距离高温物体太近，是否被阻挡和脏污的情况	
参考资料信息	eSOMS 日志	
编　　者	运行二处一值：高鹏威	时间：2019 年 12 月 30 日

3.22 汽轮机调节油系统(GFR)

3GFR 冷却回路和再生回路启动时 3GFR043KS 灯亮(3GFR031FI 压差高报警)

异常缺陷名称	3GFR 冷却回路和再生回路启动时 3GFR043KS 灯亮(3GFR031FI 压差高报警)
发生时间	2017 年 01 月 25 日夜班
机组状态	NS/SG 模式
异常缺陷现象	夜班主控按照 3D28B-50(GFR 启动，循环处理)，按照运工指令，先执行冷却回路和再生回路的启动，检查油箱温度 006MT 为25 ℃，主控启动 3GFR014MO 后，出现 3GFR043KS 灯亮(3GFR031FI 压差高报警)，但 3GFR046KS 灯不亮(3GFR036FI 压差不高)，现场检查 3GFR032PO 出口压力为 0.88 MPa.g，3GFR031PO 出口压力 0.38 MPa.g。随即先将 3GFR014MO 停运，分析原因
风险或潜在后果	影响机组上行
干预行动	已采取的行动措施： 先将 3GFR014MO 停运，分析原因。 建议后续行动： 经讨论后，再次启动 3GFR014MO 并将油箱加热器投入，让油边流动边加热，观察约两个小时后 043KS 消失，消失时的油温为 34 ℃，现场 032PO 出口的压力也随着降低到 0.75 MPa.g 以下。至此冷却回路和再生回路的启动完成
原因分析	由于 3GFR031RF 的 SRI 是投入的，且现场查看 3GFR043LT 的温度为 20 ℃，初步分析可能是 3GFR031FI 处的油温太低，导致流动时的黏滞力过大，从而触发 043KS
消缺行动	运行处理反馈： 1)在油箱温度为 25 ℃时启动 3GFR014MO 时会出现 3GFR043KS。此时 3GFR032PO 出口压力会达到 0.88 MPa.g； 2)加热器投入后，3GFR043KS 需要等约两小时(查看趋势 03:04，3GFR043KS 灯亮，05:10，KS 灯灭)才会消失，如果时间再长的话则考虑过滤器是否堵塞； 3)3GFR043KS 消失时的油箱温度约为 34 ℃

续　表

相关知识	GFR043SP 在压差达到 240 kPa 后，触发 GFR043KS。同时，将产生报警 GFR040KA	
参考资料信息	2017 年 01 月 25 日夜班 ESOMS 日志	
编　　者	运行二处一值：胡松辉	时间：2019 年 02 月 13 日

3.23 汽轮机润滑、顶轴和盘车系统(GGR)

3.23.1 主控 KIC 中 3GGR001VD 开度显示××××

异常缺陷名称	主控 KIC 中 3GGR001VD 开度显示××××
发生时间	2019 年 08 月 20 日早班
机组状态	RP 模式，满功率
异常缺陷现象	巡盘发现 12:43KIC“仪控故障”列表中有 3GGR001VD_ P FAULT 报警，主控查看 3GGR001HXT 画面发现 3GGR001VD 的开度显示为××××，调 3GGR001VD_P 的趋势发现从 12:43 分开始由 11%开度变为洋红色。检查电动阀 3GGR001VD，发现电动头无供电显示
风险或潜在后果	1)导致 3GGR001VD 丧失自动控制功能，进而影响 3GGR 供油温度的控制，可能危及汽轮机轴承安全； 2)3GGR 轴承温度高参与自动跳机，回油温度高参与手动跳机
干预行动	已采取的行动措施： 1)立即联系现场检查电动阀 3GGR001VD，发现电动头无供电显示，阀门开度指示未见动作，检查阀门上游供电开关 3LKF99167JA 供电正常； 2)为避免自动控制出现波动，主控将 3GGR001VD 置于手动控制； 3)主控和隔离办清理相关的工作许可证，未见对 3GGR001VD 可能产生影响的工作； 4)主控调趋势监视 3GGR 供油温度、回油温度以及轴承温度，当前油温稳定在 46 ℃附近； 5)oncall 电气现场检查处理和反馈设备管理工程师； 6)主控做好事故预想(3GGR001VD 存在旁路阀门，在极端情况下考虑通过旁路配合控制油温)； 7)为避免 SRI 侧冷却水流量变化影响 3GGR 油温控制，反馈运工先暂停计划开展的(NQ)FQ3-SRI-T-001：由母管压力低信号启动备用泵试验规程。 建议后续行动： 1)请维修分析故障原因，准备好处理方案并消除缺陷； 2)运行加强监视 3GGR 供油温度、回油温度以及轴承温度
原因分析	3GGR001VD 电动执行机构电源板控制回路熔丝熔断，3GGR001VD 控制回路失电，导致 3GGR001VD 油温调节阀控制及反馈信号失效

续 表

消缺行动	电气处理反馈： 1）处理过程： ①确认 3GGR001VD 无电压； ②打开 3GGR001VD 电动执行器控制盒，检查发现控制板上熔丝故障； ③对故障熔丝进行更换； ④联系主控，合上 3LKF99167JA，确认 3GGR001VD 执行器恢复正常； ⑤工作结束，清理现场。 2）故障原因分析：3GGR001VD 电动执行机构电源板控制回路熔丝熔断，3GGR001VD 控制回路失电，导致 3GGR001VD 油温调节阀控制及反馈信号失效。 3）处理进展：已完成 3GGR001VD 故障处理，3GGR001VD 恢复正常运行。 4）直接原因：3GGR001VD 电动执行机构电源板控制回路熔丝熔断，3GGR001VD 控制回路失电，导致 3GGR001VD 油温调节阀控制及反馈信号失效。 5）熔丝熔断原因分析： ①故障熔丝下游为 3GGR001VD 控制回路变压器，共有 4 路输出，其中任一路输出存在偶发大电流（25 A 以上）导致熔丝熔断。 ②2、3、4 输出下游为电子板卡，如故障瞬发大电流，会对电子板卡造成不可逆损坏，经验证电动头恢复供电后运行正常，可排除电动头电子板卡故障导致熔丝熔断。 ③1 路输出为电动执行机构电机接触器控制电源，当接触器吸合瞬间，由于接触器铁芯剩磁产生反作用力，会导致接触器线圈电流瞬时性增大，存在偶发性电流过大致使熔丝熔断可能性，且接触器线圈具备承受短时大电流能力，再次恢复供电后仍可正常工作，与本次 3GGR001VD 故障现场相符。 故本次 3GGR001VD 电源板卡熔丝熔断，基本可定位至 3GGR001VD 接触器控制回路出现瞬时过电流。 6）后续处理计划：由于 3GGR001VD 电动执行机构为调节型电动执行机构，接触器动作频繁，对电源板卡供电可靠性及稳定性要求更高。为提高现场电动执行机构电源板卡供电可靠性，计划调研较目前所使用普通电源板卡供电可靠性更高、抗干扰及冲击能力更强的固态电源板卡应用于现场电动执行机构的可行性

续 表

相关知识	GGR001VD 阀门开度由润滑油母管温度 GGR102MT 控制，GGR102MT 控制设定值为 45 ℃，当润滑油母管温度 GGR102MT 温度超过 46 ℃时，DCS 每 30 s 给 GGR001VD 下发一个持续时间为 0.8 s 的开阀指令，当润滑油母管温度 GGR102MT 温度低于 44 ℃时，DCS 每 30 s 给 GGR001VD 下发一个持续时间为 0.8 s 的关阀指令。当润滑油母管温度 GGR102MT 出现质量位时，GGR001VD 维持当前开度。(1、2 号机组已实施永久变将 30 s 修改为 45 s)	
参考资料信息	运行二处：3 号机组异常反馈——主控 KIC 中 3GGR001VD 开度显示××××； 维修二处电气：主控 KIC 中 3GGR001VD 开度显示××××处理反馈邮件； WR/WOT：00604136/01332184-01（紧急工单），工作许可证：20193PT24300(检查 3GGR001VD 电动执行器板卡及电源模块)	
编　　者	运行二处一值：谷铁	时间：2019 年 08 月 21 日

3.23.2　1GGR001AR 内出现 P1 卡件故障，导致盘车啮合

异常缺陷名称	1GGR001AR 内出现 P1 卡件故障，导致盘车脱开啮合
发生时间	2019 年 06 月 11 日夜班
机组状态	RP 模式，热功率 115 MWt，发电机未并网
异常缺陷现象	04:25，1 号主控触发 1GSE031/032/033KA(汽轮机转速-停止)报警，查看画面确认汽轮机转速下降至 0 r/min，怀疑盘车存在故障，查看 1GGR 画面，确认 1GGR001SM 灭，1GGR002SM 亮，盘车脱开啮合
风险或潜在后果	导致盘车脱开啮合，汽轮机转子停转，存在受热不均弯曲变形的风险
干预行动	已采取的行动措施： 1)就地查看 1GGR001AR，P1、P2、P3 分别显示 7.5/0/8，屏幕上显示 R1-End； 2)根据 FQ1-GGR-I-002(汽轮发电机组盘车启动应急预案)，就地停运 1GGR003MO，并复位 1GGR001AR 报警后，重新启动 1GGR003MO，电机启动并啮合成功，汽轮机转速恢复至 8 r/min；

续　表

干预行动	3)查看汽轮发电机相关参数，除 1GME018MM(汽轮机转子偏心)在盘车停运、恢复启动期间略有变化外(由原来的 16.0 μm 恢复至 16.5 μm，正在逐渐下降)，其他无异常； 4)oncall 电气人员、设备管理人员进厂检查，并确认汽轮发电机状态。 建议后续行动： 1)请维修尽快查明盘车故障原因并彻底处理； 2)确认汽轮发电机状态正常，避免影响后续冲转并网； 3)运行根据近两次盘车异常处理情况，升版 FQ1-GGR-I-002
原因分析	高压主汽阀存在轻微泄露，泄露的蒸汽推动汽轮机转子转速上升。汽轮机转子转速上升导致主盘车正常脱开，在汽轮机转子下降时 P1 卡件卡死，导致主盘车未在 8 r/min 时啮合
消缺行动	电气处理反馈： 1)检查内容：与运行人员沟通，将故障复位后启动主盘车，主盘车启动成功。和仪控人员一起检查故障时上位机汽轮机转速趋势，发现汽轮机转子由于受到外力转速上升，导致主盘车正常脱开，在汽轮机转子转速下降过程中，P1 卡件卡死导致主盘车未在 8 r/min 啮合。 2)故障原因： ①由于受到外力，汽轮机转子转速上升导致主盘车正常脱开(高压主汽阀存在轻微泄露，泄露的蒸汽推动汽轮机转子转速上升)。 ②汽轮机转子下降时 P1 卡件卡死，导致主盘车未在 8 r/min 时啮合。 3)分析评价：根据《FQX39GSES01101B45SS 汽轮机保护/调节系统(GSE/GRE)运行周期性试验规程》1.6.1 条中气密性试验合格标准为“在汽轮机高压主汽阀关闭，高压调节阀和中压调节阀全关 30 min 后，如汽轮机转速仍然低于额定转速的 5%(75 r/min)，认为汽密性良好”，当前汽轮机最大上升转速小于 10 r/min，评价确定当前的泄露量为可接受。 4)后续行动： ①需进一步分析汽轮机转子转速上升所受外力的来源。(查询历史趋势，调停期间盘车已脱啮 5 次)。 ②P1 卡件到货后对其进行更换。 ③确定在主控增加主盘车异常脱啮报警信号的变更可行，采用主盘车电机运行信号与汽轮机低转速低于 8 r/min 信号同时满足时触发报警。 ④利用主盘车停运窗口检查现场 P1 卡件的软件版本，并在停机窗口对 P1 卡件进行更换验证

续 表

相关知识	根据《FQX39GSES01101B45SS 汽轮机保护/调节系统(GSE/GRE)运行周期性试验规程》1.6.1 条中气密性试验合格标准为“在汽轮机高压主汽阀关闭，高压调节阀和中压调节阀全关 30 min 后，如汽轮机转速仍然低于额定转速的 5%(75 r/min)，认为汽密性良好”	
参考资料信息	运行一处：1 号机组异常反馈——P1 卡件故障导致盘车自动脱开； 运行一处：1、2 号机组值长日报(2019 年 06 月 12 日—2019 年 06 月 14 日)； WR/WOT：00566793/01255458-01(紧急工单)。 其他类似异常缺陷案例： 2019 年 05 月 01 日夜班，3 号机组调停，核功率 6%Pn～8%Pn，汽轮机转速降至 8 r/min 后，主盘车啮合后约 9S 又再次脱离啮合位置，保持在中间位置，汽轮机转速维持在 8 r/min，初步判断汽轮机主汽阀有轻微内漏。早班核功率降低到 4%Pn～5%Pn 后，盘车啮合成功	
编　　者	运行二处一值：谷铁	时间：2019 年 08 月 21 日

3.23.3　4GGR003MO 盘车启动失败

异常缺陷名称	4GGR003MO 盘车启动失败
发生时间	2018 年 09 月 09 日夜班
机组状态	RCD 模式，一回路满水
异常缺陷现象	当班值根据 4D28B-37 第 5.1 节、5.4 节启动 GGR 系统(保持润滑油泵，顶轴油泵，盘车运行)启动盘车，盘车启动两次均失败，KIC 中 GGR701SY(MN turn gr alarm)灯亮，出现 4GGR701KA(主盘车警报)和 4GGR662KA(主盘车故障)报警，就地出现 E14 报警
风险或潜在后果	主盘车无法启动
干预行动	已采取的行动措施： 1)根据《FQ4-GGR-I-002 汽轮发电机组盘车启动应急预案》，安排现场检查根据预案的附录 A 在 4GGR001AR 上记录报警信号，确认就地 4GGR001AR 上存在 E14 报警：电机耦合器故障； 2)根据应急预案主控和就地对报警进行复位。再次启动，故障现象一致，仍无法启动； 3)oncall 电气检查处理

续 表

原因分析	4 号汽轮机急停按钮被按下。汽轮机急停按钮被按下后，主盘车电机无发启动，就地监测不到主盘车电机转速，即触发 E14 故障报警
消缺行动	电气处理反馈： 1）处理结果：4 号机组主盘车故障处理进展：现场所有故障报警已消除，主盘车启动成功。 2）故障原因：4 号汽轮机急停按钮被按下。汽轮机急停按钮被按下后，主盘车电机无发启动，就地监测不到主盘车电机转速，即触发 E14 故障报警。 3）处理过程： ①机电仪协同检查处理，仪控检查 E14 相关主盘车 P4 探头无故障，测量间隙正常。 ②电气就地检查，机械检查发现主盘车脱啮未到位，002SM 脱啮信号未触发，机械手动啮合主盘车后，002SM 啮合信号触发。002SM 信号未触发不影响主盘车启动，非本次故障原因。 ③就地检查主盘车及各控制信号无异常后，仪控复位 E14 报警。 ④主盘车再次试启动，主盘车电机无动作。 ⑤就地再次检查发现汽轮机急停按钮为按下状态。 ⑥与运行反馈此情况，就地复位急停按钮后，再次启动主盘车成功。 4）后续动作：组织机电仪及运行召开工后会，对本次主盘车无法启动问题进行总结
相关知识	主盘车故障原因有： 1）盘车电源(LLP)故障； 2）油质不合格； 3）盘车控制柜卡件故障； 4）油管路泄漏导致油压和油位同时下降； 5）动停止信号停运盘车； 6）润滑油母管压力 GGR211MP/GGR212MP/GGR213MP 三取二低于 100 kPa； 7）顶轴油泵出口压力 GGR431MP/GGR432MP 二取一低于 23 MPa 延时 5 s； 8）盘车启动 30 s 后电流大于 60 A； 9）盘车在啮合过程 60 s 后电流大于 60 A； 10）主盘车出现 E14 故障报警(电机耦合器故障)或 P1 卡件显示的其他故障

续 表

参考资料信息	维修二处电气：4 号机组主盘车故障处理进展反馈	
编　　者	运行二处一值：谷铁	时间：2019 年 08 月 21 日

3.23.4　2 号机组打闸后，盘车转速探头 P3 故障

异常缺陷名称	2 号机组打闸后，盘车转速探头 P3 故障
发生时间	2019 年 04 月 05 日夜班
机组状态	RP 模式，停机
异常缺陷现象	04 月 04 日，2 号机组应电网要求调停，于 04 月 05 日 07:30 打闸停机，停机后仪控人员发现 2GGR001AR 控制箱内 P3 显示屏显示“READY”，但是 P3 显示屏显示读数与 P1/P2 不相同，汽轮机惰转达到 8 r/min 时主盘车将不能自动啮合
风险或潜在后果	将导致主盘车不能自动啮合
干预行动	已采取的行动措施： oncall 仪控检查处理，仪控人员发现 2GGR001AR 控制箱内 P3 显示屏显示异常之后，判断为 P3 转速探头异常，并给出了两种解决盘车投不上问题的方案： 1）待汽轮机惰转至静止时，启动盘车电机啮合，参考《FQX-OP00-TD-16029 福清核电大修后汽轮机冲转风险预案》第 25 页； 2）汽轮机从 1500 r/min 下降至接近 8 r/min 时，敲击 P3 探头，根据经验，探头有可能恢复示数，并完成自动啮合，啮合后，转速探头可在上行时处理； 3）运行人员与仪控人员讨论后，决定尝试敲击 P3 探头，因此到现场进行检查，检查过程中发现 P3 探头（机头位置）松动，运行人员用手按住探头电缆线的情况下，P3 探头指示恢复正常，手松开后，P3 再次出现显示异常，仪控人员给出新的处理方案； 4）在汽轮机惰转至 10 r/min 时，由运行人员在仪控人员的监护下，按紧 P3 探头，直到 8 r/min 进行盘车齿轮啮合成功后，再松开； 5）在 04 月 05 日中班在汽轮机冲转窗口，在 200 r/min 平台，仪控专业对盘车转速探头 P3 进行检查处理
原因分析	探头灵敏度降低

续 表

<table>
<tr><td>消缺行动</td><td>仪控处理反馈：
1）检修步骤：
①确认主盘车电机已停运；
②用塞尺测量 2GGR001MC 的间隙为 0.9 mm；
③调整 2GGR001MC 间隙为 0.5 mm；
④重新投入盘车电机，并由电气人员恢复报警，确认 2GGR001MC 显示正确。
2）故障原因分析：探头灵敏度降低</td></tr>
<tr><td>相关知识</td><td>1）盘车啮合只有两种情况：
①汽轮机从 1500 r/min 下降时在 8 r/min，P1/P2/P3 显示相同自动啮合；
②汽轮机在静止时啮合。
2）盘车转速探头 P1/P2/P3，布置如下：
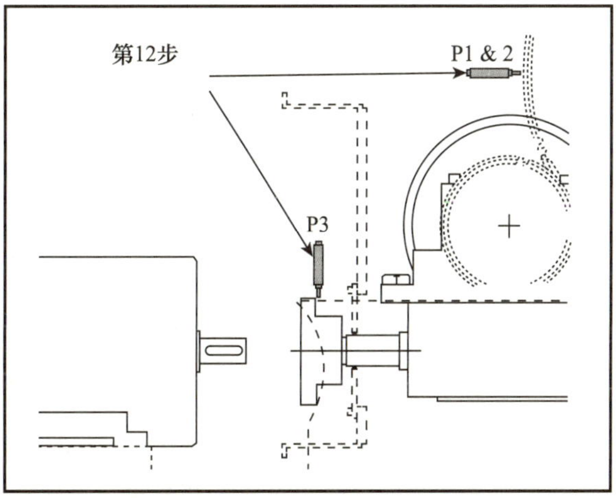

图 1 主盘车内部结构示意图
①检测器 P1 和 P2 测量汽轮机大轴端部的大齿轮转速，它们由大齿轮轮齿触发。
②检测器 P3 测量盘车电动机转速并由蜗杆传动装置挠性联轴器上螺栓头触发。
3）经验知识：
①在汽轮机打闸后盘车电机启动后，需对转速卡件 GGR001AR 上 P1、P2、P3 进行检查。若 P3 卡件转速显示异常，采取按压 GGR001MC 探头固定支架方式尝试使转速恢复正常，保证汽轮机 8 r/min 附近时盘车啮合正常。</td></tr>
</table>

续 表

相关知识	②在盘车电机启动后需对盘车控制柜上 GGR001AR 上转速显示进行检查，检查确认 P1、P2、P3 转速显示正常。 ③汽轮机惰转过程中需关注 GGR001AR 控制面板，如果盘车无故障，GGR001AR 控制箱内 P1 显示屏需要显示“READY”，P1/P2 显示屏显示读数相同(显示当前汽轮机大轴转速)，P3 不断跟随大轴转速变化(显示当前盘车电机转速)，当 P1/P2 与 P3 显示一致时，盘车啮合带动大轴转动。否则达到 8 r/min 时主盘车将不能自动啮合	
参考资料信息	运行一处：《运行一处内部经验反馈——2 号机组打闸后，盘车转速探头 P3 故障处理的经验反馈》； 维修一处：EAM 中 01186146-01 的完工报告； WR/WOT：00531756/01186146-01	
编　　者	运行二处一值：谷铁	时间：2019 年 08 月 21 日

3.23.5　2 号机组主盘车反复啮合后又脱开

异常缺陷名称	2 号机组主盘车反复啮合后又脱开
发生时间	2019 年 04 月 17 日夜班
机组状态	RP 模式，汽轮机打闸停机
异常缺陷现象	夜班 2 号机组降功率打闸以便维修 2CEX102CS 钛管泄漏缺陷，汽轮机打闸后，当盘车转速下降至约 8 r/min 时，2GGR001SM 变亮，2GGR002SM 不亮，显示盘车啮合，但几秒过后，2GGR001SM 重新变为不亮，2GGR002SM 重新变亮，即盘车重新脱开。如此反复几次，均是如此。 经询问现场操作人员和保驾人员，反馈就地盘车也是短时啮合后脱开
风险或潜在后果	导致主盘车反复啮合又脱开，无法正常投入，存在汽轮机转子受热不均弯曲变形的风险
干预行动	已采取的行动措施： 1)安排现场和保驾人员检查主盘车运行情况； 2)经查看汽轮机解列后的转速下降曲线，降至 8 r/min 用时接近 3 h，而根据以往经验大概为 1 h 40 min，经过分析，怀疑 2GSE 和 2GRE 的进汽截止阀和调阀密封性不严，导致有少量蒸汽进入汽轮机； 3)通过降低一回路核功率，减少蒸汽泄漏量，使得主盘车啮合成功

续 表

原因分析	汽轮机进气阀门存在轻微泄露，泄露的蒸汽推动汽轮机转子转速上升而脱开啮合	
消缺行动	运行处理反馈： 1)处理措施： ①查看汽轮机解列后的转速下降曲线，降至 8 r/min 用时接近 3 h。汽轮机正常从打闸 1500 r/min 下降至盘车转速 8 r/min 时间约为 1 h 40 min(真空不破坏的情况下)，汽轮机惰转时间明显大于上述时间，则汽轮机主调阀和主汽门可能有微量内漏； ②经过分析，怀疑 2GSE 和 2GRE 的进汽截止阀和调阀密封性不严，导致有少量蒸汽进入汽轮机，泄漏的蒸汽推动汽轮机转子转速上升而脱开啮合； ③当时一回路核功率为 8%FP，为了防止主盘车由于不停地啮合、脱扣而损坏，主控团队进行了充分讨论分析并获批准后，决定适当降低一回路功率； ④当一回路降至 4%FP 后，主盘车啮合成功，并不再脱开。 2)故障原因分析：汽轮机进气阀门存在轻微泄露，泄露的蒸汽推动汽轮机转子转速上升而脱开啮合	
相关知识	主盘车允许启动条件： 1)润滑油压力大于 100 kPa； 2)顶轴油压力大于 23 MPa； 3)辅助盘车 441VH 停运状态； 4)GHE 油氢压差正常(大于 30 kPa)	
参考资料信息	运行一处：《运行一处内部经验反馈——处理 2 号机盘车啮合后即脱开故障》； 其他类似异常缺陷案例： 2019 年 05 月 01 日夜班，3 号机组调停，核功率 6%Pn~8%Pn，汽轮机转速降至 8 r/min 后，主盘车啮合后约 9 s 又再次脱离啮合位置，保持在中间位置，汽轮机转速维持在 8 r/min，初步判断汽轮机主汽阀有轻微内漏。早班核功率降低到 4%Pn~5%Pn 后，盘车啮合成功	
编　　者	运行二处一值：谷铁	时间：2019 年 08 月 21 日

3.23.6 主控触发1GGR996KA(N选M选择器错误)报警和1GGR911KA(N选M选择器扰动)报警

异常缺陷名称	1号机组P320与DCS通讯中断，主控触发1GGR996KA(N选M选择器错误)报警和1GGR911KA(N选M选择器扰动)报警
发生时间	2017年09月02日夜班
机组状态	RP模式，满功率
异常缺陷现象	04:00，主控触发1GGR996KA(N选M选择器错误)报警和1GGR911KA(N选M选择器扰动)报警，检查KIC画面发现1GEX、1GSE、1GRE、1GGR、1GME、1GSS、1GPV等画面参数部分参数显示×××，部分阀门状态显示洋红色、开度显示×××，部分指示灯显示洋红色。 维修仪控查询DCS通讯日志，确认在03:59:49 P320与DCS通讯模块扫描故障信息，造成通讯模块的FBM离线，失去通讯，相关画面参数/状态显示洋红色和×××
风险或潜在后果	1)导致1GEX、1GSE、1GRE、1GGR、1GME、1GSS、1GPV等系统KIC画面参数部分参数显示×××，部分阀门状态显示洋红色、开度显示×××，部分指示灯显示洋红色。汽轮机大量参数无法在主控监视，特别是GEX相关的参数，只能通过就地巡检和利用NCS进行辅助监视； 2)导致机组在KIC上无法进行汽轮机升降功率控制，紧急情况下需要进入1号主控旁L709房间，在汽轮机工程师站1GRE001HC上进行升降功率
干预行动	已采取的行动措施： 1)查看和执行报警卡，检查发现1GEX、1GSE、1GRE、1GGR、1GME、1GSS、1GPV等系统KIC画面参数部分参数显示×××，部分阀门状态显示洋红色、开度显示×××，部分指示灯显示洋红色； 2)oncall仪控检查处理； 3)安排现场对出现异常的系统加强巡检
原因分析	P320与DCS右侧通讯卡件FBM233故障，当左侧主用MASTER失效发生FAILED，切换到右侧已经故障的FBM233，造成了整个通讯中断。 1号机组右侧FBM233模块在2017年03月时出现缺陷而不可用，因无窗口处理，导致1号机组P320与DCS的通讯仅通过左侧的模块实现，一旦左侧主用模块故障，无法自动切换到右侧备用模块，从而出现通讯中断的情况

续 表

<table>
<tr>
<td>消缺行动</td>
<td>
仪控处理反馈：
1)检修步骤：
①在运行隔离办领取工作许可证，与运行人员交流信息；
②再次确认 DCS 工程师站历史记录确认两个 FBM233 同时故障，失效产生 failed；
③就地核实左侧 FBM 为 tracker，右侧为 master；
④根据紧急工作方案在 DCS 对两个 FBM233 进行离线、上线操作，通讯未恢复，同时使机柜内左侧 FBM233 切换为 master，右侧 FBM233 切换为 tracker；
⑤根据工作方案，对右侧 FBM233 进行热插拔，通讯未恢复；
⑥对左侧 FBM233 进行热插拔后，此时左侧 FBM233 为 tracker 模式，右侧 FBM233 为 master 模式，但是通讯仍为恢复；
⑦根据工作方案，准备更换右侧 FBM233 卡件，当工作人员拔出 FBM233 时，通讯恢复正常，左侧 FBM233 切换为 master，右侧 FBM233 切换为 tracker，同时主控出现 1GSE001KA(因为右侧 FBM 网线拔掉原因)，更换新的 FBM 后，经过两次重启，通讯卡件正常工作，重新启动的过程中，闪发一次 1GSE001KA 报警。
⑧ 工作结束，清理现场。
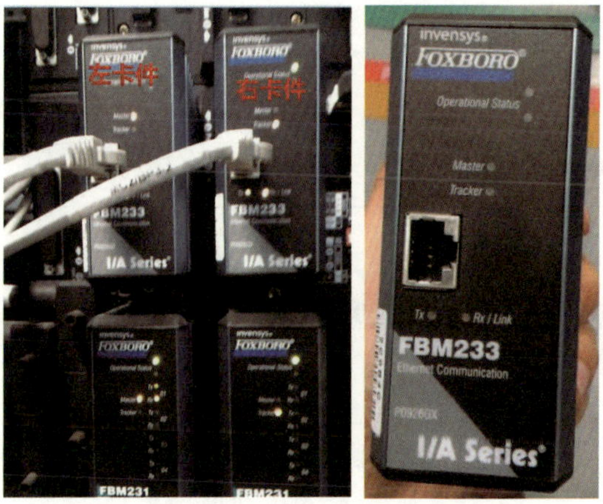

图 2　1KCP566AR 内 FBM233 卡件
2)处理结果：恢复 1KCP566AR 内 FBM233 左卡件为主用，右卡件为备用，恢复 P320 与 DCS 的通讯。
3)故障原因分析：
P320 与 DCS 右侧通讯卡件 FBM233 故障，当左侧主用 MASTER 失效发生 FAILED，切换到右侧已经故障的 FBM233，造成了整个通讯中断
</td>
</tr>
</table>

续 表

相关知识	1)P320 与 DCS 的通讯： 正常运行状态下，P320 与 DCS 的通讯通过 KCP566AR 内左、右两个 FBM233 模块实现的，两个通讯模块一用一备，可以自动进行切换。 2)经验知识： ①在 KCP566AR 上进行 FBM233 卡件热拔插，仅影响 P320 与 DCS 间的通讯，未发现其他影响； ②P320 与 DCS 间的通讯中断后，不会导致 AVC 自动退出，不影响 AVC 自动调节功能； ③P320 与 DCS 间的通讯中断后，不影响汽轮机调节系统自动动作，主控室无法正常进行升降功率； ④通讯恢复后，进行备用通道 FBM233 卡件更换时，网线拔出期间主控会出现 1GSE001KA(TGC 系统故障)报警，网线恢复后，报警会自动消除； ⑤通讯恢复后，进行备用通道 FBM233 卡件更换时，卡件重新启动瞬间，主控会闪发 1GSE001KA(TGC 系统故障)报警
参考资料信息	运行一处：《运行一处内部经验反馈——1 号机组 P320 与 DCS 通讯中断故障处理》； 运行一处：《FQ1-GRE-TPOPAB-0002 1 号机组 P320 与 DCS 中断期间升降功率故障规程》； WR/WOT：00286311/00693094-01(紧急工单)
编　　者	运行二处一值：谷铁　　　　时间：2019 年 02 月 11 日

3.23.7　主控持续触发 1GGR996KA（N 选 M 选择器错误），1GGR911KA（N 选 M 选择器扰动报警）

异常缺陷名称	主控持续触发 1GGR996KA（N 选 M 选择器错误），1GGR911KA（N 选 M 选择器扰动报警）
发生时间	2017 年 09 月 22 日中班
机组状态	RP 模式，电功率 1076 MWe
异常缺陷现象	22:29，1 号主控再次持续触发 1GGR996KA（N 选 M 选择器错误），1GGR911KA（N 选 M 选择器扰动报警），1GEX、1GSE、1GRE、1GGR、1GME、1GSS 系统画面部分参数显示××××，部分阀门显示洋红色，部分显示灯显示洋红色

续　表

风险或潜在后果	1）导致 1GEX、1GSE、1GRE、1GGR、1GME、1GSS、1GPV 等系统 KIC 画面参数部分参数显示×××，部分阀门状态显示洋红色、开度显示×××，部分指示灯显示洋红色。汽轮机大量参数无法在主控监视，特别是 GEX 相关的参数，只能通过就地巡检和利用 NCS 进行辅助监视； 2）导致机组在 KIC 上无法进行汽轮机升降功率控制，紧急情况下需要进入 1 号主控旁 L709 房间，在汽轮机工程师站 1GRE001HC 上进行升降功率	
干预行动	已采取的行动措施： 1）查看和执行报警卡，检查发现 1GEX、1GSE、1GRE、1GGR、1GME、1GSS 等系统 KIC 画面部分参数显示××××，部分阀门显示洋红色，部分显示灯显示洋红色； 2）oncall 仪控检查处理； 3）安排现场对出现异常的系统加强巡检	
原因分析	通讯卡件故障、DCS 与 P320 通讯超时设置过短	
消缺行动	仪控处理反馈： 1）检修步骤： ①在 1KCP566AR 中，分别将两个 FBM233 进行热插拔，通讯故障消失； ②执行工作方案《修改 DCS 与 P320 通讯的超时时间工作方案》； ③工作结束，清理现场，请运行人员验收，归还工作许可证。 2）故障原因分析：故障原因分析：通讯卡件故障、DCS 与 P320 通讯超时设置过短	
相关知识	通讯控制器是 P320 TGC 系统中非常重要的控制器，其主要功能是完成 P320 内各控制器之间以及控制器与 LOCAL HMI、DCS 之间的通讯。由于该控制器在通讯中重要作用，该控制器采用冗余的方式。CCL 是两列对称安装在同一底板上完全冗余的控制器，主要包括 CPU 模块、电源模块、冗余控制模块和网络通讯模块	
参考资料信息	维修一处仪控：EAM 中工单 00713141-01 的完工报告； 运行一处：《FQ1-GRE-TPOPAB-0002 1 号机组 P320 与 DCS 中断期间升降功率故障规程》；WR/WOT：00292667/00713141-01（紧急工单）	
编　　者	运行二处一值：谷铁	时间：2019 年 08 月 21 日

3.23.8 主控触发 1GEX112KA：定子电压定子电压达到最小，1GEX120KA：欠励磁限制动作，发电机电压下降至 22.8 kV

异常缺陷名称	1 号机组 P320 与 DCS 通讯中断，主控触发 1GEX112KA：定子电压定子电压达到最小，1GEX120KA：欠励磁限制动作，发电机电压下降至 22.8 kV
发生时间	2015 年 04 月 29 日夜班
机组状态	RP 模式，满功率
异常缺陷现象	03:59，1GGR、1GME、1GRE、1GSE、1GEX 等画面中的设备与参数开始间断性出现洋红色失效状态。04:01，触发 1GEX112KA：定子电压定子电压达到最小，1GEX120KA：欠励磁限制动作。查看发现励磁电流从 83 A 突降至 75 A，发电机电压下降至 22.8 kV，发电机定子电流增大至 35 kA，发电机进相-137 MVa，有功功率无变化。维修人员到场后配合运行人员多次执行手动增磁命令，发电机电压恢复正常
风险或潜在后果	1)导致 1GEX、1GSE、1GRE、1GGR、1GME 等系统 KIC 画面参数部分参数显示×××，部分阀门状态显示洋红色、开度显示×××，部分指示灯显示洋红色。汽轮机大量参数无法在主控监视，特别是 GEX 相关的参数(可以通过就地巡检和利用 NCS 进行辅助监视)； 2)导致发电机电压异常下降，发电机进相运行，危机汽轮发电机组安全
干预行动	已采取的行动措施： 1)查看和执行报警卡，检查发现 1GEX、1GSE、1GRE、1GGR、1GME 等系统 KIC 画面部分参数显示××××，部分阀门显示洋红色，部分显示灯显示洋红色； 2)oncall 仪控和电气检查处理； 3)安排现场对出现异常的系统加强巡检； 4)关注发电机机端电压，加强监视汽轮发电机组参数监视
原因分析	1)DCS-P320 通讯故障原因为 DCS 侧通讯参数配置错误； 2)通讯中断导致发电机低励限制动作的原因是由于发电机外部电压给定值 1GEX310SY 及 1GEX300SY 跟踪异常引起。发电机机端电压下降到低励限制动作，限制发电机电压在 95%UST(22.8 kV)运行

续 表

消缺行动	仪控处理反馈： 1)检修步骤： ①确认大修停机后、停盘车后执行； ②执行工作方案《1号机组DCS-P320通讯故障处理方案》； ③工作完成后，清理现场，归还工作许可证。 2)故障原因分析： ①DCS-P320通讯采用TCP-IP协议，并配置冗余通讯路径，P320方为从站，DCS侧为主站，冗余控制器的切换由DCS侧控制。 ②根据P320侧通讯接口设计文件《MODBUS Signal Exchange List》规定了己方通讯卡件的IP地址及modbus站地址。 ③根据接口文件说明，DCS在任意时刻只能与P320侧的主通讯卡件通讯，即要求DCS侧在任意时刻只能使用主卡件与P320进行通讯，所以DCS侧只能访问P320侧的冗余IP地址195.5.0.168，这要求DCS侧两个冗余卡件的冗余管理参数配置为"Ext_Il ink+UR=1000"，冗余卡件的IP地址配置为"195.5.0.168、195.5.0.168"。现场DCS侧实际配置的内容并不满足上述要求，DCS侧配置的冗余管理参数为"default"，通讯卡件IP地址为"195.5.0.40、195.5.0.104"。 ④仪控人员将通讯故障时DCS侧日志记录和上述分析信息发函给DCS厂家-(IOM)确认，厂家回函确认DCS侧配置错误应当按以上分析内容进行修改，并判定DCS-P320通讯故障原因为DCS侧通讯参数配置不符合设计文件要求所致。 ⑤设计已通过DEN单取消DCS侧直接输入励磁电压设定值的功能，福清和方家山均已删除二层设定值的功能，并删除了画面元素。福清未删除DCS一层的lGEX310SY、311SY和312SY(该通讯模块向GEX发送设定值)通讯模块，不再向P320侧发送设定值信息。《1号机组DCS-P320通讯故障处理方案》同时删除lGEX310SY、311SY和312SY的此无用模块，以防止其对系统产生不确定影响。 ⑥通讯中断导致发电机低励限制动作的原因是由于发电机外部电压给定值1GEX310SY及1GEX300SY跟踪异常引起。发电机机端电压下降到低励限制动作，限制发电机电压在95%UST(22.8 kV)运行。 ⑦《DCS-P320通讯故障处理方案》实施后，未再出现DCS-P320通讯故障引起发电机机端电压异常下降情况

续 表

相关知识	1)已通过技改对1~4号机组GEX310SY、GEX311SY、GEX312SY点位功能变更，因此理论上，这三个点位偶发P320与DCS通讯故障，不会导致发电机励磁电压下降的问题。 2)机组DCS手动增磁、减磁与AVC自动增磁、减磁互相闭锁，必须在KIC中退出机组AVC后，才能手动增磁、减磁。若全站AVC闭锁，各个机组AVC功能失去，故在KIC画面无法投退单台机组AVC，此时需网控退出全站AVC，才能手动调节机端电压	
参考资料信息	维修一处仪控：完工报告《FQ1-MI-RCWO-00132700/01 修改DCS与P320通讯配置，消除通讯闪发故障的问题》《FQ1-MA-TD-I150461号机组DCS-P320通讯故障处理工作方案》； WR/WOT：00065712/00132700-01(计划工单)	
编　　者	运行二处一值：谷铁	时间：2019年08月21日

3.23.9　2GGR001VD开度在3.6%~13.7%之间周期性波动

异常缺陷名称	2GGR001VD开度在3.6%~13.7%之间周期性波动
发生时间	2018年12月07日中班
机组状态	RP模式，满功率
异常缺陷现象	21:46，2GGR001VD突然关小，之后在3.6%~13.7%之间持续周期性波动，导致2GGR油温在41~48 ℃之间周期性波动。2GGR001VD波动一段时间后，继而又恢复稳定，开度维持在5.2%
风险或潜在后果	影响润滑油温的控制稳定，导致2GGR系统油温、回油温度、轴承温度均呈周期性波动，存在以下风险： 1)GGR系统油温、回油温度、轴承温度可能呈周期性波动，影响汽轮机轴承润滑，可能导致汽轮机振动增大，影响汽轮机正常运行； 2)润滑油GGR102MT温度正常为45±1 ℃，若GGR001VD故障导致润滑油温度波动，可能触发润滑油温度低报警(35 ℃)，高报警(50 ℃)，高高报警(60 ℃)； 3)润滑油回油温度GGR321-330MT正常为35~60 ℃，高报警值60 ℃，高高报警65 ℃，根据报警卡要求，润滑油回油温度达到高高报警65 ℃需手动打闸停机； 4)发电机径向轴承温度GGR309/319/310/320MT正常值<115 ℃，高报值115 ℃，高高报警值130 ℃，根据报警卡要求，发电机径向轴承温度达到高高报警130 ℃需手动打闸停机；

续　表

风险或潜在后果	5)汽轮机径向轴承温度 GGR301-306MT、GGR311-316MT 正常值<115 ℃，高报值 115 ℃，高高报警值 130 ℃，任一径向轴承温度 2/2 达到高高报警值参与软件跳机； 6)汽轮机推力轴承温度 GGR340/341/342/343MT 正常值<95 ℃，高报值 95 ℃，高高报警值 110 ℃，任一推力轴承温度 2/2 达到高高报警值参与软件跳机
干预行动	已采取的行动措施： 1)密切监视汽轮机相关参数； 2)oncall 维修仪控、设备管理人员进厂检查； 3)运行做好事故预想，熟悉预案和规程
原因分析	2GGR001VD 现场阀门开度 5%左右时，阀门控制较为灵敏，当 2GGR102MT 温度波动时，2GGR001VD 开度变化过快，阀门的相应调节无法及时使温度稳定，故阀门会处于一直波动调节中
消缺行动	仪控处理反馈： 1)检查内容： 2GGR001VD 受润滑油母管温度 2GGR102MT 控制，当 2GGR102MT 温度超过 46 ℃时，每 30 s 发一个 0.8 s 的开阀指令，当 2GGR102MT 温度低于 44 ℃时，每 30 s 发一个 0.8 s 的关阀指令。 2GGR001VD 现场目前阀门开度 5%左右，阀门控制较为灵敏，当 2GGR102MT 温度波动时，2GGR001VD 开度变化过快，阀门的相应调节无法及时使温度稳定，故阀门会处于一直波动调节中。 2)处理措施： 实施 TCA：将“温度超过 46 ℃或低于 44 ℃时，每 30 s 发一个 0.8 s 的开关阀指令”修改为“温度超过 46 ℃或低于 44 ℃时，每 45 s 发一个 0.8 s 的开关阀指令”降低阀门的调节灵敏度(该 TCA 已转永久变更)。 3)故障原因分析：2GGR001VD 现场阀门开度 5%左右时，阀门控制较为灵敏，当 2GGR102MT 温度波动时，2GGR001VD 开度变化过快，阀门的相应调节无法及时使温度稳定，故阀门会处于一直波动调节中

续　表

相关知识	GGR001VD 的控制逻辑： 1)自动控制：GGR001VD 阀门开度自动控制由润滑油母管温度 GGR102MT 控制，GGR102MT 控制设定值为 45 ℃，在44~46 ℃之间 GGR001VD 不进行调节，当润滑油母管温度 GGR102MT 温度超过 46 ℃时，DCS 每 30 s 给 GGR001VD 下发一个持续时间为 0.8 s 的开阀指令，当润滑油母管温度 GGR102MT 温度低于 44 ℃时，DCS 每 30 s 给 GGR001VD 下发一个持续时间为 0.8 s 的关阀指令。即 GGR001VD 自动调节模式为每 30 s 判断一次，若需要调节则电动阀向要求开度方向动作行程 0.8 s，之后过 30 s再次进行判断，反复循环。当 GGR102MT 温度从低于 44 ℃或高于 46 ℃变化回到 44~46 ℃区间时，存在 0.3 ℃的死区，即达到 44.3 ℃或 45.7 ℃时 GGR001VD 才停止调节。 2)手动控制：阀门在 KIC 上置于手动控制时，GGR001VD 不受 GGR102MT 控制。与自动动作相似，GGR001VD 在 KIC 上手动开关时，阀门每 30 s 动作 0.8 s。按照运行经验，阀门动作 0.8 s，开度变化在 1%~2%之间。 GGR102MT 故障(出现质量位等)时，GGR001VD 保持当前开度。 失去控制电或动力电时，GGR001VD 保持当前开度(1、2 号机已实施永久变将 30 s 修改为 45 s)
参考资料信息	维修一处仪控：2GGR001VD 开度在 3.6%~13.7%之间周期性波动处理反馈邮件； WR/WOT：00475110/01074561-01(紧急工单)
编　　者	运行二处一值：谷铁　　时间：2019 年 08 月 21 日

3.23.10　主控触发 1GGR701KA(主盘车警报)

异常缺陷名称	主控触发 1GGR701KA(主盘车警报)
发生时间	2020 年 01 月 31 日中班
机组状态	RP 模式，以 0.5 MW/min 从满功率降功率至 836 MWe 的过程中
异常缺陷现象	23:05，1 号机组调峰降功率过程中触发报警 1GGR701KA(主盘车警报)。主控立即执行报警卡，检查 KIC 画面，发现 1GGR002SM(脱啮信号)消失，安排常规岛现场核实后发现 1GGR001AR 失电

续 表

风险或潜在后果	1）1GGR001AR 失电，影响 1GGR 主盘车的启动； 2）1GGR002SM 脱啮信号消失，影响 1GGR 辅助盘车的启动； 3）如果出现停机的情形，主盘车和辅助盘车不可用，极大威胁汽轮机安全	
干预行动	已采取的行动措施： 1）查看和执行报警卡； 2）初步检查发现 1GGR001AR 失电，1GGR002SM 消失； 3）联系机电仪进一步核实缺陷，暂未反馈	
原因分析	1GGR701KA 报警是由 1GGR001AR 内故障继电器发出，当 1GGR001AR 失电时，故障继电器会发出报警信号，经现场检查发现，1GGR001AR 失电是上游电源 1LNE742JA 出线侧接线松动导致	
消缺行动	电气处理反馈： 1）故障现象：主控出现 1GGR701KA 报警。 2）检查内容： ①现场检查 1GGR001AR 主盘车控制柜失电； ②测量 1GGR001AR 进线电压，相间无电压； ③测量上游电源 1LNE742JA 出线侧电压为 218V，检查其出线侧接线松动； ④对 1LNE742JA 出线侧接线进行紧固； ⑤确认主控 1GGR701KA 报警消失。 3）处理进展：1GGR001AR 主盘车控制柜运行正常，无故障报警。 4）故障原因：1GGR701KA 报警是由 1GGR001AR 内故障继电器发出，当 1GGR001AR 失电时，故障继电器会发出报警信号，经现场检查发现，1GGR001AR 失电是上游电源 1LNE742JA 出线侧接线松动导致	
相关知识	1GGR701KA（主盘车警报）报警触发的可能原因有： 1）主盘车离合器故障； 2）主盘车电机故障； 3）主盘车控制器故障	
参考资料信息	运行一处：1 号机组异常反馈——主控触发 1GGR701KA（主盘车警报）； 维修一处电气；1GGR701KA 主盘车警报处理情况反馈； WR/WOT：00684906/01519343-01（紧急工单）	
编　　者	运行二处一值：谷铁	时间：2019 年 08 月 21 日

3.23.11 GGR系统设备异常缺陷处理总结

GGR001VD故障处理

(1)故障1：GGR001VD调节性能不佳导致润滑油温GGR102MT波动

故障现象：润滑油温GGR102MT长期波动超过45±1 ℃范围，GGR001VD阀门开度大范围波动。

采取措施：

1)每班巡检GGR102MT，观察趋势，确认GGR102MT温度在44~46 ℃正常范围，GGR001VD阀位趋势正常；

2)如果润滑油温度GGR102MT超过44~46 ℃正常范围，须持续关注润滑油温度GGR102MT、润滑油回油温度GGR321-330MT，汽轮发电机组各轴承温度、振动参数；

3)确认SRI温度及流量正常；

4)若GGR102MT超过42.8~48.2 ℃范围(该温度范围来自前期自动稳定经验最大值)或波动超过44~46 ℃正常范围5 h，则开始手动干预GGR001VD使GGR102MT温度稳定：

①点击GGR004KG，将GGR001VD切至“manual”位，确认GGR005KS手动指示灯亮；

②每次点击一次GGR004KG中的“open”或“close”按钮，确认GGR001VD阀位001VD_P动作正常，观察GGR102MT变化趋势；(注：open或close指令为脉冲信号，每点击一次GG001VD动作0.8 s，点击一次或两次阀位001VD_P变化1%开度)；

③若KIC操作GGR001VD导致GGR102MT温度变化扩大，则停止KIC操作，现场将阀门电动头置于就地位置，并使用手轮缓慢调节阀门(禁止使用电动头操作阀门)，每次调节1/4圈(手轮转动1/2圈约对应其1%开度变化)，使GGR102MT温度接近45 ℃；

④观察GGR102MT变化趋势，当温度稳定在44.9~45.1 ℃范围内时，将GGR001VD恢复至“auto”位；

5)若上述干预措施无效，可联系仪控修改GGR001VD控制参数，即降低阀门调节灵敏度，防止控制系统超调。一般思路为增加GGR001VD温度判定时间，减小GGR001VD动作时间。GGR001VD初始设计的温度判定时间为30 s，动作时间为2 s，现已修改动作时间为0.8 s。但定值需缓慢修改，判定时间每次变化1 s，动作时间每次变化0.1 s。

(2)故障2：GGR001VD阀杆卡涩，手自动均无法操作

故障现象：GGR001VD在KIC及就地均无法手自动操作。

采取措施：

1)就地查看GGR001VD阀门实际开度、就地冷却水流量计GGR110/210LD；

2)持续监视润滑油温度GGR102MT、润滑油回油温度GGR321-330MT，汽轮发电机组各轴承温度、振动参数；

3)若温度持续升高，部分开启旁路阀SRI066VN，维持GGR102MT在45±1 ℃范围内；

4)若温度持续降低，部分关闭 GGR001VD 阀后手动隔离阀 SRI065VD 进行部分节流，维持 GGR102MT 在 45±1 ℃范围内；

5)oncall 机械处理。

(3)故障 3：停机期间 GGR001VD 内漏导致润滑油温度降低，制约机组启动

故障现象：GGR001VD 关闭情况下 GGR 油温持续降低。

采取措施：

1)确认旁路阀 SRI066VN 已全关；

2)关闭 GGR001VD 前后手动隔离阀，观察 GGR102MT 变化趋势，若温度停止下降，则为 GGR001VD 内漏；若温度继续下降，则旁路阀 SRI066VN 可能内漏；

3)oncall 机械处理。

(4)故障 4：阀门失去动力电或控制电

故障现象：失去动力电则 GGR001VD 在 KIC 上显示洋红色，失去控制电则 GGR001VD 在 KIC 上显示××××，KIC 及就地电动头均无法操作。

采取措施：

1)就地查看 GGR001VD 阀门开度、就地冷却水流量计 GGR110/210LD；

2)就地检查 GGR001VD 阀门电动头有无供电显示，在 MX 厂房 LKF703AR 中查看 GGR001VD 上游电源开关 LKF99167JA 状态；

3)持续监视润滑油温度 GGR102MT、润滑油回油温度 GGR321-330MT，汽轮发电机组各轴承温度、振动参数；

4)若 GGR102MT 大范围波动，使用阀门本体手轮缓慢调节阀门(禁止使用电动头操作阀门)，每次调节 1/4 圈(手轮转动 1/2 圈约对应其 1%开度变化)，使 GGR102MT 温度接近 45 ℃；

5)oncall 电气处理。

3.24 发电机密封油系统(GHE)

主控触发 3GHE014KA 真空油箱 3GHE001CW 真空度低报警

异常缺陷名称	主控触发 3GHE014KA 真空油箱 3GHE001CW 真空度低报警
发生时间	2018 年 03 月 02 日夜班
机组状态	RP 模式，满功率
异常缺陷现象	主控触发 3GHE014KA 真空油箱 3GHE001CW 真空度低报警，主控 3GHE003MP 最高到 22.9 kPa，就地 3GHE601LP 只有 16 kPa 左右，现场就地通过关小 3GHE240VH 真空依然无改善，报警无法消除，oncall 仪控排查暂没找到原因，现已回去准备方案：WR：00355411。后续仪表处理无问题后，请恢复 3GHE240VH 至正常开度
风险或潜在后果	1)真空度低可能导致除气效果不佳，密封油密封效果变差，引起氢气泄漏量增大； 2)真空度低会导致 005CW 液位高，缓冲油箱 GHE005CW 高油位(20 mm)引起 GST401PO 跳闸
干预行动	已采取的行动措施： 1)现场就地通过关小 3GHE240VH 真空依然无改善，报警无法消除； 2)oncall 仪控排查暂未找到原因，现已回去准备方案：WR：00355411。后续仪表处理无问题后，需恢复 3GHE240VH 至正常开度； 3)对 3GHE005CW 进行三次排油后，真空度低报警仍未消除。检查 3GHE003MP 与 3GHE601LP 压力基本一致，仪控反馈非仪表问题，可能泵出力有关； 4)中班对 3GHE005CW 进行一次排油，启动 3GHE401PO 后，将 3GHE240VH 打开 1/4 圈后 3GHE003MP 一致稳定在 19.8 kPa； 5)夜班接班后，再次出现 3GHE003MP 压力高报警，且 003MP 快速上涨。执行 3GHE005CW 排油典操，开启 3GHE054VH 排出较多油。重新启动 3GHE401PO 前将 3GHE240VH 全开，之后 3GHE240VH 从全开位置回关了 3+3/4 圈，3GHE003MP 稳定在 19.0 kPa. a；

续 表

干预行动	6)03 月 02 日早班开始，3GHE003MP 多次上涨至超过 20 kPa. a，主控多次触发“3GHE014KA ：真空油箱 3GHE001CW 真空度低报警”，早班值和中班值根据《FQ3-GHE-C-004 3GHE005CW 安全油箱排油操作票》对 3GHE005CW 进行了多次排油操作，3GHE 真空油箱压力 3GHE003MP 均在排油操作后短时间内再次升高，并触发报警； 7)考虑到前面根据典操排油效果不佳，03 月 03 日夜班，当班值通过合理分析，重新启动 3GHE401PO 前将 3GHE240VH 全开，之后 3GHE240VH 从全开位置回关了 3+3/4 圈，3GHE003MP 稳定在 19.0 kPa. a
原因分析	1)3GHE401PO 用于保持 3GHE001CW 的真空度，该真空泵的能力较强。根据调试期间及机组启动时 3GST 头箱氮气吹扫经验，3GHE401PO 足以抽气使 3GST001CW 压力降低至约 2 kPa. a。 2)由于 3GHE401PO 能力较强，在启泵的瞬间，如 3GHE401PO 直接全力对 3GHE001CW 抽气(即 3GHE240VH 全关)，可能使得 3GHE001CW 内上部空间的油雾被吸出，油雾在管道内壁产生连续的油膜。如建立连续稳定的油膜，此时即使通过开大 3GHE240VH 以减小真空泵对 3GHE001CW 的吸力，油膜不会消除，导致 3GHE005CW 液位高，从而引起真空泵吸入的气体中含油量增多，抽气效果降低，继而导致 3GHE003MP 压力上涨
消缺行动	运行处理反馈： 1)执行《FQ3-GHE-C-004 3GHE005CW 安全油箱排油操作票》前半部分内容，停运 3GHE401PO 并对 3GHE005CW 排油后，重新启动 3GHE401PO 前，将 3GHE240VH 全开。 2)验证在 3GHE240VH 全开的情况下，启动 3GHE401PO，真空泵足以将 3GHE001CW 压力保持小于 50 kPa. a。 3)通过缓慢关小 3GHE240VH 开度，逐渐减小旁路空气吸入量，以降低 3GHE001CW 压力。最终根据真空油箱压力，对 3GHE240VH 开度进行微调，稳定压力

续　表

相关知识	真空油箱 GHE001CW 可以为 GHE 系统储存一定的密封油量，保证密封油泵的供油。同时利用其真空除去油中所含气体。 可能导致 GHE001CW 真空度显示异常的原因有： 1) GHE003MP 或者 GHE601LP 故障，此时真空度可能正常； 2) GHE401PO 跳闸； 3) GHE240VH 开度设置不正确； 4) GHE 系统存在泄露，尤其是 GHE001CW	
参考资料信息	2018 年 03 月 02 日— 03 月 03 日 eSOMS 日志	
编　　者	运行二处一值：胡松辉	时间：2019 年 04 月 23 日

3.25 汽轮机调节系统(GRE)

3.25.1 1号中压调节阀在执行FQ2-GRE-T-002时未预期动作

异常缺陷名称	1号中压调节阀在执行FQ2-GRE-T-002时未预期动作	
发生时间	2018年04月08日	
机组状态	RP模式	
异常缺陷现象	执行FQ2-GRE-T-002试验时，2GRE011VV在重新达到20%开度时没有按照试验逻辑关闭而是直接开启，阀门动作异常	
风险或潜在后果	2GRE011VV阀门逻辑响应异常，在后续功率改变时存在异常开启的可能	
干预行动	已采取的行动措施： 联系专业进修检查，运行密切监视汽轮机各项运行参数	
原因分析	根据阀门动作时序判断为试验电磁阀2GRE116EL未正常动作，仪控专业检查发现2GME006CR内002BN：12/13接线端子虚接	
消缺行动	仪控处理反馈： 1)工作过程： ①召开工前会，讨论处理过程中存在的风险； ②根据阀门动作时序判断为试验电磁阀2GRE116EL未正常动作，检查发现2GME006CR内002BN：12/13接线端子虚接； ③对试验电磁阀接线2GME006CR内002BN：12/13端子进行紧固； ④运行重新执行试验，试验结果满意。 2)故障原因分析：根据阀门动作时序判断为试验电磁阀2GRE116EL未正常动作，仪控专业检查发现2GME006CR内002BN：12/13接线端子虚接	
相关知识	四个中压调节阀都是蝶阀，蝶阀销轴通过联轴器与油动机活塞杆连接，由阀壳和阀壳内的阀蝶、阀杆、阀座组成。阀杆通过联轴器与油动机连接。中压调节阀也是通过液压开启，利用弹簧关闭。当高压遮断模块上的三取二主遮断电磁阀的任意两个动作，机组跳闸。机组跳闸时，通过高压遮断模块切断安全油，排掉油动机工作腔压力油，释放复位弹簧，快速关闭所有中压进汽阀门	
参考资料信息	维修一处：EAM中工单00892438-01的完工报告	
编　　者	运行二处一值：石兴强	时间：2019年06月16日

3.25.2　2GRE012VV 故障关闭

异常缺陷名称	2GRE012VV 故障关闭
发生时间	2017 年 08 月 14 日夜班
机组状态	RP 模式，电功率 1071 MWe
异常缺陷现象	夜班 04:43，主控触发 2GRE325KA（2 号中压调节阀控制回路扰动）、2GRE355KA（调节阀控制回路——扰动）、2GSS010KA（测量故障报警）、2GRE358KA（限制控制器——开启）。 查看主控 KIC 画面发现 2GRE012VV 从 100%开度逐渐关到 0%开度，2GRE126MP 从 12 MPa 先降至 3 MPa 又升至 12 MPa 后最终降到 0 MPa，一回路热功率由 2857 MW 最高涨至 2871 MW，2GFR001BA 液位由 410.89 mm 上涨至 415.48 mm，2GSS190MD 显示×××，超量程
风险或潜在后果	1）2GRE012VV 控制回路故障，可能导致 2GRE012VV 突然开启，蒸汽流量突然增加，可能导致一回路热功率超限； 2）可能影响汽轮机正常运行，产生不利的汽轮机振动，需密切关注汽轮机参数
干预行动	立即采取的干预行动： 1）根据报警规程，降功率到 97%（电功率 1056 MW），同时将 2RGL007KU 进行同步修改，避免 G 棒下插。降功率过程中 2GRE358KA 消除； 2）在主控 KIC 画面确认汽轮机振动、轴承温度无明显变化； 3）安排现场核实汽轮机运行情况（包括振动、异音等），并确认 2GRE012VV 阀门振动情况以及阀门状态，确认 2GRE012VV 调节油供油回路正常且无漏油等； 4）2GSS103BA 排水量增加，2GPV121VL 已开启（后续需手动关闭），现场检查泵 2GSS190PO 运行无异常； 5）oncall 维修仪控、维修机械进厂处理，并与其电话讨论隔离措施，避免 2GRE012VV 突然开启产生瞬态； 6）现场定位 2GSE623/624VH（2GRE012VV/2GSE012VV 供油截止阀），以便瞬态情况下可及时关闭。 检修处理时采取的干预行动： 1）为防止 2GRE012VVV 突开及检修过程中 2GRE012VV 开度变化对机组正常运行产生影响，需尽快实施安措关闭中压截止阀 2GSE012VV。根据 2GSE012VV 的阀门本体图，油动机供油腔室中有一个泄油小孔与压力油泄油管线相连，以使得正常运行时

续 表

干预行动	油动机内的调节油存在一定的流动性。关闭供油管线隔离阀2GSE624VH后，油动机供油腔内的调节油将会通过泄油小孔经泄油管线缓慢泄压，使2GSE012VV缓慢关闭； 2）当2GSE012VV处于全关位置后，通过关闭2GFR622VH、2GSE623VH，隔离2GRE012VV调节油回路，对2GRE012VV进行隔离，保证维修人员检查2GRE012VV比例伺服阀检修期间人身安全； 3）隔离实施完成后维修人员通过使用新的比例伺服阀进行信号测量，最终确认为2GRE012VV比例伺服阀故障。 检修完成后采取的干预行动： 1）确认2GRE012VV比例阀更换相关工作结束后，由仪控人员以每次变化5%的幅度逐步强制关闭2GRE012VV至0%开度；（每次变化5%的目的为防止强制对象错误，造成过大瞬态，强制过程中需密切关注所有调阀及截止阀状态，若发现异常，及时停止并恢复）； 2）现场确认2GRE012VV已处于全关状态； 3）就地缓慢开启2GSE624VH至全开，期间2GSE012VV会逐渐开大，约2 min后，2GSE012VV开启至全开状态。开启过程中，主控关注2GFR油压，确认油压稳定后，再继续开启2GSE624VH至全开； 4）由仪控人员以每次变化5%的幅度逐步强制2GRE012VV至100%开度。恢复过程中，二回路重点关注2GME、2GSS、2GFR、2GRE相关参数，一回路重点关注热功率、一回路平均温度及R棒动作情况； 5）由仪控人员确认2GRE012VV已恢复至正常的自动状态
原因分析	2GRE012VV阀门比例伺服阀故障
消缺行动	仪控处理反馈： 1）检修过程： ①在2GRE005AR柜中，测量比例阀主阀芯、先导阀范围供电电压； ②确认2GRE005AR，拆除主阀位置反馈插头； ③测量主阀芯反馈信号电阻值与新比例阀进行对比分析，确认故障的比例阀反馈1～2电阻54 kΩ<409 kΩ（新比例阀）2～3电阻9.6 kΩ<365 kΩ（新比例阀）； ④机械配合拆除比例阀本体； ⑤机械配合更换比例阀本体，仪控恢复比例阀指令和反馈以及试验电磁阀信号；

续 表

消缺行动	⑥仪控进行阀门试验（在调阀试验过程中，多次闪发2GRE455KA，2GRE467KA）； ⑦仪控配合运行恢复隔离； ⑧确认工作完成、清理现场，归还许可证。 2）故障原因分析：2GRE012VV 阀门比例伺服阀故障
相关知识	相关经验知识： 1）2GRE012VV 关闭，会导致 2GSS103BA 疏水量增大，2GSS190MD 仪表超量程，同时 2GPV121VL 将自动开启（后续需手动关闭）。 2）2GRE012VV 调节油量可使 2GFR001BA 上涨约 5 mm。 3）关闭中压主汽门的供油截止阀可使其缓慢关闭。 4）2GRE012VV 关闭导致一回路热功率上涨约 14 MW。 5）2GRE012VV 关闭后汽轮机振动、轴承温度等都无明显变化，且 2GRE012VV 阀门本体振动也无明显变大趋势。 6）关闭 2GSE012VV 后核功率、电功率、蒸汽流量均无明显变化，由此可知本次 2GRE012VV 关闭后无较大内漏。 7）关闭中压主汽门的供油截止阀的供油阀后，中压截止阀不会快速关闭，阀门将缓慢关闭。2GSE012VV 从全开到全关共用时 12 min。 8）2GSE012VV 关闭过程中 2GFR001BA 油位由 414 mm 上升到 421 mm，液位上涨约 7 mm。 9）2GRE012VV 开启后，热功率从 2825 MW 降低到 2815 MW，2GRE001VV/002VV/003VV/004VV 开度由 58%关小到 56%，左侧汽水分离一级再热器管板温度 2GSS112MT 由 185 ℃上涨到 193 ℃，右侧汽水分离一级再热器管板温度 2GSS211、212MT 由 212 ℃降低到 198 ℃，温度偏差小于 20 ℃，2GSS911KA 报警消失。 10）2GRE012VV 开启后，2GSS103BA 排水量减小，2GSS190MD 流量从超满量程的 112 kg/s 降低到 102 kg/s，2GSS010KA（测量故障报警）消失。 11）2GRE012VV 开启过程中，汽轮机振动、轴承温度无明显变化。 12）2GRE012VV 全开后，2GRE126MP 上涨到 12 MPa。该压力在 2GRE012VV 逐步强制开启至 100%开度过程中，仅建立 3 MPa 左右的压力，待仪控人员将 2GRE012VV 恢复至自动状态后，方建立 12 MPa 油压。 13）2GSE624VH 开启过程中，2GFR 油压未见明显波动。 14）2GRE012VV 开启后，需及时关闭 2GPV121VL

续　表

参考资料信息	运行一处：《运行一处内部经验反馈——2GRE012VV 故障关闭紧急干预经验反馈》《运行一处内部经验反馈——2GRE012VV 故障关闭后安措及检修隔离实施经验反馈》《运行一处内部经验反馈——2GRE012VV 比例方向阀更换工作结束后解除隔离及恢复操作经验反馈》； 维修一处仪控：EAM 中工单 00672905-01 的完工报告； WR/WOT：00279713/00672905-01（紧急工单）	
编　　者	运行二处一值：谷铁	时间：2019 年 06 月 16 日

3.25.3　2GRE004VV 故障关闭

异常缺陷名称	2GRE004VV 故障关闭
发生时间	2015 年 08 月 17 日早班
机组状态	机组调试启动阶段并网后
异常缺陷现象	12:16，2 号机组并网后，带初始负荷 55 MW，继续升负荷至 220 MW 过程中，170 MW 时（13:13:53），2GRE004VV 突然全关，出现 2GRE355KA（调节阀控制回路——扰动）报警、2GRE323KA（4 号高压调节阀控制回路——扰动）报警
风险或潜在后果	1）影响汽轮发电机组的正常安全运行，可能产生不利的汽轮机振动，需密切关注汽轮机参数； 2）2GRE004VV 突然开启，蒸汽流量突然增加，可能导致一回路热功率增加
干预行动	已采取的行动措施： 1）暂停升功率； 2）加强监视汽轮机振动情况； 3）oncall 仪控检查处理
原因分析	航空插头脱落
消缺行动	仪控处理反馈： 1）检修过程： ①取得工作许可证，与运行人员交流信息； ②验证隔离边界、检修设备位置； ③对 2GRE004VV 阀门控制卡检查，阀门行程位置信号故障；

续 表

消缺行动	④就地测量送到 GRE 系统的 4~20 mA 反馈为 0，其他送到 GME 系统和 DCS 的电流信号正常； ⑤检查 GRE 阀门行程位置信号发现 2GRE047MM 插头脱落，将接头重新插紧； ⑥检查 GRE 系统机柜 2GRE004VV 阀门控制卡无任何故障报警； ⑦工作结束，清理现场； ⑧归还工作许可证，运行人员验收。 2)故障原因分析：航空插头脱落
相关知识	1)GRE355KA(调节阀控制回路——扰动)报警触发的原因有： ①中调阀或高调阀闭环控制扰动； ②电源丢失； ③任一中压调节阀阀位闭环控制故障。 2)GRE323KA(4 号高压调节阀控制回路——扰动)报警触发的原因有： ①电源丢失； ②4 号高压调节阀阀位闭环控制故障
参考资料信息	维修一处仪控：EAM 中工单 00134378-01 的完工报告； WR/WOT：00067319/00134378-01(紧急工单)
编　　者	运行二处一值：谷铁　　　　时间：2019 年 06 月 19 日

3.26 氢气冷却器系统(GRH)

3GRH201RF 顶部泄漏氢气

异常缺陷名称	3GRH201RF 顶部泄漏氢气
发生时间	2016 年 07 月 17 日夜班
机组状态	RP 模式，未并网
异常缺陷现象	查漏过程中发现 3GRH201RF 顶部氢表测量数值爆表
风险或潜在后果	1)氢气泄漏，有工业安全隐患，存在氢爆风险； 2)影响发电机冷却，危及发电机运行安全
干预行动	已采取的行动措施： 1)启动 3DVM602/610/612/607/608/609/616/617/618/621/625/620/624ZV； 2)开启 8 m 窗户； 3)oncall 机械、工业安全评估现场情况； 4)oncall 消防车待命； 5)执行紧急排氢气操作，FQ3-GRV-C-008
原因分析	氢冷器法兰螺栓力矩未紧固到位，密封条压紧板存在错位
消缺行动	机械处理反馈： 1)处理措施： ①调整压紧板，并紧固法兰螺栓； ②执行汽轮发电机保压试验，确认保压试验合格。 2)故障原因分析：氢冷器法兰螺栓力矩未紧固到位，密封条压紧板存在错位
相关知识	氢气爆炸极限是 4.1%~74.2%(体积浓度)
参考资料信息	FQ4-5OP-TPEP-0018 4GRV 发电机氢气泄漏率异常升高应对预案
编　　者	运行二处一值：石兴强　　时间：2019 年 06 月 16 日

3.27 发电机氢气供应系统(GRV)

3.27.1 4号主控触发4GRV022KA氢气高报警

异常缺陷名称	4号主控触发4GRV022KA氢气高报警	
发生时间	2017年09月16日夜班	
机组状态	RP模式，电功率1074 MW	
异常缺陷现象	05点56分，4号主控触发4GRV022KA氢气高报警	
风险或潜在后果	1)氢气泄漏，有工业安全隐患，存在氢爆风险； 2)影响发电机冷却，危及发电机运行安全	
干预行动	已采取的行动措施： 1)当班值根据FQ4-5OP-TPEP-0018 4GRV发电机氢气泄漏率异常升高应对预案进行响应，开启8.5 m所有窗户； 2)打开汽轮机厂房电动大门，开启所有的屋顶风机，暂停常规岛动火作业许可证发放； 3)安排现操根据典型操作票查漏，发现一处漏点4GRV002RE附近氢气测量仪满量程并报警，具体位置见附件流程图； 4)在漏氢位置拉警示带，防止人员误入； 5)oncall机械人员现场检查核实缺陷	
原因分析	4GRV002RE顶部接线盒处泄露	
消缺行动	维修人员对漏气点进行堵漏修复，确认无氢气泄漏	
相关知识	氢气爆炸极限是4.1%~74.2%(体积浓度)	
参考资料信息	FQ4-5OP-TPEP-0018 4GRV发电机氢气泄漏率异常升高应对预案	
编　　者	运行二处一值：石兴强	时间：2019年06月16日

3.27.2 GRV系统异常缺陷处理总结

发电机氢气泄漏处理相关技术文件：

《FQ8-OP00-TD-18005 34号机组发电机氢气查漏工作方案》《FQ3/4-GRV-C-009 3/4#发电机4GRV查漏》以及《FQ3/4-GRH-T-001 检查空气或氢气积聚情况试验规程》《FQ3/4-GRV-I-001 发电机漏氢应急预案》。

3.28 汽轮机保护系统(GSE)

3.28.1 2号主控触发2GSE201KA安全油回路压力(通道一)遮断

异常缺陷名称	2号主控触发2GSE201KA安全油回路压力(通道一)遮断
发生时间	2017年07月29日夜班
机组状态	RP模式，电功率1074 MWe
异常缺陷现象	03:19:06，2号主控触发2GSE201KA安全油回路压力(通道一)遮断、2GSE401KA汽轮机测量(通道一)故障、2GRE377KA安全油系统压力(1/3，到DCS)扰动报警，主控查看2GSE201MP压力从10.7 MPa瞬时下降至0。现场查看2GSE201MP就地表头显示有读数，为10 696 kPa。与其同一测点的压力表2GRE204MP就地表头显示10 691 kPa
风险或潜在后果	故障出现时安全油压力低3取2跳机保护一个通道触发，若2GSE202MP、2GSE203MP再有一块表触发压力低将产生跳机信号，目前2GSE202MP、2GSE203MP压力显示正常
干预行动	已采取的行动措施： 1)主控执行报警卡，现场查看2GSE201MP就地表头显示有读数，为10 696 kPa。与其同一测点的压力表2GRE204MP就地表头显示10 691 kPa，初步判断仪表传输通道或卡件存在故障； 2)现场检查无异常漏油、振动； 3)oncall维修仪控人员进厂排查故障； 4)查阅逻辑图，当前安全油压力低3取2跳机保护一个通道触发，若2GSE202MP、2GSE203MP再有一块表触发压力低将产生跳机信号，目前2GSE202MP、2CSE203MP压力显示正常
原因分析	2GSE201MP信号回路保险丝熔断
消缺行动	仪控处理反馈： 1)缺陷描述：2号主控触发2GSE201KA安全油回路压力(通道一)遮断报警，2GSE201MP主控显示压力为0。 2)工作过程： ①主控检查软件2GSE201MP信号丢失，产生质量位，机柜确认保险丝熔断，同时保险指示灯亮； ②取的工作票，与主控进行沟通；

续　表

消缺行动	③在 P320 内部对 2GSE201MP 产生的停机信号进行强制屏蔽，防止误停机风险； ④根据 P320 内部接线图更换 2GSE201MP 熔断的保险丝； ⑤清理现场，关闭 2GRE002AR 控制柜； ⑥恢复信号强制，检查确认主控所有异常报警消失； ⑦归还许可证。 3）故障原因分析：2GSE201MP 信号回路保险丝熔断
相关知识	安全油压 2GSE201MP、2GSE202MP、2GSE203MP 压力低于 5.0 MPa，3 取 2 保护跳机
参考资料信息	维修一处仪控：EAM 中 00664271-01 的完工报告； WR/WOT：00274288/00664271-01（紧急工单）
编　　者	运行二处一值：谷铁　　　时间：2019 年 03 月 16 日

3.28.2　主控触发 1GSE001KA TGC 系统故障报警

异常缺陷名称	主控触发 1GSE001KA　TGC 系统故障报警
发生时间	2017 年 08 月 25 日中班
机组状态	RP 模式，电功率 1074 MWe
异常缺陷现象	17:52 主控触发 1GSE001KA　TGC 系统故障报警
风险或潜在后果	有汽轮机遮断的风险
干预行动	已采取的行动措施： 1）主控查看和执行报警卡，密切监视机组保护系统是否动作； 2）oncall 维修仪控人员进厂排查故障
原因分析	1GRE004AR 调节控制器 CPU 备用电池电量低
消缺行动	仪控处理反馈： 1）工作过程： ①测量新的电池备件，确认电压在 2.8 V； ②更换备用电池； ③确认控制器电池电量低报警指示灯熄灭； ④在工程师站 STORE CELL 清除电池电量低报警，确认 1GSE001KA 报警消失； 2）故障原因分析：CPU 备用电池电量低

续　表

相关知识	产生 GSE001KA 报警的原因： 1)汽轮机保护控制器(STP)A，B，C 任一故障； 2)汽轮机调节控制器(STG)故障； 3)通讯控制器(CCS)故障； 4)就地控制器(Field I/O)故障； 5)P320TGC 机柜电源故障	
参考资料信息	维修一处仪控：EAM 中工单 00683560-01 的完工报告； WR/WOT：00283962/00683560-01(紧急工单)	
编　　者	运行二处一值：谷铁	时间：2019 年 06 月 16 日

3.28.3　4 号主控触发 4GSE001KA TGC 系统故障报警

异常缺陷名称	4 号主控触发 4GSE001KA TGC 系统故障报警
发生时间	2019 年 04 月 22 日早班
机组状态	RP 模式，机组正在升功率
异常缺陷现象	04 月 22 日早班 4 号机组执行升功率至满功率，12:08 主控触发 4GSE001KA——TGC 系统故障报警。仪控检查为 4GRE001AR 内的备用通讯控制器 CCL 故障。 04 月 24 日按照处理方案，仪控对 4GRE001AR 内的备用通讯控制器进行清错和断电重启，控制器重启不成功。当前主控制器正常运行，备用控制器停运
风险或潜在后果	从通讯控制器 CCL 故障，若主从通讯控制器(CCL)同时停运，将会触发保护停机
干预行动	已采取的行动措施： 1)暂停升功率，并汇报电网，待原因明确后确认无风险再进行； 2)立即查看主控 4GSE 系统画面，未发现异常报警； 3)立即安排就地查看 4GRE/GSE 系统控制柜，当前未发现异常； 4)发起 oncall，要求仪控立即安排进行报警原因分析； 5)将 4GRE001AR 内主用通讯控制器列为临时 SPV 设备进行加强管控
原因分析	从 CCL 控制器(备用通讯控制器)短时故障导致软件停运

续 表

消缺行动	仪控处理反馈： 1）初步原因分析： ①“NOT READY”故障代表控制器的 CPU 停运或者网络失去连接。 ②网卡故障会导致 CPU 停运，当前备用通讯控制器的 F8000 和 S8000 网卡的冗余网口均能通过“ping”命令进行访问，判断网络连接未失去。 ③CPU 停运可能会导致 CPU 运行模式切换为 STOP，此情况需要在“store cell”工具中进行软件启动，此情况属于 CPU 运行模式的切换。 ④CPU 停运也可能导致软件故障，使软件无法再次启动，此情况需要重新初始化控制器并下装组态。 ⑤设备厂家反馈，备用控制器长期未切换为主用时，可能会出现 CPU 被 SVR_REQ 进程停运的情况。 2）处理建议： ①备用通讯控制器断电重启操作。 ②在“store cell”工具中对备用通讯控制器进行软件启动，结合 P320 小平台试验结果，判断不影响主控制器正常运行。 ③若软件启动仍不能使备用通讯控制器恢复正常，则考虑使用 CPU 备件前往方家山电厂小平台进行模拟操作，验证处理方案的有效性，明确更换 CPU 的操作对机组的影响。 3）日常处理工作过程（04 月 24 日开工工单：01205893-01）： ①打开 4GRE001AR 柜门，检查主 CCL 控制器正常运行，从 CCL 控制器停运。 ②参考《4 号机组 CCL 控制器故障在线处理方案》对从 CCL 控制器进行断电。 ③参考《4 号机组 CCL 控制器故障在线处理方案》对从 CCL 控制器进行上电。 ④检查 4GRE001AR 内，主 CCL 控制器正常运行，从 CCL 控制器未恢复正常运行。 ⑤关闭 4GRE001AR 柜门，工作结束，清理现场。 4）大修处理工作过程（大修工单：01205893-02）： ①确认汽轮机处于盘车转速，且汽轮机已挂闸。 ②参考《4 号汽轮机 CCL 控制器故障处理方案》执行备用 CCL 控制器“store cell”重启和模式切换，备用 CCL 控制器恢复正常。 ③参考《4 号汽轮机 CCL 控制器故障处理方案》执行备用 CCL 控

续 表

消缺行动	制器 CPU 模块更换，更换后备用 CCL 控制器运行正常，无需执行 F8000 网卡更换和背板更换。 ④参考《4 号汽轮机 CCL 控制器故障处理方案》执行试验并记录结果。 5)故障原因分析：从 CCL 控制器(备用通讯控制器)短时故障导致软件停运	
相关知识	1)P320 系统保护逻辑设计中，会采集卡件的底层状态，主从通讯控制器(CCL)同时停运，会触发保护停机： ①"FBUS240EF' Stat_ ES_ Dual_ W_ 6(2)"和"FBUS240EF' Stat _ES_ W_ 6(2)"两个参数直接取自于卡件状态，无法进行强制或者操作，代表通讯控制器的状态，其中一个代表主控制器，另一个代表从控制器。 ②这两个参数送往停机逻辑中，当两个参数状态都异常，且时间超过设定时间 500 ms，输出跳机信号。 ③上述跳机信号会同时送往三个保护控制器(STPA、STPB、STPC)，进行三取二逻辑保护跳机。	
	④最终的三个跳机信号作用于三个跳机继电器，产生跳机电磁阀动作。 2)产生 GSE001KA 报警的原因： ①汽轮机保护控制器(STP)A，B，C 任一故障； ②汽轮机调节控制器(STG)故障； ③通讯控制器(CCS)故障； ④就地控制器(Field I/O)故障； ⑤P320 TGC 机柜电源故障	
参考资料信息	运行二处：4 号机组异常反馈——4 号机组升功率过程中触发 4GSE001KA：TGC 系统故障报警； 维修二处仪控：答复"4 号机组异常反馈——4 号机组升功率过程中触发 4GSE001KA：TGC 系统故障报警"邮件； 维修二处仪控：EAM 中 00540316/01205893-01、01205893-02 完工报告； WR/WOT：00540316/01205893-01(计划工单)、01205893-02(计划工单)	
编　　者	运行二处一值：谷铁	时间：2019 年 03 月 16 日

3.28.4 执行 FQ3-GSE-T-003：MPM123 保护通道试验规程，主控出现报警“3GRE791KA：通道一超压试验复位——故障”

异常缺陷名称	执行 FQ3-GSE-T-003：MPM123 保护通道试验规程，主控出现报警“3GRE791KA：通道一超压试验复位——故障”
发生时间	2016 年 11 月 18 日早班
机组状态	RP 模式，满功率
异常缺陷现象	当班值执行 FQ3-GSE-T-003：MPM123 保护通道试验规程，在执行通道一时，试验无法继续进行，主控出现报警 3GRE791KA(通道一超压试验复位——故障)，3GSE700KA[超压保护(通道一)——遮断]，3GSE081KA[MPM123 硬件故障(通道一)——遮断]，3GSE011KA[汽轮机保护(通道一)——遮断]报警触发，同时 3GSE001HXT 上 3GSE031SY 灯灭，显示通道一跳机信号触发。  **图 1　报警列表中相关报警** 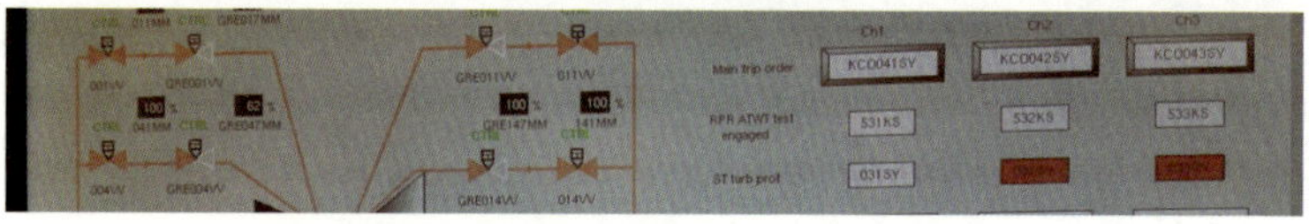 **图 2　画面 3GSE001HXT 中 031SY 灯灭**
风险或潜在后果	1)导致汽轮机跳闸保护一通道对应的两个卸荷阀停留在开启状态，存在汽轮机跳闸风险； 2)影响试验进展及结果判定
干预行动	已采取的行动措施： 1)查看和执行报警卡，根据报警卡，确认汽轮机跳闸保护一通道触发； 2)暂停试验，恢复到安全位置； 3)oncall 仪控检查处理
原因分析	MPM123 卡件版本过低，卡件内部继电器响应时间与软件中的判定时间很接近，导致在进行保护通道试验时，卡件内个别模块会出现 DEF 报警，从而导致保护逻辑降级

续　表

消缺行动	仪控处理反馈： 1)故障现象：执行 GSE 定期试验，发现电磁阀失电，MPM123 卡件 DEF 灯亮； 2)处理进展结果：已完成，汽轮机保护系统第一通道跳机信号消失，相关报警消除； 3)初步原因分析：检查 MPM123 卡件的 DEF 灯亮，判断为卡件故障。根本原因为卡件固件版本较旧，在多次进行跳机功能后可能会出现 DEF 报警。 4)处理措施：对故障 MPM123 卡件进行在线热插拔操作，卡件故障报警消失，在软件内模拟通道 1 重新挂闸操作，通道 1 跳机信号消失，系统正常。 5)机组影响评估：该缺陷不影响机组正常保护功能，仅对 GSE 系统的保护试验可能带来影响。 6)检修过程： ①使用螺丝刀将通道一 MPM123 卡件的供电电源线 A10. P2/B10. P2、A11. P2/B11. P2 拆除，进行断电操作，注意做好线缆绝缘； ②对 MPM123 卡件进行热插拔操作； ③使用螺丝刀重新恢复 MPM123 卡件的供电电源线，观察 MPM123 卡件指示灯的状态正常； ④在 P320 工程师站上确认 3MAY71EW301 PROT NTRIP 为 1； ⑤打开 P320 工程师站，进入工程师权限； ⑥打开 MAY71EW200 组态画面； ⑦强制 3MAY71EW200 ST PROT1 NTRIP 为 1； ⑧恢复 3MAY71EW200 ST PROT1 NTRIP 为自动，输出锁存为 1，确认 3GSE201EL 带电； ⑨退出工程师权限，关闭 P320 工程师站。 7)故障原因分析：MPM123 卡件版本过低，卡件内部继电器响应时间与软件中的判定时间很接近，导致在进行保护通道试验时，卡件内个别模块会出现 DEF 报警，从而导致保护逻辑降级
相关知识	GRE791KA 报警的原因： 1)安全通道一试验(扰动)； 2)安全模块试验功能组(进行)； 3)其他保护试验(选择)； 4)安全通道一试验复位(故障)

续 表

参考资料信息	运行二处：运行二处内部经验反馈——快速通道-执行 FQ3-GSE-T-003 过程中 MPM123 卡件故障处理过程； 维修二处仪控：EAM 中工单 00409658-01 的完工报告； 维修二处维修日报 20161119； WR/WOT：00188534/00409658-01(紧急工单)	
编　　者	运行二处一值：谷铁	时间：2019 年 03 月 16 日

3.28.5　4 号主控出现 4GSE001KA TGC 系统故障报警

异常缺陷名称	4 号主控出现 4GSE001KA TGC 系统故障报警
发生时间	2018 年 04 月 10 日中班
机组状态	RP 模式，满功率
异常缺陷现象	20:24，4 号主控出现 4GSE001KA TGC 系统故障报警，BUP 同时触发 4GSE001AA(汽轮机保护系统故障 A 列)报警。设备上报警显示为“备用控制器硬件故障报警”
风险或潜在后果	1)汽轮机调节控制器(STG)一用一备，备用 STG 控制器 CPU 故障停运，导致控制器冗余由原来的一用一备降级为无冗余。主用 STG 控制器变为临时 SPV 设备，单个故障即会导致汽轮机停机。且如果两个 STG 控制器均故障，STG 控制器将无法向 DCS 发出正确的停机信号，导致 RGL 系统和常规岛多个系统的停机响应不正确； 2)更换故障的汽轮机调节控制器(STG1)的过程中，可能会导致信号误发，可能引起 RGL 和常规岛多个系统的错误响应
干预行动	已采取的行动措施： 1)查看和执行报警卡； 2)监视汽轮机运行参数未见异常，现场检查 4GRE004AR 机柜未见异常； 3)oncall 维修仪控进厂检查； 4)当前主用控制器 STG(S)成为临时 SPV 设备，确认就地机柜 4GRE002AR 柜门关闭上锁，并加强巡检关注 4GRE002AR 运行状态(当前主用控制器 STG(S)成为临时 SPV 设备，鉴于就地机柜 4GRE002AR 柜门关闭上锁，不存在误碰误操作风险，现场暂未拉设警示带)。

续 表

干预行动	建议后续行动： 此缺陷在 101 大修前 1 号机组出现过相同故障，处理的大致思路如下： 1)维修仪控重启故障的汽轮机调节控制器(故障控制器断电、送电操作)，仪控但是在 2 号机进行过验证，重启过程不会对运行控制器造成影响；(1 号机重启并未起到预期效果，处理失败)； 2)更换故障控制器 CPU 彻底处理，更换完成后需进行程序下装并初始化。功率运行期间风险很大，可能对运行中的调节控制器造成影响，导致停机。 鉴于消缺风险大且维修暂无正式维修方案，已要求维修仪控出正式维修方案进行处理，请运工保持跟踪
原因分析	4GRE002AR 中 STG1 控制器 CPU 故障停运
消缺行动	仪控处理反馈： 1)会议进行生产决策情况： ①4 月 25 日首次决策： 鉴于：a. ALSTOM 尚未进行技术澄清，执行故障处理时存在尚未明确的未知风险；b. 维修二处编制了 TCA 方案(屏蔽 CPU 故障过程中下游设备误动风险)。考虑执行 TCA 后，在机组发生瞬态情况下的干预难度较大，危及汽轮机安全；c. 同类控制器在国内同行核电厂已运行 51 堆年，单一通道故障率为 0.078 次/堆年，从未主从控制器同时故障的情况。 首次生产决策意见： a. P320 系统保持 STG2 单个控制器运行并按照临时 SPV 设备管理，运行与维修定期巡检，4 号机组保持功率运行； b. 如果 STG2 故障，运行按照 I06 规程进行机组状态控制； c. 待 ALSTOM 回函澄清明确 STG 控制器 CPU 模式切换开关处于不同位置对 CPU 运行和输出的影响，为后续处理方案提供上游文件支持。后另组织会议决策。 ②07 月 20 日最终决策： 根据和 ALSTOM 发函沟通，函件中关于 STOP 模式的解释与仪控分析结果一致，并阐述了在控制器故障时所有输出卡件均为 0。 最终决策处理措施： a. 大修期间对回函内容进行验证。 b. 按照大修期间 STG 控制器处理方案，对 STG 控制器进行更换和组态下装。

续 表

消缺行动	c. 根据大修验证结果编制机组正常运行期间，STG 控制器在线处理方案。 2）检修过程（工单 00897105-01）： 2018 年 07 月 22 日—28 日，大修 NS/RRA 模式-MCS 模式，汽轮发电机组停运期间开展检修工作，过程如下： ①用万用表直流电压档检查 STG1 控制器的 A13. 4/013UC. 4 开关量输出卡 4 通道，跳机信号 GSE036SY，确认为输出 0。 ②用万用表直流电压档检查 STG1 控制器的 A13. 4/013UC. 4 开关量输出卡 2 通道，自动控制信号 GSE080EY，确认输出为 0。 ③用校验仪直流电流档串入 STG1 控制器的 A11. 10/011UC. 10 模拟量输出卡 1 通道，高压调节阀开度信号 GRE010KM，确认输出为 0。 ④用校验仪直流电流档串入 STG1 控制器的 A11. 12/011UC. 12 模拟量输出卡 4 通道，蒸汽流量限值信号 GRE082MY，确认输出为 0。 ⑤将记录仪表笔连接到 STG1 控制器的 A13. 4/013UC. 4 开关量输出卡 4 通道，监测跳机信号 GSE036SY 的输出。 ⑥将记录仪表笔和电阻连接到 STG1 控制器的 A11. 12/011UC. 12 模拟量输出卡 4 通道，监测蒸汽流量限值信号 GRE082MY 的输出。 ⑦按照《FQ4-MA03-TD-18018 4 号汽轮机 STG 控制器故障在线处理工作方案》6. 2 节，对 4 号机组汽轮机 STG1 控制器执行断电重启，断电重启后 STG1 控制器未恢复正常运行。 ⑧按照《FQ4-MA03-TD-18018 4 号汽轮机 STG 控制器故障在线处理工作方案》6. 3 节，对 4 号机组汽轮机 STG1 控制器执行更换，并进行控制器初始化和数据下装。STG1 控制器恢复正常运行。 ⑨检查记录仪记录数据，确认跳机信号 GSE036SY 和蒸汽流量限值信号 GRE082MY 在控制器更换和组态下装过程中未出现跳变。 ⑩检查确认 STG1 控制器运行恢复正常，输出数据与 STG2 一致。 3）故障原因分析： 经对 P320 日志进行检查，确认报警为备用汽轮机调节控制器 STGl 故障（LlOlCSTDBYHARDFAULT）导致。检查 P320 系统故障列表，确认 STGl 故障为 CPU 硬件故障（PLC CPU hardwarefail-ure）。CPU“CPU OK”灯亮，“RUN”灯及“OUTPUT ENABLED”灯灭，触发 L101_XP22：从控制器停运信号。 4）结论：备用汽轮机调节控制器（STGl）控制器 CPU 故障，CPU 内软件停运产生 Ll01_XP22：从控制器停运信号。即 4GRE002AR 中 STG1 控制器 CPU 故障停运，导致产生报警

续 表

相关知识	产生 GSE001KA 报警的原因： 1)汽轮机保护控制器(STP)A，B，C 任一故障； 2)汽轮机调节控制器(STG)故障； 3)通讯控制器(CCS)故障； 4)就地控制器(Field I/O)故障； 5)P320TGC 机柜电源故障	
参考资料信息	运行二处：4 号机组异常反馈——主控出现 4GSE001KA TGC 系统故障报警； 维修二处仪控：EAM 中工单 00897105-01 的完工报告； 运行二处值长日报 2018 年 04 月 11 日—2018 年 07 月 02 日； 维修仪控：《FQX-MA03-BG5-I18003 GSE001KA 报警故障分析报告》； WR/WOT：00372939/00897105-01(紧急工单)	
编　　者	运行二处一值：谷铁	时间：2019 年 03 月 16 日

3.28.6 4GSE124MP 仪表接管处呈现状漏油

异常缺陷名称	4GSE124MP 仪表接管处呈现状漏油
发生时间	2018 年 10 月 02 日早班
机组状态	RP 模式，电功率 270 MWe
异常缺陷现象	15:30 现场巡检发现 4GSE124MP 漏油，呈线状流，从常规岛 8 m 地面格栅漏滴漏至 0 m
风险或潜在后果	1)膦酸酯型抗燃油存在微毒； 2)4GFR 油箱油位低于 200 mm 会导致 GFR 泵跳闸，引起调节油压低从而引起停机； 3)高温管道保温层有滴油，有火灾风险
干预行动	已采取的行动措施： 1)当前已用桶接油，并联系机械清理地面积油，现场已拉警示带； 2)oncall 仪控、机械、安全质量处人员现场检查，同时安排消防车在 4MX 厂房外待命； 3)主控和现场监视 4GFR001BA 油箱油位，1 h 降低 5 mm，当前液位 333 m(低于 200 mm 会导致 GFR 泵跳闸，导致跳机)； 4)安排机械对 4GFR001BA 进行紧急补油(共补油 200 L)； 5)与仪控及专业商讨漏点隔离处理方案(如后所述)； 6)停止常规岛动火作业；

续 表

干预行动	7) GFR 膦酸酯型抗燃油存在微毒，现场确认通风正常，并打开常规岛大门和窗户进行通风，进入现场注意做好防护； 8) 联系化学对油质取样分析跟踪； 9) 就地收集的废油已通知机械回收和通知服务清理地面残油； 10) 现场人员发现漏油点下面的蒸汽管道保温棉有进油，当前维修服务人员正在更换 GSS 管道保温棉，其余管道保温棉是否需要更换请维支评估
原因分析	4GSE124MP 仪表的连接接头处不平整（有毛刺）密封不严导致 4GSE124MP 仪表处漏油
消缺行动	运行处理决策： 经当班值和专业讨论，为避免隔离对机组状态的影响，制定处理过程： 1) 仪控首先在 DCS 一层以 5% 每次速率关闭 4GRE012VV，每次关闭时关注其他环路调阀动作情况和汽轮机振动情况。稳定后再继续关闭，直到调阀全关。 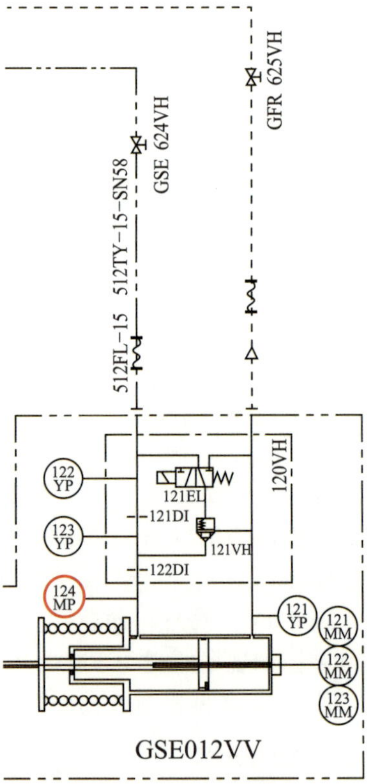 **图 1　4GSE124MP 流程图**

续　表

消缺行动	2)运行通过关闭 4GSE012VV 的进油阀 4GSE624VH，进油阀关闭后会导致 4GSE012VV 关闭，确认关闭后再隔离出油阀 4GRE625VH； 3)确认隔离后维修对缺陷进行处理； 4)缺陷处理完成，运行先开出油阀 4GRE625VH，再缓慢开启进油阀 4GSE624VH，同时观察 4GSE012VV 的开启情况。 5)4GSE012VV 完全开启后，仪控在一层以 5% 速率缓慢开启 4GRE012VV，直到全开。 根据预定的方案，仪控首先在 DCS 一层缓慢关闭 4GRE012VV，期间汽轮机功率，汽轮机参数均较稳定。4GSE012VV 进油阀关闭后，4GSE012VV 并非突然关闭，而是缓慢关闭。 仪控处理反馈： 1)工作过程： ①用螺丝刀松开 4GSE124MP 接线插头的螺丝，拔下接线插头； ②用扳手拆下 4GSE124MP，用砂纸对 4GSE124MP 仪表的连接接头平面进行打磨； ③更换 4GSE124MP 接头处的紫铜垫片，回装 4GSE124MP 并紧固接头； ④恢复 4GSE124MP 接线插头； ⑤工作结束，清理现场。 2)故障原因分析：4GSE124MP 仪表的连接接头处不平整(有毛刺)密封不严导致 4GSE124MP 仪表处漏油	
相关知识	虽然 GRF 为抗燃油，但由于油浸入保温层，同时接触高温设备，同时外部包裹有保温层，影响散热，导致抗燃油被持续加热，也同样存在火灾风险。发生抗燃油、润滑油等相关油泄漏事件，需防范可能的火灾风险，及时 oncall 消防车到厂待命	
参考资料信息	运行二处：4 号机组异常反馈——4GSE124MP 漏油； 运行二处四值；运行二处内部经验反馈——4GSE124MP 引压管漏油处理的经验反馈； 运行二处白班值；运行二处内部经验反馈——4GSE124MP 引压管漏油处理的经验反馈； 维修二处仪控：EAM 中工单 01031266-01 的完工报告； WR/WOT：00447867/01031266-01(紧急工单)	
编　　者	运行二处一值：谷铁	时间：2019 年 03 月 16 日

3.28.7 主控出现3GSE001KA TGC系统故障

异常缺陷名称	主控出现3GSE001KA TGC系统故障
发生时间	2016年12月24日夜班
机组状态	RP模式，满功率
异常缺陷现象	01:10，主控出现3GSE001KA(TGC系统故障)报警，BUP触发3GSE001AA(汽轮机保护系统故障A列)报警；出现报警后现场检查发现3GRE004AR机柜内213HC主机电源指示灯熄灭，3GRE/3GSE系统未见明显异常
风险或潜在后果	P320系统操作员站有两台，一台故障，不影响系统运行。正常运行是汽轮机调节、保护系统的操作与监视是在KIC上实现的，只有当P320与DCS通讯故障时才会切至P320操作员站。P320操作员站故障对DCS通讯没有影响，不会影响KIC对系统的操作及监视
干预行动	已采取的行动措施： 1)执行报警卡，安排现场检查确认故障报警情况； 2)oncall仪控检查处理
原因分析	服务器电源模块故障，致使服务器无法启动，造成HUB失去一路信号触发报警
消缺行动	仪控处理反馈： 1)故障现象：主控触发3GSE001KA TGC系统故障，3GR004AR内操作员站服务器213HC故障，3GRE001AR内通讯卡件100/101HS故障灯亮。 2)初步原因分析：213HC故障，导致通讯卡件100/101HS检测到故障信号，从而触发3GSE001KA。 3)处理过程：维修仪控查看工程师站相关报警及历史，确定报警由213HC未供电所致。检查服务器供电回路，213HC供电正常，确定213HC故障。在四号机组模拟213HC断电，相关通讯卡100/101HS故障灯亮，与三号机组相同。经与运行分析讨论，一台操作员站故障，不影响汽轮机保护功能和操作，因机柜空间狭窄，汽轮机保护信号较多，决定维修213HC的工作放置小修。 4)后续行动： ①3GSE001KA属于组合报警，为了不影响主控监盘，仪控人员编制方案，闭锁操作员站对3GSE001KA的影响，日常执行。 ②编制方案维修213HC，小修执行。 5)机组影响评估：P320系统操作员站有两台，一台故障，不影响系统运行。正常运行是汽轮机调节、保护系统的操作与监视是在

续　表

消缺行动	KIC 上实现的，只有当 P320 与 DCS 通讯故障时才会切至 P320 操作员站。P320 操作员站故障对 DCS 通讯没有影响，不会影响 KIC 对系统的操作及监视。 6) 工作过程： ①根据工作方案《3 号机组 P320 系统服务器电源模块更换的工作方案》对服务器 213HC 进行整体拆除； ②根据工作方案《3 号机组 P320 系统服务器电源模块更换的工作方案》对服务器 213HC 电源模块进行更换； ③根据工作方案《3 号机组 P320 系统服务器电源模块更换的工作方案》对服务器 213HC 重启； ④确认操作员站显示器切换到 213HC 后，TGC 监视页面正常。 7) 故障原因分析：服务器电源模块故障，致使服务器无法启动，造成 HUB 失去一路信号触发报警
相关知识	1) 本次系统故障的原因是 CCS 故障，即一台就地操作员站失去，因而产生 3GSE001KA 报警。 正常汽轮机控制命令下发及信息反馈显示是 DCS 完成，当 DCS 失去时则可切换至就地两台操作员站进行汽轮机操作，就如同远程停堆站。就地两台操作员站是并列且相互独立的，就如同机操和堆操站。因而当正常运行时，一台操作员站失去对机组不会产生直接影响。而就地机柜布置如图 1 所示，开展维修工作容易误碰其他重要调节器，存在较大停机风险。 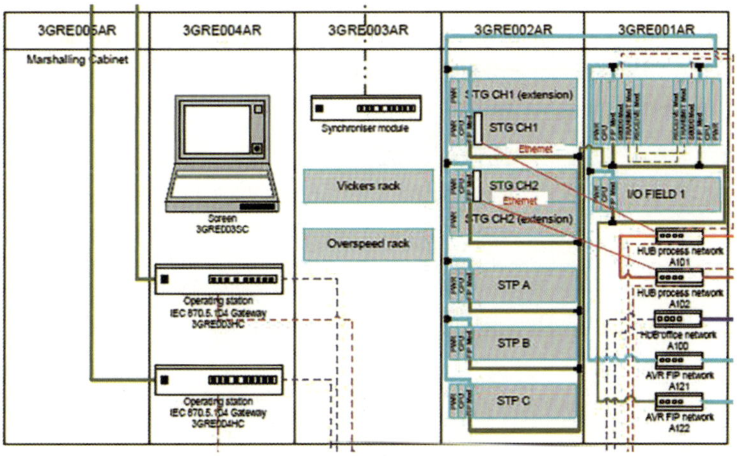 图 1　就地机柜布置

续 表

相关知识	2）P320 TGC 架构图（此次故障位置如图 2 所示）： 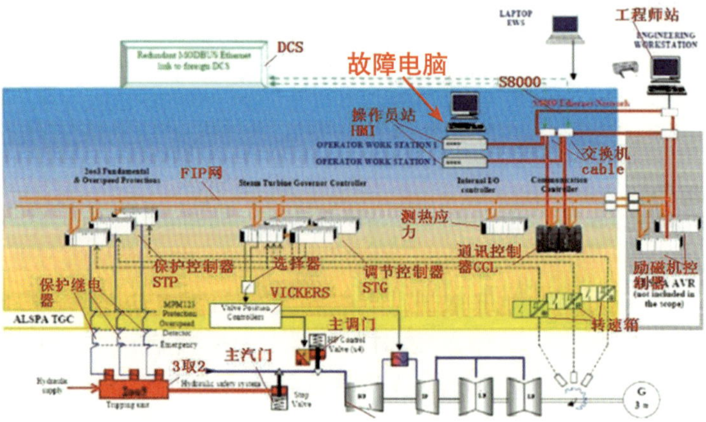 **图 2　P320 TGC 架构图** ①保护控制器 STP： 该控制器分三组，分部对应三组保护继电器，当任意一组故障时会产生 3GSE001KA 报警，但不会产生跳机信号。但如果两组及以上故障时不但会产生 3GSE001KA 报警，还会导致汽轮机跳闸。 ②调节控制器 STG： 该控制器主要用于汽轮机转速控制、功率控制、频率控制、压力控制和各种限制功能。上述功能由两列相互独立且结构完全一样的控制器完成。当其中任意一组控制器故障时，会产生 3GSE001KA 报警，但不会影响到汽轮机的调节控制。应为正常运行时，两列控制器一用一备，运行列故障时会自动切到备用列来控制。当两列同时故障时，则汽轮机会失控跳机。 ③通讯控制器 CCL： 该控制器主要完成 P320 各控制器之间的数据通讯传输，由并列的两列组成，若其中任一列故障会产生 3GSE001KA 报警，但对汽轮机不会产生影响。但两列同时故障则通讯失去极有可能会导致汽轮机故障跳机	
参考资料信息	运行二处；运行二处内部经验反馈——3 号主控出现 3GSE001KA 故障报警后的分析处理； 维修二处仪控：EAM 中工单 00455969-01 的完工报告； 运行二处值长日报 2016 年 12 月 25 日—12 月 26 日； WR/WOT：00201286/00455969-01（计划工单）	
编　　者	运行二处一值：谷铁	时间：2019 年 03 月 16 日

3.28.8 4号机组闪发4GSE001KA：TGC系统故障报警

异常缺陷名称	4号机组闪发4GSE001KA：TGC系统故障报警
发生时间	2019年10月17日中班—10月22日中班
机组状态	RP模式，满功率
异常缺陷现象	2019年10月17日—2019年10月22日，4号机组多次发生P320与DCS通讯故障，多次闪发4GSE001KA报警。 10月17日16:05，16:16，4号机组闪发2次4GRE、4GSE、4GEX、4GGR、4GME大量仪控报警，闪发4GGR996KA（N选M选择器故障），4GGR911KA（N选M选择器扰动），系统画面短时显示洋红色。 10月19日20:53:52，主控闪发4GSE001KA TGC系统故障报警，主控检查4GSE、GRE画面无异常，现场检查4KCP、4KCS、4GRE、4GSE柜子无异常。 10月20日13:09:57，主控再次出现4GSE001KA TGC系统故障报警，持续4 s后消失。 10月21日21:41:38，21:43:20，21:43:23，22:51:26主控共闪发四次4GSE001KA TGC系统故障报警。主控检查4GSE、GRE画面无异常，现场检查4KCP、4KCS、4GRE、4CSE柜子无异常。 10月22日夜班再次闪发一次4GSE001KA报警。 10月22日中班闪发三次
风险或潜在后果	报警为P320侧检测到短时备用通讯失去产生的综合报警，不影响P320运行
干预行动	已采取的行动措施： 1）立即查看主控4GSE系统画面，监视汽轮机参数，未发现异常报警； 2）立即安排就地查看4GRE/GSE系统控制柜，当前未发现异常； 3）发起oncall，要求仪控立即安排进行报警原因分析； 4）运行做好事故预想，熟悉预案和规程《FQY-OP00-TD-19004 P320系统CCL主备用控制器同时故障分析及机组运行控制方案》《FQ4-OP00-TD-18003 4STG主备用控制器同时故障分析及机组运行控制方案》《FQ4-OP00-TD-17007 福清核电4号机组P320与DCS中断期间升降功率应急预案》
原因分析	P320内A102/102HS至4KCP566AR机柜内FBM233之间通讯节点故障

续　表

消缺行动	仪控处理反馈： 1）处理措施： 维修人员通过 FBM 软件重启、硬件热插拔、光纤排查、光电转换模块与光纤熔接盒的检查，均未能彻底消除 4GSE001KA 报警。经维修人员讨论，办理 TSD 将两路通讯中的一路从 HUB 通过 5E 网线直连至 DCS 侧 FBM233 通讯卡，报警未再次出现。 经仪控专业变更审查会同意：对 4 号机组 P320 机柜与 DCS 通讯链路进行变更，采用 5E 网线从 HUB 直连至 DCS 侧 FBM233 卡件。 2）工作过程： ①根据《4 号机组 GSE-DCS 通讯故障处理方案》执行 DCS IA 通讯卡件更换； ②根据《4 号机组 GSE-DCS 通讯故障处理方案》通讯卡件冗余切换； ③根据《4 号机组 GSE-DCS 通讯故障处理方案》DCS IA 通讯卡件驱动软件安装及配置文件下载； ④根据《4 号机组 GSE-DCS 通讯故障处理方案》执行通讯电缆检查； ⑤根据《4 号机组 GSE-DCS 通讯故障处理方案》执行光电转换模块更换； ⑥根据《4 号机组 GSE-DCS 通讯故障处理方案》执行更换 PORT 口； ⑦根据《4 号机组 GSE-DCS 通讯故障处理方案》执行更换为网线； ⑧故障消除。 3）故障原因分析：P320 内 A102/102HS 至 4KCP566AR 机柜内 FBM233 之间通讯节点故障
相关知识	P320 机柜与 DCS 通讯采用 TCP/IP 的 MODBUS 通讯协议，DCS 侧为主站，P320 侧 TGC-S 为从站，从 P320 侧，依次经过 HUB-光电转换模块-光纤熔接盒-DCS 侧光纤熔接盒-MC-FBM233 卡件进行通讯
参考资料信息	运行二处：4 号机组异常反馈——4 号机组闪发 4GSE001KA：TGC 系统故障报警； 维修二处仪控：《FQ4-GSE-TGCMDD-014817001 P320 与 DCS 通讯方式改为 5E 网线直连-变更详细设计方案》； WR/WOT：00634858/01382453-01（计划工单）。 其他类似异常缺陷： 1）2019 年 04 月 22 日 12:08，4 号机组出现报警 4GSE001KA，经仪控专业检查发现为 4GRE001AR 内的备用 CCL 通讯控制器故障

续 表

参考资料信息	导致。故障发生后，4 号机组汽轮机 CCL 控制器单一通道运行，失去冗余备用。 2)2018 年 04 月 10 日 20:23，4 号机组出现报警 4GSE001KA，经仪控专业检查发现为 4GRE002AR 机柜内 STG 备用控制器 CPU 故障，即 STG1 故障。故障发生后，4 号机组汽轮机调节控制器单一通道运行，失去冗余备用。 3)2017 年 08 月 25 日中班，1 号机组主控触发 1GSE001KA TGC 系统故障报警，oncall 仪控检查确认为 1GRE004AR 调节控制器 CPU 备用电池量低	
编　　者	运行二处一值：谷铁	时间：2019 年 03 月 16 日

3.28.9 主控闪发 2GSE803KA(遮断电磁阀(通道三)差异)报警

异常缺陷名称	主控闪发 2GSE803KA(遮断电磁阀(通道三)差异)报警
发生时间	2016 年 07 月 06 日早班
机组状态	RP 模式，满功率
异常缺陷现象	主控出现 2GSE803KA(遮断电磁阀(通道三)差异)报警，查看画面 2GSE003EW 失电，23 s 后 2GSE003EW 重新带电，报警消失
风险或潜在后果	影响遮断电磁阀工作的可靠性
干预行动	已采取的行动措施： 1)查看和执行报警卡，检查发现 2GSE003EW 灯灭而后重新恢复； 2)联系仪控检查处理
原因分析	通道三 MPM123 卡件接线端子 3 松动
消缺行动	仪控处理反馈： 1)工作过程： ①在 2GRE 工程师站检查确认无 2GSE/GRE 异常报警； ②根据《2GSE203EL 电磁阀在线检查工作方案》对 2GSE203EL 的控制回路接线进行检查； ③检查发现通道三 MPM123 卡件接线端子 3 松动，2GSE803KA 再次触发； ④对通道三 MPM123 卡件接线端子 3 进行紧固，联系主控确认 2GSE803KA 报警消失； ⑤根据方案检查其他接线紧固无松动；

续 表

消缺行动	⑥工作结束，清理现场； ⑦归还工作许可证，请运行人员验收。 2)故障原因分析：通道三 MPM123 卡件接线端子 3 松动
相关知识	GSE803KA(遮断电磁阀(通道三)差异)报警触发的原因有： 1)遮断模块失电； 2)直流控制电源失去； 3)接线损坏
参考资料信息	维修二处仪控：EAM 中 00303969-01 的完工报告； WR/WOT：00149854/00303969-01(计划工单)
编　　者	运行二处一值：谷铁 | 时间：2019 年 03 月 16 日

3.28.10 主控触发 1GSE001KA 报警：TGC 系统故障

异常缺陷名称	主控触发 1GSE001KA 报警：TGC 系统故障
发生时间	2016 年 10 月 20 日早班
机组状态	RP 模式，电功率 845 MWe
异常缺陷现象	主控触发 1GSE001KA 报警：TGC 系统故障，主控检查 1GSE 系统参数及跳机参数无异常
风险或潜在后果	仪控检查初步判断原因为备用电池电量低，需要更换电池，不影响机组运行
干预行动	已采取的行动措施： 1)查看和执行报警卡； 2)oncall 仪控检查处理
原因分析	检查汽轮机工程师站日志，出现控制器电池电量低报警
消缺行动	仪控处理反馈： 1)工作过程： ①检查确认工作对象，控制器电量显示红色且闪烁； ②打开电池槽盖板，拆除电池插头，取出电池； ③测量电池电压约为 2.2 V； ④测量备件电池电压约为 2.8 V； ⑤连接电池备件接头到电源插孔； ⑥确认控制器上红色指示灯熄灭；

续 表

消缺行动	⑦到主控室工程师站清除历史报警，确认 1GSE001KA，TGC 系统故障报警消除。 2)故障原因分析：检查汽轮机工程师站日志，出现控制器电池电量低报警	
相关知识	GSE001KA TGC 系统故障报警触发的原因有： 1)汽轮机保护控制器(STP)A，B，C 任一故障； 2)汽轮机调节控制器(STG)故障； 3)通讯控制器(CCS)故障； 4)就地控制器(Field I/O)故障； 5)P320 TGC 机柜电源故障	
参考资料信息	维修二处仪控：EAM 中 00393574-01 的完工报告； WR/WOT：00181294/00393574-01(紧急工单)	
编　者	运行二处一值：谷铁	时间：2019 年 03 月 16 日

3.28.11 主控触发 1GSE001KA 报警：TGC 系统故障

异常缺陷名称	主控触发 1GSE001KA 报警：TGC 系统故障
发生时间	2016 年 10 月 20 日早班
机组状态	RP 模式，电功率 845 MWe
异常缺陷现象	主控触发 1GSE001KA 报警：TGC 系统故障，主控检查 1GSE 系统参数及跳机参数无异常
风险或潜在后果	仪控检查初步判断原因为备用电池电量低，需要更换电池，不影响机组运行
干预行动	已采取的行动措施： 1)查看和执行报警卡； 2)oncall 仪控检查处理
原因分析	控制器电池电量低
消缺行动	仪控处理反馈： 1)工作过程： ①检查确认工作对象，控制器电量显示红色且闪烁； ②打开电池槽盖板，拆除电池插头，取出电池； ③测量电池电压约为 2.2 V；

续 表

消缺行动	④测量备件电池电压约为 2.8 V； ⑤连接电池备件接头到电源插孔； ⑥确认控制器上红色指示灯熄灭； ⑦到主控室工程师站清除历史报警，确认 1GSE001KA，TGC 系统故障报警消除； 2)故障原因分析：控制器电池电量低	
相关知识	产生 GSE001KA 报警的原因： 1)汽轮机保护控制器(STP)A，B，C 任一故障； 2)汽轮机调节控制器(STG)故障； 3)通讯控制器(CCS)故障； 4)就地控制器(Field I/O)故障； 5)P320 TGC 机柜电源故障	
参考资料信息	维修一处仪控：EAM 中 00393574-01 的完工报告； WR/WOT：00181294/00393574-01(紧急工单)	
编　　者	运行二处一值：谷铁	时间：2019 年 03 月 16 日

3.28.12　1 号机组汽轮机冲转到 1500 r/min 后，1GSE001VV 显示××××，现场实际全开

异常缺陷名称	1 号机组汽轮机冲转到 1500 r/min 后，1GSE001VV 显示××××，现场实际全开
发生时间	2018 年 03 月 17 日夜班
机组状态	RP 模式，汽轮机冲转并网阶段
异常缺陷现象	1 号机组汽轮机冲转到 1500 r/min 后，1GSE001VV 显示××××，现场实际全开
风险或潜在后果	导致主控无法查看汽轮机高压主汽门 1GSE001VV 阀门开度
干预行动	已采取的行动措施： 1)安排现场值班人员和机械保驾人员查看检查确认 1GSE001VV 阀门的实际开度，确认阀门实际全开； 2)检查 1GSE001VV 阀门电缆外观，未见明显异常； 3)oncall 仪控检查处理
原因分析	1GME004CR 端子箱内 1GSE001VV 反馈 1GSE011MM 接线第 30 端子接线脱开

续　表

消缺行动	仪控处理反馈： 1）工作过程： ①开工前已确认 1GSE001VV 通道显示 1GSE011MM 显示××××； ②对 1GME004CR 柜内通道显示 1GSE011MM 设备接线进行检查，发现 1GSE011MM 接线第 30 端子接线脱开； ③对 1GSE011MM 接线第 30 端子接线进行重新紧固； ④恢复设备至初始投运状态，验证 1GSE001VV 在主控显示正常； ⑤归还工作许可证。 2）故障原因分析：1GME004CR 端子箱内 1GSE001VV 反馈 1GSE011MM 接线第 30 端子接线脱开	
相关知识	GSE001VV 相关的逻辑信号：GSE001/002/003/004VV 阀门关限位四取二用于触发 C8 信号	
参考资料信息	维修一处仪控：EAM 中 00872989-01 的完工报告； WR/WOT：00361978/00872989-01（紧急工单）	
编　　者	运行二处一值：谷铁	时间：2019 年 03 月 16 日

3.28.13　GSE 系统设备异常缺陷处理总结

（1）GSE001KA 报警处理整理

GSE00lKA：TGC 故障综合报警，该报警监视整个汽轮机控制系统状态（P320）是否正常，若检测到控制系统软硬件或附件出现异常状态，则发出报警提醒便于维修人员进行诊断处理。

P320 控制机柜内共有四类控制器：

①STG1/STG2 调节控制器（L1OlC/L1O1C_s，汽轮机调节逻辑），非常重要。

②CCL 通讯控制器（L1Ol/L1O1_s，TGC 与 DCS 通讯），一般重要。

③FIELD IO 现场控制器（L1O1B，现场部分逻辑），一般重要。

④STPA/B/C 保护控制器（L1O1E/L1O1F/L1O1G，汽轮机保护逻辑），非常重要。

触发 GSE00lKA 报警的原因包括控制器故障、I/O 卡件故障、备用电池电量低、软件内强制信号、时钟故障、网络故障、卡件保险丝状态、拨码开关状态等，由于控制器数量多、卡件数量更多，GSE001KA 包含近千个设备状态的状态异常信息反馈，造成了该报警易触发难定位的特点，需维修仪控人员根据报警信号和报警日志进行综合判断。

产生 GSE00lKA 的报警分级：

根据风险等级可分为三级：低风险、中等风险和高风险。

低风险故障：对控制系统无实质性的影响，可通过日常工单进行消缺处理，如：控制器电池电最低、Feild IO 卡件故障、时钟授时问题；

中等风险故障：可根据实际条件选择适合窗口处理，如：网络通讯模块故障；

高风险的故障：需要编制详细工作方案进行处理，如：单块 STG/STP 控制器或卡件故障，虽然单一设备故障不影响正常控制功能的实现，不会触发机组停机信号，但是会导致控制系统的冗余性下降，存在安全隐患。

详情请见：《FQX-MA03-BG5-I18003 GSE001KA 报警故障分析报告》。

（2）故障处理仪控相关资料

《FQX-MA03-BG5-I18003 GSE001KA 报警故障分析报告》《3 号机组 P320 系统服务器电源模块更换的工作方案》。

（3）故障处理运行相关资料

《FQY-OP00-TD-19004_ P320 系统 CCL 主备用控制器同时故障分析及机组运行控制方案》《FQ4-OP00-TD-18003_ 4STG 主备用控制器同时故障分析及机组运行控制方案》《FQ3-GRE-TPOPAB-0003 P320 系统 CCL 主备用控制器同时故障分析及机组运行控制处理规程》《FQ4-GRE-TPOPAB-0003 P320 系统 CCL 主备用控制器同时故障分析及机组运行控制处理规程》《FQ2-GRE-TPOPAB-0002 2STG 主备用控制器同时故障分析及机组运行控制处理规程》《FQ1-GRE-TPOPAB-0003 P320 系统 CCL 主备用控制器同时故障分析及机组运行控制处理规程》等等。

3.29 汽水分离再热系统(GSS)

3.29.1　3GSS113MN 测量探杆故障

异常缺陷名称	3GSS113MN 测量探杆故障	
发生时间	2018 年 01 月 15 日	
机组状态	RP 模式	
异常缺陷现象	3GSS113MN 测量探杆故障，液位测量处于质量位状态	
风险或潜在后果	2 级疏水箱其余液位计也有共模失效的风险，若 3GSS113、211MN 故障，有可能造成二级再热隔离或甩负荷	
干预行动	已采取的行动措施： 实施 TCA，编制 TOI	
原因分析	探杆密封件失效，导致探杆渗水泄漏，影响导波雷达表头无法正常工作	
消缺行动	处理反馈： 经维修、设备管理、生产计划、运行讨论，一致认为液位计故障原因是探杆密封件失效，导致探杆渗水泄漏，影响导波雷达表头无法正常工作。 处理过程： 1)3GSS211MN、113MN 均已采用 TCA 强制为 550 mm，同时质量位信号为 0； 2)运行二处准备临时 TOI； 3)增加差压变送器控制液位	
相关知识	1)若 3GSS111/112/113MN 三个仪表中有两个测量值高于 1360 mm，则 MSR 二级自动隔离； 2)若 3GSS111/112/113MN 三个仪表中有两个测量值高于 1200 mm，且 MSR 一级已经隔离，则触发汽轮机甩负荷	
参考资料信息	WR/WOT：0334957-01； 永久变更 EC007529：3GSS102、202BA 二级疏水箱增加差压式液位变送器	
编　　者	运行二处一值：石亿虎	时间：2019 年 03 月 11 日

3.29.2 3GSS271VL 阀门卡涩

异常缺陷名称	3GSS271VL 阀门卡涩
发生时间	2018 年 08 月 29 日
机组状态	RP 模式(热功率 2303 MWt，电功率 836 MWe)
异常缺陷现象	3 号机组降功率期间巡盘发现 3GSS202BA 液位 700 mm(正常液位 550 mm)，其紧急疏水阀 3GSS275VL 在 20%开度(正常应为 0)，正常疏水阀 3GSS271VL 在 62%开度，但要求输出开度为 100%，怀疑 3GSS271VL 阀门卡涩
风险或潜在后果	3GSS202BA 液位由紧急疏水阀控制，存在 GSS 二级加热器隔离和汽轮机甩负荷风险
干预行动	已采取的行动措施： oncall 维修人员检查处理。 建议后续行动： 1)阀门实施 TCA，使阀门自动状态下当阀门开度在 60%以上时保持阀门 60%的开度，在 60%以下开度时保持正常控制； 2)302 大修时，机械对阀门进行解体检查，确定阀门本体有无问题
原因分析	1)阀门内部有异物或阀杆有轻微变形； 2)定位器 O 圈损坏，影响输出压力
消缺行动	机械处理反馈： 1)将阀门打到手动状态，机械人员现场开关试验此阀门，可将阀门从 0%~100%开关，但是在 62%以下开关顺畅，在 62%~100%过程中需要用力开关(比 62%以下用力稍大)。由此怀疑阀门内部有异物或阀杆有轻微变形，需解体检查，现在不满足解体条件。运工、机械、仪控商讨对此阀门实施 TCA，使阀门自动状态下当阀门开度在 60%以上时保持阀门 60%的开度，在 60%以下开度时保持正常控制。此 TCA（WOT：1000992-04)已于 06 日上午实施完成； 2)重新对此阀门进行手动开关验证，并在阀杆涂抹润滑脂，阀门仍到 60%以上卡涩，缺陷未消除。同时仪控发现定位器故障，今日仪控专业对定位器进行整定。 9-12： 1)今日机械在阀杆处涂抹润滑脂，并将阀门全关全开两次，摩擦力有所减小；

续　表

消缺行动	2)仪控检查定位器，发现定位器 O 圈损坏，影响输出压力。更换 O 型圈后，仪控检查气源输入压力为 2.8 bar 左右，给出 100%信号后，阀门最大可开至 90%左右，将输入压力增加至 3.2 bar，阀门可开至 100%； 3)下午在主控对此阀门进行两次验证：第一次，每次将阀门开大 10%，逐渐开至 100%；第二次，直接将阀门从 0 开至 100%。两次阀门均能正常开关，无异常。 下一步计划： 1)取消 TCA，将阀门恢复正常。工单号 1000992-05； 2)302 大修时，机械对阀门进行解体检查，确定阀门本体有无问题	
相关知识	1)3GSS271VL 的控制定值为 550 mm，3GSS275VL 的控制定值为 700 mm； 2)若 3GSS111/112/113MN 三个仪表中有两个测量值高于 1360 mm，则 MSR 二级自动隔离； 3)若 3GSS111/112/113MN 三个仪表中有两个测量值高于 1200 mm，且 MSR 一级已经隔离，则触发汽轮机甩负荷	
参考资料信息	运行二处：TOI-3-GSS-18-015 3GSS271VL 开度超过 62%后卡涩的临时运行指令； 维修二处维修日报 2018 年 09 月 06 日到 2018 年 09 月 12 日	
编　　者	运行二处一值：石亿虎	时间：2019 年 03 月 11 日

3.29.3　降功率过程中 GSS001VV 无法关闭

异常缺陷名称	降功率过程中 GSS001VV 无法关闭
发生时间	2017 年 01 月 21 日中班
机组状态	RP 模式
异常缺陷现象	1)当班值根据 D28A 继续降功率，根据规程要求机组降功率到 70%时检查 GSS001VV 逐步关闭。操纵员检查发现 GSS001VV 保持 100%开度，但 GSS002VV 快速关闭，GSS004MY(二级再热蒸汽压力)维持在 6.8 MPa 左右不变。 2)查阅 GSS 调门动作曲线并对比 1、3 号机组相同功率平台 GSS001/002VV 开度约 28%，怀疑二级再热器蒸汽阀门 3GSS001VV 未按照预期关闭。当班值立即停止降功率，并召集相关专业讨论方案。根据方案手动破坏中性点关闭 3GSS001VV

续　表

风险或潜在后果	1)不利于汽轮机运行。高压缸排汽流量下降，但再热蒸汽 GSS 蒸汽阀门开度不变(正常应逐步关小)，导致进入中压缸的蒸汽参数过高(可能影响汽缸安全运行或导致汽轮机振动加剧等)； 2)导致二级再热器过热。因高压缸排气减少，如果蒸汽流量不变，可能导致二级再热器过热
干预行动	已采取的行动措施： 1)停止降功率，控制一二回路平衡，控制 ΔI(风险点)； 2)现场检查阀门供气及中性点(检查无异常)； 3)主控及现场密切关注汽轮机及 GSS 相关参数； 4)oncall 机械、仪控、设备保驾人员，商量处理方案。 建议后续行动： 阀门关闭后 GSS004MY 和二级再热器管板温度快速下降，当班值立即组织继续降功率，最终机组按照原定计划时间打闸停机
原因分析	原因怀疑： 1)P320 控制机柜故障，导致 GSS 控制系统不正常(3 号机组并网期间曾出现 GSS001/002VV 打手动事件)； 2)3GSS001VV 阀门机械卡涩； 3)3GSS001VV 阀门气动头供气失效(经现场检查，排除此原因)； 4)3GSS001VV 阀门定位器故障或接反(如果接反，则手动关阀前，仪控强制阀门 50%开度是最佳方案)
消缺行动	仪控处理反馈： 1)仪控强制阀门开度为 50%，检查阀门是否动作(如果定位器接反，强制 50%开度是最佳方案； 2)运行现场破坏 3GSS001VV 中性点，逐步关小阀门。过程中，与主控热线联系； 3)根据估算，GSS002VV 将在压力低于 5 MPa(当前功率的整定值)时开启。主控密切关注 GSS001/002VV 开度以及 GSS004MY 开度。仪控预测 GSS001VV 开度应该在 35%左右； 4)当 GSS001VV 开度关到 38%左右，GSS004MY 低于 5 MPa，之后 GSS002VV 逐步开启到 100%； 5)现场进一步关闭 GSS001VV 到 0； 6)主控关注 GSS 二级再热器管板温度可控下降(下降较快)。除此之外，整个切换过程中，汽轮机、GSS 等参数稳定。为确保按计划进行和汽轮机安全，当班值立即与电网沟通继续降功率

续 表

相关知识	1)降功率过程中，发现设备状态异常，可以与相似功率平台下1、3号机组扫描画面对比。本次查找1、3号机组相似平台画面，发现此时3GSS001/002VV开度分别应该为28%/100%，与当前差别较大。 2)召开会议前，运行值根据收集的信息，内部分析可能原因，并初步整理解决方案，必要时现场勘查。 3)召集专业人员参与讨论方案，避免运行一个专业考虑不全面。 4)本次降功率停止后，由于氙毒快速积累，ΔI快速向右平移，R棒快速提升。当班值立即启动稀释，累计稀释量6.5T(当班值根据TP3RRC60经验，预期的稀释后墙在7T)	
参考资料信息	运行二处：《运行二处内部经验反馈——处理降功率过程中GSS001VV无法关闭经验反馈》	
编　者	运行二处一值：石亿虎	时间：2019年03月11日

3.29.4 3GSS106MY异常波动

异常缺陷名称	3GSS106MY异常波动
发生时间	2018年05月10日
机组状态	RP模式
异常缺陷现象	13:00—15:00，主控持续闪发3GSS911KA，主控检查3GSS106MY在480~800 mm间波动。仪控检查确认为3GSS102MN波动所致，并将3GSS102MN强制为500 mm，然后对故障仪表开票检查
风险或潜在后果	3GSS106MY异常波动，影响液位监视
干预行动	N/A
原因分析	3GSS102MN仪表接头紧固件松动，导致仪表管振动较其他两块偏大，经分析可能是保温回装时碰撞或长期运行振动导致3GSS102MN仪表接头紧固件松动
消缺行动	仪控处理反馈： 1)出现的液位波动问题后，仪控人员到达主控检查发现故障液位计为3GSS102MN； 2)经分析后对液位计进行强制，消除故障液位计对GSS101BA液位的控制，并搭设脚手架对液位计进行检查；

续 表

消缺行动	3)检查发现 3GSS102MN 仪表接头紧固件松动，导致仪表管振动较其他两块偏大，怀疑可能为保温回装时导致或长期运行振动所致，经紧固后缺陷消除
相关知识	在这两起液位计异常中，3GSS106MY 的值均出现大幅波动，对 3GSS101BA 的液位控制产生很大影响。3GSS106MY 为 3GSS101/102/103MN 的平均值，仪表故障时会进行剔除。 1)对于 3GSS101BA 的液位计，主要的控制逻辑如下： ①3GSS101/102/103MN 2/3 低于 300 mm 产生液位低报警 3GSS107KA，自动关闭 3GSS161VL； ②3GSS101/102/103MN 2/3 高于 1050 mm 产生液位高报警 3GSS108KA，此时若二级再热器隔离，则机组以 100% FP/min 的速度甩负荷值 10%； ③3GSS101/102/103MN 2/3 高于 1190 mm 产生液位高高报警 3GSS109KA，第一级再热器自动隔离，即关闭 3GSS101/201VV。 2)3GSS101/102/103MN 的平均值对正常和紧急疏水阀的控制如下： ①3GSS161VL 控制 3GSS101BA 液位在 500 mm； ②3GSS165VL 控制 3GSS101BA 液位在 600 mm； ③6A 高加水位高高高时，3GSS165VL 控制 3GSS101BA 液位在 450 mm。 3)GSS106MY8 和 GSS106MY9 如何产生，GSS106MY 如何剔除故障仪表。 ①3GSS101/102/103MN 2/3 故障将导致 GSS106MY9，自动开启 3GSS165VL； ②3GSS101/102/103MN 1/3 故障将导致 GSS106MY8，同时 GSS106MY 将剔除故障仪表。 4)那么 3GSS101/102/103MN 如何产生故障信号： ①3GSS101/102/103MN 本身质量位，包括断电等； ②3GSS101/102/103MN 中某块仪表与其他两块仪表相差超过 10%，即 140 mm。 由于剔除故障仪表的条件比较苛刻，在真实某块仪表发生漂表的时候，往往会导致平均值大幅上涨或下降，直至 GSS106MY8 触发剔除故障仪表，这样通过 GSS106MY 表现出来的就是液位波动。由于平均值变化，疏水阀也会随之变化，其液位也会发生真实变化。 此外，由于两块仪表故障的判据更为苛刻，所以一般情况下 GSS106MY9 很少出现

续　表

参考资料信息	运行二处:《运行二处内部经验反馈——3GSS106MY 异常波动处理的经验反馈》	
编　　者	运行二处一值:右亿虎	时间:2019 年 03 月 11 日

3.29.5　4GSS252VV 阀门状态异常

异常缺陷名称	4GSS252VV 阀门状态异常
发生时间	2018 年 10 月 03 日
机组状态	RP 模式
异常缺陷现象	4 号机组大修后重新并网升到 30%功率平台，巡检 KIC 画面发现 4GSS252VV 的状态显示异常，此时阀门应该自动关闭，但 KIC 显示阀门处于红色的半开半关状态，且就地为全开
风险或潜在后果	无法监视 4GSS252VV 状态
干预行动	已采取的行动措施: oncall 仪控和电气专业专业检查
原因分析	1)4GSS251MD 量程设置错误导致流量偏低，流量低联锁开启 4GSS252VV，同时 4GSS251VV 全开联锁关闭 4GSS252VV。所以 4GSS252VV 同时存在开启和关闭命令导致出现上述情况; 2)4GSS252VV 是 MSR 右侧第 1 级疏水箱备用通风阀，查询逻辑图可以发现，导致阀门关闭的逻辑为“4GSS251VV 开启”，导致阀门开启逻辑为“4GSS201BA 通风蒸汽流量 4GSS251MD 小于 0.3 kg/s”; 3)现场检查对比发现 4GSS251MD 就地显示正常，所以判断是仪表的量程设置错误(偏小)导致 4~20 mA 的模拟量信号对应的流量显示较小。仪控专业通过重新调整 4GSS251MD 的量程参数后，流量由 0.23 kg/s 变为 0.72 kg/s，恢复正常。随后在屏蔽 4GSS252VV 开反馈的前提下验证阀门动作正常
消缺行动	仪控处理反馈: 1)仪控强制 4GSS251MD，消除 GSS 疏水流量低报警; 2)仪控进行 4GSS251MD 参数设置修改，恢复 4GSS251MD 正常; 3)拆除 4GSS252VV 全开反馈接线，避免验证 4GSS252VV 时触发全开导致 4GSS251VV 关闭; 4)现场工作负责人 4GSS252VV 开关验证无异常

续 表

相关知识	1) 4GSS201BA 通风蒸汽流量 4GSS251MD 小于 0.3 kg/s 会导致 4GSS252VV 开启； 2) 由于模拟量信号只是 4~20 mA 的电流信号，转换到数字显示涉及量程的设置问题，当量程设置错误时，仪表的显示也是错误的，且呈比例变化； 3) 维修工作要全面考虑可能涉及的逻辑影响，防止对机组引入瞬态
参考资料信息	运行二处：《运行二处内部经验反馈——4GSS252VV 阀门状态异常处理的经验反馈》
编　　者	运行二处一值：石亿虎　　　时间：2019 年 03 月 11 日

3.29.6　4GSS206MY8 报警处理

异常缺陷名称	4GSS206MY8 报警处理
发生时间	2018 年 05 月 22 日中班
机组状态	RP 模式，满功率
异常缺陷现象	2018 年 05 月 22 日中班开始主控频繁出现 4GSS911KA（N 选 M 选择器扰动报警），经检查 4GSS206MY8 闪发报警，并且在巡检过程中发现 4GSS201BA 疏水阀 4GSS261VL 阀门会不定期大幅度波动
风险或潜在后果	频繁闪发 4GSS911KA 报警，对于操纵员监视机组状态产生一定干扰
干预行动	已采取的行动措施： oncall 仪控检查处理。 建议后续行动： 1) 确认报警出现原因： 首先根据逻辑图，GSS206MY8 意义为 GSS201BA 的三个液位计仪表（201/202/203MN）偏差较大导致，偏差值为 140 mm（量程范围的 10%）。 在 KDO 中组趋势可以看出 4GSS201/202/203MN 液位分别为 450 mm/450 mm/590 mm 左右波动，当液位偏差波动到大于 140 mm 时，主控出现报警。同时仪控也核实 GSS201/202/203MN 未出现质量位信号，所以可以排除仪表出现坏点。 2) 分析仪表偏差大原因： 根据查看 KDO 趋势，从 05 月 01 日开始 4GSS203MN 逐渐520 mm 上升到 590 mm，同时 4GSS201/202MN 液位逐渐从490 mm左右下降到 450 mm 左右，仪控反馈初步怀疑是 4GSS203MN 零点漂移

续　表

原因分析	4GSS203MN 零点漂移	
消缺行动	仪控处理反馈： 1）仪控暂时将 4GSS203MN 强制到 575 mm。首先仪控将 203MN 强制为一个低点的定值，消除主控报警；同时从逻辑图可以看出 GSS201/202/203MN 平均值控制 4GSS201BA 正常疏水阀 GSS261VL，如果 GSS203MN 强制的值和 590 mm 相差较大，会导致平均值突然减小，影响调阀动作，可能导致 GSS201BA 液位波动，经讨论建议强制到 575 mm。 2）仪控对 4GSS203MN 进行校表，检查仪表是否有零点漂移。经仪控校验发现 4GSS203MN 出现零点漂移，随后进行校准。 3）同时机械对 4GSS203MN 仪表漏气进行处理。后经现场核实漏气点为 4GSS202MN，所以漏气不是仪表数值偏移的原因。 4）待 GSS203MN 仪表缺陷处理完成后，仪控恢复仪表自动。为防止 GSS201BA 液位波动较大，根据讨论仪控恢复 GSS203MN 定值到 500 mm 过程中采用逐步降低定值的方法，每次仪表强制定值减小 10 mm，同时观察 GSS201BA 液位波动，待液位稳定后再执行下一步，直到 GSS203MN 液位恢复到 500 mm 左右且与 201/202MN 液位显示相差不大，随后再恢复自动。 5）在实际强制实施过程中，每次较小 10 mm，4GSS206MY 显示很平稳，没有出现液位波动情况。GSS203MN 放回自动后，4GSS201/202/203MN 仪表显示分别为：478. 9 mm/498 mm/526 mm	
相关知识	若 4GSS201/202/203MN 三个仪表中有两个测量值高于 1190 mm，则 MSR 一级自动隔离；若 4GSS201/202/203MN 三个仪表中有两个测量值高于 1050 mm，且 MSR 二级已经隔离，则触发汽机甩负荷	
参考资料信息	运行二处：《运行二处内部经验反馈——4GSS206MY8 报警处理经验反馈》	
编　　者	运行二处一值：石亿虎	时间：2019 年 03 月 11 日

3.30 发电机定子冷却水系统(GST)

3.30.1 2GST015KU 因故障自动关小，2GST 冷却流量减小，触发 2GRH004KA 定子线圈层间温度过高报警

异常缺陷名称	2GST015KU 因故障自动关小，2GST 冷却流量减小，触发 2GRH004KA 定子线圈层间温度过高报警
发生时间	2017 年 08 月 12 日早班
机组状态	RP 模式
异常缺陷现象	08 月 12 号早班 15：04，2 号主控触发 2GRH004KA 定子线圈层间温度过高报警，主控查看画面 2GRH344MT 显示×××，趋势显示参数在 2 s 内从 62 ℃上升至满量程。主控立即查看 2GRH 其他温度表，发现 2GRH301～348MT 均缓慢上升(最高上涨至 72 ℃)。查看 GST 参数趋势，发现 2GST 压力和水位上涨，2GST015VD 开度正在自动关小，最低关至 14%，同时 2GST001MT 只有 9 ℃(当前已下降至 0 ℃，主控显示×××，就地 LT 显示 34 ℃)。主控立即将 2GST015KU 置手动，并快速开大。15:11，2GRH301～348MT 开始缓慢下降，当前已恢复至瞬态前数值
风险或潜在后果	影响发电机氢气和空气冷却，当发电机内氢气温度达到 90 ℃时，发电机由测量氢气冷却器气体入口温度的热电阻通过四取二通道使汽轮机脱扣
干预行动	已采取的行动措施： 1)主控手动控制 2GST015KU，并快速开大，恢复经过 2GST 热交换器冷却流量，随后 2GRH301～348MT 开始缓慢下降，当前已恢复至瞬态前数值； 2)根据瞬态现象分析，初步判定 2GST001MT 故障漂表； 3)oncall 维修仪控人员排查 2GST001MT 故障； 4)现场检查：2GST 安全阀未动作，现场未发现其他明显异常； 5)主控密切监视 2GST、2GRH 系统各项参数。 建议后续行动： 1)维修仪控分析排查故障原因； 2)故障处理完成后将 2GST015KU 切回自动
原因分析	2GST001MT 原探头短路

续　表

消缺行动	仪控处理反馈： 1)维修仪控人员检查，2GST001MT 原探头存在短路情况； 2)切至备用探头工作，2GST001MT 恢复正常； 3)观察 2GST001MT 稳定在 36.8 ℃，将 2GST015VD 投入自动
相关知识	如果部分氢气冷却器因故障退出运行时，发电机必须降负荷运行。当一台冷却器停运时，发电机功率应降至 70%运行。两台冷却器停运，只要不是同一端的两台冷却器都损坏，则发电机可降至 65%运行，但必须密切监测发电机氢气温度，防止发电机过热；若两台冷却器的损坏发生在同一端，则发电机不能带功率运行，必须立即停机。 为监测发电机和励磁机的温度，发电机氢气冷却系统设计有 100 多个温度测点，用热电阻对之连续测量，密切监测发电机的冷却情况。另外，每个氢气冷却器处安装两个热电阻，一个测量冷却器入口处的热氢温度，另一个测量冷却器出口处的冷氢温度。此外，在氢气冷却器 GRH101RF 和 GRH301RF 氢气出口处设置两个热电阻 GRH415MT 和 GRH416MT，用来测量冷氢温度并给温度调节阀 GRH001VD 提供控制信号以便调节冷氢温度，使其保持在 34 ℃。励磁机出口空气温度是通过手动控制冷却器出口隔离阀开度，从而改变 SRI 系统流量来进行调节的。 当发电机内氢气温度达到 90 ℃时，发电机由测量氢气冷却器气体入口温度的热电阻通过四取二通道使汽轮机脱扣，对发电机进行保护。 目前运行二处技改：为避免 GST001MT 低漂，运行无法及时发现，增加进出口温度偏差报警。同时为避免 GST015VD 运行无法及时干预，增加手自动切换功能
参考资料信息	维修一处：EAM 中 00 672372-01 的完工报告
编　　者	运行二处一值：胡松辉　　　时间：2019 年 02 月 13 日

3.30.2 定子冷却水电导表2GST003MR间歇性显示洋红色

异常缺陷名称	定子冷却水电导表2GST003MR间歇性显示洋红色
发生时间	2014年09月09日
机组状态	RP模式
异常缺陷现象	定子冷却水电导表2GST003MR间歇性显示洋红色
风险或潜在后果	该仪表参与自动停机保护逻辑（2GST001/002/003MR三取二自动停机）
干预行动	已采取的行动措施： 1）立即通知化学检查仪表，取样测量定子冷却水电导的实际值； 2）oncall维修仪控对2GST003MR仪控回路进行检查。 建议后续行动： 1）加强关注2GST001/002MR的运行情况； 2）召开相关决策会议
原因分析	化学人员就地检查发现2GST003MR出线端子存在明显虚接现象，对接线进行紧固处理
消缺行动	仪控处理反馈： 处理前需仪控强制2GST003MR参与的逻辑信号，同时接线紧固涉及220 V配电柜内带电作业
相关知识	2GST001/002/003MR超8 μS/cm三取二自动停机
参考资料信息	维修一处：EAM中00980246-01的完工报告
编　　者	运行二处一值：胡松辉　　　时间：2019年02月15日

3.31 发电机并网系统(GSY)

3.31.1 发电机出线箱强迫风冷监测柜 3GSY002AR 失电

异常缺陷名称	发电机出线箱强迫风冷监测柜 3GSY002AR 失电
发生时间	2019 年 03 月 24 日早班
机组状态	RP 模式，满功率
异常缺陷现象	主控巡检发现发电机出线箱强迫风冷监测柜 3GSY002AR 电源指示灯不亮，对应风机全部停运，进一步检查柜内空开，发现柜内空开 002JA(控制柜主电源空开)、201JA(单元 b 主电源空开)异常跳闸，正常运行时柜内空开应保持合上状态
风险或潜在后果	1)若强迫风冷装置无法启动，会导致 3GSY101MT、201MT、301MT 温度上升，根据报警卡，任何温度达到 105 ℃，发电机输出电流需要降至 20 kA(母线最大允许的自冷电流)。当前机组功率 1089 MW，发电机平均电流 25 kA，存在极大非计划降功率风险； 2)发电机出线端子和保护箱温度升高，可能会导致发电机出线侧 CT 损坏，存在跳机风险
干预行动	已采取的行动措施： 1)主控查看 3GSY 画面，检查发现 3GSY101MT、201MT、301MT 温度呈缓慢上升趋势，3GSY301MT 温度最高，达 90.4 ℃； 2)现场尝试合上跳闸开关 002JA，尝试启动 A 单元风机未果； 3)直接联系 3GSY002AR 异常处理电气专业人员进行处理，初步分析原因为 B 单元跳闸后，B 单元入口风阀关闭，但关限位无法触发，导致 A 单元风机闭锁启动； 4)主控和电气专业讨论后，由电气专业人员将 B 单元风机入口阀门关限位进行短接后，A 单元风机正常启动； 5)当前 A 单元已成功启动，出线箱温度 301MT 已由最高 99 ℃开始下降，目前已下降至 71 ℃，还在持续下降，主控、现场密切关注 3GSY 封闭母线温度； 6)将 3GSY002AR-A 单元作为临时 SPV 管理，现场悬挂 SPV 标识。 建议后续行动： 1)检查确认 3GSY002AR 柜内空开跳闸原因，尽快消除缺陷； 2)请设备管理和维修电气分析空开跳闸根本原因，采取相应措施，避免故障再次出现

续　表

原因分析	3GSY201MO 电机故障(电动机相间绕组绝缘电阻及单相绕组对地绝缘电阻为 0 MΩ)，B 单元跳闸后，B 单元入口风阀关闭，但关限位无法触发，导致 A 单元风机闭锁启动	
消缺行动	电气处理反馈： 1)工作过程： ①打开电机电源接线盒，验电； ②联系机械人员将电机与叶轮脱离，并做好拆除标记； ③对返厂电机进行检查，使用万用表测量电机三相进线电缆对地电压为 0； ④用 500 V 兆欧表，测量返厂电机绝缘电阻均为：550 MΩ，绝缘合格； ⑤用双臂电桥测量新电机的相间直流电阻：U-V：0.5651 Ω，V-W：0.5675 Ω，W-U：0.5656 Ω，不平衡度 0.42%，直阻合格； ⑥对返厂电机进行空载试验，测量电机空载电流 A 相：14.7 A、B 相：14.5 A、C 相：14.3 A，运行正常； ⑦将返厂电机恢复至现场，按拆线记录恢复电机接线； ⑧按标记将电机与叶轮连接，牢固安装到位，按拆线记录恢复电机接线； ⑨办理试验许可证对电机进行试验，启动电机使用录波仪测量电机运行电流 A 相为：21.078 A、B 相：22.688 A、C 相：25.594 A，电流正常； 2)故障原因分析：电动机相间绕组绝缘电阻及单相绕组对地绝缘电阻为 0 MΩ	
相关知识	1)入口风阀关限位不能正常触发，将导致另一列单元风机不能备用启动； 2)GSY 设备故障第一时间无报警； 3)任何温度达到 105 ℃，发电机输出电流需要降至 20 kA(母线最大允许的自冷电流)	
参考资料信息	维修二处：EAM 中 01181254-01 的完工报告； WR/WOT：00527715/01181254-01(计划工单)	
编　　者	运行二处一值：高鹏威	时间：2019 年 04 月 16 日

3.31.2 主控频繁出现 2GSY025KA(封闭母线强迫风冷装置综合故障)

异常缺陷名称	主控频繁出现 2GSY025KA(封闭母线强迫风冷装置综合故障)
发生时间	2018 年 09 月 08 日中班
机组状态	RP 模式，电功率 1075 MWe
异常缺陷现象	2 号主控频繁出现 2GSY025KA(封闭母线强迫风冷装置综合故障)，现场检查报警为 High temperature air inlet(装置进风温度高报警)，导致装置全部停运，复位报警启动之后又因报警再次触发而停运，如此反复。检查参数发现进风温度 B7 探头剧烈波动，最高达到 109 ℃，经查询内部定值为 60.5 ℃。现场紧急将进风温度定值改为 150 ℃，防止报警再次触发导致风冷装置停运
风险或潜在后果	根据《1~2 号机离相封闭母线强迫风冷装置异常问题缓解措施指令单》如果强迫风冷装置全停且无法启动，需要 30 min 内降功率至发电机定子电流为 25 kA(电功率约 1022 MW)
干预行动	已采取的行动措施： 1)主控立即联系维修电气专业进行响应，并同时根据《1~2 号机离相封闭母线强迫风冷装置异常问题缓解措施指令单》开始响应； 2)现场复位报警，尝试再次启动风机，数秒后报警再次触发，风机全停，多次尝试均出现以上现象； 3)通过控制屏进入参数检查画面发现进风温度 B7 探头剧烈波动，最高达到 109 ℃； 4)同时发现出风温度正常，且稳定在 40 ℃左右，冷却水温度也正常，根据以上现象判断 B7 探头故障波动，导致报警触发； 5)考虑到风机全停原因为 B7 探头异常波动导致，且系统其他参数均异常，当班值决定临时调高进风温度高报警定值，避免报警误发； 6)通过控制屏进入配置画面，发现进风温度高报警定值为 60.5 ℃，考虑 B7 波动范围，将定值修改为 154 ℃。修改之后，报警不再触发，将风机重新启动。 建议后续行动： 核实原因，消除缺陷
原因分析	风机全停原因为 B7 探头异常波动导致

续 表

<table>
<tr><td>消缺行动</td><td colspan="2">运行处理反馈：
1）考虑回风温度高报警此时相当于失效，现场需要加强风冷装置出风、冷却水等参数的监视；
2）因更换探头在拆除接线时测量温度会变成无穷大，会导致风机短时停运（更换时间可能 5 min 左右），考虑到夜间作业风险较大，夜班电气专业人员仅对探头接线进行了调整和紧固，紧固后探头温度基本稳定在 42 ℃左右，没有大幅波动；
3）09 月 09 日早班，将回风温度高报警的延时由原来的 1 s 修改为 999 s，利用延时进行了 B7 探头的更换</td></tr>
<tr><td>相关知识</td><td colspan="2">1）封闭母线强迫风冷装置以下报警为 2 级报警，将导致风机全部停运；
<table><tr><td>Power default
装置输入电源故障</td><td>2</td></tr><tr><td>Water leak 1
1 号热交换器漏水</td><td>2</td></tr><tr><td>Water leak 2
2 号热交换器漏水</td><td>2</td></tr><tr><td>High temperature air inlet
装置进口风道气温过高</td><td>2</td></tr></table>2）封闭母线强迫风冷装置停运后要及时进行就地干预，首先确认报警原因并尝试启动风机。如果无法启动，则需要按照干预措施进行降功率；
3）封闭母线强迫风冷装置 B7 探头可靠性较差，1 号机组也曾出现过类似故障，需要提高可靠性；
4）回风温度高报警全停风机保护设置不合理，不能缓解事故，且可能导致封闭母线运行环境进一步恶化；
5）我厂封闭母线冷却装置设计过于复杂，导致运行维护工作量大，且故障频发，而一旦出现全停情况将会导致较严重后果。实际冷却装置仅需要实现循环冷却功能，一般的风机即可完成</td></tr>
<tr><td>参考资料信息</td><td colspan="2">《1~2 号机离相封闭母线强迫风冷装置异常问题缓解措施指令单》</td></tr>
<tr><td>编　　者</td><td>运行二处一值：高鹏威</td><td>时间：2019 年 03 月 25 日</td></tr>
</table>

3.31.3 1号主控触发1GSY025KA(封闭母线强迫风冷装置综合故障)报警，封闭母线强迫风冷装置退出运行

异常缺陷名称	1号主控触发1GSY025KA(封闭母线强迫风冷装置综合故障)报警，封闭母线强迫风冷装置退出运行
发生时间	2018年08月25日夜班
机组状态	RP模式，电功率1070 MWe
异常缺陷现象	02:53，1号主控触发1GSY025KA(封闭母线强迫风冷装置综合故障)报警，查看1GSY001HXT画面1GSY031IA(封闭母线强迫风冷装置投入运行灯)灭，就地查看1GSY离相封闭母线强迫风冷的四台风机均停运，且1GSY001AR上出现报警“POWER DEFAULT”就地尝试复位报警并启动风机未能成功
风险或潜在后果	1)导致1GSY离相封闭母线强迫风冷的四台风机均停运，影响离相封闭母线冷却，风机全部停运后30 min内降功率至发电机输出电流25 kA; 2)如果另一组备用风机无故障报警，则切换至另一组风机。如果另一组热交换器无故障报警，则切换至另一组热交换器。如有，则降功率控制温度; 3)如果温度持续上升，则封闭母线机械及电气性能下降
干预行动	已采取的行动措施: 1)查看和执行报警卡，检查GSY系统KIC画面，发现1GSY031IA(封闭母线强迫风冷装置投入运行灯)灯灭; 2)安排现场检查发现封闭母线强迫风冷的四台风机均停运，立即安排就地尝试复位报警并启动一列风机运行，未能成功; 3)主控监视封闭母线相关的温度变化趋势，加强监测GCB两侧导体温度探头(1GSY002MT和1GSY003MT)变化趋势，并按报警卡要求进行响应; 4)主控操纵员熟悉相关运行文件并做好降功率准备; 5)oncall维修电气和设备管理工程师检查处理，确认电压监视继电器故障，先采取拆除继电器接线方式消除报警(短接1GSY001AR内的电压监视继电器输出触点)，恢复启动一列风机1GSY101/102ZV运行。 建议后续行动: 1)电气核实备件并消除缺陷; 2)在缺陷彻底处理之前，运行当班值持续监视1GSY系统运行情况;

续 表

干预行动	3）对于维修电气和设备管理给出的失去离相封闭母线强迫风冷后可以满功率运行 2 h 的意见，与当前运行文件（运行规程和报警规程）存在不符，需要进一步明确并落实到运行文件中
原因分析	风冷电压监视继电器 K1 故障
消缺行动	电气处理反馈： 1）检查内容：风冷电源监视继电器故障，导致冷却器电源被切断。更换故障继电器后，强迫风冷系统恢复正常。 2）处理进展结果：已更换故障继电器，并拆除临时短接线，系统恢复正常运行。 3）工作过程： ①就地检查电压监视继电器 K1 故障，确认 1GSY101/102/103/104ZV 风机全停； ②测量 K1 继电器三相输入电压正常，断开柜内开关 IPB-QC1； ③做好拆接线记录，更换新继电器 K1（已校验合格），按原记录恢复接线并紧固端子； ④合上柜内开关 IPB-QC1，观察继电器 K1 指示灯状态显示正常； ⑤观察 1GSY001AR 控制显示屏无报警，联系运行人员启动风机正常，持票观察 2 天无异常； ⑥工作结束，请运行人员验收后归还工作许可证； 4）故障原因：风冷电压监视继电器 K1 故障
相关知识	1 号机离相封闭母线主回路风冷控制柜 1GSY001AR #1 柜所控制的风机 1GSY101ZV、1GSY102ZV，#2 柜所控制的风机 1GSY103ZV、1GSY104ZV 全停且无法启动时： 1）机组需在 1GSY101ZV、1GSY102ZV、1GSY103ZV、1GSY104ZV 风机全部停运后 30 min 内降功率至发电机输出电流 25 kA（风机全停时即开始以 2 MW/min 开始降负荷），并向省调汇报事故情况。 2）监测到 GCB 两侧导体温度探头（1GSY002MT 和 1GSY003MT），两者中最高温度超过 75 ℃情况下，开始以 2 MW/min 速率继续降负荷，从 25 kA 直接降至 23 kA，并向省调汇报事故情况。 3）如导体温度开始下降，且 1GSY002MT 和 1GSY003MT 两者中最高温度始终处于 80 ℃以下，如无其他异常，则可以考虑暂时不再降低负荷。 4）如果 1GSY002MT 和 1GSY003MT 两者中最高温度不能满足 80 ℃以下的要求，则继续降低到 22 kA，再进行观察，直至降低到允许的最大自冷电流 20 kA，并向省调汇报事故情况

续 表

参考资料信息	维修一处：每日重要维修工作及值长关注项反馈(2018 年 08 月 26 日)，EAM 中工单 00997821-01 的完工报告； WR/WOT：00432762/00997820-01(紧急工单)、00432763/00997821-01(紧急工单)	
编　　者	运行二处一值：谷铁	时间：2019 年 03 月 03 日

3.31.4　主控闪发 2GSY025KA(封闭母线强迫风冷装置综合故障)

异常缺陷名称	主控闪发 2GSY025KA(封闭母线强迫风冷装置综合故障)
发生时间	2019 年 04 月 25 日早班
机组状态	RP 模式，满功率
异常缺陷现象	主控闪发 2GSY025KA(封闭母线强迫风冷装置综合故障)，现场核实 PA3 测点闪发故障
风险或潜在后果	影响封闭母线强迫风冷装置运行可靠性
干预行动	已采取的行动措施： 1)查看和执行报警卡，安排现场检查确认发现 2GSY001AR 控制面板上 PA3 测点闪发故障； 2)提工作申请(WR)按计划处理
原因分析	风速探头接触故障
消缺行动	电气处理反馈： 1)检修内容及步骤： ①现场确认 2GSY101/102ZV 在运行； ②和运行沟通主控出现的报警； ③拆除 2 号风机对应的风速探头接线并记录； ④更换新的风速探头并按照拆线记录恢复接线； ⑤调整风速探头位置，在 2GSY001AR 控制面板上把报警复位； ⑥联系运行验收，确认无报警； ⑦工作结束，清理工作现场，归还工作许可证。 2)故障原因分析：风速探头接触故障

续　表

相关知识	GSY025KA 报警可能的原因： 1)PLC 存储电池电压低； 2)电源相序错误； 3)单元 1 主机过载； 4)单元 1 风机过载； 5)单元 2 主机过载； 6)单元 2 风机过载； 7)母线露点高； 8)母线压力低； 9)母线压力高； 10)压缩机排气温度高； 11)压缩机排气压力高； 12)压缩机空载； 13)气罐压力低
参考资料信息	维修一处：EAM 中工单 00542551-01 的完工报告； WR/WOT：01209371/00542551-01(计划工单)
编　　者	运行二处一值：谷铁　　　时间：2019 年 06 月 17 日

3.31.5　4 号机组并网过程中，同期选线器上电之后出现 4GSY104KA：选线器报警

异常缺陷名称	4 号机组并网过程中，同期选线器上电之后出现 4GSY104KA：选线器报警
发生时间	2018 年 01 月 04 日早班
机组状态	RP 模式，已升功率到 14.5%Pn，准备并网
异常缺陷现象	4 号机组并网过程中，同期选线器上电之后出现 4GSY104KA：选线器报警
风险或潜在后果	影响发电机同期并网
干预行动	已采取的行动措施： 1)查看和执行报警卡，就地检查故障报警情况； 2)oncall 电气检查处理
原因分析	装置内部 GD 板卡故障

续 表

消缺行动	电气处理反馈： 1)采取的措施： ①检查发现4号机组同期装置工作选线器故障和备用选线器故障，经拆借3号机组同期装置备用选线器后，4号机组同期装置恢复可用，并网成功。 ②而后利用厂家检验合格的同期装置线选器备件，安装至4号机组同期装置选线器工作通道，及3号机组同期装置备用选线器位置，恢复3、4号机组同期装置主备选线器均可用。 ③经现场实际验证，已确认4号机组同期装置主备选线器故障原因为GD板卡故障。 2)故障原因分析：装置内部GD板卡故障	
相关知识	GSY104KA报警可能的原因：选线器自检没通过发出的信号	
参考资料信息	WR/WOT：00330663/00815847-01(紧急工单)； 维修一处：EAM中工单00815847-01的完工报告，维修日报2018年01月05日—2018年01月13日	
编　　者	运行二处一值：谷铁	时间：2019年02月11日

3.31.6　4号机组触发4GSY024KA，出线箱强迫风冷报警2故障报警

异常缺陷名称	4号机组触发4GSY024KA，出线箱强迫风冷报警2故障报警
发生时间	2020年04月13日中班
机组状态	RP模式，满功率
异常缺陷现象	22:26，4号机组触发4GSY024KA，出线箱强迫风冷报警2故障报警，现场4GSY002AR上查看存在单元a风阀4GSY101VA打开故障报警
风险或潜在后果	1)若4GSY101MT/201MT/301MT任何一个达到105 ℃时需开始以2 MW/min速率将发电机输出电流降至20KA(母线最大允许运行的自冷电流)； 2)4GSY出线箱强迫风冷失去备用，当出线箱风冷完全失效，且恢复前，需持续观察母线的导体和外壳温度及变化趋势，并及时采取措施恢复一台风机运行

续 表

干预行动	已采取的行动措施： 1)立即现场查看发现 4GSY101VA 开度接近为零，4GSY002AR 上存在单元 a 风阀 4GSY101VA 打开故障报警； 2)立即安排现场手动从单元 a 切换至单元 b 运行； 3)运行熟悉故障规程，持续监视发电机出线温度，做好事故预想； 4)发起 oncall，要求电气、设备管理立即进行原因分析并进行处理
原因分析	根本原因：风阀风叶与边框存在碰磨，导致风阀开启失败。 促成原因：PLC 程序逻辑设计不合理，先启风机后开阀门的吸力及碰摩问题导致风阀执行器偶发性开启转矩不足(目前启动逻辑为先启动风机再开风阀，风阀执行器转动力矩为 10 N·m，裕量不足)
消缺行动	电气处理反馈： 1)故障现象：22:26，4 号机组触发 4GSY024KA，出线箱强迫风冷报警 2 故障报警，现场 4GSY002AR 上查看存在单元 a 风阀 4GSY101VA 打开故障报警。 2)处理过程： ①联系当班值配合手动启动发电机出线箱 A 列风机，定位了故障原因为风阀风叶与边框碰磨导致启动失败。 ②开票进行上电检查确认风阀能执行开、关操作，同时发现风阀存在三处风阀风叶与边框间隙小(分别为 0.2 mm、0.1 mm、<0.02 mm)及风叶转轴润滑脂脏污(泥状)的情况。 ③对边框间隙小的风叶进行打磨，清洗风叶转轴并重新涂抹润滑脂后，再次手动操作风阀执行器可顺利翻转，上电后执行器自动翻转功能也恢复正常，故障已处理完成。 3)原因分析： ①根本原因：风阀风叶与边框存在碰磨，导致风阀开启失败。 ②促成原因：PLC 程序逻辑设计不合理，先启风机后开阀门的吸力及碰摩问题导致风阀执行器偶发性开启转矩不足。(目前启动逻辑为先启动风机再开风阀，风阀执行器转动力矩为 10 N·m，裕量不足。) 4)后续行动： ①开票对 3 号机组发电机出线箱入口风阀和 4 号机组发电机出线箱 B 列入口风阀进行清理检查，WR：00718275(3 号机组)、00718278(4 号机组)； ②针对 PLC 程序逻辑设计不合理问题，计划在 403 大修窗口执行风机和风阀的启动逻辑变更工作：变更为先打开风阀再启动风机； ③升版《发电机出线箱强迫风冷装置滤网更换》规程，增加风阀风叶转轴转动润滑清洗检查项目，将润滑方式优化为喷剂式。

续 表

消缺行动	5)变更实施前发生此类型故障处理建议： ①运行人员可手动切换至另一个单元运行，同步 oncall 维修处理缺陷； ②若另一单元运行失败，在发电机出线箱风冷温度达到 105 ℃前，按照 3/4 号机离相封母风冷系统故障处理规程执行手动开启风阀故障单元入口阀门，将风冷投入正常运行	
相关知识	4GSY024KA 出线箱强迫风冷报警 2 故障报警触发的可能原因有： 1)单元 a 风阀 4GSY 101VA 打开故障报警； 2)单元 a 风阀 4GSY 102VA 打开故障报警； 3)单元 a 风阀 4GSY 101VA 关闭故障报警； 4)单元 a 风阀 4GSY 102VA 关闭故障报警； 5)单元 b 风阀 4GSY 201VA 打开故障报警； 6)单元 b 风阀 4GSY 202VA 打开故障报警； 7)单元 b 风阀 4GSY 201VA 关闭故障报警； 8)单元 b 风阀 4GSY 202VA 关闭故障报警； 9)空气滤清器 4GSY 101FF 阻塞报警； 10)空气滤清器 4GSY 201FF 阻塞报警； 11)风机 4GSY 101ZV 故障报警； 12)风机 4GSY 201ZV 故障报警； 13)风机电机 4GSY101MO 过载报警； 14)风机电机 4GSY201MO 过载报警	
参考资料信息	运行二处：4 号机组异常反馈——4 号机组触发 4GSY024KA，出线箱强迫风冷报警 2 故障报警； 维修二处：“答复：4 号机组异常反馈——4 号机组触发 4GSY024KA，出线箱强迫风冷报警 2 故障报警”； WR/WOT：00716550/01562264-01(紧急工单)	
编　　者	运行二处一值：谷铁	时间：2020 年 05 月 01 日

3.31.7 GSY 系统设备异常缺陷处理总结

(1)1 号机离相封闭母线主回路风冷控制柜 1GSY001AR #1 柜所控制的风机 1GSY101ZV、1GSY102ZV，#2 柜所控制的风机 1GSY103ZV、1GSY104ZV 全停且无法启动时的控制原则

①机组需在 1GSY101ZV、1GSY102ZV、1GSY103ZV、1GSY104ZV 风机全部停运后 30 min 内降功率至发电机输出电流 25 kA(风机全停时即开始以 2 MW/min 开始降负荷)，并向省调汇报事故情况。

②监测到 GCB 两侧导体温度探头(1GSY002MT 和 1GSY003MT)，两者中最高温度

超过 75 ℃情况下，开始以 2 MW/min 速率继续降负荷，从 25 kA 直接降至 23 kA，并向省调汇报事故情况。

③如导体温度开始下降，且 1GSY002MT 和 1GSY003MT 两者中最高温度始终处于 80 ℃以下，如无其他异常，则可以考虑暂时不再降低负荷。

④如果 1GSY002MT 和 1GSY003MT 两者中最高温度不能满足 80 ℃以下的要求，则继续降低到 22 kA，再进行观察，直至降低到允许的最大自冷电流 20 kA，并向省调汇报事故情况。

⑤当封闭母线风冷失效，且未恢复前，如果运行电流超过 20 kA，应注意观察母线的导体和外壳温度，以及他们的变化趋势，并及时采取措施恢复一组风机运行。

（2）1 号发电机出线箱风冷控制柜 1GSY002AR #1 柜所控制的风机 1GSY201ZV 和#2 柜所控制的风机 1GSY202ZV 全停且无法启动时的控制原则

①1GSY001MT 超过 80 ℃时，开始以 2 MW/min 速率继续降负荷至 23 kA，并向省调汇报事故情况。

②如导体温度开始下降，且实际监测温度 1GSY001MT 始终处于 85 ℃以下，如无其他异常，则可以考虑暂时不再降低负荷。

③如果温度不能满足 85 ℃以下的要求，则以 2 MW/min 速率继续降负荷至 22 kA，再进行观察，直至降低到允许的最大自冷电流 20 kA，并向省调汇报事故情况。

④当出线箱风冷完全失效，且未恢复前，如果运行电流超过 20 kA，应注意观察母线的导体和外壳温度，以及他们的变化趋势，并及时采取措施恢复一台风机运行。

（3）1 号机组主回路强迫风冷控制柜 1GSY001AR 中导致冷却风机全停部件包括：

①电压监视继电器动作：A 列 101XU 和 104XU 中至少一个动作，同时 B 列 201XU 和 204XU 中至少一个动作；触摸屏上 A 列“#1 风机主电源断开”和“#2 风机主电源断开”中至少一个出现，同时 B 列“#3 风机主电源断开”和“#4 风机主电源断开”中至少一个出现。

②风门全开未到位：A 列 101VA 和 102VA 中至少一个全开未到位，同时 B 列 103VA 和 104VA 中至少一个全开未到位；触摸屏上出现 A 列“#1（101ZV）风门全开未到位”和“#2（102ZV）风门全开未到位”中至少一个，同时 B 列“#3（103ZV）风门全开未到位”和“#4（104ZV）风门全开未到位”中至少一个出现。

③风机热继电器动作：触摸屏上出现 A 列“#1（101MO）风机故障”和“#2（102MO）风机故障”中至少一个，同时 B 列“#3（103MO）风机故障”和“#4（104MO）风机故障”中至少一个。

④PLC 故障：触摸屏上同时出现“A 列 PLC 故障”和“B 列 PLC 故障”。

（4）1 号机组发电机出线箱强迫风冷控制柜 1GSY002AR 中导致冷却风机全停部件包括：

①电压监视继电器动作：A 列 101XU 和 104XU 中至少一个动作，同时 B 列 201XU

和 204XU 中至少一个动作；触摸屏上 A 列“A 列主电源 AB 相失电”和“A 列主电源 BC 相失电”中至少一个出现，同时 B 列“B 列主电源 AB 相失电”和“B 列主电源 BC 相失电”中至少一个出现；

②风门全开未到位：A 列 201VA 和 B 列 202VA 同时全开未到位；触摸屏上 A 列“#1(201ZV)风门全开未到位”和“B 列“#2(202ZV)风门全开未到位”同时出现；

③风机热继电器动作：触摸屏上 A 列“#1(201MO)风机故障”和 B 列“#2(202MO)风机故障”同时出现；

④PLC 故障：触摸屏上“A 列 PLC 故障”和“B 列 PLC 故障”同时出现。

3.32 化学加药系统(SIR)

加氨泵 3SIR103PO 维修后试验启动后无出力

异常缺陷名称	加氨泵 3SIR103PO 维修后试验启动后无出力
发生时间	2018 年 04 月 02 日中班
机组状态	RP 模式，电功率 1089 MWe
异常缺陷现象	3SIR103PO 检修隔离解除，泵启动后实际在运行，但出口压力表 3SIR103LP 显示为 1 MPa. g 稳定不变，正常容积泵出口压力成周期变化，怀疑泵没有出力
风险或潜在后果	导致二回路加氨回路失去一路冗余，可能导致二回路水质恶化，不满足化学规范要求
干预行动	已采取的行动措施： 1)将 3SIR103PO 运行切换至 3SIR101PO 或 3SIR102PO 运行； 2)联系维修机械专业检查处理
原因分析	泵检修时曾排水，检修后维修后试验时充水排气不充分
消缺行动	机械处理反馈： 处理措施： 1)运行配合工作负责人，启动 3SIR103PO 联氨计量泵； 2)关闭泵入口阀 3SIR117VR，关闭仪表根阀 3SIR127VR，拆下泵出口压力表 3SIR103LP； 3)打开仪表根阀 3SIR127VR 进行排气，开度为 5%左右，有持续液体流出后关闭 3SIR127VR，维修仪控负责回装 3SIR103LP，重新开启仪表根阀 3SIR127VR； 4)确认设备恢复到正常在线后，重新启泵验证合格
相关知识	1)二回路加药泵多为容积泵，泵运行时出口压力频繁变化； 2)计量泵排水检修后重新启动需仪控专业配合拆表充水排气，可能需多次操作泵方可恢复正常
参考资料信息	WR/WOT：00369443/00884314-01； 维修二处机械：EAM 中工单 00884314-01 的完工报告《FQ3-MA01-RCWO-00884314-01：3SIR103PO 启动后泵在运行，出口压力表显示为 1 MPa 稳定，正常容积泵出口压力成周期变化，怀疑泵没有出力》
编　　者	运行二处一值：石兴强　　时间：2019 年 04 月 18 日

3.33 给水化学取样系统(SIT)

3.33.1 1SIT350MG 频繁低液位报警并导致停泵进而导致阳电导高报警

异常缺陷名称	1SIT350MG(对应主控 1SIT007MY)频繁低液位报警并导致停泵进而导致阳电导高报警(1SIT008KA)
发生时间	2018 年 04 月 02 日早班
机组状态	RP 模式，电功率 889 MWe
异常缺陷现象	发现 1SIT350MG(对应主控 1SIT007MY)频繁低液位报警并导致停泵进而导致阳电导高报警
风险或潜在后果	导致凝结水系统检漏装置氢电导率-1 高频繁触发，影响凝结水系统检漏装置可靠性
干预行动	已采取的行动措施： 1)主控查看和执行报警卡，检查 1SIT007MY 的变化趋势； 2)关注凝泵出口钠含量和电导率、蒸发器排污钠含量和阳电导的变化趋势，确认未见异常； 3)联系化学检查处理
原因分析	长时间运行，设备老化，导致光电液位开关故障
消缺行动	化学处理反馈： 1)处理措施：拆下旧的 1SIT350MG 光电液位开关，更换新的合格的光电液位开关，经过验证，设备正常。注：光电液位开关如图 1 中红圈所示。 2)故障原因分析：长时间运行，设备老化，导致光电液位开关故障

续　表

<table>
<tr><td>消缺行动</td><td colspan="2">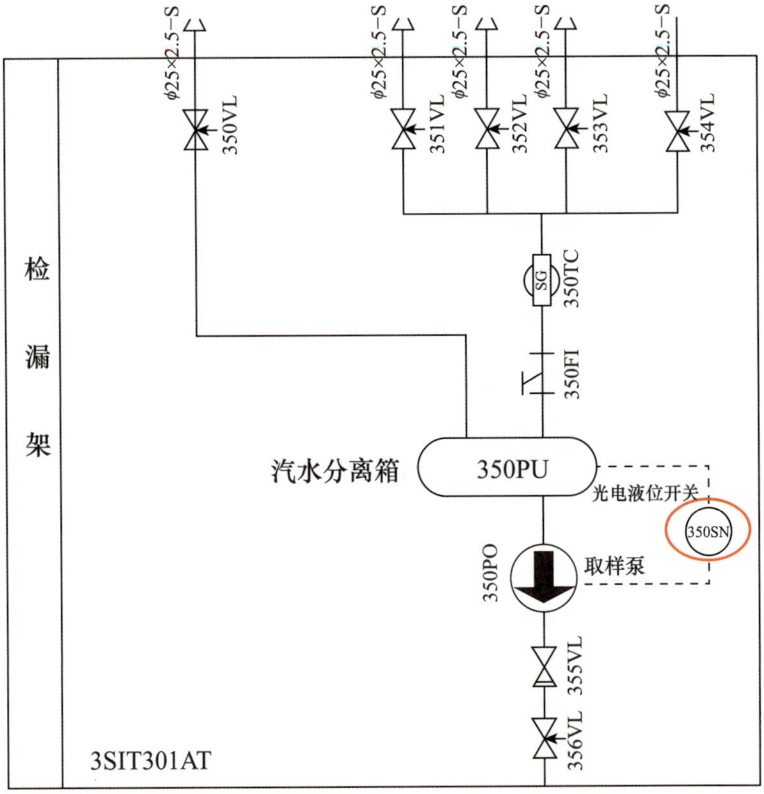

图 1　1SIT350MG 流程图</td></tr>
<tr><td>相关知识</td><td colspan="2">1SIT007MY（对应就地仪表 1SIT350MG）正常值<0.08 μS/cm，当 1SIT007MY≥0.3 μS/cm 时，产生 1SIT008KA 凝结水系统检漏装置氢电导率-1 高</td></tr>
<tr><td>参考资料信息</td><td colspan="2">化学处：完工报告《FQ1-MA03-RCWO-00884919/01（化学处）1SIT350MG 频繁低液位报警并导致停泵进而导致阳电导高报警，对 1SIT350MG 进行清洗或更换》；
WR/WOT：00369526/00884919-01</td></tr>
<tr><td>编　　者</td><td>运行二处一值：谷铁</td><td>时间：2019 年 09 月 08 日</td></tr>
</table>

3.33.2　2SIT450MG 凝汽器 2 号检漏架(2MX-7.5M)光电液位开关低液位报警

异常缺陷名称	2SIT450MG 凝汽器 2 号检漏架(2MX-7.5M)光电液位开关低液位报警	
发生时间	2018 年 01 月 22 日早班	
机组状态	RP 模式，满功率	
异常缺陷现象	2SIT450MG(对应主控仪表 2SIT008MY)凝汽器 2 号检漏架(2MX-7.5M)光电液位开关低液位报警，导致凝汽器检漏架无法正常投运	
风险或潜在后果	导致凝汽器检漏架无法正常投运	
干预行动	已采取的行动措施： 1)主控检查 2SIT008MY 的变化趋势； 2)关注凝泵出口钠含量和电导率、蒸发器排污钠含量和阳电导的变化趋势，确认未见异常； 3)联系化学检查处理	
原因分析	2SIT450MG 光电液位开关老化	
消缺行动	化学处理反馈： 1)处理过程： ①拆下 2SIT450MG 凝汽器光电液位开关，对其进行清洗，经过验证光电液位开关仍然处于故障状态，确认光电液位开关损坏； ②拆除并更换 2SIT450MG 光电液位开关； ③检查 2SIT450MG 光电液位开关测量正常。 2)故障原因分析：2SIT450MG 光电液位开关老化	
相关知识	2SIT008MY(对应就地仪表 2SIT450MG)正常值<0.08 μS/cm，当 2SIT008MY≥0.3 μS/cm 时，产生 2SIT009KA 凝结水系统检漏装置氢电导率-1 高	
参考资料信息	化学处：完工报告《FQ2-MA03-RCWO-00836343/02(化学处)2SIT450MG 凝汽器 2 号检漏架(MX-7.5M)光电液位开关低液位报警，对 2SIT450MG 光电液位开关进》； WR/WOT：00338596/00836343-01	
编　　者	运行二处一值：谷铁	时间：2019 年 09 月 08 日

3.33.3 4SIT450MG 凝汽器 2 号检漏装置氢电导率表测量偏高

异常缺陷名称	4SIT450MG 凝汽器 2 号检漏装置氢电导率表测量偏高
发生时间	2018 年 10 月 10 日早班
机组状态	RP 模式，满功率
异常缺陷现象	化学发现 4SIT450MG 氢电导率表测量偏高，且仪表读数波动
风险或潜在后果	影响凝汽器 2 号检漏装置氢电导率表监测的可靠性
干预行动	已采取的行动措施： 1)主控检查 4SIT008MY 的变化趋势； 2)关注凝泵出口钠含量和电导率、蒸发器排污钠含量和阳电导的变化趋势，确认未见异常； 3)联系化学检查处理
原因分析	流通池入口管线转接头松动
消缺行动	化学处理反馈： 1)工作过程： ①领取工作许可证； ②关闭上下游阀门； ③将电极拆下查看流通池，发现流通池内类似毛刺物； ④将流通池拆下时发现流通池入口管线转接头松动； ⑤拆下流通池打磨毛刺并回装流通池； ⑥紧固流通池进出口管线接头； ⑦投运仪表观察读数恢复正常。 2)故障原因分析：流通池入口管线转接头松动
相关知识	4SIT008MY(对应就地仪表 4SIT450MG)正常值<0.08 μS/cm，当 4SIT008MY≥0.3 μS/cm 时，产生 4SIT009KA 凝结水系统检漏装置氢电导率-1 高
参考资料信息	化学处：完工报告《FQ4-CY02-RCWO-01034461/01(化学处)4SIT450MG 凝汽器 2 号检漏装置氢电导率表测量偏高，需检查处理》； WR/WOT：00450099/01034461-01
编　　者	运行二处一值：谷铁　　　　时间：2019 年 09 月 08 日

3.33.4　3SIT008MY 主控显示为××××，就地化学检查仪表装置显示正常，化学仪表运行无异常

异常缺陷名称	3SIT008MY 主控显示为××××，就地化学检查仪表装置显示正常，化学仪表运行无异常	
发生时间	2018 年 07 月 14 日夜班	
机组状态	RP 模式，满功率	
异常缺陷现象	3SIT008MY 主控显示为××××，就地化学检查仪表装置 3SIT450MG 显示正常，化学仪表运行无异常	
风险或潜在后果	导致主控无法通过 3SIT008MY 监视凝结水系统检漏装置氢电导率	
干预行动	已采取的行动措施： 1)查看和执行报警卡，主控检查 3SIT008MY 的变化趋势； 2)关注凝泵出口钠含量和电导率、蒸发器排污钠含量和阳电导的变化趋势，确认未见异常； 3)联系化学检查处理	
原因分析	3SIT450MG 电导率表信号输出线松动	
消缺行动	化学处理反馈： 1)处理过程： ①检查仪表接线，发现信号输出线接线松动； ②紧固接线，3SIT008MY 主控显示恢复正常； 2)故障原因：3SIT450MG 电导率表信号输出线松动	
相关知识	3SIT008MY(对应就地仪表 3SIT450MG)正常值<0.08 μS/cm，当 3SIT008MY≥0.3 μS/cm 时，产生 3SIT009KA 凝结水系统检漏装置氢电导率-1 高	
参考资料信息	化学处：完工报告《FQ3-CY02-RCWO-00972576/01 3SIT008MY 主控显示×××，就地化学检查仪表装置显示正常，化学仪表运行无异常》； WR/WOT：00414393/00972576-01	
编　　者	运行二处一值：谷铁	时间：2019 年 09 月 08 日

3.33.5 高加出口 pH 表 3SIT263MG 示数波动较大，导致 3ATE 上位机和主控频繁出现报警 3SIT005KA

异常缺陷名称	高加出口 pH 表 3SIT263MG 示数波动较大，导致 3ATE 上位机和主控频繁出现报警(3SIT005KA：高加出口母管 pH 低)	
发生时间	2018 年 08 月 29 日中班	
机组状态	RP 模式，电功率 1068 MWe	
异常缺陷现象	从中班开始高加出口 pH 表 3SIT263MG 读数在 9.47～9.53 之间波动，怀疑仪表故障，导致 3ATE 上位机和主控频繁出现报警，请检查处理	
风险或潜在后果	导致 3ATE 上位机和主控频繁出现报警(3SIT005KA：高加出口母管 pH 低)	
干预行动	已采取的行动措施： 1)查看和执行报警卡，主控检查 3SIT005MY 的变化趋势； 2)安排现场检查加氨泵运行情况，未见明显异常； 3)联系化学检查处理	
原因分析	pH 电极有析出絮状物，引起报警误触发	
消缺行动	化学处理反馈： 1)处理过程： ①清洗 pH 电极，确认析出物已完全去除； ②恢复仪表状态，观察仪表测量正常。 2)故障原因分析：pH 电极有析出絮状物	
相关知识	1)3SIT005KA(高加出口母管 pH 低)报警触发的可能原因有： ①化学试剂注入量不足； ②pH 表计发生故障。 2)RP 模式下，AHP/ARE 系统 pH 值为化学技术规范 OTS 参数，期望值为 9.6～9.8，限值为 9.5～10。 ①如果 9.0≤pH<9.5 或 10.0<pH≤10.1，开始在 24 h 内向 NS/SG 模式后撤； ②如果 pH<9.0 或 pH>10.1，开始在 8 h 内向 NS/SG 模式后撤； ③如果在线表不可用，手动分析频率 1/天	
参考资料信息	化学处：EAM 中 01000632-01 完工报告； WR/WOT：00434580/01000632-01	
编　　者	运行二处一值：谷铁	时间：2019 年 09 月 08 日

3.33.6 4SIT008MY 示数波动到 0.8 μS/cm 左右，导致出现高报 4SIT009KA

异常缺陷名称	4SIT008MY 示数波动到 0.8 μS/cm 左右，导致出现高报 4SIT009KA 凝结水系统检漏装置氢电导率-2 高	
发生时间	2018 年 03 月 12 日早班	
机组状态	RP 模式，满功率	
异常缺陷现象	4 号主控 KIC 画面 4SIT008MY 示数波动到 0.8 μS/cm 左右，导致出现高报 4SIT009KA 凝结水系统检漏装置氢电导率-2 高	
风险或潜在后果	若氢电导率真实高，经引起二回路给水被污染，系统设备腐蚀或结垢	
干预行动	已采取的行动措施： 1)查看和执行报警卡，主控检查 4SIT008MY 的变化趋势； 2)关注凝泵出口钠含量和电导率、蒸汽发生器排污钠含量和阳电导的变化趋势，确认未见异常； 3)联系化学检查处理	
原因分析	取样泵故障停运	
消缺行动	化学处理反馈： 1)处理过程：检查发现取样泵故障停运，导致失去取样流量，重新投运后恢复正常； 2)故障原因：取样泵故障停运	
相关知识	4SIT008MY(对应就地仪表 4SIT450MG)正常值<0.08 μS/cm，当 4SIT008MY≥0.3 μS/cm 时，产生 4SIT009KA 凝结水系统检漏装置氢电导率-1 高	
参考资料信息	ESOMS 日志和 2018 年 03 月 13 日值长日报	
编　　者	运行二处一值：谷铁	时间：2019 年 09 月 08 日

3.33.7 SIT 系统设备异常缺陷处理总结

(1)低功率下凝结水系统检漏装置氢电导率高报警

报警可能原因：

①机组低功率下进入凝汽器的蒸汽量少，蒸汽凝结产生的干净水量少，高功率下进入凝汽器的蒸汽量大，蒸汽凝结产生的干净水量大，对凝结水的稀释作用大，使得低功率下水质相对高功率下差；

②机组低功率下，检漏装置取样管线代表性不强，样水量不足；

③取样泵停运；

④流通池入口管线转接头松动；

⑤光电液位开关低液位报警引起取样泵停运；

⑥取样流量不在要求范围内。等等。

其中①是低功率下常出现凝结水系统检漏装置氢电导率高报警的主要原因。

(2)低功率下凝泵出口氧含量高

原因：机组处于低功率模式时，凝汽器除氧效率较低(主要与蒸汽凝结有关，未并网时，汽轮机来蒸汽量小，蒸汽凝结少，导致含氧量高)，凝泵出口氧含量会较高。

例如：①2019 年 02 月 08 日机组调停(8%FP)化学反馈 4CEX 泵出口母管溶氧 22. 7 μg/kg，超限值(<10 μg/kg)。并网升功率后，凝泵出口氧含量下降。

②2019 年 04 月 15 日 3CEX 凝泵出口溶解氧 12. 1 μg/kg，超限值(<10 μg/kg)，因机组调停期间凝汽器除氧效率低，04 月 16 日冲转并网升功率后恢复正常。

(3)凝结水系统检漏装置氢电导率报警列表

报警	报警内容	报警值/(μS/cm)	正常值/(μS/cm)	主控仪表	就地仪表
SIT008KA	凝结水系统检漏装置氢电导率-1 高	≥0. 3	<0. 08	SIT007MY	SIT350MG
SIT009KA	凝结水系统检漏装置氢电导率-2 高	≥0. 3	<0. 08	SIT008MY	SIT450MG
SIT010KA	凝结水系统检漏装置氢电导率-3 高	≥0. 3	<0. 08	SIT009MY	SIT550MG
SIT011KA	凝结水系统检漏装置氢电导率-4 高	≥0. 3	<0. 08	SIT010MY	SIT650MG

3.34 常规岛闭路冷却水系统(SRI)

3.34.1 4SRI 系统存在漏点导致频繁补水排查

异常缺陷名称	4SRI 系统存在漏点导致频繁补水排查
发生时间	2018 年 05 月 26 日夜班
机组状态	RP 模式，电功率 1089 MWe
异常缺陷现象	操纵员巡盘发现自动补水阀 4SRI001VD 有开度，最大开到 4%。调趋势发现 4SRI001VD 开启较频繁(每 45 min 内约有 35 min 持续有开度，5 min 处于关闭状态)，对比 3SRI001VD 阀门开度一直为 0 且 3SRI001BA 液位也很稳定。判断 4SRI 系统存在漏点
风险或潜在后果	1)SRI 系统频繁补 SER 水，导致 SRI 水质不满足化学规范要求，长时间危及设备可靠运行； 2)若漏点扩大，补水能力受限，危急 4SRI 冷却功能，进一步恶化可能危及汽轮机辅助系统、重要设备如 APA 泵等重要设备安全运行，最终可能导致停机
干预行动	已采取的行动措施： 1)现场排查 4SRI 各个疏水排气阀、阀门连接法兰外漏情况，未见泄漏； 2)对 4SEK2 坑、循环水排污坑、4MX 厂房消防排水坑的磷酸三钠浓度取样，未检测到泄漏； 3)SRI 下游负荷油系统的热交换器排查：观察 4GGR、4GFR 油箱液位未见上涨，热交换器 4GGR110RF/210RF、4GFR031RF 泄漏的情况，可排除； 4)SRI 下游 AGM 工作油冷却器/润滑油冷却器：未见液力耦合器器油箱油位上涨情况，可排除； 5)APA 电机空冷器：未见电机冷却水泄漏开关 APA101SN/201SN/301SN 灯亮情况，可排除； 6)GRH、GRV 冷却器：未见汽轮发电机组漏液上涨，可排除热交换器内部泄漏； 7)GST 冷却器：未见 4GST001CW 上涨情况，可排除； 8)ACO 泵、APA 泵、APD 泵、CEX 泵的密封冷却器 SRI 侧压力相对小，可排除。 建议后续行动： 1)运行隔离 SRI 热交换器：隔离 4SRI201RF，加强监视 SRI 头箱液位，关注下游负荷运行情况； 2)化学监视 4SRI 水质，加强取样频度，避免由于补水稀释导致超出《3、4 号机组化学与放射化学技术规范》要求；

续 表

干预行动	3)设备管理评估夏季时 SRI 热交换器可以隔离一列运行。依据如下： ①SRI 热交换器为 2X100%设计，一用一备； ②SRI 系统设计最高进水温度为 38 ℃，（报警温度值>45 ℃），目前热交换器两列运行温度维持在 30 ℃，单列运行可维持在 33 ℃，具备单列运行能力； ③现场设冷水旁路温度调节阀 4SRI060VN 已全关，是因为温度整定值(29.8 ℃)偏低。运行可以考虑适当调高整定值(例如 32 ℃)，恢复阀门的调节性能。 4)机械做好 4SRI201RF 检修准备，评估检修工期和是否需要技术支持进行涡流检漏
原因分析	1)查询 4 号机组历史趋势发现在 05 月 15 日早班将 4SRI101PO 切至 4SRI201PO 过程中 4SRI001VD 开始开阀补水，且 4SRI001BA 液位也上下波动。 2)05 月 23 日化学反馈 4SRI 系统磷酸浓度为 82.5 ppm，首次低于化学规范限制。测量周期是一周一次，自商运以来之前从未低过。 综上所述，基本可以确定 4SRI 系统有泄漏，导致系统磷酸三钠的遗失，引起磷酸三钠浓度降低不满足规范限制。 经过排查，考虑 4SRI101RF/201RF 海水侧压力小于 SRI 侧压力，故怀疑 4SRI101/201RF 泄漏的可能性大。由于泄漏出现时 4SRI101RF 未投运，因此重点怀疑漏点出现在 4SRI201RF 传热管。05 月 26 日中班通过开启 4SRI201RF 靠近出口的海水侧疏水阀 4SEN430VC 对 4SRI201RF 靠近出口的海水侧进行取样，未检测到磷酸三钠。化学反馈 SEN 侧未检测到磷酸三钠，由于仪表测量精度为 2 ppm，可能存在因泄漏量小，被 SEN 侧海水大流量稀释导致无法监测的情况。 注：27 日夜班化学反馈 4SRI 取样检测磷酸三钠已从加药后的 171 ppm 下降到 151 ppm。4SRI 磷酸三钠约每天下降 10 ppm [化学技术规范要求为(100~500) ppm]，当班值反馈化学运工及时关注 4SRI 系统磷酸三钠含量，约 5 天磷酸三钠将降低到限制以下。 3)将 4SRI201RF 切至 4SRI101RF 运行 05 月 27 日早班关闭 4SRI201RF 进出口阀，观察 4SRI001BA 液位稳定在 1905.4 mm，观察 40 min 液位不再下降后恢复 4SRI201RF 运行，恢复后 4SRI001BA 液位又开始下降。 结论：所以可以确认 4SRI 泄漏点在 4SRI201RF。4SRI201RF 进出口阀范围内没有疏水管线和排气管线，且就地检查未发现有水外漏，所以基本可以确定是 4SRI201RF 传热管发生泄漏。4SRI201RF 传热管因介质冲刷磨损，发生破管泄漏

续　表

<table>
<tr><td>消缺行动</td><td>机械处理反馈：
1)工作过程：
①联系服务搭设脚手架；
②确认管侧介质已排空；
③开始执《4SRI201RF 查漏堵管》工作方案；
④拆除热交换器两端人孔；
⑤进入前测氧含量，确认氧含量 20.8%可以进入；
⑥联系运行人员配合微开 4SRI026VN；
⑦观察传热管两端管口是否有水流出，有水流出的传热管说明泄漏，将泄漏管管口做好标记；
⑧依次将泄漏的传热管两端管口用堵头封堵牢固；
⑨对传热管进行再检漏，发现无泄漏，清理水室内部，将所有带入的工器具、物资移出水室；
⑩移除防异物措施，请 QC 检查容器内清洁度；
⑪更换新密封垫片，回装两侧人孔门，均匀紧固人孔门螺栓，最终力矩值 250 N·m 分三次交叉拧紧，75 N·m、175 N·m、250 N·m，最后以最终力矩顺次均匀紧固一圈；
⑫工作结束，清理现场。
2)处理进展结果：
①运行将 4SRI201RF 隔离并疏水，机械开热交换器人孔后，运行配合微开 4SRI026VN，发现有传热管管口存在水流喷出，如图 1 所示；
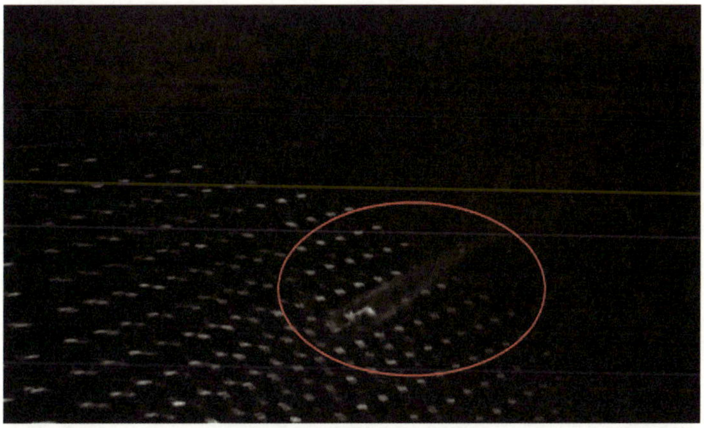
图 1　传热管泄漏海水
②维修机械对 4SRI201RF 传热管进行封堵，如图 2 所示堵管情况。</td></tr>
</table>

续　表

消缺行动	 图 2　传热管堵管
相关知识	1)系统状态改变时，需关注系统参数的变化，进行分析查看是否满足预期，以便及时发现缺陷。出现异常时优先从最近已执行操作着手分析。 2)若 4SRI201RF 传热管存在潜在泄漏点，切泵期间双泵运行时出口压力升高可能导致泄漏增大的风险，需缩短双泵运行的时间
参考资料信息	运行二处：《内部经验反馈——4SRI 系统泄漏及漏点排查处理》； 维修二处机械：EAM 中工单 00933736-01 的完工报告； WR/WOT：00393796/00933736-01(计划工单)
编　　者	运行二处一值：石亿虎　　　时间：2019 年 03 月 11 日

3.34.2　4SRI011KT(工作油冷却器 4AGM202RF 冷却水侧出水温度)读数间断显示为××××

异常缺陷名称	4SRI011KT(工作油冷却器 4AGM202RF 冷却水侧出水温度)读数间断显示为××××
发生时间	2017 年 12 月 20 日中班
机组状态	RP 模式，电功率 1089 MWe
异常缺陷现象	18:50 左右 4SRI011KT(工作油冷却器 4AGM202RF 冷却水侧出水温度)读数开始间断显示为××××，工作油冷却器入口油温 4AGM218MT 显示正常，工作油温调节阀 4AGM002VN 正常

续 表

风险或潜在后果	导致 4SRI011KT 间断显示为××××，无法有效监控工作油冷却器 4AGM202RF 冷却水侧出水温度，4APA202PO 冷却水异常时无法提供有效监视	
干预行动	已采取的行动措施： 1) 对比 4SRI010/012KT 读数，初步判断仪表故障，联系维修仪控检查仪表； 2) 运行加强 4AGM 系统运行状态监视	
原因分析	4SRI011KT 热电阻接线松动，导致温度显示异常	
消缺行动	仪控处理反馈： 1) 工作过程： ①检查确认脚手架搭设合格，安全可靠； ②土建专业配合拆除 4SRI011KT 热电阻上方格栅板； ③打开 4SRI011KT 热电阻接线盖子； ④检查发现 4SRI011KT 热电阻接线有松动现象； ⑤拆除 4SRI011KT 热电阻接线，并做好拆线记录； ⑥使用万用表测量对 4SRI011KT 温度元件进行测量，检查结果正常； ⑦恢复 4SRI011KT 热电阻接线，并做好接线记录； ⑧关闭 4SRI011KT 热电阻接线盖子； ⑨联系土建专业恢复 4SRI011KT 热电阻上方格栅板； ⑩联系脚手架人员拆除脚手架； ⑪工作结束，清理现场。 2) 故障原因分析：4SRI011KT 热电阻接线松动，导致温度显示异常	
相关知识	4SRI011KT 测点为 4AGM202RF 冷却水出水温度，不参与控制逻辑，该仪表异常时应检查 4AGM 相关调节阀状态及工作油温度是否正常，作为判断	
参考资料信息	维修二处仪控：完工报告《FQ4-MA03-RCWO-00790339/01 维修一级：4SRI011KT 读数显示异常检查处理》； WR/WOT：00324247/00790339-01	
编　　者	运行二处一值：谷铁	时间：2019 年 09 月 08 日

3.35 蒸汽转换器系统(STR)

处理 1STR103MN 偏差大缺陷时 1STR002PO 跳泵

异常缺陷名称	处理 1STR103MN 偏差大缺陷时 1STR002PO 跳泵	
发生时间	2016 年 11 月 25 日中班	
机组状态	RP 模式，电功率 1089 MWe	
异常缺陷现象	1STR103MN 与 1STR101/102MN 相比偏差较大，维修仪控持票处理。根据维修仪控反馈：1STR103MN 经过多次充、排水处理后缺陷未消除；计划将 1STR101MN 与 1STR103MN 通道进行交换，以便验证 1STR103MN 液位计取样管线是否有异常。当值主控与其核实工作对象，并明确其工作流程是先将 1STR101MN 与 1STR103MN 仪表二次阀隔离后将两块仪表交换位置继续运行以便观察。工作过程中 1STR101/103MN 仪表根阀关闭，导致质量位触发引起 1STR 除氧器液位低低信号触发，进而导致 1STR002PO 停运	
风险或潜在后果	1STR 停运，全厂辅助蒸汽 SVA 系统失去一路供汽	
干预行动	已采取的行动措施： 1)立即叫停工作负责人维修工作，恢复 1STR101/103MN 可用； 2)协调 3 号机组调整 3STR 出力至 1.14 MPa 后，停止 1STR 出力，保证 1STR001TX 液位，在此期间 1STR001TX 液位最低至-259 mm (KIC 上显示低液位定值-360 mm)； 3)1STR101/103MN 液位显示恢复正常后，重新启动 1STR002PO，并恢复 1STR001TX 至正常液位后恢复 1STR 出力，并通知 3 号主控减小 3STR 出力定值。在此期间 9SVA 管网压力未见明显波动，下游用户未受影响	
原因分析	1STR101/103MN 质量位触发	
消缺行动	仪控处理反馈： 1)对 1STR103MN 校准； 2)对 1STR103MN 充水、排气操作	
相关知识	1STR101/102/103MN 仪表检修时存在质量位触发导致 STR 系统停运风险；二回路相关仪表类工作检修，进行风险分析时也许考虑质量位风险，必要时在开工前进行信号强制	
参考资料信息	WR/WOT：00189859/00419207-01，工作许可证：20161PT21174	
编　　者	运行二处一值：姚嘉俊	时间：2019 年 03 月 17 日

3.36 主蒸汽系统(VVP)

3.36.1 主蒸汽隔离阀 3VVP002VV A 列定期试验时关至 90%开度后无法恢复全开

异常缺陷名称	主蒸汽隔离阀 3VVP002VV A 列定期试验时关至 90%开度后无法恢复全开
发生时间	2018 年 05 月 14 日早班
机组状态	RP 模式，满功率
异常缺陷现象	执行 FQ3-VVP-T-002 主蒸汽隔离阀部分关闭试验时，3VVP002VV 关闭到 90%后供油气动泵 3VVP022PO 未启动，3VVP002VV 停留在 90%开度无法全开。 经机械调整增大压空减压阀后压力到 53 psi 后，泵启动，驱动阀门全开，泵动作过程中有嗡嗡的卡涩声
风险或潜在后果	1) 导致 QSR 定期试验无法继续执行； 2) 供油气动泵无法运行，VVP 油压无法建立。若主蒸汽隔离法油压缓慢降低，主蒸汽隔离阀持续关闭，机组有停堆停机风险
干预行动	已采取的行动措施： 1) 立即停止试验，确认 3VVP002VV 泄油阀 3VVP252DR 关闭，现场确认主蒸汽隔离阀没有继续关闭； 2) 停运临时 3VVP002VV 间隔临时风机，现场关注 3VVP002VV 油压； 3) 主控室关注 2 号蒸汽发生器液位； 4) oncall 机械人员检查处理。 建议后续行动： 1) 机械分析供油气动泵无法启动的根本原因； 2) 排查其他主蒸汽隔离阀供油气动泵是否存在相同情况

续 表

<table>
<tr><td>原因分析</td><td>定期试验前及阀门无法正常开启时，阀门相关参数如下：
<table>
<tr><th>阀门状态</th><th>减压阀后压力/psi</th><th>油压/psi</th><th>氮气压力/psi</th></tr>
<tr><td>定期试验前</td><td>50</td><td>3100</td><td>2350</td></tr>
<tr><td>阀门达到 90%开度无法恢复正常全开时</td><td>49</td><td>2450</td><td>2350</td></tr>
</table>
检查压空电磁阀确认通断正常，根据气动泵动作原理，泵进气压力(即压空减压阀后压力)需足够大才能克服泵本体摩擦力，驱动泵动作。将泵进气压力增大到 53 psi 后，泵动作，驱动阀门全开，阀门相关参数如下：
<table>
<tr><th>阀门状态</th><th>减压阀后压力/psi</th><th>油压/psi</th><th>氮气压力/psi</th></tr>
<tr><td>泵启动时</td><td>53</td><td>2450</td><td>2350</td></tr>
<tr><td>阀门全开后</td><td>56</td><td>3100</td><td>2350</td></tr>
</table>
3VVP002VV 在大修后试验、1~4 月份定期试验合格且无异常，结合现场泵的异音分析认为阀门无法开启的原因：
主要原因：气动油泵润滑不均匀导致动作卡涩——气动泵活塞或轴封卡涩造成，需压空压力增大才能克服泵摩擦力，驱动泵动作。
促成原因：
①可能是压空减压阀后压力表漂表，示数偏大(前期普遍出现)；
②减压阀在调节过程中，压力表示值顺畅，减压阀卡涩可排除(已排除)</td></tr>
<tr><td>消缺行动</td><td>机械处理反馈——工作过程：
1)拆开 3VVP222VA 减压阀保护罩；
2)松开锁紧螺母；
3)缓慢调大减压阀，当调至 53 psi 时泵启动将阀门打到全开；
4)锁紧锁紧螺母，回装保护罩</td></tr>
<tr><td>相关知识</td><td>FQ3-VVP-T-002 中验收准则规定，VVP002VV 可用性：检查阀门自动关闭且达到 10%关闭定值限位器时自动重新打开</td></tr>
</table>

续　表

参考资料信息	WR/WOT：00387380/00922553-01(紧急工单)； 运行二处：3 号机组异常反馈——执行 FQ3-VVP-T-002 主蒸汽隔离阀部分关闭试验时 3VVP002VV 关闭到 90%后供油气动泵未启动，3VVP002VV 停留在 90%开度无法全开； 运行二处：EAM 中工单 00922553-01 完工报告； 设备管理处：《主蒸汽隔离阀 3VVP002VV A 列定期试验时关至 90%开度后无法恢复全开技术方案》	
编　　者	运行二处一值：谷铁	时间：2019 年 02 月 11 日

3.36.2　主蒸汽隔离阀部分关闭试验时 3VVP003VV 关闭到略大于 90%后供油气动泵未启动

异常缺陷名称	主蒸汽隔离阀部分关闭试验时 3VVP003VV 关闭到略大于 90%后供油气动泵未启动
发生时间	2018 年 07 月 09 日早班
机组状态	RP 模式，满功率
异常缺陷现象	早班执行 FQ3-VVP-T-002 主蒸汽隔离阀部分关闭试验时，3VVP003VV 关闭到略大于 90%后供油气动泵停运，3VVP003VV 停留在略大于 90%开度无法全开
风险或潜在后果	1)导致 QSR 定期试验无法继续执行； 2)供油气动泵无法运行，VVP 油压无法建立，如果主蒸汽隔离阀持续关闭，机组有停堆停机风险
干预行动	已采取的行动措施： 1)立即停止试验，确认 3VVP003VV 泄油阀 3VVP253DR 关闭，现场确认主蒸汽隔离阀没有继续关闭； 2)停运临时风机，现场关注 3VVP003VV 油压，当前油压 2600 psi 并保持稳定； 3)主控室关注 3 号蒸汽发生器液位； 4)通知机械保驾人员检查处理。 建议后续行动： 1)机械分析供油气动泵无法启动的根本原因； 2)结合 05 月 14 日 3VVP002VV 未全开故障进一步制定处理预案，推动共性缺陷的消除

续 表

原因分析	气动泵前减压阀阀后压力低，导致气动泵动作缓慢，阀门开启缓慢
消缺行动	机械处理反馈——工作过程： 1)拆除3VVP223VA阀门保护罩； 2)通知主控后开始调整3VVP223VA，使阀后压力增大，直至气动泵可以正常启动； 3)确保A，B列试验全部做完后，恢复阀门保护罩
相关知识	FQ3-VVP-T-002中验收准则规定，VVP003VV可用性：检查阀门自动关闭且达到10%关闭定值限位器时自动重新打开
参考资料信息	WR/WOT：00411752/00967445-01(紧急工单)； 运行二处：3号机组异常反馈——执行FQ3-VVP-T-002主蒸汽隔离阀部分关闭试验时3VVP003VV关闭到略大于90%后供油气动泵未启动，3VVP003VV停留在略大于90%开度无法全开； 维修二处机械：EAM中工单00967445-01的完工报告
编　　者	运行二处一值：谷铁　　　　时间：2019年02月11日

3.36.3　执行FQ4-VVP-T-002主蒸汽隔离阀部分关闭试验时，多次闪发4VVP203KA VVP002VV未全开报警

异常缺陷名称	执行FQ4-VVP-T-002主蒸汽隔离阀部分关闭试验时，多次闪发4VVP203KA VVP002VV未全开报警
发生时间	2019年01月28日早班
机组状态	RP模式，满功率
异常缺陷现象	01月28日11:21，4号主控在执行FQ4-VVP-T-002(主蒸汽隔离阀部分关闭试验)过程中，进行2号主蒸汽隔离阀A列试验时，2号主蒸汽隔离阀从90%开度恢复到全开后，主控多次闪发4VVP203KA(VVP002VV未全开)故障报警，KIC画面中4VVP002VV多次脱开全开限位，过程中现场检查阀门未见动作，阀门触发有触到全开限位
风险或潜在后果	1)4VVP002VV若真实脱离全开限位，故障关闭将导致SG液位波动，存在停堆风险； 2)影响QSR试验的判定

续　表

干预行动	已采取的行动措施： 1) 立即联系现场操纵员和维修仪控和机械对阀门进行检查； 2) 主控对 KIC 中故障现象进行视频录制和反馈保驾人员故障现象； 3) 立即停止试验并恢复阀门到初始状态； 4) 主控立即检查主蒸汽管线流量，蒸汽发生器液位未见异常波动； 5) 联系现场操纵员和保驾人员就地查看 4VVP002VV 油压、气动泵压力未见异常。 建议后续行动： 1) 请维修仪控和维修机械分析根本原因，准备处理方案； 2) 运行加强对 4VVP002VV 油压和状态的监视	
原因分析	4VVP002VV 开限位触发裕量不足	
消缺行动	机械处理反馈——工作过程： 1) 确认设备位号与工作内容一致； 2) 在 DCS 将 4VVP002VV 关限位(SM5)强制为当前值； 3) 拆下 4VVP002VV 开限位(SM3)，动作 4VVP002VV 限位，确认限位动作正常； 4) 打开限位接线盒，做好拆线记录，拆除接线并包裹； 5) 动作 4VVP002VV 限位，测量阻值为 0.2 Ω、0.5 Ω、2.5 Ω、0.2 Ω、0.9 Ω、0.1 Ω、1.4 Ω、2.7 Ω、0.1 Ω、0.2 Ω，小于验收标准(10 Ω)确认合格； 6) 根据拆线记录恢复接线并记录，回装 4VVP002VV 开限位(SM3)，调整使其正常触发并紧固； 7) 在 DCS 将 4VVP002VV 关限位(SM5)恢复初始状态	
相关知识	可能产生 VVP203KA 报警的原因： 1) 正在进行部分关闭定期试验，开启限位开关 VVP 002SM3 没有连接上。 2) 电磁阀故障和/或油压减少。 3) 开启限位开关 VVP 002SM3 故障。 4) 在 KIC 上关闭 VVP 002VV	
参考资料信息	WR/WOT：00498840/01127630-01(紧急工单)； 运行二处：4 号机组异常反馈——FQ4-VVP-T-002 主蒸汽隔离阀部分关闭试验时，多次闪发 4VVP203KA VVP002VV 未全开报警； 维修二处仪控：EAM 中工单 01127630-01 的完工报告	
编　　者	运行二处一值：谷铁	时间：2019 年 02 月 11 日

3.36.4 执行 FQ4-VVP-T-002(主蒸汽隔离阀部分关闭试验规程)试验时 4VVP142VV 主控无法开启

异常缺陷名称	执行 FQ4-VVP-T-002(主蒸汽隔离阀部分关闭试验规程)试验时 4VVP142VV 主控无法开启
发生时间	2017 年 10 月 20 日早班
机组状态	RP 模式，满功率
异常缺陷现象	在执行 FQ4-VVP-T-002(主蒸汽隔离阀部分关闭试验规程)试验过程中，主控通过 4VVP142KC 开启 4VVP142VV，10 s 后 4VVP142VV 变成大红色关闭状态，就地检查确认 4VVP142VV 处于关闭状态
风险或潜在后果	4VVP142VV 无法开启，影响试验继续执行
干预行动	已采取的行动措施： 1) 当班值立即暂停试验； 2) onall 仪控人员过来检查处理； 3) 立即检查 4VVP142VV 就地是否正常关闭
原因分析	4VVP142VV 阀门开关信号传输如图 1 所示：KIC 上发出的命令中间经过软连接到 KSC125/126AR，经过 4VVP142VVBC1 和 4VVP142VVBC2 两个端子箱，再经过 4VVP142VV-CO1 和 4VVP142VV-CO2 两个电磁阀去动作 4VVP142VV，只有两个电磁阀同时得电，才能动作 4VVP142VV。 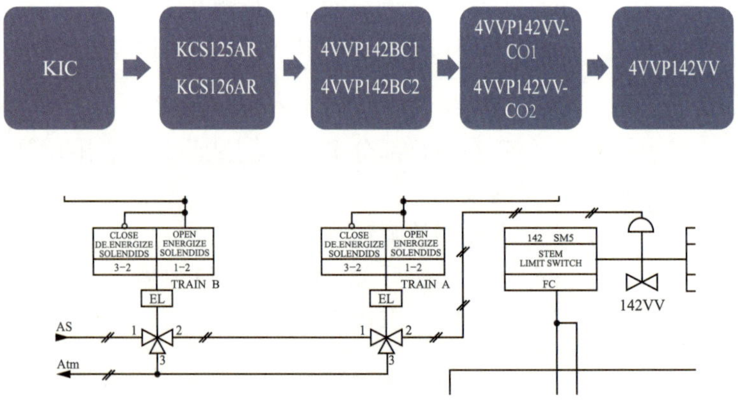 **图 1 信号传输图** 注：VVP 旁路阀是气开阀，只有 A/B 列两个电磁阀同时得电，供气管线才能畅通，阀门才能开启

续　表

原因分析	 **图 2　4KCS125AR 中 PLM 卡件状态** 图 2 中所示为 4KCS125AR 中 PLM 卡件状态，红灯亮代表对应熔断器熔断。本次因为 KCS125AR 和 4VVP142VVBC1 之间的熔断器熔断，使 4VVP142VV-CO1 电磁阀无法得电，导致 4VVP142VV 无法动作。 结论：故障原因——4VVP142VV-CO1 电磁阀无电压，正负极端子短路
消缺行动	仪控处理反馈： 1）工作过程（WOT：00731764-01）： ①打开电磁阀接线盖检查接线紧固无松动迹象，检查 4VVP142VVBC1/BC2 的接线紧固无松动迹象； ②在检查过程中发现 4VVP142VV-CO1 负极端子排装反导致正负极短路，4KCS125AR 机柜中熔断器烧毁； ③拆除接线并做好拆线记录，对端子排进行更换位置，依据拆线记录恢复接线，依据 00731854-01 工单对 4KCS125AR 机柜中熔断器进行更换； ④恢复就地 BC 箱及电磁阀接线盖，配合运行人员执行实验。 2）工作过程（WOT：00731854-01）： ①打开 4KCS125AR 柜门，检查发现 TB600BN 熔断器烧毁，拆除 4VVPC05029 电缆并做好拆线记录，对电缆进行绝缘测量测得值阻为 55 MΩ，依据此数据判断电缆未接地； ②打开电磁阀接线盖检查电缆紧固无接地迹象，打开 4VVP142BC1/BC2 检查电缆接线紧固无松动现象，经检查过程中发现 BC 箱内负极端子排装反，导致正负极短路造成熔断器烧毁，将端子位置进行调换后进行检查确认无短路现象； ③更换熔断器依据拆线记录恢复接线，恢复就地接线盖，联系运行人员操作阀门，阀门动作正常反馈正确

续 表

相关知识	1)熔断器可能因绝缘或老化等问题导致动作时熔断； 2)在试验中，应立即检查 4VVP142VV 就地是否正常关闭，否则旁路阀 4VVP142VV 卡在非关闭位置，产生第一组 I0[VVP3：8 h 内机组开始向 T<90 ℃的 NS/RRA 模式后撤；如果相关阀门(VVP143，144，145VV)能够强制关闭，开始后撤的期限改为 7 天]
参考资料信息	WR/WOT：00301463/00731764-01（紧急工单）、00301520/00731854-01(紧急工单)； 运行二处：《运行二处内部经验反馈——4VVP142VV 主控无法开启经验反馈》； 维修二处仪控：EAM 中工单 00731764-01、00731854-01 的完工报告
编　　者	运行二处一值：谷铁　　　　时间：2019 年 02 月 11 日

3.36.5 执行 1VVP001VV 主蒸汽隔离阀 B 列部分关闭试验时，阀门未按照预期部分关闭

异常缺陷名称	执行 1VVP001VV 主蒸汽隔离阀 B 列部分关闭试验时，阀门未按照预期部分关闭
发生时间	2018 年 05 月 07 日早班
机组状态	RP 模式，满功率
异常缺陷现象	执行 FQ1-VVP-T-002：主蒸汽隔离阀部分关闭试验。1VVP001/002/003VV 阀门 A 列试验执行结果满意，在执行 1VVP001VV 主蒸汽隔离阀 B 列部分关闭试验时，主控点击 1VVP004KC 试验按钮 SPECIAL 时，1VVP001VV 未按照预期要求进行部分关闭
风险或潜在后果	1VVP001VV 未按照预期动作到部分关闭
干预行动	已采取的行动措施： 1)出现异常后主控通过 KIC 日志确认 1VVP004KC 的“SPECIAL”指令已执行； 2)在讨论并分析风险后，再次点击 1VVP004KC 的“SPECIAL”按钮，验证故障真实存在； 3)点击 1VVP004KC“复位”按钮将试验错油阀 1VVP281DR 恢复到正常状态； 4)点击 1VVP140KC 将 1VVP140VV 恢复到关闭状态； 5)oncall 仪控专业检查和定位故障；

续　表

干预行动	6)通过仪控人员和当班值的分析，定位到 1VVP001VV 的 SM7 限位故障； 7)仪控开票对 1VVP001VV 的 SM7 限位进行调整； 8)故障消除，重新执行试验，设备动作正常，试验合格。 建议后续行动： 1)后续执行主蒸汽隔离阀试验前建议增加仪控人员 SM7 限位检查的相关步骤； 2)建议仪控专业分析此次缺陷的原因，优化相关 PM 项目，并于大修期间彻底处理
原因分析	主蒸汽隔离阀的 90%限位开关 SM7 在主控并无显示，也无相关 KS 灯，当 SM7 出现问题时，无法通过主控直观定位故障，现场故障限位开关和正常限位开关的对比也不能明显看出缺陷。但仪控人员在 DCS 一层和 KDO 中可以检查 SM7 是否为触发状态。 仪控检查时发现当前主蒸汽隔离阀为全开状态，但 SM7 也处于触发状态，与当前状态不符，同时通过与当班值共同进行逻辑分析 SM7 限位的触发，会导致试验执行无法下发，进而导致试验无法继续执行。怀疑为 A 列试验结束之后 SM7 限位未正常动作有关。 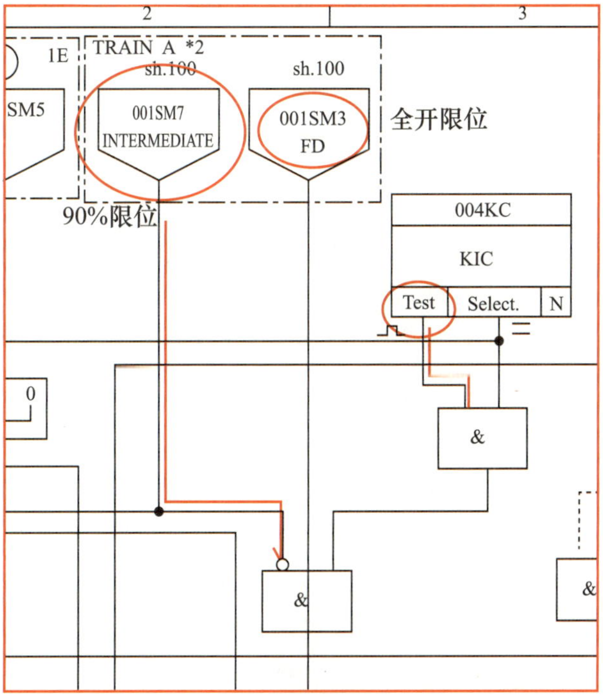 图 1　主蒸汽隔离阀限位逻辑

续 表

<table>
<tr><td>原因分析</td><td colspan="2">从以上逻辑图图 1 可以看出，当 SM7 触发为 1 时，经过“非”门后变为 0，1VVP004KC 试验指令下发后与上 SM7 非，导致与门总体输出变为 0，导致试验无法继续。

图 2
主蒸汽隔离阀全开状态下 SM7 抵住右侧与主蒸汽隔离阀阀杆相连的挡块，此时 SM7 触发为 0，当阀门向下关闭至 SM7 脱开挡块后，SM7 触发为 1。
故障发生时，阀门处于全开状态，仪控检查 SM7 与挡块为接触状态，但接触不充分，使得 SM7 触发为 1，对 SM7 进行调整后恢复正常</td></tr>
<tr><td>消缺行动</td><td colspan="2">仪控处理反馈：
1）检查 1VVP001VVSM7 限位开关触发是否灵敏；
2）调整 1VVP001VVSM7 限位开关的位置；
3）确认限位开关已恢复到正常状态；
4）与主控沟通启动 1VVP001VV 验证，限位开关动作正常</td></tr>
<tr><td>相关知识</td><td colspan="2">1）主蒸汽隔离阀的 90%限位开关 SM7 故障在 KIC 画面上无显示，但其状态在 DCS 一层可以查看。
2）在执行操作过程中出现异常情况后应将系统设备至于安全状态，须分析逻辑，不能盲目逆向操作</td></tr>
<tr><td>参考资料信息</td><td colspan="2">WR/WOT：384576/00914264-01（紧急工单）；
运行一处：《运行一处内部经验反馈——1VVP001VV 限位 SM7 故障处理经验反馈》</td></tr>
<tr><td>编　　者</td><td>运行二处一值：谷铁</td><td>时间：2019 年 02 月 11 日</td></tr>
</table>

3.36.6　1VVP100VV 现场实际关闭，但主控出现 1VVP600KA 报警

异常缺陷名称	1VVP100VV 现场实际关闭，但主控出现 1VVP600KA（SG1 安全阀 VVP100VV 未关）报警
发生时间	2018 年 03 月 16 日中班
机组状态	大修，一回路满水
异常缺陷现象	1VVP100VV 现场实际关闭，但主控出现 1VVP600KA（SG1 安全阀 VVP100VV 未关）报警
风险或潜在后果	导致报警误触发
干预行动	已采取的行动措施： oncall 仪控检查处理
原因分析	检查 1VVP100VV 时发现限位磁头与限位有错位现象
消缺行动	仪控处理反馈——工作过程： 1）依次对安全阀限位进行检查，固定螺栓无松脱现象； 2）检查 1VVP100VV 时发现限位磁头与限位有错位现象，重新调整 1VVP100VV 位移传感器，报警间距为 5.27 mm，消报间距为 2.88 mm，回差间距为 2.40 mm，调整后间距为 2.40 mm； 3）确认限位正常，主控无报警
相关知识	每条主蒸汽管线上的七只安全阀都直接装在主蒸汽管线上，所有的阀门都是常规的弹簧加载式安全阀。这些安全阀有助于： ①防止蒸汽发生器和蒸汽管道超压破损； ②通过排除反应堆冷却剂系统产生的热量来防止一回路侧超压和过热； ③通过蒸汽排放量和排放速率来防止堆芯过冷。 其整定值要使得在紧急工况和事故工况下蒸汽发生器和主蒸汽管线的最大压力不会超过其设计压力的 110%，在考虑了主蒸汽管线的压降、阀门特性和整定值的误差之后，将其整定值设为 8.7 MPa.a 和 8.5 MPa.a。分为两组： ①第一组安全阀：每条管线 2 台阀门，整定值为 8.5 MPa（绝压），阀门编号为 VVP100VV-105VV； ②第二组安全阀：每条管线 5 台阀门，整定值为 8.7 MPa（绝压），阀门编号为 VVP106VV-120VV

续　表

参考资料信息	维修一处：完工报告《FQ1-MA03-RCWO-00872770/01 1VVP100VV 现场实际关闭，但主控出现 1VVP600KA 报警，需仪控检查处理》	
编　　者	运行二处一值：谷铁	时间：2019 年 02 月 11 日

3.36.7　1VVP100VV 现场实际关闭，但主控出现 1VVP600KA 报警

异常缺陷名称	主控出现 1VVP500KA 主蒸汽隔离阀氮气压力低
发生时间	2016 年 09 月 19 日早班
机组状态	RP 模式，热功率 124 MW，未并网
异常缺陷现象	1VVP001VV 打开后，主控出现 1VVP500KA 主蒸汽隔离阀氮气压力低，现场查看氮气压力为 1800 psi，折算后比压力开关 124SP（氮气压力低报警开关）大，怀疑 1VVP124SP 故障
风险或潜在后果	产生主蒸汽隔离阀氮气压力低报警
干预行动	已采取的行动措施： oncall 仪控检查处理
原因分析	1VVP124SP 定值漂移
消缺行动	仪控处理反馈——工作过程： 1）现场确认 1VVP124SP 设备位置，并通知主控开工； 2）确认隔离边界 1VVP711VZ 为关闭状态； 3）请机械人员配合将氮气瓶接入 1VVP124SP； 4）对 1VVP124SP 进行校验，发现定值轻微漂移； 5）汇报系统工程师后对仪表定值进行调整，校验合格； 6）请机械人员拆除接入 1VVP124SP 的氮气瓶； 7）将 1VVP124SP 恢复至初始状态
相关知识	每条主蒸汽管线上的七只安全阀都直接装在主蒸汽管线上，所有的阀门都是常规的弹簧加载式安全阀。这些安全阀有助于： ①防止蒸汽发生器和蒸汽管道超压破损； ②通过排除反应堆冷却剂系统产生的热量来防止一回路侧超压和过热； ③通过蒸汽排放量和排放速率来防止堆芯过冷。 其整定值要使得在紧急工况和事故工况下蒸汽发生器和主蒸汽管线

续 表

相关知识	的最大压力不会超过其设计压力的110%，在考虑了主蒸汽管线的压降、阀门特性和整定值的误差之后，将其整定值设为8.7 MPa.a和8.5 MPa.a。分为两组： ①第一组安全阀：每条管线2台阀门，整定值为8.5 MPa(绝压)，阀门编号为VVP100VV-105VV； ②第二组安全阀：每条管线5台阀门，整定值为8.7 MPa(绝压)，阀门编号为VVP106VV-120VV	
参考资料信息	WR/WOT：00172976/00357643-01； 维修一处：完工报告《FQ1-MA03-RCWO-00357643/01 1VVP001VV打开后，主控出现1VVP500KA主蒸汽隔离阀氮气压力低，怀疑1VVP124SP故障，需要校验》	
编　　者	运行二处一值：谷铁	时间：2019年02月11日

3.36.8 2VVP174VV 阀门限位开关故障

异常缺陷名称	2VVP174VV阀门限位开关故障，现场已完全关闭阀门，但主控未关闭，报警依旧存在
发生时间	2015年05月15日中班
机组状态	机组启动
异常缺陷现象	2D10-01B：2GCT主汽门前管线在线时，2VVP174VV全关限位无法触发，现场已完全关闭阀门，但主控未关闭
风险或潜在后果	2VVP174VV全关限位无法触发
干预行动	已采取的行动措施： oncall仪控检查处理
原因分析	限位开关松动
消缺行动	仪控处理反馈——工作过程： 1)现场核实设备，确认2VVP174VV限位开关松动； 2)对2VVP174VV关限位开关进行紧固调整； 3)确认2VVP174VV关限位开关能正常动作恢复
相关知识	VVP174VV是1号蒸汽发生器供氮气管线隔离阀，正常关闭防止高温蒸汽泄漏

续 表

参考资料信息	WR/WOT：51256/00111182-01(紧急工单)； 维修二处：完工报告《FQ2-MA03-RCWO-00111182/01 2VVP174VV 阀门限位开关故障，现场已完全关闭阀门，但主控未关闭，报警依旧存在》	
编　　者	运行二处一值：谷铁	时间：2019 年 02 月 11 日

3.36.9　1VVP002VV 全开限位未触发，主控室频繁闪发 1VVP203KA 报警

异常缺陷名称	1VVP002VV 全开限位未触发，主控室频繁闪发 1VVP203KA 报警	
发生时间	2016 年 06 月 24 日早班	
机组状态	RP 模式，满功率	
异常缺陷现象	执行 FQ1-VVP-T-002：主蒸汽隔离阀部分关闭试验规程时，1VVP002VV 限位未触发，主控室频繁闪发 1VVP203KA 报警	
风险或潜在后果	导致频繁闪发 1VVP203KA 报警，导致定期试验暂停	
干预行动	已采取的行动措施： oncall 仪控检查处理	
原因分析	限位开关偏移	
消缺行动	仪控处理反馈——工作过程： 1)现场确认 1VVP002VVSM3 设备位置； 2)确认开工条件，将 1VVP002VVSM3 限位进行调整，联系主控进行验证，验证合格	
相关知识	可能产生 VVP203KA 报警的原因： 1)正在进行部分关闭定期试验，开启限位开关 VVP 002SM3 没有连接上。 2)电磁阀故障和/或油压减少。 3)开启限位开关 VVP 002SM3 故障。 4)在 KIC 上关闭 VVP 002VV	
参考资料信息	WR/WOT：00145305/00296910(紧急工单)； 维修一处：完工报告《FQ1-MA03-RCWO-00296910/01 1VVP002VV 全开限位未触发，主控室频繁闪发 1VVP203KA 报警》	
编　　者	运行二处一值：谷铁	时间：2019 年 02 月 11 日

3.36.10　3VVP002VV 在现场确认触到中间限位开关后，主控 3VVP205KS 未触发

异常缺陷名称	3VVP002VV 在现场确认触到中间限位开关后，主控 3VVP205KS 未触发	
发生时间	2016 年 12 月 14 日早班	
机组状态	RP 模式，满功率	
异常缺陷现象	执行 FQ3-VVP-T-002 主蒸汽隔离阀部分关闭试验规程，VVP002VV 关闭过程中，3VVP002VV 中间限位开关在现场确认触到后主蒸汽隔离阀仍继续关闭，待试验时间超 20 s 后，阀门重新开启。现场确认触到中间限位开关，但主控 3VVP205KS 未触发，初步怀疑中间限位开关损坏	
风险或潜在后果	1）导致 3VVP002VV 超过中间限位继续关，超 20 s 后，阀门才重新开启，导致 QSR 试验结果不满意； 2）处理调整 3VVP002VV 中间限位开关 SM7 期间，存在误触到 3VVP002VV_SM5 限位开关，导致主蒸汽隔离阀 3VVP002VV 关闭，进而引起停机停堆的风险	
干预行动	已采取的行动措施： 1）oncall 仪控检查处理； 2）要求仪控在 DCS 一层将 3VVP002VV_SM5 置为手动不触发状态	
原因分析	主蒸汽隔离阀限位挡块脱开 3VVP002VV_SM7 限位开关后，3VVP002VV_SM7 不动作，限位开关卡涩，需调整	
消缺行动	仪控处理反馈： 1）调整 3VVP002VV_SM7 限位开关； 2）再次进行 3VV002VV 局关试验； 3）3VVP002VV_SM7 正常触发	
相关知识	FQ3-VVP-T-002 的目的是用部分关闭（10%）来验证主蒸汽隔离阀的可操作性，其中验收准则规定，VVP002VV 可用性：检查阀门自动关闭且达到 10%关闭定值限位器时自动重新打开	
参考资料信息	WR/WOT：00196240/00437663-01； 维修二处：完工报告《FQ3-MA03-RCWO-00437663/013VVP002VV 在现场确认触到中间限位开关后，主控 3VVP205KS 未触发，怀疑中间限位开关故障》； 维修二处：《3VVP002VV SM7 限位开关调整工作方案》	
编　　者	运行二处一值：谷铁	时间：2019 年 02 月 11 日

3.36.11　4VVP739VL 主控显示洋红色

异常缺陷名称	4VVP739VL(疏水罐 7 气动疏水阀)主控显示洋红色	
发生时间	2017 年 07 月 18 日中班	
机组状态	4 号机组调试启动阶段	
异常缺陷现象	4VVP739VL 主控显示洋红色	
风险或潜在后果	1)导致疏水箱启动疏水阀不可用，影响蒸汽管道疏水； 2)在正常运行期间疏水器工作异常时，将影响紧急疏水功能，导致疏水在蒸汽管道中积累	
干预行动	已采取的行动措施： oncall 仪控检查处理	
原因分析	反馈开关长时间保持在开状态，弹簧产生形变，导致无法脱开开限位	
消缺行动	仪控处理反馈： 1)检查确定 4VVP739VL 显示洋红色； 2)使用十字螺丝刀拆开 4VVP739VL 开、关反馈限位开关盖子； 3)使用万用表检查 4VVP739VL 开、关反馈限值开关，检查发现开限位始终保持触发状态； 4)手动调整 4VVP739VL 开限位反馈开关，开反馈开关触发正常； 5)联系机操对 4VVP739VL 进行多次开、关验证，4VVP739VL 反馈触发正常； 6)回装 4VVP739VL 开、关反馈限位开关盖子，并使用十字螺丝刀紧固	
相关知识	VVP204SN 触发高液位(200 mm)，VVP739VL 自动开启； VVP203SN 触发高高液位(400 mm)，VVP739VL 保护开启	
参考资料信息	WR/WOT：00270102/00658019-01(紧急工单)； 维修二处：完工报告《FQ4-MA03-RCWO-00658019/01 4VVP739VL 主控显示洋红色，调整阀门开、关反馈限位开关》	
编　　者	运行二处一值：谷铁	时间：2019 年 02 月 11 日

核电机组系统设备

异常缺陷“病历库”

第一册

福建福清核电有限公司　编

中国原子能出版社
China Atomic Energy Press

图书在版编目(CIP)数据

核电机组系统设备异常缺陷"病历库" / 福建福清核电有限公司编. — 北京 : 中国原子能出版社, 2020.7
ISBN 978-7-5221-0618-2

Ⅰ. ①核… Ⅱ. ①福… Ⅲ. ①核电站-发电机组-电气设备-检修 Ⅳ. ①TM623.7

中国版本图书馆 CIP 数据核字(2020)第 101274 号

核电机组系统设备异常缺陷"病历库"(第一册)

出版发行 中国原子能出版社(北京市海淀区阜成路 43 号 100048)
策划编辑 王 丹 高树超
责任编辑 高树超
责任校对 冯莲凤
责任印制 潘玉玲
装帧设计 赵 杰
印　　刷 河北文盛印刷有限公司
开　　本 787 mm×1092 mm 1/16
印　　张 29
字　　数 650 千字
版　　次 2020 年 7 月第 1 版 2020 年 7 月第 1 次印刷
书　　号 ISBN 978-7-5221-0618-2
定　　价 698.00 元(全三册)

发行电话：010-68452845

序 言

核能作为我国能源的重要组成部分，其发展事关国家能源战略安全。中国核能行业协会发布的《我国三代核电发展战略价值研究报告》指出，无论从三代核能发展的政治战略价值分析、社会生态价值分析，还是经济战略价值分析，核能都是构建清洁低碳、多轮驱动的能源供应体系的一种必然选择。为了占领核能发展的制高点，不断改进核电的安全性，提升核电的经济性，世界各国核能创新的步伐没有停歇，正在加快推进先进核能技术的开发，竞相占领创新发展制高点。

核能发展需要有远谋，更需要有作为。自主创新，抢占核能发展的制高点，是引领世界核能发展的关键，是中国从核能大国转向核能强国的核心所在。

讲核电发展，首先就是要讲核电的安全。没有安全为基础，核电发展就是“无源之水，无本之木”。筑牢核安全基石、确保核电安全是国家对核能行业的使命要求，也是核能行业共同的政治责任和社会责任。

如何提高核电的安全性，呵护核电安全运行？设备可靠性管理在核电提升核安全水平，提高机组能力因子，降低生产成本，持续改进整体业绩中起着非常重要的作用。并在实践中得到验证和高度认可。设备可靠性管理的创新无疑可以为保障设备的安全可靠运行、推动核电的安全提供持续的动力。

创新从何而来？创新应该来源于积累！

福清核电 1~4 号机组已投运数年，在设备可靠性管理方面，积累了丰富的设备异常缺陷处理案例、经验和技术资料。《旧唐书·魏徵传》李世民曰：“夫以铜为镜，可以正衣冠；以史为镜，可以知兴替；以人为镜，可以明得失。”这些设备异常缺陷处理数据都能成为我们机组系统设备异常缺陷处理的“镜子”，也能成为我们设备可靠性管理创新的基石，打开我们领引核电设备可靠性管理的大门。

作为守卫核电机组安全的核电运行人，我们始终践行着“做一名具有高度责任心的核电运行人”，思考着设备可靠性管理的提升，思考着如何去利用好这一面面的“镜子”。机组系统设备与人身体器官的类比性，让医疗体系的“病历”给了我们启发。让我们从医疗系统“病历”的角度出发，思考核电机组系统设备异常缺陷(故障)处理，于是我们考虑构建机组系统设备异常缺陷“病历库”，来对机组上系统设备异常缺陷的处理数据信息进行科学的管理。

“病历”在医疗系统诞生由来已久，远超核电的发展历史，在医疗行业其科学性和实际应用价值毋庸置疑。将医疗系统的“病历”概念和先进的管理方法引入核电，当前全世界范围内尚无先例，对于我们是挑战也是创新。核电机组与人有类比性，医疗行业和核电行业也有类比性，但核电有核电的特殊性，医疗也有其特殊性，因此我们需要谨慎借鉴和仔细研究，而不是一味照搬。

构建机组系统设备异常缺陷“病历库”，并不是为了标新立异而去又弄一个新名字

的旧管理方法，来增大我们核电工作人员的负担，而是要构建机组系统设备异常缺陷处理科学的管理体系，要为我们机组系统设备异常缺陷处理带来方便，提高我们工作的效率和生产效益，提高我们设备可靠性管理水平，提高我们的安全保障。“病历库”的构建以处理机组系统设备异常缺陷为导向，不同于我们以往的技术报告、经验反馈、良好实践、偏差快报等，“病历库”关注设备异常缺陷处理的全过程，关联整个系统、整个机组的全范围，涉及各消缺相关的专业的全员，贯穿设备异常缺陷处理的始终。

基于此，我们在此书中阐述当前阶段在实现构建核电机组系统设备异常缺陷“病历库”体系过程中的实践工作成果。同时国务院印发的《新一代人工智能发展规划》中明确提出要建立混合增强智能支撑平台，建立“支撑核电安全运营的智能保障平台”。我们借鉴和吸收医疗电子病历体系先进的科学管理方法和使用经验，也进行了前瞻性的规划研究工作，拟构建核电机组系统设备“病历库”软件平台，规划利用数据库技术和数据挖掘(包括神网络法、关联规则法、决策树法等)等人工智能技术开发核电的“病历库”软件系统，以抢抓人工智能发展的重大战略机遇，构筑我国核电领域人工智能发展的先发优势。

核电机组系统设备“病历库”软件平台主要实现以下两大目标：1)构建核电机组系统设备“病历库”大数据。构建系统设备的“病症库”大数据、“运维处方库”大数据、“运维专家库”大数据、“源项关联分析(源项库)”全域大数据；2)实现设备异常缺陷处理的人工智能技术应用。实现自动识别和确诊系统设备的异常缺陷，自动运行干预行动操作票和维修消缺行动操作票自动生成功能。利用“病历库”的大数据和人工智能，应用到核电运维领域的日常和大修期间设备异常缺陷处理的数据录入、查询、分类、归纳、统计分析、风险源项关联分析、干预行动和消缺行动制定等工作中，应用到核电运维领域的定期试验、设备切换、预防维修、技术改造创新等工作的风险源项关联分析、预防措施制定、事故预想、决策支持等方面，继而提高核电各专业协同作战的水平，提高核电运维工作效率，提高设备故障处理的及时性和有效性，进而提升设备可靠性管理水平，实现建立起我国”支撑核电安全运营的智能保障平台”的远大愿景。

核工业是高科技战略产业，在面临新一轮人工智能发展的重大战略机遇期，建设创新型国家和世界科技强国过程中，要继续发扬“两弹一星”精神，勇于登攀，奋发进取，加快实现我国由核大国向核强国跨越。核电系统设备异常缺陷“病历库”体系的构建，可以使福清核电在中国乃至在全世界范围内，首次在核电领域采用“病历库”的概念和科学的“病历”管理体系，进而切实的做到从“实战”中总结应用到“实战”中去，提升运维人员在设备故障处理时“协同作战”的水平，提高我国核电设备可靠性管理水平，抢占核能发展制高点，引领世界核能发展，走出一条中国特色的核能发展之路。

前　言

构建机组系统设备异常缺陷“病历库”，我们运行部门主要分三步走：第一步由运行二处组织策划“病历库”的编制方案，组织运行值人员按系统分类收集整理1~4号机组系统设备异常缺陷处理相关的运行异常反馈邮件和专业oncall反馈邮件、值长日报和维修日报、运行一处和运行二处内部经验反馈等数据资料，并安排操纵员和高级操纵员编写机组各工艺系统的“病历库”，组织值长和副值长对“病历库”内容进行审校。将“病历库”作为机组系统设备故障时诊断与采取干预措施的重要参考资料信息，同时构建起处理异常缺陷的知识体系，来提升操纵员的基本功。

第二步由运行一处组织在“病历库”基础上，依托福清核电启明星计划项目，组织操纵员和高级操纵员对典型病历进行研究分析，提炼和优化运行控制干预方案，并将成果优化到运行规程程序中，根据病历研究分析结果，对机组巡检数据进行全面优化，对系统健康评价和精细化巡检进行全面优化。

第三步由运行二处组织“病历库”平台软件的开发策划和研究工作，通过构建“病历库”软件平台来科学的管理机组系统设备异常缺陷的处理数据，构建起机组系统设备异常缺陷处理的大数据，继而打开核电设备故障人工智能化处理的大门，将“病历库”平台软件中的“运维处方库”“运维专家库”“机组系统设备源项关联分析数据库”应用到我们核电机组日常定期试验、定期切换、设备预维工作、设备隔离检修工作、设备故障处理等等运维工作中去。

本书作为构建核电系统设备异常缺陷“病历库”的第一步，着力于收集整理机组系统设备异常缺陷处理数据资料，编制《核电系统设备异常缺陷“病历库”》，阐述核电系统设备异常缺陷“病历库”的目的意义、构建方法，规划“病历库”软件平台的功能模块设计和逻辑流程。

本书在公司领导和处室领导贾玉强等同志的安排规划下，由运行二处一值负责编写。在运行二处一值值长的带领和组织下，从2018年开始，历经约半年时间，我们按系统分类收集整理了福清核电1~4号机组系统设备异常缺陷处理相关的运行异常反馈邮件和专业oncall反馈邮件、值长日报和维修日报、运行一处和运行二处内部经验反馈等数据资料。

2019年年初根据安排，处室领导杨东升、董恩兴副处长、陈路标高级值长指导我们编写了《核电机组系统设备异常缺陷“病历库”编制策划书》，我们规划了编制计划、人员分工，设计了“病历卡”模板，制定了“病历卡”编写规范。

策划完成后，运行二处一值在值长和副值长带领下，组织操纵员和高级操纵员立即着手开始了机组系统设备“病历库”的编写工作。编制过程中，我们翻阅了收集资料中的运行异常反馈邮件和专业oncall反馈邮件、值长日报和维修日报、运行一处和运行二处内部经验反馈、运行周报、核安全周报等大量数据资料，同时查看了EAM和ECM

系统中大量维修完工报告、工作分析报告，查找了大量运行日志数据信息，研究了模拟图、逻辑图、技术报告、系统设备运维手册等资料，力求编制的每个设备异常缺陷对应的“病历卡”信息，具有更实用更全面更有效应用价值。历经大半年时间，大家投入了极大的热情和大量休息时间，全身心地投入到这一意义重大富有创新的“病历库”编制工作中，终于成稿。

全书共分三册，包括综述和其他六个章节，其中综述由谷铁同志编写，其余第二章到第七章为各系统“病历库”章节，该部分由运行一值的操纵员和高级操纵员及副值长负责编写，具体分工如表1所示。

表1　人员系统分工表

编写人员	负责系统
谷　铁	ABP、ACO、ADG、AGM、APA、CFI、DEG、DEL、KCS、KIC、KCP、KRT、RGL、VVP、RPE、AVC、LSS、GPA、RIC、LLS、SIT、LAA、GSE、CTE、GGR、LHP、LHQ、LHA、RAZ、RAM、SAP、PTR、CEX、GSY、GRE、SEC、SEN、RPN、SEL
姚嘉俊	AHP、APG、RCV、REN、STR
石亿虎	APD、ARE、DVN、GSS、RCP、RIS、RPN、RPR、SRI
高鹏威	CVI、DVC、DVL、DVK、GCT、GSY、LHP、LHQ
石兴强	ATE、GRE、GRH、GRV、SIR、SEL
胡松辉	ASG、CET、CGR、GFR、GHE、GST、SAR
朱克勤	EAS、8TEG、8TEP、8TEU、TER、ASG
林赐彦	8SRE、8TEG、8TEP、8TEU、ETY、RRI、RRA、RCV、LBA、SAR
张美强	DVE、DVF、DVG、DVH、DVI、DVS、RRM、DVL
杨少东	JDT、JPT、JPU、JPD、JPI、JPL、JPP、JPV、KKO、RRI
陈金龙	SAP、SEN、SER、RRM、RAZ
唐　杰	LGA、LGB、LGD、LHA、LHB、LKR
王　敏	LKC、LKD、LKE、LKF、LKG、LKH、LKJ、LKP、LKQ、LKR、CFI
游志泽	CRF、LBJ
高文超	REA、REN
向　阳	LCB

2019年06月中旬，我们完成各工艺系统的“病历库”编制后，开始进行统稿校核，7月初《核电机组系统设备异常缺陷“病历库”》的初稿终于完成。而后在运行二处一值高文超值长的组织和支持下，我们开始了《核电机组系统设备异常缺陷“病历库”》的升版和审稿工作。组织了运行二处和运行一处的值长、副值长历经一个季度，对一百多个系统，近千页稿件进行了审查，同时组织了值内操纵员进行修改升版(见表2)。

表2　审核人员分工

章　　节	审核人员
第二章　一回路主要系统及其辅助系统“病历库”	高文超、谷铁、王伟、高云飞、吴锦财
第三章　二回路主要系统及其辅助系统“病历库”	常亚飞、王立、姚嘉俊、徐海龙
第四章　三回路主要系统及其辅助系统“病历库”	谷铁、向阳
第五章　BOP系统及消防相关系统“病历库”	向阳
第六章　仪控相关系统“病历库”	宁宇
第七章　电气相关系统“病历库”	宁宇、谷铁、韩鋆龙
章　　节	升版人员
第二章　一回路主要系统及其辅助系统“病历库”	谷铁、林赐彦、石亿虎、王敏、游志泽
第三章　二回路主要系统及其辅助系统“病历库”	高文超、谷铁、朱克勤、张美强、石兴强、唐杰
第四章　三回路主要系统及其辅助系统“病历库”	向阳、杨少东
第五章　BOP系统及消防相关系统“病历库”	向阳、高鹏威、杨少东
第六章　仪控相关系统“病历库”	姚嘉俊、高鹏威、胡松辉
第七章　电气相关系统“病历库”	姚嘉俊、胡松辉

最终《核电机组系统设备异常缺陷“病历库”》的成稿总共囊括机组上110多个系统的“病历库”，达1200多页，总计175万多字。在此感谢各位编写人员和审稿人员的辛勤付出，也感谢在编写过程中各位处室领导的大力支持和热心指导。

《核电机组系统设备异常缺陷“病历库”》编写时间短、量大、难度高，限于作者知识水平有限，编写的过程中难免存在疏漏和不妥之处，欢迎读者批评指正，以使之不断完善。

声　明

本书中“病历”二字为对“异常缺陷处理过程数据信息”的类比而来。将机组和人类比，将系统设备与人体系统器官类比，把机组系统设备的异常缺陷与人身体器官的病变类比，进而将运维人员处理机组系统设备异常缺陷的历程数据和医生医治病人的病历类比。因此请勿对《核电机组系统设备异常缺陷“病历库”》全书中的“病历”二字进行过度解读，以免造成不必要的误会和中伤。

本书中所有系统“病历库”中所涉及的“病历卡”，由运行人员搜集福清核电机组系统设备异常缺陷案例编制而成，部分举例案例来自其他核电，编写过程中存在加工的成分，难免与实际事实存在不一致的情况，因此所有内容仅供工作学习参考，所有“病历卡”案例内容均不得当作事实成为任何纠纷的依据。

目　录

第一章　综　述 …… 1
1.1　构建机组系统设备“病历库”的背景目的 …… 1
1.2　构建机组系统设备“病历库”的意义 …… 3
1.3　构建机组系统设备异常缺陷“病历库”的方法 …… 8
1.4　从“病历库”到运行工作习惯（方法）与反惯性思维的培养 …… 17
1.5　从“病历库”到源项关联分析法 …… 30
1.6　从“熵增原理”和“耗散结构理论”角度看设备故障及其处理 …… 43

第二章　一回路主要系统及其辅助系统“病历库” …… 50
2.1　核岛冷冻水系统（DEG） …… 50
2.2　上充泵房应急通风系统（DVH） …… 89
2.3　设备冷却水房间通风系统（DVI） …… 93
2.4　核燃料厂房通风系统（DVK） …… 95
2.5　核辅助厂房通风系统（DVN） …… 97
2.6　安全注入和安全壳喷淋泵电机房通风系统（DVS） …… 103
2.7　安全壳喷淋系统（EAS） …… 105
2.8　安全壳大气监测系统（ETY） …… 111
2.9　电厂辐射监测系统（KRT） …… 116
2.10　LOCA 监测系统（LSS） …… 176
2.11　反应堆水池和乏燃料水池冷却和处理系统（PTR） …… 191
2.12　控制棒驱动机构电源系统（RAM） …… 196
2.13　反应堆冷却剂系统（RCP） …… 207
2.14　化学容积系统（RCV） …… 238
2.15　反应堆硼和水补给系统（REA） …… 247
2.16　核取样系统（REN） …… 256
2.17　棒控棒位系统（RGL） …… 259

2.18 堆芯测量系统(RIC) …… 330
2.19 安全注入系统(RIS) …… 348
2.20 核岛排气和疏水系统(RPE) …… 363
2.21 反应堆功率测量系统(RPN) …… 386
2.22 反应堆保护系统(RPR) …… 405
2.23 余热排出系统(RRA) …… 414
2.24 设备冷却水系统(RRI) …… 417
2.25 控制棒驱动机构通风系统(RRM) …… 428
2.26 放射性废水回收系统(SRE) …… 431
2.27 放射性废气处理系统(TEG) …… 433
2.28 硼回收系统(TEP) …… 439
2.29 放射性废液处理系统(TEU) …… 444

第一章 综 述

1.1 构建机组系统设备“病历库”的背景目的

构建机组系统设备“病历库”的背景目的

(1)系统报警规程中报警卡具有现实的需要优化和补充的空间

当前核电机组系统设备出现异常缺陷、故障报警时，运行人员处理异常缺陷时一般参考报警规程中对应的报警卡。然而报报警规程是参考设计人员提供的报警手册编制，因此报警卡中信息与现实中的设备异常缺陷可能会存在设计与实际的偏差，且报警卡并不能囊括系统设备所有的异常缺陷或是报警情况。因此使用报警卡处理系统设备的异常缺陷可能会有一定的局限性和不实用性，存在对利用报警卡处理设备异常缺陷的方式进行优化和补充的空间。

(2)机组系统设备异常缺陷和人身体器官病变的类比性

通过从运行角度思考提高设备可靠性管理水平，把机组当人，把系统和设备当人体系统器官，把机组系统设备的异常缺陷事件当人身体器官的病例，把运行和维修人员处理机组系统设备异常缺陷的历程当医生医治病人的病历，收集机组设备异常缺陷干预处理历史信息即相当于汇总整理病人病历信息，分析提炼机组设备异常缺陷干预处理历史信息相当于分析病人病历，优化机组设备异常缺陷干预处理方案则相当于优化病人病情医治方案。

(3)医疗体系病历管理先进经验的可借鉴性

“病历”是医务人员对患者疾病的发生、发展、转归，进行检查、诊断、治疗等医疗活动过程的记录，也是对采集到的资料加以归纳、整理、综合分析，按规定的格式和要求书写的患者医疗健康档案。“病历”既是临床实践工作的总结，又是探索疾病规律的科学依据。通过吸收医学行业病历体系的先进管理和使用经验，应用到核电设备可靠性管理工作中，“核电机组系统设备异常缺陷‘病历库’”亦可将核电机组上设备异常缺陷的处理进行科学规范管理。

(4)机组运行历史经验数据的可利用性

福清核电 1~4 号机组已投运数年，运行及各维修专业在处理系统设备异常缺陷时，存在大量的历史经验数据信息，但这些数据信息大部分未得到有效分析和整理，更未得到有效的利用。而这些处理系统设备异常缺陷时的“实战”经验数据信息，是可以更好的应用到后续处理机组系统设备异常缺陷的“实战”中，因此构建机组系统设备异常缺陷“病历库”具备可操作性。

(5)机组系统设备可靠性管理提升的需要

中国核电设备可靠性管理体系在运行领域涉及：设备操作、定期试验、设备巡查、设备停复役、缺陷申报等，SPV 设备管理缓解策略分析中要求运行领域：通过改变运行方式、调整运行巡检或试验频度、运行行政管理等手段防止 SPV 设备故障导致停堆停机发生。公司 365 经营管理体系中“5 大管理提升”指出“设备可靠性”管理方面：着力提升设备可靠性管理体系。

在此背景下，“核电机组系统设备异常缺陷‘病历库’”的构建从运行角度思考提高设备可靠性管理水平，基于机组上系统设备运行过程中真实发生的异常缺陷，从总结“实战(异常缺陷处理经验)”来应用于“实战(未来设备异常缺陷的处理)”，对于后续机组系统设备运行过程中出现异常缺陷具有“实战”指导意义，有助于构建我们运行领域设备可靠性管理体系和提升设备可靠性管理水平。

(6)数据库技术和数据挖掘等人工智能技术的可利用性

当前数据库技术和数据挖掘等人工智能技术高速发展，在各行各业得到广泛的应用，极大地促进了生产。核电机组系统设备异常缺陷的处理产生大量极富利用价值的经验数据。随着机组运行时间的积累，这些海量的数据可以利用数据库技术来实现分类录入、搜索查询、统计等，可以构建起设备“病历”大数据。利用这些大数据，通过数据挖掘技术来实现设备“病历”数据的归纳分析、关联分析、决策支持等，进而实现机组系统设备异常缺陷(故障)的自动识别、确诊和故障原因分析，自动生成运行干预行动操作票(处方)和维修消缺行动操作票(处方)等功能。

1.2 构建机组系统设备“病历库”的意义

“病历库”的编制以处理机组系统设备异常缺陷为导向，不同于运行人员所编写的技术报告、经验反馈、良好实践、偏差快报等，“病历卡”关注设备异常缺陷处理的全过程，内容信息涉及设备异常缺陷处理相关的各专业。

构建机组系统设备异常缺陷“病历库”，是总结分析运行和维修专业的“实战”，以便应用到未来的“实战”，为未来干预处理机组设备“病情”提供方便，通过与“病历库”实例中的“病症”现象特征比对，以便运行人员快速了解“病情”的轻重缓急，同时参考“病历库”“对症下药”，采取及时有效的干预措施，避免必须采取或需要采取的干预措施未执行或是未及时执行，导致异常缺陷恶化的情况出现。因此构建“病历库”具有以下实际的应用意义：

(1)减少机组“非计划停机停堆”风险，提高机组运行可靠性

通过构建机组系统设备异常缺陷“病历库”，来提升机组系统设备可靠性管理水平，使得机组上系统设备的重要异常缺陷、重要设备的异常缺陷能够得到及时有效的干预处理或是缓解，避免设备异常停运或损坏，避免设备降级，避免系统出现瞬态，进而引起停机停堆事件的发生。通过丰富“病历库”，使用好“病历库”，来确保机组安全可靠运行，减少机组“非计划停机停堆”的发生，提高机组运行可靠性。

(2)提高运行人员的实战技能(提升操纵员基本功)和工作效率

从处理异常缺陷事件的“实战”中总结经验应用到后续设备异常缺陷处理的“实战”中。“病历库”的资料信息，可以让运行人员面对设备异常缺陷时，针对类似的异常缺陷，参照历史的“病历”信息相关的处理措施，直接采取类似的措施，提高干预缺陷异常的速度和效率。

例如原来针对 RGL 系统控制棒双保持故障、电源卡件等故障的处理，副值长发出运行异常反馈可能需要 0.5 h，现场人员核实异常可能需要 15 min，操纵员采取一系列的干预措施(包括填 WR、发送异常反馈邮件等)可能需要 40 min 左右，且可能采取的干预措施不完善——可能未去现场核实 RGL 系统的哪个 AR 柜上哪个模块故障灯亮，未核实 AR 箱对应的棒组。通过使用 RGL 系统“病历库”收集整理的类似“病历”以及总结作为参考，运行人员可以将以上干预行动控制在 10 min 内完成，并核实清楚现场 RGL 的 AR 机柜哪个模块故障灯亮，对应哪个控制棒组，这有助于维修专业最快时间内获取完整的故障现象信息，以便准备好处理方案和核取备件，也有助于运行人员采取针对性的控制干预行动——RGL 系统设备异常缺陷处理总结了 RGL 报警出现后，处理思路：

①查看报警卡，根据报警卡执行 I RGL 001 规程将 G 棒和或 R 棒组切手动；

②检查 4RGL 各 KIC 画面，检查出现的故障 KS 灯情况信息；

③主控检查棒位(达到棒位 AP、要求棒位 DP、测量棒位 MP)、一回路温度、核功率等各项参数是否存在变化；

④安排就地检查具体的 RGL 机柜报警信息并反馈仪控（控制棒组和 AR 箱对照见表 1.2.1），以便仪控做好故障处理的准备工作。

⑤若出现控制棒卡棒，副值长执行《FQ3/4-RGL-I-002 控制棒卡棒应急预案》指导操纵员按照《FQ3/4-RGL-I-001 控制棒系统故障规程》执行相关操作。卡棒相关技术知识可参考教材《手把手教你校棒》。

⑥若机组 20% Pn 功率下出现控制棒双保持故障，可以参考《FQ3/4-OP00-TD-16002/17001 3/4 号机组控制棒动作闭锁应急预案》，进行机组状态控制；

⑦在 R 棒和 G 棒置于手动后，加强对二回路负荷监控，避免有可能引起机组负荷变化、温度变化的工作开展，必要时可以通过硼化来进行控制反应性的上涨。如当前机组 STR 出力，需要尽量避免有大量用蒸汽的操作进而引起 RGL 温度的变化。

表 1.2.1　控制棒组和就地 RGL 系统 AR 箱对照表

控制棒组	对应的棒控电源机柜
SA1	RGL011AR
SA2	RGL012AR
SB1	RGL013AR
SB2	RGL014AR
SC	RGL015AR
SD1	RGL025AR
SD2	RGL026AR
R1	RGL016AR
R2	RGL017AR
N2-1	RGL018AR
N2-2	RGL019AR
N1-1	RGL020AR
N1-2	RGL021AR
G2-1	RGL022AR
G2-2	RGL023AR
G1	RGL024AR

通过对系统设备异常缺陷“病历”的收集整理，类比分析和总结，可以让运行人员在遇到类似异常缺陷时，快速参考采取正确的响应干预缓解措施，提高机组运行人员对设备异常缺陷干预处理的及时性和有效性。同时“病历库”也构建了处理异常缺陷的知识体系，供运行人员参考学习，有利于提升操纵员的基本功。

(3)通过提高机组系统设备“病历”管理水平，来提高设备可靠性管理水平

通过丰富完善“病历”信息库，去发现哪些系统设备会易出现、常出现何种异常缺陷，会产生怎样的风险和后果，需要采取何种干预缓解措施。通过“病历”去提炼处理缺陷异常的最佳运行控制方案、隔离检修方案，为管理机组的“医生护士”们干预处理机组设备“病情”提供方便，可以快速了解“病情”的轻重缓急，通过设备“病症”现象特征比对，参考“病历库”进行“对症下药”，采取及时有效的干预措施，避免必须采取或需要采取的干预措施未执行或是未及时执行，导致异常缺陷恶化的情况出现。

通过分析设备异常缺陷、故障发生的频率和频次以及严重程度，优化运行干预控制方案，如优化巡检项目和频次，优化检修方案，优化隔离方案。

(4)减少知识性失误

“病历库”中大量的设备异常缺陷信息，有助于运行人员在面对机组异常缺陷时，查阅“病历库”，对比分析采取有效的干预措施，避免因运行人员经验不足或是知识盲点而造成采取错误的或无效的干预措施。

(5)节省人力物力成本

在机组设备出现重要的异常缺陷或故障时，一般当班值会发起“oncall”流程，即将维修人员从福清市区紧急联系进厂处理该异常缺陷。每次进厂班车来回行驶约 100 km，人力费用和来回车费用约 300 元。这样发起“oncall”的异常缺陷几乎每天都有发生。通过构建“病历库”平台，利用好“病历卡”中的“风险或后果”项目，提升运行人员风险分析的能力，能更清晰全面的分析异常缺陷的风险，明确异常缺陷的紧急性和严重程度，针对不紧急的异常缺陷，可以不发起“oncall”处理流程，针对状态类的异常缺陷可以避免发起“oncall”处理流程。

这样将可以大大减少了非必要性“oncall”，对于可以参照历史运行经验处理的缺陷，可以直接按历史方式处理，即节约了时间成本，也减少了不必要的人力以及财务成本。

(6)依托“病历库”信息的平台，开展运行控制优化、技术创新、管理创新等工作

“病历库”整理大量系统设备异常缺陷(病历)信息，可以对系统设备的异常缺陷进行统计对比分析。针对“病历库”中故障率高、故障风险后果严重的设备问题，列出课题清单，指明研究方向和目标，组织技术人员进行攻关，开展技术改造、创新研究工作，以提高设备的可靠性。针对“病历库”中有效的良好实践和经验反馈信息，开展设备运行优化研究工作，开展程序、规程、操作票优化工作。

运维控制优化案例：例如通过 ABP 系统“病历库”中整理分析的 ABP 系统 19 项紧

急工单中，其中限位故障相关的缺陷占了 8 项，占比率约 42%。而且 1 号机组曾因出现过因限位开关相关的工作导致机组出现瞬态的情况发生——“1ABP503VL 接线和控制回路检查工作，触发 1ABP503VL 非全开限位信号，导致机组产生瞬态”。通过对 ABP 系统“病历库”中的“病历卡”进行统计分析，可知以下阀门存在逻辑联锁动作：①1 号、2 号低加水侧进出口阀 ABP101/102/201/202VL 任意一个未全开时，1 号、2 号低加旁路阀 ABP008VL 将保护全开；②3 号、4 号低加水侧进出口阀 ABP501/502/503/504VL 任意一个未全开时，3 号、4 号低加旁路阀 ABP011VL 将保护全开。因此在机组正常功率运行时，涉及 ABP 系统以上阀门的运行操作或是维修工作，如果存在可能触发阀门出现非全开限位时，均可能引起机组出现瞬态，在日常运行控制和设备维修工作开展时，均需要避免此类风险的出现，采取必要的预防措施和优化手段。

可进行技术改造的案例：又例如通过 APA 系统“病历库”中整理分析的 APA 泵入口电动阀 APA100VL(200VL 或 300VL)的异常缺陷，可知从 2016 年至今，1～4 号机组多次出现 APA 泵入口电动阀 APA100VL(200VL 或 300VL)阀门限位开关相关的异常缺陷，因 APA 泵入口电动阀关闭将直接触发 APA 跳闸信号，故在正常功率运行时，当泵入口阀门出现限位故障的情况时，如果泵处于运行，一般为避免故障恶化出现入口阀门关限位触发引起运行的主给水泵跳闸，进而引起机组出现瞬态甚至停机停堆的情况，采取对故障主给水泵入口电动阀门断电，使得阀门失电全开，但该措施存在一定的风险，当该主给水泵的给水管道出现破口时，无法及时通过关闭主给水泵入口阀隔离破口点。考虑到主给水泵入口电动阀关触发主给水泵跳闸信号为单一信号跳泵逻辑，且主给水泵电动入口阀门限位开关故障多发，因此限位开关探头扰动引起主给水泵误跳闸的风险是存在的且有极大发生概率的，真实发生时将给主给水泵运行安全和机组核安全带来挑战。因此可以考虑针对该控制逻辑进行技术改造。技改为给水泵入口电动阀全关与给水前置泵进口压低相与后跳泵，真实的给水泵入口阀门关闭势必会引起前置泵入口压力低的情况出现，这样可以避免给水前置泵进口阀门关限位误触发引起给水泵跳闸。如果给水泵入口阀门真实关闭，给水前置泵入口压力表故障而未显示压力低，此时主给水泵将由“给水泵运行且转速大于 3950 r/min，延迟 20 s，给水泵出口压力低(<4. 5 MPa. g)”信号来联锁跳闸主给水泵，来确保主给水泵的运行安全。

(7)提高核电运行和各专业协同作战水平

通过“病历库”中整理的专业处理反馈信息，例如完工报告中的开工条件、隔离需求、原因分析等信息，有助于运行人员了解维修专业处理异常缺陷的故障原因分析、维修工作过程、隔离需求等信息，在遇到类似异常缺陷时，主控操纵员和隔离经理可以查阅参考“病历库”，提前熟悉处理该异常缺陷时维修工作负责人可能的隔离需求、开工条件，提前做好响应的准备，有助于提升运行人员和维修人员在缺陷处理时配合的效率和有效性。同时也可以提高运行人员分析故障原因，采取有效干预措施的能力，避免预判故障原因失误，而耽误异常缺陷的处理，导致大量人力物力损失，引入安全风险的情况。

(8)为核电人工智能做大数据准备

通过开发“病历库”软件平台，不断增加机组设备异常缺陷及其处理信息到“病历库”中，构建起核电机组系统设备异常缺陷的“病历库”大数据，开展基于设备“病历”大数据的人工智能化研究，进而为核电机组系统设备故障自动提供分析和解决方案，为实现核电人工智能化处理机组系统设备异常缺陷做铺垫。

1.3 构建机组系统设备异常缺陷“病历库”的方法

1.3.1 “病历库”的设计和编制方法

(1)“病历卡”模板的设计

机组系统设备重要异常缺陷产生时，运行发送的“机组异常反馈”邮件以及维修专业响应 oncall 的“异常处理反馈”邮件，以及各专业对“值长关注项”的反馈，通常涉及：异常缺陷名称、发生时间、缺陷现象、存在的风险、运行已采取的措施、建议后续行动、原因分析、处理措施、经验反馈等。

“病历卡”依照“机组异常反馈”邮件以及“异常处理反馈”邮件、值长日报、维修日报中异常缺陷处理项目信息，设置有以下项目：1)异常缺陷名称；2)发生时间；3)机组状态；4)异常缺陷现象；5)风险或潜在后果；6)干预行动；7)原因分析；8)消缺行动；10)相关知识；11)参考资料信息；12)编者。见表 1.3.1。

表 1.3.1 “病历卡”模板

异常缺陷名称	4APA302PO 转速控制由自动切手动后转速迅速下降
发生时间	2017 年 09 月 09 日中班
机组状态	RP 模式，电功率 887 MW
异常缺陷现象	4 号机组执行《FQ4-APA-C-004 主给水泵 C 切换至主给水泵 A 运行(不降负荷)操作票》，20:47:44 操纵员将 4APA302PO 转速控制器 4APA003KU 由自动切至手动时，4APA302PO 转速在 10 s 内由 4126 r/min 快速降低至 613 r/min，与切手动后泵转速预期响应不符，且造成蒸发器液位波动
风险或潜在后果	1)给水泵 C 转速和电流、出口压力大幅波动，对泵运行产生不利影响； 2)引起水汽压差、ARE 给水流量、SG 水位的波动
干预行动	已采取的行动措施： 1)主控关注 SG 水位波动情况，必要时干预控制； 2)切换到 4APA102PO 运行正常后，将 4APA302PO 手动停运； 3)安排现场检查 4APA302PO 就地转速控制柜上是否存在异常报警，未见明显异常； 4)oncall 仪控检查处理
原因分析	勺管位置反馈器的隔离卡件故障，送往手动 PLC 控制器的勺管位置指令偏低，导致切手动后出现勺管下插，勺管下插导致转速快速下降

续表

消缺行动	仪控处理反馈： 处理进展：经排查 4APA302PO 勺管位置反馈器的隔离卡件故障，已完成隔离卡件更换，运行完成手动/自动三次切换试验，转速无异常波动。 原因分析：勺管位置反馈器的隔离卡件故障，送往手动 PLC 控制器的勺管位置指令偏低，导致切手动后出现勺管下插，勺管下插导致转速快速下降。 处理措施： 1)排查转速控制执行机构 24 V 供电回路正常；排查转速控制执行机构位置传感器回路正常；排查转速设定值回路正常；对勺管进行离线校验，指令与反馈偏差满足要求； 2)通过 KIC 下发动作指令的方式对勺管动作情况进行验证，结果正常； 3)通过主控改变手/自动模式，排查勺管控制信号选择器，功能正常； 4)排查勺管位置反馈器的信号隔离分配卡件，发现送往手动控制器的信号回路明显低于隔离卡件输入值，且通过几次测量，验证隔离卡件信号输出有一定随机性，判断隔离卡件故障； 5)维修二处与设备管理处紧急推动备件领用，并进行备件更换，更换后主控进行 3 次泵的自动/手动切换，泵转速无异常，符合要求
相关知识	电动主给水泵转速控制相关的故障触发时，勺管动作情况： 1)勺管位置传感器 BALLUFF 供电回路掉电时，失电后勺管降至 0%，恢复供电后勺管将恢复到设定值； 2)执行机构 VESH 失去 24 VDC，勺管位置下插至 0%； 3)执行机构 VESH 失去转速设定值(4~20 mA，两线制)信号+端，勺管位置下插至 0%；失去转速设定值(4~20 mA)信号-端(GND，为公共端)，勺管位置保持当前位置； 4)勺管位置传感器 BALLUFF 失去位置反馈(4~20 mA，两线制)信号+端，勺管位置下插至 0%；失去位置反馈(4~20 mA)信号-端(GND，为公共端)，勺管位置保持当前位置
参考资料信息	维修二处仪控：《4APA302PO 在自动切手动后转速迅速下降分析报告》、oncall反馈——4APA302PO 在自动切手动后转速由 4126 r/min 快速降低至 613 r/min； 运行二处：4 号机异常反馈——4APA302PO 停运过程中，转速控制器置手动后转速突降； WR/WOT：00288425/00703124-01(紧急工单)
编　　者	运行二处一值：谷铁　　　　时间：2019 年 01 月 10 日

(2)“病历卡”编制素材来源

“病历卡”中数据信息来源于：运行异常反馈邮件、维修专业 oncall 处理反馈邮件、运行一处/二处值长日报和维修一处/二处维修日报（如值长关注项内容、重要工作反馈等）、维修完工报告、运行一处/二处内部经验反馈、运行一处/二处运行事件报告、运行一处/二处运行周报、eSOMS 运行日志等资料中涉及系统设备异常缺陷处理信息。

(3)“病历库”的编制

通过收集整理的运行异常反馈、oncall 处理反馈邮件、值长日报和维修日报、维修完工报告、运行经验反馈等资料中涉及系统设备异常缺陷处理信息，系统设备异常缺陷处理总结：思路、类比分析、处理异常缺陷常用的程序等资料，针对机组某一系统设备的异常缺陷及其处理信息（病历），按表 1.3.1“病历卡”模板，整理编写相应异常缺陷各项目信息，形成该设备异常缺陷的“病历卡”。

具体编写方式如下：

1) 异常缺陷名称

即“病历”名称，来源于当班值副值长的运行异常反馈邮件、运行内部经验反馈、值长日报/维修日报的值长关注项目、维修完工报告的工作缺陷描述等。

2) 发生时间

可以通过 WR 填写时间、值长日报、运行内部经验反馈、ESOMS 日志信息中获知异常缺陷发生的时间，异常缺陷发生的时间信息，也有利于后续查阅当时 ESOMS 日志中该异常缺陷的相关信息，也有利于分析统计故障发生的频率、频次等信息。通过分析缺陷发生的频率/频次，可以优化运行巡检项目和频次。

3) 机组状态

可以通过值长日报中的机组状态、运行内部经验反馈、ESOMS 日志中的参数列表、运行事件报告中的机组状态等项目中获得与设备异常缺陷发生相关的机组状态背景信息。不同的机组状态下，异常缺陷处理干预的也可能存在差异。

4) 异常缺陷现象

异常缺陷的现象可以从 ESOMS 日志、运行内部经验反馈、WR 的缺陷描述、运行异常反馈邮件、值长日报中“过去 24 h 机组主要异常及事件”项目中获得。现象信息的整理收录用于后续出现类似异常缺陷时，运行人员可以比对故障现象，参照采取与“病历卡”中类似的行动和处理措施。

5) 风险或潜在后果

风险或潜在后果信息可以从 ESOMS 日志、运行内部经验反馈、运行异常反馈邮件以及查阅逻辑图/模拟图分析等资料获得。有利于提高运行人员风险分析的水平，随着数据库的不断丰富，针对类似异常缺陷时，风险分析更加全面更加完善，当出现类似异常缺陷时，有利于运行人员快速了解异常缺陷的风险/后果，了解异常缺陷的严重性、紧急性，有利于采取相应的安措控制好风险。

6) 干预行动

①运行已采取行动

可以通过从 ESOMS 日志、值长日报、运行异常反馈邮件、运行内部经验反馈中获得相关信息。该项目信息可用于后续遇到类似异常缺陷时，对比参考采取类似缓解措施行动，通过丰富数据库，针对某一类异常缺陷需要采取的行动越来越丰富、越来越精准有效，使得后续遇到的类似异常缺陷时，不遗漏重要的干预措施。也避免分析不到位、不及时，未采取及时有效的干预措施出现，使得干预手段精准、有效、快速。

②运行建议后续行动

该项目编制时可以从 ESOMS 日志、值长日报、运行异常反馈邮件、运行内部经验反馈中获得部分信息。如建议维修准备维修方案和核实备件等，建议运行现场加强某些参数的巡检。便于运行人员熟悉针对异常缺陷需要采取哪些有用的、必要的后续行动，来缓解异常缺陷带来的影响，提醒专业接下来需要配合采取什么样的行动。

7) 原因分析

该项目的编制可以通过维修专业 oncall 处理反馈邮件、维修日报/值长日报中专业反馈、运行内部经验反馈、维修完工报告等处获得故障原因分析的信息。有利于后续出现类似现象的异常缺陷时，比对分析可能的故障原因，采取类似的干预行动措施。提高运行人员对比分析故障原因和采取有效干预措施的能力。

8) 消缺行动

专业处理反馈项目的编制是对照维修专业 oncall 处理反馈邮件、值长日报/维修日报中值长关注项的专业反馈信息、维修完工报告中的工作过程/检修步骤/故障原因分析、核安全报告中安工反馈建议信息等进行整理编写的。通过“病历库”中整理的专业处理反馈信息，有助于运行人员了解故障原因、处理过程、隔离需求等信息，有助于提升运行人员和维修人员在缺陷处理时配合的效率和有效性。同时也可以提高运行人员对比分析故障原因，采取有效干预措施的能力，避免预判故障原因失误，而耽误故障的处理，导致大量人力物力损失，引入安全风险的情况。

9) 相关知识

该项目包括经验内容和相关的技术知识点，经验反馈内容来源于运行内部经验反馈、专业 oncall 处理反馈邮件、编者归纳总结经验等。通过提取异常缺陷处理的经验反馈，便于后续学习和利用经验反馈。

相关知识点主要来源于运行异常反馈的邮件、编者通过查阅技术资料整理的与异常缺陷处理相关的知识点。便于理解处理异常缺陷分析风险、分析原因和采取正确的措施。

10) 参考资料信息

该项目收集整理处理异常缺陷过程中其他有用的参考资料信息，例如 WR/WOT 信息、工作许可证信息、其他类似异常缺陷案例信息等。

WR/WOT 信息可用于后续类似故障时，直接从 EAM 复制历史 WR 直接生成新的 WR，便于修改提交新 WR，提高效率。WOT 信息可以用于查询历史工作许可证信息，针对类似异常缺陷时，可以参考进行隔离指令预置，提高出票效率，避免时间紧急出票时遗漏相关重要安措或是重要风险提醒。

11）编者

项目涉及每张“病历卡”都带有编写者信息，用于建立设备异常缺陷处理相关的运维人员信息链接，将设备故障处理信息与运维专家信息建立关联，后续“病历库”软件开发后也会将设备异常缺陷处理的运维人员信息整合进去，构建起核电系统设备故障处理与运维专家库的紧密关联。使得在设备异常缺陷再次发生时，让最有经验的运维专家来发挥和采取最及时最有效最优的处理措施。

1.3.2 “病历库”平台软件的设计

核电机组系统设备“病历库”软件平台借鉴医疗电子病历科学的管理方法，吸收医疗电子病历体系的先进管理和使用经验，利用数据库技术和数据挖掘（包括神网络法、关联规则法、决策树法等）等人工智能技术开发软件系统，核电机组系统设备“病历库”软件平台主要实现以下两大目标：

（1）构建核电机组系统设备“病历库”大数据

通过“病历库平台管理软件”，对设备异常缺陷处理全过程进行科学的管理。将设备异常缺陷现象，整理优化成系统设备的“病症库”大数据。将运行和维修部门处理故障的干预行动措施，构建成设备异常缺陷处理的“处方”，形成“运维处方库”大数据。将处理设备异常缺陷的运维专家与设备异常缺陷关联起来，继而形成“运维专家库”大数据。将运维人员针对设备异常缺陷的风险分析、原因分析，优化形成设备“源项关联分析”，继而生成系统的“源项关联分析”和机组的“源项关联分析（源项库）”全域大数据。

利用设备的“病历库”大数据、“运维处方库”大数据、“运维专家库”大数据、机组系统设备“源项关联分析（源项库）”大数据，可方便的应用到核电运维领域的日常和大修期间工作设备异常缺陷处理数据的录入、查询、分类、归纳、统计分析、风险源项关联分析、运行干预行动和维修消缺行动的决策支持等等，同时可以将大数据应用到核电运行和维修日常和大修的预防性维修、定期试验、定期切换等等工作中的风险分析和预防措施的制定等方面，提高设备可靠性管理水平。

（2）设备异常缺陷处理的人工智能技术应用

实现自动识别和确诊系统设备的异常缺陷，自动运行干预行动操作票和维修消缺行动操作票自动生成功能。

利用“病历库”大数据，通过关键字的设置，将人工智能技术应用到大数据的优化整合中。继而利用“病历库平台管理软件”其中的“病症库”大数据，自动识别和确诊系统设备的异常缺陷。利用“病历库平台管理软件”其中的“运维处方库”大数据，自动生成用于处理设备异常缺陷的运行干预行动操作票和维修消缺行动操作票。而“病历库平台管理软件”的“源项关联分析”全域大数据，可用于设备运维工作中的事故预想、风险分析、原因分析、预防措施制定等等。提高设备异常缺陷处理各专业协同作战的水平，提高设备故障处理的及时性和有效性，进而提升设备可靠性管理水平。

因此"病历库"软件平台规划设计以下功能模块：

(1)编制和审批"病历卡"模块

该软件模块的功能开发由数据库技术来实现。

实现在机组机组上出现系统设备的异常缺陷后，在"病历库"软件系统中可以填写该异常对应的"病历卡"，包括故障名称、故障现象、发生时间、运行采取的干预行动、建议行动、关键字、相关知识点、经验反馈、参考资料等，并选择负责该异常缺陷处理的专业，经值长或副值长审批后，转到负责该异常缺陷处理的专业，若存在缺陷处理转移其他专业的情况，"病历库"软件可以操作转发给最终负责专业，由最终负责处理好该异常缺陷的专业进行开发该"病历卡"，填写该"病历卡"检修需求信息、采取的处理措施、故障原因分析、关键字、相关知识点、经验反馈、参考资料等，在异常缺陷最终处理好后，由最终负责处理的专业班组组长或是刻字对专业填写的该"病历卡"内容进行审批，最终经"病历卡"发起处室(如运行部门)确认并生效该"病历卡"。每张"病历卡"生效后，默认可以自动向设定的邮件组自动发送邮件，也可以选择和添加向那些人员自动发送邮件，或选择不发邮件。

通过"病历卡"的编制，将设备异常缺陷的处理信息与运维专家信息紧密联系起来，构建起核电系统设备故障处理的运维专家库，使得在设备异常缺陷再次发生时，通过软件的检索功能，让最有经验的运维专家来发挥和采取最及时最有效最优的处理措施。

"病历卡"的编制支持插入图片，支持复制粘贴，支持审批、生效、退回、返回修改和再生效。

(2)自动归类和统计、检索/查询功能

该软件模块的功能开发由数据库技术来实现。

"病历卡"按关键字(异常缺陷的设备、受影响的重要设备等)进行自动归类和统计，第一层按系统进行自动柜内，"病历卡"中发生故障的系统设备属于某一系统，则自动归类到该系统，如果该"病历卡"的关键字存在两个系统，则自动复制"病历卡"归到两个系统中。经归类统计，设置重复缺陷报警阈值，自动反馈设备异常缺陷的重复率及其共性点和差异点，以便于分析研究。通过统计功能可以通过输入关键字，查询某一状态下，某一时间段，某一系统设备发生某一类异常缺陷的次数，以便参考分析和总结整理。

通过输入关键字，可进行"病历卡"的检索、查询，方便获取历史"病历卡"信息，方便对设备的可靠性进行评价，方便参考历史"病历卡"进行异常缺陷的干预和处理。

(3)自动生成检查行动功能

该软件模块的功能开发由数据挖掘技术的神经网络算法、关联规则法和遗传算法、决策树法来实现。

当输入故障现象的关键字后，系统能自动显示该故障现象相关联的其他可能存在故障现象，供运行人员参考进行检查确认故障。

(4)故障原因分析功能

该软件模块的功能开发由数据挖掘技术的神经网络算法、关联规则法和遗传算法、决策树法来实现。

通过输入系统设备关键字(九位码、报警卡号等)、设备异常缺陷的故障现象信息、机组状态背景信息，自动给出初步的故障原因分析结论，方便运行和维修人员参考进行故障原因分析，以方便运行人员采取更有效的针对干预措施。

(5)干预处理措施自动生成功能

该软件模块的功能开发由数据挖掘技术的神经网络算法、关联规则法和遗传算法、决策树法来实现。

通过输入系统设备关键字(九位码、报警卡号等)、设备异常缺陷的故障现象信息、机组状态背景信息，自动根据生成干预处理措施簇，为运行和维修人员采取干预行动提供参考。

(6)故障处理操作票生成功能

该软件模块的功能开发由数据挖掘技术来实现。

通过“自动归类和统计功能”，对一些经常出现的、重要设备、重要异常缺陷进行总结整理和归纳分析，编制这些典型的异常缺陷的“干预处理措施簇”成“处方”。

根据故障现象确认故障情况后，通过手动选择需要采取的检查行动和干预处理措施，转化生成该故障缺陷处理的操作票，打印执行该操作票。

(7)设备源项关联分析自动生成功能

该软件模块的功能开发由数据挖掘技术的神经网络算法、关联规则法和遗传算法、决策树法来实现。

通过累积“病历库”中设备故障的风险分析数据，建立设备故障的源项关联分析数据，通过输入设备代码、故障现象、状态背景等信息，自动生成设备故障的源项关联分析结果。以便用于系统设备的日常运维工作。

(8)数据导出和转化模块

该软件模块的功能开发由数据库技术来实现。

用于“病历卡”数据信息的数据导出和转化成 PDF 文件，例如按系统搜集“病历卡”后，点击数据导出可以查看导出的该系统所有“病历卡”文件，并可以转化成 PDF 文件进行打印。

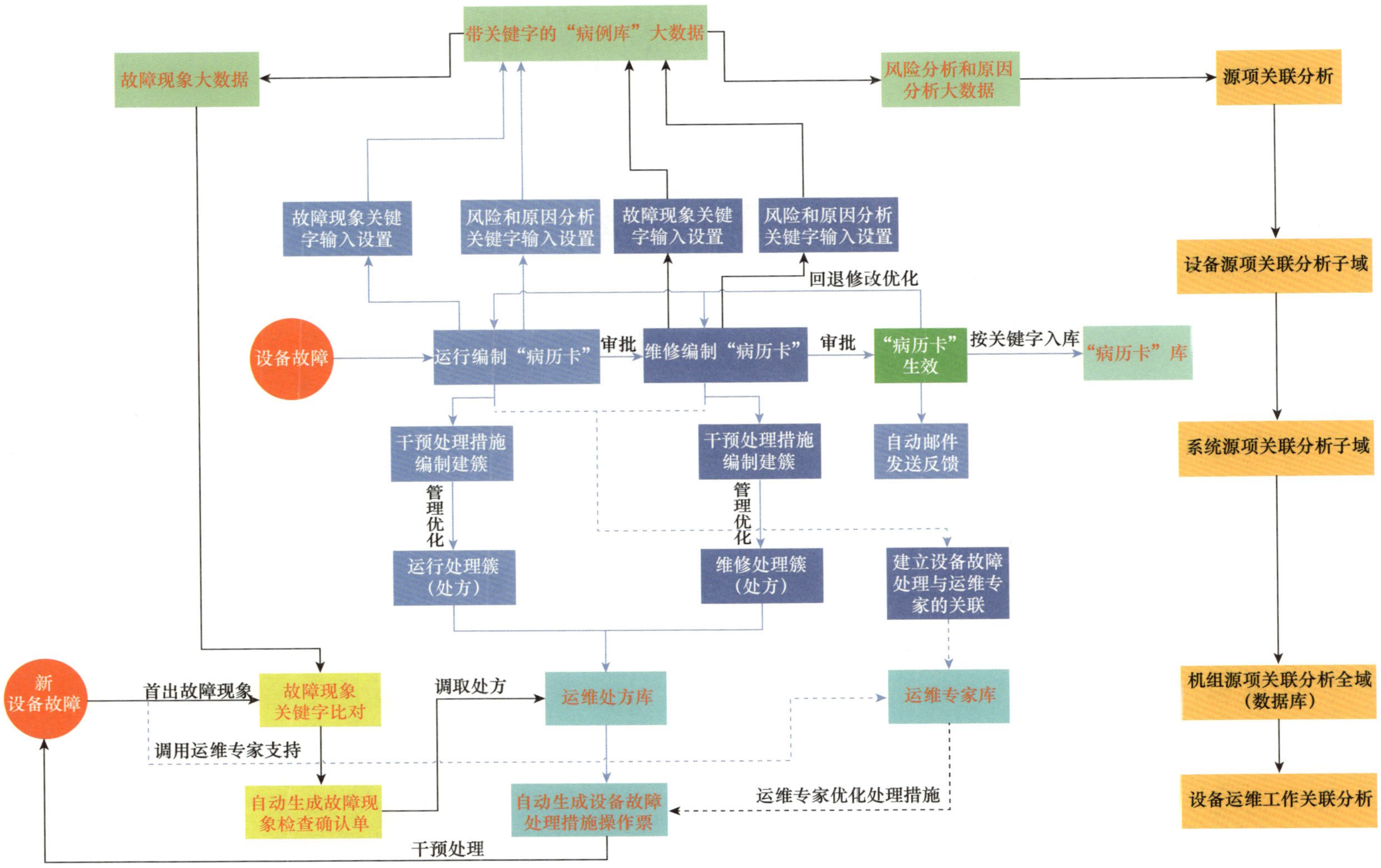

图1.3.1 病历库平台软件流程示意

“病历库”平台软件流程设计见图 1.3.1，功能流程说明如下：

设备出现重要异常缺陷(故障)时，运行人员通过在“病历库”平台软件中，编写该故障的“病历卡”，将设备故障名称、故障现象、发生时间、机组状态背景信息、风险分析、运行原因分析、运行干预处理措施、建议采取的后续行动等编写输入，并设置好关键字，如故障设备的系统名称、设备九位码、故障现象(报警卡名称、关键参数变化情况等)等，然后运行部门审批传递该“病历卡”。

设备故障处理的维修专业接收到传递的“病历卡”后，根据故障处理最终结果，编制该“病历卡”设备故障的故障现象、原因分析、检修处理措施、处理结果、优化建议等信息，同样编制的过程中设置关键字，编制完成后经部门审批进行传递。

系统设备工程师收到该系统设备的“病历卡”后进行审批确认生效该“病历卡”，平台自动发送“病历卡”生效的邮件，并按系统名称、设备九位码等关键字收录“病历库”中。

“病历库”平台软件通过运维部门在编制“病历卡”过程设置的关键字以及管理优化，将运行和维修部门处理故障的干预措施，整理设置成“处方”，形成“运维处方库”，同时在编制“病历卡”的过程中通过关键字构建起设备故障与运行维修专家的关联，继而形成“运维专家库”，同时“病历库”中的故障现象和原因分析、风险分析均可以形成大数据库。

当机组系统设备出现新的故障时，通过设备故障的“首出故障现象”输入“病历库”平台软件中进行关键字比对，继而自动生成该设备故障现象检查确认单，由于检查确认故障和搜集故障数据信息，同时运行人员可以通过初步的故障确认信息，调用“处方”库内相应的“处方”自动生成故障处理干预行动操作票，用于运行采取干预行动。当然维修人员亦可调用“处方”库内对应专业的“处方”，采取相应的干预行动。同时可以根据设备故障的“运维专家库”数据信息，联系最具权威的运维专家支持该设备故障的处理，以便采取最及时、最有效、最优化的干预措施。

利用“病历库”平台软件，将运维部门与设备故障紧密地关联起来，运行需要维修配合采取的措施和建议，维修部门需要运行部门配合采取的行动信息均可整合到“病历卡”中，继而提高运维部门的“协同作战”效率。

随着“病历库”数据量的递增，可以更清晰的明确设备的风险源项，进而勾勒出设备的源项关联分析图(详情见后续“源项关联分析”章节)，通过设备的源项关联分析图，可以构建系统的源项关联分析图，系统的源项关联分析图可以构建机组的全域源项关联分析图，进而不仅可应用到设备故障处理，也可应用到机组日常运维工作的方方面面。

1.4 从“病历库”到运行工作习惯(方法)与反惯性思维的培养

1.4.1 培养良好的工作习惯(方法)

一个好的习惯可以在一定程度上弥补运行人员知识技能上的不足，减少人因失误的发生。鼓励值内兄弟们针对偏差、经验反馈等总结套路或工作方法。

如何培养良好的工作习惯(方法)呢？(见图 1.4.1)

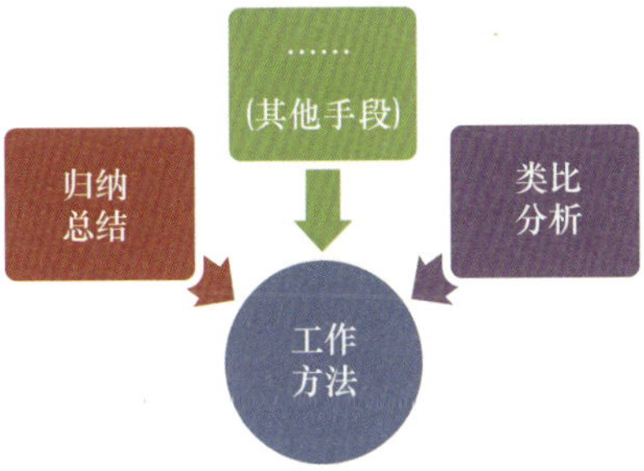

图 1.4.1 工作方法的形成

工作学习中多归纳总结整理类似异常缺陷、经验反馈、事件偏差、良好实践，去类比分析和获取共性的点！提炼和验证这些共性的点，然后成为你工作中的“公式”“定律”“工作方法论”——方法，甚至一个团队的文化！

坚持成习惯！习惯成自然！自然成文化！

以下介绍通过一些案例来总结提炼工作方法：

(1)系统大负荷设备投退的工作方法

示例 1：1APG001RF 充水排气时导致反应堆水刺和乏燃料水池短暂丧失冷却

2015 年 03 月 22 日凌晨，某核电 1 号机组处于首次大修 RCS 模式(换料冷停堆模式)装料阶段，1RRA001PO 运行，1RRI003PO 运行带 A 列独立用户，1RRI004PO 运行带 B 列及公共负荷。在对 1APG001RF 的 RRI 侧充水排气期间，因运行人员开启 1APG001RF 的 RRI 侧出口阀门 1RRI156VN 过大，且主控干预不当，先后引起 1RRI002BA/001BA 出现低低水位。事件导致 1 号机组装料期间 1RRA 两台泵短时停运，反应堆水池失去冷却 6 min，乏燃料水池失去 1RRI 冷却 17 min。

示例 2：1PTR001RF 解隔离后的充水排气引起 1RRI002BA 液位下降

2016 年 12 月 28 日，某核电 1 号机执行 1PTR001RF 解隔离后的充水排气并将 1PTR001RF 由单独运行转串联运行，由于开启进水阀 1RRI199VN 进行充水排气时操作不到，导致设冷水系统头箱 1RRI002BA 液位快速下降，出现低液位报警，立即安排现场将 1RRI199VN 完全关闭，设冷头箱液位开始上涨，瞬态结束。

示例 3：2RRI001BA 液位异常降低

2016 年 10 月 26 日早班，某核电工作负责人开展 2RRI011VN 预防性维修后试验的工作，由于 2RRA001RF 的 RRI 侧未充水，开启 2RRI011VN 时，引起 RRI 系统 A 列波动箱液位低报警。

示例 4：常规岛设备冷却水系统换热器充水排气操作不当，引起发电机冷氢温度高跳闸

2019 年 06 月 26 日，某核电站 4 号机组满功率运行。常规岛设备冷却水系统泵 40PGB11/13AP001 处于运行状态，热交换器 40PGB11/12AC001 投入运行状态，热交换器 40PGB13AC001 处于隔离状态。在进行换热器 40PGB13AC001 充水过程中，现场操作阀门充水时开启过快，引起 PGB 系统压力快速降低，两台运行的常规岛设备冷却水系统泵根据入口压力低于 0.15 MPa 保护停运。备用泵也因为入口压力低没有启动允许，未能启动，PGB 系统停运造成发电机失去冷却水，最终发电机因冷氢温度高于 53 ℃延时 30 s 触发保护停机。

示例 5：RRI 系统负荷 DEG 冷冻机跳闸，引起主泵高压冷却器设冷侧电动隔离阀自动关闭

2017 年 02 月 10 日，早班执行 3DEG101GF 切换到 301GF 运行操作，因冬春季，3DEG 热负荷相对低，按操作票先停运 3DEG101GF，再启动 3DEG301GF。停运 3DEG101GF 时，3RRI105VN 关闭，3RRI021MD 流量瞬间由 2174 m^3/h 降至 1700 m^3/h，导致主泵高压冷却器设冷侧流量表 3RRI151MD/153MD/155MD 流量升高，3RRI151MD 流量增至 35 m^3/h(在冬春季时，RRI 系统的热负荷较小，主泵高压冷却器设冷水侧冷却水流量大，可能会接近 35 m^3/h 的情况），导致 3RRI225VN 自动关闭。堆操立即将 3RRI225VN 打手动开启，之后 3DEG301GF 投运。3RRI021MD/151MD/153MD/155MD 流量恢复正常，堆操将 3RRI225VN 重新打回自动。

示例 6：RRI 设冷水流量波动，引起 3RRI155VN 控制波动，导致一回路温度波动

2019 年 12 月 8 日夜班 7:15—7:30 左右，某核电 3 号机组主控解除 3PW38998(RRI 系统 BOSS 焊缝返修，需中断乏池冷却），重新投运 3PTR001RF 和 002RF 设冷侧时，设冷 A 列流量 3RRI001MD 由 1650 m^3/h 上升到 2050 m^3/h，由于设冷水流量波动，对下泄热交换器设冷水调阀 3RRI155VN 控制产生扰动，使得阀门频繁，引起下泄流温度表 3RCV002MT 从 7:30 左右开始出现持续的周期性的波动，由于下泄温度的变化将影响下泄回路上的除盐床对硼的吸收效率，进而引起一回路温度波动。

示例 7：CRF001PO 和 RCP001PO 启动，引起 6.6 kV 母线电压下降导致柴油机启动

2017 年 4 月 25 日，N1GSY001JA 检修完成，主变送电后需将 1 号机厂用电由辅变切至主变。N1LGA/LGB/LHA 切至主变供电后，二回路操纵员按照 S 程序点击 N1CRF001KG 发出启动 N1CRF001PO 指令(指令发出后 N1CGR003MO 自动启动，N1CRF001PO 延时 10 min 启动)，随后一回路操纵员确认启动主泵前提条件满足后启动 N1RCP001PO，因 N1RCP001PO 转动惯量大，启动时间持续约 25 s，在此期间 N1CRF001PO 启动 10 min 延时已到并自动启动，两台泵启动过程中导致 N1LHA 电压拉低(最低为 5.244 kV)，N1LHP 柴油机自动启动。

示例 8：启动 LGF 下游负荷 APA 泵，触发 AVC 减磁闭锁

2018 年 05 月 12 日，执行 1APA202PO 切换至 1APA302PO 操作时，因夜班 1LGF 压力原本较低，在进行 1APA202/302PO 之间相互切换时，由于两台泵均由 LGF 母线供电，在启动备用泵瞬间导致母线 LGF 母线电压大幅下降，触发 1AVC006KA：AVC 增磁闭锁和 1AVC007KA：AVC 减磁闭锁，电压波动瞬态结束，电压恢复正常后，1AVC006KA 报警自动消失，但 1AVC007KA 并未自动消失，通过维修电气人员强制复归后报警消失。

示例 9：LKT/LKR 母线电压波动，出现 GSY 风机跳闸

2015 年 3 月 3 日中班，电功率 1000 MW(配合 2 号主变复役)，借此功率平台，配合仪控处理 1ACO208VL、1ACO108VL 阀位反馈与其要求值不一致缺陷。维修工作结束后，主控启动 1ACO302PO，造成其上游电源 1LKT001TB 母线电压降低约 4 V，1GSY 风机控制柜内电压继电器动作，进而导致 1GSY 风机全停，1GSY001/002/003MT 温度上升，其中 1GSY003MT 最高升至 51.1 ℃。后现场人员复位报警后，就地启动风机后运行正常，1GSY001/002/003MT 温度回归正常。

某核电 101 大修期间启动 1RCP001PO/002PO/003PO 时，引起 1LKT/1LKR 母线电压均降低到 340 V，进而导致 1GSY 风机跳闸。

总结：通过上述示例 7~9 可知，启动供电母线下游大的转动设备时，需要注意对母线电压及母线下游其他负荷的影响。

通过上述示例 1~6 可知，常规岛闭式冷却水系统(SRI)和核岛设备冷却水系统(RRI)分别为常规岛和核岛众多重要用户冷却器提供冷却水。当进行系统下游用户设备投退(尤其大负荷用户)、系统管道充水、启停泵等操作可能引起冷却水流量、压力和水箱液位变化，冷却水流量的波动可能对其下游负荷产生影响，冷却水压力的波动可能将危及冷却水泵运行安全。

1)针对 RRI 系统充水排气经验总结

因 RRI 系统头箱容积小，缓冲能力小，尤其对管道直径较大的 RRI 支管进行充水排气、投运 RRI 大用户时，可能引起 RRI 头箱液位迅速下降，危及设冷泵运行安全，进而危急 RRI 重要用户运行的安全(如主泵、乏池冷却、DEL 冷冻机、RRA 热冷却器等)。故进行 RRI 支管的充水、投运 RRI 大用户的工作时务必确认管道大小，确认风险，开阀缓慢进行或是开一小开度进行充水。

RRI 以下大用户的热交换器充水排气风险很大：

①RRA001RF/002RF；

②APG001RF；

③EAS001RF/002RF；

④TEP 和 TEU 的冷却器；

⑤PTR001RF/002RF。

2)针对 SRI 系统充水排气经验总结

当对 SRI 系统管道直径较大的支管进行充水排气、投运其大用户时，可能引起 SRI 头箱液位迅速下降，导致冷却水流量大幅波动，可能将危急 SRI 重要用户运行的安全

（如主给水泵、发电机氢气冷却器、GGR 热交换器等）。故进行 SRI 支管的充水、投运 SRI 大用户的工作时务必确认管道大小，确认风险，开阀缓慢进行或是开一小开度进行充水。

SRI 以下大用户的热交换器充水排气风险很大：

①GGR 润滑油冷却器；

②发电机氢气冷却器；

③发电机母线冷却器；

④主给水泵轴密封冷却器和油冷却器。

系统大负荷设备投退的工作方法总结：核电机组系统上进行大负荷设备的投退工作时，务必注意大负荷设备的投退对该系统正常运行及其该系统其他负荷设备的运行产生干扰影响，需采取有效的缓解措施。

（2）流体传输的工作方法

示例 1：GSS 水箱补水时，蒸汽返流引起汽锤

2016 年 10 月 8 日，某核电机组在汽机冲转并网过程中，发现 3GSS102BA 液位异常下降，主控安排现场打开补水阀 3SER225VD 进行补水，但此时 GSS 罐体压力高于 SER 水压，进而导致开阀补水时 GSS 罐体内高温高压的蒸汽进入 SER 补水管道，发生冷凝，产生了汽锤现象，致使沿线管道剧烈振动。关闭补水阀后，由于阀门内漏，下游管线温度升高，产生间歇性汽锤振动。检查发现 3GSS 疏水罐 SER 补水阀 3SER221/223/224/226VD 阀门外漏，就地压力表 3SER203LP 的仪表指针脱落，仪表阀被震松漏水。

示例 2：GSS 水箱补水时，蒸汽返流引起汽锤

2019 年 6 月 9 日，某核电汽机冲转前，由于 1GSS102BA 疏水阀内漏导致罐体液位偏低，主控安排现场执行《1 号机组汽轮机冲转前 GSS 疏水箱和高加液位调整运行操作票》在对 1GSS102BA 补水时，蒸汽进入 0SER 管道造成汽锤，进而引起 0SER 管道剧烈振动，膨胀节 0SER901JD 因管道移位而损坏产生破裂喷水，0SER 流量增加至 300 m^3/h 左右，危及 0SER 下游负荷运行安全（1/2 号机组凝汽器补水、SEC 和 CRF 泵应急备用轴封水等丧失）。

示例 3：2SEC004PO 泵坑水淹

2015 年 05 月 08 日夜班，在 2CFI B 列鼓网除锈工作结束后，运行人员将 2SEC 系统 A、B 列改为正常分列运行模式（2SEC101VE 和 2SEC102VE 开启，2SEC103VE 和 2SEC104VE 关闭），然后打开管道疏水阀 2SEC106VE 将海水排空，再充入 2SEP 淡水。现操全开 2SEC106VE（由于标牌挂反，实际打开的是 2SEC032VE，见图 1.4.2）后返回泵坑地面，见地坑液位上涨较快，立即在就地控制柜上先后手动启动地坑排水泵 2SEO106PO、2SEO104PO 进行排水。但地坑液位仍快速上涨，疏水阀 2SEC106VE（实际为 2SEC032VE）被完全淹没，不可能返回地坑关闭该阀，于是汇报主控室，主控室立即组织切换、停运、断电、隔离、排水等操作，处理过程中地坑满水后水位持续上涨，最高涨至 2SEC004PO 电机中部。事件导致 2SEC004PO 电机和 2CFI104PO 电机、地坑

泵 2SEO104PO 和 2SEO106PO 控制箱、地坑风机 2DWS002ZV 和 2DWS004ZV 控制箱、泵坑中照明灯等带电设备被淹。

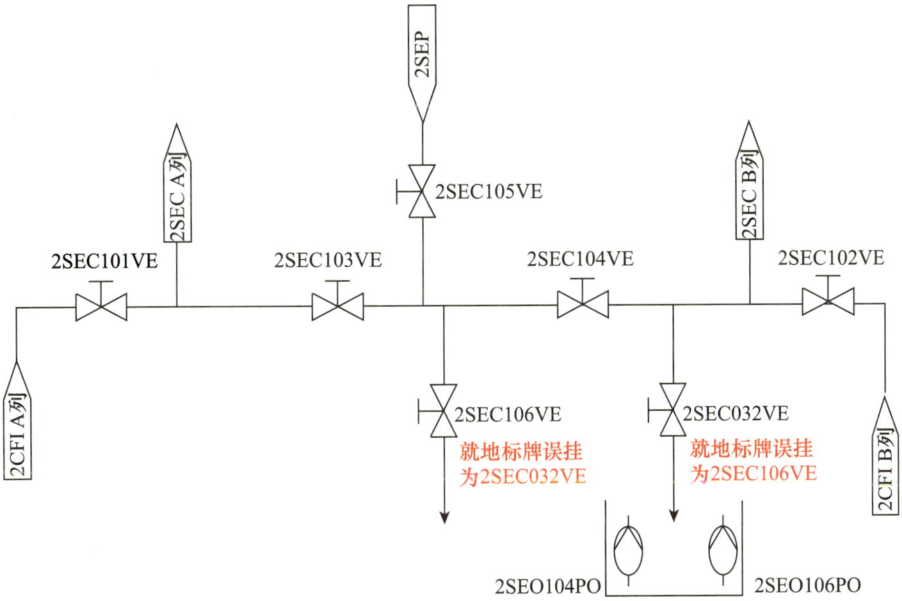

图 1.4.2 标牌挂反示意图

示例 4：中压安注箱补氮时，由于中压氮气管网压力低，导致氮气返流，安注箱压力下降

2017 年 4 月 3 日，某核电 3 机组处于功率运行模式(核功率水平 76.3%FP，电功率 837 MWe)，4 号机组处于热态功能试验阶段。当班值发现 3RIS001BA(3 号机组 1 号中压安注箱)的氮气压力接近程序要求的补氮定值(4.34 MPa.a)，于是执行 3RIS001BA 补氮操作。然而因当时 4 号机组正在执行 4RIS001BA 充氮操作，4RIS001BA 当时的压力只有 1.02 MPa.g，引起给 3、4 号机中压安注箱上游的中压氮气管网压力很低。因此当对 3RIS001BA 进行补氮前，其上游用于补氮的氮气管网内压力比 3RIS001BA 罐体内压力低得多，当开阀补氮时，引起了 3RIS001BA 内压力下降，进而导致 3RIS001BA 压力低于运行技术规范要求的定值(4.275 MPa.a)，造成一台中压安注箱不可用，产生非预期第一组事件。

示例 5：执行液氮罐充注操作时，因返流导致 RAZ 管网进水

2017 年 6 月 9 日，某核电 4 号机处于调试启动阶段，根据主线要求使用 RAZ 低压管网氮气开展 1 号蒸汽发生器鼓氮操作。期间专工组织 3 号机现场开展 8SGZ801EV 进行液氮充注工作，在进行低压氮气管网上游减压站的切换工作恢复 RAZ 低压供气时，导致低压氮气管网短时失压，引起 SG 内的水返流进入低压氮气管网，当班值立即停止了鼓氮操作，并组织对低压氮气管网进行疏水操作。

流体传输工作方法总结：

①实施流体传输[如充水(排水)或充气(排气)等]操作时，务必注意核实流体传输

时的上下游压力，需要采取适当措施平衡上下游压力。同时需要缓慢的小开度开启阀门进行流体传输，每次开度调节后，需待系统参数稳定和设备无异常后方可再次调节阀门开度。

若下游罐体压力大于供水或供气母管压力(或者上游供气供水母管压力不足)将会引起水气倒流，若上游流体压力比下游大很多，可能引起喷溅，例如管道排水时适当缓开疏水阀进行泄压避免喷溅，例如罐体疏水时，若无排气阀，可能导致罐体内压力小于下游大气压，进而可能引起罐体被大气压瘪变形，或是无法排尽排出水。

在进行改变流体传输的上游系统的压力前，务必确认对流体传输的下游系统所产生的影响，避免返流情况发生。

②流体传输时注意介质类型，注意防止产生爆炸或是发生反应，或是引起污染(放射性污染、化学污染等)。避免含氧废气排入含氢废启管线或是罐体内，避免含放射性的废水排入非放射性水箱或是地坑中。

③流体传输时，注意下游的接收条件。例如接收容量，地坑泵是否可用，疏水漏斗下游阀是否开启等，疏水时需要关注下游疏水罐或坑的液位，以便及时切换接收罐避免罐满溢，或是关注疏水坑内的地坑泵是否及时启动防止坑满溢。

(3)工作中需跟踪项目的工作方法

示例1：2014年5月20日中班，某核电机组调试启动阶段，当班值执行DEL充水排气和启动操作，按照S规程在线时，成功启动1DEL001PO/001GF后，因其他工作干扰，交接班时遗漏DVL冷却器的冷冻水尚未恢复的信息，导致DVL冷却器的冷冻水一直未供应，直到第二天中班值发现此问题，恢复至正常在线，DVL通风温度才恢复正常。

示例2：2017年11月25—30日，配合维修工作0SGZ817VZ安全阀校验工作，运行关闭了0SGZ608VZ(0SGZ602CO出口阀门，初始状态为开启)，由于该信息未有效交接和记录，导致0SGZ608VZ阀门一直处于关闭，解除隔离恢复在线时状态未得到恢复。30日启动膜压机时发现高压氮气储罐压力上涨缓慢，检查后发现0SGZ608VZ未开启。

示例3：2018年3月4日，根据运工指令执行APA定期试验时，按规程中要求开启1APA100/200/300VL以便可以在试验位启动1APA102/202/302PO开展试验。试验结束后，根据规程内容恢复了仪控的强制信号和1AGM101/201/301PO的状态，由于定期试验规程中没有恢复阀门状态的步骤，导致未恢复1APA100/200/300VL初始状态。

工作中需跟踪项目的工作方法总结：

将当班期间需要跟踪的项目“操作票化”，每一项需要跟踪的项目后面设置一个需跟踪执行的方框“[　]”，提醒自己或是下一值接班人员注意，每完成一项在[　]中划圈划杠，针对跟踪频度高时间短的项目，必要时需要设置闹钟进行提醒。

例如针对打印的ESOMS日志中要求下值完成的项目，每一项目后面备注[　]，每完成一项在[　]中画圈划杠。上一值也可以针对需要下一值跟踪的项目在日志后面备注[　]，这样下一值可以对跟踪项目按操作票执行跟踪。

好的习惯养成可以有效地避免跟踪项目被遗漏，避免重要事项被遗忘、大修主线延误等情况发生。

(4)恢复气动阀中性点的工作方法

示例1：在执行解隔离恢复汽动泵供汽阀门ASG138VV、ASG137VV中性点位置时，因气动阀ASG138VV、ASG137VV为失气开阀门，在恢复3ASG138VV、3ASG137VV中性点前，需要先开气动阀ASG138VV、ASG137VV的供气小阀供上压空，再恢复ASG138VV、ASG137VV的中性点，以避免阀门意外开启导致汽动泵误启动。

示例2：在解隔离恢复安喷热交换器设冷侧供水阀门RRI035VN中性点时，因气动阀RRI035VN为失气开阀门，若此时RRI系统A列处于运行，在恢复RRI035VN中性点前，需要先开气动阀RRI035VN的供气小阀供上压空，再恢复RRI035VN的中性点，否则可能引起正在运行的RRI泵超流量。

恢复气动阀中性点的工作方法总结：

在恢复气动阀中性点位置时，需要采取手段避免恢复中性点的时候，阀门动作引起非预期的风险。

(5)系统设备处于“非正常、不可长期稳定运行”的状态时的工作方法

示例1：正常功率运行时，1DVE系统正常投运，蓄电池间排风机1DVE005ZV/006ZV处于运行状态，当1DVE005ZV隔离检修时，蓄电池通风处于“非正常、不可长期稳定运行的状态”，丧失一台排风机，需要按照技术规范采取缓解措施，开启两列排风机间的联通阀，以确保两系列的最小排风量，监视和控制蓄电池房间温度在要求范围内等措施。

示例2：正常功率运行期间，8DVN系统正常通风处于投运状态(两台送风机、两台排风机投运)，当开展检修工作，使用限制条件将DVN全停(停运所有正常送排风机)，导致DVN系统的正常送排风机通风功能丧失，是一个“非正常、不可长期稳定运行”的状态。需要按技术规范中限制条件的要求，采取相应的措施：核辅助厂房有碘风险的场所排风系统投运；烟囱空气流速大于4 m/s；禁止可能导致废气排放的运行操作；禁止燃料操作。

针对受影响的功能，需要采取以下缓解措施：

①DVN全停期间，RIS高浓硼酸回路因通风丧失的原因，回路温度将上升，RIS021BA液位可能上升，当液位上升到1.20 m时，将触发高报警以及触发RIS206VP和RIS208VP关闭没劲儿导致高浓硼酸回路再循环泵不可用，需要加强监视，必要时需要通过排放或是安排化学抽取硼酸降低液位。高浓硼酸回路的泵轴承温度将上升，为增加散热，需将RIS021PO/022PO保温盒适当扒开。

②DVN全停期间，上充泵房丧失正常通风，应急通风DVH风机需启动给上充泵通风，并加强关注房间温度。

③因DVN为DEG的大用户，当DVN全停时，使得3/4DEG负荷降低，尤其冬季DEG冷冻机可能由于冷冻水温度低休眠，因此需要及时关注、调整DEG导叶开度。

④DVN全停时，进行CVI排气口的切换可能导致CVI汽水分离罐液位波动，切换时需保持密切关注。将CVI排气切换至大气后，需关注3/4KRT007MA的运行情况，当3/4KRT007MA不可用时，及时将CVI排气切回DVN。

⑤DVN 正常送排风机停运时，化学取样间无法维持负压，需通知化学不能进行相关的取样分析工作。

⑥DVN 全停期间，为满足限制条件要求，需要特别注意烟囱风速，避免影响烟囱风速的工作开展(例如影响 DVK 风机、DVH 风机、DVN007ZV/008ZV 风机运行的工作，旁通 DVN 烟囱通道的开门工作)。现场进出开关 DVN 通风管路上的防火门时，务必注意避免大开大关或是长时间开门，进而导致烟囱风量被分流的情况出现。不宜进行 DVK 风机切换，避免 DVK 风机停运后，DVN 烟囱风速低于 4 m/s。

示例 3：8SVA 正常运行时，8KRT505MA、505PO 处于投运，当 8KRT505PO 故障不可用时，对于 8SVA 疏水回收回路来说，是一个“非正常、不可长期稳定运行”的状态，使得 8SVA001BA 内疏水的放射性监测受影响，8SVA001BA 内的疏水不能直接排放到 3/4STR 除氧器中，为缓解 8SVA001BA 的液位上升，需要开启疏水阀将 8SVA001BA 内的疏水排向 8RPE001PS，最终进入 8TEU003/004BA。因排水增加三废的负担，需要尽快恢复 8KRT505PO 的可用。

系统设备处于“非正常、不可长期稳定运行”的状态时的工作方法总结：

系统设备处于“非正常不可长期稳定运行的状态”，针对系统设备功能受影响的部分，务必注意采取有效的缓解措施(例如建立趋势组、加强巡检、投入备用等)，或是将系统设备置于可长期稳定运行的状态。缓解措施的采取可以参考技术规范、S 规程和 I 规程。

(6)行政隔离牌摘牌后重新挂回的工作方法

务必核实是否当前机组状态需要实施该行政隔离，即确认该行政隔离实施条件与当前状态是否相符，防止误实施行政隔离挂牌。

(7)控制棒双保持故障报警时的工作方法

RGL 出现双保持故障报警时，注意控制好一回路温度，不要进行可能引起一回路温度和负荷变化的操作，例如尽量不要在可能引起机组负荷变化的设备上开展高风险工作。

(8)凝结水泵相关工作方法

进行可能引起 CEX 泵出口母管压力变化的操作前，需要考虑对 ATE 净凝水泵的影响。

(9)REA 手动补给的工作方法

REA 手动补给时，当水量 REA003QD 数值达到设定值 REA002KU 时，补水泵将跳闸，当硼酸量 REA401QD 达到设定值 REA404KU 时，硼酸泵将跳闸。若在 REA 手动补给(如提高容控箱水位)时，未按操作票执行，水量设置过小，或是硼酸量设置过小。当水量达到设定值时，水泵跳闸，或是当硼酸量达到设定值时，硼酸泵跳闸，导致手动补给只有硼酸泵或是只有水泵单独运行，将导致误硼化或是误稀释的情况出现。

……

好的习惯或是方法套路，可以将机组套路到你的路上，避免你被机组陷阱给套路！

1.4.2 培养反惯性思维

良好的工作习惯(方法)从我们工作和学习中总结经验而来，可以为我们后续的学习工作解决实际问题提供经验指导，少走弯路。

但是我们的工作习惯(或是方法套路)是否适用我们工作中遇到的所有情况？是否会成为工作中的思维定势？

任何事物都有两面性，任何事物都是作为矛盾统一体而存在的，矛盾是事物发展的源泉和动力。方法套路有它的好处，也有它的坏处，因此我们需要用辩证的观点来看待工作习惯(方法)的培养。在培养工作习惯(方法)的同时，我们还需要培养反惯性思维！(见图1.4.3)

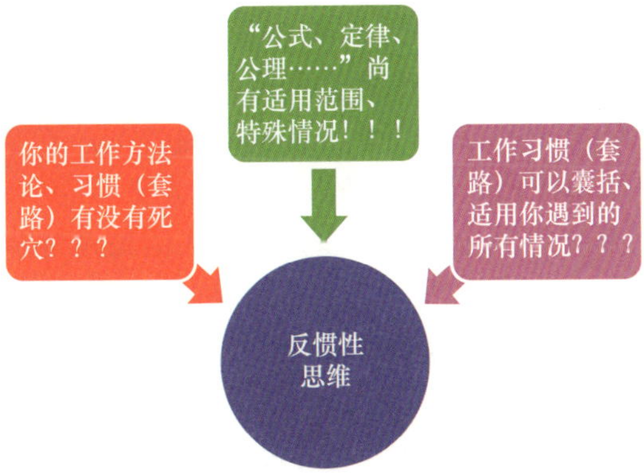

图1.4.3 为何需要反惯性思维？

如何培养反惯性思维？

多问一句"为什么"，多想一次"还有没有更好的办法"，学会从不同的角度思考问题。通过从反常识、反惰性、反主观、反从众、反定式、反依赖六个方面来培养我们的反惯性思维，见图1.4.4。

图1.4.4 反惯性思维的六元素(1)

图 1.4.4 反惯性思维的六元素(2)

(1)反习惯性违章

违章是指违反安全工作规程的不良作业传统和工作习惯，它是诱发事故的土壤和温床。习惯性违章，是一种常见的违章行为，习惯性违章行为的人凭着老经验、旧习惯，知道行为或作业存在问题，但是为了图省事，工作时想怎样就怎样，时间久了，就会变成一种无意识的错误，进而造成各类事故；造成违章者对安全生产产生麻痹和侥幸心理，条件具备时就会出现违章现象；影响周围的人，更容易产生不良的行为习惯方式，致使安全生产工程质量等出现事故，甚至危及更多的生命。

日常工作中我们需要多对照偏差、状态报告、人因警示等材料中的案例，反思自身存在哪些不良习惯行为、不适宜的老经验？日常工作中针对习惯性违章现象进行整理和宣贯教育、采取反制措施，有助于纠正和避免习惯性违章事件的发生。

例如在控制区内工作习惯性地用手擦汗、推眼镜，均有可能导致头部辐射污染，控制区工作累了习惯性的席地而坐，这些均是习惯性的违章。

(2)反惯性思维在技术规范控制中的应用

1)惯性思维的 IO 控制

①只重记录 IO 而不重 IO 采取的措施；

②先执行 IO 工作再记录再采取措施；

③只关注明确产生 IO 的工作而不关注可能导致产生 IO 的工作；

如果开展预期 IO 的工作(参数 IO 的定期试验、维修工作等)时，按惯性思维去先记录 IO，然后再去采取措施，有可能导致 IO 数目超或是要求采取的措施无法实施，而导致违反技术规范的事件产生。

2)反惯性思维的 IO 控制

①先核实 IO 要求采取的措施是否可行、可满足，再去执行产生 IO 的工作。

②对于技术规范条款中，涉及采取的措施“被破坏”，提前预告哪些限制条件或是 IO 不能产生。

③先核实确认当前机组 IO 数量限制，在满足数量限制要求后再去执行产生 IO 的工作。

④疑“罪”从有，对于存在很大风险引起设备不可用(例如产生第一组事件、导致 IO 数量超限)的工作，保守决策，开展这些可能产生 IO 工作时，进行 IO 的预记录来实现预告警(例如在 ESOMS 日志中记录：××××工作可能产生第×组 IO，要求采取的措施

有：××××，我们日常工作中的“LSS 参数修改”工作就是按 IO1 控制，与其他 IO1 工作错开），工作顺利未出现异常后，再消除预记录解除预告警。

3）反惯性思维的 IO 控制应用

示例 1：维修工作负责人执行 3VVP 安全阀压力整定定期试验，试验不合格，产生第一组 IO：VVP4，但工作负责人未将该情况通知主控室，造成该 IO 未被记录。该 IO1 持续期间，开展超技术规范试验（T 3 RPA 025 试验）和计划性第一组 IO 工作（3RPN013/023MA 高压饱和曲线绘制），导致违反技术规范。

反惯性思维 IO 控制：考虑到维修工作负责人执行 3VVP 安全阀压力整定定期试验，存在试验不合格产生第一组 IO 的可能，针对此可能产生 IO 的工作，在 ESOMS 日志中进行预记录提醒：“3VVP 安全阀压力整定定期试验如果不合格，可能产生 IO1：VVP4”，通过对 IO 进行预记录来实现预告警。这样在开展超技术规范试验（T 3 RPA 025 试验）和计划性第一组 IO 工作（3RPN013/023MA 高压饱和曲线绘制）前，必须将这些存在地雷（预告警）先排除，才能开展工作，这样可以有效地避免类似事件的发生。

示例 2：2016 年 1 月 13 日 1:00，某核电 4 号机组在维修停堆模式（MCS）一回路微开口状态，按计划执行 T4EIE001（安全壳喷淋和 B 阶段隔离综合试验规程）试验，试验期间发现 4EAS013VB 在关闭后由于热继保护动作导致阀门电动头开关跳闸。

13:43 至 14:00，工作负责人持工作票就地用试验合开关阀门两次，在 4EAS013VB 未在关闭位置且主控室不能控制的情况下产生维修停堆模式（MCS）下 EPP2 的第一组 IO 事件；该工作的 IO 信息隔离经理已标注在工作许可证上，但未汇报值长。主控在许可开工时，也未关注到工作许可证上标注的 IO 信息，导致该重要信息传递失效。

13:46 分，主控按计划执行定期试验 T4RIS001（安全注入和安全壳隔离阶段 A 的综合试验）；16:54 分，试验结束。由于在机组存在第一组 IO 的情况下执行了超规范的定期试验，违反运行技术规范要求。

反惯性思维 IO 控制：主控在按计划执行超技术规范的定期试验前，应核查和询问主控和隔离经理确认当前是否存在第一组 IO 的工作，再确认第一组 IO 工作完成后，才可开展超技术规范的定期试验，才能避免出现违反技术规范的运行事件发生。

示例 3：RP 模式下的 KRT1、KRT2 要求采取的措施其中有一条：禁止所有的废气排放；如果当前机组正在开展 ETY 或是 TEG 的气体排放，此时又有 KRT017MA/021MA 相关的隔离检修工作需要开展，如果按惯性思维：先记录 IO 后再采取措施，先实施 KRT017MA/021MA 相关的隔离检修工作，产生了 KRT1 或 KRT2，采取 IO 的措施时，就已经违反了技术规范。

反惯性思维 IO 控制：当有 KRT017MA/021MA 相关的隔离检修工作需要开展时，先核实 RP 模式下的 KRT1、KRT2 要求采取的措施，当查看到要求采取的措施有“禁止所有的废气排放”时，确认当前两机组是否有 ETY 或是 TEG 的气体排放。如果有废气排放，则考虑暂停实施 KRT017MA/021MA 相关的隔离检修工作，或是暂停废气排放，这样就不会出现违反技术规范的情况。

示例 4：技术规范中限制条件和 IO 条款要求采取的措施中有多处“禁止燃料操作”的要求，如果当前有燃料操作，先开展并记录了限制条件或是 IO1 或是 IO2 的工作，再去按要求采取措施时，就会出现当下正在进行燃料操作，所开展的工作已经违反了技术规范。

反惯性思维 IO 控制：如果正在进行燃料操作，相当于某些限制条件或是 IO1 或 IO2 要求采取的措施“被破坏”。通过整理当前模式涉及要求采取“停止/禁止燃料操作”的条款的限制条件或是 IO1 或 IO2，提前预告这些限制条件、IO1、IO2 相关的工作不要开展，进而有效进行燃料操作期间 IO 工作的控制。

示例 5：RP 模式中，当一台 JPP 泵不可用，JP＊1 中要求采取的措施：在线两台机组的 JPP 连通管，检修必须在 14 天内完成。如果存在交叉工作，一个机组已有导致无法在线两台机组的 JPP 联通管道的阀门的工作，另一个机组开展隔离对一台 JPP 泵进行断电，记录 JP＊1，然后再去执行采取措施时，发现已无法在线两台机组的 JPP 联通管道，那么久已经违反技术规范。

反惯性思维的 IO 控制：当需要开展导致 JPP 泵不可用的工作时，先去核实确认可以在线开启两台机组的 JPP 联通管道，可行后，再去开展导致 JPP 泵不可用的工作。这样可以有效避免类似的交叉作业引起的违反技术规范事件发生。

示例 6：2017 年 12 月 28 日凌晨，某核电 301 大修装料前提条件检查已完毕，具备装料条件，即将进入 RCS 模式，3 号机组电辅泵、汽动泵对接焊焊缝缺陷返修处理射线探伤负责人电话要求根据探伤许可证（WOT：782022-01）对 3KRT008MA、3KRT009MA 进行闭锁，当班值经过核实确认，在 RCS 模式下，直接闭锁 3KRT009MA 会产生 EBA 和 ETY 的第一组 IO，导致运行事件发生，后和主线计划沟通，停止 ASG 焊缝探伤以便进行装料，而后完善安措并由计划安排至 29 日凌晨停止装料后再探伤。

示例 7：2018 年 2 月 5 日，某核电 1 号机组处于 MCS 模式，因 R 厂房执行探伤，工作人员要求闭锁 1KRT009MA。运行人员查阅技术规范后发现，当 KRT009 因工作需闭锁时(KRT 系统的第 2 组 IO)，在“所采取的措施”中有一条是：执行 EBA 和/或 ETY 相应事件的技术规范。在 EBA 系统的 IO 描述：安全壳内放射性高的隔离装置不可用且 EBA 安全壳隔离阀处于开启状态，为第 1 组 IO。由于此时 EBA 投运，若按照工作人员要求闭锁 1KRT009MA，会人为产生第一组 IO：EBA1，导致产生运行事件。

综上所述，在日常工作中使用“反惯性思维的 IO 控制”方法，去避免违反技术规范的事件发生是非常有效和必要的。

1.4.3　从“病历库”到工作习惯的培养和反惯性思维的培养

“病历库”收集了大量的机组系统设备重要异常缺陷处理数据信息，可以为我们总结经验套路、工作方法论提供数据平台。

通过对“病历库”中同一系统设备类似的异常缺陷、不同系统设备同类型的异常缺陷数据信息进行归纳总结和类比分析，获得的某些共同点/共性，可以成为优化我们处理方案、优化我们的操作票和巡检本甚至优化我们的管理程序的科学依据，也可以用来培养我们的工作方法套路，养成好的工作习惯。获得的某些不同点或是差异，可以引起我们的深思，时常深挖这些特殊的点，可以锻炼我们的反惯性思维，能让我们逃脱经验主义、教条主义的坑，避免在机组日常工作中落入陷阱中。从“病历库”中吸取养分，来培养我们的工作习惯(方法套路)和反惯性思维，进而构筑机组安全生产的“防护墙”，见图 1.4.5。

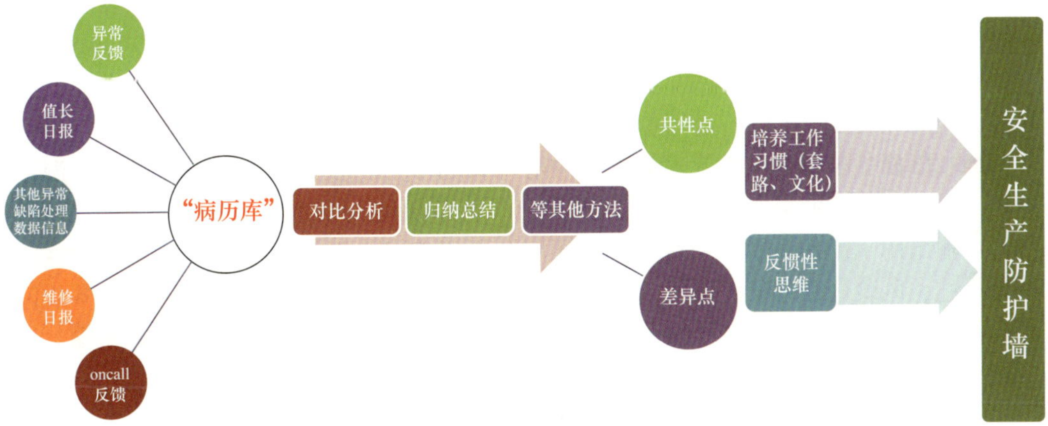

图 1.4.5　由“病历库”构建机组安全生产防护墙

1.5 从“病历库”到源项关联分析法

核电机组系统设备的异常缺陷(故障)源于各种风险源项所致，设备的故障也产生各种风险源项去影响机组的其他系统或其他设备的运行。

关联分析是通过“病历库”数据平台发现存在于大量数据中设备故障与源项间的关联性或相关性或因果关联，进而探索设备异常缺陷或故障的科学规律。

通过以设备故障为风险源项的汇集中心和输出原点，设备故障的原因来源于源项的输入，设备故障的风险产生自源项的输出。将源项输入用于设备故障的原因分析，将源项输出用于设备故障的风险分析。原因分析用于设备故障检修时采取有针对性的处理措施，风险分析用于设备故障干预时采取有针对性的防护安措，以消除设备故障源头及其带来的风险影响。原因分析和风险分析有如设备故障消缺“天平”的两端，缺一则设备故障的源项无法得到有效“平衡”(清除)，见图 1.5.1。

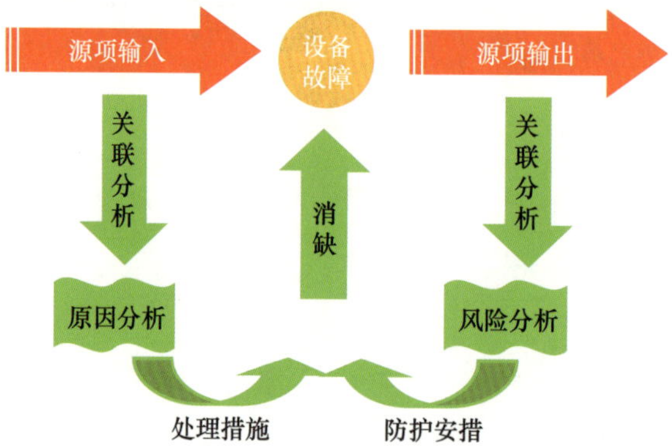

图 1.5.1　源项关联分析——天平分析法

按设备故障的处理与相关维修专业的关联关系，对核电机组上的风险源项进行分门别类，依系统设备工艺流程上的关联(包括系统设备功能上的关联)、联锁动作上的关联、空间布置上的关联等关系进行链式推进分析，以便于更有目的性更清晰的对设备故障进行分析，进而清楚的勾勒出核电机组系统设备异常缺陷风险源项的关联关系。

当然机组上系统设备的源项关联分析，不仅仅用于设备故障时进行原因分析和风险分析，在开展设备的相关的日常预防性维修工作、试验等工作时，也可以假设设备出现各种可能的故障，利用源项关联分析方法进行风险源项的分析，开展事故预想和采取必要的防护措施。

将上述源项关联分析的方法用于核电机组系统设备的异常缺陷的分析处理，通过积累各设备源项关联分析图，构建起工艺系统的源项关联分析图，通过积累各系统的源项关联分析图，进而可以构建起核电机组全域的源项关联分析图，即通过子域源项关联分析图，构建全域源项关联分析图(见图 1.5.2)。核电机组全域的源项关联分析图，可以应用到核电生产方方面面的风险源项识别分析和干预。

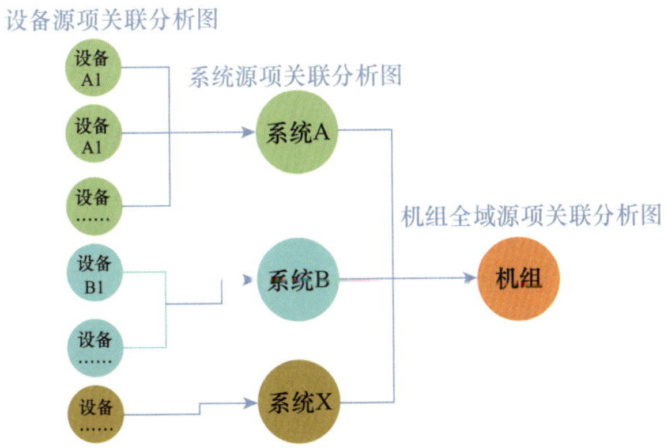

图 1.5.2 机组全域源项关联分析

1.5.1 风险源项的分类

参考核电系统设备故障处理的专业分工或关联关系，可将机组上的风险源项大致分为以下几类：

①化学类源项：化学污染、加水引起稀释、氧含量超标、氢爆、酸碱腐蚀、结垢等等；

②仪控类源项：仪控逻辑联动、报警触发等，

③电气类源项：失电、电压电流波动、联锁跳闸、触电等；

④辐射类源项：内外照射、放射性污染等；

⑤机械热工类源项：水汽两相流、水锤、汽锤、憋压爆管、超压安全阀动作、溢流、跑冒滴漏、形成负压、冷源丧失、液位变化、温度变化、压力变化等等能动源项，振动过高、轴承磨损、泵汽蚀、膨胀变形等；

⑥堆物理类源项：反应性变化、氙震荡等；

⑦工业安全类源项：转动设备伤人、高温高压烫伤、冻伤、高处坠落、缺氧窒息、中毒、腐蚀、触电等等；

⑧核安全类源项：产生技术规范第一组/第二组事件、违反技术规范、QSR 设备不可用、停机停堆甩负荷、RPR 保护、威胁核安全三大目标等等。

⑨人因失误源项：人员误动误碰设备，跳步执行规程等人因失误引入的风险源项。

当然也可以按其他的分类方法对机组上的风险源项进行分类，以下通过示例对上所述的分类进行单项的源项关联分析，由于设备故障的具体故障原因主要由维修专业负责分析，而设备故障产生的风险影响，是需要运行人员及时采取有效的干预缓解行动(防护安措)，所以以下分析以“源项输出”的风险分析为主。

(1)机械热工类源项关联分析

示例 1：热交换器 APG001RF 设冷侧充水排气的机械热工类源项关联分析

APG001RF 作为核岛设备冷却水系统 RRI 的大负荷的热交换器，其设冷侧的充水排气操作风险很大。因 RRI 系统头箱容积小，缓冲能力小，头箱补水管径为 60.3 mm，而 APG001RF 设冷侧管径 219.1 mm，因此 APG001RF 设冷侧充水排气时，可能引起

RRI 头箱液位迅速下降，影响设冷泵运行，危急 RRI 系统设备运行安全，进而危急 RRI 重要用户运行的安全(如主泵、乏池冷却、DEL 冷冻机等)。故进行该充水排气工作时务必确保缓慢开阀进行充水，保持对 RRI 系统相应设冷头箱液位的持续监视。

示例 2：3AGM003VN 气动执行机构与阀杆脱开引入的机械热工类源项关联分析

2018 年 8 月 6 日，主控巡盘发现主给水泵 3APA302PO 工作油温比给定值高 5 ℃(定值为 75 ℃)，主给水泵工作油冷却器流量调节阀 3AGM003VN 已全开，检查发现 3AGM003VN 气动执行机构与阀杆脱开。3AGM003VN 气动执行机构与阀杆脱开，导致工作油冷却器设冷侧流量明显降低(工作油冷却器 SRI 流量进行超声测量，结果显示：处于运行的 1 号主给水泵工作油冷却器 SRI 流量为 154 m^3/h；3 号主给水泵工作油冷却器 SRI 流量为 37 m^3/h)，冷却水流量的降低使得工作油得不到有效的冷却而温度上升，因润滑油和工作油位于同一油箱，将威胁 3 号主给水泵组轴承冷却润滑安全，若异常恶化时将可能导致液力耦合器损坏，3 号主给水泵跳闸，进而引起机组甩负荷产生大的瞬态。

(2)化学类源项关联分析

示例 1：启动 8ASG 除氧器给 8REA 水箱制水时，向 ASG001BA 引入的化学源项关联分析

制水排向 8REA001BA/002BA 水箱前，SED 水经 8ASG 除氧器制出的 pH≈7 的水冲洗管道，冲洗水排向 ASG 水箱，引入了 ASG001BA 水箱 pH 值下降的风险。

示例 2：SRI001VD 开阀向 SRI001BA 补水引入的化学源项关联分析

SRI001VD 来的 SER 补水无磷酸三钠，将引起 SRI 系统回路的磷酸三钠浓度下降，引入了可能导致 SRI 系统磷酸三钠含量低于技术规范要求的风险。

示例 3：EAS125VR、EAS126VR 内漏引入的化学源项关联分析

EAS125VR、EAS126VR 内漏，将导致 PTR001BA 内的硼酸进入 EAS001BA，引入了导致 EAS001BA 氢氧化钠溶液被中和、被污染的风险。

示例 4：热交换器 APG001RF 设冷侧充水排气的化学源项关联分析

APG001RF 作为核岛设备冷却水系统 RRI 的大负荷的热交换器，其设冷侧的充水排气将引起设冷头箱液位下降，进而引起核岛除盐水系统 SED 来的补水阀门开启补入大量的除盐水，继而引入化学源项——引起 RRI 系统内阻垢剂磷酸三钠含量的下降，RRI 系统的各热交换器有更容易结垢的风险，因此需要反馈化学加药调整 RRI 系统内阻垢剂磷酸三钠在化学技术规范要求的范围内。

(3)堆物理类源项关联分析

示例 1：8SVA001PO/002PO 向 STR 除氧器排水的堆物理类源项关联分析

2017 年 9 月 17 日，某核电 4 号机满功率运行时，反应堆热功率由 2882 MWt 上升到 2891 MWt，最终经排查发现该期间，4STR002VV 开度在 16%(3/4 号机组 8SVA 系统由 4STR 系统出力)，4STR015VV 开度高达 65%。初始 4STR002VV 为 3% 开度，4STR015VV 为 0% 开度。通过分析发现由于 8SVA001BA 疏水切换至 4STR001DZ，

8SVA001BA 冷凝水罐液位上涨导致 8SVA001/002PO 疏水泵启动，将冷水注入 4STR001DZ 中引起除氧器水温下降，压力下降，引起 4STR015VV 开度逐渐增加以增加除氧器压力。4STR015VV 阀门开度增加，造成 8SVA 管网用汽量增加，压力下降，4STR002VV 自动开大，使 4VVP 蒸汽用量增加，从而导致反应堆热功率增加，增加量约 9 MW。8SVA001/002PO 停运后，冷水停止注入，除氧器压力回升，4STR015VV 逐渐关闭，8SVA 用汽量下降，4STR002VV 逐渐关小恢复初始开度，4VVP 蒸汽量降低，反应堆热功率下降，恢复到初始热功率水平。

源项关联分析：经查看报警灯，发现 8SVA001PO/002PO 同时间段有启动情况，接收 8SVA001PO/002PO 疏水相关联的 4STR 系统的除氧器，因 8SVA001PO/002PO 启动将 8SVA001BA 内的冷凝水注入，除氧器压力和温度的下降，关联开大除氧器加热蒸汽阀门 4STR015VV，而 4STR015VV 大幅开大关联着 8SVA 辅助蒸汽压力下降，8SVA 辅助蒸汽压力下降联锁关联 4STR002VV 开大，4STR002VV 开大关联主蒸汽流量的增大，进而向反应堆引入正反应性，引起热功率增加。

综上所述，当 3/4STR 运行时，8SVA001PO/002PO 启动存在向运行的 STR 系统引入正反应性的堆物理类源项。

示例 2：满功率运行时，执行 T1APD 001 启动给水泵定期启动试验规程的堆物理类源项分析

机组满功率运行时，APD 泵处于停运备用状态，由于 APD 泵无暖泵管线，APD 泵所处的启动给水管道内水为冷水，若不对 APD 泵和所在管线进行暖泵暖管操作，直接执行启动给水泵定期启动试验，将导致管道和泵体内的冷水注入除氧器内，进而由运行的主给水泵将冷水注入蒸汽发生器内，引起一回路温度降低，继而向堆芯引入正反应性。

综上所述，满功率运行时，启动给水泵定期启动试验存在引入正反应性的堆物理类源项，因此试验前需要进行暖泵暖管操作来规避这种风险。

(4) 仪控类源项关联分析

示例：1ATE414LN 的仪控类源项分析

2014 年 11 月 7 日，某核电 1ATE 现场操作员接主控室机操指令对 0SEL001BA 加入硫酸，进行中和。现场 2 名操作员来到酸碱储存间 1MP303 房间，从 1ATE413CW 酸计量箱中接取硫酸过程中，发现该计量箱磁翻板液位计下部法兰处有连续线状泄漏，现场操作员立即关闭液位计下部根阀 1ATE4135VR，并将液位计排污阀打开，将液位计中的硫酸排至中和池，然后搬运硫酸溶液桶离开 1MP303。期间未将 1ATE413CW 的补酸阀 1ATE4104VR 打到手动位置，液位计中硫酸排空后，使得液位计低液位信号触发，联锁补酸阀 1ATE4104VR 自动开启持续向酸计量箱 1ATE413CW 补酸，导致溢流，计量箱上部呼吸器 1ATE413AD 内装硅胶失效，部分管道、阀门、计量箱表面轻度腐蚀，1MP303 房间部分地面受损，见图 1.5.3。

图 1.5.3 1ATE414LN 联动开启补酸阀引起的漏酸示意图

综上所述，1ATE414LN 异常时可能产生仪控类源项(逻辑联动)，液位计低液位信号触发时，联锁补酸阀 1ATE4104VR 自动开启持续向酸计量箱 1ATE413CW 补酸，当然也酸的引入也引入了化学类源项。

(5)电气类源项关联分析

示例 1：CRF001PO 和 RCP001PO 启动，引起 6.6 kV 母线电压下降导致柴油机启动

2017 年 4 月 25 日，N1GSY001JA 检修完成，主变送电后需将 1 号机组厂用电由辅变切至主变。N1LGA/LGB/LHA 切至主变供电后，二回路操纵员按照 S 程序点击 N1CRF001KG 发出启动 N1CRF001PO 指令(指令发出后 N1CGR003MO 自动启动，N1CRF001PO 延时 10 min 启动)，随后一回路操纵员确认启动主泵前提条件满足后启动 N1RCP001PO，因 N1RCP001PO 转动惯量大，启动时间持续约 25 s，在此期间 N1CRF001PO 启动 10 min 延时已到并自动启动，两台泵启动过程中导致 N1LHA 电压拉低(最低为 5.244 kV)，N1LHP 柴油机自动启动。

示例 2：启动 LGF 下游负荷 APA 泵，触发 AVC 减磁闭锁

2018 年 5 月 12 日，执行 1APA202PO 切换至 1APA302PO 操作时，因夜班 1LGF 压力原本较低，在进行 1APA202/302PO 之间相互切换时，由于两台泵均由 LGF 母线供电，在启动备用泵瞬间导致母线 LGF 母线电压大幅下降，触发 1AVC006KA：AVC 增磁闭锁和 1AVC007KA：AVC 减磁闭锁，电压波动瞬态结束，电压恢复正常后，1AVC006KA 报警自动消失，但 1AVC007KA 并未自动消失，通过维修电气人员强制复归后报警消失。

示例 3：LKT/LKR 母线电压波动，出现 GSY 风机跳闸

2015 年 3 月 3 日中班，电功率 1000 MW(配合 2 号主变复役)，借此功率平台，配合仪控处理 1ACO208VL、1ACO108VL 阀位反馈与其要求值不一致缺陷。维修工作结束后，主控启动 1ACO302PO，造成其上游电源 1LKT001TB 母线电压降低约 4 V，1GSY 风机控制柜内电压继电器动作，进而导致 1GSY 风机全停，1GSY001/002/003MT 温度上升，其中 1GSY003MT 最高升至 51.1 ℃。后现场人员复位报警后，就地启动风机后运行正常，1GSY001/002/003MT 温度回归正常。

通过示例描述，可知启动大负荷设备时，有存在引起母线电压波动的电气类风险源项。针对这种电气类风险源项，如前述工作方法套路总结所述：启动供电母线下游大的转动设备时，需要注意对母线电压及母线下游其他负荷的影响，并采取有效的防护措施，如及时查看并消除影响、避免交叉作业等等。

(6)核安全类源项关联分析

示例1：KRT009MA取样管路上滤纸更换引入的核安全类源项

RP模式时，开展KRT009MA(监测安全壳内惰性气体的活度)取样管路上的滤纸更换工作时，由于KRT009MA只有一个取样支路，滤纸就安装在这个取样支路上，更换滤纸时要停运取样泵，将会导致仪表不可用，产生第二组IO：KRT8。

综上所述，该工作产生核安全类源项，产生第二组IO：KRT8，在工作开展期间采取需要按照技术规范要求，实施要求采取的措施(如停止所有的ETY排放和确认这一系统隔离等)。从流程图上可知滤纸布置在KRT009MA取样管路上，在KRT009MA及其取样泵的上游，因此滤纸更换的风险源项是通过工艺流程上的关联进行传递的。

示例2：DVN全停时，RIS021BA因通风丧失，温度液位上升引入的核安全类源项

RP模式时，当开展DVN全停(停运所有正常送排风机)相关的工作时，RIS021BA所在房间温度将因失去通风而上升，RIS021BA内的硼酸温度将升高，液位也将上升，若RIS021BA原本液位就较高，当RIS021BA液位(RIS031LN2-2)上升到1.20 m时，将触发高报警以及联锁RIS206VP和RIS208VP动作关闭，进而导致高浓硼酸回路两台再循环泵的循环功能丧失不可用，进而产生第一组IO：RIS8。

综上所述，DVN全停时，RIS021BA因通风丧失，温度液位上升，存在仪控类源项(RIS031LN2-2上升到1.20 m时，将触发高报警以及联锁RIS206VP和RIS208VP关闭)，进而产生的核安全类源项：产生IO1(RIS8)。可知DVN全停的风险源项是通过DVN为RIS021BA提供通风的工艺流程上的关联进行传递的。

(7)工业安全类源项关联分析

示例1：汽机调节油泄漏引入的工业安全类源项

2018年10月2日，某核电4号机组大修后重新并网升功率过程中，发现4GSE124MP引压管线接头处存在线状喷油，喷出的抗燃油从钢格栅漏到GSS本体的保温层中，由于油量较大，保温层全部被浸透。虽然汽机调节油为抗燃油，但由于油浸入GSS保温层中，接触到高温设备，同时外部包裹有保温层，影响散热，导致抗燃油被持续加热，也同样存在火灾风险，对保温层进行拆换时发现最内侧保温层由于温度较高发生一定程度的阴燃。膦酸酯型抗燃油存在一定的毒性，需要做好防护。

综上所述，可知汽机调节油泄漏引入的工业安全类源项有火灾风险、中毒风险。

示例2：辅助给水系统(ASG)汽动泵试验引入的工业安全类源项

2018年6月6日，某核电执行汽动泵4ASG004PO试验时，4号机龙门架刚好有人员在工作，泵启动后的高温蒸汽随着风吹向龙门架处喷窜，使龙门架处工作人员受到惊吓，且窜出的高温蒸汽会使龙门架处附件温度高，有人员烫伤风险。

综上所述，汽动泵启动试验时存在引入高温蒸汽烫伤的工业安全类源项，试验启泵前需确认龙门架处无人工作，防止泵启动后蒸汽窜出有人员烫伤的风险。可知这个风险源项是通过 4ASG004PO 排气口与龙门架空间位置靠近的关联性进行传递的。

(8)辐射类源项关联分析

辐射类源项比较好识别，一般辐射防护专业针对各房间区域辐射剂量情况有划分绿区、黄区、橙区、红区进行标识管理，现场也可以查询控制区内的热点情况，同时还可以通过佩戴的便携式仪表进行监测。需要特别说明的是，非放射性系统和放射性系统、低放射性和高放射性的边界阀门内漏、误开或是热交换器传热管破裂时，将产生放射性污染、放射性释放等等辐射类源项。

1.5.2 源项关联分析的表示方法

(1)链式递进关联分析

以设备故障为源项输入的汇集点，往上依据系统设备工艺流程上的关联(包括系统设备功能上的关联)、联锁动作上的关联、空间布置上的关联等关系，进行链式递推分析设备故障的原因，直到原因被排除或直到原因被确认。以设备故障为源项输出的出发点，往下依据系统设备工艺流程上的关联(包括系统设备功能上的关联)、联锁动作上的关联、空间布置上的关联等关系，进行链式递推分析设备故障的风险影响，直到风险得到有效的屏障防护。

如图 1.5.4 所示，通过链式递进关联分析，设备故障源项输入排查直到确认故障原因为源项 a1 输入导致产生源项 a 进而引起设备故障，源项 a2、源项 b 被排除。设备故障源项输出产生的风险影响，直到其中源项 B 的风险被排除，源项 A 和源项 C 引发的源项 C1 被采取有效屏障防护。

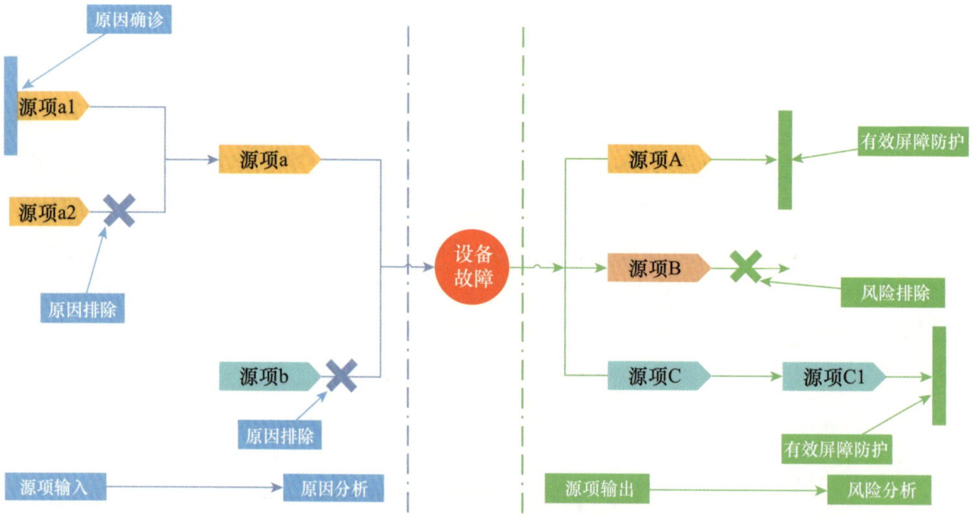

图 1.5.4 链式递进分析示意图

示例：3SAT203PU 大量漏气引起 3CRF001PO 投用的气封处存在海水泄漏的源项关联分析

以 3CRF001PO 气封漏水为源项输入的汇集点，根据工艺流程上的关联，气封漏水可能的初级源项输入：①气封失气；②气封破损。

气封是否失气可以通过查看气封上游的供气压力检查判断，气封是否破损可以通过机械人员检查判断。气封失气原因可根据工艺流程上的关联，检查气封管路上的供气阀门在线是否存在异常，供气管线及其阀门是否存在漏气，或检查上游 8SAT 管网是否失压，通过检查 8SAT401BA 的压力是否正常。8SAT 管网若失压，可以检查 8SAT 管网是否存在泄漏(如管网疏水排气阀门被误开、安全阀误动作等)，或检查 8SAT 管网上游是否失压。根据工艺流程上的关联，8SAT 管网的上游为 3/4SAT。若 8SAT 管网上游 3/4SAT 存在失压情况，可以检查 3/4SAT002VA 是否自动关闭，若自动关闭，则检查 3/4SAT 管网(疏水排气阀是否存在泄漏、安全阀是否误动作等)是否存在泄漏，若 3/4SAT002VA 存在未自动关闭的情况，检查上游 3/4SAT 的压空管网压力是否正常。通过上述源项关联分析(递进分析流程如图 1.5.5 所示)，可以将 3SAT203PU 大量漏气的源项包括进去，通过对源项输入的排查可以找到故障的原因。

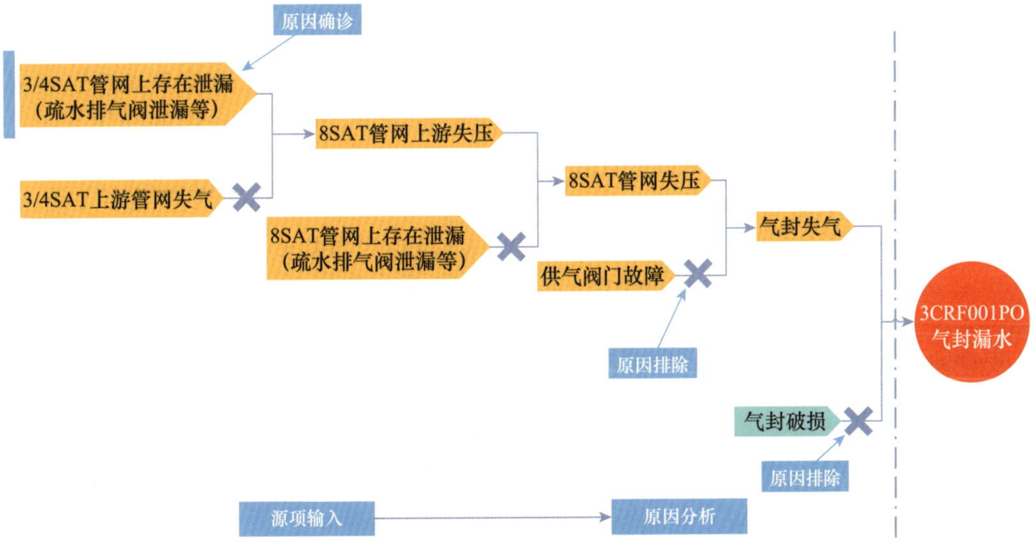

图 1.5.5　循泵气封漏水源项输入链式递进分析示意图

以 3CRF001PO 气封漏水为源项输出的原点，根据工艺流程上的关联，可知循泵气封上布置有机械密封(水封)，再往上有下导轴承油箱，下方布置有顶盖排水泵。气封漏水产生可能的初级源项输出：①循泵顶盖被海水淹没；②海水中可能存在沙子、盐分等杂质，海水的进入可能导致循泵密封损坏腐蚀；③海水的进入和上升可能淹没下导轴承油箱，引起油箱进水等。针对上述风险影响，需要采取的防护措施：①确保顶盖排水泵可用和是否满足泄漏的排放能力，必要时增加临时排水泵；②核实循泵水封是否可用，尽快投运水封，利用水封对密封进行冲洗和防止海水漏入，在气封失压的缺陷可以尽快消除时，也可尽快恢复气封的可用。如果海水没有上升到下导轴承油箱，则油箱进水的风险可以消除；③联系维修专业检查气封损坏情况和评估海水的进入对循泵密封的损害情况。通过上述源项关联分析(分析流程如图 1.5.6 所示)，可以将气封漏入海水的源项包括进去，逐项对源项采取有效的防护措施。

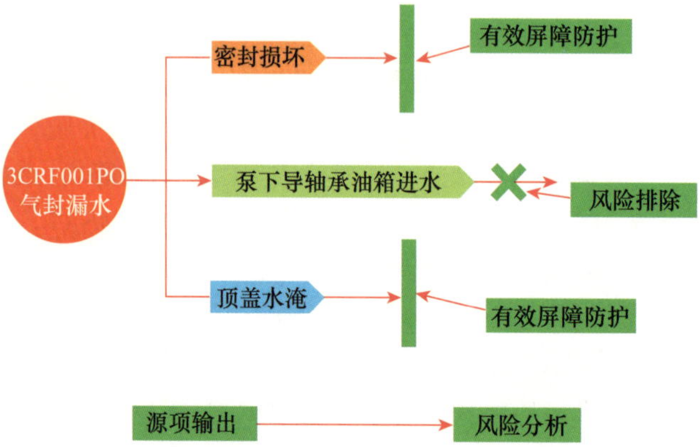

图 1.5.6　循泵气封漏水源项输出链式递进分析示意图

(2)源项关联分析表

在确认故障设备及其情景后(或假设故障设备、假设情景)，列举各类源项到表格中，依据系统设备工艺流程上的关联(包括系统设备功能上的关联)、联锁动作上的关联、空间布置上的关联等，逐项进行分析，将故障设备的源项关联分析及其防护措施(屏障)清晰的展现在表格中。

示例 1：3SEK009VT 故障无法打开时，3SEK2 坑存在热来水

表 1.5.1　3SEK009VT 故障源项关联分析表

故障名称和情景	3SEK009VT 故障无法打开时，3SEK2 坑存在热来水	
源项关联分析		
源项关联分析项目	源项输出	防护措施(屏障)
化学类源项	N/A	N/A
仪控类源项	1)3SEK009VT 在热水导致 SEK2 坑温度上升到 50 ℃，3SEK009-VT 无法自动打开； 2)3SEK2 坑内热水产生的蒸汽触发消防探头误报火警，当两个火警探头触发火警时，存在以下联锁：	

续 表

仪控类源项	①联锁该区域的雨淋阀(如雨淋阀 3JPT049VT 等)动作打开，雨淋阀后管线充水，进而引起消防管网水压降低，进而可能联锁启动 JPP 泵； ②联锁自动关闭 3 号机组的 3DVE081VE 和 3DVE082VE 以及 4 号机组的 4DVE073VAF(设计上考虑避免 MX 火灾向电气厂房蔓延)	1)尝试手动打开进行冷却； 2)尝试手动慢开 3CEX017VL 进行降温； 3)尝试开 SEK2 坑上游的 3SEK 集水槽上的 3SER 冷却水阀
电气类源项	N/A	N/A
辐射类源项	N/A	N/A
机械热工类源项	1)SEK2 坑内的热水得不到冷却，将产生大量蒸汽，进而引起 SEK2 坑上方消防探头触发火警，联锁雨淋阀动作，联锁该区域的雨淋阀(如雨淋阀 3JPT049VT 等)动作打开，雨淋阀后管线充水，进而引起消防管网水压降低，可能联锁启动 JPP 泵，若蒸汽温度高引起喷淋头内波泡破裂，将引起喷淋，区域内设备有被水淋的风险； 2)火警引起风机 3DVE007ZV 进出口阀自动关闭、4DVE010ZV 和 4DVE012ZV 的入口风阀自动关闭，风机 3DVE007ZV 及 4DVE 系统 B 列风机存在无风量运行而损坏的风险； 3)随着热水排入引起的液位上涨，SEK2 坑的泵自动启动后，将向 8SEL 水箱传输液体，大量的热水排入 8SEL 水箱时，可能导致 8QB 厂房出现蒸汽的情况，同时水箱也有满溢的风险	1)如仪控类源项所采取的措施，对蒸汽采取冷却降温，及时复位火警，复位雨淋阀，恢复停运 JPP 泵； 2)及时停运 DVE 风机，避免低流量或无流量运行损坏，在火警复位后，及时恢复 DVE 系统正常运行； 3)关注 8SEL 接收水箱的水位，及时切换接收水箱。可启动 4SEL2 坑水泵向 8SEL 水箱注入冷水进行降温

续 表

堆物理类源项	N/A	N/A
工业安全类源项	SEK2 坑内的热水得不到冷却，将产生大量蒸汽，有人员烫伤的风险	拉好警示带，避免人员误入，区域内开展工作做好防烫防护
核安全类源项	火警触发 3DVE081VE 和 3DVE-082VE 以及 4 号机的 4DVE-073VAF 动作，分别导致 L310 房间设备为 8LCD/8LBG 蓄电池、4DVE 系统 B 列电缆层通风丧失，分别导致 3 号机产生 IO2：DVE2，4 号机组产生 IO2：DVE1	3、4 号机组记录 IO，并执行技术规范要求采取的措施
关联性说明		
工艺流程上的关联性	1)3SEK009VT 用于对非含油废水放射性废液冷却池(3SEK2 坑)热来水进行冷却； 2)3SEK009VT 的上游为 3SEP 来水，下游为 3SEK2 坑； 3)3SEK2 坑下游为 8SEL 接收水箱	
逻辑联动上的关联性	1)当非含油废水放射性废液冷却池(3SEK2 坑)温度大于 50 ℃，3SEK009VT 开启；小于 40 ℃，则关闭； 2)3SEK2 坑内热水产生的蒸汽可能触发消防探头误报火警，当两个火警探头触发火警时，存在以下联锁： ①联锁该区域的雨淋阀(如雨淋阀 3JPT049VT 等)动作打开，雨淋阀后管线充水，进而引起消防管网水压降低，进而可能联锁启动 JPP 泵； ②联锁自动关闭 3 号机组的 3DVE081VE 和 3DVE082VE 以及 4 号机组的 4DVE073VAF	
空间位置上的关联性	3SEK2 坑位于 3MX-7.5 m，坑上方布置有消防探头	

示例 2：APA 暖泵管线上多级节流孔板 3APA1031DI 故障

表 1.5.2 多级节流孔板 3APA1031DI 故障源项关联分析表

故障名称和情景	3APA302PO 处于备用，暖泵管线投运，其上多级节流孔板 3APA1031DI 故障(RP 模式，满功率)	
源项关联分析		
源项关联分析项目	源项输出	防护措施(屏障)
化学类源项	N/A	N/A
仪控类源项	1)3APA1031DI 故障损坏，可能将导致暖泵水压力异常上升，进而引起主给水泵反转，触发反转信号： ①反转信号将导致主给水泵出口阀 3APA313VL 自动关闭； ②反转信号触发主给水泵电动润滑油泵自动启动信号； ③反转信号将导致主给水泵无启动允许信号； 2)暖泵水压力异常上升，可能引起安全阀动作，高温高压蒸汽泄漏，将引起常规岛火警触发，进而联动雨淋阀动作，常规岛火警也将联锁自动关闭 3 号机组的 3DVE081VE 和 3DVE082VE 以及 4 号机组的 4DVE073VAF，继而产生 DVE 系统的第二组事件 IO2	1)安排现场隔离主给水泵暖泵管线； 2)若反转信号已触发，在隔离暖泵管线，主给水泵转速恢复正常后，恢复打开主给水泵出口阀 3APA313VL，现场复位泵反转信号，按《主给水泵 C(3APA302PO)置备用状态操作票》将 3APA302PO 恢复热备用状态； 3)若出现联锁自动关 3/4DVE 系统阀门，及时复位火警，恢复 DVE 系统正常运行，否则及时停运相应的风机
电气类源项	N/A	N/A
辐射类源项	N/A	N/A
机械热工类源项	3APA1031DI 故障损坏，可能将导致暖泵水压力异常上升，有可能导致前置泵入口安全阀动作，导致高温高压水泄漏	隔离主给水泵暖泵管线后，主控关注主给水泵中压管道和入口的压力变化趋势，确认前置泵入口安全阀处无高温高压水泄漏
堆物理类源项	N/A	N/A

续 表

<table>
<tr><td>故障名称和情景</td><td colspan="2">3APA302PO 处于备用，暖泵管线投运，其上多级节流孔板 3APA1031DI 故障(RP 模式，满功率)</td></tr>
<tr><td>工业安全类源项</td><td>3APA1031DI 故障损坏，可能将导致暖泵水压力异常上升，安全阀可能动作引起高温高压蒸汽泄漏，存在高温烫伤风险，附件设备存在高温高压损伤风险</td><td>1)现场及时隔离暖泵管线，终止蒸汽泄漏，同时拉警示带，防止人员误入；
2)对于出现的受高温高压蒸汽损伤的设备进行检修</td></tr>
<tr><td>核安全类源项</td><td>N/A</td><td>N/A</td></tr>
<tr><td colspan="3">关联性说明</td></tr>
<tr><td>工艺流程上的关联性</td><td colspan="2">3APA1031DI 为 3APA302PO 暖泵管线上的多级节流降压孔板，对从主给水泵出口母管取来的高温高压暖泵水进行降压后，进入主给水泵组的前置泵和压力级泵，经主给水管道进入除氧器</td></tr>
<tr><td>逻辑联动上的关联性</td><td colspan="2">1)主给水泵反转信号参与的控制逻辑：
①反转信号触发主给水泵出口阀 3APA313VL 自动关闭；
②反转信号触发主给水泵电动润滑油泵自动启动信号；
③反转信号为主给水泵启动允许信号之一
2)3APA 泵组 C 区域内热水产生的蒸汽可能触发消防探头误报火警，当两个火警探头触发火警时，存在以下联锁：
①联锁该区域的雨淋阀(如雨淋阀 3JPT030VT 等)动作打开，雨淋阀后管线充水，进而引起消防管网水压降低，进而可能联锁启动 JPP 泵；
②联锁自动关闭 3 号机的 3DVE081VE 和 3DVE082VE 以及 4 号机的 4DVE073VAF</td></tr>
<tr><td>空间位置上的关联性</td><td colspan="2">主给水泵组区域存在布置有消防探头</td></tr>
</table>

1.6 从“熵增原理”和“耗散结构理论”角度看设备故障及其处理

1.6.1 熵增原理

热力学第二定律关于熵的统计物理学意义：熵是系统中微观粒子无规则运动的混乱程度的量度。

信息论之父香龙将熵的概念引入信息论，用以表示系统的不确定性、稳定程度和信息量。熵用来描述一个系统的混乱度，熵越大，系统内混乱程度越大。简单地说，熵是描述一个系统的无序程度的变量，越有序则熵越小，越无序熵就越大。这样，就可以利用熵与有序度的关系，用物理量熵来描述系统演化的方向。

熵增加原理的统计意义指出：孤立系统中发生的不可逆过程总是朝着混乱度增加的方向进行的。系统自发的过程都是不可逆过程，都会从有序到无序的过程，这就是熵增原理。

在一个封闭的系统里，熵总是增大的，一直大到不能再大的程度。这时，系统内部达到一种完全均匀的热动平衡的状态，不会再发生任何变化(即熵寂)，除非外界对系统提供新的能量。一个孤立系统不可能朝低熵的状态发展，即不会变得有序。因此熵增是世界上一切事物发展的自然规律。

封闭系统终究是要熵死的，没有活力的封闭系统必将灭亡。

如何对抗熵增?

薛定谔在《生命是什么》提出负熵的概念。一个生命有机体在不断产生熵，或者可以说在增加正熵，并逐渐趋近与最大熵的危险状态，即死亡。要摆脱死亡，要活着，唯一的办法就是从环境中不断吸取负熵。一个生命体就是靠负熵为生，或者说，新陈代谢的本质就在于让生命体成功消除了当它活着时不得不产生的全部的熵。

1.6.2 耗散结构理论

耗散结构理论指出：一个远离平衡的开放系统，通过不断地与外界进行物质、能量和信息交换，从周围环境中引入负熵流，以抵消系统熵的增加，由于内部各子系统之间存在非线性相互作用，在系统内部某个参量的变化达到一定的阈值时，通过涨落，使系统发生突变即非平衡相变，从原来的无序状态转变为一种在时间、空间或功能上的有序状态，这种在远离平衡的非线性区形成的新的稳定的宏观有序结构，由于需要不断与外界交换物质、能量或信息才能维持，因此称之为耗散结构。

根据耗散结构理论，事物发展过程，是一个不断形成新的耗散结构的过程。耗散结构形成必需的内外条件为：

①系统必须开放，与外界进行物质、能量和信息交换以引入负熵流；

②远离平衡态；

③非线性相互作用，内部各元素之间存在非线性协同作用和相干效应；

④涨落现象，系统存在涨落，在外界参量控制下达到某一临界值，使系统远离平衡态，形成新的耗散结构。

耗散结构理论以开放系统为研究对象，着重阐明开放系统如何从无序走向有序的过程。耗散结构理论是研究耗散结构的性质及其形成、稳定和演变规律的科学。

(1)远离平衡态

远离平衡态指系统内可测的物理性质极不均匀的状态。远离平衡态是相对于平衡态和近平衡态而言的，这一状态下系统的热力学行为与用最小熵产生原理所预言的行为相比，可能颇为不同，甚至实际上完全相反，正如耗散结构理论所指出的，系统将走向一个高熵产生的、宏观上有序的状态。

1)近平衡态

近平衡态是指系统处于离平衡态不远的线性区，它遵守昂萨格倒易关系和最小熵产生原理。前者可表述为：$L_{ij}=L_{ji}$，即只要和不可逆过程 i 相应的流 J_i 受到不可逆过程 j 的力 X_j 的影响，那么，流 J_i 也会通过相等的系数 L_{ij} 受到力 X_i 的影响。后者意味着，当给定的边界条件阻止系统达到热力学平衡态(即零熵产生)时，系统就落入最小耗散(即最小熵产生)的态。

2)平衡态

平衡态是指系统各处可测的宏观物理性质均匀(从而系统内部没有宏观不可逆过程)的状态。

远离平衡，即不能任由系统向平衡发展，趋向熵寂自灭。例如核电机组系统不能无外界物质、能量、信息的交换，系统设备运行不能长时间没人管，无人员巡检，无人员进行检修维护，设备老化损坏不能没新备件的更换，核燃料的燃耗不能没新燃料的更替，余热不能没有冷源的导出。

(2)非线性作用

如果系统内子系统之间存在着并非一一对应、而是随机进行的相互作用，则可认为这些子系统间存在着非线性相互作用。

系统产生耗散结构的内部动力学机制，正是了系统间的非线性相互作用。在临界点处，非线性机制放大微涨落为巨涨落，使热力学分支失稳，在控制参数越过临界点时，非线性机制对涨落产生抑制作用，使系统稳定到新的耗散结构分支上。

(3)开放系统

开放系统是指与外界环境存在物质、能量、信息交换的系统。例如，核电机组系统就是一个开放系统：不断有物料进出，设备的维修更换，人员的进出，电力与电网的输入输出，技术知识和经验信息的传递等等。

根据热力学第二定律可知，孤立系统绝不会出现耗散结构。因为随着时间累积，孤立系统的熵将不断增加并达到极大值，使系统达到最无序的平衡态。

对于与外界有能量和物质交换的开放系统，其熵的改变 dS 有两部分组成：一是系统内部的不可逆过程所引起的熵的增加 d_iS：另一部分是系统与外界交换物质和能量交换所产生的熵变，称为系统的熵流 d_eS，即有：

$$dS = d_iS + d_eS$$

热力学第二定律指出系统内的熵产生非负，即 $d_iS \geqslant 0$（可逆过程熵增为零，不可逆过程熵增为正）。

然而外界给系统注入的熵 d_eS 可为正、零或负，这要根据系统与其外界的相互作用而定。在 $d_eS<0$ 的情况下，只要从外界吸入的这个负熵流足够强，除了可以抵消掉系统内部的熵增量 d_iS，在一定外界参量控制下，当 $|d_eS|>d_iS$ 时，还能使系统的总熵增量 dS 为负，系统的总熵 S 就会减小，有序度不断提高，从而使系统进入相对有序的状态，最后稳定在比平衡态的熵总值更低的新的有序状态，形成耗散结构。

对于开放系统来说，系统可以通过自发的对称破缺从无序进入有序的耗散结构状态。

耗散结构理论认为，"开放"是所有系统向有序发展的必要条件。如一个企业只有开放才能获得发展，这种开放不仅是输出产品，输入原料，而且涉及人才、技术和管理等方面。不断引进人才和技术，不断更新设备，才能使企业充满生机和活力。又例如核电机组系统只有开放才能实现安全生产，机组的余热需要外界不断提供冷源，汽轮发电机产的电需要向电网输送，反应堆内核燃料的然耗需要获得新燃料的补充，机组系统设备的故障需要运维人员的干预处理和维护，外界经验技术反馈有助于设备可靠性的提升等。

（4）涨落

系统的实际运行状态与理论的统计反映状态是有差异的，它们之间的偏差现象称涨落。

一个由大量子系统组成的系统，其可测的宏观量是众多子系统的统计平均效应的反映。但系统在每一时刻的实际测度并不都精确地处于这些平均值上，而是或多或少有些偏差，这些偏差就叫涨落，涨落是偶然的、杂乱无章的、随机的。

在正常情况下，由于热力学系统相对于其子系统来说非常大，这时涨落相对于平均值是很小的，即使偶尔有大的涨落也会立即耗散掉，系统总要回到平均值附近，这些涨落不会对宏观的实际测量产生影响，因而可以被忽略掉。然而，在临界点（即所谓阈值）附近，情况就大不相同了，这时涨落可能不自生自灭，而是被不稳定的系统放大，最后促使系统达到新的宏观态。

当在临界点处系统内部的长程关联作用产生相干运动时，反映系统动力学机制的非线性方程具有多重解的可能性，自然地提出了在不同结果之间进行选择的问题，在这里瞬间的涨落和扰动造成的偶然性将支配这种选择方式，所以普里戈金提出涨落导致有序的论断，它明确地说明了在非平衡系统具有了形成有序结构的宏观条件后，涨落对实现某种序所起的决定作用。

（5）突变

在系统临界点附近控制参数的微小改变导致系统状态明显的大幅度变化的现象，

叫做突变。

阈值即临界值对系统性质的变化有着根本的意义。在控制参数越过临界值时，原来的热力学分支失去了稳定性，同时产生了新的稳定的耗散结构分支，在这一过程中系统从热力学混沌状态转变为有序的耗散结构状态，其间微小的涨落起到了关键的作用。这种耗散结构的出现都是以这种临界点附近的突变方式实现的。

从开放系统的角度看，突变是使系统从无序混乱走向有序井然的关键。当开放系统内部某个参量的变化达到一定阈值时，它就可能从原来无序的混乱状态，转变为一种在时间上、空间上和功能上的有序状态，即耗散结构。

1.6.3 熵增理论和耗散结构对核电机组安全生产的启发

如果核能发电机组系统为一个孤立系统，本身与外界无物质、能量等交换，其必然自发地将朝着混乱度增加的方向进行，熵由低到高，走向混乱。核电机组系统设备的熵增产生于系统设备内部的各种矛盾中，这些矛盾冲突不断地产生熵，并让熵不断增加，即机组系统设备的混乱度是自发不断增加的。

机组系统设备由于老化、耗损等等原因，其异常缺陷(故障)会自发的越来越多。因此熵是机组系统设备不稳定的源头，熵的不断增加必然会导致机组系统设备出现异常缺陷故障，自发的从有序走向无序。例如机组系统设备振动引起的磨损、设备腐蚀锈蚀产生的缺陷等等“混乱程度”增加，如果没有外界物质、能量的输入(如人员检修维护，使用备件物质进行更换等)，最终熵增将导致设备故障的出现。设备故障的出现也将进一步的使得系统内混乱度的增加，使得熵增加。例如阀门在运行过程中因腐蚀等缺陷外漏，引起工艺系统管道内有序的蒸汽泄漏成无序，使得工艺系统的混乱程度增大，使工艺系统的熵增大。又如主蒸汽系统(VVP)管道阀门等设备约束着高温高压蒸汽，使蒸汽在系统内部有序的流动，高温高压蒸汽流动冲击冲蚀系统内管道阀门等设备，且产生有害的振动。蒸汽的高温高压和冲击对VVP系统设备的危害和VVP系统设备对蒸汽的约束，是存在工艺系统VVP中的矛盾，矛盾冲突不断地产生熵，并让熵不断增加，当VVP系统无外界没有外界物质、能量的输入(如人员巡检，检修维护，大修时使用备件物质进行更换等等)，势必将出现设备损坏、蒸汽泄漏等混乱程度自发增加的情况。

因此机组系统设备异常缺陷的出现是存在一定的系统内部自发的自然规律，设备异常缺陷的发生将引起机组系统总熵的增加，混乱程度的增加。熵增理论为我们指出了核电机组系统设备出现异常缺陷(故障)的发生的内部机理和规律，耗散结构理论为处理核电机组系统设备异常缺陷(故障)提供了理论依据和实践的正当性。

生命都是需要新陈代谢的，都是开放的系统，因此也都是典型的耗散结构。显而易见，核电机组是一个开放系统，典型的耗散结构。因此可以将核电机组视为一个生命整体，从核电安全生产运行的战略高度研究解决熵增问题。

以安全生产为中心分析机组熵增，构建耗散结构模型，如图1.6.1所示，机组上的熵增来源于设备自身老化和运行磨损等，也来源与机组上工作的组织和个人，组织技术创新技术改造乏力，流程僵化，例如该及时得到处理的机组异常缺陷因流程僵化或未得到及时优化运行方式或是技术改造而消除产生熵增，个人责任心缺失无使命感，发现的异常觉得无所谓，视而不见、听而不闻，不汇报不处理等等。构建机组耗散结构，可以从组织建设、文化建设、设备可靠性提高等方面出发采取措施，如运行高度责任心建设、操纵员基本功提升、五型班组建设、构建机组系统设备异常缺陷病历库等等。通过耗散结构的构建，吸收外界有用的物质、能量和信息，吐故纳新、舍弃糟粕，使得机组趋向有序。

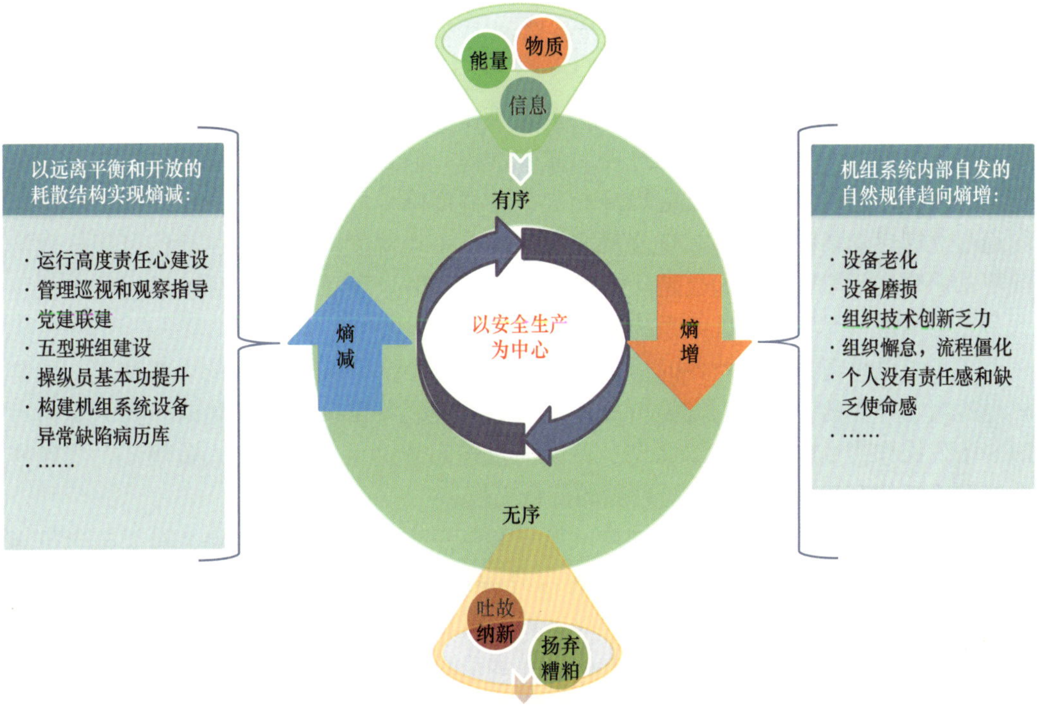

图 1.6.1 以安全生产为中心的机组耗散结构模型

(1)引入负熵抑制熵增

核电机组系统作为一个开放系统，典型的耗散结构。必须开放，与外界进行物质、能量和信息交换以引入负熵流。核电机组正常功率稳定运行时，大量子系统熵变相互弥补和抵消，保证了机组系统总的宏观状态显现稳定性，即确保安全生产的连续性，而这种稳定性需要不断的耗散物质、能量和信息来维持。

其实当前我们核电运行中的某些管理控制方法就是在实践着“引入负熵抑制熵增”，执行《运行技术规范》要求从根本上来说就是“引入负熵抑制熵增”的具体实践。从技术规范条款可以看出，当安全相关系统设备故障不可用时，《运行技术规范》中要求采取的措施中指出的后撤时间及干预措施，就是从外界引入物资、能量交换，引入负熵流，来抵消系统内部设备故障不可用产生的熵增。

例如，《运行技术规范》中 RP 模式下，事件 DVE2(蓄电池房间通风和加热器部分或全部不可用)，要求所采取措施指出：①监督和控制蓄电池房间内的温度保持在10 ℃和40 ℃之间；②如果一台排风机故障，打开两列之间的手动旁通阀使得两列互为备用；③如果现场确认房间温度<10 ℃，则认为房间内的蓄电池不可用，执行相应的技术规范；④检修必须在一个月内完成。从上述措施条款可以看出，这就是要求从外界输入人力、物力来采取措施，通过外部人员和物力的干预(如加强巡检频次，增加临时风机等措施)来监督控制蓄电池房间的温度，当一台排风机故障时，通过打开列间联通阀，由另一列风机来为故障列提供排风，等等这些措施，都是用来抑制蓄电池房间通风和加热器故障不可用产生的熵增，避免蓄电池房间温度不断增加，影响蓄电池运行安全，危及直流供电母线安全，避免风险源项不断地产生和发出，实现引入负熵流，降低系统混乱程度。

另外《反应性管理》指出：引入正的反应性决不是处理不稳定的电厂状态的适当途径。在瞬态情况下，试图通过提升控制棒来维持一回路冷却剂平均温度的做法是不保守的。由于二回路瞬态导致反应堆冷却剂平均温度降低的情况下，主控操纵员不能试图通过立即启动稀释或提棒来恢复反应堆冷却剂平均温度。因为上述动作可能导致情况更加恶化。可以看出，这也是从熵增角度触发，引入正反应性，对于反应堆来说引入了正的熵增，对于处理机组系统异常瞬态是不利的。

关于核电机组系统与外界的信息交换，很显然操纵员通过 DCS 的人机交互，就是核电机组与外界的一种信息交换方式。当机组系统设备出现异常缺陷时，操纵员通过 DCS 下发操作指令来控制机组状态，就是向机组系统输入信息，引入负熵流。当然核电经验反馈的交流也是典型的与外界的信息交换。

显而易见核电机组与外界的物质、能量和信息交换以引入负熵流，对于核电机组系统安全生产很重要。当核电机组系统与外界进行物质、能量、信息交换发生障碍，系统内正熵增加，有序性遭到破坏，积累到一定的阈值，经涨落触发，就会从有序变为无序，这就是异常缺陷(故障)的发生。异常缺陷(故障)的处理实际上是通过强化输入负熵流，防止输入正熵，并促进机组系统“远离平衡”以达到系统熵增为负或正熵不大的低熵有序状态，从而消除机组系统的异常缺陷(故障)。

核电机组系统设备“病历库”平台的构建在于提供开放的平台，汇集众人智慧处理机组系统设备的异常缺陷，促进运维等各专业数据信息共享，提升协同作战效率。

(2)控制熵增的最大方向，远离平衡态

熵增的最大方向，就是混乱程度发展最大的方向，也是系统趋于平衡态的方向，也是源项发展最多最严重的方向。分析和控制设备故障源项输入、输出的最大方向，使机组系统远离平衡态，影响核电机组安全生产价值的源项既是熵增的最大方向，核电机组核安全的三大目标：①反应性控制；②堆芯冷却；③放射性包容。因此机组系统设备故障影响这三大安全目标的源项就是熵增的最大方向。

例如，对于蒸汽发生器传热管破裂的 SGTR 事故，一回路的水通过传热管进入蒸汽发生器二次侧，一回路的水趋向与二回路水的交融平衡，其熵增的最大方向就是突破放射性包容的放射性释放。因此执行事故规程时其中：隔离故障蒸汽发生器；平衡一回路与故障蒸汽发生器压差等控制放射性释放的关键步骤就是抑制熵增的最大方向。

又例如，常规岛闭式冷却水系统 SRI 热交换器传热管破裂，系统内的 SRI 冷却水流向海水侧，趋向与海水的平衡。系统熵增的最大方向就时 SRI 冷却水的流失，冷却水流失最大的风险源项 SRI 负荷丧失冷却水。控制熵增的最大方向可以先将运行热交换器切换到备用热交换器，然后隔离故障热交换器，抑制 SRI 冷却水的流失，对 SRI 头箱补水也是控制熵增最大方向的手段。由于冷却水的流失和补入了 SER 水，使得闭式冷却水回路的磷酸三钠含量降低，使得系统管道结垢风险增加，这不是熵增的最大方向。

构建核电机组系统“病历库”，积累各设备源项关联分析，构建起工艺系统的源项关联分析，由机组各子系统的源项关联分析，进而可以构建起核电机组全域的源项关联分析。即通过子域源项关联分析，构建整个核电机组的全域源项关联分析，对于研究分析和识别机组系统设备故障熵增的最大方向有极大的应用意义，研究分析开放系统中耦合参数的联合熵，探索引起系统熵增的关键参数，有助于及时有效的引入负熵流抑制熵增的最大方向。

(3)关注和控制涨落，防止突变

开放系统中的涨落，是核电机组系统不稳定的根源，要使机组系统稳定、高效、安全的运行，必须对相应的因素进行控制。

核电机组系统是一个动力系统，随着时间的变化，系统的安全状态是动态变化的。根据耗散结构状态的分岔现象，我们可以看出核电机组系统的安全状况的演化规律是：起初系统是处于安全状态，随时间的推移以及系统的涨落，系统到达一个突变的临界点。这时有两种可能：其一，在没有外界参量的作用下(或外界参量保持不变的情况下)，将导致故障的发生；其二，外界参量进行及时的控制、调节，使机组系统向熵值更低、更安全的状态转化。最后机组系统在更加安全的状态下运行，开始新一轮的演化。根据以上分析，对故障进行控制的最佳时间应当在分岔出现以前，即在机组系统故障发生临界点出现以前。

这从理论上说明了：对控制故障发生而言，故障预防是极为重要、有效的方法，是确保生产安全的重中之重。

通过构建核电机组系统设备“病历库”大数据，研究和分析“病历库”中机组系统设备故障发生的机理，探索涨落和突变的临界点的规律及系统内部各元素之间存在非线性协同作用和相干效应。可以实现有效的故障预防，有助于避免涨落产生突变引起的瞬态。

第二章　一回路主要系统及其辅助系统“病历库”

2.1 核岛冷冻水系统(DEG)

2.1.1 4DEG301GF 冷却水流量开关 4DEG303SP 低报无法消除问题处理

异常缺陷名称	4DEG301GF 冷却水流量开关 4DEG303SP 低报无法消除
发生时间	2018 年 03 月 13 日早班
机组状态	RP 模式，满功率
异常缺陷现象	4DEG301GF 在 4RRI 设冷水流通情况下触发冷却水断水保护
风险或潜在后果	导致 4DEG301GF 故障不可用，产生 IO2：DEG1
干预行动	已采取的行动措施： 1)记录 4RRI963VN 初始开度，并将其全开，未能消除报警； 2)oncall 仪控检查处理； 3)缺陷消除后，恢复 4RRI963VN 到初始开度
原因分析	1)冷却水流量开关 4DEG303SP 损坏，冷却水流量达到最大(差压约有 160 kPa)情况下依然低报(27 kPa)依然存在。仪表无法正常动作； 2)经分析当前 4DEG303SP 在设冷水阀关闭的情况下，依然未出现低报，原因为设冷水阀关闭后，4DEG303SP 蒸发器前后压力依然不均匀，导致 4DEG303SP 正负取压口压力不相等(存在差压)
消缺行动	仪控处理反馈： 1)处理进展：仪控已完成对 4DEG303SP 备件更换，备件经校验合格。但在冷却水阀 4DEG305VN 关闭情况下，投用 4DEG303SP 时，仪表低报立即消除。将 4DEG305VN 进行一次开启关闭后，4DEG303SP 状态未发生翻转，一直未出现低报； 2)缺陷描述：4DEG301GF 冷却水流量开关 4DEG303SP 低报无法消除；

续　表

消缺行动	3)处理措施： ①对 4DEG303SP 进行通道检查，确认通道响应正常； ②对 4DEG303SP 进行更换备件工作，备件已校验合格，当前已将备件更换投用。更换备件后，投用 4DEG303SP，低报立即消除； 4)原因分析： ①4DEG303SP 损坏，冷却水流量达到最大(差压约有160 kPa)情况下依然低报(27 kPa)依然存在。仪表无法正常动作； ②经分析当前 4DEG303SP 在设冷水阀关闭的情况下，依然未出现低报，原因为设冷水阀关闭后，4DEG303SP 蒸发器前后压力依然不均匀，导致 4DEG303SP 正负取压口压力不相等(存在差压)； 5)结论：经观察两天确认 4DEG303SP 未出现低报。根据对比福清 1、2 号机组 DEG 同类压力开关的工作情况，发现当前开关选型存在缺陷，冷却水压力过大导致仪表微动开关过动作卡涩，维修一处已提出 ECR：006237 进行仪表换型，该 ECR 已通过上会审批，待寻求到合适型号的仪表后统一更换	
相关知识	DEG 冷冻机上装的水量差压控制器只起断水保护开关作用，不能测量和控制水流量； DEG 冷冻机组冷冻水侧断水保护整定值为 35 kPa； DEG 冷冻机组冷却水侧断水保护整定值为 27 kPa	
参考资料信息	维修二处仪控：“oncall 反馈—— 4DEG301GF 冷却水流量开关 4DEG303SP 低报无法消除问题处理反馈”； 维修二处维修日报 20180314； WR/WOT：00360302/00870425-01(紧急工单)	
编　　者	运行二处一值：谷铁	时间：2019 年 02 月 11 日

2.1.2　启动 1DEG201GF 时显示“冷却水断流”，1DEG201GF 无法启动

异常缺陷名称	启动 1DEG201GF 时显示“冷却水断流”，1DEG201GF 无法启动
发生时间	2017 年 12 月 21 日夜班
机组状态	RP 模式，满功率
异常缺陷现象	夜班执行《FQ1-LHP-C-008　1LHP 启动前设备切换》时，启动 1DEG201GF 时显示“冷却水断流”，导致 1DEG201GF 无法启动
风险或潜在后果	导致 1DEG201GF 无法启动，产生 IO2：DEG1

续 表

干预行动	已采取的行动措施： 1)安排现场检查 1DEG201CS(冷冻机冷凝器)设冷侧阀门在线未见异常； 2)oncall 仪控检查处理	
原因分析	对仪表进行校验，发现定值往负偏，怀疑是 RRI 设冷水流量有点偏低，导致 1RRI205VN 打开后 1DEG201CS 前后差压不满足要求	
消缺行动	仪控处理反馈： 1)检修措施及步骤： ①将 1DEG203SP 退出投运状态； ②对 1DEG203SP 进行校验，发现定值负偏，并对仪表进行调整，调整后校验合格； ③恢复仪表到初始状态，并投运仪表； ④投运后 1DEG203SP 显示正常； ⑤启动 1DEG201GF，对 1DEG203SP 进行验证，1DEG203SP 功能正常。 2)故障原因分析：对仪表进行校验，发现定值往负偏，怀疑是 RRI 设冷水流量有点偏低，导致 1RRI205VN 打开后 1DEG201CS 前后差压不满足要求	
相关知识	DEG 冷冻机上装的水量差压控制器只起断水保护开关作用，不能测量和控制水流量； DEG 冷冻机组冷冻水侧断水保护整定值为 35 kPa； DEG 冷冻机组冷却水侧断水保护整定值为 27 kPa	
参考资料信息	维修一处电气：完工报告《FQ1-MA03-RCWO-00788969/01 启动 1DEG201GF 时显示“冷却水断流”，1DEG201GF 无法启动》； WR/WOT：00324266/00788969-01(紧急工单)	
编　　者	运行二处一值：谷铁	时间：2019 年 02 月 11 日

2.1.3　4DEG003PO 振动高导致不可用

异常缺陷名称	4DEG003PO 振动高导致不可用
发生时间	2019 年 09 月 28 日早班
机组状态	RP 模式，满功率
异常缺陷现象	启动 4DEG003PO 时，驱动端振动高达 10 mm/s，超出限值

续 表

风险或潜在后果	导致 4DEG003PO 不可用，影响 4DEG301GF 的可用性，产生 IO2：DEG1	
干预行动	已采取的行动措施： 1)停运 4DEG003PO，切换到 4DEG002PO 运行； 2)联系机械检查处理	
原因分析	泵轴螺纹段、驱动端轴承锁紧螺母有磨损，导致轴承内圈发生位移，引起振动高	
消缺行动	机械处理反馈： 1)检修措施和处理结果：前期完成泵驱动端轴承更换、前支腿调整，维修后试验最大振动值 3.8 mm/s，轴承温度正常，无异音。后通过再次解体检查，检修过程中发现叶轮动不平衡量较大，同时发现轴承有磨损，完成更换及装配，维修后试验合格，振动最大值为 1.4 mm/s； 2)设备可用性评价：泵运行正常，设备可用； 3)故障原因分析：泵轴螺纹段、驱动端轴承锁紧螺母有磨损，导致轴承内圈发生位移，引起振动高	
相关知识	DEG001-003PO 振动标准值，按照《FQY-DEG-EOMM-0043、4DEG001-003PO 冷冻水泵运维手册》要求，对应国标文件 JB/TT 8097—1999，DEG 泵转速 2950 r/min，中心高处于>225～550 mm 区间，选择 B 级，对应 4.5 mm/s，故振动标准值为 4.5 mm/s	
参考资料信息	3、4 号机组值长日报(2019 年 10 月 07 日—2019 年 10 月 22 日) WR/WOT：01364539-01(紧急工单)、01370366-01(计划工单)	
编　　者	运行二处一值：谷铁	时间：2019 年 02 月 11 日

2.1.4 3DEG 冷冻机切换过程中导致 3RRI225VN 关闭

异常缺陷名称	3DEG 冷冻机切换过程中导致 3RRI225VN 关闭
发生时间	2017 年 02 月 10 日早班
机组状态	RP 模式，电功率 836 MW

续 表

异常缺陷现象	执行 FQ3-DEG-C-001 将 DEG 冷冻机由 3DEG101GF 切换到 3DEG301GF 单台运行时，切换过程中专工反馈当前机组热负荷较低，若按操作票先启动冷冻机组 3DEG301GF 再停运冷冻机组 3DEG101GF，将会由于冷冻水出口温度低导致冷冻机导致冷冻机组停运。故建议先停运 3DEG101GF，再启动 3DEG301GF。14: 30 分主控停运 3DEG101GF 后点击 3DEG102KG-STOP，3RRI105VN 关闭，3RRI021MD 流量瞬间由 2174 m^3/h 降至 1700 m^3/h，导致 3RRI151MD/153MD/155MD 流量升高。3RRI151MD 流量增至 35 m^3/h，导致 3RRI225VN 自动关闭	
风险或潜在后果	导致主泵高压冷却器短时丧失冷却水，若未能及时开启，存在导致轴封注入水温度高引起主泵跳闸的风险	
干预行动	已采取的行动措施： 1) 堆操立即将 3RRI225VN 打手动开启； 2) 3DEG301GF 投运，3RRI021MD/151MD/153MD/155MD 流量恢复正常，堆操将 3RRI225VN 重新打回自动； 3) 对 DEG 冷冻机切换操作票进行升版，增加该风险分析和注意事项	
原因分析	3DEG101GF 停运时，引起 3RRI105VN 关闭，设冷水流量下降，主泵高压冷却器设冷水入口压力上升，使得通过的流量增大超过 35 m^3/h，导致 3RRI225VN 自动关闭	
消缺行动	运行处理反馈： 1) 操纵员将 3RRI225VN 打手动开启，冷冻机切换后恢复 3RRI225VN 重新打回自动； 2) 升版 DEG 冷冻机切换操作票，增加该风险分析和注意事项	
相关知识	冬季因 RRI 部分用户负荷小（例如 RRI155VN 开度比夏季小等），会导致机组主泵高压冷却器设冷侧水流量比夏季大，更容易接近冷却器设冷水隔离阀动作定值； 若 RRI 系统存在引起设冷水流量波动的操作（如 DEG 冷冻机切换操作、DEG 意外跳闸、试验导致 RRI 泵启动等），都可能导致主泵高压冷却器设冷侧流量大于 35 m^3/h，进而导致 RRI225VN/226VN/227VN 关闭	
参考资料信息	运行二处：《运行二处内部经验反馈——3DEG 冷冻机切换过程中导致 3RRI225VN 关闭经验反馈》	
编　　者	运行二处一值：谷铁	时间：2019 年 02 月 11 日

2.1.5　4DEG201GF 供油压差低

异常缺陷名称	4DEG201GF 供油压差低
发生时间	2018 年 4 月 30 日夜班—5 月 1 日夜班
机组状态	RP 模式，满功率，4DEG301GF 因检修工作隔离不可用
异常缺陷现象	2018 年 4 月 30 日夜班 4 号主控出现 4DEG002KA 201GF 冷水机组综合故障报警，就地查看 201GF 供油压差低(125 kPa)，复位后报警消失； 2018 年 4 月 30 日中班，主控触发三次 4DEG201GF 供油压差低，就地检查压差约 134 kPa； 2018 年 5 月 1 日夜班，4 号主控重新报 4DEG002KA 201GF 冷水机组综合故障报警，报警无法复位
风险或潜在后果	存在跳冷冻机的风险。而此时 4DEG301GF 存在隔离，若 4DEG101GF 再出现故障不可用，将导致 EVC/EVR 缺少冷源，产生非预期的 IO，引起机组后撤的风险出现
干预行动	已采取的行动措施： 主控 oncall 机械人员处理此缺陷，经分析并关小冷冻机组供油泵出口再循环调节阀 4DEG202VH 开度，提升供油压差(调节后到 172 kPa)，经复位后报警消失； 4DEG201GF 调节前后对比见图 1 和图 2，调整前供油压差为 120 kPa，调整后供油压差为 172 kPa。

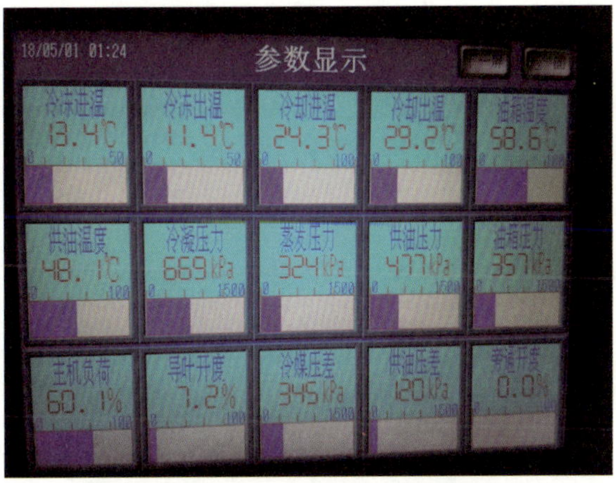

图 1　调整前 4DEG201GF 参数显示

续 表

干预行动	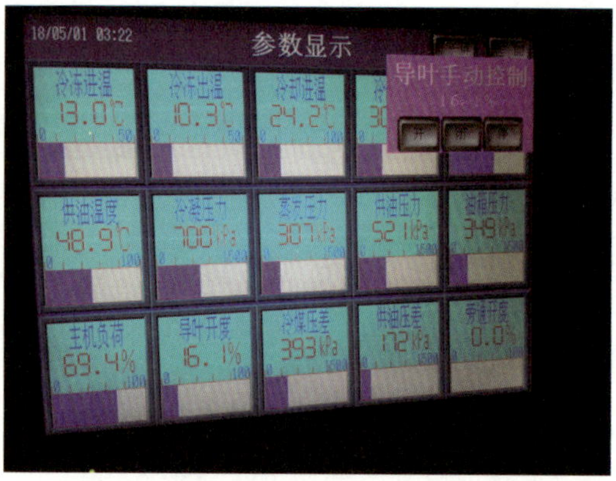 **图 2　调整后 4DEG201GF 参数显示**
原因分析	产生供油压差低报警原因： 1)4DEG201GF 的油压调节阀 4DEG202VH 初始设定的开度较大，使得供油压力偏小，之前未触发供油压差低报警是因为，4DEG201GF 导叶开度较大蒸发压力较低，油压差实际值比低报警值稍大； 2)当时 4DEG201/101GF 同时运行时，4DEG201GF 导叶因异常缺陷被放在手动且导叶开度较小。随着环境温度上升，冷却水温度上升，DEG 冷冻机负荷越来越大，冷冻水温度也存在上升，使得 4DEG201GF 当时蒸发压力较高(达 324 kPa)，引起供油压差下降，使得报警触发
消缺行动	机械处理反馈： 1)工作过程：缓慢调节 4DEG201GF 油的压差截止阀 4DEG202VH，使供油压差至 170 kPa，并进行观察 1 h，供油压差始终在 170 kPa上下、10 kPa 范围内正常波动； 2)故障原因分析：①由于导叶手动开度过小，出水温度高，蒸发压力高，导致供油压差低；②原供油压力偏低
相关知识	1)冷冻机组供油压差：油泵供油压力与油箱(正常启动之后混入制冷剂，受蒸发压力的影响)压差，冷冻机组正常运行时，供油压差正常约为 0. 12~0. 25 MPa，超出范围需要对油压进行调整。如果供油压力太高，可能造成跑油，供油压力太低，可能导致主电动机、压缩机各轴承得不到足够的冷却润滑。油压差低于 80 kPa 冷冻机组将报警停机，油压差低于 120 kPa 冷冻机组报警，油压差高于 250 kPa 报警停机；

续　表

相关知识	2)油泵供油压力控制：油泵出口管线上有一再循环管线将油导回到油箱，循环管线上设有一个调节阀(4DEG201GF 对应为 4DEG202VH)，一旦油压超过系统预先设定的压力，它将自动将供油的一部分回收到油箱，保证供油压力稳定； 3)供油压差调节方法： ①调节油泵出口油压改变供油压差：如供油压差低，则可以关小调节阀减少回收油量，达到提升供油压力而增大供油压差的目的。反之则开大调节阀开度； ②调节油箱压力改变供油压差：因制冷剂混入，因此油箱压力受蒸发压力的影响，关小导叶开度增加蒸发压力，将导致供油压差变小。反之开大导叶开度将使供油压差变大。另可以通过调节设冷水阀门开度，改变冷媒介质温度，进而影响蒸发器压力，来改变调节供油压差。例如：2018 年 4 月 22 日主控 KIC 闪发 4DEG201GF 冷水机组综合报警，现场检查为 A01 供油压差低报警出现，通过手动调节调节设冷水阀 4RRI962VN 门开大 5% 开度。报警未再出现。 此次 4DEG201GF 供油压差低报警，现场检查 4RRI962VN 已处于全开状态，无调节的裕量，故通过调整 4DEG202VH 来调节油压； 4)相关经验： ①DEG 冷冻机组出现供油压差异常报警，联系机械专业人员检查油压调节阀开度，对比正常运行冷冻机组适当调整油压调节阀开度。也可以核查冷冻机设冷侧阀门 RRI961VN/962VN/963VN 的开度，比对正常冷冻机相应阀门的开度，适当的调整阀门开度，恢复供油压差正常； ②DEG 冷冻机组正常情况需将导叶放自动，若放手动需要均衡两台冷冻机组负荷，使两台冷冻机组导叶均不至于开过大或者过小。如果两台冷冻机组自动运行过程中出现一台机组因冷冻出温低进入暂停模式(最终将导致跳机)，则冷冻机组负荷小可考虑的单台冷冻机组运行，以保证导叶开度适中蒸发压力正常。导叶放手动时调整开度，保证冷冻出温接近整定值(10 ℃)，避免两台运行冷冻机组的冷冻出温相差过大
参考资料信息	运行二处：《运行二处内部经验反馈——4DEG201GF 供油压差低处理经验反馈》； WR/WOT：00381651/00910127-01(紧急工单)

编　　者	运行二处一值：谷铁	时间：2019 年 02 月 11 日

2.1.6 3DEG101/201/301GF 连续停运

异常缺陷名称	3DEG101/201/301GF 连续停运
发生时间	2016 年 11 月 09 日中班
机组状态	RP 模式，满功率
异常缺陷现象	中班 21:40，3DEG201GF 停运；当班值于 22:01，启动 3DEG101GF；22:19，启动 3DEG201GF；22:35，3DEG201GF 再次停运；当班值于 22:49，现场启动 3DEG301GF；启动后 22:55，3DEG301GF 停运；22:58，3DEG101GF 再次停运；23:03，现场重新启动 3DEG101GF
风险或潜在后果	导致 DEG 冷冻机停运，影响 DEG 系统的可靠性
干预行动	已采取的行动措施： 组织专业分析和处理故障
原因分析	1）3DEG301GF 停运原因为该冷冻机组的冷媒蒸发压力过低触发停机信号，造成 3DEG301GF 蒸发压力低跳闸的原因为，冷冻出温过低，冷冻机组负荷过小； 2）当冷冻机组的冷冻出温冷冻出温<暂停温度（8 ℃）且导叶开度<20%时，系统会进入暂停状态
消缺行动	仪控处理反馈： 1）原因分析： 经仪控人员现场检查分析，造成 3DEG101/201/301GF 停止运行的原因主要有两种： ①根据现场报警日志，可确认 3DEG301GF 停运原因为该冷冻机组的冷媒蒸发压力过低触发停机信号。报警日志画面，见图 1。 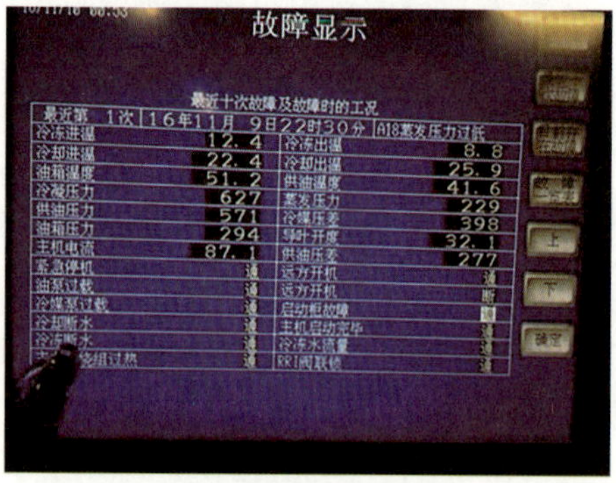 图 1 报警日志画面

续 表

消缺行动	经过现场分析，造成3DEG301GF蒸发压力低跳闸的原因为，冷冻出温过低，冷冻机组负荷过小，触发报警时冷冻出温仅8.8 ℃。 ②3DEG101GF/201GF实际未产生跳闸，根据厂家提供的冷冻机组控制系统逻辑图分析确认，现场情况为冷冻机组的冷冻出温低于8 ℃，导致冷冻机组进入暂停模式，当冷冻出温<暂停温度(8 ℃)其导叶开度<20%时，系统会进入暂停模式，当冷冻出温>恢复温度(15 ℃)时，系统自动启动，再次运行； 根据现场的报警日志，发现在3DEG201GF第一次跳闸后的约10 min后，出现冷却断水和RRI阀联锁报警(见图2)，此时冷冻出温为15.1 ℃ 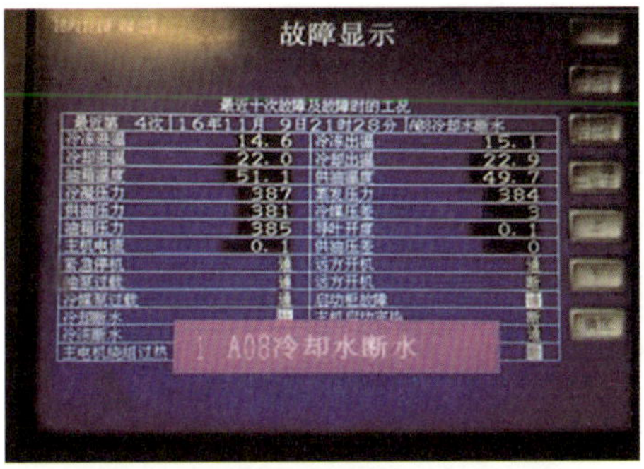 图2 冷却水断水报警(11月9日) 在2016年11月10日，4:33时，主控收到3DEG002KA报警，此时3DEG201GF无人为启动操作，经仪控和运行在现场查看报警日志，此时再次出现冷却断水和RRI阀联锁报警(见图3)； 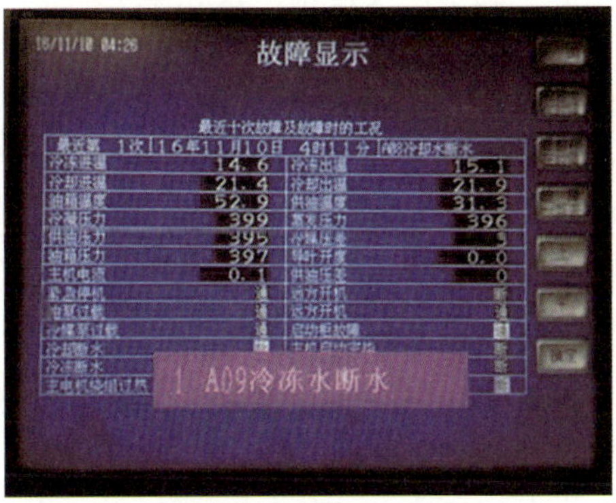 图3 冷却水断水报警(11月10日)

续 表

消缺行动	综上所述，当冷冻机组的冷冻出温冷冻出温<暂停温度(8 ℃)且导叶开度<20%时，系统会进入暂停状态，该状态非故障状态，故不会出现报警。而当冷冻出温>恢复温度(15 ℃)时，系统自动启动，但现场受制于 3DEG105/205VN 在冷冻机停运 90 s 后关闭(系统暂停对于 DCS 与主机停运信号一致，逻辑中并未涉及单独状态表征系统暂停)，故在冷冻出温>恢复温度(15 ℃)时，就地 PLC 系统内启动逻辑触发，在判断启动条件时因 3DEG105/205VN 关闭，触发冷却断水和 RRI 阀联锁报警。 2)缺陷评价： 此缺陷非设备故障导致，而是由于近期天气转冷，冷冻机组负荷过低，在导叶开度较小时(<20%)，冷冻出温即可达到需求温度(10 ℃)甚至更小至暂停温度(8 ℃)。 3)缺陷处理进展： 维修与运行人员沟通，需运行、维修双方共同加强检查，保证冷冻机组工作在较为适宜的状态(冷冻出温不宜过低)； 冷冻机组设冷水供给阀(3DEG105/205/305VN)内部逻辑存在不合理之处，在冷冻机组暂停后 90 s 后关闭(冷冻机组暂停后再次启动至少需要等待 900 s 即 15 min) 4)制约因素和后续计划： ①咨询厂家对于冷冻机组暂停运行的设计初衷，由设备管理处评估此设计是否为必要设计； ②针对 3DEG105/205/305VN 内部逻辑设计不合理之处发起设计澄清，得到设计回复后对阀门逻辑进行优化。 5)处理措施： 经运行、维修、设备管理一起就 DEG 跳闸问题进行了讨论，明确了以下事项，请知悉： ①DEG 冷冻水出口温度低于 8 ℃进入停机模式，是设备正常功能，但是停机后无法自动重新启动，需手动启动，属于设计问题，通过触发技改流程解决； ②当前技改未实现前，需加强就地巡检，确保就地显示屏上冷却水出温不低于 8 ℃，温度低时及时调节导叶开度，尽量避免 DEG 进入停机模式； ③运行生效 DEG 进入停机后重新启动的操作票，以便发现休眠停机后，执行典操； ④导叶调节性能差，无法放自动问题，维修负责联系厂家尽快处理；

续　表

消缺行动	⑤当前季节气温较低，运行保持一台 DEG 冷冻机组运行即可，两台同时运行容易导致温度过低进入停机模式。 6)运行控制优化(冬季)： 每班巡检 3 次 DEG 系统就地冷冻水出口温度，发现温度低于 9 ℃时反馈主控调节导叶开度，保证就地冷冻水出口温度在 10 ℃左右。 背景：DEG 冷冻水出口温度低于 8 ℃会进入停机模式，停机后无法自动启动，需加强关注，尽量避免进入停机模式	
相关知识	1)当单台冷冻机组的冷冻出温<8 ℃(主控显示的 3DEG002MT 温度约比单台冷冻出温高 2 ℃(此为经验值))且导叶开度<20%时，对应冷冻机组会进入休眠模式，该状态非故障状态，故就地屏幕上不会立即出现报警； 2)3DEG105/205/305VN 冷却水阀门在对应冷冻机休眠后延迟 90 s 关闭，当单台冷冻出温>15 ℃时触发冷却断水保护； 3)冷冻机组若发生休眠，由于自保护功能需 15 min 后才能重启	
参考资料信息	维修二处仪控：“针对 3DEG101/201/301GF 连续跳闸的缺陷分析”	
编　　者	运行二处一值：谷铁	时间：2019 年 02 月 13 日

2.1.7　3DEG 冷冻机冷却水断水保护触发导致跳闸

异常缺陷名称	3DEG 冷冻机冷却水断水保护触发导致跳闸
发生时间	2016 年 04 月 27 日夜班
机组状态	MCS 模式(一回路水位：10.3 m；压力：大气压)
异常缺陷现象	06:56 主控出现“3DEG100KA 循环泵上游冷冻水温度高”报警，现场查看 3DEG301GF 已跳闸，显示“冷却水断水”。现场尝试再次启动，但 3DEG301GF 启动后再次显示“冷却水断水”跳闸。主控下令启动 3DEG201GF，但启动后控制屏显示冷却水通断为“断”导致冷冻机组无法启动
风险或潜在后果	DEG 冷却的核岛相关通风系统的厂房温度上升且湿度升高

续　表

干预行动	已采取的行动措施： 1)现场检查冷冻机设冷侧在线未见异常； 2)启动核岛设备冷却水系统B列的另一台泵，启动后3DEG203SP实测压差从约14 kPa上升至约27 kPa，断水报警已经消除，3DEG201GF恢复可用
原因分析	核岛设备冷却水系统(RRI)B列只有一台设冷泵带公共列和投运的RRA热交换器，导致DEG的RRI流量不够，该流量通过压差表3DEG203/303SP触发断水跳机
消缺行动	运行处理反馈： 考虑到余排系统RRA已投运，核岛设备冷却水系统B列只有一台泵运行，可能导致DEG的RRI流量不够。于是启动核岛设备冷却水系统B列的另一台泵，启动后3DEG203SP实测压差从约14 kPa上升至约27 kPa，断水报警已经消除，3DEG201GF恢复可用
相关知识	余排投运后，带公共用户的RRI列一般需要启动两台RRI泵，以确保各用户有足够的冷却水流量
参考资料信息	2016年04月27日—28日ESOMS日志
编　　者	运行二处一值：谷铁　　时间：2019年02月13日

2.1.8　停运1DEG101GF后主控触发1DEG001KA(101GF冷冻机组综合故障)报警

异常缺陷名称	停运1DEG101GF后主控触发1DEG001KA(101GF冷冻机组综合故障)报警
发生时间	2018年04月11日夜班
机组状态	RP模式，满功率
异常缺陷现象	执行FQ1-LHP-C-008需要停运1DEG101GF。当班值根据典操对1DEG101GF执行停运操作，当现场停运1DEG101GF后，主控出现报警：1DEG001KA(101GF冷水机组综合故障)，现场反馈1DEG101GF就地控制屏上无任何故障报警显示
风险或潜在后果	导致报警1DEG001KA(101GF冷冻机组综合故障)触发

续　表

干预行动	已采取的行动措施： 1)要求现场检查 1DEG101GF 控制屏内是否有异常报警； 2)同时要求电气现场在 1DGE101GF 上游电源开关处检查有无异常报警； 3)得到现场反馈均无异常后，要求现场检查 1DEG105VN 关限位是否触发，并拍摄现场照片； 4)结合现场照片以及逻辑分析，怀疑 1DEG105VN 关限位未正常触发，导致触发报警，oncall 仪控检查处理； 5)仪控检查发现 1DEG105VN 关限位松动，已进行处理
原因分析	1DEG105VN 关限位开关松动
消缺行动	仪控处理反馈： 1)原因分析：1DEG105VN 关限位松动； 2)处理过程： ①现场确认设备后召开工前会，开工前通知主控； ②对关限位开关通道检查，确认 1DEG105VN 关限位松动； ③对关限位开关重新进行安装紧固，消除报警
相关知识	1DEG001KA(101GF 冷水机组综合故障)触发逻辑： 1) 1DEG105VN 在关闭命令(1DEG102KG 在“OFF”)发出后，1DEG105VN 非全关；或 1DEG101CO 非正常停机(如 1DEG101CO 供给电源丧失)，延迟 2 min 钟触发报警； 2)冷水机组上的保护装置跳闸触发 1DEG101CO 故障
参考资料信息	运行一处：《运行一处内部经验反馈——快速通道—停运 1DEG101GF 后主控触发 1DEG001KA (101GF 冷冻机组综合故障)报警分析及处理的经验反馈》； 维修一处仪控：EAM 中工单 00896979-01 的完工报告； WR/WOT：00373027/00896979-01(紧急工单)，工作许可证：1PT13938(检查调整 1DEG105VN 的限位开关)
编　　者	运行二处一值：谷铁　　　时间：2019 年 02 月 11 日

2.1.9　3DEG201GF 异常停运导致主泵高压冷却器设冷水阀门因流量高自动关闭

异常缺陷名称	3DEG201GF 异常停运导致主泵高压冷却器设冷水阀门因流量高自动关闭

续 表

发生时间	2017 年 03 月 27 日中班
机组状态	RP 模式，电功率 836 MWe
异常缺陷现象	17:01 时主控突然闪发 3RRI031KA(3RCP001PO 高压冷却器冷却水流量高)和触发 3RRI051KA(3RCP001PO 高压冷却器流量低报警)，堆操当即查看 RCP 系统画面，发现 3RRI225VN 自动关闭。机操立即查看 RRI 系统画面，发现 3RRI 总流量和公共用户流量分别约 1800 m^3/h 和 1600 m^3/h，较之前巡检降低约 400 m^3/h。通过检查公共用户，发现 3DEG201GF 已跳闸。 在异常出现 13 min 后，现场将 3DEG301GF 启动恢复冷冻水供应，期间 3DEG 下游用户 3EVC 最高温度上涨到了 59.9 ℃，3DEG 下游其他用户系统温度保持平稳
风险或潜在后果	导致 1 号主泵高压冷却器设冷水侧电动隔离阀自动关闭，若不及时开启，将会导致主泵轴封水得不到冷却，主泵因轴封注入水温度高跳闸，轴封存在因温度高损坏的风险
干预行动	已采取的行动措施： 1)立即将 3RRI225VN 手动打开； 2)立即安排现场人员紧急启动 3DEG301GF 恢复核岛冷冻水供应； 3)主控密切监视 DEG 用户的温度，特别是 3EVC 的温度变化情况； 4)DEG 恢复正常后，主控重新将主泵高压冷却器设冷隔离阀 3RRI225VN 恢复自动
原因分析	1)3DEG201GF 跳闸导致 3DEG205VN 自动关闭，使得核岛设备冷却水系统 RRI 的公共用户中其他用户设冷水流量上升，主泵高压冷却器流量上升达到 35 m^3/h 自动关闭 3RRI225VN； 2)3DEG201GF 跳闸原因初步怀疑为蒸发压力低所致
消缺行动	机械处理反馈： 1)故障描述：3DEG201GF 蒸发压力偏低； 2)检查结果：经检查发现冷媒液位低，导致制冷剂量不足； 3)处理措施：对 3DEG201GF 进行在线补充制冷剂，补充完成后确认冷冻机蒸发压力等各项运行参数正常

续 表

相关知识	冬季春季等环境气温低的季节，因 RRI 部分用户负荷小(例如 RRI155VN 开度比夏季小等)，会导致机组主泵高压冷却器设冷侧水流量比夏季大，更容易接近冷却器设冷水隔离阀动作定值。 若 RRI 系统存在引起设冷水流量波动的操作(如 DEG 冷冻机切换操作、DEG 意外跳闸、试验导致 RRI 泵启动等)，都可能导致主泵高压冷却器设冷侧流量大于 35 m^3/h，进而导致 RRI225VN/226VN/227VN 关闭	
参考资料信息	运行二处：《运行二处内部经验反馈——3DEG201GF 异常停运的处理过程反馈》； 维修二处机械：EAM 中工单 00537637-01 的完工报告； WR/WOT：00226807/00537637-01	
编　　者	运行二处一值：谷铁	时间：2019 年 02 月 13 日

2.1.10 2DEG305VN 阀门现场开启后，冷冻机控制屏上显示冷却水断水

异常缺陷名称	2DEG305VN 阀门现场开启后，冷冻机控制屏上显示冷却水断水
发生时间	2017 年 11 月 08 日夜班
机组状态	RP 模式，电功率 444 MWe
异常缺陷现象	夜班执行 FQ2-DEG-C-001 DEG 冷冻机组手动切换操作票，将 2DEG101GF 切至 2DEG301GF 运行。启动 2DEG301GF 时，冷冻机控制屏上显示冷却水断水报警，导致 2DEG301GF 无法启动
风险或潜在后果	冷冻机控制屏上显示冷却水断水报警，导致 2DEG301GF 无法启动不可用，产生随机 IO2：DEG1
干预行动	已采取的行动措施： 1)暂停冷冻机切换操作，维持正常运行的冷冻机运行； 2)安排现场检查 2DEG301GF 冷却水(设冷侧)在线，未见异常； 3)oncall 仪控检查处理
原因分析	冷却水流量差压开关 2DEG303SP 仪表本体内的顶针位移，导致仪表定值漂移

续　表

消缺行动	仪控处理反馈： 1)检修措施及步骤： ①通过查询图纸和现场控制面板上，判断故障原因为2DEG303SP产生； ②对2DEG303SP进行检查，发现仪表本体内的顶针产生了偏移，手动恢复顶针的位置，并固定； ③对2DEG303SP进行校验，经过调整后，仪表校验合格； ④请运行人员启动2DEG301GF，2DEG303SP显示正常； 2)故障原因分析：2DEG303SP仪表本体内的顶针位移，导致仪表定值漂移
相关知识	DEG冷冻机上装的水量差压控制器只起断水保护开关作用，不能测量和控制水流量。 DEG冷冻机组冷冻水侧断水保护整定值为35 kPa； DEG冷冻机组冷却水侧断水保护整定值为27 kPa
参考资料信息	维修一处仪控：完工报告《FQ2-MA03-RCWO-00746909/01 2DEG305VN阀门现场开启后，冷冻机控制屏上显示冷却水断，请检查》； WR/WOT：00308452/00746909-01(紧急工单)
编　　者	运行二处一值：谷铁　　　　时间：2019年02月15日

2.1.11　2DEG101GF闪发综合故障报警

异常缺陷名称	2DEG101GF闪发综合故障报警
发生时间	2017年10月31日中班
机组状态	NS/SG模式
异常缺陷现象	主控触发3次2DEG101GF综合故障报警，现场检查为蒸发压力低报警
风险或潜在后果	导致2DEG101GF综合故障报警闪发，存在冷冻机跳闸的风险
干预行动	已采取的行动措施： 1)安排现场检查确认为冷冻机蒸发压力低报警，现场蒸发压力约253 kPa，要求现场加强监视蒸发压力，若存在下降趋势及时反馈； 2)oncall机械检查处理

续　表

原因分析	冷冻机冷媒不足
消缺行动	机械处理反馈： 1）工作过程： ①连接制冷剂钢瓶与机组充注阀； ②开启阀门进行冷媒充注 5 瓶； ③确认冷冻机蒸发压力正常，冷冻机运行正常； 2）故障原因分析：冷媒不足
相关知识	DEG 制冷机组正常运行时，蒸发压力参数范围为 250～390 kPa。蒸发器压力过低停运定值为 238 kPa
参考资料信息	维修一处机械：完工报告《FQ2-MA01-RCWO-00743196/01 2DEG101GF 闪发蒸发压力低报警》； WR/WOT：00305970/00743196（紧急工单）； 其他类似异常缺陷： 1）2017 年 11 月 1 日紧急工作“1DEG301GF 触发综合故障报警，现场检查蒸发压力低”（WR/WOT：306540/00743387-01）； 故障原因分析：冷媒不足； 详情请见完工报告：《FQ1-MA01-RCWO-00743387/01 1DEG301GF 触发综合故障报警，现场检查蒸发压力低，需添加冷媒》； 2）2017 年 9 月 15 日紧急工作“主控触发 1DEG004KA（DEG301GF 冷冻水机组故障）报警，现场检查为蒸发压力低导致”（WR/WOT：00290075/00707656-01）； 故障原因分析：1DEG301GF 蒸发压力偏低，需补充制冷剂； 详情请见完工报告：《FQ1-MA01-RCWO-00707656/01 主控触发 1DEG004KA（DEG301GF 冷冻水机组故障）报警，现场检查为蒸发压力低导致》
编　　者	运行二处一值：谷铁　｜　时间：2019 年 02 月 15 日

2.1.12　1DEG001PO 启动后，1DEG105VN 已开启，但是 1DEG101GF 显示冷却水断水无法启动

异常缺陷名称	1DEG001PO 启动后，1DEG105VN 已开启，但是 1DEG101GF 显示冷却水断水无法启动
发生时间	2017 年 11 月 24 日中班

续　表

机组状态	RP 模式，满功率	
异常缺陷现象	执行 FQ1-DEG-C-001 DEG 冷冻机组手动切换操作票，计划将 1DEG301GF 切至 1DEG101GF，1DEG001PO 启动后，1DEG105VN 已开启，由于 1DEG101GF 冷却断水显示断，无法启动 1DEG101GF	
风险或潜在后果	导致 1DEG101GF 不可用，产生随机性质的第二组 IO：DEG1	
干预行动	已采取的行动措施： 1）安排现场检查确认 1DEG101GF 冷却水侧（设冷水侧）阀门在线，未见异常； 2）oncall 仪控检查处理	
原因分析	lDEG103SP 定值漂移	
消缺行动	仪控处理反馈： 1）检修措施及步骤： ①现场核实缺陷为 1DEG103SP 故障触发冷却水断水； ②对 1DEG103SP 进行检查校验，发现仪表定值漂移； ③对仪表定值进行调整校验，仪表校验合格； ④恢复仪表至初始状态，1DEG103SP 在 1DEG101GF 控制面板上显示正常； ⑤请运行人员启动 1DEG101GF，运行正常，工作结束； 2）故障原因分析：lDEG103SP 定值漂移	
相关知识	DEG 冷冻机上装的水量差压控制器只起断水保护开关作用，不能测量和控制水流量； DEG 冷冻机组冷冻水侧断水保护整定值为 35 kPa； DEG 冷冻机组冷却水侧断水保护整定值为 27 kPa	
参考资料信息	维修一处仪控：完工报告《FQ1-MA03-RCWO-00762479/01 1DEG001PO 启动后，1DEG105VN 已开启，但是 1DEG101GF 显示冷却水断，需仪控检查》； WR/WOT：00314299/00762479-01（紧急工单）	
编　　者	运行二处一值：谷铁	时间：2019 年 02 月 15 日

2.1.13 冷却水流量差压计 2DEG203SP 误触发导致 2DEG201GF 无法启动

异常缺陷名称	2DEG203SP 误触发导致 2DEG201GF 无法启动
发生时间	2017 年 12 月 15 日中班
机组状态	RP 模式，满功率
异常缺陷现象	在执行 2DEG201GF 启动过程时，在 2DEG205VN 打开后，仍显示冷却水断水故障，导致 2DEG201GF 无法启动
风险或潜在后果	导致 2DEG201GF 无法启动，产生随机的 IO2：DEG1
干预行动	已采取的行动措施： 1）安排现场检查确认 2DEG201GF 冷却水侧（设冷水侧）阀门在线，未见异常； 2）oncall 仪控检查处理
原因分析	2DEG203SP 定值漂移，系统压力低导致 2DEG203SP 不能消报
消缺行动	仪控处理反馈： 1）检修措施及步骤： ①对 2DEG203SP 进检行校验，发现 2DEG203SP 顶针偏移，复位后重新校验，经调整后校验合格； ②对 2DEG203SP 进行通道检查，通道正常； ③投表后发现就地面板上仍然显示冷却水断，与主控沟通后启动 2DEG201GF，启动过程中检查 2DEG205VN 限位与主控显示一致； ④测量启动 2DEG201GF 时系统压力，2DEG203SP 正压侧为 100~110 kPa，负压侧为 78~88 kPa，怀疑系统压力低于 2DEG203SP 恢复值（2DEG203SP 定值为低报 30 kPa，恢复值为 34 kPa），无法消除报警导致就地面板上一直显示冷却水断； ⑤主控加大冷却水流量后，报警消除，就地面板显示冷却水通，2DEG201GF 正常启动。 2）故障原因分析：2DEG203SP 定值漂移，系统压力低导致 2DEG203SP 不能消报

续　表

相关知识	DEG 冷冻机上装的水量差压控制器只起断水保护开关作用，不能测量和控制水流量。 DEG 冷冻机组冷冻水侧断水保护整定值为 35 kPa； DEG 冷冻机组冷却水侧断水保护整定值为 27 kPa（低报定值为 30 kPa，产生报警，过低报定值为 27 kPa，触发故障停机）
参考资料信息	维修一处仪控：完工报告《FQ2-MA03-RCWO-00780772/01 2DEG203SP 误触发导致 2DEG201GF 无法启动》； WR/WOT：00322092/ 00780772-01（紧急工单）； 维修日报：每日重要维修工作及值长关注项反馈(2017 年 12 月 16 日)； ESOMS 日志
编　　者	运行二处一值：谷铁　　时间：2019 年 02 月 15 日

2.1.14　4DEG303SP 在 4DEG301GF 冷却水断水时未触发冷却水断水保护报警

异常缺陷名称	4DEG303SP 在 4DEG301GF 冷却水断水时未触发冷却水断水保护报警
发生时间	2018 年 03 月 13 日中班
机组状态	RP 模式，满功率
异常缺陷现象	4DEG301GF 在 RRI 设冷水流通情况下触发冷却水断水保护。仪控开紧急票更换 4DEG303SP 后，冷却水断水保护消失，IO 已消除。但是在无设冷水流通的情况下，冷却水断水保护信号无法触发
风险或潜在后果	可能导致冷冻机组在失去设冷水情况下无法正确触发保护停机，进而导致冷冻机组损坏
干预行动	已采取的行动措施： 1）现场检查确认 4DEG305VN 关闭情况下，冷却水断水信号无法触发； 2）oncall 仪控检查处理
原因分析	仪表定值存在漂移，仪表定值调整需在 730 kPa 静压基础上进行调整，大气压力情况下调整定值会存在漂移

续　表

消缺行动	仪控处理反馈： 1）工作过程： ①检查4DEG305VN已关闭，4RRI943VN打开状态，4RRI963VN开度为4格； ②检查控制屏上冷却水断流信号当前状态：通； ③关闭4DEG303SP仪表阀，拆除仪表接线，将4DEG303SP仪表拆除； ④对4DEG303SP进行校验，定值存在漂移，重新调整后恢复仪表状态； ⑤安装2块精密压力表测量关阀状态下管道压力，正压侧：0.7359 MPa，负压侧：0.7358 MPa； ⑥经分析仪表存在730 kPa静压，仪表调整需要在静压基础上进行调整，重新调整后恢复仪表状态； ⑦拆除精密压力表，回装4DEG303SP，打开仪表阀投用仪表，确认断流信号状态：断水； ⑧联系运行开启及关闭4DEG305VN，通水及断水信号触发正常。 2）故障原因分析：仪表定值存在漂移，仪表定值调整需在730 kPa静压基础上进行调整，大气压力情况下调整定值会存在漂移
相关知识	DEG冷冻机上装的水量差压控制器只起断水保护开关作用，不能测量和控制水流量； DEG冷冻机组冷冻水侧断水保护整定值为35 kPa； DEG冷冻机组冷却水侧断水保护整定值为27 kPa
参考资料信息	维修二处仪控：完工报告《FQ4-MA03-RCWO-00871066/01 4DEG303SP在4DEG301GF冷却水断水时未触发冷却水断水保护报警，需查找分析原因》； WR/WOT：00360424/00871066-01（紧急工单）
编　者	运行二处一值：谷铁　　时间：2019年02月15日

2.1.15　3DEG002MO电机存在异音

异常缺陷名称	3DEG002MO电机存在异音
发生时间	2018年02月09日中班
机组状态	RP模式，电功率836 MWe

续 表

异常缺陷现象	现场巡检发现 3DEG002MO 有异音
风险或潜在后果	可能导致电机损坏
干预行动	已采取的行动措施： 1)安排现场对电机轴承进行点温监测，出现异常升高时及时反馈； 2)做好泵切换停运的准备； 3)oncall 维修电气检查处理
原因分析	电机轴承缺油
消缺行动	仪控处理反馈： 1)检查处理过程： ①用点温仪测量电机轴承温度已稳定，驱端：46.2 ℃，非驱端有风扇罩无需测量； ②将加油嘴油帽拧开并进行清洁； ③对电机驱端和非驱端第一次分别加(LGWA2)油脂 8 枪和 8 枪； ④20 min 后用点温仪测量，驱端：47.0 ℃； ⑤对电机驱端和非驱端第二次分别加(LGWA2)油脂 8 枪和 8 枪； ⑥20 min 后用点温仪测量，驱端：48.1 ℃； ⑦对电机驱端和非驱端第三次分别加(LGWA2)油脂 5 枪和 3 枪； ⑧20 min 后用点温仪测量，驱端：49.8 ℃，温度已稳定； ⑨用听音棒监听电机运行声音正常； ⑩对残留油脂进行清洁，盖好加油嘴帽； ⑪工作结束，清理现场。 2)故障原因分析：电机轴承缺油
相关知识	根据 DEG 泵的 EOMM 手册对电机的要求：电动机运行时，轴承温度应不高于 95 ℃。 电机运行时有杂音，不正常的故障原因和处理方法分别如下： ①轴承磨损，有故障：检修或更换新轴承； ②定、转子铁芯松动：检查振动原因，重新压紧铁芯进行处理； ③电压太高或不平衡：测量电源电压，检查电压太高或不平衡的原因，并进行处理； ④轴承缺少润滑脂：清洗轴承，添加润滑脂，使其充满轴承室容积的 1/2~2/3； ⑤风扇碰风罩或风道阻塞：修理风扇和风罩，使其尺寸正确，清理风道； ⑥气隙不均匀，定子转子相擦：调整气隙，提高装配质量

续　表

参考资料信息	维修二处电气：完工报告《FQ3-MA02-RCWO-00848064/01 3DEG002MO 电机存在异音，怀疑轴承缺油，请尽快处理》； WR/WOT：00347689/00848064-01，工作许可证：20183PI06962（对 3DEG002MO 电动机添加润滑油脂）； DEG 冷水机组设备运行维修手册（EOMM）	
编　　者	运行二处一值：谷铁	时间：2019 年 02 月 18 日

2.1.16　主控出现 3DEG201GF 综合故障报警，就地核实为导叶开度断线报警

异常缺陷名称	主控出现 3DEG201GF 综合故障报警，就地核实为导叶开度断线报警
发生时间	2017 年 07 月 02 日中班
机组状态	RP 模式，电功率 836 MWe
异常缺陷现象	主控出现 3DEG201GF 综合故障报警，就地核实为导叶开度断线报警
风险或潜在后果	产生 3DEG201GF 综合故障报警，导致导叶无法自动控制
干预行动	已采取的行动措施： 安排现场将导叶开度打手动，导叶开度置为 28%； 建议后续行动： 运行现场加强对冷冻出温的监视，必要时手动调节导叶开度
原因分析	3DEG201GF 控制柜内电缆接线松动
消缺行动	仪控处理反馈： 1）检查处理过程： ①验证隔离边界，确认设备位号与工作包一致，与运行沟通说明工作内容与风险； ②检查 3DEG201GF 控制柜内导叶开度信号电缆的接线情况并进行绝缘检查； ③对控制柜内电缆接线进行紧固，手动多次开关导叶，断线报警无闪发情况； ④工作结束，清理现场； 2）故障原因分析：3DEG201GF 控制柜内电缆接线松动

续 表

相关知识	冷冻机组的压缩机进口导叶调节机构的作用： 制冷量控制是用装在压缩机进口处导叶的开度大小来控制压缩机吸入制冷剂蒸气的流量，从而控制制冷机的制冷量。该可调导叶根据需保持冷水出水温度恒定，由微机控制系统通过采集的温度变化信号输出指令，控制电动执行器的机械旋转方向，通过连杆和齿轮来实现导叶的开、闭动作，亦可手动操作，最终实现对制冷量的调节	
参考资料信息	维修二处仪控：完工报告《FQ3-MA03-RCWO-00647860/01 主控出现 3DEG201GF 综合故障报警，就地核实为导叶开度断线报警，请处理》； WR/WOT：00264629/00647860-01（计划工单）； DEG 冷水机组设备运行维修手册（EOMM）	
编　　者	运行二处一值：谷铁	时间：2019 年 02 月 18 日

2.1.17 3DEG101GF 反复出现导叶开度断线故障报警，导叶自动跳至手动并关闭

异常缺陷名称	3DEG101GF 反复出现 3DEG001KA（101GF 冷水机组综合故障），就地核实为导叶开度断线故障报警，导叶自动跳至手动并关闭
发生时间	2019 年 02 月 07 日夜班、早班、中班
机组状态	RP 模式，电功率 836 MWe
异常缺陷现象	夜班出现 3DEG 系统综合报警（导叶开度断线），现场人员核实系统参数在正常范围以后复位了报警； 早班 07:38 再次触发 3DEG001KA（101GF 冷水机组综合故障），就地核实为导叶开度断线故障，复位后报警消失，该报警会导致导叶自动切至手动控制，目前已将导叶恢复至自动。oncall 维修电气检查反馈，需要对导叶进行检查，工作过程中可能导致导叶误关，需准备方案按计划处理。 中班 22 时 30 分再次触发 101GF 综合故障报警，导叶转为手动全关，经现操检查发现存在导叶断线故障报警，报警复位后已经消报，导叶恢复正常
风险或潜在后果	导致导叶会自动跳至手动并关闭

续 表

干预行动	1)已采取的行动措施： ①复位报警后，观察系统参数在正常范围后，恢复导叶自动； ②oncall 电气检查，由于工作过程中可能导致导叶误关，电气准备方案按计划处理； ③加强 3DEG101GF 的巡检，做好切换 DEG 冷冻机组的准备； 2)建议后续行动： 运行现场加强对冷冻出温的监视，必要时将导叶切手动调节开度
原因分析	执行机构电位器零位和满位漂移
消缺行动	电气处理反馈： 1)工作过程： ①验证隔离边界，确认设备位置，召开工前会； ②对 3DEG101MZ 导叶执行机构进行清洁，确认外观良好； ③打开 3DEG101MZ 控制接线盒及电机接线端子盒，进行验电，确认无电； ④对电动执行机构 3DEG101MZ 控制回路进行检查，无异常，紧固端子接线，插件牢固可靠，接线与图纸一致； ⑤用万用表测量 3DEG101MZ 导叶执行机构电机直阻，阻值为：419.36 Ω，用 500 V 兆欧表测量电机相—地绝缘阻值，阻值为：>550 MΩ(标准>0.5 MΩ)，结果合格； ⑥将信号发生器串接入反馈回路中，确认接线正确，无松动； ⑦将控制开关合闸，确认导叶执行机构在全关位置，导叶开度为“0%”关反馈电流为 4.152 mA，将关反馈电流调至3.936 mA，导叶开度为“0%”；将执行机构打到全开位置，导叶开度为“98.6%”开反馈电流为 19.873 mA，将开反馈电流调至20.027 mA，导叶开度为“100.3%”； ⑧反复开关阀 3 次，无报警出现； ⑨恢复电动执行机构接线罩，将设备恢复初始状态，工作结束； 2)故障原因分析：执行机构电位器零位和满位漂移
相关知识	冷冻机组的压缩机进口导叶调节机构的作用： 制冷量控制是用装在压缩机进口处导叶的开度大小来控制压缩机吸入制冷剂蒸气的流量，从而控制制冷机的制冷量。该可调导叶根据需保持冷水出水温度恒定，由微机控制系统通过采集的温度变化信号输出指令，控制电动执行器的机械旋转方向，通过连杆和齿轮来实现导叶的开、闭动作，亦可手动操作，最终实现对制冷量的调节

续 表

参考资料信息	维修二处电气：EAM 中工单 01145783-01 完工报告； WR/WOT：00502739/01145783-01（计划工单） DEG 冷水机组设备运行维修手册（EOMM）	
编　　者	运行二处一值：谷铁	时间：2019 年 02 月 18 日

2.1.18　主控频繁触发报警 4DEG004KA（301GF 冷水机组综合故障），现场检查为 A37 导叶开度断线报警

异常缺陷名称	主控频繁触发报警 4DEG004KA（301GF 冷水机组综合故障），现场检查为 A37 导叶开度断线报警
发生时间	2018 年 04 月 15 日中班、4 月 16 日早班
机组状态	RP 模式，满功率
异常缺陷现象	15 日 19:56 主控出现 4DEG004KA　301GF 冷水机组综合故障 现场检查为 A37 导叶开度断线报警，导叶处于手动位置，复位后报警消失，通过手动控制导叶未再出现报警，现已将导叶恢复自动； 16 日早班闪发报警 2 次，现场复位后报警消失
风险或潜在后果	导致冷冻机导叶切换到手动控制
干预行动	1）已采取的行动措施： ①安排现场检查发现存在导叶开度断线报警； ②现场复位报警后，恢复导叶自动控制； ③联系维修电气检查，电气反馈处理该问题工作方案会产生 DEG1 的 IO，鉴于当班期间 IO 数量控制要求，且当前报警复位，后续按计划安排处理； 2）建议后续行动： 运行现场加强对冷冻出温的监视，必要时将导叶切手动调节开度
原因分析	电动执行机构开反馈电流波动
消缺行动	电气处理反馈： 1）工作过程： ①领取工作许可证，确认设备位号；

续 表

消缺行动	②确认 4LHB116JA 处于断开/上锁状态、4LHB116JE 处于闭合/上锁状态、4LLD521JA 处于闭合状态； ③断开 4DEG301AR 进线电源开关，用万用表验证无电，对柜内接线进行检查，紧固，确认牢固； ④确认 4DEG301GF 导叶执行机构 4DEG301MZ 初始状态在全关位置，打开 4DEG301MZ 接线罩，用万用表验证无电，并对接线进行紧固； ⑤用信号发生器串联到 4DEG301AR 柜 4DEG301MZ 的开度反馈回路中，并做好拆接线记录； ⑥闭合 4DEG301AR 控制电源，导叶阀在全关的状态电流值为 4.49 mA，观察半小时后电流无突变，用信号发生器验证导叶断线报警电流值为 3.17 mA 以下，当电流值为 3.19 mA 以上时，导叶断线报警消失； ⑦与业主班组进一步讨论，确认需要更换导叶执行机构； ⑧对新备件进行检查，确认与现场执行机构型号一致； ⑨断开 4DEG301AR 电源进线开关，拆除 4DEG301MZ 接线，做好拆接线记录，并分相包扎； ⑩联系机械人员配合拆除导叶连杆，并做好标记； ⑪确认备件电动执行机构在全关位置，开度指示为 0，在 SHUT 方向，将备件执行机构进行安装，但不连接连杆，根据拆接线记录恢复接线，确认接线正确、牢固； ⑫手动操作执行机构，在执行机构全关和全开位置调整机械限位，使机械限位滞后电限位约 2.5°的角距离，并锁紧螺母； ⑬确认执行机构在全关位置，闭合 4DEG301AR 电源，缓慢开启和关闭阀门两次，确认机械导叶全关和全开位置一致； ⑭断开 4DEG301AR 电源开关，回装执行机构与导叶的连杆，确认牢固，手动操作执行机构，全程平稳； ⑮将信号发生器串联至导叶执行机构的开度反馈回路中，闭合控制电源，将阀门全开，开到位时间为 140 s，结果合格(标准 140~150 s)，全开后的电流反馈为 20.1 mA，控制屏显示全开，状态正确； ⑯将导叶执行机构全关，关到位时间为 140 s，结果合格(标准 140~150 s)，全关后的电流反馈为 4.7 mA，控制屏显示全关，状态正确； ⑰断开 4DEG301AR 电源，拆除接线，将设备恢复至初始状态，工作结束； 2)故障原因分析：电动执行机构开反馈电流波动

续 表

相关知识	冷冻机组的压缩机进口导叶调节机构的作用： 制冷量控制是用装在压缩机进口处导叶的开度大小来控制压缩机吸入制冷剂蒸气的流量，从而控制制冷机的制冷量。该可调导叶根据需保持冷水出水温度恒定，由微机控制系统通过采集的温度变化信号输出指令，控制电动执行器的机械旋转方向，通过连杆和齿轮来实现导叶的开、闭动作，亦可手动操作，最终实现对制冷量的调节	
参考资料信息	维修二处电气：完工报告《FQ4-MA02-RCWO-00902647/01 对主控频繁触发报警 4DEG004KA 现场检查为 A37 导叶开度断线报警进行排查》； WR/WOT：00375563/00902647-01(计划工单)； DEG 冷水机组设备运行维修手册(EOMM)	
编　　者	运行二处一值：谷铁	时间：2019 年 02 月 18 日

2.1.19　3DEG301GF 出现导叶开度断线报警

异常缺陷名称	3DEG301GF 出现导叶开度断线报警
发生时间	2016 年 09 月 21 日早班
机组状态	RP 模式，核功率 8.5%Pn
异常缺陷现象	早班 3DEG301GF 出现导叶开度断线报警
风险或潜在后果	出现导叶开度断线报警，导叶切到手动控制
干预行动	已采取的行动措施： 1)安排现场检查确认报警，复位故障报警，恢复导叶自动控制； 2)提 WR 按计划处理
原因分析	3DEG301MZ 执行机构故障
消缺行动	电气处理反馈： 1)检修过程(工单 00371353-01)： ①确认冷水机组 3DEG301GF 设备处于停运状态； ②对冷水机组控制箱 3DEG001AR 内部端子接线进行紧固； ③对电动阀 3DEG322VQ 接线进行检查，确认接线正确，接触良好无松动；

续 表

<table>
<tr><td>消缺行动</td><td colspan="2">④送上控制电源使用信号发生器对 3DEG301MZ 阀门输出信号进行测量，阀门处于全关位置，电流显示 42.39 mA（理论值全关显示4 mA，全开显示 20 mA）；
⑤调节 3DEG301MZ 阀门电位器，输出电流无变化；
⑥用信号发生器模拟 4～20 mA 信号，3DEG301AR 显示屏阀门开度指示正常；
⑦经过分析确认阀门执行机构损坏；
⑧经与业主沟通，确认建（02）工单更换 3DEG301MZ 执行机构；
⑨工作结束，清理现场。
2）检修过程（工单 00371353-02）：
①确认冷水机组 3DEG301GF 设备处于停运状态，3LHB116JA、3LLD521JA 处于断开位置；
②确认检修设备所在位置并做好安全防护措施；
③打开 3DEG301MZ 接线盒，验证无电，拆除外部电缆，并做好拆接线记录，发现线号 101MZ-80 线芯未用线鼻子压接，并使用合格线鼻子压接好；
④拆下电动执行机构，使用合格备件进行更换，按照拆接线记录恢复接线，确认 3DEG301MZ 内部无异物，恢复接线盒；
⑤联系运行人员进行启机验证，3DEG301GF 工作正常，无报警；
⑥工作结束，清理现场，将设备恢复至初始状态。
3）故障原因分析：3DEG301MZ 执行机构故障</td></tr>
<tr><td>相关知识</td><td colspan="2">冷冻机组的压缩机进口导叶调节机构的作用：
制冷量控制是用装在压缩机进口处导叶的开度大小来控制压缩机吸入制冷剂蒸气的流量，从而控制制冷机的制冷量。该可调导叶根据需保持冷水出水温度恒定，由微机控制系统通过采集的温度变化信号输出指令，控制电动执行器的机械旋转方向，通过连杆和齿轮来实现导叶的开、闭动作，亦可手动操作，最终实现对制冷量的调节</td></tr>
<tr><td>参考资料信息</td><td colspan="2">维修二处电气：完工报告《FQ3-MA02-RCWO-00371353/01 3DEG301GF 导叶断线报警验证》、完工报告《FQ3-MA02-RCWO-00371353/02 冷水机组 3DEG301GF 更换 3DEG301MZ 内部电动执行机构》；
WR/WOT：00173767/00371353-01、00371353-02（计划工单）；
DEG 冷水机组设备运行维修手册（EOMM）</td></tr>
<tr><td>编　　者</td><td>运行二处一值：谷铁</td><td>时间：2019 年 03 月 11 日</td></tr>
</table>

2.1.20 重新启动 3DEG201GF 过程中，因供油油温高无法启动

异常缺陷名称	3DEG201GF 跳闸后，重新启动 3DEG201GF 过程中，出现供油油温高和供油压差低报警跳闸
发生时间	2016 年 05 月 30 日早班
机组状态	调试启动阶段
异常缺陷现象	9:40 时 3DEG201GF 跳闸，现场查看报警为 RRI 阀门联锁跳闸。后接主控令，启动 3DEG201GF，在启动过程中，出现供油油温高和供油压差低报警跳闸。oncall 机械和仪控到现场后，待油温下降到正常温度时，再次启动，供油油温快速升高，手动停运冷冻机组，机械继续处理。现 3DEG101GF 运行，导叶开度：21.5%，冷冻水出温 15.0 ℃
风险或潜在后果	导致冷冻机组无法重启
干预行动	已采取的行动措施： 1）现场检查确认故障报警； 2）切换到 3DEG101GF 运行； 3）oncall 机械和仪控检查处理
原因分析	润滑油冷却回路制冷剂滤网堵塞，润滑油无法正常冷却
消缺行动	机械处理反馈： 1）检修过程： ①领取工作许可证，与运行交流工作信息； ②现场确认设备标牌正确； ③关闭 3DEG216/218VQ； ④拆卸 3DEG201FI 盖板，清洗冷媒滤芯； ⑤滤芯堵塞较严重； ⑥更换新滤芯，回装盖板，螺栓锁紧力矩 10 N·m； ⑦清理现场，结束工作； ⑧临时摘牌起机验证，冷水机组运行正常，润滑油温度 46.7 ℃； 2）故障原因分析：润滑油冷却回路制冷剂滤网堵塞，润滑油无法正常冷却

续 表

相关知识	油温的调整： 制冷机运行中用油温调节阀(3DEG127VQ/227VQ/327VQ)将供油温度调节在35~55 ℃范围内。油温调节阀(3DEG127VQ/227VQ/327VQ)的开度在现场调试时根据机组运行的工况已整定好，在机组运行的过程中，随工况的变化，供油温度一般会出现波动，若在允许的35~55 ℃范围内，现场一般不再作调整；若供油温度超出正常范围则有必要进行调节。供油温度过高，到57 ℃时报警，62 ℃冷冻机停止运行。 油温调节阀(3DEG127VQ/227VQ/327VQ)是调节供给油冷却器的冷媒液的量来调节油温，用手动调节时，关小油温调节阀，冷却效果将急剧降低，油温将上升；若开大油温调节阀(3DEG127VQ/227VQ/327VQ)，油温将降低。 制冷机停机期间，保持油箱中油温在50~55 ℃之间。电加热器在制冷机运行中自动切断加热，而当制冷机停机后又自动进入加热状态。 机组初次安装投运时或机组长期断电停机后应提前12 h使油加热器投入工作(机组通电后油加热器就自动投入工作)，将油温保持在45~55 ℃之间。启动前最好先启动油泵运行2~3 min，使油箱内油温分布均匀
参考资料信息	维修二处机械：完工报告《FQ3-MA01-RCWO-00283506/01 3DEG201GF油温高无法启动》； WR/WOT：00136154/00283506-01(紧急工单)； DEG冷水机组设备运行维修手册(EOMM)
编　　者	运行二处一值：谷铁 | 时间：2019年03月11日

2.1.21 1DEG101GF启动后主控KIC上电流指示1DEG101MI_ 1为XXX

异常缺陷名称	1DEG101GF启动后主控KIC上电流指示1DEG101MI_ 1为XXX
发生时间	2014年12月05日中班
机组状态	RP模式，满功率
异常缺陷现象	1DEG101GF启动后主控KIC上电流指示1DEG101MI_ 1为XXX，但OM框中有示数

续 表

风险或潜在后果	导致无法通过 1DEG101MI_ 1 监测 1DEG101GF 运行电流
干预行动	已采取的行动措施： 安排现场加强监视 1DEG101GF 的各项运行参数
原因分析	DCS 一、二层数据不一致
消缺行动	机械处理反馈： 1）检修步骤： ①现场验证工作边界，确认设备位置与设备标牌； ②输入工作站密码，登陆工作站； ③登陆软件工程师权限，进入 ICC； ④找到洋红色的模块，进行 DELETE&UNDELETE 操作； ⑤退出 ICC，恢复工作站初始权限； 2）故障原因分析：一、二层数据不一致
相关知识	1/2DEG 冷冻机驱动电机额定电流为 58 A（3/4DEG 驱动电机额定电流为 51.4 A），电机电流与导叶间的控制联锁关系如下： 1）主电动机达到满转速后约 30 s，进口导叶自动打开，并按所需冷冻水出水温度自动调节制冷量。刚开机时由于冷冻水进口温度比较高，机组内制冷剂吸入流量大，负荷大。若进口导叶尚未开到 100%开度，主电动机就已达到额定电流时，导叶开的动作将会自动停止；若在此状态下负荷再增大至额定电流的 105%时，将会实现强制关闭导叶的动作，以防止主电动机超负荷； 2）当主电动机的电流降至额定值的 95%以下时，导叶再恢复自动开大动作，直至达到所需冷冻水出水温度及制冷量； 3）当用手动“开”导叶时，主电机负荷限制仍然在起作用，主电动机一旦达到额定电流，这时若还在继续手动操作“开”，导叶也不会再继续打开，这时应停止“开”操作，应等主电动机的电流降至额定值的 95%以下以后，再继续做“开”操作
参考资料信息	维修一处仪控：完工报告《FQ1-MA03-RCWO-00074389/01 1DEG-101GF 启动后主控 KIC 上电流指示 1DEG101MI_ 1 为 XXX》； WR/WOT：00028949/00074389-01（计划工单）； 其他类似异常缺陷： 2015 年 6 月 25 日紧急工单“1DEG101GF 启动后电流在 KIC 上显示为 XXXX（00118751-01）”。 故障原因分析：一二层通讯问题；

续　表

参考资料信息	详情请见维修一处：完工报告《FQ1-MA03-RCWO-00118751/01 1DEG101GF 启动后电流在 KIC 上显示为 XXXX》	
编　者	运行二处一值：谷铁	时间：2019 年 03 月 11 日

2.1.22　4DEG101GF 维修后试验供油温度高

异常缺陷名称	4DEG101GF 维修后试验供油温度高
发生时间	2019 年 12 月 29 日早班
机组状态	RP 模式，满功率
异常缺陷现象	启动 4DEG101GF 的过程中，约 1 min 后，因供油温度高跳闸。中班启动 4DEG101GF 后再次出现油温高报警，油温升至 60 ℃，根据机械工作负责人要求就地手动停机，机械就地尝试手动启动冷媒泵无反应
风险或潜在后果	导致 4DEG101GF 不可用，产生 IO2：DEG1
干预行动	已采取的行动措施： 1)oncall 机械和仪控检查处理； 2)经仪控冷媒泵控制回路短接后，成功启动冷媒泵和 4DEG101GF； 3)经观察两天 4DEG101GF 运行未见异常，拆除冷媒泵控制回路短接，重新启动 4DEG101GF 验证，冷冻机运行正常未见异常
原因分析	1)4DEG101GF 维修后试验起机阶段，冷水机组主机启动时油箱内油位偏高，冷水机组启动负荷过大(约 83%)，轴承温升快； 2)冬季冷却水温度低，起机阶段冷凝压力低于最低要求 470 kPa，其与蒸发器之间压差(冷媒压差)小，润滑油冷却器冷却用冷媒量不足无法稳定油温； 3)该冷水机组冷媒泵 4DEG102PO 未参与起机阶段润滑油辅助冷却
消缺行动	机械处理反馈： 1)油温高原因： ①4DEG101GF 维修后试验起机阶段，冷水机组主机启动时油箱内油位偏高，冷水机组启动负荷过大(约 83%)，轴承温升快；

续 表

消缺行动	②冬季冷却水温度低，起机阶段冷凝压力低于最低要求470 kPa，其与蒸发器之间压差(冷媒压差)小，润滑油冷却器冷却用冷媒量不足无法稳定油温； ③该冷水机组冷媒泵 4DEG102PO 未参与起机阶段润滑油辅助冷却； 2)处理措施： ①排出油箱内适量润滑油； ②起机阶段强制启动冷媒泵辅助冷却润滑油，对润滑油供油压差调节阀及油温调节阀进行适度调整； 3)处理结果： 进行 3 次起机验证(其中两次未启动冷媒泵)，机组可顺利启动，运行正常
相关知识	油温的调整： 制冷机运行中用油温调节阀(4DEG127VQ/227VQ/327VQ)将供油温度调节在 35~55 ℃范围内。油温调节阀(4DEG127VQ/227VQ/327VQ)的开度在现场调试时根据机组运行的工况已整定好，在机组运行的过程中，随工况的变化，供油温度一般会出现波动，若在允许的 35~55 ℃范围内，现场一般不再作调整；若供油温度超出正常范围则有必要进行调节。供油温度过高，到 57 ℃时报警，62 ℃冷冻机停止运行。 油温调节阀(4DEG127VQ/227VQ/327VQ)是调节供给油冷却器的冷媒液的量来调节油温，用手动调节时，关小油温调节阀，冷却效果将急剧降低，油温将上升；若开大油温调节阀(4DEG127VQ/227VQ/327VQ)，油温将降低。 制冷机停机期间，保持油箱中油温在 50~55 ℃之间。电加热器在制冷机运行中自动切断加热，而当制冷机停机后又自动进入加热状态。 机组初次安装投运时或机组长期断电停机后应提前 12 h 使油加热器投入工作(机组通电后油加热器就自动投入工作)，将油温保持在 45~55 ℃之间。启动前最好先启动油泵运行 2~3 min，使油箱内油温分布均匀
参考资料信息	维修二处机械：“4DEG101GF 维修后试验供油温度高原因反馈”邮件； 运行二处 eSOMS 日志； DEG 冷水机组设备运行维修手册(EOMM)
编　　者	运行二处一值：谷铁　　时间：2020 年 01 月 16 日

2.1.23　3DEG201GF 因供油温度高保护跳闸，无法启动

异常缺陷名称	3DEG201GF 因供油温度高保护跳闸，无法启动
发生时间	2020 年 04 月 29 日中班
机组状态	RP 模式，满功率
异常缺陷现象	中班启动 3DEG201GF 时，启动后就地出现供油温度高报警导致 3DEG201GF 跳闸，现场油温最高约 81 ℃
风险或潜在后果	降低冷冻水机组可靠性，产生 DEG1 的第二组 IO：DEG1
干预行动	已采取的行动措施： 1)安排现场检查冷冻机故障跳闸原因为供油温度高报警导致 3DEG201GF 跳闸，油温最高达到 81 ℃； 2)安排现场检查 3DEG201RF 油冷却器在线是否存在异常(检查 3DEG203VH/204VH 在线)，未见异常； 3)oncall 维修机械检查处理； 4)检查供油压差是否存在异常，供油压差稍偏低，机械调整 3DEG202VH 后，供油压差恢复正常后，但仍然会出现供油温度高跳机
原因分析	3DEG201GF 导叶 0 位与导叶执行器不一致，冷水机组主机启动时导叶未完全闭合，机组启动负荷过大(约 79%)，轴承温升快
消缺行动	机械处理反馈： 1)已采取措施： ①仪控检查机组冷媒泵并确认工作正常； ②电气专业检查导叶执行机构驱动马达并对其重新校对； ③对润滑油供油压差调节阀及油温调节阀进行适度调整后，启动 3DEG201GF 成功； 2)原因分析： ①直接原因：3DEG201GF 起机阶段供油温度升至 62 ℃，冷水机组保护停机； ②根本原因：3DEG201GF 导叶 0 位与导叶执行器不一致，冷水机组主机启动时导叶未完全闭合，机组启动负荷过大(约 79%)，轴承温升快； ③促成原因：供油压差及油温调节阀调节不当，未在供油温度上升初始阶段及时调整油压及油温调节阀

续 表

相关知识	制冷机运行中用油温调节阀(3DEG127VQ/227VQ/327VQ)将供油温度调节在35～55 ℃范围内。油温调节阀(3DEG127VQ/227VQ/327VQ)的开度在现场调试时根据机组运行的工况已整定好，在机组运行的过程中，随工况的变化，供油温度一般会出现波动，若在允许的35～55 ℃范围内，现场一般不再作调整；若供油温度超出正常范围则有必要进行调节。供油温度过高，到57 ℃时报警，62 ℃冷冻机停止运行。 油温调节阀(3DEG127VQ/227VQ/327VQ)是调节供给油冷却器的冷媒液的量来调节油温，用手动调节时，关小油温调节阀，冷却效果将降低，油温将上升；若开大油温调节阀(3DEG127VQ/227VQ/327VQ)，油温将降低。 制冷机停机期间，保持油箱中油温在50～55 ℃之间。电加热器在制冷机运行中自动切断加热，而当制冷机停机后又自动进入加热状态。 机组初次安装投运时或机组长期断电停机后应提前12 h使油加热器投入工作(机组通电后油加热器就自动投入工作)，将油温保持在45～55 ℃之间。启动前最好先启动油泵运行2～3 min，使油箱内油温分布均匀	
参考资料信息	维修二处：维修二处日常维修日报20200506； 核安全处：福清核电1～4号机组核安全周报(2020年4月27日～2020年5月3日)； WR/WOT：00725578/01577395-01(计划工单)	
编　　者	运行二处一值：谷铁	时间：2020年05月07日

2.1.24 DEG系统设备异常缺陷处理总结：

DEG常见异常缺陷(病历)原因和处理方法总结：

缺陷/异常名称	故障可能原因	处理方法
DEG冷冻机组导叶开度断线报警	1)电动执行机构开反馈电流波动； 2)执行机构电位器零位和满位漂移； 3)控制柜内电缆接线松动	运行干预主要步骤： 1)检查确认导叶切到手动控制； 2)检查冷冻机组蒸发压力、出水温度等参数； 3)联系维修专业检查处理； 4)复位故障报警，确认参数在正常范围内，恢复导叶自动控制

续　表

缺陷/异常名称	故障可能原因	处理方法
电机运行时有杂音，不正常	1)轴承磨损，有故障； 2)定、转子铁芯松动； 3)电压太高或不平衡； 4)轴承缺少润滑脂； 5)风扇碰风罩或风道阻塞； 6)气隙不均匀，定子转子相擦	1)检修或更换新轴承； 2)检查振动原因，重新压紧铁芯进行处理； 3)测量电源电压，检查电压太高或不平衡的原因，并进行处理； 4)清洗轴承，添加润滑脂，使其充满轴承室容积的1/2~2/3； 5)修理风扇和风罩，使其尺寸正确，清理风道； 6)调整气隙，提高装配质量
蒸发压力过低	1)冷水量不足； 2)冷负荷少、冷水温度低； 3)节流孔板故障； 4)蒸发器的传热管因水垢等污染而使传热恶化； 5)冷媒量不足(最常见的原因)	1)检查冷水回路，使冷水量达到额定水量； 2)检查自动起停装置的整定温度； 3)检查节流孔板是否畅通； 4)清扫传热管； 5)补充冷媒至所需量
断水	1)冷水量不足； 2)差压计故障	1)检查冷水泵及冷水回路，调至正常流量； 2)检修差压计
油压差过低	1)油过滤器堵塞； 2)油压调节阀(泄油阀)开度过大； 3)油泵的输出油量减少； 4)压缩机轴承磨损； 5)油压传感器失灵； 6)润滑油中混入的制冷剂过多(由于启动时油起泡而使油压过低)	1)更换油过滤芯； 2)关小油压调节阀使油压升至额定油压； 3)解体检查； 4)更换轴承； 5)检查油压压力传感器，必要时更换； 6)制冷机停车后务必将油加热器投入，保持给定油温(确认油加热器有无断线，油加热器温度控制的整定值是否正确)

续 表

缺陷/异常名称	故障可能原因	处理方法
油温过高	1）油冷却器冷却能力降低； 2）因冷媒过滤器网堵塞而使油冷却器冷却用制冷剂的供给量不足； 3）压缩机轴承磨损	1）调整油温调节阀； 2）清扫冷媒过滤器网； 3）解体后修理或更换轴承

2.2 上充泵房应急通风系统(DVH)

2.2.1 执行定期试验 FQ2-DVH-T-004 时按下 2JDT523TO 后，2DVN260VAF 未按预期关闭

异常缺陷名称	执行定期试验 FQ2-DVH-T-004 时按下 2JDT523TO 后，2DVN260VAF 未按预期关闭
发生时间	2017 年 09 月 11 日中班
机组状态	RP 模式，满功率
异常缺陷现象	执行定期试验 FQ2-DVH-T-004 期间，按下 2JDT523TO 后，2DVN-260VAF 未按预期关闭
风险或潜在后果	1)当相应房间发生火灾时，2DVN260VAF 无法正常关闭，会导致火势蔓延； 2)导致 QSR 定期试验不合格
干预行动	已采取的行动措施： 1)现场检查 2DVN260VAF 阀门执行机构未见明显异常； 2)联系仪控对电磁阀进行检查
原因分析	传动装置高温熔断锁片断裂，挤压传动连杆导致故障触发
消缺行动	仪控处理反馈： 1)检修过程： ①现场确认设备位置，开工前通知主控，就地检查确认电磁阀外观完好，防火阀无明显卡涩，对 2DVN260VAF 通道及功能进行强制验证，确认通道正常，但电磁阀通电后未能正常关闭 2DVN260VAF 防火阀，对电磁阀进行检查，发现线路老化，更换电磁阀； ②对 2DVN260VAF 传动装置检查过程中，发现就地高温熔断片断裂，导致阀板复位后，手动关闭阀门的机构卡住，反馈业主，领取高温熔断片备件； ③对高温熔断片进行更换，强制 2DVN260VAF 动作正常，解除强制，恢复设备初始状态； ④运行人员重新执行 FQ2-DVH-T-004 试验，结果合格； 2)故障原因分析：传动装置高温熔断锁片断裂，挤压传动连杆导致故障触发

续 表

相关知识	2JDT523TO 按下将联锁关闭阀门 2DVN263VAF、2DVN260VAF、2DVN456VAF、2DVN271VAF、2DVH006VAF、2DVH010VAF、2DVH014VAF	
参考资料信息	维修一处仪控：完工报告《FQ2-MA03-RCWO-00704583/01 执行 FQ2-DVH-T-004 试验时，按下 2JDT523TO 后，2DVN260VAF 未按预期关闭，怀疑 2DVN260VAF 电磁阀故障》； WR/WOT：00288979/00704583-01(紧急工单)； 运行一处 eSOMS 日志	
编　　者	运行二处一值：张美强	时间：2020 年 01 月 08 日

2.2.2　执行 FQ1-DVH-T-004 过程时，按下 1JDT524TO 后，1DVH011VAF 显示为故障红色，未正常关闭

异常缺陷名称	执行 FQ1-DVH-T-004 过程时，按下 1JDT524TO 后，1DVH011VAF 显示为故障红色，未正常关闭
发生时间	2018 年 01 月 20 日早班
机组状态	RP 模式，满功率
异常缺陷现象	执行 FQ1-DVH-T-004 过程时，按下 1JDT524TO 后，KIC 中 1DVH011VAF 显示为故障红色，现场检查阀门未正常关闭
风险或潜在后果	1)防火阀无法自动关闭，导致定期试验不合格； 2)当火灾出现时，防火阀无法自动关闭，将可能引起火灾蔓延
干预行动	已采取的行动措施： 1)安排现场检查确认阀门的实际妆容，发现阀门未正常关闭； 2)oncall 电气检查处理
原因分析	电磁铁吸力不足，使得电磁阀推杆吸入距离过短，防火阀未正常关闭
消缺行动	电气处理反馈： 1)工作过程： ①到现场验证隔离边界、召开工前会； ②现场联系机械人员拆除 1DVH027VAN、1DVH028VAN 重力卸压阀；

续　表

消缺行动	③打开电磁阀盒盖，测量电磁阀线圈阻值 1DVH011VAF：61.5 Ω、1DVH015VAF：62.5 Ω，对地绝缘均>55 MΩ； ④调整电磁阀推杆位置，联系运行人员给关命令，电磁阀推杆吸入距离过短，防火阀未正常关闭； ⑤确认电磁铁吸力不足，领取同型号备件并更换； ⑥联系运行人员做实验验证，确认防火阀能正常关闭，缺陷消除； ⑦确认工作现场已清理，召开工后会，归还工作许可证，填写完工报告； 2)故障原因分析：电磁铁吸力不足
相关知识	KIC 上的 1SFZ524KG 置于 CLOSE 或是 9JDT016CR 上的 1JDT524TO 按下时，防火阀 1DVH007/011/015VAF 和 1DVN454/163/171VAF 将自动关闭
参考资料信息	维修一处电气：EAM 中工单 00835434-01 的完工报告； WR/WOT：00337896/00835434-01(紧急工单)
编　　者	运行二处一值：张美强	时间：2020 年 01 月 08 日

2.2.3　巡盘发现 2DVH010VAF 未知原因关闭

异常缺陷名称	巡盘发现 2DVH010VAF 未知原因关闭
发生时间	2018 年 06 月 13 日早班
机组状态	RP 模式，电功率 1078 MWe
异常缺陷现象	巡盘发现 2DVH010VAF 未知原因关闭
风险或潜在后果	导致 2RCV002PO 房间应急通风部分丧失，产生第一组事件 IO1：DVH1
干预行动	已采取的行动措施： 1)安排现场检查确认 2DVH010VAF 现场阀门处于关闭状态； 2)主控确认无火警联锁关闭阀门的信号触发情况； 3)oncall 电气检查处理
原因分析	长期使用后，防火阀 2DVH010VAF 温感器熔断片焊接强度下降，熔断片断裂，使叶片挂钩脱开，导致防火阀关闭

续 表

消缺行动	电气处理反馈： 1)工作过程： ①联系脚手架人员搭设脚手架； ②联系机械人员拆除重力卸压阀 2DVH025VAN； ③测量电磁阀线圈直阻为 62.9 Ω，对地绝缘为 50 MΩ； ④防火阀 2DVH010VAF 本体挂钩组件正常、无变形，温感器上熔断片断裂； ⑤领取熔断片备件并更换； ⑥打开防火阀，用橡胶锤较大幅度敲击防火阀周边，防火阀保持开启状态，未关闭； ⑦联系运行人员现场验收，确认缺陷已消除； ⑧联系机械人员恢复重力卸压阀 2DVH025VAN； ⑨工作完成，清理工作现场，归还工作许可证，填写完工报告； 2)故障原因分析：长期使用后，防火阀 2DVH010VAF 温感器熔断片焊接强度下降，熔断片断裂，使叶片挂钩脱开，导致防火阀关闭
相关知识	KIC 上的 1SFZ523KG 置于 CLOSE 或是 9JDT016CR 上的 1JDT523TO 按下时，防火阀 1DVH006/010/014VAF、1DVN160/163/171/454VAF 将自动关闭
参考资料信息	维修一处电气：EAM 中工单 00944441-01 的完工报告； WR/WOT：00400884/00944441-01(紧急工单)
编　　者	运行二处一值：张美强　　　时间：2020 年 01 月 08 日

2.3 设备冷却水房间通风系统(DVI)

执行 SFZ 试验过程中，两次按下 2JDT527TO，2DVI012VAF 均无法关闭

异常缺陷名称	执行 SFZ 试验过程中，两次按下 2JDT527TO，2DVI012VAF 均无法关闭
发生时间	2018 年 08 月 04 日中班
机组状态	RP 模式，电功率 1072 MWe
异常缺陷现象	执行预大修试验（Q)FQ2-SFZ-T-008：防火挡板关闭能力及关闭指示灯试验规程，试验过程中两次按下 2JDT527TO，2DVI012VAF 均无法关闭
风险或潜在后果	导致防火阀 2DVI012VAF 在火警触发时无法正常关闭，将存在导致火势蔓延的风险。处理 2DVI012VAF 时需要停运 2DVI001ZV、002ZV、003ZV、004ZV 四台风机，导致 2RRI 设备间丧失通风，将产生第二组 IO：DVI1
干预行动	已采取的行动措施： 1)运行现场检查 2DVI012VAF 外观未见明显异常； 2)oncall 电气检查处理； 3)配合工作负责人停运 2DVI 系统风机，并按技术规范要求安排现场加强关注 2RRI 设备间温度； 4)缺陷消除后，解除隔离，重新执行 FQ2-SFZ-T-008 和恢复 2DVI 系统运行
原因分析	2DVI012VAF 风阀长期处于开启状态，执行机构内部弹簧失效导致无法自动关闭
消缺行动	电气处理反馈： 1)检查内容：检查发现 2DVI012VAF 风阀结构损坏； 2)处理措施：对 2DVI012VAF 风阀进行更换； 3)处理结果：更换后手动操作风阀，风阀能够正常关闭。运行人员执行例行试验，验证 2DVI012VAF 风阀能够正常电动开关； 4)故障原因分析：2DVI012VAF 风阀长期处于开启状态，执行机构内部弹簧失效导致无法自动关闭

续 表

相关知识	2JDT527TO 按下将联锁关闭阀门 2DVI012VAF、2DVI017VAF、2DVI019VAF	
参考资料信息	运行一处 ESOMS 日志； 维修一处电气：EAM 中工单 00986986-01、00987297-01 的完工报告； WR/WOT：00424492/00986986-01（紧急工单）、00424555/00987297-01（计划工单）	
编　　者	运行二处一值：张美强	时间：2019 年 11 月 08 日

2.4 核燃料厂房通风系统(DVK)

2.4.1 2DVK202MV(2DVK002ZV 轴承非驱动端振动)频繁闪发振动高报警

异常缺陷名称	2DVK202MV(2DVK002ZV 轴承非驱动端振动)频繁闪发振动高报警	
发生时间	2019 年 05 月 31 日中班	
机组状态	RP 模式，电功率 836 MWe	
异常缺陷现象	主控频繁闪发 2DVK102KA(2DVK002ZV 振动和温度综合报警)，就地核实为 2DVK202MV 振动高，联系机械检查确认风机振动真实高	
风险或潜在后果	导致 2DVK002ZV 风机轴承振动高，轴承存在磨损的风险	
干预行动	已采取的行动措施： 1)安排现场检查核实，确认为 2DVK202MV 振动高，要求现场加强监视风机轴承温度上涨情况，有异常及时反馈； 2)立即将 2DVK002/004ZV 切换至 2DVK001/003ZV 运行； 3)oncall 机械检查处理	
原因分析	基础垫铁发生了位移	
消缺行动	机械处理反馈： 1)检查内容：在线调整基础垫铁； 2)处理结果：运行 4 h 无闪发振动高报警，最高振动 2.8 mm/s，满足运行要求； 3)故障原因分析：基础垫铁发生了位移	
相关知识	2DVK202MV 振动值大于 5.5 mm/s 时产生高报，大于 6.3 mm/s 时产生高高报，均触发 2DVK102KA(2DVK002ZV 振动和温度综合报警)	
参考资料信息	维修一处机械：2DVK202MV 频繁闪发振动高报警处理反馈； WR/WOT：00562151/01253490-01(紧急工单)	
编　　者	运行二处一值：高鹏威	时间：2019 年 09 月 16 日

2.4.2 3DVK001SZ 湿度高报警一直触发，检查发现 3DVK005RS 未自动启动

异常缺陷名称	3DVK001SZ 湿度高报警一直触发，检查发现 3DVK005RS 未自动启动	
发生时间	2016 年 01 月 02 日中班	
机组状态	机组调试阶段	
异常缺陷现象	主控 KIC 中碘吸附器湿度高报警灯 3DVK001SZ 一直触发，但 3DVK005RS 未自动启动	
风险或潜在后果	可能导致碘吸附器湿度高而失效	
干预行动	已采取的行动措施： 1)安排现场检查 3DVK005RS 上游的供电开关为推入送电状态； 2)安排现场使用 3DVK001CC 复位，3DVK005RS 仍未启动	
原因分析	1)3LKL261JA 抽屉柜内元器件故障； 2)3DVK005RS 为上升沿信号触发启动，重新触发上升沿信号之后，3DVK005RS 正常启动	
消缺行动	电气处理反馈： 1)检修过程： ①对 3LKL261JA 抽屉柜内部接线及元器件进行检查时发现 3DVKC0251-2 号芯线脱落； ②对 3DVKC0251-2 号芯线进行端接，插入试验盒，按下合闸按钮，合闸指示灯亮；按下分闸按钮，分闸指示灯亮； ③请运行人员验收，分闸合闸都正常； ④3DVK001CC 复位后加热器仍未启动，经仪控检查核实 3DVK005RS 为上升沿信号触发启动，重新触发上升沿信号之后，3DVK005RS 正常启动； 2)故障原因分析：①3LKL261JA 抽屉柜内元器件故障；②3DVK005RS为上升沿信号触发启动，重新触发上升沿信号之后，3DVK005RS 正常启动	
相关知识	电加热器温度 DVK005ST 不高(<50 ℃)& 碘吸附器管线内温度 DVK001ST 不高(<80 ℃)，则电加热器 DVK005RS 将自动启动	
参考资料信息	维修二处电气：EAM 中工单 00206658-01 完工报告； 3DVK 系统逻辑图； ESOMS 日志(2016 年 01 月 02 日)； WR/WOT：00094181/00206658-01(紧急工单)	
编　　者	运行二处一值：高鹏威	时间：2019 年 03 月 18 日

2.5 核辅助厂房通风系统(DVN)

2.5.1 9DVN614MV 频繁闪发报警

异常缺陷名称	9DVN614MV 频繁闪发报警
发生时间	2018 年 07 月 18 日中班
机组状态	1 号机组：RP 模式，满功率；2 号机组：RP 模式，满功率
异常缺陷现象	主控闪发 2DVN103KA(2DVN003ZV 温度和振动综合故障报警)，现场查看为 9DVN614MV(003ZV 非驱动端振动值)瞬间振动达到 6 mm/s以上，几秒后回落到正常值
风险或潜在后果	报警频繁闪发，影响 2DVN003ZV 温度和振动的监视
干预行动	已采取的行动措施： 1)安排现场检查确认 2DVN003ZV 监控柜上的温度和振动变化趋势，确认轴承温度正常，并加强监视； 2)oncall 仪控检查处理； 3)做好切换到备用列风机的准备
原因分析	电缆线长时间甩动导致航空插头尾部松动、航空插头焊点断开，引起报警闪发
消缺行动	仪控处理反馈： 1)检修措施及步骤： ①现场确认 9DVN614MV 振动探头设备位置； ②拆下探头，检查航空插头，航空插头尾部松动，旋开发现探头焊点处有两根线(红白)断开； ③拆下航空插头以及对应一截电缆，带回实验室进行修复，完成后回装，确认温度显示正常，为 21.3 ℃； ④2DVN003ZV 启动后，观察 9DVN614MV 对应值在面板显示正常，无异常报警； 2)故障原因分析：电缆线长时间甩动导致航空插头尾部松动、航空插头焊点断开，引起报警闪发
相关知识	2DVN003MO 或 2DVN003ZV 振动值超标(高报 2DVN612、613、614MV≥5.5 mm/s)，2DVN003MO 或 2DVN003ZV 振动值超标(高高报 2DVN612、613、614MV≥6.3 mm/s)时，将触发 2DVN103KA(2DVN003ZV 温度和振动综合故障报警)

续 表

参考资料信息	维修一处仪控：EAM 中工单 00974101-01 的完工报告； 运行一处 eSOMS 日志； WR/WOT：00416523/00974101-01(紧急工单)	
编　　者	运行二处一值：石亿虎	时间：2019 年 03 月 18 日

2.5.2　8DVN457VAF 意外关闭导致主控出现上充泵房温度高报警

异常缺陷名称	8DVN457VAF 意外关闭导致主控出现上充泵房温度高报警
发生时间	2016 年 12 月 30 早班
机组状态	RP 模式，满功率
异常缺陷现象	主控出现上充泵房温度高报警，主控出现报警后通知现场检查上充泵房的通风情况，现场检查发现上充泵房风量与平时相比明显减小，经进一步在线检查，发现 8DVN457VAF 手柄和执行机构的连接螺栓松脱，导致该风阀实际为关闭，但由于电机触点仍在开启位置，主控仍然显示该阀门为开启
风险或潜在后果	上充泵房房间温度升高，若应急通风机未正常启动，将可能引起上充泵的轴承振动、轴承温度和油温升高，影响上充泵安全运行，不利于机组的安全
干预行动	已采取的行动措施： 1)立即安排现场确认上充泵房通风情况，确认上充泵运行参数未见异常； 2)确保启动 3DVH 风机为上充泵房提供通风； 3)联系维修将该螺栓重新紧固连接，而后开启 8DVN457VAF，上充泵房温度逐渐回落
原因分析	1)直接原因：手柄和执行机构的连接螺栓脱扣导致风阀意外关闭； 2)根本原因：手柄和执行机构的连接螺栓不够可靠
消缺行动	电气处理反馈： 正常时内部电机带动执行机构，通过连接螺栓驱动手柄使风阀动作。但由于连接螺栓脱扣，手柄和执行机构分离，使得电机仍停留在开限位，而阀门实际处于关闭状态

续　表

相关知识	上充泵房温度上升到 46 ℃时，对应系列的 DVH 风机将自动启动	
参考资料信息	每日一条安全信息——8DVN457VAF 意外关闭导致主控出现上充泵房温度高报警	
编　　者	运行二处一值：石亿虎	时间：2019 年 03 月 18 日

2.5.3　4DVN011ZV 故障跳闸

异常缺陷名称	4DVN011ZV 故障跳闸
发生时间	2019 年 05 月 23 日中班
机组状态	3 号机组：RP 模式，电功率 836 MWe；4 号机组：RP 模式，电功率 836 MWe
异常缺陷现象	23:01 主控出现 4LLA009KA（LLC 总故障报警），经核查为 4LLC2101JA 故障报警灯亮，风机停运。复位后报警消失后再次出现
风险或潜在后果	影响 NB223 房间暖风的供应的可靠性，需关注 8NB223 房间温度和 4DVN012AE 运行情况，技术规范要求硼酸补充回路（REA 硼酸回路）温度必须大于 22 ℃
干预行动	已采取的行动措施： 1）安排现场将 4LLC2101JA（4DVN011ZV 供电开关）和 4LLC2111JA（4DVN011RS 供电开关）拉出； 2）安排现场关注 8NB223 房间温度和 4DVN012AE 运行情况
原因分析	1）双封轴承油量减少导致轴承卡涩； 2）风叶断裂，导致电机被卡住
消缺行动	电气处理反馈： 1）检修过程： ①打开 4DVN011ZV 接线盒，确认无异物，进行验电，确认无电； ②将 4DVN011ZV 拆除，并做好拆接线记录，经检查确认风机叶轮断裂损坏； ③对电机进行解体，同时空载试验，确认无异常； ④联系焊工对风机风扇叶轮进行修复，同时对风机风扇叶轮做 PT 检测及 RT 检测分析，检测结果合格；

续 表

消缺行动	⑤按照拆接线记录对4DVN011ZV进行回装，确认接线正确无松动； ⑥更换工作许可证，对4DVN011ZV进行送电试验，风机运行正常； ⑦测得风机电流A相：1.70A，B相：1.79A，C相：1.71A，测量电机振动为：1.4 mm/s，结果合格； ⑧工作完成后，归还工作许可证； 2)故障原因分析：①双封轴承油量减少导致轴承卡涩；②风叶断裂，导致电机被卡住	
相关知识	NB223房间有4DVN011AE和4DVN012AE两台暖风机组，两台暖风机组的控制定值均为23 ℃	
参考资料信息	维修二处电气：EAM中工单01241755-01的完工报告、维修二处维修日报20190530； 运行二处4号机组eSOMS日志； WR/WOT：00557775/01241755-01(紧急工单)	
编　　者	运行二处一值：石亿虎	时间：2020年04月08日

2.5.4　9DVN002ZV现场停运，主控KIC显示运行状态

异常缺陷名称	9DVN002ZV现场停运，主控KIC显示运行状态
发生时间	2014年05月23日夜班
机组状态	1号机组：调试启动阶段；2号机组：调试建设阶段
异常缺陷现象	9DVN002ZV现场实际为停运状态，主控KIC显示运行状态
风险或潜在后果	主控KIC中无法准确监视9DVN002ZV的运行状态
干预行动	已采取的行动措施： 1)安排现场在KSN上和就地风机控制柜以及就地听音确认9DVN002ZV为停运状态； 2)安排现场检查9DVN002ZV供电开关状态，尝试拉出开关重新送电； 3)oncall电气检查处理

续 表

原因分析	检查发现 9DVN002ZV 上游电源抽屉 9LKI1161JA 内接触器辅助触点脱落，导致风机状态反馈不正常	
消缺行动	电气处理反馈： 1)检修措施及步骤： ①现场检查发现 9DVN002ZV 停运，拆除 9LKI1161JA 抽屉 001BN 端子排上的 4、5、6 号端子接线，测量发现 4、5 号端子导通，4、6 号端子不通，与正常状态相反； ②将抽屉抽出，打开抽屉面板，发现接触器一侧的辅助触点卡槽损坏，辅助触点脱落，从而导致端子的状态错误； ③调整辅助触点位置，将两个接触器辅助触点固定在接触器另一侧，测量发现 001BN 的 4、5 号端子断开，4、6 号端子接通，状态正常； ④将 001BN 端子排上的 4、5、6 号端子接线恢复，抽屉 9LKI1161JA 合闸，联系运行人员，确认 KIC 上显示 9DVN002ZV 停运，状态正常； ⑤清理工作现场，归还工作许可证； 2)故障原因分析：检查发现 9DVN002ZV 上游电源抽屉 9LKI1161JA 内接触器辅助触点脱落，导致风机状态反馈不正常	
相关知识	9DVN002ZV 为核辅助厂房通风系统(DVN)正常送风机	
参考资料信息	维修一处电气：EAM 中工单 00013051-01 的完工报告； 运行一处 1 号机组 eSOMS 日志； WR/WOT：00010348/00013051-01(紧急工单)	
编　　者	运行二处一值：石亿虎	时间：2020 年 04 月 08 日

2.5.5 2LKJ2181JA 故障导致 2DVN008ZV 主控 KIC 中显示为洋红色

异常缺陷名称	2LKJ2181JA 故障导致 2DVN008ZV 主控 KIC 中显示为洋红色
发生时间	2014 年 12 月 28 日早班
机组状态	1 号机组：RP 模式，满功率(DVN 系统设备由 1 号机管辖)
异常缺陷现象	2LKJ2181JA 故障导致 2DVN008ZV 主控 KIC 中显示为洋红色
风险或潜在后果	2DVN008ZV 不可用，产生双机组第二组 IO

续 表

干预行动	已采取的行动措施： oncall 维修电气检查	
原因分析	2LKJ2181JA 抽屉内 003SM 微动开关卡涩导致触点无法断开	
消缺行动	电气处理反馈： 1）工作过程： ①办理紧急维修工作指令单； ②现场召开工前会，讨论风险分析； ③与主控沟通后将 2LKJ2181JA 抽屉抽出； ④检查发现抽屉内 003SM 微动开关卡涩导致触点无法断开； ⑤现场对 003SM 紧固螺栓进行调整，调整后 003SM 触点动作正常； ⑥由运行人员将 2LKJ2181JA 送电，主控启动下游风机后 KIC 上洋红色报警消除； ⑦清理现场，填写完工报告。 2）故障原因分析：2LKJ2181JA 抽屉内 003SM 微动开关卡涩导致触点无法断开	
相关知识	2DVN008ZV 为核辅助厂房通风系统（DVN）碘排风机	
参考资料信息	维修一处电气：EAM 中工单 00081470-01 的完工报告； WR/WOT：00031261/00081470-01（紧急工单）	
编　　者	运行二处一值：王敏	时间：2019 年 04 月 11 日

2.6 安全注入和安全壳喷淋泵电机房通风系统(DVS)

2.6.1 1DVS002ZV 启动后，KIC 上显示洋红色

异常缺陷名称	1DVS002ZV 启动后，KIC 上显示洋红色	
发生时间	2015 年 10 月 30 日中班	
机组状态	1 号机组大修，机组 RCD 模式	
异常缺陷现象	1DVS002ZV 启动后，KIC 上显示洋红色	
风险或潜在后果	影响主控 KIC 监视 1DVS002ZV 的运行状态	
干预行动	已采取的行动措施： 1)安排现场检查 1DVS002ZV 供电开关是否存在异常； 2)联系仪控检查处理，仪控检查反馈风机开关限位都存在，怀疑电气开关限位问题转由电气处理	
原因分析	微动开关异常，导致风机开关限位都存在	
消缺行动	电气处理反馈： 1)工作过程： ①开工前验明无电； ②现场检查发现微动开关 001SM 与 003SM 之间的联动片缺失； ③核对备件对 001SM 和 003SM 整体更换； ④更换完毕，联系运行进行在线验证； ⑤1DVS002ZV 启停正常，报警消除； 2)故障原因分析：微动开关异常，导致风机开关限位都存在	
相关知识	DVS001/002ZV 为安全注入和安全壳喷淋泵通风系统送风机，为低压安注泵和安喷泵电机房间提供通风	
参考资料信息	WR/WOT：00080043/00168928-01(紧急工单)	
编　　者	运行二处一值：张美强	时间：2019 年 06 月 20 日

2.6.2 3DVS004ZV 主控 KIC 中显示洋红色

异常缺陷名称	3DVS004ZV 主控 KIC 中显示洋红色
发生时间	2016 年 04 月 13 日中班

续 表

机组状态	机组调试启动阶段	
异常缺陷现象	主控 KIC 巡盘发现 3DVS004ZV 在 KIC 中显示洋红色	
风险或潜在后果	影响主控 KIC 监视 3DVS004ZV 的运行状态	
干预行动	已采取的行动措施： 1)安排现场检查 3DVS004ZV 开关状态，未见明显异常； 2)oncall 仪控检查，仪控反馈是由于电气柜上的信号未反馈到 DCS，转电气专业处理	
原因分析	3LKL271JA 排查 TP 信号未送至 DCS，导致 3DVS004ZV 主控显示洋红色，经确认为 3LKL271JA 二次插线松动所致	
消缺行动	电气处理反馈： 1)缺陷描述：3LKL271JA 排查 TP 信号未送至 DCS 原因，导致 3DVS004ZV 主控显示洋红色； 2)检修过程： ①与主控沟通了解情况后开紧急工作票； ②验证设备位号和隔离边界； ③检查 3LKL271JA 各部件、开关接线有无松动； ④发现 3LKL271JA 二次插线松动，并紧固； ⑤与当班值长沟通确认主控显示洋红色已消失； ⑥工作结束清理现场，归还工作许可证； 3)故障原因分析：3LKL271JA 二次插线松动	
相关知识	DVS003/004ZV 为安全注入和安全壳喷淋泵通风系统排风机，为低压安注泵和安喷泵电机房间提供通风	
参考资料信息	维修二处电气：EAM 中工单 00261630-01 的完工报告； 运行二处 3 号机 eSOMS 日志； WR/WOT：00122488/00261630-01(紧急工单)	
编　　者	运行二处一值：张美强	时间：2019 年 06 月 20 日

2.7 安全壳喷淋系统(EAS)

2.7.1 2EAS003PO 在 KIC 上无法手动启动

异常缺陷名称	2EAS003PO(EAS 化学添加剂混合泵)在 KIC 上无法手动启动
发生时间	2018 年 03 月 31 日中班
机组状态	RP 模式，满功率
异常缺陷现象	执行(Q)FQ2-EAS-T-004：氢氧化钠混合泵 003PO 性能试验规程时，连续两次都无法在 KIC 中手动启动 2EAS003PO，查询趋势发现其自动启动均正常，第三次手动启动成功
风险或潜在后果	影响 2EAS003PO 运行可靠性
干预行动	已采取的行动措施： 1)现场确认 2EAS003PO 供电正常； 2)联系仪控分析处理，再次尝试启动成功
原因分析	当手动启动 2EAS003PO 时，因 2EAS003PO 的运行反馈 RP 信号与计时器配合上存在问题。泵运行反馈 RP 信号为 1 时，计时块偶发不会及时清零的问题(根据分析，一般会在 2 s 之后成功清零)，此时产生 2EAS003PO 的停命令，导致 2EAS003PO 启动后又停运
消缺行动	仪控处理反馈： 1)工作过程： ①在工程师站下装脚本，修改 2EAS003PO_ L6 内部逻辑； ②临时修改 2EAS003PO 启停延时时间，手动启停该泵，验证该泵能正常手动、自动启停； ③恢复 2EAS003PO 启停延时时间，工作完成； 2)故障原因分析：当手动启动 2EAS003PO 时，因 2EAS003PO 的运行反馈 RP 信号与计时器配合上存在问题。泵运行反馈 RP 信号为 1 时，计时块偶发不会及时清零的问题(根据分析，一般会在2 s之后成功清零)，此时产生 2EAS003PO 的停命令，导致 2EAS003PO 启动后又停运
相关知识	EAS003PO 每 8 h 启动一次，运行 20 min 对 EAS001BA 内部碱液进行搅混

续 表

参考资料信息	维修一处仪控：EAM 中工单 00882997-01 的完工报告； 运行一处 2 号机组 eSOMS 日志； WR/WOT：00368865/ 00882997-01（计划工单）	
编　者	运行二处一值：朱克勤	时间：2019 年 05 月 22 日

2.7.2　2EAS013VB 阀门故障无法开启

异常缺陷名称	2EAS013VB（地坑至 EAS001PO 隔离阀）阀门故障无法开启
发生时间	2017 年 07 月 17 日早班
机组状态	RP 模式，满功率
异常缺陷现象	执行（Q）FQ2-RPA-T-035：通过 RPA378KC 进行安全壳喷淋再循环信号试验规程时，2EAS013VB 接收到开启信号后实际并未开启，超时后主控显示大红色故障
风险或潜在后果	2EAS013VB 故障无法开启，影响 EAS 系统 A 列的可用性，导致产生随机 IO1：EAS1
干预行动	已采取的行动措施： 1）安排现场确认 2EAS013VB 实际未开启，检查阀门供电开关； 2）暂停试验，oncall 电气和仪控人员检查处理
原因分析	2EAS013VB 上游开关 2LLC3121JA 内三极负荷开关 001JS 内齿轮断裂，主回路无法接通，导致电动阀收到开阀信号后无法打开
消缺行动	电气处理反馈： 1）故障描述：电动阀 2EAS013VB 接收到开启信号后实际并未开启，超时后主控显示大红色故障； 2）原因分析：2EAS013VB 上游开关 2LLC3121JA 内三极负荷开关 001JS 内齿轮断裂，主回路无法接通，导致电动阀收到开阀信号后无法打开； 3）处理过程： ①仪控人员配合发出强制开阀命令，电气盘柜侧可以接收到信号，通道正常； ②测量电动执行机构电机绝缘、直阻均正常； ③将开关 2LLC3121JA 置于试验位，用试验盒开阀，可以听到接触器吸合声音，判断抽屉控制回路正常；

续 表

消缺行动	④检查 2LLC3121JA 抽屉，发现三极负荷开关 001JS 内齿轮断裂，领取备件更换； ⑤联系运行人员试验，电动阀开阀后主控显示洋红色，联系仪控人员检查处理后故障消除，开关阀均正常	
相关知识	通过 RPA378KC 进行安全壳喷淋再循环信号试验规程，将 RPA378KC 置于试验位置时，EAS013VB 将自动开启，EAS001VB 将自动关闭	
参考资料信息	维修一处维修日报：每日重要维修工作及值长关注项反馈(2017 年 7 月 18 日)； EAM 中工单 00657612-01 的完工报告； 运行一处 2 号机 ESOMS 日志； WR/WOT：00269495/00657612-01(紧急工单)	
编　　者	运行二处一值：朱克勤	时间：2019 年 05 月 22 日

2.7.3 执行 FQ4-RPA-T-030 试验，流量表 4EAS007MD 波动较大闪发低报 4EAS412KA(A 系列喷淋水流量低低)

异常缺陷名称	执行 FQ4-RPA-T-030 试验，流量表 4EAS007MD 波动较大闪发低报 4EAS412KA(A 系列喷淋水流量低低)
发生时间	2018 年 10 月 12 日中班
机组状态	RP 模式，满功率
异常缺陷现象	中班(Q)FQ4-RPA-T-030：用 RPA621KC 进行安全壳喷淋信号(1)逻辑试验规程，试验过程中启动了 4EAS001PO 泵，流量表 4EAS007MD 波动较大，经常闪发低报 4EAS412KA(A 系列喷淋水流量低低)，1 min5 次左右，平均值 340 m^3/h，就地仪表 350 m^3/h 左右，远远大于低报定值 293 m^3/h，仪表两次充水排气后还是波动
风险或潜在后果	导致无法准确监视读取 4EAS001PO 运行的流量，影响定期试验的结果判定

续 表

干预行动	已采取的行动措施： 1)现场检查现场 EAS 管道未见明显振动，4EAS007MD 在线未见异常； 2)安排现场核实就地流量表 4EAS005LD 读数情况； 3)主控检查 4EAS001PO 泵电流未见明显波动； 4)联系仪控检查处理 4EAS007MD
原因分析	由于仪表正负压的平衡罐有气体，平衡罐的气体压缩和膨胀，引起进入平衡罐的水的流量波动，液体通过三通阀进入流量表的流量产生影响，4EAS007MD 流量测量产生波动
消缺行动	仪控处理反馈： 13 日中班再次试验前使用工具打开平衡罐排气管堵头，开启排气阀，出水后阀门关闭，回装堵头。试验时 4EAS007MD(见图 1)流量表一直比较稳定，未触发喷淋水流量低低报警。 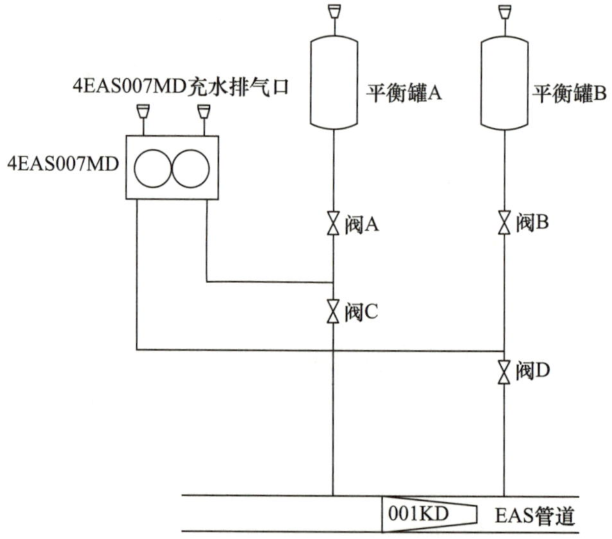 **图 1　4EAS007MD 示意图**

续　表

相关知识	平衡罐的作用是事故工况的时候防止仪表管线里面的水被抽走，正常情况平衡罐是不应该有气的，若管线里面有气，因仪表平衡罐比仪表及流量管线要高，所以在管道里面的气会聚集在这个平衡罐里，所以泵启动时会造成流量表波动。 由于关闭平衡罐的平衡阀可能导致事故工况时仪表管线里面的水被抽走，以及分析到由于平衡罐里面有气体才导致每次试验时2EAS007MD 流量表波动，试验前可考虑对平衡罐充水排气	
参考资料信息	运行二处：《运行二处内部经验反馈——执行 FQ4-RPA-T-030 试验，流量表波动处理经验反馈》； 运行二处 ESOMS 日志	
编　　者	运行二处一值：朱克勤	时间：2019 年 05 月 22 日

2.7.4　碱罐 3EAS001BA 液位计 3EAS001LN 存在逐渐降低趋势，现场无明显碱泄漏情况

异常缺陷名称	碱罐 3EAS001BA 液位计 3EAS001LN 存在逐渐降低趋势，现场无明显碱泄漏情况
发生时间	2020 年 05 月 17 日夜班
机组状态	RP 模式，电功率 1074 MWe
异常缺陷现象	夜班巡检 3EAS001BA 液位 4.11 m，此前 05 月 15 日早班巡检为 4.20 m，05 月 16 日早班 4.15 m，05 月 16 日中班 4.11 m，存在逐渐降低趋势，已降到液位 4.09 m，现场排查未发现明显漏点
风险或潜在后果	导致 3EAS001LN 液位显示失真，无法准确反映 3EAS001BA 罐内的碱液量
干预行动	已采取的行动措施： 1）安排现场对 3EAS001BA 碱液回路查漏，未见异常泄漏情况； 2）联系维修仪控检查处理，反馈运工做好补充碱液的准备

续 表

原因分析	3EAS001LN 为表压仪表，仪表顶部存在一个通气孔(如图 1 所示，绝压表不存在此孔)，当通气孔堵塞时会对压力表测量精度产生影响。针对此次问题，经专业检查确认根本原因为仪表顶部的通气孔未打开，从而造成此次 3EAS001LN 压力逐渐降低	
消缺行动	仪控处理反馈： 1)处理进展：经现场就地检查，仪表顶部的通气孔堵塞，通气后仪表指针显示恢复正常； 2)设备可用性评价：仪表状态正常可用； 3)处理措施：拆除 3EAS001LN 通气孔橡胶塞，观察仪表读数恢复正常并稳定； 4)故障原因分析：3EAS001LN 为表压仪表表，仪表顶部存在一个通气孔(如图 1 所示，绝压表不存在此孔)，当通气孔堵塞时会对压力表测量精度产生影响。针对此次问题，经检查确认根本原因为仪表顶部的通气孔未打开，从而造成此次 3EAS001LN 压力逐渐降低。  **图 1　3EAS001LN 液位计通气孔**	
相关知识	EAS001LN 只显示 EAS001BA 液位，不参与逻辑控制和报警	
参考资料信息	维修二处：日常维修日报 20200518； WR/WOT：00733977(简易维修)	
编　者	运行二处一值：朱克勤	时间：2020 年 05 月 20 日

2.8 安全壳大气监测系统(ETY)

2.8.1 2ETY035KA(碘吸附器电加热器温度高)无法消除

异常缺陷名称	2ETY035KA(碘吸附器电加热器温度高)无法消除
发生时间	2015 年 06 月 11 日早班
机组状态	机组调试启动阶段
异常缺陷现象	执行 2ETY 排放的过程中，2ETY035KA(碘吸附器电加热器温度高)出现后电加热器跳闸，但该报警始终存在
风险或潜在后果	导致 2ETY035KA(碘吸附器电加热器温度高)报警一直触发
干预行动	已采取的行动措施： 1)查看和执行报警卡； 2)oncall 仪控检查处理仪表故障
原因分析	检查 2ETY001ST 高报触发，发现开关上的微动开关无法复位，而导致 2ETY035KA 高报一直触发
消缺行动	仪控处理反馈： 1)检修措施及步骤： ①现场检查 2ETY001ST 高报触发，发现开关上的微动开关无法复位，而导致 2ETY035KA 高报一直触发； ②核实备件校验合格后对 2ETY001ST 进行更换； ③通知运行人员进行验证报警消除； 2)故障原因分析：检查 2ETY001ST 高报触发，发现开关上的微动开关无法复位，而导致 2ETY035KA 高报一直触发
相关知识	2ETY001ST≥70 ℃时，触发碘吸附器电加热器温度高
参考资料信息	维修一处仪控：EAM 中工单 00114939-01 的完工报告； 运行一处 1 号机组 ESOMS 日志； WR/WOT：00055198/00114939-01(紧急工单)
编　　者	运行二处一值：林赐彦 　　时间：2019 年 05 月 22 日

2.8.2 3ETY007VA 无法正常开启

异常缺陷名称	3ETY007VA 无法正常开启	
发生时间	2018 年 11 月 14 日夜班	
机组状态	RP 模式，满功率	
异常缺陷现象	执行 FQ3-ETY-C-001(通过 A 列进行 ETY 排放，降低安全壳压力)时 3ETY007VA 手轮不受力，阀门无法全开	
风险或潜在后果	影响 3ETY007VA 开关的可靠性，影响通过 A 列进行 ETY 排放降低安全壳压力工作的开展	
干预行动	已采取的行动措施： 1)现场尝试将手轮执行机构往里推入后，手轮可以重新受力，阀门能正常全开； 2)oncall 机械检查处理	
原因分析	3ETY007VA 手轮挡圈脱落，导致阀门手轮脱开，影响阀门开启功能	
消缺行动	机械处理反馈： 1)处理进展：机械专业已对手轮进行临时紧固并验证阀门可正常操作。目前已完成同类阀门的排查，均未发现类似现象。完成垫块增加临时措施，确保阀门可用性； 2)原因分析：明确根本原因为手轮挡圈脱落，导致阀门手轮脱开，影响阀门开启功能	
相关知识	ETY007VA(A 列)或 ETY008VA(B 列)，这两个阀门比较特殊，若该阀门开限位已经触发，现场再继续操作该阀门，会导致阀门关闭	
参考资料信息	维修二处仪控：EAM 中工单 01057389 的完工报告； 运行二处 3 号机 ESOMS 日志； 运行二处值长日报(2018 年 11 月 14 日—11 月 21 日)； WR/WOT：00464318/01057389(计划工单)	
编　　者	运行二处一值：林赐彦	时间：2019 年 05 月 22 日

2.8.3　4ETY043VA 气动执行机构下隔膜法兰螺栓力矩偏小漏气，导致 4SAR001MD 流量异常上涨

异常缺陷名称	4ETY043VA 气动执行机构下隔膜法兰螺栓力矩偏小漏气，导致 4SAR001MD(反应堆厂房压缩空气流量计)流量异常上涨
发生时间	2018 年 03 月 10 日中班
机组状态	RP 模式，满功率
异常缺陷现象	巡盘发现 4SAR001MD 流量从 3 月 10 日 23 点 22 分开始突然上涨至 28.50 N·m^3/h，期间最高至 31.70 N·m^3/h，在 28.5~31.70 N·m^3/h 区间波动
风险或潜在后果	1)当 4SAR001MD 大于 45 N·m^3/h 时，将进入事故规程《FQ4-OP02-AC-ISAR2 安全壳内的压缩空气系统故障》； 2)4SAR001MD 真实增加将导致 4RX 壳内压力上涨速率增加，可能将威胁 4 号机组安全壳的严密性
干预行动	1)已采取的行动措施： ①查看安全壳压力表 4ETY503MP 及 4ETY101MP~104MP 压力上涨趋势，暂未发现明显拐点，可能因时间较短未明显引起安全壳压力上涨，需要保持持续关注； ②排查近期相关操作，暂未发现可能引起 4SAR001MD 流量上涨的操作； ③安排运行人员对 4SAR001MD 下游至 4RX 厂房壳外部分进行排查，暂未发现明显压空泄漏异常； ④当班值根据《FQ4-SAR-C-001 4SAR 进岛查漏典型操作票》，通过 KIC 画面检查各壳内气动阀暂未发现异常，将保持持续监视； ⑤oncall 维修仪控同事，对 4SAR001MD 仪表校表； ⑥oncall 维修机械同事、维修仪控同事，准备检漏液，人员就位后再次进行壳外部分外漏检查； ⑦oncall 保健物理同事，做好进岛查漏准备； ⑧熟悉事故规程《FQ4-OP02-AC-ISAR2 安全壳内的压缩空气系统故障》； 2)建议后续行动： ①主控室密切监视 4SAR001MD 及 4ETY503MP 及4ETY101MP~104MP； ②维修仪控对 4SAR001MD 校表，维修机械、仪控协同对壳外 4SAR 管线查外漏；

续 表

干预行动	③根据校表及壳外查漏结果讨论进岛排查方案； ④化学人员做好安全壳布样准备，以便后续可能开展的对安全壳降压
原因分析	1)经进入核岛进行 SAR 查漏，漏点定位到 4ETY043VA 阀门气缸存在大量漏气； 2)4ETY043VA 气动执行机构下隔膜法兰螺栓力矩偏小
消缺行动	机械处理反馈： 1)处理进展：4ETY043VA 下膜片法兰螺栓全部紧固至 30 N·M，开关动作验证 4ETY043VA(动作时间满足监督要求)。阀门开启后，用检漏液检查，阀门没有泄漏，4SAR001MD 流量恢复到正常值范围内(约 7~10 N·m^3/h)； 2)故障原因分析：4ETY043VA 气动执行机构下隔膜法兰螺栓力矩偏小
相关知识	1)进入 4 号机核岛厂房开展 4ETY043VA 处理工作时，进出反应堆厂房人员气闸门，需要使用特殊规定； 2)开关动作验证 4ETY043VA 时，将影响 4KRT008/009MA 的可用性，需提前联系辐射防护配合停运，4KRT009MA 不可用时需记录相应的 IO，工作结束后恢复 4KRT008/009MA 运行
参考资料信息	运行二处：4 号机异常反馈——4SAR001MD 异常上涨； 运行二处 4 号机 ESOMS 日志； 运行二处值长日报(2018 年 03 月 12 日—03 月 13 日)； WR/WOT：00359399/00869279-01(计划工单)
编　　者	运行二处一值：林赐彦　　　时间：2019 年 05 月 02 日

2.8.4 4ETY001ZV 在 KIC 中显示为保护停运，无启动允许

异常缺陷名称	4ETY001ZV 在 KIC 中显示为保护停运，无启动允许
发生时间	2017 年 10 月 27 日中班
机组状态	RP 模式，满功率

续　表

异常缺陷现象	15:59 分主控出现 4KCO054KA 安全列 A 列机柜故障报警，联系仪控检查反馈机柜失电继电器发出的报警，实际没有失电，怀疑接线存在松动而产生的报警。主控巡盘时发现 4ETY001ZV 无启动允许，KIC 中显示为保护停运（黄色），与正常停运状态的 4ETY002ZV 显示不一致，点击 4ETY001ZV 对话框，无启动允许信号	
风险或潜在后果	4ETY001ZV 无启动允许信号，将导致风机无法在主控启动，将降低安全设备的可用性。经咨询维修专业以及向安工确认，该风机无法在主控启动，但可以在配电盘上通过试验盒启动，其安全功能可以保证，故不需记录 ETY1 的第一组 IO	
干预行动	已采取的行动措施： 1）查看 4ETY001ZV 逻辑图，分析异常原因； 2）联系仪控人员分析异常原因	
原因分析	1）4KCO054KA 报警产生的原因：现场检查 4KCS119AR 机柜 TB3 端子排上的 1P（-）点位触片与线鼻子接触不良，检查紧固性正常，但摇动线缆会偶发机柜报警； 2）4KCS119AR 检测 48 V 直流供电的报警回路存在异常，导致机柜 48 V 电压失去的报警触发，实际上机柜双路 48 V 供电正常。因 4KCS119AR 发出失电信号，进而闭锁 4ETY001ZV 的启动	
消缺行动	仪控处理反馈： 1）处理结果：4KCO054KA 安全列 A 列机柜故障报警处理完毕，报警消失，4ETY001ZV 恢复了启动允许信号； 2）故障原因：4KCS119AR 中监测 48 V 直流供电的报警回路存在异常，导致机柜 48 V 电压失去的报警触发，而实际机柜双路 48 V 供电均正常；现场检查 4KCS119AR 机柜 TB3 端子排上的 1P（-）点位触片与线鼻子接触不良，检查紧固性正常，但摇动线缆会偶发机柜报警； 3）处理措施：对 4KCS119AR 机柜 TB3 端子排上的 1P（-）点位接线重新调整、紧固，摇动线缆试验未再次出现报警	
相关知识	KCS119AR 和 KCP415AR 失电信号将闭锁 ETY001ZV 启动	
参考资料信息	运行二处：4 号机异常反馈——4KCO064KA 安全列 B 列机柜故障。 维修二处仪控：完工报告《FQ4-MA03-RCWO-00737552/01 主控出现 4KCO054KA“安全列 A 列机柜故障”，需处理》； WR/WOT：00304559/00737552-01（紧急工单）	
编　　者	运行二处一值：林赐彦	时间：2019 年 05 月 11 日

2.9 电厂辐射监测系统(KRT)

2.9.1 3号主控出现3KRT011KA8(036MA触发监测通道故障报警)，就地无法复位

异常缺陷名称	3号主控出现3KRT011KA8(036MA触发监测通道故障报警)，就地无法复位
发生时间	2017年07月22日夜班
机组状态	3号机组：RP模式，满功率；4号机组：RP模式，核功率9.85%Pn
异常缺陷现象	4:42分3号主控出现3KRT011KA8(036MA触发监测通道故障)报警，并闪发3KRT047KA(036MA扫描式风管气体β活度2级报警)
风险或潜在后果	经辐射防护人员现场核实3KRT036MA故障不可用(双机组IO)，产生KRT9的第二组IO
干预行动	已采取的行动措施： 1)查看和执行报警卡； 2)联系辐射防护检查确认3KRT036MA故障情况； 3)反馈4号机组主控，3KRT036MA不可用产生双机组IO2：KRT9； 4)要求辐射防护检查确认4KRT036MA运行正常； 5)oncall维修仪控检查处理
原因分析	3KRT036MA继电器板的光电耦合器故障，导致启动取样泵运行的信号消失，取样泵停运，取样回路中压力异常，导致LPDU显示工作故障、气路故障
消缺行动	仪控处理反馈： 1)处理进展：3KRT036MA取样泵运行正常，设备运行正常。 2)缺陷描述：主控显示3KRT036MA故障、二级报警，就地设备无法复位。 3)原因分析：3KRT036MA继电器板故障，导致取样泵停运，触发设备工作故障报警、气路故障报警。3KRT036MA继电器板的光电耦合器故障，导致启动取样泵运行的信号消失，取样泵停运，取样回路中压力异常，导致LPDU显示工作故障、气路故障。 4)处理措施： ①检查取样泵控制信号，发现无启动取样泵信号送至电气箱； ②检查取样泵控制信号回路，LPDU未发出启泵信号，确定为LPDU控制信号异常；

续　表

消缺行动	③检查 LPDU 内继电器板电路，电路板线路正常，判断为光电耦合器故障，导致启泵信号中断； ④更换 LPDU 内继电器板的光电耦合器芯片。更换完成后重启 LPDU，取样泵启动。取样泵及设备各部分正常运行，设备恢复至正常运行状态； ⑤观察设备正常运行 3 h 后，与主控沟通，归还工作票，IO 消除	
相关知识	1) KRT036MA 用于 DVN、DVK、DVW 系统通风管道空气 β 比活度的监测； 2) KRT036MA测量对象来自多个房间（3KRT036MA 有 8 个取样支路，4KRT036MA 有 7 个取样支路），以 3KRT036MA 为例，8 个取样支路对应 8 个房间，依靠各支路的电磁阀循环打开来扫描不同的房间，同一时间只有一个支路在工作中。假设当前工作在 A 支路，那么只有 A 支路的电磁阀是打开的，其他支路电磁阀关闭，工作 5 min 后，A 支路电磁阀关闭，B 支路电磁阀打开，再过 5 min，B 支路关闭，C 支路打开……依次类推	
参考资料信息	维修二处仪控：oncall 反馈——3KRT036MA 故障报警处理； WR/WOT：00271513/00660345-01（紧急工单），工作许可证：3PT22630（扫描式 β 气体活度监测道）	
编　　者	运行二处一值：谷铁	时间：2019 年 02 月 16 日

2.9.2　4KRT011KA8（036MA 监测通道故障报警）

异常缺陷名称	4KRT011KA8（036MA 监测通道故障报警）
发生时间	2018 年 03 月 26 日中班
机组状态	3 号机组：RP 模式，满功率；4 号机组：RP 模式，满功率
异常缺陷现象	21:54 主控 KIC 中出现 4KRT011KA8（036MA 监测通道故障报警），安排辐射防护就地检查反馈 4KRT036CR 上显示"气路故障"报警
风险或潜在后果	4KRT036MA 故障不可用（双机组 IO），产生第二组 IO：KRT9
干预行动	已采取的行动措施： 1) 查看和执行报警卡； 2) 联系辐射防护检查确认 4KRT036MA 故障情况；

续 表

干预行动	3) 反馈 3 号机组主控，4KRT036MA 不可用产生双机组 IO2：KRT9； 4) 要求辐射防护检查确认 3KRT036MA 运行正常； 5) oncall 维修电气检查处理取样泵未转动问题
原因分析	取样泵 4KRT036PO 石墨叶轮断裂导致，电机空转，导致监测通道故障
消缺行动	电气处理反馈： 1) 处理进展：4KRT036PO 和 4KRT036MA 已重新启动，就地检查运行正常。 2) 工作过程： ①联系辐射防护人员将泵上游电源断开； ②打开 4KRT036PO 接线盒进行验电并进行检查，绕组直流电阻为 30.4 Ω，绕组对地绝缘阻值为 275 MΩ，电容 10 μF 电气特性正常，手盘电机风扇无法盘动； ③打开 4KRT036PO 泵体端盖，发现 3 片石墨刮板破碎，碎片间隙已将泵体间隙填满，对碎片取出并清理泵腔，更换新的石墨刮板和滤芯； ④联系辐射防护现场启机验证后，设备运转正常； ⑤工作结束，归还工作许可证； 3) 故障原因分析：取样泵 4KRT036PO 石墨叶轮断裂
相关知识	1) KRT036MA 用于 DVN、DVK、DVW 系统通风管道空气 β 比活度的监测； 2) KRT036MA测量对象来自多个房间（3KRT036MA 有 8 个取样支路，4KRT036MA 有 7 个取样支路），以 3KRT036MA 为例，8 个取样支路对应 8 个房间，依靠各支路的电磁阀循环打开来扫描不同的房间，同一时间只有一个支路在工作中。假设当前工作在 A 支路，那么只有 A 支路的电磁阀是打开的，其他支路电磁阀关闭，工作 5 min 后，A 支路电磁阀关闭，B 支路电磁阀打开，再过 5 min，B 支路关闭，C 支路打开……依次类推
参考资料信息	维修二处电气：EAM 中工单 00879110-01 的完工报告； WR/WOT：00366332/00879110-01（紧急工单）； 其他类似异常缺陷： 2017 年 10 月 27 日也出现过 1KRT036MA 的取样泵无法启动（00737096-01），产生双机组 IO2

续　表

参考资料信息	故障原因：电机本体石墨片损坏。更换同型号石墨片，并对泵体进行清洁，清洁完成后进行回装，联系辐射防护人员配合启动后运行正常； 详情见维修一处电气完工报告《FQ1-MA02-RCWO-00737096/01 1KRT036MA 的取样泵无法启动，电气检查为石墨垫片断裂，需更换》	
编　　者	运行二处一值：谷铁	时间：2019 年 02 月 16 日

2.9.3　主控 KIC 出现 4KRT011KA8(036MA 监测通道故障报警)

异常缺陷名称	主控 KIC 出现 4KRT011KA8(036MA 监测通道故障报警)
发生时间	2018 年 05 月 12 日中班
机组状态	3 号机组：RP 模式，满功率；4 号机组：RP 模式，满功率
异常缺陷现象	17:27 分主控出现 4KRT011KA8(036MA 监测通道故障报警)，经辐射防护现场核实，就地控制柜上出现"电磁阀故障报警"，后现场进行复位。在复位过程中，主控出现 4KRT047KA 036MA-扫描式风管气体 β 活度 2 级报警，辐射防护现场反馈为复位过程中控制柜上出现"传输故障"，导致与 DCS 通讯中断，复位后，两个报警均消失
风险或潜在后果	4KRT036MA 故障不可用(双机组 IO)，产生 KRT9 的第二组 IO
干预行动	已采取的行动措施： 1)查看和执行报警卡； 2)联系辐射防护检查确认 4KRT036MA 故障情况； 3)反馈 3 号机组主控，4KRT036MA 不可用产生双机组 IO2：KRT9； 4)要求辐射防护检查确认 3KRT036MA 运行正常，并加强监视
原因分析	4KRT036MA 检测通道的第六道电磁阀故障损坏
消缺行动	仪控处理反馈： 1)处理过程： ①在 4KRT036CR 上将通道至于禁止位置； ②打开 4KRT036AR 依次检查每一道电磁阀接线，确认稳固； ③检查第六道电磁阀，发现损坏并更换备件； ④在 4KRT036CR 上将设备复位，确认设备恢复正常运行状态； 2)故障原因分析：4KRT036MA 检测通道的第六道电磁阀故障损坏

续 表

相关知识	1）KRT036MA 用于 DVN、DVK、DVW 系统通风管道空气 β 比活度的监测； 2）KRT036MA测量对象来自多个房间（3KRT036MA 有 8 个取样支路，4KRT036MA 有 7 个取样支路），以 3KRT036MA 为例，8 个取样支路对应 8 个房间，依靠各支路的电磁阀循环打开来扫描不同的房间，同一时间只有一个支路在工作中。假设当前工作在 A 支路，那么只有 A 支路的电磁阀是打开的，其他支路电磁阀关闭，工作 5 min 后，A 支路电磁阀关闭，B 支路电磁阀打开，再过 5 min，B 支路关闭，C 支路打开……依次类推
参考资料信息	维修二处仪控；完工报告《FQ4-MA03-RCWO-00922040/01 维修一级：4KRT036MA 监测通道故障报警，需仪控检查处理》； WR/WOT：00386953/00922040-01（计划工单）； 其他类似异常缺陷： 1）2017 年 07 月 03 日，缺陷描述：3: 36 主控闪发 2KRT011KA8 监测通道报警，辐射防护人员现场检查后反馈无异常（WR/WOT：00264880/00648132-01）。 故障原因分析：怀疑第二道电磁阀性能下降。 详情见完工报告：《FQ2-MA03-RCWO-00648132/01 主控出现 2KRT036MA 监测通道故障报警，需更换第二道电磁阀，检查端子排接线和电气连接性》。 2）2017 年 02 月 07 日，开工工单“4KRT036MA 电磁阀故障处理（WOT：00503537-01）”。 故障原因分析：电磁阀线缆松动。 详情请见完工报告：《FQ4-MA03-RCWO-00503537/01 4KRT-036MA 电磁阀故障处理》； 3）2016 年 08 月 20 日，缺陷描述：4KRT036MA 仪表故障，就地查看 LPDU，第二道报电磁阀故障，设备报气路故障（WOT：00325755-01）。 故障原因分析：电磁阀控制信号线松动。 详情请见完工报告：《FQ4-MA03-RCWO-00325755/01 4KRT-036MA 故障》。 4）2015 年 11 月 28 日，缺陷描述：1KRT036MA 现场检查仪表运行状态，第 3、4、5 测量道出现电磁阀故障及气路故障，其他通道无异常（WR/WOT：00084750/00178024-01）。

续　表

参考资料信息	故障原因分析：设备进行断电、停泵、启泵等状态变换时，会使通道出现气路故障及电磁阀故障。 详情见完工报告：《FQ1-MA03-RCWO-00178024/01 1KRT036MA 现场存在气路故障以及电磁阀故障报警，需要仪控人员检查并处理》。 5）缺陷现象：2016 年 11 月 09 日 22 点，查看就地仪表，2KRT036MA 就地 LPDU 报第四路电磁阀故障和气路故障，通道显示值为：1.11×10^4 Bq/m^3，取样泵正常运行；2016 年 11 月 10 日 3 点左右，2KRT036MA 又复现故障报警，就地查看仪表，仍报第四路电磁阀故障和气路故障，更换继电器板上的控制芯片，2KRT036MA 工作正常；2016 年 11 月 10 日 9 点左右，2KRT036MA 再次报故障报警，就地查看仪表，报第一路电磁阀故障和气路故障；WOT：00405506-01。 故障原因分析： ①继电器板上面的电磁继电器性能不稳定，致使 2KRT036MA 报电磁阀故障，该路电磁阀+9 无法使用，使 2KRT036MA 伴随产生气路故障； ②开关量板上的电磁耦合器故障，导致取样泵需要复位才能重启； ③第一路电磁阀在工作时存在异常发热情况，可能导致通道报电磁阀故障； 详情见完工报告：《FQ2-MA03-RCWO-00405506/01 主控触发 2KRT036MA 监测通道故障报警，需检查处理》	
编　　者	运行二处一值：谷铁	时间：2019 年 02 月 16 日

2.9.4　3 号主控触发 3KRT011KA8（036MA 监测通道故障报警）

异常缺陷名称	3 号主控触发 3KRT011KA8（036MA 监测通道故障报警）
发生时间	2017 年 10 月 24 日中班
机组状态	3 号机组：RP 模式，电功率 836 MWe；4 号机组：RP 模式，满功率 1089 MWe
异常缺陷现象	18:38，3 号主控触发 3KRT011KA8（036MA 监测通道故障报警）
风险或潜在后果	3KRT036MA 故障不可用，产生双机组 IO2：KRT9

续 表

干预行动	已采取的行动措施： 1)查看和执行报警卡； 2)安排辐射防护就地检查确认 3KRT036MA 报警情况； 3)安排现场检查 3KRT036MA 上游供电未见异常； 4)反馈 4 号机组主控，3KRT036MA 故障不可用，产生双机组 IO2：KRT9，并请加强关注 4KRT036MA 的运行情况； 5)oncall 仪控检查处理
原因分析	3KRT036PO 内石墨刮片碎裂，导致 3KRT036PO 停运，3KRT036MA 取样流量低(气路故障)，进而触发 3KRT036MA 故障报警
消缺行动	仪控处理反馈： 1)缺陷描述：3 号机组突发 3KRT036MA 故障报警； 2)原因分析：3KRT036PO 内石墨刮片碎裂，导致 3KRT036PO 停运，3KRT036MA 取样流量低（气路故障），进而触发 3KRT036MA 故障报警； 3)处理措施：维修仪控、电气人员通力配合对电机进行检查，发现电机冷却风叶轮上的石墨片碎裂，然后对电机进行清理，更换合格的石墨刮片及滤芯，回装电机，启动 3KRT036PO，投运 3KRT036MA，分别调节 8 个取样管路的流量至 2.5 m^3/h，确认其恢复正常后及时还票； 4)后续行动：主动与电气人员协商，确定定期更换 3/4KRT036PO 石墨刮片 PM 工作的周期，全面提升 KRT 设备可靠性，确保机组安全稳定运行； 5)影响评估：功率运行模式下，3KRT036MA 或 4KRT036MA 故障将触发 KRT9(双机组 IO2)，其运行可靠性是机组安全稳定运行的重要保证
相关知识	1)KRT036MA 用于 DVN、DVK、DVW 系统通风管道空气 β 比活度的监测； 2)KRT036MA测量对象来自多个房间(3KRT036MA 有 8 个取样支路，4KRT036MA 有 7 个取样支路)，以 3KRT036MA 为例，8 个取样支路对应 8 个房间，依靠各支路的电磁阀循环打开来扫描不同的房间，同一时间只有一个支路在工作中。假设当前工作在 A 支路，那么只有 A 支路的电磁阀是打开的，其他支路电磁阀关闭，工作 5 min 后，A 支路电磁阀关闭，B 支路电磁阀打开，再过 5 min，B 支路关闭，C 支路打开……依次类推

续 表

参考资料信息	维修二处仪控：oncall 反馈——关于 3 号机组突发 3KRT036MA 故障报警； WR/WOT：00303136/00734094-01(紧急工单)	
编　　者	运行二处一值：谷铁	时间：2019 年 02 月 19 日

2.9.5 主控出现 1KRT036MA 监测通道故障、二级报警

异常缺陷名称	主控出现 1KRT036MA 监测通道故障、二级报警
发生时间	2017 年 09 月 25 日早班
机组状态	1 号机组：RP 模式，满功率；2 号机组：RP 模式，满功率
异常缺陷现象	自 2017 年 9 月 25 日，1KRT036MA 出现监测通道故障、二级报警，一段时间后自动消失。后续多次出现该故障情况： 1)9 月 25 日 08:47，主控出现 1KRT011KA8/047KA，辐射防护人员现场检查 1KRT036MA 通道传输故障； 2)9 月 30 日夜班，再次出现 1KRT047KA/001KA8 报警； 3)10 月 19 日夜班，主控出现 1KRT011KA8(036MA 监测通道故障报警)，1KRT047KA(扫描式风管气体贝塔活度 2 级报警)。辐射防护现场检查发现显示 1KRT036MA 传输通道故障报警。中班 20:29 主控再次出现 1KRT011KA8，036MA 监测通道故障报警；1KRT047KA，扫描式风管气体贝塔活度 2 级报警，联系辐射防护检查就地读数显示正常，传输故障灯亮，20:49 报警消除； 4)10 月 29 日夜班和中班再次多次闪发出现 1KRT047KA/001KA8 报警
风险或潜在后果	导致 1KRT036MA 不可用，产生双机组第二组 IO：KRT9
干预行动	已采取的行动措施： 1)查看和执行报警卡； 2)安排辐射防护就地检查，确认存在 1KRT036MA 传输通道故障报警； 3)安排现场检查 1KRT036MA 上游供电未见异常； 4)反馈 2 号机组主控，1KRT036MA 故障不可用产生双机组 IO2：KRT9； 5)oncall 仪控检查处理

续 表

原因分析	1KRT036MA 与 DCS 通讯不稳定，出现数据包丢包情况，如多次通讯都出现丢包情况则会造成通讯失效，触发质量位报警
消缺行动	仪控处理反馈： 1）处理措施： ①为解决 1KRT036MA 持续闪发或触发监测通道故障、二级报警的故障，特制定《FQ1-KRT-TD-117044　1KRT036MA 通讯参数修改工作方案》，通过修改 1KRT103BC 下游设备的通讯参数（包括 1KRT007MA \ 010MA \ 015MA \ 016MA \ 020MA \ 036MA）提高 FBM230 卡件与就地设备之间的通讯频率，从而在通讯中断后能够尽快恢复通讯； ②而后为了改善 1KRT036MA 与 DCS 通讯的质量，根据现场测试以及各部门讨论研究，结合现场实际情况，编制了《FQ1-KRT-TGCMDD-0004　1KRT036MA 通讯方式变更详细设计方案》，技改 1KRT036MA 通讯方式，采用 1KRT036MA 与 DCS 直接通讯的方式（原需经 1KRT103BC）。 2）原因分析：经现场处理经验判断，初步判断是由于 1KRT103BC 通讯网络阻抗不匹配，同时 1KRT036MA 通讯抗干扰能力较弱，导致目前通讯网络中出现大量乱码、丢包情况，导致 1KRT036MA 与 DCS 卡件失去通讯，触发质量位报警
相关知识	1）KRT036MA 用于 DVN、DVK、DVW 系统通风管道空气 β 比活度的监测； 2）KRT036MA测量对象来自多个房间（3KRT036MA 有 8 个取样支路，4KRT036MA 有 7 个取样支路），以 3KRT036MA 为例，8 个取样支路对应 8 个房间，依靠各支路的电磁阀循环打开来扫描不同的房间，同一时间只有一个支路在工作中。假设当前工作在 A 支路，那么只有 A 支路的电磁阀是打开的，其他支路电磁阀关闭，工作 5 min 后，A 支路电磁阀关闭，B 支路电磁阀打开，再过 5 min，B 支路关闭，C 支路打开……依次类推
参考资料信息	维修一处仪控：《FQ1-KRT-TGCMDD-0004　1KRT036MA 通讯方式变更详细设计方案》《FQ1-KRT-TD-117044 1KRT036MA 通讯参数修改工作方案》； 运行一处值长日报（2017 年 9 月 25 日—12 月 30 日） WR/WOT：00300857/00730851-01、00738204-01、00750581-01、00763681-01、00770137-01
编　　者	运行二处一值：谷铁　　　　时间：2019 年 02 月 16 日

2.9.6 主控 KIC 出现 1KRT011KA1“036MA 监测通道故障报警”(气路堵塞)

异常缺陷名称	1KRT011KA1“036MA 监测通道故障报警”(气路堵塞)
发生时间	2017 年 03 月 29 日早班
机组状态	1 号机组：RP 模式，满功率；2 号机组：RP 模式，电功率 882 MWe
异常缺陷现象	1 号主控 14:29 分出现 1KRT011KA1“036MA 监测通道故障报警”，辐射防护值班人员现场检查 1KRT036MA，发现其电磁阀故障
风险或潜在后果	导致 1KRT036MA 不可用，产生双机组第二组 IO：KRT9
干预行动	已采取的行动措施： 1)查看和执行报警卡； 2)安排辐射防护就地检查，确认 1KRT036MA 存在电磁阀故障； 3)安排现场检查 1KRT036MA 上游供电未见异常； 4)反馈 2 号机组主控，1KRT036MA 故障不可用产生双机组 IO2：KRT9； 5)oncall 仪控检查处理
原因分析	取样管路的第三道气路中滤纸被吸至管路口，将气路堵塞
消缺行动	仪控处理反馈： 1)检修措施及步骤： ①现场检查 1KRT036MA 通道发现有气路故障和第三道电磁阀故障； ②检查第三道气路的滤纸，发现滤纸被吸至管路口，将气路堵塞； ③更换第三道气路的滤纸； ④复位 1KRT036MA，观察通道运行 1 h，通道运行正常； 2)故障原因分析： 取样管路的第三道气路中滤纸被吸至管路口，将气路堵塞
相关知识	1)KRT036MA 用于 DVN、DVK、DVW 系统通风管道空气 β 比活度的监测；

续　表

相关知识	2) KRT036MA 测量对象来自多个房间(3KRT036MA 有 8 个取样支路，4KRT036MA 有 7 个取样支路)，以 3KRT036MA 为例，8 个取样支路对应 8 个房间，依靠各支路的电磁阀循环打开来扫描不同的房间，同一时间只有一个支路在工作中。假设当前工作在 A 支路，那么只有 A 支路的电磁阀是打开的，其他支路电磁阀关闭，工作 5 min 后，A 支路电磁阀关闭，B 支路电磁阀打开，再过 5 min，B 支路关闭，C 支路打开……依次类推
参考资料信息	维修一处仪控：完工报告《FQ1-MA03-RCWO-00541012/01 1KRT036MA 故障，检查原因并处理》； WR/WOT：00230134/00541012-01(紧急工单)。 其他类似异常缺陷： 1) 2017 年 04 月 03 日，缺陷描述：2KRT036MA 触发监测通道故障报警(WOT：00542409-01)。 故障原因分析：取样管路的第一道气路中滤纸被吸至管路口，将气路堵塞。 详情请见完工报告：《FQ2-MA03-RCWO-00542409/01 2KRT-036MA 触发监测通道故障报警，需检查电磁阀和过滤盒》。 2) 2017 年 05 月 29 日，开工工单描述：主控出现 2KRT036MA 监测通道故障报警，现场查看为电磁阀故障和气路故障，需检查电磁阀、过滤盒和通道流量(WOT：00572501-01)。 故障原因分析：第二道过滤盒内滤纸被回吸，堵住进气管道，造成通道电磁阀故障。 详情请见完工报告：《FQ2-MA03-RCWO-00572501/01 主控出现 2KRT036MA 监测通道故障报警，现场查看为电磁阀故障和气路故障，需检查电磁阀、过滤盒和通道流量》
编　　者	运行二处一值：谷铁　　　时间：2019 年 02 月 16 日

2.9.7 主控触发 3KRT011KA8　3KRT036MA 监测通道故障报警

异常缺陷名称	主控触发 3KRT011KA8　3KRT036MA 监测通道故障报警
发生时间	2017 年 06 月 06 日早班
机组状态	3 号机组：RP 模式，满功率；4 号机组：机组调试启动阶段(首次装料前，一回路水位：未充水；压力：大气压)

续　表

异常缺陷现象	主控 15: 36 触发 3KRT011KA8　3KRT036MA 监测通道故障报警，辐射防护人员检查就地存在电磁阀故障和气路故障报警，3KRT036MA 不可用
风险或潜在后果	导致 3KRT036MA 故障不可用，产生 IO2
干预行动	已采取的行动措施： 1）查看和执行报警卡； 2）安排辐射防护就地检查，确认 3KRT036MA 存在电磁阀故障和气路故障报警； 3）安排现场检查 3KRT036MA 上游供电未见异常； 4）反馈 4 号机组主控，3KRT036MA 故障不可用，请加强关注 4KRT036MA 的运行情况； 5）oncall 仪控检查处理
原因分析	3KRT036CR 就地处理箱内部继电器板（第 1 监测道）控制电路信号输出故障
消缺行动	仪控处理反馈： 1）检修措施及步骤： ①复位就地处理箱，手动切换监测道，第 1 监测道工作时，出现电磁阀故障报警； ②检查第 1 监测道电磁阀，将第 1 道电磁阀更换至备用道（第 9 道），电磁阀动作正常，判定电磁阀正常； ③重新紧固端子排上各端子及排线，重启设备，手动切换到第 1 监测道，设备仍旧报电磁阀故障； ④检查电磁阀至 3KRT036CR 就地处理箱内部继电器板控制倍号和反馈信号接线，接线正常，但是当电磁阀切换至第 1 监测道时，继电器极无电磁阀反馈倍号； ⑤更换继电器板，上电测试，所有监测道切换正常，第 1 监测道电磁阀故障消除； 2）故障原因分析：3KRT036CR 就地处理箱内部继电器板（第 1 监测道）控制电路信号输出故障
相关知识	1）KRT036MA 用于 DVN、DVK、DVW 系统通风管道空气 β 比活度的监测；

续　表

相关知识	2）KRT036MA 测量对象来自多个房间（3KRT036MA 有 8 个取样支路，4KRT036MA 有 7 个取样支路），以 3KRT036MA 为例，8 个取样支路对应 8 个房间，依靠各支路的电磁阀循环打开来扫描不同的房间，同一时间只有一个支路在工作中。假设当前工作在 A 支路，那么只有 A 支路的电磁阀是打开的，其他支路电磁阀关闭，工作 5 min 后，A 支路电磁阀关闭，B 支路电磁阀打开，再过 5 min，B 支路关闭，C 支路打开……依次类推
参考资料信息	维修二处仪控：完工报告《FQ3-MA03-RCWO-00580102/01 3KRT036MA 故障，需处理》； WR/WOT：00255442/00580102-01（紧急工单）
编　　者	运行二处一值：谷铁　　　时间：2019 年 02 月 19 日

2.9.8　主控触发 3KRT011KA8（3KRT036MA 监测通道故障报警）

异常缺陷名称	主控触发 3KRT011KA8（3KRT036MA 监测通道故障报警）
发生时间	2017 年 06 月 18 日中班
机组状态	3 号机组：NS/RRA 模式；4 号机组处于调试启动阶段，RCS 模式
异常缺陷现象	18:23 分，主控产生 3KRT011KA8 报警，经保健物理人员核实 3KRT036MA 不可用
风险或潜在后果	3KRT036MA 不可用，产生第二组 IO：KRT5，与已存在的 3KRT026MA 不可用叠加，产生第二组 IO：KRT12
干预行动	已采取的行动措施： 1）查看和执行报警卡； 2）安排辐射防护就地检查确认 3KRT036MA 报警情况； 3）安排现场检查 3KRT036MA 上游供电未见异常； 4）反馈 4 号机组主控，3KRT036MA 故障不可用，产生双机组 IO2，并请加强关注 4KRT036MA 的运行情况； 5）oncall 仪控检查处理； 6）记录 IO2：KRT5 和 KRT12

续 表

原因分析	3KRT036MA 监测道 1～8 道取样管道状态参数错误，导致设备工作故障、气路故障，电磁阀故障，设备无法正常取样，从而导致报警	
消缺行动	仪控处理反馈： 1）检修过程： ①重启就地设备，设备故障报警未消除，1～8 道取样管路依次持续发生工作故障、气路故障、电磁阀故障； ②将 3KRT036MA 切换至手动挡，切换每个监测道进行观察，依次显示工作故障、气路故障、电磁阀故障； ③检查继电器板，手动切换每个监测道进行观察，各监测道继电器未动作，重新紧固继电器线缆、电磁阀线缆； ④用参数检查设备通道状态，发现 1～8 监测道参数状态代码均为 0（0 为屏蔽状态），重新写入参数，将参数 0 改为 1（1 为启用状态），并将设备切换至自动挡，复位设备写入参数； ⑤观察 3KRT036MA 每个监测道运行状态，监测道故障消失，每 5 min切换下一个监测道正常测量，设备运行恢复正常； 2）故障原因分析：3KRT036MA 监测道 1～8 道取样管道状态参数错误，导致设备工作故障、气路故障，电磁阀故障，设备无法正常取样，从而导致报警	
相关知识	1）KRT036MA 用于 DVN、DVK、DVW 系统通风管道空气 β 比活度的监测； 2）KRT036MA 测量对象来自多个房间（3KRT036MA 有 8 个取样支路，4KRT036MA 有 7 个取样支路），以 3KRT036MA 为例，8 个取样支路对应 8 个房间，依靠各支路的电磁阀循环打开来扫描不同的房间，同一时间只有一个支路在工作中。假设当前工作在 A 支路，那么只有 A 支路的电磁阀是打开的，其他支路电磁阀关闭，工作 5 min 后，A 支路电磁阀关闭，B 支路电磁阀打开，再过 5 min，B 支路关闭，C 支路打开……依次类推	
参考资料信息	维修二处仪控：完工报告《FQ3-MA03-RCWO-00618212/01 3KRT036MA 故障》； WR/WOT：00259680/00618212-01（紧急工单）	
编　　者	运行二处一值：谷铁	时间：2019 年 02 月 19 日

2.9.9 4KRT036MA 流量波动

异常缺陷名称	4KRT036MA 流量波动
发生时间	2016 年 12 月 14 日中班
机组状态	3 号机组：RP 模式，满功率；4 号机组：调试启动阶段，尚未装料
异常缺陷现象	4KRT036MA 流量存在波动
风险或潜在后果	工作时导致 4KRT036MA 不可用，因 4 号机组处于调试尚未装料阶段，无 IO2，对于 3 号机产生第二组 IO：KRT9
干预行动	已采取的行动措施： 1)反馈 3 号机组，4KRT036MA 不可用对于 3 号机组产生 IO2：KRT9，并请 3 号机组主控和辐射防护加强关注 3KRT036MA 运行情况； 2)要求仪控检查处理
原因分析	取样管路 4、5、6 三道流量偏低约 1.0 m^3/h 左右，调节流量调节阀，流量变化明显，管路未堵塞。1、2、3、7 四道流量在 2.1~2.5 m^3/h 之间，当切换取样管道取样时，因不同道之间流量偏差过大，造成取样泵进气口前端压力变化过大，从而导致取样管路的流量计指针一直波动
消缺行动	仪控处理反馈： 1)检修措施及步骤： ①开工前，通知主控人员记机组 IO； ②确认现场设备标牌和位置； ③调节 4KRT036MA 取样柜内流量调节阀，确认流量恢复正常； ④工作结束，确认 4KRT036MA 流量波动消除，确认设备恢复正常，通知主控人员消除机组 IO； 2)故障原因分析：取样管路 4、5、6 三道流量偏低约 1.0 m^3/h 左右，调节流量调节阀，流量变化明显，管路未堵塞。1、2、3、7 四道流量在 2.1~2.5 m^3/h 之间，当切换取样管道取样时，因不同道之间流量偏差过大，造成取样泵进气口前端压力变化过大，从而导致取样管路的流量计指针一直波动
相关知识	1)KRT036MA 用于 DVN、DVK、DVW 系统通风管道空气 β 比活度的监测；

续　表

相关知识	2）KRT036MA测量对象来自多个房间（3KRT036MA 有 8 个取样支路，4KRT036MA 有 7 个取样支路），以 3KRT036MA 为例，8 个取样支路对应 8 个房间，依靠各支路的电磁阀循环打开来扫描不同的房间，同一时间只有一个支路在工作中。假设当前工作在 A 支路，那么只有 A 支路的电磁阀是打开的，其他支路电磁阀关闭，工作 5 min 后，A 支路电磁阀关闭，B 支路电磁阀打开，再过 5 min，B 支路关闭，C 支路打开……依次类推
参考资料信息	维修二处仪控：完工报告《FQ4-MA03-RCWO-00437661/01 4KRT036MA 流量波动，需调节流量调节阀处理》； WR/WOT：00196317/00437661-01（紧急工单）
编　　者	运行二处一值：谷铁　　　　时间：2019 年 02 月 19 日

2.9.10　4KRT036MA 流量计故障

异常缺陷名称	4KRT036MA 流量计故障
发生时间	2017 年 02 月 23 日
机组状态	3 号机组：RP 模式，满功率；4 号机组：机组处于调试阶段，未装料
异常缺陷现象	仪控巡检时发现 4KRT036MA 流量计故障
风险或潜在后果	工作时导致 4KRT036MA 不可用，因 4 号机处于调试尚未装料阶段，无 IO2，对于 3 号机产生第二组 IO：KRT9
干预行动	已采取的行动措施： 1）反馈 3 号机组，4KRT036MA 不可用对于 3 号机组产生 IO2：KRT9，并请 3 号机组主控和辐射防护加强关注 3KRT036MA 运行情况； 2）要求仪控检查处理
原因分析	流量计浮子卡涩
消缺行动	仪控处理反馈： 1）检修措施及步骤： ①检查设备就地设备运行状态； ②在 4KRT036CR 上将通道置于禁止状态；

续　表

消缺行动	③将通道置于手动状态； ④输入命令，停止泵运行； ⑤拆开流量计进行检查； ⑥对流量计内浮子进行清理，保证浮子活动自如； ⑦恢复流量计； ⑧恢复通道运行； 2)故障原因分析：流量计浮子卡涩
相关知识	1)KRT036MA 用于 DVN、DVK、DVW 系统通风管道空气 β 比活度的监测； 2)KRT036MA测量对象来自多个房间(3KRT036MA 有 8 个取样支路，4KRT036MA 有 7 个取样支路)，以 3KRT036MA 为例，8 个取样支路对应 8 个房间，依靠各支路的电磁阀循环打开来扫描不同的房间，同一时间只有一个支路在工作中。假设当前工作在 A 支路，那么只有 A 支路的电磁阀是打开的，其他支路电磁阀关闭，工作 5 min 后，A 支路电磁阀关闭，B 支路电磁阀打开，再过 5 min，B 支路关闭，C 支路打开……依次类推
参考资料信息	维修二处仪控：完工报告《FQ4-MA03-RCWO-00516981/01 巡检时发现 4KRT036MA 流量计故障，需处理》； WR/WOT：00217392/00516981-01(计划工单)
编　　者	运行二处一值：谷铁 | 时间：2019 年 02 月 19 日

2.9.11　4KRT036MA 出现三次监测通道故障报警，显示传输通路故障，且无法复位

异常缺陷名称	4KRT036MA 出现三次监测通道故障报警，显示传输通路故障，且无法复位
发生时间	2017 年 05 月 08 日中班
机组状态	3 号机组：RP 模式，836 MWe；4 号机组：调试启动阶段，未装料
异常缺陷现象	19:03 开始，4KRT036MA 出现三次监测通道故障报警，显示传输通路故障，辐射防护人员无法复位

续　表

风险或潜在后果	4KRT036MA 不可用，3 号机组需要记录 IO2：KRT9
干预行动	已采取的行动措施： 1) 查看和执行报警卡； 2) 安排辐射防护就地检查确认 4KRT036MA 报警情况； 3) 安排现场检查 4KRT036MA 上游供电未见异常； 4) 反馈 3 号机组主控，4KRT036MA 故障不可用，3 号机组产生 IO2：KRT9，并请加强关注 3KRT036MA 的运行情况； 5) oncall 仪控检查处理
原因分析	4KRT036MA 继电器板性能不稳定或电磁阀信号转接板与继电器板之间的接线接触不良
消缺行动	仪控处理反馈： 1) 检修措施及步骤： ①开工前通知主控操作人员记机组 IO； ②检查发现 4KRT036MA 就地显示处理箱报气路故障，第 7 道电磁阀故障； ③将设备切换至手动模式，切换至第 7 监测道检查发现第 7 监测道电磁阀无异常； ④对继电器板、电磁阀信号转接板与继电器板之间的排线重新插拔，设备重新上电，设备恢复正常； ⑤通知主控消除机组 IO； 2) 故障原因分析：4KRT036MA 继电器板性能不稳定或电磁阀信号转接板与继电器板之间的接线接触不良
相关知识	1) KRT036MA 用于 DVN、DVK、DVW 系统通风管道空气 β 比活度的监测； 2) KRT036MA测量对象来自多个房间(3KRT036MA 有 8 个取样支路，4KRT036MA 有 7 个取样支路)，以 3KRT036MA 为例，8 个取样支路对应 8 个房间，依靠各支路的电磁阀循环打开来扫描不同的房间，同一时间只有一个支路在工作中。假设当前工作在 A 支路，那么只有 A 支路的电磁阀是打开的，其他支路电磁阀关闭，工作 5 min 后，A 支路电磁阀关闭，B 支路电磁阀打开，再过 5 min，B 支路关闭，C 支路打开……依次类推

续 表

参考资料信息	维修二处仪控：完工报告《FQ4-MA03-RCWO-00565552/01 05 月 08 日中班 4KRT036MA 出现三次监测通道故障报警，显示传输通路故障，辐射防护人员无法复位》； WR/WOT：00244627/00565552-01(紧急工单)	
编　　者	运行二处一值：谷铁	时间：2019 年 02 月 19 日

2.9.12　主控触发 1KRT011KA8：lKRT036MA 监测通运故障报警

异常缺陷名称	1 号主控触发 1KRT011KA8：lKRT036MA 监测通运故障报警
发生时间	2016 年 02 月 27 日夜班
机组状态	1 号机组：RP 模式，热功率 128 MWt，电功率 0 MWe；2 号机组：RP 模式，满功率
异常缺陷现象	1 号主控触发 1KRT011KA8：lKRT036MA 监测通运故障报警
风险或潜在后果	lKRT036MA 故障不可用，需要记录双机组 IO2：KRT9
干预行动	已采取的行动措施： 1)查看和执行报警卡； 2)安排辐射防护就地检查确认 1KRT036MA 报警情况； 3)安排现场检查 1KRT036MA 上游供电未见异常； 4)反馈 2 号机组主控，1KRT036MA 故障不可用，产生双机组 IO2：KRT9，并请加强关注 2KRT036MA 的运行情况； 5)oncall 仪控检查处理
原因分析	取样泵内过滤芯安装位置不对，无法抽取取样气，流量计显示流量为 0，通道出现气路故障
消缺行动	仪控处理反馈： 1)检修措施及步骤： ①就地检查 LPDU 的故障为“气路故障故障”，取样柜内流量表显示为 0； ②将 LPDU 复位，20 min 后触发故障报警，“气路故障”灯亮，取样柜内“负压报警”灯亮； ③检查取样柜内各阀门状态，无异常，检查取样泵上取样软管连接位置，无问题；

续 表

消缺行动	④关闭上游取样管路阀门，打开取样管路上的气溶胶过滤装置，使取样泵直接抽取当前房间气体，流量计读数为0，打开下游排气管路对空阀，阀门排气口感应不到流动气体； ⑤判断取样泵故障，联系电气专业工作人员，他们经过检查发现，取样泵内过滤芯安装位置不对，导致取样泵无法抽取气体，流量计读数为0； ⑥调整过滤芯位置，重启取样泵，复位LPDU，流量计工作正常，真空度表工作正常； ⑦观察45 min，仪表运行正常； 2)故障原因分析：取样泵内过滤芯安装位置不对，无法抽取取样气，流量计显示流量为0，通道出现气路故障	
相关知识	1)KRT036MA用于DVN、DVK、DVW系统通风管道空气β比活度的监测； 2)KRT036MA测量对象来自多个房间(3KRT036MA有8个取样支路，4KRT036MA有7个取样支路)，以3KRT036MA为例，8个取样支路对应8个房间，依靠各支路的电磁阀循环打开来扫描不同的房间，同一时间只有一个支路在工作中。假设当前工作在A支路，那么只有A支路的电磁阀是打开的，其他支路电磁阀关闭，工作5 min后，A支路电磁阀关闭，B支路电磁阀打开，再过5 min，B支路关闭，C支路打开……依次类推	
参考资料信息	维修一处仪控和电气：完工报告《FQ1-MA03-RCWO-00224582/01 1#主控触发1KRT011KA8：1KRT036MA监测通道故障报警，需要检查处理》； WR/WOT：00108852/00224582-01(紧急工单)	
编　　者	运行二处一值：谷铁	时间：2019年02月19日

2.9.13 KIC中出现1KRT011KA8(036MA监测通道故障报警)

异常缺陷名称	KIC中出现1KRT011KA8(036MA监测通道故障报警)
发生时间	2016年01月23日早班
机组状态	1号机组：RP模式，电功率870 MWe；2号机组：RP模式，满功率

续　表

异常缺陷现象	15:36 主控出现报警：1KRT011KA8(036MA 监测通道故障报警)，经辐射防护人员核实，1KRT036MA 运行故障，1KRT036MA 不可用
风险或潜在后果	1KRT036MA 故障不可用，需要记录双机组 IO2：KRT9
干预行动	已采取的行动措施： 1)查看和执行报警卡； 2)安排辐射防护就地检查确认 1KRT036MA 报警情况； 3)安排现场检查 1KRT036MA 上游供电未见异常； 4)反馈 2 号机组主控，1KRT036MA 故障不可用，产生双机组 IO2：KRT9，并请加强关注 2KRT036MA 的运行情况； 5)oncall 仪控检查处理
原因分析	单道板松动，接触不良，接收不到探头送来的信号，导致触发故障报警
消缺行动	仪控处理反馈： 1)检修措施及步骤： ①就地检查 LPDU 的故障为"工作故障"，显示"FAIL"； ②将 LPDU 复位，5 min 左右后触发故障报警，显示"FAIL""工作故障"灯亮； ③判断故障原因为 LPDU 没收到探头送出的信号，更换探头，故障未消失，检查端子排连接探头的信号线，无故障，检查单道板，发现有松动，紧回后仪表恢复正常； ④观察 24 h，通道正常运行； 2)故障原因分析：单道板松动，接触不良，接收不到探头送来的信号，导致触发故障报警
相关知识	1)KRT036MA 用于 DVN、DVK、DVW 系统通风管道空气 β 比活度的监测； 2)KRT036MA 测量对象来自多个房间(3KRT036MA 有 8 个取样支路，4KRT036MA 有 7 个取样支路)，以 3KRT036MA 为例，8 个取样支路对应 8 个房间，依靠各支路的电磁阀循环打开来扫描不同的房间，同一时间只有一个支路在工作中。假设当前工作在 A 支路，那么只有 A 支路的电磁阀是打开的，其他支路电磁阀关闭，工作 5 min 后，A 支路电磁阀关闭，B 支路电磁阀打开，再过 5 min，B 支路关闭，C 支路打开……依次类推

续　表

参考资料信息	维修一处仪控：完工报告《FQ1-MA03-RCWO-00212838/01 主控出现 1KRT036MA 监测故障报警，需要仪控人员检查处理》； WR/WOT：00100229/000212838-01(紧急工单)	
编　　者	运行二处一值：谷铁	时间：2019 年 02 月 19 日

2.9.14　3KRT007MA 就地 BC 箱主板故障引起 3KRT036MA 闪发故障报警

异常缺陷名称	3KRT007MA 就地 BC 箱主板故障引起 3KRT036MA 闪发故障报警
发生时间	2016 年 05 月 07 日中班
机组状态	3 号机组：MCS 模式(一回路水位：10.3 m；压力：大气压)；4 号机组：机组尚未开始调试
异常缺陷现象	3KRT036MA 频繁闪发故障报警和 2 级报警，每次闪发约不到1 min 后消失
风险或潜在后果	3KRT036MA 不可用，产生 IO2：KRT5
干预行动	已采取的行动措施： 1)查看和执行报警卡； 2)安排辐射防护就地检查确认 3KRT036MA 报警情况； 3)安排现场检查 3KRT036MA 上游供电未见异常； 4)记录 3KRT036MA 不可用产生 KRT5，同时要求辐射防护加强关注 4KRT036MA 的运行情况； 5)oncall 仪控检查处理
原因分析	3KRT007MA 就地 BC 箱通讯主板故障导致 3KRT103BC 箱通讯异常，从而引起 3KRT036MA 闪发故障报警
消缺行动	仪控处理反馈： 1)检修措施及步骤： ①就地 3KRT036MA 通道软件打禁止； ②检查 3KRT036MA 就地运行状态，状态正常； ③确认 3KRT007MA 就地 BC 箱通讯主板故障导致 3KRT103BC 箱通讯异常，从而引起 3KRT036MA 闪发故障报警； ④更换 3KRT007MA 就地 BC 箱通讯主板；

续 表

消缺行动	⑤恢复 3KRT007 至正常运行状态，解除 3KRT036MA 通道软件禁止； ⑥主控同时观察 3KRT007MA、3KRT036MA 报警情况，24 h 内 3KRT007MA、3KRT036MA 未发生报警； ⑦3KRT036MA 闪发故障报警消除。 2）故障原因分析：3KRT007MA 就地 BC 箱通讯主板故障导致 3KRT103BC 箱通讯异常，从而引起 3KRT036MA 闪发故障报警
相关知识	1）KRT036MA 用于 DVN、DVK、DVW 系统通风管道空气 β 比活度的监测； 2）KRT036MA 测量对象来自多个房间（3KRT036MA 有 8 个取样支路，4KRT036MA 有 7 个取样支路），以 3KRT036MA 为例，8 个取样支路对应 8 个房间，依靠各支路的电磁阀循环打开来扫描不同的房间，同一时间只有一个支路在工作中。假设当前工作在 A 支路，那么只有 A 支路的电磁阀是打开的，其他支路电磁阀关闭，工作 5 min 后，A 支路电磁阀关闭，B 支路电磁阀打开，再过 5 min，B 支路关闭，C 支路打开……依次类推
参考资料信息	维修二处仪控：完工报告《FQ3-MA03-RCWO-00275962/01 3KRT036MA 闪发故障报警》； WR/WOT：00129692/00275962-01（紧急工单）
编　　者	运行二处一值：谷铁　　　　时间：2019 年 02 月 19 日

2.9.15 3KRT036MA 电气箱运行指示灯不亮

异常缺陷名称	3KRT036MA 电气箱运行指示灯不亮
发生时间	2016 年 08 月 18 日早班
机组状态	3 号机组：RP 模式，核功率 1.6%Pn；4 号机组：机组调试阶段，尚未装料
异常缺陷现象	3KRT036CR 电气箱运行指示灯不亮，仪控持计划票 3PT08122 开工处理
风险或潜在后果	工作中停运 3KRT036PO 时，3KRT036MA 故障不可用，产生 IO2：KRT9

续 表

干预行动	已采取的行动措施： 记录 3KRT036MA 不可用产生 KRT9，同时要求辐射防护加强关注 4KRT036MA 的运行情况
原因分析	运行指示灯钨丝烧断
消缺行动	仪控处理反馈： 1）检修措施及步骤： ①用万用表测量 3KRT236CR 运行灯两端电压为 48 V，电压正常； ②停运 3KRT036PO，将 3KRT236CR 断电； ③检查 3KRT236CR 运行灯，发现内部灯泡钨丝烧断； ④更换灯泡后重启设备，运行灯恢复正常； 2）故障原因分析：运行指示灯钨丝烧断
相关知识	1）KRT036MA 用于 DVN、DVK、DVW 系统通风管道空气 β 比活度的监测； 2）KRT036MA 测量对象来自多个房间（3KRT036MA 有 8 个取样支路，4KRT036MA 有 7 个取样支路），以 3KRT036MA 为例，8 个取样支路对应 8 个房间，依靠各支路的电磁阀循环打开来扫描不同的房间，同一时间只有一个支路在工作中。假设当前工作在 A 支路，那么只有 A 支路的电磁阀是打开的，其他支路电磁阀关闭，工作 5 min 后，A 支路电磁阀关闭，B 支路电磁阀打开，再过 5 min，B 支路关闭，C 支路打开……依次类推
参考资料信息	维修二处仪控：完工报告《FQ3-MA03-RCWO-00317022/01 3KRT036MA 电气箱运行指示灯不亮》； WR/WOT：00160121/00317022-01（计划工单），工作许可证：3PT08122（3KRT036MA 电气箱运行指示灯不亮）； 其他类似异常缺陷： 2016 年 8 月 18 日，工作许可证 4PT08102［4KRT036MA 电气箱运行灯不亮（WOT：00315498-01）］。 故障原因：运行指示灯钨丝烧断。 详情请见完工报告：《FQ4-MA03-RCWO-00315498/01 4KRT036MA 电气箱运行灯不亮》
编　　者	运行二处一值：谷铁　　　　时间：2019 年 02 月 19 日

2.9.16 2KRT032MA(2号蒸汽发生器泄漏率)异常上升

异常缺陷名称	2KRT032MA(2号蒸汽发生器泄漏率)异常上升
发生时间	2015年09月21日早班
机组状态	RP模式，机组调试试验阶段
异常缺陷现象	2KRT032MA(2号蒸汽发生器泄漏率)从0.4 L/h上涨到1.6 L/h
风险或潜在后果	SG传热管可能存在泄漏，若仪表故障，则影响2号蒸汽发生器泄漏率的监视
干预行动	已采取的行动措施： 1)安排辐射防护人员现场检查确认仪表故障情况； 2)主控建立2KRT032MA趋势进行监视，检查2号蒸发器的放射性监测仪表2KRT002MA和2KRT042MA未见异常上升； 3)oncall仪控检查处理； 4)经核实由于探头处主蒸汽管道的保温层被拆除，导致探头环境温度上升所致，立即安排维修服务人员恢复保温层，回装保温层后，2KRT032MA仪表示数回落，恢复正常
原因分析	2KRT032MA探头处主蒸汽管道的保温层被拆除，导致探头工作环境温度突升，导致2KRT032MA泄漏率升高
消缺行动	仪控处理反馈： 1)故障描述：2KRT032MA(2号蒸汽发生器泄漏率)从0.4 L/h上涨到1.6 L/h。 2)处理过程： ①检查2KRT032MA的LPDU工作状态正常，泄漏率为1.6 L/h，比正常值0.5 L/h高； ②检查仪表参数，参考峰，都正常； ③前往探测器所在房间，发现探测器附近蒸汽发生器管道保温层有拆除，用红外测温仪测得探测器表面温度最低处在45 ℃，最高处达到75 ℃，探测器的正常工作温度在30 ℃左右，用便携式γ剂量率表测得探测器附近环境本底为0.1 μGy/h，属于正常环境本底范围； ④判断因为蒸汽发生器管道保温层的拆除引起探测器温度升高，导致泄漏率上升； ⑤通知主控，带运行人员确认现场，随后主控安排工作人员回装蒸汽发生器保温层；

续　表

消缺行动	⑥工作人员回装蒸汽发生器保温层后，泄漏率降低，观察一段时间，泄漏率稳定在 0.5 L/h，工作结束。 3）故障原因分析：2KRT032MA 探头处主蒸汽管道的保温层被拆除，导致探头工作环境温度突升，导致 2KRT032MA 泄漏率升高。另外 2 台 SG 对应 VVP 管道保温层也有被拆除，但是探头附近的保温层完好，探头环境温度没有突变，因此测量值稳定，没有上涨
相关知识	用于测量蒸汽发生器中 N-16（KRT032MA/033MA/034MA）和惰性气体 γ 活度（KRT042MA/KRT043MA/044MA），以发现 SG 一次侧向二次侧的泄漏，这些监测通道同 PAMS2 系统连接，并同 KRT002、003、004MA 互为冗余
参考资料信息	维修一处仪控：“2KRT032MA（2 号蒸汽发生器泄漏率）从 0.4 L/h 上涨到 1.6 L/h”处理反馈； 运行一处 2 号机组 ESOMS 日志
编　　者	运行二处一值：谷铁　　　　时间：2019 年 02 月 16 日

2.9.17　4KRT011KA1（005MA 监测通道故障报警）频繁闪发

异常缺陷名称	4KRT011KA1（005MA 监测通道故障报警）频繁闪发
发生时间	2018 年 04 月 10 日中班—11 日夜班
机组状态	RP 模式，满功率
异常缺陷现象	10 日中班 4KRT011KA1（005MA 监测通道故障报警）频繁闪发，辐射防护反馈就地流量正常，但是流量失效报警频繁触发。 11 日夜班多次闪发 4KRT011KA1（005MA 监测通道故障报警），辐射防护人员就地检查确认仪表故障，并 oncall 仪控进厂处理
风险或潜在后果	影响 4RRI 系统 A 列设冷水放射性监测的可靠性
干预行动	已采取的行动措施： 1）查看和执行报警卡； 2）安排辐射防护人员现场检查确认仪表故障情况，反馈现场仪表运行正常，未见异常； 3）主控确认 4RRI001BA 液位正常，未见异常上涨情况； 4）oncall 仪控检查处理； 5）记录和执行 IO2：KRT11

续 表

原因分析	仪控检查反馈流量计 KRT005SD 端子接线松动，紧固处理后，报警不再触发
消缺行动	仪控处理反馈： 1）检修措施及步骤： ①在 4KRT005CR 箱上将就地设备禁止； ②重新对设备进行本底测量，确认设备本底参数满足要求； ③检查 4KRT005CR 箱内内部低压供电，确认设备低压供电满足要求； ④拆除设备通讯电锁，将就地设备断电，检查 4KRT005CR 箱内各端子接线，确认各端子接线紧固； ⑤在 4KRT005CR 内对设备重新上电； ⑥对设备进行电检试验，确认设备电检试验结果满足要求； ⑦拆下并检查 4KRT005SD 流量计，发现流量计内端子接线松动，对端子接线重接紧固，确认接线牢固； ⑧更换流量计继电器板； ⑨对流量计及探测器腔室进行冲洗； ⑩连接设备通讯电缆，恢复设备至初始状态，确认就地设备恢复正常； 2）故障原因分析：仪控检查反馈流量计 KRT005SD 端子接线松动，紧固处理后，报警不再触发
相关知识	KRT005MA/006MA 用来监测核岛设备冷却水系统（RRI）A 列/B 列中的 γ 放射性活度，以及时发现一回路辅助系统各类承压边界的完整性——屏障监测。 KRT005MA/006MA 通道流量失效报警信号一旦出现就不会自行消失，取样水流恢复正常后仪表会自动进入测量状态，但失效信号必需要人员到 KRT 机柜手动解除。正常运行中（未进行设冷的任何操作）。若出现 KRT005、006MA 失效报警，需通知辐射防护人员检查仪表的运行情况，核实是否通道失水，尝试解除失效报警信号，若可解除，则一般不是 KRT 仪表自身的问题，多为水流波动或其他因素导致，可继续运行观察或检查。部分 RRI 阀门的操作也会引起 KRT 流量失效报警。KRT005MA/006MA 流量计相关工作注意事项： 1）开展 KRT005MA 流量计及探测器腔室进行冲洗工作时。在清洗结束后，重新投运仪表时，RRI 头箱液位将会有少量下降，需要关注设冷头箱液位，避免现场去 RPE 的疏水阀未关严，引起设冷头箱液位持续的下降。

续 表

相关知识	2)进行冲洗结束后，提醒工作负责人注意 SED 的阀门以关严，避免 SED 阀门未关严，导致 KRT005MA 长期充满 SED 水，无法监测 RRI 水的放射性，而产生运行事件。 某电厂运行事件：2014 年 03 月 18 日现场巡视发现 D2RRI608VN(D2KRT006MA 的 SED 冲洗隔离阀)未完全关到位，约有 20%左右开度。因 D2RRI 系统 B 列为停运状态，系统压力低于 9SED 系统压力，导致冲洗水通过 D2KRT006MA 导致其不可用。通知主控并经主控同意后，按规程将 D2RRI608VN 全关到位。汇报值长、安工，期间机组记 IO2	
参考资料信息	运行二处：《FQ-OP2-XLJC-010 KRT 相关知识培训教材》； 维修二处仪控：完工报告《FQ4-MA03-RCWO-00892552/01 4KRT005MA 监测道闪发故障报警处理》； WR/WOT：00371587/00892552-01(紧急工单)	
编　　者	运行二处一值：谷铁	时间：2019 年 02 月 16 日

2.9.18 4KRT013KA8(KRT033MA 监测通道故障报警)

异常缺陷名称	4KRT013KA8(KRT033MA 监测通道故障报警)
发生时间	2018 年 11 月 24 日早班
机组状态	RP 模式，电功率 836 MWe
异常缺陷现象	11:04，主控 KIC 出现 4KRT013KA8(KRT033MA 监测通道故障报警)，主控立即查看 4KRT033MA 和 4KRT043MA 趋势未见明显变化，后经辐射防护和仪控检查反馈现场仪表计数率低报警，设备不可用。15:12 仪控处理消除 4KRT033MA 故障报警，恢复可用
风险或潜在后果	1)报警出现前，机组已存在 3 个第二组 IO(JDT2，EAS2，JP * 1)，4KRT033MA 不可用产生 IO2：KRT5，因 4KRT033MA 和 KRT043MA 均位于 4KRT033BC 中，仪控和辐射防护确认 4KRT043MA 同时也不可用，4KRT043MA 不可用产生一个 IO2：PAMS2。 故 11:04 开始 4 号机组累积 5 个第二组 IO，根据运行技术规范，要求开始 24H 后撤计时。当班值在 4KRT033MA 报警触发后，立即要求现场停止正在执行 FQ8-JPT-T-002 试验并进行雨淋阀的恢复操作，11:18 辅变雨淋阀恢复可用，消除 JP * 第二组 IO，累积 IO 数量减为 4 个。退出技术规范后撤计时。

续　表

风险或潜在后果	2)4KRT033MA(和4KRT043MA)不可用，影响3号蒸汽发生器中N-16和惰性气体γ活度以及SG一次侧向二次侧的泄漏检测
干预行动	已采取的行动措施： 1)查看和执行报警卡，检查3号蒸汽发生器放射性监测仪表4KRT033MA(4KRT043MA)，以及4KRT003MA； 2)安排现场检查确认4KRT033MA机柜4KRT004AR的上游供电正常； 3)联系辐射防护检查4KRT033MA(4KRT043MA)异常情况，确认4KRT003MA以及4KRT007MA仪表正常并加强巡视，避免同时不可用产生第一组IO； 4)要求隔离办清查和确保无4KRT003MA以及4KRT007MA仪表相关的工作，避免因维修工作4KRT003MA和或4KRT007MA不可用与4KRT033MA不可用叠加产生第一组IO； 5)考虑IO数量控制，立即暂停FQ8-JPT-002辅变8LGR002TA消防系统定期试验规程，执行雨淋阀恢复操作，消除存在的第二组IO：JP＊1，并通知3号机不要产生双机组IO2。 6)立即oncall仪控检查处理故障仪表； 7)反馈安工：从11:04至11:18，4号机组累积5个第二组IO，根据运行技术规范，开始24 h后撤计时。11:18消除JP＊1第二组IO，累积IO数量减为4个。退出技术规范后撤计时
原因分析	4KRT033MA参考峰漂移导致报警触发
消缺行动	仪控处理反馈： 1)故障描述：主控KIC出现4KRT033MA故障报警； 2)原因分析：4KRT033MA参考峰漂移； 3)处理过程： ①查看MOD文件，发现历史事件中触发故障报警信息为“低计数”； ②查看LPU历史趋势，设备计数正常； ③对LPU进行电测试；测试结果合格； ④将就地设备置于“禁止”状态，重启设备发现LPU触发“参考峰计数超出范围”故障导致设备无法找到参考峰； ⑤检查设备的探测器能谱，发现参考峰398 ch，超出正常范围(250~300 ch)；

续　表

消缺行动	⑥逐步将探测器高压由 750 V 调整至 724 V，参考峰调整为 261 ch，达到正常范围，故障报警消除； ⑦故障报警消除后持续观察 40 min，参考峰稳定在 261 ch 左右，无故障报警； ⑧对设备进行重启，重启后设备正常找到"参考峰"，并稳定在 261 ch左右，与主控沟通，IO 消除，持票观察未见异常后归还工作许可证； 4）后续行动：如 4KRT033MA 后续继续发生故障报警，则对探测器进行能量刻度，若刻度结果不满足要求则更换探测器
相关知识	4KRT033MA 和 4KRT043MA 均位于 4KRT033BC 中，当 4KRT033MA 不可用时，可能同时 4KRT043MA 也不可用，在 RP 模式，4KRT043MA 不可用将产生一个 IO2：PAMS2
参考资料信息	运行二处：4 号机组异常反馈——主控触发 4KRT013KA8 KRT033MA 监测通道故障报警； 维修二处仪控：oncall 反馈——4KRT033MA 通道故障报警处理反馈； WR/WOT：00469058/01064510-01（紧急工单）
编　　者	运行二处一值：谷铁 | 时间：2019 年 02 月 16 日

2.9.19　3KRT007MA 出现通道故障报警

异常缺陷名称	3KRT007MA 出现通道故障报警
发生时间	2018 年 08 月 15 日早班
机组状态	RP 模式，电功率 1040 MWe
异常缺陷现象	07:23 主控触发 3KRT011KA3（3KRT007MA 监测通道故障报警），现场查看取样泵 3KRT007PO 停运
风险或潜在后果	3KRT007MA 监测通道故障，不可用，产生 IO2：KRT4
干预行动	已采取的行动措施： 1）查看和执行报警卡； 2）联系辐射防护检查确认故障情况； 3）记录 IO2：KRT4； 4）要求辐射防护监视确认 3KRT002MA、003MA、004MA 通道和 KRT032MA、033MA、034MA 通道正常可用，并避免安排相关的工作，避免同时不可用时产生第一组 IO1

续 表

原因分析	探头浸水
消缺行动	仪控处理反馈： 1）检修工作步骤： ①检查 3KRT007PO 运行状态，确认泵正常； ②检查 3KRT007MA 探测器，发现探测器浸水，更换探测器； ③检查 3KRT007MA 就地 LPDU，确认正常； ④启动职样泵，确认设备恢复正常； 2）故障原因分析：探头浸水
相关知识	KRT007MA 用于监测 CVI 冷凝器抽真空系统排气中的 β 和 γ 放射性活度。 由于机组启动时 CVI 系统排气中气体湿度较大，灰尘较多，为了保护 KRT007MA 探测器，需要对取样气体进行干燥处理后再进行测量。 原设计中干燥器无法提供足够的干燥能力，由于积水过多或灰尘堵塞冷凝水排水孔导致干燥器故障后，多次导致 KRT007MA 探测器进水损坏。 技改后在取样测量回路前端增加机械式干燥装置（汽水分离器），大大增加了汽水分离装置的稳定性和冷凝水的存储能力，提高设备干燥能力，减少故障率
参考资料信息	维修二处仪控：完工报告《FQ3-MA03-RCWO-00992569/01 3KRT007MA 出现通道故障报警，需处理》； 维修二处仪控：《FQ4-KRT-DDM-003807 4KRT007MA 增加机械式干燥装置变更详细设计方案》； WR/WOT：00428360/00992569-01（紧急工单）
编　　者	运行二处一值：谷铁　　　　时间：2019 年 02 月 16 日

2.9.20 主控闪发 3KRT013KA9（3KRT034MA 通道故障报警）

异常缺陷名称	主控闪发 3KRT013KA9（3KRT034MA 通道故障报警）
发生时间	2017 年 08 月 12 日中班
机组状态	RP 模式，满功率
异常缺陷现象	主控多次闪发 3KRT034MA 通道故障报警

续 表

风险或潜在后果	影响 3KRT034MA 的可靠性，处理过程中会闭锁 3KRT034MA，导致其不可用，产生 IO2：KRT5	
干预行动	已采取的行动措施： 1)查看和执行报警卡； 2)联系辐射防护检查确认故障情况； 3)oncall 仪控检查处理； 4)要求辐射防护检查确认 3KRT044MA 的运行情况，同时监视 3KRT007MA 通道和同一 SG 的 3KRT004MA 通道正常可用，并避免安排相关的工作，以避免产生第一组 IO； 5)主控关注 3KRT007MA 通道和 3KRT004MA 通道的运行情况，若有异常及时反馈处理	
原因分析	3KRT034MA 参考峰漂移，导致找不到参考峰，从而触发故障报警	
消缺行动	仪控处理反馈： 1)处理进展：恢复 3KRT034MA 通道正常运行； 2)原因分析：3KRT034MA 参考峰漂移，导致找不到参考峰，从而触发故障报警； 3)根本原因：参考峰漂移； 4)处理过程： ①查看设备 MOD 文件，闪发故障报警原因均为参考峰分辨率超出范围，参考峰找不到； ②查看当前参考峰位 252 ch，(正常范围：250~300 ch)，上次能量刻度完成后参考峰位 275 ch，参考峰位已经漂移 23 ch； ③检查探测接地，绝缘(大于 11 GΩ)满足探测器运行要求； ④用放射源对探测器重新能量刻度，调整设备参考峰位至 286 ch； ⑤观察设备正常运行，与主控沟通，归还工作票，IO 消除	
相关知识	KRT032MA/033MA/034MA(VVP 管线放射性)参考峰的正常范围为 250~300 ch	
参考资料信息	维修二处仪控：oncall 反馈——主控闪发 3KRT013KA9(3KRT034MA 通道故障报警)； WR/WOT：00279526/0072374-01(紧急工单)	
编　者	运行二处一值：谷铁	时间：2019 年 02 月 16 日

2.9.21 主控频繁触发 3KRT014KA2、3KRT039KA 报警

异常缺陷名称	主控频繁触发 3KRT014KA2（005MA 监测通道 1 级报警）和 3KRT039KA 报警处理(005MA 设备冷却水 A 列 γ 活度 2 级报警)
发生时间	2017 年 01 月 18 日 夜班
机组状态	RP 模式，满功率
异常缺陷现象	06:45 分开始主控三次闪发 3KRT014KA2(005MA 监测通道 1 级报警)和 3KRT039KA 报警处理(005MA 设备冷却水 A 列 γ 活度 2 级报警)
风险或潜在后果	3KRT005MA 故障不可用，产生 IO2：KRT11
干预行动	已采取的行动措施： 1)查看核岛设备冷却水系统(RRI)A 列设冷头箱液位无变化； 2)辐射防护现场检查仪表无故障； 3)联系仪控进厂检查处理，并联系化学对设冷 A 列放射性取样，化学取样结果<0.03 MBq/t，放射性合格
原因分析	探测器进水导致探测器故障
消缺行动	仪控处理反馈： 1)检修过程： ①测量 LPDU 内部±12 V 电压正常； ②检查 LPDU 内部端子和接线无异常； ③检查设备接地无异常，探测器连接电缆无异常； ④设备断电、打开铅室，发现铅室进水，探测器进水； ⑤将铅室水排尽，除锈，确保铅室内干燥清洁； ⑥使用备件探测器更换。完成后恢复供电； ⑦设备运行 2 h 后数据无异常； 2)原因分析：现场检查发现就地设备数据波动较大，会超过 1、2 级报警阈值。检查就地处理箱内部电缆端接、电压、接地情况均正常，使用信号发生器模拟输入信号未见输出异常。发现探测器所在铅室有积水，闪发报警原因可能由于探测器进水导致； 3)机组影响评估：一路 RRI 水的放射性测量通道不可用，产生第二组 IO
相关知识	KRT005MA/006MA 用来监测核岛设备冷却水系统(RRI)A 列/B 列中的 γ 放射性活度，以及时发现一回路辅助系统各类承压边界的完整性——屏障监测

续 表

相关知识	KRT005MA/006MA 通道流量失效报警信号一旦出现就不会自行消失，取样水流恢复正常后仪表会自动进入测量状态，但失效信号必需要人员到 KRT 机柜手动解除。正常运行中(未进行设冷的任何操作)。若出现 KRT005、006MA 失效报警，需通知辐射防护人员检查仪表的运行情况，核实是否通道失水，尝试解除失效报警信号，若可解除，则一般不是 KRT 仪表自身的问题，多为水流波动或其他因素导致，可继续运行观察或检查。部分 RRI 阀门的操作也会引起 KRT 流量失效报警	
参考资料信息	维修二处仪控：完工报告《FQ3-MA03-RCWO-00488628/01 主控触发 3KRT005MA 监测通道一级和设备冷却水 A 列伽马活度 2 级报警》； 维修二处仪控：oncall 反馈——3KRT014KA2、3KRT039KA 报警处理的紧急工作反馈； WR/WOT：00207084/00488628-01(紧急工单)	
编　　者	运行二处一值：谷铁	时间：2019 年 02 月 16 日

2.9.22　主控 KIC 出现 4KRT011KAB(4KRT008MA 监测通道故障报警)

异常缺陷名称	主控 KIC 出现 4KRT011KAB(4KRT008MA 监测通道故障报警)
发生时间	2019 年 02 月 16 日早班
机组状态	RP 模式，满功率
异常缺陷现象	11:03 主控 KIC 出现 4KRT011KAB(4KRT008MA 监测通道故障报警)
风险或潜在后果	1)4KRT008PO 如果损坏需要隔离检修，隔离时需要同时停运 4KRT009MA，将导致 4KRT009MA 不可用，产生 IO2：KRT8； 2)因 ETY 布样点在 4KRT008MA 所在管路中，4KRT008PO 停运不可用，管路中气体流量低，将导致 ETY 布样时不具有代表性，影响 4ETY 布样工作的开展。报警出现时安全壳内压力已达到 104.3 kPa·a，已对 4ETY 提取样申请，待布样。若故障长时间无法消除，将影响 4 号机安全壳内气体有效取样，若安全壳内的相对压力超过 6 kPa 时，将产生 IO2：EPP1，相对压力超过 10 kPa时，将产生 IO1：EPP2

续 表

干预行动	已采取的行动措施： 1）主控查看和执行报警卡，立即查看 4KRT008MA 趋势未见明显变化； 2）安排现场检查确认 4KRT008MA 机柜 4KRT018AR 的上游供电正常； 3）联系辐射防护检查 4KRT008MA 故障情况，辐射防护反馈 4KRT008MA 取样流量低，就地发现 4KRT008MA 取样泵 4KRT008PO 有焦煳味； 4）主控要求辐射防护立即停运取样泵 4KRT008PO； 5）因 4KRT009MA 与 4KRT008MA 从同一取样母管引流，主控立即联系辐射防护人员检查 4KRT009MA，确认 4KRT009MA 运行正常； 6）安排辐射防护就地检查 4KRT008PO 管路在线未见异常； 7）主控立即 oncall 维修电气与仪控就地检查处理，并要求维修电气同时核实泵备件。 建议后续行动： 运行关注 4 号机组安全壳压力上涨趋势，跟踪 4KRT008PO 处理进展，在 4KRT008PO 恢复可用后，及时联系化学流出物人员开展 4ETY 布样工作，以便后续通过 4ETY 排放降低安全壳内压力
原因分析	1）可能原因分析： ①电机启动电容故障，导致泵处理不足，发烫； ②泵轴承磨损； ③取样管路存在堵塞； 2）经检查处理确认故障原因：4KRT008PO 泵曲轴弯曲变形
消缺行动	电气处理反馈： 1）处理进展：恢复 4KRT008PO 正常运行，恢复 4KRT008MA 可用； 2）处理措施： ①测量电机直阻、电机绝缘电阻，合格； ②测量电容容量为 7.9 μF（标称容量为 10 μF，误差±5%），不合格，对电容进行更换； ③重新启动 4KRT008PO，异音很大，立即停运； ④检查 4KRT008PO 泵曲轴弯曲变形，对泵进行整体更换后，启动 4KRT008PO，测量运行电流为 1.5 A；泵运行正常，恢复 4KRT008MA 可用； 3）故障原因分析：4KRT008PO 泵曲轴弯曲变形

续 表

相关知识	ETY 布样点在 4KRT008MA 所在管路中，4KRT008PO 停运不可用时，管路中气体流量低，将导致 ETY 布样时不具有代表性，影响 4ETY 布样的工作开展	
参考资料信息	运行二处：4 号机异常反馈——4KRT011KAB 4KRT008MA 监测通道故障报警； 维修二处电气：EAM 中工单 01150451-01 的完工报告； WR/WOT：00506472/01150451-01（紧急工单），工作许可证：4PW04571(4KRT008PO 泵损坏，需更换)	
编　　者	运行二处一值：谷铁	时间：2019 年 03 月 18 日

2.9.23 8KRT902MA 回路取样流量 8KRT902SD 流量低

异常缺陷名称	8KRT902MA 回路取样流量 8KRT902SD 流量低
发生时间	2017 年 07 月 21 日夜班
机组状态	3 号机组：RP 模式，满功率(管理废液排放的机组为 3 号机组)
异常缺陷现象	8SEL003BA 排放过程中 8KRT902MA 触发流量低故障，8KRT902MA 由于取样流量波动而跳闸
风险或潜在后果	8KRT902MA 故障不可用，产生第二组 IO2，8SEL001BA/002BA/003BA 无法排放
干预行动	已采取的行动措施： 1)维修反馈仪控检查了 8KRT902SD 未见异常； 2)机械对 KRT902PO 取样泵的叶轮检查未见异常，对泵进出口管线冲洗排气，暂未发现由明显堵塞情况； 3)由于 8SEL 接收和排放压力大，经和维修仪控、辐射防护讨论，仪控建议(经辐射防护同意)：将 8KRT902MA 的取样回水由原来的回到 8SEL049VE 前(即开启 8SEL118VE)，改到排放到 8SEL001PS 中(开 8SEL121VE 关闭 8SEL118VE)，这样有利于提升 8KRT902SD 的流量； 4)辐射防护投运 8KRT902MA 后，辐射防护和维修人员现场观察 8SEL003BA 排放投运 8KRT902MA 后 8KRT902SD 流量从 0.25 m^3/h缓慢降到下限 0.16 m^3/h，流量较回水到 8SEL049VE 前时波动小。反馈 8KRT902PO 启动前后对 8KRT902SD 流量影响不大，怀疑 8KRT902PO 出力可能存在问题； 建议后续行动： 维修分析故障根本原因和消除缺陷

续 表

<table>
<tr><td>原因分析</td><td>8KRT902MA 取样管路入口至取样腔室存在异物堵塞，导致流量计流量偏低</td></tr>
<tr><td>消缺行动</td><td>机械处理反馈：
1）缺陷描述：8KRT902MA（见图 1）取样流量低，怀疑取样泵出力不足或管线堵塞；
2）处理措施：
①取样泵的排查：
a. 泵进出口管线冲洗排气。
i. 开 8SEL117VE、关 8SEL118VE、开 8SEL121VE，启泵及停泵状态下，8SEL121VE 流量正常。证明 8SEL117VE 至 8SEL121VE 管线之间没有堵塞；
ii. 关 8SEL117VE、开 8SEL118VE、开 8SEL121VE，8SEL121VE 流量正常。证明 8SEL118VE 没有堵塞。
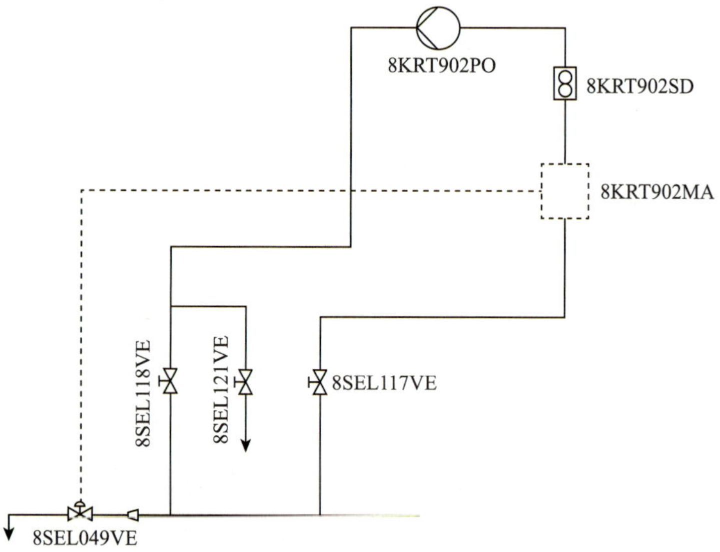
图 1　8KRT902MA 取样回路
b. 3KRT902PO 取样泵的叶轮检查
i. 检查叶轮的表面情况，表面光洁、未发现划痕；
ii. 检查叶轮的转动情况，未发现卡涩、异音；
iii. 检查叶轮的入口及出口，未发现异物堵塞情况。
c. 经过仪控及辐射防护人员见证，已完成 3KRT902PO 取样泵的回装。
d. 经启泵验证，取样泵未见异常。</td></tr>
</table>

续　表

消缺行动	②管线堵塞情况排查： a. 经排查发现取样管路入口管线内发现有较多黄色塑料片异物，并进行清理； b. 在冲洗 8SEL001BA/002BA/003BA 时，发现存在异物，并进行清理； 3) 改进措施：经比对同行电厂安装差异，已实施技改在 8KRT902MA 的取样口管线上增加滤网，避免小异物堵塞取样口导致流量低跳泵事件再次发生	
相关知识	8KRT902MA 的取样流量小于 1 L/min 或大于 15 L/min 时，将触发 8KRT902MA 监测通道故障报警。8KRT902MA 监测通道故障[包括流量异常、带有取样回路的监测通道(8KRT902MA)泵停运、电子线路故障、失电等原因引起]或二级报警时，联锁关闭 8SEL049VE	
参考资料信息	运行二处：运行异常反馈——8KRT902MA 回路取样流量 8KRT902SD 流量低问题	
编　　者	运行二处一值：谷铁	时间：2019 年 02 月 16 日

2.9.24　执行 8SEL 排放操作投运 8KRT902MA 流量计时，发现取样流量低

异常缺陷名称	执行 8SEL 排放操作投运 8KRT902MA 流量计时，发现取样流量低
发生时间	2018 年 08 月 15 日早班
机组状态	3 号机组：RP 模式，满功率(管理废液排放的机组为 3 号机组)
异常缺陷现象	辐射防护在投运 8KRT902MA 时，反馈取样流量偏低，将 8KRT902MA 退出运行后，发现 8KRT902MD 指针发生卡涩
风险或潜在后果	导致 8KRT902MA 不可用，产生 IO2：KRT5，不能进行 8SEL 排放
干预行动	已采取的行动措施： 1)暂停 8SEL 排放，记录 8KRT902MA 不可产生第二组 IO：KRT5； 2)安排运行人员现场检查排放在线未见异常，泵运行出口压力正常； 3)联系仪控检查处理
原因分析	流量计浮子内部吸附大量铁屑，造成流量计卡涩

续 表

消缺行动	仪控处理反馈： 1)检修措施及步骤： ①由主控操作人员将 8KRT902KC、8KRT904KC 置于“TEST”状态； ②检查 8KRT902MA 流量计并清理； ③对 8KRT902MA 取样管路进行冲洗； ④使用 SEP 水进行验证，确认启动取样泵区域流量达到 0.60 m^3/h 以上； ⑤恢复通道至初始状态； ⑥由运行人员在 KIC 上将 8KRT902KC、8KRT904KC 置于“NORMAL”位； 2)故障原因分析：流量计浮子内部吸附大量铁屑，造成流量计卡涩
相关知识	8KRT902MA 的取样流量小于 1 L/min 或大于 15 L/min 时，将触发 8KRT902MA 监测通道故障报警。8KRT902MA 监测通道故障[包括流量异常、带有取样回路的监测通道(8KRT902MA)泵停运、电子线路故障、失电等原因引起]或二级报警时，联锁关闭 8SEL049VE
参考资料信息	维修二处仪控：完工报告《FQ8-MA03-RCWO-00992583/01 8KRT902MA 流量计卡涩处理》； WR/WOT：00428226/00992583-01；工作许可证：8PT28881(8KRT902MA 流量计卡涩处理)； 其他类似异常缺陷： 2018 年 08 月 26 日，开工工作：8KRT902MA 流量计卡涩，需处理(WOT：00994636-01)。 故障原因分析：流量计浮子内部吸附大量铁屑造成流量计卡涩。 详情见完工报告《FQ8-MA03-RCWO-00994636/01 维修一级：8KRT902MA 流量计卡涩，需处理》
编　　者	运行二处一值：谷铁　　时间：2019 年 02 月 16 日

2.9.25 8SEL 排放时 8KRT902MA 因取样流量偏低跳闸

异常缺陷名称	8SEL 排放时 8KRT902MA 因取样流量偏低跳闸
发生时间	2018 年 07 月 04 日早班
机组状态	3 号机组：RP 模式，满功率(管理废液排放的机组为 3 号机组)

续　表

异常缺陷现象	8SEL001BA 排放时，两次触发取样流量偏低导致 8KRT902MA 跳闸
风险或潜在后果	导致 8KRT902MA 不可用，产生 IO2：KRT5，不能进行 8SEL 排放
干预行动	已采取的行动措施： 1）暂停 8SEL001BA 排放，联系辐射防护检查 8KRT902MA 在线情况和故障情况； 2）安排运行现场检查 8SEL001BA 排放在线情况未见异常，泵运行出口压力正常； 3）联系仪控检查处理
原因分析	取样管路中有杂质堵塞
消缺行动	仪控处理反馈： 1）检修措施及步骤： ①将 8KRT902KC、8KRT904KC 置于“TEST”位； ②关闭 8SEL117VE、118VE，打开 8SEL119VE，打开 8SEP9940VT 冲洗管路； ③打开 8SEL121VE，关闭 8SEL119VE 冲洗 5 min 后关闭 8SEP9940VT、8SEL121VE； ④将 8KRT902PO 启动，检查流量； ⑤流量正常后，将 8KRT902KC、8KRT904KC 置于“NORMAL”位。 2）故障原因分析：取样管路中有杂质堵塞
相关知识	8KRT902MA 的取样流量小于 1 L/min 或大于 15 L/min 时，将触发 8KRT902MA 监测通道故障报警。8KRT902MA 监测通道故障[包括流量异常、带有取样回路的监测通道（8KRT902MA）泵停运、电子线路故障、失电等原因引起]或二级报警时，联锁关闭 8SEL049VE
参考资料信息	维修二处仪控：完工报告《FQ8-MA03-RCWO-00961528/01 8KRT902MA 在 8SEL001BA 排放时多次取样流量偏低，需要检查处理》； WR/WOT：00409488/ 00961528-01。工作许可证：8PT21240（8KRT902MA 取样流量低，需检查处理）； 其他类似异常缺陷： 1）2018 年 07 月 09 日，开工工单：8KRT902MA 取样流量低导致 8SELOOIBA 排放保护停止（WOT：00968025/01）。 故障原因分析：取样管路中存在异物。 详情见完工报告《FQ8-MA03-RCWO-00968025/01 2018.07.09 22:07 8KRT902MA 取样流量低导致 8SEL001BA 排放保护停止》。

续 表

参考资料信息	2)2018 年 07 月 13 日，开工工单：8KRT902MA 取样流量偏低处理(WOT：00970236-01)。 故障原因分析：取样管路中有杂质堵塞； 详情见完工报告《FQ8-MA03-RCWO-00970236/01 8KRT902MA 取样流量偏低，需要检查处理》。 3)2018 年 07 月 17 日，开工工单：8KRT902MA 取样流量偏低，需要进行处理(WOT：00972426-01)。 故障原因分析；职样管路里存在异物堵塞管路，导致流量过低。 详见完工报告《 FQ8-MA03-RCWO-00972426/01 8KRT902MA 取样流量偏低，需要进行处理》。 4)2018 年 12 月 10 日夜班，缺陷描述：8SEL002BA 排放时，出现 3 次 8KRT902MA 取样流量低(排放过程中，流量缓慢波动降低)(WR/WOT：00475751/01074290-01)。 故障原因分析：8KRT902MA 取样腔室集聚较多罐体内壁脱落涂层，导致流量下降。 详见 EAM 中工单 01074290-01 的完工报告	
编　　者	运行二处一值：谷铁	时间：2019 年 02 月 16 日

2.9.26　4KRT005MA 停运且置闭锁，再供电后自动投运

异常缺陷名称	4KRT005MA 停运且置闭锁，再供电后自动投运
发生时间	2018 年 08 月 10 日 中班
机组状态	RCD，一回路低低水位
异常缺陷现象	中班执行的文件包《4D401-64 RRI A 列在线与充水排气》中，要求通知辐射防护工作人员投运 4KRT005MA(设备冷却水 γ 放射性活度监测道)，当班值联系辐射防护工作人员投运 4KRT005MA，辐射防护工作人员检查反馈现场仪表为投运状态。 此前 08 月 10 日夜班为实施 4KRT001AR 再供电工作，执行《FQ4-KRT-C-024 4KRT001AR 停役典型操作票》执行该典操时，停运闭锁了 4KRT005MA，此期间未进行投运 4KRT005MA 的操作
风险或潜在后果	仪表非预期投运
干预行动	已采取的行动措施： 1)向辐射防护以及仪控人员核实确认仪表非预期投运原因； 2)编写相关经验反馈进行学习

续　表

<table>
<tr><td>原因分析</td><td>当只进行软闭锁的 MA 断电后重新送电时，MA 将自动解锁投运。所以当 4KRT001AR 再供电实施后恢复供电时，处于软闭锁的 4KRT005MA 自动解锁投运</td></tr>
<tr><td>消缺行动</td><td>
仪控处理反馈：
1）问题描述：4KRT005MA 停运且置闭锁，再供电后自动投运；
2）原因分析：
KRT 仪表（MA）的闭锁存在软闭锁和硬闭锁两种。
①硬闭锁，KIC 或是 SVDU 中将相应 MA 的 KC 置于 TEST 位置、辐射防护就地将 MA 的 BC 箱内的选择旋钮置于禁止位置都属于硬闭锁，见图 1。
BC 箱内的选择旋钮置于禁止位置后，MA 的报警和联锁动作均不会触发。
KC 置 TEST 位置将闭锁联锁动作，但 MA 仍能触发报警发送到主控 KIC。
就地 BC 箱置闭锁位置：
以 4KRT004MA 为列，4KRT004MA 的 BC 箱 4KRT004BC 如下左图所示，选择旋钮如图 1 所示。
a. 闭锁时将三个旋钮拨向禁止位；
b. 解锁时分别拨向失效、警告、高报。

图 1　就地控制箱上置“禁止”位置
②软闭锁一般在 KRT 的数字化就地处理箱（LPDU）上按下 SUPV 按钮对 MA 进行闭锁，见图 2。
</td></tr>
</table>

续　表

消缺行动	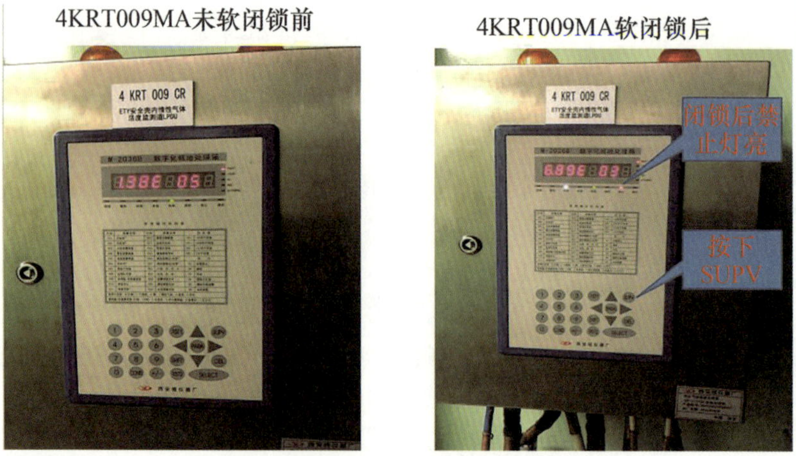 **图 2　就地处理箱上置闭锁示意图** 软闭锁，可以闭锁 MA 的报警和联锁动作。但当只进行软闭锁的 MA 断电后重新送电时，MA 将自动解锁投运。 所以当 4KRT001AR 再供电实施后恢复供电时，处于软闭锁的 4KRT005MA 自动解锁投运
相关知识	1）就地 BC 箱闭锁 MA 仪表时，通过将选择旋钮置于禁止位置时，MA 的报警和联锁动作均不会触发； 2）KC 置 TEST 位置将闭锁 MA 的联锁动作，MA 的一级、二级触发报警仍可发送到主控 KIC； 3）软闭锁，可以闭锁 MA 的报警和联锁动作。但当仪表只进行软闭锁的 MA 断电后重新送电时，MA 将自动解锁投运，此时存在 MA 自动投运触发高高报，触发联锁动作的风险； 4）硬闭锁不会存在 MA 重新恢复送电后自动解锁投运的情况； 5）只触发报警无联锁动作的 MA，一般只实施软闭锁。存在联锁动作的 MA，在实施闭锁时均会实施硬闭锁
参考资料信息	运行二处：《运行二处内部经验反馈——KRT 仪表的闭锁方式》
编　　者	运行二处一值：谷铁　　　时间：2019 年 02 月 16 日

2.9.27　主控触发 4KRT017MA&4KRT021MA 监测通道故障报警

异常缺陷名称	主控触发 4KRT017MA&4KRT021MA 监测通道故障报警
发生时间	2018 年 08 月 15 日中班

续 表

机组状态	RCD 模式
异常缺陷现象	主控同时触发 4KRT011KA6：016MA 监测通道故障报警、4KRT011KA7：020MA 监测通道故障报警、4KRT013KAB：4KRT017MA 监测通道故障报警和 4KRT013KAC：4KRT021MA 监测通道故障报警
风险或潜在后果	触发报警，影响仪表监测的可靠性。仪控和辐射防护共同确认 4KRT017/021MA 为可用状态，二级报警可正常触发
干预行动	已采取的行动措施： 1)联系辐射防护就地检查 4KRT017/021MA 运行正常； 2)联系仪控检查，经检查报警触发的原因为：将 B 列 4KCS132AR 机柜断电后导致 8DVN002MD 流量信号送 KRT 的 4DVNKRT-AD016_ O1_ BSx 失效导致； 3)联系仪控和辐射防护共同检查确认 4KRT017/021MA 为可用状态，二级报警可正常触发，不需记录 IO； 4)4KCS132AR 机柜恢复供电后，主控 4KRT011KA6：016MA 监测通道故障报警、4KRT011KA7：020MA 监测通道故障报警、4KRT013KAB：4KRT017MA 监测通道故障报警和 4KRT013KAC：4KRT021MA 监测通道故障报警消失
原因分析	仪控执行 DCS 机柜 B 列设备清灰和打力矩工作，将 B 列 4KCS-132AR 机柜断电后导致 8DVN002MD 流量信号送 KRT 的 4DVN-KRTAD016_ O1_ BSx 失效，从而导致主控触发 4KRT011KA6：016MA 监测通道故障报警、4KRT011KA7：020MA 监测通道故障报警、4KRT013KAB：4KRT017MA 监测通道故障报警和 4KRT013KAC：4KRT021MA 监测通道故障报警
消缺行动	仪控处理反馈： 1)原因反馈：4KCS132AR 机柜断电会导致 8DVN002MD 流量信号送 KRT 的 4DVNKRTAD016_ O1_ BSx 失效，从而会导致 4 号主控触发 4KRT011KA6：016MA 监测通道故障报警、4KRT011KA7：020MA 监测通道故障报警、4KRT013KAB：4KRT017MA 监测通道故障报警和 4KRT013KAC：4KRT021MA 监测通道故障报警； 2)影响分析：4KRT017/021MA 实际为可用状态，二级报警可正常触发，不需记录 IO

续 表

相关知识	8DVN001MD 由 3KCS033AR 供电，8DVN002MD 由 4KCS023AR 供电，3KCS033AR 和 4KCS023AR 均为三路供电，来自 LNB(两路)、LNE(一路)； 8DVN001MD 的信号：就地流量表先送到 3KCS033AR，一路信号送进卡件里进行处理(3DVN001MD)，另一路信号经过 3KCS035CR 隔离后送至 4KCS033AR(4DVN001MD)；3KCS131AR 中输出的信号（3DVN001MD_ BSxBUP）和 3KCS132AR 中输出的信号(3DVN002MD_ BSxBUP)是送到 3 号 BUP 上显示； 8DVN002MD 的信号：就地流量表先送到 4KCS023AR，一路信号送进卡件里进行处理(4DVN002MD)，另一路信号经过 4KCS025CR 隔离后送至 3KCS023AR(3DVN002MD)；4KCS131AR 中输出的信号（4DVN001MD_ BSxBUP）和 4KCS132AR 中输出的信号(4DVN002MD_ BSxBUP)是送到 4 号 BUP 上显示； 3KCS107AR 机柜断电会导致 8DVN001MD 流量信号送 KRT 的 3DVNKRTAD016_ O1_ ASx 失效，从而会导致 3 号主控触发 3KRT011KA6：016MA 监测通道故障报警、3KRT011KA7：020MA 监测通道故障报警、3KRT013KAB：3KRT017MA 监测通道故障报警和 3KRT013KAC：3KRT021MA 监测通道故障报警，此时 3KRT017/021MA 为可用状态，二级报警可正常触发，不需记录 IO。3KCS107AR 为三路供电，来自 LNE/LNG/LMA。 4KCS132AR 机柜断电会导致 8DVN002MD 流量信号送 KRT 的 4DVNKRTAD016_ O1_ BSx 失效，从而会导致 4 号主控触发 4KRT011KA6：016MA 监测通道故障报警、4KRT011KA7：020MA 监测通道故障报警、4KRT013KAB：4KRT017MA 监测通道故障报警和 4KRT013KAC：4KRT021MA 监测通道故障报警，此时 4KRT017/021MA 为可用状态，二级报警可正常触发，不需记录 IO； 3/4KCS131AR 为双路供电，来自 LNG/LMA； 3/4KCS132AR 为双路供电，来自 LNH/LMB	
参考资料信息	运行二处：运行二处内部经验反馈——主控触发 4KRT017/021MA 监测通道故障报警的经验反馈	
编　　者	运行二处一值：谷铁	时间：2019 年 02 月 16 日

2.9.28　8KRT505PO 故障无法启动

异常缺陷名称	8KRT505PO 无法启动，导致 8KRT505MA 不可用
发生时间	2016 年 09 月 30 日早班
机组状态	3 号机组：RP 模式，核功率 87%，电功率 911 MWe；4 号机组：机组调试阶段，尚未装料
异常缺陷现象	执行解隔离 8PW11686(缺陷处理：8RRI090VN 安全阀压力整定及密封试验)后，重新恢复启动 8KRT505PO 时，发现泵无法启动
风险或潜在后果	1)8KRT505PO 无法启动，导致无法监测 8SVA001BA 冷凝水的 γ 活度，产生 IO2：KRT10； 2)当 8KRT505PO 故障不可用时，8SVA001BA 液位高时，需要开疏水阀向 8RPE001PS 排水(8RPE001PS 向 8TEU003/004BA 排水)，增加三废系统的处理负担
干预行动	已采取的行动措施： 1)安排现场检查 8KRT505PO 上游供电情况，未见异常； 2)确认 8SVA001PO/002PO 处于手动，密切监视 8SVA001BA 液位，液位高时，可通过开疏水阀排水到 8RPE001PS 中； 3)oncall 仪控检查处理
原因分析	8KRT705CR 箱内开关量线缆松动
消缺行动	仪控处理反馈： 1)检修措施及步骤： ①查看 8KRT505MA 软件参数设置，参数设置正确； ②检查 8KRT505MA 就地处理箱内部端子接线，端子接线正常； ③检查通道流量计指针，指针灵活无卡涩现象； ④检查 8KRT705CR 箱内部端子接线，发现开关量接线松动，用端子螺丝刀对其进行紧固； ⑤紧固完成后，按下 8KRT705CR 箱上启动按钮，泵正常启动，观察流量计流量处于正常范围之内； ⑥观察通道运行 1 h，确认泵运行正常，无跳泵情况出现，且 8KRT505MA 运行正常。 2)故障原因分析：8KRT705CR 箱内开关量线缆松动
相关知识	8KRT505MA 用于 8SVA001BA 内辅助蒸汽冷凝水 γ 比活度的监测，8KRT505PO 为 8KRT505MA 取样回路取样泵；

续 表

相关知识	当 8KRT505PO 不可用时，8SVA001BA 内的冷凝水不能通过 8SVA001PO/002PO 排到 3/4STR 除氧器。可以将 8SVA001PO/002PO 置于手动，监视液位，并联系化学取样合格后再排放到 3/4STR。或是直接改变在线将 8SVA001BA 内的冷凝水排放到 8RPE001PS，最终进入到地面废水接收罐 8TEU003/004BA	
参考资料信息	维修二处仪控：完工报告《FQ8-MA03-RCWO-00382711/01 8KRT505PO 无法启动，导致 8KRT505MA 不可用》； WR/WOT：00176386/00382711-01（紧急工单），工作许可证：8PT12100（8KTR505PO 无法启动，导致 8KRT505MA 不可用）	
编　　者	运行二处一值：谷铁	时间：2019 年 03 月 11 日

2.9.29　主控出现 9KRT502KA3 9KRT505MA 监测通道故障

异常缺陷名称	主控出现 9KRT502KA3 9KRT505MA 监测通道故障
发生时间	2016 年 04 月 13 日中班
机组状态	1 号机组：RP 模式，电功率 846 MWe；2 号机组：RP 模式，电功率 845 MWe
异常缺陷现象	主控出现 9KRT502KA3　9KRT505MA 监测通道故障
风险或潜在后果	1）9KRT505MA 不可用，导致无法监测 9SVA001BA 冷凝水的 γ 活度，产生双机组 IO2：KRT10； 2）当 9KRT505MA 故障不可用时，9SVA001BA 液位高时，需要开疏水阀向 9RPE001PS 排水（9RPE001PS 向 9TEU003/004BA 排水），增加三废系统的处理负担
干预行动	已采取的行动措施： 1）安排现场检查 9KRT505PO 上游供电情况，未见异常； 2）确认 9SVA001PO/002PO 处于手动，密切监视 9SVA001BA 液位，液位高时，可通过开疏水阀排水到 9RPE001PS 中； 3）反馈 2 号机组，9KRT505MA 不可用，将产生双机组 IO2：KRT10； 4）oncall 仪控检查处理
原因分析	因储水罐液位低或流量波动过大，导致流量失效从而使取样泵停运，而取样泵异常停运后，未按下电气柜 9KRT705CR 内复位键，无法正常投运

续 表

消缺行动	仪控处理反馈： 1）检修措施及步骤： ①现场检查 9KRT505MA 失效灯亮，流量计上下限值均正常且无流量，储水罐液当前液位为：1 m； ②打开电气柜 9KRT705CR，启动取样泵，取样泵无法运行； ③按下电气柜 9KRT705CR 内强制启动取样泵按钮，取样泵能运行，确认取样泵无异常，松开强制启动按钮； ④按下电气柜 9KRT705CR 内 RESET 按钮后，启动取样泵 9KRT505PO，取样泵正常运行； ⑤持续观察 9KRT505MA：LPDU 正常运行，流量计流量稳定为：0.4 m^3/h。 2）故障原因分析：因储水罐液位低或流量波动过大，导致流量失效从而使取样泵停运，而取样泵异常停运后，未按下电气柜 9KRT705CR 内复位键，无法正常投运
相关知识	9KRT505MA 用于 9SVA001BA 内辅助蒸汽冷凝水 γ 比活度的监测，9KRT505PO 为 9KRT505MA 取样回路取样泵。 当 9KRT505PO 不可用时，9SVA001BA 内的冷凝水不能通过 9SVA001PO/002PO 排到 1/2STR 除氧器。可以将 9SVA001PO/002PO 置于手动，监视液位，并联系化学取样合格后再排放到 1/2STR。或是直接改变在线将 9SVA001BA 内的冷凝水排放到 9RPE001PS，最终进入到地面废水接收罐 9TEU003/004BA。 9KRT505PO 跳闸后，重新投运时需要按下电气柜 9KRT705CR 内复位键复位后，方可正常投运
参考资料信息	维修二处仪控：完工报告《FQ9-MA03-RCWO-00261634/01 主控出现 9KRT502KA3 9KRT505MA 监测通道故障，需处理》； WR/WOT：00122487/00261634-01（紧急工单）； 其他类似异常缺陷： 1）2016 年 10 月 18 日，开工工作：1-PW-00738—1KRT018CR 将 1LLC323JA 1KRT018CR 替换 LRT 开关，经 1LRT039CR 中转由 1LKB441JA 控制，该隔离有断开上锁 1KRT018AR 上游供电，导致 9KRT505MA 同时失电，恢复时 9KRT505MA 时，取样泵 9KRT505PO 无法投运（WR/WOT：00078062/00151972-01）。 故障分析：电气箱 9KRT705CR 其上游电源箱 lKRT018AR 因其他工作曾经断电，导致 9KRT505MA 取样泵异常停运；再次投运 9KRT505MA 取样泵时，需要按下电气箱 9KRT705CR 内空气开关上的 RESET 按钮。

续 表

参考资料信息	详情请见：完工报告《FQ1-MA03-RCWO-00151972/01 检查9KRT505MA取样本的电气箱9KRT705CR》。 2)2015年04月29日，开工工单：在9SVA001BA液位正常时，9KRT505PO异常跳泵导致9KRT505MA流量失流报警(WOT：00105035-01)。 故障原因分析：仪表实际取样流量值距离流量计设定流量下限值较近，导致上游液位有波动时，可能导致取样流量低于流量下限值而导致仪表失效停泵。 详情见完工报告：《FQ9-MA03-RCWO-00105035/01 在9SVA-001BA液位正常时，9KRT505PO异常跳泵导致9KRT505MA流量失流报警》。 3)2017年01月18日，开工工单：查找9KRT505MA取样泵9KRT505PO无故停运的原因(WOT：00486389-01)。 故障原因分析：取样流量偏低，流量波动时会超出流量下限值，导致停泵。 详情见完工报告：《FQ9-MA03-RCWO-00486389/01 查找9KRT-505MA取样泵9KRT505PO无故停运的原因》	
编　　者	运行二处一值：谷铁	时间：2019年03月11日

2.9.30 8KRT505MA在停运状态下产生一级、二级报警

异常缺陷名称	8KRT505MA在停运状态下产生一级、二级报警
发生时间	2016年09月21日早班
机组状态	RP模式，核功率8.5%FP
异常缺陷现象	8PW10913(8KRT505MA取样泵电机轴承振动异音，需处理)隔离实施中，8KRT505MA在泵停运状态下产生一级、二级报警
风险或潜在后果	报警误触发
干预行动	已采取的行动措施： 1)安排辐射防护检查确认8KRT505MA故障报警情况； 2)通知工作许可证8PW10913的工作负责人暂停工作； 3)oncall仪控检查处理
原因分析	8KRT505MA探头信号电缆头松动，产生信号干扰

续 表

消缺行动	仪控处理反馈： 1）检修措施及步骤： ①检查 8KRT505CR 报警阈值，一级为 1×10^5 Bq/m^3，二级为 4×10^5 Bq/m^3，报警阈值正确； ②检查灵敏度值为 1.08×10^{-4}，灵敏度正确； ③检查 LPDU 接地，确认处于良好状态； ④检查设备供电，高压为 809 V，且±12 V、5 V 电压均正常； ⑤检查设备数据处理单元，做模拟量测试，测量值正常，数据处理单元处于正常工作状态； ⑥在 LPDU 上运行本底测试命令，本底值为 4 Hz≤10 Hz，处于正常范围内； ⑦检查 8KRT505MA 探头信号电缆，发现其松动，重新端接； ⑧观察设备运行 1 h，无报警现象； 2）故障原因分析：8KRT505MA 探头信号电缆头松动，产生信号干扰
相关知识	8KRT505MA 用于 8SVA001BA 内辅助蒸汽冷凝水 γ 比活度的监测，8KRT505PO 为 8KRT505MA 取样回路取样泵。 当 8KRT505PO 不可用时，8SVA001BA 内的冷凝水不能通过 8SVA001PO/002PO 排到 3/4STR 除氧器。可以将 8SVA001PO/002PO 置于手动，监视液位，并联系化学取样合格后再排放到 3/4STR。或是直接改变在线将 8SVA001BA 内的冷凝水排放到 8RPE001PS，最终进入到地面废水接收罐 TEU003/004BA
参考资料信息	维修二处仪控：完工报告《FQ8-MA03-RCWO-00365519/01 8KRT505MA 在停运状态下产生一级、二级报警，需检查原因》； WR/WOT：00173609/00365519-01（紧急工单）
编　　者	运行二处一值：谷铁　　　时间：2019 年 03 月 11 日

2.9.31 9KRT505MA 取样泵运行时噪音大

异常缺陷名称	9KRT505MA 取样泵运行时噪音大
发生时间	2015 年 08 月 13 日早班
机组状态	1 号机组：RP 模式，电功率 920 MWe；2 号机组：RP 模式，30% FP 功率平台

续 表

异常缺陷现象	现场巡检发现 9KRT505PO 运行过程中有明显异音
风险或潜在后果	1) 9KRT505PO 停运后，9KRT505MA 不可用，导致无法监测 9SVA001BA 冷凝水的 γ 活度，产生双机组 IO2：KRT10； 2) 当 9KRT505MA 故障不可用时，9SVA001BA 液位高时，需要开疏水阀向 9RPE001PS 排水(9RPE001PS 向 9TEU003/004BA 排水)，增加三废系统的处理负担
干预行动	已采取的行动措施： 1) 安排现场检查 9KRT505PO 上游供电情况，未见电压电流异常波动； 2) 为避免泵损坏，手动停运泵 9KRT505PO； 3) 确认 9SVA001PO/002PO 处于手动，密切监视 9SVA001BA 液位，液位高时，可通过开疏水阀排水到 9RPE001PS 中； 4) 反馈 2 号机组，9KRT505MA 不可用，将产生双机组 IO2：KRT10； 5) oncall 仪控检查处理
原因分析	取样泵 9KRT505PO 异常，取样管线及测量腔室有沉淀物淤积导致取样流量值偏低
消缺行动	仪控处理反馈： 1) 检修措施及步骤： ①现场确认仪表工作状态：9KRT505MA 运行正常，但取样泵 9KRT505PO 运行时声音偏高，仪表流量计显示流量值低于其最低刻度值 0.16 m^3/h，但未低于其报警下限； ②查看仪表取样管线各阀门，均无异常，9SVA001BA 储罐液位正常； ③在 9KRT505CR 将仪表置于禁止状态，停运取样泵 9KRT-505PO，使用除盐水正向、反向冲洗取样管线及测量腔室，冲洗流出物较浑浊，说明取样管线及测量腔室有沉淀物淤积，待流出物透明后，关闭除盐水，并将取样管线各阀门恢复； ④将取样泵投运后，取样流量值上涨至 0.25 m^3/h，但仍低于其他电厂该通道取样流量 0.4 m^3/h，取样泵声音依旧异常； ⑤将取样泵停运后断电，隔离取样泵上下游阀门后更换取样泵，上电后投运取样泵，取样流量又恢复至冲洗前较低水平，怀疑取样管线中存留空气导致取样泵无法取样到测量介质； ⑥停运取样泵后，使用除盐水对取样管线进行冲洗后，重新恢复取样管线，启动取样泵后，流量值上涨至 0.4 m^3/h，与其他电站该通道取样流量值一致；

续　表

消缺行动	⑦确认仪表 9KRT505MA 工作正常，在 9KRT505CR 将仪表解除禁止状态。 2)故障原因分析：取样泵 9KRT505PO 异常，取样管线及测量腔室有沉淀物淤积导致取样流量值偏低
相关知识	9KRT505MA 用于 9SVA001BA 内辅助蒸汽冷凝水 γ 比活度的监测，9KRT505PO 为 9KRT505MA 取样回路取样泵。 当 9KRT505PO 不可用时，9SVA001BA 内的冷凝水不能通过 9SVA001PO/002PO 排到 1/2STR 除氧器。可以将 9SVA001PO/002PO 置于手动，监视液位，并联系化学取样合格后再排放到 1/2STR。或是直接改变在线将 9SVA001BA 内的冷凝水排放到 9RPE001PS，最终进入到地面废水接收罐 9TEU003/004BA
参考资料信息	维修二处仪控：《FQ9-MA03-RCWO-00133451/01 处理 9KRT505MA 取样泵 9KRT505PO 运行过程中有异音》； WR/WOT：00066661/00133451-01(紧急工单)
编　　者	运行二处一值：谷铁　　　　时间：2019 年 03 月 11 日

2.9.32　8KRT505MA 取样泵无法启动

异常缺陷名称	8KRT505MA 取样泵无法启动，导致通道无法监测
发生时间	2016 年 03 月 10 日早班
机组状态	3 号机组：机组调试阶段，首次装料前；4 号机组：机组调试建设阶段
异常缺陷现象	8KRT505MA 取样泵无法启动
风险或潜在后果	导致 8KRT505MA 不可用
干预行动	已采取的行动措施： 1)安排现场检查 8KRT505PO 上游供电情况，未见异常； 2)确认 8SVA001PO/002PO 处于手动，密切监视 8SVA001BA 液位，液位高时，可通过开疏水阀排水到 8RPE001PS 中； 3)oncall 仪控检查处理
原因分析	取样管路堵塞，造成流量计计数偏低从而引起停泵
消缺行动	仪控处理反馈： 1)检修措施及步骤： ①检查取样泵电源，供电均正常；

续　表

消缺行动	②检查取样回路阀门状态正常； ③启动取样泵，查看流量显示值低于流量计设备下限值，从而停泵信号无法消除； ④对取样管路进行分段冲洗检查，经过检查发现 8KRT505PO 至 8SVA236VL 间堵塞； ⑤机械将 8KRT505PO 至 8SVA236VL 间管道切割开； ⑥在切割开处，进行冲洗，发现套管处管道流量偏低，确认套管管道外径偏小； ⑦修改 8SVA004LT 安装位置，延长扩大管，增加流体流道； ⑧恢复 8KRT505MA 取样管路阀门至正常状态。 2)故障原因分析：取样管路堵塞，造成流量计计数偏低从而引起停泵
相关知识	9KRT505MA 用于 9SVA001BA 内辅助蒸汽冷凝水 γ 比活度的监测，9KRT505PO 为 9KRT505MA 取样回路取样泵。 当 9KRT505PO 不可用时，9SVA001BA 内的冷凝水不能通过 9SVA001PO/002PO 排到 1/2STR 除氧器。可以将 9SVA001PO/002PO 置于手动，监视液位，并联系化学取样合格后再排放到 1/2STR。或是直接改变在线将 9SVA001BA 内的冷凝水排放到 9RPE001PS，最终进入到地面废水接收罐 9TEU003/004BA
参考资料信息	维修二处仪控：完工报告《FQ8-MA03-RCWO-00239975/03 8KRT505MA 取样泵无法启动，导致通道无法监测》； WR/WOT：00112991/239975-03(计划工单)； 其他类似异常缺陷： 2017 年 07 月 12 日，开工工单：8KRT505MA 流量计流量异常处理(WOT：00650627-01)。 故障原因分析：管道内残留气体未排空。 详情见完工报告：《FQ8-MA03-RCWO-00650627/01 8KRT505MA 流量计流量异常处理》
编　　者	运行二处一值：谷铁　　　　时间：2019 年 03 月 11 日

2.9.33　4KRT041MA 取样泵异常跳闸

异常缺陷名称	4KRT041MA 取样泵异常跳闸
发生时间	2019 年 08 月 30 日中班

续 表

机组状态	MCS 模式
异常缺陷现象	18:56:33 主控触发 4KR041MA 监测通道故障报警。主控立即联系辐射防护就地检查发现仪表取样泵 4KRT041PO 异常跳闸，系统在线检查正常。 经主控安排后，辐射防护人员按照就地操作单准备重新启动取样泵。4KRT041PO 仪表取样流量、显示均恢复正常，无异常报警(时间为 19:15:23)。 21:03 分再次触发 4KRT041MA 故障报警，取样泵 4KRT041PO 未知原因跳闸。4 号机组当前 MCS 模式且 EBA 投运，产生 IO1：EBA1
风险或潜在后果	1)4KRT041MA 测量 EBA 系统空气取样活度，其故障在 MCS 模式 EBA 投运时下产生 IO1：EBA1+IO2：KRT4； 2)初始机组已存在限制条件(设备闸门开启运输物资)，IO 叠加要求后撤时间为 1 h； 3)EBA 系统为保持安全壳换气通风设置，保证内部人员的工作条件。如关闭则将影响厂房内通风和即将进行的主系统排气操作
干预行动	已采取的行动措施： 1)初始机组存在限制条件(设备闸门开启运输物资)，IO 叠加要求后撤时间为 1 h。当班值紧急退出 4EBA 运行，消除 IO1：EBA1。4EBA 退出后将对即将开始的主系统充水后的排气操作(主线)造成影响； 2)联系辐射防护值班人员现场检查确认异常情况和在线情况，要求辐射防护重新启动 4KRT041PO，恢复 4KRT041MA 可用； 3)oncall 维修仪控人员检查并处理取样泵异常跳闸原因； 4)安排主控和现场熟悉《FQ4-D12-C-004 EBA 系统停运、恢复 DVN EVR 至正常运行方式》(EBA1 的条款要求 8h 内隔离 EBA 贯穿件)； 5)确保机组安全壳 0 m、8 m 气闸门保持联锁状态
原因分析	4KRT041MA 滤纸破损
消缺行动	仪控处理反馈： 1)检修措施及步骤： ①检查发现 4KRT041MA 滤纸破损； ②更换新滤纸，调节流量至 2.40 m^3/h； ③设备恢复正常，故障消除； ④工作结束后，清理现场； 2)故障原因分析：4KRT041MA 滤纸破损

续 表

相关知识	KRT041MA 用于监测 EBA 系统空气活度的变化，并自动启动隔离装置，隔离 EBA、RPE 系统。 3/4KRT041MA 触发二级报警时，将联锁 3/4RPE002VY/017VP/027VP/055VE 关闭，3/4RPE001PO/002PO/003PO/004PO/014PO 停运，EBA001VA/003VA/013VA/015VA 关闭。 KRT041MA 从 EBA 系统壳外管路抽气取样进行测量，抽气管路相关的 EBA 阀门为 EBA013VA、014VA、015VA、016VA。这几个阀门若被关闭(即便任意一个)，都会导致 KRT041MA 取样泵停运且通道出现流量失效故障报警(3KRT003AR 机柜故障报警、4KRT004AR 机柜故障报警)。失效报警信号一旦出现就不会自行消失，必须要人员到 KRT 机柜手动解除	
参考资料信息	运行二处：4 号机组异常反馈——MCS 模式下 4KRT041MA 取样泵异常跳闸； WR/WOT：00609338/01347266-01(紧急工单)，工作许可证：20194PT25860(4KRT041MA 跳泵，需处理)； 维修二处仪控：EAM 中工单 01347266-01 的完工报告	
编　　者	运行二处一值：谷铁	时间：2020 年 01 月 10 日

2.9.34　主控触发 1KRT015KA(008MA 反应堆厂房 N-13 活度 1 级报警)、1KRT038KA(008MA 反应堆厂房 N-13 活度 2 级报警)、1KRT011KAB(008MA 监测通道故障报警)

异常缺陷名称	主控触发 1KRT015KA(008MA 反应堆厂房 N-13 活度 1 级报警)、1KRT038KA(008MA 反应堆厂房 N-13 活度 2 级报警)、1KRT011KAB(008MA 监测通道故障报警)
发生时间	2018 年 01 月 04 日中班
机组状态	RP 模式，满功率
异常缺陷现象	主控触发 1KRT015KA(008MA 反应堆厂房 N-13 活度 1 级报警)、1KRT038KA(008MA 反应堆厂房 N-13 活度 2 级报警)、1KRT011KAB(008MA 监测通道故障报警)，主控 KIC 中 1KRT008MA 显示×××
风险或潜在后果	1)1KRT008PO 故障需要隔离检修，隔离时可能需要同时停运 1KRT009MA，将导致 1KRT009MA 不可用，产生 IO2：KRT8；

续　表

风险或潜在后果	2）因 ETY 布样点在 1KRT008MA 所在管路中，1KRT008PO 停运不可用，管路中气体流量低，将导致 ETY 布样时不具有代表性，影响 1ETY 布样工作的开展。报警出现时 1 号机安全壳内压力已达到 104 kPa. a，已对 1ETY 提取样申请，待布样。若故障长时间无法消除，将影响 1 号机安全壳内气体有效取样，若安全壳内的相对压力超过 6 kPa 时，将产生 IO2：EPP1，相对压力超过 10 kPa 时，将产生 IO1：EPP2
干预行动	已采取的行动措施： 1）主控查看和执行报警卡，立即查看 1KRT008MA 趋势变化，KIC 中 1KRT008MA 显示×××； 2）安排现场检查确认 1KRT008MA 机柜 1KRT018AR 的上游供电正常； 3）联系辐射防护检查 1KRT008MA 故障情况，确认取样泵 1KRT008PO 停运； 4）因 1KRT009MA 与 1KRT008MA 从同一取样母管引流，主控立即联系辐射防护人员检查 1KRT009MA，确认 1KRT009MA 运行正常； 5）安排辐射防护和运行现场就地检查 1KRT008PO 管路在线，未见异常； 6）主控立即 oncall 维修电气与仪控就地检查处理，并要求维修电气同时核实泵备件。 建议后续行动： 运行关注 1 号机组安全壳压力上涨趋势，跟踪 1KRT008PO 处理进展，在 1KRT008PO 恢复可用后，及时联系化学流出物人员开展 1ETY 布样工作，以便后续通过 1ETY 排放降低安全壳内压力
原因分析	1KRT008PO 石墨叶片损坏
消缺行动	仪控处理反馈： 1）故障描述：主控触发 1KRT015KA 报警、1KRT038KA 报警、1KRT011KAB 报警； 2）原因分析：现场检查为 1KRT008PO 石墨叶片损坏； 3）处理过程： ①现场检查为 1KRT008PO 石墨叶片损坏； ②开紧急票对 1KRT008PO 进行整机更换
相关知识	ETY 布样点在 1KRT008MA 所在管路中，1KRT008PO 停运不可用时，管路中气体流量低，将导致 ETY 布样时不具有代表性，影响 1ETY 布样的工作开展

续 表

参考资料信息	维修一处仪控：维修日报(2018 年 01 月 05 日)； WR/WOT：00330720/00815892-01（紧急工单）、00330948/00815985-01(紧急工单)、00816099-01(紧急工单)	
编　　者	运行二处一值：谷铁	时间：2019 年 03 月 11 日

2.9.35　8KRT902MA 投运时，发现无流量，导致无法正常投运

异常缺陷名称	8KRT902MA 投运时，发现无流量，导致无法正常投运
发生时间	2018 年 05 月 04 日早班
机组状态	3 号机组：RP 模式，满功率(管理废液排放的机组为 3 号机组)
异常缺陷现象	准备执行 8SEL002BA 排放，投运 8KRT902MA 时，仪表无取样流量
风险或潜在后果	导致 8KRT902MA 监测道不可用，产生第二组 IO：KRT3，无法进行 8SEL 废液排放
干预行动	已采取的行动措施： 1）暂停 8SEL002BA 排放工作，要求辐射防护检查确认 8KRT902MA 在线情况和故障情况； 2)安排运行现场检查 8SEL002BA 排放在线情况未见异常，泵运行出口压力正常； 3)联系仪控检查处理
原因分析	1)8KRT902MA 取样管路入口至取样腔室存在异物堵塞，导致流量计流量偏低； 2)8KRT902MA 取样管路入口处上游 SEL 管路中水量较少，监测道投运后，SEL 管路中水被排空
消缺行动	仪控处理反馈： 1)处理进展：8KRT902MA 监测道流量计流量恢复正常，当前值为 0.6 m^3/h(流量范围：0.06~0.9 m^3/h)，设备运行状态正常； 2)原因分析： ①8KRT902MA 取样管路入口至取样腔室存在异物堵塞，导致流量计流量偏低； ②8KRT902MA 取样管路入口处上游 SEL 管路中水量较少，监测道投运后，SEL 管路中水被排空；

续　表

消缺行动	3)缺陷影响分析：导致 8KRT902MA 监测道不可用，产生第二组 IO：KRT3； 4)后续行动： ①与运行及辐射防护人员沟通，密切关注 8KRT902MA 流量计流量变化； ②在 8KRT902MA 投运前关注 SEL 管道液体情况	
相关知识	8KRT902MA 的取样流量小于 1 L/min 或大于 15 L/min 时，将触发 8KRT902MA 监测通道故障报警。8KRT902MA 监测通道故障(包括流量异常、带有取样回路的监测通道(8KRT902MA)泵停运、电子线路故障、失电等原因引起)或二级报警时，联锁关闭 8SEL049VE	
参考资料信息	维修二处仪控：oncall 反馈——8KRT902MA 无流量故障处理； WR/WOT：00383188/00912681-01(紧急工单)； 其他类似异常缺陷： 1)2018 年 7 月 9 日，开工工单：8KRT902MA 取样流量低导致 8SELOOIBA 排放保护停止(WOT：00968025/01)。 故障原因分析：取样管路中存在异物。 详情见完工报告《FQ8-MA03-RCWO-00968025/01 2018.7.9 22：07 8KRT902MA 取样流量低导致 8SEL001BA 排放保护停止》。 2)2018 年 07 月 13 日，开工工单：8KRT902MA 取样流量偏低处理(WOT：00970236-01)。 故障原因分析：取样管路中有杂质堵塞； 详情见完工报告《FQ8-MA03-RCWO-00970236/01 8KRT902MA 取样流量偏低，需要检查处理》。 3)2018 年 07 月 17 日，开工工单：8KRT902MA 取样流量偏低，需要进行处理(WOT：00972426-01)。 故障原因分析；职样管路里存在异物堵塞管路，导致流量过低。 详见完工报告《 FQ8-MA03-RCWO-00972426/01 8KRT902MA 取样流量偏低，需要进行处理》。 4)2018 年 12 月 10 日夜班，缺陷描述：8SEL002BA 排放时，出现 3 次 8KRT902MA 取样流量低(排放过程中，流量缓慢波动降低)(WR/WOT：00475751/01074290-01) 故障原因分析：8KRT902MA 取样腔室集聚较多罐体内壁脱落涂层，导致流量下降。 详见 EAM 中工单 01074290-01 的完工报告	
编　　者	运行二处一值：谷铁	时间：2019 年 02 月 16 日

2.9.36 KRT 系统设备异常缺陷处理总结

(1)KRT 报警出现后，处理思路

1)查看报警卡，执行要求的操作，确认 KRT 仪表供电是否正常；

2)联系辐射防护检查确认仪表故障情况；

3)查看核实技术规范中是否有该仪表对应的条款，若有则执行技术规范要求采取的措施；

4)查看模拟图/逻辑图确认该表报警是否存在相关的设备逻辑动作，若有核实设备(阀门或泵、风机)动作情况；

5)联系维修专业检查处理；

注：KRT 仪表的供电可以参考《FQ-OP2-XLJC-010 KRT 相关知识》、KRT 电气一次图。

(2)KRT 系统异常缺陷涉及的相关知识

1)工艺系统水过滤器更换辐射控制标准(依据《FQW-RP02-GS-003++辐射防护技术管理标准与限值》)

①RCV001FI

日常期间，KRT010MA 达到二级报警阈值时进行更换。大修期间更换标准为 120 mSv/h，其中氧化净化前 6 h 内更换标准为 40 mSv/h。

②RCV003/004FI

日常期间，接触剂量率水平达 150mSv/h 时，要求运行对 RCV003/004FI 进行切换，固废处理人员进行更换；大修氧化净化前，周测量点的接触剂量率水平达 100mSv/h 时，要求运行对 RCV003/004FI 进行切换，固废人员进行更换。

③TEP001FI

1/3KRT015MA 达到二级报警阈值时进行更换。

④TEP002FI

2/4KRT015MA 达到二级报警阈值时进行更换。

⑤PTR005FI

接触剂量率水平达 80mSv/h 时进行更换。

⑥REA011FI

NA213/NB223 房间内过道处的环境剂量率水平达 100 μSv/h 时进行更换。

2)KRT 仪表(MA)故障处理和维修工作时进行仪表逻辑闭锁的方式

KRT 仪表(MA)的闭锁存在软闭锁和硬闭锁两种：

硬闭锁：KIC 或是 SVDU 中将相应 MA 的 KC 置于 TEST 位置、辐射防护就地将 MA 的 BC 箱内的选择旋钮置于禁止位置都属于硬闭锁。BC 箱内的选择旋钮置于禁止位置的硬闭锁将闭锁 MA 的报警和联锁动作。DCS 中使用 KC 置 TEST 位置将闭锁联锁动作，但 MA 仍能触发报警发送到主控 KIC。

软闭锁：一般在 KRT 的数字化就地处理箱(LPDU)上按下 SUPV 按钮对 MA 进行闭

锁，也闭锁 MA 的报警和联锁动作。

只进行软闭锁的 MA 断电后重新送电时，MA 将自动解锁投运。硬闭锁将不会存在 MA 重新恢复送电后自动解锁投运的情况。一般涉及联动的 MA 仪表在闭锁时，均采用硬闭锁，且一般都有置 TEST 位置的 KC。

（3）KRT 系统技术规范易违反点

IO 工作先核实采取的措施是否可行：

案例 1：2018 年 2 月 5 日 1 号机组处于 MCS 模式，因 R 厂房执行探伤，工作人员要求闭锁 1KRT009MA。运行人员查阅技术规范后发现，当 1KRT009MA 因工作需闭锁时（KRT 系统的第 2 组 IO），在“所采取的措施”中有一条是：执行 EBA 和/或 ETY 相应事件的技术规范。在 EBA 系统的 IO 描述：安全壳内放射性高的隔离装置不可用且 EBA 安全壳隔离阀处于开启状态，为第 1 组 IO。由于此时 EBA 投运，若按照工作人员要求闭锁 1KRT009MA，会人为产生第一组 IO：EBA1，导致产生运行事件。

案例 2：2017 年 12 月 28 日凌晨，301 大修装料前提条件检查已完毕，具备装料条件，即将进入 RCS 模式，3 号机组电辅泵、汽动泵对接焊焊缝缺陷返修处理射线探伤负责人电话要求根据探伤许可证（WOT：782022-01）对 3KRT008MA、3KRT009MA 进行闭锁，当班值经过核实确认，在 RCS 模式下，直接闭锁 3KRT009MA 会产生 EBA 和 ETY 的第一组 IO，导致运行事件发生，后和主线计划沟通，停止 ASG 焊缝探伤以便进行装料，后完善安措并由计划安排至 29 日凌晨停止装料后再探伤。

故开展 KRT 相关的工作，存在导致 KRT 仪表不可用而产生 IO 前，需要做到以下几点，则可以避免违反技术规范：

①先核实 IO 要求采取的措施是否可行、可满足，再去执行产生 IO 的工作。

②对于技术规范条款中，涉及采取的措施“被破坏”，提前预告哪些限制条件或是 IO 不能产生。

③先核实当前机组 IO 数量限制，在满足数量限制要求后再去执行产生 IO 的工作。

（4）KRT 系统运行相关资料

《FQ-OP2-XLJC-010 KRT 相关知识》。

（5）KRT 系统辐射防护相关资料

《FQW-RP02-GS-003++辐射防护技术管理标准与限值》。

2.10 LOCA 监测系统(LSS)

2.10.1 4 号机组 LOCA 监测系统(LSS)梯形图显示异常

异常缺陷名称	4 号机组 LOCA 监测系统(LSS)梯形图显示异常
发生时间	2017 年 12 月 10 日早班
机组状态	RP 模式，满功率
异常缺陷现象	仪控工作人员执行 4LSS 系统 C21 报警试验时，在试验执行结束后，主控 4LSS 屏幕梯形图画无法显示完整梯形图，无法显示梯形图边界线，实时数据显示无异常。3 号机正执行 8RIS011PO 对 3 号机组中压安注箱充水工作
风险或潜在后果	梯形图边界丧失，影响主控准确有效的监控 ΔI
干预行动	已采取的行动措施： 1)主控室手动跟踪运行状态变化，15 min 记录一次运行点数据； 2)停止 8RIS011PO 对 3 号机组中压安注箱充水工作，消除限制条件。 限制条件消除后，尝试重启 4LSS 系统软件，查看软件是否恢复正常，若软件重启失败，执行 4LSS 系统机柜更换工作(IO1 工作)
原因分析	LOCA 监测软件键盘参数采集子程序运行异常，无法正常获取键盘参数值，导致系统无法标定梯形图边界，从而造成梯形图画面显示异常
消缺行动	仪控处理反馈： 1)处理过程： ①仪控尝试重启 4LSS 系统软件，软件重启失败； ②重启 4LSS 系统主机，主机重启后，4LSS 系统软件重启成功，系统恢复正常。 2)故障原因分析：LOCA 监测软件键盘参数采集子程序运行异常，无法正常获取键盘参数值，导致系统无法标定梯形图边界，从而造成梯形图画面显示异常
相关知识	1)4LSS 屏幕梯形图画无法显示完整梯形图，实时数据显示无异常。不用记录 IO2； 2)4LSS 系统软件卡涩，无法显示实时数据时，需要记录 IO2：RPN9；

续 表

相关知识	3)重启计算机主机需要记录 IO1：RPN10； 4)执行 C21 报警试验前，确认机组上无第一组 IO 或未使用限制条件	
参考资料信息	运行二处：4 号机组异常反馈——执行 4LSS 系统 C21 报警试验后 4LSS 系统梯形图显示异常。WR/WOT：00318018/00768181-01(紧急工单)，工作许可证：4PT42783(4 号机组 LOCA 监测机柜故障检查与处理)	
编　　者	运行二处一值：谷铁	时间：2019 年 02 月 16 日

2.10.2 4 号机组 LOCA 监测系统(LSS)梯形图显示异常

异常缺陷名称	4 号机组 LOCA 监测系统(LSS)梯形图显示异常
发生时间	2018 年 01 月 05 日 中班
机组状态	RP 模式，电功率 693 MWe
异常缺陷现象	中班仪控人员执行 4LSS 参数修改，将 100%FP 对应的轴向功率偏差参考线由 -4% 修改为 -3.25%。参数导入后，梯形图无边界显示，但其他参数可以实时跟踪，已与安工确认当前不需要记录 IO
风险或潜在后果	梯形图边界丧失，影响主控准确有效的监控 ΔI
干预行动	已采取的行动措施： 1)要求仪控分析故障原因并采取措施消除故障； 2)考虑 LOCA 计算机重启将产生第一组 IO，故在消除缺陷前尽量不安排存在第一组 IO 的工作
原因分析	根据现场采集信息，初步分析画面异常原因为：LOCA 监测软件键盘参数采集子程序运行异常，无法正常获取键盘参数值，导致系统无法标定梯形图边界，从而造成梯形图画面显示异常
消缺行动	仪控处理反馈： 1)处理进展：经当班值同意，将 3、4 号机组 LSS 系统机柜工控机进行了对换(因 12 月 05 日 4 号机组 LSS 故障时紧急拆借 3 号机组工控机，而 3 号机组使用 4 号机组修复后的工控机，此次更换将工控机恢复至原对应机组)，对换完成后 3、4 号机组 LSS 系统机柜均已恢复可用，重新导入物理参数后，3、4 号机组 LSS 系统各项参数显示正常。

续　表

消缺行动	2）缺陷描述：4 号机组在执行 LSS 参数调整工作时，出现梯形图显示异常问题。 3）工作过程： ①确认 4RPN006AR 设备位号，打开 4RPN006AR 机柜门； ②确认 C21 信号处于闭锁位置； ③在 LOCA 监测软件上切换权限至工程师； ④退出软件，关闭 LOCA 计算机； ⑤互换 3LSS 主机箱与 4LSS 主机箱，重启 LOCA 计算机机箱，并重新登录软件； ⑥确认软件恢复正常，重新下装键盘参数及磁盘参数，确认各项参数画面显示正常； ⑦工作结束，关闭机柜门。 4）原因分析： ①根据现场采集信息，初步分析画面异常原因为：LOCA 监测软件键盘参数采集子程序运行异常，无法正常获取键盘参数值，导致系统无法标定梯形图边界，从而造成梯形图画面显示异常，目前厂家尚未给出解决方法； ②本次问题与 12 月 10 日出现的“执行 4LSS 系统 C21 报警试验后 4LSS 系统梯形图显示异常”情况相同，该问题可能与机组号和设备不对应导致程序识别异常有关，此次已处理
相关知识	1）4LSS 屏幕梯形图画无法显示完整梯形图，实时数据显示无异常。不用记录 IO2； 2）4LSS 系统软件卡涩，无法显示实时数据时，需要记录 IO2：RPN9； 3）重启计算机主机需要记录 IO1：RPN10； 4）执行 C21 报警试验前，确认机组上无第一组 IO 或未使用限制条件
参考资料信息	维修二处仪控：oncall 反馈——4 号机组 LOCA 监测系统（LSS）梯形图显示异常问题处理反馈； WR/WOT：00331151/00816120-01（紧急工单）
编　　者	运行二处一值：谷铁　　　时间：2019 年 02 月 16 日

2.10.3 4号机组LOCA监测系统(LSS)通讯故障

异常缺陷名称	4号机组LOCA监测系统(LSS)通讯故障
发生时间	2018年01月11日夜班
机组状态	RP模式，满功率
异常缺陷现象	夜班4:35左右，4LSS计算机出现4RPN436KA(LSS故障)报警，当班值查看主控室LSS计算机画面和4RPN006AR内的LSS画面发现LSS参数不变化，BUP盘热功率大表参数不变化，在4RPN006AR内有系统故障灯亮。其余未发现其他异常
风险或潜在后果	导致4LSS系统软件卡死，软件卡死崩溃重启产生第一组IO1：RPN10
干预行动	已采取的行动措施： 1)查看和执行报警卡，检查LSS计算机画面和4RPN006AR内的LSS画面发现LSS参数不变化BUP盘热功率大表参数不变化，参阅FQ4-RPN-I-001故障规程有关章节和运行技术规范中的相关规定； 2)oncall维修仪控进厂检查。经与维修仪控电话确认，通讯故障仅导致LSS监测功能不可用，主机仍可用； 3)立即安排现场人员到KME读取4号机组堆芯热功率，每10 min记录一个参数； 4)主控室根据物理提供的"离线运行点跟踪"表格，每15 min跟踪一次RPN参数； 5)根据物理提供资料进入物理燃料技术支持系统监视ΔI的变化
原因分析	系统报错软件退出，重新登录后出现通讯故障，确认为通讯端口异常，由正常端口COM3跳转至COM9
消缺行动	仪控处理反馈： 1)处理进展：已通过软件重启并配置软件通讯端口消除报警，目前系统已恢复正常。 2)缺陷描述：运行人员在监盘过程中发现4LSS监视界面出现系统错误提示，在点击确认后软件意外退出，重启软件后出现通信故障报警。 3)原因分析： ①4LSS系统软件卡死崩溃，与前两次故障类似(C21试验时点击试验按钮软件异常、参数修改后界面参数显示异常)，为软件故障；

续　表

消缺行动	②经与厂家沟通，软件重启后通讯故障的原因为软件意外退出会导致通讯端口被初始化，恢复至默认值，需对软件端口进行重新选择与配置	
相关知识	3/4 号机组 LSS 系统的数据处理和显示在一个处理器和一个软件实现(其中 1/2 号机组含有两个处理器，一个用于数据处理，一个用于显示)，故 4LSS 系统软件卡死崩溃重启需要记录 IO1，梯形图画面异常不用记录 IO，主机故障或主机重启则需要记录 IO1：RPN10	
参考资料信息	运行二处：4 号机异常反馈——LSS 计算机出现通讯故障报警； 维修二处仪控：oncall 反馈——4 号机组 LOCA 监测系统(LSS)通讯故障处理反馈，完工报告《FQ4-MA03-RCWO-00823447/01 4RPN006AR 故障》； WR/WOT：00333411/00823447-01(紧急工单)	
编　　者	运行二处一值：谷铁	时间：2019 年 02 月 16 日

2.10.4　主控 LOCA 监测系统(LSS)显示器突然黑屏

异常缺陷名称	主控 LOCA 监测系统(LSS)显示器突然黑屏
发生时间	2017 年 12 月 05 日中班
机组状态	RP 模式，满功率
异常缺陷现象	22 点 02 分主控 LSS 显示器突然黑屏，无输入信号；查看计算机房间 4RPN006AR 内显示器也是黑屏，无输入信号，开始检查时 4RPN006AR 电源指示灯亮，后由于空开不明原因跳闸，4RPN006AR 电源指示灯不亮
风险或潜在后果	1)两个 LSS 显示器均不可用，记录 IO2：RPN9； 2)LSS 计算机不可用，记录 IO1：RPN10
干预行动	已采取的行动措施： 1)执行技术规范要求采取的措施，从 KIC 上读取 RPN 系统必要的参数值，手动跟踪运行状态； 2)已 oncall 仪控、物理、安工、运工立即进厂，汇报值班处领导，通知生产计划联系降功率保驾人员进厂； 3)主控做好降功率典型操作票和后撤 D 规程的准备

续　表

原因分析	4LOCA 监测机柜工控机主机箱电源模块损坏，确认模块内一块压敏电阻击穿
消缺行动	仪控处理反馈： 1)处理进展：经当班值同意，紧急拆借 3 号机组 LOCA 机柜工控机对 4 号故障设备进行更换，更换完成后 LOCA 监测机柜成功重启，LSS 系统恢复可用，重新导入参数后，热功率大表及堆芯监视画面显示正常。 2)缺陷描述：4 号机组主控 LOCA 监测系统远程显示器突然黑屏，就地检查发现工控机电源指示灯闪烁，机柜电源空开自动跳闸，LSS 系统失电不可用。 3)工作过程： ①4RPN006AR 机柜的防雷接地装置故障，导致电源开关跳闸，实施 TSD 后，拆除防雷接地装置，重新合闸，上游开关仍然跳闸； ②4LSS 系统主机电源合闸后，导致空开跳闸，判断为工控机主机箱内部故障，导致进线电源短路。定位出 4LSS 系统主机故障，经紧急拆借 3 号机组 LSS 系统主机作为备件。(3 号机组正在大修，对 LSS 系统没有要求，设备可以作为紧急备件使用)； ③实施安全措施闭锁 C21 信号； ④更换备件后，物理人员已准备好光盘和文件，更新 LSS 键盘和磁盘参数，4LSS 系统恢复可用； ⑤解除 C21 闭锁信号。 4)故障原因排查分析：4LSS 系统恢复后，仪控拆卸了故障主机上百个螺丝、解体十多个部件后，将问题定位到了主机内电源模块内一个压敏电阻被击穿
相关知识	1)LSS 故障后相关经验： ①机组大表中的堆芯稳态热功率取自 LSS 系统数据，当 LSS 故障的时候，以 KME 数据为准，具体计算操作方法见“KME 操作手册”文件； ②为满足技术规范要求：从 KIC 上读取 RPN 系统必要的参数值，手动跟踪运行状态。需要使用“离线运行点跟踪”EXCEL 表格(每月堆芯功率分布试验后，会修改 ΔI_{ref})，或在燃料物理技术支持系统查看 ΔI；

续　表

相关知识	③技术规范要求：如果功率>15%FP，6 h 内降负荷到这一功率水平之下，同时要求根据 ΔI 范围使负荷缓慢地(0.3% FP/min)下降到后撤功率水平，具体降功率时间点参考《FQY-5OP-TPEP-0003　3/4 号机组 LSS 系统故障应急预案》中 LSS 故障后降功率方案； ④更换备件前，需要闭锁 C21 信号，状态恢复后解除 C21 信号； ⑤现场需要准备一份主机备件和光盘数据，作为应急维修时使用，维修编写生效 LSS 故障紧急维修预案； 2)LSS 故障涉及的技术规范： ①4LSS 屏幕梯形图画无法显示完整梯形图，实时数据显示无异常。不用记录 IO2； ②4LSS 系统软件卡涩，无法显示实时数据时，需要记录 IO2：RPN9； ③重启计算机主机需要记录 IO1：RPN10； ④执行 C21 报警试验前，确认记录上无第一组 IO 或未使用限制条件
参考资料信息	运行二处：运行二处内部经验反馈——4LSS 系统故障处理运行经验反馈； 运行二处值长日报(2017 年 12 月 09 日)； 维修二处仪控：EAM 中工单 00768181-01 的完工报告； WR/WOT：00318018/00768181-01（紧急工单），工作许可证：4PT42783(4 号机组 LOCA 监测机柜故障检查与处理)
编　　者	运行二处一值：谷铁　　　时间：2019 年 02 月 16 日

2.10.5　主控频繁闪发 4RPN436KA(LSS 故障)报警

异常缺陷名称	主控频繁闪发 4RPN436KA(LSS 故障)报警
发生时间	2019 年 02 月 12 日夜班
机组状态	RP 模式，核功率 2.5%FP~3% FP
异常缺陷现象	降负荷至 2.5%FP~3%FP 过程中，主控出现 4RPN436KA(LSS 故障)报警
风险或潜在后果	报警频繁触发影响主控操纵员监盘，可能导致 LOCA 监测系统画面异常卡顿

续　表

干预行动	已采取的行动措施： 1)联系仪控和堆物理人员检查确认； 2)为避免频繁闪发报警，核功率按照 3%FP～3.5%FP 控制
原因分析	低功率下，当 RPN 功率量程各通道的 6 段节电流之和小于 0.5 V(对应电流为 10 μA)时，导致系统中有关节电流的计算将被认为无效，从而产生 LSS 系统故障报警(RPN436KA)
消缺行动	仪控处理反馈： 1)缺陷描述：4 机组低功率状态下闪发 4RPN436KA(LSS 系统故障)报警。 2)报警原因： 经与设计沟通，根据 LSS 系统设计原理，其中有关节电流计算的设计中有以下限制要求： $(SH1+SH2+SH3+SB1+SB2+SB3)>0.5\ V$ 注：RPN 功率量程各通道的 6 段节电流之和须大于 0.5 V(对应电流为 10 μA) 如果不满足以上条件，系统中有关节电流的计算将被认为无效，从而产生 LSS 系统故障报警(RPN436KA)。 而根据通道功率水平计算公式， $P=G\times K\times[KH\times(SH1+SH2+SH3)/3+KB\times(SB1+SB2+SB3)/3]$ 注：G(电流-功率转换系数)为常数，设置为 1×10^6(单位：A/%FP) K、KH、KB 为功率刻度系数，每月通过堆芯功率分布测量试验校核确定。 当满足以上条件时，核功率须达到一定的功率水平(通常 3%FP 左右，具体数值与当前功率刻度系数有关)。 3)报警影响：该报警由机组工况变化引起，属于正常现象，不属于设备缺陷，不影响设备可用性
相关知识	低功率下，当 RPN 功率量程各通道的 6 段节电流之和小于 0.5 V(对应电流为 10 μA)时，将导致系统中有关节电流的计算将被认为无效，从而产生 LSS 系统故障报警(RPN436KA)。可以适当控制核功率大于约 3%FP，以消除 LSS 系统故障报警(RPN436KA)
参考资料信息	维修二处仪控：关于 4 号机组闪发 4RPN436KA(LSS 系统故障)报警的问题反馈
编　　者	运行二处一值：谷铁　　　时间：2019 年 03 月 16 日

2.10.6 4号机低功率工况下LOCA监测系统卡顿

异常缺陷名称	4号机低功率工况下LOCA监测系统卡顿
发生时间	2019年02月18日早班
机组状态	RP模式，核功率7.64%FP，尚未并网
异常缺陷现象	接班时当班值发现4号主控的LOCA监测系统画面异常卡顿，数据刷新缓慢，且报警画面存在大量报警信息，无法清除
风险或潜在后果	严重影响早班即将进行的4号机调停后的升功率期间的相关参数的监测，产生第一组IO：RPN10
干预行动	已采取的行动措施： 1）执行《FQ4-OP00-TD-17012 4号机组LSS系统故障应急预案》； 2）oncall仪控过来检查处理，仪控反馈只能通过重启LOCA监测系统来进行处理，LOCA监测系统重启，需要记录RPN10的IO1，仪控开票重启系统之后，系统恢复正常，不再卡顿
原因分析	4LSS系统监视软件缓存报警数据过多，导致系统处理器负荷过大
消缺行动	仪控处理反馈： 1）故障原因分析：经检查LSS系统在线监视软件报警信息缓存过多，未及时清除确认，导致软件运行内存不足，操作卡顿。而产生的报警主要是低功率状态下频繁出现的4RPN436KA（LSS系统故障）和LLS系统ERR画面报警，其报警的原因如下： 根据LSS系统设计原理，其中有关节电流计算的设计中有以下限制要求：$(SH1+SH2+SH3+SB1+SB2+SB3)>0.5\ \text{V}$ 注：RPN功率量程各通道的6段节电流之和须大于0.5 V（对应电流为10 μA） 如果不满足以上条件，系统中有关节电流的计算将被认为无效，从而产生LSS系统故障报警（RPN436KA）。 而根据通道功率水平计算公式， $P=G\times K\times[KH\times(SH1+SH2+SH3)/3+KB\times(SB1+SB2+SB3)/3]$ 注：G（电流-功率转换系数）为常数，设置为1×10^{6}（单位：A/%FP） K、KH、KB为功率刻度系数，每月通过堆芯功率分布测量试验校核确定。 当满足以上条件时，核功率须达到一定的功率水平（通常3%FP左右，具体数值与当前功率刻度系数有关）。

续 表

消缺行动	2)工作处理过程： ①与主控沟通，确认C21信号已闭锁； ②确认设备位号，打开4RPN006AR机柜门； ③检查确认设备硬件运行无异常； ④进入LOCA监测软件，切换至工程师权限退出软件； ⑤重新启动计算机； ⑥系统重启后，使用工程师权限登陆软件界面； ⑦重新配置通讯端口，确认系统通讯故障报警消失； ⑧确认系统所有画面切换流畅，且状态显示正常； ⑨关闭机柜门，归还工作许可证，汇报工作完成情况	
相关知识	1)低功率下LOCA监测系统报警较多，需及时确认； 2)1/2号机组LSS系统显示和计算单元是分开的，有两个服务器，显示卡顿，重启显示服务器就行，计算服务器还在运行，只算第二组IO，3/4号机组LSS系统重启服务器需要记录第一组IO	
参考资料信息	运行二处：《运行二处内部经验反馈——低功率下LOCA监测系统卡顿经验反馈》； 维修二处仪控：EAM中工单01151826-01的完工报告； WR/WOT：00507183/01151826-01(紧急工单)	
编　　者	运行二处一值：谷铁	时间：2019年03月16日

2.10.7 1号机组出现1RPN436KA(LSS故障或C21试验)报警，LOCA机显示以太网故障

异常缺陷名称	1号机组出现1RPN436KA(LSS故障或C21试验)报警，LOCA机显示以太网故障
发生时间	2018年05月27日中班
机组状态	RP模式，满功率
异常缺陷现象	16:43，1号机组出现1RPN436KA报警(LSS故障或C21试验)，与此同时LOCA监测系统显示器1KIC601WS-000HV的ERR画面报警显示栏中出现LSS故障(RPN436KA)和机架以太网络模块故障报警，并且报警无法复位消除。 检查LOCA计算机1KIC601WS-000HV的SYS画面(主要设备运行状态显示页)中的PLC部分第二个模块显示为红色，正常运行时显示为绿色

续　表

异常缺陷现象	仪控间检查 1RPN006AR 并对比 2RPN006AR，发现柜内对应模块 2 红灯亮、系统故障灯亮、电源指示灯灭。后经仪控澄清，模块 2 红灯是电池状态，电源灯不亮已有历史缺陷，见图 1。 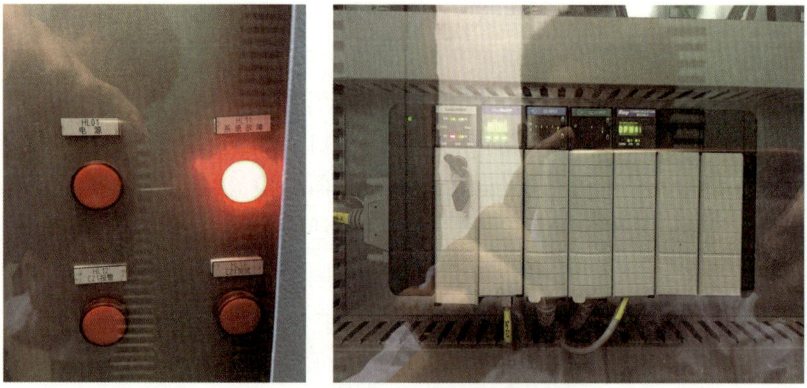 **图 1　1RPN006AR 上故障报警情况** 此报警为 1 号机组首次出现，且出现报警时，主控 LOCA 监测显示器上梯形图放大功能无法正常使用，ΔI 运行点不能变大，但是坐标轴系可以变大，且 ΔI 运行点不会实时自动变化，画面切换时 ΔI 运行点会变化，其他画面中的所有运行参数正常变化
风险或潜在后果	1 号机组出现 1RPN436KA 报警(LSS 故障或 C21 试验)，堆芯跟踪模块故障不可用，LSS 显示器不可用，产生随机 IO2(RPN9：堆芯跟踪模块(CFM)不可用或两个显示器均不可用)
干预行动	已采取的行动措施： 1)立即查看和执行报警卡； 2)执行故障规程《FQ1-RPN-I-001 核仪表系统运行故障》； 3)立即 oncall 仪控人员到厂，通知物理人员、安工，汇报处领导； 4)执行《FQX-OP00-TD-18002 1/2 号机组 LSS 系统故障应急预案》； 5)根据技术规范要求跟踪堆芯 RPN 参数，每 15 min 记录一次参数，并将 1RPN003HXT 进行打印备用； 6)LSS 系统故障，大表中的堆芯稳态热功率显示不准确，安排一名操纵员前往 L604 熟悉 KME 系统相关操作，以便实时跟踪计算堆芯热功率值； 7)仪控人员到厂后重新启动软件，KIC 及 LOCA 计算机 1KIC601WS-000HV 报警均消失； ΔI 运行点恢复正常。经仪控人员检查初步分析是 LOCA 系统跟踪模块故障导致，IO 记录 RPN9

续　表

原因分析	上位机底层软件存在 BUG，导致 LOCA 上位机软件异常崩溃
消缺行动	仪控处理反馈： 1）工作过程： ①验证隔离边界，确认设备位置，检查初始条件，确认 PLC 工作正常； ②打开 1RPN006AR 柜门； ③重启 LOCA 检测软件，软件运行恢复正常； ④查看轴向功率偏差等参数，确认无异常； ⑤工作结束，向运行人员报告工作完成情况； 2）故障原因分析：上位机底层软件存在 BUG，导致 LOCA 上位机软件异常崩溃
相关知识	PLC 模块 1~6 的功能及对应故障： 1）电源冗余模块，1 个电源模块对系统功能无影响，2 个电源模块同时故障会导致 LOCA 处理部分与堆芯跟踪模块均不可用； 2）CPU 模块，故障会导致 LOCA 处理部分与堆芯跟踪模块均不可用； 3）以太网模块，该模块用于与上位机通讯，故障会导致堆芯跟踪模块均不可用； 4）DI 模块，故障对系统本身功能无影响，仅影响 C21 测试信号功能； 5）DO 模块，故障会导致 C21 信号无法触发或异常触发 C21 信号； 6）MODBUS 通讯模块，该模块与 DCS 进行通讯，故障会导致 LOCA 处理部分与堆芯跟踪模块均不可用。 另 LOCA 计算机 1KIC601WS-000HV 的 SYS 画面中除 PLC 部分外的其余设备统称为跟踪模块。 通过对以上不同功能模块故障快速判断故障的原因，从而决定后续的处理措施
参考资料信息	运行一处李宝佳：运行一处内部经验反馈——LOCA 监测系统跟踪模块不可用的异常处理； 维修一处仪控：EAM 中 00933087-01 的完工报告； WR/WOT：00393545/00933087-01（紧急工单），1PT17996（重启 1LSS 系统软件）
编　　者	运行二处一值：谷铁　　时间：2019 年 03 月 16 日

2.10.8 2LSS 系统显示器卡顿、无法操作，工控机硬件重启不成功

异常缺陷名称	2LSS 系统显示器卡顿、无法操作，工控机硬件重启不成功
发生时间	2019 年 03 月 06 日中班
机组状态	RP 模式，电功率 836 MWe
异常缺陷现象	2 号主控 18:17，触发 2RPN436KA（LSS 故障或 C21 试验）报警，主控查看 LOCA 监测系统计算机显示器画面卡顿，数据不刷新，鼠标动作缓慢随后间歇性无法动作。主控根据 1/2 号机组 LSS 系统故障应急预案查看 2RPN006AR 中 PLC 运行状态指示灯指示正常，但柜内显示器故障现象与主控室显示器一致，判断 LOCA 处理计算机可用，堆芯跟踪模块 CFM 或两台显示器不可用，记录 RPN9。仪控人员到场后，主控重启软件进程，仪控人员重启工控机，均无法重新启动系统。当前仪控人员正在领取备件，准备对工控机主机进行更换
风险或潜在后果	堆芯跟踪模块 CFM 或两台显示器不可用，记录 RPN9
干预行动	1）已采取的行动措施： ①根据 1/2 号机组 LSS 系统故障应急预案密切监视 LOCA 系统 PLC 运行状态，与专业共同确认当前 LOCA 处理计算机运行正常； ②oncall 仪控、设备管理、物理、安工进厂； ③根据 RPN9 条款要求，执行要求采取的措施，每 15 min 从 KIC 上读取 RPN 系统必要参数手动跟踪堆芯运行状态； ④主控根据预案软件重启进程，仪控人员硬件重启工控机，均无法重新启动系统； 2）建议后续行动： ①维修部门分析制订方案、消除缺陷； ②近期 LOCA 计算机连续出现故障，本次故障后多次重启失败，首次更换工控机处理缺陷，维修人员反馈工控机备件仅此一台。请设备管理处和维修一处分析故障原因，采取措施提高 LOCA 计算机设备可靠性
原因分析	工控机硬件性能不足
消缺行动	仪控处理反馈： 1）处理进展：更换工控机备件后，2LSS 系统 LOCA 处理计算机已恢复正常，RPN9 的 IO2 已消除；

续　表

消缺行动	2)工作过程： ①召开工前会，详述风险分析，着重强调检修仅影响2RPN006AR工控机(仅IO2：RPN9，要求7天内检修完成)，工作期间保持对PLC状态正常的确认； ②闭锁C21下游动作； ③尝试调出任务管理器失败，无法退出2LSS应用软件； ④点击2LSS工控机“重启”按钮； ⑤重启后工控机无法进入操作系统； ⑥确认已镜像安装现场备份系统的工控机备件能够正常运行； ⑦更换工控机备件； ⑧备件启动后，出于谨慎考虑，执行《FQX-RPN-T-I002：LSS系统参数调整(磁盘参数)》重新下装2LLS最新磁盘参数； ⑨核实2LSS系统键盘参数正确； ⑩由于软件界面切换存在卡顿，对2LSS软件历史数据文件进行清理； ⑪与运行、物理、设备管理共同确认，目前2LSS软件状态正常，特别是报警界面正常，且可正常获取历史趋势； ⑫确认当前数据点处于运行图正常范围； ⑬确认C21未触发，解除对C21下游动作的闭锁； ⑭向主管人员报告工作完成情况； 3)故障原因分析：工控机硬件性能不足	
相关知识	1/2号机组LSS系统显示和计算单元是分开的，有两个服务器，显示卡顿，重启显示服务器就行，计算服务器还在运行，只算第二组IO，3/4号机LSS系统重启服务器需要记录第一组IO	
参考资料信息	运行一处：2号机组异常反馈——2LSS系统显示器卡顿、无法操作，工控机硬件重启不成功； 维修一处仪控：EAM中工单01163150-01的完工报告； WR/WOT：00515603/01163150-01（紧急工单），20192PT06133(2RPN006AR工作站重启)	
编　　者	运行二处一值：谷铁	时间：2019年03月16日

2.10.9 执行2LSS系统C21信号试验时，无法触发2RPN429KA(LSS报警C21)报警

异常缺陷名称	执行2LSS系统C21信号试验时，无法触发2RPN429KA(LSS报警C21)报警
发生时间	2015年09月15日早班
机组状态	NS/SG模式
异常缺陷现象	执行2LSS系统C21信号试验时，无法触发2RPN429KA(LSS报警C21)报警
风险或潜在后果	无法触发2RPN429KA(LSS报警C21)报警，机组上行后，存在C21保护无法触发危及反应堆安全的风险
干预行动	已采取的行动措施： 1)查看KIC画面检查确认C21信号未被闭锁； 2)联系仪控检查处理
原因分析	LSS机柜的PLC通讯模块出现故障
消缺行动	仪控处理反馈： 1)工作过程： ①重新触发C21信号DCS通讯模块相关情况，发现并无相关异常； ②检查LSS机柜发现机柜的PLC通讯模块出现故障； ③对PLC通讯模块进行热插拔； ④重新触发C21信号，发现KIC上能够正常触发RPN429KA报警； ⑤通知主控室工作完成； 2)故障原因分析：LSS机柜的PLC通讯模块出现故障
相关知识	当至少两个功率量程通道轴向功率偏差ΔI超出反应堆运行梯形图左、右限时(处在50% FP以下的右侧除外)或就地LSS机柜(RPN006AR)上有C21试验，将触发C21信号
参考资料信息	维修一处仪控：完工报告《FQ2-MA03-RCWO-00141774/01 2LSS C21信号试验无法触发KIC报警问题处理》； WR/WOT：00072692/00141774-01(紧急工单)
编　　者	运行二处一值：谷铁 / 时间：2019年02月16日

2.11 反应堆水池和乏燃料水池冷却和处理系统(PTR)

2.11.1 4PTR001PO 主控显示有自动停命令，无法启动

异常缺陷名称	4PTR001PO 主控显示有自动停命令，无法启动
发生时间	2017 年 03 月 11 日夜班
机组状态	机组调试阶段，尚未装料
异常缺陷现象	执行燃料装载井打循环在线时，发现 4PTR001PO 有保护停信号，无法启动
风险或潜在后果	导致泵无法启动，影响实施燃料装载井打循环工作的开展
干预行动	已采取的行动措施： 1)分析和检查泵保护停信号，初步怀疑 4PTR027SP 仪表故障； 2)oncall 仪控检查处理
原因分析	4PTR027SP 仪表漂表
消缺行动	仪控处理反馈： 1)检修过程： ①验证隔离边界，确认设备位号与工作票一致； ②与主控沟通，说明工作内容及工作中存在的风险； ③流程图与现场根阀 4PTR027VSP 不一致，经运行核实，为 4PTR027VSP； ④关闭 4PTR027VSP，拆除 4PTR027SP 的航空插头，并做好绝缘包裹，使用万用表测量，仪表当前的状态为低报； ⑤缓慢拆除仪表引压管，并用废液收集袋收集废液，使用压缩空气罐吹扫仪表接头，确认无残液，连接压力校验仪，对 4PTR027SP 进行校验并做好记录，计算仪表允许误差，仪表不合格； ⑥调整仪表后，重新使用压力校验仪对仪表进行校验，并记录数据，计算仪表允许误差，判定仪表合格； ⑦拆除压力校验仪，回装仪表引压管，打开 4PTR027VSP，恢复仪表初始状态； ⑧工作完毕，归还工作许可证； 2)故障原因分析：4PTR027SP 仪表漂表
相关知识	4PTR027SP 保护停泵定值 85 kPa，消报定值 135 kPa

续 表

参考资料信息	维修二处仪控：EAM 中工单的完工报告； WR/WOT：00223181/00530468-01(紧急工单)	
编　　者	运行二处一值：谷铁	时间：2020 年 01 月 13 日

2.11.2　就地按下 2PTR001PO 启动按钮 2PTR001TO 后，泵未启动，主控显示大红色

异常缺陷名称	就地按下 2PTR001PO 启动按钮 2PTR001TO 后，泵未启动，主控显示大红色
发生时间	2015 年 06 月 24 日早班
机组状态	机组调试启动阶段
异常缺陷现象	通过 2PTR002PO 对 2PTR001BA 进行循环时，就地按下 2PTR001PO 启动按钮 2PTR001TO 后，泵未启动，主控显示大红色
风险或潜在后果	影响 2PTR002PO 对 2PTR001BA 打循环工作的开展
干预行动	已采取的行动措施： 1)安排运行现场检查泵供电是否正常，未见明显异常； 2)oncall 电气检查处理
原因分析	泵供电开关抽屉柜端子排接线松动
消缺行动	电气处理反馈： 1)故障现象：就地按下 2PTR001PO 启动按钮 2PTR001TO 后，泵未启动，主控显示大红色； 2)检修过程： ①到现场验证隔离，工作前验电； ②检查抽屉柜时，发现端子排接线松动，将抽屉拉出，将接线紧固； ③将抽屉拉出，将接线紧固，重新送入抽屉，报警仍存在； ④联系运行，就地按下启动按钮，测量启动信号未到达，联系仪控配合进行处理； ⑤仪控将该报警复位后，联系运行重新启动该泵，泵运行正常，验证合格； ⑥归还工作许可证； 3)故障原因分析：泵供电开关抽屉柜端子排接线松动

续　表

相关知识	1)PTR001PO 可在就地控制柜 PTR001AR、003AR、005AR 上启动和停运。在 PTR001AR 上有选择开关：001CC。001CC 有两个档位：PTR001PO 由 PTR001AR 控制或由 PTR003 和 005AR 控制； 2)当泵入口压力 PTR027SP 低(小于 85 kPa)时泵跳闸同时在主控和 001AR 上出现报警，2PTR027SP 消报定值为 135 kPa	
参考资料信息	维修二处仪控：EAM 中工单的完工报告； WR/WOT：00057463/00117166-01(紧急工单)	
编　　者	运行二处一值：谷铁	时间：2020 年 01 月 13 日

2.11.3　4PTR023VB 逆止阀卡涩导致 RRA 系统满水备用时余热排出泵出口压力低

异常缺陷名称	4PTR023VB 逆止阀卡涩导致 RRA 系统满水备用时余热排出泵出口压力低
发生时间	2018 年 10 月 16 日夜班
机组状态	RP 模式，满功率
异常缺陷现象	巡盘时发现余热排出泵出口压力 4RRA004MP 显示为 0.05 MPa，经对比相同机组模式下的 3 号机组显示 0.19 MPa。由于 RRA 系统退出运行后由乏池通过 4PTR021VB、4PTR023VB 保持满水状态，压力应显示 0.19 MPa。目前怀疑 4PTR023VB 逆止阀卡涩导致(当前 1 号机组存在同样缺陷)
风险或潜在后果	导致 RRA 系统在退出运行后，导致乏池未能通过 PTR 系统与 RRA 系统连接管线来使 RRA 保持满水状态
干预行动	已采取的行动措施： 1)主控对比相同机组模式下的 3 号机组余排泵出口压力显示 0.19 MPa，初步怀疑 4PTR023VB 逆止阀卡涩或是仪表 4RRA004MP 故障，经查 4RRA004MP 趋势未见明显异常； 2)联系机械准备检查处理方案
原因分析	4PTR023VB 逆止阀卡涩，导致乏池未能通过 PTR 系统与 RRA 系统连接管线来使 RRA 保持满水状态
消缺行动	机械处理反馈： 1)处理进展：10 月 23 日早班进入核岛敲击逆止阀 4PTR023VB 后，余热排出泵出口压力恢复正常(4RRA004MP 示数显示 0.19 MPa)；

续 表

消缺行动	2）工作过程： ①确认设备位号，辐射防护人员确认环境剂量率； ②执行 4PTR023VB 逆止阀卡涩处理方案； ③服务人员拆除保温； ④对止回阀进行敲击； ⑤与主控确认 4RRA004MP 压力显示读数正常，工作结束； 3）故障原因分析：4PTR023VB 逆止阀卡涩，导致乏池未能通过 PTR 系统与 RRA 系统连接管线来使 RRA 保持满水状态
相关知识	RRA 系统退出运行后由乏池通过 4PTR021VB、4PTR023VB 保持满水备用状态
参考资料信息	维修二处机械：EAM 中工单 01037271-01 的完工报告； WR/WOT：00452116/01037271-01（计划工单）
编　　者	运行二处一值：谷铁　　时间：2020 年 01 月 13 日

2.11.4　3PTR001PO 运行时，出口逆止阀处存在管道敲击声

异常缺陷名称	3PTR001PO 运行时，出口逆止阀处存在管道敲击声
发生时间	2016 年 08 月 25 日
机组状态	机组调试启动阶段
异常缺陷现象	在开大 3PTR007VB 开度，调节 3PTR 冷却流量过程中，当 3PTR001MD 在 361.5 m^3/h 左右时，现场管道有类似水锤声，约每 20 s 一下。当 3PTR001MD 流量调低到 310 m^3/h 左右时水锤声消失
风险或潜在后果	导致泵出口管道内存在水锤敲击声，存在引起泵流量压力波动的风险和泵逆止阀损坏的风险
干预行动	已采取的行动措施： 1）降低 3PTR001PO 流量调低到 310 m^3/h 左右时水锤声消失； 2）oncall 设备管理人员现场检查处理
原因分析	当 PTR 泵流量在（310~360 m^3/h）区间时，由于该流量可能无法使泵出口止回阀全开，此时阀瓣在腔室内处于浮动状态，随着流量的波动，不断地撞击阀体限位凸台，产生异音（既有撞击限位凸台的声音，也包含阀瓣与摇臂之间的摩擦声音）

续 表

消缺行动	设备管理处理反馈： 1)影响评估：由于当前3号机组乏池没有装载核燃料，PTR系统流量略低于设计值不影响乏池冷却，不会影响核安全功能，但阀门未全开，需要注意泵出口压力，需要时恢复流量到要求值； 2)故障原因分析：当PTR泵流量在(310~360 m^3/h)区间时，由于该流量可能无法使泵出口止回阀全开，此时阀瓣在腔室内处于浮动状态，随着流量的波动，不断地撞击阀体限位凸台撞，产生异音	
相关知识	每台PTR冷却循环泵的正常流量在冷却乏燃料水池时为421.5 m^3/h(以361.5 m^3/h的流量保证其冷却，同时以60 m^3/h的流量进行净化，而且冷却和净化都是连续运行的)，在作为RRA系统应急备用时为300 m^3/h	
参考资料信息	设备管理处：《3PTR004VB/005VB阀门可用性评价报告》	
编　　者	运行二处一值：谷铁	时间：2020年01月13日

2.12 控制棒驱动机构电源系统(RAM)

2.12.1 1RAM002MO 启动瞬间，触发接地保护，上游开关误动作误动作跳闸

异常缺陷名称	1RAM002MO 启动瞬间，触发接地保护，上游开关误动作误动作跳闸
发生时间	2014 年 07 月 12 日早班
机组状态	NS/SG 模式
异常缺陷现象	1RAM002MO 启动瞬间，触发接地保护，上游开关误动作误动作跳闸
风险或潜在后果	导致 1RAM002MO 启动失败
干预行动	已采取的行动措施： 1)安排现场检查 1RAM002PO 上游供电开关，发现 1LKB3161JA 跳开； 2)oncall 维修电气检查处理
原因分析	1)M40 型漏电保护继电器说明书，明确要求“电机启动电流大于 6 倍额定电流时需调整漏保时间、增大 CT 或增加屏蔽磁环”； 2)因 1RCP004RS 负荷投用(300A 电流 PWM 斩波频繁启停)，造成 1RAM002MO 上游开关抽屉 1LKB3161JA 内漏保 CT 受到电磁干扰误动作
消缺行动	电气处理反馈： 1)处理过程： ①取得工作许可证，召开工前会，确认工作范围及工作对象，相关风险分析； ②维修电气人员到达现场，分析故障原因，电机三相对地绝缘良好，相间阻值平衡稳定良好，电气逻辑正常； ③初步判断 1RAM002MO RESYS M40 型漏电保护继电器误动作； ④经与值长协商在 3 A 定值 10 s 延时的工况下，重新起机试验，起机 10 s 后 1RAM002MO 上游开关再次因漏电保护继电器动作跳闸(额定电流 256 A；启动电流约 1400 A)； ⑤维修电气人员，在现场仔细观察、分析，发现 1RAM002MO 上游开关抽屉 1LKB3161JA 旁有 1RCP004RS 负荷投用，该负荷的电流特性是 0~300 A 每隔 1 s 左右频繁启停；

续　表

消缺行动	⑥电气人员分析，因1RCP004RS负荷投用(300A电流PWM斩波频繁启停)，造成1RAM002MO上游开关抽屉1LKB3161JA内漏保CT受到电磁干扰，误动作； ⑦再次与值长协商，将1RCP004RS负荷电流调整为零，再次启动1RAM002MO，顺利启动后，投用用1RCP004RS； ⑧与值长确认功能再鉴定正常后，清理现场，归还工作票，人员离场； 2)故障原因分析： ①M40型漏电保护继电器说明书，明确要求“电机启动电流大于6倍额定电流时需调整漏保时间、增大CT或增加屏蔽磁环”； ②因1RCP004RS负荷投用(300A电流PWM斩波频繁启停)，造成1RAM002MO上游开关抽屉1LKB3161JA内漏保CT受到电磁干扰误动作
相关知识	RAM保护跳闸信号可分作电动机进线断路器(LKA1161JA、LKB3161JA)保护跳闸和发电机出口断路器(RAM401JA、RAM601JA)保护跳闸。 当任意RAM电动发电机机组1跳闸信号触发时，电动机进线断路器保护跳闸，以LKA1161JA为例：机组1跳闸信号包括以下信号： ①机组1励磁期间(403JA合闸期间)发生励磁故障(401XI)； ②差动保护跳闸(402XI)； ③短路过流保护(403XI)； ④逆功率保护(401XW)； ⑤RAM401JA过流保护跳闸； ⑥RAM402TL发出RAM401JA合闸信号(置于“ON”，信号记忆，当RAM402TL置于“OFF”时信号复位)时LKA1161JA故障。 以RAM401JA为例，发电机出口断路器保护跳闸信号如下： ①机组1跳闸信号(同上)； ②LKA1161JA在分闸状态； ③公共出线低频信号(501XU)
参考资料信息	维修一处电气：EAM中工单00017395-01的完工报告； WR/WOT：00014163/00017395-01(紧急工单)
编　　者	运行二处一值：谷铁　　　　时间：2020年01月13日

2.12.2 提升 G2 控制棒组时，主控出现 3RAM301KA 公共故障报警，现场有接地故障报警

异常缺陷名称	提升 G2 控制棒组时，主控出现 3RAM301KA 公共故障报警，现场有接地故障报警
发生时间	2016 年 07 月 02 日夜班
机组状态	机组调试启动阶段
异常缺陷现象	3:35，主控配合仪控人员提升控制棒组 G2 至 225 步期间，出现卡棒，同时出现 3RAM301KA 报警，经现场核实为 3RAM512LA 母线接地故障，经复归不成功，后联系电气及仪控人员核实原因，经仪控人员断开 G2 棒组电源，现场复归报警消失
风险或潜在后果	1）卡件接地故障，导致机柜上游空开 3RGL006TB、622/623JA 跳闸； 2）导致 G2 棒组无法上升和下插
干预行动	已采取的行动措施： 1）查看和执行报警卡，按照报警卡执行复位操作，未能消除故障； 2）暂停控制棒操作，安排现场检查核实 RAM 机柜故障报警情况，确认存在 3RAM512LA 接地故障； 3）安排现场检查 G2 棒组机柜 RGL022AR/023AR 故障报警情况； 4）oncall 电气检查处理
原因分析	主电源卡件内部接线老化导致接地
消缺行动	仪控处理反馈： 1）工作过程： ①仪控人员检查机柜初始状态，确认机柜已上电且没有异常； ②在 RGL023AR 电源柜面板将开关打至“双重保持”位置； ③断开故障主电源卡件对应的 260 V 空开 KS4； ④拔出故障主电源卡件，更换备件； ⑤闭合 260V 空开 KS4； ⑥在 RGL023AR 电源柜面板将开关打至“正常”位置，并按故障清除； ⑦与运行确认接地报警消除，且无其他异常报警； ⑧工作结束，清理现场，归还工作许可证； 2）故障原因分析：主电源卡件内部接线老化导致接地
相关知识	G2 棒组对应的控制机柜为 RGL022AR（G2-1 棒组）、RGL023AR（G2-2 棒组）

续　表

参考资料信息	维修二处仪控：EAM 中工单 00302018-01 的完工报告； WR/WOT：00148564/00302018-01（紧急工单）	
编　　者	运行二处一值：谷铁	时间：2020 年 01 月 13 日

2.12.3　主控触发 1RAM201KA（RAM 2 号机组故障）报警，确认发现 1RAM002AP 故障跳闸

异常缺陷名称	主控触发 1RAM201KA（RAM 2 号机组故障）报警，确认发现 1RAM002AP 故障跳闸
发生时间	2015 年 06 月 16 日中班
机组状态	RP 模式，满功率
异常缺陷现象	18:12:56，1 号主控触发 1RAM201KA（RAM 2 号机组故障）报警，立即确认发现 1RAM002AP 故障跳闸，现场确认 1RAM601JA 跳闸，上游电源 1LKB3161JA 跳闸。立即安排现场检查 1RAM001AP 运行且供电正常，确认 1RAM002AP 跳闸
风险或潜在后果	导致 1RAM002AP 跳闸
干预行动	已采取的行动措施： 1）立即查看和执行报警卡，确认 1RAM002AP 故障跳闸； 2）安排现场检查确认 1RAM001AP 运行情况正常； 3）oncall 维修电气检查处理
原因分析	1RAM002AP 的其中一个正极碳刷磨损超过可用范围，导致励磁电流低于继电器整定值，机组跳闸
消缺行动	电气处理过程： 1）检修过程： ①确认设备位置及隔离条件正确； ②检查面板，上面显示 601XI 励磁故障； ③对 1RAM002AP 内碳刷进行检查，发现正极碳刷磨损过多，仅剩 16 mm，低于设计参考值 17 mm； ④对 1RAM002AP 内 4 个碳刷进行更换； ⑤清理现场，归还工作许可证； ⑥运行人员进行启机，并机成功；

续　表

消缺行动	2）故障原因分析：1RAM002AP 的其中一个正极碳刷磨损超过可用范围，导致励磁电流低于继电器整定值，机组跳闸	
相关知识	RAM 保护跳闸信号可分作电动机进线断路器（LKA1161JA、LKB3161JA）保护跳闸和发电机出口断路器（RAM401JA、RAM601JA）保护跳闸。 当任意 RAM 电动发电机机组 1 跳闸信号触发时，电动机进线断路器保护跳闸，以 LKA1161JA 为例：机组 1 跳闸信号包括以下信号： ①机组 1 励磁期间（403JA 合闸期间）发生励磁故障（401XI）； ②差动保护跳闸（402XI）； ③短路过流保护（403XI）； ④逆功率保护（401XW）； ⑤RAM401JA 过流保护跳闸； ⑥RAM402TL 发出 RAM401JA 合闸信号（置于“ON”，信号记忆，当 RAM402TL 置于“OFF”时信号复位）时 LKA1161JA 故障。 以 RAM401JA 为例，发电机出口断路器保护跳闸信号如下： ①机组 1 跳闸信号（同上）； ②LKA1161JA 在分闸状态； ③公共出线低频信号（501XU）	
参考资料信息	维修一处电气：EAM 中工单 00115849-01 的完工报告； WR/WOT：00056208/00115849-01（紧急工单）	
编　　者	运行二处一值：谷铁	时间：2020 年 01 月 13 日

2.12.4　主控出现 1RAM101KA（1 号机组故障），现场 1RAM401JS 跳闸

异常缺陷名称	主控出现 1RAM101KA（1 号机组故障），现场 1RAM401JS 跳闸
发生时间	2016 年 07 月 01 日夜班
机组状态	RP 模式，满功率
异常缺陷现象	07:28，1 号主控出现 1RAM101KA RAM 1 号机组故障报警，主控及现场检查 1RAM001AP 和 1RAM002AP 运行正常。现场检查 1RAM001TB 上出现 1RAM415LA 故障灯亮（401JS 断开），查询逻辑图为 1RAM401JS 故障，现场查看发现 1RAM 401JS 跳闸
风险或潜在后果	1RAM 401JS 跳闸，导致信号采集小开关、RGL402ID 综合监测表、401XU 低电压继电器、RGL401XW 逆功率继电器失电

续　表

干预行动	已采取的行动措施： 1)查看和执行报警卡，主控和现场检查 1RAM001AP 运行正常； 2)现场检查 1RAM001TB 上故障情况，发现 1RAM415LA 故障灯亮，1RAM401JS 跳闸断开； 3)oncall 电气检查处理
原因分析	低电压继电器 1RAM401XU C、N 相短路导致上游开关 1RAM401JS 跳闸
消缺行动	电气处理过程： 1)检修过程： ①取得工作许可证，核对设备位置、编码并验证隔离； ②召开工前会，交代工作内容，风险分析与预防措施，建立工作区域； ③按工作方案《FQ1-MA-TD-E16018 1RAM101KA(RAM 1 号机组故障)报警处理方案》执行； ④检查 1RAM401JS 下游设备 401TU、402TU、403TU、402ID、401XW 及其接线端子处无烧焦、变色、煳味等异常情况； ⑤测量 1RAM401XU C、N 两相直阻为 28 Ω，远小于正常值 0.69 MΩ，判断损坏，对其进行更换； ⑥拆除变压器 1RAM401TU、402TU、403TU 一次、二次侧接线，测量各端子对地绝缘，均大于 550 MΩ； ⑦测量变压器 1RAM401TU、402TU、403TU 一次、二次侧直阻，均正常，具体数据见工作方案； ⑧测量 401JS 下游电缆各相对地绝缘，均大于 550 MΩ； ⑨拆除继电器 1ARM401XU、401XW 上的接线，测量变压器二次侧电缆绝缘，均大于 550 MΩ； ⑩恢复拆除的接线； ⑪检查并紧固 1RAM401JS、401TU、402TU、403TU、402ID、401XU、401XW 上的所有接线端子； ⑫检查发现 1RAM401JS B 相导通情况不良，合闸时直阻在 10~20 之间波动，正常值 2 欧左右，故对其更换； ⑬联系运行人员启动 1RAM001AP，机组运行正常，确认主控室报警 1RAM101KA 已消除； ⑭清理工作现场，归还工作许可证； 2)故障原因分析：低电压继电器 1RAM401XU C、N 相短路导致上游开关 1RAM401JS 跳闸

续 表

相关知识	1)1RAM401JS 为信号采集小开关，为 1RAM402ID 综合监测表、1RAM401XU 低电压继电器、1RAM401XW 逆功率继电器提供采样电压； 2)RAM401JS/601JS 断开，会使得 402XI/602XI、403XI/603XI、401XW/601XW 失电，可能导致 RAM401JA/RAM601JA 跳闸	
参考资料信息	维修一处电气：EAM 中工单 00301724-01 的完工报告、《FQ1-MA-TD-E16018 1RAM101KA(RAM 1 号机组故障)报警处理方案》；WR/WOT：00148249/00301724-01(紧急工单)	
编　　者	运行二处一值：谷铁	时间：2020 年 01 月 13 日

2.12.5　4RAM002AP 带载并车过程中电机低频保护动作

异常缺陷名称	4RAM002AP 带载并车过程中电机低频保护动作
发生时间	2019 年 09 月 01 日中班
机组状态	NS/RRA 模式
异常缺陷现象	4 号机根据 4D11 规程执行 FQ4-RAM-C-001(先启动 4RAM001AP，再启动 4RAM002AP 手动带载并车)操作票，4RAM001AP 启动后，在启动 4RAM002AP 同步并车的过程中出现 4RAM002MO 低频保护动作，该保护导致 4RAM002AP 无法正常并车
风险或潜在后果	1)影响 4RAM002AP 同步并车，4RAM 电机无备用； 2)目前 4 号机控制棒已提至 5 步，单台 RAM 电机运行失去备用，有停堆落棒风险； 3)影响仪控执行冷态控制棒再鉴定及试验，根据主规程仪控试验执行完成前，主回路升温不得超过 90 ℃，进而影响主回路升温主线
干预行动	已采取的行动措施： 1)暂停带载并车操作和仪控执行冷态控制棒再鉴定及试验； 2)安排现场检查 4RAM002MO 各项运行参数(频率、电压等参数)； 3)oncall 设备管理、维修专业就地检查； 4)维修电气检查后将 4RAM002AP 暂停运行
原因分析	低频保护继电器本身故障或者无法躲过电机启动过程导致报警无法复归

续 表

消缺行动	电气处理过程： 1)工作过程： ①检查 601XH 端子接线紧固情况及绝缘均无异常； ②更换同型号低频继电器； ③在 4RAM003TB 的 607BN 的 1、3、5、7 号端子接上录波器； ④运行配合启动 4RAM002AP；录取电压波形； ⑤检查 601XH 的三个指示灯持续闪烁，即继电器不能正常工作； ⑥断开 4RAM005TB 内 601JS； ⑦10 s 后重新合上 4RAM005TB 内 601JS，此时 601XH 工作正常； ⑧运行对 4RAM002AP 同步并车正常； 2)故障原因分析：低频保护继电器本身故障或者无法躲过电机启动过程导致报警无法复归	
相关知识	RAM 单机组低频保护动作，只跳该机组相应的出口断路器，低频保护误动作影响范围只限该机组。如果母线出现低频，则两台机组的低频保护均动作，分别跳开出口断路器。 低频保护技术改造相关内容： 1)每台 RAM 发电机设置单独的低频保护，低频保护动作只跳闸相应的发电机出口断路器； 2)低频保护采样点设置在发电机出口断路器之后，通过 RAM406/606JS 进行采样； 3)低频保护只在发电机出口断路器合闸情况下才起作用； 4)低频保护动作之后，保护信号自保持，该信号通过机组故障信号统一送到 DCS，同时通过控制柜指示灯指示； 5)保护、报警信号通过故障复位按钮复位； 6)指示灯可通过灯试按钮测试； 7)出口断路器 RAM401/601JA 断开情况下，闭锁低频保护；断路器合上之后延时投入低频保护，防止保护误动； 8)信号采集开关 RAM406/606JS 断开情况下，闭锁低频保护；信号采集开关合上之后延时投入低频保护，防止保护误动	
参考资料信息	运行二处：4 号机组异常反馈——4RAM002AP 带载并车过程中电机低频保护动作； 维修二处电气：EAM 中工单 01348274-01 的完工报告；WR/WOT：00610032/01348274-01(紧急工单)	
编　　者	运行二处一值：谷铁	时间：2020 年 01 月 13 日

2.12.6 2RAM001AP 电动发电机就地有功、无功显示为零

异常缺陷名称	2RAM001AP 电动发电机就地有功、无功显示为零
发生时间	2016 年 07 月 26 日中班
机组状态	RP 模式，电功率 1070 MWe
异常缺陷现象	巡检发现 2RAM001AP 电动发电机运行时就地有功、无功显示为零
风险或潜在后果	无法监视 2RAM001AP 电动发电机的有功、无功功率
干预行动	已采取的行动措施： 1）主控检查 2RAM001AP 和 2RAM001MO 进线和出线开关处于正常闭合状态； 2）主控检查 KIC 画面中 2RAM001AP 和 2RAM001MO 各项温度和振动趋势稳定； 3）安排现场进入发电机参数画面中查看发电机视在功率、频率、功率因数、励磁电压、励磁电流、相间电压、相电流等参数是否正常； 4）oncall 电气检查处理
原因分析	2RAM004TB 中端子排 006BN 中部分端子接线松动，CT 采集的电流信号未正确送至多功能显示表计 402ID，导致 2RAM001AP 发电机发电机就地有功、无功显示异常
消缺行动	电气处理过程： 1）工作过程： ①召开工前会，交代工作内容，风险分析与预防措施，建立工作区域； ②按工作方案《FQ2-MA-TD-E16025 2RAM001AP 就地有功无功显示为 0 故障处理方案》执行； ③对 2RAM001TB 多功能显示表计 402ID 至 2RAM004TB 中 CT 侧回路进行检查； ④检查 2RAM001TB 中多功能显示表计 402ID、端子排 403BN、三相过流继电器 403XI、逆功率继电器 401XW、差动保护继电器 402XI 外观及接线，未发现明显异常； ⑤断开 403BN 两端接线连接，检查 403BN 至表计侧回路，未发现异常，检查 403BN 至 CT 侧回路，发现回路阻值较大，存在异常；

续 表

消缺行动	⑥检查 2RAM004TB 中端子排 006BN 至 CT 侧，发现 006BN 中部分接线端子存在松动，接触不良，对 006BN 中接线端子进行紧固处理； ⑦测量各相 CT 线圈直阻，三相直阻平衡，检查 CT 线圈接地侧，确认接地良好； ⑧在 403BN 上外加 1 A 三相电流信号，观察 402ID 三相电流显示均约 180 A(CT 变比 900/5)，显示正常； ⑨清理工作现场，归还工作许可证； 2)故障原因分析：2RAM004TB 中端子排 006BN 中部分端子接线松动，CT 采集的电流信号未正确送至多功能显示表计 402ID，导致 2RAM001AP 发电机发电机就地有功、无功显示异常	
相关知识	在 RAM001TB 上的 411HV 液晶触摸显示屏上点击“发电机参数”进入发电机参数画面，可以查看视在功率、有功功率、无功功率、频率、功率因数、励磁电压、励磁电流、相间电压、各相电流等参数	
参考资料信息	维修二处电气：EAM 中工单 00313222-01 的完工报告。 WR/WOT：00157146/00313222-01(紧急工单)	
编　　者	运行二处一值：谷铁	时间：2020 年 01 月 13 日

2.12.7　1RAM002MO 投运后，主控 KIC 画面上 1RAM021MT 显示正常，但是 1RAM022MT 显示“××××”

异常缺陷名称	1RAM002MO 投运后，主控 KIC 画面上 1RAM002MO 驱动端轴承振动显示正常，1RAM021MT 显示正常，但是 1RAM022MT 显示“××××”
发生时间	2014 年 07 月 13 日夜班
机组状态	机组调试启动阶段，NS/RRA 模式
异常缺陷现象	1RAM002MO 投运后，主控 KIC 画面上 1RAM002MO 驱动端轴承振动和非驱动端轴承温度 1RAM021MT 均显示正常，但是 1RAM022MT(1RAM002MO 驱动端轴承温度)显示“××××”
风险或潜在后果	导致无法在 KIC 中监视 1RAM002MO 驱动端轴承温度
干预行动	已采取的行动措施： 1)主控查看 1RAM002MO 驱动端轴承振动和非驱动端轴承温度 1RAM021MT 均显示正常；

续 表

干预行动	2)主控查看 1RAM022MT 变化趋势，确认 1RAM022MT 故障情况； 3)提工作申请(WR)按计划处理
原因分析	该型热电阻接口采用航空插头，针脚与插口见接触不良。1RAM022MT 航空插头接触不良，导致 DCS 收到信号超出量程范围，故显示“××××”
消缺行动	电气处理过程： 1)工作过程： ①组织工前会，确定角色分工； ②拆下故障的热电阻，更换备件，适度紧固，在 KIC 上检查 022MT 显示为 20.5 ℃； ③请运行人员验收，归还工作许可证，并签字确认； 2)故障原因分析：该型热电阻接口采用航空插头，针脚与插口见接触不良。1RAM022MT 航空插头接触不良，导致 DCS 收到信号超出量程范围，故显示“××××”
相关知识	1)当 RAM002MO 驱动端轴承温度 RAM022MT≥90 ℃时，将产生 RAM022KA 002MO 驱动端轴承温度高报警； 2)当 RAM002MO 驱动端轴承温度 RAM022MT≥105 ℃时，将产生 RAM042KA 002MO 驱动端轴承温度高高报警； 3)RAM002MO 驱动端轴承温度异常升高的可能原因有： ①轴承欠润滑； ②轴承过润滑； ③轴承腐蚀变形； ④传感器故障； ⑤润滑油不合格； ⑥润滑通道污染
参考资料信息	维修二处电气：EAM 中工单 00017718-02 的完工报告； WR/WOT：00014231/00017718-02(计划工单)
编　者	运行二处一值：谷铁　　时间：2020 年 01 月 13 日

2.13 反应堆冷却剂系统(RCP)

2.13.1 主泵转速表 3RCP360MC 和轴位移仪表 3RCP352MM 短时异常波动

异常缺陷名称	主泵转速表 3RCP360MC 和轴位移仪表 3RCP352MM 短时异常波动
发生时间	2017 年 09 月 19 日
机组状态	RP 模式
异常缺陷现象	主泵转速表 3RCP360MC 和轴位移仪表 3RCP352MM 短时异常波动
风险或潜在后果	影响主泵停运时顶轴油泵的自动启动以及轴封应急注入阀门的自动动作
干预行动	1)已采取的行动措施: oncall 维修仪控; 2)建议后续行动: 301 大修期间对 VC6000 中 SOLT3 卡件进行更换
原因分析	VC6000 中 SOLT3 采集卡件故障
消缺行动	仪控处理反馈: 1)处理进展: 301 大修期间对 VC6000 中 SOLT3 卡件进行更换后恢复正常; 2)故障原因分析: 经检查与 3RCP360MC 同一时间消失的信号还有 3RCP352MM。由当前状态(均由 VC6000 中 SOLT3 卡件采集信号，当前均示数稳定，无异常情况)分析，VC6000 中 SOLT3 采集卡件故障可能性较大，探头及放大器单元无相关问题; 3)检修步骤: ①对 3RCP800AR 内 VC6000 进行断电处理; ②拆下 VC6000 前面板固定螺丝，将 VC6000 拆下并用记号笔进行标记; ③将 VC6000 备件放进支架内，并将前面板螺丝进行紧固; ④使用 VC6000 专用组态电脑对 VC6000 软件组态进行下装
相关知识	主泵零转速表逻辑: 1) RCP160MC 或 RCP260MC 或 RCP360MC 高高 1750 r/min 触发 RCP000KA;

续 表

相关知识	2) RCP160/260/360MC 高高 1750 r/min 与上对应的 RCP140/240/340MY 高高 1750 r/min 触发 RCP981/983/985KA，导致对应主泵停运； 3) RCP001/002/003PO 启动 8 s 后且 1 h 内，若 RCP160/260/360MC 小于 200 r/min，导致对应主泵停运； 4) RCP160/260/360MC 任一仪表低至 200 r/min 会自动开启对应主泵的再循环阀 RCP912/942/972VP； 5) RCP160/260/360MC 任一仪表低至 1200 r/min 与上 RCP160/260/360MC 不为 0 r/min，启动对应主泵顶轴油泵 RCP011/021/031PO； 6) [RCP160/260/360MC 高于 1400 r/min 或 RCP160/260/360MC 低至 0 r/min] 与上无 RCP011/021/031PO 启动命令，允许在 KIC 上手动停运对应主泵顶轴油泵 RCP011/021/031PO； 7) RCP160/260/360MC 任一仪表低至 0 r/min 与上 [主泵高压泄漏流量高 3 延时 4 s (RCV036MD&RCV037MD/RCV038MD&RCV-039MD/RCV040MD&RCV041MD 高至 1.35 m^3/h 延时 4 s) 或主泵轴封流量低 4 延时 30 s (RCV021MD&RCV121MD/RCV022MD & RCV 122MD/RCV023MD&RCV123MD 低至 1.2 m^3/h 延时 30 s)] 导致对应主泵高压泄漏隔离阀 RCP901/931/961VP 关闭； 8) RCP160/260/360MC 任一仪表低至 0 r/min 延时 60 s 与上对应主泵低压泄漏隔离阀 RCP902/932/962VP 开启状态，允许对应主泵停车密封氮气释放阀 RCP908/938/968VZ 关闭； 9) RCP160/260/360MC 任一仪表低至 0 r/min 延时 60 s 与上对应主泵高压泄漏隔离阀 RCP901/903/961VP 关闭与上对应主泵低压泄漏隔离阀 RCP902/932/962VP 关闭时，允许手动关闭对应主泵轴封注入阀 RCP911/941/971VP
参考资料信息	维修二处维修日报 20170919； WOT：00710939-01
编　　者	运行二处一值：石亿虎　　时间：2019 年 03 月 11 日

2.13.2 4RCP341MC 转速探测器转速频繁大幅度波动

异常缺陷名称	4RCP341MC 转速探测器转速频繁大幅度波动
发生时间	2017 年 10 月 23 日

续　表

机组状态	RP 模式
异常缺陷现象	4RCP341MC 转速探测器转速频繁大幅度波动
风险或潜在后果	影响主泵运行，有停堆停机风险
干预行动	已采取的行动措施： oncall 维修仪控检查
原因分析	4RCP340MY 的 2 号探头 4RCP341MC 损坏，导致 4RCP003PO 转速剧烈波动，频繁触发 4RCP003PO 转速低/低低报警
消缺行动	仪控处理反馈： 1）故障现象： 4RCP003PO 转速探头 4RCP340MY 转速波动，闪发转速高、转速低及转速低低报警； 2）处理进展： 设计上，主泵核级转速信号由测量传感器经同轴电缆和核岛贯穿件，送至转速处理机架，通过卡件处理，将测量频率信号转换为4～20 mA 标准电流信号后送至 DCS。因此能够导致转速信号波动的原因包括：传感器、贯穿件、处理机箱、DCS 卡件以及各设备与信号电缆之间的接头故障。为准确定位故障点，需对上述原因进行逐一排查。经排查后确认为转速处理机箱故障。  更换国产转速处理机箱： ①由于 4RCP340MC 作为主用信号，自 1 月 28 日短时波动后一直保持稳定；同时，考虑机箱更换过程，需尽量减少信号临时强制时间，故此未对该通道信号执行录波操作。 ②1 月 31 日，完成在线更换核级转速处理机箱，根据管理晚会上相关专业决定，将 4RCP340MC 设置为主用通道保持运行，至今未出现信号异常。 ③转速处理机箱位于 4LNC 配电盘房间 W643 的 4KCS833AR 机柜内，3 号主泵的转速选择开关 310CC 指的是传感器选择旋钮，1 代表 4RCP340MC，2 代表 4RCP341MC。

续 表

消缺行动	 图1 自带转速处理机箱  图2 国产转速处理机箱 3)检修步骤： ①强制 4RCP340MY_ X31(用于修正 RPN 中子通量变化率高信号)的转速值为 0(强制后产生变化率高报警，需尽快复位)； ②强制 4RCP340MY_ X32(用于产生 RPR 质量位信号)的转速值为 0(会产生单通道主泵转速 L/LL 信号及报警)； ③强制 4RCP340MY_ QQ_ 32 * 12 强制为 0(即将 340MY 送 IP 的质量位强制为触发，将导致 340MY 参与的所有 RPR 保护降级，可导致 RPR 超温/超功率 ΔT、P7& 主泵转速 L/LL 的保护逻辑降级)； ④强制 4RCP340MY_ QQ_ 32 * 22 强制为 0(目的同 3)； ⑤强制 4RCP340MY_ QQ_ 32 * 42 强制为 0(目的同 3)； ⑥强制 4RCP_ SH01C 强制为 0(目的同 3)； ⑦强制去 IA 信号为当前值(用于主泵超速保护和显示)； ⑧执行 4RCP340MY 机架更换； ⑨恢复强制信号
相关知识	根据仪控分析，强制后主控将产生如下报警： ①4RPR136KA：功率量程中子注量率变化率高(三通道)； ②4RPR163KA：三号环路冷却剂泵转速低低； ③4RPR160/163KA 主泵转速低、低低报警； ④4RPN436KA：LSS 故障报警； ⑤4RPR780KA 质量位报警； ⑥4 RPR 170 KA 超温 ΔT 报警。 但是实际完成强制后，3、4、5 报警未触发。核实原因如下： ①4RPN436KA，LSS 故障报警未触发，因送去的信号被强制正常，故不触发； ②4RPR780KA 质量位报警未触发，经再次核实，其产生的机理是在 IA 平台做的，不是从 TRICON 平台直接触发，因当前主泵转速强制为 0，未超量程，因此未触发质量位报警； ③4 RPR 170 KA 超温 ΔT 报警未触发，转速强制为 0 后超温 ΔT 整定值变为 108%，距离触发上有一定距离。

续　表

相关知识	未出现超温、超功率 ΔT 和预报警的原因： 主泵转速修改为 0 r/min 后，超温 ΔT 定值：从 144%变为 108%；超功率 ΔT 定值：从 108%变为 145%。ΔT 实际值为 101%。因此，并不会导致超温超功率 ΔT 动作。但因为此时已将保护的质量位强制，实际上是处于逻辑降级状态。相当于 3 环路的超温、超功率 ΔT 均为触发状态。 经了解，同行电厂执行类似工作时，未强制超温、超功率 ΔT 的质量位触发。考虑到执行 RCP140/240/340MY 实际不会触发超温 Δ 信号(实际动作值有一定距离)，执行该信号强制反而增加因超温、超功率 ΔT 触发导致误动风险。建议后续执行类似工作不再强制质量位信号触发。且不强制质量位信号不会影响 P7& 主泵转速 L/LL 的保护。 2015 年 10 月，某电厂 1 号机组也出现过类似的转速波动情况，经咨询同行电厂及相关专家，根据故障模式推断为处理机箱内信号调理回路存在异常，闪发故障导致测量信号的波动。经更换国产转速处理机箱后，故障消除，运行至今情况良好	
参考资料信息	维修二处维修日报 20170919； WOT：00844191-01	
编　　者	运行二处一值：石亿虎	时间：2019 年 03 月 11 日

2.13.3　主控室闪发 4RCP902KA 报警

异常缺陷名称	主控室闪发 4RCP902KA 报警
发生时间	2018 年 01 月 12 日
机组状态	RP 模式
异常缺陷现象	主控室闪发 4RCP902KA 报警，查看历史趋势发现 4RCP603MN 液位指示在 01:59:53 秒从 33.47%突然高漂至 100%，在 01:59:58 秒液位指示恢复至 27%并持续稳定下来
风险或潜在后果	4RCP603MN 参与 4RCP001PO 泄漏油泵 4RCP012/13PO 启停逻辑，影响主泵正常运行
干预行动	1)已采取的行动措施： 关注泄漏油泵 4RCP012/13PO 运行。

续　表

干预行动	2）建议后续行动： 实施 TCA 将主泵下部油箱的备用油位探头 4RCP604MN 替代 4RCP603MN 的相关联锁逻辑，待完成对 4RCP603MN 维修处理后，解除 TCA	
原因分析	怀疑仪表存在偶发性故障	
消缺行动	仪控处理反馈——处理进展： 1）实施 TCA，已将 4RCP603MN/604MN 的主控 KIC 显示与现场仪表互换，当前仍然为 4RCP603MN（主控 KIC 显示参数）参与逻辑控制； 2）2018 年 8 月 2 日 401 大修仪控实施工单检查检修 4RCP603MN 后恢复正常	
相关知识	RCP012PO 启停逻辑： 1）手动启动：KIC 画面点击泵体手动启动； 2）自动启动： ①下部油箱油位（RCP603MN）大于 35%＋RCP001KG 已切至 012PO； ②RCP013PO 运行 300 s 后下部油箱油位（RCP603MN）仍然大于 35%； 3）手动停运： KIC 画面点击泵体手动停运； 4）自动停运：以下任一信号出现时，RCP012PO 将自动跳闸。 ①RCP012PO 运行 300 s 后，轴承箱油位仍然大于 35%； ②下部油 箱油位低于 20%； ③RCP012PO 运行 10 s 后，泄漏油泵出口流量小于 500 L/h； ④上部油箱油位（RCP605MN）低于 20%； ⑤上部油箱油位（RCP605MN）高于 80%； ⑥下部油箱油位（RCP603MN）低于 15%； ⑦下部油箱油位（RCP603MN）高于 75%	
参考资料信息	维修二处维修日报 20180112； WOT：00824259-01	
编　　者	运行二处一值：石亿虎	时间：2019 年 03 月 11 日

2.13.4　3RPE001BA 和 3RCP002BA 压力偏低

异常缺陷名称	3RPE001BA 和 3RCP002BA 压力偏低	
发生时间	2018 年 01 月 22 日	
机组状态	RP 模式	
异常缺陷现象	3RPE001BA 和 3RCP002BA 压力偏低	
风险或潜在后果	导致 3RCP002BA/3RPE001BA 无足够氮气覆盖的情况下接收一回路的含氢废水，有氢气爆炸的风险	
干预行动	已采取的行动措施： oncall 维修机械对 3RAZ031VZ 进行检查	
原因分析	3RAZ031VZ 失去正常调节能力。阀门指挥器无法全关，怀疑指挥器存在内漏	
消缺行动	1）机械处理反馈——处理进展： 2018 年 1 月 23 日机械反馈经检查初步判断为阀门本体供气管线上的阀芯内漏，当前无法处理，建 02 工单进行跟踪； 2018 年 2 月 10 日机械对 3RAZ031VZ 解体检查后发现引压管线内有较多铁锈灰尘，检查过滤器滤芯铁锈较多怀疑堵塞，可能是前期管道内有水导致生锈。经与运行沟通后对 RAZ 管道进行吹扫。吹扫后调节 3RAZ031VZ 下游压力至 0.025 MPa.g，后 3RPE001BA 和 3RCP002BA 压力稳定； 2）运行处理反馈： 2018 年 2 月 13 日对 RAZ 管道进行吹扫，3RAZ403VZ 下游吹扫出大量黑色粉末状物质	
相关知识	N/A	
参考资料信息	维修二处维修日报 20180123； WOT：00846929-01	
编　　者	运行二处一值：石亿虎	时间：2019 年 03 月 11 日

2.13.5　压力容器参考水位压差 3RCP094/095MN 无法读取

异常缺陷名称	压力容器参考水位压差 3RCP094/095MN 无法读取
发生时间	2018 年 04 月 24 日
机组状态	RP 模式

续 表

异常缺陷现象	压力容器参考水位压差 3RCP094/095MN 无法读取，ICCMS SU 工作站上监视软件故障无法启动	
风险或潜在后果	大修期间可能影响压力容器水位监视	
干预行动	已采取的行动措施： oncall 维修仪控检查	
原因分析	软件与 ICCMS 机柜通讯协议证书过期失效	
消缺行动	仪控处理反馈——处理进展： 软件与 ICCMS 机柜通讯协议证书过期失效。（EOMM 手册中给出的证书有效期为 15 年）由于 EOMM 手册提供的问题解决信息有限，目前现场暂无法处理，需等待外方厂家技术支持。目前已就该问题与法国厂家进行了联系，初步分析原因为软件通讯协议证书过期失效导致 SU 单元无法与系统建立通讯。 2018 年 4 月 29 日依据厂家给出的方案完成软件通讯协议证书激活，SU 单元工作恢复正常，缺陷消除	
相关知识	RIC SU 单元作为 RIC 系统终端显示单元，主要作用包括系统运行状态监视、内部数据显示及错误诊断等功能，其不参与系统逻辑运算及控制等功能。RIC SU 单元软件故障将影响系统部分数据显示的查看（主要包括水位计算相关的宽窄量程及参考量程差压表 RCP090-095MN 及错误诊断功能，不会对系统正常运行造成该影响）	
参考资料信息	维修二处维修日报 20180429	
编　　者	运行二处一值：石亿虎	时间：2019 年 03 月 11 日

2.13.6 主控数次出现 4RCP910KA（RCP002PO 轴承箱油位低）报警

异常缺陷名称	主控数次出现 4RCP910KA（RCP002PO 轴承箱油位低）报警
发生时间	2018 年 05 月 06 日
机组状态	RP 模式
异常缺陷现象	4 号主控数次出现 4RCP910KA（RCP002PO 轴承箱油位低）报警，查看历史趋势，4RCP701MN 在轴承箱油位低于 92%时会突降到 87%左右，随着上轴承箱油位溢流至轴承箱，4RCP701MN 油位又恢复正常液位显示

续 表

风险或潜在后果	泄漏油泵不会自动启动，影响主泵安全运行。 1)4RCP701MN 油位低存在跳闸主泵进而使反应堆停堆的风险： 4RCP701MN 与 4RCP702MN 同时出发低低报警(75%)将引起主泵跳闸，因为两个液位计属于同一型号，且本体故障产生报警的偶然性较大，如轴承箱油位继续下降，有产生跳变至 75%以下的可能，增加了意外停泵的风险； 2)主泵泄漏油泵的手动启动不影响正常运行： 主泵泄漏油泵正常运行期间处于下部集油槽油位自动控制状态，其启动的目的是将下部集油槽液体泵入上部集油槽，通过重力作用流入轴承箱，导致轴承箱油位上升。在下部集油槽油位未高至自动启动泄漏油泵的定值前，也可以手动启动。前提是保障下部集油槽油位在正常运行限值范围内。如出现轴承箱油位低报警，可通过手动启动泄漏油泵建立油流，是轴承箱油位上升，尽早消除报警
干预行动	1)已采取的行动措施： ①oncall 维修仪控检查； ②结合主泵轴承箱油流机理，通过将泄漏油泵 4RCP023PO 手动启动，将下部集油槽油输送到上部集油槽，油再进入轴承油箱，使得 4RCP701MN 上升到 93.44%，报警消除。以此方式可尽快消除轴承箱油位低报警，消除不安全的隐患； 2)建议后续行动： 保持监视，如发生其他液位区间范围的液位突变情况，反馈仪控人员，组织主泵设备工程师和运行人员讨论下一步的行动项，考虑是否进行相关的信号闭锁
原因分析	4RCP701MN 的异常从 2018 年 04 月 29 日开始出现后，常触发 4RCP910KA 4RCP003PO 轴承箱油位低报警，仪控检查根据 4RCP701MN 测量原理(干簧管式液位计，通过磁性浮球控制干簧管内分布电阻的通、断产生变化电阻信号)和分析 4RCP701MN 变化曲线，基本确认主控触发 4RCP910KA 为 4RCP701MN 仪表本体细小偏差引起，报警存在一定偶然性。需在 401 大修期间对故障油位计 4RCP701MN 进行更换(当前因主泵处于运行状态，4RCP701MN 位于主泵间区域无法到达)

续 表

消缺行动	仪控处理反馈： 1)处理进展： ①在 KDO 中添加 4RCP701MN 的点位，更加准确地记录液位突变的历史趋势； ②大修期间对故障油位计进行更换后缺陷消除； 2)检修步骤： ①拆下 4RCP701MN，用已校验的备用油位计进行更换； ②用磁铁刷 4RCP701MN 磁翻板，确认与现场液位一致	
相关知识	1)4RCP701MN 低报出现约维持 10 min，该时间较长，存在安全隐患，需尽快消除； 2)主泵泄漏油泵手动启动的条件为下部集油槽油位在规定要求的限值内，此次在约 35%启动，下部集油槽液位下降到约 28%时，手动停运，而后 4RCP910KA 报警消除； 3)必须避免 4RCP701MN/702MN 同时触发低低报警(75%)，以防止主泵跳闸	
参考资料信息	维修二处维修日报 20180506； WOT：00909723-01	
编　　者	运行二处一值：石亿虎	时间：2019 年 03 月 11 日

2.13.7　4RCP002PO 轴位移探头 4RCP252MM 剧烈波动，频繁触发轴位移高高报警

异常缺陷名称	4RCP002PO 轴位移探头 4RCP252MM 剧烈波动，频繁触发轴位移高高报警
发生时间	2018 年 10 月 27 日
机组状态	RP 模式
异常缺陷现象	4 号主控开始频繁闪发 4RCP002MO 轴位移高和高高报警(4RCP609KAF、4RCP610KAF)，查看画面发现 4RCP252MM 仪表频繁波动
风险或潜在后果	威胁主泵安全运行，干扰主控监盘

续 表

干预行动	1)已采取的行动措施: ①oncall 维修仪控检查; ②主控加强主泵轴位移和轴承温度的监视; 2)建议后续行动: ①执行临时 TCA,屏蔽 4RCP252MM 轴向位移高报警,避免干扰主泵监测; ②推动 RCP 主泵轴向位移尽快完成换型改造,选用合适的耐辐照产品; ③SPV 设备工程师保持对主泵运行状态进行密切观察; ④密切关注 4RCP253MM 以及主泵其他参数变化趋势情况
原因分析	4RCP252MM 变化趋势基本与 4RCP250 \ 251 \ 253MM 一致,但是显示数值明显偏高,分析判断为探头前置器故障,导致处理后信号被放大
消缺行动	仪控处理反馈: 1)处理进展: ①已完成 4RCP252MM 机柜侧排查,直流电压在 10.4~10.7 V 高频变化,说明探头前置器输出异常; ②经专业处室分析,4RCP252MM 目前波动异常确定为岛内仪表故障,4RCP002PO 可保持运行; ③对 4RCP252MM 实施 TCA,将 4RCP252MM 强制为 200 μm(H1 报定值为 250 μm,H2 报定值为 380 μm),以便消除主控报警; ④经各专业决策,在 4RCP252MM 仪表修复前,执行如下干预原则: a. 4RCP253MM(2 号主泵电机轴位移),处于正常工作状态时,4RCP002PO 可以保持运行; b. 4RCP253MM 出现持续升高,达到停泵值(380 μm),如下判断: i. 观察 4RCP250MM \ 4RCP 251MM(2 号主泵泵轴位移)均值是否持续升高,如均值达到 250 μm 且至少保持 10 s。 ii. 观察 4RCP002MI(2 号主泵电流值)是否出现波动,波动范围是否超过±10 A 且至少保持 10 s。 iii. 观察 4RCP713MT/4RCP743MT(2 号主泵径向轴承温度)是否出现持续升高,如温度持续快速升高超过 5 ℃。

续 表

消缺行动	iv. 观察4RCP711MT(2号主泵主推力轴承度)是否出现持续升高，如温度持续快速升高超过5 ℃。 上述条件之一满足，需立即手动停运4RCP002PO； ⑤大修期间对4RCP252MM更换备件后消除缺陷。 2)检修步骤： ①打开4RCP250CR，测量23、24端子输出电压为-8.71 V，经多次调整及检查放大器后，仍不满足要求； ②与系统负责人沟通更换备件后，确认输出电压为-12.67 V，满足验收要求(-11～-13 V)； ③固定并检查电机轴向位移传感器的同轴电缆及信号接头牢固可靠。 3)故障原因分析： 4RCP252MM探头信号线长期与高温设备表面接触，其绝缘皮破损
相关知识	主泵轴位移偏高的可能原因： 1)轴中心线没有对齐； 2)旋转部件不平衡或故障； 3)某个轴承或推力轴承已损坏； 4)主泵轴密封损坏； 5)联轴器故障
参考资料信息	维修二处维修日报20181030； WOT：01045671-01
编　　者	运行二处一值：石亿虎　　　　时间：2019年03月11日

2.13.8 3号主泵转速表3RCP360MC读数显示波动并逐步降低

异常缺陷名称	3号主泵转速表3RCP360MC读数显示波动并逐步降低
发生时间	2016年05月30日中班
机组状态	热停模式
异常缺陷现象	13:00，3号机组3号主泵转速表3RCP360MC读数显示波动并逐步降低；16: 003RCP360MC低漂至1200 r/min，主泵顶轴油泵3RCP031PO启动，此时一回路处于热停模式，主泵主瓦受力，顶轴油泵启动后建立强迫油循环，主瓦温度计3RCP811MT，3RCP812MT降低约10 ℃

续　表

风险或潜在后果	1) 3RCP360MC 转速表参与控制的设备及保护信号包括顶轴油泵 3RCP031PO、3RCP968VZ、3RCP971VP、3RCP961VP、3RCP972VP，并且参与主泵卡转子及超速跳泵保护信号； 2) 3RCP360MC 故障主要风险在于影响顶轴油泵自动启动信号，正常情况下，主泵停运信号或主泵转速低于 1200 r/min (3RCP360MC) 将自动启动顶轴油泵，并且这两个信号都需要与上 3RCP360MC 的非零转速信号才能生效，即 3RCP360MC 故障可能导致顶轴油泵自动启动信号全部失效
干预行动	已采取的行动措施： oncall 仪控检查仪表
原因分析	经各专业讨论，3RCP360MC 失效原因为： 固定转速传感器的顶盖较薄(厚度 5 mm)，在一回路温度、压力、主泵状态等因素影响下发生较大变形位移，造成转速测量值偏低。导致两种转速探头(核级和零转速)无法进行正确调整。一般在冷态时调整正确，在热态时位移形变过大导致无法正常工作。 ①变形主要还是角度变化，不是平行上移； ②零转速探头齿轮宽 10 mm； ③探头的偏移量大致为：零转速探头 7~8 mm。 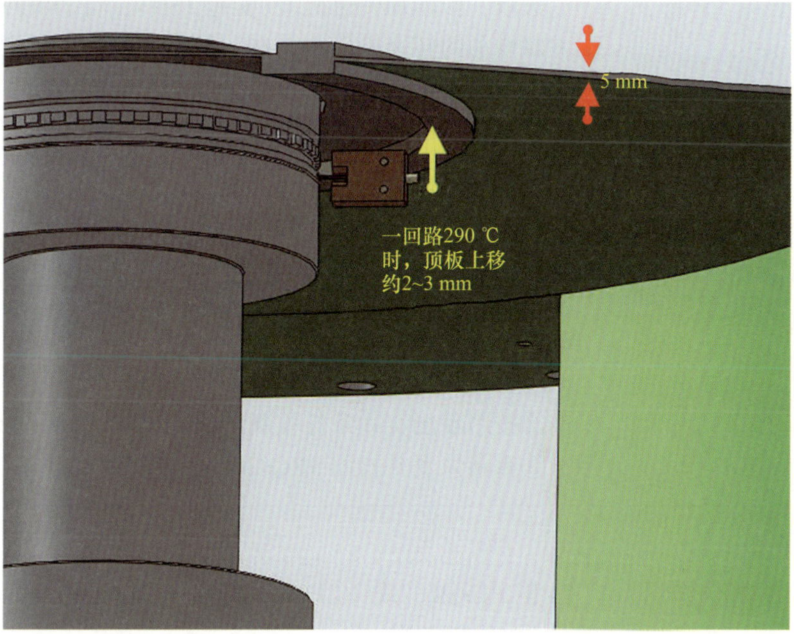

续 表

<table>
<tr><td>原因分析</td><td>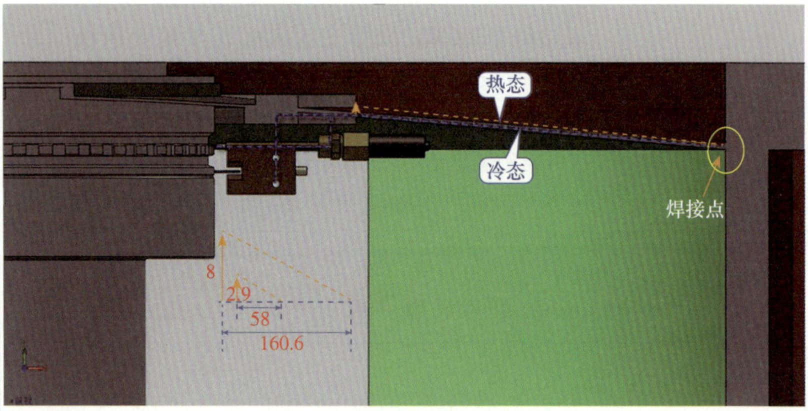
</td></tr>
<tr><td>消缺行动</td><td>仪控处理反馈：
1）处理进展：
①实施 TCA，将 3RCP340MY 测量数值引入 3RCP360MC；
②当前 3RCP340MY 引入 3RCP360MC，相当于 3 号主泵只有一个转速信号可用。为了避免 3RCP340MY 失效造成 RCP60 试验失败，拟增加转速机架（实施 TSD），将 3RCP341MC 信号引入临时增加的转速机架中，在一层中显示。转速机架备件厂内没有，正在向秦山还有厂家核实备件；
③拟增加的 TSD 方案：在 3KCS833AR 中临时增加转速机架，将 3RCP340MC2 信号引入临时增加的转速机架中，增加 3KCS833AR 至 3KDO941AR 临时电缆将 3RCP340MC2 信号送至 3KDO941AR 中处理，在一层中显示；
④后在停泵窗口检修后缺陷消除。
2）检修步骤：
①松开 3RCP360MC 探头；
②按照现场实际条件重新调整 3RCP360MC 的位置；
③重新恢复并紧固 3RCP360MC 探头</td></tr>
<tr><td>相关知识</td><td>主泵零转速表逻辑：
1）RCP160MC 或 RCP260MC 或 RCP360MC 高高 1750 r/min 触发 RCP000KA；</td></tr>
</table>

续 表

相关知识	2)RCP160/260/360MC 高高 1750 r/min 与上对应的 RCP140/240/340MY 高高 1750 r/min 触发 RCP981/983/985KA，导致对应主泵停运； 3) RCP001/002/003PO 启动 8 s 后且 1 h 内，若 RCP160/260/360MC 小于 200 r/min，导致对应主泵停运； 4)RCP160/260/360MC 任一仪表低至 200 r/min 会自动开启对应主泵的再循环阀 RCP912/942/972VP； 5) RCP160/260/360MC 任一仪表低至 1200 r/min 与上 RCP160/260/360MC 不为 0 r/min，启动对应主泵顶轴油泵 RCP011/021/031PO； 6)[RCP160/260/360MC 高于 1400 r/min 或 RCP160/260/360MC 低至 0 r/min]与上无 RCP011/021/031PO 启动命令，允许在 KIC 上手动停运对应主泵顶轴油泵 RCP011/021/031PO； 7)RCP160/260/360MC 任一仪表低至 0 r/min 与上[主泵高压泄漏流量高 3 延时 4 s(RCV036MD&RCV037MD/RCV038MD&RCV-039MD/RCV040MD&RCV041MD 高至 1.35 m^3/h 延时 4 s)或主泵轴封流量低 4 延时 30 s(RCV021MD&RCV121MD/RCV022MD & RCV 122MD/RCV023MD&RCV123MD 低至 1.2 m^3/h 延时 30 s)]导致对应主泵高压泄漏隔离阀 RCP901/931/961VP 关闭； 8)RCP160/260/360MC 任一仪表低至 0 r/min 延时 60 s 与上对应主泵低压泄漏隔离阀 RCP902/932/962VP 开启状态，允许对应主泵停车密封氮气释放阀 RCP908/938/968VZ 关闭； 9)RCP160/260/360MC 任一仪表低至 0 r/min 延时 60 s 与上对应主泵高压泄漏隔离阀 RCP901/903/961VP 关闭与上对应主泵低压泄漏隔离阀 RCP902/932/962VP 关闭时，允许手动关闭对应主泵轴封注入阀 RCP911/941/971VP	
参考资料信息	运行二处内部经验反馈——3RCP360MC 故障及处理方案经验反馈(20160603)； 运行二处内部经验反馈——3 号主泵转速表 3RCP360MC 故障处理经验反馈(2016.06.01)； WOT：00284127-01	
编　者	运行二处一值：石亿虎	时间：2019 年 03 月 11 日

2.13.9 4RCP260MC 转速波动

异常缺陷名称	4RCP260MC 转速波动
发生时间	2017 年 11 月 07 日早班
机组状态	RP 模式
异常缺陷现象	2017 年 11 月 7 日 13:50 开始，4RCP260MC 转速表出现波动，最低波动到 1 327.5 r/min
风险或潜在后果	1)L1 信号（低于 1200 r/min）误触发会导致 2 号主泵顶轴油泵 4RCP021PO 误启动； 2)L2 信号（低于 200 r/min）误触发会导致 2 号主泵再循环管线 4RCP942VP 误开启； 3)影响主泵超速保护功能（1750 r/min）
干预行动	已采取的行动措施： oncall 维修仪控检查
原因分析	针对 4RCP260MC 当前波动趋势分析，当前 4RCP260MC 波动为无规则波动且波动区间较小基本可排除处理卡件 4RCP800AR 内 VC6000 问题。根据 3/4 号机组调试期间经验，4RCP260MC 当前波动原因为测量探头安装支架受顶盖热形变影响，导致探头与测量齿之间的正对面积处于测量临界值（要求探头正对测量齿面积大于 60%），导致测量处理过程中部分信号质量下降不能被准确探测从而造成了探头出现无规律、小范围波动情况。冷态期间调整会依据经验值对探头位置进行经验处理（不正对测量齿使探头，对准测量齿下方），但运行期间依然会因为固定转速传感器的顶盖发生不确定性形变进而导致探头测量失效
消缺行动	仪控处理反馈： 1)处理进展： ①已实施 TCA，对主泵转速低顶轴油泵自动启动信号从 4RCP240MY 引入，保证顶轴油泵自动启动功能，4RCP002PO 故障停运时，操纵员需确认 4RCP021PO 处于运行状态； ②已实施 TCA，4RCP942VP 自动开启信号从 4RCP240MY 引入； ③后在大修期间执行 4RCP260MC 检查调整后消除缺陷。

续　表

消缺行动	2)检修步骤： ①执行主泵转速传感器检查，在主泵联轴器腔内 4RCP260MC 传感器前端圆形没有正对着主泵轴齿轮的凸出部分，使用0.06 mm 厚度以下的塞尺模拟主泵联轴器腔内 4RCP260MC 传感器前端圆形正对着主泵轴齿轮的凸出部分； ②打开 4RCP250CR，在 4RCP250CR 内测量 4RCP260MC 对应放大器的 SIG 和 COM 端的直流电压，结果合格； ③检查传感器前端圆形面积对应的泵轴齿轮面积小于 60%，不满足要求； ④松开传感器与联轴器腔室上盖板螺丝，调整贯穿垫片使传感器的朝向满足要求，拧紧传感器与联轴器腔室上盖板螺丝； ⑤重新测量 4RCP260MC 对应放大器的 SIG 和 COM 端的直流电压，结果合格； ⑥回装 4RCP250CR 箱面板，工作结束。 运行处理反馈： 由于主泵超速保护逻辑是 2 取 2，4RCP260MC 转速偏低，自动停泵信号可能不会触发，主控触发 4RCP000KA 时，需要立即查看 4RCP001HXT 画面，检查 4RCP240MY 转速，若转速超出 1750 r/min，在 4RCP009HXT 画面检查 4RCP002PO 泵振动、温度等参数，若主泵振动或温度参数异常上升根据报警规程要求停运 4RCP002PO。 4RCP260MC 转速降低至 500 r/min 以下时，召集仪控、机械、安工和设备管理人员开会，讨论 4RCP260MC 转速降低为零无法自动启动顶轴油泵的风险和应对措施。该条针对顶轴油泵自动启动信号还需要满足 RCP260MC 转速为非 0 的信号，所以如果 4RCP260MC 转速为 0，则会导致顶轴油泵不能自动启动，该情况如果出现在主泵意外停运时风险很大。仪控反馈如果探头与测量齿之间的正对面积为 0 的话，4RCP260MC 转速会显示为 0，但是从结构来说不太可能出现该情况。另外，4RCP260MC 转速低 3 信号(865XU2)无法通过引入 4RCP240MY 信号作为逻辑判断信号，因信号设计的特殊性 4RCP260MC 转速低 3 信号(865XU2)为逻辑量信号(非 0 即 1)
相关知识	主泵零转速表波动经验反馈要点： 1)实施 TCA，对主泵转速低顶轴油泵自动启动信号从 4RCP240MY 引入，保证顶轴油泵自动启动功能，4RCP002PO 故障停运时，操纵员需确认 4RCP021PO 处于运行状态；

续 表

相关知识	2)实施 TCA，4RCP942VP 自动开启信号从 4RCP240MY 引入； 3)主泵超速保护可能无法实现，加强对泵运行参数监视	
参考资料信息	运行二处内部经验反馈——4RCP260MC 转速波动处理经验反馈； WOT：00746971-01	
编　　者	运行二处一值：石亿虎	时间：2019 年 03 月 11 日

2.13.10　4RCP240MY 转速卡件故障处理经验反馈

异常缺陷名称	4RCP240MY 转速卡件故障
发生时间	2017 年 07 月 08 日早班
机组状态	NS/SG 模式
异常缺陷现象	17 点 36 分，KIC 突发以下报警： 1)4RPR159KA　二号环路冷却剂泵转速低； 2)4RPR162KA　二号环路冷却剂泵转速低低； 22 点 39 分，上述报警消失。 1)查看主泵画面，发现 4RCP240MY 值陡降至 10 r/min，后在 5～50 r/min 之间波动； 2)4RCP260MC 转速正常，主泵其他参数无异常； 3)翻看 4RPR010HXT 画面，发现 2 环主泵转速低保护 4RPR159KS 灯已点亮，2 环主泵转速低低保护 4RPR162KS 灯已点亮； 4)翻看 4RPR009HXT，发现 2 环超温 DATA T 4RPR169KS 已触发，2 环超功率 DATA T 4RPR165KS 已触发
风险或潜在后果	1)4RPR162KS：2 环主泵转速低低，若再出现其他环路主泵转速表故障和 P7 信号，会触发停堆保护和启动 ASG 汽动泵； 2)4RPR159KS：2 环主泵转速低，若再出现其他环路主泵转速表故障和 P7 信号，会触发机组甩厂用电； 以上两个 KS，由于触发保护需要其他另外 2 个信号参与，故障处理相对不紧急； 3)4RPR169KS：此信号表明 2 环超温 DATA *T* 已触发，若另外一个环路超温 DATA *T* 也触发，会直接导致反应堆停堆； 4)4RPR165KS：此信号表明 2 环超功率 ΔT 已触发，若另外一个环路超功率 ΔT 也触发，会直接导致反应堆停堆； 以上 KS，由于触发保护仅需要其他另外 1 个环路信号参与，故障处理非常紧急

续 表

干预行动	已采取的行动措施： 1)当班值和仪控人员讨论后，决定先由仪控人员将 4RCP240MY 输出强制为正常值，避免其他环路主泵转速表故障触发反应堆停堆(若另一主泵转速表故障，会直接由 2 个环路超温 ΔT、超功率 ΔT 导致反应堆停堆)； 2)仪控强制 4RCP240MY 正常后，另开票更换 4RCP240MY 故障核级转速处理机架； 3)机架更换后，由仪控人员取消 4RCP240MY 强制信号，恢复 2 环主泵转速参与的所有保护
原因分析	仪控间机柜 4RCP240MC、4RCP241MC 均没有异常，为 4RCP240-MY 核级转速机架处理单元损坏
消缺行动	仪控处理反馈——处理进展： 仪控开票更换 4RCP240MY 故障核级转速处理机架后消除缺陷
相关知识	主泵正常转速表逻辑： 1)RCP140/240/340MY 任一仪表高高 1750 r/min 触发 RCP000KA 报警； 2)RCP140/240/340MY 三取二低(3 个环路中至少有 2 个环路<1393 r/min)与上 P7 信号产生孤岛运行信号，自动跳开 500 kV 断路器； 3)RCP140/240/340MY 三取二低(3 个环路中至少有 2 个环路<1365 r/min)与上 P7 信号导致主泵停运信号、反应堆停堆信号、ASG 汽动泵启动信号； 4)RCP140/240/340MY 高至 1750 r/min 与上对应 RCP160/260/360MC 高高 1750 r/min 导致对应主泵停运，同时产生 RCP981KA 报警； 5)超温、超功率 ΔT 保护停堆的逻辑为三取二，参与超温、超功率 ΔT 运算的仪表通道信号都进行质量位判断，质量位“坏”会导致所属通道保护动作触发。对于超温、超功率 ΔT 保护通道，当出现两个通道的仪表质量位“坏”时，将触发 2/3 停堆。实际 ΔT 大于超温 ΔT 或超功率 ΔT 保护定值，3 个环路中至少有 2 个环路)触发反应堆停堆； 6)功率量程(Ⅰ/Ⅱ/Ⅲ三个通道)中子注量率变化率高信号需要用加上主泵转速校正信号和平均温度校正信号，P10 非自动闭锁校正，在任何时候均可以手动通过 3RPN420 /421/422CC 闭锁校正信号；RPN040MA 通道的中子注量率变化率高信号未使用校正，因此当 RCP140/240/340MY 故障时可能触发 RPR134/135/136KA 报警

续　表

参考资料信息	运行二处内部经验反馈——4RCP240MY 转速卡件故障处理经验反馈(2017 年 07 月 08 日)	
编　　者	运行二处一值：石亿虎	时间：2019 年 03 月 11 日

2. 13. 11　4RCP104BA 液位 4RCP085MN 波动

异常缺陷名称	4RCP104BA 液位 4RCP085MN 波动
发生时间	2018 年 05 月 04 日
机组状态	RP 模式
异常缺陷现象	2018 年 05 月 04 日 02: 38 主控触发 4RCP688KA(RCP104BA 水位高)报警，4RCP104BA 液位 4RCP085MN 在 H1 报警定值 17%上下波动。02: 41 报警消失，之后 4RCP085MN 数值缓慢下降，最终恢复至初始液位 - 0. 57%。期间压力容器密封泄漏探测仪表 4RCP021MP 和 4RCP001MT 读数没有变化
风险或潜在后果	影响机组稳定运行
干预行动	已采取的行动措施： 1) 根据报警卡，执行 FQ4-RCP-I-006 查看画面 4RCP021MP 和 4RCP001MT 读数没有变化，判断反应堆密封环没有泄漏； 2) 4RCP085MN 正负压侧与 4RPE001BA 联通，随着 4RPE001BA 液位降低，4RPE001BA 的压力陡降，4RCP085MN 出现陡升，随着 4RPE001BA 的压力上升，4RCP085MN 逐渐下降。正常 4RPE001BA 压力 0. 130 MPa. a，4RPE001BA 排水时压力下降至 0. 118 MPa. a，此次 4RPE001BA 压力最低降至 0. 101 MPa. a； 3) 联系仪控反馈正常情况下 4RCP085MN 压差式变送器的正、负腔室受同一个压力时，稳定后不会影响 MN 的读数。4RCP085MN 的正压腔在 4RCP104BA 的底部，负压腔在 4RCP104BA 的顶部，同时正压侧有水封，在压力变化时负压腔对压力变化较明显，所以在 4RPE001BA 压力降低时，4RCP085MN 负压腔压力变化较快，正负压侧压差变大，液位升高； 4) 4RCP104BA 的顶部直接连通 4RPE001BA，而 4RCP085MN 为差压式仪表，其波动与 4RPE001BA 压力波动有关。随着 4RPE001BA 排水时液位降低，4RPE001BA 的压力降低，4RCP085MN 出现上升；随着 4RPE001BA 的压力上升，4RCP085MN 逐渐下降；

续 表

干预行动	5）4RPE001BA 排水时需关注 4RCP085MN 液位变化。在 4RCP085MN 液位升高时注意压力容器密封泄漏探测仪表 4RCP021MP 和 4RCP001MT 读数。 建议后续行动： 由于 4RCP085MN 波动范围较大，最大约 15%。已提 WR：0038-3299，要求仪控在大修窗口对该仪表进行检查	
原因分析	4RCP085MN 高漂	
消缺行动	仪控处理反馈： 1）处理进展： 仪控对 4RCP085MN 进行校验，结果不合格，对仪表进行调整后校验合格，缺陷消除。 2）检修步骤： ①打开 4RCP085MN 仪表盖，逐根拆除仪表接线，并做好拆接线记录及绝缘包裹； ②关闭 4RCP085MN 仪表正负压侧仪表阀，禁止打开平衡阀； ③拧开正压侧排污口，拧开变送器排气堵头，排尽仪表废液后拧紧排气堵头； ④松开负压侧排气堵头使负压对空，拧开负压侧冷凝罐堵头，排出冷凝液，并用废液收集袋收集，排尽后恢复冷凝罐堵头； ⑤松开正压侧校验接口连接压力校验仪，均匀选取 5 点后开始对仪表进行上下行程校验； ⑥缓慢升压及降压，记录仪表输出电流值，根据校验数据判断仪表是否合格，若不合格则对仪表进行调整； ⑦仪表校验合格后回装校验接口并紧固； ⑧根据接线记录恢复仪表接线，查看主控仪表显示正常	
相关知识	若反应堆压力壳内侧密封环真实泄漏到 RCP104BA 回收箱，可以从下列报警之一探测到： 1）RCP104BA 液位高报警信号（RCP688KA 由 RCP085MN 发出）； 2）压力壳密封泄漏检测温度高报警信号（RCP401KA 由 RCP001MT 发出）。 外侧密封环的泄漏由 RCP021MP 监测和直观检查	
参考资料信息	运行二处：《运行二处内部经验反馈—— 4RCP104BA 液位 4RCP085MN 波动的经验反馈》	
编　　者	运行二处一值：石亿虎	时间：2019 年 03 月 11 日

2.13.12 4RCP240/340MY 转速表同时异常波动

异常缺陷名称	4RCP240/340MY 转速表同时异常波动
发生时间	2018 年 07 月 20 日中班
机组状态	NS/RRA 模式，一回路压力 2.5 MPa.g，三台主泵运行，未停堆，SA/SB/SC 棒位于 225 步，其余控制棒位于 5 步
异常缺陷现象	主控频发触发 4RPR159KA（二号环路冷却剂泵转速低）和 4RPR162KA（二号环路冷却剂泵转速低低）报警，检查 RCP 画面发现 2 号主泵转速表 4RCP240MY 异常波动，2 号主泵顶轴油泵自动启动，2 号主泵再循环阀 4RCP942VP 自动开启，导致 2 号主泵轴封注入流量下降，触发 2 号主泵轴封水流量低报警，检查 RPR 画面发现 4RPR159KS（二号环路冷却剂泵转速低）和 4RPR162KS（二号环路冷却剂泵转速低低）报警频繁触发。 主控立刻 oncall 维修机械、仪控、设备管理和运工共同讨论处理策略，期间主控同时频繁触发 4RPR160KA（三号环路冷却剂泵转速低）和 4RPR163KA（三号环路冷却剂泵转速低低）报警，检查 RCP 画面发现 3 号主泵转速表 4RCP340MY 同时异常波动，检查 RPR 画面发现 4RPR160KS（三号环路冷却剂泵转速低）和 4RPR163KS（三号环路冷却剂泵转速低低）报警频繁触发。 相关背景： 2017 年 11 月 7 日，4RCP260MC 转速表开始出现波动，已实施 TCA：将主泵转速低顶轴油泵自动启动信号和再循环阀 4RCP942VP 自动开启信号由 4RCP240MY 引入； 2018 年 7 月 18 日，4RCP240MY 转速表波动，检查 4RCP240MY 的 2 号探头 4RCP241MC 故障，已在 4RCP240MY 转速机架上在线切换至备用的 1 号探头 4RCP240MC
风险或潜在后果	1）4RPR162/163KS：2/3 环主泵转速低低，3 取 2 与 P7 信号，直接触发停堆保护和启动 ASG 汽动泵；（以上两个 KS，由于当时机组处于 NS/RRA 模式，P7 信号不存在，因此相应的风险不存在）； 2）4RPR159/160KS：2/3 环主泵转速低，3 取 2 与 P7 信号，直接触发机组甩厂用电；（以上两个 KS，由于当时机组处于 NS/RRA 模式，P7 信号不存在，因此相应的风险不存在）； 3）两块主泵转速表 4RCP240/340MY 同时异常波动，若处理不及时，转速表触发质量位，会导致超温/超功率 ΔT 停堆；

续 表

风险或潜在后果	4)2.5 MPa.g 平台，顶轴油泵长期运行，将会导致主泵副推力瓦受压更大，使副推力瓦温度升高，会导致主泵损坏； 5)非预期的主泵停运，会导致一回路压力和温度波动，存在一回路压力和温度超出梯形图风险，将违反技术规范，产生运行事件，特别是停运 2 号主泵，会导致 RRA 流量异常增大，其他电厂有过类似经验反馈； 6)4RCP240MC 和 4RCP241MC 转速表同时故障，根据技术规范，将会产生 IO2：RPR1，要求 1 个月内完成修复； 7)4RCP240MY 和 4RCP340MY 转速表同时故障，根据技术规范，将会产生 IO1：RPR6，要求必须在 1 天内恢复至不超过一个测量通道不可用
干预行动	已采取的行动措施： 1)主动增加轴封流量，并安排专人监视主泵运行参数，尤其是 2/3 号主泵副推力瓦温度，以及做好随时停运主泵的准备； 2)联系维修机械、仪控、设备管理、安工和和运工共同讨论处理方案； 3)考虑到两块转速表同时波动，先将 3 号主泵转速表 4RCP340MY 由 4RCP340MC 切换至 4RCP341MC 运行，并持续观察转速稳定未发现异常波动，消除 IO1：RPR6； 4)鉴于 2 号主泵转速表 4RCP260MC 转速稳定，同时取消 2 号主泵转速低顶轴油泵自动启动信号和 4RCP942VP 自动开启信号从 4RCP240MY 引入的 TCA，停运 2 号主泵顶轴油泵 4RCP021PO 和关闭再循环阀 4RCP942VP； 5)确认 3 台主泵运行正常后，组织维修仪控后续对 4RCP240MY 机架进行更换处理，消除 IO2：RPR1
原因分析	转速仪表机架故障
消缺行动	仪控处理反馈： 1)故障现象：经更换 4RCP240/340MY 转速机架、就地探头及其 BNC 接头以及机架侧的 BNC 接头后消除故障； 2)检修步骤： ①拆除 4RCP240/241MC、4RCP340/341MC； ②重做 4RCP240/241MC、4RCP340/341MC 的 BNC 接头； ③回装 4RCP240/241MC、4RCP340/341MC 备件到支架上，并调校安装位置； ④更换 4RCP240/340MY 转速机架

续 表

相关知识	1)主泵转速表出现异常波动时，需要立即联系维修仪控人员进行处理，同时召集设备管理、安工和运工讨论处理方案； 2)主泵转速表波动若产生功率量程中子注量率变化率高报警时，若转速表 10 min 内保持稳定，当班值需安排人员手动复位中子注量率变化率高报警； 3)主泵转速表出现异常波动时，需停止 RPN、RPR 相关工作，并制定详细的风险预案； 4)涉及参与机组停堆、停机保护信号相关仪表的故障，未明确处理方案的情况下，需当班值请示值班处领导，及时发起生产运行决策，便于充分地识别风险，制定完善的纠正措施和处理方案	
参考资料信息	运行二处：《运行二处内部经验反馈——4RCP240/340MY 转速表同时异常波动经验反馈》	
编　　者	运行二处一值：石亿虎	时间：2019 年 03 月 11 日

2.13.13 2RCP360MC 质量位短时触发

异常缺陷名称	2RCP360MC 质量位短时触发
发生时间	2018 年 08 月 17 日早班
机组状态	RP 模式，满功率
异常缺陷现象	08:32:23 和 9:36:20，2 号主控先后两次闪发 2RCP000KA（主泵跳闸信号单通道触发）报警，持续时间约 2.5 s，查看趋势 2RCP360MC 在此期间显示洋红色，初步判断 2RCP360MC 质量位短时触发。期间，2RCP031PO（3 号主泵顶轴油泵）自动启动，2RCP972VP（2RCP003PO 应急密封注入隔离阀）自动开启，3 号主泵轴封注入流量由 2.3 m^3/h 增大至 2.8 m^3/h。主控手动关闭 2RCP972VP 时 2RCP972VP 显示半开半关故障大红色，无法关闭，就地试验盒也无法关闭
风险或潜在后果	1) 2RCP360MC 参与主泵跳泵逻辑，若质量位触发同时 2RCP140MY 故障，将导致 3 号主泵跳泵，导致停机停堆； 2) 2RCP972VP 无法关闭导致轴封注入流量分流，影响主泵正常轴封注入； 3) 当前 3 号主泵轴位移高报警闪发频率明显增高，查看趋势 2RCP350/351MM 读数有所增大，目前稳定于略低于报警值 250 μm

续 表

干预行动	已采取的行动措施： 1)手动停运 2RCP031PO(3 号主泵顶轴油泵)； 2)oncall 机械、电气、仪控专业人员检查确认 2RCP972VP 无法关闭原因并处理； 3)联系保健物理处评估 2RCP972VP 现场环境剂量率，做好进岛手动操作 2RCP972VP 的准备； 4)根据设备管理建议调高主泵轴封注入流量(1/2 号主泵轴封注入流量调高至 2.45 m^3/h)，调高流量后 3 号主泵轴位移略有降低； 5)设备管理专业工程师初步评价当前状态 2RCP003PO 可以保持运行； 6)oncall 仪控专业人员检查 2RCP360MC 短时触发质量位的原因并处理
原因分析	1)2RCP972VP 阀门故障原因为阀门电动装置力矩开关不可靠，阀门关闭过程中存在抖动现象，同时阀门在关行程三分之一处存在轻微卡涩，导致阀门无法正常关闭。专业初步判断 2RCP972VP 无法正常关闭的原因为电动头过力矩保护动作导致； 2)维修仪控专业初步判断岛内偶发故障导致 2RCP360MC 闪发质量位
消缺行动	仪控处理反馈： 1)处理进展： ①通过短接关力矩限位方式使阀门关闭。针对该问题在 203 大修时进行了彻底检查处理； ②针对 2RCP360MC 闪发质量位问题，实施 TCA，使用 2RCP340MY 转速信号替代故障 2RCP360MC； ③2RCP360MC 闪发质量位问题大修期间更换了 2RCP360MC 放大器，并对转速表的仪表输出电压进行调整后，消除缺陷； 2)检修步骤： ①打开 2RCP350CR，拆下 2RCP360MC 前置放大器接线，并做好接线记录； ②测量 2RCP360MC 的电压为-11.01 V，拆下 2RCP360MC 的放大器，更换新的备件后，测量 2RCP360MC 的电压为-16.83 V； ③进行传感器检查的调整； ④打开 2RCP350CR，测量 2RCP360MC 的电压为-12.61 V，不满足验收标准-10~-8 V，重新进行调整后输出电压为-9.51 V，满足验收标准

续 表

相关知识	主泵零转速表逻辑： 1) RCP160MC 或 RCP260MC 或 RCP360MC 高高 1750 r/min 触发 RCP000KA； 2) RCP160/260/360MC 高高 1750 r/min 与上对应的 RCP140/240/340MY 高高 1750 r/min 触发 RCP981/983/985KA，导致对应主泵停运； 3) RCP001/002/003PO 启动 8 s 后且 1 h 内，若 RCP160/260/360MC 小于 200 r/min，导致对应主泵停运； 4) RCP160/260/360MC 任一仪表低至 200 r/min 会自动开启对应主泵的再循环阀 RCP912/942/972VP； 5) RCP160/260/360MC 任一仪表低至 1200 r/min 与上 RCP160/260/360MC 不为 0 r/min，启动对应主泵顶轴油泵 RCP011/021/031PO； 6)【RCP160/260/360MC 高于 1400 r/min 或 RCP160/260/360MC 低至 0 r/min】与上无 RCP011/021/031PO 启动命令，允许在 KIC 上手动停运对应主泵顶轴油泵 RCP011/021/031PO； 7) RCP160/260/360MC 任一仪表低至 0 r/min 与上【主泵高压泄漏流量高 3 延时 4 s（RCV036MD&RCV037MD/RCV038MD&-RCV039MD/RCV040MD&RCV041MD 高至 1.35 m^3/h 延时 4 s）或主泵轴封流量低 4 延时 30 s（RCV021MD&RCV121MD/RCV022MD & RCV 122MD/RCV023MD&RCV123MD 低至1.2 m^3/h延时 30 s）】导致对应主泵高压泄漏隔离阀 RCP901/931/961VP 关闭； 8) RCP160/260/360MC 任一仪表低至 0 r/min 延时 60 s 与上对应主泵低压泄漏隔离阀 RCP902/932/962VP 开启状态，允许对应主泵停车密封氮气释放阀 RCP908/938/968VZ 关闭； 9) RCP160/260/360MC 任一仪表低至 0 r/min 延时 60 s 与上对应主泵高压泄漏隔离阀 RCP901/903/961VP 关闭与上对应主泵低压泄漏隔离阀 RCP902/932/962VP 关闭时，允许手动关闭对应主泵轴封注入阀 RCP911/941/971VP
参考资料信息	1、2 号机组值长日报（2018 年 08 月 18 日）； WOT：00995177-01、00791028-01
编　　者	运行二处一值：石亿虎　　　时间：2019 年 03 月 11 日

2.13.14　4RCP803VP 阀门附近出现蒸汽泄漏

异常缺陷名称	4RCP803VP 阀门附近出现蒸汽泄漏
发生时间	2018 年 09 月 15 日夜班
机组状态	401 大修机组上行，热停堆状态，稳压器压力 15.4 MPa，温度 345.1 ℃
异常缺陷现象	09 月 15 日 1 点，4JDT402PP 触发 R588 房间探头有报警，现场检查发现该探头位置下方有蒸汽
风险或潜在后果	1)若泄漏继续扩大，超过 230 L/h，将会产生第一组 IO：RCP1，要求 8 h 内机组后撤至 NS/RRA 模式； 2)阀门一端与稳压器相连，开工前需做好工业安全防护措施； 3)蒸汽有一定放射性，开工前需做好辐射防护措施； 4)泄漏点和泄漏量暂不明，排查和处理工业安全和辐射安全风险很大
干预行动	已采取的行动措施： 1)联系辐射防护测量 R588 房间蒸汽放射性，测量结果为 1.2 Bq/cm^2，含有放射性； 2)联系保健物理在 R588 房间入口处设置隔离警示，防止其他人员误入； 3)经现场核实，初步确认为 4RCP803VP 仪表根阀有泄漏； 4)检查 KIC 画面，4RCP008MN、006MP 显示正常，未发现其他异常； 5)测量一回路泄漏率，泄漏率为 32.56 L/h，未见明显扩大
原因分析	阀门密封焊长期运行产生裂缝与砂眼
消缺行动	机械处理反馈——处理进展： 1)维修编制《4RCP803VP 缺陷核实处理方案》(FQ4-MA01-TD-18079)； 2)运行配合将一回路降压至 12.5 MPa； 3)运行人员关闭 4RCP803VP，阀门处无蒸汽漏出； 4)保温人员拆除保温； 5)运行人员微开阀门，阀门密封焊位置存在 3 处漏点； 6)带压堵漏人员对漏点捻缝处理后已不漏汽
相关知识	4RCP803VP 为 RCP008MN、006MP 的水位压力测量低点隔离阀

续　表

参考资料信息	维修二处机械：EAM 中工单 01009054-01 的完工报告； WR/WOT：00441085/01009054-01	
编　　者	运行二处一值：石亿虎	时间：2019 年 03 月 11 日

2.13.15　1RCP003RS/061RS 稳压器电加热器投运时，上游供电开关出现跳闸

异常缺陷名称	1RCP003RS/061RS 稳压器电加热器投运时，上游供电开关出现跳闸
发生时间	2019 年 10 月 28 日中班
机组状态	大修 NS/SG 模式(一回路由 80 ℃向 115 ℃升温过程中)
异常缺陷现象	1 号机组一回路由 80 ℃向 115 ℃升温过程中，先后出现 1RCP-003RS 故障(主控显示洋红色，现场检查 1LKA3181JA 跳闸，故障灯亮)、1RCP006RS 故障(主控显示洋红色，现场检查 1RCP061RS 上游开关 1LLD2181JA 跳闸，故障灯亮)
风险或潜在后果	导致 1RCP003RS/061RS 故障不可用，影响一回路升温操作
干预行动	已采取的行动措施： 1)发现主控 KIC 中电加热器显示洋红色后，安排现场检查电加热器上游供电开关，发现 1LKA3181JA(1RCP003RS 供电开关)跳闸且故障灯亮，1LLD2181JA(1RCP061RS 供电开关)跳闸且故障灯亮； 2)oncall 维修电气检查处理
原因分析	一回路升温升压过程中加热器运行电流接近电源开关热跳闸电流，导致开关热脱口动作。开关容量选型偏小。 1)1RCP061RS 电加热器馈线抽屉内断路器容量选型偏小，抽屉内断路器型 T3N250 125 A。1RCP061RS 运行电流为 114 A(现场测量相同功率不同的电加热器运行电流为 107 A 至 114 A，此故障加热器运行电流相比其他略大)。运行过程中随温度升高断路器会降容，导致断路器热保护动作； 2)1RCP003RS 上游 1LKA3181JA 抽屉内断路器选型过小，过热保护动作。1RCP003RS 为比例式电加热器长期运行，断路器有明显过热痕迹。但此开关选型为 T5N400 400 A，正常运行电流为 320 A(根据稳压器压力变化调功)。长期运行过程中随温度升高断路器会降容并产生热积累，导致断路器热保护动作(无调功输出时抽屉内断路器温度达 45 ℃，运行中会高于这个温度)

续　表

消缺行动	1）电气处理反馈： ①工作过程（WOT：01388183-01，1RCP003RS 故障检查）： a. 办理紧急维修工作指令单，取得工作许可证，确认设备位置及先决条件； b. 现场对 1LKA3181JA 进行检查抽屉主回路接线无异常； c. 对 1LKA3181JA 检查主断路器的 C 相接线处有轻微过热； d. 测量 1RCP003RS 加热器绝缘直阻如下： 1RCP321JA：AB：4.13 Ω AC：4.10 Ω BC：4.08 Ω 1RCP341JA：AB：4.04 Ω AC：4.04 Ω BC：4.00 Ω 1RCP361JA：AB：4.00 Ω AC：4.03 Ω BC：4.01 Ω 绝缘均为 >550 MΩ，绝缘直阻为合格； e. 绝缘直阻无异常后送电检查电流如下： 1RCP321JA：A：102.7 A，B：104.8 A，C：106.5 A， 1RCP341JA：A：104.6 A，B：三相线靠得太近，无测量，C：107.8 A， 1RCP361JA：A：105.3 A，B：107.5 A，C：107.6 A； f. 检查 1LKA3181JA 测得主断路器电流三相为 A：314.5 A，B：318.9 A，317.0 A； g. 对主断路器 C 线有变色最新领取同型号断路器进行更换； h. 对主断路器进行更换后送电启动设备，设备正常运行； i. 清理工作现场，此工作无需召开工后会，归还工作许可证，填写完工报告。 ②检查结果：抽屉内主断路器的 C 相接线处有轻微过热，接触面不均匀导致性能下降。 ③工作过程（WOT：01388354-01，1RCP061RS 故障检查）： a. 先决条件检查，现场确认编码，建立检修区域，召开工前会； b. 根据工作申请步骤对 1RCP006RS 馈线跳闸抽屉 1RCP6161JA 及下游加热器 1RCP061RS 绝缘直阻进行检查； c. 测量加热器直阻：AB-4.00 Ω、AC-4.01 Ω、BC-4.01 Ω，三相对地绝缘>550 MΩ，测量数据确认加热器无异常； d. 检查抽屉内主回路接线及各元器件，发现抽屉内主断路器的 B 相接线处有轻微过热痕迹； e. 领取同型号断路器进行更换，更换后确认接线紧固，操作断路器分合闸无异常；

续　表

消缺行动	f. 检查确认抽屉内其他接线及元器件无异常，恢复抽屉，联系运行送电验证； g. 送电后测量三相电流：A-112.4 A，B-114.8 A，C-115.0 A，三相电流平衡稳定，反馈运行后同意持票观察； h. 观察 2 天后确认设备运行无异常，工作结束，清理工作现场，工完料净场地清，此工作未召开工后会，归还工作许可证。 ④检查结果：抽屉内主断路器的 B 相接线处有轻微过热，接触面不均匀导致性能下降。 ⑤故障原因分析：一回路升温升压过程中加热器运行电流接近电源开关热跳闸电流，导致开关热脱口动作。开关容量选型偏小。 a. 1RCP061RS 电加热器馈线抽屉内断路器容量选型偏小，抽屉内断路器型 T3N250 125A。1RCP061RS 运行电流为 114A(现场测量相同功率不同的电加热器运行电流为 107A 至 114A，此故障加热器运行电流相比其他略大)。运行过程中随温度升高断路器会降容，导致断路器热保护动作。 b. 1RCP003RS 上游 1LKA3181JA 抽屉内断路器选型过小，过热保护动作。1RCP003RS 为比例式电加热器长期运行，断路器有明显过热痕迹。但此开关选型为 T5N400 400A，正常运行电流为 320 A(根据稳压器压力变化调功)。长期运行过程中随温度升高断路器会降容并产生热积累，导致断路器热保护动作(无调功输出时抽屉内断路器温度达 45 ℃，运行中会高于这个温度)。 2)安工建议反馈： 1RCP003/006RS 稳压器电加热器故障，影响一回路的压力和温度控制，针对抽屉内断路器容量偏低导致的偏差做好其他机组的排查和经验反馈
相关知识	1)RCP003RS 的控制逻辑 手动启动：KIC 画面将 RCP003RS 打手动并手动启动+PZR 水位大于-4.63 m； 自动启动：根据 PZR 补偿压差来调节 RCP003RS 的功率(补偿压差范围在-0.1~0.1 MPa 之间)； 手动停运：在 KIC 画面将 RCP003RS 打手动并手动停运； 自动停运：PZR 水位低于-4.63 m； 2)RCP006RS 的控制逻辑： 手动启动：在 KIC 或 BUP 上，将 RCP006RS 打手动并手动启动。

续　表

相关知识	自动启动：①RCP006RS 处于自动状态+PZR 水位比整定值高 5%； ②RCP006RS 处于自动状态+PZR 补偿压力小于-0.17 MPa+PZR 水位大于-4.63 m。 手动停运：在 KIC 或 BUP 上，现将 006RS 打手动，再手动停运。 自动停运：①PZR 水位低于-4.63 m； ②RCP006RS 处于自动状态+PZR 水位比整定值高 5%信号不存在+PZR 补偿压力小于-0.1 MPa	
参考资料信息	核安全处：《1~4 号机组核安全周报(2019 年 10 月 28 日—11 月 3 日)》； WR/WOT：00640143/01388183-01（紧急工单）、00640145/01388354-01(紧急工单)	
编　　者	运行二处一值：林赐彦	时间：2020 年 01 月 02 日

2.14 化学容积系统(RCV)

2.14.1 2RCV059VY 阀门严重漏氢处理

异常缺陷名称	2RCV059VY 阀门严重漏氢处理
发生时间	2016 年 12 月 19 日夜班
机组状态	NS/SG 模式
异常缺陷现象	12 月 19 日中班对 2RCV002BA 供氢管线(NX 区域)进行查漏(背景：0SHY 压力异常降低)。现场利用氢表查漏过程中发现 2RCV059VY 阀杆处漏氢，氢表已达满量程
风险或潜在后果	1)2RCV059VY 氢气泄漏可能产生氢爆，造成设备及人身伤亡。另外，其所在厂房空间较小，增加了氢爆概率； 2)2RCV059VY 氢气泄漏将使耗氢量增加，可能导致 0SHY 管网压力过低； 3)吹扫氮气窒息风险； 4)吹扫不彻底，氧气进入 RCV002BA
干预行动	已采取的行动措施： 1)利用 2RCV503VY，接临时软管至该层大厅空旷区域，并控制工作区，吹扫过程中实时监测排气成分。完成后恢复隔离边界，并保持 2RCV503VY 开启； 2)氮气置换氧气：维修更换工作结束后，利用 2RCV503VY 接临时软管至该层大厅空旷区域，并控制工作区，通过氮气置换维修过程中可能进入的氧气，吹扫过程中实时监测排气成分。完成后恢复相关阀门初始状态并再次检查隔离边界； 3)管线投运后需关注容控箱压力及一回路溶氢量，后续现象显示置换后管道内的氮气量并未对相关参数造成影响
原因分析	阀门膜头和密封环损坏
消缺行动	机械处理反馈： 1)检修步骤： ①配合运行安装吹扫管线； ②拆卸阀门，并持续测氢； ③解体阀门更换损坏的膜头及密封环后回装；

续　表

消缺行动	④运行验证合格并拆除吹扫管线； 2)故障原因分析：阀门膜头老化破损	
相关知识	氮气置换氢气时，2RCV057VY 与 2RCV059VY 之间的死管段无法吹尽。但由于该段管道现场实际布置非常短，因此可通过以下方法解决：氮氢置换完成(临时软管出口未检测到氢气)并恢复边界后通知维修人员开工，将 2RCV059VY 拆除后立即搬运至大厅空旷区域进行薄膜更换，死管段内少量氢气可通过房间通风及防火门的临时开启保证其有效扩散	
参考资料信息	维修二处机械：EAM 中工单 00446757-01 的完工报告； WR/WOT：00197869/00446757-01(紧急工单)	
编　　者	运行二处一值：姚嘉俊	时间：2019 年 03 月 31 日

2.14.2　1RCV012MN 漂表缺陷处理

异常缺陷名称	1RCV012MN 漂表缺陷处理
发生时间	2018 年 04 月 28 日早班
机组状态	RP 模式
异常缺陷现象	4 月 28 日早班，堆操发现自动补给停运，但容控箱液位显示 1.28 m，不符合逻辑 1.3 m 停运自动补给，随后调取趋势发现 1RCV012MN 发生波动，随后低漂，最低至 1.09 m 后，自动补给启动，1RCV012MN 上升至 1.30 m，自动补给停运，随后多次低漂，自动补给频繁启动
风险或潜在后果	1RCV002BA 满水
干预行动	已采取的行动措施： 1)自动补给频繁启动，若由于自动补给导致容控箱液位异常上升，可能导致 1RCV011/012MN 仪表全部进水，确定容控箱液位到达 1.7 m 前，手动停止自动补给，以便监视容控箱； 2)oncall 维修仪控处理
原因分析	1RCV012MN 仪表引压管坡度不足导致负压侧引压管线积水，造成仪表漂表

续 表

消缺行动	仪控处理反馈： 1）检修步骤： ①在 DCS 中将 1RCV011MN、012MN 下游逻辑信号闭锁，运行配合将 1RCV030VP 切换至手动； ②拆除仪表接线，使用劲仪测量仪表电流信号； ③检查引压管线坡度； ④对负压侧管线坡度进行调整； ⑤投用仪表，恢复接线； ⑥恢复闭锁信号，运行配合对 1RCV030VP 切换至自动； 2）故障原因分析：负压侧管线有水，负压侧管线坡度错误
相关知识	RCV012MN 参与逻辑： 1）RCV012MN 低 3 会导致容控箱出口隔离 RCV0034VP 关闭，RCV375VP 关闭，打开 RIS013VP，使上充泵从 PTR001BA 取水； 2）RCV012MN 低 1 时，若主控切至 KPR 则会导致 REA003PO/004PO 启动； 3）RCV012MN 高 1 会导致 RCV401KA2/401AA 报警触发； 4）RCV012MN 高 2 会使 RCV030VP 导向 TEP； 5）RCV012MN 控制 REA 启动自动补给，当容控箱液位低至 1.12 m 时，启动 REA 自动补给，当容控箱液位升高至 1.3 m 时，停运自动补给； 6）RCV012MN 低 2 会导致 RCV401KA1 触发
参考资料信息	维修二处仪控：EAM 中工单 00909100-01 的完工报告； WR/WOT：00381189/00909100-01
编　　者	运行二处一值：姚嘉俊　　　时间：2019 年 03 月 31 日

2.14.3 3RCV012AF 冷却风扇异常停止

异常缺陷名称	3RCV012AF 冷却风扇异常停止
发生时间	2019 年 09 月 27 日中班
机组状态	RP 模式
异常缺陷现象	3RCV002PO 突发液压马达停转，导致冷却风扇 3RCV012AF 无法运行，上充泵油温失去有效控制，查看 KIC 画面 3RCV226MT 最大值已达 68 ℃

续 表

风险或潜在后果	导致 3RCV002PO 不可用，产生 IO
干预行动	已采取的行动措施： oncall 维修机械和设备管理检查处理
原因分析	根据前期经验反馈，出现该现象的可能原因如下： 1)液压马达花键磨损打滑，导致对风扇传动失效； 2)双联油泵高压泵与低压泵轴连接块磨损，高压泵停转，无法为液压马达供油
消缺行动	机械处理反馈： 1)处理进展： 为确保故障一次消除，对双联油泵及液压马达进行更换，此次更换新型号液压马达，无花键结构。新液压马达已在 4RCV003PO 上验证一个循环，402 大修期间解体检查未见异常磨损情况。经过更换后，起泵验证确认上充泵运行稳定，油温趋势平稳，判定维修后试验合格。 2)检修步骤： 双联油泵更换： ①拆卸双联油泵进出口油管路； ②拆卸双联油泵底座与齿轮箱的连接螺栓； ③连同底座取下双联油泵； ④拆卸双联油泵联轴器，拆卸双联油泵与底座连接螺栓，取下底座； ⑤对新双联油泵中间连轴块进行检查，适当补充润滑脂后重新组装； ⑥将新双联油泵安装到底座上，回装联轴器(注意第 7 步，控制联轴器安装高度)； ⑦将新双联油泵连同底座安装到齿轮箱上(需控制好联轴器安装高度，防止其与齿轮箱侧联轴器挤压碰磨，可先松开联轴器紧定螺钉，试装后再紧固紧定蝶、钉)； ⑧回装双联油泵油管。 液压马达更换： ①拆卸液压马达进出口管线及溢流管线，从空冷器上取下液压马达及风扇组件； ②将风扇从液压马达上取下； ③拆卸温控阀端部丝堵，检查阀笼安装位置是否正确，确认无误后回装丝堵；

续 表

消缺行动	④将风扇安装到新液压马达上，紧固轴头螺栓，并锁好止动垫片； ⑤回装液压马达及风扇组件至空冷器，回装液压马达进出口油管，回装溢流管线(注意需更换新液压马达配装的新尺寸转接头)； ⑥盘动风扇，检查风扇转动灵活性
相关知识	双联油泵的功能是保持上充泵润滑油系统的循环并为液压马达提供驱动油，内部联轴块磨损导致高压泵失去动力，无法为液压马达提供驱动油，冷却风扇停运从而造成 3RCV002PO 不可用。相似缺陷曾出现在 4RCV003PO 上，经更换双联油泵后完成处理。402 大修期间对 4 号机组 3 台上充泵的双联油泵进行检查，均发现不同程度磨损
参考资料信息	维修二处机械：EAM 中工单 01363715-01 的完工报告
编　　者	运行二处一值：林赐彦　　　时间：2019 年 12 月 31 日

2.14.4 主控触发 3RCV810KA(3RCV003PO 振动高报警)

异常缺陷名称	主控触发 3RCV810KA(3RCV003PO 振动高报警)
发生时间	2019 年 03 月 14 日早班
机组状态	RP 模式
异常缺陷现象	22:30 主控触发 3RCV810KA(3RCV003PO 振动高报警)，查看趋势发现 4 块振动表均上涨
风险或潜在后果	3RCV003PO 跳闸，产生机组瞬态
干预行动	已采取的行动措施： 1) 将 3RCV003PO 切换至 3RCV001PO，并将 3RCV002PO 置于备用； 2) oncall 维修机械和设备管理处理，并请化学对 3RCV003PO 油脂取样
原因分析	3RCV003PO 联轴器齿套缺润滑脂
消缺行动	机械处理反馈： 1) 处理进展： 机械对 3RCV003PO 加脂、更换轴承室油、地脚螺栓复核后重新起泵，性能对 3RCV003PO 测振显示参数正常；

续　表

消缺行动	2）检修步骤： ①办理工作许可证及 RWP； ②拆除泵侧及电机侧联轴器保护罩，对联轴器齿套进行加脂（EP1），加脂至旧油从另一端孔排出； ③盘查检查无异常，回装两端联轴器保护罩； ④拆除驱动端轴承室排油丝堵，用新的润滑油 VG46 冲洗轴承室，回装排油丝堵，给轴承室添加润滑油 VG46 至正常位置； ⑤复查泵地脚螺栓力矩，无异常
相关知识	泵在刚启动时如果出现 3RCV810KA，是正常现象。10 s 后泵正常运转后报警信号应消失
参考资料信息	维修二处机械：EAM 中工单 01167401-01 的完工报告
编　　者	运行二处一值：林赐彦　　时间：2019 年 12 月 31 日

2.14.5　1RCV030VP 无法将容控箱液位调整至 1.47 m

异常缺陷名称	1RCV030VP 无法将容控箱液位调整至 1.47 m
发生时间	2018 年 03 月 22 日夜班
机组状态	RP 模式
异常缺陷现象	1RCV030VP 无法将容控箱液位调节至 1.47 m，维修反馈：阀门特性不合格，给 50%开度，就地只到 35%左右；给 100%开度，就地只开度 75%左右
风险或潜在后果	无法正常调节 1RCV030VP 至 TEP 的开度，导致 1RCV002BA 液位调节异常
干预行动	已采取的行动措施： 关注 1RCV002BA 液位，必要时手动控制
原因分析	1RCV030VP 定位器及 EP 定值飘移
消缺行动	仪控处理反馈——检修步骤： 1）做好拆线记录后拆除 1RCV030VP 定位器接线； 2）对 1RCV030VP 进行特性检查，发现定位器及 EP 定值飘移，重新调整后合格；

续 表

消缺行动	3) 将 1RCV030VP 恢复至初始状态，请运行人员配合确认阀门动作正常
相关知识	RCV012MN 达到 2.01 m，RCV030VP“全开”指向硼回收系统（TEP），当水位下降至 1.93 m 时，该指令消失；当 RCV011MN 在 1.47～1.68 m 时，RCV030VP 调节开度使 RCV002BA 液位调整至 1.47 m
参考资料信息	维修一处仪控：EAM 中工单 00876447-01 的完工报告
编　　者	运行二处一值：林赐彦　　　时间：2019 年 12 月 31 日

2.14.6　1RCV012MN 液位显示波动大

异常缺陷名称	容控箱充水过程中 1RCV012MN 波动大
发生时间	2018 年 02 月 26 日夜班
机组状态	RCD 模式
异常缺陷现象	进行 RCV 在线，容控箱充水期间 1RCV012MN 液位显示波动大
风险或潜在后果	1RCV012MN 液位显示波动，液位低至 0.87 m 时将导致上充泵入口部分切换至 PTR
干预行动	已采取的行动措施： 严密监视 1RCV012MN 液位变化，oncall 维修仪控处理
原因分析	1RCV012MN 仪表阀内漏
消缺行动	仪控处理反馈——检修步骤： 1) 在 1E 工作站中将 1RCV012MN 相关信号打为手动； 2) 关闭仪表根阀，排空废液收集罐，排空仪表管线内的残液； 3) 拆除旧的仪表阀，封堵仪表管口，更换新的仪表阀，回装卡套并紧固； 4) 打开仪表根阀对仪表进行充水排气，并使用压缩空气罐对仪表负压侧进行吹扫； 5) 恢复仪表初始状态，恢复 1RCV012MN 相关信号； 6) 观察数小时后度数稳定无波动，工作结束

续 表

相关知识	RCV012MN 参与逻辑： 1）RCV012MN 低 3 会导致容控箱出口隔离 RCV0034VP 关闭，RCV375VP 关闭，打开 RIS013VP，使上充泵从 PTR001BA 取水； 2）RCV012MN 低 1 时，若主控切至 KPR 则会导致 REA003PO/004PO 启动； 3）RCV012MN 高 1 会导致 RCV401KA2/401AA 报警触发； 4）RCV012MN 高 2 会使 RCV030VP 导向 TEP； 5）RCV012MN 控制 REA 启动自动补给，当容控箱液位低至 1.12 m 时，启动 REA 自动补给，当容控箱液位升高至 1.3 m 时，停运自动补给； 6）RCV012MN 低 2 会导致 RCV401KA1 触发	
参考资料信息	维修一处：EAM 中工单 00862676-01 的完工报告	
编　　者	运行二处一值：林赐彦	时间：2019 年 12 月 31 日

2.14.7 2RCV002MT 成锯齿形波动

异常缺陷名称	2RCV002MT 成锯齿形波动
发生时间	2017 年 11 月 05 日早班
机组状态	RP 模式
异常缺陷现象	主控巡检发现 2RCV002MT 一直在波动（成锯齿状），怀疑 2RRI155VN 调节性能不佳；对比 1 号机 1RCV002MT 变化平稳
风险或潜在后果	下泄管线温度波动，导致管道热应力
干预行动	已采取的行动措施： oncall 维修仪控检查
原因分析	2RRI155VN 调节性能不佳
消缺行动	仪控处理反馈——检修步骤： 1）找到 2521UC：2RCV_ N5：402RG； 2）记录调整前的 PID 参数_ P：100，I：1； 3）开始调节该阀门的 PID 控制参数；调整后 P：150，I：5； 4）观察该阀门的调节性能；

续　表

消缺行动	5)调节稳定后，将正确的PID参数写入软件，完成工作。 注：2RRI155VN在DCS中有最小最大开度设置，PID调节过程中不会导致阀门全开或者全关；如果下泄温度超过50 ℃，需操纵员手动干预2RRI155VN开度	
相关知识	2017年10月25日，1RCV002MT温度在32~38 ℃之间周期性波动，同样对PID参数进行了调整，调整前$P=150$，$I=1$，调整后$P=150$，$I=5$，调整后持票观察两天，1RCV002MT不再出现周期性变化	
参考资料信息	维修一处：EAM中工单00796752-01完工报告	
编　　者	运行二处一值：林赐彦	时间：2019年12月31日

2.15 反应堆硼和水补给系统(REA)

2.15.1 4REA 自动补给无法正常投用，触发 4REA500KA：硼流量异常报警

异常缺陷名称	4REA 自动补给无法正常投用，触发 4REA500KA：硼流量异常报警
发生时间	2018 年 04 月 19 日中班
机组状态	RP 模式，满功率
异常缺陷现象	[19:22:25]执行一回路除锂操作，将 4RCV030VP 手动导向 TEP； [19:27:25]容控箱液位低于 1.12 m，4REA 自动补给启动； [19:27:55]主控触发 4REA500KA：硼流量异常报警，4REA 自动补给跳闸。将自动补给重新投运后，再次触发报警导致自动补给跳闸。4REA065VB 硼流量设定值为 0.85 m^3/h
风险或潜在后果	容控箱液位低于 1.12 m 时，自动补给无法正常投运
干预行动	已采取的行动措施： 1)暂停一回路除锂工作，立刻将 4RCV030VP 恢复自动； 2)采用手动补给抬高容控箱液位至 1.4 m； 3)oncall 仪控进厂检查处理； 4)检查发现 4REA065VB 阀门动作正常； 5)经仪控调节阀门 4REA065VB PID 参数后，当班值配合启动手动补给，未出现 4REA500KA 报警
原因分析	1)4 号机组临近寿期末，当前一回路硼浓度较低，硼补给设定值较小(当时 4REA065VB 硼流量设定值为 0.85 m^3/h)，导致阀门 4REA065VB PID 参数无法配合当前硼浓度调节，从而触发 4REA500KA：硼流量异常报警，进而导致 4REA 自动补给跳闸。 2)4REA500KA 报警原因是自动补给硼酸实际流量小于理论流量 0.3 m^3/h 导致 4REA607XU 触发，延时 30 s，产生 4REA500KA 硼流量异常报警。其中 4REA607XU 具有回差，回差为 0.15 m^3/h，若 4REA065VB 硼流量设定值为 0.85 m^3/h 时，只有当实际流量超过 1 m^3/h，4REA607XU 才会复位，根据阀门动作情况分析判断 PID 参数是否需要调整

续 表

消缺行动	仪控处理反馈： 1) 处理进展：4REA065VB 调节功能正常，4REA 自动补给功能可正常投用。 2) 原因分析：4 号机组临近寿期末，当前硼浓度较低，硼补给设定值较小，导致阀门 PID 参数无法配合当前硼浓度调节。 3) 处理措施： ①运行配合投手动硼补给，仪控对阀门本体进行目视检查，排除阀门卡涩问题； ②调整阀门 PID 参数，根据定值计算对 I 参数进行调整，运行配合验证阀门调节性能满足当前机组状态需求； ③持票观察，待系统性能稳定后还票。 4) 后续行动： ①保持观察，随着硼浓度变化观察阀门调节情况，适当优化阀门 PID 参数； ②调研同行电厂 4REA065VB PID 参数及回差设置情况
相关知识	1) 对一回路进行除锂操作时，在将 RCV030VP 手动导向 TEP 头箱的过程中，操纵员要时刻关注容控箱的液位变化，在液位降低至 1.12 m 时关注 REA 自动补给是否正常投运。尤其是机组临近寿期末，由于一回路硼浓度较低，硼补给设定值较小，导致阀门 REA065VB PID 参数无法配合当前硼浓度调节，从而会触发 REA500KA：硼流量异常报警，导致 REA 自动补给跳闸。[对一回路进行除锂操作时，要将 RCV030VP 手动导向 TEP 头箱 10 min，上充流量+轴封流量约 10 m^3/h，10 min 内容控箱的液位将下降约(10/6)×1000/34.64=48 cm]。 2) 在寿期末，对一回路进行除锂操作时，当容控箱液位下降至 1.12 m之前，可采用手动补给的方式抬高容控箱液位，防止液位将至 1.12 m 时自动补给无法正常投运导致容控箱液位进一步下降
参考资料信息	维修二处仪控：oncall 反馈——4REA 自动补给无法正常投用报硼浓度异常问题处理反馈。 维修二处仪控：完工报告《FQ4-MA03-RCWO-00904218/01　4 号主控触发 4REA500KA 硼流量异常报警，当前 4REA 自动补给跳闸，当前 4REA065VB 硼流量设定值为 0.85 m^3/h》；

续　表

参考资料信息	WR/WOT：00377220/00904218-01(紧急工单)； 运行二处：《运行二处内部经验反馈——4REA 自动补给异常停运处理的经验反馈》	
编　　者	运行二处一值：高文超	时间：2019 年 02 月 11 日

2.15.2　4REA 系统自动补给模式未正常投入

异常缺陷名称	4REA 系统自动补给模式未正常投入
发生时间	2018 年 08 月 20 日早班
机组状态	RCD 模式
异常缺陷现象	当班值发现 4REA 系统自动补给模式未投入即 4REA019KS 处于灯灭状态。为保持 4RCV002BA 容控箱液位，执行自动补给投入操作。执行过程中，4REA065VB 显示手动控制状态，将该阀切换至自动后自动补给模式自动退出，无法投入
风险或潜在后果	若一直无法投入自动补给则只能通过硼化来控制容控箱水位
干预行动	已采取的行动措施： 通过硼化启动硼酸泵控制容控箱水位
原因分析	4REA065VB 处于手动控制状态，导致自动补给未能正常投入
消缺行动	运行处理反馈： 经分析逻辑图后，怀疑 4REA065VB 所处模式不正确，经将 4REA065VB 恢复到自动模式下自动控制，重新输入硼酸流量设定值(即便硼酸流量不变)，恢复自动补给正常投入
相关知识	REA065VB 存在自动和手动两种模式： “自动”模式下又有“自动控制”和“手动控制”两种方式，“自动控制”时根据设定的硼酸流量自动调节阀门开度，而“手动控制”则由主控给出开度信号。“手动”模式下有“打开”和“关闭”两种方式。若 REA065VB 不是在自动模式，则自动补给功能失效。自动补给和手动补给启动时 REA065VB 必须选择在自动控制(SP CTRL)，否则无法启动。

续 表

相关知识	在 4REA065VB 切换至自动模式下的手动控制后，为恢复自动补给需要重新切换至自动控制状态。在投入自动补给过程中，在 4REA065VB 自动控制下必须重新输入硼酸流量设定值(即便硼酸流量不变)，自动补给才能正常投入	
参考资料信息	运行二处：《运行二处内部经验反馈—— 4REA065VB 手动控制后投入自动补给》	
编　　者	运行二处一值：高文超	时间：2019 年 02 月 11 日

2.15.3 4REA 系统自动补给模式无法投运

异常缺陷名称	4REA 系统自动补给模式无法投运
发生时间	2018 年 08 月 14 日早班
机组状态	RCD 模式
异常缺陷现象	主控巡画面发现 REA 自动补给自动退出，且无法投运，主控出现 4REA509KA(硼酸补给浓度异常)报警。根据经验反馈怀疑是 4REA065VB 切至手动原因导致，该状态在自动补给或者硼化未启动时无法查看，所以将 4REA003PO 置手动后启动硼化模式，确认 4REA065VB 在手动状态，但将其切换到自动后，发现还是无法投运自动补给
风险或潜在后果	导致 4REA 自动补给无法投入
干预行动	已采取的行动措施： 1)查看和执行报警卡，应用 FQ3-REA-I-001 反应堆冷却剂补给异常处理规程； 2)查看模拟图和逻辑图分析故障原因； 3)重新设置硼补给流量，恢复自动补给
原因分析	经仪控分析是由于 4LNE 停电导致 4REN012MG 硼表不可用，显示×××，导致触发质量位。 1)硼酸补给浓度异常报警产生原因： ①补给水硼浓度 C_{BA} 比一回路硼浓度 C_{BM} 低 200ppm； ②补给水硼浓度 C_{BA}<2000ppm；

续 表

原因分析	2)一回路硼浓度 C_{BM}: 一回路硼浓度 C_{BM} 由 4REN012MG 测量得出，如果硼表隔离或硼表不可用或硼表超量程，则 C_{BM} 取自不可用前一时刻的值，本次硼表不可用前硼表显示的为 2500ppm，所以 $C_{BM}=2500$ppm; 3)补给水硼浓度 C_{BA}: 补给水硼浓度计算公式：$C_{BA}=(C_{bo}\times Q_b)/(Q_b+Q_e)$; 初始值：$C_{bo}=7326$ppm，$Q_e=20\ m^3/h$，$Q_b=0\ m^3/h$ 注：KIC 上 4REA065VB 流量设定值显示为 8 m^3/h，但由于 4REA059MD 流量显示异常导致 4REA065VB 切换手动，导致 4REA065VB 流量设定值跟随实际值变为 0 m^3/h。计算结果：$C_{BA}=0$ppm。 满足 $C_{BM}-C_{BA}=2500\text{ppm}-0=2500\text{ppm}>200\text{ppm}$; 满足 $C_{BA}=0<2000$ppm; 所以导致硼补给流量异常，导致自动补给和稀释无法投运
消缺行动	运行处理反馈: 1)处理措施：重新设置硼补给流量，恢复自动补给。 2)原因分析: ①计算硼补给流量最小值：$C_{BA}=(C_{bo}\times Q_b)/(Q_b+Q_e)$; $C_{bo}=7326$ppm; $Q_e=20\ m^3/h$; C_{BA} 按照 2000ppm 来计算，反向计算 $Q_b=7.51\ m^3/h$。 所以 4REA065VB 设定值不能小于 7.51 m^3/h，否则无法投运自动补给。 ②验证过程: 4REA065VB 设定值设为 7.6 m^3/h 后，投运自动补给，能正常投运; 4REA065VB 设定值设为 7.5 m^3/h 后，投运自动补给，无法投运自动补给，并触发 4REA509KA(硼酸补给浓度异常)报警
相关知识	1)硼酸补给浓度异常报警产生原因: 补给水硼浓度 C_{BA} 比一回路硼浓度 C_{BM} 低 200ppm，且补给水硼浓度 C_{BA}<2000ppm; 2)对 4REA059MD 工作或者对 4REA065VB 工作会导致 4REA065VB 切换至手动状态，此时 4REA065VB 设定值跟随实际值，切回自动后需要重新设置定值;

续 表

相关知识	3)当一回路硼浓度大于2200ppm时，4REA065VB设定值不能低于7.51 m^3/h，否则自动补给无法投运；当一回路硼浓度低于2200ppm时，一回路实际硼浓度减去200ppm的计算值反向计算最小设定值。例如：当一回路硼浓度为700ppm时，反向计算最小硼浓度为1.46 m^3/h	
参考资料信息	运行二处：《401大修——运行二处内部经验反馈——自动补给无法投运的原因分析和处理》	
编　　者	运行二处一值：高文超	时间：2019年01月10日

2.15.4 3REA072MN较3REA052MN和就地液位计低0.42 m

异常缺陷名称	3REA072MN较3REA052MN和就地液位计低0.42 m
发生时间	2017年09月17日夜班
机组状态	RP模式，满功率
异常缺陷现象	3REA072MN较3REA052MN和就地液位计低0.42 m，3: 32分3REA072MN又变成与3REA052MN一致
风险或潜在后果	导致PAMS仪表3REA072MN测量失真，无法准确监测3REA004BA液位，3REA072MN不可用时产生第二组IO2：PAMS1
干预行动	已采取的行动措施： 1)查看就地液位计、3REA072MN和3REA052MN进行对比，查看3REA072MN和3REA052MN的趋势变化情况，初步怀疑3REA072MN故障； 2)oncall仪控检查处理
原因分析	3REA072MN仪表负压侧少量积水
消缺行动	仪控处理反馈： 1)检修过程： ①确认设备位号与工作许可证一致，开工前与主控沟通并说明风险； ②关闭3REA072MN仪表阀，拆除3REA072MN电缆快速插头，拆除仪表引压管发现负压侧少量积水，并对仪表进行清理及做好废液收集；

续　表

消缺行动	③连接压力校验仪与 3REA072MN 仪表连接，升降压对仪表进行校验，根据校验数据判断，仪表零点发生偏移，重新调整后仪表检验合格； ④拆除压力校验仪，恢复仪表引压管，恢复电缆快速插头； ⑤打开仪表隔离阀，投用 3REA072MN 仪表，电话与主控沟通确认仪表无波动现象； ⑥工作结束，清理现场； 2)故障原因分析：3REA072MN 仪表负压侧少量积水
相关知识	定期试验规程要求 3REA072MN 和 3REA052MN 的各测量值与平均值的偏差小于 5%(测量值-平均值)/平均值<5%
参考资料信息	维修二处仪控：完工报告《FQ3-MA03-RCWO-00709433/01 3REA072MN 漂表，请检查处理》； WR/WOT：00290579/00709433-01(紧急工单)
编　　者	运行二处一值：高文超　　时间：2019 年 01 月 10 日

2.15.5　8REA074MN 主控显示 0.5~5 m 剧烈波动

异常缺陷名称	8REA074MN 主控显示 0.5~5 m 剧烈波动
发生时间	2016 年 08 月 12 日中班
机组状态	机组调试启动阶段
异常缺陷现象	巡盘发现 8REA074MN[8REA003BA 液位计(PAMS 仪表)]主控显示 0.5~5 m 剧烈波动
风险或潜在后果	导致产生 IO2：PAMS1
干预行动	已采取的行动措施： 1)查看就地液位计和 8REA074MN、8REA054MN 读数进行对比，查看 8REA074MN 的读数趋势变化情况，初步确认 8REA074MN 故障； 2)oncall 仪控检查处理
原因分析	8REA074MN 隔离卡件损坏
消缺行动	仪控处理反馈： 1)检修过程： ①取得工作许可证；

续 表

消缺行动	②工作前与主控沟通； ③确认设备位号； ④拆除旧的隔离卡件； ⑤更换上新的隔离卡件； ⑥观察趋势，确认 8REA074MN 已能正常工作； ⑦工作结束，清理现场； 2)故障原因分析：8REA074MN 隔离卡件损坏
相关知识	定期试验规程要求 8REA054MN 和 8REA074MN 的各测量值与平均值的偏差小于 5%(测量值-平均值)/平均值<5%
参考资料信息	维修二处仪控：EAM 中工单 00320998-01 的完工报告； WR/WOT：00162305/00320998-01(紧急工单)
编　　者	运行二处一值：高文超　　时间：2019 年 04 月 23 日

2.15.6　2REA003PO 自动启动运行后，不能自动停运

异常缺陷名称	2REA003PO 自动启动运行后，不能自动停运
发生时间	2016 年 07 月 08 日中班
机组状态	RP 模式，电功率 1075 MWe
异常缺陷现象	通过 2REA003PO 硼化降功率，2REA003PO 自动启动运行后，不能自动停运，主控画面上显示大红，其供电开关 2LLN281JA 显示 ON，泵本体运行
风险或潜在后果	导致 2REA003PO 无法正常停运
干预行动	已采取的行动措施： 1)安排现场查看泵本体，确认泵处于运行状态； 2)手动停运 2REA003PO 将其置于手动，将 2REA004PO 置于自动； 3)oncall 电气检查处理
原因分析	供电开关内停运继电器 002XR 故障损坏
消缺行动	电气处理反馈： 1)工作过程： ①办理工作票，现场核对设备名称、编码；

续　表

消缺行动	②确认工作边界，召开工前会，开工验电； ③检查发现抽屉 002XR 停运继电器不动作，进行更换； ④联系运行人员进行确认，因启动时没有命令信号，联系仪控处理后设备运行正常； ⑤清理工作现场，归还工作票，填写完工报告； 2）故障原因分析：供电开关内停运继电器 002XR 故障损坏	
相关知识	2REA003PO/004PO 为 2 号机硼和水补给系统的硼酸泵，正常自动补给时，2REA003PO/004PO 一台泵置于手动位置，一台泵置于自动位置	
参考资料信息	维修一处电气：EAM 中工单 00304600-01 的完工报告； WR/WOT：00150689/00304600-01（紧急工单）	
编　　者	运行二处一值：高义超	时间：2019 年 04 月 23 日

2.16 核取样系统(REN)

2.16.1 3REN010MG 钠表频繁大幅波动

异常缺陷名称	3REN010MG 钠表频繁大幅波动	
发生时间	2016 年 09 月 15 日中班	
机组状态	RP 模式	
异常缺陷现象	主控操作员发现 3REN010MG 突然频繁大幅波动	
风险或潜在后果	无法准确识别仪表是否正确工作，影响相关参数监视	
干预行动	已采取的行动措施： 1)安排现场检查在线和取样流量，未见明显异常； 2)主控查看蒸发器排污水 APG 的其他取样参数，未见明显异常； 3)联系化学人员进行故障通道处理	
原因分析	3REN010MG 故障漂表	
消缺行动	化学处理反馈——故障原因分析： 经检查，由于处理 REN 取样管线堵塞问题，一环的取样管线被隔离，导致该通道钠表无法正常监测，钠表读数会异常上升，待 15 min 后，钠表切换到能正常测量的通道，钠表读数又会恢复正常	
相关知识	3REN 系统只设计了 1 块钠表(即 3REN010MG)，为满足测量 3 台蒸发器下排污钠含量，同时设计了一个三通道切换装置。每隔 15 min 钠表自动切换一个通道。正常情况下，3 台蒸发器下排污钠含量相差不大，因此主控该仪表的显示数值基本上比较稳定。但如果某条取样管线被隔离，导致该通道钠表无法正常监测，钠表读数会异常上升，待 15 min 后，钠表切换到能正常测量的通道，钠表读数又会恢复正常，主控该仪表的显示数值此时应呈周期性波动的现象	
参考资料信息	运行二处：《运行二处内部经验反馈——3REN010MG 钠表频繁大幅波动经验反馈》	
编　　者	运行二处一值：姚嘉俊	时间：2019 年 03 月 23 日

2.16.2 3REN194VL 阀门存在外漏冒蒸汽

异常缺陷名称	3REN194VL 阀门存在外漏冒蒸汽
发生时间	2020 年 05 月 13 日中班
机组状态	RP 模式
异常缺陷现象	现场巡检发现 3REN194VL 阀门存在外漏且冒蒸汽，约 6 滴/s，拆开保温发现，3REN194VL 阀门中法兰漏气
风险或潜在后果	1)3REN194VL 为安全壳隔离阀，阀门外漏蒸汽，影响安全壳隔离功能的可靠性； 2)影响 1 号蒸汽发生器 APG 排污水取样，该阀门若隔离，将导致 1 号蒸汽发生器取样中断，化学技术规范要求，APG 排污水(P>25%Pn 的 RP 模式)Na 离子需每日手动取样分析一次
干预行动	已采取的行动措施： 1)现场核实蒸汽泄漏情况，并核实蒸汽对附近设备运行的影响，发现蒸汽泄漏威胁阀门旁边的电缆安全，联系机械和仪控进行评估和用防火布进行临时遮蔽； 2)联系机械检查确认泄漏位置情况，维修支持人员配合拆除保温，发现阀门中法兰漏气； 3)机械进行紧固处理无效，要求机械重新准备工作方案进行处理
原因分析	根据解体检查情况，确定本次外漏原因为设备制造厂安装问题造成，阀盖与阀笼连接不到位(错位约 1 mm)，进而影响中法兰垫片压缩量(理论压缩量 1.5 mm)，导致阀门外漏
消缺行动	机械处理反馈： 1)处理进展结果：对阀门进行解体检修，并对垫片进行了更换，维修后试验各项数据合格正常，验证已无外漏； 2)处理措施： ①在线紧固无法消除缺陷，现场已用防火布进行防护，防止周边设备损伤； ②准备工作方案对 3REN194VL 机械解体检修，并对垫片进行了更换，维修后试验各项数据合格正常，临时签出解除隔离验证已无外漏； ③对我厂规程进行了排查，规程中对于此环节有明确要求，在阀笼回转时要旋转 45°，以确保阀笼和阀盖装配到位。已发起 CR202011891 进行经验反馈学习。

续 表

消缺行动	3)故障原因分析：根据解体检查情况，确定本次外漏原因为设备制造厂安装问题造成，阀盖与阀笼连接不到位(错位约 1 mm)，进而影响中法兰垫片压缩量(理论压缩量 1.5 mm)，导致阀门外漏
相关知识	化学技术规范要求，APG 系统(P>25%Pn 的 RP 模式)，如果一台或更多在线钠表不可用，手动分析 1/日[1/日，每日一次，相邻两个执行日的最长间隔(连续两次使用裕度的最长间隔)>36 h]
参考资料信息	运行二处：3 号机组运行信息周报(2020. 05. 09—2020. 05. 14)； 维修二处：维修二处日常维修日报 20200515—20200517； WR/WOT：00732155/01587408-01(紧急工单)、01587408-02(计划工单)
编　　者	运行二处一值：高文超　　　　时间：2020 年 05 月 19 日

2.17 棒控棒位系统(RGL)

2.17.1 4号主控触发4RGL001、005、006、009KA报警

异常缺陷名称	4号主控触发4RGL001、005、006、009KA报警
发生时间	2018年04月26日早班
机组状态	RP模式，满功率
异常缺陷现象	14点35分，4号主控触发4RGL001KA(RGL运行故障)、4RGL-005KA(RCS运行故障)，4RGL006KA(RGL故障)、4RGL009KA(PWE运行故障)报警
风险或潜在后果	可能影响RGL棒组棒位显示，影响RGL系统的可用性
干预行动	已采取的行动措施： 1)当班值执行FQ4-RGL-I-001，将R棒、G棒置于手动状态； 2)现场检查发现4RGL026AR(对应SD2棒组)机柜故障灯亮； 3)oncall仪控检查处理，经复位后报警消除； 4)报警消除后，根据事故规程将R棒、G棒恢复至自动状态
原因分析	4RGL026AR SD2-4触发保持为零报警。经现场检查确认保持线圈电流正常，初步分析可能原因是检测电流信号闪发异常
消缺行动	仪控处理反馈： 1)处理进展：4RGL001/005/006/009KA报警已消除。 2)工作过程： ①确认故障卡件机柜； ②打开4RGL026AR机柜柜门； ③测量SD2-4 SC线圈电流正常； ④按下“故障清除按钮”，确认SC线圈电流正常，确认报警以消除； ⑤关闭机柜柜门； ⑥归还工作许可证。 3)原因分析： ①4RGL026AR SD2-4触发保持为零报警； ②经现场检查确认保持线圈电流正常，初步分析可能原因是检测电流信号闪发异常。

续 表

消缺行动	4)处理措施： 按下机柜“故障清除按钮”，报警消除
相关知识	4RGL026AR 为 SD2 棒组的就地棒控电源机柜
参考资料信息	运行二处：4 号机组异常反馈——4 号主控触发 4RGL001、005、006、009KA； 维修二处仪控：4RGL001/005/006/009KA 报警 oncall 反馈邮件，EAM 中工单 00908045-01 的完工报告； WR/WOT：00380182/00908045-01(紧急工单)
编　　者	运行二处一值：谷铁　　　时间：2019 年 04 月 23 日

2.17.2　3 号主控触发 3RGL001、005、006、009KA 报警

异常缺陷名称	3RGL001/005/006/009KA 报警
发生时间	2018 年 03 月 03 日夜班
机组状态	RP 模式，满功率
异常缺陷现象	夜班主控触发 3RGL001KA(RGL 运行故障)/005KA(RCS 运行故障)/006KA(RGL 运行故障)/009KA(PWE 运行故障)报警，现场检查 3RGL023AR 上出现故障报警
风险或潜在后果	可能影响 RGL 棒组棒位显示，影响 RGL 系统的可用性
干预行动	已采取的行动措施： 1)主控立即查看 RGL 系统所有控制棒，棒位均正常。根据报警卡执行 FQ4-RGL-I-001，将 R 棒和 G 棒打手动； 2)安排现场检查发现 3RGL023AR(对应 G2 棒组)柜上紧急灯和双重保持灯亮； 3)oncall 仪控进厂检查； 4)R 棒置于手动后，无法进行温度自动控制，确认无影响一回路温度变化的工作开展，确认当前 3STR 无出力，避免大量使用辅助蒸汽时，引起一回路温度波动的情况出现； 5)主控密切监视一回路平均温度，核功率，电功率，控制棒棒位指示变化情况，加强对二回路负荷监控

续　表

原因分析	3RGL023AR 机柜 G2. 2-2 SC 棒束调节卡件输出偏小，触发 SC 小电流过小报警导致 G2. 2 棒组控制棒双重保持	
消缺行动	仪控处理反馈： 1）处理进展：3RGL001/005/006/009KA 报警消除，系统工作正常； 2）缺陷描述：主控出现 3RGL001/005/006/009KA 报警，就地检查为 3RGL023AR 机柜 G2. 2-2 出现 SC 小电流过小报警触发双重保持报警； 3）原因分析：报警触发原因是 3RGL023AR 机柜 G2. 2-2 SC 棒束调节卡件输出偏小，触发 SC 小电流过小报警导致 G2. 2 棒组控制棒双重保持； 4）处理措施：仪控维修人员按照工作方案对故障调节卡件进行更换，卡件工作正常，报警已消除	
相关知识	控制棒被双夹持，控制棒无法正常动作，潜在风险后果： 1）机组临界过程中出现控制棒双保持，可能导致临界失败； 2）机组调试瞬态试验期间，如果出现控制棒双保持，可能导致机组非计划停机停堆事件。造成 3RGL 系统在控制棒动棒期间多次出现双保持导致控制棒无法正常动作的原因为，在动棒过程中产生了控制棒驱动机构线圈电流报警，触发 RGL 系统紧急故障	
参考资料信息	维修二处仪控：3RGL001/005/006/009KA 报警处理反馈 oncall 反馈邮件； WR/WOT：00355751/00865001-01（紧急工单）	
编　　者	运行二处一值：谷铁	时间：2019 年 04 月 23 日

2.17.3　1 号主控触发 1RGL001、005、006、009KA 报警

异常缺陷名称	1 号主控触发 1RGL001、005、006、009KA 报警
发生时间	2017 年 11 月 03 日夜班
机组状态	RP 模式，满功率

续 表

异常缺陷现象	01:14，1 号主控触发：1RGL001KA RGL 运行故障、1RGL005KA RCS 运行故障、1RGL006KA RGL 运行故障、1RGL009KA PWE 运行故障报警。联系电气现场检查发现 1RGL021AR 故障灯亮。在仪控间查看 1RGL030HC(RGL 远程工作站)，发现 1RGL021AR(N12 棒组)的 HMI power racks 模块显示红色报警
风险或潜在后果	根据 IRGL001 故障规程，已将 R 棒和 G 棒置手动，且 N12 棒组故障初步判断已触发双保持。 ①若机组出现重大瞬态，可能导致 G 棒组不能自动动作； ②N12 棒组存在落棒停堆风险。 更换过程的风险：由于要对保持线圈的 MDP 模块进行更换，先要对整个子组 4 个棒束的保持线圈进行断电，导致控制棒保持线圈失电。由于当前已触发双夹持，传递线圈也带电，传递销爪可以保持控制棒位置不变。若更换过程中传递线圈再出现故障将导致控制棒落棒，有停堆风险。控制风险的措施： ①断电前要确认双夹持已确定触发和传递线圈已带电； ②控制仪控人员更换 MDP 卡件的时间(20 min 左右)。 当前状态的双夹持为自动触发的，仪控可通过机柜上的操作机构手动触发双夹持，保证双夹持可靠触发。 通过分析，仪控人员采取两种方法共同确认传递线圈带电： ①通过查看模块上的指示灯可以确认传递线圈带电； ②使用万用表测量传递线圈电源输出模块输出电压正常
干预行动	已采取的行动措施： 1)主控立即查看 RGL 系统所有控制棒，棒位均正常。根据报警卡执行 FQ1-RGL-I-001，将 R 棒和 G 棒打手动； 2)安排现场检查发现 1RGL021AR(对应 N1-2 棒组)柜上紧急灯和双重保持灯亮； 3)oncall 仪控进厂检查； 4)R 棒置于手动后，无法进行温度自动控制，确认无影响一回路温度变化的工作开展，确认当前 1STR 无出力，避免大量使用辅助蒸汽时，引起一回路温度波动的情况出现； 5)主控密切监视一回路平均温度，核功率，电功率，控制棒棒位指示变化情况，加强对二回路负荷监控

续 表

原因分析	经检查分析为1RGL021AR(N12子组电源柜)第1束棒保持MDP模块(驱动机构线圈供电模块)电流检测单元故障，产生“小电流偏低”电流故障报警，触发子组进入双保持状态	
消缺行动	仪控处理反馈： 1)检查结果： ①开启1RGL021AR柜门检查发现为N1.2的第一个棒束触发双夹持(保持线圈和传递线圈同时得电)； ②1RGL021AR第1棒束保持MDP检测单元输出电压2.000 V，偏离正常范围，触发N12子组进入双保持状态；其余MDP输出正常； 2)处理措施：执行《FQX-RGL-M-I506：RGL系统电源柜MDP卡件的更换》，进行故障MDP卡件拆卸更换； 3)故障原因分析：1RGL021AR第1棒束保持MDP模块检测单元输出电压在2.000 V附近跳变，偏离正常范围，触发N12子组进入双保持状态；其余MDP正常。1RGL021AR所有棒束保持MDP整流单元输出正常，故判定报警MDP电流检测单元故障	
相关知识	1)供电关系：动力电RAM—MDP卡件—控制棒线圈。 2)MDP的控制电为LNE和LMA，失去控制电会出发双保持。 3)控制棒被双夹持，控制棒无法正常动作，潜在风险后果： ①机组临界过程中出现控制棒双保持，可能导致临界失败； ②机组调试瞬态试验期间，如果出现控制棒双保持，可能导致机组非计划停机停堆事件。 造成3RGL系统在控制棒动棒期间多次出现双保持导致控制棒无法正常动作的原因为，在动棒过程中产生了控制棒驱动机构线圈电流报警，触发RGL系统紧急故障	
参考资料信息	运行一处：《运行一处内部经验反馈——1RGL001/005/006/009KA的处理》。 维修一处：EAM中工单00744405-01的完工报告； WR/WOT：00306982/00744405-01(紧急工单)	
编　　者	运行二处一值：谷铁	时间：2019年04月23日

2.17.4 4 号主控触发 4RGL001、005、006、009KA 报警

异常缺陷名称	4 号主控触发 4RGL001、005、006、009KA 报警
发生时间	2018 年 01 月 16 日中班
机组状态	RP 模式，满功率
异常缺陷现象	22:57:02 时，4 号主控 KIC 中出现：4RGL001KA RGL 运行故障、4RGL005KA RCS 运行故障、4RGL006KA RGL 运行故障、4RGL009KA PWE 运行故障报警，主控室查看 R 棒组和 G 棒组棒位指示指示正常，一回路平均温度稳定
风险或潜在后果	影响控制棒的可靠性，影响控制棒自动动作
干预行动	已采取的行动措施： 1）查看和执行报警卡，主控立即查看 RGL 系统所有控制棒，棒位均正常。根据报警卡执行 FQ4-RGL-I-001，将 R 棒和 G 棒打手动； 2）安排现场检查发现 4RGL024AR（对应 G1 棒组）柜上紧急灯和双重保持灯亮； 3）oncall 仪控进厂检查，仪控在仪控间（L749）查看 4RGL030HC（RGL 远程工作站），通过从“棒位系统”画面进入“报警窗”画面，在进入“RCS 故障树”画面，在故障树画面中点击 RGL009KA 下方的查看，进入“电源柜紧急故障”画面，可看到 G1 棒“紧急故障”红色亮； 4）R 棒置于手动，无法进行温度自动控制，确认无影响一回路温度变化的工作，确认当前 4STR 无出力，SVA 管网由 2STR 处理，确认一单元不要进行突然引起 4STR 出力增大的工作； 5）主控密切监视一回路平均温度，核功率，电功率，控制棒棒位指示变化情况，加强对二回路负荷监控； 6）仪控人员按照《FQY-MA-TD-I16002+3、4 号机组 RGL 系统卡件更换》，执行第 4 节 调节卡件更换，消除故障
原因分析	通过故障现象，仪控现场开启 4RGL024AR 柜门检查发现为 G1 棒的第 2 束棒触发双夹持（保持线圈和传递线圈同时得电）。经检查分析为 4RGL024AR（G1 子组电源柜）G1-2 棒束保持线圈（SC）调节卡件输出不稳定触发保持线圈（SC）小电流过小报警，触发子组进入双保持状态

续 表

消缺行动	仪控处理反馈： 1）缺陷描述：对主控触发 4RGL001/005/006/009KA 报警，G1-2 棒束 SC 小电流过小报警触发双重保持报警； 2）处理进展：4RGL001/005/006/009KA 报警已消除； 3）原因分析：报警触发原因是 4RGL024AR G1-2 棒束 SC 调节卡件输出偏小，触发 SC 小电流过小报警导致 G1 棒组控制棒双重保持； 4）处理措施：仪控维修人员按照工作方案对故障调节卡件进行更换，卡件工作正常，报警已消除	
相关知识	1）出现 RGL 故障报警后，运行人员可到 RGL 机柜核实对应的报警机柜及故障卡件，有助于仪控人员未到场时快速定位故障卡件； 2）就地查找到 RGL 相关的 AR 箱出现报警时，可以参考《FQ4-RGL-T-002 电厂正常运行期间不用的棒束完好可用性核对试验规程》中棒组和 AR 箱信息，对比知悉哪个棒组故障导致； 3）R 棒、G 棒置于手动期间，主控密切监视一回路平均温度，核功率，电功率，控制棒棒位指示变化情况，加强对二回路负荷监控，避免有可能引起机组负荷变化、温度变化的工作开展； 4）控制棒被双夹持，控制棒无法正常动作，潜在风险后果： ①机组临界过程中出现控制棒双保持，可能导致临界失败； ②机组调试瞬态试验期间，如果出现控制棒双保持，可能导致机组非计划停机停堆事件。造成 3RGL 系统在控制棒动棒期间多次出现双保持导致控制棒无法正常动作的原因为，在动棒过程中产生了控制棒驱动机构线圈电流报警，触发 RGL 系统紧急故障	
参考资料信息	运行二处：4 号机异常反馈——4 号主控触发 4RGL001、005、006、009KA 报警； 运行二处：运行二处内部经验反馈：4RGL001/005/006/009KA 的处理经验反馈； 维修二处仪控：oncall 反馈——对主控触发 4RGL001/005/006KA/009KA 报警进行处理； WR/WOT：336140/00829042-01（紧急工单）	
编　　者	运行二处一值：谷铁	时间：2019 年 04 月 23 日

2.17.5 主控闪发 3RGL022KA(SD 棒组故障)

异常缺陷名称	主控闪发 3RGL022KA(SD 棒组故障)
发生时间	2018 年 01 月 22 日夜班和早班
机组状态	RP 模式，满功率
异常缺陷现象	4:30:01，闪发 3RGL022KA：SD 棒组故障报警，查看趋势为 3RGL045MM 从 224 变为 136，后恢复到 224； 14:28:52，再次闪发 3RGL022KA SD 棒组故障，查看趋势，发现 3RGL045MM 测量棒位瞬间掉落至 136，而后又恢复
风险或潜在后果	影响 SD 棒位监测的可靠性，卡件更换过程中，RGL 棒位显示不可用将产生第二组 IO
干预行动	已采取的行动措施： 1)主控立即查看和执行报警卡，发现 SD 的棒位显示 3RGL045MM 从 224 变为 136，后恢复到 224，其他棒位显示均正常。根据报警卡执行 FQ3-RGL-I-001； 2)检查 RIC 画面堆芯温度趋势，未见明显异常情况，检查轴向功率变化趋势、堆芯热功率、反应堆功率均未见明显变化； 3)oncall 仪控检查处理
原因分析	报警触发原因是格莱码 D 码异常造成棒位由 224 步跳变至 136 又恢复为 224，分析是格莱码处理器卡件(MCP22)异常，使格莱码值输出异常造成测量棒位异常变化
消缺行动	仪控处理反馈： 1)工作过程： ①打开 3RGL006AR，确认 SD1-1 卡件位置； ②测量 MCP22 格莱码阈值(A：4.331，B：4.322，C：5.251，D：5.382，E：7.54，单位 V)； ③断开 MCP10 卡件电源； ④检查 SD1-1 D 码输出接线，无异常； ⑤更换 MCP22 卡件； ⑥闭合 MCP10 卡件电源； ⑦调整 MCP22 格莱码阈值(A：4.331，B：4.322，C：5.251，D：5.382，E：7.54，单位 V)； ⑧确认 SD1-1 棒位显示正常； ⑨关闭机柜门，确认报警消失。

续　表

消缺行动	2)原因分析：报警触发原因是格莱码 D 码异常造成棒位由 224 步跳变至 136 又恢复为 224，分析是格莱码处理器卡件(MCP22)异常，使格莱码值输出异常造成测量棒位异常变化；该现象为第一次出现，与之前主电流控制器(MCP10)短时失电造成棒位变为 0 不一样	
相关知识	棒位探测器基本工作原理： 测量线圈分 5 组，每组内相邻测量线圈反相串联，控制棒由底部(上图左侧)逐步提升到顶部(上图右侧)的过程中，每组测量线圈两端的感应电压将出现“低(电压)、高(电压)、低、高、低、高……”。端电压送往测量柜，处理卡件为每组测量线圈各设置一个电压阈值，当端电压超过阈值时，此测量线圈被编码为 1；当低于阈值时，被编码为 0。在控制棒提升过程中，每组测量线圈的编码将出现“0、1、0、1、0、1……”。依照各组测量线圈的分布，编码将出现“格莱码”形式分布，将其以 8 步精度转换为机械棒位。 子组内测量棒位存在偏差的原因：测量线圈的阈值设置是在调试期间完成的，其验收准则是控制棒在某 8 个机械步区间内+5、+6、+7 步，测量棒位显示 8 步均为合格。所以子组内两棒束间测量棒位可能存在 8 步偏差且不会任何触发棒位故障	
参考资料信息	维修二处仪控：3RGL022KA SD 棒组故障处理反馈； WR/WOT：00338310/0836333-01(计划工单)	
编　　者	运行二处一值：谷铁	时间：2019 年 04 月 23 日

2.17.6　3 号主控频繁闪发 3RGL001KA、3RGL002KA、3RGL006KA 报警

异常缺陷名称	3 号主控频繁闪发 3RGL001KA、3RGL002KA、3RGL006KA 报警
发生时间	2018 年 01 月 24 日早班
机组状态	RP 模式，满功率
异常缺陷现象	11 时 26 分开始，3 号主控频繁闪发 3RGL001KA(RGL 运行故障)、3RGL002KA(RPI 故障)、3RGL006KA(RGL 运行故障)报警
风险或潜在后果	1)经仪控人员初步检查为 SC-3 棒束棒位探测器圆边线圈供电电流不稳定，高漂导致，因目前 SC-3 棒束在堆顶，电流高漂对棒位显示无影响，若电流低漂，则可能导致棒位显示比实际值偏低； 2)更换卡件过程中导致棒位显示不可用，产生第二组 IO

续 表

干预行动	已采取的行动措施： 1）查看和执行报警卡，按报警卡执行 IRGL001； 2）安排现场检查棒控电源柜（3RGL011AR～3RGL026AR）、棒控逻辑柜（3RGL001AR）、棒位测量柜（3RGL009AR）或棒位处理柜（3RGL010AR）设备是否存在故障报警信息； 3）oncall 维修仪控人员检查处理
原因分析	报警频繁闪发的原因是 SC-3 棒束主电流控制器电流在 2.90 V 至 3.85 V 之间波动，触发电流高报警（阈值设置 3.80 V）
消缺行动	仪控处理反馈： 1）处理进展：3 号主控闪发 3RGL001KA、3RGL002KA、3RGL006KA 报警已消除。 2）缺陷描述：3 号主控频繁闪发 3RGL001KA、3RGL002KA、3RGL006KA 报警。 3）原因分析：报警频繁闪发的原因是 SC-3 棒束主电流控制器电流在 2.90 V 至 3.85 V 之间波动，触发电流高报警（阈值设置 3.80 V）。 4）处理措施：已对故障卡件进行更换，卡件工作正常。 5）检修步骤： ①确认并记录 SC-3 棒束的测量棒位为 224； ②将 SC-3 棒束主电流卡件断电，棒位指示为 160； ③拔出故障卡件，将主电流控制器转接件插入； ④连接备件，对备件参数进行调整； ⑤拔出转接件，将备件插入卡槽； ⑥给主电流控制器上电，检查确认输出电流为 3.050 V； ⑦确认 SC-3 棒束的测量棒位恢复为 224
相关知识	3RGL006KA 报警产生的可能原因：棒控电源柜（3RGL011AR～3RGL026AR）、棒控逻辑柜（3RGL001AR）、棒位测量柜（3RGL009AR）或棒位处理柜（3RGL010AR）设备发生下列故障：①3RCS 运行故障；②3RPI 运行故障
参考资料信息	维修二处仪控：3 号主控频繁闪发 3RGL001KA、3RGL002KA、3RGL006KA 报警处理反馈； WR/WOT：00339820/00837432-01（紧急工单）
编　　者	运行二处一值：谷铁　　　　时间：2019 年 04 月 23 日

2.17.7　3 号主控闪发 3RGL001、002、006KA 报警

异常缺陷名称	3 号主控闪发 3RGL001、002、006KA 报警处理反馈
发生时间	2019 年 01 月 14 日中班
机组状态	RP 模式，电功率 760 MWe
异常缺陷现象	主控闪发 3RGL001、002、006KA 报警，持续时间约 1 s
风险或潜在后果	1) 可能影响对应棒组(SD1-1)的显示，不影响棒组控制； 2) 更换卡件过程中将导致棒位显示不可用产生第二组 IO
干预行动	已采取的行动措施： 1) 查看和执行报警卡，按报警卡执行 IRGL001； 2) 安排现场检查棒控电源柜(3RGL011AR~3RGL026AR)、棒控逻辑柜(3RGL001AR)、棒位测量柜(3RGL009AR)或棒位处理柜(3RGL010AR)设备是否存在故障报警信息； 3) oncall 维修仪控人员检查处理
原因分析	就地进行机柜检查，原因为 3RGL006AR 内 SD1-1 棒束 MCP10 卡件闪发故障
消缺行动	仪控处理反馈： 1) 缺陷描述：主控闪发 3RGL001、002、006KA 报警，持续时间约 1 s； 2) 处理进展：3RGL001、002、006KA 报警为闪发，目前已消除； 3) 原因分析：就地进行机柜检查，原因为 3RGL006AR 内 SD1-1 棒束 MCP10 卡件闪发故障； 4) 影响分析：该报警为棒位系统报警且为闪发，不影响控制棒束动作和棒位监视； 5) 检修步骤： ①打开 3RGL006AR 机柜门； ②记录 SA1-1 初始棒位为 224，主电流值 3.050 V； ③断开 MCP10 电源； ④对故障 MCP10 卡件进行更换，并上电； ⑤将 SA1-1 的 MCP10 主电流值调到 3.050 V； ⑥确认 SA1-1 棒位显示正常； ⑦记录 SD1-1 初始棒位为 224，主电流值 3.100 V； ⑧断开 MCP10 电源； ⑨对故障 MCP10 卡件进行更换，并上电； ⑩将 SD1-1 的 MCP10 主电流值调到 3.050 V； ⑪确认 SD1-1 棒位显示正常； ⑫关闭机柜门，归还工作许可证

续 表

相关知识	3RGL006KA 报警产生的可能原因：棒控电源柜(3RGL011AR～3RGL026AR)、棒控逻辑柜（3RGL001AR）、棒位测量柜(3RGL009AR)或棒位处理柜(3RGL010AR)设备发生下列故障：①3RCS 运行故障；②3RPI 运行故障	
参考资料信息	维修二处仪控：3 号主控闪发 3RGL001KA、3RGL002KA、3RGL-006KA 报警处理反馈； WR/WOT：00494611/01111750-01(计划工单)	
编　　者	运行二处一值：谷铁	时间：2019 年 04 月 23 日

2.17.8　4 号主控触发 4RGL001、002、006KA 报警

异常缺陷名称	4 号主控触发 4RGL001、002、006KA 报警
发生时间	2018 年 07 月 19 日中班
机组状态	NS/RRA 模式
异常缺陷现象	20:00，主控出现 4RGL001KA(RGL 运行故障)/002KA(RPI 故障)/006KA(RGL 运行故障)报警
风险或潜在后果	N2.1-1 测量棒位错误的显示为 0，影响棒位监视
干预行动	已采取的行动措施： 1)查看和执行报警卡，按报警卡执行 IRGL001； 2)安排现场检查棒控电源柜(4RGL011AR～4RGL026AR)、棒控逻辑柜(4RGL001AR)、棒位测量柜(4RGL009AR)或棒位处理柜(4RGL010AR)设备是否存在故障报警信息； 3)oncall 维修仪控人员检查处理
原因分析	就地进行机柜检查，原因为 N2.1-1 棒束触发"测量通道失效"，N2.1-1 测量棒位显示为 0，实际控制棒束在 5 步。N2.1-1 棒束的格莱码处理器卡件(MCP22)故障导致格莱码显示为 0。该报警仅影响 N2.1-1 棒束测量棒位显示，不影响控制棒束正常动作
消缺行动	仪控处理反馈： 1)缺陷描述：主控触发 4RGL001、002、006KA 报警。 2)处理进展结果：4RGL001、002、006KA 报警已消除。

续　表

消缺行动	3)原因分析：就地进行机柜检查，原因为 N2.1-1 棒束触发“测量通道失效”，N2.1-1 测量棒位显示为 0，实际控制棒束在 5 步。N2.1-1 棒束的格莱码处理器卡件(MCP22)故障导致格莱码显示为 0。该报警仅影响 N2.1-1 棒束测量棒位显示，不影响控制棒束正常动作。 4)处理措施：对 N2.1-1 棒束的格莱码处理器卡件(MCP22)进行更换，N2.1-1 棒束测量棒位恢复正常显示。 5)检修步骤： ①打开 4RGL006AR，确认 N2.1-1 卡件位置； ②测量 MCP22 格莱码阈值(A：4.109，B：4.274，C：5.217，D：5.644，E：7.40，单位 V)； ③断开 MCP10 卡件电电源； ④松开 MCP22 卡件固定螺丝，拨出卡件； ⑤更换 MCP22 卡件的备件； ⑥闭合 MCP10 卡件电源； ⑦调整 MCP22 格莱码阈值(A：4.112，B：4.274，C：5.221，D：5.644，E：7.40，单位 V)； ⑧确认 N2.1-1 棒束的棒位显示异常； ⑨关闭机柜门，确认 RGl 系统无其他异常
相关知识	1)棒位探测器基本工作原理： 测量线圈分 5 组，每组内相邻测量线圈反相串联，控制棒由底部(上图左侧)逐步提升到顶部(上图右侧)的过程中，每组测量线圈两端的感应电压将出现“低(电压)、高(电压)、低、高、低、高……”。端电压送往测量柜，处理卡件为每组测量线圈各设置一个电压阈值，当端电压超过阈值时，此测量线圈被编码为 1；当低于阈值时，被编码为 0。在控制棒提升过程中，每组测量线圈的编码将出现“0、1、0、1、0、1……”。依照各组测量线圈的分布，编码将出现“格莱码”形式分布，将其以 8 步精度转换为机械棒位。 子组内测量棒位存在偏差的原因：测量线圈的阈值设置是在调试期间完成的，其验收准则是控制棒在某 8 个机械步区间内+5、+6、+7 步，测量棒位显示 8 步均为合格。所以子组内两棒束间测量棒位可能存在 8 步偏差且不会任何触发棒位故障。

续　表

相关知识	2)4RGL006KA 报警产生的可能原因： 棒控电源柜（4RGL011AR ~ 4RGL026AR）、棒控逻辑柜(4RGL001AR)、棒位测量柜(4RGL009AR)或棒位处理柜(4RGL010AR)设备发生下列故障：①4RCS 运行故障；②4RPI 运行故障
参考资料信息	维修二处仪控：oncall 反馈——4 号主控触发 4RGL001、002、006KA 报警处理反馈； WR/WOT：00416721/00974175-01(紧急工单)
编　　者	运行二处一值：谷铁　　时间：2019 年 04 月 23 日

2.17.9　3 号主控触发 3RGL015KA(G1 棒组故障)报警

异常缺陷名称	3 号主控触发 3RGL015KA(G1 棒组故障)报警
发生时间	2018 年 05 月 29 日早班
机组状态	RP 模式，满功率
异常缺陷现象	14:25 ~ 14:30 时间段内，主控频繁闪发 3RGL015KA(G1 棒组故障)，3RGL051MM 在 224 步到 136 步之前频繁波动
风险或潜在后果	1)影响棒位监视； 2)若 G 棒组真实故障可能导致功率畸变或停堆
干预行动	已采取的行动措施： 1)查看和执行报警卡，按报警卡执行 IRGL001； 2)按报警卡主控检查 G1 棒组失步报警灯触发情况； 3)主控检查功率量程四个通道未见异常波动，检查 RIC 画面堆芯热电偶温度未见异常畸变，监视一回路平均温度，核功率，电功率，LSS 系统均无明显异常； 4)oncall 维修仪控人员检查
原因分析	1)G1-3 棒束的主电流卡件偶发电流高报警； 2)初步原因分析，G1-3 主电流卡件输出电流异常波动，超出报警阈值导致报警

续 表

消缺行动	仪控处理反馈： 1)处理进展： 3RCL015KA 报警为闪发，已对故障主电流卡件进行更换，报警已消失。 2)原因分析： ①G1-3 棒束的主电流卡件偶发电流高报警； ②初步原因分析，G1-3 主电流卡件输出电流异常波动，超出报警阈值导致报警。 3)处理措施： 对故障主电流卡件 3RGL008AR G1-3 棒束的 MCP10 卡件进行更换。 4)影响评估： G1-3 棒束的主电流卡件故障可能导致该束棒棒位指示异常，但不影响控制棒束正常动作
相关知识	3RGL015KA(G1 棒组故障)报警触发的可能原因有：①棒束—棒组失步；②棒束—棒束失步；③棒束在低位
参考资料信息	运行二处：3 号机异常反馈——3 号主控触发 3RGL015KA(G1 棒组故障)报警； 维修二处仪控：oncall 反馈——3 号主控触发 3RGL015KA(G1 棒组故障)报警； WR/WOT：00394585/00935009-01(紧急工单)
编　　者	运行二处一值：谷铁　　　时间：2019 年 02 月 11 日

2.17.10 主控闪发 4RGL001、002、006、008KA 报警

异常缺陷名称	4RGL001、002、006、008KA 报警
发生时间	2018 年 09 月 23 日早班
机组状态	NS/SG 模式(401 大修)
异常缺陷现象	主控闪发一次 4RGL001KA(RGL 故障)、002KA(RPI 运行故障)、006KA(RGL 运行故障)、008KA(RPI 报警)报警，仪控检查为 RGL 内部 PLC 网络其中一路闪发故障导致(001.002.006 报警都为综合报警)

续 表

风险或潜在后果	1) RGL 内部 PLC 网络其中一路故障对 RGL 系统正常运行无影响； 2) 若出现 PLC 网络双路故障，主控 KIC 画面失去给定棒位、需求棒位、控制棒运行模式的相关 KS 和棒组选择的相关 KS 的监视，但是对控制棒自动模式下无影响
干预行动	已采取的行动措施： 1) 查看和执行报警卡，按报警卡执行 IRGL001； 2) 安排现场检查棒控电源柜(4RGL011AR～4RGL026AR)、棒控逻辑柜(4RGL001AR)、棒位测量柜(4RGL009AR) 或棒位处理柜(4RGL010AR)设备是否存在故障报警信息； 3) oncall 维修仪控人员检查处理
原因分析	RGL 内部 PLC 网络其中一路闪发故障导致(001. 002. 006 报警都为综合报警)
消缺行动	仪控处理反馈： 1) 风险分析： ①RGL 内部 PLC 网络其中一路故障对 RGL 系统正常运行无影响； ②若出现 PLC 网络双路故障，主控 KIC 画面失去给定棒位、需求棒位、控制棒运行模式的相关 KS 和棒组选择的相关 KS 的监视，但是对控制棒自动模式下无影响。 2) 处理进展： 2018 年 9 月 27 日 4 号机大修期间工作负责人持票 4PT33362(维修一级：对 4RGL 闪发内网通讯故障进行检查处理)已处理完成，缺陷已消除。 3) 检修步骤： ①运行人员配合将控制棒落到堆底； ②对处理柜的通讯设备和同轴电缆进行检查和处理； ③对逻辑柜的通讯设备和同轴电缆进行检查和处理； ④对电源柜的通讯设备和同轴电缆进行检查和处理； ⑤由运行人员将控制棒提回原位
相关知识	1) 4RGL006KA(RGL 运行故障)报警产生的可能原因： 棒控电源柜(4RGL011AR ～ 4RGL026AR)、棒控逻辑柜(4RGL001AR)、棒位测量柜(4RGL009AR) 或棒位处理柜(4RGL010AR)设备发生下列故障：①4RCS 运行故障；②4RPI 运行故障；

续　表

相关知识	2)4RGL008KA(RPI 报警)产生的可能原因： 棒位测量柜(4RGL009AR)或棒位处理柜(4RGL010AR)等设备发生下列故障： ①处理柜电源故障； ②测量柜通风故障； ③网关 1 故障或网关 2 故障； ④处理柜与 4RGL 系统网络间的交换机故障； ⑤网关与 4DCS 系统间的交换机故障	
参考资料信息	维修二处仪控：EAM 中工单 01024027-01 的完工报告； WR/WOT：00444053/01024027-01（计划工单），工作许可证：4PT33362(维修一级：对 4RGL 闪发内网通讯故障进行检查处理)	
编　　者	运行二处一值：谷铁	时间：2019 年 04 月 23 日

2.17.11　4 号机组 RGL 至 DCS 通讯故障导致 RGL 系统在 KIC 画面失去手动控制和监视

异常缺陷名称	4 号机组 RGL 至 DCS 通讯故障导致 RGL 系统在 KIC 画面失去手动控制和监视运行事件
发生时间	2017 年 07 月 20 日早班
机组状态	RP 模式，核功率 1%FP，电功率 0 MW
异常缺陷现象	7:40，4 号机组操纵员发现 4KIC 中 RGL 画面模块显示洋红色，4RGL 系统在 KIC 上失去手动控制和监视功能。维修仪控人员接到主控室 oncall 后迅速响应，经分析判断，确认为 4RGL 到 4DCS 通讯模块 FBM233 卡件故障，导致 4 号机组 4RGL 到 4DCS 通讯中断，超出《福建福清核电 3、4 号机组运行技术规范》“反应堆功率运行模式(RP)”下“RGL 系统用于和 DCS 通信的 GW 单元必须可用”的规定
风险或潜在后果	4RGL 系统在 KIC 上失去控制和监视功能，主控室失去对控制棒的手动控制和棒位监视
干预行动	已采取的行动措施： 1)安排现场检查棒控电源柜(4RGL011AR~4RGL026AR)、棒控逻辑柜(4RGL001AR)、棒位测量柜(4RGL009AR)或棒位处理柜(4RGL010AR)设备是否存在故障报警信息； 2)oncall 维修仪控人员检查

续 表

原因分析	1）直接原因：DCS 中的 V5090B 下游通讯协议驱动模块 FBM233 卡件偶发失效故障； 2）根本原因：RGL-DCS 通讯设备功能的技术管理不到位，对于首次进行互联的设备测试深度不足
消缺行动	仪控处理反馈： 1）故障现象：4RGL 系统 KIC 画面全部显示洋红色。 2）处理进展：缺陷已完成处理，4RGL 系统 KIC 画面显示恢复正常。 3）故障原因分析： 4RGL 至 4DCS 通讯中断，中断点发生在 4KCP509AR 的 FBM233 卡件，故障原因为软件驱动功能异常。 4）处理措施： 对 4KCP509AR 中的 FBM233 卡件重新执行软件下装操作并上线后，通讯功能恢复正常。 5）后续行动： ①给厂家发出函件，分析发生通讯中断的软硬件根本原因； ②根据同行反馈，使用相同 DCS 以及 RGL 设备的厂家发生过类似的通讯中断问题，目前该问题为我厂初次发生，跟踪其他核电的处理方式和处理效果
相关知识	4RGL-DCS 通讯故障的核安全影响与运行技术规范条款分析： 4RGL-DCS 通讯故障发生后，电厂立即对故障进行响应处理以及查找根本原因，同时召集运行处，维修仪控，核安全处，设备管理处等部门讨论分析此次事件对核安全的影响，通过分析可得知，故障对核安全的影响是安全可控的。另外通过分析得知，运行技术规范对 RGL-DCS 系统通讯的相关规定不清晰，存在一定的不合理，同时电厂仍然严格要求报为运行事件，并按照最严格的要求执行一系列的纠正措施。具体分析如下： 1）控制棒处于手动控制时，RGL-DCS 通讯中断，控制棒失去手动控制功能。如果机组需要快速后撤，不能通过快速插棒来实现，但此时机组可以硼化后撤； 2）控制棒处于自动控制时，RGL-DCS 通讯中断，控制棒棒位变化可以自动跟随汽机负荷变化。如果出现汽机甩负荷的情况，此时控制棒可以跟随快速插棒；

续　表

相关知识	3)事故情况下，RGL-DCS通讯中断，自动或手动的紧急停堆，控制棒可以落入堆芯，不影响机组状态的控制以及事故规程的执行。 在RGL与DCS通讯中断时，RGL系统仍能保持通讯中断前的状态，仅失去控制棒的手动控制和棒位监视。控制棒失去手动控制功能时，可以通过硼化或稀释的手段控制反应性；KIC画面失去各状态灯和棒位监视功能时，可以通过BUP盘和仪控工程师站查看棒位显示情况。 综上所述，RGL与DCS通讯故障对核安全的功能影响是安全可控的。 另一方面，当机组发生KIC系统不可用事件时，记为IO1事件，KIC不可用的过程中，整个KIC系统中包括RGL画面在内的所有设备显示与手动操作功能均不可用；RGL-DCS通讯失效发生时，KIC系统中仅限于RGL相关的显示与手动操作不可用。RGL-DCS通讯故障的影响范围远低于KIC失效对机组的影响，但因技术规范缺少详细规定不能按照IO方式管理。 目前《福清3、4号机组运行技术规范》中对RGL与DCS通讯可用性的规范描述不清晰，仅规定了RGL系统一个网关(GW)不可用的IO事件及所采取措施，未说明RGL与DCS通讯丧失的情况下的IO事件及所需采取的措施。 综合以上分析：运行技术规范对RGL-DCS系统通讯的相关规定不清晰，存在一定的不合理，也不利于及时有效执行技术规范，拟核实同行电厂的RGL到DCS通讯在运行技术规范要求情况，同时针对福清核电3、4号机组RGL到DCS通讯功能对运行技术规范影响情况将向设计发函澄清，进一步明确这类情形的技术规范适用要求或增加明确的规定	
参考资料信息	WR/WOT：00270726/00659372-01(紧急工单)； 维修二处仪控：4号机组RGL至DCS通讯故障导致RGL系统在KIC画面失去手动控制和监视运行事件，4RGL系统KIC画面全部显示洋红色问题反馈	
编　　者	运行二处一值：谷铁	时间：2019年02月11日

2.17.12　主控室触发4RGL012KA、4RGL013KA报警

异常缺陷名称	主控室触发4RGL012KA、4RGL013KA报警
发生时间	2018年05月09日中班

续 表

机组状态	RP 模式，满功率
异常缺陷现象	18:08 时，开始主控室多次出现 4RGL013KA（N1 棒组故障）、4RGL012KA（N2 棒组故障）报警，查看画面显示 N2.2、N1.1、N1.2 分别有一束控制棒棒位指示（4RGL008MM/020MM/024MM）测量棒位多次由 224 步变为 216 步，持续数分钟后恢复
风险或潜在后果	1）影响 N1、N2 棒组的棒位监视； 2）产生 IO2：RGL5（堆功率大于 50%Pn，一个棒位指示器故障）
干预行动	已采取的行动措施： 1）查看和执行报警卡，按报警卡要求执行故障规程 IRGL001； 2）主控按报警卡检查 KIC 画面 N1 棒组、N2 失步报警灯触发情况和控制棒棒位指示情况，发现 N2.2、N1.1、N1.2 分别有一束控制棒棒位指示（4RGL008MM/020MM/024MM）测量棒位多次由 224 步变为 216 步； 3）主控检查功率量程四个通道未见异常波动，检查 RIC 画面堆芯热电偶温度未见异常畸变，监视一回路平均温度，核功率，电功率，LSS 系统均无明显异常； 4）oncall 维修仪控人员检查； 5）oncall 维修仪控人员检查，物理人员做堆内通量测量
原因分析	经检查确认 4RGL009AR 内端子 A01BN-4 接线接触不良
消缺行动	仪控处理反馈： 1）检查结果：经检查确认 4RGL012KA、4RGL013KA 报警原因为控制棒束 N2.2-4、N1.1-4、N1.2-4 的测量棒位由 224 步变为 216 步，造成棒组失步导致棒组故障报警，控制棒束实际并未真实动作。经现场检查，初步确认棒位显示异常原因为 4RGL009AR（测量柜）内一根接线接触不良导致。 2）处理进展： 4RGL012KA、4RGL013KA 报警已消除，4 号机组 RGL 系统棒位显示无异常，系统运行正常。 3）处理措施： ①对 4RGL009AR 内相应接线进行紧固； ②配合执行 4 号机组功率分布测量试验，试验结果合格。 4）故障原因分析：经检查确认 4RGL009AR 内端子 A01BN-4 接线接触不良

续 表

相关知识	4RGL013KA(N1 棒组故障)、4RGL012KA(N2 棒组故障)报警触发的可能原因有：①棒束—棒组失步；②棒束—棒束失步；③棒束在低位	
参考资料信息	维修二处仪控：oncall 反馈——4 号主控室触发 4RGL012KA、4RGL013KA 报警； WR/WOT：00385809/00915965-01(计划工单)	
编　　者	运行二处一值：谷铁	时间：2019 年 02 月 11 日

2.17.13　3 号主控触发 3RGL001KA、3RGL005KA、3RGL006KA、3RGL007KA、3RGL009KA 报警

异常缺陷名称	3 号主控触发 3RGL001KA、3RGL005KA、3RGL006KA、3RGL007KA、3RGL009KA 报警
发生时间	2018 年 05 月 11 日早班
机组状态	RP 模式，满功率
异常缺陷现象	8:09，3 号主控触发 3RGL001KA(RGL 故障)、3RGL005KA(RCS 运行故障)，3RGL006KA(RGL 运行故障)、3RGL007KA(RCS 故障)、3RGL009KA(PWE 运行故障)报警
风险或潜在后果	导致停堆棒组、R 棒组手自动均无法动作
干预行动	已采取的行动措施： 1)查看和执行报警卡，主控立即查看 RGL 系统所有控制棒，棒位均正常。根据报警卡执行 FQ3-RGL-I-001，将 R 棒和 G 棒打手动； 2)安排现场检查发现 3RGL011AR(SA1 棒组)柜上双重保持灯亮； 3)R 棒置于手动后，无法进行温度自动控制，确认无影响一回路温度变化的工作，注意控制好一回路温度，不要进行可能引起一回路温度和负荷变化的操作，确认当前 3STR 无出力； 4)主控密切监视一回路平均温度，核功率，电功率，控制棒棒位指示变化情况，加强对二回路负荷监控； 5)oncall 仪控检查处理
原因分析	电源柜 3RGL011AR(SA1 棒组)PLC 的 CPU 故障，触发紧急故障报警，导致 SA1 棒组双重保持

续　表

消缺行动	仪控处理反馈： 1）处理进展结果： 将 3RGL011AR 的 SA1 棒组进行强制双重保持，同时对 SA1 棒组紧急故障进行了故障禁止操作，解除了 SA1 棒组紧急故障对其他棒组的影响，将 R 棒组恢复自动模式。 2）处理措施： ①经当班值批准，将 SA1 棒组强制为双重保持状态，同时对 SA1 棒组紧急故障进行了故障禁止操作，解除了 SA1 棒组紧急故障对其他棒组的影响，恢复 R 棒组自动模式； ②编制工作方案，对故障 CPU 进行了更换，缺陷消除。 3）检修过程： ①打开 3RGL011AR 机柜门； ②将电源柜上方“强制双重保持”开关置于强制双重保持位； ③将电源柜上方“故障禁止”开关置于禁止位； ④关闭 3RGL011AR 机柜门，工作完成。 4）故障原因分析：电源柜 3RGL011AR（SA1 棒组）PLC 的 CPU 故障，触发紧急故障报警，导致 SA1 棒组双重保持
相关知识	控制棒被双夹持，控制棒无法正常动作，潜在风险后果： 1）机组临界过程中出现控制棒双保持，可能导致临界失败； 2）机组调试瞬态试验期间，如果出现控制棒双保持，可能导致机组非计划停机停堆事件。 造成 3RGL 系统在控制棒动棒期间多次出现双保持导致控制棒无法正常动作的原因为，在动棒过程中产生了控制棒驱动机构线圈电流报警，触发 RGL 系统紧急故障
参考资料信息	维修二处仪控：oncall 反馈——3 号主控触发 3RGL001KA（RGL 故障）、3RGL005KA（RCS 运行故障）、3RGL006KA（RGL 运行故障）、3RGL007KA（RCS 故障）、3RGL009KA（PWE 运行故障）报警处理，EAM 中工单 00918814-01 的完工报告； WR/WOT：00386498/00918814-01（紧急工单）
编　　者	运行二处一值：谷铁　　　　时间：2019 年 02 月 11 日

2.17.14　4 号主控闪发 4RGL001KA 报警处理反馈

异常缺陷名称	4 号主控闪发 4RGL001KA RGL 运行故障报警
发生时间	2018 年 07 月 06 日早班

续　表

机组状态	RP 模式，电功率 1067 MW	
异常缺陷现象	14:51 主控闪发 4RGL001KA RGL 运行故障报警，检查 4RGL 画面控制棒运行正常	
风险或潜在后果	影响 RGL 系统控制的可靠性	
干预行动	已采取的行动措施： 1)查看和执行报警卡，安排现场检查棒控棒位系统设备(逻辑柜 4RGL001AR，测量柜 4RGL009AR，处理柜 4RGL010AR，电源柜 4RGL011AR~4RGL026AR)报警情况，未见明显异常； 2)oncall 仪控检查处理	
原因分析	就地检查报警日志，原因为“R 棒组自动棒速低”触发逻辑柜非紧急故障，主控触发 RGL001KA 报警。R 棒组自动棒速范围是 8~72 步/分，对应 4~20 mA 模拟量电流信号。当前 R 棒组未动作，自动棒速为 8 步/分，对应模拟量信号处于 4 mA 左右波动，波动超出报警阈值触发报警	
消缺行动	仪控处理反馈： 1)缺陷描述：主控闪发 4RGL001KA 报警，持续时间 1 s； 2)处理进展结果：4RGL001KA 报警已消除； 3)故障原因分析：就地检查报警日志，原因为“R 棒组自动棒速低”触发逻辑柜非紧急故障，主控触发 RGL001KA 报警。R 棒组自动棒速范围是 8~72 步/分，对应 4~20 mA 模拟量电流信号。当前 R 棒组未动作，自动棒速为 8 步/分，对应模拟量信号处于 4 mA 左右波动，波动超出报警阈值触发报警	
相关知识	4RGL001KA RGL 运行故障报警：棒控棒位系统设备(逻辑柜 4RGL001AR，测量柜 4RGL009AR，处理柜 4RGL010AR，电源柜 4RGL011AR~4RGL026AR)发生故障或失电	
参考资料信息	维修二处仪控：oncall 反馈——4 号主控闪发 4RGL001KA 报警处理反馈	
编　　者	运行二处一值：谷铁	时间：2019 年 02 月 11 日

2.17.15 3LHP 柴油机定期试验期间，N2.2-1 触发 SC 小电流过大报警产生双重保持

异常缺陷名称	3LHP 柴油机定期试验期间，N2.2-1 触发 SC 小电流过大报警产生双重保持
发生时间	2016 年 11 月 08 日早班
机组状态	RP 模式，满功率
异常缺陷现象	11:25，主控出现 3RGL001/005/006/009KA 报警，N2.2 棒组双保持
风险或潜在后果	控制棒被双夹持，控制棒无法正常动作
干预行动	已采取的行动措施： 1)查看和执行报警卡，主控立即查看 RGL 系统所有控制棒，棒位均正常。根据报警卡执行 FQ3-RGL-I-001，将 R 棒和 G 棒打手动； 2)安排现场检查发现 3RGL019AR(N2.2 棒组)柜上双重保持灯亮； 3)R 棒置于手动后，无法进行温度自动控制，确认无影响一回路温度变化的工作，注意控制好一回路温度，不要进行可能引起一回路温度和负荷变化的操作，确认当前 3STR 无出力； 4)主控密切监视一回路平均温度，核功率，电功率，控制棒棒位指示变化情况，加强对二回路负荷监控； 5)oncall 仪控检查处理
原因分析	3 号机组在执行 3LHP 柴油发电机低功率试验时母线供电切换瞬间触发了 3RGL N2.2-1 棒 SC 线圈小电流过大报警，控制棒双保持。初步分析为供电切换瞬间 LMA 母线短时失电，引起 3RGL 电源柜中控制电源卡件(A/B 电源)输出产生波动，该波动对 SC 线圈所属的调节、检测卡件造成干扰，从而误触发 SC 小电流过大报警
消缺行动	仪控处理反馈： 1)处理进展结果：报警已消除，RGL 系统恢复正常。 2)处理措施：对报警进行了清除、复位。 3)工作过程： ①打开 3RGL019AR 机柜柜门； ②确认报警棒束为 N2.2-1； ③按下“故障清除”按钮，对报警进行消除； ④确认报警消除，关闭机柜柜门； ⑤通知主控工作完成。

续 表

消缺行动	4)故障原因分析：3 号机组在执行 3LHP 柴油发电机低功率试验时母线供电切换瞬间触发了 3RGL N2. 2-1 棒 SC 线圈小电流过大报警，控制棒双保持。初步分析为供电切换瞬间 LMA 母线短时失电，引起 3RGL 电源柜中控制电源卡件(A/B 电源)输出产生波动，该波动对 SC 线圈所属的调节、检测卡件造成干扰，从而误触发 SC 小电流过大报警。 5)后续行动：对电流报警的产生原因做进一步分析，找出根本原因。 6)机组影响评估：出现控制棒双保持，影响控制棒动作	
相关知识	控制棒被双夹持，控制棒无法正常动作，潜在风险后果： 1)机组临界过程中出现控制棒双保持，可能导致临界失败； 2)机组调试瞬态试验期间，如果出现控制棒双保持，可能导致机组非计划停机停堆事件。造成 3RGL 系统在控制棒动棒期间多次出现双保持导致控制棒无法正常动作的原因为，在动棒过程中产生了控制棒驱动机构线圈电流报警，触发 RGL 系统紧急故障	
参考资料信息	维修二处仪控：3LHP 柴油机定期试验期间触发 3RGL 电流报警的问题处理情况反馈，EAM 中工单 00405037-01 的完工报告；WR/WOT：00185716/00405037-01(紧急工单)	
编　　者	运行二处一值：谷铁	时间：2019 年 02 月 11 日

2. 17. 16　3 号机组达临界过程中，触发报警、控制棒双保持

异常缺陷名称	3 号机组达临界过程中，触发报警、控制棒双保持
发生时间	2016 年 10 月 14 日中班
机组状态	达临界过程中
异常缺陷现象	当班期间执行达临界操作，期间提升功率棒组(270~290 步之间)触发控制棒双保持报警(3RGL001、005、006、009KA)
风险或潜在后果	控制棒被双夹持，控制棒无法正常动作，无法执行达临界操作

续 表

干预行动	已采取的行动措施： 1）主控暂停控制棒的操作，查看和执行报警卡，按报警卡执行故障规程 IRGL001； 2）安排现场检查棒控电源柜（3RGL011AR~3RGL026AR）、棒控逻辑柜（3RGL001AR）、棒位测量柜（3RGL009AR）或棒位处理柜（3RGL010AR）设备是否存在故障报警信息； 3）oncall 仪控检查处理
原因分析	3 号机组重新达临界过程中，G2. 1-3 由第 5 提 6 步时出现 SC 大电流过小报警，测量 SC 线圈反馈的大电流正常；初步分析 SC 检测 1 卡件误产生大电流检测时序，出现 SC 大电流过小报警
消缺行动	仪控处理反馈： 1）处理措施：更换了新的 SC 检测 1 卡件，工作正常。 2）工作过程： ①通知主控工作开始，打开机柜柜门； ②将强制双重开关打到“强制双重保持”模式，确认双重保持触发； ③对故障卡件进行 SC 反馈电流测量，电流正常； ④对卡件进行拔插； ⑤将强制双重保持开关打到“正常”位置，按下故障清除按钮，对报警清除； ⑥通知主控操纵员，提升 2 步控制棒； ⑦故障报警再次出现，将强制双重开关打到“强制双重保持”模式，确认双重保持触发； ⑧对故障 SC 检测 1 卡件进行更换； ⑨将强制双重保持开关打到“正常”位置，按下故障清除按钮，对报警清除； ⑩通知主控操纵员，提升 2 步控制棒； ⑪机柜状态正常，未出现报警； ⑫通知主控工作完成。 3）机组影响评估：出现控制棒双保持，影响控制棒动作。 4）故障原因分析：3 号机组重新达临界过程中，G2. 1-3 由第 5 提 6 步时出现 SC 大电流过小报警，测量 SC 线圈反馈的大电流正常；初步分析 SC 检测 1 卡件误产生大电流检测时序，出现 SC 大电流过小报警

续　表

相关知识	控制棒被双夹持，控制棒无法正常动作，潜在风险后果： 1)机组临界过程中出现控制棒双保持，可能导致临界失败； 2)机组调试瞬态试验期间，如果出现控制棒双保持，可能导致机组非计划停机停堆事件。造成3RGL系统在控制棒动棒期间多次出现双保持导致控制棒无法正常动作的原因为，在动棒过程中产生了控制棒驱动机构线圈电流报警，触发RGL系统紧急故障	
参考资料信息	维修二处仪控：3号机组达临界过程中，触发报警、控制棒双保持处理反馈； WR/WOT：00179712/00390271-01(紧急工单)	
编　　者	运行二处一值：谷铁	时间：2019年02月11日

2.17.17　控制棒提5步过程中，触发控制棒双保持报警

异常缺陷名称	控制棒提5步过程中，触发控制棒双保持报警
发生时间	2016年10月12日夜班
机组状态	机组调试启动阶段，紧急停堆试验后控制棒提5步过程中
异常缺陷现象	停堆试验后提升控制棒N2棒组至5步过程中，KIC中触发3RGL001KA \ 3RGL009KA \ 3RGL006KA \ 3RGL005KA报警，控制棒双保持
风险或潜在后果	导致控制棒无法操作，无法提升到5步
干预行动	已采取的行动措施： 1)主控暂停控制棒的操作，查看和执行报警卡，按报警卡执行故障规程IRGL001； 2)安排现场检查棒控电源柜(3RGL011AR～3RGL026AR)、棒控逻辑柜(3RGL001AR)、棒位测量柜(3RGL009AR)或棒位处理柜(3RGL010AR)设备是否存在故障报警信息； 3)oncall仪控检查处理
原因分析	3号机组紧急停堆后，重新提棒时，N2.2-2由第2提3步时出现SC大电流过小报警，测量电流发现大电流为1.58 V；检查发现SC定值卡件“定大”背后的小电路板焊接质量低，存在搭接情况

续 表

消缺行动	仪控处理反馈： 1)处理措施： 更换了新的SC定值卡件，工作正常。 2)工作过程： ①打开3RGL019AR，出现3RGL001、007、034KA报警； ②确认出现电流故障的是N2.2-2棒束； ③使用万用表测量SC线圈大电流反馈是1.58 V； ④按下PLC复位按钮使N2棒组控制棒落入堆底； ⑤对故障卡件进行拔插后，测量SC线圈大电流反馈仍是1.58 V，卡件故障； ⑥使用SC定值卡件备件更换故障卡件； ⑦对更换卡件的参数进行调整； ⑧通知主控工作完成。 3)故障原因分析：N2.2-2棒束出现SC大电流过小报警。 4)后续行动：对故障卡件进行返厂分析。 5)机组影响评估：出现控制棒双保持，影响控制棒动作
相关知识	控制棒被双夹持，控制棒无法正常动作，潜在风险后果： 1)机组临界过程中出现控制棒双保持，可能导致临界失败； 2)机组调试瞬态试验期间，如果出现控制棒双保持，可能导致机组非计划停机停堆事件。 造成3RGL系统在控制棒动棒期间多次出现双保持导致控制棒无法正常动作的原因为，在动棒过程中产生了控制棒驱动机构线圈电流报警，触发RGL系统紧急故障
参考资料信息	维修二处仪控：控制棒提5步过程中，触发报警和控制棒双保持的处理反馈； WR/WOT：00178995/00389209-01(紧急工单)
编　　者	运行二处一值：谷铁　　　　时间：2019年02月11日

2.17.18 主控闪发3RGL001KA RGL运行故障和3RGL007KA RCS故障报警

异常缺陷名称	主控闪发3RGL001KA RGL运行故障和3RGL007KA RCS故障报警
发生时间	2016年12月03日中班
机组状态	RP模式，满功率
异常缺陷现象	22:15，KIC闪发3RGL001KA(RGL运行故障)/3RGL007KA(RCS故障)

续　表

风险或潜在后果	影响 RGL 系统运行的可靠性
干预行动	已采取的行动措施： 1）查看和执行报警卡，检查棒控棒位系统设备（逻辑柜 3RGL001AR，测量柜 3RGL009AR，处理柜 3RGL010AR，电源柜 3RGL011AR～3RGL026AR）是否发生故障或失电，未见异常； 2）oncall 仪控检查处理
原因分析	1）直接原因： RGL 棒控逻辑柜 PLC 检测到来自 CCS 机柜的 R 棒自动棒速低于 8 步/min时产生 RGL 棒控系统非紧急报警（RGL001/007KA）。当 R 棒静止不动时，理论上 CCS 送出的 R 棒自动棒速信号为 4 mA，RGL PLC 侧识别为 8 步/min，而由于模拟量信号传输存在一定的误差和波动，实际上会出现小于 4 mA 的情况，即 RGL PLC 侧采集到了小于 8 步/min 的值，此时 PLC 中的判断逻辑即认为异常，从而产生非紧急报警。 2）根本原因： RGL PLC 软件中 R 棒自动棒速低检测逻辑设计不完善，未考虑模拟量信号存在一定误差的情况，检测判断条件设置不合理
消缺行动	仪控处理反馈： 1）影响评估：闪发非紧急报警，对 RGL 系统运行无影响。 2）故障原因分析： ①直接原因：RGL 棒控逻辑柜 PLC 检测到来自 CCS 机柜的 R 棒自动棒速低于 8 步/min 时产生 RGL 棒控系统非紧急报警（RGL001/007KA）。当 R 棒静止不动时，理论上 CCS 送出的 R 棒自动棒速信号为 4 mA，RGL PLC 侧识别为 8 步/min，而由于模拟量信号传输存在一定的误差和波动，实际上会出现小于 4 mA的情况，即 RGL PLC 侧采集到了小于 8 步/min 的值，此时 PLC 中的判断逻辑即认为异常，从而产生非紧急报警； ②根本原因：RGL PLC 软件中 R 棒自动棒速低检测逻辑设计不完善，未考虑模拟量信号存在一定误差的情况，检测判断条件设置不合理
相关知识	1）3RGL 001KA（RGL 运行故障）报警触发的可能原因： 棒控棒位系统设备（逻辑柜 3RGL001AR，测量柜 3RGL009AR，处理柜 3RGL010AR，电源柜 3RGL011AR～3RGL026AR）发生故障或失电。

续 表

相关知识	2)3RGL007KA(RCS 故障)报警触发的可能原因： 棒控电源柜(3RGL011AR ~ 3RGL026AR) 或棒控逻辑柜(3RGL001AR)等设备发生下列故障： ①电源柜或逻辑柜电源故障； ②电源柜非紧急故障； ③CCS 命令故障； ④测量值超范围； ⑤定值故障； ⑥P4 信号故障
参考资料信息	维修二处仪控：oncall 反馈：3RGL001/007KA 报警闪发检查处理
编　　者	运行二处一值：谷铁　　　　时间：2019 年 02 月 11 日

2.17.19 主控触发 4RGL001KA RGL 运行故障和 4RGL007KA RCS 故障报警

异常缺陷名称	主控触发 4RGL001KA RGL 运行故障和 4RGL007KA RCS 故障报警
发生时间	2017 年 12 月 31 日夜班
机组状态	RP 模式，满功率
异常缺陷现象	04:09:03 时，主控出现“4RGL001KA RGL 运行故障”和“4RGL007KA RCS 故障”
风险或潜在后果	影响 4RGL 控制棒系统的可靠性
干预行动	已采取的行动措施： 1)主控室根据报警卡使用 I RGL 001 规程检查 4RGL 各 KIC 画面，发现 4RGL701KS(RGL fault)灯亮、4RGL707KS(RCS alarm)灯亮，未见其他异常； 2)主控检查当时时刻一回路温度、核功率等各项参数均未见异常； 3)按报警卡提示安排就地检查巡视 4RGL 机柜，发现 4RGL017AR 柜内 A/B 电源卡件报故障； 4)立即 oncall 维修仪控沟通报警现象及 RGL 状态，初步怀疑 4RGL017AR 柜内 A/B 电源卡件报故障
原因分析	报警触发原因是 4RGL017AR　MC1 机箱一块 AB 电源卡件报故障，正常为两块电源卡件冗余供电，另一块电源卡件工作正常，对控制棒的正常动作无影响；对故障卡件经进一步检查分析为 A/B 电源卡件 PCB 板内 D2 模块故障

续　表

消缺行动	仪控处理反馈： 1)处理进展结果： 主控 4RGL001/007KA 报警，已消除。 2)处理措施： 仪控维修人员按照工作方案对故障 AB 电源卡件进行更换，更换工作已完成。 3)故障原因分析：报警触发原因是 4RGL017AR　MC1 机箱一块 AB 电源卡件报故障，正常为两块电源卡件冗余供电，另一块电源卡件工作正常，对控制棒的正常动作无影响；对故障卡件经进一步检查分析为 A/B 电源卡件 PCB 板内 D2 模块故障	
相关知识	1)RGL 001KA(RGL 运行故障)报警触发的可能原因： 棒控棒位系统设备(逻辑柜 RGL001AR，测量柜 RGL009AR，处理柜 RGL010AR，电源柜 RGL011AR～RGL026AR)发生故障或失电。 2)RGL007KA(RCS 故障)报警触发的可能原因： 棒控电源柜(RGL011AR～RGL026AR)或棒控逻辑柜(RGL001AR)等设备发生下列故障： ①电源柜或逻辑柜电源故障； ②电源柜非紧急故障； ③CCS 命令故障； ④测量值超范围； ⑤定值故障； ⑥P4 信号故障	
参考资料信息	运行二处：4 号机组异常反馈——主控触发 4RGL001KA RGL 运行故障和 4RGL007KA RCS 故障报警； 维修二处仪控：oncall 反馈——主控触发 4RGL001KA RGL 运行故障和 4RGL007KA　RCS 故障报警检查处理； WR/WOT：00328763/00812018-01(紧急工单)	
编　　者	运行二处一值：谷铁	时间：2019 年 02 月 11 日

2.17.20　主控触发 4RGL001KA RGL 运行故障和 4RGL007KA RCS 故障报警

异常缺陷名称	主控出现 4RGL001KA RGL 运行故障和 4RGL007KA RCS 故障报警
发生时间	2017 年 11 月 30 日中班

续　表

机组状态	RP 模式，满功率
异常缺陷现象	22 点 39 分 4 号机组主控室 KIC 中出现 4RGL001KA(RGL 运行故障)/007KA(RCS 故障)
风险或潜在后果	影响 RGL 系统运行的可靠性
干预行动	已采取的行动措施： 1)主控室根据报警卡使用 I RGL 001 规程检查 RGL KIC 画面，未见其余异常； 2)检查棒控棒位系统设备(逻辑柜 4RGL001AR，测量柜 4RGL009AR，处理柜 4RGL010AR，电源柜 4RGL011AR ~ 4RGL026AR)是否发生故障或失电，发现 4RGL024AR 机柜上存在故障灯亮； 3)立即 oncall 维修仪控沟通报警现象及 RGL 状态，初步反馈报警不会影响控制棒移动； 4)主控室密切监视 RGL 主控室画面及机组状态
原因分析	报警触发原因是 4RGL024AR LC4 机箱一块 AB 电源卡件报故障，4RGL007KA 报警为非紧急故障，对控制棒的正常动作无影响
消缺行动	仪控处理反馈： 1)处理进展： 主控 4RGL001/007KA 报警，已消除。 2)处理措施： 仪控维修人员按照工作方案对故障 AB 电源卡件进行更换，更换工作已完成。 3)工作过程： ①打开 4RGL024AR，确认故障卡件位置； ②将机柜进入强制双重保持模式； ③使用万用表确认 4RGL024AR 所有棒束进入双重保持； ④拔出故障卡件并进行更换； ⑤确认更换卡件工作正常； ⑥解除强制双重保持模式，关闭机柜柜门。 4)故障原因分析：4RGL024AR LC4 机箱一块 AB 电源卡件报故障，4RGL007KA 报警为非紧急故障，对控制棒的正常动作无影响。 5)后续行动： 分析 AB 电源卡件故障原因

续　表

相关知识	1)4RGL 001KA(RGL 运行故障)报警触发的可能原因： 棒控棒位系统设备(逻辑柜 4RGL001AR，测量柜 4RGL009AR，处理柜 4RGL010AR，电源柜 4RGL011AR~4RGL026AR)发生故障或失电。 2)4RGL007KA(RCS 故障)报警触发的可能原因： 棒控电源柜(4RGL011AR ~ 4RGL026AR)或棒控逻辑柜(4RGL001AR)等设备发生下列故障： ①电源柜或逻辑柜电源故障； ②电源柜非紧急故障； ③CCS 命令故障； ④测量值超范围； ⑤定值故障； ⑥P4 信号故障
参考资料信息	运行二处：4 号机异常反馈——主控触发 4RGL001KA(RGL 运行故障)/007KA(RCS 故障)报警； 维修二处仪控：oncall 反馈—— 4RGL001KA(RGL 运行故障)/007KA(RCS 故障)报警处理； WR/WOT：00316239/00765577-01(紧急工单)
编　　者	运行二处一值：谷铁　　　时间：2019 年 02 月 11 日

2.17.21　主控出现“4RGL001KA RGL 运行故障”和“4RGL007KA RCS 故障”报警

异常缺陷名称	主控出现 4RGL001KA RGL 运行故障和 4RGL007KA RCS 故障报警
发生时间	2018 年 06 月 04 日中班
机组状态	RP 模式，满功率
异常缺陷现象	21:47:29 主控出现“4RGL001KA RGL 运行故障”和“4RGL007KA RCS 故障”
风险或潜在后果	影响 4RGL 控制棒系统的可靠性，可能引起棒束不能正常移动
干预行动	1)已采取的行动措施： ①主控室根据报警卡使用 I RGL 001 规程将 G 棒和 R 棒组切手动；检查 4RGL 各 KIC 画面，发现 4RGL701KS(RGL fault)灯亮、4RGL707KS 灯亮，未见其他异常；

续 表

干预行动	②主控检查当时时刻一回路温度、核功率等各项参数均未见异常； ③按报警卡提示安排就地检查 4RGL 机柜，发现 4RGL016AR 上非紧急故障灯亮和 A/B 电源卡件故障灯亮。参考 RGL-T-002 规程，RGL016AR 对应 R1 棒组； ④立即 oncall 维修仪控沟通报警现象及 RGL 状态，初步怀疑 4RGL016AR 柜内 A/B 电源卡件报故障。 2）建议后续行动： ①仪控进厂消除缺陷； ②运行继续并密切监视 RGL 主控室画面及机组状态，如出现需要控制棒动作瞬态及时将 R 棒/G 棒恢复自动； ③此报警 2017 年 11 月 30 日和 2017 年 12 月 31 日也曾出现，建议仪控分析故障根本原因并消除故障，避免重复故障缺陷发生
原因分析	4RGL016AR 中 SC-3 机箱的 AB 电源卡件故障
消缺行动	仪控处理反馈： 1）处理进展： 4RGL001/007KA（非紧急故障）报警消失，4RGL016AR 机柜工作正常。 2）处理措施： 仪控维修人员按照工作方案对故障 AB 电源卡件进行更换，更换工作已完成。 3）工作过程： ①确认故障卡件位置，打开机柜柜门； ②将机柜进入强制双重保持模式； ③将故障 A/B 电源卡件拔出； ④更换新 A/B 电源卡件，确认备件工作正常； ⑤解除强制双重保持； ⑥关闭机柜柜门。 4）故障原因分析：4RGL016AR 机柜 SC3 机箱 A/B 电源卡件故障。 5）后续行动： 将故障卡件寄回厂家进行故障原因分析
相关知识	1）4RGL 001KA（RGL 运行故障）报警触发的可能原因： 棒控棒位系统设备（逻辑柜 4RGL001AR，测量柜 4RGL009AR，处理柜 4RGL010AR，电源柜 4RGL011AR～4RGL026AR）发生故障或失电。

续 表

相关知识	2)4RGL007KA(RCS 故障)报警触发的可能原因： 棒控电源柜(4RGL011AR ~ 4RGL026AR)或棒控逻辑柜(4RGL001AR)等设备发生下列故障： ①电源柜或逻辑柜电源故障； ②电源柜非紧急故障； ③CCS 命令故障； ④测量值超范围； ⑤定值故障； ⑥P4 信号故障	
参考资料信息	运行二处：4 号机异常反馈——主控出现“4RGL001KA RGL 运行故障”和“4RGL007KA RCS 故障”； 维修二处仪控：oncall 反馈——4 号主控触发 4RGL001/007KA(非紧急故障)报警处理； WR/WOT：00396832/00938462-01(紧急工单)	
编　　者	运行二处一值：谷铁	时间：2019 年 02 月 11 日

2.17.22 主控 KIC 出现 4RGL001KA RGL 运行故障和 4RGL007KA RCS 故障报警

异常缺陷名称	主控 KIC 出现 4RGL001KA RGL 运行故障和 4RGL007KA RCS 故障报警
发生时间	2018 年 12 月 20 日早班
机组状态	RP 模式，满功率
异常缺陷现象	15:20:06 主控出现“4RGL001KA RGL 运行故障”“4RGL007KA RCS 故障”
风险或潜在后果	影响 4RGL 控制棒系统的可靠性，可能引起棒束不能正常移动
干预行动	1)已采取的行动措施： ①主控室根据报警卡使用 I RGL 001 规程将 G 棒和 R 棒组切手动；检查 4RGL 各 KIC 画面，发现 4RGL701KS(RGL fault)灯亮、4RGL707KS 灯亮，未见其他异常； ②主控检查当时时刻一回路温度、核功率等各项参数均未见异常； ③按报警卡提示安排就地检查 4RGL 机柜，发现 4RGL014AR(对应 SB2 棒组)非紧急故障灯亮和 A/B 电源卡件故障灯亮；

续 表

干预行动	④立即 oncall 维修仪控沟通报警现象及 RGL 状态； ⑤仪控领取备件，开紧急票进行卡件备件更换后，消除报警； ⑥主控恢复 R 棒和 G 棒自动。 2）建议后续行动： 此报警在 2017 年 11 月 30 日和 2017 年 12 月 31 日、2018 年 06 月 04 日曾多次出现，建议仪控分析故障根本原因，避免重复故障缺陷发生
原因分析	现场检查报警原因为 4RGL014AR 机柜内一块 A/B 电源卡件故障。该报警为非紧急故障报警，对 RGL 系统运行暂时无影响。A/B 电源卡件为冗余配置，一块故障不影响整个系统运行，不影响控制棒的动作
消缺行动	仪控处理反馈： 1）处理进展： ①仪控领取备件，开紧急票进行卡件备件更换后，消除报警； ②主控恢复 R 棒和 G 棒自动。 2）工作过程： ①打开 4RGL014AR 机柜门，定位故障卡件位置； ②将 4RGL014AR 置于“强制双重保持”位置； ③更换 AB 电源卡件； ④确认报警消失； ⑤解除机柜“强制双重保持”状态； ⑥关闭机柜门，清理现场。 3）故障原因分析：现场检查报警原因为 4RGL014AR 机柜内一块 A/B 电源卡件故障。该报警为非紧急故障报警，对 RGL 系统运行暂时无影响。A/B 电源卡件为冗余配置，一块故障不影响整个系统运行，不影响控制棒的动作
相关知识	1）4RGL 001KA（RGL 运行故障）报警触发的可能原因： 棒控棒位系统设备（逻辑柜 4RGL001AR，测量柜 4RGL009AR，处理柜 4RGL010AR，电源柜 4RGL011AR～4RGL026AR）发生故障或失电。 2）4RGL007KA（ RCS 故障）报警触发的可能原因： 棒控电源柜（4RGL011AR ～ 4RGL026AR）或棒控逻辑柜（4RGL001AR）等设备发生下列故障： ①电源柜或逻辑柜电源故障；

续 表

相关知识	②电源柜非紧急故障； ③CCS 命令故障； ④测量值超范围； ⑤定值故障； ⑥P4 信号故障	
参考资料信息	运行二处：4 号机组异常反馈——主控 KIC 出现“4RGL001KA RGL 运行故障”“4RGL007KA RCS 故障”； WR/WOT：00480651/01080956-01(紧急工单)	
编　　者	运行二处一值：谷铁	时间：2019 年 02 月 11 日

2.17.23 2 号主控 KIC 触发 2RGL410KA(CCS 运行故障)报警

异常缺陷名称	2 号主控 KIC 触发 2RGL410KA(CCS 运行故障)报警
发生时间	2018 年 08 月 19 日中班
机组状态	RP 模式，满功率
异常缺陷现象	20:15:57，2 号主控触发 2RGL410KA(CCS 运行故障)，KIC 画面中 2RGL410KS 灯亮，RGL 各组控制棒未见异常动作，现场检查 2RGL301AR(反应堆功率控制(CCS)机柜)上故障灯亮，柜门未异常开启
风险或潜在后果	根据报警规程，报警触发原因可能为 CCS 机柜柜门开启(经现场查看已初步排除)、电源故障或 CCS 机柜模块丢失。经咨询仪控专业人员，CCS 机柜电源及模块为双冗余设计，若单路故障，则冗余度降低，不直接影响 RGL 系统运行；若双路电源或模块故障，则可能导致部分控制棒组无法正常动作(不会直接导致落棒)
干预行动	已采取的行动措施： 1)查看和执行报警卡； 2)主控检查 RGL 系统画面，现场查看 CCS 机柜确认故障情况，发现 2RGL301AR 故障灯亮； 3)oncall 仪控人员进厂检查处理； 4)主控密切监视 2RGL 系统运行情况，避免可能导致控制棒动作的操作

续 表

原因分析	反应堆控制柜 2RGL301AR 控制平台自诊断发现错误。后续自诊断未再次出现异常，触发报警以提示用户，对 2RGL 系统可用性无影响，无需处理
消缺行动	仪控处理反馈： 1)检查内容：使用 Tricon 诊断软件读取平台日志。 2)进展结果：报警触发 2 h 后消失，对 2RGL 系统可用性无影响，无需处理。 3)故障原因分析：反应堆控制柜 2RGL301AR 控制平台自诊断发现错误。后续自诊断未再次出现异常，触发报警以提示用户，对 2RGL 系统可用性无影响
相关知识	RGL 系统卡件自诊断报警，2 h 后将自动消失
参考资料信息	维修一处仪控：维修日报反馈“2 号主控触发 2RGL410KA(CCS 运行故障)”； 运行一处：2 号机组异常反馈——2 号主控触发 2RGL410KA(CCS 运行故障)； WR/WOT：00430185/00994653-01(紧急工单)。 其他类似异常缺陷： 2019 年 02 月 16 日夜班 05:18 主控触发报警 4RGL410KA　CCS 运行故障，现场检查 4RGL301AR 报警灯亮。oncall 维修仪控进厂，仪控反馈为卡件自诊断故障，2 h 后报警消失。当前该报警已于 2 h后(7:18)消失
编　　者	运行二处一值：谷铁　　　　时间：2019 年 02 月 11 日

2.17.24　执行 FQ1-RGL-T-002 插入 G2 棒后 1RGL010MM 未按预期变化

异常缺陷名称	执行 FQ1-RGL-T-002 插入 G2 棒后 1RGL010MM 未按预期变化
发生时间	2018 年 10 月 12 日早班
机组状态	RP 模式，满功率
异常缺陷现象	执行 FQ1-RGL-T-002，在插入 G2 棒组后，1RGL010MM 未按预期变化，仍保持在 224 步，同时 1RGL024KS 异常亮起

续 表

风险或潜在后果	1)可能影响 G2 棒棒位监视； 2)可能影响 G2 棒动作； 3)经仪控检查确认为 G21-2 棒束的棒位指示器故障。产生随机 IO2：RGL5
干预行动	1)已采取的行动措施： ①停止 FQ1-RGL-T-002 试验，并将 1RGL 系统恢复至正常状态； ②仪控对 G21-2 棒束进行棒位测量通道试验、并通过格雷码发生器模拟测量棒位； ③运行配合逐步插入 G2 棒组(共插入 6 步)，随后恢复正常运行状态，期间 1RGL010MM 正常变化； ④运行继续执行 FQ1-RGL-T-002 插入 G2 棒组部分，确认 1RGL010MM 可正常变化。 2)建议后续行动： ①仪控分析故障原因，核实棒位测量系统岛外设备的备件，并准备工单在大修期间对棒位测量系统进行彻底检查； ②运行和仪控共同编制故障处理方案
原因分析	棒位系统存在使 G21-2 测量棒位 A 码不能由 1 翻转为 0 因素，可能原因包括：1RGL009AR 机柜 G21-2 棒束 MCP23 模块、格雷码信号传输通道、1RGL010AR 机柜 PLC 涉及 G21-2 的 DI 模块等
消缺行动	仪控处理反馈： 1)处理进展结果：控制棒动作正常，测量棒位显示正常。 2)检查内容： ①G21-2 棒束测量棒位编码模块 MCP23 执行校 0/校 1 试验，确认棒位传输通道正常传输 0、1 信号； ②使用格雷码发生器模拟 G21-2 全行程测量棒位，确认棒位不同格雷码信号传输没有相互干扰； ③运行插棒期间，测量 G21-2 棒位探测器感应电压，确认其发生变化，确认控制棒未机械性卡棒； ④运行继续插棒，当 G21-2 下插到 221 步时，测量棒位由 224 跳变为 216，符合预期； ⑤运行提棒至 225 步，确认测量棒位显示 224 步； ⑥运行继续执行动棒试验，试验结果符合预期。 3)故障原因： 棒位系统存在使 G21-2 测量棒位 A 码不能由 1 翻转为 0 因素，可能原因包括：1RGL009AR 机柜 G21-2 棒束 MCP23 模块、格雷码信号传输通道、1RGL010AR 机柜 PLC 涉及 G21-2 的 DI 模块等

续 表

相关知识	棒位探测器基本工作原理： 测量线圈分 5 组，每组内相邻测量线圈反相串联，控制棒由底部(上图左侧)逐步提升到顶部(上图右侧)的过程中，每组测量线圈两端的感应电压将出现“低(电压)、高(电压)、低、高、低、高……”。端电压送往测量柜，处理卡件为每组测量线圈各设置一个电压阈值，当端电压超过阈值时，此测量线圈被编码为 1；当低于阈值时，被编码为 0。在控制棒提升过程中，每组测量线圈的编码将出现“0、1、0、1、0、1……”。依照各组测量线圈的分布，编码将出现“格莱码”形式分布，将其以 8 步精度转换为机械棒位。 子组内测量棒位存在偏差的原因：测量线圈的阈值设置是在调试期间完成的，其验收准则是控制棒在某 8 个机械步区间内+5、+6、+7 步，测量棒位显示 8 步均为合格。所以子组内两棒束间测量棒位可能存在 8 步偏差且不会任何触发棒位故障
参考资料信息	运行一处：1 号机组异常反馈——执行 FQ1-RGL-T-002 插入 G2 棒后 1RGL010MM 未按预期变化； 维修一处仪控：维修日报反馈(插入 G2 棒组后，1RGL010MM 未按预期变化)； WR/WOT：00450963/01035488-01(紧急工单)
编　　者	运行二处一值：谷铁　　　　时间：2019 年 02 月 11 日

2.17.25　执行 FQ1-RGL-T-002 试验时插入 N1 棒后，1RGL017MM 未按预期变化

异常缺陷名称	执行 FQ1-RGL-T-002 试验时插入 N1 棒后，1RGL017MM 未按预期变化
发生时间	2018 年 12 月 07 日早班
机组状态	RP 模式，满功率
异常缺陷现象	早班执行 FQ1-RGL-T-002 试验时，在动作插入 N1 棒组时，1RGL017MM 未按预期变化，仍保持在 224 步
风险或潜在后果	1)如果控制棒真实卡棒或失步，则机组面临降功率后撤风险； 2)导致 QSR 试验失败，无法顺利完成

续 表

干预行动	1)已采取的行动措施： ①暂停试验，检查一回路温度、热功率、核功率四个通道以及RIC 堆芯热电偶变化趋势，以判断 N1 棒组是否真实下插； ②oncall 仪控检查。 2)建议后续行动： ①鉴于缺陷多次出现，请仪控优化保驾方案：提前准备缺陷处理工单，并排入计划与 FQ1-RGL-T-002 一起执行，以减少缺陷处理的前期准备时间； ②仪控分析缺陷产生的根本原因并消除； ③保驾人员增加物理人员及处理缺陷人员
原因分析	棒位系统存在使 N11-1 测量棒位 A 码不能由 1 翻转为 0 的因素，可能原因包括：1RGL009AR 机柜 N11-1 棒束 MCP23 模块、格雷码信号传输通道、1RGL010AR 机柜 PLC 涉及 N11-1 的 DI 模块等
消缺行动	仪控处理反馈： 1)工作过程： ①运行将 N1 棒组下插 12 步，N11-1 仍显示 224 步(预期 216 步或 208 步)，进一步确认存在棒位异常 ②根据工作预案《FQX-RGL-TD-I18041 MI 设备故障处理预案(RGL 测量棒位偏离预期异常)》进行下列排查； ③N11-1 棒束测量棒位编码模块 MCP23 执行校 0/校 1 试验，确认棒位传输通道正常传输 0、1 信号； ④运行插棒前，测量 N11-1 棒位探测器感应电压及阈值电压，确认当前格雷码符合预期； ⑤运行插棒期间，测量 N11-1 棒位探测器感应电压，确认其发生变化，确认控制棒未机械性卡棒； ⑥运行继续插棒至 215 步，测量 N11-1 棒位探测器感应电压及阈值，符合预期测量棒位 216 步，故障消除； ⑦运行提棒至 225 步，确认测量棒位显示 224 步； ⑧行继续执行动棒试验，试验结果符合预期； ⑨归还工作许可证，请运行人员验收； 2)故障原因分析：棒位系统存在使 N11-1 测量棒位 A 码不能由 1 翻转为 0 的因素，可能原因包括：1RGL009AR 机柜 N11-1 棒束 MCP23 模块、格雷码信号传输通道、1RGL010AR 机柜 PLC 涉及 N11-1 的 DI 模块等

续 表

相关知识	棒位探测器基本工作原理： 测量线圈分 5 组，每组内相邻测量线圈反相串联，控制棒由底部(上图左侧)逐步提升到顶部(上图右侧)的过程中，每组测量线圈两端的感应电压将出现“低(电压)、高(电压)、低、高、低、高……”。端电压送往测量柜，处理卡件为每组测量线圈各设置一个电压阈值，当端电压超过阈值时，此测量线圈被编码为 1；当低于阈值时，被编码为 0。在控制棒提升过程中，每组测量线圈的编码将出现“0、1、0、1、0、1……”。依照各组测量线圈的分布，编码将出现“格莱码”形式分布，将其以 8 步精度转换为机械棒位。 子组内测量棒位存在偏差的原因：测量线圈的阈值设置是在调试期间完成的，其验收准则是控制棒在某 8 个机械步区间内+5、+6、+7 步，测量棒位显示 8 步均为合格。所以子组内两棒束间测量棒位可能存在 8 步偏差且不会任何触发棒位故障	
参考资料信息	运行一处：1 号机组异常反馈——执行 FQ1-RGL-T-002 插入 N1 棒后 1RGL017MM 未按预期变化； WR/WOT：00474861/01073186-01(紧急工单)	
编　　者	运行二处一值：谷铁	时间：2019 年 02 月 11 日

2.17.26　执行 FQ4-RGL-T-002 试验时 N2 棒组通过“失步校正 1”方式下插 10 步和提升 10 步后，4RGL016QM 显示为-1

异常缺陷名称	执行 FQ4-RGL-T-002 试验时 N2 棒组通过“失步校正 1”方式下插 10 步和提升 10 步后，4RGL016QM 显示为-1
发生时间	2017 年 10 月 16 日早班
机组状态	RP 模式，满功率
异常缺陷现象	执行定期试验 FQ4-RGL-T-002 时，N2 棒组通过“失步校正 1”方式下插 10 步和提升 10 步后，4RGL016QM 显示为-1。而正常提升回原位置后，4RGL016QM 应显示为 0。仪控人员就地核实 N2 棒组下插和提升 10 步后，磨损步计步器显示累加了 20 步，实际已恢复至原棒位，且 4RGL001AR 内的失步计数器对应的 SU 显示为 0
风险或潜在后果	影响定期试验 FQ4-RGL-T-002 的顺利开展

续 表

干预行动	已采取的行动措施： 1)暂停试验，恢复到初始状态； 2)oncall 仪控人员检查处理
原因分析	N2 棒组通过“失步校正 1”方式下插 10 步和提升 10 步后，4RGL016QM 显示为-1 时，核实 DCS 一层和 RGL SU 工作站上 4RGL016QM 均显示为 0，初步分析原因是 KIC 中 4RGL016QM 信号采集扫描时间(2S)较长，偶发未采集到-1 至 0 的变化
消缺行动	仪控处理反馈： 1)缺陷描述：执行 FQ4-RGL-T-002 试验时 N2 棒组通过“失步校正 1”方式下插 10 步和提升 10 步后，4RGL016QM 显示为-1； 2)原因分析：N2 棒组通过“失步校正 1”方式下插 10 步和提升 10 步后，4RGL016QM 显示为-1 时，核实 DCS 一层和 RGL SU 工作站上 4RGL016QM 均显示为 0，初步分析原因是 KIC 中 4RGL016QM 信号采集扫描时间(2S)较长，偶发未采集到-1 至 0 的变化。 3)处理措施：在 DCS 一层对 4RGL016QM 强制一个变化状态，使 KIC 显示恢复正常；后续将修改 4RGL016QM 信号采集扫描时间，并在 KIC 更新窗口实施(WOT：00729387-01)。 4)工作过程： ①确认 KIC 数据包修改完成； ②对数据包进行下装； ③确认下装完成； ④确认 4RGL016QM 配置参数已经生效； ⑤工作结束，清理现场
相关知识	棒位探测器基本工作原理： 测量线圈分 5 组，每组内相邻测量线圈反相串联，控制棒由底部(上图左侧)逐步提升到顶部(上图右侧)的过程中，每组测量线圈两端的感应电压将出现“低(电压)、高(电压)、低、高、低、高……”。端电压送往测量柜，处理卡件为每组测量线圈各设置一个电压阈值，当端电压超过阈值时，此测量线圈被编码为 1；当低于阈值时，被编码为 0。在控制棒提升过程中，每组测量线圈的编码将出现“0、1、0、1、0、1……”。依照各组测量线圈的分布，编码将出现“格莱码”形式分布，将其以 8 步精度转换为机械棒位。 子组内测量棒位存在偏差的原因：测量线圈的阈值设置是在调试期间完成的，其验收准则是控制棒在某 8 个机械步区间内+5、+6、+7 步，测量棒位显示 8 步均为合格。所以子组内两棒束间测量棒位可能存在 8 步偏差且不会任何触发棒位故障

续 表

参考资料信息	维修二处仪控：关于 N2 棒组通过“失步校正 1”方式下插 10 步和提升 10 步后，4RGL016QM 显示为-1 问题的反馈； WR/WOT：00299808/00729387-01(计划工单)	
编　　者	运行二处一值：谷铁	时间：2019 年 02 月 11 日

2.17.27　3 号主控闪发 3RGL001、002、006KA 报警

异常缺陷名称	3 号主控闪发 3RGL001、002、006KA 报警处理反馈
发生时间	2019 年 01 月 17 日 早班和中班
机组状态	RP 模式，电功率 750 MWe
异常缺陷现象	主控闪发 3RGL001、002、006KA 报警，持续时间约 1 s
风险或潜在后果	1)报警为闪发，不影响控制棒束动作和棒位监视； 2)卡件更换时将可能影响控制棒棒位监视，产生第二组 IO
干预行动	已采取的行动措施： 1)查看和执行报警卡，检查 RGL 系统 KIC 画面，查看控制棒棒位及运行状态未见异常； 2)oncall 仪控检查处理
原因分析	就地进行机柜检查，原因为 3RGL006AR 内 SD1-1 棒束 MCP10 卡件闪发故障
消缺行动	仪控处理反馈： 1)缺陷描述：主控闪发 3RGL001、002、006KA 报警，持续时间约 1 s； 2)处理进展：3RGL001、002、006KA 报警为闪发，目前已消除； 3)原因分析：就地进行机柜检查，原因为 3RGL006AR 内 SD1-1 棒束 MCP10 卡件输出不稳定，闪发故障； 4)处理措施：由于更换卡件过程中产生第二组 IO，目前无执行窗口。经与主控沟通走日常工单流程处理，已提 WOT：01111750-01； 5)影响分析：该报警为棒位系统报警且为闪发，不影响控制棒束动作和棒位监视；

续　表

消缺行动	6)工作过程(WOT：01111750-01)： ①打开3RGL006AR机柜门； ②记录SA1-1初始棒位为224，主电流值3.050 V； ③断开MCP10电源； ④对故障MCP10卡件进行更换，并上电； ⑤将SA1-1的MCP10主电流值调到3.050 V； ⑥确认SA1-1棒位显示正常； ⑦记录SD1-1初始棒位为224，主电流值3.100 V； ⑧断开MCP10电源； ⑨对故障MCP10卡件进行更换，并上电； ⑩将SD1-1的MCP10主电流值调到3.050 V； ⑪确认SD1-1棒位显示正常； ⑫关闭机柜门
相关知识	3RGL006KA报警产生的可能原因：棒控电源柜(3RGL011AR～3RGL026AR)、棒控逻辑柜(3RGL001AR)、棒位测量柜(3RGL009AR)或棒位处理柜(3RGL010AR)设备发生下列故障：①3RCS运行故障；②3RPI运行故障
参考资料信息	维修二处仪控：oncall反馈——3RGL001、002、006KA报警闪发；WR/WOT：00494611/01111750-01(计划工单)
编　者	运行二处一值：谷铁　　　时间：2019年03月19日

2.17.28　2号主控触发2RGL001KA(RGL运行故障)、2RGL007KA(RCS故障)、2RGL031KA(RCS设备电源故障)

异常缺陷名称	2号主控触发2RGL001KA(RGL运行故障)、2RGL007KA(RCS故障)、2RGL031KA(RCS设备电源故障)
发生时间	2017年12月20日早班
机组状态	RP模式，满功率
异常缺陷现象	14:38:20，2号主控触发2RGL001KA(RGL运行故障)、2RGL007KA(RCS故障)、2RGL031KA(RCS设备电源故障)
风险或潜在后果	1)当前RGL报警存在，需待专业定位故障以判断影响； 2)R棒组及G棒组处于手动控制状态，机组出现瞬态情况时无法及时跟踪，需要持续监视一回路温度偏差及堆机功率变化情况

续 表

干预行动	1)已采取的行动措施： ①立即进行 2RGL 画面及参数巡视，显示无异常； ②立即联系仪控人员现场检查； ③执行 RGL 报警卡，并按照报警卡要求执行 FQ2-RGL-I-001，将 R 棒组与 G 棒组置于手动控制状态； 2)建议后续行动： ①仪控查明故障情况并开票处理； ②在仪控查明故障后判断是否影响 R/G 棒组动作后再确定是否及时恢复自动
原因分析	故障原因为 2RGL022AR 内 015BN 端子 200 接线松动
消缺行动	仪控处理反馈： 1)处理进展结果：紧固松动接线后，故障报警消除。 2)工作过程： ①对 2RGL 系统电源柜进行检查，确认仅 2RGL022AR“电源故障”继电器指示灯熄灭，其余电源柜均无异常； ②取得工作去可证：PT 票，与运行人员交流信息； ③组织工前会，明确角色分工，着重分析误操作风险、设备误碰风险及其预防措施； ④确认 2RGL022AR 设备位置，确认设备标牌与端子位置，建立检修场所； ⑤测量 2RGL022AR“电源故障”继电器 001XR 端子端电压为0 V，说明故障根源在信号上游通道； ⑥检查信号端子接线，发现上游 015BN 端子排 200 端子松动； ⑦紧固该接线端子后，报警消失； ⑧拉动接线，确认报警未因此触发； ⑨保持观察到 12 月 21 日下午，报警未再次出现。 3)故障原因分析：2RGL 系统电源柜 PLC 实时监测机柜供电状况，若发生供电丧失等异常，PLC 发出指令通过 DO 卡将“电源故障”继电器输出触点断开。2RGL 系统 16 个电源柜 2RGL011AR、2RGL012AR……2RGL026AR 的“电源故障”继电器输出触点串联，送往逻辑柜 2RGL001AR。逻辑柜 PLC 采集“电源故障”报警信号，若检测到回路断开，则发出电源柜“电源故障”报警。2RGL 系统所有电源柜本身均未发出电源故障指示，但逻辑柜收到电源故障综合报警，说明故障可能出现在报警信号回路。报警持续触发时，检查报警信号回路，确诊原因为 2RGL022AR“电源故障”端子松动

续 表

相关知识	1)2RGL 001KA(RGL 运行故障)报警触发的可能原因： 棒控棒位系统设备(逻辑柜 2RGL001AR，测量柜 2RGL009AR，处理柜 2RGL010AR，电源柜 2RGL011AR～2RGL026AR)发生故障或失电。 2)2RGL007KA(RCS 故障)报警触发的可能原因： 棒控电源柜(2RGL011AR～2RGL026AR) 或棒控逻辑柜(2RGL001AR)等设备发生下列故障： ①电源柜或逻辑柜电源故障； ②电源柜非紧急故障； ③CCS 命令故障； ④测量值超范围； ⑤定值故障； ⑥P4 信号故障	
参考资料信息	维修一处：EAM 中工单 00771278-01 的完工报告； WR/WOT：00319455/00771278-01(计划工单)	
编　　者	运行二处一值：谷铁	时间：2019 年 03 月 10 日

2.17.29 主控出现“4RGL001KA RGL 运行故障”“4RGL005KA RCS 运行故障”“4RGL006KA RGL 运行故障”“4RGL009KA PWE 运行故障”

异常缺陷名称	主控出现“4RGL001KA RGL 运行故障”“4RGL005KA RCS 运行故障”“4RGL006KA RGL 运行故障”“4RGL009KA PWE 运行故障”
发生时间	2019 年 02 月 15 日中班
机组状态	RP 模式，未并网，核功率：6.74%FP
异常缺陷现象	23:01:40 时，主控出现“4RGL001KA RGL 运行故障”“4RGL005KA RCS 运行故障”“4RGL006KA RGL 运行故障”“4RGL009KA PWE 运行故障”
风险或潜在后果	影响 4RGL 控制棒系统的可靠性，导致控制棒不能正常动作
干预行动	1)已采取的行动措施： ①查看和执行报警卡，按报警卡执行 IRGL001，确认 R 棒和 G 棒处于手动，检查 4RGL 各 KIC 画面，发现 4RGL701KS(RGL fault)灯亮，未见其他异常；

续 表

干预行动	②安排现场检查棒控电源柜(4RGL011AR～4RGL026AR)、棒控逻辑柜(4RGL001AR)、棒位测量柜(4RGL009AR)或棒位处理柜(4RGL010AR)设备是否存在故障报警信息，发现4RGL025AR(对应SD1棒组)双重保持和紧急故障灯亮； ③由于R棒无法正常动作，确认无影响一回路温度变化的工作，注意控制好一回路温度，不要进行可能引起一回路温度和负荷变化的操作； ④主控密切监视一回路平均温度，核功率，电功率，控制棒棒位指示变化情况，加强对二回路负荷监控； ⑤立即oncall维修仪控进厂检查。 2)建议后续行动： ①建议仪控分析故障根本原因，避免重复故障缺陷发生； ②运行继续并密切监视RGL主控室画面及机组状态
原因分析	4RGL025AR机柜内SD1-2棒组SC调节卡件闪发异常，导致电流偏小触发“小电流过小”和“保传为零”报警
消缺行动	仪控处理反馈： 1)处理进展结果：对SC调节卡件进行更换后报警消除。 2)工作过程： ①确认故障位置为4RGL025AR SD1-2棒束SC机箱； ②将机柜人机接口面板的双重保持开关由“正常”打到“强制双重保持”位置； ③确认MC和SC机箱调节输出值在2.25～2.45 V范围内； ④依次将故障调节卡件所在机箱内的两块A/B电源卡拔出； ⑤拔出故障调节卡件，插入调节卡件备件； ⑥将更换的调节卡件所在机箱内的两块A/B电源卡插回，确认“正常”指示灯亮； ⑦确认“定大”和“定小”阈值设置正确； ⑧将双重保持开关由“强制双重保持”打到“正常”位置； ⑨按“故障清除”按钮，确认机柜无其他异常报警； ⑩关闭机柜柜门，清理现场； ⑪归还工作许可证。 3)故障原因分析：4RGL025AR机柜内SD1-2棒组SC调节卡件短时异常导致电流偏小触发“小电流过小”和“保传为零”报警

续 表

相关知识	控制棒被双夹持，控制棒无法正常动作，潜在风险后果： 1）机组临界过程中出现控制棒双保持，可能导致临界失败； 2）机组调试瞬态试验期间，如果出现控制棒双保持，可能导致机组非计划停机停堆事件。造成 3RGL 系统在控制棒动棒期间多次出现双保持导致控制棒无法正常动作的原因为，在动棒过程中产生了控制棒驱动机构线圈电流报警，触发 RGL 系统紧急故障
参考资料信息	运行二处：4 号机异常反馈——主控触发 4RGL001、005、006、009KA 报警； 维修二处仪控：4RGL001/005/006/009KA RGL 棒控系统紧急故障报警处理情况反馈； WR/WOT：00506344/01150355-01（紧急工单）
编　　者	运行二处一值：谷铁　　时间：2019 年 03 月 19 日

2.17.30 主控出现“4RGL001KA RGL 运行故障”“4RGL005KA RCS 运行故障”“4RGL006KA RGL 运行故障”“4RGL009KA PWE 运行故障”

异常缺陷名称	主控出现“4RGL001KA RGL 运行故障”“4RGL005KA RCS 运行故障”“4RGL006KA RGL 运行故障”“4RGL009KA PWE 运行故障”
发生时间	2019 年 02 月 17 日早班
机组状态	RP 模式，未并网，核功率：7.78%FP
异常缺陷现象	08:56:33 主控再次触发“4RGL001KA RGL 运行故障”“4RGL005KA RCS 运行故障”“4RGL006KA RGL 运行故障”“4RGL009KA PWE 运行故障”报警。就地核实 4RGL025AR（对应 SD1 棒组）中 SC 检测 2 卡件存在双重保持，电流故障和小电流过小的报警
风险或潜在后果	影响 4RGL 控制棒系统的可靠性，可能引起棒束不能正常移动
干预行动	1）已采取的行动措施： ①查看和执行报警卡，按报警卡执行 IRGL001，确认 R 棒和 G 棒处于手动，检查 4RGL 各 KIC 画面，发现 4RGL701KS（RGL fault）灯亮，未见其他异常； ②安排现场检查棒控电源柜（4RGL011AR～4RGL026AR）、棒控逻辑柜（RGL001AR）、棒位测量柜（4RGL009AR）或棒位处理柜（4RGL010AR）设备是否存在故障报警信息，发现 4RGL025AR（对应 SD1 棒组）双重保持和紧急故障灯亮；

续 表

干预行动	③由于 R 棒无法正常动作，确认无影响一回路温度变化的工作，注意控制好一回路温度，不要进行可能引起一回路温度和负荷变化的操作； ④主控密切监视一回路平均温度，核功率，电功率，控制棒棒位指示变化情况，加强对二回路负荷监控； ⑤立即 oncall 维修仪控进厂检查。 2) 建议后续行动： 由于此报警两天内重复发生两次，建议仪控专业查找根本原因并消除缺陷
原因分析	4RGL025AR 机柜内 SD1-2 棒组触发 SC 小电流过小报警。现场对 SC 小电流测量发现，目前小电流正常，因此，确认为 SC 小电流曾短时变小后又恢复正常。初步分析 SC 线圈电流回路上相关卡件及机箱可能存在异常
消缺行动	仪控处理反馈： 1) 处理措施： ①已对相关卡件进行了更换（调节卡、定值卡、检测 2），更换后系统运行正常； ②对卡件接口、机箱接口、机箱内部接线等进行了目视检查，未发现异常； 2) 处理结果：报警已消除，控制棒已解除双保持。 3) 工作过程： ①确认故障位置为 4RGL025AR SD1-2 棒束 SC 机箱； ②将机柜人机接口面板的双重保持开关由“正常”打到“强制双重保持”位置； ③确认 MC 和 SC 机箱调节输出值在 2.25~2.45 V 范围内； ④依次将故障调节卡件所在机箱内的两块 A/B 电源卡拔出； ⑤依次对调节卡件、定值卡件和 SC 检测 2 卡件进行更换； ⑥将更换的调节卡件所在机箱内的两块 A/B 电源卡插回，确认“正常”指示灯亮； ⑦确认“定大”和“定小”阈值设置正确； ⑧确认检测 2 卡件报警阈值设置正确； ⑨将双重保持开关由“强制双重保持”打到“正常”位置； ⑩按“故障清除”按钮，确认机柜无其他异常报警； ⑪关闭机柜柜门，清理现场。

续　表

消缺行动	4)故障原因分析：4RGL025AR 机柜内 SD1-2 棒组触发 SC 小电流过小报警。现场对 SC 小电流测量发现，目前小电流正常，因此，确认为 SC 小电流曾短时变小后又恢复正常。初步分析 SC 线圈电流回路上相关卡件及机箱可能存在异常。 5)影响分析：SD1 棒组紧急故障报警将闭锁 SA/SB/SC/SD 棒组正常动作，对 R 棒和功率棒组无影响。因此，仅对机组启停期间停堆棒组提插造成影响，对机组升功率、正常功率运行期间 R 棒和功率棒组自动运行无影响
相关知识	控制棒被双夹持，控制棒无法正常动作，潜在风险后果： 1)机组临界过程中出现控制棒双保持，可能导致临界失败； 2)机组调试瞬态试验期间，如果出现控制棒双保持，可能导致机组非计划停机停堆事件。造成 RGL 系统在控制棒动棒期间多次出现双保持导致控制棒无法正常动作的原因为，在动棒过程中产生了控制棒驱动机构线圈电流报警，触发 RGL 系统紧急故障
参考资料信息	运行二处：4 号机异常反馈——主控触发 4RGL001、005、006、009KA 报警； 维修二处仪控：4RGL001/005/006/009KA 报警处理情况反馈； WR/WOT：00506742/01150993-01(紧急工单)
编　　者	运行二处一值：谷铁　　　　时间：2019 年 02 月 11 日

2.17.31　R1 子组"传递线圈"的机架微动开关意外动作导致落棒的非计划停堆

异常缺陷名称	R1 子组"传递线圈"的机架微动开关意外动作导致落棒的非计划停堆事件
发生时间	2015 年 01 月 03 日夜班
机组状态	机组处于 RP 模式，反应堆堆功率 98.14%FP，一回路平均温度 309.3 ℃，稳压器压力 15.41 MPa
异常缺陷现象	01:15，主控室触发 1RGL009、005、006、001KA 报警(分别为：PWE 运行故障、RCS 运行故障、RGL 运行故障、RGL 故障)； 主控随即 oncall 维修人员到现场进行处理，经检查确认，在01:15，R1 子组提升过程中，1RGL016AR(R1 子组)报"运行故障"，故障点为 R1 第 4 束棒 CRDM 保持线圈(SG)的电源卡件(MDP)；

续　表

异常缺陷现象	维修人员开紧急票进行缺陷处理，按照标准工作指令执行 RGL 电源柜 MDP 卡件更换工作。更换过程中，需要将 CRDM 保持线圈断电，此时 R1 子组控制棒束由传递勾爪夹持住； 04: 23，在拔保持线圈的 MDP 卡件时，相邻的传递线圈机架的微动开关故障动作，传递线圈也失电，R1 子组 CRDM 钩爪完全打开，R1 子组落棒，触发“功率量程中子注量率变化率高”紧急停堆信号，停堆断路器打开，所有控制棒落至堆底，运行人员执行事故诊断通用规程 FQ1-OP02-AC-DEC(事故诊断通用规程)、反应堆停堆事故规程 FQ1-OP02-AC-I1(反应堆停堆)，稳定机组状态； 05: 07，运行人员复位停堆信号
风险或潜在后果	导致反应堆紧急停堆
干预行动	1)已采取的行动措施： ①运行人员执行事故诊断通用规程 FQ1-OP02-AC-DEC(事故诊断通用规程)； ②执行反应堆停堆事故规程 FQ1-OP02-AC-I1(反应堆停堆)，稳定机组状态； ③运行人员复位停堆信号。 2)建议后续行动： 要求仪控查明故障原因，消除故障后，反应堆重新达临界
原因分析	在 R1 子组“双保持”状态下，RGL 电源柜保持机箱和传递机箱相当于冗余的设备。传递机箱微动开关故障时，作为冗余的保持机箱因正在进行维修工作而不可用，继而导致 R1 子组落棒。 1)直接原因： R1 子组传递线圈机箱后部微动开关故障动作。 2)根本原因： ①作为 RGL 电源柜关键部件的微动开关设计不合理，机箱背部的微动开关金属压片在长期受力后容易变形； ②CRDM 线圈失电逻辑设计不合理，RGL 电源柜微动开关四取一动作误动概率较高。 3)促成原因： ①维修人员在更换 RGL 电源柜卡件过程中预防措施不到位，未检查微动开关状态； ②缺少微动开关的预防性维修项目； ③在设备安装调试中，未设置对 RGL 电源柜的微动开关检查工作

续 表

消缺行动	仪控处理反馈： 1)故障原因分析： 经对比测试及分析，1RGL016AR 电源柜传递机箱后部微动开关金属压片设计选型不合理，长期受压容易变形，经过一段时间的运行，该微动开关触点处于闭合到打开临界位置，最终在设备维修活动中，机箱的振动促使微动开关动作，使夹持控制棒的传递机箱断电，最终导致了 R1 子组控制棒落棒停堆。 2)处理进展： ①已完成对故障的微动开关进行更换； ②完成向 RGL 设备生产厂家确认设置 4 个微动开关的必要性和优化方案，经和厂家、同行电厂讨论确定已取消机箱背部的微动开关，将 CRDM 线圈失电逻辑改为二取二动作； ③针对 RGL 微动开关故障，对 2 号机组电源柜微动开关进行检查，(3、4 号机组 RGL 设备供货商不同，电源柜没有微动开关)； ④完成对 1 号机组所有 RGL 电源柜的微动开关进行检查及处理	
相关知识	R1 子组传递机箱前后部各有 2 个微动开关	
参考资料信息	核安全处：《R1 子组“传递线圈”的机架微动开关意外动作导致落棒的非计划停堆事件报告》	
编　　者	运行二处一值：谷铁	时间：2019 年 02 月 11 日

2.17.32 主控频繁闪发 4RGL008KA RPI 报警

异常缺陷名称	主控频繁闪发 4RGL008KA RPI 报警
发生时间	2019 年 03 月 03 日早班
机组状态	RP 模式，电功率 836 MWe
异常缺陷现象	11:50 开始，主控频繁闪发“4RCL008KA RPI 报警”，12:40 结束，总计闪发 7 次报警。就地检查 4RGL 机柜，发现 4RGL010AR 控制柜存在如下异常：报警触发时双机冗余失效黄灯亮，从机未同步运行黄灯亮，CPU2(RPE 柜)红灯亮
风险或潜在后果	1)影响 4RGL 控制棒系统的可靠性，仪控电话反馈，备用 PLC 柜可能存在故障，具体待现场检查后确定原因； 2)若主用 PLC 柜故障，影响 RGL 系统测量棒位显示，将会产生 IO1：RGL6，要求 24 h 内机组开始向 NS/SG 模式后撤

续 表

干预行动	已采取的行动措施： 1）主控室根据报警卡和故障规程，检查 4RGL 各 KIC 画面，发现报警时 4RGL708KS 灯亮，未见其他异常； 2）主控检查当时时刻一回路温度、核功率等各项参数均未见异常； 3）安排就地检查 4RGL 机柜，发现 4RGL010AR 控制柜存在如下异常：报警触发时双机冗余失效黄灯亮，从机未同步运行黄灯亮，CPU2（RPE 柜）红灯亮； 4）立即 oncall 维修仪控检查处理
原因分析	主控频繁闪发报警是由于 4RGL 处理柜 4RGL010AR 从机 PLC 的 CPU 多次重新加载导致，当前从机 CPU 已重新加载成功，从机工作正常，报警消失
消缺行动	仪控处理反馈： 1）报警现象：11:50 开始，主控频繁闪发“4RGL008KA RPI 报警”，12:40 结束，总计闪发 7 次报警，报警原因为“从机未运行”。 2）原因分析：主控频繁闪发报警是由于 4RGL 处理柜 4RGL010AR 从机 PLC 的 CPU 故障多次重新加载导致，当前从机 CPU 已重新加载成功，从机工作正常，报警消失。 3）处理措施：报警已消失，由于更换从 CPU 过程中存在主 CPU 同时故障后主控 KIC 丧失全部测量棒位监视而产生 IO1 的风险，先继续保持观察，同步核实备件和制定相应工作方案。计划 4 号机组调停热停窗口再进行 CPU 更换（WOT：01161494-01）。 4）工作过程（WOT：01161494-01）： ①取得工作许可证，并与主控沟通； ②召开工前会； ③确认备件版本为 20.055 与现场一致； ④断开 PLC 电源，拔出故障 CPU 卡件； ⑤将备件 CPU 插回； ⑥将故障 CPU 的 SD 卡取出重新装入新的 CPU； ⑦将 PLC 重新上电，新 CPU 工作正常； ⑧与主控确认报警消失，系统运行正常； ⑨工作结束，清理现场。 5）后续行动： ①核实并准备备件； ②准备工单； ③编写 CPU 更换方案。

续　表

消缺行动	6)影响分析：RGL处理柜PLC为冗余配置，从机未运行说明冗余丧失，PLC变为单路运行，仍能保证整个RGL系统的正常运行	
相关知识	4RGL008KA(RPI报警)触发的可能原因： 棒位测量柜(4RGL009AR)或棒位处理柜(4RGL010AR)等设备发生下列故障： 1)处理柜电源故障； 2)测量柜通风故障； 3)网关1故障或网关2故障； 4)处理柜与4RGL系统网络间的交换机故障； 5)网关与4DCS系统间的交换机故障	
参考资料信息	运行二处：4号机组异常反馈——主控频繁闪发4RGL008KA RPI报警； 维修二处仪控：oncall反馈——主控频繁闪发“4RGL008KA RPI报警”情况反馈； WR/WOT：00514021/01161494-01(紧急工单)。 其他类似异常缺陷： 2019年04月22日夜班06:25:28主控出现4RGL008KA(RPI报警)，约43 s后报警消失，检查棒位无异常，就地检查机柜无异常。仪控检查反馈怀疑该报警原因为：4RGL处理柜4RGL010AR机柜从机PLC的CPU加载失败，当前从机CPU已重新加载成功，从机工作正常，报警消失	
编　　者	运行二处一值：谷铁	时间：2019年05月16日

2.17.33　主控频繁闪发4RGL008KA RPI报警

异常缺陷名称	主控频繁闪发4RGL008KA RPI报警
发生时间	2019年05月09日早班
机组状态	RP模式，电功率836 MW
异常缺陷现象	12:34开始，主控连续闪发3次“4RGL008KA RPI报警”，每次持续约40 s
风险或潜在后果	1)影响4RGL控制棒系统的可靠性，仪控反馈待现场检查后确定原因； 2)若主用和备用PLC柜同时故障，影响RGL系统测量棒位显示，将会产生IO1：RGL6，要求24 h内机组开始向NS/SG模式后撤

续 表

干预行动	1)已采取的行动措施： ①主控室根据报警卡和故障规程，检查 4RGL 各 KIC 画面，发现报警时 4RGL708KS 灯亮，未见其他异常； ②主控检查一回路温度、核功率等各项参数均未见异常； ③报警触发时，仪控间 4RGL 系统 SU 工作站上报警列表显示从机未运行，报警消除后，显示从机运行正常； ④由于报警短时闪发，就地检查 4RGL 机柜，未见明显异常，就地显示从机运行正常； ⑤立即 oncall 维修仪控进厂检查。 2)建议后续行动： ①建议维修仪控分析故障根本原因并消除缺陷，避免重复故障缺陷发生； ②运行密切监视 4RGL 系统画面及机组状态
原因分析	根据故障现象，初步分析可能原因为：①从机 CPU 的 SD 卡故障；②主机上通讯冗余模块故障；③从机上通讯冗余模块故障；④通讯冗余模块接线异常
消缺行动	仪控处理反馈： 1)05 月 09 日反馈： ①故障描述：2019 年 05 月 09 日 12: 34 开始，主控闪发“4RGL008KA　RPI 报警”3 次，每次持续约 40 s。 ②报警信息：查看 RGL 工程师站 SU 上报警信息显示：4RGL 处理柜(4RGL010AR)从机 PLC 闪发 CPU 加载失败。 ③故障原因分析： 根据故障现象，初步分析可能原因为：a. 从机 PLC 的 CPU 故障；b. 从机 PLC 机架故障；c. 从机 CPU 的 SD 卡故障；d. 冗余模块故障；e. 冗余模块接线异常。 ④上次(2019. 03. 08)处理情况及处理结果： 2019 年 03 月 03 日主控频繁闪发“4RGL008KA RPI 报警”，从 03 日到 08 日期间处理柜从机 PLC 的 CPU 多次重新加载导致报警频繁闪发，后该闪发报警变为持续报警。在 03 月 08 日 4 号机组调停期间对 4RGL010AR 处理柜从机 PLC 的 CPU 和机架进行了更换，报警消失，经过 4 天持票观察报警未再出现后归还工作票。

续　表

消缺行动	⑤后续行动： 根据上次故障处理情况及此次故障现象，可排除原因 a. 和 b.，需要对原因 c. d. c. 进行排查和分析，具体行动如下： i. 编制故障排查及处理方案。 原因 c. d. e. 的排查过程可能导致主从 CPU 同时丧失，造成主控室失去 RGL 监视和手动控制功能。因此，该故障排查需在机组热停及以下模式下开展。 ii. 经核实，SD 卡、冗余模块等备件均有库存。 ⑥影响分析： i. PLC CPU 为冗余配置，从机 CPU 闪发异常对 RGL 系统运行无影响。 ii. 若主机和从机 CPU 同时故障，则将导致 RGL 主控室监视及手动控制功能丧失，控制棒自动控制功能不受影响。 2)05 月 10 日反馈： 会议讨论结果(运工、安工、仪控开会对后续排查工作进行了讨论)： 当前存在以下几个原因可能导致报警产生：①从机 CPU 的 SD 卡故障；②主机上通讯冗余模块故障；③从机上通讯冗余模块故障；④通讯冗余模块接线异常。 其中，原因①②④的排查将导致主从 PLC 同时丧失，造成主控室失去 RGL 监视和手动控制功能，暂时不执行。原因③的排查将导致从 PLC 丧失，但不影响 RGL 正常运行，当前机组功率运行期间可执行。 具体行动如下： ①准备工单、工作方案计划下周对从机 PLC 的冗余模块进行检查与更换； ②准备工单、工作方案在合适的窗口对其余故障原因进行排查与处理。 3)05 月 19 日反馈： ①采取的措施： a. 已组织运行、安工召开专题讨论会，分析了可能原因及排查处理计划； b. 已完成 CPU、PLC 机架更换，排除 CPU 和机架故障； c. 完成从机冗余模块更换，保持观察； ②处理进展结果：完成从机冗余模块更换，冗余模块更换后未出现闪发报警情况，设备运行正常；设备可用性评价：闪发报警未再出现，缺陷暂时消除，RGL 系统设备可用

续 表

相关知识	4RGL008KA(RPI 报警)触发的可能原因： 棒位测量柜(4RGL009AR)或棒位处理柜(4RGL010AR)等设备发生下列故障： 1)处理柜电源故障； 2)测量柜通风故障； 3)网关 1 故障或网关 2 故障； 4)处理柜与 4RGL 系统网络间的交换机故障； 5)网关与 4DCS 系统间的交换机故障
参考资料信息	运行二处：4 号机组异常反馈——主控频繁闪发 4RGL008KA RPI 报警； 维修二处仪控：答复“4 号机组异常反馈——主控频繁闪发 4RGL008KA RPI 报警”，维修日报(2019 年 05 月 19 日—20 日)； WR/WOT：00549541/01226351-01(计划工单)
编　　者	运行二处一值：谷铁　　　时间：2019 年 06 月 17 日

2.17.34 1RGL001/005/006/009KA 报警触发

异常缺陷名称	1RGL001/005/006/009KA 报警触发
发生时间	2019 年 03 月 19 日早班
机组状态	RP 模式，满功率
异常缺陷现象	12:07:37 时，1 号主控触发 1RGL001KA(RGL 运行故障)、1RGL005KA(RCS 运行故障)、1RGL006KA(RGL 运行故障)、1RGL009KA(PWE 运行故障)报警，立即查看 RGL 系统所有控制棒，棒位均正常
风险或潜在后果	SD1 棒组已触发双保持，SD1 棒组存在落棒停堆风险。本循环首次出现
干预行动	1)已采取的行动措施： ①执行报警规程进入 I RGL 001 故障规程； ②在仪控间查看 1RGL030HC(RGL 远程工作站)，发现 1RGL025AR(SD1 棒组)的 HMI power racks 模块显示红色报警。 ③oncall 仪控检查确认缺陷。 2)建议后续行动： ①由于 ALSYN 闪发故障，优先进行复位操作，若复位后报警再次出现，则根据仪控相应方案进行卡件更换；

续 表

干预行动	②运行密切监视 RGL 的运行情况； ③请仪控人员分析根本原因
原因分析	综合分析 ALSYN 与 MDP 报警信息，初步判定始发故障为 1RGL025AR 保持机箱 ALSYN 模块本身故障或上游电源异常，导致其输出电压丧失，产生主控报警并触发 SD1 子组双夹持。由于 ALSYN 输出给 4 块 MDP 的控制电失去，MDP 晶闸管无法进行整流，其输出给 CRDM 线圈的电流逐渐降低。而后短时内 ALSYN 自行恢复，MDP 重新得电后自检发出“设定值故障”“内部故障”，同时监测到“小电流低”发出“电流故障”
消缺行动	仪控处理反馈： 1) 检查内容： ①手动强制双保持； ②测量 1RGL025AR 保持、传递机箱 MDP 输出处于正常范围，说明报警 MDP 功能正常，确认 SD1 子组驱动机构的双夹持状态正常； ③结合 ALSYN 输出电压故障，4 块 MDP 报警由 ALSYN 送出的控制电丧失导致，并非自身故障； ④复位报警信号，ALSYN 与 MDP 报警信号均能被清除，说明 ALSYN 与 MDP 已从故障状态恢复正常，报警信息为故障时刻锁存； ⑤再次测量 1RGL025AR 保持、传递机箱 MDP 输出电压，确认处于正常范围； ⑥解锁手动强制双保持，复位报警信号； ⑦观察设备无故障指示，确认设备恢复正常； ⑧应当班值长要求，ALSYN 更换需进入日常计划排程。 2) 处理进展结果：1RGL025AR 保持机箱 ALSYN、MDP 报警消除，子组控制棒恢复正常状态，主控 1RGL 运行故障报警消失。 3) 故障原因：1RGL025AR 保持机箱 ALSYN 闪发故障，其输出电压丧失，触发 SD1 子组双夹持。由于 ALSYN 送出给 4 块 MDP 的控制电失去，MDP 晶闸管无法进行整流，输出给 CRDM 线圈的电流逐渐降低。而后短时内 ALSYN 自行恢复，MDP 重新得电后，自检发出“设定值故障”“内部故障”，同时监测到“小电流低”发出“电流故障”

续 表

相关知识	控制棒被双夹持，控制棒无法正常动作，潜在风险后果： 1）机组临界过程中出现控制棒双保持，可能导致临界失败； 2）机组调试瞬态试验期间，如果出现控制棒双保持，可能导致机组非计划停机停堆事件。造成 3RGL 系统在控制棒动棒期间多次出现双保持导致控制棒无法正常动作的原因为，在动棒过程中产生了控制棒驱动机构线圈电流报警，触发 RGL 系统紧急故障
参考资料信息	运行一处：1 号机组异常反馈——1RGL001/005/006/009KA 报警触发； 2019 年 3 月 19 日—20 日值长日报和维修日报； WR/WOT：00522232/01174852-01（计划工单）
编　　者	运行二处一值：谷铁　　　　时间：2019 年 06 月 17 日

2.17.35　2RGL009AR-A 失电故障

异常缺陷名称	2RGL009AR-A 失电故障
发生时间	2019 年 10 月 29 日早班
机组状态	RP 模式，满功率
异常缺陷现象	17:17:54 主控同时出现 2RGL001/006KA（RGL 运行故障，红报），2RGL002KA（RPI 故障，红报），2RGL012/013/014/015/016/017/018/019/022KA（N2/N1/G2/G1/SA/SB/SC/SD/R 棒组故障，黄报），2RGL008KA（RPI 报警，黄报）报警，19 束控制棒束显示插入堆底。 主控根据电功率、热功率、RIC、轴向功率分布及一回路温度压力等参数确认控制棒未下落，初步判断为显示故障
风险或潜在后果	产生 IO1：RGL6，导致无法监视 N2/N1/G2/G1/SA/SB/SC/SD/R 棒组中部分棒束的棒位
干预行动	已采取的行动措施： 1）根据电功率、热功率、RIC、轴向功率分布及一回路温度压力等参数确认控制棒未下落，初步判断为显示故障； 2）执行报警卡并进入 FQ1-RGL-I-001 故障规程； 3）根据运行技术规范和安工讨论，记录 RP 模式第一组 IO：RGL6；

续 表

干预行动	4)根据缓解措施要求，oncall 技术支持人员进行堆芯通量测量； 5)oncall 仪控人员检查，确认只影响显示，不影响控制；现场检查初步确认为 2LGR009AR-A 机柜失电；仪控人员开票查找故障点并着手故障处理； 6)运行加强对 2RGL、2RIC、2RPN、2LSS 及 RCP 系统各项参数的监视，同时严格执行技术规范缓解措施。2 号机不安排第一组 IO 的计划工作，1 号机组禁止进行产生双机组 IO1 工作
原因分析	2RGL009AR-A 机柜内部接线图，机柜通过 4，5 号接点往下游棒位监测系统送电，其中 27 号端子接线由于导线过细，导致积热烧毁，监测回路失电。下游共 19 束分棒束失去监测，主控画面上显示 19 束棒束棒位插到 0 步状态。 根据检查结果，原因确定如下： 1)直接原因：第 27 号端子接线高温熔断； 2)根本原因：2RGL009AR 供电端子接触电阻偏大，供电端子设计/选型不合理(线径偏小端接太密，高温在局部区域集聚)； 3)促成原因：并联的分流供电跨接线未端接
消缺行动	仪控处理反馈： 1)检修步骤： ①根据故障设备信息，准备工器具、文件(测量柜接线图、紧急维修工作指令单与紧急维修工作步骤单)，获值长批准； ②组织工前会，明确角色分工，着重分析 IO1 缓解措施、防触电措施； ③将 2RGL009AR-A 柜全部 19 个 MCP11 置于 OFF 位置； ④检查发现 BNAa 101BN 第 27 号(外)接线熔断，其与第 5 号端子接通，为机柜单相交流供电线中的一条； ⑤同时注意到 27 号接线周边接线、线皮、端子存在高温熔化痕迹； ⑥断开 2RGL009AR-A 柜断路器 2RGL051JA； ⑦发现图纸中并联的分流供电跨接线(应由 5 接 6，4 接 7)实际未端接，所以仅 27 号接线熔断即导致机箱失电； ⑧更换存在高温老化痕迹的接线与端子； ⑨按照测量柜接线图核实接线连接正确，确认供电回路火线端子、零线端子、地线端子各自接通，且端接牢靠； ⑩确认供电回路中火线、零线、地线间互相不存在短接；

续 表

消缺行动	⑪检查确认熔丝 37、38、39、40 均未熔断； ⑫闭合 2RGL009AR-A 柜断路器 2RGL051JA； ⑬机柜风扇启动并正常运转； ⑭将 2RGL009AR-A 柜全部 19 个 MCP11 置于 ON 位置，且“正常运行”指示灯稳定常亮； ⑮2RGL009AR-A 柜涉及的 19 个测量棒位均恢复正常棒位，RGL 报警信号消失； ⑯使用红外热成像仪确认供电接线及端子不存在明显异常高温； ⑰异物检查无异常，确认恢复设备到正常运行状态。 2）故障原因分析： 根据电功率、热功率、RIC 热电偶温度、轴向功率分布及一回路温度压力等参数确认控制棒未下落，初步判断为测量棒位缺陷。 从故障现象分析，2RGL009AR-A 柜“电源正常”指示灯亮，说明机柜 220 V 供电正常供入；“正常运行”指示灯灭、风扇停转，说明柜内电源分配线路存在断路。 根据检查结果，原因确定如下： 直接原因：第 27 号端子接线高温熔断。 根本原因：2RGL009AR 供电端子接触电阻偏大，供电端子设计/选型不合理(线径偏小端接太密，高温在局部区域集聚)。 促成原因：并联的分流供电跨接线未端接
相关知识	1）对于一个分棒组内有两个棒位指示器故障根据技术规范记录 IO1：RGL6，同时注意通知相邻机组不要进行双机组 IO1 工作。 2）对于多束控制棒同时插入堆底，及时根据机组核热功率等参数判断是否为指示故障。 3）对于各分棒组大部分为第一束棒插入堆底，控制柜失电的可能性较大，及时安排现场检查机柜电源状态。 4）RGL6 的第一组 IO 需要“每 8 h 或者相应的控制棒移动超过 8 步时，需要进行一次堆芯通量测量，监测故障控制棒棒位；”，提前通知物理准备测量工具，堆芯通量图测量需要物理，仪控人员配合，同时需要化学对一回路取样确认硼浓度，总耗时在 1 h 左右，考虑可能出现的故障，建议在 IO 时间累计 4 h 即开始进行堆芯通量测量

续　表

参考资料信息	运行一处：2 号机组异常反馈——2RGL009AR-A 失电故障(第一组 IO，RGL6)； 维修一处仪控：EAM 中工单 01389550-01 的完工报告； WR/WOT：00640926/01389550-01(紧急工单)	
编　　者	运行二处一值：谷铁	时间：2020 年 01 月 13 日

2.17.36　1RGL001/005/006/007/009/031KA 报警触发

异常缺陷名称	1RGL001/005/006/007/009/031KA 报警触发
发生时间	2019 年 06 月 04 日夜班
机组状态	NS/SG 模式
异常缺陷现象	01: 20: 41，1 号主控触发 1RGL001KA(RGL 运行故障)、1RGL005KA(RCS 运行故障)、1RGL006KA(RGL 运行故障)、1RGL007KA(RCS 故障)、1RGL009KA(PWE 运行故障)、1RGL031KA(RCS 设备电源故障)，查看 RGL 控制棒状态正常，S 棒组在 225 步，R 棒组和 G 棒组位于 5 步手动状态
风险或潜在后果	控制棒被双夹持，控制棒无法正常动作
干预行动	已采取的行动措施： 1)查看和执行报警卡，按报警卡执行 IRGL001； 2)安排现场检查棒控电源柜、棒控逻辑柜、棒位测量柜或棒位处理柜设备是否存在故障报警信息； 3)主控检查当时时刻一回路温度、核功率等各项参数均未见异常； 4)立即 oncall 维修仪控进厂检查； 5)仪控检查，初步确认为 R2 子组输出电压瞬发故障，R2 子组触发夹持线圈和传递线圈双保持状态
原因分析	综合 ALSYN 与 MDP 报警信息，判定始发因素为 1RGL017AR 提升机箱 ALSYN 模块本身偶发故障或干扰所致，导致其中一路输出电压(由于 MDP 未出现“设定值故障”与“内部故障”报警，极可能是用于 MDP 电流检测那一路)异常，触发 R2 子组双保持并产生主控报警。由于 ALSYN 输出给 4 块 MDP 的电流检测控制电失去，MDP 晶闸管电流检测单元发出“电流故障”，但“零电流偏低”不可信

续 表

消缺行动	仪控处理反馈： 1)检修步骤： ①对 1RGL017AR 故障现象进行分析，分析故障时刻锁存的模块面板信息：提升机箱 ALSYN 报输出电压故障 output voltage fault，说明由 ALSYN 产生并送往 MDP 的控制电供电至少丧失过一路；提升机箱 4 块 MDP 同时报零电流偏大“电流故障 Current fault”，但 4 块 MDP 实测输出均处于正常范围，结合 ALSYN 输出电压故障，说明 MDP 报警极可能由 ALSYN 送来的控制电丧失导致，并非自身故障。根据 20190319 处理 1RGL017AR 保持 ALSYN 相同缺陷及外部经验反馈，计划暂先复位报警信号，后续若再出现报警则更换该 ALSYN 模块。 ②准备紧急维修工作指令单，值长同意暂先复位报警信号，暂不执行更换 ALSYN 工作。 ③取得工作许可证：PT 票。 ④组织工前会，明确角色分工。 ⑤测量 1RGL017AR 提升机箱 MDP 输出电压处于正常范围，说明报警 MDP 实际功能正常。 ⑥结合 ALSYN 输出电压故障，MDP 报警由 ALSYN 送来的控制电丧失导致，并非 MDP 自身故障。 ⑦手动复位报警信号，ALSYN 与 MDP 报警信号均能被清除，说明 ALSYN 与 MDP 已从故障状态恢复正常，而模块的报警信息是故障时刻锁存的。 ⑧再次测量 1RGL017AR 提升机箱 MDP 输出电压，确认处于正常范围。 ⑨观察设备无故障指示，确认设备恢复正常。 ⑩工作结束，清理现场，异物检查无问题。 2)故障原因分析：综合 ALSYN 与 MDP 报警信息，判定始发因素为 1RGL017AR 提升机箱 ALSYN 模块本身偶发故障或干扰所致，导致其中一路输出电压(由于 MDP 未出现“设定值故障”与“内部故障”报警，极可能是用于 MDP 电流检测那一路)异常，触发 R2 子组双保持并产生主控报警。由于 ALSYN 输出给 4 块 MDP 的电流检测控制电失去，MDP 晶闸管电流检测单元发出“电流故障”，但“零电流偏低”不可信
相关知识	控制棒被双夹持，控制棒无法正常动作，潜在风险后果： 1)机组临界过程中出现控制棒双保持，可能导致临界失败；

续 表

相关知识	2)机组调试瞬态试验期间，如果出现控制棒双保持，可能导致机组非计划停机停堆事件。造成 3RGL 系统在控制棒动棒期间多次出现双保持导致控制棒无法正常动作的原因为，在动棒过程中产生了控制棒驱动机构线圈电流报警，触发 RGL 系统紧急故障
参考资料信息	WR/WOT：00563665/01255241-01(紧急工单)； 运行一处：1 号机组异常反馈——1RGL001/005/006/007/009/031KA 报警触发
编　者	运行二处一值：谷铁　　时间：2020 年 01 月 13 日

2.17.37 1RGL001/005/006/009KA 报警触发

异常缺陷名称	1RGL001/005/006/009KA 报警触发
发生时间	2019 年 06 月 06 日早班
机组状态	RP 模式，热功率 45 MW，发电机未并网，电功率 0 MWe
异常缺陷现象	12:13:17 时，触发 1RGL001KA(RGL 运行故障)、1RGL005KA(RCS 运行故障)、1RGL006KA(RGL 运行故障)和 1RGL009KA(PWE 运行故障)，当时正在执行手动将 R 棒由 5 步提至 55 步的操作，而实际上 R1 子组 AP/DP 变为 6、R2 子组 DP 变为 6(AP 未变)则不再变化
风险或潜在后果	控制棒被双夹持，控制棒无法正常动作。产生 IO1：RGL1
干预行动	已采取的行动措施： 1)查看和执行报警卡，按照报警卡进入 FQ1-RGL-I-001 故障规程； 2)查阅运行技术规范，记录 NS/SG 模式第一组 IO：RGL1； 3)安排现场检查棒控电源柜、棒控逻辑柜、棒位测量柜或棒位处理柜设备是否存在故障报警信息； 4)因控制棒无法正常动作，确认无影响一回路温度变化的工作，注意控制好一回路温度，不要进行可能引起一回路温度和负荷变化的操作； 5)oncall 仪控检查，初步确认为 1RGL017AR 提升线圈 ALSYN 模块故障，经由仪控复位后，将 R 棒插回至 5 步，消除第一组 IO； 6)仪控开票对 1RGL017AR 提升线圈的 ALSYN 模块进行了更换，重新提 R 棒，报警未再出现

续　表

原因分析	1RGL017AR 保持机箱 ALSYN 模块输出故障(用于供给 MDP 模块监测 CRDM 线圈电流的那一路控制电丧失，而用于 MDP 整流的控制电供给正常)，导致提升 MDP 电流监测结果偏离预定范围(虽然实际线圈电流正常)，MDP 发出电流故障，触发 R2 子组双保持
消缺行动	仪控处理反馈： 1)处理进展： 仪控开票对 1RGL017AR 提升线圈的 ALSYN 模块进行了更换，重新提 R 棒，报警未再出现。 2)检修步骤： ①对 1RGL017AR 提升机箱故障分析结果，根据 20190604 处理 1RGL017AR 提升机箱 ALSYN 相同缺陷仅复位报警信号，决定对提升机箱(主要是该 ALSYN 模块)性能进行测试确认故障原因，后再进行 ALSYN 模块备件更换。 ②准备紧急维修工作指令单，值长同意以上维修方案。 ③取得工作许可证：PT 票。 ④组织工前会，明确角色分工，重点分析风险及其预防措施。 ⑤按照维修规程《FQX-RGL-M-I505_ RGL 系统电源柜性能测试程序》执行 1RGL017AR 提升机箱测试，发现 4 块 MDP 大、小、零电流整流输出正常，但电流监测单元指示为零电流，偏离设定范围导致触发双保持。 ⑥结合提升 ALSYN 模块发出输出电压故障，且 ALSYN 上游两路输入供电正常，确定 ALSYN 模块故障，且其导致 MDP 电流故障，MDP 自身并未故障。 ⑦按照维修规程《FQX-RGL-M-I504_ RGL 系统电源柜 ALSYN 模块的更换》更换故障的提升 ALSYN 模块。 ⑧再次按照《FQX-RGL-M-I505_ RGL 系统电源柜性能测试程序》执行提升机箱测试，符合规程预期。 ⑨后续临界动棒证明设备运行正常。 ⑩工作结束，清理现场，异物检查无问题。 3)故障原因分析：1RGL017AR 保持机箱 ALSYN 模块输出故障(用于供给 MDP 模块监测 CRDM 线圈电流的那一路控制电丧失，而用于 MDP 整流的控制电供给正常)，导致提升 MDP 电流监测结果偏离预定范围(虽然实际线圈电流正常)，MDP 发出电流故障，触发 R2 子组双保持

续 表

相关知识	控制棒被双夹持，控制棒无法正常动作，潜在风险后果： 1）机组临界过程中出现控制棒双保持，可能导致临界失败； 2）机组调试瞬态试验期间，如果出现控制棒双保持，可能导致机组非计划停机停堆事件。造成3RGL系统在控制棒动棒期间多次出现双保持导致控制棒无法正常动作的原因为，在动棒过程中产生了控制棒驱动机构线圈电流报警，触发RGL系统紧急故障	
参考资料信息	运行一处陈刚：1号机组异常反馈——1RGL001/005/006/009KA报警触发； WR/WOT：00565098/01256736-01（紧急工单）	
编　　者	运行二处一值：谷铁	时间：2020年01月13日

2.17.38　主控触发1RGL001/005/006/009KA报警

异常缺陷名称	主控触发1RGL001/005/006/009KA报警
发生时间	2019年11月15日早班
机组状态	RP模式，满功率
异常缺陷现象	20：29：58，1号主控触发1RGL001KA（RGL运行故障）、1RGL005KA（RCS运行故障）、1RGL006KA（RGL运行故障）、1RGL009KA（PWE运行故障），查看1RGL控制棒状态正常，S/R/G棒组在225步，机组其他参数均正常
风险或潜在后果	控制棒被双夹持，控制棒无法正常动作
干预行动	1）已采取的行动措施： ①执行报警卡，按照报警卡进入FQ1-RGL-I-001故障规程； ②安排现场检查棒控电源柜、棒控逻辑柜、棒位测量柜或棒位处理柜设备是否存在故障报警信息，现场检查发现1RGL019AR上故障灯亮，对应N22子组； ③根据故障规程将G棒组置于手动状态； ④oncall仪控检查，初步判断N22子组输出电压瞬发故障，目前N22子组触发夹持线圈和传递线圈双保持状态（需进一步分析确认）。

续　表

干预行动	2)建议后续行动： ①仪控准备开票检查 N22 子组当前电压，确认无异常后复位报警； ②如果复位后报警仍存在，则可能是卡件故障，需进一步分析并进行卡件更换； ③类似故障在 1~2 号机组多次出现，请专业分析根本原因
原因分析	线圈端电压偏高代表着 MDP 真实输出偏高，表明缺陷直接原因为：MDP 内部整流电路硬件存在故障。故障 MDP 目视检查无异常，根本原因需进一步分析
消缺行动	仪控处理反馈： 1)故障现象：1RGL019AR(N22 子组电源柜)保持机箱第 4 棒束 MDP 模块指示“小电流偏高”电流故障，触发 N22 子组电源柜运行故障，主控出现 1RGL001/005/006/009KA 综合报警。 2)检修步骤： 以下检修内容均针对 1RGL019AR： ①手动强制双保持。 ②测量 1RGL019AR 保持第 4 棒束 MDP 输出 4.468 V(小幅波动)，高于正常范围(2.25~2.45 V)，其余 MDP 正常。 ③测量 1RGL019AR 第 4 棒束保持线圈端电压约 172.1 V(小幅波动)，明显高于其他正常棒束(经验值约 63 V)。 ④综上确认报警 MDP 整流电路硬件故障。 ⑤执行维修规程《FQX-RGL-M-I509》对 MDP 备件进行参数下装与检查。 ⑥执行维修规程《FQX-RGL-M-I506》更换故障 MDP 模块。 ⑦执行维修规程《FQX-RGL-M-I505》对 MDP 备件进行稳态输出测试，确认正常。 3)处理进展：1RGL019AR 保持机箱 MDP 报警消除，N22 子组控制棒恢复正常状态，主控 1RGL 报警消失。 4)故障原因分析：线圈端电压偏高代表着 MDP 真实输出偏高，表明缺陷直接原因为：MDP 内部整流电路硬件存在故障。故障 MDP 目视检查无异常，根本原因需进一步分析

续　表

<table>
<tr><td>相关知识</td><td colspan="2">MDP 模块(见图 1)按照 PLC 指令产生激励电流供给控制棒驱动机构线圈，实现钩爪的啮合、摆出、提升与释放，进而带动控制棒驱动杆(其下端与控制棒连接)的保持、提升/下插与落棒。ALSYN 模块为 MDP 提供用于整流、实际电流监测的多路控制供电，同时为 MDP 提供三相 260 V 的相位参考信号
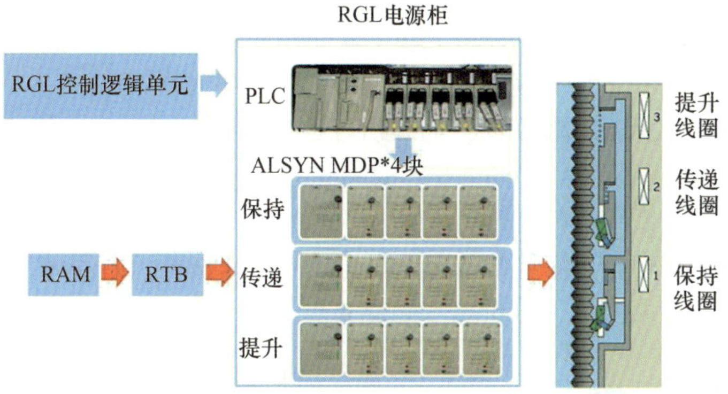
图 1　MDP 模块示意图</td></tr>
<tr><td>参考资料信息</td><td colspan="2">运行一处：1 号机组异常反馈——主控触发 1RGL001/005/006/009KA；
维修一处：答复：1 号机组异常反馈——主控触发 1RGL001/005/006/009KA(1RGL019AR 保持机箱第 4 棒束 MDP“小电流偏高”电流故障报警)；
WR/WOT：00649704/01412478-01(紧急工单)</td></tr>
<tr><td>编　　者</td><td>运行二处一值：谷铁</td><td>时间：2020 年 01 月 13 日</td></tr>
</table>

2.17.39　RGL 系统设备异常缺陷处理总结

(1)RGL 报警出现后，处理思路

1)查看报警卡，根据报警卡执行 I RGL 001 规程将 G 棒和或 R 棒组切手动；

2)检查 RGL 各 KIC 画面，检查出现的故障 KS 灯情况信息；

3)主控检查棒位、一回路温度、核功率等各项参数是否存在变化；

4)安排就地检查具体的 RGL 机柜报警信息并反馈仪控，以便仪控做好故障处理的准备工作。

5)若出现控制棒卡棒，副值长执行《FQ3/4-RGL-I-002 控制棒卡棒应急预案》指导操纵员按照《FQ3/4-RGL-I-001 控制棒系统故障规程》执行相关操作。卡棒相关技术知识可参考教材《手把手教你校棒》。

6)若机组 20% Pn 功率下出现控制棒双保持故障，可以参考《FQ3/4-OP00-TD-16002/17001 3/4 号机组控制棒动作闭锁应急预案》，进行机组状态控制；

7)在 R 棒和 G 棒置于手动后，加强对二回路负荷监控，避免有可能引起机组负荷变化、温度变化的工作开展，必要时可以通过硼化来进行控制反应性的上涨。如当前机组 STR 出力，需要尽量避免有大量用蒸汽的操作进而引起 RGL 温度的变化。

(2)控制棒被双夹持故障总结

控制棒被双夹持，控制棒将无法正常动作，潜在风险后果：

1)机组临界过程中出现控制棒双保持，可能导致临界失败；

2)机组调试瞬态试验期间，如果出现控制棒双保持，可能导致机组非计划停机停堆事件。

造成 3RGL 系统在控制棒动棒期间多次出现双保持导致控制棒无法正常动作的原因为，在动棒过程中产生了控制棒驱动机构线圈电流报警，触发 RGL 系统紧急故障。

电流报警及初步原因分析统计见表 1。

表 1　双保持报警类型和原因

报警类型	报警原因	处理措施
SC 线圈小电流过大	SC 定值卡件电路参数与主回路特性不匹配，导致 SC 线圈大电流到小电流转换过程中波形鼓包幅值超出报警阈值。	调整 SC 定值卡件中施密特比较器下限的关断参数，使鼓包幅值在报警范围内；同时参考 1、2 号机组经验并经设计院同意，将 SC 小电流过大报警阈值由 5.2 A 调整到 5.5 A
	SC 定值卡件故障，内部施密电路未工作 SC	更换故障卡件
LC 零电流过大报警	干扰导致误报警	1. 剪断电流测量导线 2. 检测 2 卡件中增加滤波电容
	电流报警及检测时间冲突	修改 LC 零电流检测结束时间
MC 保传为零故障	主电源卡件接线错误	纠正接线
MC 线圈大电流过大	MC 检测 1 卡件内部芯片故障，导致误报警	更换故障卡件
SC 定值同时出现小电流和零电流	SC 定值卡件内 4028 译码器故障，导致定值输出混乱	更换故障卡件

(3)控制棒组和就地 RGL 系统棒控电源机柜对照表(以 4 号机为例)

控制棒组	棒控电源机柜
SA1	4 RGL 011 AR
SA2	4 RGL 012 AR
SB1	4 RGL 013 AR
SB2	4 RGL 014 AR
SC	4 RGL 015 AR
SD1	4 RGL 025 AR
SD2	4 RGL 026 AR
R1	4 RGL 016 AR
R2	4 RGL 017 AR
N2-1	4 RGL 018 AR
N2-2	4 RGL 019 AR
N1-1	4 RGL 020 AR
N1-2	4 RGL 021 AR
G2-1	4 RGL 022 AR
G2-2	4 RGL 023 AR
G1	4 RGL 024 AR

(4)仪控相关资料

《FQY-MA-TD-I16002　3、4 号机组 RGL 系统卡件更换》《FQX/Y-RGL-TD-I18041_MIK　设备故障处理预案(RGL 测量棒位偏离预期异常)》。

(5)运行相关程序

《FQ3/4-OP00-TD-16002/17001　3/4 号机组控制棒动作闭锁应急预案》《FQ3/4-RGL-I-001 控制棒系统故障规程》《FQ3/4-RGL-I-002 控制棒卡棒应急预案》。

2.18 堆芯测量系统(RIC)

2.18.1 4号主控触发4RIC714KA堆芯冷却监测系统故障(B系列)报警

异常缺陷名称	4号主控触发4RIC714KA堆芯冷却监测系统故障(B系列)报警
发生时间	2018年11月20日早班
机组状态	RP模式，满功率
异常缺陷现象	13:00分4号主控触发4RIC714KA堆芯冷却监测系统故障(B系列)，就地检查4RIC012AR故障灯亮，主控检查RIC/RCP系统参数无异常
风险或潜在后果	1)该卡件功能为监视ICCMS系统其他所有运行卡件的运行状态，不影响ICCMS正常运行； 2)该监视用卡件故障降低系统对卡件正常的监视功能
干预行动	1)已采取的行动措施： ①查看和执行报警卡：现场检查确认4RIC012AR故障灯亮，现场暂未发现其他异常； ②主控对各相关画面进行检查，确认RIC堆芯热电偶、RCP压力、温度、液位等相关参数均正常； ③在BUP上4RIC002PP中检查ICCMS存在以下故障： a. 系统看门狗故障(此为堆芯监测系统装置运行状态监测综合故障报警)； b. 卡件插入故障； ④oncall维修仪控现场检查，初步检查判断为4RIC012AR内SDM4插入监视卡件损坏，需进行更换。 2)建议后续行动： 维修二处尽快核实备件，推动缺陷处理并分析故障产生的根本原因
原因分析	4RIC012AR(堆芯冷却监测B列机柜)中插入监视卡件(SDM4)故障
消缺行动	仪控处理反馈： 1)当前进展： 4RIC714KA报警已消除，RIC系统运行恢复正常。 2)处理措施：经就地检查核实，确认系统报警由插入监视卡件(SDM4)故障引起，经当班值同意，领取备件，申请紧急工作许可证对故障卡件进行了更换，更换完成后，报警消除，系统恢复正常运行。

续　表

消缺行动	3）检修步骤： ①打开 4RIC012AR 机柜门，定位故障卡件，用绝缘胶带做好标记； ②拔下故障卡件，插入新卡件； ③按下 SM1 按钮进行复位； ④确认报警消失，关闭机柜门	
相关知识	4RIC714KA 堆芯冷却监测系统故障（B 系列）报警触发的可能原因： 1）电源故障。 2）4RIC012AR（堆芯冷却监测机柜）的自检装置探测到故障。 ①至少一个模拟或逻辑输入信号失效； ②机柜硬件检测到故障； ③系统 RTE 检测到故障。 3）定期试验	
参考资料信息	维修二处仪控：oncall 反馈——4 号主控触发 4RIC714KA 堆芯冷却监测系统故障（B 系列）报警问题处理反馈； WR/WOT：00466995/01061995-01（紧急工单）	
编　　者	运行二处一值：谷铁	时间：2019 年 04 月 23 日

2.18.2　3 号主控触发 3RIC713KA 堆芯冷却监测系统故障（A 系列）报警

异常缺陷名称	3 号主控触发 3RIC713KA 堆芯冷却监测系统故障（A 系列）报警
发生时间	2019 年 06 月 20 日中班
机组状态	RP 模式，满功率
异常缺陷现象	22:17 分 3 号主控触发 3RIC713KA 堆芯冷却监测系统故障（A 系列）报警，主控检查 KIC 中 3RIC002HXT 中 3RIC351KS 灯亮（011AR system fault），3RIC001HXT 中 3RIC030KM 显示×××，BUP 上 3RIC713AA　堆芯冷却监测系统故障（A 系列）故障灯亮
风险或潜在后果	影响 3RIC030KM 和 3RIC030MT 的监视功能
干预行动	1）已采取的行动措施： ①执行报警卡：安排现场检查 3RIC011AR； ②主控检查后备盘 ICCMS 显示屏 A 列 3RIC101HV 中 ICCMS 状态，发现 ICCMS 系统总故障报警灯亮，系统故障报警灯亮，系统故障列表中“至少一个模拟（逻辑）输入无效”灯亮，3RIC030MT 显示大红色（208 ℃，故障前为 335 ℃）；

续 表

干预行动	③检查在 3RIC001HXT/002HXT 和 3RIC101HV/201HV 中除 3RIC030KM/030MT 外其他 RIC 堆芯热电偶、RCP 压力、温度、液位等相关参数均正常； ④查看 3RIC030KM 趋势发现从 22: 17 分后显示洋红色； ⑤oncall 维修仪控进厂检查。 2) 建议后续行动： ①请维修二处检查处理并分析故障产生的根本原因； ②主控加强 3RIC101HV/201HV 和 3RIC001HXT/002HXT 中其他参数的监视
原因分析	3RIC030MT 热电偶所在测量通道的温度处理卡件 STT1 内部故障引起，卡件无法正常进行信号转换，导致 3RIC030MT 最终的温度显示超量程，主控显示洋红无效
消缺行动	仪控处理反馈： 1) 处理进展： 经与当班值沟通，已于今日早上领取备件对故障卡件进行更换处理，目前 3RIC030KM 通道示数恢复正常，3RIC713KA/713AA 报警均已消除。 2) 故障原因分析： 经现场检查确认，主控触发 3RIC713KA 报警为 3RIC030MT 热电偶所在测量通道的温度处理卡件 STT1 内部故障引起，卡件无法正常进行信号转换，导致 3RIC030MT 最终的温度显示超量程，主控显示洋红无效。此次故障为 3 号机组首次出现，与此前由于 SDM4 卡件故障导致的 RIC713KA 报警原因不同。 3) 故障影响： RIC 系统堆芯热电偶测量通道彼此独立，单个通道处理卡件故障，不会影响其他通道的温度显示及水位计算，不会造成堆芯冷却监视系统的 A/B 列不可用。 4) 检修步骤： ①打开 3RIC011AR 机柜门，核实并标识故障卡件位置； ②使用一字螺丝刀依次拆下故障卡件电源及输入输出端子接线，并拆下故障卡件； ③安装新备件卡件，恢复卡件电源及输入接线； ④使用 Laptop 电脑将通道温度卡件参数配置文件下装至新备件卡件中；

续　表

消缺行动	⑤恢复新温度卡件所有接线，确认温度显示恢复正常； ⑥通知主控验收，确认报警消失； ⑦收拾工器具，清理现场，关闭机柜门
相关知识	3RIC713KA 堆芯冷却监测系统故障(A 系列)报警触发的可能原因： 1)电源故障。 2)3RIC011AR(堆芯冷却监测机柜)的自检装置探测到故障： ①至少一个模拟或逻辑输入信号失效； ②机柜硬件检测到故障； ③系统 RTE 检测到故障。 3)定期试验
参考资料信息	WR/WOT：00564847/01256414-01(紧急工单) 运行二处：3 号机组异常反馈——3 号主控出现报警 3RIC713KA 堆芯冷却监测系统故障(A 系列)邮件； 维修二处仪控：oncall 反馈——3RIC713KA 堆芯冷却监测系统故障(A 系列)报警处理反馈邮件
编　　者	运行二处一值：谷铁　　　时间：2020 年 01 月 06 日

2.18.3　4 号主控触发 4RIC713KA 堆芯温度监测机柜故障(A 列)报警

异常缺陷名称	4 号主控触发 4RIC713KA 堆芯温度监测机柜故障(A 列)报警
发生时间	2018 年 09 月 14 日早班
机组状态	NS/SG 模式
异常缺陷现象	13:56 分 KIC 触发 4RIC713KA 报警 堆芯冷却监测系统故障(A 系列)
风险或潜在后果	影响 4RIC030KM 和 4RIC030MT 的监视功能
干预行动	已采取的行动措施： 1)查看和执行报警卡：安排现场检查 4RIC011AR 报警情况； 2)oncall 维修仪控进厂检查
原因分析	4RIC011AR 机柜内一块报警检测卡件(SDM4)故障

续 表

消缺行动	仪控处理反馈： 1）影响分析： SDM4 卡件主要功能为机柜硬件故障报警检测，该卡件不参与 RIC 系统堆芯温度及水位的采集、计算和监测功能。因此，该卡件故障不会影响 RIC 系统堆芯温度及水位系统的正常运行监测，不会导致 RIC 系统堆芯温度监测功能丧失，不产生 IO。 2）处理措施： 申请紧急工作票，使用备件进行更换处理。 3）检修步骤： ①打开 4RIC011AR 机柜门，定位故障卡件，用绝缘胶带做好标记； ②拔下故障卡件，插入新卡件； ③先按下 SM2，再 SM1 按钮进行复位； ④确认报警消失，关闭机柜门
相关知识	4RIC713KA 堆芯冷却监测系统故障（A 系列）报警触发的可能原因： 1）电源故障。 2）4RIC011AR（堆芯冷却监测机柜）的自检装置探测到故障。 ①至少一个模拟或逻辑输入信号失效； ②机柜硬件检测到故障； ③系统 RTE 检测到故障。 3）定期试验
参考资料信息	维修二处仪控：“4RIC713KA 报警说明”邮件； 维修二处仪控：完工报告《FQ4-MA03-RCWO-01008697/01 主控触发 4RIC713KA 堆芯冷却监测故障（A 系列）》； WR/WOT：00440941/ 01008697-01（紧急工单）
编　　者	运行二处一值：谷铁 | 时间：2019 年 06 月 06 日

2.18.4 3 号主控出现报警 3RIC900KA、3RIC901KA、3RIC902KA

异常缺陷名称	3 号主控出现报警 3RIC900KA、3RIC901KA、3RIC902KA
发生时间	2019 年 01 月 24 日夜班
机组状态	RP 模式，电功率 1089 MWe

续　表

异常缺陷现象	04:19，主控出现报警 3RIC900KA：堆芯中子通量测量系统故障；3RIC901KA：指套管泄漏故障；3RIC902KA：密封组件泄漏故障。查看 3RIC 画面除上述 KA 报警对应的 KS 灯亮外，未见其余异常。3RIC 房间及堆腔房间地坑液位高报警均未触发
风险或潜在后果	1)影响使用 RIC 进行堆芯中子通量测量； 2)如存在真实泄漏，根据报警卡，机组需要停堆处理
干预行动	1)已采取的行动措施： ①主控立即查看报警卡，查看 3RIC 画面除上述 KA 报警对应的 KS 灯亮外，未见其余异常； ②查询 3RPE011PS 液位上涨趋势，3RPE011PS 液位上涨趋势未见加速； ③oncall 仪控人员检查故障原因； ④多次计算一回路泄漏率，泄漏率最小 17.44 L/h，最大 84.18 L/h(由于取点不同及时长关系存在差别)，与正常计算结果基本一致； ⑤目前 3RIC 中子测量 1、4 通道不可用，为防止剩余 3 个通道使用过程出现故障导致 3RIC 不可用，100%功率平台堆芯功率分布测量和 RPN 系数修改暂不执行。 2)建议后续行动： 请维修仪控核实和分析报警原因，并制定处理方案
原因分析	3RIC001AR 测控机箱 010HC(1~4 通道)底板变压器故障
消缺行动	1)仪控处理反馈： ①故障原因分析： 经现场检查分析，确定 3RIC900KA、3RIC901KA 及 3RIC902KA 报警是由 3RIC001AR 柜内 1 号测控机箱(对应控制中子测量的 1 和 4 通道)故障导致机箱失去 220 V 供电引起(福清现场首次出现)，机箱失去供电后，与上位机通讯丧失，从而触发了 RIC 系统中子通量测量系统的以上全部报警，并非真实出现泄漏报警。 ②故障影响：RIC 系统中子测量通道 2、3、5 通道功能正常可用，可满足堆芯中子通量测量的最低需求，暂不影响 100%FP 堆芯功率分布测量试验的执行。

续 表

消缺行动	③处理进展： a. 目前已完成故障处理方案的编制及工器具、机箱备件的准备工作； b. 因处理过程中需要对 3RIC001AR 机柜断电和软件重启操作，经安工评估，由于《机组运行技术规范要求》中对 RIC 系统在机组功率高于 50%FP 时的可用性存在相关要求，该工作存在违反运行技术规范的风险，暂不执行。针对运行技术规范中 RIC 系统可用性的相关要求，安工反馈已咨询设计院，目前等待设计院的正式澄清回函。后续将根据回函内容确定缺陷的处理方向。 （备注：24 日下午，经安工确认后，不需要记录 IO 后，对故障机箱的更换，当前 3 号主控已经不存在 RIC 相关报警，已确认当前 3RIC 系统已经恢复正常） ④检修步骤： a. 确认机组号及设备位号，建立隔离检修区域； b. 退出 3RIC001AR 机柜控制软件，关闭工控机，并依次断开机柜 48 V 和 220 V 供电开关； c. 打开机柜后门，依次解开 RIC010HC 机箱信号、电源线及接地线，并小心将机箱抽出； d. 将新备件机箱安装至原机架上，并按照电缆编号依次恢复各接线； e. 依次恢复机柜 220 V 和 48 V 供电开关，机柜重新上电； f. 启动控制软件，进行自检，确认系统状态正常。 2）核安全工程师反馈： 在 RP 模式下试验裕度内 RIC 系统短时间的全部不可用不需要记录 IO，但若产生 RPN 相关事件且无法执行相应缓解措施则视为违反运行技术规范
相关知识	1）3RIC900KA（堆芯中子通量测量系统故障）报警触发的可能原因有： ①在做中子通量图时，从 DCS 获得不完整数据； ②堆芯中子通量测量计算机供电丧失； ③用于泄漏探测的 48 V DC 电源丧失。 2）3RIC901KA（指套管泄漏故障）报警触发的可能原因有： ①RIC 指套管泄漏； ②传感器故障。

续　表

相关知识	3）3RIC902KA（密封组件泄漏故障）报警触发的可能原因有： ①RIC 密封组件泄漏； ②传感器故障	
参考资料信息	运行二处：3 号机组异常反馈——3 号主控出现报警 3RIC900KA、3RIC901KA、3RIC902KA； 维修二处仪控："3RIC900KA、3RIC901KA 及 3RIC902KA 报警现场检查结果和进展汇报"邮件； WR/WOT：00496951/01125124-01（紧急工单）	
编　　者	运行二处一值：谷铁	时间：2019 年 09 月 16 日

2.18.5　主控触发 1RIC714KA 堆芯冷却监测系统故障——B 列报警

异常缺陷名称	主控触发 1RIC714KA 堆芯冷却监测系统故障——B 列报警
发生时间	2018 年 01 月 25 日中班
机组状态	RP 模式，电功率 1010 MWe
异常缺陷现象	主控触发 1RIC714KA 报警，查看画面为 1RIC007MT 显示"×××"
风险或潜在后果	影响 1RIC007MT 的显示，无法读取和监视温度
干预行动	已采取的行动措施： 1）查看和执行报警卡：安排现场检查 1RIC012AR 报警情况； 2）oncall 维修仪控进厂检查
原因分析	热电偶接头接触不良，功率运行期间由于振动的原因致使接触部位出现闪断现象，变送器偶尔会检测到回路存在断路，强制输出为超量程
消缺行动	仪控处理反馈： 1）故障原因分析： ①岛内连接板和热电偶柱上的热电偶接头松动； ②上述接头内部针脚和芯线焊点脆弱，受到较大的震动就容易引起焊点处不牢，造成回路电阻波动； ③热电偶本身故障。 2）故障原因确认（大修进岛检查确认）： 热电偶接头接触不良，功率运行期间由于振动的原因致使接触部位出现闪断现象，变送器偶尔会检测到回路存在断路，强制输出为超量程。

续 表

消缺行动	3）工作过程（大修检查工单 00840183-01）： ①先决条件检查：热电偶未解列前进行； ②验证隔离边界，确认设备位置，检查初始条件，并根据需要建立检修场所； ③连接板处检查和敲击接头，回路阻值没有变化； ④大盖处敲击接头发现回路阻值存在约有 100 多欧姆的阻值跳变； ⑤大盖上断开热电偶和补偿导线接头，直接敲击热电偶接头并测试阻值变化情况，发现有跳变； ⑥工作结束，清理现场，检查确认标牌完整，向运行人员报告工作完成情况。 4）工作过程（大修更换温度变送器工单 00843818-01）： ①验证隔离边界，确认设备位置，检查初始条件，并根据需要建立检修场所； ②将 1RIC007MT 原温度变送器电源线和输入输出线拆开； ③插入新的带故障自动恢复功能的温度变送器，并将 1RIC007MT 的输入输出线和电源线接入； ④工作结束，清理现场，检查确认标牌完整，向运行人员报告工作完成情况； ⑤请运行人员验收，并归还工作许可证
相关知识	1RIC714KA 堆芯冷却监测系统故障（B 系列）报警触发的可能原因： 1）电源故障。 2）1RIC012AR（堆芯冷却监测机柜）的自检装置探测到故障。 ①至少一个模拟或逻辑输入信号失效； ②机柜硬件检测到故障； ③系统 RTE 检测到故障。 3）定期试验
参考资料信息	维修一处仪控：完工报告《FQ1-MA03-RCWO-00839035/01　主控出现 1RIC714KA 报警，查看画面 1RIC007MT 主控显示“×××”，需检查处理》； 维修一处仪控：完工报告《FQ1-MA03-RCWO-00840183/01　（103 大修）排查并处理 1RIC007MT 故障显示“×××”问题》； WR/WOT：00340609/00839035-01（紧急工单）、00341036/00840183-01（大修计划工单）、00344103/00843818-01（大修计划工单）

编　　者	运行二处一值：谷铁	时间：2019 年 06 月 06 日

2.18.6　主控触发 2RIC713KA：堆芯冷却系统故障(A 列)报警

异常缺陷名称	主控触发 2RIC713KA：堆芯冷却系统故障(A 列)报警
发生时间	2018 年 02 月 04 日早班
机组状态	RP 模式，满功率
异常缺陷现象	主控触发 2RIC713KA：堆芯冷却系统故障(A 列)，就地检查 2RIC011AR 故障灯亮
风险或潜在后果	报警暂不影响 RIC 可用性
干预行动	已采取的行动措施： 1)查看和执行报警卡，就地检查 2RIC011AR 故障灯亮； 2)oncall 仪控检查处理
原因分析	2RIC011AR 柜内 220VAC 转 24 VDC 电源模块 SPS4 故障
消缺行动	仪控处理反馈——检修步骤： 1)先决条件检查：①反应堆功率处于稳定状态。②与值长确认 RPR、RGL、SIP 系统无相关工作同时开展； 2)打开 2RIC011AR 机柜门，检查其他 SPS4 电源转换模块指示灯正常点亮，确认故障 SPS4 电源转换模块指示灯熄灭； 3)断开故障电源模块上游供电开关 F201； 4)使用十字螺丝刀拧松电源转换模块面板上的螺丝，更换故障电源转换模块； 5)闭合供电开关 F201； 6)等待供电模块自检完成，新电源转换模块正常工作，其他模块状态正常； 7)工作结束，清理现场，向运行人员报告工作完成情况
相关知识	2RIC713KA 堆芯冷却监测系统故障(A 系列)报警触发的可能原因： 1)电源故障。 2)2RIC011AR(堆芯冷却监测机柜)的自检装置探测到故障。 ①至少一个模拟或逻辑输入信号失效； ②机柜硬件检测到故障； ③系统 RTE 检测到故障。 3)定期试验

续 表

参考资料信息	WR/WOT：00345110/00845272-01(紧急工单)； 维修一处仪控：完工报告《FQ2-MA03-RCWO-00845272/01 主控触发 2RIC713KA：堆芯冷却系统故障（A 列），就地检查 2RIC011AR 故障灯亮，需检查处理》	
编　　者	运行二处一值：谷铁	时间：2019 年 06 月 06 日

2.18.7 主控闪发 1RIC 713KA 堆芯冷却监测系统故障(A 列)报警

异常缺陷名称	主控闪发 1RIC 713KA 堆芯冷却监测系统故障(A 列)报警
发生时间	2018 年 03 月 14 日早班
机组状态	大修，一回路满水位
异常缺陷现象	04:56:46 和 04:56:53 主控闪发 1RIC 713KA 堆芯冷却监测系统故障(A 列)，检查发现 1RIC008KM 波动了两次，最低波动至 231 ℃
风险或潜在后果	导致 1RIC008KM 温度波动
干预行动	已采取的行动措施： oncall 仪控检查处理
原因分析	1RIC008KM 闪发偏低至 231 ℃左右，与区域内其他热电偶温度超差 39.3 ℃，导致机柜报 1RIC713KA 报警。通过检查怀疑机柜温度变送器或者下游模拟量输入卡件存在异常
消缺行动	仪控处理反馈——检修步骤： 1)视检查机柜内 1RIC008MT 热电偶进线端子，接线正常； 2)拆除 1RIC008MT 热电偶进线端子，用万用表测量上游进线电阻，数值保持 426.4 Ω 稳定不动； 3)测量 1RIC008MT 对应温度补偿热电阻，数值保持 110.9 Ω 稳定不动； 4)拆除 1RIC008MT 温度变送器的输入输出接线，拆除 1RIC713AA 输出线； 5)将这三组线接入记录仪，调整记录仪等待抓取波形； 6)机组从热停升至满功率后未再出现闪发现象； 7)将 1RIC008MT 温度变送器接线回装； 8)在 KIC 二层上检查 1RIC008MT 温度为 328 ℃，没有异常； 9)工作结束，清理现场，检查确认标牌完整，向运行人员报告工作完成情况

续 表

相关知识	1RIC713KA 堆芯冷却监测系统故障(A 系列)报警触发的可能原因： 1)电源故障。 2)1RIC011AR(堆芯冷却监测机柜)的自检装置探测到故障。 ①至少一个模拟或逻辑输入信号失效； ②机柜硬件检测到故障； ③系统 RTE 检测到故障。 3)定期试验	
参考资料信息	WR/WOT：00360471/00871075-01(紧急工单)； 维修一处仪控：完工报告《FQ1-MA03-RCWO-00871075/01 主控闪发 1RIC713KA：堆芯冷却监测系统故障(A 列)，怀疑为 1RIC008KM 波动导致，需检查处理》	
编　　者	运行二处一值：谷铁	时间：2019 年 06 月 06 日

2.18.8 主控出现 3RIC714KA 堆芯冷却监测系统故障(B 系列)报警

异常缺陷名称	主控出现 3RIC714KA 堆芯冷却监测系统故障(B 系列)报警
发生时间	2018 年 07 月 20 日早班
机组状态	RP 模式，电功率 1069 MWe
异常缺陷现象	6:23，3 号主控出现 3RIC714KA 堆芯冷却监测系统故障(B 系列)报警，KIC 查看 3RIC002HXT 中 3RIC012AR 系统故障(012AR system fault)灯 3RIC451KS 灯亮；BUP 盘台 ICCMS B 列显示看门狗故障、插件插入故障
风险或潜在后果	仪控检查后确认报警原因为对硬件进行监测的卡件出现问题，对系统功能无影响，无备件，走计划处理
干预行动	已采取的行动措施： oncall 仪控检查处理
原因分析	3RIC012AR 机柜 SDM4 卡件故障(内部贴片式 200 mA 保险熔断，导致上游 24 V 供电无法下发)
消缺行动	仪控处理反馈——检修步骤： 1)打开 3RIC012AR 机柜柜门，核实待换卡件 SDM4 所在位置：+.EB029，并用绝缘胶带做好标记；

续 表

消缺行动	2)佩戴防静电手环，用十字螺丝刀拧下机架卡件紧固锁，拔出SDM4 卡件，并妥善放置； 3)打开备件 SDM4 卡件产品封装袋，核实卡件名称及对应的安装卡槽； 4)将新版卡件插入对应卡槽，并确认安装到位； 5)安装完毕后，检查机柜故障指示灯，指示灯熄灭，报警清除，3RIC012AR 机柜状态恢复正常
相关知识	3RIC714KA 堆芯冷却监测系统故障(B 系列)报警触发的可能原因： 1)电源故障。 2)3RIC012AR(堆芯冷却监测机柜)的自检装置探测到故障。 ①至少一个模拟或逻辑输入信号失效； ②机柜硬件检测到故障； ③系统 RTE 检测到故障。 3)定期试验
参考资料信息	维修二处仪控：完工报告《FQ3-MA03-RCWO-00975370/01 维修一级：3RIC012AR 机柜 SDM4 卡件更换与处理》； WR/WOT：00416816/00975370-01(计划工单)
编　　者	运行二处一值：谷铁　　　时间：2019 年 06 月 06 日

2.18.9　1RIC001AR 与 DCS 通讯故障

异常缺陷名称	1RIC001AR 与 DCS 通讯故障
发生时间	2017 年 11 月 20 日
机组状态	RP 模式，满功率
异常缺陷现象	1RIC001AR 与 DCS 通讯故障
风险或潜在后果	仪控检查后确认报警原因为对硬件进行监测的卡件出现问题，对系统功能无影响
干预行动	已采取的行动措施： oncall 仪控检查处理
原因分析	1KCP511AR 机柜内与 1RIC 中子注量率系统通讯的 FBM230 模块工作异常，通讯连接丧失

续　表

消缺行动	仪控处理反馈： 1）检修步骤： ①验证隔离边界，确认设备位置，检查初始条件，并根据需要建立检修场所； ②在 1RIC001AR 监测软件上核实与 DCS 通讯的状态显示为"X"，代表与 DCS 通讯失败； ③打开 1KCP511AR 机柜前门，找到工作对象，确认故障 FBM230 模块编号是 D51103； ④使用长柄螺丝刀拧松 D51103 通讯模块上下部的两个螺丝，拔出通讯模块； ⑤10 s 后重新插入通讯模块，拧紧上下部螺丝，等待自动重启完成； ⑥检查模块上第一组通讯指示灯 TX 和 RX 闪亮，代表通讯恢复； ⑦在 1RIC001AR 上重启监测软件并自检，确认 1RIC001AR 与 DCS 通讯恢复； ⑧工作结束，清理现场，检查确认标牌完整，向运行人员报告工作完成情况。 2）故障原因分析：1KCP511AR 机柜内与 1RIC 中子注量率系统通讯的 FBM230 模块工作异常，通讯连接丧失
相关知识	1）1RIC001AR 与 DCS 之间收发数据通过 1KCP511AR 中的一块编号为 D51103 的现场总线模块 FB230 实现，通讯机理为：进行通量图绘制的过程中，1RIC001AR 向 DCS 发送数据传输请求后，DCS 才向 1RIC001AR 传输机组运行数据。 2）现场总线组件（FBM）是现场传感器/执行器与控制处理机的接口。部分 FBM 具有梯形图逻辑控制功能，是一种智能化的 IO 组件，FBM 对现场设备使用的电气输入/输出信号进行适当转换使得通过现场总线能与这些装置通讯。现场组件可与控制处理机 CP 或运行 I/A Series 综合控制软件的个人计算机连接，各种 FBM 与工厂中通常遇到的各种现场信号相匹配
参考资料信息	维修一处仪控：完工报告《FQ1-MA03-RCWO-00759195/01 1RIC001AR 与 DCS 通讯故障，需重新热插拔对应 FBM 通讯模块》； 维修一处仪控：《1RIC001AR 机柜与 DCS 通讯故障处理》； WR/WOT：00312510/00759195-01（紧急工单）
编　　者	运行二处一值：谷铁　　　　时间：2019 年 06 月 06 日

2.18.10 主控出现 1RIC714KA(堆芯冷却监测系统故障 B 系列)报警

异常缺陷名称	主控出现 1RIC714KA(堆芯冷却监测系统故障 B 系列)报警
发生时间	2017 年 06 月 02 日早班
机组状态	RP 模式，满功率
异常缺陷现象	主控出现 1RIC714KA(堆芯冷却监测系统故障 B 系列)，仪控检查确认为 1RIC012AR 内电源板卡故障(有两路电源，另外一路供电正常)
风险或潜在后果	堆芯冷却监测系统故障 B 系列存在丧失的风险
干预行动	已采取的行动措施： oncall 仪控检查处理
原因分析	1RIC012AR 机柜 220VAC/24 VDC 转换模块 SPS4 故障
消缺行动	仪控处理反馈——检修步骤： 1)先决条件检查：其他冗余 SPS4 卡件供电正常； 2)查看图纸确认该故障 SPS4 卡件上游供电开关为 F102； 3)断开上游供电开关 F102，查看其他 SPS4 卡件状况，确认无异常； 4)用一字螺丝刀拧松故障 SPS4 卡件上的 4 个固定螺丝； 5)拔出故障 SPS4 卡件； 6)将新的 SPS4 卡件插入对应的卡槽中，拧紧 4 个固定螺丝； 7)合上上游供电开关 F102，查看机柜状态，确认所有 SPS4 卡件状态指示灯亮，机柜报警灯熄灭，机柜无异常； 8)工作结束，清理现场，检查确认标牌完整，向运行人员报告工作完成情况
相关知识	1RIC714KA 堆芯冷却监测系统故障(B 系列)报警触发的可能原因： 1)电源故障。 2)1RIC012AR(堆芯冷却监测机柜)的自检装置探测到故障。 ①至少一个模拟或逻辑输入信号失效； ②机柜硬件检测到故障； ③系统 RTE 检测到故障。 3)定期试验
参考资料信息	WR/WOT：00254147/00578585-01(紧急工单)； 维修一处仪控：完工报告《FQ1-MA03-RCWO-00578585/01 主控出现 1RIC714KA(堆芯冷却监测系统故障 B 系列)，需检查处理》
编　　者	运行二处一值：谷铁 | 时间：2019 年 06 月 06 日

2.18.11 主控触发 3RIC714KA 堆芯冷却监测系统故障(B 系列)

异常缺陷名称	主控触发 3RIC714KA 堆芯冷却监测系统故障(B 系列)
发生时间	2019 年 08 月 11 日夜班
机组状态	RP 模式，满功率
异常缺陷现象	02: 13，主控触发 3RIC714KA 堆芯冷却监测系统故障(B 系列)，BUP 盘上 RIC714AA(堆芯冷却监测系统故障 B 系列)指示灯亮
风险或潜在后果	1)相关缺陷不影响堆芯参数的监测，对核安全功能无影响； 2)当 3RIC012AR 内出现其他综合故障时，如柜门打开、电源故障、机架温度高和风扇故障等时，将无法正常触发报警
干预行动	已采取的行动措施： 1)主控检查 KIC 画面和 QDS，堆芯水位、堆芯温度和堆芯过冷裕度等参数均显示正常； 2)查看报警卡，要求现场在 ICCMS 系统的 SU 上查看导致故障的原因； 3)oncall 仪控人员现场检查，发现 3RIC012AR 内用于综合故障检测的卡件故障，需要进行更换
原因分析	3RIC012AR 机柜 SDM4 卡件故障(内部贴片式 200 mA 保险熔断，导致上游 24 V 供电无法下发)
消缺行动	仪控处理反馈——检修步骤： 1)打开 3RIC012AR 机柜柜门，核实待换卡件 SDM4 所在位置：+. EB029，并用绝缘胶带做好标记； 2)佩戴防静电手环，用十字螺丝刀拧下机架卡件紧固锁，拔出 SDM4 卡件，并妥善放置； 3)打开备件 SDM4 卡件产品封装袋，核实卡件名称及对应的安装卡槽； 4)将新版卡件插入对应卡槽，并确认安装到位； 5)安装完毕后，检查机柜故障指示灯，指示灯熄灭，报警清除，3RIC012AR 机柜状态恢复正常； 6)工作结束，清理现场

续 表

相关知识	3RIC714KA 堆芯冷却监测系统故障(B 系列)报警触发的可能原因： 1)电源故障。 2)3RIC012AR(堆芯冷却监测机柜)的自检装置探测到故障。 ①至少一个模拟或逻辑输入信号失效； ②机柜硬件检测到故障； ③系统 RTE 检测到故障。 3)定期试验
参考资料信息	运行二处：3 号机组异常反馈——主控触发 3RIC714KA 堆芯冷却监测系统故障(B 系列)；WR/WOT：00599286/01306896-01(计划工单)
编　　者	运行二处一值：谷铁　｜　时间：2020 年 01 月 26 日

2.18.12　KIC 画面 4RIC009MT 故障 XXX

异常缺陷名称	KIC 画面 4RIC009MT 故障 XXX
发生时间	2019 年 05 月 16 日中班
机组状态	RP 模式，电功率 836 MWe
异常缺陷现象	17:07，4 号主控出现 4RIC714KA 堆芯冷却监测系统-B 列故障，主控检查发现 KIC 画面 4RIC009MT 故障 XXX，后备盘 QDS 上查看 4RIC009MT 显示 55.1 ℃
风险或潜在后果	导致 4RIC009MT 无法准确监视堆芯温度
干预行动	已采取的行动措施： 1)查看和执行报警卡，按报警卡定位 4RIC012AR 至少一个模拟和逻辑输入信号失效，通过画面基本定位 4RIC009MT 故障。同时，主控对 RIC 相关参数(饱和裕度、Tricmax 和 Tricavg)进行检查，未见异常； 2)oncall 仪控人员进行检查，确认该报警为 4RIC009MT 故障所致，现场检查后初步分析岛外接线或卡件故障和岛内接线或探头故障两种可能； 3)主控查阅技术规范在 RP 模式下，只有每列 19 个热电偶失去 10 个，认为该列饱和裕度监测通道不可用，需要记录 CCMS1

续　表

原因分析	温度处理卡件 STT1 故障	
消缺行动	仪控处理反馈： 1）工作过程： ①打开 4RIC012AR 机柜门，断开 FB502：X4 端子； ②检查 X4 端子（Z14，B14）接线紧固，无异常； ③使用万用表电阻挡测量 X4 端子（Z14，B14）两端回路电阻，测量结果为 936 Ω，结果正常； ④使用万用表电压档测量 X4 端子（Z14，B14）两端回路电压，测量结果为 11 mV，结果正常； ⑤确定温度处理卡件 STT1 故障，领取备件进行更换； ⑥使用 Laptop 电脑读取并下载正常通道温度卡件参数配置文件，并下装至备件卡件中； ⑦恢复新温度卡件所有接线，确认温度显示恢复正常； ⑧通知主控验收，确认报警消失，关闭机柜门，工作完成。 2）故障原因分析：温度处理卡件 STT1 故障	
相关知识	1）仪表故障（测量值与平均值相差超过 20 ℃），故障仪表将被剔除，不影响 RIC 饱和裕度、最大值、平均值显示。 2）4RIC009MT 故障，KIC 中显示×××，QDS 显示 55.1 ℃（55.1 ℃类似于仪表故障的缺省值，非 4RIC009MT 故障的实际测量值）。 3）RIC 系统的堆芯热电偶每列 19 个热电偶失去 10 个，认为该列饱和裕度监测通道不可用，需要记录 CCMS1。 注意 4RIC002MT 属于 B 列设备，但不在 19 个 MT 中，19 个 MT 包括： 4RIC004-006-007-009-011-013-015-017-019-021-023-025-027-029-031-033-036-038-040MT。 A 列设备，4RIC035MT 不在其中，19 个 MT 包括： 4RIC001-003-005-008-010-012-014-016-018-020-022-024-026-028-030-032-034-037-039MT。 4RIC002MT 和 4RIC035MT 用于测量压力容器上封头温度	
参考资料信息	运行二处：《运行二处内部经验反馈——4RIC009MT 故障处理经验反馈》； WR/WOT：00553604/01232530 -01（计划工单）	
编　　者	运行二处一值：谷铁	时间：2020 年 01 月 19 日

2.19 安全注入系统(RIS)

2.19.1 8RIS011PO 现场检查盘根泄漏量 5~6 滴/s

异常缺陷名称	8RIS011PO 现场检查盘根泄漏量 5~6 滴/s
发生时间	2016 年 12 月 26 日夜班
机组状态	RP 模式
异常缺陷现象	8RIS011PO 现场检查盘根泄漏量 5~6 滴/s。量杯测量大约 0.9~1.2 L/h(厂家提供的泵运行时泄漏量标准要求≤1 L/h)
风险或潜在后果	8RIS011PO 不可用
干预行动	已采取的行动措施： oncall 维修机械检查，设备管理对水压试验性可用性进行评估
原因分析	盘根已硬化，与轴接触面已磨光滑，无法起到密封作用
消缺行动	机械处理反馈： 2016 年 12 月 26 日初步分析判断： 1)根据当前泄漏量及近期 4 号机组水压试验期间泵的运行情况，判断目前状态不影响泵的使用； 2)经咨询厂家并结合现场经验，泵停运时盘根泄漏量会存在增大情况，但厂家无法给出精确的增大数值。 下一步行动： 1)进一步核实泵停运期间的泄漏量标准，并测量现场实际泄漏量。 2)准备进行盘根更换工作(前期已经进行过在线紧固)。 2016 年 12 月 28 日进展： 泄漏量测量目前为 640 ml/h，根据《GB/T9234 机动往复泵》要求小于等于 1000 ml/h 的标准，目前设备具备可用性。维修已组织设备管理、运行进行分析，目前可能的原因是设备从安全到运行的时间过长(厂家给定寿命 3000 h)，还未进行更换填料的工作。另一可能原因为设备有短时 1 min 无润滑运行(泵出口止回阀卡涩)，填料有磨损。目前信息还在进一步收集中，后续维修与设备管理做好填料更换准备和原因查找的工作。 2016 年 12 月 29 日进展： 所需备件清单已发设备管理处走日常采购流程，今日上午测得盘根泄漏量 425 ml/h(25+25+375)(标准值不超过 1 L/h)，已发起状态报告。

续　表

消缺行动	2016 年 12 月 30 日到进展： 测得盘根泄漏量 350 ml/h(24+26+250)(标准值不超过 1 L/h)，泄漏量呈下降趋势，后续持续观察。 2016 年 12 月 31 日到 2017 年 01 月 04 日进展： 测得盘根泄漏量分别为 146 ml/h(22+24+100)，泄漏量呈下降趋势，后续持续观察。110 ml/h(30+30+50)，100 ml/h(34+34+32)，105 ml/h(27+28+50)，小至 100 ml/h，远低于标准 1000 ml/h，泄漏量趋于稳定，后续定期观察。2017 年 02 月 01 日完成水压试验泵漏水较严重柱塞的盘根更换工作。(发现盘根已硬化，与轴接触面已磨光滑，无法起到密封作用)最后由运行安排启泵在线调整盘根压量	
相关知识	根据会议纪要《8 号机组水压试验泵盘根泄漏专项讨论会》，厂家函件描述，设备工程师分析认为在水压试验泵停运状态下，调整填料压盖至泄漏量<2 L/h 时，可判断填料有足够的冷却和润滑，且调整工作不影响盘根的正常功能和结构完整性。在泄漏量>2 L/h时，应 oncall 维修机械调节填料压盖	
参考资料信息	维修二处维修日报 2016-12-26 至 2017-02-01	
编　　者	运行二处一值：石亿虎	时间：2019 年 03 月 11 日

2.19.2　3RIS129VP 存在泄漏，漏量 3~4 s 一滴

异常缺陷名称	3RIS129VP 存在泄漏，漏量 3~4 s 一滴
发生时间	2018 年 04 月 07 日早班
机组状态	RP 模式
异常缺陷现象	3RIS129VP 存在泄漏，漏量 3~4 s 一滴
风险或潜在后果	如泄漏扩大，可能影响 3RIS002PO 功能
干预行动	已采取的行动措施： oncall 维修机械检查
原因分析	阀门起跳压力为 2.2 MPa，密封压力为 2.09 MPa，泵启动瞬时压力可能达到或接近起跳压力，同时根据起泵时泄漏观察情况，判断为起泵瞬间阀门微起造成泄漏，当前仍有少量泄漏怀疑为密封面回座不严、卡有杂质或磕伤(观察 4 号机组试验，起泵出口压力瞬间最高达到 2.0 MPa 而 4RIS129VP 无泄漏，3RIS129VP 为个例情况)

续　表

消缺行动	机械处理反馈： 4-7：在执行定期试验时泵下游压力短时超过安全阀定值起跳导致。当前安全阀出口约 30 s 一滴的微漏(可能原因为起跳后密封面杂质或回座不严)，经评估该缺陷不影响设备的安全功能。4 月 10 日泄漏量变为 10 滴/min，不影响阀门安全功能及系统运行，准备工单进行在线手柄检查及敲击和泄漏率测量，根据在线处理后情况决定后续处理措施。 处理措施：根据由易到难的步骤依次执行 1)检查手柄、敲击回座(896515-01 已完成。泄漏未消除，处理后泄漏率为 1 滴/min。 2)手动强制起跳冲洗密封面(工单 896515-02 已批准，手动起跳冲洗方案已生效，待下次执行定期试验 FQ3-RPE-T-013 系统带压时咨询运行预计约 6 月 10 日，出票执行冲洗工作)。 3)解体检修，进行阀门密封面研磨，并重新校验(工单 896515-03，待 02 工单冲洗完成后根据结果排计划出票，已有解体检查及安全阀校验规程)。 6-1：在定期试验 FQ3-RPE-T-013 系统带压下在线观察内漏约 38 min一滴，泄漏情况极其微小，不影响阀门安全功能，不影响安注 B 列可用性，继续保持观察，大修窗口执行工单 00458131-01 进行解体及校验
相关知识	《3RIS129VP 安全阀压力整定及密封性试验》中要求安全阀的整定压力值为：(2.20±0.07) MPa.g，密封性试验压力值为：(2.09±0.06) MPa.g(反向打压介质为气体，压力为 0.03 MPa.g，打压时间为 15 min，以阀盖检漏孔无气泡冒出为合格)
参考资料信息	WOT：00896515-01/02/03、00458131-01； 维修二处维修日报 20180417
编　　者	运行二处一值：石亿虎　　　　时间：2019 年 12 月 03 日

2.19.3　KIC 开启 4RIS168VP 时阀门显示洋红色

异常缺陷名称	KIC 开启 4RIS168VP 时阀门显示洋红色
发生时间	2018 年 02 月 19 日中班
机组状态	RP 模式，电功率 836 MWe

续　表

异常缺陷现象	18点39分，执行《FQ4-RPB-T-015：用RPB370KC进行安全注入逻辑试验规程》时，在主控室KIC开启4RIS168VP时阀门显示洋红色
风险或潜在后果	4号机组产生随机第一组IO，RIS1：低压安注系统一列不可用。要求三天内开始向MCS模式后撤
干预行动	已采取的行动措施： 1）现场配电盘检查4RIS168VP开关指示灯均亮，就地检查4RIS168VP关限位未脱开（但已不受力），未碰到开限位； 2）联系维修仪控检查一层未收到4RIS168VP的开关反馈，初步判断4RIS168VP微开； 3）因4RIS168VP可能已微开，上游4RIS166VP此前执行试验规程时关闭，保持其处于关闭状态，以避免4PTR001BA串水至安全壳地坑，同时主控室密切监视4PTR001BA的液位； 4）oncall维修电气、机械、仪控检查及讨论处理方案
原因分析	4RIS168VP关限位S7触点闭合保持时间偏短，阀门开启时力矩动作加S7触点断开导致阀门停止开启
消缺行动	电气处理反馈： 1）故障原因分析： 电动执行机构旁路限位S7时间稍短，导致力矩动作。 2）检修步骤： ①与主控沟通，开紧急票处理； ②取得工作票，召开工前会，建立检修场地； ③对电动执行机构进行检查，发现为力矩动作，判断原因为旁路时间较短； ④对电动执行机构旁路限位进行调整，调整旁路时间2 s左右（原来旁路时间约为1 s，调整后旁路时间约为总行程的10%）； ⑤同时机械专业配合对阀杆进行润滑； ⑥与主控沟通，由主控操作3次，阀门均运行常； ⑦工作结束，清理场地，归还工作许可证
相关知识	执行该试验时，PTR001BA水箱硼水会通过低压安注泵排水至安全壳地坑。为此，在开启RIS168VP之前，关闭手动隔离阀1RIS166VP，以避免PTR001BA经过LHSI泵向安全壳地坑排水

续　表

参考资料信息	WR/WOT：00350823/00857751-01(紧急工单) 运行二处：4 号机异常反馈——4RIS168VP 主控显示洋红色，就地关限位开关已触发故障 维修二处电气：EAM 中 00857751-01 完工报告，oncall 反馈——4 号机异常反馈——4RIS168VP 主控显示洋红色，就地关限位开关已触发故障	
编　　者	运行二处一值：石亿虎	时间：2019 年 03 月 11 日

2.19.4　在 4 号主控 BUP 上进行试灯试验时发现 4RIS590LA 灯不亮

异常缺陷名称	在 4 号主控 BUP 上进行试灯试验时发现 4RIS590LA 灯不亮	
发生时间	2018 年 02 月 08 日早班	
机组状态	RP 模式，满功率	
异常缺陷现象	在 4 号主控 BUP 上进行试灯试验(FQ4-KSC-T-001 试验)时发现 4RIS590LA 灯不亮	
风险或潜在后果	影响 BUP 盘上 RIS 系统设备状态的监视	
干预行动	已采取的行动措施： oncall 维修仪控检查处理	
原因分析	后备盘 4KSC703PP 中 3. NC. A 端子排 127a 端子正电源短接片松动	
消缺行动	仪控处理反馈： 1)处理进展： 4 号机组 BUP 上 4RIS590LA 试灯正常，故障已消除。 2)检修步骤： ①将后备盘切换到试验模式，按下试灯按钮，确认 4RIS590LA 软件信号触发，确认为硬件问题。 ②逐段检查 4RIS5901LA 接线和端子，发现 3. NC. A 端子排 127a. 128a 处信号触发不正常。发现 127a 端子正电源短接片松动。进行紧固后进行试灯，4RIS590LA 正常点亮	
相关知识	N/A	
参考资料信息	维修二处仪控：4 号主控 BUP 上 4RIS590LA 试灯不亮处理反馈； WR/WOT：00347030/00847524-01(紧急工单)	
编　　者	运行二处一值：谷铁	时间：2019 年 02 月 11 日

2.19.5　2RIS021PO 故障停运，上游开关 2LLE4101JA 故障跳闸

异常缺陷名称	2RIS021PO 故障停运，上游开关 2LLE4101JA 故障跳闸
发生时间	2019 年 11 月 20 日中班
机组状态	RP 模式，满功率
异常缺陷现象	2 号机组 21:02 触发 2LLA011KA(LLE 总故障)，2RIS435KA(硼酸再循环回路流量低)； 主控查看 2RIS 画面，发现 2RIS021PO 故障跳闸，现场查看 2RIS021PO 上游开关 2LLE4101JA 开关显示 OFF，白色故障等亮(见图 1)。 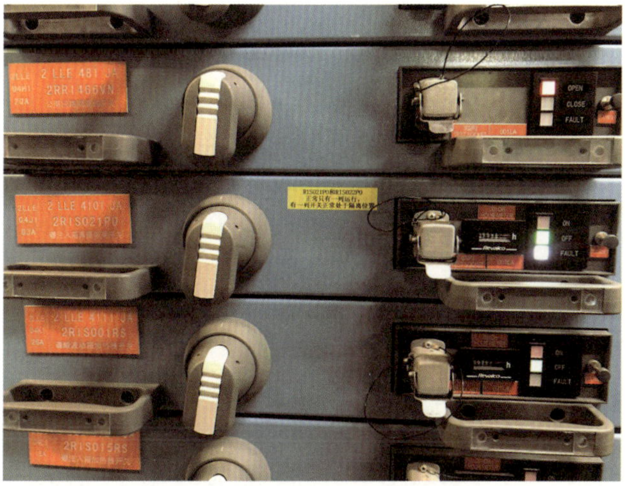 **图 1　2LLE4101JA 开关故障显示**
风险或潜在后果	1)产生随机第一组 IO：RIS8，要求 24 h 内机组开始向 NS/SG 模式后撤，硼浓度为冷停堆所要求的硼浓度；将 2RIS021PO 切换到 2RIS022PO 运行后，机组由随机 IO1：RIS8(两台 RIS 7000ppm 再循环泵不可用)转为随机 IO2：RIS7(RIS 7000ppm 再循环泵一台不可用(021PO 或 022PO))，检修必须在一个月内完成； 2)2RIS021PO 停运导致硼酸再循环回路停运，有硼结晶风险； 3)2RIS021PO 上游开关 2LLE4101JA 故障跳闸，导致 2RIS022 PO 和 2LLD1121JA 作为临时 SPV 管理
干预行动	已采取的行动措施： 1)现场检查 2LLE4101JA 开关状态； 2)执行 2RIS021PO 切换到 2RIS022PO 操作，将 IO1：RIS8 转为 IO2：RIS7；

续　表

干预行动	3）oncall 电气人员检查处理； 4）2RIS022 PO 和 2LLD1121JA 按临时 SPV 管理控制，加强巡检	
原因分析	2LLE4101JA 监测熔断器 001FU 状态的微动开关故障，常开触点闭合，导致跳闸继电器 001XD 得电，主回路跳闸，2RIS021PO 停运	
消缺行动	电气处理反馈： 1）检修步骤： ①检查确认 2LLE4101JA 抽屉出线紧固，无变色、过热情况； ②测量下游负荷绝缘 > 550 MΩ，三相直阻均为 1.9 Ω，数据合格； ③检查确认抽屉主回路、一次接插件接线紧固，无变色、过热情况； ④检查抽屉主回路熔丝 001FU 导通情况正常； ⑤检查确认热继电器未动作； ⑥测量监测熔断器 001FU 状态的微动开关常开触点闭合，常闭触点断开，状态异常，确认损坏； ⑦更换同型号微动开关； ⑧联系运行将 2LLE4101JA 推入合闸； ⑨2RIS021PO，测量三相运行电流均正常，无报警。 2）处理进展： 2LLE4101JA 抽屉推入合闸后故障灯不亮，报警消除，2RIS021PO 恢复可用。 3）后续行动： 升版细化规程《FQX-LTB-M-E001 核岛 380 V 低压配电盘预防性维修》，增加检查监测熔断器的微动开关触点状态的工作内容	
相关知识	N/A	
参考资料信息	WR/WOT：00652055/01419017-01（紧急工单）； 运行一处：2 号机组异常反馈——2RIS021PO 上游开关 2LLE4101JA 故障跳闸； 维修一处电气：答复：2 号机组异常反馈——2RIS021PO 上游开关 2LLE4101JA 故障跳闸	
编　　者	运行二处一值：谷铁	时间：2020 年 01 月 11 日

2.19.6　8RIS011PO 再鉴定过程中主控出现 8RIS423KA(试验泵及辅助装置主故障)

异常缺陷名称	8RIS011PO 再鉴定过程中主控出现 8RIS423KA(试验泵及辅助装置主故障)	
发生时间	2017 年 11 月 26 日中班	
机组状态	RP 模式，满功率	
异常缺陷现象	执行 FQ4-LLS-T-002：柴油发电机和水压试验泵无密封注水带负荷启动和运行试验规程对 8RIS011PO 再鉴定时，合上 8LLS023JA 后，就地 8LLS001AR 上 8LLS579LA(综合故障报警)灯亮，且无法复位，主控存在 8RIS423KA(试验泵及辅助装置主故障)	
风险或潜在后果	影响 8RIS011PO 的可用性，产生 IO1：RIS5	
干预行动	已采取的行动措施： oncall 电气检查处理	
原因分析	控制柜 PLC 输入点错误	
消缺行动	电气处理反馈——处理措施： 经与主控沟通，电气人员对水压试验泵控制柜内部的 PLC 进行核实，通过对 PLC 各输入点进行测量查找，发现控制柜内部的空冷风机断路器 003JS 的辅助触点接触不良，导致其信号未正常送入 PLC，触发综合故障报警并无法复位。经过对 003JS 的辅助触点修复后，报警复位消失，水压试验泵正常启动，电气人员保驾至试验结束无异常	
相关知识	出现 8RIS423KA 可能原因是下列设备一个(或多个)热保护继电器动作： 1)润滑油泵 8RIS111MO：8RIS001XS； 2)试验泵 8RIS112MO：8RIS001UF； 3)空冷风机 8RIS113MO：8RIS003XS。 报警将导致下列设备自动停运： 1)润滑油泵 8RIS111MO； 2)试验泵 8RIS112MO； 3)空冷风机 8RIS113MO	
参考资料信息	维修二处电气：“8RIS011PO 再鉴定过程中主控出现 8RIS423KA”故障反馈	
编　　者	运行二处一值：谷铁	时间：2020 年 01 月 11 日

2.19.7 3RIS013VP 全开 30 s 后在 KIC 画面中显示故障大红色

异常缺陷名称	3RIS013VP 全开 30 s 后在 KIC 画面中显示故障大红色
发生时间	2018 年 02 月 09 日早班
机组状态	RP 模式，电功率 836 MWe
异常缺陷现象	早班执行 FQ3-RPB-T-016 用 RPB371KC 进行安全注入逻辑试验规程时，按照规程执行过程中 3RIS013VP 全开 30 s 后变成大红色(开启故障)，3RCV034/375VP 未按照逻辑正常关闭
风险或潜在后果	导致 FQ3-RPB-T-016 用 RPB371KC 进行安全注入逻辑试验规程试验失败
干预行动	已采取的行动措施： 1)现场检查配电盘无异常，OPEN 灯亮； 2)就地检查 3RIS013VP 全开，无异常； 3)联系电气和仪控人员检查发现 3RIS013VP 机械限位器未触发，电气人员处理后，重新执行试验，试验结果满意
原因分析	1)电气限位(FO/FC)送配电盘和 KIC 进行显示，机械限位(SM3/SM5)参与逻辑控制； 2)3RPB371KC 打试验位后，3RIS013VP 开启，全开 30 s 后变大红色(开启故障)。原因为 3RIS013VP 在接到 3RPB371KC 打试验位开启指令后开启，在电动头内部的全开限位(电气限位)触发后停止开启，但是此时机械全开限位 SM3 未触发。(即逻辑图中电动头内部的 FO 触发，但是 SM3 未触发)。在 DCS 内部会判断开启故障阀门变大红色； 3)由于 3RIS013VP 的机械全开限位 SM3 未触发，故 3RCV034/375VP 不会关闭； 4)电气人员通过调整 3RIS013VP 电动头内部的电气限位开关，来调整阀门行程，使阀门的机械限位 SM3 触发，试验顺利完成
消缺行动	机械处理反馈： 1)检修步骤： ①对 3RIS013VP 阀门外部机械开限位进行调整； ②与主控沟通，主控开关阀门两次，限位均能正常触发； ③确认阀门正常，主控无报警； ④工作结束，清理现场。 2)故障原因分析：阀门本体限位未触发

续　表

<table>
<tr><td>相关知识</td><td colspan="2">RIS013VP 的控制逻辑：
1)手动开启信号：
①KIC—013VP 置于 OPEN
②BUP—005TL 置于 OPEN
2)手动关闭信号：
①KIC—013VP 置于 CLOSE
②BUP—005TL 置于 CLOSE
3)自动开启信号：
①安注信号 SI，RPR 触发，1E 级
②PTR001BA 液位高于 L2(5.9 m)，且以下任一条件满足：
a. ADP 保护信号触发
b. RPN 源量程中子通量高紧停堆
c. 容控箱 RCV001BA 液位低 3(RCV011MN，0.87 m)
d. RRA 自动补给信号
4)自动关闭信号
PTR001BA 液位 L2(5.9 m)，1E 级+安注再循环未手动复位。
说明：RRA 自动补给信号只引起 RIS 系统 B 列动作。
5)参与其他设备的控制逻辑：
①RCV375VP 自动关闭信号：
a. RIS013VP 开启+RRA 自动补水信号；
b. RIS013VP 开启+B 列 SI 信号；
c. RIS013VP 开启+B 列源量程中子通量高信号；
d. RIS013VP 开启+B 列 ADP 信号；
e. RIS013VP 开启+VCT 水位低 3。
②RCV034VP 的自动关闭信号：
a. RIS013VP 全开+(VCT 液位低 3(012MN-0.87 m)或 B 列防误稀释信号 ADP 或 B 列 SI 或 RCV034VP 全开时 B 列源量程中子通量高或 RRA 自动补水信号)；
b. KIC 中将 RPB371KC 置于 TEST+RIS013VP 全开</td></tr>
<tr><td>参考资料信息</td><td colspan="2">维修二处机械：EAM 中工单 00847947-01 的完工报告；
WR/WOT：00347453/00847947-01(紧急工单)</td></tr>
<tr><td>编　　者</td><td>运行二处一值：谷铁</td><td>时间：2020 年 01 月 11 日</td></tr>
</table>

2.19.8 执行 FQ3-LLS-T-002，8RIS011PO 启动后无出力

异常缺陷名称	执行 FQ3-LLS-T-002 柴油发电机和水压试验泵无密封注水带负荷启动和运行试验规程，8RIS011PO 启动后无出力
发生时间	2019 年 05 月 07 日早班
机组状态	RP 模式，热功率 116 MWt，未并网
异常缺陷现象	当班值执行 FQ3-LLS-T-002，就地启动 8RIS011PO 后发现现场压力表压力仅有 0.4 MPa，远未达到要求值 12 MPa，怀疑 8RIS011PO 启动后无出力
风险或潜在后果	8RIS011PO 在 RP 模式下为核安全设备，设备不可用需要记录双机组随机 IO1：RIS5，3、4 号机组需要在 3 天内后撤至 NS/RRA 模式
干预行动	已采取的行动措施： 1）组织现场保驾人员进行检查后，停运 8RIS011PO，将设备置于安全可控状态； 2）安排现场重新检查在线，确认在线正确； 3）主控通过分析，初步怀疑为 8RIS011PO 入口管线积气或入口逆止阀 3RIS267VB 卡涩导致； 4）根据分析的原因，主控联系维修机械配合对 8RIS011PO 入口管道进行冲水排气，并对 3RIS267VB 进行敲击； 5）维修机械对 8RIS011PO 入口管道初次进行冲水排气，发现无水流出；对 3RIS267VB 进行敲击后，有顺畅水流流出； 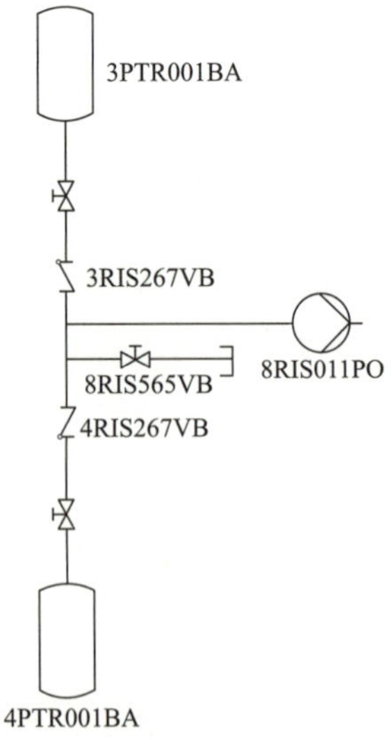 **图 1　8RIS011PO 流程示意图**

续　表

干预行动	6)重新组织启动水压试验泵 8RIS011PO，8RIS011PO 出口压力正常，继续执行定期试验，试验结果满意。 建议后续行动： 1)通过异常现象及处理过程，确认为 3RIS267VB 存在硼结晶卡涩导致水压试验泵入口无流量； 2)水压试验泵入口既可以从 3PTR001BA 取水，也可以从 4PTR001BA 取水，水压试验泵入口无流量，可以推断 4RIS267VB 也同样存在硼结晶卡涩问题； 3)后续 3、4 号机组试验时，建议先安排对 3/4RIS267VB 进行敲击，敲击完成后再进行试验； 4)考虑对 3/4RIS267VB 增加硼伴热装置，避免可能出现的硼结晶，当班值提出技改； 5)请设备管理处考虑对 3/4RIS267VB 进行换型，避免共模故障
原因分析	8RIS011PO 入口管线积气或入口逆止阀 3RIS267VB 卡涩导致
消缺行动	机械处理反馈： 2019 年 5 月 8 日，经机械、运行、设备管理、核安工会议讨论分析关于水压试验泵 8RIS011PO 启动无出力情况讨论汇报如下： 1)现象描述 ①2019 年 5 月 7 日早班，当班值执行 FQ3-LLS-T-002，就地启动 8RIS011PO 后发现现场压力表压力仅有 0.4 MPa，远未达到要求值 12 MPa，怀疑 8RIS011PO 启动后无出力； ②经主控、设备管理、维修分析怀疑上游止回阀未打开，讨论决定拆除 8RIS565VB 下游盲板检查是否有水流出，如无水则敲击止回阀； ③现场拆除 8RIS565VB 下游盲板，打开阀门后，有带压气体混合少量水喷出不到 1 min，后无水流出； ④经敲击止回阀，8RIS565VB 下游盲板出现顺畅来水； ⑤重新启动水压试验泵 8RIS011PO，8RIS011PO 出口压力正常，试验结果满意； ⑥停泵后，泵入口安全阀有约 10 s 的开启关闭声音。 2)原因分析：吸入口逆止阀(3/4RIS267VB)未开启。 注：RIS267VB 此阀门为大连大高生产的 DN50 口径升降式止回阀，启闭压差为 0.03 MPa(即进出口存在 0.03 MPa 压差下会开启)，入口为 PTR 水箱静压(15 m 水位)，此阀安装位置约 5 m，即入口压力约为 0.1 MPa。

续 表

消缺行动	3)阀门未开启的原因分析： ①进出口高压差造成站黏性低压无法打开：打开 8RIS565VB 盲板后有带压气体喷出，且停泵时可听见逆止阀出口安全阀明显起跳(起跳压力 1 MPa)声音，逆止阀出口有近 1 MPa 压力(泵运行时可能更高)。泵出口的小流量管线直接与入口管道相连，入口仅有约 0.1 MPa，怀疑在反向压力下逆止阀密封面出现粘黏性，导致无法在出口泄压后入口 0.1 MPa 压力下打开，可能性较大； ②泵入口管线存在气体：打开盲板不到 1 min 气体排出，管道确实存在气体，可能为盘根泄漏引入管道气体或管线长期泄压过程中逐渐引入。由于止回阀后非水介质，起泵后无法吸水形成负压从而打开止回阀，可能性较大； ③结构性卡涉：阀瓣歪斜与阀体卡涩，打开 8RIS565VB 盲板，出口无流水，即说明阀门未开启且密封性良好，阀门密封性好即阀瓣落座垂直，于阀体卡涩可能性较小； ④硼结晶卡涩：经咨询化学介质为 PTR 水箱来水，硼浓度为 2000+ppm，在常温下不会形成结晶，故此原因可能性极小。 综上所述：起泵后止回阀未打开导致泵出口无压力的可能原因为：泵小流量管线与泵入口管线直接相连，导致泵入口管道中存在大量气体导致起泵后无法吸水减小逆止阀出口压力导致逆止阀未打开，且止回阀进出口逆向高压差造成阀瓣粘黏性导致出口泄压后入口低压下未自动打开。 4)同行经验反馈：海南核电也发生过同类问题，与本次情况比较类似，分析原因为管道气体校多，起泵前对管道进行排气。 5)后续处理措施计划 ①在 8RIS565VB 出口安装压力表测量逆止阀出口压力； ②完成工单准备，在大修对 3/4RIS267VB 进行解体，检查确认硼结晶和卡涩情况； ③根据下次定期试验入口管线测量结果确定是否增加试验前泵的充水排气和试验后泄压方式； ④考虑试验增加机械保驾人员，检查逆止阀开启情况
相关知识	止回阀 RIS267VB 为 DN50 口径升降式止回阀，启闭压差为 0.03 MPa(即进出口存在 0.03 MPa 压差下会开启)

续 表

参考资料信息	运行二处：3 号机组异常反馈——水压试验泵 8RIS011PO 首次启动无出力，对其入口管道逆止阀进行敲击后再次启动正常； 维修二处机械：水压试验泵 8RIS011PO 启动无出力情况会议讨论汇报	
编　　者	运行二处一值：谷铁	时间：2019 年 06 月 11 日

2.19.9 2RIS021PO 上游开关 2LLE4101JA 故障跳闸

异常缺陷名称	2RIS021PO 上游开关 2LLE4101JA 故障跳闸
发生时间	2019 年 11 月 20 日中班
机组状态	RP 模式，满功率
异常缺陷现象	21:02，主控触发 2LLA011KA（LLE 总故障），2RIS435KA（硼酸再循环回路流量低），查看 KIC 画面发现硼酸再循环泵 2RIS021PO 故障停运
风险或潜在后果	2RIS021PO 故障跳闸停运，而 2RIS022PO 此时处于备用停运状态，导致两台 RIS7000ppm 再循环泵不可用，产生随机 IO1：RIS8
干预行动	已采取的行动措施： 1）查看和执行报警卡，主控查看处于运行的 2RIS021PO 故障跳闸； 2）安排现场检查 2RIS021PO 上游电源 2LLE4101JA，确认开关故障跳闸； 3）安排现场将 2RIS021PO 切换到 2RIS022PO 运行，2RIS022PO 运行后，消除第一组 IO：RIS8。故障的 2RIS021PO 不可用仍存在第二组 IO2：RIS7； 4）oncall 维修电气人员检查处理
原因分析	2LLE4101JA 监测熔断器 001FU 状态的微动开关故障，常开触点闭合，导致跳闸继电器 001XD 得电，主回路跳闸，2RIS021PO 停运
消缺行动	电气处理反馈： 1）缺陷描述：2LLE4101JA（下游负荷 2RIS021PO）抽屉停运指示灯亮，故障灯亮。 2）故障原因：监测熔断器 001FU 状态的微动开关故障，常开触点闭合，导致跳闸继电器 001XD 得电，主回路跳闸，2RIS021PO 停运。

续 表

消缺行动	3）处理措施： ①检查确认 2LLE4101JA 抽屉出线紧固，无变色、过热情况； ②测量下游负荷绝缘>550 MΩ，三相直阻均为 1.9 Ω，数据合格； ③检查确认抽屉主回路、一次接插件接线紧固，无变色、过热情况； ④检查抽屉主回路熔丝 001FU 导通情况正常； ⑤检查确认热继电器未动作； ⑥测量监测熔断器 001FU 状态的微动开关常开触点闭合，常闭触点断开，状态异常，确认损坏； ⑦更换同型号微动开关； ⑧联系运行将 2LLE4101JA 推入合闸； ⑨启动 2RIS021PO，测量三相运行电流均正常，无报警
相关知识	RIS021PO 硼酸再循环泵的控制逻辑： 无自动启停信号。 手动启动信号：就地机柜上 RIS053CC 置于 START； 手动停运信号：就地机柜上 RIS053CC 置于 STOP
参考资料信息	核安全处：《1～4 号机组核安全周报(2019 年 11 月 18 日—11 月 24 日)》； 维修一处电气：EAM 中工单 01419017-01 的完工报告； WR/WOT：00652055/01419017-01(紧急工单)
编　　者	运行二处一值：谷铁　　　时间：2020 年 01 月 11 日

2.20 核岛排气和疏水系统(RPE)

2.20.1 4RPE027VP/002VY/017VP/055VE 阀门关闭，同时 4KCP500KA 闪发 1 s 后消失

异常缺陷名称	4RPE027VP/002VY/017VP/055VE 阀门关闭，同时 4KCP500KA 闪发 1 s 后消失
发生时间	2018 年 02 月 01 日中班
机组状态	RP 模式，满功率
异常缺陷现象	20:56，主控闪发 4KCP500KA(NC 机柜供电故障)1 s 后消失。随后主控操纵员巡检画面发现 4RPE027VP/002VY/017VP/055VE 阀门关闭(暂未发现其他设备异常)，主控 KIC 显示故障大红色。与仪控沟通后，暂重点怀疑 4KCP523AR 向上述设备供电故障可能性大。运行就地检查该机柜未发现异常和故障灯亮
风险或潜在后果	上述阀门关闭造成 4RPE 安全壳内水箱无法向外部排水、排气
干预行动	已采取的行动措施： 1)估算 4RPE RX 相关水罐上涨趋势，确保状态可控； 2)oncall 维修仪控检查处理； 3)要求仪控提供 4KCP523AR 相关设备清单，以评估对机组状态的影响； 4)主控密切关注 RPE 系统报警和水位上涨趋势情况
原因分析	1)4RPE027VP/002VY/017VP/055VE 阀门电磁阀失去上游 4KCP-523AR 机柜内部 48 V 供电； 2)4KCP523AR 机柜内 TP-FP-2 48 VDC 第三个刀闸保险损坏，导致机柜内 TBT18BN 下游负载(仅包含 4RPE027VP/002VY/017VP/055VE 的 4 个阀门命令及 RPE 就地指示灯)失去控制电源，导致阀门意外关闭
消缺行动	仪控处理反馈： 1)故障现象：4 号主控出现 4RPE027VP/002VY/017VP/055VE 阀门关闭、同时 4KCP500KA 闪发 1 s 后消失。 2)处理进展：4RPE027VP/002VY/017VP/055VE 故障已消除，阀门状态及功能已恢复正常。 3)检修步骤： ①更换 4KCP523AR 内 TP-FP-2 48 VDC 第三个刀闸保险后 4RPE027VP/017VP/055VE 阀门恢复正常；

续 表

消缺行动	②通过在 DCS 一层强制复位 4RPE002VY 阀门故障，主控验证 4RPE002VY 阀门功能正常。 4)故障原因分析： ① 4RPE027VP/002VY/017VP/055VE 阀门电磁阀失去上游 4KCP523AR 机柜内部 48 V 供电； ②4KCP523AR 机柜内 TP-FP-2 48 VDC 第三个刀闸保险损坏，导致机柜内 TBT18BN 下游负载(仅包含 4RPE027VP/002VY/017VP/055VE 的 4 个阀门命令及 RPE 就地指示灯)失去控制电源，导致阀门意外关闭	
相关知识	1)KCP500KA 为 NC 机柜供电故障报警，可能的原因有： ①NC 机柜失去 220 V 电源； ②NC 机柜失去外部 48 V 电源。 2)4KCP523AR 机柜内 Q18BN 下游负荷为 4RPE027VP/002VY/017VP/055VE，失电时阀门将关闭	
参考资料信息	维修二处仪控：oncall 反馈——4RPE027VP/002VY/017VP/055VE 阀门关闭、同时 4KCP500KA 闪发 1 s 后消失； 运行二处：4 号机异常反馈——4RPE027VP/002VY/017VP/055VE 阀门关闭、同时 4KCP500KA 闪发 1 s 后消失； WR/WOT：344171/00844065-01(紧急工单)	
编　　者	运行二处一值：谷铁	时间：2019 年 02 月 11 日

2.20.2 4RPE017/027VP、002VY、055VE 阀门关闭且显示大红色

异常缺陷名称	4RPE017/027VP、002VY、055VE 阀门关闭且显示大红色
发生时间	2018 年 03 月 04 日
机组状态	RP 模式，满功率
异常缺陷现象	主控巡检发现 4RPE017/027VP、002VY、055VE 阀门关闭且显示大红色，初步怀疑这些阀的控制电失去导致
风险或潜在后果	阀门关闭造成 4RPE 安全壳内水箱无法向外部排水、排气
干预行动	已采取的行动措施： 1)估算 4RPE RX 相关水罐上涨趋势，确保状态可控； 2)oncall 维修仪控检查处理； 3)要求仪控提供 4KCP523AR 相关设备清单，以评估对机组状态的影响；

续　表

干预行动	4)主控密切关注 RPE 系统报警和水位上涨趋势情况	
原因分析	1)4RPE027VP/002VY/017VP/055VE 阀门电磁阀失去上游 4KCP523AR 机柜内部 48 V 供电； 2)4KCP523AR 机柜内 TP-FP-2 48 VDC 第四个刀闸保险损坏，导致阀门无法正常开启	
消缺行动	仪控处理反馈： 1)处理进展： 4RPE027VP/002VY/017VP/055VE 故障已消除，阀门状态及功能已恢复正常。 2)检修步骤： ①更换 4KCP523AR 内 TP-FP-2 48 VDC 第四个刀闸保险后 4RPE027VP/002VY/017VP/055VE 阀门状态恢复正常； ②主控验证 4RPE027VP/002VY/017VP/055VE 动作正常	
相关知识	4KCP523AR 机柜内 Q18BN 下游负荷为 4RPE027VP/002VY/017VP/055VE，失电时阀门将关闭	
参考资料信息	维修二处仪控：oncall 反馈——4RPE027VP/002VY/017VP/055VE 阀门开故障问题处理； WR/WOT：00356183/00865520-01(紧急工单)	
编　　者	运行二处一值：谷铁	时间：2019 年 02 月 11 日

2.20.3　3RPE221VE 内漏造成 3RPE015PS 地坑存在放射性

异常缺陷名称	3RPE015PS 放射性异常上涨
发生时间	2018 年 09 月 12 日早班
机组状态	RP 模式，电功率 836 MWe
异常缺陷现象	辐射防护反馈 3RPE015PS 本底剂量 0.132 μSv/h，目前剂量 0.678 μSv/h，白区剂量范围为 0~2.5 μSv/h，超过 2.5 μSv/h，需联系辐射防护设立临时控制区。根据现场初步测量显示为 3RPE015PS 进水管线无放射性，仅排水管线有，怀疑为管线反水导致，具体需结合化学取样结果进行分析。 3RPE015PS 化学取样结果：总放 6.37 MBq/t，硼浓度为 156ppm，pH 值为 8.90，怀疑 3RPE011PO 出口逆止阀 3RPE221VE 以及 3RPE319VE 不严

续 表

风险或潜在后果	造成非辐射控制区的地坑存在放射性污染
干预行动	1）已采取的行动措施： ①对 3RPE015PS 进行隔离，并张贴电离辐射标识； ②开发状态报告进行根本原因分析，彻底解决该问题。 2）建议后续行动： 对 3RPE222VE 进行设计变更，让其与 3RPE011PO 建立逻辑关系：“当 3RPE011PO 启动时，3RPE222VE 开启；当 3RPE011PO 停运后时，3RPE222VE 自动关闭”
原因分析	经过分析原因为 3RPE221VE 内漏，放射性管线的水返流至 3RPE015PS。地坑内的杂质附着在逆止阀密封面，长期运行所致（阀芯，阀座有磨损），造成逆止阀密封不严，造成放射性介质返流
消缺行动	机械处理反馈： 1）检修步骤： ①拆除阀门阀盖，取出阀内件，做好防异物措施； ②检查，清洗各零部件及密封面，发现阀芯阀座有磨损缺陷； ③对阀芯阀座进行手工研磨，研磨后对其进行了蓝油试验，蓝油试验合格； ④清洗阀腔，进行清洁度与异物检查，确认腔内清洁无异物； ⑤回装阀门，阀门中法兰力矩为 140 N · M； ⑥工作结束，清理现场，归还工作许可证。 2）故障原因分析：3RPE221VE 内漏，放射性管线的水返流至 3RPE015PS。地坑内的杂质附着在逆止阀密封面，长期运行所致（阀芯，阀座有磨损），造成逆止阀密封不严，造成放射性介质返流
相关知识	3RPE015PS 地坑泵 3RPE011PO 的控制逻辑： 1）自动启动：就地控制柜上 211CC 置于 AUTO 位置 & 地坑高液位开关 3RPE138SN 触发液位高，3RPE011PO 自动启动； 2）手动启动：就地控制柜上 211CC 置于 MANU 位置 & 就地控制柜上按下启动按钮 211TO，3RPE011PO 启动； 3）自动停运：地坑低液位开关 3RPE137SN 触发液位低信号，3RPE011PO 自动停运（无论泵处于自动还是手动）； 4）手动停运：就地控制柜上 211CC 置于 MANU 位置 & 就地控制柜上按下停运按钮 261TO，3RPE011PO 停运

续　表

参考资料信息	维修二处机械：完工报告《FQ3-MA01-RCWO-01008693/01 3RPE221VE 存在内漏，需解体检查》； WR/WOT：00440916/01008693-01(计划工单)	
编　　者	运行二处一值：谷铁	时间：2019 年 02 月 11 日

2.20.4　4RPE005PO 运行时出力不足

异常缺陷名称	4K050 房间，4RPE008PS 液位 H2，发现 4RPE005PO 运行时出力不足
发生时间	2018 年 08 月 01 日夜班
机组状态	RCD 模式
异常缺陷现象	4K050 房间，4RPE008PS 液位 H2，发现 4RPE005PO 运行时出力不足
风险或潜在后果	4RPE005PO 运行时出力不足，无法对 4RPE008PS 有效排水，长时间运行可能导致泵损坏
干预行动	已采取的行动措施： 1) oncall 电气检查处理； 2) 按工作负责人建议启动 4RPE005PO 前，适当摇晃泵体，让泵充满水，使泵正常启动运行
原因分析	泵体内存有空气，由于空气的密度很低，旋转后产生的离心力小，因而叶轮中心处所形成的低压不足以将地坑内的液体吸入泵内，进而导致启动离心泵时出力不足，泵无法正常运行输送液体
消缺行动	机械处理反馈： 1) 检修步骤： ①召开工前会，确认检修设备位号，建立检修区域； ②验电，确认无电，测量 4RPE005PO 直流电阻，测得 U-V：3.1 Ω，V-W：3.1 Ω，W-U：3.1 Ω，不平衡度为 0，合格； ③测量 4RPE005PO 绝缘电阻，测得 V.U.W-地：140 MΩ，合格； ④对泵坑进行检查，确认无异物，目视泵体无堵塞； ⑤联系运行人员启动 4RPE005PO，适当摇晃泵体，确认泵排水正常，验收合格。 2) 故障原因分析：泵体内有空气

续 表

相关知识	1）4RPE005PO 自动启动信号：4RPE145SN 液位高 1 触发 & 就地控制柜上 205CC 置于自动 & 没有 4KRT051MA、052MA、053MA、054MA 的二级报警； 2）离心泵启动时，若泵内存有空气，由于空气密度很低，旋转后产生的离心力小，因而叶轮中心区所形成的低压不足以将储槽内的液体吸入泵内，虽启动离心泵也不能输送液体，此种现象称为气缚。表示离心泵无自吸能力，所以必须在启动前向壳内灌满液体。 为防止气缚现象的发生，离心泵启动前要用外来的液体将泵壳内空间灌满。这一步操作称为灌泵。为防止灌入泵壳内的液体因重力流入低位槽内，在泵吸入管路的入口处装有止逆阀（底阀）；如果泵的位置低于槽内液面，则启动时无需灌泵	
参考资料信息	维修二处电气：完工报告《FQ4-MA02-RCWO-00982740/01 4RPE005PO 不出力，请处理》；WR/WOT：00422731/982740-01（紧急工单），工作许可证：4PT26310 4RPE005PO 出力不足	
编　　者	运行二处一值：谷铁	时间：2019 年 02 月 11 日

2.20.5 3RPE028PO 无法自动启动

异常缺陷名称	3RPE028PO 无法自动启动
发生时间	2018 年 09 月 02 日夜班
机组状态	RP 模式，电功率 836 MWe
异常缺陷现象	执行隔离 3PW31006（3PTR020VB 安全阀压力整定）机械人员将 3PTR521VB 下游堵头拆掉并接软管排往 3RPE006CU，核岛现场反馈 3RPE006CU 液位已经较高（H1），但是 3RPE028PO 未自动启动，同时主控触发 3LKL 母线触发总体故障报警，3RPE028PO 电源 3LKL2131JA 合闸指示未亮起
风险或潜在后果	导致 3RPE028PO 无法自动启动，无法对 3RPE006CU 来水进行排放
干预行动	已采取的行动措施： 1）确认 3RPE006CU 无来水，不再上涨，避免满溢； 2）oncall 电气检查处理
原因分析	3LKL2131JA 主接触器坏

续　表

消缺行动	机械处理反馈： 1)检修步骤： ①脱开 3LKL2131JA 对下游负荷负荷 3RPE028PO 进行绝缘和直阻测量，测得直阻数据如下：AB：3.7 Ω　AC：3.7 Ω　BC：3.7 Ω，测得绝缘：A.B.C-PE：117 MΩ 合格(绝缘电阻大于 0.5 MΩ)； ②对抽屉进行检查发现 003JA 空开跳闸，对其下游控制元件进行检查发现 001JA 直阻为 0，属接触器线匝间短路，领取新备件更换后验证正常电机运行电流平衡。 2)故障原因分析：3LKL2131JA 主接触器坏
相关知识	RPE028PO 主要逻辑： 1)手动启动：手动控制+就地启动； 2)自动启动：自动控制+地坑液位"高"； 3)手动停运：手动控制+就地停运； 4)自动停运： ①"STOP ORDER"信号； ②地坑液位"低"
参考资料信息	维修二处电气：完工报告《FQ3-MA02-RCWO-01001819/01 3RPE028PO 无法自动启动》； WR/WOT：00435779/01001819-01(紧急工单)
编　　者	运行二处一值：谷铁　　　　时间：2019 年 02 月 11 日

2.20.6　主控开启 1RPE387VP 时，阀门无法开启显示大红色

异常缺陷名称	执行(Q)FQ1-RPE-T-001：在主控室验证气动阀可操作性试验规程，主控开启 1RPE387VP 时，阀门无法开启显示大红色
发生时间	2018 年 01 月 16 日中班
机组状态	RP 模式，满功率
异常缺陷现象	执行(Q)FQ1-RPE-T-001：在主控室验证气动阀可操作性试验规程，主控手动开启 1RPE387VP(RPE009/013PS 再注入管线隔离阀)时，阀门无法开启显示大红色

续 表

风险或潜在后果	1RPE387VP 不可用，在安全壳完整性部分丧失的事故情况下，将影响反应堆厂房外地坑水重新打回反应堆厂房，产生随机 GEN8	
干预行动	已采取的行动措施： 1) oncall 机械和仪控检查处理； 2) 1RPE387VP 不可用，记录 GEN8	
原因分析	开限位未压实	
消缺行动	仪控处理反馈： 1) 检修步骤： ①现场确认 1RPE387VP 设备位置，通知主控开工； ②现场检查限位开关功能正常，限位开关状态与现场阀门实际状态一致，与主控沟通手动触发开限位消除 KIC 显示故障； ③由主控操作阀门，发现现场阀门全开，但开限位未正常触发，对开限位进行调整后，主控配合多次开关阀门正常。 2) 故障原因分析：开限位未压实	
相关知识	X/YRPE375/386/387/388VP9/8RPE381/382VP 阀门在 U2 事故规程中要求开启，用于安全壳完整性部分丧失的情况下将反应堆厂房外地坑水重新打回反应堆厂房。当其开启功能不可用时，需要记录 GEN8(从 RP 模式至 RCS 模式下适用)	
参考资料信息	维修一处仪控：完工报告《FQ1-MA03-RCWO-00828543/01　主控开启 1RPE387VP 时，阀门无法开启显示大红色，需检查处理》； WR/WOT：00336119/00828543-01(紧急工单)	
编　　者	运行二处一值：谷铁	时间：2019 年 02 月 11 日

2.20.7　2RPE011PO 处于自动位在 2RPE015PS 高液位时未启动，打手动后按启动也无法启动

异常缺陷名称	2RPE011PO 处于自动位在 2RPE015PS 高液位时未启动，打手动后按启动也无法启动
发生时间	2018 年 01 月 11 日夜班
机组状态	RP 模式，电功率 226 MWe

续　表

异常缺陷现象	2RPE015PS 液位已快溢出，2RPE011PO 处于自动位在 2RPE015PS 高液位时未启动，打手动后按启动也无法启动。 注：2RPE011PO 已多次发生相似异常，上次发生在 2018 年 1 月 8 日中班，需更换相关浮球开关
风险或潜在后果	导致 2RPE011PO 无法启动，2RPE015PS 有满溢分风险
干预行动	已采取的行动措施： 1）现场尝试将泵置于手动，按启动按钮后泵未能启动； 2）oncall 仪控检查处理
原因分析	2RPE137/138/139SN 三个液位开关翻转触发不灵敏
消缺行动	仪控处理反馈： 1）检修步骤： ①现场确认设备位置，并通知主控开工，确认 2RPE011PO 置于手动状态； ②检查 2RPE137/138/139SN，发现三个液位开关均有翻转触发不灵敏现象； ③联系系统工程师，更换 2RPE137/138/139SN，并对定值及位置进行调整，确认开关可以正常触发； ④恢复设备至初始状态，请运行人员配合分别在手自动模式下模拟开关触发，2RPE011PO 均可以正常启停，验证合格。 2）故障原因分析：2RPE137/138/139SN 三个液位开关翻转触发不灵敏
相关知识	2RPE015PS 地坑泵 2RPE011PO 的控制逻辑： 1）自动启动：就地控制柜上 211CC 置于 AUTO 位置 & 地坑高液位开关 2RPE138SN 触发液位高，2RPE011PO 自动启动； 2）手动启动：就地控制柜上 211CC 置于 MANU 位置 & 就地控制柜上按下启动按钮 211TO，2RPE011PO 启动； 3）自动停运：地坑低液位开关 2RPE137SN 触发液位低信号，2RPE011PO 自动停运（无论泵处于自动还是手动）； 4）手动停运：就地控制柜上 211CC 置于 MANU 位置 & 就地控制柜上按下停运按钮 261TO，2RPE011PO 停运

续　表

参考资料信息	维修一处仪控：完工报告《FQ2-MA03-RCWO-00823675/01 2RPE011PO 处于自动位在 2RPE015PS 高液位时未启动，打手动后按启动也无法启动，对浮子进行检查》； WR/WOT：00333436/00823675-01(计划工单)	
编　　者	运行二处一值：谷铁	时间：2019 年 02 月 11 日

2.20.8　1LKJ481JA（1RPE033PO）送电后，故障灯亮

异常缺陷名称	1LKJ481JA（1RPE033PO）送电后，故障灯亮
发生时间	2018 年 02 月 24 日夜班
机组状态	机组大修
异常缺陷现象	夜班对 1LKJ481JA（1RPE033PO)送电后，开关故障灯亮
风险或潜在后果	导致泵故障不可用
干预行动	已采取的行动措施： 1)拉出开关，尝试重新送电，故障灯仍存在； 2)oncall 电气检查处理
原因分析	1RPE033PO 由于长时间未运行，泵轴结晶，启动时造成泵卡死，运行电流瞬间升高，导致 C 相熔丝烧毁，热继电器动作
消缺行动	电气处理反馈： 1)检修步骤： ①与主控沟通占用 1LKJ481JA 并抽出放置检修场地； ②检查发现热继电器过载保护动作，C 相熔丝烧毁； ③复位热继电器，检查抽屉一次回路与二次回路接线完好，无烧灼痕迹； ④检查各元器件完好，接线紧固，抽屉一次触头完好，无烧灼痕迹； ⑤领取同型号熔丝备件，对 C 相熔丝进行更换； ⑥测量 1RPE033PO 电机对地绝缘为 340 MΩ，直阻 A－B：12.0 Ω，A-C：11.9 Ω，B-C：11.9 Ω 测量结果合格； ⑦运行配合将 1LKJ481JA 推至 I 位，抽屉绿灯亮，白灯灭，抽屉无故障，主控显示抽屉状态与就地一致； ⑧运行验收合格，归还工作许可证。

续 表

消缺行动	2)故障原因分析：1RPE033PO 由于长时间未运行，泵轴结晶，启动时造成泵卡死，运行电流瞬间升高，导致 C 相熔丝烧毁，热继电器动作
相关知识	KX 厂房地坑 RPE022PS 疏水泵 RPE033PO 的控制逻辑： RPE033PO 启动信号： ①RPE022PS 坑高液位开关 RPE181SN 液位高触发或就地控制箱上手动启动命令； ②泵没有运行 2.5 min； ③RPE022PS 坑低液位开关 RPE191SN 液位低没有触发； ④没有手动停运命令； ⑤没有 KRT051MA、052MA/053MA/054MA 之一触发的放射性高 2 报警。 同时存在上述信号时，泵将启动，否则泵将停运
参考资料信息	维修二处电气：完工报告《FQ1-MA02-RCWO-00860710/01 1LKJ481JA(1RPE033PO)送电后，故障灯亮》； WR/WOT：00352383/00860710-01(计划工单)
编　　者	运行二处一值：谷铁　　　时间：2019 年 02 月 11 日

2.20.9 4RPE024PO 出力不足

异常缺陷名称	4RPE024PO 出力不足
发生时间	2018 年 06 月 06 日早班
机组状态	3 号机组：RP 模式，满功率；4 号机组：RP 模式，满功率
异常缺陷现象	4RPE024PO 启动之后 8RPE002PS 地坑液位下降很缓慢，泵出口压力 8RPE223LP 读数只有 0.04 MPa(查看系统手册泵的压头为 0.33 MPa)
风险或潜在后果	导致 4RPE024PO 不可用，产生双机组 GEN8
干预行动	已采取的行动措施： 1)安排现场检查泵出口压力，发现 8RPE223LP 读数只有 0.04 MPa(查看系统手册泵的压头为 0.33 MPa)； 2)安排现场手动停运泵；

续 表

干预行动	3) 考虑地坑内暂无大量来水，且坑内另一泵 3RPE023PO 可用，提工作申请 WR 按计划处理
原因分析	泵本体进水口有白布缠绕，导致出力不足
消缺行动	机械处理反馈： 检查结果：开票 4PW19123(维修一级：4RPE024PO 出力不足，需检查泵体出口管线。WOT：00940766-01)，检查泵体出口管线无负压和堵塞等现象。 电气处理反馈： 1) 工作过程： ①测量 4RPE024PO 绕阻绝缘和直流电阻、不平衡度合格； ②将 4RPE024PO 提起，对泵本体进行检查，发现泵进水口处有一块白布缠绕，将白布取出，确认泵体无其他异物，确认叶轮可以转动； ③联系运行人员配合启动 4RPE024PO，泵运行正常，出水正常，水位下降明显，经运行人员验收合格。 2) 故障原因分析：泵本体进水口有白布缠绕，导致出力不足
相关知识	X/YRPE005/006/007/008/009/010PO、RPE017/023PO、RPE018/024PO 泵在 U2 事故规程中要求可用，用于安全壳完整性部分丧失的情况下将反应堆厂房外地坑水重新打回反应堆厂房。当其功能不可用时，需要记录 GEN8(从 RP 模式至 RCS 模式下适用)
参考资料信息	维修二处电气：完工报告《FQ4-MA02-RCWO-00943787/01 4RPE024PO 出力不足，需检查泵体》； 维修二处机械：EAM 中工单 00940766-01 的完工报告； WR/WOT：00400287/00943787-01(计划工单)
编　　者	运行二处一值：谷铁　　　　时间：2019 年 02 月 11 日

2.20.10 1RPE006PO 频繁启停

异常缺陷名称	1RPE006PO 频繁启停
发生时间	2018 年 02 月 26 日中班
机组状态	RCD 模式
异常缺陷现象	1RPE006PO 频繁启停

续　表

风险或潜在后果	可能导致泵损坏
干预行动	已采取的行动措施： 1）及时手动停运泵，避免频繁启停损坏泵，泵停运后，主控和现场加强监视 1RPE012PS 坑内液位； 2）oncall 仪控检查处理
原因分析	1RPE173SN 浮球及电缆紧压 1RPE172SN 浮球顶部，导致水位上升时，加快 1RPE172SN 倾斜联锁启泵
消缺行动	仪控处理反馈： 1）检修步骤： ①打开浮子罩，发现 HH 报 1RPE173SN 浮球压住 1RPE172SN 浮球顶部，对其调整，归位线槽； ②松开固定端，根据定值手册对 1RPE171SN \ 172SN 浮子高度进行检查，并对其进行调整； ③紧固固定浮子； ④工作结束，清理现场。 2）故障原因分析：1RPE173SN 浮球及电缆紧压 1RPE172SN 浮球顶部，导致水位上升时，加快 1RPE172SN 倾斜联锁启泵
相关知识	RPE006PO 启停逻辑： 1）手动启动： ①就地控制+手动控制+就地启动； ②MIMIC PANEL 控制+KIC-启动； ③MIMIC PANEL 控制+BUP-启动。 2）自动启动： 就地控制+自动控制+非“BK SUMPS HI. ACTY 2nd STEP”+地坑液位“高”。 3）手动停运： ①就地控制+手动控制+就地停运； ②MIMIC PANEL 控制+KIC-停运； ③MIMIC PANEL 控制+BUP-停运。 4）自动停运： ①就地控制+自动控制+“BK SUMPS HI. ACTY 2nd STEP”信号； ②地坑液位“低”； ③地坑液位“低 2”。

续 表

参考资料信息	维修一处仪控：完工报告《FQ1-MA03-RCWO-00861917/01 1RPE006PO 频繁启停，请检查》； WR/WOT：00353540/00861917-01(紧急工单)	
编　　者	运行二处一值：谷铁	时间：2019 年 02 月 11 日

2.20.11　1RPE007PO 在手动模式下启动后无法停运

异常缺陷名称	1RPE007PO 在手动模式下启动后无法停运
发生时间	2018 年 02 月 22 日中班
机组状态	大修，一回路已排空
异常缺陷现象	1RPE007PO 在手动模式下启动后无法停运
风险或潜在后果	导致泵无法停运，存在故障损坏的风险
干预行动	已采取的行动措施： 将泵电源拉出
原因分析	1)1RPE147SN 定值往小偏移，向上调整 5 cm； 2)1RPE148SN 接线松动，信号无法上传
消缺行动	仪控处理反馈： 1)检修步骤： ①现场核实 1RPE007PO 设备位置，开工前通知主控； ②现场确认 1RPE007PO 处于手动位置； ③将 1RPE147/148/149/150SN 取出，翻转开关，现场确认 1RPE147/149/150SN 动作正常、1RPE148SN 接线松动，重新紧固后确认 1RPE148SN 动作正常； ④对 1RPE147/148/149/150SN 开关定值进行检查，确认 1RPE148/149/150SN 定值合格、1RPE147SN 定值往小偏移，向上调整 5 cm 后合格； ⑤对 1RPE147/148/149/150SN 安装位置进行检查，确认开关无设备阻挡，可以正常翻转； ⑥请主控配合手动启动 1RPE007PO，现场确认 1RPE007PO 可以自动停运。 2)故障原因分析： ①1RPE147SN 定值往小偏移，向上调整 5 cm； ②1RPE148SN 接线松动，信号无法上传

续　表

相关知识	RPE007PO 启停逻辑： 1）手动启动： ①就地控制+手动控制+就地启动； ②MIMIC PANEL 控制+KIC-启动； ③MIMIC PANEL 控制+BUP-启动。 2）自动启动： 就地控制+自动控制+非“BK SUMPS HI. ACTY 2nd STEP”+地坑液位“高”。 3）手动停运： ①就地控制+手动控制+就地停运； ②MIMIC PANEL 控制+KIC-停运； ③MIMIC PANEL 控制+BUP-停运。 4）自动停运： ①就地控制+自动控制+“BK SUMPS HI. ACTY 2nd STEP”信号； ②地坑液位“低”； ③地坑液位“低 2”
参考资料信息	维修一处仪控：完工报告《FQ1-MA03-RCWO-00859903/01 1RPE007PO 在手动模式下启动后无法停运，需处理》； WR/WOT：00351875/00859903-01（计划工单）
编　　者	运行二处一值：谷铁　　　时间：2019 年 02 月 11 日

2.20.12　2RPE018PO 在地坑液位低时无法自动停运，泵上游电源跳闸后出现 LKJ 总故障报警

异常缺陷名称	2RPE018PO 在地坑液位低时无法自动停运
发生时间	2017 年 07 月 13 日早班
机组状态	1 号机组：RP 模式，满功率；2 号机组：RP 模式，满功率
异常缺陷现象	11:37，9RPE001PS H1 触发 2RPE018PO 启动，H1 消失后（L1 一直存在）泵无法自动停运。11：58，2RPE018PO 显示洋红色，就地打自动泵无法停运，打手动后一段时间泵上游电源跳闸。同时 LKJ 总故障报警出现，现场检查 2LKJ421JA 故障，已将开关拉出。查看趋势，怀疑 9RPE001PS 液位低信号 2RPE102SN 一直持续触发，导致 2RPE018PO 启动后无法收到停运脉冲信号导致无法手自动停运

续 表

风险或潜在后果	导致 2RPE018PO 不可用，产生双机组 GEN8
干预行动	已采取的行动措施： 1）泵上游电源跳闸后，就地拉出泵电源开关； 2）2RPE018PO 不可用后，通知 1 号机组记录 GEN8； 3）oncall 仪控检查处理 2RPE102SN； 4）oncall 电气检查处理 2LKJ42lJA 故障报警
原因分析	2RPE102SN 卡涩损坏，导致 2RPE018PO 潜水泵在液位低时无法自动停运，进而引起 2LKJ421JA 热继电器动作报警
消缺行动	仪控处理反馈： 检修步骤： （检查处理 2RPE018PO 在地坑液位低时无法自动停运，WR/WOT：00268318/00654943-01）： 1）确认 2RPE018PO 已打至手动，验证隔离边界； 2）拆下旧的 2RPE102SN，更换新的合格的备件； 3）经过运行再次启动 2RPE018PO 后，在地坑液位低时可以自动停运。 电气处理反馈： 1）检修步骤： （检查处理 2LKJ421JA 故障报警，WR/WOT：00268357/006-54932-01）： ①检查 2LKJ42lJA 抽屉柜发现热继电器已经动作； ②检查 2RPE018PO 潜水泵测得三相直流电阻 U-V：3.4 Ω，V-W：3.4 Ω，U-W：3.4 Ω、三相对地绝缘电阻 40.1 MΩ、潜水泵完好无异常； ③运行反馈抽屉柜出现报警是因为潜水泵抽水到低液位时无法自动停运、导致热继电器动作； ④对 2LKJ42lJA 抽屉柜热继电器进行复位、抽屉柜报警消除； ⑤仪控人员配合将低液位信号故障消除后、2RPE018PO 潜水泵能够自动启停。 2）故障原因分析：2RPE102SN 卡涩损坏，导致 2RPE018PO 潜水泵在液位低时无法自动停运，进而引起 2LKJ421JA 热继电器动作报警

续　表

相关知识	X/YRPE005/006/007/008/009/01OPO、RPE017/023PO、RPEO18/024PO 泵在 U2 事故规程中要求可用，用于安全壳完整性部分丧失的情况下将反应堆厂房外地坑水重新打回反应堆厂房。当其功能不可用时，需要记录 GEN8(从 RP 模式至 RCS 模式下适用)	
参考资料信息	维修一处仪控：完工报告《FQ2-MA03-RCWO-00654943/01 2RPE018PO 在地坑液位低时无法自动停运，需检查处理》； 维修一处电气：完工报告《FQ2-MA02-RCWO-00654932/01 2LKJ421JA 有故障报警需检查吃提柜以及下游 2RPE018PO》； WR/WOT：00268318/00654943-01(紧急工单)、00268357/654932-01(紧急工单)，工作许可证：2PT21758(2LKJ42lJA 有故障报警需检查抽屉柜及下游 2RPE018PO)	
编　　者	运行二处一值：谷铁	时间：2019 年 01 月 10 日

2.20.13　2RPE011PO 手动和自动均无法启动

异常缺陷名称	2RPE011PO 手动和自动均无法启动
发生时间	2017 年 11 月 24 日夜班
机组状态	RP 模式，满功率
异常缺陷现象	2RPE011PO 手动和自动均无法启动
风险或潜在后果	导致 2RPE011PO 不可用，2RPE015PS 坑无法排水有满溢的风险
干预行动	已采取的行动措施： oncall 电气检查处理
原因分析	仪控低液位信号浮子卡涩
消缺行动	电气处理反馈： 1)检修步骤： ①测量泵电机直阻和绝缘均正常； ②检查开关柜无异常； ③检查发现仪控低液位信号浮子一直处于通的状态，怀疑浮子卡涩； ④摇动浮子后，低液位信号浮子状态显示正常，将情况反馈业主和主控； ⑤联系运行现场启动设备，泵自动和于动启停均正常。 2)故障原因分析：仪控低液位信号浮子卡涩

续 表

相关知识	2RPE015PS 地坑泵 2RPE011PO 的控制逻辑： 1) 自动启动：就地控制柜上 211CC 置于 AUTO 位置 & 地坑高液位开关 2RPE138SN 触发液位高，2RPE011PO 自动启动； 2) 手动启动：就地控制柜上 211CC 置于 MANU 位置 & 就地控制柜上按下启动按钮 211TO，2RPE011PO 启动； 3) 自动停运：地坑低液位开关 2RPE137SN 触发液位低信号，2RPE011PO 自动停运（无论泵处于自动还是手动）； 4) 手动停运：就地控制柜上 211CC 置于 MANU 位置 & 就地控制柜上按下停运按钮 261TO，2RPE011PO 停运
参考资料信息	WR/WOT：00325819/00796268-01（紧急工单），工作许可证：2PT44618（2RPE011PO 手动和自动均无法启动）； 维修一处电气：完工报告《FQ2-MA02-RCWO-00796268/01 2RPE011PO 无法启动》
编　　者	运行二处一值：谷铁　　时间：2019 年 01 月 10 日

2.20.14　1RPE011PO 自动启动后无法自停

异常缺陷名称	1RPE011PO 自动启动后无法自停
发生时间	2017 年 07 月 02 日早班
机组状态	RP 模式，电功率 845 MWe
异常缺陷现象	1RPE011PO 自动启动后无法自停
风险或潜在后果	导致 1RPE011PO 自动启动后无法自停，泵存在损坏的风险
干预行动	已采取的行动措施： 1) 考虑暂时有来水较多，暂未手动停运泵； 2) oncall 仪控检查处理
原因分析	1RPE137SN 浮子卡涩，导致开关低液位未触发
消缺行动	仪控处理反馈： 1) 检修步骤： ①验证隔离边界，确认 1RPE011PO 处于就地控制和停运状态； ②检查 1RPE137SN 发现，浮子有卡涩现象，多次缓慢翻转浮子均有卡涩现象； ③领取新备件，对 1RPE137SN 进行更换；

续　表

消缺行动	④更换完成后，翻转 1RPE137SN，浮子正常动作； ⑤将 1RPE138SN 进行翻转，浮子正常动作； ⑥将 1RPE139SN 进行翻转，浮子正常动作； ⑦请运行人员将 1RPE011PO 在 1RPE011CR 上打自动； ⑧经过长时间观察 1RPE011PO 在液位高时启动，在液位低时停运； ⑨结束工作，结票。 2)故障原因分析：1RPE137SN 浮子卡涩，导致开关低液位未触发
相关知识	1RPE015PS 地坑泵 1RPE011PO 的控制逻辑： 1)自动启动：就地控制柜上 211CC 置于 AUTO 位置 & 地坑高液位开关 1RPE138SN 触发液位高，1RPE011PO 自动启动； 2)手动启动：就地控制柜上 211CC 置于 MANU 位置 & 就地控制柜上按下启动按钮 211TO，1RPE011PO 启动； 3)自动停运：地坑低液位开关 1RPE137SN 触发液位低信号，1RPE011PO 自动停运(无论泵处于自动还是手动)； 4)手动停运：就地控制柜上 211CC 置于 MANU 位置 & 就地控制柜上按下停运按钮 261TO，1RPE011PO 停运
参考资料信息	维修一处仪控：完工报告《FQ1-MA03-RCWO-00647512/01 1RPE011PO 自动启动后无法自停》； WR/WOT：00264558/00647512-01(紧急工单)
编　　者	运行二处一值：谷铁　　　时间：2019 年 01 月 10 日

2.20.15　2RPE035PO 就地手动无法启动，在上游电源开关上用试验盒也无法启动

异常缺陷名称	2RPE035PO 就地手动无法启动，在上游电源开关上用试验盒也无法启动
发生时间	2017 年 05 月 23 日夜班
机组状态	RP 模式，满功率
异常缺陷现象	2RPE023PS 坑内排水泵 2RPE035PO 就地手动无法启动，在上游电源开关上用试验盒也无法启动
风险或潜在后果	2RPE023PS 的积水较多，2RPE035PO 不可用影响正常排水

续 表

干预行动	已采取的行动措施： 1)现场在泵供电开关上使用试验盒尝试启动，也无法启动； 2)提工作申请 WR 按计划处理
原因分析	2RPE035PO 低液位浮子卡涩
消缺行动	电气处理反馈： 1)检修步骤： ①现场检查 2LKJ4111JA 抽屉内接线紧固，各元器件正常，测量电机直阻三相均为 13.4 Ω，绝缘为 197 MΩ，电机正常； ②现场发现 2RPE035PO 低液位浮子卡涩，手动抖动低液位浮子，复位浮子正常状态，电机正常启动； ③联系运行人员打手动状态电机启停正常。 2)故障原因分析：2RPE035PO 低液位浮子卡涩
相关知识	KX 厂房地坑 RPE022PS 疏水泵 RPE035PO 的控制逻辑： RPE035PO 启动信号： ①RPE023PS 坑高液位开关 RPE183SN 液位高触发或就地控制箱上手动启动命令； ②泵没有运行 2.5 min； ③RPE023PS 坑低液位开关 RPE193SN 液位低没有触发； ④没有手动停运命令； ⑤没有 KRT051MA、052MA、053MA、054MA 之一触发的放射性高 2 报警。 同时存在上述信号时，泵将启动，否则泵将停运
参考资料信息	WR/WOT：00249828/00571928-01(计划工单)； 维修一处电气：完工报告《FQ2-MA02-RCWO-00571928/01 2RPE-035PO 就地手动无法启动，在上游电源开关上用试验盒也无法启动，需检查泵绝缘直阻》
编　　者	运行二处一值：谷铁 　　　　时间：2019 年 01 月 10 日

2.20.16 4RPE011PO 启动后无出力

异常缺陷名称	4RPE011PO 启动后无出力
发生时间	2018 年 11 月 26 日中班

续 表

机组状态	RP 模式，满功率
异常缺陷现象	现场巡检发现 4RPE015PS 满溢，其地坑泵 4RPE011PO 启动但是出口压力为 0，现场确认地坑泵无出力后且 4RPE015PS 无异常来水后，将 4RPE011PO 停运，防止泵长时间运行而有损坏的风险
风险或潜在后果	4RPE011PO 启动但无出力，导致 4RPE015PS 满溢，同时泵存在损坏的风险
干预行动	已采取的行动措施： 1）现场检查 4RPE015PS 上游房间 ET244/247/250 房间有无异常跑冒滴漏，同时检查 015PS 下游排水在线正常； 2）oncall 维修电气检查泵无出力原因并处理，辐射防护和化学检查 015PS 废液有无放射性； 3）经检查，4RPE015PS 下游排水在线正常，4ET244 房间喷淋喷头下方有积水，喷头在滴水，现场关紧喷头后，不再滴水； 4）辐射防护测量 4RPE015PS 地坑周围环境剂量率正常，化学取样 4RPE015PS 废水无放射性； 5）联系核清洁将地面上废水清理至 4RPE015PS 内
原因分析	泵内部憋气，导致无法正常吸水和输送液体
消缺行动	电气处理反馈： 1）处理进展：维修电气现场在就地控制柜上把 4RPE011PO 打手动后，多次手动启停该排水泵后，泵正常启动运行，4RPE015PS 水位正常降低； 2）故障原因分析：泵内部憋气，导致无法正常吸水和输送液体
相关知识	1）4RPE015PS 如因坑内排水泵故障导致地坑满溢，需及时让化学取样确定废水无放射性，溢到地面的废水需重新排入该地坑内； 2）据电气反馈 RPE 地坑泵有时会由于泵在排水到较低液位后停运，此时出口逆止阀如不回座，导致泵内部憋气。在下次泵自动启动时，泵体可能出现抖动和泵无出力的情况。解决办法是现场在就地控制柜上手动启动地坑泵，运行 3~5 min 后再停运，启停数次后，将泵体气排出，地坑泵即可正常运行； 3）离心泵启动时，若泵内存有空气，由于空气密度很低，旋转后产生的离心力小，因而叶轮中心区所形成的低压不足以将储槽内的液体吸入泵内，虽启动离心泵也不能输送液体，此种现象称为气缚。表示离心泵无自吸能力，所以必须在启动前向壳内灌满液体；

续　表

相关知识	为防止气缚现象的发生，离心泵启动前要用外来的液体将泵壳内空间灌满。这一步操作称为灌泵。为防止灌入泵壳内的液体因重力流入低位槽内，在泵吸入管路的入口处装有止逆阀(底阀)；如果泵的位置低于槽内液面，则启动时无需灌泵； 4)4RPE015PS 地坑泵 4RPE011PO 的控制逻辑： ①自动启动：就地控制柜上 211CC 置于 AUTO 位置 & 就地坑高液位开关 4RPE138SN 触发液位高，4RPE011PO 自动启动； ②手动启动：就地控制柜上 211CC 置于 MANU 位置 & 就地控制柜上按下启动按钮 211TO，4RPE011PO 启动； ③自动停运：地坑低液位开关 4RPE137SN 触发液位低信号，4RPE011PO 自动停运(无论泵处于自动还是手动)； ④手动停运：就地控制柜上 211CC 置于 MANU 位置 & 就地控制柜上按下停运按钮 261TO，4RPE011PO 停运
参考资料信息	运行二处：《运行二处内部经验反馈——处理 4RPE011PO 启动后无出力的经验反馈》
编　　者	运行二处一值：谷铁　　　　时间：2019 年 01 月 10 日

2.20.17　3RPE010PO 就地手动启动后无法停运

异常缺陷名称	3RPE010PO 就地手动启动后无法停运
发生时间	2016 月 11 月 02 日中班
机组状态	RP 模式，满功率
异常缺陷现象	中班对 3PW18678 进行解隔离，对 3RPE010PO 出口软管漏水问题处理情况进行验证。在 3RPE014PS 液位 L 的情况下就地手动启动 3REP010PO，泵正常启动，随后液位 LL 信号触发，但就地无法停运 3RPE010PO。现场将 3RPE010PO 重新置于自动控制，但是 3RPE010PO 仍无法自动停运。现场在 3RPE010PO 上游电源 3LKE2121JA 上用试验盒停运 3RPE010PO，3RPE010PO 正常停运
风险或潜在后果	导致 3RPE010PO 无法手动、自动停运，存在损坏泵的风险
干预行动	已采取的行动措施： 使用试验盒停运 3RPE010PO

续　表

原因分析	1)就地手动启动 3RPE010PO 前，地坑液位 L 信号已经存在，其产生的脉冲信号已消失，RS 触发器输出为停运信号； 2)就地手动启动 3RPE010PO，启动信号产生的脉冲信号使 RS 触发器翻转，输出为启动信号； 3)液位 LL 时，相应的保护停运信号因为已有一个液位 L 的保护停运信号存在，故无法再次产生脉冲信号； 4)手动停运 3RPE010PO，同样因为已有保护停运信号在，而无法再次触发停运脉冲信号
消缺行动	N/A
相关知识	1)非紧急情况，不要在液位 L 的情况下启动 3RPE010PO。 推广来说，在非紧急情况，不要在已有启动信号的情况下停运 3REP010PO，也不要在已有停运信号的情况下启动 3RPE010PO。 2)紧急情况下，可以使用试验盒在电气盘柜上启动/停运 3RPE010PO。 该情况同样适用于 3RPE005/006/007/008/009PO、3RPE-017PO/4RPE018PO、3RPE023PO/4RPE024PO。 3)RPE 泵保护启动/保护停运逻辑特点： ①保护启动/停运信号通过产生的脉冲信号参与控制，一旦启动/停运信号产生，在其消失前无法重新产生新的脉冲信号。即使是有新的启动/停运逻辑也不行。即控制器的输出不仅取决于当前输入信号，还取决于之前的输入信号； ②控制的输出信号与输入信号出现的先后顺序有关； ③极端情况下，可能出现输入只有停运信号但控制器输出为启动信号的情况。 4)3RPE010PO 在 DCS 一层的控制逻辑： ①KSC 模式下，KIC 手动启动/停运信号为正常启动/停运信号，优先级相对比较低； ②其他启动/停运信号为保护启动/停运信号，优先级相对比较高； ③保护启动信号和保护停运信号之间优先级是相同的，在两个信号同时存在时，其输出具有一定的特殊性
参考资料信息	运行二处：《运行二处内部经验反馈——3RPE010PO 就地手动启动后无法停运的经验反馈》
编　　者	运行二处一值：谷铁　　时间：2019 年 01 月 10 日

2.21 反应堆功率测量系统(RPN)

2.21.1 4号机执行调试试验强制C21信号时C21信号未触发

异常缺陷名称	4号机执行调试试验强制C21信号时C21信号未触发
发生时间	2017年08月06日
机组状态	调试启动阶段，RP模式(热功率1447 MWt，电功率461 MWe)
异常缺陷现象	TP4GTA55快速甩负荷试验过程中C21信号无法手动触发
风险或潜在后果	影响C21甩负荷功能的可靠性
干预行动	已采取的行动措施： LSS上及时定报警，防止占用内存
原因分析	经咨询厂家软件设计人员，分析原因为：4LSS系统LOCA监测计算程序因内部实时和历史累计数据过多，占用大量运行内存，导致LOCA监测计算程序中C21手动触发功能模块反应迟钝，出现无响应情况。重启LOCA监测计算程序，释放内存容量，手动触发C21功能恢复正常
消缺行动	仪控处理反馈： 1)处理进展： ①在4LSS系统机柜侧检查并确认程序人机界面数据实时刷新，数据结果符合当前机组状态，判断LSS系统逻辑运算正常，能够实时跟踪机组状态。 ②经主控同意，由操纵员将C21信号闭锁，仪控执行定期试验规程《FQY-RPN-T-I001 LSS系统C21报警试验》，验证LSS系统C21报警触发通道是否正常，因试验过程中点击C21手动触发按钮后，程序界面无响应，试验结果失败，初步分析原因为LOCA监测计算程序中C21信号手动触发功能模块异常。 ③经安工与当班值同意，仪控对4LSS机柜LOCA监测计算程序进行重启，重启完成后，再次执行定期试验规程验证LSS系统C21报警触发通道，试验结果合格，C21手动触发功能恢复正常。 ④试验结束，确认系统状态正常，通知主控解除C21信号闭锁，继续执行TP4GTA55快速甩负荷试验，手动触发C21信号正常，试验结果合格。

续　表

风险或潜在后果	泄漏导致带载三废负荷的设冷列头箱液位持续下降，危及 RRI 用户安全
干预行动	已采取的行动措施： 1)立即对 3RRI001BA 进行补水操作，头箱液位上升，补水流量可以补偿泄漏量； 2)安排主控和隔离办核实当天是否存在影响 RRI 液位的疏水阀、取样阀、排气阀操作的工作或是存在误碰阀门引起液位下降的工作； 3)安排现场检查当前存在漏水缺陷的 8RRI356VN 未见明显漏水情况； 4)安排现场核查 3RRI 系统 A 列安全用户的疏水阀、取样阀、排气阀未见泄漏情况； 5)当班值参考执行《FQ3-RRI-I-001 缓冲箱水位在补水运行时缓慢下降处理规程》，将两列间公共用户切换到 3RRI 系统 B 列带载，发现切换后 3RRI 系统 B 列头箱 3RRI002BA 液位开始下降，确认公共用户存在泄漏； 6)当班值将公共用户的三废负荷设冷侧切换到 4 号机 RRI 系统 B 列带载，发现 4RRI 系统 B 列头箱液位开始出现下降趋势，3RRI 系统头箱无下降趋势，可确认三废负荷的设冷侧存在泄漏； 7)通知化学加强和关注对 3RRI 系统磷酸三钠取样
原因分析	经排查 3RRI 头箱液位降低原因为 8RRI450VN(8TEP001EV 疏水阀)未关严，当前已关闭，初步怀疑阀门被误碰(一字阀锁紧装置失效，存在被误碰动作的风险)
消缺行动	运行处理反馈：见干预行动
相关知识	类似异常缺陷： 1)2019 年 02 月 20 日，巡盘发现 1RRI001BA 液位有下降，2 h 下降 0.05 m，立即安排现场排查，发现 1RRI395VN(疏水阀)在关闭状态下跑水，对应房间 NE260 有积水。现场检查 1RRI395VN 有关闭过头的迹象(90°球阀)，汇报主控后将阀门稍往开启的方向回正一点，跑水现象消失。经初步核实，RRI 液位下降开始的时间现场无相关工作，人员走动误碰导致阀门关闭过头可能性较高； 2)oncall 机械检查，发现 1RRI395VN 锁紧装置失效，考虑到该阀门的现场布置容易被误碰，开紧急工作许可证对锁紧装置进行了处理

续 表

参考资料信息	运行二处：3 号机组异常反馈——3RRI001BA 液位异常下降	
编　　者	运行二处一值：姚嘉俊	时间：2019 年 02 月 11 日

2.24.3　3 号主泵电机空气冷却器出口 RRI 金属软管 4RRI024FL 漏水引起 4JPI007BA 液位缓慢升高

异常缺陷名称	3 号主泵电机空气冷却器出口 RRI 金属软管 4RRI024FL 漏水引起 4JPI007BA 液位缓慢升高
发生时间	2019 年 02 月 23 日中班
机组状态	RP 模式，满功率
异常缺陷现象	21: 21，触发 4JPI025KA（RCP 泵房间的水进入废液箱），4JPI007BA 液位自 02 月 17 日 5: 20，开始从 232 mm 缓慢上涨，02 月19 日 19: 00 上涨速率变快，当前 4JPI007BA 液位 300. 10 mm，经计算当前进水速率约 1. 24 L/h(见图 1) 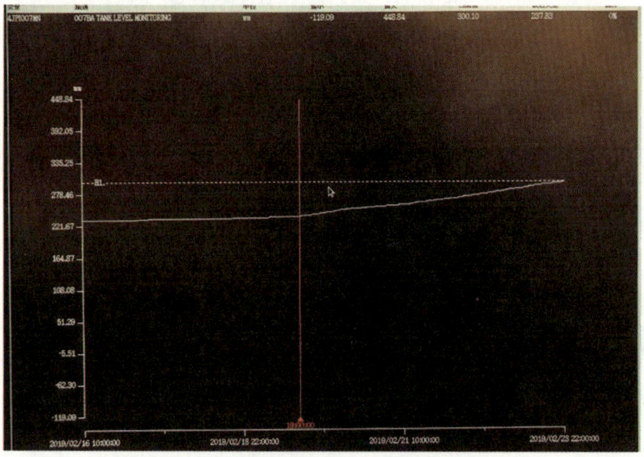 **图 1　4JPI007BA 液位上涨趋势**
风险或潜在后果	1)若漏点为主泵的 RRI 管线，则将影响主泵安全运行； 2)若主泵消防在后续窗口真实启动，油水混合物将无法顺畅排到 4JPI007BA，或通过溢流管线导致 8TEU005/006BA 进油； 3)如按照当前的速率，约 96. 7 天后，4JPI007BA 液位将达到主控满量程(1900 mm)

续 表

干预行动	已采取的行动措施： 1）检查主泵消防未动作，且RX内JPI为干管，漏水可能性较小；oncall拆除了4JPI055VE下游的堵头，查看了4JPI101VE下游的水量和压力，基本排出了壳外JPI通过JPI101VE-4JPI070VE-4JPI028/029/030VE-进入4JPI007BA的可能。另外主泵一级消防的4JPI001/002/003BA也未出现液位和CO2流量报警，因此，JPI消防泄漏的可能性可排除。 2）考虑到2号机组及同行电厂出现过RCP测温旁路阀门泄漏蒸汽冷凝后导致JPI007BA液位上升的经验反馈，对近几日的一回路泄漏率的趋势进行了检查，一回路泄漏率总体较小，而且4JPI007BA的增加量也较小，基本无法判断。另外，一回路测温旁路阀门均打过倒密封，泄漏可能性较小，但不排除。 3）4RRI002BA（运行列）液位持续下降以及RRI001BA（切列前）下降存在加速点与4JPI007BA快速增加时间点存在一定的吻合，因此怀疑4RRI壳内（主泵房间）可能存在泄漏。 4）通过4号主控的DTL在打开主泵房间的摄像头的灯后进行仔细查看，未发现明显漏点。 5）期间泄压箱液位稳定无变化，运行保持关注4JPI007BA上涨情况。 注：①经进岛取样发现4JPI007BA内含有磷酸三钠，且浓度高于设冷水，确定为设冷水泄漏； ②通过R厂房20 m摄像机查看，发现4RCP003PO电机空气冷却器出口RRI金属软管4RRI024FL处存在持续滴漏水。 建议后续行动： 1）运行继续关注4JPI007BA液位变化趋势，每值计算一回路泄漏率，关注RRI头箱泄漏率； 2）专业做好进岛查漏准备
原因分析	金属软管泄漏原因：软管与支架接触，管道振动过大，导致金属编织网损坏，内部波纹管破裂
消缺行动	机械处理反馈： 1）金属软管泄漏原因： 软管与支架接触，管道振动过大，导致金属编织网损坏，内部波纹管破裂。 2）调停期间工作安排： ①分三组进行排查，排查后还要对漏点位置其他设备进行影响评估；

续 表

消缺行动	②ETY 吹扫结束后对有备件的破损金属软管进行更换； ③对于无备件损坏的金属软管，经专题会讨论进行技术评估后引流至集水箱。 3）最终处理： ①排查岛内其他金属软管有无破损； ②对 4RRI024FL 进行更换； ③对三个环路主泵金属软管加装防护措施
相关知识	4JPI007BA 为 RCP 三台泵所共用，回收火灾后的油和水排放物。4JPI007BA 位于 R 厂房-3.4 m。其来水管线有三根，分别接至 3 台主泵正下方地漏（每台主泵有两个地漏），无其他水源。分析 JPI007BA 可能来水有如下三种：消防水、工艺水、设备冷却水、房间冷凝水
参考资料信息	WR/WOT：00511053/01157007-01（计划工单） 2019 年 03 月 03 日—2019 年 03 月 09 日值长日报，异常反馈 其他核电类似异常缺陷： 某核电出现过主泵设备水泄漏引起 2JPI007BA 液位上涨：2015 年 11 月 12 日下午 13:00，2 号机组正在满功率运行，2 号主控室发现设冷水系统波动箱液位缓慢下降，几乎与此同时，安全壳消防水废水收集箱液位缓慢上涨。安全壳消防水废水收集箱来源的三台主泵所在房间。主控室是在检查了主系统泄漏率正常，检查其他系统运行正常，初步认为是主泵设冷水泄漏。 2 号主控室操纵员在 2 号主泵的监视画面上发现一丝异常，在昏暗画面的角落里，2 号主泵空冷器的侧面设冷水管道隐约有流水，经过大家仔细确认之后，确认是 2 号主泵电机空冷器回水管上一个放气阀后漏水。泄漏点处于离地面 5 m 左右的厂房半空中。晚上 20:10 分，运行人员和辐射防护人员、检修人员、经过前期充分准备后运维人员和辐射防护人员进入了 2 号机组反应堆厂房，进去之后直接进入 2 号主泵房间，在辐射防护人员确认过剂量可以接受之后，进入了 2 号主泵房间远离反应堆侧，经过目测确认阀门由于长期振动，导致螺纹连接处松动。检修人员立即沿着支吊架爬上主泵电机上方，在离地面 5 m 左右的平台上拧紧阀门，装上堵头。随后主控人员检查确认设冷水的波动箱液位停止下降

编　者	运行二处一值：杨少东	时间：2019 年 03 月 21 日

2.24.4 热海水返流引起 RRI 系统设冷水温上涨，进而引起主泵副推力瓦温度高

异常缺陷名称	TP3CRF52 试验导致热海水返流引起 RRI 系统设冷水温上涨，进而引起主泵副推力瓦温度高
发生时间	2016 年 09 月 26 日早班—26 日中班
机组状态	机组调试启动阶段，RP 模式，50%FP 功率平台
异常缺陷现象	早班运行值配合执行调试试验 TP3CRF52 在 50%FP 平台下停运一台 CRF 泵(3CRF002PO)，试验结束后进行恢复操作。由于正值交接班，3CRF002PO 的重新启动工作交由下值继续执行，此时凝汽器水室真空泵 3CRF601PO 正在运行。中班接班后，由于参与 TP3GCT51 试验工前会的需要，当班值未能在启泵条件满足后第一时间启动 3CRF002PO。 16:50，3 号主控 3 台主泵相继出现主泵副推力轴承温度高报警，并仍在快速上涨(此时机组 50%功率平台运行)。当班值操纵员发现后立即核实系统参数，发现运行列(3RRI004PO)设冷水热交换器出口设冷水温度 37.2 ℃，对应列 SEC 贝捕后温度 36.58 ℃。进一步查看历史趋势发现从 16:10 左右，海水温度从 27.3 ℃开始快速上涨
风险或潜在后果	导致 3 号机组 3 台主泵相继出现主泵副推力轴承温度高报警，主泵推力轴承存在损坏的风险
干预行动	已采取的行动措施： 1)值内决策先启动一台 B 列 SEC 泵，发现 B 列海水温度无下降，电话与 1 号机组沟通，海水温度无异常； 2)主控随后决策启动 A 列 SEC 泵 3SEC001PO，泵启动后海水温度 27.6 ℃，主控决策立即执行设冷切列，切换完成后主泵轴承及电机相关温度渐渐恢复正常
原因分析	CRF 的 A、B 列冷却海水在 CC 跌落井处汇集，经由 CC 跌落井排往大海，CC 跌落井堤坝标高约-2 m。而凝汽器钛管最大高度接近-7 m(具体标高不详，根据现场情况假设)，两者存在 5 m 左右的高度差。故当一台 CRF 泵停运后，停运列会因为虹吸效应而产生倒流，海水从 CC 跌落井逆流至停运泵的吸入口处。

续　表

原因分析	根据S规程，停运一台CRF泵后，虹吸破坏阀会自动开启避免上述虹吸效应；而再次启泵前要关闭虹吸破坏阀。因虹吸效应已破坏，再次启泵前，仅关闭虹吸破坏阀不足以建立虹吸(因此时停运列出口至CC跌落井这段管道充满空气)，所以再次启泵前，需要凝汽器水室真空泵抽真空以协助虹吸的建立，使准备再次启动的停运列管道内充满海水。 可见，再次启动停运列之前，因为虹吸效应，CC跌落井处的热水(运行列出口海水)会沿着管道逆向流至停运列的CRF泵吸入口处。但及时启泵，建立正常流量后，上述虹吸效应再次消失，热水不会倒流至泵的取水口。 此次执行完TP3CRF52试验后，由于启动凝汽器水室真空泵3CRF601PO较长时间未启动3CRF002PO，虹吸效应一直存在，导致热水持续流向B列取水口。而B列SEC泵与CRF002PO共享取水口，故热水被运行的3SEC002PO吸入导致SEC出口温度高，进而导致RRI出口温度高，造成下游负荷得不到有效冷却
消缺行动	运行处理反馈：见干预行动
相关知识	1)优化TP3CRF52凝汽器半侧解列试验规程，试验前确认运行的SEC泵与即将停运的循泵不同列；或者停泵后隔离对应海水侧阀门，待准备启动前再开启； 2)在循泵启动规程中加入重要提示，准备再次启动循泵之前，启动水室真空泵和启动循泵操作要连续执行，避免虹吸形成导致热水返流； 3)安全列设备严格保持分列运行，防止出现共模失效(如果当时SEC A、B列联通阀开启，则后果非常严重，3、4号机组SEC联通阀2016年9月24日关闭)
参考资料信息	运行二处一值：《运行二处内部经验反馈——快速通道—配合执行TP3CRF52试验导致热水返流经验反馈》
编　　者	运行二处一值：林赐彦　　　时间：2020年01月10日

2.24.5　执行安全壳喷淋信号逻辑试验时，3RRI002PO未按预期启动

异常缺陷名称	执行安全壳喷淋信号逻辑试验时，3RRI002PO未按预期启动
发生时间	2019年04月25日早班

续 表

机组状态	RP 模式，满功率
异常缺陷现象	早班执行 QSR 定期试验 FQ3-RPB-T-030 用 RPB621KC 进行安全壳喷淋信号（1）逻辑试验规程时，3RRI002PO 未按预期启动，3RRI002PO 在主控显示大红色停止位，该现象证明 3RRI002PO 已经收到启动信号但是未正常启动，初步分析怀疑为电气开关存在故障
风险或潜在后果	1）导致 FQ3-RPB-T-030 用 RPB621KC 进行安全壳喷淋信号（1）逻辑试验规程不满足验收准则，试验不合格，如不及时消除缺陷，该试验有超期风险； 2）3RRI002PO 不可用，产生第二组 IO：RRI1； 3）3RRI004PO 成为临时 SPV 设备
干预行动	已采取的行动措施： 1）将 3RRI002PO 置于试验位置，可以正常启停，排除仪控方面问题； 2）将 3RRI002PO 上游电源 3LHB113JA 拉出后重新送电，主控手动启动 3RRI002PO，依然无法启动； 3）暂停试验，并恢复到初始状态，消除因试验产生的第一组 IO； 4）对 3RRI004PO 走临时 SPV 设备流程； 5）oncall 电气到现场检查
原因分析	1）直接原因：配电柜本体底盘小车内摇动丝杆配套机械机构未动作到位，导致 S6 位置开关的合闸辅助触点未有效动作，导致合闸回路无法导通； 2）根本原因：中压开关接触器 S6 开关支撑方式不当，采用单方向椭圆孔双螺栓固定，操作机构压板长期按压累积导致 S6 开关固定位置偏移，开关动作不到位是缺陷发生的根本原因； 3）促成原因：S6 开关状态分合动作状态缺少监测是促成原因
消缺行动	电气处理反馈： 1）处理措施：经现场检查，接触器开关合闸回路未导通，无法正常启动。现场重新推入接触器小车至工作位置后，重新启动电机成功。 2）直接原因：配电柜本体底盘小车内摇动丝杆配套机械机构未动作到位，导致 S6 位置开关的合闸辅助触点未有效动作，导致合闸回路无法导通。

续 表

消缺行动	3) 根本原因：中压开关接触器 S6 开关支撑方式不当，采用单方向椭圆孔双螺栓固定，操作机构压板长期按压累积导致 S6 开关固定位置偏移，开关动作不到位是缺陷发生的根本原因。 4) 促成原因：S6 开关状态分合动作状态缺少监测是促成原因。 5) 技改实施方案： ①优化改进原 S6 开关支撑方式：从原来的单侧两个螺栓的固定方式修改为双侧三个螺栓的固定方式； ②接触器 S6 开关动作状态信号引入报警监测回路，实现开关状态直观可视
相关知识	核级中压开关接触器分检修位置、试验位置和工作位置，其状态切换通过手车操作手柄顺逆时针动作底盘小车前进后退实现。手车底盘内有一整套位置状态机械联锁结构，配合电气控制回路来实现小车的分合闸等操作，包括摇动螺旋丝杆、定位锁销、压板、S6 位置开关、相关联锁部件、航空插头等。 接触器手车通过操作手柄顺时针旋转从检修位置转运行位置，手车丝杆转动压板平衡向前推进，到达工作位置压板下落，下压 S6 位置开关顶部弹簧压片使 S6 辅助触点闭合，见图 1，接触器启动回路导通，S6 开关可靠动作触发合闸信号是接触器合闸的必要条件。 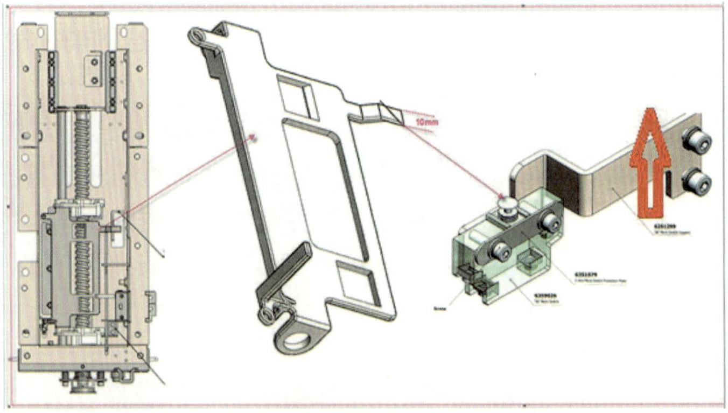 **图 1　接触器手车底盘动作示意图** 控制回路：接触器控制回路图(包含启动回路)，远方下达启动命令或就地启动命令 004XR 继电器自保持得电后，启动回路得电，接触器合闸

续　表

<table>
<tr><td>相关知识</td><td colspan="2">变更 1：接触器 S6 开关支撑方式优化
接触器手车 S6 固定板进行了设计优化，升级后的固定板采用双边三孔固定(参见截图)，采用双边三孔的 S6 固定板，受力由“线”升级为“三角形”，如图，由此提供更为牢固的受力，紧固度进一步提高。新增固定位置需在接触器手车底盘侧面新增一个椭圆形固定孔(描述规格尺寸)，如图 2：接触器 S6 开关支撑方式优化所示。
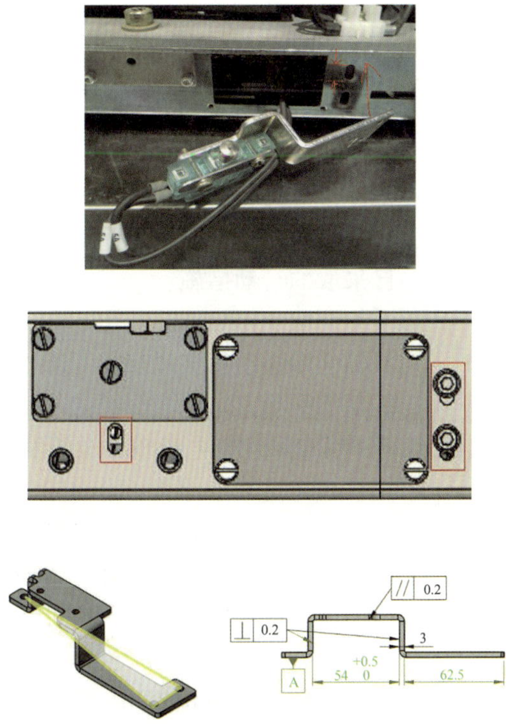

图 2　接触器 S6 开关支撑方式优化
变更 2：接触器 S6 开关动作状态信号引入报警监测回路
通过调整接触器板块 DU 模块和 S6 开关位置，单独引出 S6 开关接点信号，通过航空插针备用回路将开关动作状态引入报警回路</td></tr>
<tr><td>参考资料信息</td><td colspan="2">维修二处电气：《中压开关接触器柜合闸启动失败小车缺陷分析》；设备管理处：《 FQ3-LHB-TGCMDD-0001　3 号机组核安全相关中压配电接触器 S6 开关可靠性提升物项替代升级方案》《FQW-EQ-JY-190099 1～4 号机组中压配电接触器柜 S6 开关缺陷问题讨论会议纪要》</td></tr>
<tr><td>编　　者</td><td>运行二处一值：谷铁</td><td>时间：2019 年 05 月 03 日</td></tr>
</table>

2.25 控制棒驱动机构通风系统(RRM)

2.25.1 4RRM003ZV 电机轴承伸缩端振动(4RRM505MV)频繁闪发振动高

异常缺陷名称	4RRM003ZV 电机轴承伸缩端振动(4RRM505MV)频繁闪发振动高
发生时间	2018 年 05 月 02 日夜班
机组状态	RP 模式
异常缺陷现象	4RRM003ZV 电机轴承伸缩端振动(4RRM505MV)于 05: 10 开始从 2.8 mm/s 上涨，此后多次达到 5.5 mm/s 触发 4RRM003ZV 电机轴承伸缩端振动高报警，最高振动 5.79 mm/s
风险或潜在后果	风机设备损坏
干预行动	1)已采取的行动措施： 主控调取 4RRM003ZV 电机轴伸端、非轴伸端历史振动趋势：电机轴伸端振动值波动较大，且多次闪发超过报警值，非轴伸端振动值平稳，未出现异常变化，两端轴承温度稳定无变化，根据 4RRM001ZV 电机轴伸端闪发振动高报的处理经验，初步判断电机轴伸端测振探头 4RRM505MV 松动或测振回路中的转换模块故障的概率较大，4RRM003ZV 电机轴伸端振动值闪发高报的问题不影响设备的可用性。目前 4RRM003ZV 电机驱动端振动值已回落至报警值以下，风机可保持正常运行。 2)建议后续行动： ①切换到 4RRM001ZV 运行； ②维修电气、仪控完成工单准备。在调停窗口或大修窗口下，维修电气对 4RRM003ZV 电动机振动情况进行检查处理；维修仪控对 4RRM505MV 测振探头及转换模块进行检查处理
原因分析	振动探头性能不稳定
消缺行动	维修电气处理反馈： 401 大修期间对 4RRM003MV 风机测振，振动值正常，建 WOT-2 工单对 4RRM505MV 振动探头及转换模块检查。 维修仪控处理反馈： 1)401 大修期间，检查 4RRM505MV 振动探头，探头安装紧固，信号电缆航空插头未固定到位，重新进行固定；

续　表

消缺行动	2）打开 4RRM103CR，对 4RRM505MV 转换模块 D1 信号端子进行紧固，更换振动探头及转换模块。 3）4RRM003ZV 主控显示振动正常
相关知识	若振动值超过 7.2 mm/s（国标中对带减振器电机的振动限值）则建议切换风机
参考资料信息	WR：00382267/WOT：00911304； 完工报告：FQ4-MA02-RCWO-00911304/01、FQ4-MA02-RCWO-00911304/02； 历史相似缺陷：2017/10/17 中班 4RRM001ZV 电机振动探头 4RRM502MV 频繁闪发高和高高报警，振动最高达到 7.21 mm/s（高高报警定值 6.30 mm/s），大修期间更换 4RRM502MV 振动探头及转换模块
编　　者	运行二处一值：陈金龙　　　时间：2019 年 03 月 11 日

2.25.2　3 号主控触发 3RRM002ZV 电机轴承非轴伸端振动高高报警同时触发 3R530 房间火警

异常缺陷名称	3 号主控触发 3RRM002ZV 电机轴承非轴伸端振动高高报警同时触发 3R530 房间火警
发生时间	2020 年 02 月 23 日早班
机组状态	RP 模式，55%功率，大修后首次升功率
异常缺陷现象	3 号主控触发 3RRM002ZV 电机轴承非轴伸端振动高高报警同时触发 3R530 房间火警。风机停运后 3RRM002ZV 非驱动端温度 3RRM504MT 持续升高，最高升高到 78.8 ℃，随后缓慢下降。进岛核实，现场无明火及浓烟，3RRM002MO 目视无明显异常
风险或潜在后果	1）RRM 通风为控制棒驱动机构提供冷却，若 RRM 通风全部或部分失去导致控制棒驱动机构失去足够冷却，可能导致机组后撤； 2）3RRM004ZV 按临时 SPV 设备管控； 3）若 3R 厂房发生明火火灾，根据 EAL 机组可能需要进入应急状态

续　表

干预行动	已采取的行动措施： 1）确认 3R530 正是 3RRM002ZV 所在的房间； 2）启动 3RRM004ZV，停运 3RRM002ZV，同时将 3RRM002ZV 电源断开； 3）启动消防二级干预队到 8 m 气闸门待命，同时通知厂区三级消防队在 17 号汇合点待命； 4）通知维修机械开启气闸门人员在 8 m 气闸门待命； 5）通知维修电气人员到厂准备对 3RRM002ZV 进行处理； 6）联系辐射防护人员走紧急进入 R 厂房流程； 7）机组暂停升功率（根据功率运行期间进入 R 厂房的辐射防护规定，需要保持反应堆功率稳定）
原因分析	1）电机出厂时非驱动端轴承装配错误。电机非驱动端应为圆柱滚子轴承，厂家错误选配了深沟球轴承，径向负荷承载能力较原设计圆柱滚子轴承下降一半以上，同时由于深沟球轴承内、外圈之间允许轴向位移量较小，无法补偿电机轴系正常热膨胀产生的轴向位移，运行期间轴系热膨胀量无法释放，导致电机两端深沟球轴承同时承受额外轴向力； 2）因非驱动端深沟球轴承需同时承受径、轴向叠加载荷，运行工况较驱动端深沟球轴承更加恶劣，电机运行期间非驱动端轴承外圈滚道面外侧与内圈滚道面内侧成为受力面，轴承运行持续偏离允许设计工况，无法保证正常润滑及散热要求，最终造成非驱动端轴承损坏，转子抱死
消缺行动	维修电气处理反馈： 1）对电动机非驱动端进行解体检查，发现电机非驱动端轴承已损坏； 2）领用备件完成电机更换，维修后试验合格
相关知识	若振动值超过 7.2 mm/s（国标中对带减振器电机的振动限值）则建议切换风机
参考资料信息	3 号机组异常反馈，维修日报； 完工报告：01530118-01
编　　者	运行二处一值：张美强　　　　时间：2020 年 03 月 09 日

2.26 放射性废水回收系统(SRE)

8SRE001PO 手动和自动均无法启动

异常缺陷名称	8SRE001PO 手动和自动均无法启动
发生时间	2017 年 02 月 24 日中班
机组状态	RP 模式，满功率
异常缺陷现象	8SRE001PO 手动和自动均无法启动
风险或潜在后果	泵无法启动，导致 8SRE001BA 无法打循环，无法排放
干预行动	已采取的行动措施： 1)安排就地检查泵上游供电情况，未见异常； 2)oncall 电气检查处理
原因分析	8SRE201AR 柜内 001JS 隔离开关 B、C 相熔芯熔断
消缺行动	维修电气处理反馈： 1)检修过程： ①与运行人员沟通，取得工作许可证； ②确认设备位置，验证离边界； ③对 8SRE201AR 进行检查发现柜内 001JS 隔离开关 B、C 相熔芯熔断； ④领取备件进行更换，测量 8SRE001PO 电机直阻 A－B：0.56 Ω，B-C：0.56 Ω，A-C：0.57 Ω，绝缘大于 550 MΩ，结果合格； ⑤对 8SRE001PO 上游电源进行合闸，因液位已达到高高报警，8SRE001PO 自动启动排水，工作正常； ⑥与主控沟通，归还工作票。 2)故障原因分析：8SRE201AR 柜内 001JS 隔离开关 B、C 相熔芯熔断
相关知识	8SRE001PO 的控制逻辑： 1) 8SRE001BA 液位高或 8SRE201AR 上 001TO 置于 ON 时，8SRE001PO 启动； 2) 8SRE001BA 液位低或 8SRE201AR 上 002TO 置于 OFF 时，8SRE001PO 停运

续 表

参考资料信息	WR/WOT：00217943/00517578-01(紧急工单)； 维修二处 EAM 中工单 00517578-01 的完工报告	
编　　者	运行二处一值：林赐彦	时间：2019 年 03 月 16 日

2.27 放射性废气处理系统(TEG)

2.27.1 8TEG 系统就地含氧量高消除后，主控 8TEG527KA(氧浓度高)报警一直存在

异常缺陷名称	8TEG 系统就地含氧量高消除后，主控 8TEG527KA(氧浓度高)报警一直存在	
发生时间	2016 年 03 月 17 日	
机组状态	RP 模式	
异常缺陷现象	8TEG 系统就地含氧量高消除后，主控 8TEG527KA(氧浓度高)报警一直存在	
风险或潜在后果	干扰主控对 8TEG 系统含氧量监视	
干预行动	已采取的行动措施： oncall 维修仪控检查处理	
原因分析	仪表报警触发信号有误，仪表主板输出的报警开关量信号线接线错误	
消缺行动	维修仪控处理反馈： 在运行将氧分析值降低至 1.5%以下，主控报警仍然存在，检查就地仪表高报继电器灯亮，怀疑仪表报警触发信号有误，经检查是仪表主板输出的报警开关量信号线接线错误，重新接线后，验证报警功能正常	
相关知识	TEG 氧含量浓度高报警定值为 1.5%，氧含量高高报警定值为 3.5%	
参考资料信息	WOT：00241799-01	
编　　者	运行二处一值：朱克勤	时间：2019 年 03 月 16 日

2.27.2 3TEG001CO 启动后无出力，8TEG001BA 压力不降低

异常缺陷名称	3TEG001CO 启动后无出力，8TEG001BA 压力不降低
发生时间	2016 年 07 月 22 日
机组状态	RP 模式
异常缺陷现象	3TEG001CO 启动后无出力，8TEG001BA 压力不降低
风险或潜在后果	影响 TEG 系统废气压缩接收到衰变箱
干预行动	已采取的行动措施： 1）确认 4TEG002CO 的可用性，做好切换的准备； 2）监视 8TEG001BA 的压力； 3）oncall 维修机械检查处理
原因分析	3TEG001CO 隔膜油缸内缺油
消缺行动	维修机械处理反馈： 1）检查发现 3TEG001CO 曲轴箱内润滑油过多，经确认为压缩机隔膜腔内油全回到曲轴箱所致； 2）启动 3TEG001CO，检查压缩机油压为 0.45 MPa，满足运行要求； 3）打开补偿油泵出口活接排气，发现曲轴箱内的油仍无法正常注入隔膜腔内。 4）维修人员给 3TEG001CO 隔膜腔进行补油后启动压缩机工作正常
相关知识	正常运行时，一台压缩机选“正常”位置，另一台选“备用”位置，缓冲箱压力达到 0.25 bar 时，置“正常”的压缩机自启动，缓冲箱压力达到 0.30 bar 时，置“备用”的压缩机自启动
参考资料信息	WOT：00309432-01/02
编　　者	运行二处一值：朱克勤　　时间：2019 年 03 月 16 日

2.27.3 主控闪发 9TEG001BA 氧浓度高报警

异常缺陷名称	主控闪发 9TEG001BA 氧浓度高报警
发生时间	2016 年 12 月 23 日
机组状态	1 号机组：RP 模式，满功率；2 号机组：RP 模式，满功率
异常缺陷现象	主控闪发 9TEG001BA 氧浓度高报警

续　表

风险或潜在后果	1) TEG001BA 氧浓度若真实超过限制，存在氢爆风险； 2) 仪表故障影响对于氧浓度的监视	
干预行动	已采取的行动措施： 对 TEG001BA 取样氧浓度	
原因分析	9TEG001MG 仪表电极氧膜脏污	
消缺行动	化学仪表处理反馈： 1) 化学检查 9TEG001MG，接线未发现松动； 2) 拆卸电极，发现仪表电极氧膜脏污； 3) 更换新的氧膜，并对仪表进行校验合格，重新投运仪表，恢复正常	
相关知识	1) 氧表测试的原理是利用电化学的原理实现对氧含量的测量，气体透过膜进入到电解池中，并溶解到电解液里。在阴极上发生了反应以后，会产生可测量的电流。这个电流与进入电解池中的气体的量成比例。 2) 氧表测量范围：0%~5%，高报 1.5%；高高报 3.5%。当废气中氧的含量大于 1.5%时，KSN 上会有 507KA 报警，KIC 上有 527KA 报警；当氧的含量大于 3.5%时 KSN 上会有 505KA 报警，KIC 上有 528KA 报警；当发生系统故障时，KSN 上会有 506KA 报警，KIC 上有 529KA 报警	
参考资料信息	WOT：00451323-01	
编　　者	运行二处一值：朱克勤	时间：2019 年 03 月 16 日

2.27.4　3TEG 加热器(3TEG001RS)频繁异常启停

异常缺陷名称	3TEG 加热器(3TEG001RS)频繁异常启停
发生时间	2016 年 10 月 24 日
机组状态	机组调试启动阶段
异常缺陷现象	3TEG 加热器(3TEG001RS)频繁异常启停
风险或潜在后果	1) 湿度正常时将错误启动加热器，并持续长时间运行，进而可能导致加热器损坏； 2) 湿度高于定值时加热器不能启动，使排放气体不能达到排放要求，对下游设备和环境造成影响

续 表

干预行动	已采取的行动措施： 联系仪控检查	
原因分析	3TEG001SZ 接线错误，仪表接线应该接仪表的常开触点，但实际接了常闭触点，导致 3TEG001RS 异常启动	
消缺行动	仪控处理反馈： 对已移交的 3、4 号机组同类湿度开关(3TEG、4TEG、4DVN 共 13 块)进行检查，一共发现 7 块湿度开关接线错误，均进行了纠正。TEG 系统控制电缆端接清单中该湿度开关端接标准为 5C，标准中就地端接标识应为 3、30、31，实际仪表侧端接标识为 1、2、3	
相关知识	当 3TEG001SZ 探测到湿度大于 40%时，若满足 3TEG001ZV 运行且 3TEG001RS 无温度高报警，则 3TEG001RS 自动启动	
参考资料信息	FQ3-TEG-DZ-001 废气处理系统(3TEG)定值手册	
编　　者	运行二处一值：林赐彦	时间：2019 年 03 月 16 日

2.27.5 FQ8-DVN-T-002 后 8TEG503KA(含氧子系统故障报警)无法消除

异常缺陷名称	FQ8-DVN-T-002 后 8TEG503KA(含氧子系统故障报警)无法消除
发生时间	2018 年 12 月 25 日
机组状态	RP 模式
异常缺陷现象	1)DVN 风机第一次全停后，主控室出现 8TEG503KA：含氧子系统故障报警； 2)DVN 系统试验执行完毕，DVN 系统风机恢复正常运行后，8TEG503KA 报警依然存在，就地查看 8DVN001AR 上 4TEG050LA 灯亮
风险或潜在后果	影响主控报警监视
干预行动	已采取的行动措施： 主控要求就地将 4TEG022CC(4TEG002ZV 控制 CC)打至停运位置，4TEG050LA 灯灭，8TEG503KA 报警消失
原因分析	1)DVN 风机全停后，3TEG001ZV 保护停运，同时 4TEG002ZV 触发应急启动命令 4TEG002ZV 应急启动命令进一步触发应急启动记忆；

续　表

原因分析	2）4TEG002ZV 应急启动记忆存在，且 3TEG001ZV 和 4TEG002ZV 都未启动，则触发报警。DVN 风机恢复运行后，3TEG001ZV 自动启动恢复运行状态，但是 4TEG002ZV 的启动记忆自保持。4TEG002ZV 启动记忆与 4TEG001ZV 在运行状态，触发报警。且 8DVN001AR 上 4TEG050LA 灯亮； 3）就地通过 4TEG022CC 置于停运位置复位 4TEG002ZV 的启动记忆	
消缺行动	N/A	
相关知识	见原因分析	
参考资料信息	FQ8-TEG-LD-262000_ 废气处理系统（TEG）逻辑图 SHEET：9、17、47	
编　　者	运行二处一值：林赐彦	时间：2019 年 03 月 16 日

2.27.6　1TEG001ZV 轴承油密封故障

异常缺陷名称	1TEG001ZV 轴承油密封故障
发生时间	2018 年 06 月 12 日
机组状态	RP 模式
异常缺陷现象	现场巡检发现 1TEG001ZV 运行噪音异常增大，且轴承处有甩油，轴承温度超过 100 ℃
风险或潜在后果	1）风机轴封磨损，将导致设备损坏； 2）厂房漏油有火灾风险
干预行动	已采取的行动措施： 1）根据《FQ9-TEG-C-019 TEG 含氧风机切换操作票》进行风机切换操作； 2）完成风机切换并保持风机及其加热器开关 1LKJ261JA、9DNN9948JA 断开状态； 3）主控立即 oncall 机械人员前来检查； 4）记录第二组随机 IO：DVN1，同时通知 2 号主控室记录相应的 IO

续 表

原因分析	轴承保持架毁损，油封掉落导致轴承甩油，风机运行噪音异常增大	
消缺行动	维修机械处理反馈： 机械人员确认风机非驱动端轴承保持架已经损毁，导致油封掉落，开票进行轴承整体更换	
相关知识	N/A	
参考资料信息	WR：00400058	
编　　者	运行二处一值：林赐彦	时间：2019 年 03 月 16 日

2.28 硼回收系统(TEP)

2.28.1 9TEP014PO 在吸入口压力低报警触发 5 s 后未能保护跳闸

异常缺陷名称	9TEP014PO 在吸入口压力低报警触发 5 s 后未能保护跳闸	
发生时间	2015 年 07 月 24 日	
机组状态	NA	
异常缺陷现象	9TEP014PO 在吸入口压力低报警触发 5 s 后未能保护跳闸	
风险或潜在后果	9TEP014PO 存在损坏风险	
干预行动	已采取的行动措施： 手动停运 9TEP014PO	
原因分析	KSN 二层中 9TEP014PO 启动信号为长信号，导致自动停运信号无法下发	
消缺行动	维修仪控处理反馈： 1)检查 9TEP014PO 的停运逻辑，发现其启动信号一直触发为 1； 2)根据 FD 图及 LD 图，修改 KSN 二层 9TEP014PO 的 OOM 画面参数； 3)修改完毕后保存，进行启动验证，经运行人员验证后，确认其逻辑完整正确	
相关知识	9TEP014PO 入口压力开关 9TEP663SP 动作定值为 3 kPa，触发 9TEP014PO 停运	
参考资料信息	WOT：00125665-01	
编　　者	运行二处一值：朱克勤	时间：2019 年 03 月 16 日

2.28.2 1TEP425VA 在 9TEP001DZ 启动过程中频繁出现洋红色，导致 9TEP001DZ 无法转状态

异常缺陷名称	1TEP425VA 在 9TEP001DZ 启动过程中频繁出现洋红色，导致 9TEP001DZ 无法转状态
发生时间	2016 年 11 月 30 日

续 表

机组状态	NA	
异常缺陷现象	1TEP425VA 在 9TEP001DZ 启动过程中频繁出现洋红色	
风险或潜在后果	导致 9TEP001DZ 无法转状态	
干预行动	已采取的行动措施： 联系仪控检查处理	
原因分析	阀门开关限位接触不紧密	
消缺行动	维修仪控处理反馈： 1）现场检查发现阀门开限位触点位置不到位，需调整； 2）对阀门开限位位置进行调整，确认调整合格，异常消失	
相关知识	N/A	
参考资料信息	WOT：423826-01	
编　　者	运行二处一值：朱克勤	时间：2019 年 03 月 16 日

2.28.3 1TEP425VA 在 9TEP001DZ 启动过程中频繁出现洋红色，导致 9TEP001DZ 无法转状态

异常缺陷名称	1TEP425VA 在 9TEP001DZ 启动过程中频繁出现洋红色，导致 9TEP001DZ 无法转状态
发生时间	2016 年 11 月 30 日
机组状态	NA
异常缺陷现象	1TEP425VA 在 9TEP001DZ 启动过程中频繁出现洋红色
风险或潜在后果	导致 9TEP001DZ 无法转状态
干预行动	已采取的行动措施： 联系仪控检查处理
原因分析	阀门开关限位接触不紧密
消缺行动	维修仪控处理反馈： 1）现场检查发现阀门开限位触点位置不到位，需调整； 2）对阀门开限位位置进行调整，确认调整合格，异常消失

续 表

相关知识	N/A	
参考资料信息	WOT：423826-01	
编 者	运行二处一值：朱克勤	时间：2019 年 03 月 16 日

2.28.4 8TEP013BA 液位异常上涨

异常缺陷名称	8TEP013BA 液位异常上涨
发生时间	2017 年 12 月 22 日夜班
机组状态	RCD 模式
异常缺陷现象	KSN 画面上显示 8TEP013BA 液位 8TEP405MN 缓慢上涨，8TEP013BA 疏水阀 8TEP351VL 自动开启至全开后，液位仍持续上涨。就地检查下游阀门 8TEP353VL 和 8TEP571VL 均为开启状态，排除在线不正确导致无法疏水。（当前 8TEP001EV 处于状态 6，且其加热蒸汽因处理 8TEP343VV 调节不佳问题被隔离，此状态下无 SVA 蒸汽，故 8TEP013BA 应无凝结水，液位不应上涨）
风险或潜在后果	若 8TEP013BA 液位真实不明上涨，则有可能疏水管线存在堵塞，影响蒸发器正常运行
干预行动	已采取的行动措施： 1）8TEP001EV 近几日有启动至状态 5 进行蒸发操作，未发现有 8TEP013BA 液位异常现象，初步可排出疏水管线堵塞的可能；当前加热蒸汽隔离，随着 8TEP013BA 被环境空气冷却，汽侧空间的蒸汽会冷凝，在汽侧空间形成负压，继而导致差压式液位计 8TEP405MN 显示失真的可能性很大，通过开启 8TEP403VV 与 DVN 连通消除负压； 2）8TEP403VV 在 8TEP001EV 启动过程中需要开启，且 SVA 正常无放射性，故开启 8TEP403VV 与 DVN 连通风险可控；由于 8TEP351VL 已全开，8TEP013BA 实际可能已经排空，与 8SVA001BA 内气体连通。故开启 8TEP403VV 前，需确认 8SVA001BA 无放射性，联系辐射防护确认 8KRT505MA 运行正常，且示数正常后，确认 8SVA001BA 无放射性； 3）KSN 上开启 8TEP403VV，使 8TEP013BA 汽侧空间与 DVN 连通后，8TEP405MN 显示恢复正常

续　表

原因分析	8TEP013BA 汽侧空间形成负压导致液位计显示失真
消缺行动	N/A
相关知识	开启 8TEP403VV 前，需确认 8SVA001BA 无放射性，防止意外的放射性排放
参考资料信息	N/A
编　　者	运行二处一值：林赐彦　　　时间：2019 年 03 月 16 日

2.28.5 9TEP001EV 液位异常上涨

异常缺陷名称	9TEP001EV 液位异常上涨
发生时间	2018 年 08 月 03 日
机组状态	RP 模式
异常缺陷现象	9TEP001EV 液位异常上涨关闭上游 SED 供水总阀 9SED255VD 后，液位保持不变。而 9SED255VD 下游有三路向 9TEP001EV 提供 SED 水的管线，对应阀门分别为 9TEP405VD、9TEP393VD 和 9TEP329VD，无法确定是哪一路有漏
风险或潜在后果	达到 550 mm 后蒸发器会跳至状态 0，使蒸发器无法保持在热备用状态
干预行动	已采取的行动措施： 1)9TEP405VD 所在管线管径较大，且 9TEP405VD 为气动阀，相对而言阀门关闭不严造成内漏的可能较大；9TEP393VD 也是气动阀，但 9TEP329VD 所在的管线管径较小，内漏的可能性较小。9TEP329VD 为手动阀，内漏的可能性较小。综上，决定先按照 9TEP405VD、9TEP393VD、9TEP329VD 的顺序进行逐一验证； 2)查漏前 9TEP001EV 液位较高，故先对 9TEP001EV 进行排水，以避免 9TEP001EV 因液位高高跳至状态 0； 3)之后保持 9SED255VD 关闭，将 9TEP405VD 手动破坏中性点关闭，保持 9TEP393VD 和 9TEP329VD 在原状态，而后开启 9SED255VD，并观察 9TEP001EV 的液位。观察 30 min 后，9TEP001EV 液位无上涨，确定内漏阀门为 9TEP405VD

续　表

原因分析	9TEP405VD 内漏导致蒸发器液位上涨	
消缺行动	N/A	
相关知识	9TEP001EV 达到 550 mm 后蒸发器会跳至状态 0，使蒸发器无法保持在热备用状态	
参考资料信息	WR：424282	
编　　者	运行二处一值：林赐彦	时间：2019 年 03 月 16 日

2.28.6　TEP 系统设备异常缺陷处理总结

TEP 系统出现的缺陷中最多的是阀门限位问题，因阀门限位没有正常出发导致上位机上显示为洋红色。若遇到类似的缺陷，可现场先简单查看阀门限位是否有效触发，再通知仪控人员处理。TEP 系统中有的气动阀还容易出现供气管线的问题，若阀门无法正常动作，正常的思路是检查阀门供气管线压力是否正常，同时检查阀门的动作条件是否允许，是否存在动作闭锁信号；若都不能解决问题，再通知维修人员处理。

2.29 放射性废液处理系统(TEU)

2.29.1 KSN 上远程开启 8TEU083VB 后显示洋红色

异常缺陷名称	KSN 上远程开启 8TEU083VB 后显示洋红色	
发生时间	2018 年 08 月 13 日	
机组状态	RP 模式	
异常缺陷现象	KSN 上远程开启 8TEU083VB 后显示洋红色，需要检查处理	
风险或潜在后果	8TEU083VB 无法正常操作该阀门	
干预行动	已采取的行动措施： oncall 维修仪控检查	
原因分析	8TEU083VB 阀门卡涩，原因为阀门阀瓣球体有结晶，导致阀门球体卡涩	
消缺行动	维修机械处理反馈： 1)拆除 8TEU083VB 阀门气动头，检查执行机构和阀门，气动头动作正常，发现阀门卡死； 2)解体清洗检查各零部件，发现球体上有少量结晶，导致阀门卡涩； 3)更换必换件及易损件，用专用工具回装球体	
相关知识	三废工艺系统易发生硼结晶继而导致阀门无法动作	
参考资料信息	WOT：991684-01(检查工单)、994594-01(解体处理工单)； 类似的缺陷：阀门因机械卡涩导致无法动作； 2016.12.22　WOT：451831-01(检查工单)、199232-01(解体处理工单)	
编　　者	运行二处一值：朱克勤	时间：2019 年 02 月 11 日

2.29.2 9TEU001EV 在状态 5 时，9TEU253VL 会频繁大幅度开关动作

异常缺陷名称	9TEU001EV 在状态 5 时，9TEU253VL 会频繁大幅度开关动作
发生时间	2018 年 03 月 13 日

续　表

机组状态	RP 模式	
异常缺陷现象	9TEU001EV 在状态 5 时，9TEU253VL 会频繁大幅度开关动作，怀疑 9TEU102MN 漂表	
风险或潜在后果	TEU014BA 液位波动过大将影响 TEU 蒸发器在状态 5 正常运行	
干预行动	已采取的行动措施： oncall 维修仪控检查	
原因分析	9TEU102MN 零点漂移	
消缺行动	维修机械处理反馈： 1）现场确认 9TEU001EV 在状态 6，确认 9TEU253VL 在手动关闭状态； 2）对 9TEU102MN 进行零点校验并调整合格； 3）投运仪表对其充水排气，恢复初始状态，显示正常	
相关知识	当蒸发器处于状态 5 时，出现冷凝罐 8TEU014BA 低液位（−142 mm），8TEU102MN 测量后发出蒸发器都会跳到状态 6	
参考资料信息	WOT：00559480-01	
编　　者	运行二处一值：朱克勤	时间：2019 年 02 月 11 日

2.29.3　8TEU001EV 由状态 6 和状态 0 启动频繁跳闸

异常缺陷名称	8TEU001EV 由状态 6 和状态 0 启动频繁跳闸
发生时间	2018 年 08 月 04 日
机组状态	RP 模式
异常缺陷现象	1）2018 年 08 月 04 日夜班，由状态 6 启动 8TEU001EV 继续对 8TEU016BA 进行蒸发。在启动 8TEU001EV 蒸发时蒸发器状态突然返回状态 0，此后重新从状态 0 启动蒸发器，发现 8TEU006PO 启动 2~3 min 跳闸，蒸发器也随即返回状态 0。而此时 8TEU001EV 硼浓度为 33618×10^{-6}、钠硼比为 0.244； 2）主控根据现场 8TEU006PO 在运行后 2~3 min 后停运现象以及状态 6 返回状态 0 的现象，查阅逻辑图，发现最有可能的逻辑为 8TEU108SP 触发
风险或潜在后果	蒸发器跳闸至状态 0 导致浓硼温度降低，有硼结晶风险

续 表

干预行动	已采取的行动措施： 1）oncall 仪控人员进行校表； 2）主控分析：由于 8TEU108SP 触发，8TEU006PO 每次可运行 125 s，可将由状态 0 启动至状态 2 左右，并引入 SVA 蒸汽，在这段时间可以将对 8TEU001EV 进行加热。根据前期启动经验确认每次启动 8TEU111MT 会上涨 3～5 ℃。因频繁启动蒸发器对设备不利，且消耗现场人力，故 oncall 仪控人员对 8TEU108SP 强制为 0，并将蒸发器启动至状态 5
原因分析	8TEU108SP 低漂
消缺行动	维修仪控处理反馈： 仪控人员将 8TEU108SP 信号强制为 0 后，早班值顺利启动 8TEU001EV 至状态 5，而后 8TEU111MT 也回升至 100 ℃以上。而校表工作涉及 RWP 办理和现场铅皮的移动，耗费时间较长，整个校验工作从工作负责人到达主控办理许可证直至工作完工几乎需要 5 h 左右。校验结果证明 8TEU108SP 低漂至 0.13 MPa
相关知识	1）在出现 8TEU006PO 运行 2 min 左右跳泵的情况时，基本可以确定 8TEU108SP 触发； 2）在 8TEV001EV 硼浓度较高时，且状态跳至状态 0 时，需重点 8TEU111MT 的关注，避免浓硼结晶，联系化学给出结晶温度； 3）如果是 8TEU108SP 问题，建议同时 oncall 校表和强制信号人员，在故障消除前或信号强制前，使用上述不断启动的方式，避免浓硼结晶
参考资料信息	WR：424307
编　　者	运行二处一值：林赐彦　　时间：2019 年 02 月 11 日

2.29.4 8TEU101MN 漂表导致 TEU 蒸发器启动过程中跳状态

异常缺陷名称	8TEU101MN 漂表导致 TEU 蒸发器启动过程中跳状态
发生时间	2019 年 03 月 02 日
机组状态	RP 模式

续　表

异常缺陷现象	在执行《FQ8-TEU-C-019 TEU 蒸发器从状态 0(停运)启动到状态 5(生产)操作票》至蒸发器在状态 2 时，8TEU104MT 达到 100 ℃左右，8TEU103MT 温度开始上升时(蒸汽开始进入 8TEU 001CS)，出现 8TEU101MN 大幅波动，最终触发 8TEU 101MN 高二报警(延时 10 s)蒸发器返回到状态 0。 分析认为可能为 8TEU101MN 平衡罐补水不足造成，随即对 8TEU101MN 平衡罐进行充水，并再次启动蒸发器，第二次启动蒸发器后，至状态 2 升温过程中和第一次启动出现状况相同，开始有蒸汽进入 8TEU001CS 时，8TEU101MN 大幅波动，最终触发 8TEU101MN 高二报警(延时 10 s)蒸发器返回到状态 0	
风险或潜在后果	蒸发器跳闸至状态 0 影响废液处埋，且有硼结晶风险	
干预行动	已采取的行动措施： oncall 仪控对 8TEU101MN 进行充水排气	
原因分析	8TEU101MN 正压侧无水导致仪表大幅波动。 8TEU101MN 正压侧无水原因分析可能存在两种原因： 1)由于 8TEU101MN 进行检修，仪表管侧水进行了排空，检修完毕后未对仪表管进行充水排气。(后经与相关负责人确认，正压侧检修完毕后确实未进行充水排气，由于 8TEP007PO 检修工作未完成)； 2)由于 8TEP007PO 检修工作，对泵前后管道进行了排空，导致液位计正压侧仪表管内液体被抽出，仪控检修 8TEU101MN 工作完结较早，故检修完毕未对仪表管进行充水排气	
消缺行动	维修仪控处理反馈： 对蒸发器进行状态摆放，仪控现场打开 8TEU101MN 正压侧，有几滴水流出后，再无液体流出，判断为仪表正压侧没水含气造成液位计大幅波动。随即仪控利用手压式水泵用 SED 水对 8TEU101MN 正压侧进行充水排气	
相关知识	当 TEU 蒸发器不存在状态"3"或状态"5"置位信号，且同时 8TEU001CS 液位高高延时 10 s 时，TEU 蒸发器跳至状态"0"	
参考资料信息	FQ8-TEU-LD-262000_ 废液处理系统(TEU)逻辑图	
编　　者	运行二处一值：林赐彦	时间：2019 年 02 月 11 日

2.29.5 9TEU251VV 在蒸发器从状态 0 启动时无法开启

异常缺陷名称	9TEU251VV 在蒸发器从状态 0 启动时无法开启	
发生时间	2018 年 03 月 31 日	
机组状态	RP 模式	
异常缺陷现象	执行 9TEU001EV 从状态 0 启动到状态 6 的过程中，在状态 1 到状态 2 时，9TEU251VV 无法自动开启，现场手动也打不开	
风险或潜在后果	TEU 蒸发器无法进 SVA 蒸汽，导致蒸发器无法启动	
干预行动	已采取的行动措施： 1) oncall 机械专业检查； 2) 关闭上游手动阀 9TEU250VV	
原因分析	阀门 9TEU250VV 上下游压差过大导致阀门开启困难。在状态 0 时，9TEU251VV 下游温度降低，蒸汽冷凝，就地压力表显 9TEU015LP 示为负压，上游为 SVA 母管蒸汽，压力 0.4 MPa	
消缺行动	维修机械处理反馈： 机械拆除 9TEU314VL 下游盲板，服务拆除管道保温（拆除部分即可）降温，开启 9TEU314VL 泄压	
相关知识	9TEU251VV 下游温度降低，蒸汽冷凝导致压力降低	
参考资料信息	N/A	
编　　者	运行二处一值：林赐彦	时间：2019 年 02 月 11 日